LD-V-40
TB-II-

Springer
*Berlin
Heidelberg
New York
Barcelona
Budapest
Hongkong
London
Mailand
Paris
Santa Clara
Singapur
Tokio*

Mitglieder des Wissenschaftlichen Beirats der Bundesregierung Globale Umweltveränderungen

(Stand: 1. Juni 1997)

Prof. Dr. Friedrich O. Beese
Agronom: Direktor des Instituts für Bodenkunde und Waldernährung der Universität Göttingen

Prof. Dr. Klaus Fraedrich
Meteorologe: Meteorologisches Institut der Universität Hamburg

Prof. Dr. Paul Klemmer
Ökonom: Präsident des Rheinisch-Westfälischen Instituts für Wirtschaftsforschung, Essen

Prof. Dr. Dr. Juliane Kokott (Stellvertretende Vorsitzende)
Juristin: Lehrstuhl für Deutsches und Ausländisches Öffentliches Recht, Völkerrecht und Europarecht der Universität Düsseldorf

Prof. Dr. Lenelis Kruse-Graumann
Psychologin: Schwerpunkt „Ökologische Psychologie" der Fernuniversität Hagen

Prof. Dr. Ortwin Renn
Soziologe: Akademie für Technikfolgenabschätzung in Baden-Württemberg, Stuttgart

Prof. Dr. Hans-Joachim Schellnhuber (Vorsitzender)
Physiker: Direktor des Potsdam-Instituts für Klimafolgenforschung

Prof. Dr. Ernst-Detlef Schulze
Botaniker: Lehrstuhl für Pflanzenökologie der Universität Bayreuth

Prof. Dr. Max Tilzer
Limnologe: Direktor des Alfred-Wegener-Instituts für Polar- und Meeresforschung, Bremerhaven

Prof. Dr. Paul Velsinger
Ökonom: Leiter des Fachgebiets Raumwirtschaftspolitik der Universität Dortmund

Prof. Dr. Horst Zimmermann
Ökonom: Leiter der Abteilung für Finanzwissenschaft der Universität Marburg

Wissenschaftlicher Beirat der Bundesregierung
Globale Umweltveränderungen

Welt im Wandel:
Wege zu einem nachhaltigen Umgang mit Süßwasser

Jahresgutachten 1997

mit 76 Farbabbildungen

Springer

WISSENSCHAFTLICHER BEIRAT DER BUNDESREGIERUNG
GLOBALE UMWELTVERÄNDERUNGEN (WBGU)
Geschäftsstelle am Alfred-Wegener-Institut
für Polar- und Meeresforschung
Columbusstraße
D-27568 Bremerhaven
Deutschland

ISBN 3-540-63656-0 Springer-Verlag Berlin Heidelberg New York

Die Deutsche Bibliothek – CIP-Einheitsaufnahme

Welt im Wandel: Wege zu einem nachhaltigen Umgang mit Süßwasser /
Wissenschaftlicher Beirat der Bundesregierung Globale Umweltveränderungen. –
Berlin ; Heidelberg ; New York ; Barcelona ; Budapest ; Hongkong ; London ;
Mailand ; Paris ; Santa Clara ; Singapur ; Tokio : Springer, 1998
   (Jahresgutachten ... / Wissenschaftlicher Beirat der Bundesregierung Globale
   Umweltveränderungen ; 1997)
   ISBN 3-540-63656-0

Dieses Werk ist urheberrechtlich geschützt. Die dadurch begründeten Rechte, insbesondere die der Übersetzung, des Nachdrucks, des Vortrags, der Entnahme von Abbildungen und Tabellen, der Funksendungen, der Mikroverfilmung oder der Vervielfältigung auf anderen Wegen und der Speicherung in Datenverarbeitungsanlagen, bleiben auch bei nur auszugsweiser Verwertung, vorbehalten. Eine Vervielfältigung dieses Werkes oder von Teilen dieses Werkes ist auch im Einzelfall nur in den Grenzen der gesetzlichen Bestimmungen des Urheberrechtes der Bundesrepublik Deutschland vom 9. September 1965 in der jeweils geltenden Fassung zulässig. Sie ist grundsätzlich vergütungspflichtig. Zuwiderhandlungen unterliegen den Strafbestimmungen des Urheberrechtsgesetzes.
© Springer-Verlag Berlin Heidelberg 1998
Printed in Germany

Die Wiedergabe von Gebrauchsnamen, Handelsnamen, Warenbezeichnungen usw. in diesem Werk berechtigt auch ohne besondere Kennzeichnung nicht zu der Annahme, daß solche Namen im Sinne der Warenzeichen- und Markenschutz-Gesetzgebung als frei zu betrachten wären und daher von jedermann benutzt werden dürften.
Satz: Datenkonvertierung durch Springer-Verlag
Umschlaggestaltung: E. Kirchner, Heidelberg unter Verwendung folgender Abbildungen:
Niagarafälle, USA
Abdullah-Bewässerungskanal, Jordanien
Wasserverkäufer, Marrakech, Marokko
Bewässerung mit fossilem Wasser, Disi, Jordanien
Mendenhallgletscher, Alaska
Strandsaum, Salamis, Griechenland
alle Photos: Meinhard Schulz-Baldes
SPIN 10553542 32/3137 5 4 3 2 1 0 – gedruckt auf Workprint 100% Recyclingpapier

Danksagung

Die Erstellung dieses Gutachtens wäre ohne die engagierte und unermüdliche Arbeit der Mitarbeiterinnen und Mitarbeiter der Geschäftsstelle und der Beiratsmitglieder nicht möglich gewesen. Ihnen gilt der besondere Dank des Beirats.

Zum wissenschaftlichen Stab des WBGU gehörten während der Arbeiten an diesem Gutachten:

Prof. Dr. Meinhard Schulz-Baldes (Geschäftsführer, Geschäftsstelle Bremerhaven), Dr. Carsten Loose (Stellvertretender Geschäftsführer, Geschäftsstelle Bremerhaven), Dipl.-Pol. Frank Biermann, LL.M. (Geschäftsstelle Bremerhaven), Dr. Arthur Block (Potsdam-Institut), Dipl.-Geogr. Gerald Busch (Universität Göttingen), Dipl.-Phys. Ursula Fuentes Hutfilter (Geschäftsstelle Bremerhaven), Dipl.-Psych. Gerhard Hartmuth (Fernuniversität Hagen), Dr. Dieter Hecht (Universität Bochum), Andreas Klinke, M.A. (Akademie für Technikfolgenabschätzung, Stuttgart), Dr. Gerhard Lammel (Max-Planck-Institut für Meteorologie, Hamburg), Referendar-jur. Leo-Felix Lee (Universität Heidelberg), Dipl.-Ing. Roger Lienenkamp (Universität Dortmund), Dr. Heike Mumm (Alfred-Wegener-Institut, Bremerhaven), Dipl.-Biol. Martina Mund (Universität Bayreuth), Dipl.-Volksw. Thilo Pahl (Universität Marburg), Dr. Benno Pilardeaux (Geschäftsstelle Bremerhaven), Dipl.-Biol. Helmut Recher (Max-Planck-Institut für Limnologie, Plön).

Den Sachbearbeiterinnen, die beim Gutachten die Gestaltung und Textverarbeitung koordiniert haben, schuldet der Beirat besonderen Dank:

Vesna Karic-Fazlic (Geschäftsstelle Bremerhaven), Ursula Liebert (Geschäftsstelle Bremerhaven), Martina Schneider-Kremer, M.A. (Geschäftsstelle Bremerhaven).

Der Beirat dankt weiterhin den Mitarbeitern des Questions-Projekts (Potsdam-Institut für Klimafolgenforschung) und der BMBF-Projekte „Syndromdynamik" für die Weiterentwicklung des Syndromkonzepts und dessen Integration in die Arbeiten des Beirats:

Dipl.-Geogr. Martin Cassel-Gintz (Potsdam-Institut), Dr. Jochen Dehio (RWI Essen), Dipl.-Chem. Jürgen Kropp (Potsdam-Institut), Dr. Matthias Lüdeke (Potsdam-Institut), Dipl.-Phys. Oliver Moldenhauer (Potsdam-Institut), Dr. Gerhard Petschel-Held (Potsdam-Institut), Dr. Matthias Plöchl (Potsdam-Institut), Dr. Fritz Reusswig (Potsdam-Institut), Dr. Hubert Schulte-Bisping (Universität Göttingen).

Der Beirat dankt den externen Gutachtern für die Zuarbeit und wertvolle Hilfe. Im einzelnen flossen folgende Gutachten und Stellungnahmen in das Jahresgutachten ein:

Prof. Dr. J. Alcamo, Dr. P. Döll, F. Kaspar und S. Siebert, Universität Gesamthochschule Kassel, Wissenschaftliches Zentrum für Umweltsystemforschung: Global Mapping of Regional Water Vulnerability.

Dr. G. Bächler, Geschäftsführer, Schweizerische Friedensstiftung, Bern, Schweiz: Das Atatürk-Staudammprojekt am Euphrat-Tigris unter besonderer Berücksichtigung der sicherheitspolitischen Relevanz zwischen den Anliegerstaaten Türkei, Syrien und Irak.

Dr. N. Becker und O. Leshed, University of Haifa, Israel: Using Economic Incentives to Mitigate a Potential Water Crisis.

Prof. Dr. E. Brown Weiss, Georgetown University Law Center, Washington, DC, USA: Prevention and Solutions for International Water Conflicts: the Great Lakes (USA-Canada).

Prof. Dr. M. Exner, Universität Bonn, Hygiene-Institut: persönliche Mitteilung.

Dr. W. Grabs, Bundesanstalt für Gewässerkunde, Global Runoff Data Center, Koblenz: persönliche Mitteilung.

Prof. Dr. H. Graßl: World Climate Research Programme, Genf: persönliche Mitteilung.

Dr. M. Heimann und Dr. E. Röckner, Max-Planck-Institut für Meteorologie, Hamburg: Modellierung des Wasserdargebots.

Dipl.-Forstw. J. Herkendell, Ministerium für Umwelt, Raumordnung und Landwirtschaft des Landes Nordrhein-Westfalen, Düsseldorf: Literaturübersicht zu allgemeinen gesundheitlichen Aspekten von Wasserproblemen.

Prof. Dr. D. Ipsen, Universität Kassel, Arbeitsgruppe Empirische Planungsforschung: Kulturangepaßte Maßnahmen für einen veränderten Umgang mit Wasser.

Prof. Dr. med. J. Knobloch, Universität Tübingen, Institut für Tropenmedizin: Die Ausbreitung wasserverursachter Infektionskrankheiten.

S. Kuhn, ICLEI European Secretariat, Freiburg: Internationale Übersicht über Aktivitäten zur LOKALEN AGENDA 21.

Dr. K. Lanz, Hamburg und Prof. Dr. J. S. Davis, ETH Zürich, Schweiz: Wasserkulturen der Welt im Vergleich – Eine Analyse westlicher Wasserwerte im Lichte fremder Kulturen.

Prof. S. McCaffrey, University of the Pacific, McGeorge School of Law, Sacramento, USA: persönliche Mitteilung.

Prof. Dr.-Ing. Dr.-Ing. E.h. E. J. Plate, Universität Karlsruhe, Institut für Hydrologie und Wasserwirtschaft: Wasser und Katastrophen (IDNDR).

Prof. Dr.-Ing. U. Rott und Dipl.-Ing. R. Minke, Universität Stuttgart, Institut für Siedlungswasserbau, Wassergüte- und Abfallwirtschaft: Wassertechnologien: Grundlagen und Tendenzen.

Prof. Dr.-Ing. Dr. rer. pol. K.-U. Rudolph und Dipl.-Ök. Th. Gärtner, Consultants for Water Engineering and Management, Witten: Die deutsche Wasserver- und -entsorgung im internationalen Vergleich. Schwächen und Stärken eines zukünftigen „deutschen Modells" sowie umweltpolitische Exportmöglichkeiten.

Prof. Dr. R. Sauerborn, Klinikum Heidelberg, Abteilung Tropenhygiene: persönliche Mitteilung.

Prof. Dr. U. Shamir, Water Research Institute, Technion Israel Institute of Technology, Haifa, Israel: Sustainable Water Management.

Dr. H.-H. Stabel, Betriebs- und Forschungslabor Zweckverband Bodensee-Wasserversorgung, Überlingen: Vergleichende Bewertung der internationalen und nationalen Standards für Nutzwasser (Trinkwasser, Irrigation, Industrie, Bergbau u.a.).

Prof. Dr.-Ing. D. Stein, Universität Bochum, Fakultät für Bauingenieurwesen: Moderne Leitungsnetze als Beitrag zur Lösung der Wasserprobleme von Städten.

Prof. Dr. D. A. Tarlock, Chicago Kent College of Law, Chicago, USA: The Use of Watermarkets to Reallocate Water to New Demands.

Cand. iur. D. Thieme, Universität Düsseldorf, Juristische Fakultät: Implementierung der Klimarahmenkonvention: Vorschläge für ein Zusatzprotokoll.

Dr.-Ing. M. Voigt, Universität Dortmund, Fakultät Raumplanung, Fachgebiet Stadtbauwesen und Wasserwirtschaft: Was ist die heutige Wasserkultur in Agglomerationsräumen der Bundesrepublik Deutschland und welche Restriktionen und Möglichkeiten zur Entwicklung einer neuen nachhaltigen Wasserkultur lassen sich benennen?

Dr. R. Wiedenmann, Zürcher Kantonalbank, Schweiz und Dr. A. Sanchez, Santa Cruz: Bedingungen, Leistungsfähigkeit und Grenzen von Genossenschaftslösungen für landwirtschaftliche Bewässerungssysteme.

Inhaltsübersicht

A   **Kurzfassung**   1
- 1   Kurzfassung der einzelnen Kapitel   3
- 2   Zentrale Handlungsempfehlungen   13

B   **Einführung**   17

C   **Fünf Jahre nach der UN-Konferenz für Umwelt und Entwicklung in Rio de Janeiro**   23
- 1   Einleitung   25
- 2   Internationale Politik zum Globalen Wandel   26
- 3   Lokale Politik zur Umsetzung der AGENDA 21   37
- 4   Fazit und Ausblick   42

D   **Schwerpunktteil: Wasser**   45
- 1   Die Süßwasserkrise: Grundlagen   47
- 2   Wasser im globalen Beziehungsgeflecht – der Wirkungszusammenhang   122
- 3   Die globale Wasserproblematik und ihre Ursachen   129
- 4   Schlüsselthemen   218
- 5   Wege aus der Wasserkrise   281

E   **Forschungs- und Handlungsempfehlungen**   357
- 1   Zentrale Forschungsempfehlungen zum Schwerpunktthema Süßwasser   359
- 2   Zentrale Handlungsempfehlungen zum Schwerpunktthema Süßwasser   367

F   **Literatur**   375

G   **Glossar**   399

H   **Der Wissenschaftliche Beirat der Bundesregierung Globale Umweltveränderungen**   405

I   **Index**   409

Inhaltsverzeichnis

A   **Kurzfassung**   1

    1   **Kurzfassung der einzelnen Kapitel**   3

    2   **Zentrale Handlungsempfehlungen**   13

B   **Einführung**   17

C   **Fünf Jahre nach der UN-Konferenz für Umwelt und Entwicklung in Rio de Janeiro**   23

    1   **Einleitung**   25

    2   **Internationale Politik zum Globalen Wandel**   26

    2.1   **Atmosphäre**   26
    2.1.1   Montrealer Protokoll   26
    2.1.2   UN-Rahmenkonvention über Klimaänderungen   26
    2.2   **Hydrosphäre**   27
    2.2.1   Schutz der Meere vor landseitigen Einleitungen   27
    2.2.2   Überfischung   28
    2.2.3   Internationaler Seegerichtshof in Hamburg   28
    2.3   **Biosphäre**   28
    2.3.1   Übereinkommen über die biologische Vielfalt   28
    2.3.2   Zwischenstaatlicher Wälder-Ausschuß   29
    2.3.3   Verhandlungen zu pflanzengenetischen Ressourcen für Ernährung und Landwirtschaft   30
    2.4   **Lithosphäre/Pedosphäre**   30
    2.5   **Bevölkerung**   31
    2.5.1   UN-Konferenz für Bevölkerung und Entwicklung (Kairo)   31
    2.6   **Gesellschaftliche Organisation**   32
    2.6.1   UN-Weltfrauenkonferenz (Peking)   32
    2.6.2   Weltsiedlungskonferenz Habitat II (Istanbul)   33
    2.6.3   Weltmenschenrechtskonferenz (Wien)   33
    2.7   **Wirtschaft**   34
    2.7.1   Allgemeines Zoll- und Handelsabkommen/ Welthandelsorganisation   34
    2.7.2   Welternährungsgipfel der Vereinten Nationen (Rom)   35
    2.7.3   Weltsozialgipfel der Vereinten Nationen (Kopenhagen)   35

    3   **Lokale Politik zur Umsetzung der AGENDA 21**   37

    3.1   **Bedeutung lokaler Politikprozesse für eine nachhaltige Entwicklung**   37
    3.2   **Die LOKALE AGENDA 21**   37
    3.2.1   Beteiligung der Kommunen am LA21-Prozeß   38

3.2.2	Aktivitäten zur LA21 im internationalen Vergleich	38
3.2.3	Deutsche LA21-Initiativen	39
3.2.4	Mit der LA21 zu einer nachhaltigen Entwicklung: Potentiale und Barrieren	40
4	**Fazit und Ausblick**	**42**
D	**Schwerpunktteil: Wasser**	**45**
1	**Die Süßwasserkrise: Grundlagen**	**47**
1.1	**Wasserfunktionen**	**47**
1.1.1	Naturfunktionen	48
1.1.1.1	Lebenserhaltungsfunktion	48
1.1.1.2	Lebensraumfunktion	48
1.1.1.3	Regelungsfunktionen	48
1.1.2	Kulturfunktionen	49
1.2	**Wasser als Lebensraum und seine Bedeutung für angrenzende Lebensräume**	**50**
1.2.1	Stehende Gewässer	50
1.2.2	Fließende Gewässer	51
1.2.3	Boden- und Grundwasser	52
1.2.4	Feuchtgebiete	53
1.2.5	Biodiversität limnischer Ökosysteme	54
1.2.6	Handlungs- und Forschungsempfehlungen	57
1.3	**Wasserkreislauf**	**58**
1.3.1	Wasserhaushalt	58
1.3.2	Wasserkreislauf im atmosphärischen Energiehaushalt	59
1.3.3	Wechselwirkungen mit der Atmosphäre	61
1.3.3.1	Strahlung, Wasserdampf und Wolken	62
1.3.3.2	Chemie der Atmosphäre und Aerosole	62
1.3.3.3	Kryosphäre und Ozean	63
1.3.3.4	Vegetation in ariden und semi-ariden Gebieten	63
1.3.4	Wechselwirkungen mit der Vegetation	64
1.3.4.1	Beeinflussung der Wasserbilanz	64
1.3.4.2	Beeinflussung der Wasserqualität	67
1.3.5	Modell: Wasserkreislauf heute und morgen	68
1.3.5.1	Vergleich zwischen Beobachtung und Simulation des heutigen Klimas	69
1.3.5.2	Simulierte Veränderungen des Wasserkreislaufs unter dem Einfluß eines verdoppelten CO_2-Äquivalent-Gehalts	69
1.4	**Aktueller Stand und zukünftige Entwicklung der Wasserentnahme in Landwirtschaft, Industrie und Haushalten**	**72**
1.4.1	Begriffsdefinitionen und Datenlage	72
1.4.2	Aktueller Stand der Wasserentnahme	73
1.4.3	Entwicklung der Wasserentnahme	79
1.5	**Wasserqualität**	**86**
1.5.1	Bestandsaufnahme der Wasserqualität	87
1.5.1.1	Niederschlag	89
1.5.1.2	Oberflächenwasser	90
1.5.1.3	Grundwasser	95
1.5.1.4	Qualitätsüberwachung	95
1.5.2	Qualitätsanforderungen	96
1.5.2.1	Trinkwasser	97
1.5.2.2	Wasser als landwirtschaftliches Produktionsmittel	98
1.5.3	Forschungs- und Handlungsempfehlungen	101
1.6	**Wasser und Katastrophen**	**102**
1.6.1	Einleitung	102

1.6.1.1	Entwicklung der Hochwasserschäden	102
1.6.1.2	Vom Starkregen zum Hochwasserschaden	103
1.6.2	Unterscheidung verschiedener Hochwassertypen	105
1.6.3	Einflüsse von Klimaänderungen auf Hochwasser	107
1.6.3.1	Beobachtete Trends in Niederschlag und Abfluß	109
1.6.3.2	Weitere mögliche Änderungen der Hochwasserhydrologie aufgrund von Klimaänderungen	109
1.6.3.3	Möglichkeiten der Modellierung	110
1.6.4	Bewältigung von Hochwasserrisiken	112
1.6.4.1	Ermittlung des Hochwasserrisikos	113
1.6.4.2	Handhabung des Hochwasserrisikos	115
1.6.5	Forschungsempfehlungen	120
2	**Wasser im globalen Beziehungsgeflecht – der Wirkungszusammenhang**	**122**
2.1	**Trends in der Hydrosphäre**	**122**
2.2	**Globale Mechanismen der Wasserkrise**	**124**
2.2.1	Einwirkungen auf die hydrosphärischen Trends	124
2.2.2	Auswirkungen der hydrosphärischen Trends auf andere Sphären	127
3	**Die globale Wasserproblematik und ihre Ursachen**	**129**
3.1	**Kritikalitätsindex als Maß für die regionale Bedeutung der Wasserkrise**	**129**
3.1.1	Modellierung der Wasserentnahme	130
3.1.2	Modellierung der Wasserverfügbarkeit	131
3.1.3	Wasserspezifisches Problemlösungspotential	132
3.1.4	Formulierung einer Kritikalitätsabschätzung	133
3.2	**Syndrome als regionale Wirkungskomplexe der Wasserkrise**	**140**
3.2.1	Wasserrelevanz einzelner Syndrome	140
3.2.2	Systematische Einordnung der Syndrome	146
3.3	**Das Grüne-Revolution-Syndrom: Umweltdegradation durch Verbreitung standortfremder landwirtschaftlicher Produktionsmethoden**	**148**
3.3.1	Begriffsbild	148
3.3.1.1	Beschreibung	148
3.3.1.2	Entscheidendes Merkmal	150
3.3.2	Allgemeine Syndromdarstellung	150
3.3.2.1	Syndrommechanismus	150
3.3.2.2	Syndromintensität/Indikatoren	157
3.3.2.3	Syndromkopplungen und -wechselwirkungen	161
3.3.2.4	Allgemeine Handlungsempfehlungen	162
3.3.3	Wasserspezifische Syndromdarstellung	165
3.3.3.1	Wasserspezifischer Syndrommechanismus	167
3.3.3.2	Wasserspezifisches Beziehungsgeflecht	167
3.3.3.3	Wasserspezifische Handlungsempfehlungen	169
3.4	**Das Aralsee-Syndrom: Umweltdegradation durch großräumige Naturraumgestaltung**	**175**
3.4.1	Begriffsbild	175
3.4.2	Wasserspezifischer Syndrommechanismus	176
3.4.2.1	Kerntrends an der Mensch-Umwelt-Schnittstelle	176
3.4.2.2	Antriebsfaktoren	178
3.4.2.3	Wirkungen auf die Natursphäre	179
3.4.2.4	Wirkungen auf die Anthroposphäre	181
3.4.2.5	Syndromkopplungen	183
3.4.3	Fallbeispiele	183
3.4.3.1	Aralsee	183
3.4.3.2	Drei-Schluchten-Projekt	185

3.4.4 Indirekte Messung der Intensität 188
3.4.4.1 Messung des Kerntrends „Abflußänderungen auf Landflächen" 189
3.4.4.2 Messung der Vulnerabilität 189
3.4.4.3 Intensität 192
3.4.5 Handlungsempfehlungen 192
3.4.5.1 Minderung der Disposition des Aralsee-Syndroms 192
3.4.5.2 Bewertung wasserbaulicher Großprojekte 193
3.4.5.3 Minderung der Folgen bestehender wasserbaulicher Großprojekte 196
3.4.6 Forschungsempfehlungen 196
3.5 Das Favela-Syndrom: Ungeregelte Urbanisierung, Verelendung, Wasser- und Umweltgefährdung in menschlichen Siedlungen 197
3.5.1 Begriffsbild 197
3.5.2 Allgemeine Syndromdiagnose 200
3.5.2.1 Landflucht, Enttraditionalisierung und ungeregelte Verstädterung 200
3.5.2.2 Politikversagen, Bedeutungszunahme des informellen Sektors und Ausgrenzung 203
3.5.3 Wasserspezifische Syndromdarstellung 206
3.5.3.1 Das Mißverhältnis zwischen Entnahme und Dargebot und seine Folgen 206
3.5.3.2 Wasserverschmutzung und Eutrophierung 207
3.5.3.3 Mangelnde Infrastruktur und ihre Folgen 207
3.5.3.4 Wasserspezifische Gesundheitsgefahren 208
3.5.3.5 Wasserzentriertes Beziehungsgeflecht 209
3.5.3.6 Dynamisches Intensitätsmaß für das Favela-Syndrom 210
3.5.4 Syndromkuration 211
3.5.4.1 Allgemeine Handlungsempfehlungen 211
3.5.4.2 Wasserspezifische Handlungsempfehlungen 213

4 Schlüsselthemen 218

4.1 Internationale Konflikte 218
4.1.1 Grundlagen der Konfliktanalyse 218
4.1.2 Wege zur Konfliktbewältigung 219
4.1.3 Regionale Konflikte um Wasser 219
4.1.3.1 Atatürk-Staudammprojekt am Euphrat-Tigris 221
4.1.3.2 Jordanbecken 224
4.1.3.3 Gabcikovo-Staudamm an der Donau 225
4.1.3.4 Große Seen in Nordamerika 226
4.1.4 Süßwasserdegradation als globales Problem 228
4.1.4.1 Regionale Wasserkonflikte als Sicherheitsbedrohung 228
4.1.4.2 Süßwasserressourcen als „Weltnaturerbe" 229
4.1.4.3 Binnengewässer und Meeresverunreinigung 229
4.1.4.4 „Menschenrecht auf Wasser" 230
4.1.5 Zusammenfassung 230
4.2 Ausbreitung wasservermittelter Infektionskrankheiten 231
4.2.1 Mit Wassernutzung verbundene Krankheiten 232
4.2.1.1 Genuß von verseuchtem Trinkwasser 233
4.2.1.2 Wasserassoziierte Wirte und Überträger von Infektionskrankheiten 235
4.2.2 Trends in der Ausbreitung wasservermittelter Infektionen 237
4.2.3 Handlungsbedarf und -empfehlungen 241

4.3 Wasser und Ernährung 245
4.3.1 Historischer Rückblick 245
4.3.2 Bevölkerungswachstum und Ernährung 245
4.3.3 Ernährung und Wasserverbrauch: Ist-Zustand und Blick in die Zukunft 249
4.3.4 Handlungsempfehlungen 250
4.3.5 Forschungsempfehlungen 251

4.4 Degradation der Süßwasserökosysteme und angrenzender Lebensräume 254
4.4.1 Versalzung und Austrocknung 255
4.4.2 Versauerung 257
4.4.3 Eutrophierung und Verschmutzung 257
4.4.4 Einführung exotischer Arten 259
4.4.5 Überfischung von Binnengewässern 261
4.4.6 Flächen- und Qualitätsverlust von Binnengewässern durch unmittelbare Eingriffe 261
4.4.7 Flächen- und Qualitätsverlust von Feuchtgebieten und ihre Auswirkungen 262
4.4.8 Forschungs- und Handlungsempfehlungen 265
4.5 Wassertechnologien: Grundlagen und Tendenzen 267
4.5.1 Wasserversorgung 267
4.5.1.1 Wassergewinnung 268
4.5.1.2 Wasserverteilung 269
4.5.1.3 Wasseraufbereitung 269
4.5.2 Wassernutzung 274
4.5.3 Wasserentsorgung 275
4.5.3.1 Wassersammlung und -transport 275
4.5.3.2 Wasserreinigung 275
4.5.4 Entwicklungstendenzen und Forschungsbedarf 279
4.5.5 Handlungsempfehlungen 280

5 Wege aus der Wasserkrise 281

5.1 Leitlinien für den „Guten Umgang mit Wasser" 281
5.1.1 Das Leitbild des Beirats 281
5.1.2 Normative Leitlinien für einen „Guten Umgang mit Wasser" 282
5.1.3 Das Leitbild im Lichte jüngerer Entwicklungen der internationalen Ressourcenpolitik und Rechtsauffassung 283
5.2 Soziokulturelle und individuelle Rahmenbedingungen für den Umgang mit Wasser 284
5.2.1 Wasserkulturen: Soziokulturelle Kontexte für den Umgang mit Wasser 284
5.2.1.1 Die wissenschaftlich-technische Dimension 285
5.2.1.2 Die ökonomische Dimension 287
5.2.1.3 Die rechtlich-administrative Dimension 288
5.2.1.4 Die religiöse Dimension 289
5.2.1.5 Die symbolische und ästhetische Dimension 289
5.2.2 Wasserverknappung und Verhalten 291
5.2.3 Wasserverschmutzung und Verhalten 294
5.3 Prinzipien und Instrumente eines nachhaltigen Wassermanagements: Umweltbildung und öffentlicher Diskurs 296
5.3.1 Maßnahmen der Umweltbildung für einen veränderten Umgang mit Wasser 297
5.3.2 Kommunikation und Diskurs 301
5.3.2.1 Grundlagen diskursiver Verständigung 301
5.3.2.2 Kommunikative Formen der Orientierung 302
5.3.2.3 Umsetzung und Anwendung diskursiver Verfahren 303
5.3.3 Empfehlungen 306
5.4 Ökonomische Ansatzpunkte für einen nachhaltigen Umgang mit Wasser 308
5.4.1 Besonderheiten des Wassers 308
5.4.1.1 Multifunktionalität und Bewertungsvielfalt des Wassers 308
5.4.1.2 Divergierende ökonomische Eigenschaften des Gutes Wasser 314
5.4.1.3 Regionaler Charakter der meisten Wasserprobleme 317
5.4.1.4 Steigende Bedeutung der Wirtschaftlichkeit 318
5.4.2 Lösung des Allokationsproblems 320
5.4.2.1 Grundsätzliche Lösungsmöglichkeiten 320

5.4.2.2	Problemlösung über Wassermärkte	322
5.4.2.3	Mindestwasserbedarf und seine Sicherung	326
5.4.3	Vergleich der Wasserwirtschaft in Deutschland und den USA	328
5.4.3.1	Vorbemerkungen	328
5.4.3.2	Wasserwirtschaft in Deutschland	328
5.4.3.3	Wasserwirtschaft in den USA	329
5.4.4	Empfehlungen	331
5.5	**Prinzipien und Instrumente des rechtlichen Umgangs mit Wasser**	**333**
5.5.1	Einleitung	333
5.5.2	Wasserhaushaltsrecht in Deutschland	334
5.5.2.1	Rechtliche Regelung der Nutzungsaufteilung in Deutschland	334
5.5.2.2	Öffentliche Trinkwasserversorgung	335
5.5.3	Internationales Süßwasserrecht	335
5.5.3.1	Völkergewohnheitsrechtliche Regeln zur Nutzung grenzüberschreitender Gewässer	336
5.5.3.2	Neuere regionale Verträge	338
5.5.3.3	Fortschritte in der Arbeit der International Law Association	339
5.5.3.4	UN-Konvention zur nicht-schiffahrtlichen Nutzung internationaler Wasserläufe	340
5.5.4	Stärkung der internationalen Mediationsmechanismen zur Konfliktverhütung	343
5.5.5	Stärkung der internationalen Zusammenarbeit zum Schutz von Süßwasserressourcen	345
5.5.5.1	„Global Consensus" zu Süßwasserressourcen	345
5.5.5.2	Funktionen	346
5.5.5.3	Mögliche institutionelle Ausgestaltung	348
5.5.5.4	Zusammenfassung	350
5.6	**Instrumenteneinsatz**	**351**
5.6.1	Erhalt von wertvollen Biotopen (Welterbe)	351
5.6.2	Wasserver- und -entsorgung	352
5.6.3	Gesundheit	352
5.6.4	Bewässerung und Ernährung	353
5.6.5	Katastrophenschutz	354
5.6.6	Konfliktschlichtung auf nationaler und internationaler Ebene	355

E	**Forschungs- und Handlungsempfehlungen**	**357**
1	**Zentrale Forschungsempfehlungen zum Schwerpunktthema Süßwasser**	**359**
1.1	**Sektorales Systemverständnis**	**359**
1.2	**Konkretisierung und Beachtung des Leitbildes**	**360**
1.3	**Ausgestaltung des Leitbildes**	**362**
1.4	**Integriertes Systemverständnis**	**364**
2	**Zentrale Handlungsempfehlungen zum Schwerpunktthema Süßwasser**	**367**
2.1	**Elemente einer globalen Wasserstrategie**	**367**
2.2	**Konkretisierung des Leitbildes**	**367**
2.3	**Beachtung und Ausgestaltung des Leitbildes**	**368**
2.4	**Ausgewählte Kernempfehlungen zur Vermeidung einer weltweiten Süßwasserkrise**	**370**
F	**Literatur**	**375**

G	**Glossar**	**399**
H	**Der Wissenschaftliche Beirat der Bundesregierung Globale Umweltveränderungen**	**405**
I	**Index**	**409**

Kästen

Kasten D 1.1-1	Funktionen des Wassers 48	
Kasten D 1.2-1	Der Baikalsee: eines der bedeutendsten natürlichen Laboratorien der Evolution 56	
Kasten D 1.3-1	Variabilität des Abflusses am Beispiel ausgewählter afrikanischer Flüsse 60	
Kasten D 1.3-2	Die Stomata der Pflanzen 66	
Kasten D 1.4-1	Fossile Wasservorräte 74	
Kasten D 1.6-1	Methoden des nicht-technischen Hochwasserschutzes 116	
Kasten D 3.2-1	Übersicht über die Syndrome des Globalen Wandels 141	
Kasten D 3.3-1	Die Grüne Revolution in Indien: Wasserprobleme 156	
Kasten D 3.3-2	Partizipative Methoden der Datenerhebung und Projektplanung in der Entwicklungszusammenarbeit 166	
Kasten D 3.3-3	Völkerrechtliche Aspekte der Ernährungssicherheit 172	
Kasten D 3.5-1	Fallbeispiele des Favela-Syndroms 199	
Kasten D 3.5-2	Methodik zu Auswahl angepaßter Verfahren der Abwasserbehandlung 216	
Kasten D 4.1-1	Spieltheoretische Modellierung von Konfliktsituationen 220	
Kasten D 4.2-1	Die Bedeutung von Ratten 238	
Kasten D 4.2-2	Malaria auf dem Vormarsch 240	
Kasten D 4.3-1	Aquakultur – zunehmende Bedeutung einer traditionellen Wirtschaftsform 252	
Kasten D 4.3-2	Bewässerungssysteme der Nabatäer 253	
Kasten D 4.4-1	Die Einführung exotischer Nutzfischarten und ihre Folgen: zwei Fallbeispiele 260	
Kasten D 4.4-2	Das Pantanal – eines der größten Feuchtgebiete der Welt – ist gefährdet 264	
Kasten D 4.4-3	Die Ramsar-Konvention 266	
Kasten D 4.5-1	Angepaßte Ver- und Entsorgungs-Technologien für Entwicklungsländer 278	
Kasten D 5.2-1	Erscheinungsweisen und Bedeutungen des Wassers 285	
Kasten D 5.2-2	Wasser als „kulturbildendes Element" 286	
Kasten D 5.2-3	Wasser ohne Nutzer: Bewässerungsanlagen in Peru 287	
Kasten D 5.2-4	Kenia: Von der Allmende zum Privateigentum 288	
Kasten D 5.2-5	Neuseeland: Die Wasserkultur der Maori 290	
Kasten D 5.2-6	Wasserverbrauchende Verhaltensweisen der privaten Haushalte 292	
Kasten D 5.3-1	Wirksamkeit psychosozialer Interventionsmaßnahmen 298	
Kasten D 5.3-2	Das Konzept der „Rationellen Wasserverwendung" in Frankfurt am Main 301	
Kasten D 5.3-3	Frauen und Wasser in Entwicklungsländern 302	
Kasten D 5.3-4	Erfahrungen mit diskursiven Verfahren im Umweltbereich aus dem In- und Ausland 304	
Kasten D 5.4-1	Ökonomische Bewertung landwirtschaftlicher Wassernutzung 310	
Kasten D 5.4-2	Wertkategorien, die sich nur bedingt oder kaum in einer marktlichen Zahlungsbereitschaft ausdrücken 312	
Kasten D 5.4-3	Wichtige Güterkategorien 315	
Kasten E 2-1	Globaler Verhaltenskodex zur Umsetzung des Rechts auf Wasser („Weltwassercharta") 371	

Tabellen

Tab. D 1.2-1	Globale Verteilung von Feuchtgebieten	54
Tab. D 1.3-1	Kontinentale Wasserbilanzen	58
Tab. D 1.3-2	Kontinentaler Vergleich zwischen beobachteten und modellierten Jahresniederschlägen	69
Tab. D 1.4-1	Große Aquifere der Welt	74
Tab. D 1.4-2	Entwicklung des Anteils der Landwirtschaft an der globalen Wasserentnahme 1900–1995	75
Tab. D 1.4-3	Jährliche kontinentale Wasserentnahme in der Landwirtschaft	75
Tab. D 1.4-4	Industrielle Wasserentnahme	77
Tab. D 1.4-5	Entwicklung der industriellen Wasserentnahme in den USA	77
Tab. D 1.4-6	Wasserwiederverwendungsraten	79
Tab. D 1.4-7	Trinkwassernutzung pro Person und Tag in Deutschland für 1995	79
Tab. D 1.4-8	Jährliche Wasserentnahme der Haushalte, nach Kontinenten	81
Tab. D 1.4-9	Grundannahmen zur Entwicklung der Wasserentnahme von Landwirtschaft, Industrie und Haushalten für die Szenarien L, M und H des Modells WaterGAP	83
Tab. D 1.4-10	Entwicklung der industriellen Wasserentnahme ausgewählter Länder	85
Tab. D 1.4-11	Veränderung der Wasserentnahme durch Haushalte (80er Jahre bis 2000)	85
Tab. D 1.5-1	Faktoren mit Einfluß auf die Wasserqualität	88
Tab. D 1.5-2	Typische Konzentrationen der wichtigsten Ionen in kontinentalem und ozeanischem Niederschlag	89
Tab. D 1.5-3	Abbaubare organische Substanz und schwer abbaubare Substanz sowie Sauerstoffgehalt in europäischen Flüssen und weltweit	93
Tab. D 1.5-4	Metallkonzentrationen in Gewässern weltweit	94
Tab. D 1.5-5	Einstufung der Oberflächengewässer nach Trophiegraden	95
Tab. D 1.5-6	Trophiegrade von Seen und Talsperren weltweit	96
Tab. D 1.5-7	Mögliche Komplexitätsstufen eines allgemeinen Monitoringprogramms in Fließgewässern	97
Tab. D 1.5-8	Trinkwasserstandards ausgewählter Parameter im Vergleich	99
Tab. D 1.5-9	Beurteilung der Wasserqualität für die Bewässerung	100
Tab. D 1.5-10	Empfohlene Höchstkonzentrationen toxischer Stoffe im Bewässerungswasser bei kontinuierlicher Bewässerung	101
Tab. D 1.5-11	Eignung salzhaltigen Wassers zur Viehtränke	101
Tab. D 1.5-12	Richtwerte der National Academy of Sciences, USA für Metalle und Salze im Wasser zur Viehtränke	101
Tab. D 1.6-1	Anzahl der 1991–1995 durch Naturereignisse betroffenen Personen	104
Tab. D 3.1-1	Idealtypische Ökonomie-Ökologie-Auffassungen	133
Tab. D 3.1-2	Definition des Vulnerabilitätsindexes	134
Tab. D 3.1-3	Anzahl und Anteil der von der globalen Wasserkrise betroffenen Menschen	138
Tab. D 3.3-1	Mittlerer jährlicher Stickstoffdüngerverbrauch in den Grüne-Revolution-Ländern im Jahr 1994	168
Tab. D 3.4-1	Sedimentfrachten von ausgewählten Flüssen	179
Tab. D 3.4-2	Spitzenwerte des Yangtse Hochwassers	186

Tab. D 3.5-1	Das quantitative Ausmaß der Favela-Bildungen	198
Tab. D 3.5-2	Schlaglichtartige Gegenüberstellung des formellen und informellen Sektors	204
Tab. D 3.5-3	Trends in der städtischen Erwerbstätigenstruktur Lateinamerikas 1950–1989	205
Tab. D 3.5-4	Wasserversorgung städtischer Haushalte	208
Tab. D 3.5-5	Abwasserbehandlung in humiden bis semi-ariden Gebieten	216
Tab. D 4.2-1	Wasservermittelte Krankheiten	232
Tab. D 4.4-1	Durch direkte und indirekte Einwirkung ausgelöste natürliche und anthropogene Versalzungsphänomene, ihre regionale Verbreitung und Prognose für die Zukunft	256
Tab. D 4.4-2	Weltweiter Rückgang von Feuchtgebieten	263
Tab. D 4.5-1	Einrichtungen zur Wassergewinnung und -verteilung	268
Tab. D 4.5-2	Verfahren der Wasseraufbereitung und Abwasserreinigung	270
Tab. D 5.4-1	Verteilung der Verantwortung bei alternativen Ansätzen der Wasserversorgung: Auswertung von Fallstudien	320
Tab. D 5.5-1	Geschätzter jährlicher Finanzbedarf (1993–2000) zur Umsetzung von Kapitel 18 der AGENDA 21	348

Abbildungen

Abb. C 2-1	Einbindung der Biodiversitätskonvention in die Weltumweltpolitik 29	
Abb. D 1.1-1	Globale Verteilung des Wassers 47	
Abb. D 1.2-1	Schematischer Längsverlauf eines Fließgewässers mit Zonierung der Fischfauna, physikalischen Gradienten und Sauerstoffprofil 52	
Abb. D 1.2-2	Artenzahl terrestrischer und aquatischer Wirbeltiere 55	
Abb. D 1.2-3	Häufigkeit wesentlicher Faktoren, die am Artensterben der Süßwasserfische Nordamerikas beteiligt sind 57	
Abb. D 1.3-1	Globaler Wasserkreislauf: Reservoire, Flüsse und typische Verweildauer 59	
Abb. D 1.3-2	Saisonale Abflüsse und interannuelle Schwankungen des Senegal (1903-1973) und des Kongo (1912-1983) 60	
Abb. D 1.3-3	a) Prozentuale Absorption der Atmosphäre und b) globale Strahlungs- und Energiebilanz 61	
Abb. D 1.3-4	Schema der Stomata mit Gas- und Stoffströmen 66	
Abb. D 1.3-5	Globale Verteilung der jährlichen Niederschläge: a) Beobachtungen, b) Simulation des heutigen Klimas, c) Simulation eines Klimas mit 2 x CO_2-Äquivalent, d) Differenz zwischen den beiden Modell-Klimaten b und c 70	
Abb. D 1.3-6	Globale Verteilung der jährlichen Abflüsse. Differenz der Modell-Simulationen des heutigen Klimas und 2 x CO_2-Äquivalent 71	
Abb. D 1.3-7	Globale Verteilung der jährlichen Evapotranspiration. Differenz der Modell-Simulationen des heutigen Klimas und 2 x CO_2-Äquivalent 71	
Abb. D 1.3-8	Differenz der Modell-Simulationen des heutigen Klimas und 2 x CO_2-Äquivalent: a) Jahressummen des Bodenwassers, b) Anzahl der Trockenstreß-Monate, in denen der Bodenwassergehalt unter eine kritische Schwelle sinkt 71	
Abb. D 1.3-9	Globale Verteilung der Klimazonen nach Köppen. a) Beobachtung, b) Simulation des heutigen Klimas, c) Simulation eines Klimas mit 2 x CO_2-Äquivalent, d) Differenz zwischen den beiden Modell-Klimaten b und c 72	
Abb. D 1.4-1	a) Wasserentnahme der Landwirtschaft für 1995, b) Wasserentnahme der Landwirtschaft pro Kopf für 1995 76	
Abb. D 1.4-2	a) Wasserentnahme der Industrie für 1995, b) Wasserentnahme der Industrie pro Kopf für 1995 78	
Abb. D 1.4-3	a) Wasserentnahme der Haushalte für 1995, b) Wasserentnahme der Haushalte pro Kopf für 1995 80	
Abb. D 1.4-4	Relative Entwicklung der Gesamtwasserentnahme bedingt durch Bevölkerungswachstum im Zeitraum von 1995–2025 82	
Abb. D 1.4-5	Relative Entwicklung der landwirtschaftlichen Wasserentnahme im Zeitraum von 1995–2025 84	
Abb. D 1.4-6	Relative Entwicklung der industriellen Wasserentnahme im Zeitraum von 1995–2025 86	
Abb. D 1.4-7	Relative Entwicklung der Wasserentnahme der Haushalte im Zeitraum von 1995–2025 87	

Abb. D 1.5-1	Entwicklung überregionaler Einflüsse mit Bedeutung für die Wasserqualität in der industrialisierten Welt von 1850 bis zur Gegenwart	88
Abb. D 1.5-2	Gefahr der Gewässerversauerung	90
Abb. D 1.5-3	Sedimentfracht der Flüsse. Absolute Sedimentfracht und relative Sedimentfracht pro Flächeneinheit des Einzugsgebiets	91
Abb. D 1.5-4	Salzgehalt verschiedener Süßwasserkörper weltweit	92
Abb. D 1.6-1	Hochwasserschäden: volkswirtschaftliche und versicherte Schäden durch große Überflutungen 1960–1996	103
Abb. D 1.6-2	Globale Verteilung der Überschwemmungsgefahr	105
Abb. D 1.6-3	Die Bereiche eines Flußgebiets	106
Abb. D 1.6-4	Kaskade des Hochwasserrisikos	108
Abb. D 1.6-5	Umgang mit Risiko	113
Abb. D 1.6-6	Hochwassergefährdung, dargestellt durch die Isolinien für Wasserstände bei Extremhochwasser mit verschiedenen Wiederkehrzeiten (schematisch)	114
Abb. D 1.6-7	Schema der Möglichkeiten des Hochwasserschutzes	115
Abb. D 1.6-8	Nutzen der Vorwarnzeit am Beispiel von Staudammbrüchen	117
Abb. D 2-1	Wasserzentriertes Globales Beziehungsgeflecht: Einwirkungen	123
Abb. D 2-2	Wasserzentriertes Globales Beziehungsgeflecht: Auswirkungen	126
Abb. D 3.1-1	Bewertungsmatrizen. a) geringe Substituierbarkeit (Szenario II), b) hohe Substituierbarkeit (Szenario I) des natürlichen durch den ökonomischen Kapitalstock	135
Abb. D 3.1-2	Szenario II und Differenz 2025. a) Kritikalitätsindex im Jahre 1995, b) Änderung des Kritikalitätsindexes bis 2025 unter Annahme des mittleren Szenarios für die Wasserentnahme und der IPCC-Prognose IS92a für Wirtschaftswachstum und Bevölkerungsentwicklung	136
Abb. D 3.1-3	Szenario I und Differenz 2025. a) Kritikalitätsindex im Jahre 1995, b) Änderung des Kritikalitätsindexes bis 2025 unter Annahme des mittleren Szenarios für die Wasserentnahme und der IPCC-Prognose IS92a für Wirtschaftswachstum und Bevölkerungsentwicklung	137
Abb. D 3.1-4	Änderung der Anzahl der von schwerer oder sehr schwerer Wasserkrise (K = 4 oder 5) betroffenen Menschen zwischen 1995 und 2025	139
Abb. D 3.2-1	Einschätzung der Bedeutung der einzelnen Syndrome hinsichtlich ihres Beitrags zur Wasserkrise	147
Abb. D 3.3-1	Beziehungsgeflecht des Grüne-Revolution-Syndroms, Stadium I (ca. 1965–1975)	152
Abb. D 3.3-2	Beziehungsgeflecht des Grüne-Revolution-Syndroms, Stadium II (ca. 1975–1985)	153
Abb. D 3.3-3	Beziehungsgeflecht des Grüne-Revolution-Syndroms, Stadium III (ca. 1985 bis heute)	154
Abb. D 3.3-4	Einzelindikatoren für das Auftreten der Grünen Revolution: a) Absolute Flächenproduktivitätssteigerung im Getreideanbau von 1960–1990, b) durchschnittliches Nahrungsversorgungsdefizit im Jahr 1961 158 Einzelindikatoren für das Auftreten der Grünen Revolution: c) Pro-Kopf-Getreideproduktion im Jahr 1991, d) relativer im Lande verbleibender Getreideproduktionszuwachs	159
Abb. D 3.3-5	Auftreten der Grünen Revolution	160
Abb. D 3.3-6	Auftreten des Grüne-Revolution-Syndroms	162
Abb. D 3.3-7	Syndromkopplungen im Zeitverlauf	163
Abb. D 3.4-1	Beziehungsgeflecht zum Aralsee-Syndrom	177
Abb. D 3.4-2	Abfluß des Colorado unterhalb der Dämme (1905–1992)	180
Abb. D 3.4-3	Gesamtzufluß und Volumen des Aralsees (1930–1985)	184
Abb. D 3.4-4	a) Zahl der Dämme in einer Provinz bzw. einem Land, bezogen auf die gesamte Flußlänge in der jeweiligen Region, b) Damm-Impaktindikator, d. h. Erwartungswert der flußaufwärts gelegenen Dämme pro km^3 Jahresdurchflußmenge	190

Abb. D 3.4-5	a) Vulnerabilität für schwerwiegende Schädigung von Natur und Mensch durch Errichtung von großen Staudämmen, b) Intensität des Aralsee-Syndroms 191	
Abb. D 3.5-1	Wasserzentriertes Beziehungsgeflecht für das Favela-Syndrom 201	
Abb. D 3.5-2	Altersangepaßte Sterberaten nach Todesursachen in verschiedenen Wohnzonen in Akkra und São Paulo 209	
Abb. D 3.5-3	Intensität des Favela-Syndroms 211	
Abb. D 4.1-1	Konfliktdifferenzierung: Werte-, Mittel- und Interessenkonflikte 219	
Abb. D 4.2-1	a) Bevölkerung ohne Zugang zu sauberem Trinkwasser, b) Bevölkerung ohne Zugang zu sanitären Anlagen 231	
Abb. D 4.2-2	a) Bevölkerung mit Zugang zu sauberem Trinkwasser, b) Kindersterblichkeit 233	
Abb. D 4.2-3	Ausbrüche von Cholera im Jahr 1995 234	
Abb. D 4.2-4	Ausbrüche von Dengue und Gelbfieber im Jahr 1995 235	
Abb. D 4.2-5	Verbreitung von Malaria 236	
Abb. D 4.3-1	Wachstumsraten und Zunahme der Weltbevölkerung 246	
Abb. D 4.3-2	Ertragssteigerungen im Getreideanbau seit 1950 247	
Abb. D 4.3-3	Weltgetreideprodukion und Entwicklung der Pro-Kopf-Produktion von 1960–1994 247	
Abb. D 4.3-4	Vergleich der Getreide-Produktionsniveaus von Europa und Afrika (1960–1994) 248	
Abb. D 4.3-5	Kalorienverbrauch und Nahrungszusammensetzung in verschiedenen Regionen der Erde 248	
Abb. D 4.3-6	Entwicklung der Getreideanbau- und Bewässerungsflächen 249	
Abb. D 4.3-7	Produktionszuwächse bei Aquakulturen 252	
Abb. D 4.3-8	Anteil der Proteinversorgung durch Fisch 252	
Abb. D 4.4-1	Karte des Pantanal 264	
Abb. D 4.5-1	Verfahrensschema einer Anlage zur Aufbereitung von Oberflächenwasser 273	
Abb. D 4.5-2	Verfahrensschema einer kommunalen Kläranlage mit weitgehender Entnahme von Kohlenstoff-, Stickstoff- und Phosphorverbindungen 276	
Abb. D 5.1-1	Die Leitplankenphilosophie des WBGU 282	
Abb. D 5.4-1	Wertgrenzprodukt für Wasser beim Baumwollanbau in Arizona (1975 und 1980) 310	
Abb. D 5.4-2	Wassermärkte 323	

Akronyme

ADB	Asian Development Bank
AIDS	Acquired Immune Deficiency Syndrome
BGBl	Bundesgesetzblatt
BGW	Bundesverband der Deutschen Gas- und Wasserwirtschaft
BIP	Bruttoinlandsprodukt
BMBF	Bundesministerium für Bildung, Wissenschaft, Forschung und Technologie
BML	Bundesministerium für Ernährung, Landwirtschaft und Forsten
BMZ	Bundesministerium für wirtschaftliche Zusammenarbeit und Entwicklung
BSB	Biochemischer Sauerstoffbedarf
BSP	Bruttosozialprodukt
BVerfGE	Bundesverfassungsgericht
CBD	Convention on Biodiversity
CBO	Community Based Organization
CCD	Convention to Combat Desertification
CDC	Centers for Disease Control and Prevention (USA)
CFS	Committee on World Food Security (FAO)
CGE	Compagnie Générale des Eaux (Frankreich)
CGIAR	Consultative Group on International Agricultural Research (USA)
CIMMYT	Centro Internacional de Mejoramiento de Maiz y Trigo (Mexiko)
CITES	Convention on International Trade in Endangered Species of Wild Fauna and Flora
CMS	Convention on the Conservation of Migratory Species
CSB	Chemischer Sauerstoffbedarf
CSD	Commission on Sustainable Development (UN)
DAAD	Deutscher Akademischer Austauschdienst
DDT	Dichlor-Diphenyl-Trichloräthan
DFG	Deutsche Forschungsgemeinschaft
DALY	Disability-Adjusted Life Years
ECE	Economic Commission of Europe (UN)
ECHAM	Auf einem ECMWF-Modell aufbauendes, in Hamburg von der Universität Hamburg, dem Max-Planck-Institut für Meteorologie und dem Deutschen Klimarechenzentrum entwickeltes Klimamodell
ECHAM4-OPYC	Gekoppeltes Atmosphären-Ozean-Klimamodell (MPI für Meteorologie und Deutsches Klimarechenzentrum)
ECMWF	European Centre for Medium-Range Weather Forecast (UK)
ECOSOC	Economic and Social Council (UN)
EG	Europäische Gemeinschaft
EPI	Expanded Programme of Immunization
ESCAP	Economic and Social Commission for Asia and Pacific
EU	Europäische Union
FAO	Food and Agriculture Organization of the United Nations
FCCC	Framework Convention on Climate Change
FCKW	Fluorchlorkohlenwasserstoffe
FWCW	Fourth World Conference on Women

GAOR	General Assembly Official Records
GAP	Günedogu Anadolu Projesi
GATT	General Agreement on Tariffs and Trade
GCM	General Circulation Models
GEF	Global Environment Facility (UN)
GEMS	Global Environmental Monitoring System (UNEP)
GIS	Geographical Information System
GTZ	Gesellschaft für Technische Zusammenarbeit, Eschborn
GUS	Gemeinschaft Unabhängiger Staaten
HABITAT	United Nations Conference for Human Settlement (UNCHS)
IAP-WASAD	International Action Programme on Water and Sustainable Agricultural Development (FAO)
ICLEI	International Council for Local Environmental Initiatives
ICPD	International Conference for Population and Development
ICRISAT	International Crop Research Institute for the Semi-Arid Tropics (Indien) (CGIAR)
ICSU	International Council of Scientific Unions
IDB	Interamerikanische Entwicklungsbank
IGH	Internationaler Gerichtshof, Den Haag
IDB	Inter-American Development Bank
IFAD	International Fund for Agricultural Development
IFPRI	International Food Policy Research Institute
IGBP	International Geosphere Biosphere Programme (ICSU)
IGH	Internationaler Gerichtshof
IHDP	International Human Dimension of Global Environmental Change Programme (ICSU)
IIASA	International Institute for Applied Systems Analysis (Österreich)
IIMI	International Water and Irrigation Management Institute (Sri Lanka) (CGIAR)
IITA	International Institute of Tropical Agriculture (Nigeria) (CGIAR)
ILA	International Law Association
ILC	International Law Commission (UN)
ILM	International Legal Materials
ILO	International Labour Organisation
IPCC	Intergovernmental Panel on Climate Change (WMO, UNEP)
IPF	Intergovernmental Panel on Forests (CSD)
IRRI	International Rice Research Institute (Phillippinen) (CGIAR)
IS92a	CO_2-Emissionsszenario (IIASA)
IVU-Richtlinie	Richtlinie zur Vermeidung und Verminderung von Umweltverschmutzungen
KA	Kritikalitätsabschätzung
KI	Kritikalitätsindex
LA21	LOKALE AGENDA 21
LAWA	Länderarbeitsgemeinschaft Wasser
LCA	Lebenszyklusanalyse
LED	Lyonnaise des Eaux-Dumez (Frankreich)
MAB-UNESCO	Man and the Biosphere Programme (UNESCO)
MPI	Max-Planck-Institut
NATO	North Atlantic Treaty Organization
NRO	Nichtregierungsorganisation
OAS	Organisation der Amerikanischen Staaten
OAU	Organization of African Unity
OCP	Onchiocerciasis Control Programme (WHO)
OECD	Organisation for Economic Co-operation and Development
OSZE	Organisation für Sicherheit und Zusammenarbeit in Europa
PAHO	Pan American Health Organisation

PAI	Population Action International
PCB	Polychlorierte Biphenyle
PEEM	Panel of Experts on Environmental Management for Vector Control (WHO, FAO, UNEP)
PIK	Potsdam-Institut für Klimafolgenforschung
PKK	Partîya Karkeren Kurdistan (Kurdische Arbeiterpartei)
PLO	Palestine Liberation Organization
POP	Persistant Organic Pollutant
PRA	Participatory Rural Appraisal
QELRO	Quantified Emission Limitation and Reduction Objective
Ramsar	Convention on Wetlands of International Importance especially as Waterfowl Habitat (unterzeichnet in Ramsar, Iran)
RRA	Rapid Rural Appraisal
SAUR	Societé d'Amenagement Urbain et Rural (Frankreich)
SEI	Stockholm Environment Institute
SHIFT	Studies of Human Impact on Forests and Floodplains in the Tropics (BMFT)
SRU	Rat von Sachverständigen für Umweltfragen
T & D	Towns & Development
TRIPS	Council for Trade Related Aspects of Intellectual Property Rights
UBA	Umweltbundesamt, Berlin
UN	United Nations
UN DTCD	United Nations Department of Technical Cooperation for Development
UN IN-STRAW	United Nations International Research and Training Institute for the Advancement of Women
UNCED	United Nations Conference on Environment and Development, „Rio-Konferenz 1992"
UNCHS	United Nations Centre for Human Settlements (HABITAT)
UNCLOS	United Nations Convention on the Law of the Sea
UNCTAD	United Nations Conference on Trade and Development
UNDP	United Nations Development Programme
UNEP	United Nations Environment Programme
UNESCO	United Nations Educational, Scientific and Cultural Organization
UNFPA	United Nations Population Fund
UNGA	United Nations General Assembly
UNICEF	United Nations Children Fund
UNIDO	United Nations Industrial Development Organisation
UNPD	United Nations Population Division
UPOV	International Convention for the Protection of New Varieties of Plants
UVP	Umweltverträglichkeitsprüfung
VIP	Ventilated Improved Pit
WaterGAP	Water - Global Assessment and Prognosis (Modell)
WBGU	Wissenschaftlicher Beirat der Bundesregierung Globale Umweltveränderungen
WEU	Westeuropäische Union
WHG	Wasserhaushaltsgesetz
WHO	World Health Organization (UN)
WMO	World Meteorological Organisation (UN)
WRC	Water Resources Committee (ILA)
WRI	World Resources Institute
WTO	World Trade Organisation
WWI	Worldwatch Institute
WZB	Wissenschaftszentrum Berlin für Sozialforschung

Kurzfassung

Kurzfassung der einzelnen Kapitel

*Nie habe ich Nilwasser zurückgehalten,
nie habe ich dem Wasser den Weg versperrt,
nie habe ich den Nil beschmutzt.*
PHARAONISCHE INSCHRIFT
IM TAL DER KÖNIGE (RAMSES III)

Der Umgang mit Wasser – seine Erschließung, Verteilung, Nutzung, Reinhaltung und Abwehr – hat die Geschichte der menschlichen Zivilisation nachhaltig geprägt. Der Umgang mit Wasser ist aber auch eine der vorrangigen Aufgaben der Gegenwart. Heute leben rund 2 Mrd. Menschen ohne Zugang zu sauberem Trink- und Sanitärwasser (Gleick, 1993), weltweit werden nur 5% der Abwässer gereinigt. Infolgedessen leidet jeder zweite Mensch in den Entwicklungsländern an einer wasserbedingten Krankheit; 5 Mio. Menschen sterben jährlich allein durch Verunreinigungen und Keime im Trinkwasser. Süßwasser ist der wichtigste limitierende Faktor für die Nahrungsmittelproduktion, und 70% des globalen Wasserverbrauchs werden schon jetzt in der Landwirtschaft genutzt. Um das Wasserdargebot zu sichern und zu steigern, werden weltweit bis zu 40.000 Staudämme betrieben, und täglich wird ein neuer Damm eingeweiht. Der Inhalt aller Stauseen entspricht dem fünffachen Volumen aller Flüsse der Erde. Internationale Konflikte um die kostbare Ressource sind bei wachsender Verknappung in vielen Teilen der Welt vorauszusehen. Mit Blick auf äthiopische Planungen zu Staudammprojekten am Blauen Nil drohte beispielsweise der ehemalige ägyptische Präsident Sadat: „Wer mit dem Nilwasser spielt, erklärt uns den Krieg!"

Ausmaß und Bedeutung der gegenwärtigen Süßwasserproblematik, die den Keim einer globalen sozialen und ökologischen Krise in sich trägt, ließen den Beirat dieses Thema in den Mittelpunkt seines diesjährigen Gutachtens stellen. Der Beirat analysiert und bewertet den Gesamtkomplex nach Fakten und Zusammenhängen, beschreibt im Detail die verfügbaren Instrumente für den Umgang mit Süßwasser und zeigt Wege zur Vermeidung einer weltweiten krisenhaften Entwicklung auf. Der Lösungsansatz des Beirats ruht auf 2 Pfeilern: Das erste Hauptelement bildet wiederum sein *Leitplanken-Modell*, welches das Entscheidungsdilemma zwischen sozialen, ökologischen und ökonomischen Zielvorstellungen durch eine klare Prioritätensetzung aufzulösen versucht. Dadurch wird ein robustes Paradigma für den „Guten Umgang mit Wasser" geschaffen.

Das vom Beirat entwickelte Leitbild läßt sich unter der Maxime zusammenfassen: GRÖSSTMÖGLICHE EFFIZIENZ UNTER BEACHTUNG DER GEBOTE VON FAIRNESS UND NACHHALTIGKEIT. Dieses Prinzip berücksichtigt die Tatsache, daß Wasser wie kein anderes Schutzgut eine *knappe* und *essentielle Ressource* darstellt. Wasser ist Wirtschaftsgut und Lebens-Mittel zugleich. Dabei definieren seine essentiellen Eigenschaften den soziokulturellen und ökologischen Rahmen, der als Leitplanke für die wirtschaftliche Nutzung des Wassers zur allgemeinen Wohlfahrtsoptimierung dient. Die Knappheitseigenschaften des Wassers erfordern hingegen, daß innerhalb der Leitplanken die wirtschaftliche Suche nach nutzenstiftender Süßwasserverwendung möglichst ungehindert erfolgen kann. Effizienz kann allerdings nur erzielt werden, wenn geeignete institutionelle, technische und edukatorische Voraussetzungen bestehen.

Für spezifische Politikfelder und wissenschaftliche Fachbereiche entwickelt der Beirat aus diesem Leitbild Ansätze zur Lösung der Wasserkrise. Das zweite Hauptelement besteht folglich in einer *globalen Strategie* zur Umsetzung des Leitbildes. Diese Strategie gliedert sich in einen internationalen Konsens, eine Weltwassercharta und einen internationalen Aktionsplan zur Süßwasserproblematik.

Grundlagen zur Analyse der weltweiten Wasserkrise

BIOLOGISCHE UND PHYSIKALISCHE GRUNDLAGEN

Die Darstellung der natürlichen Ausgangslage dient als Basis für weitere Analysen. Zunächst werden die Lebensräume des Süßwassers sowie die Bedrohung der limnischen Biodiversität geschildert. Hieran schließt die Darstellung der abiotischen Faktoren an, die für den Wasserkreislauf wichtig sind. Dabei müssen die Wechselwirkungen zwischen Atmosphäre und Vegetation besonders beachtet werden. Wie können sich wichtige Elemente der Wasserbilanz und des Wasserkreislaufs durch einen Klimawandel ändern? Zu dieser Frage legt der Beirat eine Analyse vor, in der Charakteristika des Wasserkreislaufs im heutigen und in einem simulierten Klima mit doppeltem CO_2-Äquivalent-Gehalt verglichen werden. Der WBGU stützt sich dabei auf Rechnungen mit dem gekoppelten Atmosphäre-Ozean-Modell ECHAM/OPYC des Deutschen Klimarechenzentrums und des Max-Planck-Instituts für Meteorologie. Die Simulation mit diesem Modell zeigt, daß in einem wärmeren Klima mehr Niederschläge auf die Landmassen fallen, vor allem in hohen Breiten und in Teilen der Tropen und Subtropen. In anderen Regionen regnet es hingegen weniger. Hiervon sind etwa große Teile Brasiliens, das südwestliche Afrika und West- und Nordaustralien betroffen. Vom Menschen verursachte Klimaveränderungen werden wohl insgesamt den Wasserkreislauf verstärken, aber dies wird mit erheblichen regionalen Unterschieden verbunden sein. Es wird also Gewinner und Verlierer geben.

WASSERBEDARF UND -NACHFRAGE

Die zukünftige Entwicklung der globalen Wasserentnahme für Landwirtschaft, Industrie und Haushalte hat der Beirat in einem Szenario prognostiziert, dessen Grundlagen am Potsdam-Institut für Klimafolgenforschung und am Umweltsystemforschungszentrum der Universität Gesamthochschule Kassel erarbeitet wurden. Diesen Berechnungen liegen Annahmen über die zukünftige Entwicklung der zentralen Trends im Wasserbereich zugrunde, etwa über das Dargebot in Abhängigkeit vom Klimawandel, den Verbrauch unter Berücksichtigung der demographischen und wirtschaftlichen Entwicklung sowie die Effizienz der Wassernutzung. Wasserpreise, kulturelle Einflüsse und institutionelle Bedingungen der Wasserentnahme wurden nicht berücksichtigt. Die Prognose zeigt, daß die Gesamtwasserentnahme für die Landwirtschaft von 1995–2025 um 18% steigen wird. Trotz dieser Zunahme sinkt der Anteil der landwirtschaftlichen Wasserentnahme an der globalen Gesamtentnahme auf 56% und liegt damit 19% niedriger als 1995. Ursache dafür ist die Wasserentnahme durch die Industrie, die sich bis 2025 verdreifachen wird und damit wesentlich stärker als die Bevölkerungszahl steigt. Die Wasserentnahme durch die Haushalte wird vor allem in Afrika und Asien stark zunehmen, in Europa und Südamerika ist dagegen teilweise eine rückläufige Entwicklung zu erwarten.

WASSERQUALITÄT

Um ökologische und soziale Leitplanken für die Wasserqualität zu definieren, ist eine möglichst flächendeckende Beobachtung (Monitoring) notwendig. Daten zur Wasserqualität liegen heute jedoch geographisch sehr ungleich verteilt vor. Menschliche Einflüsse auf die Wasserqualität beeinträchtigen weltweit die Natur- und Kulturfunktionen, vor allem durch direkte Eingriffe in die Landschaft und Einträge aus punktuellen und diffusen Quellen aus Siedlungen, Gewerbe, Landwirtschaft und Industrie. Wie sich die durch den Menschen ins Wasser gelangten Stoffe in der Umwelt verhalten, wie sie sich ab- und umbauen und in Ökosystemen sowie auf Menschen wirken, ist zu wenig bekannt. Zu den global bedeutendsten Einflüssen auf die Wasserqualität gehören Versauerung, Eutrophierung, Versalzung sowie die Belastung mit organischen (z. B. Pestizide) und anorganischen Spurenstoffen (z. B. Schwermetalle). Für viele Nutzungsformen sind die Qualitätsansprüche kaum definiert, wie etwa für die Landwirtschaft und industrielle Nutzungen. Für andere werden sie national sehr unterschiedlich festgelegt, beispielsweise für das Trinkwasser, das grundsätzlich den höchsten Qualitätsansprüchen genügen muß. Das Setzen von Grenzwerten kann nur relative Sicherheit vor Gesundheitsschäden bieten. Damit langfristig die kritischen Belastungsgrenzen unterschritten bleiben, müssen zur Sicherung der Wasserqualität fachlich begründete Qualitätsziele definiert und erreicht werden.

HOCHWASSER

Der Großteil des Jahresgutachtens behandelt Probleme, die durch zu wenig Wasser oder durch dessen schlechte Qualität entstehen. Natürlich führt aber auch *zu viel* Wasser zu erheblichen Problemen und sogar zu Katastrophen. Hochwasser und Überschwemmungen sind die Naturkatastrophen, die weltweit die größten wirtschaftlichen Schäden verursachen und oft viele Menschenleben kosten. Der Beirat erörtert vor allem, wie Hochwasser entsteht, wie globale Veränderungen das Hochwasser beeinflussen und wie Hochwasserrisiken am besten bewältigt werden können. Eine ausführlichere Auseinandersetzung mit Risiken wird Gegenstand eines späteren Gutachtens des Beirats sein.

Auswirkungen von Syndromen des Globalen Wandels in der Süßwasserkrise

In den bisherigen Gutachten entwickelte der Beirat ein Konzept zur ganzheitlichen Betrachtung und Analyse der globalen Umweltveränderungen (WBGU, 1993–1996). Danach können die wichtigsten globalen Umweltprobleme in Form von 16 „Erdkrankheiten" oder Syndromen dargestellt werden. Diese Systemsicht wendet der Beirat auf die Süßwasserkrise an. Aus diesen 16 Syndromen wählt der Beirat drei besonders wasserrelevante Krankheitsbilder der Erde für eine eingehendere Untersuchung aus: die Grüne-Revolution-, Aralsee- und Favela-Syndrome.

Zunächst wird die Rolle des Wassers im Globalen Beziehungsgeflecht dargestellt, eine vom Beirat entwickelte Methode, mit der komplexe Zusammenhänge innerhalb des Globalen Wandels für eine Analyse aufbereitet werden. Durch Anwendung auf weltweite Wasserprobleme läßt sich untersuchen, wie die typischen Trends in der Hydrosphäre (etwa Süßwasserverknappung, Veränderung des Grundwasserspiegels oder Veränderung der lokalen Wasserbilanz) mit den anderen Trends des Globalen Wandels verknüpft sind. Die Wechselwirkungen werden beschrieben und als wasserzentriertes Globales Beziehungsgeflecht graphisch dargestellt.

Bedeutung der regionalen Süsswasserkrise

Die regionale Bedeutung der Süßwasserkrise unterstreicht der vom Beirat entwickelte Kritikalitätsindex. Dieser Ansatz bewertet die Wasserkrise durch einen zusammengesetzten Indikator, der das natürliche Wasserdargebot und den wachsenden menschlichen Nutzungsdruck verknüpft, dabei aber gleichzeitig das Problemlösungspotential einer Gesellschaft berücksichtigt. Auf der Basis detaillierter Wasserdargebots- und -entnahmeszenarien, die auf der Ebene subnationaler Wassereinzugsgebiete vom Zentrum für Umweltsystemforschung der Universität Gesamthochschule Kassel erstellt und berechnet und vom Potsdam-Institut für Klimafolgenforschung mit den nationalen Problemlösungspotentialen verknüpft wurden, ergeben sich Weltkarten, die nicht nur die heutigen Brennpunkte der Süßwasserkrise zeigen. Mit Hilfe weiterer Szenarien zur Bevölkerungsentwicklung, eines Klimaszenariums des MPI Hamburg und Annahmen über zukünftige Wasserentnahmen werden auch Abschätzungen der zukünftigen Problemregionen vorgelegt.

Das Grüne-Revolution-Syndrom

Das Grüne-Revolution-Syndrom umfaßt die großräumige, staatlich geplante und schnelle Modernisierung der Landwirtschaft mit importierter, nichtangepaßter Agrartechnologie, wobei negative Nebenwirkungen auf die naturräumlichen Produktionsbedingungen und die Sozialstruktur auftreten und in Kauf genommen werden. Die Erfolge der Grünen Revolution werden vor allem in der Bewässerungslandwirtschaft erzielt; gleichzeitig können aber innerhalb weniger Jahre wassertypische Probleme auftreten. Charakteristisch für die „Entstehung" des Grüne-Revolution-Syndroms ist das Zusammentreffen vor allem geopolitischer (internationale Interessenlagen), biologisch-technischer (Saatgutrevolution), bevölkerungspolitischer (Bevölkerungswachstum) und wirtschaftlicher Entwicklungen (Verarmung). Die Grüne Revolution wurde im Rahmen groß angelegter Planungen „von oben nach unten" und im globalen Maßstab von „reich nach arm" (Technologie- und Wissenstransfer) durchgeführt.

Der syndromanalytische Ansatz macht deutlich, daß das Ernährungsproblem nicht allein auf Nahrungsmangel reduziert werden kann. Vielmehr sind chronische Unterernährung und Hunger regelmäßig Begleiterscheinungen von Armut und Verelendung. Die Steigerung der Produktion und die ländliche Entwicklung müssen daher eng miteinander verzahnt werden. Der Beirat empfiehlt eine „Neue Grüne Revolution", d. h. neben der Nahrungsmittelproduktion auch die Entwicklung des Kleingewerbes, des Handwerks und des Marktwesens. Nur mit sicheren Landbesitztiteln und klar definierten Wasserrechten können sich Bauern langfristig bei der Nutzung ihrer Ressourcen ausrichten. Die Stärkung der Rechtssicherheit der Kleinbauern ist somit auch ein Beitrag zum Ressourcenschutz und ein Mittel, um das im Internationalen Pakt über die wirtschaftlichen, sozialen und kulturellen Rechte bestimmte Recht auf Nahrung und Wasser besser umzusetzen. Deshalb sollten die Wasserrechte weiter konkretisiert und Institutionen zu ihrer Durchsetzung aufgebaut werden. Umweltverträgliche ressourcenschonende Bewirtschaftungsmethoden wie „Agroforestry" (kombinierte Land-/Forstwirtschaft) und „Multiple Cropping" (Zwischenfruchtanbau) können großräumig kaum ohne eine Starthilfe etabliert werden. Deshalb müssen sich die Staaten in der ländlichen Entwicklung engagieren und bei der Umstellung der Landwirtschaft helfen. Die vom Welternährungsgipfel empfohlenen „Debt for Food Security Swaps" (Schuldenerlasse gegen Ernährungssicherheit für die Bevölkerung) werden vom Beirat als ein wichtiges Instrument unterstützt.

Speziell für die Wasserprobleme zeigt die Analyse des Grüne-Revolution-Syndroms, daß die bestehenden Bewässerungssysteme dringend verbessert werden müssen, fast zwei Drittel aller weltweit bewässerten Flächen sind sanierungsbedürftig. Subventionen sollten abgebaut werden, allerdings ohne die Existenz der Kleinbauern zu bedrohen. Dafür kommt ein zielgruppenorientiertes Wassergeld in Betracht, wobei die besonders krisenanfälligen Gruppen identifiziert werden müßten. Wasserbauliche Maßnahmen und Wassermanagementsysteme müssen Teil jedes Regionalentwicklungsprogramms sein, wobei kleinräumige Lösungen zu bevorzugen sind.

DAS ARALSEE-SYNDROM

Das Aralsee-Syndrom beschreibt die Problematik zentral geplanter, großtechnischer Wasserbauprojekte. Solche Projekte besitzen einen ambivalenten Charakter: Einerseits stellen sie gewünschte zusätzliche Ressourcen bereit (Wasser für Ernährungssicherheit, erneuerbare Energie) oder schützen vorhandene Strukturen und Menschen (Hochwasserschutz), andererseits können sie Umwelt und Gesellschaft nachteilig beeinflussen. Die Auswirkungen dieser Großanlagen sind selten lokal oder regional begrenzt, sondern können weitreichende, oft auch internationale Ausmaße annehmen.

Die unterschiedlichen Ausprägungen des Aralsee-Syndroms werden in 2 Fallstudien veranschaulicht. An erster Stelle steht das größte Umweltdesaster, das der Mensch durch Veränderungen des regionalen Wasserhaushalts jemals verursacht hat – die Austrocknung des Aralsees, der dem Syndrom seinen Namen gegeben hat. Die zweite Studie beschäftigt sich mit dem aktuellen chinesischen Projekt des Drei-Schluchten-Staudamms am Jangtse, das mit seinen Vorteilen für Stromerzeugung und Hochwasserschutz und mit seinen Nachteilen, wozu vor allem die Zwangsumsiedlung von mehr als einer Million Menschen sowie erhebliche ökologische Auswirkungen zählen, beschrieben wird.

Wie kann man die „Anfälligkeit" oder „Verwundbarkeit" der verschiedenen Regionen gegenüber dem Aralsee-Syndrom messen? Dazu wird ein komplexer globaler Indikator entwickelt, der zunächst die anthropogenen Abflußänderungen auf Landflächen durch Großprojekte abschätzt. Ein zweiter Indikator spiegelt die Verwundbarkeit der verschiedenen Regionen für das Auftreten des Syndroms, die durch verschiedene naturräumliche und gesellschaftliche Faktoren beeinflußt wird, wider. Die Verknüpfung beider Datensätze ergibt dann einen weltweiten Indikator für die Intensität des Syndroms.

Aus der Anwendung des Syndromansatzes ergibt sich die allgemeine Maxime, daß die Integrität und Funktion der Wassereinzugsgebiete erhalten und die Degradation der darin liegenden Ökosysteme und Böden vermieden werden muß. Der Beirat mißt der Verringerung oder Vermeidung der Disposition für wasserbauliche Großprojekte mit schwerwiegenden ökologischen oder sozialen Folgen großes Gewicht bei. Wenn sich großskalige Anlagen dennoch als notwendig erweisen, müssen sie zunächst unter Internalisierung aller ökologischen und sozialen Kosten sorgfältig bewertet werden. Dazu nennt der Beirat Leitplanken, die nicht überschritten werden dürfen, und Empfehlungen zum Abwägungsverfahren.

DAS FAVELA-SYNDROM

Das Favela-Syndrom bezeichnet die fortschreitende Verelendung und Umweltschädigung in ungeregelt wachsenden menschlichen Siedlungen. Weil diese informelle Urbanisierung sehr schnell verläuft und die Politik in vielen Bereichen versagt, kann der Staat die Ansiedlung meist nicht mehr lenken (etwa durch Flächennutzungs- und Bebauungspläne oder den Bau von Ver- und Entsorgungseinrichtungen). Die ungeregelten städtischen Ballungsräume besitzen einen sehr hohen Wasserbedarf und zugleich ein meist unzureichendes Entsorgungssystem. Die meisten Menschen haben dort keinen Zugang zu sauberem Trinkwasser oder zu angemessenen Sanitäranlagen. Deshalb kommt es zu für dieses Syndrom typischen Krankheiten (z. B. Cholera), die aufgrund der globalen Mobilität auch auf andere Weltregionen übergreifen können.

Wie kann das Favela-Syndrom kuriert werden? Zunächst müssen die allgemeinen Ursachen, etwa die Landflucht bekämpft werden, welche das Favela-Syndrom erst entstehen lassen und die Wasserprobleme letztlich verursachen. Für die wasserspezifischen Probleme empfiehlt der Beirat, die Voraussetzungen für eine integrierte Behandlung von Wasserproblemen in den städtischen Ballungsräumen zu schaffen, etwa durch eine bessere Kommunalverwaltung und eine engere Zusammenarbeit der Verwaltung mit dem informellen Sektor. Die Wasserpreise sind in den meisten Fällen zu niedrig und führen zu Verschwendung (häufig bei staatlicher Wasserversorgung); umgekehrt sind die Wasserpreise aber auch oft viel zu hoch (bei privaten Wasserhändlern) und belasten die Armen besonders stark. Daher sollte das Tarifsystem in den städtischen Ballungsräumen so geändert werden, daß die Preise Verschwendung verhindern, ohne allerdings die Armen vom Zugang zu Wasser abzuschneiden. Möglicherweise muß hier auch die Zahlung eines „Wassergeldes" an Bedürftige erwogen werden. Der Beirat empfiehlt zudem eine Reihe technischer Maßnahmen zur Linderung von Wasserkrisen. Ein sehr praktischer Weg könnte der Aufbau von Städtepartnerschaften sein, in denen die Lösung der Wasserkrise in den Favelas und dem Umland, aus dem die Menschen in die Favelas wandern, im Mittelpunkt stehen könnte.

Schlüsselthemen der Süßwasserkrise

Bestimmte Probleme sind allen Syndromen gemeinsam und werden vom Beirat als querschnittsartige „Schlüsselthemen" der Süßwasserkrise behandelt.

KONFLIKTE

Ein solches Thema ist die Konfliktträchtigkeit von Wasserproblemen. Sind zwischenstaatliche „Wasserkriege" denkbar? Unter welchen Umständen sind Wasserkriege besonders wahrscheinlich? Welche Möglichkeiten bieten sich zur friedlichen Lösung von zwischenstaatlichen Wasserkonflikten? Diese Fragen werden bei 4 Konflikten mit sehr unterschiedlichem Verlauf geprüft: Die Konflikte um die Großen Seen in Nordamerika wurden kooperativ gelöst, und im Falle des Konflikts zwischen Ungarn und der Slowakei akzeptierten beide Parteien die Zuständigkeit des Internationalen Gerichtshofs. In dem Konflikt zwischen der Türkei, Syrien und Irak um das Wasser von Euphrat und Tigris ist noch keine Einigung absehbar. Auch bei der Wasserverteilung zwischen Israel, Jordanien, dem palästinensisch verwalteten Jordan-Westufer und Syrien sehen manche Beobachter noch die Möglichkeit einer erneuten Eskalation.

GESUNDHEIT

Ein wichtiger Teilbereich der Süßwasserkrise sind ihre medizinischen Aspekte. In der ersten Hälfte dieses Jahrhunderts schienen viele Infektionskrankheiten auf dem Rückzug. Nun treten diese Krankheiten jedoch in vielen Entwicklungsländern wieder vermehrt auf. Aber auch in den Industrieländern haben solche Infektionen an Bedeutung gewonnen, insbesondere durch parasitäre hochresistente Krankheitserreger. Die Gründe hierfür sind vielfältig: dichte menschliche Siedlungen selbst in der Nähe von Wäldern und Sümpfen, der zunehmende Welthandel mit steigender Mobilität von Menschen und Gütern, der übermäßige Gebrauch von Pestiziden und Antibiotika, die Anpassung der Erreger an die ökologischen Gegebenheiten, der soziale und politische Zerfall, das rasche Bevölkerungswachstum oder die regionalen Klimastörungen. Wasservermittelte Infektionen sind weltweit eine der Hauptursachen von Krankheiten und Todesfällen. Jeder zweite Mensch leidet zur Zeit an Krankheiten, die über das Wasser oder an Wasser gebundene Erreger übertragen wurden. Eine geregelte Wasserver- und Abwasserentsorgung, die die hygienischen Gütekriterien der WHO einhält, ist deshalb zugleich die wirksamste Vorsorge gegen Krankheiten. Investitionen in diesen Bereich versprechen eine der höchstmöglichen „Gesundheitsrenditen". Deshalb empfiehlt der Beirat u. a., daß Trink- und Abwasserprojekte in der Entwicklungszusammenarbeit stärker gefördert und daß Ernährungssicherungsprogramme mit Verbesserungen der Trinkwasserinfrastruktur verknüpft werden sollten. Der Bau von Stauseen und offenen Bewässerungsanlagen sollte nicht mehr unterstützt werden, solange nicht deren gesundheitliche Auswirkungen geprüft sind und begleitende Gegenmaßnahmen angeboten werden. Gegen wasservermittelte Infektionen sollte besser und verstärkt geimpft werden; dazu gehört auch eine verstärkte Entwicklung von Impfstoffen.

ERNÄHRUNG

Die Frage der Ernährung ist in Bewässerungsgebieten zentral mit der Frage des Wassers verbunden. Die Nutzung von Wasser in landwirtschaftlichen Bewässerungssystemen ermöglichte im Einzugsbereich der großen Ströme, etwa am Nil oder an Euphrat und Tigris, die Entwicklung der ältesten Hochkulturen vor über 5.000 Jahren. Obgleich sich die Nahrungsversorgung der Menschen weltweit quantitativ und qualitativ in den letzten 30 Jahren verbessert hat, ist die Situation in Gebieten mit Wassermangel und großen Schwankungen der Regenfälle weiterhin sehr problematisch. Wirtschaftliche Stagnation, klimatische und pedologische Nachteile, Verteilungsprobleme und auch Bevölkerungszunahme verschlechtern die Ernährungssituation in vielen Entwicklungsländern dramatisch. Während die Unterernährung in den Wachstumsökonomien Südostasiens kein vordringliches Problem mehr ist, geben vor allem die Staaten südlich der Sahara, aber auch Südasiens Anlaß zur Sorge. Jeder dritte Mensch in den afrikanischen Staaten südlich der Sahara ist chronisch unterernährt.

Gleichzeitig gehen die Anbauflächen für Grundnahrungsmittel zurück. Heute werden 16 Mio. ha weniger Land für Getreideanbau genutzt als noch 1981. Obwohl die Bewässerungsfläche jedes Jahr um 1% zunimmt, entspricht dies einer realen Abnahme pro Kopf um 12% bis 2010. Beim Ackerland insgesamt sieht die Entwicklung noch ungünstiger aus; hier wird bis zum Jahre 2010 die verfügbare Fläche pro Kopf trotz Zunahme der landwirtschaftlichen Nutzfläche um insgesamt 50 Mio. ha (21%) sinken. Der Beirat empfiehlt hierzu, die Effizienz bei der Bewässerung zu steigern, die Verluste bei der Wasserzufuhr und bei der Wasserverteilung zu mindern und verstärkt salztolerante Pflanzen einzusetzen. Auch der Regenfeldbau sollte verbessert werden. Insgesamt müßte die Züchtung standortangepaßter Kulturpflanzen und Sorten verbessert werden. Eine Möglichkeit böte auch die Optimierung von Aquakulturen und die Entwicklung von Mehrfachnutzungsstrategien für Wasser.

SCHÄDIGUNG DER SÜSSWASSERLEBENSRÄUME UND DER ANGRENZENDEN BIOTOPE

Der Beirat setzt sich eingehend mit der Degradation der Süßwasserlebensräume auseinander, also mit der Schädigung von Gewässern durch physische, chemische oder biotische Einflüsse, die deren Belastungsgrenzen überschreiten. Die Degradation verringert die Qualität der betroffenen Naturräume und beeinträchtigt ihre Nutzbarkeit. Jede Verringerung der Wasserqualität verändert die Zusammensetzung der Lebensgemeinschaften; meist sinkt die Artenzahl. Bei sehr starken Schädigungen überwiegen schließlich nur noch einige wenige, weitverbreitete Arten mit hoher Widerstandsfähigkeit. Auch die Erhöhung des Salzgehaltes (Salinität) führt zu ähnlichen Auswirkungen. Schwefel- und stickstoffhaltige Stoffe, die bei der Verbrennung fossiler Brennstoffe frei werden, werden durch Luftströmungen weit verbreitet und sind als Saurer Regen die wichtigste Ursache für die Versauerung von Gewässern. Durch Eutrophierung – d. h. die Erhöhung der Nährstoffzufuhr in die Gewässer – nehmen vor allem die organische Urproduktion und die biologischen Abbauprozesse zu. In zahlreichen Industrieländern wurden die Ökosysteme der großen Ströme weitgehend zerstört, indem eine Serie von Staudämmen zur Elektrizitätserzeugung errichtet wurde. Der Beirat empfiehlt, soweit möglich keine ungeklärten Abwässer in stehende Gewässer einzuleiten, die Uferzonen der Seen unter besonderen Schutz zu stellen und eine Hangerosion in ufernahen Bereichen zu vermeiden. Auch sollte die Einführung nicht-kontrollierbarer exotischer Arten verhindert werden. Feuchtgebiete erfüllen eine besondere ökologische Funktion und sollten nicht mehr trockengelegt werden; vielmehr sind hier Renaturierungsmaßnahmen angebracht.

WASSERTECHNOLOGIE

Technische Lösungen für die Versorgung von Haushalten, Landwirtschaft und Industrie mit Wasser, für die effiziente Nutzung des Wassers sowie für die Reinigung von Abwasser spielen für den nachhaltigen Umgang mit dieser kostbaren Ressource eine Schlüsselrolle. Zur Versorgung der Menschen mit Trinkwasser müssen wegen der zunehmenden Belastung der Oberflächen-, aber auch der Grundwässer, immer aufwendigere Aufbereitungsverfahren angewendet werden. Die Verschmutzung durch Industrieanlagen sollte deshalb möglichst durch produktionsintegrierten Umweltschutz reduziert werden. Auch der Eintrag von Problemstoffen aus der Landwirtschaft sollte vermieden werden. Wegen der hohen Kosten für die Abwasserreinigung ist selbst in den OECD-Ländern ein Drittel der Menschen nicht an die Abwasserreinigung angeschlossen. In Entwicklungsländern, in denen ein Großteil der Menschen weder Zugang zu sauberem Trinkwasser noch zu einer Kanalisation hat, ist die Entwicklung und Umsetzung kulturell und standortlich angepaßter Technologien für die Ver- und Entsorgung dringend erforderlich. Hinsichtlich der effizienten Nutzung von Wasser werden die bereits vorhandenen technischen Potentiale oft nicht ausgeschöpft, obwohl sich mit geeigneten technischen Einrichtungen der Wasserverbrauch bei Bewässerung und in Industrie und Haushalten erheblich reduzieren läßt.

Wege aus der Wasserkrise

Auf der Basis seines Leitbildes und seiner Leitlinien zu einem „Guten Umgang mit Wasser" werden die soziokulturellen und individuellen Grundlagen des Umgangs mit Wasser beschrieben. Die Art, wie Menschen Wasser nutzen, hängt nicht nur von ökologischen und ökonomischen Bedingungen ab, sondern auch von vielfältigen kulturellen Einflüssen, d. h. der jeweiligen „Wasserkultur" einer Gesellschaft. Der Umgang mit Wasser stand vielfach am Anfang menschlicher Zivilisationen: Aus regionalen Wasserkulturen erwuchsen antike Hochkulturen wie in Ägypten, Mesopotamien, im Industal oder am Huang He in China. Die Wasserkultur einer Gesellschaftsform ist vieldimensional, z. B. mit wissenschaftlich-technischen, ökonomischen, rechtlich-administrativen, religiösen sowie symbolischen und ästhetischen Dimensionen. Wichtig ist auch, wie Menschen Wasser wahrnehmen. Beispielsweise wird Wasser als Ressource in vielen Industrieländern kaum wahrgenommen, da es – zu einem vergleichsweise geringen Preis – direkt „aus dem Hahn kommt".

Ein zentraler Weg aus der Wasserkrise ist deshalb die Stärkung der Umweltbildung und des öffentlichen Diskurses. Hierzu entwickelt der Beirat eine Reihe konkreter Lösungsansätze. In Betracht kommen beispielsweise Medienkampagnen zum Wassersparen, Informationen über konkrete Handlungsmöglichkeiten oder Modellprojekte in einzelnen Stadtteilen. Wichtig ist die Kommunikation zwischen den Beteiligten, durch die Lernprozesse ausgelöst werden, die zu Verhaltensänderungen führen können. So gewinnen in den Industrieländern diskursive Formen der Planung und der Konfliktschlichtung an Beliebtheit – Runde Tische, Bürgerbeteiligung, alternative Konfliktregelungsverfahren oder die Initiativen zur LOKALEN AGENDA 21. Insgesamt sollten die Wasserprobleme für die Menschen besser wahrnehmbar gemacht werden. Allen muß deutlich werden, wie sehr eigenes Verhalten sich auf das Wasser auswirkt, aber auch, welche Erfolge Verhaltensänderungen bewirken können. Eine wirksame Maßnahme wäre beispielsweise schon die Veröffentlichung des Wasserverbrauchs einer bestimmten Gemeinde, etwa durch eine Anzeigetafel, so daß eine lokale „Wassersparkultur" gefördert werden kann.

Ausführlich werden die Instrumente erörtert, mit denen die Politik den gesellschaftlichen Umgang mit Wasser zukunftsfähig gestalten könnte. Dies erfordert einen sehr differenzierten Blick, denn es gibt wohl kaum eine Ressource, die derart vielfältig genutzt wird. Für die optimale Verteilung des Wassers werden vor allem die institutionellen Lösungsansätze behandelt, aber gerade weil Wasser vom Menschen so unterschiedlich genutzt wird, kann keine institutionelle Lösung allein überzeugen. Der Beirat empfiehlt daher, in jedem Fall eine Kombination verschiedener Instrumente zu erwägen, wobei fallspezifisch die Kriterien der Effizienz, Gerechtigkeit und Nachhaltigkeit optimal eingehalten werden müssen. Eine effiziente Nutzung von Wasser versprechen in der Regel marktliche Lösungen. Diese müssen jedoch durch eine staatliche Rahmensetzung und Maßnahmen gestützt werden, um dem Kriterium der Gerechtigkeit und der damit verbundenen Grundbedarfssicherung mit dem Lebens-Mittel Wasser zu genügen (etwa Kartellrecht, Wassergeld für Bedürftige und ähnliches).

Der Schwerpunkt des Kapitels über die Funktion des Rechts für einen „Guten Umgang mit Wasser" liegt auf den zwischenstaatlichen Aspekten der Wassernutzung. Zwei Bereiche sind zu unterscheiden, in denen zwischenstaatliche Kooperation notwendig ist: Einerseits müssen Staaten kooperieren, die gemeinsam an ein Binnengewässer angrenzen, sich also einen Grenzfluß oder einen Binnensee teilen. In solchen Fällen schreibt das internationale Süßwasserrecht eine „ausgewogene" und „vernünftige" Nutzungsverteilung zwischen den Staaten vor. Dieses wurde in dem vom VI. Ausschuß der Vollversammlung der Vereinten Nationen jüngst beschlossenen Übereinkommen zur nicht-schiffahrtlichen Nutzung von grenzüberschreitenden Wasserläufen ausführlich geregelt. Andererseits fordert die weltweite Süßwasserkrise nach Ansicht des Beirats jedoch auch eine internationale Zusammenarbeit über den Kreis der Anrainerstaaten eines Binnengewässers hinaus. Die gesamte Staatengemeinschaft ist gefordert, alle Staaten zu unterstützen, die von einer Wasserkrise betroffen sind oder denen eine Wasserkrise unmittelbar droht. Der Generalsekretär der Vereinten Nationen hat hierfür einen Globalen Konsens zu einer internationalen Süßwasserschutzpolitik gefordert, den der Beirat nur unterstützen kann. Aufbauend auf diesem Konsens bieten sich aus WBGU-Sicht mehrere institutionelle Lösungen an: Die Staaten könnten sich auf ein zusätzliches Aktionsprogramm einigen oder in einem weitergehenden Schritt eine Weltwassercharta vereinbaren, die völkerrechtlich nicht-bindende, aber gleichwohl politisch verpflichtende Verhaltensstandards für Staaten, zwischenstaatliche Organisationen und auch nichtstaatliche Verbände enthält. Ein dritter Schritt wäre die Übernahme etwa der Desertifikationskonvention als Modell für die Aushandlung eines völkerrechtlichen Übereinkommens zum Süßwasserschutz, etwa in Gestalt einer rechtlich bindenden Rahmenkonvention. Dieser Schritt erscheint dem Beirat zur Zeit allerdings politisch verfrüht. Jedoch sollte Deutschland sich mit allen Kräften für die Aushandlung einer Weltwassercharta einsetzen, für die der Beirat in seinem Gutachten eine mögliche Grundstruktur entwirft.

Die möglichen Instrumente einer internationalen und nationalen Strategie zum nachhaltigen Umgang mit Wasser sind vielgestaltig. Optimale „Instrumentenmischungen" für verschiedene Probleme der Süßwasserpolitik werden vorgestellt, so etwa für die Wasserversorgung, die Wasserentsorgung, den Schutz der Gesundheit, die Bewässerung, die menschliche Ernährung, für den Katastrophenschutz und für die Konfliktschlichtung auf nationaler und internationaler Ebene.

Empfehlungen an die Bundesregierung

Aus den vom Beirat entwickelten „Wegen aus der Wasserkrise" ergeben sich eine Reihe konkreter Empfehlungen an die Politik, aber auch zu weiterer Forschung. Das allgemeine Leitbild des Beirats für einen effizienten, fairen und nachhaltigen Umgang mit Süßwasser muß konkret operationalisiert und umfassend ausgestaltet werden. Auf die Lösung globaler Wasserprobleme kann Deutschland vor allem durch die Einflußnahme auf verschiedene internationale Politikfelder hinwirken. Hierzu zählt die internationale Entwicklungszusammenarbeit, der Außenhandel, der Wissens- und Technologietransfer und die Unterstützung bestehender und neuer internationaler Regime im Umwelt- und Entwicklungsbereich. Daneben kann Deutschland auch anstreben, durch eine nationale Wasserpolitik, die den vom Beirat skizzierten Leitlinien entspricht, eine stärkere „Vorbildfunktion" für einen „Guten Umgang mit Wasser" in anderen Regionen zu erlangen.

DIE LEITPLANKEN
Ein „Guter Umgang mit Wasser" setzt voraus, daß die soziokulturellen und ökologischen Leitplanken bestimmt werden. Sehr wichtig ist dabei, die umwelt- und entwicklungspolitischen Standards gleichzeitig zu beachten und die Wirkungstiefe wasserrelevanter Vorhaben hinreichend auszuloten. Im einzelnen empfiehlt der Beirat hierzu:
1. Mindeststandards für die individuelle Grundversorgung mit Trinkwasser und wasserbezogenen Hygieneleistungen festzulegen,
2. die aus 1. resultierenden länder- und kulturspezifischen Süßwasserbedarfe nach Quantität und Qualität unter besonderer Berücksichtigung der Gesundheitsaspekte zu ermitteln,

3. allgemeine Sicherheitsstandards im Hinblick auf wasserbedingte Naturkatastrophen festzulegen,
4. das geographische und soziopolitische Vulnerabilitätsmuster und den resultierenden Vorsorgebedarf nach Maßgabe von 3. zu ermitteln,
5. internationale Gerechtigkeitsgrundsätze für den Zugang zu innerstaatlichen und grenzüberschreitenden Süßwasserressourcen zu vereinbaren,
6. den weltweiten Bestand an fossilen Grundwasservorkommen sowie der Erneuerungs- und Selbstreinigungsraten rezenter Grundwasserreservoirs zu ermitteln,
7. den weltweiten Bestand an schützenswerten süßwasserdominierten oder süßwasserbeeinflußten Ökosystemen zu erfassen und zu klassifizieren,
8. die jeweiligen Belastungsgrenzen der unter 7. identifizierten naturnahen Systeme im Hinblick auf Wasserdargebot, Wasserqualität und Wasservariabilität zu bestimmen sowie
9. die Methoden zur integrierten Analyse und Bewertung wasserrelevanter privatwirtschaftlicher oder staatlicher Projekte weiterzuentwickeln.

Ein grundsätzlicher Konsens zwischen den konkurrierenden Nutzern, Gesellschaftsgruppen oder Staaten über den Charakter der Leitplanken für einen „Guten Umgang mit Wasser" bewirkt allerdings nicht automatisch, daß diese Leitplanken auch respektiert werden. Hierzu müssen institutionelle Regelungen vereinbart werden, die durch technische, edukatorische und ökonomische Maßnahmen gestärkt werden können.

INTERNATIONALE REGIME UND VÖLKERRECHT

Der Beirat empfiehlt der Bundesregierung hinsichtlich der Weiterentwicklung des Völkerrechts und der internationalen Regimebildungsprozesse, die Aushandlung einer Weltwassercharta und eines umfassenden Globalen Aktionsprogramms zum „Guten Umgang mit Wasser" zu unterstützen. Zudem sollten wasserrelevante Standards stärker in die internationalen Handels- und Kreditvereinbarungen (WTO, Programme der Weltbank, Hermes-Bürgschaften usw.) integriert und der „Gute Umgang mit Wasser" als Querschnittsaufgabe in sektoralen Regimen zur nachhaltigen Entwicklung stärker berücksichtigt werden (etwa Klimakonvention, Wälderverhandlungen, Biodiversitätskonvention, Desertifikationskonvention). Auch sollten die internationale Zusammenarbeit im Hinblick auf die wasserrelevanten Aspekte des Internationalen Pakts über die wirtschaftlichen, kulturellen und sozialen Rechte und die entsprechenden Aufgaben des Hohen Kommissars der Vereinten Nationen für Menschenrechte gestärkt werden.

Wichtig wäre schließlich eine verbesserte und verstärkte Abstimmung der internationalen Organisationen und Programme im Bereich der „nachhaltigen Entwicklung", wobei die Bundesregierung sich für deren Integration in eine zusammenfassende „Organisation für nachhaltige Entwicklung" einsetzen sollte. Hier könnten insbesondere UNEP, CSD und UNDP integriert werden, aber auch engere Verbindungen zu Weltbank, Weltwährungsfonds, Welthandelsorganisation und UNCTAD wären herzustellen.

Im Hinblick auf die von Deutschland gestützte Änderung der Satzung der Vereinten Nationen (Sicherheitsrat-Mitgliedschaft Deutschlands) sollte die Bundesregierung auch die Aufnahme von Bestimmungen zur nachhaltigen Entwicklung in die Satzung unterstützen, wobei insbesondere die Aufnahme des Umweltschutzes in Artikel 55 und die Aufnahme des Ziels der nachhaltigen Entwicklung in die Präambel sowie in Artikel 1 oder 2 in Betracht kommt. Die Verhandlungen zum Übereinkommen zur nicht-schiffahrtlichen Nutzung grenzüberschreitender Wasserläufe sind nach dem jüngsten Beschluß des VI. Ausschusses der Vollversammlung der Vereinten Nationen einen erheblichen Schritt weiter gekommen. Der Beirat empfiehlt, diese Verhandlungen möglichst schnell weiterzuführen, den Vorrang des Verbots erheblicher Umweltschädigungen der Gewässer und angrenzender Ökosysteme vor den Nutzungsrechten der Anrainer(staaten) zu verankern und einen weiten Regelungsgegenstand zu vereinbaren, der alle Grundwasservorkommen, Feuchtgebiete und küstennahen Meeresgewässer einschließt.

AUSSENPOLITIK, AUSSENWIRTSCHAFTSPOLITIK UND ENTWICKLUNGSZUSAMMENARBEIT

Hinsichtlich der Außenhandelspolitik und Entwicklungszusammenarbeit empfiehlt der Beirat, in Verträgen zur Entwicklungszusammenarbeit die Sicherung der Grundversorgung mit Wasser als Nahrungsmittel sowie für Hygienezwecke und ökologische Aspekte in Übereinstimmung mit den Partnerländern stärker zu beachten. Der Wiederverwertung von Wasser sollte gegenüber der Primärentnahme der Vorzug gegeben werden; vor allem der Rückgriff auf fossile Grundwasservorkommen darf nur ein letztes Mittel sein. Grundsätzlich müssen die lokale Kultur des Gewässer- und Umweltschutzes und das lokale Wissen respektiert werden. Die Partizipation der betroffenen Bevölkerung muß sichergestellt werden, denn nur so können die Sozialverträglichkeit und Wirksamkeit der entwicklungspolitischen Maßnahmen gewährleistet und die realen Bedürfnisse der Nutznießer festgestellt werden. Diese Aspekte sollten insbesondere bei der Debatte um eine „Neue Grüne Revolution" berücksichtigt werden; gerade hier sollte wieder auf mehr Vielfalt bei der Agrarproduktion geachtet und insbesondere der Regenfeldbau stärker gefördert werden. Ein zweiter Schwerpunkt der wasserspezifischen Entwicklungszusammenarbeit sollte die Verbesserung der Wasserversorgung der Armutsgruppen in den Städten sein. Insgesamt sollte in den Städten ein integriertes Wassermanagement gestärkt werden, indem man die Menge und Qualität des Wassers nur zusammen betrachtet, Versorgungs- mit Entsorgungsfragen koppelt und als Planungseinheiten die Einzugsgebiete anstelle der Verwaltungs- und Staatsgrenzen wählt.

Der Beirat empfiehlt insbesondere, von Wasserkrisen betroffene oder bedrohte Staaten besser zu unterstützen, vor allem bei der Modernisierung bestehender Bewässerungssysteme in der Landwirtschaft, der Sanierung und Erweiterung der Wasserversorgungsnetze, der Etablierung oder Weiterentwicklung von Trinkwasserförderungs-, Abwasserentsorgungs- und Rezyklierungssystemen. Diese Maßnahmen sollten sowohl im Rahmen der bilateralen Entwicklungszusammenarbeit als auch in enger Zusammenarbeit mit internationalen Organisationen wie der FAO, der WHO, dem UNDP oder der Weltbank durchgeführt werden.

Zudem sollten friedensstiftende Umwelt- und Entwicklungsvorhaben in Wasserkrisengebieten (etwa im Nahen Osten) stärker gefördert werden. Wichtig ist auch der Transfer von Technologie und Expertise zur Wahrung soziokultureller und ökologischer Wasserstandards, vor allem in von Wasserkrisen betroffenen Regionen und zum Schutze des Weltnaturerbes, mit besonderem Gewicht auf wassersparenden und umwelt-, kultur- und standortverträglichen Methoden. Volkswirtschaftliche Externalitäten (etwa langfristige Gewässerqualitätsminderungen durch die Industrie) sollten durch eine geeignete Operationalisierung des Haftungsprinzips berücksichtigt werden, wobei die ökologischen Leitplanken effektiv zum Beispiel durch die Vergabe von handelbaren Emissionszertifikaten respektiert werden können. Die Rahmenbedingungen für effizientes Wirtschaften mit dem knappen Gut Süßwasser sollten verbessert werden, wofür insbesondere Eigentums- und Verfügungsrechte möglichst gesichert, die verfügbaren Wasserressourcen ökonomisch bewertet und wettbewerbsmindernde Subventionen begrenzt werden sollten. Soweit ein wirksames Wettbewerbs- und Kartellrecht vorhanden ist, sollten auch regionale zwischenstaatliche Wassermärkte gefördert werden. Die Süßwassergrundversorgung in von Wasserkrisen betroffenen Ländern muß durch angemessene direkte Zuwendungen („Wassergeld" statt „Sozialer Wasserbau") gesichert werden.

Die Umweltbildung ist ebenfalls zu stärken, auch hinsichtlich der Initiativen zur LOKALEN AGENDA 21. Hier sollte vor allem über die Wirkungsbeziehungen zwischen individuellem Verhalten und Umweltschädigungen aufgeklärt, über Erfolge der Verhaltensänderungen (etwa über Verbrauchsanzeigen und deren Übersetzung in Wassertarife) informiert und das Lernen an Modellen ermöglicht werden.

FINANZIERUNG

Hinsichtlich der Finanzierung der Maßnahmen sind nach Ansicht des Beirats verstärkte Anstrengungen zu unternehmen, den deutschen Beitrag zur finanziellen Unterstützung der Wasserpolitik in den finanziell überforderten Ländern zu erhöhen und hierbei zu berücksichtigen, daß der UN-Generalsekretär für den Zeitraum 1990–2000 einen jährlichen globalen Investitionsbedarf von 50 Mrd. US-$ zur Deckung des weltweiten Trinkwasserbedarfs veranschlagt hat. Alle Möglichkeiten einer Reduktion des Schuldendienstes der von Wasserkrisen bedrohten Entwicklungsländer sollten hierfür ausgeschöpft werden, wobei gegebenenfalls eine Verknüpfung mit wasserpolitischen Programmen zu prüfen ist (debt for water security swaps). Der Beirat empfiehlt auch, in Fällen der finanziellen Überforderung von Ländern die Unterstützung aus einem globalen Wasserfonds, der über robuste internationale Finanzierungsmechanismen gespeist wird, in Erwägung zu ziehen (eventuell die Einführung eines „Welt-Wasserpfennigs").

INTERNATIONALE
FORSCHUNGSZUSAMMENARBEIT

Hinsichtlich der internationalen Forschungszusammenarbeit empfiehlt der Beirat, den internationalen Wissenstransfer über wasserrelevante physiologische, epidemiologische und ökologische Zusammenhänge und zu allen Aspekten des „Guten Umgangs mit Wasser" zu stärken und dabei vor allem wissenschaftlich-technische Zusammenhänge (u. a. in den Bereichen Hydrologie, Hydraulik, Wasseraufbereitung oder Hygiene), bewährte Regeln der institutionellen Organisation sowie Methoden des effizienten Wirtschaftens mit knappen Umweltressourcen zu vermitteln, integrierte und partizipatorische Mechanismen zur Wahrung wasserspezifischer Standards in privatwirtschaftlichen und staatlichen Vorhaben (Wasser-Audits, Wasser-Verträglichkeitsprüfungen usw.) zu entwickeln und hierüber zu informieren.

Fünf Jahre nach Rio – eine erste Bilanz

Neben dem Schwerpunktthema Wasser zieht der Beirat in einem weiteren Abschnitt des Gutachtens eine Bilanz über den Folgeprozeß zur UN-Konferenz über Umwelt und Entwicklung, die 1992 in Rio de Janeiro stattfand. In der „Erklärung von Rio" hatten sich fast alle Staaten auf den Beginn einer „neuen und gerechten globalen Partnerschaft durch neue Ebenen der Zusammenarbeit" geeinigt. Eine zunehmende Institutionalisierung der internationalen Umwelt- und Entwicklungspolitik läßt sich tatsächlich feststellen, nachdem 1989 das Montrealer Ozon-Protokoll, 1993 die Biodiversitätskonvention, 1994 die Klimarahmen- und die Seerechtskonvention und 1996 die Desertifikationskonvention rechtskräftig wurden. Inzwischen wurden schon erste Folgedokumente gezeichnet, beispielsweise ein Durchführungsabkommen zur Seerechtskonvention (zu weitwandernden Fischarten); nächste Schritte könnten ein Protokoll zur Klimarahmenkonvention, ein Biosafety-Protokoll zur Biodiversitätskonvention und eine Wälderkonvention sein.

Seit 1992 fand zudem eine neue „Welle" von UN-Gipfelkonferenzen statt, die in engem Zusammenhang zu den Zielen der AGENDA 21 stehen, wie beispielsweise die Weltsiedlungskonferenz HABITAT II, der Kopenhagener Weltsozialgipfel oder der Welternährungsgipfel in Rom. Obgleich diese UN-Großkonferenzen nur in rechtsunverbindlichen „Erklärungen" und „Aktionsprogrammen" endeten, kommt ihnen auf der symbolischen Ebene der Politik eine bedeutende Funktion zu, wo die Agenda der internationalen Politik bestimmt und für die nationale Politik allgemeine Erwartungsstandards formuliert werden. Dies gilt beispielsweise für den sogenannten „20-20-Ansatz", wonach sowohl von den Staatshaushalten der Entwicklungsländer als auch von den Finanzierungsprogrammen der Geberländer und der Entwicklungsbanken jeweils 20% der Mittel für die soziale Entwicklung ausgegeben werden sollen.

Neben den weltweiten Verhandlungen darf nicht vergessen werden, daß die eigentliche Umsetzung der AGENDA 21 nur unter Mitarbeit und mit der Initiative jedes einzelnen erfolgen kann. Die Rio-Konferenz hat einen Prozeß der Umsetzung der AGENDA 21 auf lokaler Ebene in Gang gesetzt, der eine wichtige Ergänzung zu den Prozessen auf der internationalen Ebene ist. Die Initiativen zur LOKALEN AGENDA 21 sind ein unersetzlicher Baustein in dem Bemühen, globale Umweltgüter zu erhalten. Beide Entwicklungen erscheinen als gleichgewichtige Bestandteile einer effektiven Politik zum Schutz der globalen Umwelt.

Insgesamt kommt der Beirat zu dem Schluß, daß die Rio-Konferenz an sich einen bedeutenden Fortschritt darstellt: Erstmals wurde von der überwältigenden Mehrheit der Staaten das Leitziel der nachhaltigen Entwicklung beschlossen. Die Staaten bekannten sich zu ihrer globalen Verantwortung und erkannten die Notwendigkeit globalen Handelns an. Allerdings sind die negativen Trends, die zu der Rio-Konferenz geführt haben, ungebrochen und haben sich teils noch verschärft. Deshalb ist der in Rio eingeschlagene Weg mit großem Nachdruck konsequent weiter zu verfolgen. Auch drängende nationale Probleme und engere finanzielle Rahmenbedingungen dürfen nicht zu einem Nachlassen des globalen Engagements führen. Da nationale Probleme häufig aufgrund der Globalisierungstendenzen mit den weltweiten Umwelt- und Entwicklungsproblemen vernetzt und rückgekoppelt sind, können nationale und globale Aufgaben nur im Verbund angegangen werden. Deutschland hat hier eine besondere Verpflichtung und Verantwortung. Als einer der größten Mitverursacher globaler Umweltprobleme und als eines der wirtschaftsstärksten Länder sollte Deutschland sich in der weltweiten Umwelt- und Entwicklungspolitik besonders engagieren.

Zentrale Handlungsempfehlungen

Die Analyse des Beirats zeigt, daß sich die weltweit herausbildende Süßwasserkrise in der Zukunft noch verschärfen könnte. Deshalb sollte die Politik umgehend reagieren: Nationale und internationale Aktionsprogramme müssen konzipiert und möglichst schnell umgesetzt werden, um die Risiken zu mindern und eine Trendumkehr zu erreichen. Die Komplexität der Süßwasserkrise erfordert fallspezifische detaillierte Forschungs- und Handlungsempfehlungen, die der Beirat in den einzelnen Kapiteln dieses Gutachtens und kondensiert in Abschnitt E vorstellt. Entsprechend dem vom Beirat entwickelten Leitbild für einen „Guten Umgang mit Wasser" lassen sich diese Empfehlungen anhand von vier zentralen und drei syndromspezifischen Forderungen zusammenfassen:

1. Erhöhung der Effizienz und Effektivität

Wasser ist ein knappes Gut und wird angesichts des Bevölkerungswachstums und steigender individueller Ansprüche zunehmend knapper für Mensch und Natur. Um so wichtiger ist daher eine an dieser Knappheit orientierte Bewertung.
- Die Bundesregierung sollte sich deshalb dafür einsetzen, daß sich in allen Ländern verläßliche und effizient operierende Systeme zur Ver- und Entsorgung von Wasser bilden können, bei denen einerseits die Preise die Knappheit des Gutes Wasser widerspiegeln und andererseits das Recht auf einen Grundbedarf gewährleistet sowie die ökologischen Mindestanforderungen erfüllt sind. Der Beirat ist der Auffassung, daß diese Forderung am besten durch die Einführung von wettbewerbsorientierten Wassermärkten und Eigentumsrechten an Ver- und Entsorgungssystemen zu erfüllen ist. Auf lokaler oder regionaler Ebene kommen auch Genossenschaften in Frage.
- Bei der Regulierung von Wasserangebot und -nachfrage sollte das Subsidiaritätsprinzip gelten. Dezentral gegliederte Versorgungsstrukturen und -regelungen sind in der Regel effizienter, für die Betroffenen eher nutzbar bzw. nachvollziehbar und dem jeweiligen Charakter der Region eher angepaßt als starre zentrale Lösungen.

2. Einhaltung der sozialen Leitplanken

Eine effiziente Bewirtschaftung der knappen Ressource Wasser kommt allen Menschen zugute. Gleichwohl muß die Verteilung von Wasser auch den Prinzipien der individuellen Existenzsicherung und – vor allem bei internationalen Konflikten – der Verteilungsgerechtigkeit genügen. Daneben sollte auch ein ausreichender Schutz gegen Dürre- und Hochwasserkatastrophen gewährleistet sein. Hierzu macht der Beirat die folgenden Schwerpunktempfehlungen:
- Die Bundesregierung sollte bei der weltweiten Durchsetzung eines Rechts auf Wasser aktiv mitwirken. Hierbei ist vor allem dafür zu sorgen, daß nicht nur die technischen Voraussetzungen für einen freien Zugang zur Wasserversorgung in allen Ländern gegeben sind, sondern auch eine (regional festzulegende) individuelle Mindestversorgung an Wasser für einkommensschwache Schichten in allen Ländern flächendeckend gewährleistet ist. Dies sollte über die Zuweisung von Wassergeld (analog zum Wohngeld in Deutschland) erfolgen oder über eine entsprechende Tarifgestaltung, d. h. über kostengünstige Tarife für die Wassermenge, die für den individuellen Mindestverbrauch angesetzt werden kann.
- Die Bewältigung der Süßwasserkrise durch nationale und internationale Aktionsprogramme erfordert selbst bei erheblichen Effizienzsteigerungen eine finanzielle Unterstützung der von Wasserkrisen besonders schwer betroffenen Regionen. Das UN-Generalsekretariat schätzt, daß zur Deckung des weltweiten Trinkwasserbedarfs bis zum Jahr 2000 jährliche Investitionen in Höhe von 50 Mrd. US-$ notwendig sind, was die finanziellen Möglichkeiten vieler von Wasserkrisen besonders betroffener Entwicklungsländer übersteigt. Der Beirat empfiehlt deshalb der Bundesregierung, verstärkte Anstrengungen zu unternehmen, den

deutschen Beitrag zur finanziellen Unterstützung der Wasserpolitik in den finanziell überforderten Ländern zu erhöhen. Hierbei sollte die Unterstützung aus einem globalen Wasserfonds, der über robuste internationale Finanzierungsmechanismen gespeist wird, in Erwägung gezogen werden (eventuell Einführung eines „Welt-Wasserpfennigs").
- Bildungsprogramme über den Zusammenhang von Wasser, Gesundheit und Umwelt sind ebenso notwendig wie die Mitbestimmung der Menschen vor Ort, damit dem Subsidiaritätsprinzip gefolgt und die Wasserversorgung an regionale Lebensstile und Kulturen angepaßt werden kann. Erforderlich sind auch gerechte Entscheidungsprozesse, in denen das Ausmaß der Wassernutzung und der zu gewährleistende ökologische Mindestschutz der Gewässer und umgebenden Landflächen bestimmt werden kann. Auch hierbei müssen die Traditionen, Lebensweisen und Rollenmuster (etwa Geschlechterrollen) der betroffenen Menschen einfließen. Der Beirat empfiehlt deshalb, daß die Bundesregierung kulturspezifische Bildungsarbeit und angepaßte Verfahren der Partizipation (wie zum Beispiel die Wasserparlamente in Frankreich) unterstützt.
- Ein weiteres Grundproblem ist die ungleiche Nutzung der Ressource Wasser durch Oberrainer und Unterrainer von Flüssen oder gemeinsamen Nutzern von Gewässern. Viele internationale Konflikte gehen hierauf zurück, und deren weitere Verschärfung ist zu erwarten. Deshalb empfiehlt der Beirat der Bundesregierung, Pilotprojekte zur ausgewogenen Nutzung von grenzüberschreitenden Flüssen zu fördern, international tätige Mediatoren zur Schlichtung solcher Konflikte bereitzustellen und in der Entwicklungszusammenarbeit die Einhaltung von Gerechtigkeitspostulaten als Kriterium mit zu berücksichtigen.

3. Einhaltung der ökologischen Leitplanken

Die Nutzung der Ressource Wasser durch den Menschen stößt dort an Grenzen, wo lebensnotwendige ökologische Funktionen gestört oder wertvolle Biotope bedroht sind. Grundsätzlich sollten die Artenvielfalt in süßwasserbestimmten Ökosystemen gesichert, die Wasserqualität nicht über das ökologisch verträgliche Maß hinaus verschlechtert und alle bedeutsamen Feuchtgebiete erhalten werden. Dabei müssen die Auswirkungen des Wasserentzugs und der Gewässernutzung auf das umgebende Land (einschließlich Flächenverbrauch) berücksichtigt werden, aber auch die indirekten menschlichen Einwirkungen über Böden und Luft auf wasserbestimmte Lebensräume.
- Die Bundesregierung sollte deshalb Maßnahmen zur Erhaltung und Wiederherstellung der strukturellen und funktionellen Integrität süßwasserbestimmter Ökosysteme (einschließlich der angrenzenden Lebensräume) ergreifen und sich dafür einsetzen, daß solche Maßnahmen auch in anderen Ländern gefördert werden. Dabei geht es um den Erhalt und die Wiederherstellung der Lebensraumfunktionen des Süßwassers. Die Bundesregierung kann dazu durch Wissens- und Technologietransfer sowie in Einzelfällen durch Unterstützung von Sanierungsprojekten beitragen.
- Das Gebot der nachhaltigen Nutzung der Wasserressourcen durch den Menschen definiert eine wichtige ökologische Leitplanke, die die Lebensgrundlagen auch der zukünftigen Generationen wahrt. Dieses erfordert, daß die jährliche (Grund)wasserentnahme in einer Wassereinzugsregion die Erneuerungsrate nicht übersteigt. Der Beirat empfiehlt hier die staatliche Beschränkung der Wasserabgabe beziehungsweise der vergebenen Wasserrechte im Fall der Unterschreitung eines kritischen Pegels. Damit die Wasserqualität gesichert ist, darf die Belastung mit Stoffen und Organismen das Selbstreinigungsvermögen nicht überschreiten. Dazu empfiehlt der Beirat die Festlegung von Qualitätszielen nach dem Vorsorgeprinzip.
- Die Bundesregierung sollte auch weiterhin den Schutz der als Weltnaturerbe in der World-heritage-Liste der UNESCO aufgeführten Biotope finanziell und auch durch Forschungsförderung unterstützen. Darüber hinaus sollte sie die Aufnahme weiterer, global bedeutsamer, süßwasserdominierter Lebensräume fördern.

4. Stärkung der internationalen Institutionen

Neben den nationalen Aktivitäten über Vorbildfunktion und bilaterale Wirtschafts-, Entwicklungs- und Finanzpolitik ist es unerläßlich, die Ziele einer nachhaltigen Wassernutzung auch durch internationale Vereinbarungen abzusichern:
- Der Beirat empfiehlt der Bundesregierung deshalb, eine „Weltwassercharta" zu initiieren, die allen Regierungen, Kommunen, internationalen Organisationen und nicht-staatlichen Verbänden zur Zeichnung offenstehen sollte. Es handelt sich dabei um einen globalen Verhaltenskodex, der alle Akteure politisch auf die Bewältigung der Süßwasserkrise verpflichtet.
- Die Zusammenarbeit der Staatengemeinschaft wird durch die Hypertrophie des internationalen

Institutionen- und Organisationssystems erschwert. Der Beirat empfiehlt deshalb, die Koordination der internationalen Institutionen und Programme im Bereich der „nachhaltigen Entwicklung" zu verbessern und die Integration der Teilelemente in einer übergeordneten „Organisation für nachhaltige Entwicklung" vorzusehen. In dieser Organisation könnten die bestehenden Institutionen und Programme, wie das Umweltprogramm der Vereinten Nationen (UNEP), die Kommission zur nachhaltigen Entwicklung (CSD) und das Entwicklungsprogramm der Vereinten Nationen (UNDP) vereinigt werden. Sie sollte eng mit Institutionen wie der Weltbank, dem Weltwährungsfonds, der Welthandelsorganisation (WTO), der Weltgesundheitsorganisation (WHO), der Landwirtschafts- und Ernährungsorganisation der Vereinten Nationen (FAO) und der Konferenz der Vereinten Nationen zu Handel und Entwicklung (UNCTAD) zusammenarbeiten.

5. Linderung der wasserrelevanten Syndrome

Neben den zentralen Empfehlungen, die direkt aus dem Leitbild für einen „Guten Umgang mit Wasser" folgen, hat der Beirat 3 Syndrome identifiziert, die als Verdichtungen eines sich negativ verstärkenden Beziehungsgeflechtes die Wasserkrise ganz besonders verschärfen und schnelle und effektive Lösungen verlangen. Auch hierzu lassen sich Schwerpunktempfehlungen formulieren, die besonders den Systemcharakter der Süßwasserkrise berücksichtigen.

- Die Analyse des Grüne-Revolution-Syndroms belegt, daß das Ernährungsproblem nicht allein auf den Mangel an Nahrungsmitteln in einer Region zurückgeführt werden kann. Vielmehr sind Armut, Verelendung und mangelnde Lebenschancen wesentliche Ursachen von chronischer Unterernährung und Hunger. Der Beirat empfiehlt der Bundesregierung, bei ihren entwicklungspolitischen Vorhaben darauf zu achten, daß die Bauern durch klar definierte Wasserrechte und faire Wettbewerbsbedingungen bei den Wasseranbietern Planungssicherheit und lokale Souveränität erreichen können. Daneben sind ausreichende Bildungsangebote zur Verbesserung des landwirtschaftlich-ökologischen Systemwissens und Stärkung der Selbsthilfepotentiale bei lokalen Wasserproblemen vorzusehen.
- Bei der Analyse des Favela-Syndroms treten die Gesundheits- und Hygieneprobleme in den Slums der großen Städte drastisch zu Tage. Der Beirat empfiehlt, die Gesundheitsschäden durch verschmutztes Wasser als vordringliche Herausforderung der Entwicklungspolitik zu sehen und zur Bekämpfung der Ursachen beizutragen. Zudem sollten kostengünstige Entsorgungstechniken entwickelt und die notwendige Gesundheitsversorgung unterstützt werden (z. B. einfache Formen der Desinfizierung und Hygieneerziehung).
- Zur Kuration des Aralsee-Syndroms empfiehlt der Beirat, die Umwelt- und Entwicklungspolitik so zu gestalten, daß die Errichtung wasserbaulicher Großprojekte nur dann finanziell oder ideell unterstützt werden darf, wenn die sozialen und ökologischen Kosten soweit wie möglich in die Abwägung einbezogen werden. Auf den Bau von Großprojekten ist vollständig zu verzichten, wenn die ökologischen und sozialen Leitplanken überschritten werden.

Einführung B

Ἄριστον μὲν τὸ ὕδωρ

Das Beste aber ist das Wasser

(Pindar, vermutlich 552–446 v. Chr., Olympische Oden 1,1)

An den Wänden des Grabes von Pharao Ramses III im Tal der Könige entfalten sich Szenen aus den altägyptischen Totenbüchern. Der verstorbene Herrscher hebt schwörend die Hand vor dem Gott Osiris und legt folgendes Bekenntnis ab: Niemals habe er Nilwasser in der Überschwemmungszeit zurückgehalten und dem Wasser den Weg versperrt; niemals habe er den Nil beschmutzt; niemals habe er eines der im weitverzweigten Schöpfsystem arbeitenden Tiere mißhandelt.

Heute ist der Nil durch den gigantischen Assuandamm zurückgestaut, der Fluß ist Transportkanal für Abfälle und Schadstoffe aller Art geworden, die Pflanzen und Tiere im Tal des Stroms leiden unter den Folgen einer von Zuwachs getriebenen Gesellschaft im Wandel.

Ist also die mehr als 3 Jahrtausende alte Botschaft aus dem Pharaonengrab – vom zweckmäßigen, gerechten und umweltverträglichen Umgang mit der kostbarsten Ressource einer Hochkultur – in unseren Tagen gegenstandslos geworden? Das genaue Gegenteil ist der Fall: Süßwasser kommt in seiner Bedeutung als Lebens-Mittel gleich nach der Atemluft. Es ist zugleich das Medium der elementarsten physiologischen Prozesse und der Evolution selbst, es ist Bindemittel kultureller Organisation und Quell individuellen Wohlbefindens. Anders als die Atemluft ist das Medium Süßwasser jedoch aufgrund seiner physikochemischen Eigenschaften und der bestehenden geographischen Verhältnisse höchst ungleichmäßig in Raum und Zeit verteilt. Deshalb können viele Regionen unseres Planeten am praktisch unerschöpflichen und sich beständig regenerierenden Gesamtdargebot dieses Lebenselements kaum teilhaben. Und selbst innerhalb begünstigter Regionen unterscheiden sich die Zugangsmöglichkeiten der Menschen zum Süßwasser nach Menge und Güte oft ganz erheblich. Durch diese Kombination von Lebensnotwendigkeit und Knappheit ist Süßwasser unbestreitbar der wertvollste Rohstoff, den unsere Umwelt bereitstellt.

Der Umgang mit Wasser – seine Erschließung, seine Verteilung, seine Nutzung, seine Reinhaltung, seine Abwehr, seine Verteidigung – hat die Geschichte der menschlichen Zivilisation nachhaltig geprägt und stellt eine beherrschende Aufgabe für die Gegenwart dar: Heute leben rund 2 Mrd. Menschen ohne Zugang zu sauberem Trink- und Sanitärwasser, weltweit werden nur 5% der Abwässer gereinigt. Infolgedessen leidet die Hälfte der Bevölkerung in den Entwicklungsländern an wasserbedingten Krankheiten; 5 Mio. Menschen sterben jährlich allein durch verunreinigtes Trinkwasser. Zwischen 1992 und 1995 waren fast 800 Mio. Menschen von Hochwasser oder Hangrutschungen bedroht, ungezählt sind die Opfer von Dürren in den letzten drei Dekaden. Süßwasser ist nämlich zugleich der limitierende Faktor für die Nahrungsmittelproduktion, wie der derzeit etwa 70%ige Anteil der Landwirtschaft am globalen Wassergesamtverbrauch dokumentiert. Um das raumzeitliche Wasserdargebot zu sichern bzw. zu steigern, werden heute weltweit ca. 40.000 Staudämme betrieben, wobei täglich eine neue Konstruktion hinzukommt. Der Inhalt aller Stauseen beträgt gegenwärtig etwa 10 Trillionen Liter, das entspricht dem fünffachen Volumen aller Flüsse der Erde. Dämme jeglicher Art beeinflussen in Nordamerika, Europa und Nordasien über drei Viertel der natürlichen Abflüsse. Der Wettbewerb um diese kostbare Ressource ist heftig und oft erbarmungslos. Die indische Justiz beispielsweise ist gegenwärtig mit einer Reihe von Wasserkonflikten zwischen verschiedenen Bundesstaaten wie Gujarat und Madhya Pradesh beschäftigt; viele Beobachter sehen diese Konflikte als einen bedrohlichen Destabilisierungsfaktor für Indien als Staat an. Und falls die äthiopische Regierung demnächst ihre Ankündigung, den Blauen Nil zu stauen und damit die Wasserzufuhr für Ägypten entscheidend zu drosseln, in die Tat umsetzen sollte, sind sogar militärische Auseinandersetzungen nicht mehr auszuschließen. Die Aussage des ehemaligen ägyptischen Präsidenten Sadat steht weiter im Raum: „Wer mit dem Nilwasser spielt, erklärt uns den Krieg!"

Um die gegenwärtige weltweite Wasserproblematik wirklich verstehen zu können, muß der Faktor Süßwasser in den spezifischen Wirkungsgefügen der dominierenden Umwelt- und Entwicklungskrisen, den *Syndromen des Globalen Wandels* (WBGU 1996b), betrachtet werden. Im Kontext der ungeregelten Urbanisierung (Favela-Syndrom), der ökologisch und sozial bedenklichen Forcierung von Großprojekten zur „Zähmung der Natur" (Aralsee-Syndrom) oder der politisch-ökonomischen Offensive zur Steigerung der Nahrungsmittelproduktion durch importierte Techniken (Grüne-Revolution-Syndrom) erschließen sich erst die Gründe für den falschen Umgang mit Wasser als unmittelbare oder mittelbare Folgen des menschlichen (Fehl-)Verhaltens.

Der Blick in die Süßwasser-Zukunft der Völkergemeinschaft fällt noch düsterer aus, denn wesentliche Antriebskräfte für wasserspezifische Syndrome verstärken sich weiter: Die Bevölkerung der Erde wächst weiterhin rapide, ihr Gesamtumfang wird sich im besten Falle nach 2050 bei 8–10 Mrd. Menschen stabilisieren. Problematisch wird jedoch nicht nur die schiere Masse der Menschen im nächsten Jahrhundert sein, sondern auch ihre unaufhaltsame Ballung in Megastädten bzw. großflächigen Urbanisationen sowie die einem weltweit fortschreitenden Lebensstilwandel geschuldete individuelle Anspruchssteigerung. Um die Dimension des resultierenden Ressourcenbedarfs ermessen zu können, muß man nur den heutigen Wasserkonsum in Indien (25 l pro Einwohner und Tag) mit dem gegenwärtigen Wasserverbrauch in den Tourismuszentren rund um das Mittelmeer (1.000 l pro Besucher und Tag) vergleichen. Würde man den Touristenstandard auf die zu erwartende Weltbevölkerungszahl hochrechnen, dann müßte die Menschheit jeweils innerhalb eines halben Jahres das Gesamtvolumen aller Flüsse dieses Planeten leeren!

Dieser illusorischen Perspektive steht die realistische Prognose gegenüber, daß die Zahl der chronisch unterernährten Menschen (derzeit über 900 Mio.) noch zunehmen wird, wenn sich die globale Agrarproduktion bis zum Jahr 2010 nicht um etwa 60% steigern läßt. Dies kann aber nur über die Ausweitung der Bewässerungslandwirtschaft gelingen, welche heute bereits auf 17% der Ackerfläche fast 40% der weltweiten Nahrungsmittelerzeugung sichert.

Dadurch wird allerdings möglicherweise ein Teufelskreis verstärkt, der vom erhöhten Produktionszwang über die vermehrte Nutzung von Naturressourcen zur Degradation von Böden, Ökosystemen und Landschaften führt und damit die Rahmenbedingungen der Agrarproduktion immer weiter verschlechtert. Insbesondere ist zu befürchten, daß der Trend zur zivilisatorischen Transformation der Flußeinzugsgebiete mit den entsprechenden negativen Folgen noch an Stärke gewinnen könnte: Bereits jetzt hat sich die von den Strömen der Erde transportierte Sedimentfracht durch Landnutzung verfünffacht (ca. 45 Mrd. t).

Diese Zukunftsperspektiven werden noch zusätzlich überschattet durch die zu erwartenden anthropogenen Klimaveränderungen, welche mit großer Wahrscheinlichkeit zu modifizierten Niederschlagsmustern auf den Kontinenten und damit zu erheblichen Anpassungszwängen für Mensch und Natur führen dürften. Die Völkergemeinschaft steht am Scheideweg: Falls nicht bald die richtigen umwelt- und entwicklungspolitischen Maßnahmen ergriffen werden, wird es vor allem in den Entwicklungsländern zu dramatischen Wasserproblemen kommen, die durch Fernwirkungsmechanismen wie Migration, Infektion, Konfliktexport oder ganz gewöhnlichen Handelsverflechtungen zu einer weltweiten Krise eskalieren könnten. Allerdings gibt es sehr wohl Möglichkeiten, eine solche Entwicklung zu verhindern, denn die Süßwasserproblematik ist in hohem Maße *strategiefähig*. Wohl kein anderer Sektor des gesamten Umwelt- und Entwicklungskomplexes verspricht eine vergleichbare humanitäre Dividende pro eingesetztem US-$ oder DM; darüber hinaus existieren weltweit noch beträchtliche ökonomische, institutionelle, technologische und auf die Bildung bezogene Potentiale für einen besseren Umgang mit Süßwasser. Diese Potentiale müssen allerdings rasch mobilisiert werden, denn viele Länder der Erde stehen bereits heute am Rande einer wasserbedingten Entwicklungskrise. Insbesondere für die Staaten im Nahen Osten und in Nordafrika wird die Zeit knapp ....

Ausmaß und Bedeutung der gegenwärtigen Süßwasserproblematik, die den Keim einer globalen sozialen und ökologischen Krise in sich trägt, haben den Beirat bewogen, diese Thematik in den Mittelpunkt seines diesjährigen Gutachtens zu stellen. Im Schwerpunktteil D wird zunächst der Gesamtkomplex nach Fakten und Zusammenhängen analysiert und bewertet. Es folgt eine detaillierte Beschreibung der verfügbaren Instrumente für den Umgang mit Süßwasser, und schließlich werden Wege zur Vermeidung einer weltweiten krisenhaften Entwicklung aufgezeigt. Der Lösungsansatz des Beirats ruht auf 2 Pfeilern: Das erste Hauptelement bildet das *Leitplanken-Modell* des WBGU, welches das Entscheidungdilemma zwischen sozialen, ökologischen und ökonomischen Zielvorstellungen durch eine klare Prioritätensetzung aufzulösen versucht. Dadurch wird ein robustes Paradigma für den „Guten Umgang mit Wasser" geschaffen. Das zweite Hauptelement besteht in einer *globalen Strategie zur Umsetzung des Leitbildes*; diese Strategie gliedert sich in einen internationalen Konsens, eine Weltwassercharta und einen internationalen Aktionsplan zur Süßwasserproblematik. Der zuletzt genannte Plan sollte von der Grunderkenntnis geprägt sein, daß Wasser als knappes Gut fast ausnahmslos durch einen adäquaten Preis ausgewiesen sein muß.

Eine besondere Rolle bei der Krisenvermeidung bzw. -milderung kommt den nationalen und internationalen Institutionen zu. Die für den „Guten Umgang mit Wasser" verantwortlichen Abkommen, Regeln und Behörden sollten mehr als bisher flexibel gestaltet sein und das Prinzip der Partizipation fördern. Generell muß aber auch die internationale Kooperation beim Süßwassermanagement verbessert werden. Zwar weist die zwischenstaatliche Verständigung der Staaten bei der Nutzung grenzüberschreitender Wasservorkommen eine lange Tradition auf. Das Niveau der Zusammenarbeit ist aber in vielen Regionen als unzureichend anzusehen. Zu begrüßen ist daher, daß die seit 20 Jahren in Vorbereitung befindliche Rahmenkonvention zur nicht-schiffahrtlichen Nutzung internationaler Wasserläufe kurz vor der Verabschiedung durch die Generalversammlung der Vereinten Nationen steht.

Vor allem begrüßt der Beirat, daß die integrierte Wasserbewirtschaftung zu einem sektoralen Hauptthema der 6. Sitzung der UN-Kommission für nachhaltige Entwicklung (CSD) wurde. Die Initiative der Europäischen Union „Water 21", die auf der 5. Sitzung der CSD im April 1997 angeregt wurde, sollte durch die Bundesregierung weiterhin tatkräftig unterstützt werden. Der Beirat kann die Priorität, die dem Thema nicht nur von dem Generalsekretär der Vereinten Nationen mit dem Aufruf zu einem „Globalen Konsens", sondern auch von der EU in ihrer Gemeinschaftspolitik wie auch ihrer abgestimmten internationalen Politik eingeräumt wird, nur ausdrücklich unterstützen.

Die Süßwasserthematik muß noch deutlicher als bisher als wesentlicher Bestandteil der weltweiten Umwelt- und Entwicklungspolitik im Rahmen des „Rio-Prozesses" begriffen werden.

Der Beirat widmet diesem Prozeß in einer fünfjährigen Rückschau den Standard-Berichtsteil C des Jahresgutachtens 1997. Dabei soll eine erste Bilanz gezogen werden, inwieweit die in der AGENDA 21 anvisierten Ziele und Maßnahmen sowohl durch nationale Einzelbestrebungen als auch durch kollektive internationale Bemühungen verwirklicht wurden. Generell ist in diesem Zusammenhang die Frage zu stellen, ob sich bereits ein integriertes Konzept zur Vernetzung der institutionellen Facetten des Rio-Prozesses abzeichnet, das einer Querschnittsproblematik wie der Süßwasserversorgung wirklich gerecht werden kann.

Ein solches Integrationskonzept müßte sich um 3 Kernelemente formieren, nämlich
1. ein gemeinsames Leitbild für die Steuerung des Umwelt- und Entwicklungsprozesses,
2. eine starke und unabhängige internationale Organisation als Motor dieses Prozesses,
3. einen robusten globalen Finanzierungsmechanismus zur Unterstützung und Aufwertung dieser Organisation.

Der Beirat wird in seinem Empfehlungsteil entsprechende Anregungen unterbreiten.

Abschließend muß darauf hingewiesen werden, daß dieses Jahresgutachten die *globalen Dimensionen* der Süßwasserproblematik in den Vordergrund rückt und es nicht darum geht, eine vertiefte wasserwirtschaftliche oder limnologische Analyse für die Bundesrepublik vorzunehmen. Denn zum einen ist Deutschland ohnehin ein „Überflußland" hinsichtlich dieser Ressource, zum anderen wird der SRU 1998 eine Untersuchung zu wesentlichen nationalen Aspekten vorlegen. Die deutschen Spezifika für den Umgang mit Süßwasser, etwa das Wasserwerkkonzept, werden nur insofern aufgegriffen, als sich daraus Problemlösungsmodelle für die Völkergemeinschaft ableiten lassen könnten. Die wichtigsten Handlungs- und Forschungsempfehlungen an die Bundesregierung zum Schwerpunktthema werden sich jedoch nicht auf das nationale Wassermanagement beziehen, sondern auf *Maßnahmen im Rahmen der globalen Umwelt- und Entwicklungspolitik*, welche im Idealfall von den hauptverantwortlichen Bundesressorts (BMU, BMZ, BMBF usw.) gegenseitig abzustimmen wären.

Selbst bei Ausblendung bestimmter Aspekte bleibt die Süßwasserproblematik ein verwirrend vielfältiges Thema, und entsprechend wird dem Leser ein gehöriges Stück Motivation und Geduld bei der Lektüre dieses Gutachtens abverlangt. Aber für komplexe Fragestellungen gibt es nur selten einfache Antworten, und diese sind fast alle falsch ...

Fünf Jahre nach der UN-Konferenz für Umwelt und Entwicklung in Rio de Janeiro

C

Einleitung

Gründung der CSD – UN-Sondergeneralversammlung

Die Zuspitzung globaler Probleme in den 70er und 80er Jahren hat gezeigt, daß nationale und regionale Lösungskompetenz vielfach überfordert ist. Diese Erkenntnis führte die UN-Vollversammlung 1989 dazu, für das Jahr 1992 eine Konferenz für Umwelt und Entwicklung (UNCED) nach Rio de Janeiro einzuberufen. Mit der Teilnahme von über 100 Staats- und Regierungschefs und etwa 1.400 Nichtregierungsorganisationen entwickelte sich dieser „Erdgipfel" zur größten Konferenz der Menschheitsgeschichte, was den breiten Konsens der Staatengemeinschaft deutlich macht, der sich in der AGENDA 21 widerspiegelt.

Umwelt- und Entwicklungspolitik können nicht mehr als getrennte Politikbereiche gesehen werden, sondern sind in dem neuen Leitbild der „nachhaltigen Entwicklung" untrennbar verbunden – dies war die Grundbotschaft der Rio-Konferenz. Neben den beiden Konventionen zu Klima und Biodiversität sowie der „Nicht-rechtsverbindlichen maßgeblichen Grundsatzerklärung für einen Globalen Konsens über den guten Umgang, die Bewahrung und die nachhaltige Entwicklung aller Arten von Wäldern" (Wälder-Erklärung) war die AGENDA 21 das wichtigste Ergebnis des Erdgipfels, das „Aktionsprogramm der Vereinten Nationen für das 21. Jahrhundert". Zur Beobachtung, Bewertung und Fortführung des Rio-Prozesses wurde eine dem Wirtschafts- und Sozialrat der Vereinten Nationen (ECOSOC) zugeordnete Kommission zur nachhaltigen Entwicklung (CSD) eingerichtet.

Mit der Gründung der CSD blieb die Rio-Konferenz zwar hinter weiterreichenden Vorschlägen (Aufwertung des UNEP, neue UN-Sonderorganisation, Umweltsicherheitsrat) deutlich zurück. Immerhin wurde ein bedeutendes internationales Diskussionsforum zur Umsetzung des Rio-Prozesses geschaffen. In der CSD sind 53 Staaten vertreten; im Mittelpunkt stehen die jährlichen Plenumstagungen der Kommission, in denen jeweils einzelne Kapitel der AGENDA 21 behandelt und hierzu Empfehlungen an den ECOSOC ausgesprochen werden, die gegebenenfalls an die UN-Vollversammlung weitergeleitet werden.

Die fünfte Sitzung der CSD im April 1997 diente der Vorbereitung der im Juni stattfindenden Sondergeneralversammlung, mit dem Ziel einer Gesamtbewertung der AGENDA 21, einschließlich möglicher Empfehlungen zur besseren Umsetzung des Aktionsprogramms. Es bleibt zu hoffen, daß diese Chance zur Aktualisierung des Problembewußtseins und zur Beschleunigung des Rio-Folgeprozesses genutzt wird.

Fünf Jahre nach Rio scheint ein erstes Resümee angebracht. Im folgenden werden im Hinblick auf einzelne Kernprobleme des Globalen Wandels (WBGU, 1993) die internationalen Aktivitäten dargestellt (Kap. C 2) die Bedeutung und Umsetzung der AGENDA 21 auf lokaler Ebene angesprochen (Kap. C 3), um dann zu einen Fazit des bisherigen Rio-Folgeprozesses zu gelangen (Kap. C 4).

2 Internationale Politik zum Globalen Wandel

Montrealer Protokoll – UN-Klimarahmenkonvention – Landseitige Meeresverschmutzung – Übereinkommen zu wandernden Fischarten – Biodiversitätskonvention – Wälder-Erklärung – Pflanzengenetische Ressourcen – Desertifikationskonvention – Weltbevölkerungskonferenz von Kairo – Weltfrauenkonferenz – Weltsiedlungskonferenz – Menschenrechtskonferenz – GATT/WTO – Welternährungskonferenz – Weltkonferenz für soziale Entwicklung

2.1 Atmosphäre

2.1.1 Montrealer Protokoll

Das „Montrealer Protokoll über Stoffe, die zu einem Abbau der Ozonschicht führen" zählt nicht zum Rio-Prozeß im eigentlichen Sinne, da seine erste Fassung schon 1987 und das zugrundeliegende Rahmenübereinkommen schon 1985 vereinbart wurden. Allerdings hatte das Montrealer Protokoll eine wesentliche Modellfunktion für andere Regime und steht somit, in seinen 1990, 1992 und 1995 erfolgten Änderungen und Anpassungen, in engem Zusammenhang zum Rio-Folgeprozeß. Für die Industrieländer wurde inzwischen das endgültige Verbot der meisten ozonabbauenden Stoffe erreicht, von dem hinsichtlich der FCKW nur noch wenige unverzichtbare Verwendungen wie Asthmasprays ausgenommen sind.

Die Entwicklungsländer erhielten 1987 ein Verzögerungsprivileg von zehn Jahren; die meisten dieser Länder werden ihre Pflichten wohl noch vor Ablauf der Sonderfristen erfüllt haben. Dies wurde vor allem dadurch ermöglicht, daß die Industrieländer den Entwicklungsländern in den 1990 erfolgten Änderungen des Protokolls die Übernahme der „vollen Mehrkosten" in diesem Problemfeld zusagten und hierzu einen Sonderfonds zur Umsetzung des Protokolls einrichteten. Insgesamt positiv sind auch die paritätischen Entscheidungsverfahren des 1990 geänderten Protokolls zu werten, in denen weitergehende Schritte von der Zustimmung der einfachen Mehrheit der Entwicklungsländer und der einfachen Mehrheit der Industrieländer abhängig gemacht wurden.

Handlungsbedarf besteht jedoch weiterhin: Für die erst seit 1992 erfaßten Stoffgruppen, insbesondere Methylbromid und teilchlorierte Fluorkohlenwasserstoffe, sollte angesichts der bestehenden Chlorkonzentration in der Stratosphäre dringend eine Beschleunigung des Reduktionszeitplans angestrebt werden, um den Zeitpunkt der Wiederherstellung der Ozonschicht vorzuziehen. Angesichts der Erfahrungen der Nord-Süd-Verhandlungen auf den letzten beiden Vertragsstaatenkonferenzen erfordert dies jedoch voraussichtlich eine Aufstockung der Mittel des Ozon-Fonds.

2.1.2 UN-Rahmenkonvention über Klimaänderungen

Die UN-Rahmenkonvention über Klimaänderungen trat im Frühjahr 1994 in Kraft; seither ist es allerdings nicht gelungen, die darin enthaltene Pflicht der Industrieländer zur Reduktion ihrer Treibhausgase zeitlich und mengenmäßig zu konkretisieren. Auf der ersten Vertragsstaatenkonferenz, die 1995 in Berlin zusammentrat, einigten sich die Staaten auf die Fortführung der Verhandlungen („Berliner Mandat").

Dabei erfolgten in Berlin bedeutende Weichenstellungen für den gegenwärtigen Verhandlungsprozeß: Dessen Ergebnis soll ein *völkerrechtlich bindendes* Instrument sein, das seine Parteien zu zeitlich vorgegebenen Reduktionen ihrer Treibhausgasemissionen verpflichten soll. Neue Pflichten für die Entwicklungsländer, die über die allgemeinen und unbestimmten Klimaschutzpflichten des Artikel 4 Abs. 1 des Übereinkommens hinausgehen, stehen bislang nicht zur Verhandlung, da die Pro-Kopf-Emissionen der Industrieländer weiterhin die der Entwicklungsländer um ein Vielfaches übersteigen. Allerdings wurde 1995 für das neuartige Instrument der gemeinschaftlichen Umsetzung von Reduktionspflichten zwischen den Vertragsparteien (joint implementation) eine Pilotphase begonnen, um erste Erfahrungen zu sammeln.

Ein bindendes Instrument könnte möglicherweise im Dezember 1997 auf der dritten Vertragsstaatenkonferenz in Kyoto beschlossen werden, entweder in Form eines Protokolls zur Konvention oder einer unmittelbaren Änderung des Vertragstextes. Nach den derzeit vorliegenden Textentwürfen einzelner Staaten ist es wahrscheinlich, daß für die Industrieländer zwei verschiedene Arten von Verpflichtungen für die Zeit nach dem Jahr 2000 vereinbart werden: Im Zentrum der Verhandlungen stehen Vorschläge, die die Industrieländer hinsichtlich ihrer Klimapolitik nach dem Jahr 2000 auf ein bestimmtes Ergebnis mit festen Reduktionsquoten und bindenden Fristen verpflichten sollen (sogenannte QELROs: Quantified Emission Limitation and Reduction Objectives). Eine Reihe von Industrieländern tritt hier für eine Differenzierung der Pflichten zwischen einzelnen Industrieländern ein, die mit Hilfe von Indikatoren wie Bruttosozialprodukt, Energieeffizienz oder Pro-Kopf-Emission von Treibhausgasen erfolgen könnte. Insbesondere die USA fordern, den Handel von Emissionsrechten zwischen Staaten zu ermöglichen und fest im neuen Rechtsinstrument zu verankern. Daneben wird diskutiert, die Industrieländer zu gemeinsamen politischen Maßnahmen gegen den Klimawandel (policy and measures) zu verpflichten, also etwa der Einigung auf bestimmte technische Standards. Die EU hat hierzu einen umfangreichen Vorschlag unterbreitet. Allerdings ist noch nicht abzusehen, inwieweit diese politischen Maßnahmen rechtsverbindlich sein werden; denkbar wäre beispielsweise, daß nur manche Kategorien von Maßnahmen bindend sind oder daß die Staaten die Möglichkeit erhalten, aus einem „Menü" zu wählen.

Deutlich ist in jedem Fall, daß Entwicklungsländer zunächst keine ergebnisorientierten Pflichten übernehmen werden. Der zukünftige Status der osteuropäischen Industrieländer, denen zur Zeit in Artikel 4 Abs. 6 der Klimarahmenkonvention „ein gewisser Grad an Flexibilität" in der Umsetzung ihrer Pflichten zugestanden wird, ist noch nicht abzusehen. Weitere wichtige Verhandlungsbereiche betreffen die finanzielle Unterstützung von Entwicklungsländern bei der Klimaschutzpolitik, die finanzielle Kompensation von Entwicklungsländern, die durch zukünftige Klimapolitik wirtschaftliche Einbußen erleiden werden sowie zukünftige Verfahren bei Konflikten um die Vertragsumsetzung.

Noch lassen die derzeitigen Verhandlungen nicht mit Sicherheit auf den Beschluß eines rechtsverbindlichen Instrumentes schon in Kyoto schließen. Dabei darf die gegenwärtig parallel geführte Teildebatte zur Harmonisierung von politischen Maßnahmen nach Auffassung des Beirats nicht von der zentralen Aufgabe der Klimapolitik ablenken, der rechtsverbindlichen Vereinbarung von quantifizierten Minderungszielen für Treibhausgase.

2.2 Hydrosphäre

2.2.1 Schutz der Meere vor landseitigen Einleitungen

Hinsichtlich des Schutzes der Meere (Kapitel 17 der AGENDA 21) wurden seit 1992 Fortschritte erzielt: Zum einen wurde 1995 im Rio-Folgeprozeß ein neues Instrument zur Eindämmung der landseitigen Meeresverschmutzung geschaffen, welche bis zu 80% der marinen Gesamtbelastung verursacht: das „Washingtoner Globale Aktionsprogramm zur Eindämmung der Meeresverschmutzung durch landseitige Handlungen". Dieses – rechtlich nicht-bindende – Aktionsprogramm baut auf älteren UNEP-Richtlinien von 1985 auf, die im Verlauf der Rio-Konferenz als unzulänglich erkannt wurden. Zur Zeit wird das Globale Aktionsprogramm von den Staaten in nationale Aktionsprogramme umgesetzt, wobei die Entwicklungsländer von der Globalen Umweltfazilität (GEF) mit allerdings zu geringen Mitteln unterstützt werden (WBGU, 1996a).

Das Washingtoner Aktionsprogramm und die begleitende „Erklärung von Washington" enthalten zudem den Auftrag an die Staatengemeinschaft, baldmöglichst eine rechtsverbindliche Konvention zu zwölf Gruppen von dauerhaften organischen Schadstoffen auszuhandeln (persistent organic pollutants – POP). Hiermit sollen besonders gefährliche POPs, die in Deutschland weitgehend verboten sind, einem weltweit bindenden Reduktionsregime unterworfen und gegebenenfalls gänzlich verboten werden. Ein Vorbild, auf das in den Vorverhandlungen mehrfach Bezug genommen wurde, wäre das Montrealer Protokoll zur Reduktion ozonabbauender Stoffe.

Der Beirat begrüßt sowohl das Globale Aktionsprogramm als auch die geplante POP-Konvention als einen ersten sinnvollen Schritt zu der 1995 empfohlenen Internationalen Meeresschutzkonvention (WBGU, 1996a). Es sollte indes geprüft werden, ob der Regelungsbereich des POP-Vertrages nicht gegebenenfalls von den derzeit diskutierten zwölf Stoffgruppen (das „dirty dozen") auf weitere Stoffgruppen erweitert werden sollte; hier sieht der Beirat erheblichen Forschungsbedarf. In jedem Fall sollte die POP-Konvention, wie das Montrealer Protokoll, eine schnelle Anpassung an neue wissenschaftliche Erkenntnisse zulassen.

2.2.2
Überfischung

Ein weiteres zentrales Ergebnis des Rio-Folgeprozesses im Meeresbereich ist die Vereinbarung des „Übereinkommens zu stark wandernden Fischarten" (Agreement for the Implementation of the Provisions of the United Nations Convention on the Law of the Sea of 10th December 1982 relating to the Conservation and Management of Straddling Fish Stocks and Highly Migratory Fish Stocks), mit dem die Vorschriften der 1994 in Kraft getretenen UN-Seerechtskonvention konkretisiert wurden. Dieses neue Fischerei-Übereinkommen soll insbesondere die Kompetenzen der einzelnen Staaten hinsichtlich der Fischereizonen abgrenzen und allgemeine Kooperations- und Konsultationspflichten festlegen. Der Beirat sieht die Überfischung der Meere weiterhin als erhebliches Problem der Biodiversitäts- und zugleich der Meeresschutzpolitik an und betont zugleich die soziale Dimension dieses Problems. Die bisherigen Erfahrungen mit marktkonformen Maßnahmen zur Eindämmung der Überfischung – etwa in „Fischgrundbörsen" (Lizenzen) – deuten darauf hin, daß die Einführung derartiger Instrumente positive Effekte haben kann. Ein weiteres Instrument könnten internationale Regelungen zur Reduktion der Treibnetzfischerei und vergleichbarer Methoden sein, durch die aufgrund der Nebenfänge unverhältnismäßige Schädigungen der marinen Biodiversität verursacht werden.

2.2.3
Internationaler Seegerichtshof in Hamburg

Eine wichtige Rolle in der internationalen Konfliktbewältigung könnte dem neuen „Internationalen Seegerichtshof" zuwachsen, der 1996 in Hamburg seine Arbeit aufgenommen hat und über Streitigkeiten in der Auslegung der UN-Seerechtskonvention entscheiden soll, soweit Staaten ihre Konflikte dem Gericht vorlegen. Mit dem Klimasekretariat ist dies die zweite bedeutende UN-nahe Institution für die Deutschland als Sitzland gewählt wurde.

Insgesamt ist festzustellen, daß die Meere in der internationalen „Problemhierarchie" nicht den Stellenwert erlangt haben, der ihnen vor allem im Blick auf zukünftige Entwicklungen zukommt (WGBU, 1996a). Auch in multilateralen Finanzierungsprogrammen, etwa der GEF, wird dem Meeresschutz weiterhin nicht der gebührende Raum zugestanden.

2.3
Biosphäre

2.3.1
Übereinkommen über die biologische Vielfalt

Das Übereinkommen über die biologische Vielfalt (Biodiversitätskonvention) wurde in Rio de Janeiro verabschiedet, trat 1993 in Kraft, und mehr als 160 Staaten sind bereits beigetreten.

Es handelt sich um eine Querschnittskonvention, deren Ziele nicht nur die Erhaltung der biologischen Vielfalt, sondern auch die nachhaltige Nutzung und die gerechte Teilhabe der sich aus der Nutzung ergebenden Vorteile umfassen (WBGU, 1996a). Aus dieser umfassenden Aufgabenstellung ergeben sich Zielkonflikte zwischen Schutz und Nutzung, so etwa in der Land- und Forstwirtschaft.

Die drei Vertragsstaatenkonferenzen (1994: Nassau; 1995: Jakarta; 1996: Buenos Aires) haben hier besondere inhaltliche Schwerpunkte gesetzt: Beschlüsse sind bereits zur Erhaltung biologischer Vielfalt im Zusammenhang mit landwirtschaftlicher Nutzung (vor allem zur Bekämpfung der Generosion), zur Küsten- und Meeresbiodiversität sowie zu Wäldern gefaßt worden.

Die Konvention hat auch den Zugang zu genetischen Ressourcen auf eine neue rechtliche Grundlage gestellt. Genetische Ressourcen werden nicht mehr als Kollektivgut angesehen, zu dem freier Zugang besteht, sondern fallen ausdrücklich unter die Zuständigkeit der Nationalstaaten. Die Interessen von Industrieunternehmen, die auf der Suche nach neuen Quellen genetischer Ressourcen sind, die Rechte der lokalen und indigenen Gemeinschaften mit ihrem traditionellen Wissen um diese Vielfalt und die Souveränität der Staaten müssen miteinander in Einklang gebracht werden (Henne und Loose, 1997). Um diesen Interessenausgleich und vor allem die gerechte Teilhabe am Nutzen genetischer Ressourcen zu gewährleisten, sind bereits in einigen Staaten Gesetze erlassen worden, mit denen die Bestimmungen der Konvention umgesetzt werden.

Zur Sicherheit im Umgang mit Biotechnologie (Biosafety) finden zur Zeit Verhandlungen über ein Zusatzprotokoll statt. Die Konvention ist mit einem Finanzierungsmechanismus ausgestattet, dessen Aufgaben die GEF auf vorläufiger Basis übernommen hat. Der Finanzbedarf übersteigt die Mittel der GEF jedoch bei weitem, so daß die Vertragsstaatenkonferenz nach neuen Wegen der Finanzierung sucht.

Die Einbindung in bestehende zwischenstaatliche Strukturen wurde verbessert, indem Brücken zu den anderen biodiversitätsrelevanten Konventionen und

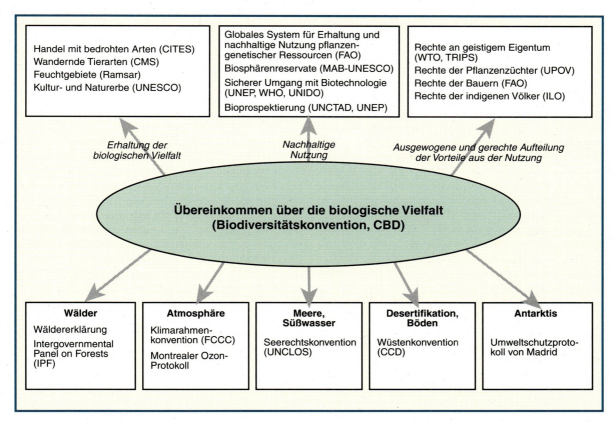

Abbildung C 2-1
Einbindung der Biodiversitätskonvention in die Weltumweltpolitik.
Quelle: Gettkant et al., 1997

Organisationen gebaut wurden (z. B. CITES, Ramsar-Konvention, FAO; Abb. C 2-1). Neben der konkreten inhaltlichen Arbeit an der Umsetzung erweist sich der Verhandlungsprozeß als Forum von Aktivitäten zur Erhaltung und nachhaltigen Nutzung biologischer Vielfalt. Der weiteren Unterstützung dieses Effekts dient ein Clearing-House-Mechanismus, der den Informations- und Technologieaustausch weiter fördern soll.

So ist ein offener und konstruktiver Dialog entstanden, der auch innerhalb der Staaten fruchtbare Diskussionen und Aktionen angeregt hat. Deutschland hat sich beim Aufbau des Clearing-House-Mechanismus und für die Förderung der Kooperation mit der Privatwirtschaft engagiert. Die Bemühungen um einen umweltverträglichen Tourismus werden vom Beirat begrüßt, da hier eine Möglichkeit der Inwertsetzung von biologischer Vielfalt gefördert wird. Insgesamt gesehen ist die Bundesrepublik mit der Umsetzung jedoch im Rückstand. So sind weder die schon lange angekündigte Novellierung des Bundesnaturschutzgesetzes noch die Erarbeitung einer nationalen Strategie zur Umsetzung der Biodiversitätskonvention abgeschlossen. In Deutschland setzt sich in Politik und Forschung nur zögerlich die Erkenntnis durch, daß Erhaltung und nachhaltige Nutzung von Biodiversität kein Spezialproblem der Naturschutzpolitik, sondern eine Querschnittsaufgabe der Umwelt- und Entwicklungspolitik ist.

2.3.2 Zwischenstaatlicher Wälder-Ausschuß

Hinsichtlich des Schutzes der Wälder waren im Vorfeld der UNCED die Bemühungen um eine Waldkonvention gescheitert. Lediglich ein Globaler Konsens zum Umgang mit Wäldern (Wälder-Erklärung) konnte verabschiedet werden. Um den Diskurs wiederaufzunehmen, rief die CSD 1995 den Zwischenstaatlichen Wälder-Ausschuß (Intergovernmental Panel on Forests – IPF) ins Leben. Der IPF sollte für die fünfte CSD-Sitzung im April 1997 einen Bericht mit Empfehlungen zu Management, Erhaltung und nachhaltiger Nutzung von Wäldern liefern.

Die Bemühungen des IPF um eine Waldkonvention sind zur Zeit weiterhin durch Interessengegensätze geprägt. Deshalb sehen viele Nichtregierungsorganisationen die Verhandlung einer Konvention zu diesem Zeitpunkt kritisch, da die Festschreibung eines zu kleinen gemeinsamen Nenners und die Verzögerung wirkungsvoller Handlungen während des Verhandlungsprozesses befürchtet werden.

Es gibt nur wenige konkrete Fortschritte. Weder begriffliche Fragen (Interpretation von „nachhaltiger Waldwirtschaft") noch prozedurale Fragen (Fortgang der Verhandlungen über das jetzige Mandat des IPF hinaus) konnten geklärt werden. Die Leistungen des IPF sind mehr in der Vorbereitung und Begleitung der Diskussionen zwischen den Regierungen, Nichtregierungsorganisationen und der Öffentlichkeit zu sehen. Das Thema Wälder steht nun wieder auf der Tagesordnung. In vielen Ländern wurde der Diskurs vor allem durch das im Rahmen des IPF-Prozesses verbesserte Wissen um technische Aspekte sowie durch die Diskussionen um Zertifizierung und Indikatoren neu angeregt.

Angesichts der Schwierigkeiten des IPF um die Neuverhandlung einer Waldkonvention scheint die Frage lohnend, ob – anstelle einer neuen, eigenständigen Konvention – ein Protokoll im Rahmen der Biodiversitätskonvention das geeignetere Instrument ist, um den Erhalt und die nachhaltige Nutzung von Wäldern in verbindlicher Form zu regeln (WBGU, 1996a).

2.3.3
Verhandlungen zu pflanzengenetischen Ressourcen für Ernährung und Landwirtschaft

Pflanzengenetische Ressourcen für Ernährung und Landwirtschaft bilden einen kleinen, wenn auch für den Menschen sehr wichtigen Ausschnitt der globalen Biodiversität, der in den letzten Jahrzehnten vor allem durch die Modernisierung der Landwirtschaft zunehmend gefährdet ist („Generosion"). Die Internationale Verpflichtung über pflanzengenetische Ressourcen der FAO aus dem Jahr 1983 ist eine erste, wenn auch nicht-rechtsverbindliche Regelung, um diese Ressourcen im Sinne eines Menschheitserbes zu schützen, zu sammeln, zu erforschen und als Kollektivgut für alle Interessierten (z. B. die Züchtungsforschung) zugänglich zu machen. Mit Inkrafttreten der Biodiversitätskonvention 1993 hat sich Anpassungsbedarf ergeben, da die Konvention die genetischen Ressourcen nun der nationalen Souveränität unterstellt (siehe Kap. C 2.5), allerdings nicht ohne Rahmenbedingungen über den Zugang zu diesen Ressourcen festzuschreiben. Die notwendige Reform der Internationalen Verpflichtung und einige damit verbundene komplizierte Fragen (z. B. Rechte der Bauern, Zugang zu Ex-situ-Sammlungen) werden derzeit in einem neuen Verhandlungsprozeß unter Federführung der FAO behandelt. Das Ergebnis könnte ein rechtlich bindendes Protokoll über pflanzengenetische Ressourcen im Rahmen der Biodiversitätskonvention sein; der Ausgang des Prozesses ist allerdings noch offen.

Die Vierte Internationale Technische Konferenz über pflanzengenetische Ressourcen der FAO in Leipzig (17.-23. Juni 1996) markierte einen wichtigen Zwischenschritt auf dem Weg zu einem globalen System für den Umgang mit diesen Ressourcen. Zur Vorbereitung legte die FAO den ersten globalen Lagebericht zu pflanzengenetischen Ressourcen für Ernährung und Landwirtschaft vor (FAO, 1996a).

Der Zugang zu genetischen Ressourcen und die gerechte Nutzenteilhabe sind strittig, da die Biodiversitätskonvention den Zugang zu den bestehenden Ex-situ-Sammlungen (z. B. Genbanken und botanische Gärten) nicht regelt. Im engen Zusammenhang damit steht die Frage nach den Rechten der Bauern (farmers' rights). Hier geht es um die Anerkennung der Leistung lokaler, bäuerlicher Gemeinschaften, die Pflanzensorten seit langem weiterentwickelt haben.

Die wichtigsten Ergebnisse der Konferenz sind der Konsens über eine gemeinsame politische Botschaft an den Welternährungsgipfel – die „Leipziger Erklärung" – und der „Globale Aktionsplan über die Erhaltung und nachhaltige Nutzung pflanzengenetischer Ressourcen für Ernährung und Landwirtschaft". Die Leipziger Erklärung stellt fest, daß die biologische Vielfalt bei Nutzpflanzen derzeit gefährdet ist (auch in Genbanken), obwohl diese die Grundlage für die Ernährungssicherung und somit für das „Überleben und Wohlergehen der Menschen" bildet. Die Umsetzung des Globalen Aktionsplans als Kompendium technischer Maßnahmen wird allerdings dadurch erschwert, daß keine Vereinbarung über die notwendigen zusätzlichen Finanzmittel erzielt werden konnte.

2.4
Lithosphäre/Pedosphäre

Im Rahmen der UNCED wurden die Lithosphäre und die Pedosphäre vor allem unter dem Aspekt der Bodendegradation in ariden, semi-ariden und trockenen subhumiden Zonen diskutiert (Kapitel 12 der AGENDA 21). Zugleich wurde die Vorbereitung einer internationalen Konvention mit rechtsverbindlichen Pflichten zur Bekämpfung von Bodendegradation in Trockengebieten und Verminderung der Dürregefährdung beschlossen. Zwei Jahre später wurde die „Desertifikationskonvention" verabschiedet; 1996 trat sie in Kraft (UN Convention to Combat Desertification in Countries Experiencing Serious Drought and/or Desertification, Particularly in Africa – CCD). Die erste Vertragsstaatenkonferenz wird im September 1997 stattfinden. Ziel dieser Konvention ist die Bekämpfung der Bodendegradation in Trockengebieten und die Abschwächung von Dürrerisiken. Der Vertrag umfaßt regionale Anlagen für Afrika, Asien, Lateinamerika und die Karibik sowie den nördlichen Mittelmeerraum mit Empfehlungen zur konkreten Umsetzung der Programme. Priorität hat das besonders dürregefährdete Afrika (zur Entstehungsgeschichte der Konvention siehe WBGU, 1994 und 1996a).

Als wichtigstes Ergebnis der Konvention gilt die Anerkennung partizipativer Strategien, die Aufwertung der Nichtregierungsorganisationen und sogenannter Bottom-up-Ansätze, als Voraussetzung für die Umsetzung der Aktionsprogramme, die in der entwicklungspolitischen Praxis allerdings noch unzureichend ist. Neu ist der Aufruf zur Nutzung lokalen, kulturspezifischen Wissens (Artikel 16). Forschungsbedarf besteht vor allem bei der Bestimmung der Erfolgsbedingungen für Partizipation.

Ein wichtiger Fortschritt der Konvention ist die Behandlung von Bodendegradation in Trockengebieten und von Dürrerisiken als vorrangig sozio-ökonomisches Problem. Durch die Verhandlungen wurde außerdem ein neues Bewußtsein für den bestehenden Unterstützungs- und Koordinierungsbedarf geschaffen. Besonders hervorgehoben wird der Bedarf einer koordinierten Abstimmung mit anderen Umwelt- und Entwicklungskonventionen.

In Artikel 10 werden die Staaten zur Einführung langfristiger Aktionsprogramme verpflichtet. Als wichtigste Maßnahmen werden die Förderung angemessener Beschäftigungs- und Lebensalternativen (livelihoods) genannt, die Verbesserung der wirtschaftlichen Rahmenbedingungen zur Armutsbekämpfung und Förderung der Ernährungssicherheit, nachhaltiges Ressourcenmanagement, nachhaltige Landwirtschaft, verbesserte institutionelle und rechtliche Rahmenbedingungen, verbessertes Monitoring sowie der Aufbau nationaler Handlungskapazität und der Umweltbildung. Von Bedeutung ist die Einrichtung des Committee on Science and Technology als beratendes Wissenschaftlergremium für die CCD, das über wissenschaftliche und technologische Fortschritte zur Bekämpfung der Bodendegradation in Trockengebieten berichten soll.

Die Konvention hat bereits erste Ergebnisse erzielt. In Marokko, Gambia, Botswana und Südafrika sind nationale Aktionsprogramme auf dem Weg oder werden weiter entwickelt. Frankreich unterstützt nationale Aktionsprogramme in Burkina Faso, Senegal, Tschad, Kap Verde und Mauretanien. Deutschland hat 1997 2 Mio. DM für das Sektorvorhaben Desertifikationsbekämpfung veranschlagt, die Panafrikanische Ministerkonferenz im März 1997 gefördert und die in der Konvention vereinbarte Lead-Agency-Funktion für Mali übernommen (zu den deutschen Beiträgen in den Vorjahren siehe WBGU, 1996a).

Anlaß zur Kritik sind die in der Konvention fehlenden verbindlichen Mittelzusagen: Statt dessen wurde im Rahmen des „Globalen Mechanismus" (Artikel 21) nur über eine verbesserte Verwaltung der bestehenden Mittel verhandelt. Der Beirat hat bereits im Jahresgutachten 1995 auf den sinkenden Beitrag Deutschlands an der entwicklungsländerorientierten Agrarforschung hingewiesen und stellt mit Sorge fest, daß der seit 1991 zu beobachtende finanzielle Einbruch in der Förderung der internationalen Agrarforschung nicht korrigiert wurde. Über den Sitz des Sekretariats, das 1999 seine Arbeit aufnehmen soll, wird 1997 auf der ersten Vertragsstaatenkonferenz in Rom entschieden werden. Neben Deutschland haben sich Spanien und Kanada beworben.

Mit der Desertifikationskonvention ist lediglich für einen Ausschnitt der global zu beobachtenden Bodendegradation eine Konvention entwickelt worden. Um dem weltweiten Bodenschutz einen ähnlichen internationalen Stellenwert zu geben, hat der WBGU bereits in seinem Jahresgutachten 1994 vorgeschlagen, die Notwendigkeit einer globalen Bodenkonvention zu prüfen.

2.5
Bevölkerung

2.5.1
UN-Konferenz für Bevölkerung und Entwicklung (Kairo)

Im September 1994 fand in Kairo die UN-Konferenz für Bevölkerung und Entwicklung (International Conference for Population and Development – ICPD) statt (WBGU, 1996a). Die Perspektiven zukünftiger Bevölkerungspolitik wurden im Licht von nachhaltiger Entwicklung, Maßnahmen zur Stärkung der Selbstbestimmungsrechte von Frauen (reproductive rights) und Gesundheitsförderung im Rahmen der Bevölkerungspolitik (reproductive health) diskutiert. Mit der Abkehr vom engeren Familienplanungskonzept wurde in Kairo ein Paradigmenwechsel in der entwicklungsländerorientierten Bevölkerungspolitik vollzogen.

Nunmehr stehen Gesundheits- und Vorsorgemaßnahmen unter dem Aspekt der Verfügbarkeit, des geschlechterbezogenen Zugangs und der kulturspezifischen Akzeptanz im Vordergrund. Die zentrale Rolle familiärer Strukturen wurde bestätigt und die besondere Berücksichtigung der Bedürfnisse von Heranwachsenden festgeschrieben. Die Formulierung der Frauenrechte im Globalen Aktionsplan der Kairo-Konferenz reicht nach Ansicht vieler Beobachter über die Sprachregelung der UN-Weltfrauenkonferenz (Peking) hinaus.

Ein Schlüsselelement des Dokuments ist die Berücksichtigung der Menschenrechte sowie kultureller und religiöser Rahmenbedingungen bei der Umsetzung des Globalen Aktionsplanes. Ebenso zentral ist der Abschnitt über die Anerkennung der besonderen Rechte von Heranwachsenden, u. a. hinsichtlich der Aufklärung über Schwangerschaftsverhütung und AIDS-Vorbeugung.

Durch die Intervention des Vatikans und einiger islamischer Staaten dominierte vielfach die Diskussion um die Abtreibungsfrage (§ 8.25), zu Lasten der beiden großen Konferenzthemen (Zusammenhang zwischen Bevölkerung und Entwicklung bzw. Bevölkerung und Umwelt). Gleichwohl wird im Globalen Aktionsplan ein völkerrechtliches Recht auf Entwicklung (right to development) wie in den Dokumenten anderer UN-Konferenzen bestätigt. Ebenso wurde anerkannt, daß die Lösung des Bevölkerungsproblems direkt mit dem Ziel der nachhaltigen Entwicklung verknüpft ist. Der ECOSOC hat im Juli 1996 eine Beschleunigung bei der Umsetzung der Kairo-Ergebnisse angemahnt.

2.6
Gesellschaftliche Organisation

2.6.1
UN-Weltfrauenkonferenz (Peking)

Am 15. September 1995 endete die Vierte Weltfrauenkonferenz (Fourth World Conference on Women – FWCW) in Peking. Als zentrales Abschlußdokument wurde die Aktionsplattform verabschiedet, die aufbauend auf Kapitel 24 der AGENDA 21 („Globaler Aktionsplan für Frauen zur Erzielung einer nachhaltigen und umweltgerechten Entwicklung") die besondere Rolle von Frauen im Bereich Umwelt und Entwicklung betont. Die umfangreiche Aktionsplattform wurde in der „Erklärung von Peking" in 38 Paragraphen zusammengefaßt.

Zentrale Feststellung der Aktionsplattform ist, daß sich die Situation von Frauen nach der Dritten Frauenkonferenz in Nairobi (1985) und zahlreichen UN-Konferenzen zwar verbessert hat, daß es aber weiterhin gravierende Hemmnisse gibt, die einer gleichberechtigten Teilhabe von Frauen an der Entwicklung entgegenstehen. Die Aktionsplattform betont daher die Bedeutung der Anerkennung und Durchsetzung der Menschenrechte von Frauen auf allen Ebenen und in allen (Lebens-)Bereichen und problematisiert Themen, die auch in der internationalen politischen Diskussion der letzten Jahre auf der Tagesordnung standen: Armut, Migration und Umwelt. Die Gleichstellung von Frauen (empowerment of women) ist neben der Anerkennung der Menschenrechte zentraler Bestandteil der Empfehlungen, die sich nicht nur an Regierungen, sondern auch an Banken, internationale Finanzinstitutionen, Nichtregierungsorganisationen, Forschungseinrichtungen, Frauenorganisationen, die Privatwirtschaft und Gewerkschaften richten.

Im Ergebnispapier von Peking wird der Zusammenhang zwischen Armut und Umweltdegradation bestätigt und nicht-nachhaltige Konsummuster und Produktionsmethoden als Hauptgrund der Umweltzerstörung identifiziert. Im Hinblick auf den Mangel an Anerkennung und Unterstützung der Beiträge von Frauen im Umweltschutz sollen weibliche Sichtweisen und Interessen bei allen umweltpolitischen Entscheidungen vermehrt Berücksichtigung finden. In Übereinstimmung mit der Biodiversitätskonvention werden die Regierungen aufgefordert, die spezifischen praxisbezogenen Kenntnisse und Fähigkeiten von Frauen indigener Völker und lokaler Gemeinschaften zu fördern. Auch die *Feminisierung der Armut* und die mangelnde Mitbestimmung von Frauen in Entscheidungsprozessen werden ebenso kritisiert wie der fehlende oder mangelhafte Zugang von Frauen zu Bildung.

Viele Themen der Frauenbewegung fanden im Rahmen der Weltfrauenkonferenz erstmals Eingang in die internationale Politik. Bei Konferenzteilnehmern und Regierungsdelegationen war eine starke Polarisierung aufgrund religiöser und kultureller Bedingungen und ein Nord-Süd-Gefälle bei der Prioritätensetzung sichtbar. Die Aktionsplattform wurde zwar im Konsens verabschiedet, aber schon kurz darauf legten einzelne Staaten Vorbehalte ein. Die Betonung nationaler und soziokultureller Eigenständigkeiten und traditioneller Werte spielten vor allem bei den Entwicklungsländern eine große Rolle, während individuelle und gleiche Menschenrechte von Männern und Frauen von den Teilnehmern der Industrienationen herausgestellt wurden.

Bis Ende 1996 sollten die nationalen Regierungen gemeinsam mit den Nichtregierungsorganisationen Umsetzungsstrategien entwickeln. Die Frauenkonferenz brachte zwar nicht die durchschlagenden Ergebnisse, die viele Beobachter gerade im Hinblick auf ein umfassendes Menschenrechtskonzept erhofft hatten, führte aber zu einer weiteren Sensibilisierung im Hinblick auf Rechte und Partizipation von Frauen im weltpolitischen Geschehen und auf lokaler und nationaler Ebene. Sachverhalte, die bisher nicht zur

Diskussion standen (z. B. Vergewaltigung in der Ehe, Pornographie) wurden „internationalisiert" und in Peking zum ersten Mal Teil der Agenda. Zur Finanzierung der geforderten Maßnahmen wurde keine wirksame Formulierung getroffen, obwohl die bisher eingesetzten Mittel als unzureichend angesehen werden müssen. Die Forderung, 0,7% des Bruttosozialprodukts der Industrieländer in die Entwicklungshilfe fließen zu lassen, wurde bestätigt.

Im März 1996 fand in Deutschland unter Federführung des Bundesministeriums für Frauen und Jugend ein nationales Folgetreffen zur Weltfrauenkonferenz statt. Hier wurden gemeinsam mit den Bundesressorts, den Bundesländern und Nichtregierungsorganisationen gemäß der Verpflichtung aus der Aktionsplattform nationale Strategien erarbeitet. Die Hauptschwerpunkte sind der gleichberechtigte Zugang von Frauen zu Entscheidungspositionen auf allen gesellschaftlichen Ebenen, die Verbesserung der Situation von Frauen in der Wirtschaft und auf dem Arbeitsmarkt sowie die Menschenrechte und die Beseitigung von Gewalt gegen Frauen.

Deutschland nimmt im Human Development Index des UNDP in den Bereichen „Frauen und Handlungsrechte" und „Politische und ökonomische Partizipation von Frauen" jeweils Platz 18 unter den Industrieländern ein. Dies macht deutlich, daß auch national noch Handlungsbedarf besteht, um eine vollständige Gleichstellung der Geschlechter zu erreichen. Der Beirat hat wiederholt auf die Schlüsselfunktion der Frauen in Gesellschaft und Politik hingewiesen und Handlungs- und Forschungsbedarf festgestellt (WBGU, 1994 und 1996b).

2.6.2
Weltsiedlungskonferenz Habitat II (Istanbul)

Mit dem Ziel einer nachhaltigen Siedlungsentwicklung und Armutsbekämpfung (Kapitel 3 und 7 der AGENDA 21) beschäftigte sich 1996 die Zweite Weltsiedlungskonferenz (Habitat II) in Istanbul, zu deren Beginn ein Globalbericht über das Siedlungswesen vorgelegt wurde. Leitthemen von Habitat II waren das im Internationalen Pakt über wirtschaftliche, soziale und kulturelle Rechte von 1966 niedergelegte Recht auf angemessenes Wohnen (right to housing) sowie die Frage der nachhaltigen Siedlungsentwicklung. Das Recht auf Wohnen wurde als zentraler Bestandteil in den Abschlußdokumenten von Habitat II (Globaler Aktionsplan und Erklärung von Istanbul) bekräftigt.

Im Hinblick auf strukturelle Veränderungen im System der UNO wurde diskutiert, ob und in welcher Form die Kommunen hierin einen verbindlichen Status erhalten könnten. Kommunale Selbstverwaltung, die Nichtregierungsorganisationen und dezentrale Strukturen wurden in bisher einmaliger Form als wichtige Voraussetzungen für die Stadtentwicklungspolitik anerkannt. Hervorzuheben ist auch die Neubestimmung der Rolle von Städten als Partner in den Vereinten Nationen, die Betonung sozialer Aspekte von Nachhaltigkeit, Geschlechterfragen, der Vorschlag, Entwicklungshilfe auch direkt über die Kommunen zu transferieren, und die verstärkte Kooperation zwischen den Städten. Habitat II machte deutlich, daß für die Zukunft der Städte weniger zentralstaatliche Gewalt als vielmehr ein Zusammenspiel aller politischen Ebenen entscheidend sein wird, insbesondere zur Umsetzung der LOKALEN AGENDA 21 (siehe unten C 3).

Zur Finanzierung des Folgeprozesses werden nicht nur internationale Organisationen, sondern auch die Privatwirtschaft und die Kommunen aufgerufen. Weitgehendes Einvernehmen herrschte darüber, daß mehr öffentliche Entwicklungshilfe nötig ist; die Gruppe der 77 schlug zudem vor, Entwicklungshilfe zukünftig auch über Städte und Gemeinden zu vergeben. Diskutiert wurde die Einführung von *debt for shelter swaps* für die Siedlungsentwicklung.

Bereits im Vorfeld von Habitat II waren die Regierungen dazu aufgerufen, in ihren Nationalberichten zu 46 Schlüsselindikatoren der Stadtentwicklung quantitative Angaben zu machen. Neben vielen anderen Staaten hat auch Deutschland zu Konferenzbeginn einen Nationalbericht zur Siedlungsentwicklung und -politik vorgelegt. Die Teilnehmerstaaten von Habitat II verpflichteten sich dazu, die Entwicklung der Siedlungen regelmäßig wissenschaftlich zu beobachten. Diese Erhebungen bilden den Anfang einer Datenbank beim UN-Zentrum zu menschlichen Siedlungen (UNCHS), die als Basis zur einheitlichen Berichterstattung an die Vereinten Nationen dienen soll. Die UN-Vollversammlung wird 2001 eine Bilanz von Habitat II ziehen.

Im Rahmen des Habitat II-Folgeprozesses hat das BMZ eine Reihe von Projekten ins Leben gerufen. Inhaltliche Schwerpunkte bilden dabei die Dezentralisierung in Stadtentwicklungsprojekten und alternative Trägermodelle in der kommunalen Verwaltung. Auch das Urban Management Programme (siehe WBGU, 1996b) wird weiter unterstützt.

2.6.3
Weltmenschenrechtskonferenz (Wien)

Zukunftsfähige Entwicklung ist untrennbar mit dem Schutz der Menschenrechte verbunden, was sowohl die bürgerlichen und politischen als auch die sozialen, wirtschaftlichen und kulturellen Menschenrechte umfaßt. Deshalb wurde in der AGENDA 21 mehrfach auf die Bedeutung der Menschenrechte in der Umsetzung des Aktionsprogramms Bezug genommen.

Im Juni 1993 fand eine „Weltkonferenz zu den Menschenrechten" in Wien statt, auf der die Staatengemeinschaft sich in einer „Erklärung von Wien" und einem Aktionsprogramm zum Ziel der Stärkung der Menschenrechte bekannte. Die Universalität der Menschenrechte wurde bekräftigt. Ein großer Teil der Ergebnispapiere betrifft die bürgerlichen und politischen Menschenrechte. Wichtig gerade im Rahmen des Rio-Folgeprozesses war auch die Betonung der wirtschaftlichen und sozialen Menschenrechte: So bekräftigte die (wenngleich rechtsunverbindliche) „Erklärung von Wien" das „universelle und unveräußerliche Recht auf Entwicklung", das so umzusetzen sei, daß den Umwelt- und Entwicklungsbedürfnissen der gegenwärtigen und auch der zukünftigen Generationen „gerecht" (equitable) Rechnung getragen wird. Hierzu seien beispielsweise „alle Anstrengungen zu unternehmen", um zu helfen, die „Schuldenlast der Entwicklungsländer" zu mindern, um so die eigenen Bemühungen der Regierungen dieser Länder um die volle Verwirklichung der wirtschaftlichen, sozialen und kulturellen Rechte ihrer Bürger zu unterstützen. Eine zentrale Bedeutung für den Menschenrechtsschutz habe auch die „sofortige Linderung und letztliche Abschaffung der extremen Armut". Ein Teil der sozialen Menschenrechte ist auch das Recht auf Wasser, das als Teil des Menschenrechts auf Nahrung gesehen wird, teils jedoch auch als Teil des Rechts auf Leben diskutiert wird (siehe Kasten D 3.3-3).

Ein wichtiger Schritt, der insbesondere von Deutschland unterstützt wurde, ist die Einrichtung des Amtes eines „Hohen Kommissars der Vereinten Nationen für Menschenrechte", welcher die politischen, bürgerlichen, wirtschaftlichen, sozialen und kulturellen Menschenrechte einschließlich eines Rechts auf Entwicklung stärken soll. In Wien wurde zudem erwogen, auch für den Internationalen Pakt über die wirtschaftlichen, sozialen und kulturellen Menschenrechte fakultative Zusatzprotokolle zu erarbeiten, wie es für die politischen und bürgerlichen Rechte bereits geschehen ist.

2.7
Wirtschaft

2.7.1
Allgemeines Zoll- und Handelsabkommen/ Welthandelsorganisation

Die Wechselwirkung des GATT-/WTO-Regimes mit Problemen des Globalen Wandels hat in den letzten Jahrzehnten verstärkte Aufmerksamkeit in der wissenschaftlichen und öffentlichen Diskussion gefunden (Kulessa, 1995; Helm, 1995). Einerseits wird von Umwelt- und Entwicklungsorganisationen vorgebracht, daß die gegenwärtige Liberalisierung des Welthandels nicht nur wohlfahrtssteigernde, sondern in einzelnen Regionen und Bereichen auch negative Umweltauswirkungen und negative Entwicklungseffekte haben kann. Zum anderen besteht das Problem, wie innerstaatliche Umweltpolitik gestaltet werden kann, ohne international wettbewerbsverzerrend zu wirken.

Die Notwendigkeit einer verbesserten Koordination der internationalen Umweltpolitik mit der Handelspolitik ist nicht zu übersehen. Andererseits muß die Gefahr eines verschleierten Protektionismus durch unilateral festgelegte Umweltstandards in Verbindung mit Handelsbeschränkungen bedacht werden, wie er beispielsweise in der bekannten Delphin-Thunfisch-Entscheidung eines GATT-Streitschlichtungsausschusses festgestellt wurde (GATT, 1991 und 1994; Dunhoff, 1992). Der Vorwurf des Protektionismus wird insbesondere von Entwicklungsländern gegenüber der Umweltpolitik der Industrieländer erhoben. Die erste Vertragsstaatenkonferenz der WTO – 1996 in Singapur – hat keine abschließende Regelung in dieser Frage erbracht.

Der Beirat unterstützt in einzelnen Fällen – etwa wie 1987 in Artikel 4 des Montrealer Ozon-Protokolls vereinbarte – Handelsbeschränkungen, soweit eine Reihe von Bedingungen dabei erfüllt werden (WBGU, 1996a): Zum einen müssen die Handelsmaßnahmen ein letztes Mittel sein und können nur nach vorherigen Verhandlungen mit den Nichtvertragsparteien eingeführt werden; sodann müssen die Handelsmaßnahmen sich soweit möglich direkt auf das Umweltproblem beziehen, und die Einnahmen sollten zu einem umweltpolitischen sinnvollen Zwecke eingesetzt werden. In jedem Fall ist darauf zu achten, daß die Handelsmaßnahmen gegen Nichtvertragsstaaten weitestmöglich auf einem breiten Konsens der Staatengemeinschaft aufbauen, daß also die Handelsmaßnahmen nur eine kleine Minderheit von Staaten betreffen. Zu diesem Zwecke sollte das Thema weiterhin Beratungsgegenstand innerhalb der

WTO bleiben, um eine einvernehmliche Regelung zu erzielen und unilaterale Handelsbeschränkungen nach Möglichkeit einzuschränken.

2.7.2
Welternährungsgipfel der Vereinten Nationen (Rom)

Die Diskussion auf dem Welternährungsgipfel von 1996 in Rom konzentrierte sich auf die Ernährungssicherung, ländliche Entwicklung und Armutsbekämpfung (Kapitel 3 und 14 der AGENDA 21). In ihren rechtsunverbindlichen Dokumenten („Erklärung von Rom" und Globaler Aktionsplan) wird Armut als Hauptursache des Hungers anerkannt und zugleich die Notwendigkeit einer nachhaltigen Nahrungsmittelproduktionssteigerung unterstrichen. Das Recht auf Nahrung wird als Menschenrecht verkündet, wie es schon in der rechtsunverbindlichen UN-Menschenrechtserklärung von 1948, in Artikel 11 des Internationalen Pakts über wirtschaftliche, soziale und kulturelle Rechte von 1966 und auf der Welterernährungskonferenz von 1974 proklamiert wurde. Eine konkrete Beschreibung des Rechts auf Nahrung fehlt, vielmehr wird der neu berufene Hohe Kommissar der UN für Menschenrechte aufgefordert, dieses operational zu definieren.

Die Bedeutung der politischen, wirtschaftlichen und sozialen Rahmenbedingungen einschließlich einer guten Regierungsführung und Rechtssicherheit werden als wesentliche Voraussetzungen für nachhaltige Ernährungssicherheit herausgestellt. Als Eckpfeiler werden friedliche Konfliktlösung, Beachtung der Menschenrechte und Grundfreiheiten, Demokratie sowie transparente und verantwortungsvolle Regierungsführung betont. Außerdem wird der Handel als Schlüsselelement zur Ernährungssicherung bezeichnet, jedoch ebenso betont, daß mögliche nachteilige Folgen der Handelsliberalisierung abgefedert werden müssen. Das Papier enthält zudem eine klare Absage an einseitige Maßnahmen im Handelsbereich. An zahlreichen Stellen wird die Rolle der Zivilgesellschaft und insbesondere der Beitrag der Frauen zur Ernährungssicherung gewürdigt. Über die Finanzierung der Beschlüsse von Rom wurde nicht verhandelt. Als Instrument werden *debt for food security swaps* angesprochen.

Viele Länder haben zur Konferenz Nationalberichte über die Ernährungssituation vorgelegt. Diese Berichte dienen als wichtige Grundlage für den Folgeprozeß, zumal unter der Schirmherrschaft des FAO-Ausschusses für die Welternährungssicherheit (CFS) zur Beobachtung der globalen Ernährungssicherheit einheitliche Indikatoren weiterentwickelt werden sollen.

Die internationale Umsetzung des Aktionsplans des Welternährungsgipfels wird in die bestehenden Mechanismen der UN zur Umsetzung der Aktionspläne anderer großer Weltkonferenzen eingebunden. Dabei wird der FAO eine zentrale Rolle zufallen, indem das CFS für die Implementierung und Überwachung des Folgeprozesses der Ergebnisse des Welternährungsgipfels auf der Ebene der Regierungen als verantwortliches Organ benannt wurde. Außerdem wurde im Aktionsplan festgeschrieben, daß dessen Umsetzung mit anderen internationalen Organisationen einschließlich der Bretton-Woods-Institutionen und den regionalen Entwicklungsbanken koordiniert wird. Durch die Umsetzung der Verpflichtungserklärungen von Rom soll die Zahl der derzeit Hungernden bis zum Jahr 2015 halbiert werden. Im Jahr 2006 soll eine erste Zwischenbilanz gezogen und 2010 geprüft werden, ob das Ziel auch erreicht werden kann.

2.7.3
Weltsozialgipfel der Vereinten Nationen (Kopenhagen)

Kapitel 3 der AGENDA 21 beschäftigt sich mit der Armutsbekämpfung, dem Hauptthema des Weltsozialgipfels 1995 in Kopenhagen. Auch wenn auf diesem Gipfel keine neue Sozialcharta verabschiedet wurde, hat er eine neue Qualität in der Behandlung von Fragen der sozialen Sicherheit bewirkt. Während 1991 bei der 4. UNCED-Vorbereitungskonferenz noch eine Debatte um eine „menschenzentrierte" (people-centered) Entwicklung geführt worden war, ist dieser Ansatz nun zu einem zentralen Element der Ergebnispapiere des Weltsozialgipfels geworden.

Der Globale Aktionsplan besteht aus 10 Selbstverpflichtungen. Eines der wichtigsten Ergebnisse der Kopenhagener Konferenz war das sogenannte 20-20-Ziel. Demnach sollen 20% der finanziellen Mittel in der offiziellen Entwicklungszusammenarbeit und 20% der nationalen Etats in Entwicklungsländern für Programme zur Förderung sozialer Sicherheit aufgewendet werden. Ein Schwachpunkt blieb die Unverbindlichkeit dieser Selbstverpflichtung. Die Industrieländer bekräftigten das rechtlich nicht-bindende Ziel, 0,7% des Bruttosozialprodukts für die Entwicklungszusammenarbeit aufzuwenden. In diesem Zusammenhang wurde das Thema „Schuldenerlaß" umfassend behandelt und mit Nachdruck eine rasche Lösung angemahnt.

Das Papier betont die zentrale Rolle von Frauen im Entwicklungsprozeß. Die Förderung der Vollbeschäftigung wurde auf internationaler Ebene erstmals als vorrangiges Ziel der Wirtschafts- und Sozialpolitik formuliert. Die Staaten sollen sicherstellen, daß Strukturanpassungsprogramme auch soziale Entwicklungsziele mit einbeziehen. Außerdem wird zur Beobachtung der sozialen Folgen von Strukturanpassungsprogrammen, insbesondere hinsichtlich der Auswirkungen auf Frauen, aufgerufen.

Wichtigste Aufgabe der Regierungen ist es nun, die in Kopenhagen diskutierte „menschenzentrierte" Politik praktisch umzusetzen und nationale Aktionsprogramme einzurichten.

Lokale Politik zur Umsetzung der AGENDA 21

Globaler Wandel als Verhaltensproblem – „Bottom-up"- Ansätze – Initiativen zur LOKALEN AGENDA 21 – Partizipationskultur – Bürgerbeteiligung auf kommunaler Ebene – Potentiale und Barrieren der LOKALEN AGENDA 21

3.1 Bedeutung lokaler Politikprozesse für eine nachhaltige Entwicklung

Wie der Beirat in seinen Gutachten mehrfach betont hat, ist der Globale Wandel letztlich ein Verhaltensproblem, die Umweltkrise eine Krise der Gesellschaft. Für den Globalen Wandel relevantes Verhalten findet auf verschiedenen Ebenen der Gesellschaft statt, vom Individuum über die Familie, den Betrieb und die Kommune bis hin zu nationalen und internationalen Organisationen. Menschen handeln dabei immer in räumlich wie zeitlich konkreten, lokalen Kontexten und werden von diesen beeinflußt. Dies gilt für die Verursachung von Problemen des Globalen Wandels ebenso wie für deren Bewältigung. Daher ist es auch erforderlich, Maßnahmen mit dem Ziel einer nachhaltigen Entwicklung in lokale soziokulturelle Kontexte einzubinden und problem- und zielgruppenspezifisch auszugestalten.

Deshalb sind lokale und regionale Initiativen für die Verwirklichung einer nachhaltigen Entwicklung unabdingbar, zumal sich die von der Rio-Konferenz angestoßene Top-down-Politik (zwischenstaatliche Verhandlungen über Konventionen und Protokolle auf globaler Ebene) als langwieriger Prozeß mit ungewissem Ausgang erweist. Insbesondere sind Aktivitäten zu begrüßen, die auf der kommunalen Handlungsebene ansetzen. Ihr kommt eine Art Scharnierfunktion zwischen Politik und Bürgerinteressen zu. Einerseits haben die Bürger auf der kommunalen Ebene am ehesten die Möglichkeit, ihre Interessen in den Politikbetrieb einzubringen, andererseits können ihnen die positiven wie negativen Auswirkungen ihres Handelns hier am besten vor Augen geführt werden. Zudem spielen die Kommunen eine bedeutende Rolle bei der Sensibilisierung der Menschen für Fragen einer nachhaltigen Entwicklung. Eine solche Sensibilisierung ist wiederum Voraussetzung für die gesellschaftliche Akzeptanz weitreichender nationaler und internationaler Entscheidungen zur nachhaltigen Entwicklung.

3.2 Die LOKALE AGENDA 21

Die AGENDA 21 betont die Bedeutung einzelner gesellschaftlicher Gruppen für eine nachhaltige Entwicklung. So fordert sie in Kapitel 28 die Städte und Gemeinden dazu auf, gemeinsam mit ihren Bürgern in einen Konsultationsprozeß einzutreten, um einen Konsens über die Aufstellung einer für die jeweilige Kommune spezifischen LOKALEN AGENDA 21 herbeizuführen. In diesen Dialog zur Präzisierung und Umsetzung der AGENDA 21 auf kommunaler Ebene sollen neben der Verwaltung Bürger, lokale Organisationen sowie die lokale Wirtschaft einbezogen werden.

Damit macht sich die AGENDA 21 eine für die internationale Politik neue Sichtweise zu eigen: Zwischenstaatliche Politik zur nachhaltigen Entwicklung (top-down-Prozesse wie etwa Verhandlungen über globale Konventionen) muß durch bottom-up-Ansätze ergänzt werden, die von den jeweiligen lokalen Problemen ausgehen und zudem die Menschen vor Ort aktiv an der kommunalen Politikformulierung und -durchführung beteiligen („global denken – lokal handeln"). Eine LOKALE AGENDA 21 (LA21) ist daher zu verstehen als „partizipatorischer, multi-sektoraler Prozeß zur Erreichung der Ziele der AGENDA 21 auf lokaler Ebene durch die Aufstellung und Umsetzung eines langfristigen, strategischen Aktionsplans, der sich mit lokal vorrangigen Aspekten einer nachhaltigen Entwicklung befaßt" (ICLEI, 1997, eigene Übersetzung).

Bei der Umsetzung der Ziele der AGENDA 21 in Städten und Gemeinden, insbesondere einer nachhaltigen Entwicklung in ökologischer, ökonomischer und sozialer Hinsicht, muß vielerorts nicht bei Null angefangen werden. Allerdings lassen sich zur herkömmlichen kommunalen Umwelt-, Wirtschafts-, Entwicklungs- und Sozialpolitik einige Unterschiede ausmachen, wodurch die Aufstellung einer LA21 zu einer anspruchsvollen politischen Aufgabe wird. Der wichtigste Unterschied betrifft die *Integration* der bislang häufig konkurrierenden Themenbereiche zu einem querschnittsorientierten Handlungsprogramm unter dem Leitbild einer nachhaltigen Entwicklung. Neben den unterschiedlichen Themen sind auch alle örtlichen Akteure und Gruppen mit ihren Interessen, Anliegen und ihrem Sachverstand in den LA21-Prozeß einzubeziehen, sowohl bei der Zielfindung als auch bei der Durchführung von Maßnahmen. In diesem Zusammenhang geht das von der AGENDA 21 vertretene Konzept von *Kommunikation und Partizipation* weit über die herkömmlichen Modelle der Bürgerbeteiligung an kommunalen Planungen hinaus: Die Bürger sollen nicht nur informiert und angehört werden, sondern an politischen Entscheidungen selbst aktiv teilnehmen. Dies erfordert die Etablierung geeigneter Formen der Konsultation und Konsensfindung. Nicht zuletzt impliziert das Leitbild der nachhaltigen Entwicklung aber auch neue, langfristige Zeithorizonte für die kommunale Planung, die der Orientierung an Wahlperioden oder an kurzfristigen ökonomischen Rentabilitätsüberlegungen entgegenläuft.

3.2.1
Beteiligung der Kommunen am LA21-Prozeß

Bei den kommunalen Prozessen zur Aufstellung einer LA21 handelt es sich um langfristige Aktivitäten, die vielerorts erst langsam anlaufen und mit unterschiedlichen Problemen zu kämpfen haben. Auch deshalb konnten die Terminvorgaben der AGENDA 21, wonach die Mehrzahl der Kommunen bereits bis 1996 einen Konsens hinsichtlich einer eigenen LA21 erzielt haben sollte, nicht eingehalten werden.

Über Kriterien für eine LA21 besteht, nicht zuletzt wegen ihres lokalen Charakters, bislang keine Einigkeit. Trotz entsprechender Anstrengungen verschiedener Institutionen (u. a. ICLEI, 1996; Kuby, 1996, für den Rat der Gemeinden und Regionen Europas; Rösler, 1996, für den Deutschen Städtetag) erweist es sich daher als schwierig, eine eindeutige Zwischenbilanz zum Stand der Umsetzung von Kapitel 28 der AGENDA 21 zu ziehen. Einer Untersuchung des Weltsekretariats des Internationalen Rates für kommunale Umweltinitiativen (ICLEI) zufolge, arbeiteten 1996 weltweit ca. 1.800 Städte und Gemeinden in 64 Ländern an einer LA21 (ICLEI, 1997; zum Vergleich: die AGENDA 21 hatten ca. 170 Länder unterzeichnet). In Europa sind LA21-Initiativen in größerer Zahl vor allem in Großbritannien, den Niederlanden und in den skandinavischen Ländern zu finden. So sind etwa in Schweden infolge der Unterstützung durch das Umweltministerium nahezu sämtliche Kommunen mit der Aufstellung einer LA21 befaßt.

Viele der Kommunen, in denen an einer LA21 gearbeitet wird, gehören internationalen Netzwerken an. So hat ICLEI nach der Rio-Konferenz die weltweite Förderung der LA21 ins Zentrum seiner Aktivitäten gestellt. Unter maßgeblicher Mitwirkung des Rates entstand 1994 die Europäische Kampagne zukunftsbeständiger Städte und Gemeinden, in der sich bislang rund 290 europäische Kommunen durch Unterzeichnung der Charta von Aalborg zusammengeschlossen und verpflichtet haben, einen LA21-Prozeß anzustoßen. Auch das internationale Nord-Süd-Netzwerk von Kommunalverwaltungen und NRO, Towns & Development (T & D), das auf der Grundlage der *Charta von Berlin* u. a. zu rund 2.000 Partnerschaften zwischen Kommunen auf allen Erdteilen geführt hat, engagiert sich im Rahmen der LA21.

3.2.2
Aktivitäten zur LA21 im internationalen Vergleich

Die Aktivitäten von Städten und Gemeinden zur Entwicklung und Aufstellung einer LA21 können in den einzelnen Ländern auf unterschiedliche gesellschaftlich-politische Voraussetzungen zurückgreifen, wie eine kommunale Umweltbürokratie oder eine „Partizipationskultur". Zudem sind die politischen, rechtlichen, ökonomischen und sozialen Rahmenbedingungen für LA21-Prozesse in den jeweiligen Ländern ganz unterschiedlich ausgeprägt. Eine länderübergreifende, vergleichende Bewertung erscheint vor diesem Hintergrund wenig sinnvoll. Allerdings wird gerade im internationalen Vergleich von LA21-Aktivitäten die enorme Spannbreite der Strukturen, Methoden und Strategien deutlich.

Als Mittel der politischen Selbstverpflichtung wird in nahezu allen aktiven Kommunen im Zusammenhang mit der LA21 ein politischer Beschluß für notwendig erachtet. Die entsprechenden Selbstverpflichtungen reichen dabei (mit steigender Verbindlichkeit und Motivationskraft) von der Unterzeichung der Charta von Aalborg über die Aufstellung einer LA21 und die Bereitstellung entsprechender Mittel bis hin zur Erarbeitung eines kommunalen Entwicklungskonzepts mit Leitzielen und Maßnahmenkatalog.

Von der überwiegenden Anzahl der Städte wird die Aufgabe LA21 der Umweltverwaltung als verantwortlichem Verwaltungsbereich zugeordnet. Damit existiert zwar ein – häufig gut motivierter – Ansprechpartner innerhalb der Kommunalverwaltung, das eigentliche Ziel des LA21-Prozesses, die Integration von Themen und Fachbereichen zur Erarbeitung eines Gesamtkonzeptes, wird jedoch verfehlt. Auffällig ist in diesem Zusammenhang zudem, daß überall dort, wo die Koordination *nicht* innerhalb der Verwaltung liegt, der Prozeß sehr zielgerichtet und straff durchgeführt wird.

Eine frühzeitige Einbeziehung möglichst vieler lokaler Interessen ist innerhalb der vorhandenen Strukturen kaum möglich. In allen aktiven Kommunen werden daher früher oder später zusätzliche Strukturen für die Integration von Bürgerinteressen aufgebaut. Dazu gehören allgemein zugängliche, oft regelmäßig stattfindende Bürgerforen, fest eingerichtete Foren aus örtlichen Interessenvertretern zur Diskussion von Leitbildern und Zielen sowie kleinere Arbeitsgruppen und Fachforen zur Erarbeitung spezifischerer Handlungsvorschläge.

Vor allem zu Beginn von LA21-Prozessen beschränken sich viele Kommunen auf klassische Diskussionsveranstaltungen und allgemeine Öffentlichkeitsarbeit als Methoden der Konsensfindung. In denjenigen Städten, in denen der Prozeß schon weiter fortgeschritten ist, wird hingegen fast ausnahmslos mit neueren, aufwendigeren Methoden wie Planungszellen und Zukunftswerkstätten oder zumindest mit professioneller Moderation gearbeitet.

Was die Themenintegration als maßgebliche Innovation der AGENDA 21 angeht, so ist insbesondere in den Industrieländern nach wie vor eine fast einseitige Ausrichtung auf die Umweltqualität zu beobachten. Dort, wo mit Hilfe des LA21-Prozesses ein vorhandenes Strukturproblem gelöst werden soll, werden ökonomische und soziale Fragen mit größerer Selbstverständlichkeit mitbehandelt. Dennoch existieren mittlerweile in zahlreichen Städten Themengruppen oder Fachforen zu nicht-umweltspezifischen Themen, die eine zunehmende Themenintegration erwarten lassen.

Zur Übertragung der Rio-Ziele auf die kommunale Ebene lassen sich vor allem zwei Strategien beobachten. Im ersten Fall steht die Erarbeitung von Entwicklungszielen und diesen zugeordneten Indikatoren an erster Stelle, um daraus dann sukzessive Maßnahmen ableiten bzw. diese bewerten zu können. Die zweite Strategie setzt sofort auf Projekte und Einzelmaßnahmen, der aufwendige Prozeß der konsensualen Zielfindung unterbleibt. Zwar mag dieser Weg schneller sichtbare Erfolge liefern und daher motivierender wirken, leicht entsteht dabei jedoch die Illusion, eine nachhaltige Entwicklung lasse sich mit einem entsprechenden Maßnahmenbündel relativ kurzfristig erreichen, ohne daß weiterreichende und kontinuierliche Veränderungen von Verhaltens- und Entscheidungsmustern erforderlich wären.

3.2.3
Deutsche LA21-Initiativen

Von den über 16.000 Städten und Gemeinden in Deutschland arbeiteten nach Recherchen des ICLEI-Europasekretariats Ende 1996 erst etwa 60–70 an der Aufstellung einer LA21. Damit läge Deutschland im internationalen Vergleich lediglich im Mittelfeld. Andere Quellen gehen von bis zu 200 Kommunen aus (Kuby, 1996; Rösler, 1996) bzw. konstatieren für das zweite Halbjahr 1996 ein „Gründungsfieber" (de Haan et al., 1996).

Als Akteure im LA21-Prozeß treten hierzulande neben den kommunalen Umweltverwaltungen, von denen in den meisten Fällen die Initiative ausgeht, vor allem NRO aus den Bereichen Umwelt und Nord-Süd-Beziehungen, Volkshochschulen sowie kirchliche Gruppierungen auf. Als schwierig erweist sich dagegen häufig die Einbeziehung der lokalen Wirtschaft. Aber auch die Mobilisierung der Bürger, soweit sie nicht Mitglieder der genannten Gruppen sind, ist in vielen Kommunen ein Problem.

Vor allem im Umweltbereich sind viele deutsche Kommunen in hohem Maße aktiv. Dort kann an bestehende Strukturen und z. T. bereits traditionelle Politiken angeknüpft werden. Eine Anhörung der Enquete-Kommission „Schutz des Menschen und der Umwelt" zur LA21 ergab, daß die in deutschen LA21-Kommunen beschlossenen bzw. bereits umgesetzten Maßnahmen insbesondere in den Bereichen Stadt- und Verkehrsentwicklung, Energie, Naturschutz und Öffentlichkeitsarbeit angesiedelt sind (Enquete-Kommission, 1996). Demgegenüber werden die sozial- bzw. entwicklungspolitischen und ökonomischen Dimensionen einer nachhaltigen Entwicklung vernachlässigt. Zudem bestehen Defizite bezüglich anderer wesentlicher Elemente einer LA21, wie z. B. bei langfristigen Zielsetzungen und bei der Bürgerbeteiligung. Vielerorts erliegen Kommunen (nicht nur in Deutschland) dem Trugschluß, eine aktive Umweltpolitik sei bereits gleichbedeutend mit den Zielvorstellungen einer LA21. Insofern erweist sich die regelmäßige administrative Zuordnung von LA21-Aktivitäten zur Umweltverwaltung häufig als Hindernis für die thematische Integration.

Zwar entsprechen LA21-bezogene Einzelmaßnahmen von Kommunen in anderen Ländern (z. B. Großbritannien, Südeuropa) teilweise denen deutscher Kommunen von vor 10-15 Jahren (z. B. Umweltbericht, Abfalltrennung, Recycling, Umweltbildungsmaßnahmen). Diese Kommunen verbinden jedoch ihre teilweise noch sehr junge kommunale (Umwelt-)Politik ausdrücklich mit dem neuen Begriff der LA21 und nutzen so die Chance, von Beginn an unter der Philosophie der LOKALEN AGENDA

(Langfristigkeit, Einbeziehung globaler Aspekte, Partnerschaft, Partizipation) zu arbeiten.

Ein konsensfähiger Maßnahmenkatalog liegt in Deutschland bislang noch für keine Kommune vor. Die meisten LA21-Initiativen beschäftigen sich statt dessen noch mit der Verständigung über allgemeine Leitlinien für die LA21 bzw. mit der Überprüfung des Ist-Zustandes ihrer Kommune, bezogen auf diese Leitlinien (de Haan et al., 1996).

Inhaltlich und verfahrensmäßig setzt die LA21 auf Elemente, die sich in Deutschland in der kommunalen Praxis derzeit eher auf dem Rückzug befinden. So kam die Idee der Integrierten Stadtentwicklungsplanung bereits in den 70er Jahren auf. Die damit gemachten, vor allem wegen organisatorischer Mängel zum Teil negativen Erfahrungen sind häufig ein Hindernis für die weitgehende und frühzeitige Einbeziehung von Bürgerinteressen durch die Kommunalverwaltungen.

Neben einer Neubelebung des Integrationsgedankens in der kommunalen Entwicklung ist es erforderlich, moderne Formen der Bürgerbeteiligung, des Interessenausgleichs und der Konfliktlösung zu fördern, sie bekanntzumachen und die mit der Koordination und Moderation von Beteiligungsverfahren beauftragten Personen zu schulen. Rudimentäre Formen der Bürgerbeteiligung, wie sie bislang im deutschen Planungs- und Genehmigungsrecht verankert waren, in jüngster Zeit aber zunehmend wieder abgebaut werden („Beschleunigungsgesetze"), eignen sich hier kaum als Vorbild. Sie sind einseitig akzeptanzorientiert und dienen eher dem vorgezogenen Rechtsschutz als der aktiven Partizipation von Bürgern am politischen Prozeß.

Als Vorbilder für deutsche Kommunen eignen sich insbesondere die skandinavischen Länder und die Niederlande, wo sowohl kommunaler Umweltschutz als auch eine umfassende Bürgerbeteiligung Tradition haben und in LA21-Prozesse eingebracht werden. Darüber hinaus ist, wie der Vergleich mit Großbritannien, den Niederlanden und Schweden zeigt, eine *Koordinationsstelle* auf nationaler Ebene äußerst hilfreich für die Vermittlung von Informationen, den Erfahrungsaustausch zwischen den LA21-Kommunen und vor allem für die Vermeidung von Mehrfacharbeit.

3.2.4
Mit der LA21 zu einer nachhaltigen Entwicklung: Potentiale und Barrieren

Die besondere Bedeutung des LA21-Konzepts besteht in seinen beträchtlichen Potentialen für die Verwirklichung einer nachhaltigen Entwicklung auf kommunaler Ebene:

- Trotz der Neuheit des Konzepts kann an vorhandene (in der Regel vor allem Umwelt-)Politik, an bestehende Kommunikationsstrukturen zwischen Verwaltung und NRO sowie an das Umweltbewußtsein und das entsprechende Engagement der Bürger angeknüpft und auf vorhandene Erfahrungen zurückgegriffen werden.
- Globale Ziele können, ja müssen sogar mit der konkreten Situation vor Ort (Umweltsituation, Arbeitsmarkt, Standortproblematik usw.) verknüpft werden, um zu einem konsensualen Ergebnis zu gelangen.
- Auf lokaler Ebene sind die meisten Akteure bekannt. Verantwortlichkeiten können Personen bzw. Gruppen zugeordnet werden, wodurch die Komplexität der Probleme wenigstens in Grenzen gehalten wird.
- Die Etablierung neuer Formen der Bürgerbeteiligung erlaubt es, die häufig vernachlässigte soziale und im Wortsinn humane Komponente einer nachhaltigen, umwelt- und sozialverträglichen Entwicklung zu stärken und bei allen Beteiligten entsprechende Lernprozesse anzustoßen.
- Auch auf lokaler Ebene wird „Umwelt und Entwicklung" zur Querschnittsaufgabe, die durch die LA21 eine Konkretisierung erfährt. Dies bringt neue Planungs- und Entscheidungskriterien für die kommunale Politik mit sich.
- Auf der lokalen Ebene, eingebunden in ihre konkrete Lebenswelt, ist es am ehesten möglich, Menschen für die teilweise abstrakten Leitbilder und Ziele einer nachhaltigen Entwicklung zu sensibilisieren sowie für nachhaltiges Handeln zu motivieren. Insofern stellen die LA21-Prozesse eine wichtige Form der umwelt- und entwicklungspolitischen Bildung dar.

Diesen Potentialen der LA21 stehen allerdings auch eine ganze Reihe von Barrieren gegenüber, die den Erfolg von LA21-Prozessen erheblich behindern können:

- Bei den Bürgern wie auch in der Verwaltung bestehen auch fünf Jahre nach Rio noch erhebliche Informationsdefizite bezüglich der grundlegenden Konzepte „AGENDA 21" und „nachhaltige Entwicklung".
- Bereits auf lokaler Ebene erreicht die Thematik der LA21 einen Grad an Komplexität, der es vielen potentiellen Akteuren schwer macht oder sie daran hindert, sich an dem Prozeß zu beteiligen. Zudem haben die meisten Akteure nie gelernt, im für den LA21-Prozeß erforderlichen Ausmaß „vernetzt zu denken".
- Häufig zeigt sich, daß der Versuch, Umwelt und Entwicklung als Querschnittsthemen im lokalen bzw. kommunalen Kontext konkret werden zu lassen, mit erheblichen Komplikationen verbunden

und ohne institutionelle Reformen nicht zu erreichen ist.
- Alle lokalen Initiativen für eine nachhaltige Entwicklung sind auf internationale oder nationale Top-down-Prozesse angewiesen, die oftmals entscheidende Rahmenbedingungen setzen.
- Gleich in mehrfacher Hinsicht (rechtlich, personell, finanziell) sind die Handlungsspielräume auf kommunaler Ebene äußerst eng, so daß hohen Ansprüchen oftmals nur bescheidene Taten folgen können. Andererseits können leere Kassen einen heilsamen Zwang zu kreativen Lösungen bewirken.
- Das Selbstverständnis von Entscheidungsträgern in Politik und Verwaltung im Verhältnis zu den Bürgern ist häufig stark von „oben" und „unten" gekennzeichnet, was eine Verständigung, noch mehr aber eine vertrauensvolle, konsensorientierte Zusammenarbeit erheblich erschwert. Fehlt daneben die Unterstützung der entscheidenden politischen Personen in einer Kommune, wird der LA21-Prozeß häufig erheblich behindert, wenn nicht gar unmöglich gemacht.
- Die vorhandenen Erfahrungen mit neuen Formen von Partizipation und Kommunikation sind auf allen Seiten gering, etwa was den Umgang mit gruppendynamischen Prozessen oder mit Konflikten angeht.
- Die arbeitsintensive Teilnahme am LA21-Prozeß führt insbesondere für ehrenamtliche Akteure zu einer erheblichen Belastung, die entweder von einem Engagement abhält oder aber die entsprechenden Personen für andere Aufgaben blockiert.
- Kommunale Planungsprozesse sind in der Regel wenig öffentlichkeitswirksam und brauchen ihre Zeit. Dadurch besteht die Gefahr, daß sie vergessen werden und irgendwann – gewollt oder ungewollt – im Sande verlaufen.
- Die auch in der Kommunalpolitik traditionelle Priorität für kurzfristige gegenüber langfristigen Planungen läuft den für die LA21 erforderlichen Zeithorizonten entgegen.

Insgesamt handelt es sich beim Prozeß der lokalen Umsetzung der AGENDA 21 noch um einen sehr jungen Prozeß, dessen Ergebnisse erst nach und nach vorliegen werden. Es wird sich zeigen müssen, ob mit den angewandten Methoden über die Aufstellung eines lokalen Pendants zur AGENDA 21 hinaus tatsächlich eine nachhaltige kommunale Entwicklung erreicht werden kann. Die Entwicklung eines lokalen Handlungskatalogs allein bietet hierfür noch keine Gewähr.

4 Fazit und Ausblick

Der Beirat hält zur Würdigung des Rio-Prozesses folgende Punkte für bedeutsam:
- Die Rio-Konferenz an sich stellt bereits einen bedeutenden Fortschritt dar: Erstmals wurde von der überwältigenden Mehrheit der Staatengemeinschaft das Leitziel der nachhaltigen Entwicklung beschlossen. Die Staaten bekannten sich zu ihrer globalen Verantwortung und erkannten die Notwendigkeit globalen Handelns an.
- Aufgrund der Kürze der Zeit und der Komplexität des Globalen Wandels ist es nicht überraschend, daß eine durch den Rio-Prozeß beabsichtigte Trendwende zur Zeit noch nicht deutlich sichtbar ist.
- Vielmehr ist festzustellen, daß die negativen Trends, die zu der Rio-Konferenz geführt haben, ungebrochen sind, sich teils sogar verschärft haben. Deshalb ist der in Rio eingeschlagene Weg mit großem Nachdruck konsequent weiter zu verfolgen. Dabei dürfen auch die drängenden nationalen Probleme und knapper werdenden finanziellen Rahmenbedingungen nicht zu einem Nachlassen des globalen Engagements führen.
- Da national drängende Probleme häufig aufgrund der Globalisierungstendenzen mit den weltweiten Umwelt- und Entwicklungsproblemen vernetzt und rückgekoppelt sind, können nationale und globale Aufgaben nur im Verbund angegangen werden.
- Deutschland hat hier eine besondere Verpflichtung und Verantwortung. Als „global player", als einer der größten Mitverursacher globaler Umweltprobleme und als eines der wirtschaftsstärksten Länder sollte Deutschland sich in der weltweiten Umwelt- und Entwicklungspolitik besonders engagieren (WBGU, 1996b).
- Um den in Rio begonnenen Prozeß umzusetzen und die Probleme des Globalen Wandels besser zu bewältigen, ist der horizontale Selbstorganisationsprozeß der Nationalstaaten – das „Regieren ohne (Welt)regierung" (global governance) – weiter zu fördern und voranzutreiben.
- Soweit hierzu Konventionen, Protokolle und Aktionsprogramme erforderlich sind, sollte eine sinnvolle Einbettung in das bestehende Institutionennetzwerk angestrebt werden, um Dopplungen zu vermeiden. Angesichts der zunehmenden internationalen Institutionalisierung erhält die Koordination und Weiterentwicklung bestehender Institutionen eine immer größere Bedeutung.
- Auch die bestehenden internationalen Organisationen und Abteilungen innerhalb der Vereinten Nationen sollten stärker auf die Prinzipien der UNCED verpflichtet werden. Der Beirat spricht sich hier vor allem für eine Stärkung des UN-Umweltprogramms (UNEP) in seiner Funktion als Katalysator und Initiator einer internationalen Rio-orientierten Umwelt- und Entwicklungspolitik aus.
- Angesichts der nationalen Verpflichtungen, die aus der Umsetzung des Rio-Prozesses resultieren und in der Zukunft verstärkt anfallen werden, bedeutet die zum Teil dramatische Verschuldung der Entwicklungsländer eine ernstzunehmende Restriktion für die Umsetzung. In der von der Staatengemeinschaft beschlossenen AGENDA 21 wird ein jährlicher zusätzlicher Gesamtbedarf für deren Umsetzung in Entwicklungsländern von insgesamt 600 Mrd. US-$ veranschlagt, von dem die internationale Gemeinschaft 125 Mrd. (jährlich im Zeitraum 1993–2000) aufbringen sollte (siehe AGENDA 21: §33.18). Angesichts der deutschen Beitragsquote zu den Vereinten Nationen von 8,93% für 1993 (1997: 9,5%) würde auf Deutschland ein Betrag von etwa 11,16 Mrd. US-$ entfallen. Bezogen auf das deutsche Bruttosozialprodukt von 1993 – dem ersten Jahr des Planungszeitraums der AGENDA 21 – entspräche dies 0,59% des deutschen Bruttosozialprodukts (1.908 Mrd. US-$, 1993). Die Übernahme derartiger Verpflichtungen kämen dem international vereinbarten und auf den jüngsten Weltkonferenzen im UNCED-Folgeprozeß erneut bestätigten Ziel eines BSP-Anteils für Entwicklungszusammenarbeit von 0,7% schon sehr nahe. Da die wirtschaftliche Zusammenarbeit mit den Entwicklungsländern mehr umfaßt als die „reinen Rio-Folgekosten", ergibt sich eine über die 0,7% deutlich hinausgehen-

de Verpflichtung. Die derzeitigen Aufwendungen Deutschlands für die Entwicklungszusammenarbeit belaufen sich auf 0,31% (1995) des Bruttosozialprodukts. Vergleichbare Industrieländer wie die Niederlande, Dänemark und Norwegen erreichen hingegen zumindest das 0,7%-Ziel.

- Zur Frage der Unterstützung von Entwicklungsländern liegen inzwischen vielfältige Erfahrungen mit Finanzierungsmechanismen und -instrumenten vor, so der gemeinsam mit UNDP und UNEP verwalteten Globalen Umweltfazilität der Weltbank (Jordan, 1994), mit dem Multilateralen Fonds zur Umsetzung des Montrealer Ozon-Protokolls (Biermann, 1997) oder dem älteren Fonds für das Weltnatur- und Kulturerbe (Birnie und Boyle, 1992). Ein neuartiges Instrument ist der sogenannte „Schuldentauschhandel" (debt swaps), in dem Schuldentitel von Entwicklungsländern gegen umweltpolitische Maßnahmen (debt for nature swaps) oder Maßnahmen zur Ernährungssicherheit (debt for food security swaps) „getauscht" werden (Jakobeit, 1996). Neben der direkten Finanzierung von Umweltprojekten durch separate Mechanismen muß der Umweltschutz zudem noch stärker als Querschnittsaufgabe in die Arbeit der übrigen „traditionellen" Finanzierungsmechanismen integriert werden (etwa multilaterale Mechanismen wie die Weltbank als auch bilaterale Programme wie die deutschen Hermes-Bürgschaften). In diesem Zusammenhang muß weiter geprüft werden, welche Instrumente im Einzelfall besonders geeignet erscheinen.
- Der Beirat betont die Notwendigkeit von Sanktionen bei Nichterfüllung von eingegangenen Verpflichtungen. Eine direkte Sanktionierung von Staaten, die die Verträge nicht oder nur ungenügend erfüllen, ist zwar in den Vertragstexten meist vorgesehen, jedoch in der Praxis oft nicht umsetzbar. Der Beirat weist hier auf die durchaus positiven Erfahrungen mit neuartigen nicht-konfrontativen Streitschlichtungsmechanismen hin (Victor, 1996). Eine wichtige Rolle kommt hierbei auch „schwächeren" Verpflichtungen von Staaten innerhalb von Verträgen zu, etwa alleinigen Berichtspflichten (Levy, 1993). In Problemfeldern, in denen weltweite zeitlich und mengenmäßig bestimmte Umweltpflichten nicht sinnvoll oder nicht durchsetzbar erscheinen, können bindende Berichtspflichten möglicherweise als geeignetes Surrogat dienen.
- Den Nichtregierungsorganisationen ist eine bedeutende Rolle bei der Bewältigung des Globalen Wandels zugewachsen. Nichtstaatliche Organisationen üben als globale „Treuhänder der Umwelt" einen wichtigen Einfluß in den diplomatischen Verhandlungen aus; zudem sind sie bedeutende Akteure im nationalen Prozeß zur Umsetzung der AGENDA 21. Die Rio-Konferenz hatte eine Initialfunktion für die Beteiligung von Nichtregierungsorganisationen auf diplomatischen Konferenzen, die sich in neuen Anhörungs- und Informationsrechten auf Konferenzen niederschlägt. Wie der Beirat 1996 betonte, sollte geprüft werden, ob diese Beteiligungsrechte von Umwelt- und Entwicklungsverbänden innerhalb des UN-Systems weiter ausgebaut werden könnten (siehe auch Sands, 1989).
- Die Bewältigung des Globalen Wandels kann nur mit der Veränderung von Lebens- und Konsumstilen gelingen. Bildung und die Bewußtmachung der globalen Krisen sind entscheidende Faktoren bei der Bewältigung von Umwelt- und Entwicklungsproblemen. Hierzu empfiehlt der Beirat, die schulischen wie außerschulischen Anstrengungen der umwelt- und entwicklungsbezogenen Bildungsarbeit zu stärken (WBGU, 1996a). Die bisherige Politik der Förderung von umwelt- und entwicklungspolitischen NRO in Deutschland und in Entwicklungsländern sollte beibehalten oder ausgebaut werden. Ebenso sollte die Arbeit von UNEP auf lokaler Ebene mit seinen Bildungs- und Informationsprogrammen gestärkt und ausgebaut werden.

Weltweit sind seit der Rio-Konferenz vielfältige Initiativen zur Aufstellung und Umsetzung einer LOKALEN AGENDA 21 auf kommunaler oder regionaler Ebene entstanden. Da sie als bottom-up-Ansätze an der konkreten Lebenswelt und an den Verhaltensweisen der Menschen vor Ort ansetzen, sind sie als Ergänzung der internationalen Politik zum globalen Wandel in besonderer Weise geeignet. Der Beirat empfiehlt, die Initiativen zur LOKALEN AGENDA 21 auf Bundes- und Landesebene zu unterstützen und ihre nationale und internationale Vernetzung zu fördern.

Insgesamt kommt der Beirat zu dem Schluß, daß trotz der erreichten Fortschritte im Rio-Folgeprozeß weitere Anstrengungen notwendig sind. Die Bewältigung des Globalen Wandels ist eine zentrale Aufgabe einer zukunftsorientierten Politik auf innerstaatlicher und zwischenstaatlicher Ebene, die durch die gegenwärtige Betonung der nationalen Probleme nicht in den Hintergrund gedrängt werden darf.

Schwerpunktteil: Wasser   D

Die Süßwasserkrise: Grundlagen

1.1 Wasserfunktionen

Anteil der Trink- und Brauchwasserressourcen am globalen Wasservorkommen gering – Wasser als Lebensmittel, Lebensraum und Regelgröße – Nutzung und Belastung durch den Menschen

Die gesamte Wassermenge des „Blauen Planeten" Erde wird auf etwa 1,4 Mrd. km³ geschätzt (Abb. D 1.1-1). Davon befinden sich 96,5% in den Weltmeeren, die 71% der Erdoberfläche bedecken. Der Rest verteilt sich auf Eismassen der Pole und Gletscher (1,77%), auf das Grundwasser (1,7%) sowie auf Wasser der Seen, Sümpfe, Flüsse, Permafrostböden und der Atmosphäre (insgesamt 0,03%). Nur 2,5% der Gesamtwassermenge sind Süßwasser (35,1 Mio. km³). Davon entfallen wiederum 69% auf Gletscher und Eisdecken und rund 30% auf das unterirdische Grundwasser. Der Anteil des Süßwassers an den Oberflächengewässern beträgt lediglich knapp 0,3%. Die Wassermenge auf dem Globus ist seit langer Zeit als konstant anzusehen, die Verteilung auf die drei Aggregatzustände des Wassers waren im Verlauf der Erdgeschichte jedoch erheblichen Schwankungen unterworfen.

Es sind die geringen Wassermassen der Oberflächengewässer und des „aktiven" Grundwassers, die als Wasserressource von großer Bedeutung für den Menschen sind und die aufgrund ihres raschen Umsatzes ständig erneuert werden. Jährlich fließen ca. 41.000 km³ den Ozeanen zu, wobei 28.000 km³ pro Jahr direkt oberflächlich abfließen und 13.000 km³ pro Jahr über das Grundwasser den Flüssen zuströmen.

Gegenwärtig werden rund 8% dieser erneuerbaren Ressource genutzt. Ungefähr 69% davon nutzt die Landwirtschaft, 23% die Industrie und 8% die Haushalte. Regional bestehen dabei starke Unterschiede, so werden z. B. 96% des Industriewassers in Nordamerika und Europa gefördert.

Bevor nachfolgend auf Einzelheiten des Süßwasserangebotes, des Süßwasserumsatzes und der Süßwassernutzung eingegangen wird, soll ein Überblick über die vielfältigen *Funktionen des Wassers* auf dem „Wasserplaneten Erde" gegeben werden. Anhand der Funktionen läßt sich nicht nur die Bedeutung des Wassers für das Leben und den Naturhaushalt verdeutlichen, sondern auch die Rolle des Wassers als Lebenselement, erneuerbare Ressource und Kulturgut für den Menschen. Im Kasten D 1.1-1 sind diese Funktionen zusammengestellt.

Abbildung D 1.1-1
Globale Verteilung des Wassers.
Quelle: Gleick, 1993

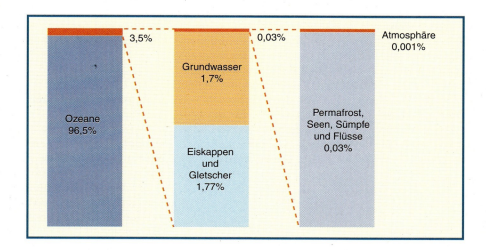

> **KASTEN D 1.1-1**
>
> **Funktionen des Wassers**
>
> NATURFUNKTIONEN
> - Lebenserhaltungsfunktion
> - Lebensraumfunktion
> - Regelungsfunktionen
>   - Energiehaushalt
>   - Wasserkreislauf
>   - Stoffhaushalt
>   - Erdgestaltung (Hochwasser, Erosion, Sedimentation)
>   - Lösungs- und Transportmittel
>   - Selbstreinigung
>
> KULTURFUNKTIONEN
> - Verbrauch, Entnahme
>   - Lebensmittelfunktion
>   - Trinkwasser
>   - Speise- und Getränkezubereitung
>   - Reinigungsfunktion
>   - Produktionsfunktionen
>   - Rohstoff (Chemie, Lebensmittelherstellung)
>   - Prozeßwasser (Transport-, Wasch-, Lösungs-, Kühl-, Löschmittel usw.)
>   - Pflanzen- und Tierversorgung (Bewässerung, Aquakultur, Tränke usw.)
> - Benutzung
>   - Heilmittelfunktion
>   - Energieträgerfunktion
>   - Transportwegfunktion
>   - Erholungsfunktion
>   - Gestaltungsfunktion
>   - Ästhetische Funktionen
>   - Religiöse Funktionen
>   - Versorgungsfunktion (Fischerei)
> - Belastung
>   - Deponiefunktion
>   - Selbstreinigungsfunktion

1.1.1 Naturfunktionen

1.1.1.1 Lebenserhaltungsfunktion

Alle Lebewesen bestehen nicht nur zu erheblichen Anteilen aus Wasser (Pflanzen und Tiere 50–95%, Mensch 60%), sondern auch deren physiologische Prozesse sind an ein wässriges Milieu gebunden. Terrestrische Organismen sind daher aufgrund der in ihrer Umwelt zwangsläufig auftretenden oder der für die Kühlung der Organismen notwendigen Wasserverluste auf regelmäßige Wasserzufuhren angewiesen. Wassermangel bedeutet innerhalb kurzer Zeit den Verlust der Lebensfunktionen, was, wenn ein Überleben in inaktiven, wassersparenden Dauerformen nicht möglich ist, den Tod bedeutet. Aktives Leben auf dem Festland ist untrennbar mit dem Vorhandensein oder dem Verbrauch von Wasser und der Assimilation von CO_2 für die Biomasseproduktion verbunden. Je nach herrschenden Klimabedingungen verbrauchen Pflanzenbestände zwischen 10 und 100 m³ Wasser pro ha und Tag.

1.1.1.2 Lebensraumfunktion

Wasser stellt aber nicht nur ein essentielles Lebensmittel, sondern für viele Organismen auch den Lebensraum dar. Dies gilt nicht nur für die Ozeane, in denen sich das Leben zuerst entwickelt hat, sondern auch für die Oberflächengewässer, wie Flüsse, Seen und Sümpfe, das Grundwasser und die Film- und Porenwässer der ungesättigten Zone (Böden). Ohne die vielfältigen Lebensformen, die in den unterschiedlichen wässrigen Milieus entstanden sind, wäre der jetzige Zustand des Globus nicht denkbar. Aquatische Lebensräume stehen aber auch in enger Wechselwirkung mit den terrestrischen Ökosystemen und der Atmosphäre. Besonders durch stoffliche Ein- und Austräge beeinflussen sich die Lebensräume gegenseitig.

1.1.1.3 Regelungsfunktionen

Wasser in seinen unterschiedlichen Aggregatzuständen und mit seinen Phasenübergängen ist eine bedeutende Regelgröße im Energie und Stoffhaushalt der Erde. Vereiste Flächen beeinflussen aufgrund ihrer Rückstrahlung (Albedo) den Strahlungshaushalt. Der mit der Verdunstung und dem Tauen verbundene Energieverbrauch bzw. die mit der Kondensation und dem Gefrieren verbundene Energiefreisetzung beeinflussen maßgeblich das Wetter auf der Erde. Der Wasserdampf in der Atmosphäre ist ein wichtiges Treibhausgas, ohne dessen Wirkung die Jahresmitteltemperatur wesentlich unter der heutigen liegen würde.

Aufgrund seiner Lösungs- und Transporteigenschaften beeinflußt das Wasser aber auch den Stoffhaushalt auf dem Globus. Bei Starkregen und Überflutungen wirkt Wasser erodierend und verlagert Bodenmaterial in Senkengebiete oder in den Ozean. Bei der Durchsickerung von Böden und Gesteinen werden Minerale aufgelöst, und die freigesetzten Zonen werden ausgewaschen und über die Gewässer dem Meer zugeführt. Die Lebensgemeinschaften in Gewässern, Böden und im Grundwasser können im Wasser enthaltene Nährstoffe und Energieträger (organische Substanzen) aufnehmen und abbauen. Dies ist für die biogeochemischen Kreisläufe von Kohlenstoff, Stickstoff und anderen Nährstoffen von großer Bedeutung.

1.1.2
Kulturfunktionen

Sauberes und frisches Wasser ist ein Inbegriff des Lebens und menschlicher Aktivität. In vielen Regionen der Erde ist sauberes Trink- und Brauchwasser für den Menschen praktisch nicht zu haben. Der Grund liegt nicht nur in der räumlich sehr heterogenen Verteilung, sondern besonders auch im verantwortungslosen Umgang mit der Ressource Wasser.

Um Wasser zu nutzen, muß es zuerst den Oberflächengewässern oder dem Grundwasser entnommen werden. Anschließend wird es entweder verbraucht, d. h. Wasser wird vom flüssigen in den gasförmigen oder chemisch gebundenen Zustand überführt, oder es wird genutzt und dabei in seiner Qualität verändert. Das dabei anfallende Abwasser wird überwiegend den Oberflächengewässern oder nach der Bodenpassage dem Grundwasser zugeführt. Die Wässer übernehmen dabei eine Funktion als Deponie und als Transport- und Verteilungsmedium.

Zum Überleben benötigen Menschen je nach den herrschenden Klimabedingungen zwischen 3–8 l Wasser zur Deckung des täglichen Wasserbedarfs und zur Speisebereitung. Zusätzlich verbrauchen Menschen Wasser in unterschiedlichem Umfang für andere Zwecke. Von Verbrauch wird gesprochen, wenn flüssiges Wasser verdunstet wird, wie z. B. bei der Bewässerung von Pflanzen oder beim Einsatz als Kühlmittel. Verbraucht wird es aber auch, wenn Wasser als Rohstoff in der Chemie und der Lebensmittelindustrie Verwendung findet. Unter den Gebrauch fallen alle diejenigen Nutzungen, bei denen das Wasser eine deutliche Qualitätsänderung erfährt, so daß es seine ursprünglichen Eigenschaften zum Teil verliert. Veränderungen treten bei der Reinigung, bei der Nutzung als Prozeßwasser und bei der Pflanzen- und Tierproduktion und in der Aquakultur auf.

Die belasteten Wässer werden wieder in die Umwelt abgegeben und verschmutzen Böden, Oberflächenwasser und das Grundwasser. Für die Entsorgung nutzt man die Deponie- und Selbstreinigungsfunktionen von Gewässern. Dabei kommt es jedoch häufig zu Überlastungen mit der Folge, daß die Lebensraumfunktionen der Gewässer erheblich beeinträchtigt werden. Auch die Filter- und Reinigungswirkung des Wassers in der ungesättigten Zone werden genutzt, indem belastete Wässer durch eine Bodenpassage gereinigt werden, um sie anschließend als sauberes Grundwasser einer weiteren Verwendung zuzuführen.

Wasser wird aber auch von Menschen in verschiedener Weise benutzt, ohne daß dabei die Menge des Wassers verändert wird. So wird z. B. Wasser zur Energieerzeugung verwendet und Wasserwege dienen in großem Umfang dem Transport von Gütern und Personen. Auch die Heil- und Erholungsfunktionen des Wassers werden wirtschaftlich genutzt. Wasser wird darüber hinaus auch als Gestaltungselement der menschlichen Umwelt benutzt, z. B. durch Brunnenanlagen und bei der Landschaftsgestaltung. Kommt es hierbei auch nicht zu Mengenänderungen, so können doch auch bei diesen Formen der Nutzung Verschmutzungen auftreten, die die Lebensraumfunktionen von Gewässern beeinträchtigen.

Aufgrund seiner Lösungseigenschaften und seiner Mobilität werden mit dem Wasser auch Schadstoffe in Nachbarökosysteme transportiert und können dort ungewollt Schäden erzeugen. Beispiele dafür sind: der Saure Regen, die Versalzung von Böden, die Nitrat- und Pestizidbelastung des Grundwassers. In großem Umfang werden Gewässer aber auch gezielt zur Entsorgung von Abfällen benutzt, mit negativen Folgen.

Jeder menschliche Umgang mit Wasser, sei es bei Entnahme und Verbrauch, Benutzung oder Belastung, wird mehr oder weniger stark durch den jeweiligen soziokulturellen Wertekontext beeinflußt. Dieser Wertekontext, den man als Wasserkultur bezeichnen kann, läßt sich nach mehreren Dimensionen differenzieren. Diese stehen in einem Spannungsverhältnis zueinander und sind in verschiedenen räumlich und zeitlich abgegrenzten Gesellschaften in einem jeweils unterschiedlichen „Mischungsverhältnis" zu beobachten (siehe Kap. D 5.2). Zu den wichtigsten Dimensionen der Wasserkultur zählen:
– die wissenschaftlich-technische Dimension,
– die ökonomische Dimension,
– die rechtlich-administrative Dimension,
– die religiöse Dimension und

– die ästhetische und symbolische Dimension.

Die Dimensionen der Wasserkultur überlagern den Umgang mit Wasser, der sich auf unterschiedlichen Ebenen gesellschaftlichen Handelns manifestiert. Im Ergebnis führt dies zu einer Art Matrix der Kulturfunktionen des Wassers und der genannten soziokulturellen Kontextdimensionen, die für verschiedene Gesellschaften jeweils unterschiedlich aussieht.

Aus dieser Beschreibung wird deutlich, daß ein auf Nachhaltigkeit und Umweltschonung zielender Umgang mit Wasser nur dann möglich ist, wenn die vielfältigen Funktionen in ihrer Vernetzung beachtet und das vorhandene Wissen für angepaßte Nutzungsstrategien berücksichtigt werden.

1.2
Wasser als Lebensraum und seine Bedeutung für angrenzende Lebensräume

Süßwasserseen global ungleich verteilt – 10–400 l Wasser in 1 m³ Boden – Funktionen der Feuchtgebiete – 66% der ausgestorbenen Arten lebten im Süßwasser

Süßwasserökosysteme (Seen und Flüsse) bedecken mit insgesamt 2,5 Mio. km² weniger als 2% der Erdoberfläche (Wetzel, 1983) und enthalten gemeinsam mit den Böden nur 0,014% des insgesamt auf der Erde vorhandenen Wassers. Süßwasserökosysteme zeichnen sich durch eine enorme Mannigfaltigkeit ihrer physikalischen Strukturen und Besiedlung aus (Hutchinson, 1957, 1967 und 1975; Hynes, 1970; Wetzel, 1983). Durch den Austausch von Wasser und dem darin gelösten oder suspendierten Material sind Süßwasserlebensräume mit den umgebenden Landökosystemen verknüpft und über den atmosphärischen Pfad auch Einflüssen aus weit entfernten Gebieten ausgesetzt.

1.2.1
Stehende Gewässer

Die Eigenschaften von Binnenseen sind eng mit ihrer Entstehungsgeschichte, der Größe und Beschaffenheit ihrer Einzugsgebiete, geologischen Faktoren und dem Klima verknüpft (Hutchinson, 1957). Die meisten Seen sind geologisch jung (10.000–20.000 Jahre; Wetzel, 1983). Ausnahmen bilden manche Seen tektonischen oder vulkanischen Ursprungs (Baikalsee, ostafrikanische Grabenseen, Maarseen). Solche Seen zeichnen sich oft durch große Artenvielfalt und hohen Endemismus aus, d. h. sie beherbergen Arten, die es nirgendwo sonst auf der Welt gibt (Snimschikova und Akinshina, 1994) (siehe auch Kasten D 1.2-1).

Das in Süßwasserseen gespeicherte Wasser ist ungleichmäßig über die Erdoberfläche verteilt. Etwa 18% allen flüssigen Süßwassers ist allein im Baikalsee gespeichert (23.000 km³). Die selbe Menge Wasser befindet sich in allen nordamerikanischen Großen Seen zusammengenommen.

Prägendes Merkmal der Lebensbedingungen in Wasserlebensräumen sind die physikalischen Eigenschaften des Wassers: die hohe Dichte (das 780fache von Luft), seine Wärmekapazität sowie die optische Dichte. Stehende Gewässer zeichnen sich durch vertikale Temperatur- und Lichtgradienten und mit der Tiefe variierenden Gehalten von Gasen, gelösten und partikulären Stoffen sowie Organismen aus, die zudem oft tages- und jahreszeitlichen Änderungen unterliegen.

Die Stoffkreisläufe der Seen werden durch ihre Lebensgemeinschaften geprägt. Die Produzenten (vor allem die grünen Pflanzen) bilden lebendes organisches Material, welches durch die Tiere (Konsumenten) genutzt wird und schließlich vor allem durch Bakterien und Pilze (Destruenten) wieder in seine anorganischen Bestandteile zerlegt wird. Schwer abbaubares organisches Material lagert sich am Seeboden ab. Die mannigfaltigen biologischen Funktionen innerhalb eines Gewässerökosystems werden durch eine Vielzahl von Arten aufrechterhalten. Im Hinblick auf die Stoffkreisläufe und die biologische Selbstreinigung spielen Bakterien eine besondere Rolle.

Die Lebensgemeinschaften des festen Untergrunds (Benthal) weisen Parallelen zu terrestrischen Gemeinschaften auf, während die wegen der hohen Dichte des Wassers artenreich entwickelten Lebensgemeinschaften des Freiwassers (Pelagial) auf dem Land keine Entsprechung haben (Wetzel, 1983). Die Lebensgemeinschaften des freien Wassers bestehen vor allem aus mikroskopisch kleinen Organismen, dem Plankton, das sich passiv in Schwebe halten kann. Das Plankton umfaßt überwiegend einzellige Algen (Phytoplankton), Bakterien (Bakterioplankton) sowie Kleinkrebse und Rädertiere (Zooplankton). Das Phytoplankton bildet seine lebende Substanz durch die Photosynthese. Mit Hilfe von Pigmenten (vor allem Chlorophyll) wird Licht absorbiert und dient als Energiequelle für den Aufbau der Biomasse aus Kohlendioxid und Nährstoffen (Primärproduktion). Da das Licht im Wasser mit der Tiefe exponentiell abnimmt, ist die Primärproduktion in Binnengewässern auf die oberflächennahen Wasserschichten beschränkt (in den meisten Seen weniger als 20 m). Das Zooplankton ernährt sich vom Phytoplankton, suspendierten Bakterien sowie Einzellern, die es aufnimmt und assimiliert (Sekundärproduktion). Unter den Zooplanktern spielen in Binnenseen vor allem Blattfußkrebse („Wasserflöhe"), Ruderfußkrebse und Rädertiere eine Rolle. Die höchstens wenige Millimeter großen Blattfußkrebse sind eine bevorzugte Beute planktonfressender Fische. Die meisten Bakterien leben von der im Wasser gelösten organischen Substanz. Bakterien und Zooplankton scheiden Nährstoffe aus, die wiederum vom Phytoplankton genutzt werden können. Durch die Regeneration der anorganischen Nährstoffe (z. B. Phosphor, Stickstoff) kommt es zu einer effizienten Nutzung dieser häufig knappen Ressourcen. Die erreichbare Biomasse hängt von der Menge verfügbarer Nährstoffe ab, die den Trophiegrad bestimmen und die Artenzusammensetzung der Lebensgemeinschaft beeinflussen (Lampert und Sommer, 1993). So ist der Zustand der Binnengewässer eng an die Eigenschaften des Wassereinzugsgebiets geknüpft und anthropogenen Einflüssen unterworfen, die sich auf die Nährstoffzufuhr auswirken (Kap. D 4.4).

In größeren Wassertiefen ohne ausreichendes Licht für die Primärproduktion sind die Organismen auf das vorhandene organische Material angewiesen. Bei seinem Abbau wird Sauerstoff verbraucht. Im Falle hoher Biomassen, wie sie in nährstoffreichen (eutrophen) Seen vorkommen, kann es dadurch in lichtlosen Tiefen zu einer völligen Aufzehrung des gelösten Sauerstoffs kommen, wodurch vielen Organismen die Lebensgrundlage entzogen wird.

Die Lebensgemeinschaften des festen Untergrundes (Benthal) sind im Uferbereich und am Seeboden unterschiedlich ausgeprägt. Nur im Uferbereich ist genügend Licht für das Auftreten von Pflanzen vorhanden (Röhrichte, Schwimmblattpflanzen, untergetauchte Wasserpflanzen, festsitzende Algen). Hier entwickeln sich vielfältige Lebensgemeinschaften. Am Seegrund sind die Organismen auf absinkendes organisches Material als Nahrung angewiesen. Dieser Lebensraum wird von Tiergruppen wie Saitenwürmern, Schlammröhrenwürmern, Insektenlarven und Muscheln sowie Bakterien besiedelt. Ist im Tiefenwasser kein Sauerstoff mehr gelöst, beschränkt sich die Besiedlung des Seebodens meist auf Bakterien. Süßwasserfische ernähren sich vom Plankton oder nehmen Nahrung aus dem Benthal auf. Viele von ihnen, besonders Lachsartige (z. B. Forellen), sind empfindlich gegen geringe Sauerstoffgehalte.

1.2.2
Fließende Gewässer

Nur etwa 0,004% des insgesamt auf der Erde vorhandenen flüssigen Süßwassers befindet sich in Bächen und Flüssen (Brehm, 1982; Hynes, 1970). Wegen der Wasserströmung dominieren in Fließgewässergemeinschaften Fische, festsitzende Organismen oder solche (Wasserschnecken und Kriebelmückenlarven), die durch Anpassungen wie abgeflachten Körperbau und Anheftungsmechanismen für ein Leben in der Strömung geeignet sind. Plankton kommt lediglich in langsam strömenden Tieflandflüssen vor (Schwoerbel, 1987). Unter den Pflanzen des Gewässergrunds überwiegen festsitzende Algen neben höheren Wasserpflanzen (z. B. Wasserhahnenfuß). Bei den tierischen Besiedlern spielen Wasserinsekten eine herausragende Rolle. In Fließgewässern bildet oft aus angrenzenden terrestrischen Bereichen eingeschwemmtes organisches Material die wichtigste Ernährungsbasis. Neben räuberischen Wirbellosen und Fischen dominieren daher Organismen, die abgestorbenes organisches Material verwerten (Detritusfresser).

Die Lebensbedingungen in fließenden Gewässern verändern sich graduell im Längsverlauf (Niemeyer-Lüllwitz und Zucchi, 1985). Die Wassertemperatur nimmt in der Regel von der Quelle zur Mündung zu, während die Amplitude der tageszeitlichen Schwankungen abnimmt. Mit der Wasserbewegung verstärken sich Austauschprozesse mit der Atmosphäre. Die Oberläufe der Flüsse mit starker Durchmischung sind daher in der Regel sauerstoffgesättigt. Hier dominieren kälteliebende Tiere mit hohem Sauerstoffbedarf (Eintagsfliegen- und Steinfliegenlarven). Im Unterlauf von Flüssen steigt die Wassertiefe, und die Austauschprozesse verringern sich. Die Wassertrübung nimmt zu, der Untergrund wird zunehmend feinkörniger, und der Gehalt an gelöster und partikulärer organischer Substanz steigt. Beim mikrobiellen Abbau organischer Substanz wird Sauerstoff verbraucht. Wenn dieser in organisch oder thermisch belasteten Gewässern nicht mehr ergänzt werden kann, kann es zum Absterben von Fischen und anderen Wasserorganismen kommen (siehe Kap. D 4.4).

In europäischen Flüssen werden im Längsverlauf vier Regionen mit sich verringerndem Sauerstoffbedarf unterschieden. Sie werden nach typisch dort vorkommenden Fischen benannt (Forellen-, Äschen-, Barben- und Brachsenregion) (Abb. D 1.2-1). Diese Zonierung findet ihre Entsprechung in den Gemeinschaften wirbelloser Tiere und ist in anderen Kontinenten vergleichbar (Illies, 1961). Meist nimmt auch die Wasserqualität im Längsverlauf von Fließgewässern ab, da sich zivilisationsbedingte Faktoren, wie die Zufuhr von Schadstoffen trotz Verdünnung und Selbstreinigung verstärken (Schmitz, 1961).

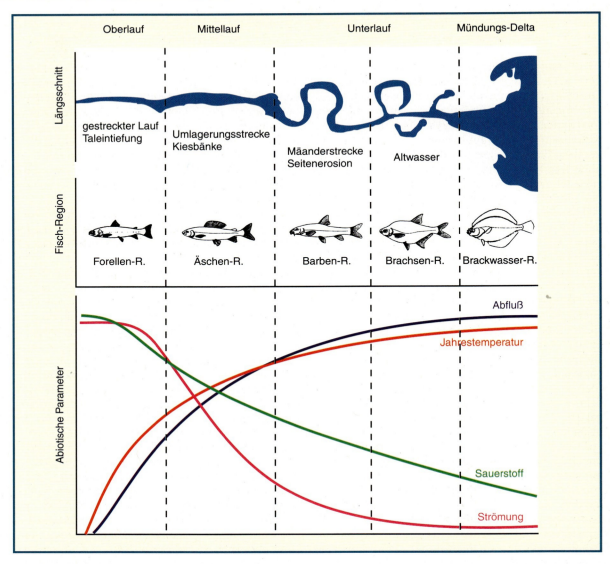

Abbildung D 1.2-1
Schematischer Längsverlauf eines Fließgewässers mit Zonierung der Fischfauna, physikalischen Gradienten und Sauerstoffprofil.
Quelle: verändert nach Niemeyer-Lüllwitz und Zucchi, 1985

1.2.3
Boden- und Grundwasser

In einem Kubikmeter Boden können je nach Bodenart zwischen 10 und 400 l Wasser enthalten sein. Im Bereich des ungesättigten Bodenwassers oberhalb des Grundwasserspiegels füllen Wasser und Luft die Porenräume aus. Für die Stabilität terrestrischer Ökosysteme und die Aufrechterhaltung von Stoffkreisläufen ist das Bodenwasser mit seinen Lebensgemeinschaften von wesentlicher Bedeutung. Das Wasser ist Lösungs- und Transportmittel für eine Vielzahl von Stoffen und dient den Pflanzen zur Deckung ihres Wasser- und Nährstoffbedarfs. In Böden treten steile vertikale physiko-chemische Gradienten und Unterschiede in der Besiedlung auf. Wegen des Lichtmangels ist Photosynthese nicht möglich. Außer Bakterien, die spezielle chemische Reaktionen zur Energiegewinnung nutzen können, sind die im Boden und Porenwasser lebenden Organismen daher heterotroph, d. h. auf organische Substanz als Energie- und Kohlenstoffquelle angewiesen. Zu ihnen gehören Pilze und wirbellose Tiere wie Saitenwürmer, Regenwürmer, Asseln, flügellose Insekten und Larven geflügelter Insekten. Der Eintrag von organischem Kohlenstoff in den Oberboden kann in produktiven Ökosystemen 5–10 t pro ha und Jahr betragen, der unterhalb des Wurzelraumes bereits auf 10–100 kg vermindert ist. Der weitaus überwiegende Teil des organischen Kohlenstoffs wird also im Boden biologisch verwertet und dabei abgebaut. Für die Selbstreinigung der Böden und des Grundwassers spielen vor allem Mikroorganismen eine wichtige Rolle. Bakterien und Pilze bauen organische Verbindungen ab. Pilze können mit ihren Exoenzymen auch komplexe Molekülstrukturen angreifen. Diese Prozesse werden von der Menge des Bodenwassers beeinflußt. Bei Wassermangel in den biotisch aktivsten Oberböden werden die Umsatzleistungen der Organismen stark vermindert oder kommen ganz zum Erliegen.

Der Bereich des gesättigten Grundwassers unterhalb des Grundwasserspiegels zeichnet sich durch konstante Milieubedingungen aus. Die Temperaturen im Grundwasser sind ausgeglichen und erreichen bereits in wenigen Metern Tiefe die mittlere Jahrestemperatur. Dieser Bereich ist durch völligen Lichtmangel, beengten Lebensraum und geringen Sauerstoffgehalt gekennzeichnet und wird von einer überraschend vielfältigen, an diese Bedingungen angepaßten Organismengemeinschaft besiedelt. Zu ihnen gehören Einzeller, Plattwürmer, Rädertiere, Fadenwürmer, Vielborster, Bärtierchen, Milben und Krebstiere aus verschiedenenen Gruppen. Es überwiegen mikroskopisch kleine, wurmförmige und augenlose Tiere, die eine sehr geringe Stoffwechselrate haben und eine vergleichsweise lange Entwicklungszeit.

Die Grundwassertiere regulieren einerseits durch ihre Freßtätigkeit die Bakteriendichten, tragen andererseits durch Aufbereitung größerer Partikeln zu erhöhter bakterieller Aktivität bei, so daß organische Stoffe schneller abgebaut werden können. Intakte Lebensgemeinschaften sorgen so für eine Selbstreinigung des Grundwassers. Bedeutende Einschwemmungen organischen Materials führen zu reduzierten Bedingungen und beschränken die Lebensbedingungen von Grundwassertieren. Der langsame Lebensrhythmus macht unterirdische Biozönosen anfällig gegen Umweltstörungen. Diese Zusammenhänge sind noch wenig untersucht, und es dauert vermutlich lange, bis sich nach solchen Veränderungen der ursprüngliche Zustand wieder einstellt (Schminke, 1997).

1.2.4
Feuchtgebiete

Feuchtgebiete nehmen mit 5,6–8,6 Mio. km² geschätzter Gesamtfläche weltweit etwa 4–6% der Landoberfläche ein (Mitsch et al., 1994) und sind in allen Klimazonen der Erde vertreten. Die zahlreichen Bezeichnungen und Definitionen belegen die Vielfalt ihrer Ausprägungen. Zu den bedeutendsten Süßwasserfeuchtgebieten gehören Feuchtflächen in den Flußdeltas, Überflutungsgebiete, Verlandungsbereiche der stehenden und fließenden Gewässer, Sümpfe, Moore, Feuchtwälder, Süßwasserquellen und Oasen. Besonders großflächige Feuchtgebiete finden sich weltweit in den Niederungen von großen Strömen, Seengebieten und borealen Mooren mit Schwerpunkten in Nordamerika (Kanada und Alaska), Südamerika, auf dem Gebiet der ehemaligen UdSSR sowie in Asien (Tab. D 1.2-1).

Als Übergangslebensräume können Feuchtgebiete zwischen dem terrestrischen und dem aquatischen zu den produktivsten Ökosystemen der Erde gehören. Sie haben eine herausragende Bedeutung für den Wasserhaushalt und sind einzigartige Lebensräume für eine spezifische Pflanzen- und Tierwelt, z. B. für Amphibien, Wasser- und Watvögel. Viele Feuchtgebiete weisen endemische Arten auf. Einige vom Aussterben bedrohte Tiere, wie der Bengalische Tiger, der Jaguar und mehrere Krokodilarten, sind auf Feuchtgebiete beschränkt.

Kontinentale Feuchtgebiete erhalten Wasser aus Niederschlägen, Grundwasser und Oberflächenwasser z. B. aus Überflutungen. In Abhängigkeit vom Nährstoffgehalt im Wassereinzugsgebiet kann die biologische Produktivität stark variieren. Vielgestaltige, „reife" Feuchtgebiete entstehen allmählich durch den langsamen Aufbau spezieller mikroklimatischer Bedingungen und Böden. Entsprechend der Vielfalt ihrer Strukturen und Besiedler aus terrestrischen und aquatischen Lebensräumen zeichnen sich Feuchtgebiete durch großen Reichtum an Arten und Ökotypen aus, die komplexe Nährstoffkreisläufe und Nahrungsnetze ermöglichen.

Feuchtgebiete besitzen zahlreiche global und regional bedeutsame Funktionen (Dugan, 1993). Eine Studie zum Wert der Dienstleistungen und des natürlichen Kapitals der Ökosysteme bezifferte Güter und Leistungen aus Feuchtgebieten auf über 14.000 US-$ pro ha und Jahr. Dieser Wert übersteigt die Bedeutung der landwirtschaftlicher Nutzflächen und des Waldes bei weitem und wird nur von Küstenökosystemen übertroffen (Costanza et al., 1997).

- Feuchtgebiete geben Wasser an die Grundwasserleiter ab und tragen zur Grundwasserneubildung bei.
- Niederschlags- und Schmelzwasser kann in Feuchtgebieten aufgenommen und zeitlich verzögert abgegeben werden. Abflußspitzen werden abgeschwächt und Hochwasserschäden verringert. Die Vegetation dämpft die Wellenenergie bei Sturmereignissen und trägt zur Verringerung der Erosion bei.

Tabelle D 1.2-1
Globale Verteilung von Feuchtgebieten.
Quelle: WCMC, 1992

	Ehem. UdSSR	Europa	Südostasien	Afrika	Kanada	USA und Alaska	Südamerika
Fläche (1.000 km²)	1.512	154	241	355	1.268	553	1.524
Prozent der Gesamtfläche	28,3	2,5	3,9	5,8	20,8	12,2	25,0
Bedeutende Landschaftsformen	Boreale Moore	-	-	Alte Grabenseen	Seengebiete	Boreale Moore	Sümpfe
Bedeutende Flüsse	Ob, Yenisey, Kolyma	Donau, Rhone	Mekong	Kongo, Nil	-	Mississippi	Amazonas, Orinoco

Übrige Gebiete (in 1.000 km²): Naher und Ferner Osten (19), China (32), Australien und Neuseeland (15) und Mittelamerika (18).

- Feuchtgebiete wirken als Sediment- und Schadstoffsenken. In den Zonen geringer Wasserbewegung können Schwebstoffe absinken. An Partikeln gebundene Schadstoffe wie Pestizide werden aus dem Wasser entfernt.
- In der Vegetation der Feuchtgebiete können Nährstoffe gebunden oder Stickstoff durch Denitrifikation entfernt werden und so zur Verbesserung der Qualität angrenzender Wasserkörper beitragen (Mitsch, 1994). In vielen Ländern werden diese Eigenschaften zur Abwasserbehandlung in künstlich angelegten Feuchtgebieten genutzt (Kadlec, 1994; Brix, 1994). Weltweit ist in Feuchtgebieten um ein Vielfaches mehr Kohlenstoff festgelegt, als in der Atmosphäre in Form von CO_2 enthalten ist (Kap. D 4.4).
- Feuchtgebiete werden für die Gewinnung von Rohstoffen wie Brenn- und Bauholz sowie von Borke, Harzen und anderen pflanzlichen Produkten, z. B. für medizinische Zwecke, genutzt.
- Hochproduktive Feuchtgebiete sind oft reiche Fischgründe. In Afrika ist Fisch regional die wichtigste Proteinquelle. Zahlreiche andere tierische Produkte, wie Tierhäute, Eier und Honig, stammen aus Feuchtgebieten. Der Reisanbau und Aquakultur sind für große Teile der Bevölkerung in Südostasien, Südamerika und Afrika die wichtigste Nahrungsquelle.
- Feuchtgebiete dienen als Erholungsräume (Jagd, Sportfischerei, Bade- und Segelgewässer, Naturerlebnis, Ökotourismus).

1.2.5
Biodiversität limnischer Ökosysteme

Biodiversität umfaßt die Vielfalt der Arten, die genetische Vielfalt und die ökologische Vielfalt, d. h. die Diversität der ökologischen Funktionen und Verknüpfungen innerhalb und zwischen Lebensgemeinschaften (Heywood and Watson, 1995). Die Biodiversität vieler aquatischer (und terrestrischer) Lebensräume wird durch die fortschreitende Degradation verändert (Kap. D 4.4). Zur Zeit ist insgesamt wenig über die Rolle der Biodiversität für das Funktionieren von Ökosystemen bekannt, doch kann als sicher gelten, daß die Erhaltung der Leistungen und Nutzungsfunktionen der Ökosysteme für den Menschen mit der Erhaltung der Biodiversität verknüpft ist, denn die Zusammensetzung der Lebensgemeinschaften mit Mikroorganismen, Tieren und Pflanzen und ihre Interaktionen stellen die Ökosystemfunktionen sicher. Die Elastizität (Resilienz) eines Ökosystems bestimmt die Antwort auf äußere, auch menschliche Einflüsse. Eine wesentliche Bedeutung der Biodiversität liegt in ihrer Rolle für die Erhaltung dieser Elastizität (Perrings et al., 1995).

Binnengewässerökosysteme enthalten mehr als 1.000 Arten von Gefäßpflanzen und etwa 8.400 Fischarten, das sind 40% der Fischarten weltweit (WCMC, 1992). Die Zahl der Arten pro Fläche liegt in limnischen Ökosystemen weit über dem Durchschnitt (Artenzahl pro Flächeneinheit der Erde). Allein die Artenzahl der Süßwasserfische bezogen auf die Gesamtfläche der Binnengewässer überschreitet bereits diesen theoretischen Wert. Besonders viele Arten existieren in wenigen großräumigen und alten Lebensräumen (Abb. D 1.2-2).

Es wird vermutet, daß es etwa 10.000 Phytoplanktonarten gibt, von denen bisher nur etwa 10% beschrieben worden sind (WCMC, 1992). Süßwasserökosysteme können also eine hohe Artenvielfalt aufweisen, doch ist die Biodiversität vieler Mikroorganismen, Tier- und Pflanzengruppen ebenso wie in anderen Ökosystemen kaum untersucht. Die hohe Artenzahl im einfach strukturierten Freiwasser der Seen ist überraschend und wurde als „Paradoxon des Planktons" bezeichnet (Hutchinson, 1961). Nahm man früher an, daß die Artendiversität mit dem „Reifungsprozeß" von Ökosystemen zunimmt (Odum, 1971), geht man heute davon aus, daß die zeitliche Variabilität der Lebensbedingungen zu immer neuen Milieuverhältnissen führt, die zahlreichen verschiedenen Arten die Koexistenz erlaubt (Sommer, 1985). Die Untersuchung von Seeökosystemen durch die Limnologie hat wesentliche Erkenntnisse zum Funktionieren von Ökosystemen beigetragen (Mooney et al., 1996). Die Entstehung neuer Arten durch die Evolution ist eine Funktion der Zeit. Nicht zuletzt deshalb zeichnen sich geologisch alte Ökosysteme oft durch eine hohe Artenzahl und Anzahl endemischer (nur an diesem Ort vorkommender) Arten aus (z. B. Tanganjikasee, Baikalsee, siehe Kasten D 1.2-1 und Abb. D 1.2-2).

Gemeinschaften mit geringer Biodiversität (z. B. Monokulturen) reagieren oft empfindlich auf Störungen (z. B. Schädlinge). Aber auch Lebensräume mit hoher Biodiversität (z. B. tropischer Regenwald, Korallenriffe) haben sich als störungsanfällig erwiesen. Eine einfache Beziehung zwischen der Biodiversität und der Störungsanfälligkeit existiert offenbar nicht. Doch kann gesagt werden, daß der Verlust der Biodiversität die Möglichkeiten der Reaktion auf veränderte Umweltveränderungen schmälert (Mooney et al., 1996). Drastische Folgen können Einwirkungen auf einzelne Arten mit besonders großer Bedeutung (keystone species) für die Funktionen eines Ökosystems haben, während das Verschwinden anderer Arten unbemerkt bleibt. Inselökosysteme und Ökosysteme in ariden Regionen sind oft besonders empfindlich gegen menschliche Eingriffe. In ihnen sind einzelne Arten oft die einzigen Repräsentanten funktioneller Gruppen, so daß ihre Rolle nicht von Organismen mit ähnlichen ökologischen Ansprüchen und Funktionen übernommen werden kann (Schindler, 1990; Frost et al., 1994). Biodiversitätsverlust, der sich in verkürzten Nahrungsketten äußert, kann wesentliche Folgen für die Stoffkreisläufe haben, wie Beispiele aus den USA zeigen, wo degradierte aquatische Lebensräume die Stickstoffimmissionen des Straßenverkehrs nicht mehr in Biomasse umsetzen können, sondern diese direkt an das Grundwasser abgeben (Koppes, 1990; Carpenter et al., 1996).

Süßwasserökosysteme und ihre Biodiversität sind durch eine Vielzahl von anthropogenen Einflüssen bedroht (Kap. D 4.4). Nach Wegfall schädigender Einflüsse erholen sich besonders Fließgewässergemeinschaften oft erstaunlich schnell. Diese Fähigkeit beruht darauf, daß Fließgewässerorganismen an eine hohe Variabilität der Umweltbedingungen angepaßt sind (Kap. D 1.5) und aus dem Organismenpool des Oberlaufs, sofern dieser nicht ebenfalls beeinträchtigt ist, eine Wiederbesiedlung erfolgen kann. In an-

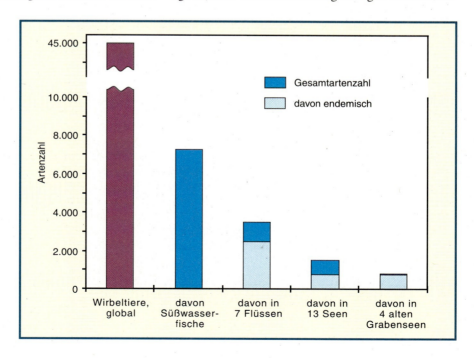

Abbildung D 1.2-2
Artenzahl terrestrischer und aquatischer Wirbeltiere.
Quelle: WCMC, 1992

KASTEN D 1.2-1

Der Baikalsee: eines der bedeutendsten natürlichen Laboratorien der Evolution

Der Baikalsee liegt im sibirischen Teil Rußlands, sein Wasservolumen von 22.995 km^3 entspricht 18% des weltweit in Süßwasserseen gespeicherten Wassers und gleicht der Wassermenge in allen Großen Seen (Kanada/USA) zusammengenommen. Der Baikalsee entstand vor ca. 35 Mio. Jahren und ist der älteste Binnensee der Erde (Tilzer und Serruya, 1990). Sein Einzugsgebiet hat eine Ausdehnung von ca. 500.000 km^2 mit 1,2 Mio. Menschen. Die ufernahe Zone ist überwiegend nur dünn besiedelt, es herrschen hier Kiefern-, Fichten- und Lärchenwälder sowie trockene Steppen vor.

Die Schutzwürdigkeit des Baikalsees ist aus den folgenden Gründen gegeben: (1) Der Baikalsee ist global das größte Reservoir noch überwiegend unverschmutzten Süßwassers. (2) Das hohe geologische Alter des Baikalsees und seine geographische Isolation führten zur Entwicklung zahlreicher neuer Pflanzen- und Tierarten. Als Folge enthält der Baikalsee den größten Pool endemischer Pflanzen- und Tierarten des Süßwassers. Von den 2.400 bisher im See identifizierten Arten sind 84% endemisch, d. h. sie kommen nur hier vor (Kozhov, 1963). Besonders bemerkenswert ist die Baikalrobbe (*Phoca sibirica*). Das Tiefenwasser des Sees enthält stets gelösten Sauerstoff und ermöglicht reiches Leben in den Tiefenzonen. Hervorzuheben sind Fische der Familie Comephoriidae sowie Flohkrebse (Amphipoden). (3) Aufgrund dieser einmaligen Merkmale stellt der See ein unersetzliches Ökosystem und vielseitiges Forschungsobjekt dar. (4) Der See und seine Umgebung könnten als hochwertiges Erholungsgebiet (Nationalpark) dienen.

Die Bedrohung des Baikalsees: Aus Punktquellen gelangen Schwermetalle, Sulfit und eutrophierende anorganische Nährstoffe u. a. aus häuslichen Abwässern in den See. Die Zellulosefabrik in Baikalsk am Südende des Sees wurde erst in jüngerer Zeit mit einer Kläranlage versehen. Aus diffusen Quellen sind Einträge von Sedimenten infolge der Bodenerosion in forstwirtschaftlich genutzten Arealen, von landwirtschaftlichem Dünger sowie von Pestiziden zu erwarten. Aus der Atmosphäre gelangt Saurer Regen, entstehend aus den Emissionen von Kohlekraftwerken, in den See. Eine schwerwiegende Beeinträchtigung der Wasserqualität hätte nicht nur die Zerstörung des Ökosystems zur Folge, sie würde zum Aussterben von endemischen Pflanzen- und Tierarten und damit zum Verlust eines reichen Genpools führen. Als größte Gefahr für dieses Ökosystem wird jedoch die Einführung exotischer Arten angesehen, weil diese endemische Arten aus ihren ökologischen Nischen verdrängen und damit auslöschen können.

Der Baikalsees und seine Umgebung wurde jüngst in die World Heritage List der UNESCO aufgenommen. Dies wird es wesentlich erleichtern, die dringend nötigen Schutzmaßnahmen auf nationaler und regionaler Ebene politisch durchzusetzen und die hierfür erforderliche massive internationale Unterstützung einzuwerben.

Empfohlene Schutzmaßnahmen: (1) Erhaltung der Wasserqualität durch die Errichtung von Kläranlagen sowie von Luftfilteranlagen in Industrieanlagen im Windeinzugsgebiet des Seebeckens; Überwachung der Wasserqualität durch Monitoring. (2) Bestandssicherung der endemischen Arten durch Vermeidung der Einschleppung exotischer Arten. (3) Bewahrung des Landschaftscharakters in der unmittelbaren Umgebung des Sees. Für die Durchführung der erforderlichen Schutzmaßnahmen könnte Deutschland durch den Transfer wissenschaftlichen und technischen Know-hows und finanzielle Unterstützung beitragen.

Durch Schaffung einer Infrastruktur für sanften Tourismus unter Berücksichtigung strenger Umweltschutzauflagen könnte die Wirtschaftslage der Region verbessert und ihre Abhängigkeit von einer weiteren Industrialisierung verringert werden. Der Beirat empfiehlt die Durchführung bilateraler deutsch-russischer Forschungsprogramme am Baikalsee in enger Abstimmung mit bereits durch andere Nationen (vor allem USA und Japan) organisierte Projekte. Die Bereitschaft zur verstärkten wissenschaftlichen Kooperation mit Deutschland bei der Erforschung des Baikalsees ist auf russischer Seite groß. Wissenschaftliche Einrichtungen (Limnological Institute Siberian Branch of the Russian Academy of Sciences, Irkutsk) sowie geeignete Forschungsschiffe sind vorhanden.

deren Fällen nimmt die Regeneration wesentlich längere Zeit in Anspruch und oft wird der ursprüngliche Zustand nicht wieder erreicht. So hat die Verringerung der Phosphatbelastung des Bodensees auf etwa 20% des Maximalwertes zu einer erheblichen Verbesserung der Wasserqualität geführt. Die Biomasse des Phytoplanktons und die Primärproduktion sind jedoch bis jetzt nur um ca. 30% zurückgegangen (Tilzer et al., 1991). Rund 66% der in jüngster Zeit ausgestorbenen kontinentalen Pflanzen- und Tierarten waren Süßwasserorganismen (Denny, 1994). Ein Fünftel der weltweit ausgestorbenen Arten sind Süßwasserfische. Am Artensterben der Fischfauna Nordamerikas waren am häufigsten der Verlust oder die Veränderung des Lebensraumes (73%) und die Einführung exotischer Arten (68%) beteiligt (Abb. D 1.2-3). In den Industrieländern ist der Anteil bedrohter Arten deutlich höher als in anderen Ländern der Welt. Im Zusammenhang mit der Trockenlegung von Feuchtgebieten sind Amphibien- und Muschelpopulationen besonders bedroht. 43% aller Muschelarten Nordamerikas gelten als stark gefährdet oder ausgestorben (WRI, 1994).

1.2.6 Handlungs- und Forschungsempfehlungen

FORSCHUNGSEMPFEHLUNGEN
- Erhebung von Daten und Zusammenführung vorhandener Daten in einer globalen Datenbank, die Informationen zur Kennzeichnung, Ausdehnung (Wasservolumen, Fläche und mittlere Tiefe) und der Lage süßwassergeprägter Lebensräume enthält, regelmäßig aktualisiert und einem breiten Nutzerkreis verfügbar gemacht wird.
- Untersuchungen struktureller und funktioneller Zusammenhänge von Organismengesellschaften in Süßwasserökosystemen und angrenzenden Lebensräumen sind eine wichtige Voraussetzung für die Abschätzung der Reaktionen auf anthropogene Störungen und die Belastbarkeit der Ökosysteme.
- Untersuchung zu möglichen Auswirkungen der Neueinführung (z. B. von Fischen) und Einschleppung (z. B. durch das Ballastwasser von Schiffen) exotischer Arten auf Struktur, Funktion und Leistung süßwasserbestimmter Lebensräume, besonders solcher mit hohem Endemismus. Sowohl für die Beurteilung anthropogener Belastungen und Eingriffe als auch zur Abschätzung der Neueinführung von Organismen ist ein grundsätzliches Systemverständnis Voraussetzung.
- Die Erforschung der Biodiversität wasserbestimmter Lebensräume auf den Ebenen der genetischen Diversität innerhalb der Populationen, der Artendiversität und der ökologischen Diversität liefert die Grundlage für die Beurteilung der Bedeutung der Biodiversität bei der Reaktion auf anthropogene Einflüsse.

HANDLUNGSEMPFEHLUNGEN
Der Beirat empfiehlt
- die Unterstützung vorhandener Bestrebungen und die Mitwirkung bei der Erstellung einer globalen Datenbank, die den weltweiten Bestand an süßwasserbeeinflußten Ökosystemen (vorrangig der besonders schützenswerten) erfaßt und klassifiziert.
- die Hinwirkung auf eine Berücksichtigung der Verankerung des Vorrangs des Verbotes erheblicher Umweltschädigungen der Gewässer und angenzender Ökosysteme vor den Nutzungsrechten der Anrainer bei den Verhandlungen zur geplanten UN-Konvention zur nicht-schiffahrtlichen Nutzung grenzüberschreitender Wasserläufe.
- die Ausweisung und den Schutz weiterer einzigartiger süßwasserbestimmter Ökosysteme als Weltnaturerbe zu fördern.
- der Vermeidung eines weiteren Flächenverlustes von Feuchtgebieten und der Wiederherstellung ehemaliger Feuchtgebiete wegen ihrer vielfältigen Funktionen eine Vorrangstellung einzuräumen.

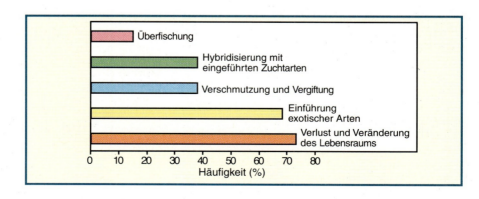

Abbildung D 1.2-3
Häufigkeit wesentlicher Faktoren, die am Artensterben der Süßwasserfische Nordamerikas beteiligt sind.
Quelle: Miller et al., 1989

1.3 Wasserkreislauf

Grundlage für Analyse des Klimasystems – Bedeutung für Energiebilanz – Vielfältige Wechselwirkungen mit Atmosphäre – Vegetation wirkt auf globale Wasserbilanz – Vegetation schützt Wasserqualität – Klimasimulation: mehr Niederschläge auf Landflächen – Gewinn- und Verlustregionen durch Klimaänderungen

Grundlage für die quantitative Analyse des globalen Klimasystems (Atmosphäre, Biosphäre, Geosphäre, Hydrosphäre, Kryosphäre; zum gekoppelten System siehe auch WBGU, 1996b) sind Bilanzen. Sie erlauben, den Massen- und Energiehaushalt von Komponenten des Systems zu beschreiben und in der Form von Vorratsänderungen, Flüssen sowie von Quellen und Senken zu charakterisieren. Verbinden diese Flüsse mehrere Komponenten miteinander, können Kreisläufe entstehen, deren Intensität meßbar ist. Bei der Analyse globaler Umweltveränderungen liefern diese Haushaltsbetrachtungen folgende Informationen: (1) Die Störung eines natürlichen Kreislaufes kann durch eine Flußänderung vor dem Hintergrund des ungestörten, natürlichen Flusses quantifiziert werden. (2) Da die Bilanzgleichungen sich zu einem ausgeglichenen Haushalt ergänzen müssen, ergibt sich aus ihrer Abschätzung ein quantitatives Systemverständnis.

Die quantitative Analyse von Zustandsänderungen innerhalb des Klimasystems und insbesondere ihrer Ursachen basiert auf dem Verständnis Prozessen und Wechselwirkungen. Sie charakterisieren die Klimadynamik – sei es isoliert innerhalb einer Sphäre oder im Austausch mit einer oder mehreren anderen Komponenten. Einzelne Wirkungsketten können durch ihre Klimasensitivität quantifiziert werden.

1.3.1 Wasserhaushalt

Die Variabilität der Atmosphäre umfaßt sehr unterschiedliche Raum- und Zeitskalen. Ihre räumlichen Strukturen umspannen etwa 12 Größenordnungen – von Wolkentröpfchen bis zu planetarischen Wellen, vom Mikroklima eines Blattes zum Klima des Planeten. Die Gesamtvarianz der Dynamik wird von einer Halbtages- und Tages-Welle, kurzfristigen Wetterstörungen und Witterungsanomalien von mehreren Tagen bis zu Monaten, von Halbjahres- und Jahresgängen, der quasi-zweijährigen Oszillation und anderen Prozessen bestimmt. Während der Antrieb für alle Vorgänge in der Atmosphäre letztlich die Sonnenstrahlung ist, spielt der Wasserdampf als Treibhausgas und durch Kondensation und Verdunstung eine wesentliche Rolle in der Strahlungs- und Energiebilanz sowie für die Dynamik.

Im langzeitlichen Mittel stehen im globalen Wasserhaushalt der Atmosphäre Gewinne durch Verdunstung gleich großen Verlusten durch Niederschlag gegenüber. Der mittlere Wasservorrat der Atmosphäre wird auf etwa 2 g cm^{-2} (oder 13.000 km^3) geschätzt und liegt ganz überwiegend als Wasserdampf vor. Der globale Niederschlag beträgt etwa 110 g cm^{-2} Jahr^{-1} (oder 550.000 km^3 Jahr^{-1}; Abb. D 1.3-1). Dabei fallen auf die Kontinente mehr Niederschläge (111.100 km^3 Jahr^{-1}), als von ihnen verdunstet (71.400 km^3 Jahr^{-1}; Tab. D 1.3-1); die Differenz fließt ab. Die vorgenannten Größen bestimmen eine mittlere Verweilzeit von Wasserdampf in der Atmosphäre von etwa 10 Tagen. Diese Zeitskala charakterisiert ein „Erinnerungsvermögen" des Wassers an Veränderungen. Obwohl Wasserdampf in der Atmosphäre nur einer Höhe von 2,5 cm Flüssigwasser entspricht, kann seine Bedeutung für die atmosphärische Zirkulation wegen der schnellen Umsetzungen in der Atmosphäre und der Wechselwirkung mit den anderen Sphären nicht hoch genug eingeschätzt werden. Die Unsicherheiten bei der Bilanzierung des globalen Wasserkreislaufes werden durch die Diskrepanzen zwischen unterschiedlichen Schätzungen illustriert.

Bei der Betrachtung des regionalen Wasserhaushaltes abgegrenzter Gebiete kann im Klimamittel die Speicherung in den Reservoiren Atmosphäre und Böden vernachlässigt werden. Bei dieser Annahme fließt der über den Einzugsgebieten kondensierte und nicht wieder verdunstete atmosphärische Wasserdampf sowohl in den Flüssen als auch unterirdisch ab. Die Einzugsgebiete der Flüsse und die Kontinente selbst stellen geeignete Areale für Wasserbi-

Tabelle D 1.3-1
Kontinentale Wasserbilanzen.
Quelle: Baumgartner und Reichel, 1975

Kontinente	Niederschlag	Verdunstung	Abflüsse
	(1.000 km^3 Jahr^{-1})		
Afrika	20,7	17,3	3,4
Antarktis	2,4	0,4	2,0
Asien	30,7	18,5	12,2
Australien	3,4	3,2	0,2
Europa	6,6	3,8	2,8
Nordamerika[a]	15,6	9,7	5,9
Südamerika	28,0	16,9	11,1
Summe	111,1	71,4	39,7
Ozeane	385,0	427,7	-39,7

[a] mit Grönland

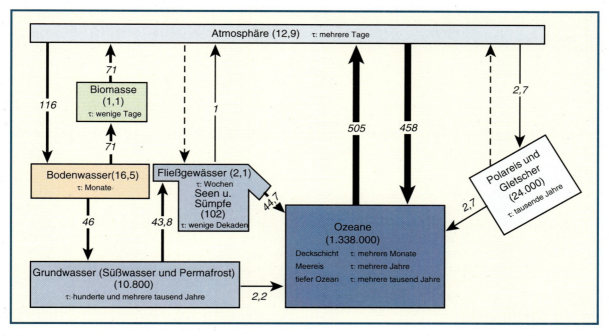

Abbildung D 1.3-1
Globaler Wasserkreislauf: Reservoire (in 1.000 km³), Flüsse (in 1.000 km³ Jahr^{-1}, kursiv) und typische Verweildauer τ.
Quellen: Shiklomanov und Sokolov, 1985; Baumgartner und Liebscher, 1990

lanzen dar (Tab. D 1.3-1). Ihr mittleres Klima und dessen Variabilität werden durch eine mehr oder minder ausgeprägte interannuelle und saisonale Variabilität des Abflusses charakterisiert, wobei Trocken- und Feuchtperioden auch von extremer Intensität und Dauer sein können. Diese natürliche Eigenschaft des Klimasystems wird im wesentlichen von der Dynamik der Atmosphäre und des Ozeans geprägt.

Die vom Menschen durch Umleitung sowie industrielle und landwirtschaftliche Nutzung entnommene Wassermenge wird auf 3.500–5.000 km³ Jahr^{-1} geschätzt (WRI, 1990; UNDP, 1994). Dieses ist nur etwa 1% des globalen Jahresniederschlags (Abb. D 1.3-1); dieser Anteil steigt jedoch auf 5%, wenn er nur auf die kontinentale Niederschlagsmenge (111.000 km³ Jahr^{-1}) bezogen wird und auf 10% bei Bezug auf den Abfluß der kontinentalen Flußsysteme, der auf etwa 30.000–50.000 km³ Jahr^{-1} geschätzt wird (Tab. D 1.3-1). Daher sind vor dem Hintergrund erheblicher interannueller und saisonaler Niederschlagsvariabilität Angebotsverknappungen in bevölkerungsreichen Regionen durchaus möglich.

Der Mensch greift mit einer Entnahme von 1% des globalen jährlichen Niederschlags aus Oberflächen- und Grundwasser auf den ersten Blick nur geringfügig in den globalen Wasserkreislauf ein, sofern sich die Betrachtung allein auf den Wasserhaushalt beschränkt. 1% ist auch auch im Vergleich mit anderen anthropogen beeinflußten Stoffkreisläufen, wie etwa denen des Kohlenstoffs (etwa 5%), des Stickstoffs und des Schwefels (je etwa 50%; Beran, 1995), ein niedriger Wert.

1.3.2
Wasserkreislauf im atmosphärischen Energiehaushalt

Wasser spielt sowohl in Form von Wasserdampf, Wolken, Schnee und Eis als auch durch die Phasenübergänge eine herausragende Rolle bei der Erwärmung und Abkühlung der Erde. Treibende Kraft für den beständigen Kreislauf von Verdunstung, Transport, Kondensation und Niederschlag ist die von der Sonne bereitgestellte Energie. Die globale Bilanz der Energie ergibt sich aus der Strahlungsbilanz und der Wärmebilanz von Atmosphäre und Erdoberfläche.

Der Strahlungsfluß von der Sonne, der im Mittel auf die Erdatmosphäre trifft, beträgt 342 Wm^{-2} (hier gleich 100% gesetzt, Abb. D 1.3-3). Etwa 22% dieser Strahlung werden durch Aerosole und Wolken direkt wieder zurück in den Weltraum reflektiert. Weitere 20% werden im wesentlichen durch Wasserdampf und Ozon absorbiert. Die verbleibende direkte solare Strahlung sowie die in der Atmosphäre nach unten gestreute Strahlung gelangt als sogenannte Globalstrahlung auf die Erdoberfläche. Durch Reflexion an der Erdoberfläche gehen nochmals rund 9% verloren, so daß im Mittel für die Erwärmung der Erd-

KASTEN D 1.3-1

Variabilität des Abflusses am Beispiel ausgewählter afrikanischer Flüsse

Die Jahresganglinien der Abflüsse sind vom Klimajahresverlauf im Einzugsgebiet geprägt, ihre Schwankungsbreite von der interannuellen Klimavariabilität. Extreme Klimaschwankungen können eine starke Verknappung des nutzbaren Wasserdargebots zur Folge haben, die in Trockenzeiten kaum ausgeglichen wird. Dies trifft insbesondere bei einer ohnehin geringen natürlichen Schwankungsbreite des Abflusses zu und wird am Beispiel des Senegal deutlich (Abb. D 1.3-2).

Senegal: Das Einzugsgebiet des Senegal liegt im sub-humiden Bereich Nordwestafrikas, zu großen Teilen im Sahel. Bei Matam hat der Fluß ein Einzugsgebiet von 230.000 km², und der mittlere Jahresabfluß beträgt 24 km³ oder 2 km³ Monat^{-1}. Der Jahresgang des Abflusses ist von saisonalen Niederschlägen mit einer langen Trockenperiode und starker interannueller Variabilität geprägt. Die Wasserfläche variiert saisonal nur wenig. Im Jahresmaximum wird nur ein Sechstel mehr überflutet als im Jahresmittel. Ein größeres Überflutungsgebiet würde sich ausgleichend auf das Abflußregime auswirken, insbesondere auf die Erhöhung des Basisabflusses und die Verkürzung der Dauer des Niedrigwasserabflusses während der Trockenperiode.

Kongo: Der Kongo ist mit 1.269 km³ Jahr^{-1} oder 106 km³ Monat^{-1} der abflußstärkste Fluß Afrikas. Bei der Station Kinshasa hat der Kongo ein Einzugsgebiet von 3.475.000 km². Aufgrund der geringen saisonalen Niederschlagsvariabilität der vollhumiden Tropen weist der Kongo ein saisonal ausgeglichenes Abflußregime auf.

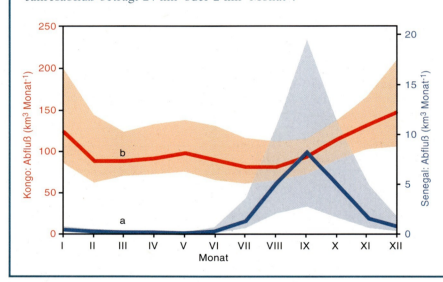

Abbildung D 1.3-2
Saisonale Abflüsse und interannuelle Schwankungen (Minimum und Maximum) a) des Senegal bei Matam, 1903–1973, und b) des Kongo bei Kinshasa, 1912-1983.
Quelle: Global Runoff Data Centre bei der Bundesanstalt für Gewässerkunde, Koblenz

oberfläche 49% der Sonneneinstrahlung (oder 168 W m^{-2}) zur Verfügung stehen (Abb. D 1.3-3).

Würde die insgesamt absorbierte Sonnenmenge von der Erdoberfläche wieder vollständig emittiert, so hätte die Erde an der Oberfläche eine mittlere Temperatur von nur -18 °C (Mitchell, 1989). Die derzeit herrschende mittlere Temperatur von etwa +15 °C wird dadurch erreicht, daß die Atmosphäre einen Großteil der von der Erdoberfläche emittierten langwelligen Wärmestrahlung absorbiert, und einen Teil als sogenannte Gegenstrahlung wieder zur Erdoberfläche zurückstrahlt. Dieser Prozeß, auch als Treibhaus- oder Glashauseffekt bezeichnet, ist vor allem auf das Absorptionsvermögen von Wasserdampf und Kohlendioxid sowie von Wolken zurückzuführen; in einem engen Spektralbereich um 10 μm Wellenlänge werden nur etwa 12% der von der Erdoberfläche absorbierten solaren Strahlung direkt in Form von langwelliger Wärmestrahlung in den Weltraum emittiert. Einige Spurengase absorbieren in diesem Ausstrahlungsmaximum und „trüben" damit das „atmosphärische Fenster", das die direkte Energieabgabe an den Weltraum ermöglicht.

Während sich am Oberrand der Amosphäre im globalen Mittel die Strahlungsflüsse ausgleichen (kurzwellige Einstrahlung ist gleich langwellige Ausstrahlung), ist das an ihrem unteren Rand nicht der Fall: An der Erdoberfläche werden die Strahlungsflüsse überwiegend durch Wärmeflüsse ausgeglichen, nämlich dem fühlbaren Wärmefluß und dem la-

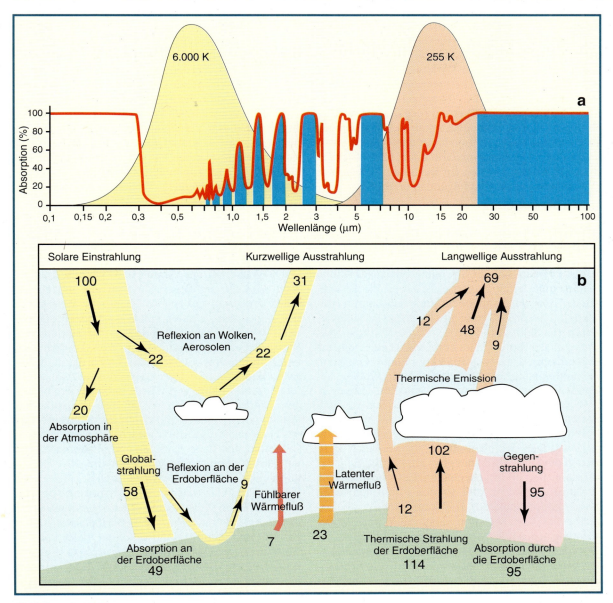

Abbildung D 1.3-3
a) Prozentuale Absorption der Atmosphäre (blau = H$_2$O-Banden, Absorption durch Wasserdampf) sowie spektrale Verteilung der emittierten Strahlung schwarzer Körper bei Temperaturen äquivalent zur Sonnentemperatur (6.000 K) und Erdtemperatur (255 K). b) globale Strahlungs- und Energiebilanz. Angaben in Prozent der mittleren solaren Einstrahlung (342 Wm^{-2}=100%).
Quellen: verändert nach Mitchell, 1989; IPCC, 1996a

tenten Wärmefluß, der durch Verdunstung von Wasser der Erdoberfläche Energie entzieht, die bei der Kondensation wieder frei wird. Berücksichtigte man nur die Strahlung, so kühlte sich die Atmosphäre um etwa 1 °C pro Tag ab. Fühlbare und latente Wärmeflüsse erwärmen sie aber um etwa 0,3 °C bzw. 0,7 °C pro Tag. Diese Zahlen verdeutlichen die wesentliche Rolle des Wasserkreislaufs für die Umwandlung und den Transport von Energie im Klimasystem.

1.3.3
Wechselwirkungen mit der Atmosphäre

Der atmosphärische Teil des Wasserkreislaufs verbindet alle Komponenten des Klimasystems und deren Prozesse, die wiederum auf ihn zurückwirken. Für die Stabilität des Gesamtsystems sind die vielfältigen Wechselwirkungen von großer Bedeutung. Die

Reaktion des Klimasystems (beispielsweise eine Erwärmung) auf eine äußere Einwirkung (etwa die Zunahme von Treibhausgasen in der Atmosphäre) kann durch selbstverstärkende Wirkungsketten (positive Rückkopplungen) gesteigert werden, so daß das System destabilisiert wird. Umgekehrt wirken abschwächende Wirkungsketten (negative Rückkopplungen) stabilisierend, da sie äußere Einwirkungen ausgleichen können. Beispiele für die Rolle des Wasserkreislaufs in selbstverstärkenden und abschwächenden Wirkungsketten (in Bezug auf die globale Erwärmung) werden im folgenden erläutert.

1.3.3.1
Strahlung, Wasserdampf und Wolken

Wasser beeinflußt die Strahlungsbilanz des Klimasystems auf vielfältige Weise. Während die Eiskappen der Erde das Sonnenlicht stark reflektieren (Reflektivität bis zu 85%) und die Ozeane es stark absorbieren (Reflektivität 5–10%), ist die Wirkung von Wasser in der Atmosphäre komplex, da einerseits die Wasserdampf-Treibhaus-Rückkopplung verstärkend und andererseits die Reflektivität der Wolken abschwächend auf eine Temperaturzunahme reagieren.

Wasserdampf absorbiert kurzwellige Sonnen- und langwellige Wärmestrahlung. Er ist das wichtigste Treibhausgas mit einem Beitrag von etwa 65% zum gegenwärtigen Treibhauseffekt; im Vergleich dazu beträgt der CO_2-Anteil nur etwa ein Drittel. Eine Erwärmung der oberflächennahen Luft verstärkt die Verdunstung und erhöht so den atmosphärischen Wasserdampfgehalt. Als Treibhausgas wirkt die Zunahme der Konzentration verstärkend auf die Erwärmung (positive Wasserdampf-Treibhaus-Rückkopplung). Als weitere Auswirkung der zunehmenden Wasserdampfkonzentration könnte die Schwankung der Tagestemperatur abnehmen, was auch beobachtet wird (IPCC, 1996b).

Wolken tragen durch ihre Treibhauswirkung zur Erwärmung bei, durch ihre hohe Rückstrahlung von Sonnenlicht aber auch zur Kühlung. Ihre Strahlungseigenschaften sind abhängig von ihrer Größe, Höhenlage und Temperatur, dem Flüssigwassergehalt (der in Wolken unterschiedlichen Typs volumenbezogen um mehr als eine Größenordnung variieren kann) sowie vom Aggregatzustand und der Größe der Tropfen und Eiskristalle. Andere wichtige Einflußgrößen sind die Anwesenheit weiterer lichtabsorbierender Stoffe in den Tropfen oder Eispartikeln (insbesondere Ruß) und der Gehalt an Wasserdampf über der Wolkenschicht. Damit sind Wolken äußerst sensibel reagierende Elemente im Klimasystem. Bei einer globalen Temperaturänderung können sie mit positiven wie negativen Rückkopplungen reagieren.

Eine Änderung um nur einige Prozent in der Bewölkung kann eine Änderung der Strahlungsbilanz von der gleichen Größenordnung hervorrufen wie sie durch eine CO_2-Verdopplung möglich ist. Im Nettoeffekt ist der Planet zur Zeit kälter, als er im fiktiven Fall von ausschließlich gasförmigem Wasser in der Atmosphäre wäre (nach Peixoto, 1995, um ca. 12 °C). Inwieweit dieser kühlende Nettoeffekt auch in einem veränderten Klima gültig ist, hängt ab von der sich dann einstellenden Verteilung von niederen (im Nettoeffekt eher kühlenden) und hohen (im Nettoeffekt eher erwärmenden) Wolken.

1.3.3.2
Chemie der Atmosphäre und Aerosole

Da Wasser in der Atmosphäre chemisch umgesetzt wird, ist der Wasserkreislauf eng mit chemischen Prozessen gekoppelt. Chemische Prozesse in der Troposphäre werden von Wasser beeinflußt, obwohl Wasser eine reaktionsträge Verbindung ist. Wasserdampf ist zusammen mit Ozon die wichtigste Quelle für das Hydroxylradikal (OH-), das als effektives Oxidationsmittel gewissermaßen als Waschmittel der Atmosphäre wirkt. Es zerstört die Treibhausgase Methan und Ozon, so daß eine Zunahme des Wasserdampfgehaltes und damit der Konzentration des Hydroxylradikals die Zuwächse der Treibhausgase Methan und Ozon dämpfen und so abschwächend auf die Erwärmung wirken kann (negative Rückkopplung). Gleichzeitig wird dadurch der Abbau des Hydroxylradikals (das bei der Zerstörung von Methan und Ozon selbst abgebaut wird) geschwächt, so daß die Oxidationskapazität der Troposphäre eher gestärkt und damit die Verweildauer vieler Spurenstoffe in der Atmosphäre verringert würde (Fuglestvedt et al., 1995). Die Hydroxylradikal-Konzentrationen haben, wenn auch mit regionaler Variabilität, gegenüber der vorindustriellen Zeit abgenommen, jedoch ohne signifikante Änderung in den letzten 15 Jahren (Hauglustaine et al., 1994; Prinn et al., 1995).

Umgekehrt beeinflussen die chemischen Prozesse in der Troposphäre den atmosphärischen Teil des Wasserkreislaufs über Aerosole: Wolkentropfen und Eispartikel bilden sich nur an bestimmten Aerosolpartikeln, den Wolkenkondensations- und Eiskernen. Gebildet aus biogen und, in zunehmendem Maße, aus anthropogen emittierten Spurenstoffen (Andreae, 1995; Schwartz und Slingo, 1995), sind diese über den Kontinenten ausreichend verfügbar, limitieren jedoch die Eiswolkenbildung in großen Bereichen der oberen Troposphäre besonders über den Ozeanen. Auf den derzeitigen globalen Erwärmungstrend wirken aber auch abschwächende Effekte: Über zusätzliche Wolkenkondensationskerne, die aus dem bei Erwärmung erhöhten Stoffwechsel von marinem Phytoplankton stammen (Dimethylsulfid-Emission), wird eine negative Rückkopplung zwischen der marinen Biosphäre und ihrer physikalischen Umwelt diskutiert (Charlson et al., 1987; IPCC, 1996b), denn die Rückstreufähigkeit von Wolken mit vielen kleinen Tröpfchen ist höher als die von Wolken gleichen Flüssigwassergehalts mit großen Tröpfchen.

Die vom Menschen verursachte Zunahme der Wolkenkondensationskerne läßt, zumindest in großen Regionen der Nordhemisphäre, ebenfalls eine Dämpfung der globalen Erwärmung erwarten. Diese kann aber nur ungenau abgeschätzt werden: Die derzeitige, äußerst unsichere Schätzung für den Strahlungsantrieb durch den sogenannten *indirekten Aerosoleffekt* beträgt -(0–1,5) W m^{-2} (Schwartz und Slingo, 1995; IPCC, 1996b). Die Beiträge der anthropogenen Treibhausgase addieren sich dagegen zu einer relativ sicher abzuschätzenden Bestrahlungsstärke von 2,45 W m^{-2}. Eng damit verbunden, aber heute im Ergebnis noch nicht prognostizierbar, ist die Wirkung zusätzlicher Wolkenkerne auf die Niederschlagsmuster. In denjenigen Regionen, in denen die Bewölkung durch die Verfügbarkeit von Eiskernen limitiert ist, kann zunehmende Bewölkung zu einer Erhöhung des Niederschlags führen. Außerhalb der Wolken wird die Erhöhung der Rückstreuung durch mehr Partikeln durch eine ebenfalls erhöhte Absorption von Wärmestrahlung überkompensiert. Dies bewirkt eine Dämpfung der Erwärmung (*direkter Aerosoleffekt*, Strahlungsantrieb -(0–1,5) W m^{-2}; IPCC, 1996b). Direkter und indirekter Aerosoleffekt sind nicht kumulativ wie Treibhausgasemissionen, da sie aufgrund rascher Abklingzeiten (Tage bis Wochen) von den jeweils aktuellen Spurenstoffflüssen abhängig sind.

1.3.3.3
Kryosphäre und Ozean

Die Kryosphäre und der Ozean sind wichtige Subsysteme des Klimasystems. Bei einer globalen Erwärmung sind positive Rückkopplungen dieser Subsysteme von Bedeutung:

Schnee, Meer- und Landeis bedecken bei großen Schwankungen etwa 16% der Erde. Ohne diese (die Solarstrahlung stark reflektierende) Bedeckung wären die Temperaturen an der Oberfläche höher und der Jahresgang lokal erheblich stärker ausgeprägt (nach einem Energiebilanzmodell etwa um 2–3°C; Oerlemans und Bintanja, 1995). Ein Element der Klimadynamik stellt die positive Eis-Temperatur-Rückkopplung dar: Eine Zunahme der oberflächennahen Lufttemperatur bewirkt eine Abnahme der Meereisflächen und verminderten Schneefall. Dadurch vermindert sich die Reflexion der kurzwelligen Strahlung am Erdboden zugunsten des absorbierten Anteils. Nur letzterer kann, als Wärmestrahlung zurückgegeben, direkt treibhauswirksam werden. Tatsächlich nahm in den letzten Jahrzehnten die Schneebedeckung der Kontinente ab (auf der Nordhalbkugel um 10% in den letzten 21 Jahren). Zudem haben Beobachtungen der Gebirgsgletscher (0,3% Bedeckung der Landfläche) einen signifikanten Rückgang während der letzten hundert Jahre gezeigt (IPCC, 1996b).

Die Ozeanzirkulation kann durch Süßwasserflüsse erheblich beeinflußt werden: Unter dem Einfluß der erwarteten verstärkten Abflüsse in hohen Breiten würde der Salzgehalt des ozeanischen Oberflächenwassers abnehmen. Dies könnte die Konvektion vermindern und so im Sinne einer Abschwächung der nordatlantischen Zirkulation wirken, was wiederum zu einer Abschwächung der Erwärmung in hohen Breiten und einer Verstärkung in niederen Breiten führen könnte. Eine generelle Instabilität der Ozeanzirkulation hätte weitreichende Folgen. Diese Wirkungskette erscheint möglich, kann aber noch nicht als Prognose angesehen werden (IPCC, 1996b).

1.3.3.4
Vegetation in ariden und semi-ariden Gebieten

Wenn Klimaschwankungen Änderungen der Vegetationsdecke verursachen, wirkt der dadurch veränderte Wasserkreislauf auf das Klima zurück. Extreme Trockenperioden können insbesondere in den ariden und semi-ariden Klimazonen nicht durch die Elastizität (Resilienz) der jeweiligen Ökosysteme abgepuffert werden, so daß die Vegetationsdecke empfindlicher reagiert als in anderen Klimazonen. Tatsächlich ist hier die interannuelle und saisonale Niederschlagsvariabilität aber höher als in den humiden Klimaten, so daß Änderungen in den Niederschlägen und in der Temperatur aufgrund der nichtlinearen Wirkungen auf die Evapotranspiration und das Bodenwasser besonders große Auswirkungen auf die Abflüsse haben.

Wenn beispielsweise infolge einer Dürre Baumsavanne durch Buschland mit nur teilweise bewachsenen Böden verdrängt wird, bewirkt dies eine Schwächung des Wasserkreislaufs (verringerter Bodenwasservorrat, geringere Transpiration wegen verminderter Wurzeltiefe). Die Änderung der Vegetation wirkt aufgrund der veränderten Oberflächenrauhigkeit auch auf die atmosphärische Dynamik zurück. Zudem wirkt die erhöhte Reflektivität lokal abkühlend, so daß über solchen Gebieten verstärkt Absinkbewegungen in der Atmosphäre entstehen und damit vermehrt trockenere Luft aus der Höhe herangeführt wird. Diese Prozesse bewirken, daß besonders trockene Jahre im Sahel, die infolge der natürlichen Variabilität des großräumigen Klimas Ende der 60er Jahre verzeichnet wurden, in eine im Vergleich zu anderen Regionen Afrikas und Asiens länger anhaltende Dürreperiode übergingen. Dies ist offensichtlich in der geographischen Lage, der Topographie und anderer Merkmalen dieser Region begründet (Shukla, 1995). Die Reaktion des Menschen auf diese Klimafolgen sind zudem tendenziell ebenfalls positiv rückkoppelnd: Zu Zeiten von Dürreperioden sind Überweidung und übermäßiger Holzeinschlag zu erwarten, die tatsächlich im Sahel in den 70er Jahren in hohem Maße aufgetreten sind.

1.3.4
Wechselwirkungen mit der Vegetation

Wasser stellt für alle Lebewesen eine lebensnotwendige, nicht-substituierbare Ressource dar. Die Wasserverfügarkeit übt somit einen hohen Selektionsdruck auf den Fortbestand und die Entwicklung von Ökosystemen und ihre Lebensgemeinschaften aus. Im Laufe der Evolution haben sich zahllose Anpassungen und Überlebensstrategien entwickelt, die ein Leben unter den verschiedensten Wasserregimen (z. B. extreme Trockenheit, Überflutung, Gezeitenzone) ermöglichen. Die mit einer Klimaveränderung verbundenen Änderungen des Wasserhaushaltes können gravierende Veränderungen der Biosphäre zur Folge haben (z. B. Verschiebung der Vegetationszonen, Veränderungen der Artenzusammensetzung, Rückgang von bestimmten Ökosystemen (Kirschbaum et al., 1996). Umgekehrt modifiziert die Biosphäre ihrerseits den Wasserkreislauf und stellt eine integrale Komponente des Klimasystems dar (Melillo et al., 1996). Aufgrund einer noch unzureichenden Datenbasis hinsichtlich der gesamten Biosphäre umfaßt die folgende Darstellung nur die Wechselwirkungen zwischen Wasserkreislauf und Vegetation.

1.3.4.1
Beeinflussung der Wasserbilanz

Die Vegetation und damit auch die Landnutzung haben einen entscheidenden Einfluß auf die Verteilung von Niederschlag, Evapotranspiration und Abfluß. Dabei gilt es zu berücksichtigen, daß die Wirkung der Evapotranspiration auf die Wasserbilanz im hohen Maße von den regionalen Klimaverhältnissen abhängt.

Einfluss physiologischer Reaktionen der Pflanzen

Die Kohlendioxid-Assimilation (Photosynthese) der Pflanzen ist aufgrund der Kopplung der Diffusionswege von CO_2 und H_2O zwangsweise mit dem Verlust von Wasser verbunden. Physiologisch beschreitet die Pflanze dabei eine Gratwanderung zwischen der Gefahr des Vertrocknens während der Photosynthese und des Verhungerns zur Zeit des Wassersparens. Dieses Problem wird dadurch verschärft, daß das Verhältnis von Verdunstung und CO_2-Assimilation proportional ist zum Verhältnis der Konzentrationen von Wasserdampf und CO_2 in der Luft. Da die Konzentration des Wasserdampfes in der bodennahen Luftschicht immer um 1–2 Größenordnungen höher ist als die CO_2-Konzentration, ist die Menge des bei der Photosynthese verbrauchten Wassers um 10- bis 100fach größer als die zu erwartende CO_2-Assimilation. Berücksichtigt man zudem die Unterschiede im Strahlungsangebot, dann ist der Anbau von Kulturpflanzen in ariden Gebieten mit einem 2- bis 3fach höheren Wasserverbrauch pro produzierter Biomasse verbunden als der Pflanzenanbau in gemäßigten Zonen.

Für Tiere stellt sich dieses Problem der Effektivität der Wassernutzung nicht in gleicher Weise. Der für ihren Stoffwechsel benötigte Sauerstoff ist in der Luft in 10- bis 50mal höheren Volumenanteilen vorhanden als der Wasserdampf. Die Nutzungseffektivität von Sauerstoff relativ zu Wasserdampf ist daher immer größer als 1, wohingegen die Nutzungseffektivität der Landpflanzen von CO_2 bezogen auf Wasserdampf immer kleiner als 1 ist. Dies bedeutet, daß in Trockengebieten Weidewirtschaft und Fleischproduktion sinnvoller sind als Pflanzenanbau, der unter diesen Bedingungen an Bewässerung gebunden ist. Umgekehrt ist die Pflanzenproduktion hinsichtlich der Wassernutzung in der gemäßigten Zone effektiver als die Fleischproduktion.

Die Öffnungsweite der Spaltöffnungen der Pflanzen (Stomata, siehe Kasten D 1.3-2) wird wesentlich durch den Wasserzustand der Pflanze gesteuert, der nicht nur vom Wasserverlust durch die Transpiration, sondern auch von der Wasseraufnahme abhängt (Schulze, 1994). Hier spielt die Wurzeltiefe eine entscheidende Rolle (Schulze et al., 1994; Kleidon und Heimann, 1996). Im allgemeinen haben Holzgewächse eine größere Wurzeltiefe als krautige Arten, und eine natürliche Vegetation eine größere Wurzeltiefe als die vom Menschen selektierten Kulturpflanzen (Jackson et al., 1996). Die größten bekannten Wurzeltiefen von Bäumen erreichen etwa 100 m Bodentiefe. Kulturpflanzen haben in den meisten Fällen eine Wurzeltiefe von weniger als 1 m und sind damit in allen Klimazonen anfälliger gegen Trockenheit als die natürliche Vegetation. Zudem spielt die Wurzeltiefe im Salzhaushalt des Bodens eine große Rolle. Ein Eucalyptuswald z. B. hält den Grundwasserstand durch seinen hohen Wasserverbrauch und die große Wurzeltiefe auf einer Tiefe von ca. 10 m unter der Oberfläche. Damit liegt der Horizont, in dem Salze sich im Bodenwasser lösen und aufkonzentrieren können, weit unterhalb der Bodenoberfläche. Bei einer Umwandlung des gleichen Standortes in einen Weizenacker verlagert sich der Horizont der Wasseraufnahme in höhere Bodenschichten und mit ihm auch der Versalzungshorizont. Die Versalzung von Weizenanbaugebieten in Westaustralien ist hierfür ein Beispiel (Barrow, 1994). Dies geschieht unabhängig von der Intensität der Bewirtschaftung, allein als Folge der veränderten Wurzeltiefen.

Physiologisch wird die Stomataweite aber auch durch die Ernährung gesteuert, und hier greift der Mensch über Düngung und Stickstoffimmissionen gravierend in die Wasserbilanz ein. Die Stomataweite ist unabhängig von der Pflanzenart und positiv linear abhängig vom Ernährungszustand der Pflanze (Schulze et al., 1994). Dies bedeutet, daß eine gut ernährte Pflanze bei Trockenstreß ihre Stomata später schließt als eine schlecht ernährte Pflanze. Für sie besteht bei geringem Niederschlag nicht nur ein erhöhtes Risiko zu vertrocknen, sondern sie verbraucht auch schneller die Wasservorräte im Boden. Hinzu kommt, daß das Stickstoffangebot das Wachstum des Sprosses im Vergleich zum Wachstum der Wurzel stärker fördert (Stitt und Schulze, 1994), so daß die Durchwurzelungstiefe, mit allen Konsequenzen für den Pflanzenwuchs in trockenen Jahren (gemäßigte Zone) oder Trockenklimaten (Subtropen), sinkt.

Die meteorologische Konsequenz der stomatären Regulation ist, daß die eingestrahlte Sonnenenergie im Falle geöffneter Stomata zu einem großen Teil in Verdunstungswärme (latente Wärme) umgesetzt wird, was zu einer Temperatursenkung führt, allerdings kann dann auch weniger Grundwasser neu gebildet werden. Bei geschlossenen Stomata ist die Grundwassererneuerung hoch, gleichzeitig aber steigt die fühlbare Wärme (z. B. sengende Hitze der Buschsavanne).

Einfluss der Pflanzenstruktur auf die Verdunstung

Innerhalb einer Klimazone und bei gleicher Windgeschwindigkeit entscheidet die Rauhigkeit der Vegetationsoberfläche, die vor allem durch die Vegetationshöhe bestimmt wird, darüber, ob die Verdunstung mehr von der Strahlungsbilanz als vom Wassersättigungsdefizit der Luft angetrieben wird (Kasten D 1.3-2). Unter gleichen klimatischen Bedingungen wird die Transpiration eines Baumbestandes mit seinem hohen aerodynamischen Widerstand eher durch das Sättigungsdefizit der Luft, die Transpiration einer Wiese oder eines Getreideackers hingegen eher durch die Strahlungsbilanz bestimmt (Kelliher et al., 1993). Die Folgen einer Veränderung der Vegetationsstruktur (z. B. Umwandlung von Wald in Weiden) für den Wasserkreislauf hängen von den klimatischen Bedingungen ab. In semi-ariden und ariden Gebieten z. B. besteht eine sehr enge Beziehung zwischen Landnutzung, Evapotranspiration und Niederschlägen (Savenije, 1996). In diesen Gebieten ist das Recycling der Feuchtigkeit die wichtigste Quelle für den Niederschlag. Ein Großteil des Niederschlags besteht folglich aus Wasser, welches aus der Verdunstung der betreffenden Region stammt. Umwandlung von Wald in Ackerland oder Urbanisierung würde hier zwar den Abfluß erhöhen, der Niederschlag aber würde sich insgesamt verringern. Zudem verändert die Umwandlung von Wald in Ackerland die Saisonalität der Wassernutzung. Während der Vegetationsperiode erhöht sich die Transpiration, außerhalb der Vegetationsperiode hingegen nimmt der Abfluß zu (Schulze und Heimann, 1997). Eine Abnahme der Verdunstung und/oder eine Zunahme des Rückstrahlungsvermögens der Oberfläche (siehe unten) als Folge großflächiger Rodungen tropischer Wälder lassen eine Abnahme des atmosphärischen Wassertransportes in der innertropischen Konvergenzzone wie auch der Niederschläge erwarten. Rückkoppelnd würde sich dann das potentielle Areal für tropische Regenwälder und wechselfeuchte Wälder verringern (Melillo et al., 1996).

Die Pflanzenstruktur beeinflußt die Wasserbilanz nicht nur über die Transpiration, sondern auch durch das Einfangen von Niederschlags-, Nebel- und Wolkentröpfchen auf der Pflanzenoberfläche (Interzeption) und deren Verdunstung (Interzeptionsverluste). Auch dieser Effekt kann je nach Klima sehr unterschiedliche Folgen haben. Der Nebelwald auf Teneriffa z. B. existiert vor allem aufgrund seiner Fähigkeit, ausreichend Wasserdampf aus den Wolken zu kämmen. Bei einer Umwandlung in Kulturland entfällt diese Wasserquelle. Das Land wird damit unwiderbringlich trockener und Quellen versiegen. Im humiden Klima kann eine Zunahme der Interzeption aber auch zu negativen Veränderungen der Wasserbilanz führen. So führte die Umwandlung von Laubwald (geringes Interzeptionsvermögen) in Nadelwald (hohes Interzeptionsvermögen) in den Tieflagen der Mittelgebirge zu einer um 10–20% verringerten Quellschüttung (Schulze, 1982).

Einfluss auf die Strahlungsbilanz

Die Evapotranspiration steigt mit dem Strahlungsangebot von der Arktis zu den Tropen und wird dabei durch die Präsenz von Wolken und Aerosolen modifiziert (Kap. D 1.3.2). Die Strahlungsbilanz wird

KASTEN D 1.3-2

Die Stomata der Pflanzen

Als Spaltöffnungen oder Stomata werden die verschließbaren Öffnungen im Abschlußgewebe (Epidermis) der Pflanzen bezeichnet, die die ansonsten für Wasser und Kohlendioxid undurchlässige Pflanzenoberfläche durchbrechen (Abb. D 1.3-4). Sie befinden sich vorwiegend auf der Blattunterseite und stellen die Verbindung zwischen der Außenluft und den Zellzwischenräumen im Innern des Blattes her. Durch sie hindurch erfolgt sowohl die CO_2-Aufnahme für die Photosynthese als auch die Abgabe von Wasserdampf. Die Öffnungen sind von zwei besonders gestalteten Epidermiszellen, den Schließzellen, umgeben. Die Spaltöffnungsbewegungen werden von mehreren, miteinander in Wechselwirkung stehenden Regelkreisen und Einflußfaktoren kontrolliert. Hierbei kommt dem Wasserzustand der Pflanze sowie der durch die Photosynthese bestimmten CO_2-Konzentration im Blattinnern eine herausragende Regelungsfunktion zu. Eine gute Nährstoffversorgung der Pflanze bewirkt eine Verringerung der blattinternen CO_2-Konzentration.

Bei der Verdunstung unterscheidet man zwischen der Wasserabgabe von feuchten Oberflächen (Evaporation) und der Wasserabgabe von Pflanzen (Transpiration). Während der erste Prozeß ein rein physikalischer Vorgang ist, unterliegt der zweite Prozeß einer physiologischen Steuerung. Beide Größen werden als Evapotranspiration zusammengefaßt.

Die Verdunstung der Landoberfläche ist abhängig
- vom stomatären Widerstand der Blätter (r_s), gesteuert durch physiologische Reaktionen der Pflanze,
- der zur Verfügung stehenden Energie (R_n) (Strahlungsbilanz),
- dem temperaturabhängigen Wassersättigungsdefizit der Luft (D),
- vom aerodynamischen Widerstand (Rauhigkeit) der Oberflächen (r_a), und
- vom Grad der Pflanzenbedeckung ($E_{Boden}/E_{Pflanze}$).

In einem Diffusionsmodell ist die Verdunstung (latente Wärme E) in folgender Weise von den o.g. Parametern abhängig:

$$E_{Pflanze} = \frac{s \cdot R_n + \rho \cdot c_p \cdot D/r_a}{s + \gamma \cdot (1 + r_s/r_a)} \quad \text{und} \quad E_{Boden} = f(R_n)$$

mit den Konstanten:
s: Steigung der Sättigungsdampfdruckkurve
ρ: Dichte der Luft
c_p: Spezifische Wärmekapazität der Luft
γ: Psychrometerkonstante

Dieses Modell zeigt zwei interessante Grenzfälle. Für den Fall, daß der aerodynamische Widerstand viel größer ist als der stomatäre Widerstand ($r_a \gg r_s$), folgt, daß die Evapotranspiration (E) von der Strahlungsbilanz (R_n) abhängig ist (z. B. bei einer Wiese). Ist hingegen der stomatäre Widerstand viel größer als der aerodynamische Widerstand ($r_s \gg r_a$), so wird die Evapotranspiration von dem Verhältnis des Wassersättigungsdefizites zum stomatären Widerstand (D/r_s) bestimmt (z. B. beim Wald).

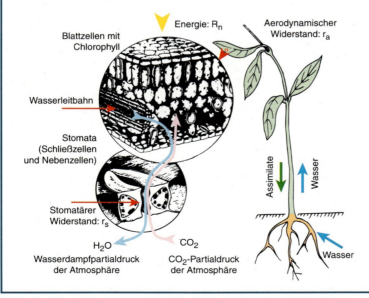

Abbildung D 1.3-4
Schema der Stomata mit Gas- und Stoffströmen.
Quelle: verändert nach Evenari et al., 1982

aber auch durch die Vegetation auf vielfältige Art und Weise verändert.

In Trockengebieten schützen sich Pflanzen vor zu hoher Einstrahlung durch weiße Wachsbeläge und/oder Haare, die die Rückstrahlung der Pflanzenoberfläche erhöhen. In gleicher Richtung wirkt eine vertikale Blattstellung (z. B. die schattenlosen Eucalyptuswälder Australiens). Die natürliche Vegetation steht damit im krassen Gegensatz zu den gezüchteten Kulturpflanzen, die dahingehend selektiert wurden, daß sie die Sonnenstrahlung möglichst quantitativ absorbieren. Hieraus resultiert ein, im Vergleich zur natürlichen Vegetation semi-arider Klimate, wesentlich höherer Wasserbedarf von Kulturpflanzen während der Vegetationszeit. Der große Unterschied im Wasserverbrauch von Kulturpflanzen entsteht also nicht erst durch die Intensität der Bewirtschaftung oder den Anbau bestimmter Kultursorten, sondern bereits durch die Umwandlung des natürlichen Pflanzenbewuchses. Unter diesem Gesichtspunkt ist interessant, daß alte Agrarkulturen oft auf Arten zurückgegriffen haben, die in ihren Strahlungseigenschaften der natürlichen Vegetation nahestehen (z. B. Früchte der Dattelpalme als Nahrung für die Menschen oder Atriplex als Kamelfutter).

In der arktisch/alpinen Region versucht die Pflanzenwelt, der nach Norden bzw. mit der Höhe abnehmenden Temperatur durch eine erhöhte Absorption entgegenzuwirken. Eine durch Klimaveränderung bedingte Erwärmung der nördlichen Breiten würde zu einer Verschiebung der Waldgrenze nach Norden und damit zu einer positiven Rückkopplung (verringerte Albedo, vor allem während der Schneesaison, und erhöhte Transpiration) führen. Innerhalb von 50–150 Jahren könnte dies eine Zunahme der Erwärmung der nördlichen und mittleren Breiten um 50% bedeuten (Melillo et al., 1996).

REGULATION DES ABFLUSSES

Die Vegetation beeinflußt die Geschwindigkeit und die Menge des oberirdischen Abflusses. Vor allem nach Schneeschmelze und Gewitterregen ist das Wasserspeichervermögen von Ökosystemen unerläßlich für die zeitliche Nivellierung im Wasserstand der Oberflächengewässer.

Bestimmte Vegetationstypen haben die Fähigkeit, Wasser in großen Mengen zu speichern, um dieses dann zeitlich verzögert an das Oberflächenwasser abzugeben (Carter et al., 1979; Novitzki, 1979; Tayler et al., 1990; Lugo et al., 1990). Hierzu gehören insbesondere die Feuchtgebiete (Hochmoore mit Sphagnumtorf, Niedermoore mit Carex-Torf, Sumpfgebiete, Teiche und Seen), die z. T. erheblichen Schwankungen im Wasserstand unterliegen können und damit die großen Schwankungen im Niederschlag ausgleichen. Vergleicht man die Landnutzungsformen Wald, Wiese und Acker miteinander, so besitzt ein Wald den größten Anteil an Grobporen (alte Wurzelkanäle), die große Mengen an Wasser in den Untergrund ableiten können (Infiltration). Hinzu kommt, daß die Streu- und Humusschicht des Waldes wie ein Schwamm wirkt und damit Wasser temporär aufnehmen kann. Wiesen haben einen geringeren Anteil an Grobporen als Wald, und es fehlt der Auflagehumus. Dennoch ist das Infiltrationsvermögen von Wiesen größer als das von Äckern, in denen der sogenannte Schichtfluteneffekt auftreten kann (feine Bodenteilchen der oberen Bodenschicht quellen bei Niederschlag und versiegeln den Boden, so daß das Niederschlagswasser nicht eindringen kann). Ein großer Anteil des Niederschlags über Äckern erreicht als Oberflächenabfluß stoßartig den Vorfluter. Dies gilt um so mehr für versiegelte Flächen.

Das Interzeptionsvermögen der Vegetation, welches um so größer ist, je dichter der Pflanzenbestand ist, führt zu einer zeitlichen Verzögerung und zu einer Verminderung des Wassereintrags in den Boden. Vor allem nach großen Regenereignissen wird hierdurch der oberirdische Abfluß und die Erosion vermindert. Dies bedeutet aber zugleich auch eine Reduzierung des Wasserdargebotes in Böden, Quellen und Flüssen.

1.3.4.2
Beeinflussung der Wasserqualität

Ökosysteme sind durch ihre internen Stoffkreisläufe in der Lage, anthropogene Einflüsse (z. B. Stoffeinträge durch Düngung oder Immissionen) innerhalb gewisser Grenzen auszugleichen. Hierbei handelt es sich im allgemeinen um nicht-lineare Zusammenhänge, die einer Sättigungsfunktion folgen bzw. an bestimmte physiologische Eigenschaften der Pflanzen gebunden sind (Marschner, 1990).

Die Nicht-Linearität zwischen Düngergabe und erwünschtem Ertrag bedeutet, daß bei hoher Stickstoffversorgung überproportionale Mengen an Dünger verabreicht werden müssen, um noch ein Mehr an Ertrag zu erzielen. In der Praxis gelangt der überschüssige Stickstoff aus den hohen Düngergaben als Nitrat ins Grundwasser. Die Eutrophierung der Quellen im ländlichen Mitteleuropa und die Notwendigkeit zum Bau von Fernwasserversorgungen, nicht nur für Ballungszentren sondern auch für landwirtschaftlich genutzte Gebiete, sind Folgen dieser landwirtschaftlichen Praxis (Mohr und Lehn, 1994).

Es gibt deutliche Hinweise darauf (Tilman und Downing, 1994), daß die Qualität des Sickerwassers mit der Artenvielfalt steigt. In einem artenreichen System gibt es genügend Differenzierung hinsichtlich der Stickstoffnutzung (Ammonium- versus Nitrat- versus Aminosäurenutzung) und der Wurzeltiefe, so daß der Stickstoff vollständig genutzt werden kann. Eine Verringerung der Artenvielfalt durch Eutrophierung hat einen selbstverstärkenden Effekt auf den Austrag von Stickstoff in das Grundwasser. Die Pflanzung von Monokulturen im Wald und in der Landwirtschaft wirken in die gleiche Richtung.

Hinsichtlich der wasserreinigenden Funktion der im Wasser lebenden Organismen wird auf Kap. D 1.2 „Wasser als Lebensraum" verwiesen. Die terrestrische Vegetation hat eine Schlüsselfunktion sowohl bei der flächendeckenden Reinigung des Niederschlags als auch beim landschaftsbezogenen Schadstofftransport im Wasser. Allein durch die Verweilzeit des Wassers in Feuchtgebieten kommt diesen eine besondere Funktion bei der Wasserreinigung zu. Durch den Sauerstoffmangel in Feuchtgebieten wird oxidierter Stickstoff denitrifiziert, d. h. Nitrat wird in molekularen, atmosphärischen Stickstoff (N_2) und N_2O (Distickstoffoxid) zurückgeführt (Pinay et al., 1994; Weller et al., 1994). Untersuchungen in Mitteleuropa zeigen, daß aus einer versumpften Waldquelle kein Nitrat austritt, wohingegen aus der sprudelnden Waldquelle, die bis an den Rand mit Fichten bepflanzt wurde, der Nitrataustrag erheblich sein kann (Durka, 1994).

Die Filterfunktion der Vegetation zeigt sich besonders deutlich bei den bachbegleitenden Gehölzen. Die Ufergebüsche führen zu einer Umsetzung vieler Schadstoffe, die aus der landwirtschaftlichen Fläche lateral mit dem Sickerwasser in den Vorfluter eingetragen werden, und gewährleisten so eine bessere Wasserqualität der Oberflächengewässer. Dies gilt nicht nur für Europa, sondern für alle landwirtschaftlichen Regionen der gemäßigten Zone (Cooper, 1990; Howarth et al., 1996; Peterjohn und Correll, 1984; Pinay et al., 1995).

Die Schutzwirkung der Vegetation in bezug auf die Bodenerosion wurde bereits im Kap. D 1.3.4.1 beschrieben. Der mit dem Abflußwasser eingeschwemmte Boden und seine Sedimentation in Flüssen und Seen beeinträchtigt die aquatischen Ökosysteme (Artenvielfalt) und die Wasserqualität (Eutrophierung, Selbstreinigungspotential). Die fein im Wasser verteilten Bodenpartikeln bereiten zudem Schwierigkeiten bei der Wiederaufbereitung des Wassers (Pereira, 1974). Zusammenfassend wird festgestellt:
- Die Struktur der Vegetation bestimmt, wieviel Wasser verdunstet, in den Boden eindringt oder als Oberflächenabfluß unmittelbar den Wasserlauf erreicht. Sie beeinflußt damit nicht nur die Wasserverfügbarkeit sondern vermittelt als eine Komponente des Klimasystems den Wasser- und Energieaustausch zwischen Landoberfläche und Atmosphäre.
- Als eine kapazitive Größe ist die Vegetation in der Lage, große Schwankungen im Niederschlag hinsichtlich des Abflusses auszugleichen.
- Der Bodenhorizont, aus dem Wasser entnommen wird, ist abhängig von der Wurzeltiefe der Pflanzen, und dies hat in Trockengebieten Konsequenzen für den Salzhaushalt.
- Zudem hat die Vegetation eine flächendeckende Filterwirkung, deren Effektivität von der Biodiversität abhängt.
- Speziellen Vegetationsformen kommt eine, in bezug auf ihren Flächenanteil, überproportionale Filterwirkung zu. Hierzu zählen in der gemäßigten Zone die Feuchtgebiete und die uferbegleitenden Gehölze.

Aus den Wechselwirkungen ergeben sich zahlreiche wasserrelevante Funktionen der Vegetation, die es großflächig zu sichern gilt:
- Schutz vor Eutrophierung der Oberflächengewässer.
- Sicherung der Grundwasserqualität und -quantität.
- Schutz vor Versalzung der Böden und Gewässer und damit Gewährleistung ihres nachhaltigen Nutzungspotentials.
- Wasserspeicherung zum Schutz vor Hoch- und Niedrigwasser.
- Erhalt von Artenvielfalt und Genressourcen.

1.3.5
Modell: Wasserkreislauf heute und morgen

Wie verändern sich wichtige Elemente des Wasserkreislaufes infolge von Klimaänderungen? In den letzten Jahrzehnten werden bei einem schwach positiven globalen Trend (+1% seit 1900), dominiert von zunehmenden Niederschlägen in mittleren und hohen Breiten, abnehmende Niederschläge in niederen Breiten und in Süd-Europa beobachtet (Bradley et al., 1987; IPCC, 1996b). Diese Trends sind für die mittleren Breiten der Nordhalbkugel und für weite Regionen der Subtropen (besonders ausgeprägt in Nord-Afrika) statistisch signifikant. Ob die Trendmuster in einem ursächlichen Zusammenhang mit einem sich erwärmenden Klima stehen, ist jedoch nicht klar (Henderson-Sellers und Hansen, 1995), weil die Klimamodelle bei der Beschreibung des Wasserkreislaufs noch große Unzulänglichkeiten zeigen. Die für den Wasserkreislauf sehr wichtigen Elemente Evapotranspiration und Wolkenbildung sind darin nur sehr grob beschrieben. Alle Klimamodelle stimmen jedoch darin überein, daß insgesamt mehr Niederschläge zu erwarten sind, vor allem in mittleren und hohen Breiten. Wie ein Vergleich von globalen Atmosphären-Zirkulationsmodellen ergab (Lau et al., 1996), zeigt das Hamburger Klimamodell ECHAM die geringsten Abweichungen gegenüber Beobachtungsdaten. Bezogen auf die Niederschlagsmuster sind spezifische regionale Effekte allerdings in einem projizierten Klima derzeit noch als unsicher einzuschätzen (IPCC, 1996a).

Für die folgende Analyse wurden Charakteristika des Wasserkreislaufs im heutigen und in einem projizierten Klima einem Szenarienlauf mit anthropogenem Klimaantrieb (Treibhausgase, jedoch bislang ohne Berücksichtigung anthropogener Aerosole) des gekoppelten Atmosphäre-Ozean-Modells ECHAM4-OPYC (Deutsches Klimarechenzentrum und Max-Planck-Institut für Meteorologie; Oberhuber, 1993; Roeckner et al., 1996) entnommen und miteinander auf der Basis von Monatsmitteln verglichen. Hierzu werden 10 simulierte Jahre aus einem Modellauf mit transienter Veränderung der äquivalenten CO_2-Konzentration seit 1860 herausgegriffen, nämlich beim heutigen (1980–1990) und bei einem gegenüber heute doppelten CO_2-Äquivalent-Gehalt (2070–2080). Die simulierte Erhöhung der globalen Mitteltemperatur (Lufttemperatur, 2 m über dem Boden) zwischen diesen beiden Dekaden beträgt 2,6 °C. Unter dem CO_2-Äquivalent-Gehalt versteht man den Gehalt an CO_2, der unter Berücksichtigung der anderen Treibhausgase (durch Umrechnung in für die Strahlungsbilanz äquivalente CO_2-Konzentrationen) entstehen würde. Das zugrundegelegte zukünftige Emissionsprofil kommt einer Fortschreibung der aktuellen Emissionsraten der Treibhausgase nahe (Szenario IS92a aus IPCC, 1992). Die gewählte Periodenlänge von jeweils nur 10 Jahren bedingt, daß diagnostizierte Diskrepanzen nicht ausschließlich dem anwachsenden Treibhaussignal zugeschrieben werden können. Vielmehr sind sie von der Überlagerung der anthropogenen Klimaänderung und den Fluktuationen der natürlichen Klimavariabilität bestimmt. Die räumliche Auflösung der Modellsimulation entspricht etwa 300 km in Äquatornähe. Eine wirklichkeitsnahe Wiedergabe der im Modell simulierten Prozesse kann jedoch nur für solche Strukturen erwartet werden, die um ein Mehrfaches größer sind. Geographisch kleinere Einheiten werden in der Modellwelt dagegen oftmals unscharf repräsentiert. So gelingt z. B. in Südamerika, dem Kontinent mit den höchsten Niederschlägen und Abflüssen pro Flächeneinheit, die Auflösung der starken Niederschlagsgradienten in den Andenregionen nicht.

1.3.5.1
Vergleich zwischen Beobachtung und Simulation des heutigen Klimas

In Tab. D 1.3-2 und den Abb. D 1.3-5a, b sind beobachtete Niederschlagsdaten den Modellergebnissen gegenübergestellt. Das Klimamodell beschreibt die kontinentalen Niederschläge insgesamt gut, diejenigen in den mittleren und hohen Breiten und in Australien sehr gut. Schwachpunkte stellen zu starke Winterniederschläge in den Prairie- und Kordillerenregionen des nordamerikanischen Kontinents, im Nordwesten Kanadas und in Alaska dar. Der südasiatische Sommermonsun ist im Modell zu schwach ausgeprägt, er erreicht das hindustanische Kernland und das Gangestal sowie die Westghats nicht ausreichend. In Westafrika greift der Sahel zu weit in den Norden, ebenso werden die Sommerniederschläge in Südafrika überschätzt.

1.3.5.2
Simulierte Veränderungen des Wasserkreislaufs unter dem Einfluß eines verdoppelten CO_2-Äquivalent-Gehalts

Die Simulation mit dem gekoppelten Modell zeigt, daß in einem wärmeren Klima mehr Niederschläge auf die Landmassen fallen, vor allem in hohen Breiten sowie Teilen der Tropen und Subtropen. In anderen Regionen vermindern sich die Niederschläge. Hiervon sind insbesondere große Teile Brasiliens, Südwestafrikas und West- und Nordaustraliens betroffen (Abb. D 1.3-5c, d).

Tabelle D 1.3-2
Kontinentaler Vergleich zwischen beobachteten und modellierten Jahresniederschlägen. Die betrachteten Zeitperioden sind nicht vollkommen deckungsgleich. Angaben in 10^3 km^3 Jahr^{-1}.

	Baumgartner und Reichel, 1975	Legates und Willmott, 1990	Cramer und Leemans, 1992	ECHAM4-OPYC-Modell
Afrika	20,7	21,9	19,1	24,5
Asien	30,7	28,7	23,9	28,2
Australien	3,4	4,1	3,0	4,1
Europa	6,6	7,1	5,5	6,7
Nordamerika	15,2	13,8	11,0	17,2
Südamerika	28,0	29,7	26,1	27,5

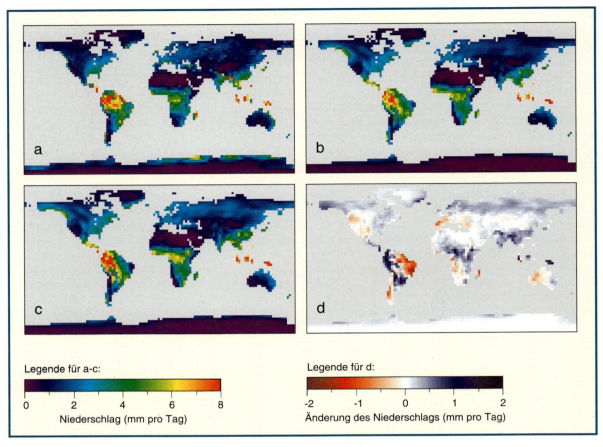

Abbildung D 1.3-5
Globale Verteilung der jährlichen Niederschläge. a) Beobachtungen nach Legates und Willmott (1990) entsprechend der Auflösung der Modelläufe. b) Simulation des heutigen Klimas im ECHAM4-OPYC-Modellauf. c) Simulation eines Klimas mit 2 x CO_2-Äquivalent. d) Differenz zwischen den beiden Modell-Klimaten b und c.
Quellen: Max-Planck-Institut für Meteorologie und WBGU

In den hohen Breiten kommt es zu einer Verstärkung der heutigen saisonalen Schwankungen: Trokkenere Sommer werden im Jahresmittel, vor allem für Kanada, Alaska und Sibirien sowie für Nordwest-Europa, von deutlich nasseren Wintern überkompensiert. In Teilen Westeuropas treten trockenere Sommer und Winter auf. Deutlich weniger Niederschläge fallen im Südwesten Afrikas und, besonders drastisch, in Nordostbrasilien (Regenzeit in südhemisphärischen Sommermonaten). Im äquatorialen Afrika verstärken sich die Niederschläge in den Monaten Juni bis August. Für eine globale Betrachtung von Evapotranspiration und Abflüssen fehlen geeignete Beobachtungsdaten, denn punktuelle Messungen müßten, um zu Flächeninformationen interpoliert werden zu können, engmaschiger sein. Im Modell zeigt sich, daß ihre geographischen Muster und die Veränderungen im projizierten Klima im allgemeinen denjenigen der Niederschläge ähneln (Abb. D 1.3-6 und 7). Dabei nimmt naturgemäß die Bedeutung der Verdunstung zu den hohen Breiten hin ab. Dies impliziert, daß bei gleichermaßen verminderten Niederschlägen eine Wasserverknappung eher in tropischen und subtropischen Regionen zu erwarten ist, wo die Verdunstungsverluste höher sind. So vermindern geringere Niederschläge in Kolumbien und Venezuela in den Monaten Juni bis August die Abflüsse, wobei die Verdunstung im Klimamodellauf sogar noch zunimmt. Auch die ausbleibenden Niederschläge im südlichen Afrika und in Nordostbrasilien wirken sich aufgrund wenig oder nicht verminderter Verdunstung stark auf die Abflüsse aus. Abb. D 1.3-8a zeigt, daß die Bodenwasservorräte unter dem Einfluß eines wärmeren Klimas in einigen Regionen sowohl der niedrigen als auch der gemäßigten Breiten zwar zunehmen (Teile Nord- und Ostafrikas und Südamerikas), in anderen aber deutlich abnehmen (u. a. in großen Teilen Europas, in Brasilien und in den vormaligen Prairieregionen Nordamerikas). In diesen Gebieten, in fast ganz Sibirien und in einigen

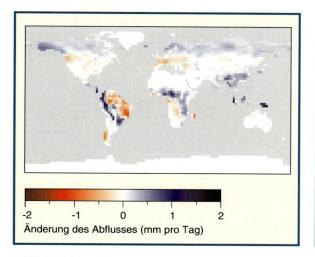

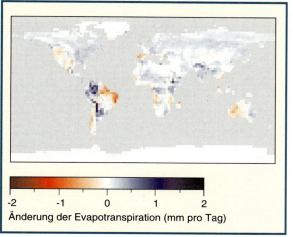

Abbildung D 1.3-6
Globale Verteilung der jährlichen Abflüsse. Differenz der Modell-Simulationen des heutigen Klimas und 2 x CO_2-Äquivalent.
Quellen: Max-Planck-Institut für Meteorologie und WBGU

Abbildung D 1.3-7
Globale Verteilung der jährlichen Evapotranspiration. Differenz der Modell-Simulationen des heutigen Klimas und 2 x CO_2-Äquivalent.
Quellen: Max-Planck-Institut für Meteorologie und WBGU

weiteren Gebieten treten im Jahresverlauf mehr Monate mit Trockenstreß auf (Abb. D 1.3-8b). Trockenstreß wird am Verhältnis des Bodenwasservorrats relativ zur Wasserrückhaltekapazität gemessen.

Der Übergang zu einem Klima unter dem Einfluß eines verdoppelten CO_2-Äquivalent-Gehalts beinhaltet nicht nur Veränderungen im Wasserkreislauf, sondern auch Temperaturveränderungen. Was dieses für die Verteilung der physischen Klimazonen bedeuten könnte, wird in Abb. D 1.3-9 gezeigt: Ein Vordringen wärmerer Klimate herrscht vor. In Teilen Alaskas und benachbarter kanadischer Provinzen weicht die Tundra zugunsten borealer Klimate zurück. In Teilen Europas (Skandinavien, Baltikum, Nordwestrußland) und Amerikas (vormalige Prairiegebiete Nordamerikas) gehen boreale Klimate in warmgemäßigte über. Tropische Klimate weiten sich im Süden Brasiliens sowie auf dem afrikanischen Kontinent auf das Abessinische Hochland aus. Während trockene Klimate in Teilen des Sahel und am Horn von Afrika zurückweichen, weiten sie sich in

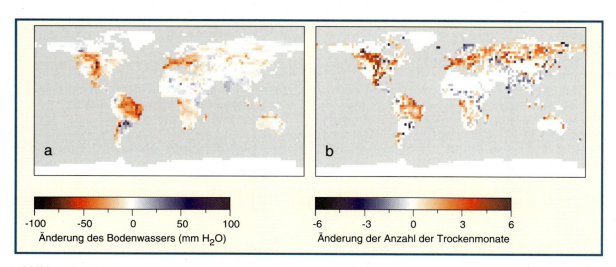

Abbildung D 1.3-8
Differenz der Modell-Simulationen des heutigen Klimas und 2 x CO_2-Äquivalent. a) Jahressummen des Bodenwassers. b) Anzahl der Trockenstreß-Monate, in denen der Bodenwassergehalt unter eine kritische Schwelle sinkt.
Quellen: Max-Planck-Institut für Meteorologie und WBGU

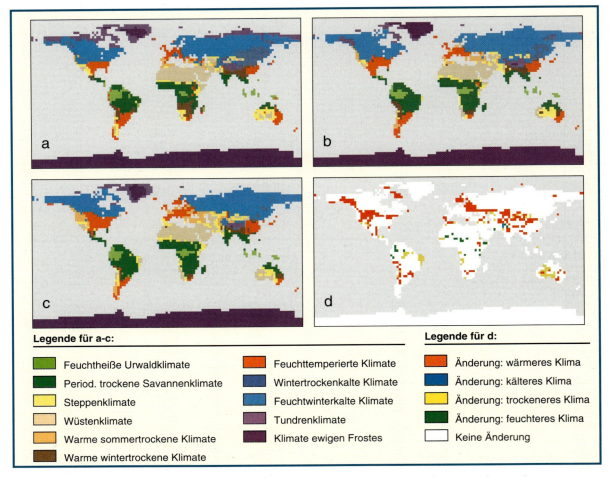

Abbildung D 1.3-9
Globale Verteilung der Klimazonen nach Köppen. a) Beobachtung nach Cramer und Leemans (1992). b) Simulation des heutigen Klimas im ECHAM4-OPYC-Modellauf. c) Simulation eines Klimas mit 2 x CO_2-Äquivalent. d) Differenz zwischen den beiden Modell-Klimaten b und c.
Quellen: Max-Planck-Institut für Meteorologie und WBGU

den westlichen Provinzen Chinas aus und bilden sich neu in Nordostbrasilien.

Zusammenfassend ist hervorzuheben, daß anthropogene Klimaveränderungen nach bestem heutigen Wissen zwar insgesamt den Wasserkreislauf verstärken werden. Dies wird aber mit erheblichen Disparitäten verbunden sein, d. h. es wird Gewinn- und Verlustregionen geben.

1.4
Aktueller Stand und zukünftige Entwicklung der Wasserentnahme in Landwirtschaft, Industrie und Haushalten

Wasserentnahme stark gestiegen – Steigerung in den Entwicklungsländern und Stagnation in den Industrieländern– Anteil der Haushalte gering – Industrielle Wasserentnahme zunehmend

1.4.1
Begriffsdefinitionen und Datenlage

Üblicherweise sind statistische Erhebungen zur nationalen Wassernutzung in die Bereiche Landwirtschaft, Industrie und Haushalte untergliedert (WRI,

1996). Trotz dieses weitgehend einheitlichen Gliederungsschemas sind viele Statistiken nicht miteinander vergleichbar, da ihnen zum einen unterschiedliche Nutzungsformen und zum anderen unterschiedliche Abgrenzungen hinsichtlich der Qualität des Nutzwassers zugrunde liegen.

Die unterschiedlichen Formen der Wassernutzung können grob den Bereichen *Wasserentnahme* (Offstream-Nutzung) und *In-situ-Nutzung* (In-stream-Nutzung) zugeordnet werden (Kulshreshtha, 1993; Young und Haveman, 1985; PAI, 1993). Im ersten Fall wird Wasser seiner originären Quelle entnommen. Ein Teil dieses Wassers wird verbraucht (water consumption), der andere Teil wird der Quelle wieder verschmutzt oder erwärmt zurückgegeben. Im zweiten Fall wird Wasser genutzt, ohne es seiner originären Quelle zu entnehmen. Beispiele dafür sind die Transportfunktion des Wassers und die Nutzung zur Stromerzeugung.

1991 lag die gesamte Wasserentnahme in Deutschland bei 47,8 Mrd. m³, wobei der größte Teil (29,1 Mrd. m³) als Kühlwasser von Kraftwerken genutzt wurde (BMU, 1994). Die Datenerhebung des World Resources Institute weist die Nutzung als Kühlwasser aber nicht immer als Wasserentnahme im oben genannten Sinne aus, so daß zum Teil erhebliche Verzerrungen der Nutzungsstatistik festzustellen sind (WRI, 1996).

Die Begriffe Wasserbedarf, Wassergebrauch, Wassernachfrage und Wassernutzung beziehen sich in quantitativer Hinsicht eher auf die Wasserentnahme als auf verbrauchtes Wasser (Barney, 1991; Engelman und Leroy, 1995; Alcamo et al., 1997). Mit dieser für die Statistik hilfreichen Begriffsbündelung verwischen jedoch andere wichtige analytische Abgrenzungen: Der zum Überleben notwendige Mindestbedarf an Wasser für den Menschen ist nicht zwangsläufig eine statistische oder ökonometrische Größe, wenngleich er häufig (und fälschlicherweise) mit der Nachfrage oder dem Verbrauch gleichgesetzt wird (BMU, 1994).

Zwischen 1940 und 1996 hat sich die Weltbevölkerung von 2,3 Mrd. auf 5,8 Mrd. etwa um den Faktor 2,5 erhöht, die jährliche globale Wasserentnahme hat sich im selben Zeitraum jedoch verfünffacht (Engelman und Leroy, 1995). Daraus den Schluß zu ziehen, der personenbezogene Wasserbedarf (im Sinne eines Mindestsockels) hätte sich verdoppelt, wäre falsch. Wohl aber haben sich Konsumgewohnheiten und Verhaltensweisen geändert.

In qualitativer Hinsicht beziehen sich viele statistische Erhebungen auf gesundheitlich unbedenkliches Wasser. Es bestehen jedoch unterschiedliche Vorstellungen darüber, was „gesundheitlich unbedenklich" bedeutet. Die WHO definiert Wasser dann als „safe water", wenn es entweder aus öffentlichen Wasserleitungen (piped water, public standpipe) stammt, oder es sich um behandeltes Oberflächenwasser bzw. unbehandeltes Wasser aus geschützten Quellen (sanitary wells) handelt (WRI, 1992; UNFPA, 1995; UNDP, 1995). Leider stützen sich nicht alle Datenerhebungen auf diese Definition. Zudem variiert die Qualität des Nutzwassers räumlich und zeitlich sehr stark, so daß Prognosen und Vergleiche über verschiedene Regionen oder Zeiträume kaum möglich sind (Nash, 1993). Über die Nutzung fossiler Wässer informiert Kasten D 1.4-1 und Tab. D 1.4-1.

Die folgende Erläuterung der heutigen globalen Wasserentnahme und der im Jahr 1987 für Landwirtschaft (2.235 km³ entsprechend 69% der gesamten Wasserentnahme), Industrie (745 km³ entsprechend 23%) und Haushalte (259 km³ entsprechend 8%) kann sich den geschilderten Problemen nicht entziehen, weil zwangsläufig unterschiedliche Datenerhebungen und Literaturquellen zugrunde liegen. Grundsätzlich orientiert sich die Darstellung jedoch an dem definierten Begriffsbild der Wasserentnahme.

1.4.2
Aktueller Stand der Wasserentnahme

ENTNAHME DURCH DIE LANDWIRTSCHAFT
1993 wurden weltweit ca. 1,45 Mrd. ha Ackerland und damit 3% der Erdoberfläche landwirtschaftlich genutzt. 65–70% der Wasserentnahme flossen in die Landwirtschaft (WRI, 1996; WWI, 1996). Wasser ist eine landwirtschaftliche Schlüsselressource (Kap. D 4.3). Besonders bedeutungsvoll war die Bewässerung bei der Einführung von Hochertragssorten (Wolff, 1994; Ghassemi et al., 1995; Barsch und Bürger, 1996) (siehe auch Kap. D 3.3). Im Zeitraum von 1965–1985 wurden mehr als 50% der Ertragssteigerung in der globalen Nahrungsmittelproduktion im Bewässerungsfeldbau erzielt (WRI, 1996). 40% der globalen Nahrungsmittelerzeugung geht auf Bewässerungslandwirtschaft zurück. Die künstlich bewässerte Fläche hat sich in den letzten 100 Jahren verfünffacht, von ca. 50 Mio. ha (1900) über 95 Mio. ha (1950) auf ca. 250 Mio. ha (1994). Noch höher lag die Steigerung bei der Wasserentnahme für die bewässerten Flächen, die sich im gleichen Zeitraum versechsfacht hat (Tab. D 1.4-2).

Der Schwerpunkt des Bewässerungsfeldbaus liegt im asiatischen Raum mit einem Anteil von 64% an der weltweiten Bewässerungsfläche. Mit weitem Abstand folgen Nordamerika (9%), Europa (7%) und Afrika (5%). Von den 730.000 km² Bewässerungsflächen, die seit 1970 weltweit angelegt wurden (FAO, 1996c), sind in Asien mit 58% und in der ehe-

KASTEN D 1.4-1

Fossile Wasservorräte

Die Grundwasservorräte der Erde (bis in eine Tiefe von 2.000 m) werden auf 23,4 Mio. km^3 und der Süßwasseranteil auf ca. 45% geschätzt. In vielen Gebieten der Erde fallen die Grundwasserspiegel um bis zu mehrere Meter pro Jahr, weil die Wasserentnahme vornehmlich zu Zwecken der Bewässerung (USA, China, Indien, Arabische Halbinsel) und auch des Tourismus (viele Inselstaaten, insbesondere der Karibik) die Erneuerungsrate übersteigt.

Fossile Wasservorräte sind sich nicht oder nur sehr langsam erneuernde Grundwasservorräte, die zumeist zu Zeiten anderer Klimate oder bei Abschmelzen von Eiskappen gebildet wurden. Damit sind sie nicht, oder bestenfalls nur bei sehr geringfügiger Entnahmerate, nachhaltig nutzbar. Ihr Umfang und ihre Erneuerungsrate sind meist nicht gut bekannt; eine globale Bestandsaufnahme aus dem Jahr 1990 existiert nur in Form von Schätzungen (Tab. D 1.4-1). Große Vorräte gibt es vor allem in Nordamerika und -afrika.

Im späten Pleistozän wurden über ca. 140.000 Jahre die Grundwasserreserven unter der Sahara (Nubischer Sandstein, Kontinentaler intercalärer Aquifer) gebildet, wovon der Großteil vor 18.000–40.000 Jahren angesammelt wurde. Nach neueren Studien sind es allein in der Ost-Sahara 150.000 km^3 (Klitzsch, 1991; zum Vergleich: dies entspricht 2.000 Jahresabflüssen des Nil). Erneuert werden ca. 0,7–2 km^3 Jahr^{-1} in der Ost-Sahara und ca. 2 km^3 Jahr^{-1} in der West-Sahara (Margat, 1990). Eine Erschöpfung der Vorräte in der Libyschen und der Nubischen Wüste ist derzeit noch nicht absehbar (Klitzsch, 1991), vielmehr sind angesichts der teilweise hohen Absenkungsraten eher Kostenfragen limitierend. Die Vorräte auf der Arabischen Halbinsel werden dagegen zügig abgebaut: Alle Staaten der Region außer Oman entnehmen mehr als das erneuerbare Dargebot. Saudi-Arabien nutzt zu 80% nicht-erneuerbare Wasservorräte. Die tiefen Aquifere, auf die jetzt zugegriffen wird, wurden vor mehr als 10.000 Jahren aufgefüllt. Die Vorräte werden zwischen 1985 und 2010 voraussichtlich halbiert (Gleick, 1993).

Tabelle D 1.4-1
Große Aquifere der Welt.
Quelle: Margat, 1990

Land	Name	Ausdehnung (km^2)	Volumen (km^3)	Mittlerer Zufluß (km^3 Jahr^{-1})	Erneuerungsdauer (Jahre)
Australien	Australisches Tiefland	1.700.000	20.000	1,1	20.000
Ägypten, Lybien, Sudan, Tschad	Nubischer Sandstein	2.000.000	75.000	~1,0	75.000
Saudi Arabien	Aquifere des Sedimentbeckens	~1.000.000	35.000	~1,05	33.000
Algerien, Tunesien	Kontinentaler Aquifer	780.000	60.000	0,85	70.000
Niger, Mali, Nigeria	Kontinentaler Aquifer	~500.000	10.000–15.000	~0,8	10.000–20.000
USA	Ogallala Aquifer	450.000	~15.000	6–8	2.000
USA	Central Valley (Kalifornien)	80.000	130	~7	160
Brasilien	Sedimentbecken von Maranho	700.000	80.000	4	20.000
China	Hebei-Ebene	136.000	5.000–10.000	35	150–300
Rußland	Donez-Becken	250.000	175.000	5	35.000

Tabelle D 1.4-2
Entwicklung des Anteils der Landwirtschaft an der globalen Wasserentnahme 1900–1995.
Quellen: nach Clarke, 1993 (a); WRI, 1994 und 1996 (b); Alcamo et al., 1997 (c)

Jahr	Entnahme in der Landwirtschaft (km³)	Gesamtentnahme (km³)	Anteil (Prozent)
1900a	525	578	91
1940a	893	1.057	84
1950a	1.130	1.367	83
1960a	1.550	1.985	78
1970a	1.850	2.586	72
1980b	2.090	3.020	69
1987b	2.235	3.240	69
1995c	3.106	4.145	75

maligen Sowjetunion mit 13% die größten Zuwachsraten zu verzeichnen. Die Zunahme der bewässerten Fläche stößt jedoch an ökologische und ökonomische Grenzen, da zunehmend marginale Flächen bewirtschaftet werden müssen. Die Bewirtschaftung dieser Flächen erfordert einen größerer Arbeits- und Kapitalaufwand bei gleichzeitig höherer Ertragsunsicherheit. Die im Vergleich zur Dekade von 1970–1980 deutlich rückläufige Zunahme der Bewässerungsflächen in der Dekade 1980–1990 ist auf das begrenzte Potential kultivierbarer Flächen, die begrenzte Verfügbarkeit von Wasserressourcen, die hohen Erschließungs- und Unterhaltungskosten sowie die zunehmende Beeinträchtigung durch Versalzung zurückzuführen.

Die Wasserentnahme in der Landwirtschaft unterscheidet sich regional sowohl in der absoluten Entnahme als auch im Pro-Kopf-Verbrauch erheblich (Tab. D 1.4-3, Abb. D 1.4-1a und 1b). Kontinenten mit mehr als 80% Wasserentnahme für den landwirtschaftlichen Bedarf wie Afrika und Asien stehen Europa und Nordamerika mit lediglich 39% bzw. 49% landwirtschaftlichem Anteil an der Gesamtwasserentnahme entgegen. In den ariden und semi-ariden Entwicklungsländern fließen über 90% des entnommenen Wassers in die Landwirtschaft, während es in den humiden Regionen der Industrieländer lediglich 30% sind.

Afrika als Kontinent mit dem höchsten Anteil der landwirtschaftlichen Wasserentnahme weist in den Ländern südlich der Sahara sowohl ein niedriges Niveau bei der Absolutentnahme als auch bei der Pro-Kopf-Entnahme auf. In Asien ist die Wasserentnahme für die Landwirtschaft im weltweiten Vergleich am höchsten, weil dort zum einen der Bewässerungsfeldbau dominiert und zum anderen über 60% der Weltbevölkerung leben (Abb. D 1.4-1a). Obwohl weniger als 5% der Weltbevölkerung in Nordamerika leben, ist die Wasserentnahme für die Landwirtschaft sehr hoch. Dieses hohe Niveau der absoluten Entnahme spiegelt sich auch in einer hohen Pro-Kopf-Entnahme wider. Die Vereinigten Staaten (1.117 m³) weisen gegenüber China (550 m³) oder Indien (550 m³) eine doppelt so hohe Pro-Kopf-Entnahme auf und liegen noch über dem Niveau von ariden Ländern wie Ägypten oder Libyen mit Pro-Kopf-Entnahmen von 900 m³ bzw. 1.050 m³. Die weltweit höchsten Wasserentnahmen in der Landwirtschaft mit mehr als 2.000 m³ pro Kopf weisen die hochkontinentalen, semi-ariden bis ariden Regionen auf (Irak, Turkmenistan oder Aserbeidjan).

Entnahme durch die Industrie

Wesentliche Determinanten der industriellen Wassernachfrage in einer Volkswirtschaft sind die Bevölkerungszahl, das Produktionsniveau, die sektorale Produktionsstruktur (einschließlich der Art der Energieerzeugung) und die Effizienz der eingesetzten Technologie (Klemmer et al., 1994; Stanners und Bourdeau, 1995). 1987 erreichte die industrielle Wasserentnahme in einzelnen Regionen der Erde die in Tab D 1.4-4 angegebenen Anteile an den gesamten jährlichen Wasserentnahmen.

Zwischen einzelnen Staaten zeigen sich große Unterschiede. Innerhalb Europas entfallen z. B. in Finnland, Deutschland und Belgien 80–85% der Wasserentnahmen auf den industriellen Sektor, während er in Griechenland, Portugal und Spanien weniger als 30% beansprucht (Stanners und Bourdeau, 1995). Der Anteil in Entwicklungsländern variiert sehr

Tabelle D 1.4-3
Jährliche kontinentale Wasserentnahme in der Landwirtschaft.
Quelle: nach WRI, 1996

(Teil-)Kontinent	Jahr	Gesamtentnahme (km³)	Pro-Kopf-Entnahme der Landwirtschaft (m³)	Entnahme der Landwirtschaft (Prozent der Gesamtentnahme)
Afrika	1995	145	175	88
Asien	1987	1.633	460	85
Europa	1995	455	244	31
Nordamerika	1995	608	711	49
Südamerika	1995	106	196	59
Ozeanien	1995	17	199	34

D 1.4 Wasserentnahme in Landwirtschaft, Industrie und Haushalten

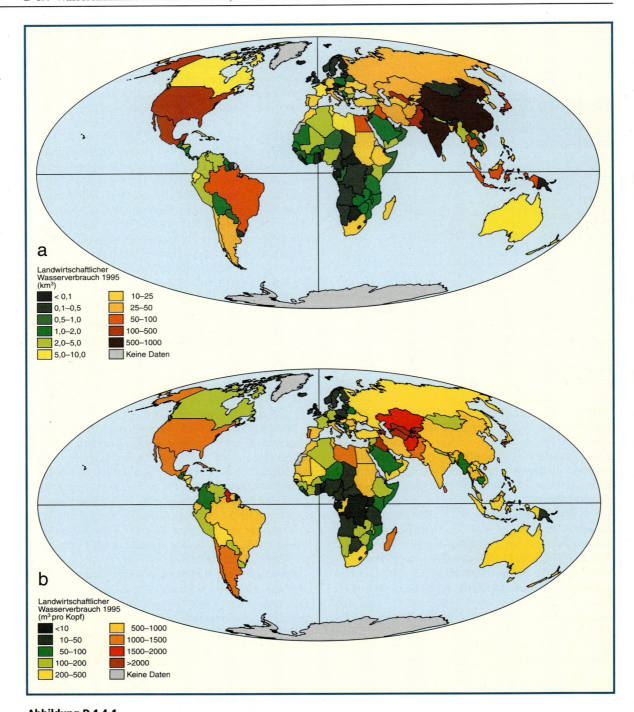

Abbildung D 1.4-1
a) Wasserentnahme der Landwirtschaft für 1995. b) Wasserentnahme der Landwirtschaft pro Kopf für 1995.
Quelle: WBGU, unter Verwendung von Alcamo et al., 1997

Tabelle D 1.4-4
Industrielle Wasserentnahme.
Quelle: WRI, 1996

Kontinent oder Subkontinent	Industrielle Wasserentnahme (Prozent)
Afrika	5
Asien	9
Europa	55
Nord- und Zentralamerika	42
Ozeanien	2
Südamerika	23
Welt	23

stark in Abhängigkeit vom Entwicklungsstand, der Wirtschaftsstruktur und den eingesetzten Technologien. Der industrielle Bedarf liegt zwischen 10% und 30% (BMZ, 1995). Während in den Industrieländern zunehmend Zwänge oder Anreize bestehen, Wasser im Kreislauf zu führen und wiederzuverwenden, wird in den Entwicklungsländern das technisch mögliche Potential zur Mehrfachnutzung bei der Kühlung und in industriellen Prozessen kaum ausgeschöpft (BMZ, 1995). Der Wasserverbrauch pro Einheit industrieller Produktion ist in den vergangenen zwanzig Jahren in den Industrieländern erheblich zurückgegangen (WRI, 1996).

In Deutschland entfallen 62% der Wasserentnahmen auf Wärmekraftwerke, 26% auf das verarbeitende Gewerbe und 12% auf die öffentliche Wasserversorgung (BMZ, 1995). Wie das Beispiel der USA seit 1950 zeigt, verschieben sich die Relationen zugunsten der Kraftwerksnachfrage (Tab. D 1.4-5).

Der Wasserbedarf in der Kraftwerkswirtschaft wird durch die Höhe der Stromerzeugung, die Struktur des Kraftwerkparks (Technik, Energieträger) und den Auslastungsgrad der Anlagen bestimmt. Im Kraftwerksbereich können durch Kreislaufführung, Wasserbedarf und -nachfrage deutlich entkoppelt werden (Klemmer et al., 1994). Damit kann die Menge des genutzten Wassers erheblich von der Menge des eingesetzten Wassers abweichen. Für Deutschland wird von einem Verhältnis von etwa 2,0 ausgegangen.

Der spezifische Wasserverbrauch im verarbeitenden Gewerbe hängt vom Produktmix und der Art der erzeugten Produkte ab. Im verarbeitenden Gewerbe wird relativ viel Wasser für Kühlzwecke eingesetzt, nur etwa 20% werden für produktionsspezifische Zwecke benötigt. Wasserintensive Industrien in dem Sinne, daß mehr als 15% der Wasserentnahme verbraucht werden, sind z. B. Zellulose- und Papierherstellung, Zementindustrie und Erdölraffinerien (Stanners und Bourdeau, 1995). Im Unterschied zum Nutzungsfaktor von 2,0 in öffentlichen Kraftwerken ist der Nutzungsfaktor im verarbeitenden Gewerbe in Deutschland deutlich höher. Er erreicht einen Wert von etwa 3,9, weil erhebliche Möglichkeiten zur Mehrfachnutzung bestehen (Klemmer et al., 1994). Der Wasserkoeffizient (Verhältnis von Wassereinsatz zu Bruttowertschöpfung) konnte in der Vergangenheit erheblich gesenkt werden. Grund hierfür ist vor allem die Kreislaufführung von Wasser und damit die Steigerung des Nutzungsfaktors. Auch beim insgesamt genutzten Wasser kann man Entkopplungen vom Produktionswachstum beobachten. Der Trend zur Senkung des spezifischen Wasserverbrauchs und der effizienteren Nutzung von Wasser zeigt sich auch auf europäischer Ebene (Stanners und Bourdeau, 1995). Die Entwicklung der Wasserwiederverwendungsraten ist in Tab. D 1.4-6 für einige Industriezweige der USA dargestellt.

Verbraucht im Sinne eines Entzugs aus dem Wasserkreislauf werden von der Industrie nur relativ geringe Mengen (Shiklomanov, 1993). Das in den Wasserkreislauf zurückgeführte Wasser ist allerdings zum Teil erheblich verschmutzt oder aufgeheizt (BMZ, 1995). Da die Kosten der Abwasserentsorgung den Abwassererzeugern selten angelastet werden, besteht neben einer Zurechnung der Kosten der Wasserbereitstellung auch von dieser Seite her ein häufig noch ungenutztes Potential für Anreize, den Wasserverbrauch zu senken (WRI, 1996). Die weltweite industrielle Wasserentnahme ist in Abb. D 1.4-2a, b dargestellt.

ENTNAHME DURCH DIE HAUSHALTE
Die Wasserentnahme der Haushalte umfaßt in der Regel Trinkwasser, Nutzung durch öffentliche Einrichtungen und Kommunen, Betriebsstätten und private Haushalte (Weltbank, 1993). Es handelt sich also eher um die öffentliche Versorgung der Bevölkerung mit Trinkwasser, teilweise unter Einbeziehung der Wasserabgabe an kleingewerbliche Ein-

Tabelle D 1.4-5
Entwicklung der industriellen Wasserentnahme in den USA (km^3 Jahr^{-1}).
Quelle: Gleick, 1993

Jahr	1950	1955	1960	1965	1970	1975	1980	1985	1990
Stromerzeugung	55	100	140	180	240	280	290	257	269
Andere Industrie	51	54	53	64	65	62	62	42,1	41,3

78 D 1.4 **Wasserentnahme in Landwirtschaft, Industrie und Haushalten**

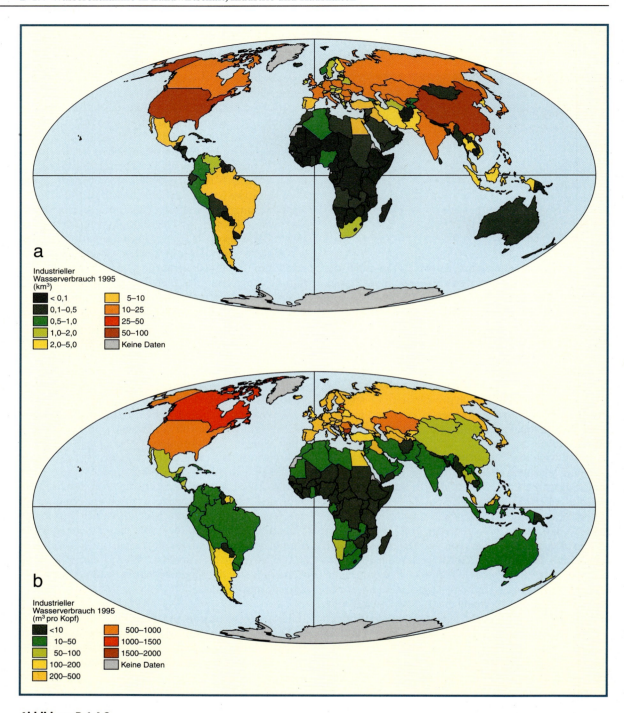

Abbildung D 1.4-2
a) Wasserentnahme der Industrie für 1995. b) Wasserentnahme der Industrie pro Kopf für 1995.
Quelle: WBGU, unter Verwendung von Alcamo et al., 1997

Tabelle D 1.4-6
Wasserwiederverwendungsraten (Anzahl der Wiederverwendungen eines bestimmten Volumens).
Quelle: Gleick, 1993

Jahr	Papier-industrie	Chemische Industrie	Öl- und Kohle-industrie	Schwer-industrie	Verarbeitende Industrie
1954	2,4	1,6	3,3	1,3	1,8
1959	3,1	1,6	4,4	1,5	2,2
1964	2,7	2,0	4,4	1,5	2,1
1968	2,9	2,1	5,1	1,6	2,3
1973	3,4	2,7	6,4	1,8	2,9
1978	5,3	2,9	7,0	1,9	3,4
1985	6,6	13,2	18,3	6,0	8,6
2000	11,8	28,0	32,7	12,3	17,1

richtungen (BMU, 1996). Hier setzt sich die unterschiedliche Verwendung der Begriffe und die inhomogene Datenaufbereitung fort, so daß auch die weiter unten folgende Abschätzung über die Entwicklung der Haushaltsnachfrage mit erheblichen Unsicherheiten behaftet ist.

Für die öffentliche Wasserversorgung wurden in Deutschland 1991 etwa 6,5 Mrd. m³ Wasser benötigt. Das entspricht einem Anteil von 13,5% an der Gesamtentnahme (BMU, 1996). An Haushalte und Kleingewerbe wurden allerdings nur 4,1 Mrd. m³ Wasser abgegeben (8,3% der Gesamtentnahme). Die Differenz erklärt sich durch die Wassernutzung öffentlicher Einrichtungen, die jedoch nicht einheitlich in den Datenerhebungen berücksichtigt wird. Das World Resources Institute (WRI, 1996) legt für den „domestic use" Deutschlands 1991 einen Anteil von 11% an der Gesamtentnahme zugrunde, wobei der Statistik nicht zu entnehmen ist, ob es sich um eine Mittelwertbildung der beiden genannten Werte handelt.

Von den 3.240 km³ Wasser, die 1987 global dem natürlichen Kreislauf entnommen wurden, entfielen lediglich 8% auf die Nutzung durch Haushalte (WRI, 1996). In Deutschland lag der Verbrauch an Trinkwasser 1995 bei 1,32 l pro Einwohner und Tag (BMU, 1996) (Tab. D 1.4-7). Mit einem Anteil der Haushalte von 8,3% an der gesamten Wasserentnahme liegt Deutschland deutlich unterhalb des europäischen Mittels (Tab. D 1.4-8).

In Deutschland ist die Wasserentnahme der Haushalte von 1990 bis heute um ca. 8% gesunken. Mögliche Gründe hierfür sind ein gestiegenes Umweltbewußtsein, der Einsatz von (technischen) Sparmaßnahmen und zum Teil erhebliche Preissteigerungen. Im weltweiten Vergleich erweisen sich der personenbezogene und der gesamte Entnahmewert für Deutschland als eher durchschnittlich (Abb. D 1.4-3a, b).

1.4.3 Entwicklung der Wasserentnahme

Die einleitenden Ausführungen machen deutlich, daß Prognosen des Wasserverbrauchs sehr schwierig sind. Die Entwicklung der industriellen Wasserentnahme etwa ist von einer Vielzahl von Faktoren wie der Entwicklung von Präferenzen, den technischen Möglichkeiten, den politischen Entscheidungen, dem Einkommen, dem Produktionsniveau und der sektoralen Struktur der Produktion abhängig (Kulshreshtha, 1993). Außerdem sind Wasserdaten nur sehr begrenzt verfügbar und vergleichbar (Stanners und Bourdeau, 1995; WRI, 1996).

Eine Prognose der landwirtschaftlichen Wasserentnahme stößt auf ähnliche Schwierigkeiten, und Schätzungen der verschiedenen Institutionen (FAO, WRI, WWI) weichen zum Teil deutlich voneinander ab. Noch größer sind die Unsicherheiten bei der Ermittlung des bestehenden Potentials an Bewässerungsflächen. Eine gemeinsame Studie von Weltbank und UNDP aus dem Jahr 1990 beschreibt ein Potential von 110 Mio. ha in den Hauptbewässerungsregionen Asien, Afrika und Südamerika. Bei einer Zuwachsrate wie in der Dekade von 1980–1990 wäre dieses Potential im Jahr 2025 ausgeschöpft (Worldbank und UNDP, 1990). Unter der vereinfachenden

Tabelle D 1.4-7
Trinkwassernutzung pro Person und Tag in Deutschland für 1995.
Quellen: Absoluter Verbrauchswert nach BMU, 1996; relative Anteile nach UBA, 1991

Verwendungszweck	(Liter)	(Prozent)
Trinken und Kochen	4	3
Körperhygiene (Bad, Dusche, Waschbecken)	48	36
Toilettenspülung	42	32
Textilreinigung	18	14
Spülen	8	6
Hausreinigung	4	3
Übrige Tätigkeiten (Autowaschen, Gartenarbeit)	8	6
Summe	132	100

D 1.4 Wasserentnahme in Landwirtschaft, Industrie und Haushalten

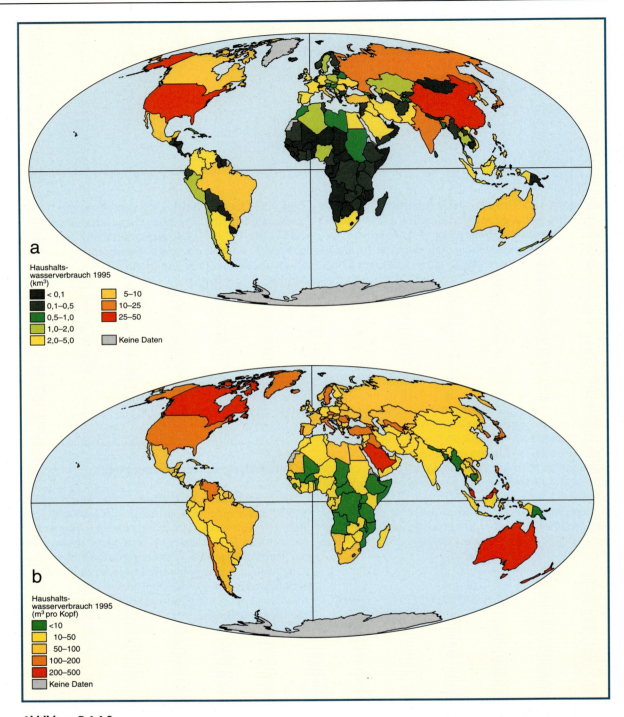

Abbildung D 1.4-3
a) Wasserentnahme der Haushalte für 1995. b) Wasserentnahme der Haushalte pro Kopf für 1995.
Quelle: WBGU, unter Verwendung von Alcamo et al., 1997

Tabelle D 1.4-8
Jährliche Wasserentnahme der Haushalte, nach Kontinenten.
Quellen: WRI, 1996; BMZ, 1995

(Teil-)Kontinent	Jahr	Gesamtentnahme (km³)	Entnahme pro Person (m³)	Entnahme der Haushalte (Prozent)
Afrika	1995	10	199	7
Asien	1987	98	542	6
Europa	1995	455	626	14
Nordamerika	1995	608	1.451	9
Ozeanien	1995	17	586	19
Südamerika	1995	106	332	18
Welt	1987	3.240	645	8

Annahme, daß sich die Anbauverhältnisse auf den Bewässerungsflächen bis zum Jahr 2025 nicht ändern, ergibt sich eine Wasserentnahme von 3.697 km³ für die Landwirtschaft im Jahr 2025. Das käme einer Steigerung von 35% seit 1990 oder einer Verdopplung der Wasserentnahme seit 1970 gleich.

Die FAO (Kendall und Pimentel, 1994) prognoziziert eine jährliche Steigerungsrate von 0,8% in den Entwicklungsländern (ohne China). Ungefähr zwei Drittel des Flächenzuwachses werden in Asien erwartet. Ein Potential für die weitere Ausdehnung der Bewässerungsflächen wird vor allem in Afrika und Südamerika gesehen. Schwerpunkte bei der Flächenausweitung bilden die Länder Bangladesh, Brasilien, China, Indien, Nigeria und die Türkei (Postel, 1989; FAO, 1996c; UNDP, 1992). Zu den Unsicherheiten bezüglich der Ausdehnung der Bewässerungsflächen kommt die große Variabilität im Wirkungsgrad der Bewässerungssysteme. Zu 90% werden Schwerkraftbewässerungssysteme mit einem Wirkungsgrad zwischen 30 und 60% eingesetzt, so daß im Schnitt lediglich 40% des Wassers die Bewässerungsflächen erreichen (BMZ, 1995). Wie weit die zukünftigen Einsparpotentiale durch technologische Verbesserung, angepaßtere Bewässerungssysteme oder die Wahl der Pflanzensorten in den verschiedenen Ländern liegen, kann ebenfalls nur schwer abgeschätzt werden.

Relativ sicher prognostizierbar ist die Bevölkerungsentwicklung in einzelnen Staaten. Sie ist jedoch nur eine Bestimmungsgröße der zukünftigen Wassernachfrage. Geht man stark vereinfachend davon aus, daß der Pro-Kopf-Wasserverbrauch im Jahr 2025 dem von 1995 entspricht, lassen sich durch Verknüpfung mit der Bevölkerungsentwicklung erste grobe Trends aufzeigen (Abb. D 1.4-4).

Der regionalen Bevölkerungsentwicklung entsprechend wird die Wasserentnahme am stärksten auf dem afrikanischen Kontinent und in Teilen Asiens zunehmen. In diesen Regionen wird sich der Bedarf teilweise mehr als verdoppeln. Zuwachsraten von bis zu 40% sind für Nordamerika, Ozeanien und China zu erwarten. Bis zu 80% Zuwachs werden in Südamerika erreicht werden. In Europa hingegen stagniert die Wasserentnahme und wird in Teilgebieten sogar leicht rückläufig sein. Steigerungen des Pro-Kopf-Einkommens und damit ein stärkeres Wachstum des Volkseinkommens im Vergleich zur Bevölkerung, Strukturänderungen der Produktion und effizientere Wassernutzungen bleiben in diesem einfachen Modell zunächst unberücksichtigt.

Mit WaterGAP (Water – Global Assessment and Prognosis: Alcamo et al., 1997) steht seit kurzem ein Prognosemodell zur Verfügung, das für die Wasserentnahme über die Entwicklung der Weltbevölkerung hinaus auch deren räumliche Verteilung, die volkswirtschaftliche Entwicklung sowie Potentiale für einen effizienteren Umgang mit der Ressource Wasser berücksichtigt. Für die Entwicklung der Wasserentnahme in den Sektoren Landwirtschaft, Industrie und Haushalte sind mit Hilfe von WaterGAP je drei Szenarien für das Jahr 2025 entwickelt worden, die auf den in Tab. D 1.4-9 dargestellten Grundannahmen basieren.

Für die Entwicklung der landwirtschaftlichen Wasserentnahme werden die Zunahme der Bewässerungsflächen, Effizienzsteigerung in der Bewässerung und die Intensivierung der Anbaumethoden berücksichtigt.

Die Zunahme der Bewässerungsflächen beruht auf den Annahmen von Alexandratos (1995) und wurde mit den Steigerungsraten der Nahrungsmittelproduktion (Getreideproduktion) des IMAGE 2.0-Modells korreliert (Alcamo, 1994). Die weltweiten Steigerungsraten werden auf der Grundlage von 13 Weltregionen (Alcamo, 1994) je nach Entwicklungsregion unterschiedlich beurteilt, d. h. einer Stagnation in den Industrieländern steht zum Beispiel ein Entwicklungspotential von 114% in Afrika mit Ausnahme der nordafrikanischen Staaten gegenüber (Szenario M und L). Für die Effizienzsteigerung in der Bewässerung wurde eine lineare Zunahme von 0,5% pro Jahr bis zum Jahr 2025 zugrunde gelegt. Darüber hinaus wird, in Anlehnung an Alexandratos (1995), die Intensivierung des landwirtschaftlichen Anbaus (cropping intensity) der 13 Weltregionen

D 1.4 Wasserentnahme in Landwirtschaft, Industrie und Haushalten

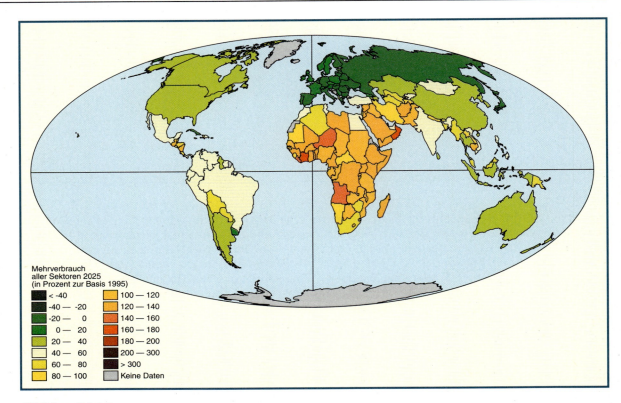

Abbildung D 1.4-4
Relative Entwicklung der Gesamtwasserentnahme bedingt durch Bevölkerungswachstum im Zeitraum von 1995–2025.
Quelle: WBGU, unter Verwendung von Alcamo et al., 1997

berücksichtigt. Bis zum Jahr 2025 wird in dieser Hinsicht in fünf Regionen (Lateinamerika, Mittlerer Osten, Indien, Südasien, Ostasien) eine Zunahme erwartet. Für Indien und Südasien liegt sie bei 20%, für die übrigen Regionen bei 10%.

Zur Schätzung der Wassernachfrage des industriellen Sektors wurde zwischen Ländern mit einem hohen und einem niedrigen Pro-Kopf-Wasserdargebot unterschieden, wobei die Grenze bei 1.000 m³ pro Kopf und Jahr angesetzt wurde. Für die Länder mit hoher Wasserverfügbarkeit wurde unterstellt, daß ab einem Pro-Kopf-Einkommen von 15.000 US-$ pro Jahr die gegenwärtige Wasserintensität (Wasserentnahme pro industrielles Bruttoinlandsprodukt) innerhalb weniger Jahre auf 50% abnimmt (Szenario M). Für Länder mit geringer Wasserverfügbarkeit wurde diese Abnahme – wegen des Drucks zur Wasserersparnis aufgrund der geringen Verfügbarkeit – bereits für ein Einkommen von 5.000 US-$ pro Kopf und Jahr angesetzt.

Das Szenario M (Beste Annahme) unterliegt für die Entwicklung der Wasserentnahme der Haushalte den Annahmen, daß bis zu einem Jahreseinkommen von 15.000 US-$ pro Person ein kontinuierlicher Anstieg der Entnahme erfolgen wird. Noch vor Erreichen eines Durchschnittseinkommens von 19.000 US-$ geht der Entnahmewert auf 50% zurück und bleibt mit weiteren Einkommenssteigerungen auf diesem Niveau. Unter den Annahmen für das Bestguess-Szenario kommt es für die drei Sektoren Landwirtschaft, Industrie und Haushalte im Jahr 2025 zu nachfolgend skizzierter Wasserentnahme (Abb. D 1.4-5).

Entwicklung der landwirtschaftlichen Entnahme

Im Jahr 2025 wird sich nach den Berechnungen mit WaterGAP 1.0 die Gesamtwasserentnahme für den landwirtschaftlichen Sektor auf 3.655 km³ belaufen. Das entspricht einer Steigerung von 550 km³ oder rund 18% seit 1995. Trotz dieser Zunahme sinkt der Anteil der landwirtschaftlichen Wasserentnahme an der globalen Gesamtentnahme auf 56% und liegt damit 19% unter dem Wert von 1995.

Die Wasserentnahme der Industrienationen ist mit Ausnahme von Australien rückläufig. Gründe sind in der stagnierenden Bevölkerungsentwicklung und den veranschlagten Effizienzsteigerungen in der Bewässerungslandwirtschaft zu sehen. Auffällig ist, daß selbst China mit einem prognostizierten Bevölkerungswachstum von mehr als 300 Mio. Menschen bis zum Jahr 2025 eine um 4% geringere Entnahme

Tabelle D 1.4-9
Grundannahmen zur Entwicklung der Wasserentnahme von Landwirtschaft, Industrie und Haushalten für die Szenarien L, M und H des Modells WaterGAP.
Quelle: Alcamo et al., 1997

Szenario	Private Haushalte	Industrie	Landwirtschaft
Optimistisch Szenario L	Die Wasserentnahme nimmt mit steigendem Einkommen zu und erreicht bei 15.000 US-$ pro Kopf und Jahr ihr Maximum. Bis zu einem Einkommen von 20.000 US-$ sinkt die Entnahme rasch auf 40% des Maximums ab, um sich mit höherem Einkommen asymptotisch dem 5%-Niveau zu nähern.	Die Wasserentnahme verbleibt je nach Wasserverfügbarkeit bis zu einem Einkommen von 5.000 US-$ (geringe Verfügbarkeit) bis 15.000 US-$ (hohe Verfügbarkeit) auf konstant hohem Niveau. Danach erfolgt in beiden Fällen rasche Abnahme auf 50% des Ausgangsniveaus, um sich mit weiter steigendem Einkommen dem 5%-Niveau asymptotisch zu nähern.	Die Bewässerungsfläche bleibt konstant. Die Bewässerungseffizienz nimmt zu.
Beste Annahme Szenario M	Die Wasserentnahme nimmt mit steigendem Einkommen zu und erreicht bei 15.000 US-$ pro Kopf und Jahr ihr Maximum. Es erfolgt eine rasche Abnahme auf 50% des Maximums. Die Entnahme bleibt mit steigendem Einkommen auf dem 50%-Niveau.	Die Wasserentnahme verbleibt je nach Wasserverfügbarkeit bis zu einem Einkommen von 5.000 US-$ (geringe Verfügbarkeit) bis 15.000 US-$ (hohe Verfügbarkeit) auf konstant hohem Niveau Danach erfolgt in beiden Fällen rasche Abnahme auf 50% des Ausgangsniveaus. Die Entnahme bleibt mit steigendem Einkommen auf dem 50%-Niveau.	Zusätzliche Bewässerungsflächen in den meisten Entwicklungsländern. Die Bewässerungseffizienz nimmt zu.
Pessimistisch Szenario H	Die Wasserentnahme nimmt mit steigendem Einkommen zu und erreicht bei 15.000 US-$ pro Kopf und Jahr ihr Maximum. Die Entnahme bleibt mit steigendem Einkommen auf diesem hohen Niveau.	Die Wasserentnahme verbleibt auf dem hohen Ausgangsniveau.	Zusätzliche Bewässerungsflächen in den meisten Entwicklungsländern. Keine Zunahme der Bewässerungseffizienz.

als 1995 aufweist. Da das vorhandene Potential an Bewässerungsflächen schon weitgehend erschlossen ist, liegen die Zuwachsraten hier unter den Raten der prognostizierten Effizienzsteigerung, so daß die Wasserentnahme leicht rückläufig ist. Vollkommen anders stellt sich die Situation in Afrika und Südamerika dar. Der veranschlagte Zuwachs an Bewässerungsflächen in Afrika von 114% (ohne Nordafrika) spiegelt sich in deutlich erhöhten Wasserentnahmen wider. Länder wie Tansania, Ghana oder die Elfenbeinküste erreichen Steigerungsraten von mehr als 180%. In Südamerika bietet sich ein ähnliches Bild, wenngleich das Niveau der zusätzlichen Entnahme niedriger ist als in Afrika. Bei einer generellen Zunahme ragen besonders Argentinien, Venezuela, Paraguay und Ecuador mit einer zusätzlichen Entnahme von mindesten 180% heraus.

Der Vergleich zur rein demographischen Fortschreibung für das Jahr 2025 bestätigt die Gegensätze zwischen den Industrienationen mit Rückgang der Entnahme und Kontinenten wie Afrika oder Südamerika mit deutlichen Zuwächsen in der Wasserentnahme. Im Szenario des WaterGAP-Modells werden diese Gegensätze sogar verstärkt, die Differenzierung innerhalb der Kontinente Afrika und Südamerika ist hier größer. Das Niveau der Entnahme weicht im Vergleich zur demographischen Fortschreibung für das Jahr 2025 in Afrika nicht so stark ab wie in Südamerika und ist ein Hinweis auf die demographische Induzierung einer zusätzlichen Wasserentnahme in der Landwirtschaft Afrikas.

Die gesamte Wasserentnahme durch die Landwirtschaft beträgt für das Jahr 2025 bei rein demographischer Fortschreibung 4.466 km^3 und liegt damit um rund 900 km^3 über den Werten des WaterGAP-Modells. Die deutlich niedrigeren Werte der Modellierung veranschaulichen den Effekt von technologischer Entwicklung und Effizienzsteigerung in der Bewässerungslandwirtschaft (Abb D 1.4-5).

84   D 1.4 **Wasserentnahme in Landwirtschaft, Industrie und Haushalten**

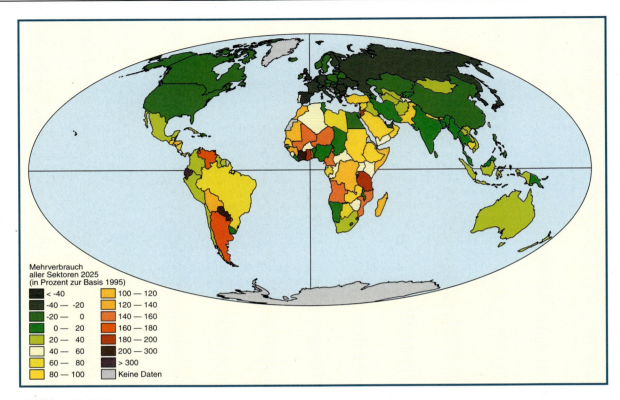

Abbildung D 1.4-5
Relative Entwicklung der landwirtschaftlichen Wasserentnahme im Zeitraum von 1995–2025.
Quelle: WBGU, unter Verwendung von Alcamo et al., 1997

Entwicklung der industriellen Entnahme

Tabelle D 1.4-10 zeigt die prognostizierte Bevölkerungszahl für einzelne Staaten im Jahr 2025 und die erwarteten Wasserentnahmen der Industrie. Die Werte der Vorausschau ergeben sich zum einen anhand der Fortschreibung des gegenwärtigen Pro-Kopf-Wasserverbrauchs über die Bevölkerungsentwicklung (Spalte 5), zum anderen aus der Arbeit von Alcamo et al. (1997) (Spalte 6).

Wie die Schätzung in Spalte 5 zeigt, wird allein aufgrund der Bevölkerungsentwicklung die Wasserentnahme der Industrie zunehmen. Während allerdings die Bevölkerung von 1995–2025 weltweit etwa um den Faktor 1,45 steigen wird, verändert sich die industrielle Wasserentnahme nur um den Faktor 1,22. Die Differenz ergibt sich daraus, daß gerade in den Staaten mit gegenwärtig geringer industrieller Wasserentnahme die Bevölkerungszunahme relativ stark ausfallen wird.

Alcamo et al. (1997) kommen zu dem Ergebnis, daß die weltweit vom industriellen Sektor entnommene Wassermenge sich um den Faktor 2,98 erhöhen wird, also wesentlich stärker als die Bevölkerungszahl steigen wird. Diese höhere Zunahme ist durch das industrielle Wachstum verursacht, das vom Szenario IS92a des IPCC prognostiziert wird. Hierbei ist zu betonen, daß unter diesen Annahmen der Anteil der industriellen Wasserentnahme an der Gesamtentnahme (vorwiegend aufgrund der Industrialisierung in den Entwicklungsländern) im Jahr 2025 global die gleiche Größenordnung erreichen dürfte wie der der Landwirtschaft, die heute noch den weit überwiegenden Teil des Wasserverbrauchs ausmacht.

Die durchgeführten Kalkulationen basieren auf Ad-hoc-Annahmen über Trends in der Wasserintensität und Verbrauchsentwicklung, wobei die bestimmenden Faktoren wie Wasserpreise, kulturelle Einflüsse und andere, institutionelle Bedingungen der Wasserentnahme nicht explizit betrachtet wurden.

Entwicklung der Entnahme durch Haushalte

Auch die Entwicklung der Wasserentnahme der Haushalte ist von vielen Faktoren abhängig. Um sie genau vorhersagen zu können, müßten neben der demographischen Entwicklung u. a. Informationen darüber vorliegen, inwieweit sich Gebrauchsgewohnheiten etwa in Abhängigkeit der volkswirtschaftlichen Entwicklung ändern, ressourcenschonende Technologien entwickelt und eingesetzt und Infrastrukturmaßnahmen ergriffen werden, um einen Zugriff auf potentiell verfügbares Wasser zu ermöglichen.

Tabelle D 1.4-10
Entwicklung der industriellen Wasserentnahme ausgewählter Länder.
Quellen: nach WRI, 1996 und Alcamo et al., 1997

Land	Bevölkerung 1995 (Mio.)	Bevölkerung 2025 (Mio.)	Entnahme 1995 (Mio. m^3)	Entnahme 2025 (demographisch bedingt) (Mio. m^3)	Entnahme 2025 nach WaterGAP (Mio. m^3)
Afghanistan	20	45	60	135	189
Ägypten	63	97	7.182	11.058	24.551
China	1.221	1.526	64.957	81.183	403.474
Deutschland	82	76	32.792	30.392	41.853
Indien	936	1.392	43.618	64.867	246.106
Indonesien	198	276	2.772	3.864	8.887
Iran	67	123	2.204	4.047	3.788
Italien	57	52	13.053	11.908	14.149
Japan	125	121	35.638	34.497	74.730
Mexiko	94	137	7.407	10.796	17.166
Pakistan	141	285	4.174	8.436	31.977
Rumänien	23	22	15.974	15.203	46.590
Spanien	40	38	9.243	8.776	8.039
Thailand	59	74	3.806	4.773	10.974
Türkei	62	91	7.198	10.565	14.687
USA	263	331	179.997	226.536	357.083
Welt	5.692	8.261	738.231	897.421	2.202.617

Nach Schätzungen der WHO sind in den Entwicklungsländern 40–60% aller Wasserversorgungsanlagen im ländlichen Raum nicht betriebsfähig (BMZ, 1995). Potentiale liegen brach, oder es werden erhebliche Mengen an Trinkwasser verschwendet, da selbst die einfachsten technischen Vorrichtungen zur Dosierung der Wasserentnahme fehlen. Oftmals wird nur ein Bruchteil des entnommenen Wassers einer Nutzung zugeführt.

Die Entwicklung der angeführten Entnahmefaktoren läßt sich nur schwer abschätzen. Das World Resources Institute geht jedoch davon aus, daß die Wasserentnahme der Haushalte im Verhältnis zu den Sektoren Landwirtschaft und Industrie weltweit um 2–3% zunehmen wird, wobei im kontinentalen Vergleich erhebliche Unterschiede zu verzeichnen sind (WRI, 1996). Insgesamt ist die Wasserentnahme der Haushalte seit den 80er Jahren beträchtlich angestiegen (Tab. D 1.4-11).

Die Prognose zeigt, daß ausgehend von einem vergleichsweise geringen Basiswert ein sehr hoher Anstieg der Wasserentnahme vor allem in Afrika und Asien zu verzeichnen ist. In Europa und Südamerika hingegen ist zum Teil eine rückläufige Entwicklung festzustellen. Es besteht ein enger Zusammenhang zwischen dem Anstieg des Lebensstandards und dem Anspruch an Wasserverfügbarkeit und -qualität. Bereits heute ist festzustellen, daß sich die personenbezogene Wasserentnahme in den Entwicklungsländern dem Niveau der Industrieländer annähert, sobald eine Versorgung über Hausanschlüsse erfolgt (BMZ, 1995). Vergleicht man die Entwicklung der Wasserentnahme im Zeitraum von 1980–2000 (Tab. D 1.4-11) mit dem Szenario M für den Zeitraum von

Tabelle D 1.4-11
Veränderung der Wasserentnahme durch Haushalte (80er Jahre bis 2000).
Quelle: WRI, 1990

Land	Prozent der Gesamtentnahme der Haushalte (80er Jahre)	Prozent der Gesamtentnahme der Haushalte (2000)	Anstieg der Wasserentnahme in Prozent (80er Jahre bis 2000)
Europa	14	12-15	17
Asien	6	10	127
Afrika	7	13-14	200
Nordamerika	10	11	36
Südamerika	19	17	67
Australien und Ozeanien	19	19	34
Ehem. UdSSR	6	7	52
Welt	8	10-11	74

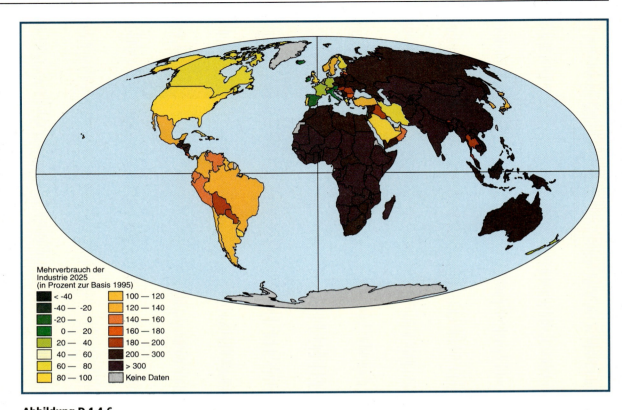

Abbildung D 1.4-6
Relative Entwicklung der industriellen Wasserentnahme im Zeitraum von 1995–2025.
Quelle: WBGU, unter Verwendung von Alcamo et al., 1997

1995–2025, so zeichnet sich eine Trendstabilisierung ab (Abb. D 1.4-7). Die höchsten Zuwachsraten entfallen auf Afrika und Asien (bis über 300%), gefolgt von Südamerika und Ozeanien. Gegenüber den in Tab. D 1.4-11 auf Basis der demographischen Fortschreibung ausgewiesenen Wachstumsraten für Europa (17%) und Nordamerika (36%) gehen Alcamo et al. (1997) jedoch von stagnierenden bis rückläufigen Entnahmewerten aus. Für Westeuropa werden demnach die höchsten Einsparquoten erwartet.

1.5 Wasserqualität

Datenerhebung global ungleich – Niederschläge verfrachten Probleme – Qualität des Oberflächenwassers – Schadstoffe im Grundwasser erscheinen verzögert – Trinkwasseranforderungen – Wasser als landwirtschaftliches Produktionsmittel

Die Bewertung der Wasserqualität – ein normativer Begriff – wird mit einer Vielzahl von Parametern vorgenommen, welche die Beschaffenheit des Wassers charakterisieren. Im Hinblick auf die vielfältigen Natur- und Nutzungsfunktionen des Wassers (siehe Kap. D 1.1) stehen jeweils unterschiedliche Parameter im Vordergrund, und von der Betrachtung der jeweiligen Funktion hängt es ab, welche Werte dieser Parameter als akzeptabel oder erstrebenswert angesehen werden. Ebenso beeinflußt der soziokulturelle Wertekontext die Beurteilung des Wassers. So ist die Nutzungsfunktion „unbedenkliches Trinkwasser für den Menschen" an eine Wasserqualität geknüpft, die international unterschiedlich definiert ist (Wahl der Parameter und Festsetzung von Grenzwerten). Zur Erfüllung der Transportfunktion des Wassers müssen hingegen nur wenige Bedingungen erfüllt sein, die keinen engen Definitionen unterliegen. Für die Beurteilung der Lebensraumfunktion der Süßwasser-Ökosysteme ist die Naturnähe meistens ein entscheidendes Kriterium, d. h. ein Zustand, der sich durch geringe menschliche Beeinflussung auszeichnet.

Trotz der Wandelbarkeit des Begriffs „Wasserqualität" vor dem Hintergrund der mannigfaltigen natürlichen Funktionen und Nutzungsformen von Süßwasser können identische Meßgrößen zur Charakterisierung der Wasserqualität genutzt werden, die folgenden Kategorien angehören:

- physikalische Merkmale: Temperatur, Schwebstoffgehalt, Farbe,

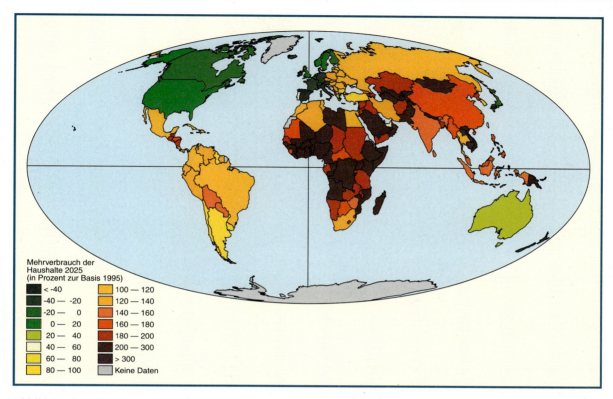

Abbildung D 1.4-7
Relative Entwicklung der Wasserentnahme der Haushalte im Zeitraum von 1995–2025.
Quelle: WBGU, unter Verwendung von Alcamo et al., 1997

- chemische Merkmale: gelöste Gase, anorganische und organische Wasserinhaltsstoffe,
- biologische Merkmale: Gehalt an Organismen (Indikatorarten, Diversitätsindizes). Dazu gehören im Hinblick auf den Konsum durch Menschen auch hygienische Merkmale: Bakterienzahl, Viren, tierische Pathogene (siehe Kap. D 4.2).

Durch natürliche Einflüsse, besonders aber durch die menschliche Nutzung kann sich die Wasserqualität auf eine Weise ändern, die Natur- und Kulturfunktionen beeinflußt oder beeinträchtigt (Tab. D 1.5-1).

Die unterschiedlichen Qualitätsanforderungen für die verschiedenen Nutzungsformen können besonders in natürlichen Gewässern zu Nutzungskonflikten führen. So ist die Trinkwasserversorgung an nährstoffarmem Wasser interessiert, denn für dieses ist der technische Aufwand zur Aufbereitung am geringsten. Im Gegensatz dazu ist die Fischereiwirtschaft an hohen Erträgen interessiert, die in nährstoffarmen Gewässern nicht erzielbar sind. Konflikte ergeben sich auch bei der Abgabe von Abwasser an Vorfluter, was eine Güter- und Kostenabwägung zwischen dem Aufwand der Abwasseraufbereitung und möglichen Folgen einer verringerten Wasserqualität des Vorfluters erfordert.

Kenntnis von Wasserqualitätsproblemen gibt es bereits aus der Römerzeit und dem Mittelalter. Seit Beginn der Industrialisierung sind zahlreiche neue Belastungsfaktoren hinzugekommen. Die historische Abfolge des Auftretens verschiedener Problemfelder in den Industrieländern (Abb. D 1.5-1) wird in ähnlicher, aber zeitlich verdichteter Form derzeit in Entwicklungsländern durchlaufen. Oft werden in diesen Ländern für industrialisierte Länder typische Wasserqualitätsprobleme aktuell, bevor noch die „traditionellen" Problemfelder ausreichend kontrolliert werden können.

1.5.1
Bestandsaufnahme der Wasserqualität

Seit Beginn dieses Jahrhunderts sind weltweit sehr große Datenmengen in Einzelmessungen und im Rahmen von Monitoringprogrammen entstanden. Die Gründe für die Datenerhebungen unterscheiden sich zum Teil ebenso wie die gemessenen Parameter und die zu Grunde liegenden Meßverfahren. Seit 1974 wurde als Teil des GEMS (Global Environmental Monitoring System), einem gemeinsamen Programm der WHO, UNESCO, WMO und UNEP, die

Tabelle D 1.5-1
Faktoren mit Einfluß auf die Wasserqualität.
Quelle: Chapman, 1992

	Naturfunktion bzw. Kulturfunktion						
	Trink-wasser	Bewäs-serung	Natürliche Lebens-gemein-schaften, Fischerei	Indu-strielle Nutzung	Energie-erzeugung und Kühlung	Erho-lung	Trans-port
Verschmutzung durch Fäkalien	2	1	0	2	nz	2	nz
Partikuläre Substanz	2	1	2	1	1	2	2
Organische Belastung	2	+	1	2	1	2	nz
Eutrophierung	1	+	1	2	1	2	1
Nitratbelastung	2	+	1	2	nz	nz	nz
Versalzung	2	2	2	2	nz	nz	nz
Metalle	2	1	2	1	nz	1	nz
Organische Spurenstoffe	2	1	2	?	nz	1	nz
Versauerung	1	?	2	1	1	1	nz

+ = eher vorteilhaft, 0 = kein Einfluß, 1 = geringer Einfluß, 2 = großer Einfluß, der umfangreiche Maßnahmen erfordert oder die Funktion ausschließt, nz = nicht zutreffend.

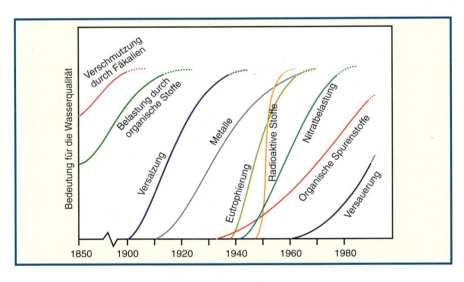

Abbildung D 1.5-1
Entwicklung überregionaler Einflüsse mit Bedeutung für die Wasserqualität in der industrialisierten Welt von 1850 bis zur Gegenwart.
Quelle: Chapman, 1992

Koordinierung und Sammlung vergleichbarer Daten zur Wasserqualität global vorangetrieben. Von einem stetig wachsenden Teil der nach Auffassung des GEMS für eine annähernd repräsentative globale Abdeckung nötigen 1.200 Probennahmestationen in Flüssen, Seen und Grundwasserleitern werden seither Daten gesammelt. Das geographische Ungleichgewicht bei der Aufnahme wasserrelevanter Parameter entspricht dem der von der World Meteorological Organisation (WMO) erfaßten Meßstationen. Von diesen gab es 1989 rund 48.000. Davon lagen aber nur 20% in Entwicklungsländern. In Afrika befanden sich lediglich 361 Stationen. Weltweit stieg die Zahl dieser Meßstationen zwischen 1977 und 1989 auf über das Doppelte an. Im gleichen Zeitraum war in der Region Asien und Pazifik die Entwicklung rückläufig.

Wasserkörper sind über den globalen Wasserkreislauf miteinander verknüpft und grundsätzlich den gleichen natürlichen und anthropogenen Einflüssen ausgesetzt. Im Prinzip treten in ihnen ähnliche, je nach örtlichen Bedingungen und hydrologischen Faktoren (Wassererneuerungszeit und Durchmischung) variierende Qualitätsprobleme auf, die im folgenden beispielhaft beschrieben werden.

1.5.1.1
Niederschlag

Das atmosphärische Wasser wird bei einer durchschnittlichen Verweilzeit von neun Tagen ungefähr 40mal im Jahr umgesetzt (Bliefert, 1994; Häckel, 1990). Dies bedeutet, daß in die Atmosphäre abgegebene Stoffe im Mittel 40mal im Jahr ausgewaschen und der Erdoberfläche zugeführt werden können. Anthropogen unbeeinflußtes Niederschlagswasser enthält ein Spektrum gelöster Ionen, das in seiner Zusammensetzung und den Konzentrationen in enger Beziehung zur Herkunft (marin oder terrestrisch) steht (Tab. D 1.5-2). Sowohl durch Lösung innerhalb der Wolken (rainout) als auch beim Einfangen während des Niederschlags (washout) werden Gase und Partikeln aus der Atmosphäre entfernt. Aufgrund dieses Reinigungseffektes verändert sich die chemische Zusammensetzung des Niederschlags, und die Konzentrationen der Wasserinhaltsstoffe nehmen im Verlaufe des jeweiligen Niederschlagsereignisses ab. Generell sind Ionenkonzentrationen und Säuregehalte in Wolken und Nebel höher als im Niederschlag (Regen, Schnee und Tau). Hohe Konzentrationen werden im Rauhreif beobachtet.

SÄUREBILDNER

Steigende anthropogene Emissionen aufgrund zunehmender Verbrennung fossiler Brennstoffe führen zu erhöhten Konzentrationen säurebildender Ionen im Niederschlagswasser und sind als Saurer Regen zum ökologischen Problem in den industrialisierten Regionen Nordamerikas, Europas und Ostasiens geworden. In der Zukunft wird sich diese Entwicklung voraussichtlich auf weitere Regionen (Südostasien, Südamerika, Abb. D 1.5-2) ausdehnen. Den weitaus größten Anteil an der zunehmenden Säurebildung im Niederschlagswasser haben die Emissionen von Schwefeldioxid (SO_2), vornehmlich aus Kraftwerken ohne Entschwefelungsanlagen, gefolgt von Stickoxiden (NO_x), die zum Großteil dem Straßenverkehr entstammen.

Der Transportweg der weltweit jährlich emittierten 150 Mio. t Schwefel aus Schwefeldioxid und der 49 Mio. t Stickstoff in Stickoxiden kann dabei mehrere 100–1.000 km betragen und führte z. B. in Skandinavien zur Versauerung der Oberflächengewässer aus mittel- und westeuropäischen Emissionen (siehe Kap. D 4.4). In Deutschland haben die seit den 80er Jahren getroffenen Maßnahmen zur Entschwefelung von Kraftwerken bereits zu einer Verringerung der Schwefeldeposition um 40–60% geführt. Trotz dieses massiven Rückgangs stieg der pH-Wert der Niederschläge nicht-signifikant an, was auf eine gleichzeitige Abnahme der neutralisierenden, basischen Kationen im Niederschlagswasser zurückzuführen ist (Hedin et al., 1994).

Die Ausweitung der Intensivlandwirtschaft führt zu beträchtlichen Emissionen von Ammoniak, deren Gesamtmenge weltweit 54 Mio. t Stickstoff pro Jahr beträgt. In der Atmosphäre wird Ammoniak zu Ammonium umgewandelt, welches über das Niederschlagswasser zur Eutrophierung und nach der Nitrifikation zur Versauerung der Oberflächengewässer beiträgt. Europa verzeichnet mit durchschnittlich 0,65 mg Ammonium l^{-1} Niederschlag die weltweit höchsten atmosphärischen Einträge. Entsprechend der Verteilung der Eintragsquellen und der kurzen atmosphärischen Verweildauer ist die räumliche und zeitliche Ammoniumverteilung sehr heterogen. In landwirtschaftlich geprägten Gegenden der USA werden 0,2–0,3 mg NH_3 l^{-1} Niederschlag gemessen, während die Werte in entsprechenden Gebieten der Niederlande 0,5–1 mg $NH_3 l^{-1}$ betragen (Lovett et al., 1992; Vermetten et al., 1992; Berner und Berner, 1996).

SCHWERMETALLE UND ORGANISCHE SCHADSTOFFE

Organische Säuren sind im Vergleich zu den meisten anorganischen Säuren verhältnismäßig schwach. Sie können dennoch zu wichtigen Säurebildnern im Niederschlag werden, wenn die anorganischen Vorläufer im Gegensatz zu den organischen Vorläufern nur in sehr geringen Konzentrationen vorliegen. Diese Bedingungen herrschen aufgrund der Oxidation von Isopren (C_5H_8) beispielsweise in tropisch bewaldeten Gebieten vor und führen zu pH-Werten im Niederschlag unter 5. Organische Spurenstoffe gelangen vor allem durch die Verwendung als Agrarchemikalien oder im Zusammenhang mit anderen,

Tabelle D 1.5-2
Typische Konzentrationen der wichtigste Ionen in kontinentalem und ozeanischem Niederschlag. Der kontinentale Niederschlag bezieht sich auf Gebiete abseits anthropogener Quellen.
Quelle: Berner und Berner, 1996

Ion	Kontinentaler Niederschlag (mg l^{-1})	Ozeanischer Niederschlag (mg l^{-1})
Na^+	0,2–1	1–5
Mg^{2+}	0,05–0,5	0,4–1,5
K^+	0,1–0,3	0,2–0,6
Ca^{2+}	0,1–3,0	0,2–1,5
NH_4^+	0,1–0,5	0,01–0,05
H^+	pH = 4–6	pH = 5–6
Cl^-	0,2–2	1–10
SO_4^{2-}	1–3	1–3
NO_3^-	0,4–1,3	0,1–0,5

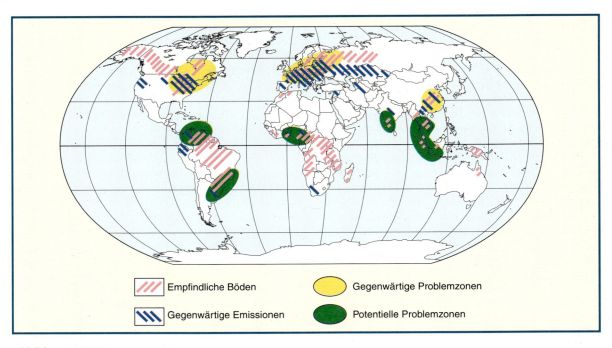

Abbildung D 1.5-2
Gefahr der Gewässerversauerung.
Quelle: nach Rhode, 1989 in GEMS/Water Datenbank, 1997a

nicht-geschlossenen Kreisläufen in die Umwelt (z. B. Hexachlorcyclohexan, polychlorierte Biphenyle). Bei der Emission von Metallen konnte in den industrialisierten Ländern eine Trendwende zumindest für Blei, Cadmium und Zink erreicht werden. Dagegen steigen die Schwermetallemissionen in den Entwicklungsländern weiter stark an (Nriagu, 1992).

1.5.1.2
Oberflächenwasser

Entsprechend der internationalen Datenlage und ihrer Bedeutung als wichtigster Süßwasserressource für den Menschen (Meybeck et al., 1992) wird der Qualität der Fließgewässer hier besonderer Raum gegeben. Die natürliche Beschaffenheit der Fließgewässer wird von der Art des Bodens, seiner Pflanzendecke und dem anstehenden Gestein beeinflußt. Fließgewässer zeichnen sich aufgrund ihrer Zonierung (siehe Kap. D 1.2) sowie der Zwischenschaltung von Seen und Feuchtgebieten durch starke horizontale Gradienten aus. So herrschen z. B. in kleinen Gewässern starke saisonale Wasserstandsschwankungen, während die Verhältnisse in großen Flüssen ausgeglichener sind. Auch die anthropogenen Einflüsse ändern sich im Längsverlauf. Im Oberlauf spielen Stoffeinträge durch Regenfälle, verstärkte Erosion durch Waldeinschlag und Stauung der Gewässer zur Strom- und Wassergewinnung eine besondere Rolle. Belastung durch Siedlungsabwässer, Einträge durch landwirtschaftliche Nutzung und aus der Industrie sowie regulatorische Eingriffe in das Gewässerbett gewinnen im weiteren Verlauf an Bedeutung.

Die zeitliche Variabilität in Fließgewässern kann verglichen mit anderen Gewässertypen extrem hoch sein. Änderungen können sich innerhalb von Minuten (Sturmereignisse, Chemieunfälle), im Tagesablauf (licht- und wärmegesteuerte Auf- und Abbauprozesse), innerhalb des Jahres (klimatische Bedingungen) oder langfristig (Industrialisierung, veränderte Landnutzung, Klimaschwankungen) ergeben. Die hohe räumliche und zeitliche Variabilität der Zustandsgrößen erschwert die Erkennung globaler Trends und die Trennung der natürlichen Schwankungen von den durch Menschen ausgelösten Änderungen. Eine solide Datenbasis von wenig beeinflußten Referenzgewässern und Gewässern verschiedener Typen und Lagen in ausreichender zeitlicher und geographischer Auflösung wären dafür Voraussetzung.

PARTIKULÄRE SUBSTANZ
Die Partikelfracht der Fließgewässer ist hoch variabel und reicht von wenigen mg l^{-1} bis zu 30 g l^{-1} in einigen asiatischen Flüssen. Partikuläre Substanz verringert die Eindringtiefe des Lichtes und beeinflußt pflanzliches und tierisches Leben. An der Oberfläche

der Partikeln reichern sich Schad- und Nährstoffe an (Schwermetalle, organische Spurenstoffe, pathogene Keime, Phosphat), so daß Sedimente aus abgelagerter partikulärer Substanz teilweise extrem belastet sind (etwa Elbe, Niederrhein und Neckar; z. B. Lozán und Kausch, 1996). Im Trinkwasser ist partikuläre Substanz wegen seiner Anlagerungseigenschaften nicht erwünscht. Die Entfernung ist besonders bei feinen Partikeln aufwendig.

Partikuläre Substanz bildet die Nahrungsgrundlage unzähliger Organismen (Muscheln, Würmer und Kleinkrebse). Partikelgebundene Giftstoffe werden über die Nahrungsketten weitergegeben, angereichert (Biomagnifikation) und gefährden besonders die Endkonsumenten (Raubfische, Robben, Seevögel, Menschen). Hohe Sedimentfrachten können wertvolle Habitate, Laichgründe und küstennahe Ökosysteme (Korallenriffe) zerstören (siehe Kap. D 3.4.2.3). Die Sedimente tragen durch die Anlagerung von Schadstoffen zur Selbstreinigung der Gewässer bei, können bei Umlagerungsprozessen und Milieuveränderungen (z. B. Salzgehalt, Sauerstoff- und Säuregehalt) aber auch Schadstoffe freisetzen (Müller, 1996). Die Stoffumwandlungsprozesse in Sedimenten sind zum Teil unzureichend untersucht.

Der Gehalt an partikulärer Substanz ist eng an die Bedingungen im Einzugsgebiet gekoppelt und starken anthropogenen Einflüssen unterworfen (Bodennutzung, Veränderungen des Gewässerbettes). Die Kombination von starken Regenfällen, einem Landschaftsrelief mit steilen Hängen und leicht abtragbaren Böden, z. B. im nordchinesischen Lößgürtel, tragen dazu bei, daß zwei Drittel der gesamten die Ozeane erreichenden Partikelfracht aus den Gewässern Südostasiens stammt. Die jährliche Sedimentfracht eines Fließgewässersystems umgerechnet auf die Größe des Einzugsgebiets ist ein Schlüsselindikator für die *Bodenerosion* (Abb. D 1.5-3). In vielen Flüssen steigt die Partikelfracht mit der Wasserführung. An wenigen Tagen im Jahr werden Spitzenwerte erreicht, die um ein Vielfaches höher sind als das Jahresmittel. Berechnungen zur Sedimentfracht (und zur Schadstoffbelastung) sind daher nur bei zeitlich fein auflösender Probennahme zuverlässig.

SAUERSTOFFGEHALT

Der Sauerstoffgehalt ist von herausragender Bedeutung für die Wasserqualität der Oberflächengewässer allgemein. In Fließgewässern ist die Zufuhr von Sauerstoff aus der Luft die wichtigste Quelle gelösten Sauerstoffs. Neben der Temperatur spielt der Gehalt an organischer Substanz, bei deren Abbau Sauerstoff verbraucht wird, eine entscheidende Rolle. Zwischen der Bevölkerungsdichte der Wassereinzugsgebiete und der organischen Belastung existiert eine deutliche Abhängigkeit. Ein Maß für die organische Belastung mit mikrobiell abbaubarer Substanz ist der biologische Sauerstoffbedarf (BSB_5). Der mittlere BSB_5 in Fließgewässern liegt global bei 2 mg l^{-1}. Wesentlich höhere Werte werden

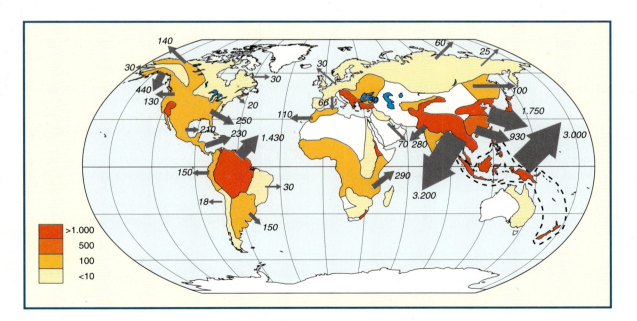

Abbildung D 1.5-3
Sedimentfracht der Flüsse. Absolute Sedimentfracht (Zahlen, in Mio. t Jahr^{-1}) und relative Sedimentfracht pro Flächeneinheit des Einzugsgebiets (Farbige Flächen, in t km^{-2} Jahr^{-1}).
Quelle: nach Milliman und Meade, 1983 in GEMS/Water Datenbank, 1997b. ©1983 by The University of Chicago Press.

in Vorflutern von ungeklärten Siedlungsabwässern, Abwässern aus der Landwirtschaft und der Lebensmittelherstellung (z. B. Palmöl) sowie von industriellen Abwässern aus bestimmten Industriezweigen, wie der Zellstoff- und Papierherstellung, erreicht. Ein Großteil der organischen Inhaltsstoffe besonders aus industriellen Abwässern ist jedoch nicht oder nur schwer abbaubar. Der chemische Sauerstoffbedarf (CSB) gibt Auskunft über den Anteil solcher Komponenten (z. B. Organochlorverbindungen, Tenside usw.). In der durch Frankreich und Belgien fließenden, besonders belasteten Espierre liegt der mittlere BSB_5 z. B. bei 179 mg O_2 l^{-1}. Ein weit höherer CSB-Wert und das Verhältnis von CSB:BSB_5 von etwa 20 zeigt die Belastung mit industriellen Abwässern an. Ein geringes CSB:BSB_5-Verhältnis ist typisch für die mit Siedlungsabwässern belasteten Fließgewässer in den schnell wachsenden Megastädten Asiens und Lateinamerikas. Der Banjir Kanal in Djakarta hat einen mittleren BSB_5 von 10,4 mg l^{-1}; das CSB:BSB_5-Verhältnis liegt hier bei 1,3.

Ein hoher biologischer Sauerstoffbedarf ist bei Überdüngung der Gewässer mit den Pflanzennährstoffen Nitrat und Phosphat zu verzeichnen (Eutrophierung; siehe Kap. D 4.4).

Der Abbau von organischer Substanz durch Mikroorganismen sorgt für eine Selbstreinigung, zu der Wasser- und Uferpflanzen beitragen. Die Selbstreinigungskraft der Gewässer und die starke Verdünnung der menschlichen Einträge in großen Wassermengen reicht bei geringerer Belastung oft aus, um die Gewässer in einem akzeptablen Zustand zu erhalten, doch werden vielerorts die Belastungsgrenzen deutlich überschritten (siehe Kap. D 4.4). Die Selbstreinigungskraft sollte auch nicht darüber hinwegtäuschen, daß nur leicht abbaubare organische Substanzen entfernt werden. Mikrobiell nicht oder schwer abbaubare Stoffe verbleiben im Wasser, werden in der Nahrungskette angereichert oder im Sediment abgelagert (Tab. D 1.5-3).

Gewässergüte

Für die Bewertung der Gewässergüte wurden verschiedene Indizes entwickelt, die Organismen der Fließgewässer heranziehen. In Deutschland ist der Saprobienindex nach DIN 38410 einer der wichtigsten. In seine Berechnung geht die Häufigkeit einer Reihe heterotropher Makro- und Mikroorganismen ein, die entsprechend ihrer ökologischen Ansprüche mit verschiedenen Indikationsgewichten versehen werden. Obwohl der Saprobienindex bestenfalls geeignet ist, die Auswirkungen der Belastungen von Fließgewässerlebensgemeinschaften durch biologisch abbaubare organische Substanzen zu kennzeichnen (Simmann, 1994), bildet er die Grundlage der von der Länderarbeitsgemeinschaft Wasser herausgegebenen Fließgewässergütekarte Deutschlands. Die gängige Praxis der saprobiellen Bewertung von Fließgewässern setzt einen weiten geographischen Gültigkeitsbereich voraus, der bereits innerhalb Deutschlands nicht gegeben ist (Zauke und Meurs, 1996). Wesentliche weitere Kritikpunkte am Saprobiensystem sind die fehlende Berücksichtigung der autotrophen Organismen (z. B. Kieselalgen), der historischen Entwicklung von Lebensgemeinschaften und die Tatsache, daß die Verbreitung der Zeigerarten kaum von einzelnen isolierten Faktoren abhängt.

Salzgehalt

Die gelösten Salze der Oberflächengewässer setzen sich im wesentlichen aus den positiv geladenen Natrium- Kalium-, Kalzium- und Magnesiumionen sowie den negativ geladenen Chlorid-, Sulfat- und Bikarbonationen zusammen. Der natürliche Salzgehalt von Binnengewässern hängt von der Gesteinszusammensetzung im Einzugsgebiet sowie vom hydrologischen Regime ab. In Fließgewässern kann der Salzgehalt um mehr als vier Größenordnungen variieren (Abb. D 1.5-4). Wichtige anthropogene Einflüsse auf den Salzgehalt haben der Bergbau, die Erdölgewinnung, die Veränderung des natürlichen Wasserhaushalts und Bewässerungsmaßnahmen.

Erhöhte Kalzium- und Magnesiumkonzentrationen werden besonders unterhalb der Regionen mit Salz- und Kali-Bergbau gemessen (in Europa Oberrhein und Werra). Hohe Kochsalzgehalte (Natriumchlorid) sind generell in ariden oder semi-ariden Regionen anzutreffen. Durch anthropogene Einflüsse ist der Kochsalzgehalt in vielen Flüssen der Welt auf das 10- bis 20fache der natürlichen Werte angestiegen. In den industrialisierten Ländern trägt der Ein-

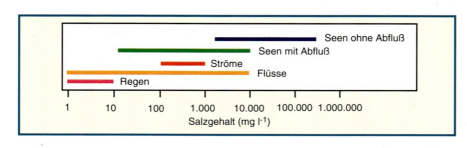

Abbildung D 1.5-4
Salzgehalt verschiedener Süßwasserkörper weltweit. Quelle: nach GEMS/Water Datenbank, 1997c

Tabelle D 1.5-3
Abbaubare organische Substanz (gemessen als biologischer Sauerstoffbedarf – BSB) und schwer abbaubare Substanz (gemessen als chemischer Sauerstoffbedarf – CSB) sowie Sauerstoffgehalt (mg l^{-1}) in europäischen Flüssen und weltweit. Quellen: nach Meybeck et al., 1989 und Stanners und Bourdeau, 1995

	Zahl der Meß-stationen	Anteil der Meßstationen, deren BSB, CSB und Sauerstoffgehalt die angegebenen Werte (mg l^{-1}) nicht überschreiten				
		10%	25%	50%	75%	90%
Europäische Flüsse						
BSB	645	1,4	1,9	2,8	4,7	7,9
CSB	470	4,5	7,8	15,0	25,0	36,6
Sauerstoff	620	6,4	8,4	9,7	10,7	11,6
Naturnahe europäische Flüsse						
BSB	11	–	1,2	1,6	2,7	–
CSB	23	–	5,1	13,3	29,9	–
Sauerstoff	8	–	10,2	10,6	11,1	–
Flüsse weltweit						
BSB	190	1,6	–	3,0	–	6,5
CSB	127	6,0	–	18	–	44

satz von Salz als Straßenenteisungsmittel zur Versalzung bei.

Der Gehalt an Bikarbonationen ist von großer Bedeutung für die Säurepufferkapazität der Gewässer und Böden. In Gewässern mit geringem Bikarbonatgehalt ist die Gefahr der Versauerung wesentlich erhöht. Weite Gebiete in humiden Regionen Südamerikas, Afrikas und Asiens werden zukünftig wegen ihrer geringen Pufferkapazität von der Versauerung betroffen sein (Abb. D 1.5-2).

Metalle

Hohe natürliche Werte verschiedener Metalle treten überall dort auf, wo metallhaltige Gesteinsformationen zu finden sind. Einige Metalle, wie Kupfer, Mangan, Zink und Eisen sind an physiologischen Prozessen in den Organismen beteiligt und daher essentiell für das Leben in aquatischen Lebensräumen, können aber in erhöhter Menge toxisch wirken. Die Toxizität der Metalle ist von der vorliegenden chemischen Form abhängig. Über die Auswirkung einiger zum Teil hochtoxischer Metalle (Beryllium, Thallium, Vanadium, Antimon, Molybdän) auf Menschen und Ökosysteme ist wenig bekannt.

Die Ermittlung von Metallkonzentrationen im Wasser ist teuer, technisch aufwendig und stark fehlerbehaftet. Während der Entnahme und Lagerung von Proben können erhebliche Kontaminationen auftreten. Bisher liegen vielen Meßreihen unterschiedliche Probenaufbereitungen zugrunde, weshalb sie sich kaum vergleichen lassen. Zur Zeit gibt es für eine Reihe von Metallen keine zuverlässigen Informationen zur natürlichen Grundbelastung. Nur für 35% der GEMS/Water-Stationen liegen Messungen von Metallkonzentrationen vor, besonders aus Nordamerika, Europa und Japan. Die Hälfte aller Meßstationen von GEMS/Water unterschreitet die Metallkonzentrationen der Trinkwasserrichtlinie der WHO und die Standards der EU (Tab. D 1.5-4). 10% der Meßstationen erreichen oder überschreiten diese Werte für Arsen, Cadmium, Chrom, Mangan und Zink. Extremwerte liegen teilweise erheblich über diesen Standards (Cadmium im Missouri, Chrom in der Espierre).

Außer der Freisetzung aus der Erzverhüttung und Metallindustrie ist (oder war) die direkte Verwendung von Metallen (Chromsalze in der Gerberei, Kupfer als Pflanzenschutzmittel und Blei in Kraftstoffen) eine bedeutende anthropogene Quelle. Weltweit gehen erhebliche Belastungen von Hausmülldeponien und Abraumhalden des Bergbaus aus, besonders in Verbindung mit säurehaltigen Lösungen. Die Gewässer- und Bodenversauerung, die Folgen der Eutrophierung (Sauerstoffmangel) und der Eintrag organischer Chelatoren (Phosphatersatzstoffe) lassen weitere Erhöhungen der Metallbelastung für die Zukunft wahrscheinlich erscheinen. Kenntnisse zur Verfügbarkeit und Mobilität der Metalle in der Umwelt stehen zum Teil noch in den Anfängen.

Organische Spurenstoffe

Viele tausend verschiedene organische Spurenstoffe gelangen durch menschlichen Einfluß in die aquatische Umwelt. Ihre Verteilung und ihr Verhalten in der Umwelt sind bestenfalls ansatzweise bekannt. Die Messung erfordert technisch aufwendige Verfahren und qualifizierte Ausführung. Global gültige Aussagen sind kaum möglich.

Erdöl und Mineralölprodukte gehören weltweit zu den häufigsten Ursachen ökologischer Schäden in Gewässern. Die über 800 verschiedenen Einzelsubs-

	Zahl der Meßstationen	10% (mg l⁻¹)	50% (mg l⁻¹)	Maximum (mg l⁻¹)	Gewässer mit maximalen Konzentrationen
Arsen	38	<0,001	0,0025	0,03	Klang, Malaysia
Cadmium	56	<0,001	0,001	0,312	Missouri, USA
Chrom	58	0,003	0,01	1,675	Espierre, Belgien
Kupfer	66	0,004	0,01	0,08	Espierre, Belgien
Blei	64	0,002	0,006	0,05	Ohio, USA
Quecksilber	59	<0,00002	0,0001	0,0005	9 japanische Flüsse
Mangan	61	0,01	0,05	1,350	Rio Rimao, Peru
Zink	51	0,005	0,02	0,4	Missouri, USA

Tabelle D 1.5-4
Metallkonzentrationen in Gewässern weltweit. Gesamtkonzentrationen, die von 10% und 50% der Meßwerte nicht überschritten werden, sowie maximale Werte. Quelle: nach Meybeck et al., 1989

tanzen können im Wasser als Oberflächenfilm, Emulsion oder an Partikeln angelagert vorgefunden werden. Die unterschiedlichen Eigenschaften dieser Substanzen wie Löslichkeit, Siedepunkt oder Oberflächenspannung beeinflussen auch die biochemische, photochemische und mikrobielle Umwandlung im Gewässer. Wegen des hohen Risikos ökologischer Schäden und ihrer Giftigkeit für den Menschen ist die Kontrolle möglicher Emissionsquellen weltweit eines der wichtigsten Ziele.

Etwa 10.000 verschiedene Pestizide werden weltweit in der Landwirtschaft, Industrie (z. B. Holzverarbeitung), zur Bekämpfung von Insekten, Kräutern und Pilzen, als Entlaubungsmittel sowie zur Kontrolle von Wasserpflanzen und krankeitsübertragenden Organismen eingesetzt. Zu den wichtigsten Strukturgruppen gehören Organochlorpestizide, Organophosphorpestizide, Carbamate und Triazine. Während sich Organophosphorverbindungen zum Teil innerhalb weniger Wochen in der Umwelt abbauen sollen, zeichnen sich Organochlorpestizide durch ihre Langlebigkeit aus. Bereits seit einigen Jahren ist die Verwendung von DDT in vielen Industrieländern gesetzlich geregelt. In Entwicklungsländern findet DDT noch immer bzw. erneut Anwendung. Spuren und Abbauprodukte können selbst in den entlegensten Gegenden der Welt (Arktis und Antarktis) nachgewiesen werden.

Im Gegensatz zu den Gefahren, die von Pestiziden ausgehen, dringt die Bedeutung leichtflüchtiger organischer Stoffe wie Chloroform und Benzol erst nach und nach in das Bewußtsein der Öffentlichkeit. Chlorierte oder bromierte Stoffe entstehen z. B. durch Umsetzung von im Wasser enthaltenen organischen Stoffen. In besonderem Maße ist dies bei der Trinkwasserdesinfektion mit Chlor und in Schwimmbädern der Fall. In Ländern, in denen das zur Aufbereitung vorgesehene Trinkwasser große Mengen organischer Substanz enthält, kann die Verwendung von Chlor zur Trinkwasserdesinfektion mit Rücksicht auf den Gesundheits- und Umweltschutz daher nicht als Allheilmittel propagiert werden.

Tenside aus Wasch- und Reinigungsmitteln in Industrie- und Siedlungsabwässern erreichen selten akut toxische Konzentrationen. Die ökologischen Folgen von Verhaltensänderungen an Fließgewässerorganismen wie Kleinkrebsen sind bisher nur schwer einschätzbar. Durch die Schaumbildung der Tenside wird der Gasaustausch verringert und die Selbstreinigungskraft der Fließgewässer reduziert. Im Schaum können sich Schadstoffe und pathogene Keime anreichern. In jüngerer Vergangenheit werden zunehmend leicht abbaubare Tenside eingesetzt, die innerhalb weniger Tage unter Sauerstoffverbrauch umgesetzt werden. Diese Eigenschaft führt nur dann zu einer wesentlichen Entlastung der Gewässer, wenn der Abbau in Kläranlagen erfolgt.

Besonders zwischen 1960 und 1970 wurden Polychlorierte Biphenyle (PCB) zur technischen Verwendung beispielsweise als Flammhemmstoff und Weichmacher industriell hergestellt. PCBs erwiesen sich als extrem persistent und reichern sich besonders im Fettgewebe von Wasser- und Landlebewesen am Ende der Nahrungsketten an. Besonders hohe Werte wurden Mitte der 70er Jahre in Möweneiern der Ostseeanrainerstaaten gemessen. Trotz der inzwischen rückläufigen Tendenz werden PCBs in aquatischen Lebensräumen noch lange Zeit ein Problem bleiben.

EUTROPHIERUNG

Die Eutrophierung ist neben der Verschmutzung durch Spurenelemente und Metalle sowie organische Spurenstoffe die global bedeutendste Beeinträchtigung der Wasserqualität der stehenden Gewässer. In den meisten Binnengewässern ist Phosphat der wichtigste produktionsbegrenzende Pflanzennährstoff und damit der wichtigste Auslöser von Eutrophierung (Kap. D 4.4).

Die winterliche Maximalkonzentration des Gesamtphosphors steht in enger Beziehung zum Trophiegrad eines Gewässers (Tab. D 1.5-5), der je nach regionalen Gegebenheiten auch ohne menschlichen Einfluß hoch sein kann. Weltweit sind 30–40% aller

Tabelle D 1.5-5
Einstufung der Oberflächengewässer nach Trophiegraden. Die Werte sind Obergrenzen, wenn nicht anders angegeben. Quelle: OECD, 1982 in Meybeck et al., 1989

Trophiegrad	Gesamt-Phosphat ($mg\ m^{-3}$)	Chlorophyll Jahresmittel ($mg\ m^{-3}$)	Chlorophyll Maximum ($mg\ m^{-3}$)	Mittlere Sichttiefe nach Secchi (m)	Sichttiefe Minimum (m)	Sauerstoffsättigung im Tiefenwasser (Prozent)
Ultra-oligotroph	4	1	2,5	12	6	90
Oligotroph	10	2,5	8	6	3	80
Mesotroph	10–35	2,5–8	8–25	6–3	3–1,5	89–40
Eutroph	35–100	8–25	25–75	3–1,5	1,5–0,7	40–0
Hypertroph	100	25	75	<1,5	<0,7	10–0

Seen und Reservoirs von Eutrophierung betroffen (Tab. D 1.5-6). Die Belastung der stehenden Gewässer mit anorganischen und organischen Spurenstoffen, Versauerung und Versalzung sind in ähnlichem Maße für stehende Gewässer von Bedeutung wie für Fließgewässer.

1.5.1.3
Grundwasser

Nur an 61 Stationen wird innerhalb des GEMS/Water-Programms zur Zeit der Grundwasserzustand überprüft. Aktuell von größter Bedeutung für die Grundwasserqualität sind die Nitratbelastung, die Versalzung sowie die Belastung mit anorganischen und organischen Spurenstoffen. Der nahezu global zu verzeichnende Anstieg der Nitratgehalte in Oberflächengewässern bildet sich nun auch im Grundwasser ab. Außer aus natürlichen Quellen gelangt Nitrat hauptsächlich durch Landwirtschaft und Siedlungsabwässer, lokal aus Klärgruben, Haus- und Industriemülldeponien in das Grundwasser. Die Folgen der intensiven Landwirtschaft mit steigendem Einsatz von Stickstoffdünger führte bereits in den späten 70er Jahren zu steigenden Nitratwerten im Grundwasser der USA und Europas. Ähnliches wird inzwischen für Länder mit sich schnell entwickelnder Landwirtschaft wie Indien beobachtet. Das großflächig ausgebrachte Nitrat dringt mit zeitlicher Verzögerung in die Grundwasserleiter. Selbst bei drastisch veränderter Landnutzung ist deshalb innerhalb der nächsten 10–20 Jahre ein weiterer Anstieg der Nitratwerte zu erwarten. Neben den diffusen Einträgen aus der Landwirtschaft spielen besonders in Entwicklungsländern punktuelle Einträge aus Latrinen und ungesicherten Sickergruben eine wesentliche Rolle (Lewis et al., 1982). Probleme für die Trinkwasserversorgung treten besonders in kleinen und mittelgroßen Siedlungen auf, wo Ver- und Entsorgung räumlich eng gekoppelt sind. In Indien, Botswana oder Nigeria werden die Trinkwassergrenzwerte der WHO vielerorts bereits weit überschritten.

Schon der natürliche Salzgehalt vieler Grundwässer ist hoch. Landwirtschaftliche Bewässerungspraktiken sind in vielen ariden und semi-ariden Gebieten Ursache der Versalzung. In küstennahen Regionen läßt die übermäßige Entnahme von Grundwasser salzigeres Wasser nachströmen. Auch die Absenkung des Grundwasserspiegels in küstennahen Bergbauregionen kann zum Einstrom von Meerwasser ins Grundwasser führen (z. B. North Carolina). Die Entsorgung des bei der Erdölgewinnung anfallenden Salzwassers führte in den USA und der UdSSR zur Versalzung vieler Grundwasserleiter.

Metalle wie Eisen und Mangan sind im Grundwasser meist in höherer Konzentration enthalten als in anderen Wasserkörpern, weil die Kombination aus langer Verweildauer und Sauerstoffarmut besonders hohe Konzentrationen freisetzt. Schwermetalle und organische Spurenstoffe können direkt über die Atmosphäre, aus Abwässern oder Sickerwässern in die Grundwasserleiter gelangen. In den USA werden nur etwa 10% der 100.000 Mülldeponien als grundwassersicher bezeichnet. In Deutschland geht man von etwa 240.000 altlastverdächtigen Flächen aus (UBA, 1995). Das Potential der Grundwasserbelastung in den Schwellen- und Entwicklungsländern wird als hoch eingeschätzt.

1.5.1.4
Qualitätsüberwachung

MONITORING
Das Monitoring aquatischer Lebensräume kann mit verschiedenen Zielsetzungen erfolgen. Die Hintergrundüberwachung liefert die Basis zur Bewertung der natürlichen Gewässerzustände. Beim Trendmonitoring ist die mittel- bis langfristige Entwicklung Untersuchungsziel. Frühwarnsysteme können bei der Trinkwasserversorgung oder bei multipler Nutzung (z. B. Rhein) erforderlich sein. Allgemeines Monitoring wird im Hinblick auf einfache oder multiple Nutzungseignung durchgeführt. Singuläre Ereignisse (Chemieunfälle) werden in ihrer zeitlichen

Region/Land	Prozent oligotroph	Prozent mesotroph	Prozent eutroph und hypertroph	Anzahl untersuchte Gewässer
Kanada	73	15	12	129
USA	7	23	70	493
Italien	29	28	43	65
Deutschland	8	38	54	72
Ostsee-Anrainerstaaten	15	38	31	130
Süd- und Mittelamerika	24	20	56	25
Südafrikanische Reservoirs	31	41	28	32
18 OECD Staaten	18	17	65	101

Tabelle D 1.5-6
Trophiegrade von Seen und Talsperren weltweit. Quelle: Meybeck et al., 1989

und räumlichen Entwicklung verfolgt. Bei der Entwicklung eines Monitoring-Programmes sollten die Zielsetzung sowie charakteristische Merkmale des zu überwachenden Gewässers für die Wahl der Parameter, des Zeitrasters und die Dauer den Ausschlag geben. In der Praxis sind häufig die personellen, apparativen und logistischen Möglichkeiten für die Planung und Durchführung limitierend. Wo immer möglich und sinnvoll, sollte die höchstmögliche Komplexitätsstufe angestrebt werden (Tab. D 1.5-7).

Kontinuierliche Meßverfahren werden besonders in Fließgewässern eingesetzt, die einer hohen zeitlichen Variabilität unterliegen. Als Frühwarnsysteme finden kontinuierliche Verfahren Anwendung, wenn von besonders hohen Risiken auszugehen ist oder eine mögliche Belastung mit besonders schwerwiegenden Folgen verbunden wäre (Trinkwasserversorgung). Die Zahl der mit kontinuierlichen Verfahren erfaßbaren Parameter ist beschränkt. Um das Risiko unerkannt bleibender Belastungen zu verringern, basieren viele Frühwarnsysteme daher auf der Erfassung der Gesamtwirkung auf Lebewesen statt auf der Messung einzelner Parameter.

TOXIZITÄTSTESTS

In dynamischen Toxizitätstests werden Fische, Kleinkrebse oder Einzeller einem kontinuierlichen Strom des zu untersuchenden Wassers ausgesetzt. Ändert sich ihr normales Verhalten wegen einer akuten Vergiftung (z. B. Fisch hört auf zu schwimmen) kann ein entsprechendes Warnsignal ausgelöst werden. Solche Verfahren eignen sich nicht zur Erfassung von Belastungen, die unterhalb der auslösenden Schwelle bleiben oder langfristig wirken.

In den industrialisierten Ländern sind Verfahren, die die akute und chronische Toxizität von Chemikalien vor ihrer Zulassung für die Verwendung in der Umwelt prüfen, inzwischen weit entwickelt. Standardisierte Tests werden vorwiegend an tierischen Organismen des Freiwassers, selten an Pflanzen und trotz der Bedeutung der Sedimente selten an bodenlebenden Organismen durchgeführt. Die Wirkung auf höhere Organisationsebenen (Populationen, Ökosysteme), Untersuchungen zur Bioakkumulation (außer in Japan), Tests unter natürlichen Bedingungen und zur gemeinsamen Wirkung gleichzeitig vorkommender Substanzen sind wegen des höheren Aufwandes zu selten Gegenstand von Untersuchungen.

Vielfach hat sich gezeigt, daß in einzelnen Systemen gewonnene Risikoabschätzungen keine globale Gültigkeit haben. So mag unter tropischen Bedingungen der mikrobielle und photochemische Abbau schneller und die Akkumulation von Giften daher geringer sein, unter den höheren Temperaturen wirken viele Substanzen jedoch stärker toxisch, und die Empfindlichkeit von tropischen Ökosystemen mit ihrer hohen Arten- und geringen Individuenzahl wird generell als höher eingeschätzt (Römbke und Moltmann, 1996).

1.5.2
Qualitätsanforderungen

Für den menschlichen Gebrauch bestimmtes Wasser (Trinken, Nahrungszubereitung und andere Haushaltszwecke) muß die höchsten Qualitätsansprüche erfüllen. Besonders mikrobiologische Parameter stehen hier im Vordergrund (Kap. D 4.2). Den höchsten Anteil am weltweiten Wasserverbrauch hat die Bewässerung landwirtschaftlicher Flächen (siehe Kap. D 1.4.). Hier ist der Gehalt bestimmter Ionen (Natrium, Chlor, Bor) entscheidend. Industriell wird Wasser hauptsächlich zur Kühlung, zum Transport, zur Reinigung und zur Energieerzeugung eingesetzt. Entsprechend sind die Ansprüche an industriell genutztes Wasser sehr variabel, meist aber eher gering. Für manche Nutzungsformen, wie Bewässerung, Fischerei oder industrielle Verwendung sind Qualitätskriterien bisher nur grob beschrieben worden.

Tabelle D 1.5-7
Mögliche Komplexitätsstufen eines allgemeinen Monitoringprogramms in Fließgewässern.
Quelle: nach Chapman, 1992

	Entnahmestellen	Häufigkeit der Probennahme (pro Jahr)	Wasseranalytik	Sedimentuntersuchung	Biologische Parameter	Nötige Ressourcen
Einfaches Monitoring	10	6	°C, pH, Leitfähigkeit, Sauerstoff, Partikelgehalt, Hauptionen, Nitrat			Kleines Team, Standardanalytik wie in landwirtschaftlichen- und Ärztelabors
Mittleres Monitoring	100	6–12	Wie oben, zusätzlich Phosphat, Ammonium, Nitrit BSB, CSB	Anorganische Spurenstoffe (Metalle)	Arten-, Diversitäts-, Saprobienindizes usw.	Spezialisiertes Labor, mit Hydrobiologen
Gehobenes Monitoring	100–1.000	> 12	Wie oben, zusätzlich gelöste organische Stoffe, gelöster und partikulärer organischer Kohlenstoff, Chlorophyll, anorganische Spurenstoffe	Wie oben, zusätzlich organische Spurenstoffe	Wie oben, zusätzlich chemische Untersuchung an Bioakkumulatoren	Besonders ausgestattetes Labor mit Spezialisten (z. B. nationale Forschungseinrichtung)

Der Erlaß von Gütestandards für Wasser konzentriert sich weltweit auf den gesundheitlichen Schutz der Bevölkerung und auf den Umweltschutz (Stabel, 1997). Von bisher untergeordneter Bedeutung sind Regelungen, die Wassersport und Landwirtschaft betreffen. In den USA, Kanada und Großbritannien existieren Standards zur Wasserqualität für die Viehtränke. In einigen Nationen gibt es Richtlinien für Wasser zu Bewässerungszwecken. Einige Standards haben die Vorbeugung wirtschaftlicher Schäden zum Ziel (Korrosion durch Leitungswasser).

Nicht weniger als 19 Richtlinien, Folgerichtlinien und -entwürfe beschäftigen sich derzeit im Europäischen Gemeinschaftsrecht mit dem Gewässerschutz. Davon betreffen einige den Gesundheitsschutz (Oberflächenwasser-, Badewasser-, Muschelgewässer- und Trinkwasserrichtlinie), andere die Umwelt, so z. B. das Grundwasser, kommunale Abwässer und die Ableitung gefährlicher Stoffe in die Gewässer (Lehn et al., 1996). Die in der EU geltende Badewasserrichtlinie wird von Experten als positiv bewertet, weil sie durch ihre Popularität viel zum Gewässerschutz beigetragen habe.

1.5.2.1
Trinkwasser

In der Leitlinie der WHO von 1993 wurden Richtwerte für die Trinkwasserqualität erarbeitet. Zu ihnen gehören ästhetische Parameter, mikrobiologische Kriterien, organische Verschmutzung anzeigende Meßgrößen, der Gehalt an partikulärer Substanz, stickstoffhaltige Komponenten, Salze, organische Spurenstoffe wie Pestizide und anorganische Spurenstoffe, z. B. Schwermetalle und radioaktive Stoffe (Gleick, 1993). Die WHO Trinkwasserleitlinie ist nicht rechtsverbindlich. Sie kann lediglich als Grundlage für die Entwicklung nationaler Standards im Sinne einer Minimalanforderung angesehen werden. Das gleiche gilt für die Richtlinien der EU. Die EU-Gesetzgebung schreibt eine Umsetzung in nationales Recht binnen zwei Jahren vor.

Chemikalien im Trinkwasser können entsprechend ihrer Bedeutung für die Gesundheit verschiedenen Gruppen zugeordnet werden.
– Typ 1:
Substanzen mit akuter oder chronischer Toxizität. Die Giftigkeit steigt mit zunehmender Konzentration an. Unterhalb eines Schwellenwertes werden aber keine gesundheitliche Beeinträchtigung oder Langzeitschäden mehr festgestellt (verschiedene Metalle, Nitrat und Cyanid).

– Typ 2:
Krebserzeugende, erbgut- und fruchtschädigende Substanzen ohne Schwellenwert. Auch kleinste Mengen erhöhen die Wahrscheinlichkeit entsprechender Schäden (Organochlorverbindungen (Pestizide), polychlorierte Biphenyle (PCB) und Arsen).
– Typ 3:
Essentielle, vom menschlichen Organismus benötigte Substanzen, die in hohen Konzentration schädlich sind (Fluorid, Iodid, Kochsalz).

Die Zugehörigkeit eines Stoffes zu einer dieser Kategorien ist entscheidend für seine Beurteilung im Trinkwasser.

Die in Nordamerika, Europa und der ehemaligen UdSSR gültigen Trinkwasserstandards unterscheiden sich je nach Parameter teilweise um mehrere Größenordnungen (Tab. D 1.5-8, Daten nur teilweise aktuell gültig) und selbst innerhalb der Staaten müssen Standards nicht gleichermaßen für alle Trinkwässer gelten (z. B. Ausnahmen in den neuen Bundesländern). Mehrere Ursachen tragen zur Entstehung dieser Unterschiede bei. Für viele toxische Stoffe konnte kein sicherer Schwellenwert ermittelt werden, weil z. B. Tierversuchsdaten und empirische Langzeituntersuchungen an Menschen nicht oder nur unzureichend vorliegen. Für Stoffe, die keinen toxikologischen Schwellenwert haben, können nur Standards festgelegt werden, die mit einem theoretischen „Restrisiko" behaftet sind. Welches Restrisiko dabei akzeptiert wird, welche mathematischen Modelle den Berechnungen zugrunde liegen und wie hoch zusätzliche Sicherheitsfaktoren angesetzt werden, kann national verschieden sein. Soziokulturelle Faktoren vor dem Hintergrund historischer Entwicklungen und singulärer Ereignisse tragen ebenfalls zu Unterschieden in der Wahrnehmung und Akzeptanz möglicher Risiken bei.

Die lebhafte Diskussion um Wasserqualitätsstandards und der Wissenszuwachs führen zu immer neuen Vorschlägen und Revisionen. Grenzwerte können generell nur eine relative Sicherheit vor Gesundheitsschäden bieten. Die unterschiedliche Empfindlichkeit der Menschen (Säuglinge), ihre Vorbelastung, der Gesundheits- und Ernährungszustand aber auch das Zusammenwirken verschiedener gleichzeitig im Wasser enthaltener Stoffe (synergistische Wirkungen) sind Gründe dafür. Aus der Unwägbarkeit dieser Faktoren leitet sich für viele Substanzgruppen, besonders für krebserregende, erbgut- und fruchtschädigende Stoffe die Forderung nach völliger Abwesenheit im Trinkwasser ab. Grenzwerte oder das Fehlen von solchen spiegeln oft eher ökonomische Überlegungen oder technische Möglichkeiten wider als die Sicherheit vor Gesundheitsgefährdung (Gleick, 1993).

Grenzwerte allein, ohne begleitende Regelungen, können zwar im Falle der Trinkwasserversorgung zum „Auffüllen bis zum Grenzwert" verleiten, tragen aber weniger dazu bei, daß diese auch langfristig unterschritten werden (Lehn et al., 1996). Die Länderarbeitsgemeinschaft Wasser (LAWA) hat mit der LAWA 2000 ein Gewässerschutzkonzept vorgelegt, das dem Wasserkreislauf, d. h. der Tatsache, daß die verschiedenen Formen des Wassers auf der Erde sich fortwährend ineinander umwandeln (Kap. D 1.3), Rechnung trägt. Es wurden Qualitätsziele für definierte Schutzgüter, z. B. aquatische Lebensgemeinschaften, Trinkwasser und Meeresumwelt formuliert, deren fachlich begründete Zielvorgaben je nach Schutzgut im Sinne von Orientierungswerten variieren. Die Vorschläge der LAWA befinden sich in einer freiwilligen Erprobungsphase, für die es keine Rechtsverbindlichkeit gibt.

Grundwasser ist wegen seiner im allgemeinen guten Qualität am ehesten ohne aufwendige Behandlung als Trinkwasser zu verwenden. In Europa ist der Anteil des Grundwassers an der Trinkwassergewinnung traditionell hoch. Er beträgt in Dänemark, Portugal, Deutschland und Italien mehr als 80%. Auch in den USA wird etwa 40% der öffentlichen Wasserversorgung insgesamt und 96% der ländlichen Wasserversorgung aus Grundwasser gedeckt. Der Wasserbedarf in Lateinamerika und damit einiger der größten Städte der Erde, Mexiko-Stadt, Lima, Buenos Aires, Santiago de Chile wird aus Grundwasserressourcen gedeckt. Die meisten Städte Afrikas und Asiens werden dagegen mit Oberflächenwasser versorgt, während besonders in Afrika unbehandeltes Grundwasser in ländlichen Gegenden auch künftig die wichtigste Versorgungsquelle darstellen wird.

Zur Trinkwassergewinnung werden darüber hinaus überwiegend Flüsse, Seen und Talsperren genutzt. Wegen der in ihnen natürlich enthaltenen Stoffe und Verunreinigungen durch Abwässer ist die Trinkwasseraufbereitung deutlich aufwendiger. Oberflächenwasser ist wesentlich häufiger mit Keimen belastet und meist reich an partikulärer Substanz. Dem Grundwasserschutz kommt neben der Vermeidung des Abwassereintrags in die Oberflächengewässer eine Vorrangstellung zu.

1.5.2.2
Wasser als landwirtschaftliches Produktionsmittel

BEWÄSSERUNG
Die Eignung von Wasser zu Bewässerungszwecken ist nicht einheitlich zu beurteilen, sondern muß je nach Klima, Bodenbeschaffenheit, Kulturpflanzen, Bewässerungsverfahren und -management sowie

Tabelle D 1.5-8
Trinkwasserstandards ausgewählter Parameter im Vergleich.
Quelle: verändert nach Chapman, 1992

	Parameter	WHO	EU	Kanada	USA	UdSSR
Physikalisch	Farbe (Farbeinheiten)	15	20	15	15	
	Trübung (Turbiditätsindex)	5	4			
Chemisch	pH-Wert	6,5–8,5	6,5–8,5	6,5–8,5	6,5–8,5	
	Sauerstoff (mg l^{-1})					4
	Gelöste Salze (mg l^{-1})	1.000		500	500	
	Härte (mg l^{-1} CaCO$_3$)	500				
	Ammonium (mg l^{-1})		0,5			2
	Nitrat-Stickstoff (mg l^{-1})	10		10	10	
	Nitrat (mg l^{-1})		50		10	
	Nitrit-Stickstoff (mg l^{-1})		1			
	Nitrit (mg l^{-1})		0,1			1,0
	Phosphor (mg l^{-1})		5			
	Natrium (mg l^{-1})	200	150–175			
	Chlorid (mg l^{-1})	250	25	250	250	350
	Sulphat (mg l^{-1})	400	25	500	250	500
	Fluorid (mg l^{-1})	1,5	1,5–0,7	1,5	2	1,5
	Cyanid (mg l^{-1})	0,1		0,2		0,1
	Arsen (mg l^{-1})	0,05	0,05	0,05	0,05	
	Blei (mg l^{-1})	0,05	0,05	0,05	0,05	0,03
	Cadmium (mg l^{-1})	0,005	0,005	0,005	0,01	0,001
	Chrom (mg l^{-1})	0,05	0,005	0,05	0,05	0,1–0,5
	Eisen (mg l^{-1})	0,3	0,3	0,3	0,3	0,5
	Kupfer (mg l^{-1})	1	0,1	1	1	1
	Nickel (mg l^{-1})		0,05			
	Quecksilber (mg l^{-1})	0,001	0,001	0,001	0,002	0,0005
	Erdöl (mg l^{-1})		0,01			0,3
	Summe Pestizide (µg l^{-1})		0,5			
	Einzelne Pestizide (µg l^{-1})		0,1			
	Aldrin, Dieldrin (µg l^{-1})	0,03		0,7		
	DDT (µg l^{-1})	1		30		
	Lindan (µg l^{-1})	3		4	0,4	
	Benzol (µg l^{-1})	10			5	
	Hexachlorbenzol (µg l^{-1})	0,01				
	Pentachlorphenol (µg l^{-1})	10				
	Phenole (µg l^{-1})		0,5	2		1
	Detergentien (mg l^{-1})		0,2		0,5	0,5
Biologisch	BSB (mg O$_2$ l^{-1})					3
	Fäkal-Coliforme (in 100 ml)	0	0	0		
	Coliforme (in 100 ml)	0–3		10	1	

Keine Angabe: Parameter nicht festgelegt

dem verfügbaren Wasserdargebot differenziert betrachtet werden. Bewässerungswasser entstammt dem Oberflächenwasser (Flüsse, Seen, Speicher) oder dem Grundwasser (Brunnen, Quellen, Kanate). Außerdem wird Abwasser oder Brackwasser mit Salzgehalten bis über 2.000 mg l^{-1} eingesetzt.

Physikalische Beschaffenheit

Die Befrachtung des Wassers mit groben Partikeln wie Kies oder Sand ist unerwünscht. Durch einfache Auffang- und Siebvorrichtungen können negative Folgen für die Bewässerung vermieden werden. Schwebstoffe haben einen potentiell bodenverbessernden (düngenden) Effekt auf den Feldern. Ihre abdichtende Wirkung in den Bewässerungskanälen kann ebenfalls erwünscht sein, während die damit verbundene Sedimentation der Reservoire einen zusätzlichen Kostenfaktor darstellt.

Zu geringe Wassertemperatur (< 15 °C) kann das Pflanzenwachstum deutlich verlangsamen und ertragsmindernd wirken. Als optimal für die meisten Kulturpflanzen wird eine Wassertemperatur von ca. 25 °C angesehen. Temperaturempfindliche Kulturpflanzen wie z. B. Bohnen, Melonen aber auch Reis reagieren schon bei Wassertemperaturen unter 20 °C mit Ertragseinbußen (Achtnich, 1980).

Chemische Beschaffenheit

Wesentliches Qualitätsmerkmal des Bewässerungswassers ist der Gehalt an gelösten Salzen, da er entscheidend die Eignung für die jeweiligen Kulturpflanzen bestimmt. Bewässerungswasser enthält bereits natürlicherweise gelöste Salze aus der Verwitterung und der Perkolation des Wassers durch Gestein und Böden. Der Salzgehalt variiert je nach geologischer Beschaffenheit des Einzugsgebiets und klimatischer Situation weltweit beträchtlich (Abb. D 1.5-4). Erhöhte Salinität erschwert aufgrund des osmotischen Drucks die Wasseraufnahme der Pflanzen im Wurzelraum. Das Maß für den Salzgehalt im Bewässerungswasser ist die elektrische Leitfähigkeit (in $\mu S\ cm^{-1}$). Salzempfindliche Pflanzen wie z. B. Bohnen oder Aprikosen reagieren bei Salzgehalten entsprechend einer Leitfähigkeit von über 2.000 µS (oder ca. 1 g gelöste Salze pro l Wasser) bereits mit Ertragsabnahmen von 25% (Ghassemi et al., 1995). In den letzten Jahrzehnten sind verschiedene Richtwerte zum Salzgehalt im Bewässerungswasser entwickelt worden, die die Salzverträglichkeit der Pflanzen und die Bodenverhältnisse berücksichtigen.

Ein weiteres Bewässerungsproblem stellt die Verschlämmung und Verdichtung des Bodens durch Kalziumauswaschung bei überhöhtem Natriumangebot dar. Auch sie kann durch mangelhafte Luft-, Wasser und Nährstoffversorgung Ertragseinbußen zur Folge haben und die Feldbearbeitung erheblich beeinträchtigen. Zur Abschätzung dieser Gefährdung wird der Natriumadsorptionswert des Wassers herangezogen (Tab. D 1.5-9). Dieser wichtige empirische Index ermöglicht eine Prognose, in welchem Maße durch die Wasserzufuhr Natriumionen im Boden gegen Kalzium und Magnesium ausgetauscht werden. Mit zunehmendem Natriumadsorptionswert steigt das Risiko des Kationenaustausches und einer schädigenden Wirkung auf die Bodenstruktur.

Die Toxizität im Bewässerungswasser wird im wesentlichen durch den Bor-, Chlorid- und Natriumgehalt bestimmt. Übermäßiger Stickstoffgehalt (als Nitrat oder Ammonium) verstärkt das vegetative Wachstum, fördert die Halmlagerung und verzögert die Reife. Die von der FAO empfohlenen Höchstkonzentrationen von Metallen im Bewässerungswasser (Tab. D 1.5-10) betragen, verglichen mit den Trinkwasserrichtwerten der WHO, für einige Metalle das Doppelte (z. B. Arsen, Cadmium, Chrom), können aber auch 10fach höher (Blei, Eisen) oder bis 25fach höher angesetzt sein (Aluminium).

Biologische Beschaffenheit

Für die Bewässerung ist vor allem die hygienische Beschaffenheit (Keimzahl) des Wassers von Bedeutung. Mit menschlichen oder tierischen Ausscheidungen belastetes Abwasser darf wegen der Verbreitungsgefahr von vermehrungsfähigen Krankheitserregern nur nach mechanischer und biologischer Reinigung zur Bewässerung ausgewählter Kulturen wie Futter- und Zuckerrüben oder Ölfrüchten eingesetzt werden.

Tierhaltung

Die Ansprüche an die Wasserqualität in der Tierhaltung oder Tierzucht variieren in Abhängigkeit vom Wasserumsatz der jeweiligen Tierart und dem Gewicht des einzelnen Tieres. Grundsätzlich gilt, daß sehr hohe Salzfrachten im Tränkewasser physiologischen Streß oder den Tod eines Tieres bewirken können. Richtlinien von der National Academy of Sciences in den Vereinigten Staaten erlauben eine grobe Einteilung der Salzverträglichkeit im Tränkewasser für die Vieh- und Geflügelhaltung (Tab. D 1.5-11).

Von der gleichen Institution ist außerdem eine Richtlinie für die Obergrenze an toxischen Substan-

Tabelle D 1.5-9 Beurteilung der Wasserqualität für die Bewässerung. Quelle: Bretschneider et al., 1993

Bewässerungsprobleme	Schädigung der Kulturpflanzen		
	Keine	Zunehmend	Stark
Salinität EL ($mS\ cm^{-1}$)*	<0,75	0,75–3,0	3,0
Natrium Adsorptionswert**	Niedrig	Mittel	Hoch
Bor ($mg\ l^{-1}$)	<0,75	0,75–2,0	2,0
Chlorid ($mmol\ l^{-1}$)	<4	4–10	<10
Natrium	Niedrig	Mittel	Hoch
Nitrat- oder Ammonium-Stickstoff ($mg\ l^{-1}$)	<5	5–30	<30
Bikarbonat ($mmol\ l^{-1}$)	<1,5	1,5–8,5	8,5
Außergewöhnlicher pH-Wert	(Normaler Bereich 6,5–8,5)		

*Elektrische Leitfähigkeit
**gemessen als $c_{Na}/c_{Ca}+c_{Mg}$

Tabelle D 1.5-10
Empfohlene Höchstkonzentrationen toxischer Stoffe im Bewässerungswasser bei kontinuierlicher Bewässerung.
Quelle: FAO, 1976

Inhalts-stoff	Konzen-tration (mg l^{-1})	Inhalts-stoff	Konzen-tration (mg l^{-1})
Aluminium	5	Kupfer	0,2
Arsen	0,1	Lithium	2,5
Blei	5	Mangan	0,2
Bor	0,75	Molybdän	0,01
Cadmium	0,01	Nickel	0,2
Chrom	0,1	Selen	0,02
Eisen	5	Zink	2

zen im Tränkewasser erarbeitet worden (Tab. D 1.5-12), die sich streckenweise an der Trinkwasserrichtlinie der WHO (Tab. D 1.5-8) orientiert (z. B. Cadmium, Chrom), für andere Inhaltsstoffe aber weit höhere Werte zuläßt (Arsen, Selen, Aluminium). Im Gegensatz zu den Bestimmungen für Trinkwasser existieren weder für Bewässerungs- noch für Tränkewasser Richtlinien, die Schadstoffgruppen wie organische Spurenstoffe und Pestizide zum Inhalt haben.

1.5.3
Forschungs- und Handlungsempfehlungen

FORSCHUNGSEMPFEHLUNGEN
- Untersuchung der Festlegung und Akkumulation von Schadstoffen in wasserbestimmten Lebensräumen durch physiko-chemische und biotische Prozesse sowie der Um- und Abbauprozesse von Schadstoffen in Gewässern, Böden und angrenzenden Lebensräumen, vor allem mit Blick auf die Bedeutung für die Selbstreinigungskapazitäten und die Schutz- und Sanierungsstrategien.
- Erforschung bisher unzureichend untersuchter Schadstoffgruppen hinsichtlich ihrer Entstehung, Umsetzung und Wirkung (u. a. Chelatoren, leichtflüchtige organische Verbindungen, hormonell wirksame Stoffe, künstliche Duftstoffe, persistente organische Spurenstoffe).
- Erweiterung der Untersuchungen über die Auswirkungen anthropogener Belastungen in bislang unterrepräsentierten Klimazonen (z. B. Tropen), auch im Hinblick auf mögliche Klimaveränderungen. Da für die Bewertung der Wasserqualität die Wirkungen anthropogener Belastungen entscheidend sind, sind Untersuchungen physiologischer Prozesse (zelluläre und subzelluläre Systeme), relevanter Organismengruppen (besonders auch im Sediment) und der Einsatz von Modellökosystemen notwendig. Bisher unterrepräsentierte Bereiche (tropische Organismen, Ökotoxikologie) verdienen besondere Berücksichtigung.
- Erarbeitung von Bewertungskriterien (Indikatoren und Summenparameter) für wasserbestimmte Lebensräume, die unabhängig von edaphischen Bedingungen und biogeographischen Regionen anwendbar sind.
- Definition der Wasserqualität für die verschiedenen Nutzungsformen von Wasser, wie z. B. für Landwirtschaft und Industrie, als Planungsgrundlage für die Verwendung von Süßwasserressourcen unter besonderer Beachtung des Gesundheitsschutzes.
- Ausbau des Gewässermonitoring in Regionen (Asien, Südamerika, Afrika) und Wasserkörpern (Feuchtgebiete, Grundwasser, Seen) mit bisher schwacher Datenlage als Grundlage für eine globale Datenbank. Erweiterung des Monitoring um Parameter, die bisher weltweit ungenügend erfaßt

Tabelle D 1.5-11
Eignung salzhaltigen Wassers zur Viehtränke.
Quelle: FAO, 1976

Salzgehalt (mg l^{-1})	Eignung/Probleme
<1.000	Ohne Einschränkung für Vieh und Geflügel geeignet
1.000–3.000	Nach Anpassung gut geeignet für Vieh und Geflügel
3.000–5.000	Noch geeignet für Viehbedarf nach längerer Anpassung, weniger geeignet für Geflügel, höhere Mortalität, geringeres Wachstum
5.000–7.000	Beschränkte Eignung für einige Tierarten wie Schafe und Schweine
7.000	Ungeeignet

Tabelle D 1.5-12
Richtwerte der National Academy of Sciences, USA für Metalle und Salze im Wasser zur Viehtränke.
Quelle: FAO, 1976

Inhalts-stoff	Konzentration (mg l^{-1})	Inhalts-stoff	Konzentration (mg l^{-1})
Aluminium	5	Kupfer	0,5
Arsen	0,2	Nitrat	90
Blei	0,1	Nitrit	10
Bor	5	Quecksilber	0,001
Cadmium	0,005	Selen	0,05
Chrom	0,05	Vanadium	0,10
Cobalt	1,0	Zink	24

werden (z. B. Metalle, Pestizide, organische Spurenstoffe).
- Weiterentwicklung einfacher und reproduzierbarer Meßverfahren, die das Monitoring erleichtern und die Vergleichbarkeit der Daten ermöglichen. Ausbau der internationalen Kooperation bei der Anwendung technisch aufwendiger Analyseverfahren. Erhebung von Referenzdaten zur Hintergrundbelastung und Erforschung der natürlichen Variabilität (z. B. Seesedimente) relevanter Parameter.

HANDLUNGSEMPFEHLUNGEN
Der Beirat empfiehlt
- die Belastungsgrenzen von Oberflächengewässern, Grundwasser und angrenzenden Lebensräumen im Hinblick auf ihre Wasserqualität zu definieren und unter Berücksichtigung der Selbstreinigungskraft die langfristige Unterschreitung dieser Belastungsgrenzen sicherzustellen. Bei stofflichen Einträgen ist neben punktförmigen Quellen insbesondere die Berücksichtigung diffuser Quellen vordringlich.
- die Sammlung von Daten zu Qualitätsmerkmalen von Oberflächengewässern, Grundwasser und süßwasserbestimmten Lebensräumen in einer globalen Datenbank, gemeinsam mit den Bestandsdaten als Grundlage für die Entwicklung regionaler und globaler Handlungsstrategien zu fördern.

1.6
Wasser und Katastrophen

Überschwemmungen – Ursachen von Hochwasser – Höhere Eintrittswahrscheinlichkeit durch Klimawandel – Rheinhochwasser – Hangrutschungen – Flutwellen – Modelle noch ungenau – Restrisiko absichern – Kartieren von Überschwemmungsbereichen – Schadenskategorien – Planungsprozeß – Einflußfaktoren auf Gefahrenbewußtsein – Empfehlungen

1.6.1
Einleitung

Die Variabilitäten der meteorologischen und hydrologischen Bedingungen sind für das Auftreten wasserwirtschaftlicher Extremzustände verantwortlich. Überschwemmungen und Dürren waren und sind die Naturkatastrophen, welche weltweit die größten wirtschaftlichen Schäden und hohe Verluste an Menschenleben kosten. Während Dürren durch einen ungewöhnlich starken und langanhaltenden Wassermangel für die Landwirtschaft hervorgerufen werden, sind Überschwemmungen durch extreme, außergewöhnlich starke Abflußmengen gekennzeichnet. Es handelt sich um Extremzustände, aus denen bei ungenügenden Schutz- und Gegenmaßnahmen seitens der betroffenen Gesellschaft Katastrophen entstehen können. In diesem Kapitel werden die Fragen der Enstehung von Hochwasser, des Einflusses globaler Änderungen auf Hochwasser und der Möglichkeiten der Begrenzung von Hochwasserrisiken behandelt. Der Komplex der Dürrekatastrophen ist von gleicher Wichtigkeit und erfordert eine separate Betrachtung, die hier nicht erfolgen kann.

Die Leben spendende und erhaltende Kraft des Wassers verkehrt sich in ihr Gegenteil, wenn zuviel Wasser als Hochwasser Mensch und Umwelt gefährdet. Der Mensch baut seine größeren Siedlungen vorzugsweise in der Nähe von Flüssen, weil ihm dort das Wasser als Trink- oder Bewässerungswasser zur Verfügung steht, weil die Flußauen meist fruchtbare Böden besitzen, die sich besonders zum Ackerbau eignen, und weil sich auf dem Wasserwege vergleichsweise leicht große Gütermassen transportieren lassen. Dabei nimmt er seit alters her die unregelmäßig auftretenden Hochwasser in Kauf, oder er versucht, sich dagegen durch technische Maßnahmen zu schützen.

Die großen volkswirtschaftlichen Schäden, die weltweit durch Überschwemmungen verursacht werden, sind nicht allein durch ökologische Faktoren wie die meteorologischen Verhältnisse oder die lokalen Abflußmöglichkeiten bedingt. Sieht man von einer unmittelbaren Mitverursachung ab, etwa durch gewässerbauliche Maßnahmen oder durch die Versiegelung von Flächen, wird das Schadensausmaß vielmehr (wie bei anderen Naturkatastrophen auch) wesentlich durch das Verhalten der betroffenen Menschen vor, während und nach Hochwasserereignissen mitbestimmt (Ketterer und Spada, 1993). So siedeln Menschen in überschwemmungsgefährdeten Gebieten, unterlassen vorbeugende Maßnahmen, leisten trotz akuter Gefahr Widerstand gegen eine Evakuierung usw. Eine Vorsorge gegen Hochwasserereignisse muß deshalb neben den natürlichen Ursachen die durch menschliche Aktivitäten ausgelösten Veränderungen in der Ursache-Wirkungs-Kette sowie die zu erwartenden Reaktionen der Menschen mit einbeziehen.

1.6.1.1
Entwicklung der Hochwasserschäden

Obgleich die Menschheit seit Beginn der Siedlungsgeschichte mit Hochwasser umzugehen gelernt hat, ist sie immer wieder Opfer riesiger Überschwemmungen mit erheblichen Schäden geworden – wie etwa 1993 im Gebiet des mittleren Mississippi, mit einem Schaden von mehr als 12 Mrd. US-$. Die Münchner Rückversicherung veröffentlicht alljährlich Schadensstatistiken, aus denen hervorgeht, daß in den meisten Jahren Schäden durch Hochwasser weltweit die größten volkswirtschaftlichen Verluste mit sich bringen. Die Hochwasserschadensstatistik für die Jahre 1960–1995 ist in Abb. D 1.6-1 dargestellt.

Hochwasserschäden haben in den letzten Jahren erheblich zugenommen. Das hat zum einen mit der Erhöhung der Niederschläge zu tun. Untersuchungen an vielen Stellen Europas weisen auf eine Zunahme der Niederschläge in den letzten Jahrzehnten hin (z. B. Schottland, Mansell 1997). Für Norwegen errechnete Hanssen-Bauer (1997) eine ca. 8–14%ige Zunahme in den letzten 90 Jahren. Im Rheingebiet wurde eine allgemeine Zunahme der Abflußmengen im Winterhalbjahr festgestellt (Engel, 1997). Zum Teil sind diese zunehmenden Niederschläge auf die Variabilität des Klimas zurückgeführt worden. Schwerwiegender wirkt sich jedoch die Erhöhung des Schadenspotentials aus. Häufig steigen, insbesondere in den Industrieländern, die dem Hochwasser ausgesetzten Anlagen und Werte.

Aufschlußreicher als Schadensstatistiken sind Zahlen über die von den Naturereignissen betroffenen Personen. Tab. D 1.6-1 zeigt Zahlen über den Zeitraum von fünf Jahren (1991–1995), die den gewaltigen Umfang der durch Hochwasser geschädigten Personen im Vergleich zu anderen Naturereignissen demonstrieren. Auch diese Zahlen steigen an, weil nicht nur die Vulnerabilität zunimmt, sondern vor allem auch die Anzahl der Bedrohten.

Heute leben auf der Erde etwa 6 Mrd. Menschen. Diese Zahl wird sich etwa bis Mitte des nächsten Jahrhunderts auf mehr als 10 Mrd. erhöhen. Das bedeutet aber, daß immer mehr Menschen durch Hochwasser gefährdet werden, weil notwendigerweise hochwassergefährdete Flächen besiedelt werden Abb. D. 1.6-2). Da sich insbesondere gesellschaftlich schwächer gestellte Menschen eher als andere in gefährdeten Gebieten ansiedeln, muß man damit rechnen, daß die erhöhte Hochwassergefährdung insbesondere die Armen und Verwundbaren treffen wird. Hinzu kommt möglicherweise eine durch Klimaveränderung bedingte Zunahme von Extremereignissen. Die Verhinderung der damit einhergehenden Katastrophen ist eine gewichtige Herausforderung, der sich die Menschheit stellen muß. Die Vereinten Nationen haben diese Herausforderung erkannt und die Dekade von 1990–1999 zur Internationalen Dekade für die Katastrophenvorbeugung deklariert (International Decade for Natural Disaster Reduction – IDNDR).

1.6.1.2
Vom Starkregen zum Hochwasserschaden

Bei der Untersuchung der Ursachen von Hochwasserereignissen müssen sowohl Faktoren aus Meteorologie, Hydrologie, Hydraulik wie auch die ökonomischen Verhältnisse und Siedlungs- und Bevölkerungsentwicklung betrachtet und separat bewertet werden.

Jeder dieser Faktoren kann bei spezifisch ungünstiger Bedingung zu einer Erhöhung des Risikos von Hochwasserschäden beitragen. Wenn sich alle Faktoren in ungünstiger Konstellation überlagern, kommt es zu Hochwasserereignissen mit den gefürchteten schweren Schäden. Die möglichen Einzelzustände und Überlagerungskonstellationen der Faktoren sind sehr vielfältig und teilweise zufallsbehaftet. Das Fehlen nur einer ungünstigen Bedingung (innerhalb

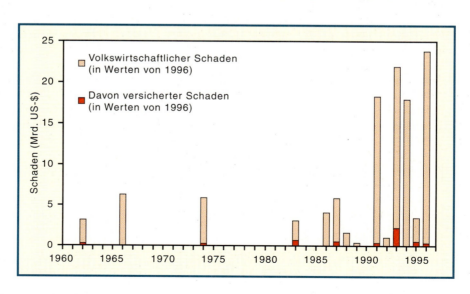

Abbildung D 1.6-1
Hochwasserschäden: volkswirtschaftliche und versicherte Schäden durch große Überflutungen 1960–1996 mit weit über 100 Toten und/oder 100 Mio. US-$ Schaden.
Quelle: Münchner Rückversicherung, 1997

D 1.6 Wasser und Katastrophen

Tabelle D 1.6-1
Anzahl der 1991–1995 durch Naturereignisse betroffenen Personen (in tausend Menschen). Quelle: nach WMO, 1997

Kontinent/Land	Hochwasser und Hangrutschungen	Starkwinde	Erdbeben	Vulkane
Afrika	1.674	6	63	1
Afrika südl. der Sahara	1.503	6	50	1
Nordafrika	171		13	
Amerika	2.407	3.344	303	449
Zentralamerika	395	262	208	376
Karibik	896	1.797	7	6
Südamerika	1.057	642	88	67
Nordamerika	64	644		
Asien	775.245	72.578	2.272	894
Ostasien	482.274	49.225	1.485	65
Südasien	274.532	1.070	204	
Südostasien	18.421	22.233	366	829
Westasien	18	50	217	
Europa	2.784	3	550	7
EU-Mitglieder	380	2	15	7
Nicht-EU-Mitglieder	2.404	1	535	
Ozeanien	119	2.872	15	106
Ganze Welt	782.230	78.804	3.203	1.457

einer generell ungünstigen Konstellation) kann den Unterschied zwischen Hochwasserkatastrophe und Abflußverhältnissen ohne große Schäden bedeuten. Es ist offensichtlich, daß jeder dieser Faktoren vom Menschen – allerdings in unterschiedlichem Ausmaß – beeinflußt wird.

1. Meteorologische Faktoren
   In den meisten Fallen ist das Auftreten von starken Niederschlägen eine notwendige Bedingung für die Entstehung eines Hochwasserereignisses. Entscheidend sind Dauer, Intensität und räumliche Ausdehnung des Regens. Schnelles Abtauen von Schnee (oft verbunden mit Regenfällen) erhöht die zum Abfluß gelangenden Wassermengen. Zusätzliche Hochwasserereignisse, die nicht direkt mit Starkniederschlägen zusammenhängen, sind selten und treten meistens bei Seebeben, nach Dammbrüchen, nach Berg- oder Gletscherrutschungen oder als Folgen von Eisstau auf.
2. Zustand des Einzugsgebiets
   Starkniederschläge verursachen große Abflußereignisse, wenn ein bedeutender Anteil des Niederschlags nicht infiltriert wird und als Oberflächenabfluß dem Gewässersystem zufließt. Die häufigsten Gründe für das Überschreiten der Infiltrationskapazität des Bodens sind natürlichen Ursprungs: Zum einen können Regenfälle mit sehr hohen Intensitäten die aktuell mögliche Infiltrationsrate der Bodenoberfläche übertreffen. Zum anderen kann durch langanhaltenden Vorregen der Grundwasserspiegel großflächig angehoben, die gesättigten Flächen in der Nähe der Gewässer ausgedehnt werden und generell ein hoher Sättigungsgrad des Bodens vorliegen, so daß kein oder nur noch sehr wenig freier Porenraum zur Aufnahme des Niederschlags zur Verfügung steht. Außerdem können die Wasseraufnahmekapazität der Einzugsgebietsfläche durch Verkrustungs-, Verschlämmungs-, Verdichtungs- und Versiegelungsvorgänge an der Bodenoberfläche beeinflußt werden. Der Zustand der Vegetationsdecke sowie die Ausprägung von Gebietsrelief und Mikrotopographie sind ebenfalls von Bedeutung.
3. Zustand des Gewässersystems
   Die hydraulischen Rahmenbedingungen des Gewässersystems bestimmen, wieviel und wie schnell das dem Gewässer zugeflossene Wasser im Flußbett oder in angrenzenden Überflutungsflächen transportiert werden kann und welcher Anteil in weiteren Retentionsräumen – ob gewünscht oder nicht – zeitweise zurückgehalten wird. Dabei ist auf die grundsätzliche Problematik hinzuweisen, daß Gerinnebedingungen, die durch hohe Abflußkapazitäten an einem Gewässerabschnitt die Hochwasserwahrscheinlichkeit in diesem Bereich herabsetzen, die Situation für die unterliegenden Bereiche durch den ungedämpften Wasserzufluß verschlechtern.
4. Schadenspotential
   Hochwasser führt erst zu wahrgenommenen Schäden, wenn Menschen oder das, was sie wertschätzen, in Mitleidenschaft gezogen werden. Je dichter

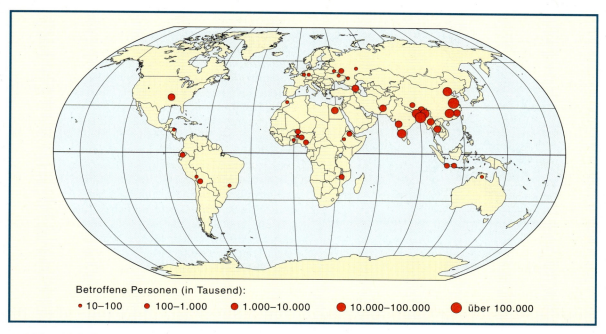

Abbildung D 1.6-2
Globale Verteilung der Überschwemmungsgefahr.
Quelle: nach Münchner Rückversicherung, 1997; WMO, 1997

die potentiellen Überschwemmungsgebiete besiedelt sind, je intensiver diese Gebiete genutzt werden, je höher die Sachwerte sind und je weniger Vorkehrungen gegen Hochwassergefahren getroffen worden sind, desto höher ist das Schadenspotential. Es ist also leicht ersichtlich, daß allein durch das Bevölkerungswachstum und durch den Zuwachs an Vermögenswerten in den flußnahen Lebensräumen das Schadenspotential ansteigt. Diese Situation ist besonders kritisch in Regionen, in denen als Folge des Bevölkerungsdrucks auch bislang immer für Flußüberflutungen freigehaltene Flächen besiedelt werden.

1.6.2
Unterscheidung verschiedener Hochwassertypen

Die Hochwasserschutzmaßnahmen müssen sich nach den örtlichen Gegebenheiten und der Art des Hochwassers richten. Ein extremer Niederschlag allein löst noch kein Hochwasser aus, dazu müssen weitere Voraussetzungen gegeben sein. Es ist sinnvoll, diese Ursachen sowohl nach der Art des Niederschlags als auch nach dem Gebiet zu unterscheiden.

HOCHWASSER UND HOCHWASSERSCHUTZ IM HOCHGEBIRGE

Die verschiedenen Typen von Einzugsgebieten sind schematisch in Abb. D 1.6-3 gezeigt. Im gebirgigen Gebiet des Oberlaufs ist das Gelände stark gegliedert, die Täler sind tief eingeschnitten, in den geologisch jungen Gebirgen, etwa den Alpen, tiefer als in alten Gebirgen. Lokale starke Niederschläge, in Verbindung mit Schneeschmelze, führen im Frühjahr zu Hochwassersituationen – insbesondere, wenn der Boden noch gefroren ist. Starke Hochwässer in den Gebirgsregionen sind von besonders katastrophaler Wirkung. Wegen des hohen Gefälles strömt das Wasser mit hoher Geschwindigkeit und reißt alles mit sich: es zerstört Brücken und Straßen, gräbt tiefe Erosionsrinnen in die Überflutungsflächen und hinterläßt eine mit Schwemmgut übersäte Landschaft.

Wegen der Steilheit des Gefälles im Berggebiet entstehen Hochwasser auch aus anderen, nicht unmittelbar mit dem Niederschlag zusammenhängenden natürlichen Ursachen, etwa durch die Verriegelung eines Tals durch einen Bergsturz, hinter dem sich das am Abfließen gehinderte Wasser sammelt und so weit aufstaut, bis es über den natürlichen Damm hinwegströmt und ihn durch seine erodierende Kraft zerstört. Aus den Nebenflüssen der großen, das Himalayagebirge entwässernden Flüsse kennt man die so entstandenen „lakes of sorrow", die im Verlauf der Zeit irgendwann einmal ihre Barriere durchbrechen und für gewaltige, alles vernichtende

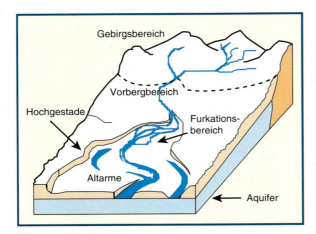

Abbildung D 1.6-3
Die Bereiche eines Flußgebiets.
Quelle: Petts und Amoros, 1996

Flutwellen sorgen. So wird aus Indien von einer Flutwelle berichtet, die 80 km unterhalb eines solchen Sees noch 40 m hoch war. Sie entstand im August des Jahres 1893 beim Durchbrechen des Sees im Oberlauf des Ganges im Gonatal (Gupta, 1974). Auch aus den Alpen kennt man solche, durch Bergstürze hervorgerufene Katastrophen. Sie treten meistens im Zusammenhang mit lang andauernden Niederschlägen auf, wie z. B. der dramatische Valpola-Bergrutsch von 1987 in Norditalien, bei dem der Osthang des Mt. Zandila in den Fluß Adda (dem Zufluß des Comer Sees) abrutschte, mehrere Ortschaften zerstörte und 27 Menschen das Leben kostete (Azzoni et al., 1992). Eine ganz ähnliche Wirkung entsteht, wenn sich ein See hinter der Eisbarriere eines Gletschers gebildet hat. Beim Auftauen des Barriereeises wird der See freigesetzt, und Hochwasserkatastrophen können die Folge sein.

Hangrutschungen werden vermutlich in der Zukunft in verstärktem Maße auftreten, und zwar aus zwei wesentlichen Gründen. Zum ersten werden in vielen Teilen der Welt die Wälder im Bergland rücksichtslos abgeholzt. Dadurch erniedrigt sich die natürliche Verfestigung des Bodens durch die Baumwurzeln, Hänge werden destabilisiert und jeder starke Regen führt zu weiteren Erosionen, die den Geschiebetrieb der Flüsse erhöhen.

Zum zweiten trägt die im Zusammenhang mit der globalen Klimaänderung beobachtete allmähliche Erwärmung der Luft zur Destabilisierung bisher nicht bedrohter Hänge bei. Dies erfolgt vor allem durch die mit der Erwärmung verbundene Verschiebung der Permafrostgrenze in größere Höhen. Durch das Abschmelzen des Permafrosteises in hohen Gebirgslagen wird die Kohäsionskraft des Eises im Hangmaterial abgebaut. Da sich auch das Volumen des Wassers bei seinem Übergang vom eisförmigen in den flüssigen Aggregatzustand verringert, entstehen Hohlräume, in die das Hangwasser eindringt und einen Porenwasserüberdruck erzeugt, der die abstützende Wirkung der Hangelemente verringert. Die Gesamtwirkung ist eine Verminderung des inneren Reibungswinkels des Hangmaterials, verbunden mit einer Erhöhung der Abrutschgefahr von Gebirgsschotter und alten geologischen Hangschuttablagerungen. Dieser Effekt soll auch für den Valpola-Bergrutsch mitverantwortlich gewesen sein.

Eine vom Menschen direkt verursachte ähnliche Hochwassersituation entsteht durch betriebsbedingte Flutwellen aus Talsperren. Das sind Ablässe aus der Talsperre, die z. B. erforderlich werden, um in Erwartung hoher Niederschläge ein Reservoir zu entleeren oder um Wasser für die Nutzung von Unterliegern bereit zu stellen. Eine besonders dramatische, von Menschen mit verursachte Hochwasserwelle entsteht beim Bruch einer Talsperre. Das Versagen einiger Stauanlagen im Ausland (z. B. Teton Damm, 1976) und auch einiger kleiner Talsperren (Rückhaltebecken) in Deutschland hat deutlich gemacht, daß Stauanlagen nicht absolut sicher sind, sondern daß bei jeder Stauanlage ein Versagensrisiko verbleibt (siehe Kap. D 3.4).

HOCHWASSER IM MITTELGEBIRGE

In den kleinen Tälern der Mittelgebirge entstehen schwere Hochwasser durch sommerliche Gewitter, örtlich verstärkt durch orographische Effekte, oder durch starke Frühjahrsregen im Zusammenwirken mit Schneeschmelzen und gefrorenem Boden. So entstehen immer wieder lokale Extremereignisse, die nur schwer vorherzusagen sind und die örtlich große Schäden anrichten. Größere Täler dagegen sind eher bei lang andauernden zyklonalen Wetterlagen gefährdet. Daher ist auch der Hochwasserschutz in solchen Gebieten nach zwei Richtungen durchzuführen: Es müssen die schweren, lokalen Niederschläge aufgefangen und der Unterlauf geschützt werden. Ein möglicher Ansatz für einen Hochwasserschutz bei dieser doppelten Problematik besteht in der Anordnung von Hochwasserrückhaltebecken in den oberen Tälern.

In kleinen Einzugsgebieten wirken sich die menschlichen Eingriffe in die Struktur des Einzugsgebiets besonders stark aus. Da ist zunächst der Einfluß der Bebauung und teilweisen Verdichtung des Bodens hervorzuheben. Unter normalen Umständen wirkt ein Boden wie ein Schwamm, der erhebliche Wassermengen aufnehmen und zwischenspeichern kann. Durch eine Bebauung wird der Porenraum des Bodens „versiegelt". Weil dem Niederschlag hierdurch, etwa in Stadtzentren, der Speicherraum genommen wurde, fließt das Wasser unvermindert und schneller zum Fluß. Der Anteil des Niederschlages, der zum Abfluß gelangt, liegt bei normalen Verhältnissen (d. h. naturbelassenen und dichtbewachsenen Böden) unter 10–20%. Dieser Prozentsatz wird Abflußbeiwert genannt. Er hängt sehr stark von der Bebauung ab und kann in Stadtgebieten 90–95% betragen. Darüber hinaus wird durch Bebauung auch der Abfluß beschleunigt, der Spitzenwert eines Durchflusses tritt bei bebautem Gebiet früher auf als bei unbebautem und wird noch dadurch verstärkt, daß der Durchfluß durch das Kanalisationsnetz abgeführt und als Regenwasser in das Gewässer abgeleitet wird. Allerdings muß sich dieser Effekt nicht unbedingt auf eine Erhöhung des Hochwassers auswirken. Es läßt sich sogar öfter feststellen, daß Städte am Unterlauf kleinerer Flüsse den Unterlauf unterhalb der Stadt entlasten können. Weil die Hochwasserwelle aus dem Stadtgebiet bereits abgeflossen ist, ehe die Spitze des Hochwassers aus dem ländlichen Gebiet auftritt, verringert sich der Spitzenabfluß, der ja die maßgebliche Größe für die Bemessung von Deichen ist. Der Abflußbeiwert wird nicht nur durch die Bebauung beeinflußt, sondern auch durch den natürlichen Bewuchs. Wälder haben allgemein den niedrigsten Abflußbeiwert.

Ebenso wichtig ist die Geologie: stark durchlässige Schichten haben einen kleinen Abflußbeiwert, Lößgebiete einen größeren. Als drittes tritt der Vorzustand des Bodens hinzu. Wenn es vor dem Extremniederschlag lange geregnet hat, ist der Boden bis zum undurchlässigen Untergrund durchfeuchtet und kann nur einen geringen Anteil des Niederschlages aufnehmen. Das gleiche gilt auch für den gefrorenen Boden, bei dem durch die Ausdehnung des Wassers während der Eisbildung die Poren geschlossen werden. Daher ist es unwahrscheinlich, daß außerhalb von Stadtgebieten die Bebauung einen starken Einfluß auf das Abflußverhalten bei extremen Hochwässern hat. Möglicherweise bringen detaillierte Untersuchungen zur Abflußbildung bei unterschiedlicher Landnutzung und Bodenbearbeitung neue Erkenntnisse (Mendel et al., 1996). So wird in einigen Forschungsvorhaben der Einfluß einer nicht traditionell betriebenen Landwirtschaft untersucht, mit deren Hilfe vor allem Erosion verhindert und gleichzeitig die Rückhaltewirkung von künstlich geschaffenen Kleinstbecken, etwa in Ackerfurchen, erhöht werden soll.

Hochwasser im Flachland

Das Abflußverhalten von Flachlandflüssen unterscheidet sich wesentlich vom Abflußverhalten in anderen Geländeformen. Ein Hochwasser im Flachland erzeugt unter natürlichen Bedingungen weiträumige Überflutungen, der Fluß kann sich während des Ereignisses verlagern und hat die Tendenz, sich schlangenförmig in Mäandern auszubilden oder sich in zahlreichen Verästelungen auszubreiten, je nach der Korngröße und Zusammensetzung der Bodenteilchen im Flußbereich und nach dem Gefälle des Gebiets. Wo der Fluß aus dem steileren Bergland in die Ebene tritt, lagert er das mitgeführte Geschiebe ab. Der Fluß verlandet im Laufe der Zeit, und der Wasserspiegel steigt an und erhöht dadurch die Flutgefahr – wenn nicht gar, wie schon oft an den geschiebereichen Flüssen Indiens oder Chinas geschehen, der Fluß durch das Geschiebe ganz verstopft wird und sich selbst aufstaut. Da die Wassertiefe relativ zur Breite klein ist und da auch die Geschwindigkeit wegen des geringen Gefälles vergleichsweise langsam ist, braucht der Fluß eine große Breite, um abzufließen. Damit tritt er in Wechselwirkung zum Grundwasser, das direkt in den Überflutungsflächen aufgehöht wird und je nach dem Vorwasserstand zu einer Verminderung des Abflusses beitragen kann.

Tidebeeinflusste Hochwasser

Sehr große Schäden können bei Hochwasser in den Mündungs- und Deltaregionen der großen Flüsse in der ganzen Welt entstehen, da in diesen exponierten Küstengegenden die großen Häfen mit ihren Vermögenskonzentrationen und hohen Bevölkerungszahlen liegen. Dadurch ist die Zahl der potentiellen Opfer besonders groß. Diese Regionen werden einerseits durch große Sturmfluten vom Meer aus gefährdet (was nicht Gegenstand dieses Gutachtens ist) und andererseits bei hohen Tidewasserständen und gleichzeitigem starken Zufluß aus dem Oberlauf des Flußlaufs in die Mündungsregion hinein durch tidebeeinflußte Flußhochwasser bedroht. Besonders gefährlich ist die Kombination aus vom Meer drohender Sturmflut und vom Flußoberlauf zuströmenden Extremabflüssen. Solche Situationen haben weltweit immer wieder zu großen Überschwemmungen mit erheblichen Schäden und Opfern geführt. Beispiele hierfür sind in Europa die Überflutungskatastrophen der Jahre 1962 und 1976 in Hamburg, 1953 in London und im gesamten Rheindelta. Weltweit sind vor allem die regelmäßig auftretenden Überschwemmungen des Ganges-Brahmaputra-Deltas in Bangladesch zu nennen.

1.6.3
Einflüsse von Klimaänderungen auf Hochwasser

Bei den in den vergangenen Jahren gehäuft aufgetretenen großen Hochwasserereignissen wurde vielfach diskutiert, inwieweit Klimaänderungen, Flußbegradigungen oder Veränderungen in der Landschaft das Ausmaß oder die Eintretenswahrscheinlichkeit eines Hochwasserereignisses erhöht haben. Die Zu-

sammenhänge zwischen Ursache und Wirkung sind nur zum Teil geklärt und wissenschaftlich belegbar. Abb. D 1.6-4 faßt in einer Art „Kaskade des Hochwasserrisikos" die Verknüpfungen zwischen Ursachen, Wirkungen und Folgen zusammen. Dabei wird von den hochwasserrelevanten Aspekten globaler Veränderungen ausgegangen:
- Klimaänderungen
- Landnutzungs- und Landschaftsveränderungen
- Veränderungen der Gewässersysteme
- Zunahme menschlicher Besiedlung.

Das Hochwasserrisiko setzt sich dann vereinfacht betrachtet zusammen aus natürlich dominierten Einflüssen auf die Häufigkeit der Hochwasserentstehung und zivilisatorisch dominierten Einflüssen auf die Konsequenzen.

Von den genannten hochwasserbildenden Faktoren sind bei der Diskussion von möglichen Klimaänderungen die meteorologischen Bedingungen von primärer Bedeutung. Auch Vegetations- und Bodenzustand im Einzugsgebiet können durch Klimaänderungen beeinträchtigt werden und damit auf die Hochwasserentstehung rückwirken. Aussagen über eine Änderung des Hochwassergeschehens sind grundsätzlich nur sehr bedingt zu verallgemeinern, da es sich um ein hochgradig nichtlineares System handelt, das den hohen natürlichen raum-zeitlichen Variabilitäten von Meteorologie, Topographie, Böden, Vegetation, Klima, Grundwasserverhältnissen und Gewässerzustand ausgesetzt ist. Gerade im Bereich der Auswirkungen der Klimaänderungen auf das Hochwasserabflußgeschehen sind quantitative Aussagen mit großen Unsicherheiten behaftet. Grundsätzlich lassen sich aber die folgenden drei Thesen zu hochwasserrelevanten Auswirkungen der Klimaänderung formulieren:

1. Der Anstieg des Meeresspiegels verschärft die Gefahr von Küstensturmfluten und tidebeeinflußten Flußüberschwemmungen.

Der mit der Erderwärmung verbundene Meeresspiegelanstieg erhöht die Auftretenswahrscheinlichkeit tidebeeinflußter Flußüberschwemmungen, da sich bei einem im Mittel erhöhten Meeresspiegel auch die extremen Wasserspiegel um den gleichen Betrag erhöhen. Dieser Umstand wirkt sich inzwischen bereits auf die Bemessungskriterien für Hochwasserschutzbauwerke in den Mündungsgebieten großer Ströme aus, so etwa beim 1997 in Betrieb genommenen Sperrwerk von Rotterdam, wo aufgrund des zu erwartenden Meeresspiegelanstiegs ein um 50 cm erhöhter Bemessungswasserstand angesetzt wurde.

2. Erhöhte Temperaturen bedingen einen intensiveren Umsatz des globalen Wasserkreislaufs.

Energie- und Wasserkreislauf sind ein eng verbundenes System und beeinflussen sich gegensei-

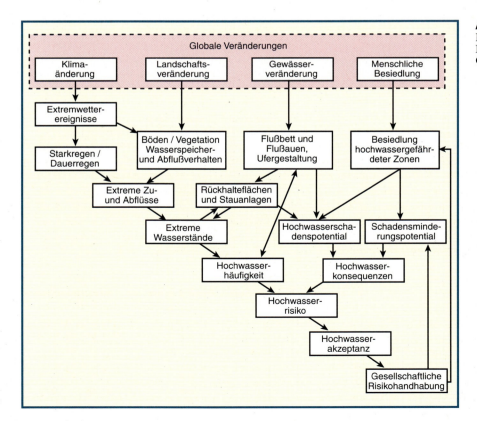

Abbildung D 1.6-4
Kaskade des Hochwasserrisikos.
Quelle: nach Plate, 1997

tig. Für den globalen Maßstab läßt sich aufgrund von thermodynamischen Betrachtungen sagen, daß ein Temperaturanstieg zu einer generellen Intensivierung des hydrologischen Kreislaufs führen wird. Mitchell (1989) gibt für angenommene globale Temperaturerhöhungen zwischen 2,8–5,2 °C erhöhte globale Verdunstungs- und Niederschlagsraten zwischen 7 und 15% an (siehe Kap. D 1.3). Zusammen mit den erwarteten höheren Variabilitäten des Klimas (siehe unten) ergibt sich für verschiedene Regionen der Erde eine deutliche Erhöhung des Niederschlagsdargebotes und wahrscheinlich auch der Starkniederschläge.
3. Klimaveränderungen erhöhen die Häufigkeiten von extremen Wetterereignissen.
Geringe Änderungen des mittleren Klimas oder der mittleren Klimavariabilität können relativ große Veränderungen der Eintrittshäufigkeit von Extremereignissen bewirken. Dabei hat eine kleine Änderung der Variabilität größere Auswirkungen als eine kleine Änderung des mittleren Verhaltens (IPCC, 1996a). Auch von Flohn (1988 und 1989) wird festgestellt, daß die Häufigkeit extremer, großräumiger Wetteranomalien als Folge der Klimaänderungen in allen Breiten zunehmen dürfte. Mit einem verstärkten Auftreten der Wetteranomalien wäre auch eine Häufung von Hochwasser (ebenso wie Dürre) verursachenden Wetterlagen verbunden.

1.6.3.1
Beobachtete Trends in Niederschlag und Abfluß

NIEDERSCHLAGSTRENDS IN DEUTSCHLAND UND EUROPA

Ein Anstieg des mittleren Niederschlags läßt sich im globalen Maßstab beim heutigen Kenntnisstand nur aus theoretischen Überlegungen ableiten und berechnen (siehe Kap. D 1.3). Im regionalen Maßstab sind zum Teil aber entsprechende Trends über die letzten ca. 100 Jahre statistisch nachgewiesen und gemessen worden. So berichtet Engel (1995) von den Jahresniederschlägen des Rheingebiets bis Köln seit 1890. Dort ist eine steigende Gesamttendenz bei deutlichen periodenhaften Schwankungen zu erkennen.

Neben der Zunahme der Jahresniederschlagssummen weisen die Beobachtungen auch auf eine Tendenz zur saisonalen Umverteilung von Sommer zu Winter hin. Faßt man beide Trends zusammen, so ergibt dies über die letzten 100 Jahre einen im Mittel in etwa konstanten Sommerniederschlag (Juni–Oktober) und einen im Mittel deutlich zunehmenden Winterniederschlag (November–Mai). Die statistischen Analysen der Niederschlagsänderungen in Europa von 1891–1990 von Rapp und Schönwiese (1995) zeigen eine deutliche Zunahme der Winterniederschläge in Mittel- und Nordeuropa sowie eine Abnahme in Süd- und Südosteuropa. Diese Beobachtungen sind konsistent mit den Trendmessungen im Rheingebiet. Bei anhaltendem Trend der Niederschlagsentwicklung könnte sich das Risiko großer Hochwasser an den Flüssen Mitteleuropas (weiter) erhöhen.

VERÄNDERUNG DER
WETTERLAGENHÄUFIGKEITEN IN EUROPA

Bárdossy und Caspary (1990) untersuchten die Wetterlagenhäufigkeit für Europa anhand der Tageszeitreihe der atmosphärischen Zirkulationsmuster über Europa und dem Nordatlantik seit 1891. Für diese Zeitreihe wurde eine statistisch signifikante Zunahme der Westlagenhäufigkeiten nachgewiesen, wobei der Bruchpunkt der Zeitreihe in den 70er Jahren liegt. Die Zunahme der zonalen Lagen ist statistisch hochsignifikant. Da diese Wetterlagen als typisch für langanhaltende, großflächige Niederschlagsereignisse in Mitteleuropa gelten, können für manche Einzugsgebiete hohe Korrelationswerte zwischen den Zunahmen dieser Wetterlagen und gehäuften Hochwasserereignissen errechnet werden. Zur Klärung des Zusammenhangs dieser Wetterlage mit einzelnen Hochwasserereignissen sind weitere Detailuntersuchungen notwendig. Durch das Fehlen noch länger zurückliegender Wetterkartenaufzeichnungen ist leider keine Aussage möglich, inwieweit der beobachtete Trend der 115jährigen Zeitreihe ein Teil von noch längerfristigen, natürlichen Schwankungen ist.

1.6.3.2
Weitere mögliche Änderungen der Hochwasserhydrologie aufgrund von Klimaänderungen

DAS RHEINHOCHWASSER DER LETZTEN JAHRE

Grünewald (1996) berichtet davon, daß die spektakulären Rheinhochwasser in den Jahren 1993/94 sowie 1995 ihre Ursache nicht in den Alpen, sondern in den geringen Aufnahmekapazitäten der Böden in den hochwasserrelevanten Mittelgebirgen hatten. Die geringen verfügbaren Infiltrationsraten waren vor allem auf die hohen, flächenhaft verteilten Regenperioden vor dem eigentlichen Hochwasserzeitraum (z. B. 7.–18. Dezember 1993) oder auf schmelzende Schneedecken bzw. gefrorenen Boden (im Januar 1995) zurückzuführen.

Hier wird deutlich, wie wichtig die Schneeschmelzbedingungen für die Hochwasserentstehung sein können. Damit können sich auch durch Klimawandel bedingte Änderungen der Menge, Häufigkeit und Zeit des Auftretens von Schneeschmelzereignissen auf das hydrologische Regime eines Flusses und damit auch auf sein Hochwasserverhalten auswirken. So wurde von Engel (1997) darauf hingewiesen, daß eine erwärmungsbedingte Verlagerung des typischen Hochwasserverhaltens des Alpenraumes von Schmelzhochwassern (Zeitraum Mai bis Juli) zu Starkregenhochwassern (Zeitraum meist im Winter) eine ernste, möglicherweise katastrophale Verschärfung des Hochwasserrisikos im Rheingebiet verursachen könne, da dann, was bislang nicht der Fall gewesen war, das Alpenhochwasser und das Mittelgebirgshochwasser zusammenfallen würden.

HANGRUTSCHUNGEN UND MURGÄNGE

Falls im Hochgebirge durch langfristige, mittlere Temperaturerhöhungen die Permafrostgrenze steigt, kann dies zu einem Auftauen und damit zu einer Destabilisierung von Gletschermoränen führen. Dies kann für eine Übergangszeit von mindestens einigen Jahrzehnten vermehrte Hangrutschungen und Murgänge mit schweren Schäden zur Folge haben. Ob die in den letzten Jahren beobachtete Häufung der Murgänge in der Schweiz mit der Erwärmung im Alpenraum ab 1850 zusammenhängt, ist bislang nicht geklärt (Vischer, 1996).

PLÖTZLICHE FLUTWELLEN (FLASH FLOODS)

Ein Klimawandel bringt langfristig auch eine Änderung der natürlichen Vegetationsdecke mit sich. Grundsätzlich gilt, daß Bodendegradation, verbunden mit geringerem Bewuchs, verringertem Grobporenanteil und vermehrter Verkrustung und Verschlämmungsneigung, die Infiltrationskapazität reduziert und damit den Direktabflußanteil im Fall von Starkniederschlägen erhöht.

Eine reduzierte Vegetationsdichte wirkt zum einen auf die Hochwasserentstehung durch den verminderten Interzeptionsspeicher, zum anderen durch einen verringerten Schutz der Bodenoberfläche vor der Niederschlagsenergie. Letzteres kann zu Verschlämmungsprozessen und dadurch zu Infiltrationsminderungen führen und vor allem bei hochintensiven Starkregen die Hochwasserabflüsse gegebenenfalls erst bewirken. Probleme dieser Art sind in semi-ariden Gebieten besonders häufig (Beispiel Mittelmeerraum), aber auch in landwirtschaftlich genutzten Gebieten Deutschlands anzutreffen. Änderungen der natürlichen Vegetationszusammensetzungen und der Bodenstruktur aufgrund von geänderten Klimabedingungen können allerdings nur in langen Zeiträumen erfolgen und somit auch nur langfristig (und damit noch nicht heute) für Hochwasserveränderungen von Bedeutung sein.

HOCHWASSERMILDERNDE FAKTOREN

Burkhardt (1995) berichtet von einem Rückgang der extremen Elbhochwasser während der letzten 200 Jahre. Dies ist wahrscheinlich durch den Rückgang der Hochwasser infolge Eisstau und Eisblockadebruch hervorgerufen. Die Reduktion der Eisstauereignisse ist durch die regionale Erwärmung nach dem Ende der letzten kleinen Eiszeit nach 1800 (sowie in geringerem Ausmaß durch die Erhöhung des Salzgehalts und der Wassertemperatur aufgrund von Kühlwassereinleitungen) begründet.

1.6.3.3
Möglichkeiten der Modellierung

METEOROLOGISCHE UND HYDROLOGISCHE BERECHNUNGEN

Vorhersagen für Ausmaß, Ort und Zeitpunkt von Hochwasserereignissen benötigen komplexe und detaillierte mathematische Modellsysteme. Im Idealfall könnten damit auch viele der oben zusammengetragenen Beobachtungen integriert werden. Damit ließe sich letztlich beurteilen, welche der beobachteten Phänomene durch veränderte Klimabedingungen oder durch andere Änderungen im betrachteten Zeitraum begründet sind und welche lediglich innerhalb der natürlichen Variabilität der meteorologischen und hydrologischen Systeme liegen. Um ein Hochwasser vorhersagen zu können, sind prinzipiell drei verschiedene Komponenten im Modellierungsablauf notwendig:

1. Meteorologisches Modell (Wettervorhersage):
   Die Qualität der Wettervorhersagemodelle wurde in den letzten Jahren deutlich verbessert. Heute können damit Informationen über die relevanten Werte wie Temperatur, Wind und Niederschlag bis zu etwa einer Woche im voraus berechnet werden. Diese Modellierungsergebnisse sind ein beachtlicher Fortschritt in Richtung einer umfassenden Hochwasservorhersage.
   Allerdings entsprechen bisher die Prognosen bezüglich des Ortes und des Umfangs der Niederschläge noch nicht den Anforderungen, die zur Berechnung von Umfang und Ort des Hochwasserabflusses erfüllt sein müssen. Insbesondere die Information über Lage und Intensität von lokalen konvektiven Starkregen (Gewitter) sind für eine direkte Vorhersage von „flash floods" noch ungenügend.

2. Hydrologisches Modell (Transformation des Niederschlags zu Abfluß):
   Auch bei den hydrologischen Modellen, bei denen die Umwandlung des Niederschlags in Abfluß berechnet wird, wurden in den letzten Jahren beachtliche Fortschritte erzielt. Sie sind aber bisher

für eine Hochwasserabflußvorhersage vor dem Eintreten des Hochwassers nur sehr begrenzt nutzbar. Dies liegt daran, daß es – insbesondere für die Verhältnisse bei extremen Starkregen – noch prinzipielle Defizite der hydrologischen Modelle gibt (beispielsweise bei der Berechnung des oberflächig abfließenden Niederschlagsanteils und der Grundwasserreaktion auf Starkniederschläge). Auch Maßstabsfragen (Skalierung) bei der Berechnung von hydrologischen Prozessen sind z. T. noch ungeklärt. Schließlich ist die zum Betrieb dieser Modelle notwendige Datenbasis oftmals ungenügend.

Es ist aber zu erwarten, daß mit einer weiteren Verbesserung dieser Modelle die Lücke zwischen der konkreten Niederschlagsvorhersage und der Abflußbildung im Einzugsgebiet zunehmend geschlossen wird und damit die Basis für eine Vorhersage der Hochwasserentstehung gelegt wird. Für große Gebiete wird dies jedoch einen erheblichen zusätzlichen personellen und finanziellen Aufwand erfordern.

3. Hydraulisches Modell (Ablauf des Hochwassers in Fließgewässern):
Hydraulische Modelle berechnen den Ablauf eines Hochwassers im Gewässersystem. Sie sind also nicht auf die Frage ausgerichtet, welche Wassermengen den Flüssen zufließen, sondern darauf, wie das einmal dem Gewässersystem zugeflossene Wasser abfließt. Sie benötigen Wasserstände und/ oder Abflußraten an den Anfangspunkten des Systems (meist bestimmte Pegel im Oberlauf des Flusses oder den Nebenflüssen) und berechnen den Wasserstand, Abflußmenge und z. T. auch den Umfang von Überschwemmungsgebieten für das im Modell erfaßte Gewässersystem.

Diese Modelle sind in Westeuropa für große Flüsse recht ausgereift und liefern seit Jahren die Wasserstandsprognosen im Hochwasserfall. Da sie aber die Zuflüsse in das System als Eingabe benötigen, können sie nur mit vergleichsweise kurzen Vorwarnzeiten (nämlich genau den Fließzeiten zwischen Eingabepegeln und Berechnungsort) betrieben werden. Die Vorwarnzeit für den Rhein bei Köln beträgt beispielsweise nur etwas mehr als zwei Tage. Für kleinere Flüsse sind die Fließzeiten so kurz, daß hydraulische Modelle zur Echtzeit-Hochwasservorhersage dort nur von geringem Nutzen sind.

Eine wichtige Aufgabe für die Zukunft besteht darin, die oben genannten Modellsysteme weiter zu verbessern und miteinander zu koppeln. Damit könnte eine Vorwarnzeit entsprechend der Zuverlässigkeit einer Wettervorhersage erreichbar sein. Mit einem solchen gekoppelten System wäre es auch möglich, die längerfristigen Auswirkungen von Klimaänderungen in Szenarien zu untersuchen. Damit ist gemeint, daß man für typische Zustände eines zukünftigen Klimas die Einzugsgebietsreaktion bezüglich der Hochwasserentstehung berechnet und daraus typische Hochwassercharakteristiken für zukünftige Klimabedingungen ableitet. Diese Ergebnisse können dann mit den gegenwärtigen oder historischen Bedingungen verglichen und damit qualitativ abgesicherte Aussagen für das jeweils betrachtete Gebiet getroffen werden.

Relevanz von Klimamodellen für Hochwasserfragen

Die momentan leistungsfähigsten Klimamodelle sind gekoppelte globale Zirkulationsmodelle (GCM), welche die Gleichungen für den Transport von Wärme, Impuls, Feuchtigkeit in der Atmosphäre und Salzgehalt (im Ozean) für die gesamte Erdkugel dreidimensional berechnen. Es gibt verschieden feine horizontale Auflösungen. Momentan sind routinemäßig horizontale Gitterweiten von ca. 500 km und ca. 250 km üblich. Die globalen Zirkulationsmodelle sind in ihrer räumlichen Auflösung (also in ihrer horizontalen Gitterweite) viel zu grob, um brauchbare Aussagen zur Analyse von Hochwasserereignissen liefern zu können. Die Skala, auf der globale Modelle realistische Ergebnisse liefern, beträgt zudem immer ein Mehrfaches der Gitterweite ihrer rechnerischen Auflösung. Selbst bei einer räumlichen Auflösung von 250 km (also einer Flächeneinheit von 62.500 km^2) wäre beispielsweise Deutschland durch nur fünf Werte abgedeckt. Aus diesen fünf Werten lassen sich kaum nutzbare Informationen zu hochwasserauslösenden Niederschlagsereignissen ableiten.

Um dennoch Szenarien regionaler Klimaänderungen zu erhalten, wurden in den letzten Jahren verschiedene Regionalisierungsverfahren entwickelt. Eine Möglichkeit der Regionalisierung ist der Einsatz regionaler Klimamodelle. Diese erfassen im Gegensatz zu den GCMs nur einen Ausschnitt der Erdkugel und modellieren diesen Ausschnitt in einer höheren räumlichen Auflösung. Bei regionalen Klimamodellen sind Gitterweiten von ca. 50 km und darunter in Gebrauch. Die klimatischen Bedingungen an den Rändern des regionalen Ausschnitts werden durch die Ergebnisse des GCMs vorgegeben. Diese räumliche Auflösung ist für Hochwasserfragen schon wesentlich günstiger. Es gibt aber auch hier eine Reihe von Problemen, so daß bislang die Berechnung oder gar Vorhersage von Niederschlägen in der für Hochwasserprobleme notwendigen Genauigkeit nicht erfolgen konnte.

- Oft wird über die Randbedingungen des regionalen Modells, die aus dem GCM übernommen werden, ein systematischer Fehler der atmosphäri-

schen Dynamik innerhalb der Region eingetragen. Fehler im GCM begrenzen also direkt die Leistungsfähigkeit des regionalen Klimamodells.
- Die Parametrisierung wichtiger diabatischer Prozesse wie z. B. der Wolkenbildungs-, Boden- oder Landoberflächenprozesse wird derzeit noch nicht so gelöst, daß für jede Wetterlage die natürliche Variabilität beschrieben werden kann oder ein mögliches Klimaänderungssignal erkennbar wird.
- Die Auflösung der regionalen Klimamodelle ist wohl genügend detailliert, um großflächige Niederschlagsereignisse zu repräsentieren. Kleinräumige, konvektive Niederschlagsbildungen (z. B. Gewitter) können damit aber immer noch nicht ausreichend detailliert erfaßt werden. Obwohl Prozesse, die in einem kleineren als durch eine Gitterbox repräsentierten Maßstab ablaufen („subgrid-skalige Prozesse"), durch Aufteilung der Gitterboxen in einen bewölkten und einen unbewölkten Anteil parametrisiert werden können, ist es zur Zeit noch nicht möglich, mehrere konvektive Systeme innerhalb eines Gitterquadrates zu lokalisieren. Bei steigender Auflösung müßten immer mehr Parametrisierungen von der expliziten Modellierung abgelöst werden, was derzeit noch nicht möglich ist.

Zudem bestehen noch gravierende Wissensdefizite bei einigen Prozessen, welche die Möglichkeiten der Vorhersagemodelle beschränken (siehe Kap. D 1.3.5).

Regionale Klimamodelle können also wertvolle Informationen liefern, die zur Berechnung von hochwasserrelevanten Starkniederschlägen notwendig sind. Dies gilt vor allem für Wetterlagen, die mit großflächigen Niederschlägen verbunden sind. Um aber Informationen in der für Berechnungen des Hochwasserablaufs erforderlichen Genauigkeit bezüglich Örtlichkeit, Menge und Intensität des Niederschlags und über eine Änderung der Niederschlagseigenschaften aufgrund der globalen Klimaänderung zu erhalten, sind die Ergebnisse dieser Modelle noch zu ungenau und zu wenig räumlich ausdifferenziert.

Auch benötigen die feinaufgelösten Modellrechnungen sehr viel Rechenzeit, so daß langjährige Simulationen, wie sie für die Abschätzung einer Klimaänderung benötigt werden, noch sehr selten sind.

Mehrere alternative Regionalisierungsverfahren wurden deshalb entwickelt. So kann mit Hilfe einer Klassifikation von Wetterlagen der Rechenaufwand für die regionalen Modelle erheblich reduziert werden. Alternativ zum Einsatz regionaler Modelle werden bei der statistischen Regionalisierung empirische Zusammenhänge zwischen Beobachtungsdaten der großskaligen und der regionalen Skala zur Aufstellung statistischer Modelle genutzt. Ein Vorteil dieser statistischen Verfahren ist der sehr geringe Bedarf an Rechnerkapazitäten. Allerdings setzen sie die Verfügbarkeit langer Zeitreihen von Beobachtungsdaten voraus.

Grundsätzlich besteht jedoch bei allen Regionalisierungsverfahren noch erheblicher Forschungsbedarf, damit realistische regionale Klimaszenarien für die Abschätzung der Hochwasserrisiken bei einer Klimaänderung zur Verfügung gestellt werden können.

1.6.4
Bewältigung von Hochwasserrisiken

Wie bei den meisten natürlichen und technischen Risikoquellen ist es auch für das Risiko von Hochwasser kennzeichnend, daß die potentielle Schadenshöhe mit der Wahrscheinlichkeit ihres Eintreffens invers korreliert ist. Je größer der Schaden, desto kleiner ist die Wahrscheinlichkeit für das Eintreffen dieses Schadens. Ein häufig auftretendes und niedriges Hochwasser stellt eine geringe Bedrohung dar, weil sich die Menschen darauf einrichten können und auf die damit verbundenen Schäden vorbereitet sind. Wenn das seltene Hochwasserereignis jedoch eintritt und dieses Hochwasser den Pegel übersteigt, bei dem sich die Menschen noch durch technische oder nichttechnische Maßnahmen Schutz geschaffen haben, dann kann es zu einer Katastrophe führen. Dabei können Schutzmaßnahmen, die bei einem geringen oder mittleren Hochwasser größere Schäden verhindern helfen, bei seltenen Extremereignissen kontraproduktiv wirken. Kleinere Dämme oder Barrieren stauen nämlich zunächst das Wasser an, ehe sie bei Bruch oder Überflutung die Wassermengen auf einmal ausschütten.

Man kann sich nicht gegen jedes denkbare Hochwasserereignis schützen, da die maximale Höhe eines Hochwassers unbestimmt bleibt. Natürlich kann man hochwassergefährdete Gebiete meiden, aber wie bereits erwähnt, ziehen gerade diese aus vielen Gründen menschliche Siedlungen an. Neben den physischen Grenzen für einen vollständigen Hochwasserschutz bestehen auch ökonomische Grenzen. Denn es ist ökonomisch wenig sinnvoll, den Hochwasserschutz durch sehr kostenintensive Maßnahmen so weit auszubauen, daß sich Flußanwohner selbst gegen extrem seltene Ereignisse schützen, die nur einmal in vielen hundert oder sogar tausend Jahren zu erwarten sind. Deshalb besteht bei aller technischen Vorsorge immer ein verbleibendes Risiko, das als gerade noch akzeptabel gelten kann. Dieses Risiko bezeichnet man als Restrisiko. Um Sicherheit gegen Hochwasser zu gewährleisten, werden so lange Schutzmaßnahmen durchgeführt oder schadensbegrenzende Maßnahmen in die Wege geleitet, wie es die Anwohner in einer Abwägung zwischen den Kosten und dem verbleibenden Risiko für vertretbar halten. Es geht also nicht um eine Verhinderung des Hochwassers um jeden Preis, sondern um eine Reduzierung des Risikos auf ein akzeptables Maß sowie um eine Begrenzung der Schäden, falls es dennoch zu einem schadensrelevanten Hochwasser kommt. Da diese Aufgabe nur in begrenztem Maße durch Einzelpersonen bewältigt werden kann, ist Hochwasserschutz eine Aufgabe des Staates oder auch von Zweckverbänden. In Deutschland sind die Verantwortlichkeiten im Wasserhaushaltsgesetz des Bundes vom 12. November 1996 geregelt, das von den Ländern durch Wassergesetze ergänzt wird.

Auf welche Weise Risiken begrenzt und geregelt werden können, zeigt das Schema der Abb. D 1.6-5 zum Umgang mit Risiko. Es besteht aus zwei getrennten Teilen, der Risikoermittlung, in welchem die analytischen Grundlagen für die Entscheidungen gelegt werden, und ihre Umsetzung in praktisch wirksame Maßnahmen zur Begrenzung des Risikos, die hier mit dem Begriff Risikohandhabung bezeichnet werden.

Zur Risikoermittlung gehört die Feststellung des Hochwasserpotentials und die quantitative Bestimmung des Risikos, d. h. der Ermittlung einer Funktion zwischen Eintrittswahrscheinlichkeit und Schadenshöhe. In der Literatur wird das erste als Risikoidentifikation, das zweite als Risikoabschätzung oder Risikomodellierung bezeichnet. Die Risikohandhabung zerfällt ebenfalls in zwei Unterpunkte. Zur Risikominimierung fallen alle Maßnahmen, die das Ziel haben, entweder die Eintrittswahrscheinlichkeit oder das Schadenspotential zu begrenzen. Die Höhe der Begrenzung ist dabei eine politische Festlegung. Unter Risikoakzeptanz werden alle Prozesse und Maßnahmen verstanden, mit der die Höhe des akzeptablen Restrisikos bestimmt werden kann sowie die Kommunikation mit den Betroffenen. Da das Thema „Risiko" vom Beirat in einem der nächsten Jahresgutachten ausführlich behandelt wird, sollen an dieser Stelle nur die Grundproblematik und eingeschlagenen Lösungswege bei der Risikoermittlung und -handhabe im Hochwasserschutz aufgezeigt werden.

1.6.4.1 Ermittlung des Hochwasserrisikos

Der erste Schritt beim Umgang mit Risiken ist die Identifikation des Risikos und seine numerische Abschätzung (risk assessment). Grundlage dazu ist die Ermittlung der potentiellen Schäden, die mit der Intensität des Hochwassers zusammenhängen, und die Ermittlung von deren Eintrittswahrscheinlichkeiten. Die Höhe oder Intensität des Hochwassers selbst ist für die Risikoermittlung nur ein Zwischenschritt, um letztendlich das Schadenspotential im Sinne von gefährdeten Menschenleben, Sachwerten und Umweltwerten zu erfassen. Denn erst durch die Einwirkung des Hochwassers auf den Menschen oder auf die vom Menschen geschaffenen Anlagen wird ein Hochwasser zum Risiko. Daher ist ein zweiter wesentlicher Schritt in der Ermittlung des Hochwasserrisikos die Bewertung der negativen Konsequenzen, d. h. der Schäden, die aus dem Hochwasser entstehen können.

FESTSTELLUNG DES HOCHWASSERPOTENTIALS

Die Feststellung des Hochwasserpotentials ist Voraussetzung für die Berechnung des Schadenspotentials. Dies ist eine Aufgabe für den Hydrologen,

Abbildung D 1.6-5
Umgang mit Risiko.
Quelle: nach Plate, 1997

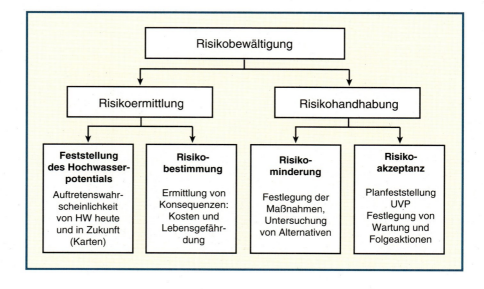

der eine Abschätzung für zukünftig zu erwartende Hochwasserereignisse als Auslöser für mögliche Schadenswirkungen vornehmen muß. Die Zielvorgabe für die Hydrologie beim Hochwasserschutz ist die Abgabe einer gesicherten Vorhersage. Der Hydrologe unterscheidet dabei zwei Arten von Vorhersagen: die sogenannte Prognose und die eigentliche Vorhersage eines konkreten Hochwasserereignisses. Die (Echtzeit-)Vorhersage ist ein Teil der Hochwasserwarnung (siehe Kap. D 4.4.1). Die Prognose besteht dagegen in der abstrakten Ermittlung von Hochwasserereignissen in Abhängigkeit von der Wahrscheinlichkeit ihres Eintreffens. Sie ist die Grundlage für die Ermittlung des Hochwasserpotentials und damit für die Bemessung und Auslegung von Hochwasserschutzsystemen.

Je nach Zeitvorgabe können die Hydrologen das maximal zu erwartende Hochwasserereignis bestimmen. In der Regel wird dabei auf eine 10er Skala zurückgegriffen. Welches Hochwasserereignis ist alle 10 Jahre, welches alle 100 Jahre und welches alle 1.000 Jahre usw. zu erwarten? Auf der Basis dieser Berechnungen ist dann politisch zu entscheiden, für welches maximale Ereignis man den Hochwasserschutz auslegen will. In den Industrieländern wird meistens ein Schutz gegen ein Hochwasserereignis, das einmal in 100 Jahren zu erwarten ist, angestrebt.

Die Berechnung von Erwartungswerten für die Zuordnung von Hochwasserpotentialen und Wahrscheinlichkeiten beruht auf statistisch ausgewerteten Beobachtungen der Vergangenheit oder auf Modellrechnungen. Erwartungswerte stellen deshalb auch nur Annäherungswerte dar, d. h. Überschreitungen können auch in kürzeren Zeiträumen einmal auftreten, wie es sich z. B. am Rhein gezeigt hat. Dort ist im Dezember 1993 im Unterlauf stromabwärts von Koblenz ein nahe am 100jährigen Wert liegendes Hochwasser aufgetreten. Im Februar 1995 folgte ein fast gleich hohes Hochwasser.

GEFÄHRDUNGSERMITTLUNG: FESTSTELLUNG DER ÜBERSCHWEMMUNGSFLÄCHEN

Um von den Hochwasserereignissen zu Schadenspotentialen zu kommen, müssen nach der Identifikation und Festlegung der Hochwasserereignisse die Überschwemmungsflächen bestimmt werden, die jedem Ereignis zugewiesen werden können. Dazu benötigt man die jeweiligen Wasserstände. Für die Ermittlung der Wasserstände dienen einerseits gemessene Wasserstands-Abflußbeziehungen, die nur an wenigen Stellen ermittelt werden können, und andererseits hydraulische Berechnungen, die auch die Möglichkeiten eröffnen, Überschwemmungsflächen zu kartieren (siehe schematisches Beispiel in Abb. D 1.6-6). Die Problematik solcher Karten liegt allerdings auf der Hand: sie beeinflussen Grundstückspreise und Landnutzungskonzepte. Da die Datenbasis aber unsicher und die hydraulischen Berechnungen für die Umrechnung von Wassermengen in Wasserstände aufwendig sind, ist derzeit kaum mit zuverlässigen Überflutungskarten zu rechnen – es sei denn, es gibt genügend Aufzeichnungen über historische Hochwasserereignisse, aus denen eine statistische Häufigkeitsverteilung abgeleitet werden kann. Die mangelnde Robustheit der meisten Überschwemmungskarten steht im Gegensatz zu den ökonomischen und politischen Wirkungen, die sie auslösen können.

Deshalb ist es auch Aufgabe der Risiko-Kommunikation, auf die Unsicherheiten der Eingabedaten hinzuweisen. Allerdings bieten sich durch Satellitenbilder und andere Fernerkundungstechniken hervorragende Möglichkeiten an, um im Falle eines Hochwassers Überflutungsflächen zu identifizieren. Hier-

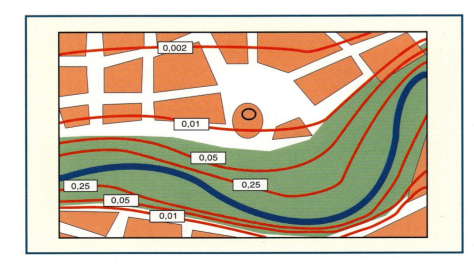

Abbildung D 1.6-6
Hochwassergefährdung, dargestellt durch die Isolinien für Wasserstände bei Extremhochwasser mit verschiedenen Wiederkehrzeiten (schematisch).
Quelle: Plate, 1997

für stehen Geographische Informationssysteme (GIS) zur Verfügung.

RISIKOBESTIMMUNG:
HOCHWASSERFOLGENERMITTLUNG

Der nächste Schritt bei der Risikobewältigung ist die Ermittlung der Schäden und anderen Auswirkungen des Hochwassers. Qualitativ finden sie ihren Ausdruck in den Grundsätzen, nach denen Hochwasserschutz betrieben werden soll (z. B. LAWA, 1995). Quantitativ finden sie Berücksichtigung durch die numerische Verknüpfung von Schadensausmaß und Eintrittswahrscheinlichkeit. Eine typische Bewertung quantifiziert die Gefährdung von Menschenleben durch die Wahrscheinlichkeit, daß ein Mensch bei Eintritt des kritischen Hochwasserereignisses (Ereignis, bei dem die Schutzmaßnahmen nicht ausreichen) das Leben verliert. In diesem Falle bedeutet Risiko die im Mittel zu erwartende Anzahl von Hochwassertoten pro Jahr.

Die Vielfalt möglicher negativer Konsequenzen erfordert einen Vergleichsmaßstab für die unterschiedlichen Schadenskategorien. In der Regel werden die potentiellen Schäden getrennt für die Kategorien Verlust von Menschenleben, Vermögensverluste und Bedrohungen von Ökotopen (Buck und Pflügner, 1991) ausgewiesen. In den neu überarbeiteten Schweizer Notfallschutzplänen werden bis zu sieben unterschiedliche Schadenskategorien ausgewiesen. Je nach Verwendungszweck können Schadenskategorien aber auch weiter aggregiert werden. Es hat sich jedoch gezeigt, daß für den Zweck der Risikohandhabung eine getrennte Erfassung von den Entscheidungsträgern bevorzugt wird.

1.6.4.2
Handhabung des Hochwasserrisikos

Mit der Ermittlung des Risikos ist die wesentliche Grundlage gelegt, um in den Entscheidungsprozeß für die Wahl des für erforderlich gehaltenen Schutzniveaus und der damit verbundenen vorbeugenden Maßnahmen einzutreten. Ziel dieser Festlegung ist es, zum Schutze der Betroffenen das Risiko durch technische oder nicht-technische Maßnahmen auf ein akzeptables Maß, d. h. auf das von der Gesellschaft für vertretbar gehaltene Restrisiko zu reduzieren. Das Risiko läßt sich prinzipiell auf zweierlei Weise herabsetzen: durch Verringerung der Eintrittswahrscheinlichkeit oder durch Verringerung der Schadensmöglichkeiten. Die hierfür verfügbaren Methoden sind in Abb. D 1.6-7 zusammengestellt. Welche der Möglichkeiten ergriffen werden muß, hängt von einer Reihe von Faktoren ab, die im folgenden angesprochen werden.

VORBEUGUNG

Risikominderung durch nicht-technische Maßnahmen
Prinzipiell ist die Verminderung des Schadenspotentials oder der Verwundbarkeit der bedrohten Menschen, Sachwerte oder Naturwerte die nahelie-

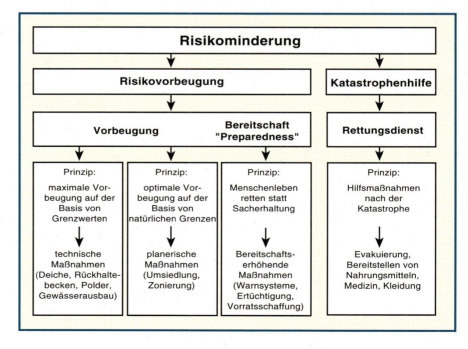

Abbildung D 1.6-7
Schema der Möglichkeiten des Hochwasserschutzes.
Quelle: nach UNDRO, 1991

gende Lösung, wenn man zu dem Schluß kommt, daß die gegebene Bedrohung nicht akzeptabel ist. Hierzu bieten sich mehrere Möglichkeiten an (siehe Kasten D 1.6-1). Zunächst kann man die Anzahl der bedrohten Elemente, z. B. durch Umsiedlung der betroffenen Menschen oder Industrieanlagen aus den Überflutungsflächen, verringern, um dadurch das Schadenspotential gering zu halten. Auch eine temporäre Umsiedlung ist möglich, sofern man über eine gute Frühwarnung und ein ausgebautes Warnsystem verfügt.

Die Basis für ein funktionsfähiges Warnsystem bildet die Echtzeitvorhersage eines Hochwassers, d. h. eine möglichst genaue Vorausberechnung des zeitlichen und räumlichen Verlaufs eines erwarteten Hochwassers. Amerikanische Untersuchungen zu Versagensfällen von Staudämmen und zu Extremhochwasser zeigen, daß die Wirksamkeit der Risikoreduktion durch Vorhersagen und anschließende Evakuierung vor allem in der Vorwarnzeit begründet ist. Bei einer Warnzeit von mindestens 1,5 Stunden lassen sich bei lokalen Hochwasserereignissen in kleineren Gebieten Todesfälle praktisch vermeiden (von Thun, 1984). Abbildung D 1.6-8 zeigt den Zusammenhang zwischen Risikoreduktion und Vorwarnzeit.

Neben der Vorwarnzeit spielt auch die Reaktionsfähigkeit der Bevölkerung eine wichtige Rolle bei der Frage der möglichen Risikobegrenzung. Nach der Warnung müssen die Schutzmaßnahmen zeitsparend und effektiv umgesetzt werden. Im Extremfall muß eine Evakuierung in wenigen Stunden abgeschlossen werden. Wichtig ist, wie rasch und wirksam die Entscheidungen in Schutzmaßnahmen umgesetzt werden. Zur Schadensminderung gehört auch, falschen Alarm zu vermeiden. Weil lange im voraus abgegebene Vorhersagen häufig sehr ungenau sind, müssen daher die Aktionen, d. h. der Einsatz der jeweiligen Schutzmaßnahmen, in Stufen erfolgen, die zeitlich so gestaffelt sind, daß erst bei genügender Sicherheit in der Abschätzung der Stärke des Extremereignisses die entsprechenden Schritte eingeleitet werden.

Die Effektivität von Schutzmaßnahmen hängt dabei maßgeblich von der Bereitschaft der Betroffenen ab, auf die Warnung adäquat zu reagieren. Im Gegensatz zu den gängigen Vorurteilen zeigen vor allem amerikanische Untersuchungen, daß die Bevölkerung in Notfallsituationen ohne Panik und mit großer Besonnenheit reagiert. Voraussetzung dafür sind aber drei wesentliche Bedingungen: (1) Die Betroffenen müssen Vertrauen in die Warnsignale und Informationen der Sicherheitsbehörden besitzen; (2) sie müssen eindeutig wissen, welches Verhalten man von ihnen in der Situation erwartet und (3) die Infrastruktur muß so ausgelegt sein, daß ein notfalladäquates Verhalten auch objektiv möglich ist (sonst erfolgt in der Tat Panik).

Viele Behörden stehen dabei vor dem grundsätzlichen Dilemma, daß ihre Glaubwürdigkeit leidet,

---

KASTEN D 1.6-1

Methoden des nicht-technischen Hochwasserschutzes

1. Methoden zur Herabsetzung der Schadensanfälligkeit
   1.1 Erwerb des Geländes
      a. vollständig
      b. teilweise
   1.2 Evakuierung
      a. dauernd (Aussiedlung)
      b. zeitweise (im Ernstfall)
   1.3 Objektschutz
      a. obligatorisch, evtl. subventioniert
      b. durch Aufklärung initiiert
   1.4 Planerische Methoden
      a. Flächennutzungspläne mit ausgewiesenen Gefährdungsgebieten einschließlich der Ausweisung von Feuchtgebieten, Nutzungseinschränkungen
      b. Stadtentwicklungspläne mit Stadterneuerung
      c. Bauvorschriften

2. Methoden zur Verminderung der Hochwasserwirkung
   2.1 Hochwasserverteidigung, Einsatzpläne für lokale Kräfte
   2.2 Notstands- und Katastropheneinsatz (Technisches Hilfswerk u. a.)

3. Methoden des Schadensausgleichs
   3.1 Hochwasserversicherung
      a. subventioniert
      b. obligatorische Elementarschadensversicherung für alle Hausbesitzer
   3.2 Unterstützung durch staatliche Zahlungen in Form von
      a. Beihilfen oder Billigkrediten
      b. Steuerermäßigungen

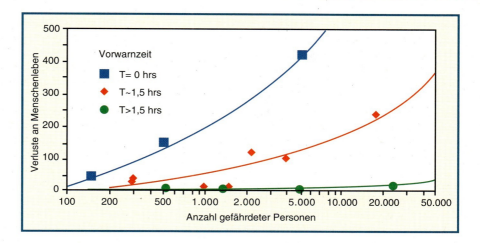

Abbildung D 1.6-8
Nutzen der Vorwarnzeit am Beispiel von Staudammbrüchen.
Quelle: von Thun, 1984

wenn sie vorsorglich warnen, ohne daß es zu dem angedrohten Ereignis kommt, daß sie aber zur politischen Verantwortung gezogen werden, wenn sie keinen Alarm auslösen, wenn zum Zeitpunkt der noch effektiven Warnung die Wahrscheinlichkeit für die Überschreitung der kritischen Hochwassermarken als zu gering erscheint, um Alarm auslösen, es dann aber dennoch zu dem unwahrscheinlichen Ereignis einer Hochwasserkatastrophe kommt. Dieses Dilemma kennzeichnet eines der Herausforderungen der Risiko-Kommunikation und erfordert einen intensiven Austausch der Behörden mit der betroffenen Bevölkerung, und zwar im Vorfeld eines relevanten Ereignisses.

Bei Berücksichtigung dieser Aspekte besteht ein Hochwasserwarnsystem aus den folgenden Bestandteilen (siehe auch Homagk, 1996):
1. dem Meßsystem, das die Daten für die Frühwarnung liefert,
2. einem Kommunikationssystem, das die Information von der Meßstelle zur Leitzentrale weiterleitet,
3. einem Modell zur Vorhersage des zu erwartenden Ereignisses nach Stärke und zeitlichem Verlauf,
4. einem Kommunikationssystem zur Weitergabe der Vorhersage an den Entscheidungsträger,
5. einem Bewertungssystem, das die zu erwartenden Auswirkungen abzuschätzen erlaubt und in eine Warnung umwandelt,
6. einem Kommunikationssystem zur Weitergabe der Warnung an die Personen, die die Warnung in Aktionen umsetzen und den Einsatzplan aktivieren.

Bei all diesen Schritten besteht noch Forschungsbedarf, vor allem bei der Frage nach der Gestaltung des Kommunikationssystems in Abhängigkeit vom Grad der Unsicherheit der Botschaft und der Verbindlichkeit der damit ausgelösten Maßnahme.

RISIKOMINDERUNG DURCH TECHNISCHE MASSNAHMEN

Die technisch möglichen Maßnahmen zur Risikominderung orientieren sich an den spezifischen Eigenschaften des zu schützenden Gebiets und an der Art des Hochwassers.

Hochwasser im Hochgebirge

Die technischen Maßnahmen zum Schutz vor Hochwasser und Murabgängen an Wildbächen und Bergflüssen und z. T. damit in Verbindung stehenden Hangrutschungen konzentrieren sich auf die Eingrenzung des Fluß- oder Bachbetts durch Uferbefestigung und gelegentlichen massiven Ausbau (mit flankierenden Betonwänden) zum direkten Schutz von Straßen und Häusern. Bei jeder Stauanlage ist ein „Restrisiko" bezüglich eines Überlaufs oder gar Bruchs der Staumauer vorhanden. Da sich solche Brüche meistens vorher abzeichnen, wird in vielen Ländern der Welt, z. B. in der Schweiz gefordert, daß die Betreiber von Talsperren Katastrophenpläne aufstellen, die vor einem drohenden Staudammbruch zu einer geordneten Evakuierung der Menschen aus dem bedrohten Gebiet führen sollen.

Hochwasser im Mittelgebirge

In den kleinen Tälern der Mittelgebirge besteht oft eine doppelte Hochwasserproblematik. Zum einen entstehen die schwersten Hochwasser durch sommerliche Gewitter, die örtlich verstärkt durch orographische Effekte auftreten, oder durch starke Frühjahrsregen im Zusammenwirken mit Schneeschmelzen und gefrorenem Boden. Zum anderen sind größere Täler dagegen eher bei lang andauernden zyklonalen Wetterlagen gefährdet. Ein möglicher Ansatz für einen Hochwasserschutz in solchen Gebieten besteht in der Errichtung von Hochwasserrückhaltebecken in den oberen Tälern, die zum Schutz der direkten Unterlieger dienen, aber auch zusammen als System von Rückhaltebecken das gesamte Einzugsgebiet vor größeren Überflutungen schützen können. Hierfür sind besonders geeignete Berechnungsmethoden vorhanden (z. B. Ihringer, 1996). Heute beschränkt man sich allerdings nicht darauf, nur Rückhaltebecken zu erstellen. Es wird auch dafür gesorgt, das Gewässer so auszubauen, daß an wichtigen Gefährdungsstellen, z. B. in den Orten, keine Engstellen auftreten, in denen das Gewässer aus seinem Bett treten kann.

In kleinen Einzugsgebieten wirken sich die menschlichen Eingriffe in die Struktur des Einzugsgebiets am stärksten auf das Hochwasser aus. Die Bebauungsstruktur des Einzugsgebiets kann sowohl den Abflußbeiwert als auch die Abflußkonzentration (Fließgeschwindigkeit) erhöhen. Zur teilweisen Kompensation dieser Effekte sind seit einiger Zeit in urbanen Gebieten Entsiegelungsmaßnahmen und z. T. künstliche Versickerungsmaßnahmen in Erwägung gezogen und mancherorts auch bereits durchgeführt worden. Diese Maßnahmen können für die Bereiche der stark bebauten Flächen eine gewisse Minderung der Hochwasserentstehung bewirken. Allerdings fällt diese Minderung um so geringer aus, je stärker der hochwasserbedingende Niederschlag und je höher die Vorbodenfeuchte des Gebiets ist. Gerade die durch extreme Niederschläge bedingten Hochwasser werden durch eine Bebauung weniger verstärkt als die häufiger auftretenden Hochwasserereignisse, gegen die man in der Regel ohnehin geschützt ist. Demnach fallen bei Extremniederschlägen die hochwassermindernden Effekte von Entsiegelungsmaßnahmen auch geringer ins Gewicht.

Hochwasser im Flachland
Ein Hochwasser im Flachland erzeugt unter natürlichen Bedingungen weiträumige Überflutungen. Die offensichtlichen Lösungen für den Hochwasserschutz im Flachland sind Deiche, die das Bett des Flusses fixieren und die Überströmung der Flußauen verhindern. Die Erhöhung des Gefälles durch Abschneiden von Flußschleifen wird ebenfalls vorgenommen. Der Nachteil solcher Lösungen ist jedoch der starke Eingriff in das Flußregime, der nur schwer zu kompensieren ist – abgesehen von den zu erwartenden ökologischen Konsequenzen und der Veränderung des Landschaftsbildes.

Für Flachlandflüsse sind neben dem Bau von Deichen und der Anlage von Poldern auch Maßnahmen möglich, wie etwa der Bau von Flutkanälen parallel zu den bestehenden Flußbetten oder die Verkürzung des Weges zum Hauptvorfluter bei Nebenflüssen durch Stichkanäle. Erwähnenswert ist auch die Lösung mit zwei Reihen von Deichen, wie sie früher üblich war: einem sogenannten Winterdeich, der in großem Abstand vom Fluß eine Schutzlinie gegen große Hochwasser bildet, und einem Sommerdeich, der dichter am Fluß angelegt gegen die kleinen Hochwasser des Sommers Schutz bietet. Dadurch wird eine landwirtschaftliche Nutzung im Gebiet zwischen den Deichen ermöglicht.

Tidebeeinflußte Hochwasser
Technische Vorbeugemaßnahmen gegen die Überflutungen in den Mündungs- und Deltaregionen der großen Flüsse betreffen sowohl die Anlage (und Unterhaltung) von Flußdeichsystemen als auch den Bau großer, steuerbarer Sperrwerke an den Mündungen der Flüsse ins Meer. Diese Sperrwerke haben die Aufgabe, bei sehr hohen Tidewasserständen den Zustrom von Meerwasser in das Flußsystem zu unterbinden und somit genügend Raum für die vorübergehende Rückhaltung des Zuflusses aus dem Flußoberlauf zur Verfügung zu stellen. Nach Rückgang des hohen Tidewasserstands im Meer wird das Sperrwerk dann geöffnet und die Flußwassermengen können dem Meer zuströmen. Damit die zeitweise Zwischenspeicherung des Flußwassers seinerseits keine Überschwemmungen verursacht, ist eine gewisse Höhe der Flußdeiche auch bei vorhandenen Sperrwerken notwendig. Solche Sperrwerke sind eindrucksvolle Bauwerke. Sie wurden beispielsweise zum Schutz der Städte und Häfen von London, Hamburg und Rotterdam gebaut. Überflutungskatastrophen in diesen Regionen sind aber auch bei Vorhandensein von Deichsystemen und Sperrwerken nicht auszuschließen, sei es aufgrund von technischem Versagen oder aufgrund einer die Bemessungsannahmen noch übersteigenden Flut.

RISIKOENTSCHEIDUNG
Um die Kosten für die wasserbaulichen und organisatorischen Maßnahmen mit dem Gewinn an Risikoreduktion zu vergleichen, ist ein sorgfältiger Planungsprozeß notwendig, der zu einer Abwägung zwischen dem Bedürfnis nach Sicherheit und Sicherheitskosten unter Einbeziehung der Nebenwirkungen führen muß. Als Nebenwirkungen kommen die durch die Maßnahmen beeinträchtigten alternativen Nutzungsmöglichkeiten von Gewässern und anliegenden Auen in Frage, aber auch Veränderungen des Landschaftsbildes und ungewollte ökologische Effekte.

Die Rangfolge der in Betracht gezogenen Schutzmaßnahmen sollte auch in Deutschland der durch die Amerikaner aus dem großen Hochwasser von 1993 am Mississippi abgeleiteten und in einer Reihe von Entwicklungsprinzipien niedergelegten entsprechen (Rasmussen, 1994):

Prinzip 1:
Vermeiden der Hochwasserbedrohung durch Umsiedlung und Objektschutz.

Prinzip 2:
Wo das nicht möglich ist, Verminderung der Wirkung des Hochwassers in größtmöglichem Umfang.
Prinzip 3:
Verminderung der Auswirkung von Hochwasserschäden durch Versicherung und lokale Selbsthilfe.
Prinzip 4:
Durchführung von Prinzipien 1–3 in der Weise, daß die natürliche Umwelt der Flußauen geschützt und ihr Nutzen verbessert wird.

Dabei ist vorgesehen, die Verantwortung und die Kosten auf die örtlichen Stellen zu übertragen, um eine effiziente Form der Katastrophenvorsorge zu gewährleisten, während die Regierung durch ihre Organisationen die übergeordnete Koordinierung, Beratung und Grundlagenstudien durchführt.

NACHSORGE

Der einfachste Weg der Risikohandhabung besteht darin, nichts zu tun, ehe das Katastrophenereignis eingetreten ist und dann dafür zu sorgen, daß seine Auswirkungen möglichst wenig Schaden anrichten. Die Verlagerung auf die Nachsorge kann in manchen Fällen kostengünstiger sein als die Vorsorge, insbesondere dann, wenn keine Menschenleben oder größere Vermögenswerte gefährdet sind. So ist es heute etwa in Deutschland üblich, die Überflutung von landwirtschaftlichen Flächen zuzulassen, und zwar mit der Zusicherung, daß im Falle des Eintretens des Schadenshochwassers die betroffenen Landwirte angemessen entschädigt werden.

RISIKOAKZEPTANZ

Die Entscheidung darüber, welches Risiko eine Gesellschaft für akzeptabel hält, d. h. welches Restrisiko sie noch hinzunehmen bereit ist, ist von Land zu Land unterschiedlich. Gleichzeitig gibt es verschiedene Präferenzen oder Abneigungen gegen bestimmte Schutzmaßnahmen. Während etwa in den Vereinigten Staaten Evakuierungen zum normalen Katastrophenschutz dazugehören, sieht man sie in Deutschland nur als letztes Mittel der Wahl an. Auch kulturelle und soziale Faktoren sind wichtige Einflußgrößen für die Bestimmung der Akzeptanz von Maßnahmen.

Wie Menschen mit der Bedrohung durch Hochwasser umgehen, ob und wie sie für den Schadensfall Vorsorge treffen bzw. auf einen Hochwasserschaden reagieren, hängt entscheidend von der Wahrnehmung und Bewertung dieser Risiken ab. Die sozial- und verhaltenswissenschaftliche Forschung zur Risikowahrnehmung von Naturkatastrophen konnte eine ganze Reihe von Faktoren identifizieren, die dieses Gefahrenbewußtsein beeinflussen können, z. B.:

- Merkmale des Naturereignisses bzw. der Situation (im Falle von Hochwasser: fehlende Kontrollierbarkeit, Plötzlichkeit, Zeitablauf, Intensität, Wiederkehr).
- Probleme der menschlichen Informationsverarbeitung beim Umgang mit unsicheren Ereignissen bzw. Wahrscheinlichkeiten (mit der Folge einer Fehleinschätzung des Risikos).
- Kognitive bzw. emotionale Strategien des Umgangs mit der Bedrohung (z. B. Verleugnung, Herunterspielen).
- Eigene oder fremde (kommunizierte) Vorerfahrungen mit der Hochwassergefahr (Bekanntheit, bisherige Schadenshöhe).
- Einstellungen, Werthaltungen, Persönlichkeitsmerkmale der Betroffenen sowie motivationale Aspekte (Kontrollüberzeugungen, Freiwilligkeit der Risikoübernahme, Interessen).
- Soziale Normen (Gruppendruck).
- Soziokulturelle Einflüsse (u. a. ökonomische, politische, rechtliche, technologische Rahmenbedingungen).

Die genannten Faktoren beeinflussen jede Risikoeinschätzung, gleichgültig, ob es sich um Naturkatastrophen wie etwa Überschwemmungen, technische Risiken (z. B. Kern- und Gentechnik, Chemie) oder Umweltrisiken (z. B. Ozonloch, Treibhauseffekt) handelt (Jungermann und Slovic, 1993).

Überschwemmungen werden, obwohl häufig anthropogen mitverursacht, primär als Naturkatastrophen angesehen und erlebt. Sie zeichnen sich durch eine inhärent mangelnde Kontrollierbarkeit aus sowie die fehlende Möglichkeit, Dritte (andere Menschen, den Staat) dafür verantwortlich zu machen. Zudem finden sie meist relativ selten statt, und der Kreis der von einem Hochwasserereignis Betroffenen ist abgrenzbar (Karger, 1996). Insofern gelten Überschwemmungskatastrophen weithin als hinzunehmende „Schicksalsschläge", die dem menschlichen Zugriff weitgehend entzogen sind.

Die echte oder scheinbare Natürlichkeit dieser Risiken ist auch der Grund dafür, daß trotz der Höhe der potentiellen Schäden die Gefahren aus Naturkatastrophen im Vergleich zu denen aus anthropogenen Risiken von den meisten Menschen deutlich niedriger eingeschätzt werden (Brun, 1992). Zwar wird die Schadenshöhe von Überschwemmungen (ausgedrückt etwa durch die Anzahl zu erwartender Todesfälle) in der Regel sogar überschätzt (Lichtenstein et al., 1978). Jedoch scheinen sich Menschen bei ihrer Risikobewertung eher an der Eintrittswahrscheinlichkeit des Schadensfalls als an der potentiellen Schadenshöhe zu orientieren (Slovic et al., 1978). Wird unter diesen Umständen die Wahrscheinlichkeit für das Eintreten einer Überschwemmungskatastrophe unterschätzt, wird das damit verbundene Risiko als gering bewertet, mit offensichtlichen Folgen für das Verhalten. So leben Menschen in hochwassergefährdeten Gebieten, ohne auch nur Versicherungsschutz zu beanspruchen (geschweige denn ihren Wohnsitz aus diesen Gebieten zu verlegen) und glauben häufig nach einer eingetretenen Hochwasserkatastrophe, eine solche werde sich nicht wiederholen (Burton et al., 1978; Kunreuther, 1978).

Für die Unterschätzung des Risikos einer Naturkatastrophe wie einer Überschwemmung und die daraus resultierenden Verhaltensmuster können verschiedene Gründe aufgeführt werden:
- Die Überlebenswichtigkeit, Risiken mit geringer Auftretenswahrscheinlichkeit auszublenden (Slovic et al., 1978).
- Die Funktion der Verleugnung oder des Herunterspielens von unkontrollierbaren Bedrohungen als prinzipiell „gesunder" Mechanismus der emotionalen Streßbewältigung (Lazarus und Folkman, 1984; Evans und Cohen, 1987).
- Das Auftreten kognitiver „Fehler" (Heuristiken) bei der Beurteilung von ungewissen Ereignissen bzw. beim Umgang mit Wahrscheinlichkeiten (Gardner und Stern, 1996).

Sollen bei einem umfassenden Risikomanagement Verhaltensweisen beeinflußt werden, die auf einer Unterschätzung des Hochwasserrisikos beruhen, ist mit der bloßen Information der Bevölkerung über die „tatsächliche Bedrohung" nichts gewonnen. Statt dessen muß eine adäquate Strategie der Risiko-Kommunikation gruppenbezogen agieren und sämtliche Einflußgrößen der Risikobewertung, u. a. Wissen, Erfahrungen, Werthaltungen, Einstellungen und Informationsverarbeitungsprozesse der Betroffenen berücksichtigen.

Die Akzeptanz von Maßnahmen wird also von einer Reihe von Faktoren beeinflußt. Zu einem wirkungsvollen Schutzkonzept gehören deshalb auch verstärkte Anstrengungen zur Risiko-Kommunikation und zur Einbindung der betroffenen Bevölkerung in die Vorsorgeplanung. Gerade in den USA hat man relativ gute Erfahrungen mit sogenannten Citizen Advisory Panels gemacht, die bei der Erstellung der Katastrophenpläne mitwirken und selber wieder als Kommunikatoren gegenüber den übrigen Anwohnern tätig werden. Gleichzeitig haben sie dazu beigetragen, die von den Behörden vorgeschlagenen technischen Maßnahmen auf Schwachstellen und nicht zu belegende Verhaltensannahmen zu überprüfen. Auch und gerade in den Entwicklungsländern sollte sich eine solche Praxis durchsetzen, weil sich dort die Behörden häufig mit Glaubwürdigkeitsverlusten konfrontiert sehen und gleichzeitig die Wirksamkeit der organisatorischen Maßnahmen, etwa durch eine flächendeckende Vorwarnung, nicht gegeben ist.

Großprojekte zum Hochwasserschutz sind heute nur unter Beteiligung der Bevölkerung durchzuführen. Die Frage der Risikoakzeptanz ist im Hochwasserschutz von jeher auch eine Frage nach der Solidarität der Nichtbetroffenen mit den Betroffenen. Sie wird erleichtert, wenn der Nutzen nicht nur bei den Anliegern liegt. Dies ist der Fall, wenn neben dem Hochwasserschutz auch andere Ziele parallel erreicht werden können. Wegen der Einbeziehung der ökologischen Aspekte wurde eine solidarische Entscheidung im Falle des „Integrierten Rheinprogramms" ermöglicht, die in allen betroffenen Ländern politisch akzeptiert wurde. Die politische Entscheidung, ein Hochwasserschutzsystem aufzubauen, trifft jedoch nicht unbedingt auf Gegenliebe bei den Anliegern, denn der Bau von höheren Deichen oder von Poldern beansprucht oft privates Land und beeinträchtigt Nutzungen. Wenn die Betroffenen selber die Nutznießer einer Schutzmaßnahme sind, ist die Akzeptanz natürlich wesentlich größer, als im Falle eines Oberliegers, der allein zum Nutzen von Unterliegern Rückhaltebecken erstellen soll.

1.6.5
Forschungsempfehlungen

In den letzten Jahren wurden nur vereinzelt Forschungsprojekte zu Fragen der Hochwasserentstehung, einer eventuellen Verschärfung und einer effektiveren Hochwasserbewältigung durchgeführt. Daher sind folgende Forschungsthemen wichtig:
- Integrierte Untersuchung und Modellierung der gesamten Wirkungskette von Niederschlag über die Abflußbildung und -konzentration zum Hochwasserablauf (auch in den Überschwemmungsbereichen) bis hin zur Schadensbewertung.
- Im Bereich der Meteorologie sind für Belange der praktischen Anwendung besonders Niederschlagsvorhersagen für Einzugsgebiete von regionaler oder lokaler Größe wichtig. Downscaling-Verfahren sind weiter zu entwickeln und zu validieren, vor allem in Hinblick auf die Ermittlung der Häufigkeiten von Niederschlägen in Raum und Zeit. Das gilt für die Verknüpfung von Meßwerten mit Niederschlagsdaten ebenso wie für die Verknüpfung von Wetterlagen mit Niederschlagsereignissen.
- Ableitung von Szenarien für Extremwettersituationen sowohl im regionalen als auch im lokalen Maßstab auf der Basis von Szenarien der globalen Erwärmung, globaler und regionaler Klimamodelle und der Analyse des Einflusses zyklonaler Wetterlagen auf die Niederschläge in Deutschland.

- Erarbeitung von Methoden zur Beurteilung der Belastbarkeit unserer Flüsse. Konkurrierende Interessen von Schiffbarmachung, Landnutzung, ökologischen Funktionen und Hochwasserschutz sind zu beachten. Wie wirkt sich Hochwasser auf das Verhältnis dieser Aspekte untereinander aus und wie verändert sich dadurch indirekt auch das Schadenspotential?
- Ermittlung von Rückwirkungen und Sekundärfolgen des Hochwasserablaufs, z. B. bezüglich ökologischen Funktionen, Hangrutschungen, Staudammsicherheit, Schadstoffausbreitung und Erosionsfolgen.
- Das Schadenspotential beim Hochwasser entsteht aus der zivilisatorisch gesteuerten/regulierten Besiedelung hochwassergefährdeter Gebiete. Näher zu untersuchen sind die Zusammenhänge zwischen der Wahrnehmung und Handhabung des Risikos und den sich ergebenden Hochwasserkonsequenzen, da die Reaktionen der Betroffenen auf das Risiko auch das Potential zur Schadensminderung bestimmen.
- Von Interesse sind generell die gesellschaftlichen Prozesse der Wahrnehmung, Kommunikation und Reaktion beim Umgang mit dem Hochwasserrisiko im Vergleich zu anderen individuellen und zivilisatorischen Risiken. Welche Rolle spielen Grenzwerte bei der Akzeptanz von Risiken?

2 Wasser im globalen Beziehungsgeflecht – der Wirkungszusammenhang

Wasserzentriertes globales Beziehungsgeflecht – Schlüsseltrends der Hydrosphäre

2.1
Trends in der Hydrosphäre

Der Beirat hat in seinen bisherigen Jahresgutachten bereits eine Reihe von Trends benannt, die wesentliche Veränderungen innerhalb der Hydrosphäre charakterisieren. Sie sind im Rahmen einer systemanalytischen Beschreibung des Globalen Wandels nicht nur das Ergebnis menschlichen Einwirkens, sondern bilden auch die Wirkungselemente in einem Netzwerk sich gegenseitig beeinflussender Entwicklungen in Zivilisation und Umwelt.

Die Wechselwirkungen zwischen diesen Trends lassen sich graphisch kodieren, wobei verstärkende und abschwächende Einwirkungen auftreten können. Die Art der dabei aufgezeigten Wechselwirkung beschreibt nicht eine mechanische Interaktion (wie beispielsweise in Modellvorstellungen der Physik), sondern symbolisiert eine qualitative, phänomenologische Übereinstimmung im Auftreten beider Trends.

Mit diesen Elementen lassen sich Beziehungsgeflechte aufbauen, die eine einfache Form eines qualitativen Expertensystems sind: Sie fassen das vorhandene Fachwissen über die konstituierenden Elemente des Globalen Wandels in einer einheitlichen Weise zusammen. Die Grafiken können – als formales Instrument für die qualitative Umweltsystemanalyse – nicht nur den hohen Grad der Vernetztheit der unterschiedlichen Aspekte veranschaulichen, sondern sie geben auch eine Vorstellung über die Einbettung einzelner problematischer Entwicklungen in das Gesamtphänomen des „Globalen Wandels" (für eine eingehende Beschreibung siehe WBGU, 1996b). Dieses Instrument kann Hinweise für die Beantwortung der Fragen geben: Welche Trends des Globalen Wandels haben einen signifikanten Einfluß auf die Süßwasserkrise? Wo sind die entscheidenden Rückkopplungen?

Bei der graphischen Umsetzung des globalen Beziehungsgeflechts, bei der die Hydrosphäre im Mittelpunkt der Betrachtung steht, müssen wegen der Komplexität der Wechselwirkungen die Ein- und Auswirkungen der verschiedenen Trends auf die Hydrosphäre getrennt dargestellt werden (Abb. D 2-1 und D 2-2). Im folgenden werden die wichtigsten Beziehungen innerhalb des wasserzentrierten globalen Beziehungsgeflechts beschrieben, wobei besonders auf die unterschiedliche regionale Ausprägung eingegangen wird, die in den Grafiken nicht sichtbar ist.

Ein Schlüsselproblem innerhalb der Hydrosphäre ist die zunehmende Süßwasserverknappung. Die Intensität dieser Entwicklung ist regional stark unterschiedlich. Afrika und Teile Westasiens scheinen besonders empfindlich für dieses Umweltproblem zu sein. Ebenso gelten der Nordwesten Chinas, West- und Südindien, große Teile von Pakistan und Mexiko, die Westküste der USA sowie Nordostbrasilien als wesentlich betroffen. Die Hauptdimension dieses Trends ist die lokal stark gesteigerte Entnahme. Die folgenden Beispiele geben einige Brennpunkte wieder:

- Übernutzung von Grundwasser: Übernutzung des Ogallala-Aquifers in den USA und des Disi-Aquifers in Jordanien und Saudi Arabien, Nutzung von fossilen Grundwasservorkommen in Libyen und Yemen, auch in Indien oder Südostasien.
- Wasserableitungen für Bewässerungsprojekte: Austrocknung des Aralsees (siehe Kap. D 3.4.3.1) oder der Everglades in Florida.
- Salzwasserintrusionen in Deltas und Küstenaquifere als Folge der Übernutzung von Grund- und Oberflächengewässern: z. B. in Israel, China, Vietnam, Golf von Kalifornien oder Gaza-Streifen.
- Verluste im Leitungsnetz, in der Bewässerung (Verdunstung) und in der Produktion sind ebenfalls wesentliche Faktoren für Wasserverknappung.

Innerhalb der Hydrosphäre resultiert der wesentliche verstärkende Einfluß auf die Menge des nutzbaren Süßwassers („Süßwasserverknappung") aus der „Verminderung der Wasserqualität". Einträge von Schadstoffen aus der Luft (Saurer Regen, Staub, Auswaschung), aus Nutzungsprozessen (Industrie, Haushalte, Abwasserentsorgung) und Böden (Land-

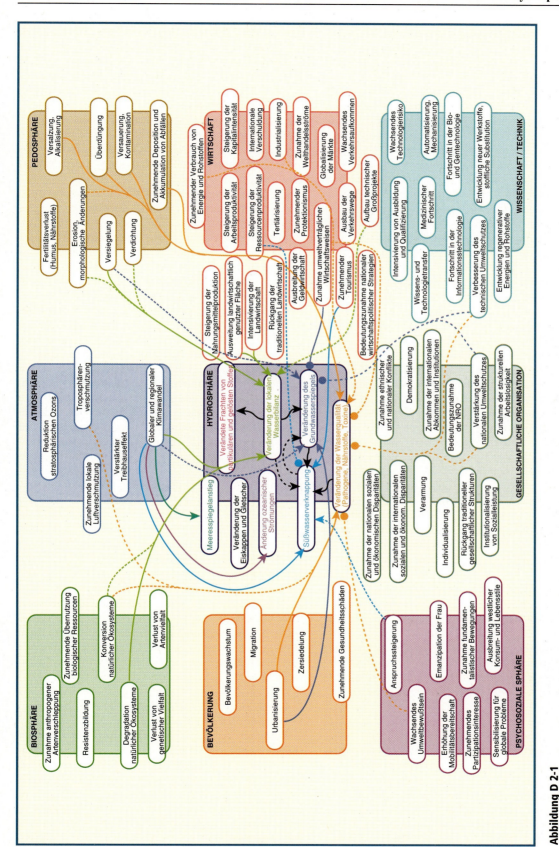

Abbildung D 2-1
Wasserzentriertes Globales Beziehungsgeflecht: Einwirkungen. Die ununterbrochenen Linien kennzeichnen einen permanenten Wirkungszusammenhang.
Quellen: BMBF-Projekt „Syndromdynamik", PIK-Kernprojekt QUESTIONS und WBGU

wirtschaft und Abfalldeponien) können die Ursache sein. Hier sind eine Reihe von problematischen Stoffgruppen zu nennen: Schwermetalle, Salze, Säuren, persistente organische Stoffe (z. B. aus der Chlorchemie), Nährstoffe (Fäkalien, Schwebstoffe aus erodierten Böden) aber auch pathogene Keime. Für die „Verminderung der Wasserqualität" – einer der Hauptgründe für die Verminderng des nutzbaren Süßwassers („Süßwasserverknappung") – sind regional unterschiedliche Schwerpunkte erkennbar:
- Afrika: hohe Salzkonzentrationen, hohe Sedimentfrachten in Flüssen zu Beginn der Regenzeit,
- Nordamerika und Europa: Schadstoffeinträge aus der Industrie (Toxine, Versauerung), Nitrate und Biozide aus der Intensivlandwirtschaft (Eutrophierung von Oberflächengewässern),
- Südamerika: hohe bakteriologische und organische Belastung (Pathogene und Nährstoffe),
- Naher Osten: Versalzung aus Intensivlandwirtschaft, Salzwasserintrusionen,
- Ost- und Südostasien: organische Verschmutzung, Pestizide und Eutrophierung,

Im wasserzentrierten Beziehungsgeflecht ist der Trend „Intensivierung der Landwirtschaft" vor allem durch die „Ausdehnung der Bewässerung" charakterisiert, die erheblich zur weltweiten Zunahme des Wasserverbrauchs beiträgt (siehe Kap. D 1.4). Die Bewässerung hat immer Auswirkungen auf die „Veränderung der lokalen Wasserbilanz", da sie sowohl den Abfluß als auch die Evapotranspiration beeinflußt. Wenn eine verstärkende Wirkung nicht in jedem Fall gegeben ist, wird diese Information (Abb. D 2-1 und D 2-2) durch unterbrochene Linien gekennzeichnet. Auf diese Weise wird dargestellt, daß die phänomenologischen Korrelationen zwischen diesen Trends des Globalen Wandels durch regionale Unterschiede geprägt sein können.

2.2
Globale Mechanismen der Wasserkrise

Süßwasserverknappung – Veränderung der Wasserqualität – Veränderung des Grundwasserspiegels – Veränderung der lokalen Wasserbilanz – Veränderung der Frachten von partikulären und gelösten Stoffen

2.2.1
Einwirkungen auf die hydrosphärischen Trends

EINWIRKUNGEN AUF
„SÜSSWASSERVERKNAPPUNG"
Der Trend „Anspruchssteigerung" in der psychosozialen Sphäre bewirkt einen zunehmenden Wasserverbrauch durch Haushalte oder über die Produktion auch in Industrie und Gewerbe. Die dadurch verursachte Wasserentnahme entspricht weltweit ca. 11% der erneuerbaren Gesamtwassermenge. Dieser Anteil wird durch die „Ausbreitung westlicher Konsum- und Lebensstile" noch zunehmen. Gegenwärtig befindet sich der Wasserverbrauch pro Kopf insbesondere in den Industrieländern auf einem hohen Niveau, wobei der unmittelbare persönliche Verbrauch von Wasser als Lebensmittel recht gering ist. Weitaus mehr Trinkwasser wird als Reinigungs- oder als Entsorgungsmittel verbraucht.

Die steigenden Preise haben die ökonomischen Rahmenbedingungen für eine notwendige Gegenentwicklung geschaffen. Die „Steigerung der Ressourcenproduktivität" gewinnt vor allem in den Industrieländern zunehmend an Bedeutung: Die Wasserentnahme in Industrie und Haushalt (z. B. Wasch- und Spülmaschinen) hat sich wesentlich verringert, und die Mehrfachnutzung spielt eine größere Rolle. Im Gegensatz zur Landwirtschaft, wo häufig die Umweltressource Wasser wegen des freien Zugangs zu Oberflächen- oder Grundwasser aufgrund von Subventionierung kostenmäßig wenig ins Gewicht fällt, sind die produzierenden Wirtschaftszweige in der Regel auf das Trinkwasser der Wasserwerke angewiesen. Diese Wasserentnahme ist deshalb als Kostenfaktor erkennbar und eine Verbrauchsreduzierung für die Nutzer wünschenswert. Als Beispiel hat sich die Produktivität pro industrieller Wassernutzung allein in Japan in ca. 20 Jahren mehr als verdreifacht.

Ein weiterer Trend des Globalen Wandels, der regional einen sehr hohen Einfluß auf die Verknappung des Süßwassers hat, ist der „Zunehmende Tourismus". Gerade in bevorzugten touristischen Gebieten, wie z. B. häufig wasserarme, aride Regionen, kann sich die lokale Wasserentnahme erheblich steigern. Ein hoher Nutzungsdruck entsteht durch den Massentourismus, der erst die Einrichtung touristischer Infrastruktur rentabel macht. Schwimmbäder, Erlebnisbereiche und bewässerungsintensive Grünanlagen, aber auch der hohe individuelle Verbrauch können die Ursache für die Übernutzung über die vor Ort verfügbaren erneuerbaren Trinkwasserressourcen sein.

EINWIRKUNGEN AUF „VERÄNDERUNG DER
WASSERQUALITÄT"
Weltweit verändert sich die Güte der Oberflächengewässer und damit auch die Qualität und Menge der unmittelbar zugänglichen Süßwasservorräte. Die Stärke der Einwirkungen ist regional sehr unterschiedlich und an eine Vielzahl von Trends gekoppelt: Dabei spielt der Trend „Troposphärenverschmutzung" wegen des Effekts auf die Eutrophierung und Versauerung von Gewässern eine beson-

re Rolle. Die Versauerung von Gewässern hat sich in Nordeuropa vor allem wegen der Rauchgasentschwefelung abgeschwächt, während sich der Trend in anderen Regionen (Ost- und Südostasien) verstärkt. In den letzten Jahren findet über die Atmosphäre ein verstärkter Nährstoffeintrag vor allem von Stickstoff in Gewässer statt, der über eine gestiegene Biomasseproduktion die Qualität von Oberflächengewässern verringern kann.

Dieser Effekt ist als Folge der „Intensivierung der Landwirtschaft" und der damit oft einhergehenden „Überdüngung" noch weit stärker zu beobachten: hier ist es vor allem der vermehrte Eintrag von Phosphor und Stickstoff in die Gewässer, der die Eutrophierung auslöst (siehe Kap. D 4.4). In Entwicklungsländern kann die Verschmutzung durch Biozide hinzukommen, denn dort sind häufig noch ältere, persistente Pestizide und Herbizide im Einsatz (siehe Kap. D 3.3 über das Grüne-Revolution-Syndrom).

Komplementär dazu zeigen sich in anderen Regionen Trends, die ebenfalls einen negativen Einfluß auf die Wasserqualität haben: Die „Deposition und Akkumulation von Abfällen" (z. B. industrielle Altlasten) auf und in Böden kann – wie auch der Trend „Kontamination" (z. B. Leckagen, Ölabsonderungen) – zur Kontamination von ufernahen Zonen und von Grundwasser führen. Hohe Konzentrationen von Abfallstoffen (auch in versiegelten Deponien) gelten als „Zeitbomben" hinsichtlich der Wasserverschmutzung. Aber auch die „Erosion" von Böden kann über den Eintrag von Schwebstoffen die Wasserqualität mindern.

Besondere Brennpunkte zeigen sich in Städten: Die „Urbanisierung" steigert die „Wasserverschmutzung" insbesondere dann, wenn der Ausbau der städtischen Wasserinfrastruktur nicht Schritt halten kann (siehe Kap. D 3.5 zum Favela-Syndrom). Aber auch der „zunehmende Verbrauch von Energie und Rohstoffen" kann entsprechende Wirkungen haben, vor allem wenn veraltete Technologien mit nur geringen Wirkungsgraden zum Einsatz kommen. Dieses Problem findet sich insbesondere in den Schwellenländern (siehe Kap. D 3.2 zum Kleine-Tiger-Syndrom).

Abildung. D 2-1 zeigt hinsichtlich des Trends „Veränderung der Wasserqualität" nur wenige abschwächende Tendenzen: Die „Verbesserung des technischen Umweltschutzes" und die „Zunahme umweltverträglicher Wirtschaftsweisen" wirken der „Verminderung von Wasserqualität" entgegen. Zu nennen sind hier die Festlegung, Überwachung und Durchsetzung von Umweltqualitätszielen bei technischen Einrichtungen zur Produktion und Nutzung, also z. B. die Beachtung von Schadstoffgrenzwerten und der Einsatz von effizienten Technologien für die Abwasserreinigung. Hintergrund für diese Trends sind die „Verstärkung des nationalen Umweltschutzes" und das „Wachsende Umweltbewußtsein". Sie sind eine notwendige Voraussetzung dafür, daß über verschiedene technische Verfahren – aber auch über ein verändertes Konsumverhalten – die Wasserqualität verbessert wird.

Einwirkungen auf „Veränderung des Grundwasserspiegels"

Ein besonders problematischer Trend des Globalen Wandels ist das weltweit verbreitete Problem der anthropogenen Veränderung des Grundwasserspiegels. Dabei kann sowohl die „Absenkung" als auch der „Anstieg des Grundwasserspiegels" zu Schäden führen.

Die nicht-nachhaltige Entnahme findet sich hauptsächlich durch den rasch wachsenden Bedarf in Städten („Urbanisierung") oder in der Bewässerungslandwirtschaft („Intensivierung der Landwirtschaft"). Aber auch ein gestiegener Wasserverbrauch durch „Zunehmenden Tourismus" kann zu einer Übernutzung von Grundwasserreserven führen, wenn die Möglichkeit der Entnahme aus Oberflächengewässern nicht besteht oder die Aufbereitung dieser Ressource zu aufwendig wird.

Neben diesen Trends, die mit einer überhöhten Entnahme korrespondieren, wird regional auch das Neubildungspotential des Grundwassers verändert. Die „Flächenversiegelung" als Folge von „Urbanisierung" und „Zersiedlung" sowie der „Ausbau von Verkehrswegen" und die „Änderung von lokalen Wasserbilanzen", z. B. durch Landnutzungsänderungen oder als Folge von „Regionalem Klimawandel", können über verringerte Neubildungsraten zu einem Absinken des Grundwasserspiegels führen.

Diese Probleme können durch die „Zunahme umweltverträglicher Wirtschaftsweisen" gemildert werden. Die Anwendung von Wassersparparttechniken oder Techniken zur Mehrfachnutzung führen zu einem niedrigeren Wasserverbrauch und somit zu einer Schonung der Grundwasserressourcen. Entscheidend für die Dämpfung der Grundwasserproblematik ist aber auch hier eine „Verstärkung des nationalen Umweltschutzes".

Ein „Anstieg des Grundwasserspiegels" kann die Folge unsachgemäßer Bewässerung („Intensivierung der Landwirtschaft") bei ungenügendem Abfluß sein, was zur Versumpfung der Böden führen kann.

Einwirkungen auf „Veränderung der lokalen Wasserbilanz"

Die lokale Wasserbilanz, die sich aus Niederschlag, Evapotranspiration und Abfluß zusammensetzt, wird durch verschiedene anthropogene Einwirkungen beeinflußt. So führt die „Konversion" und „Degradation natürlicher Ökosysteme" (vor allem Entwaldung) in der Regel zu erhöhtem Abfluß und

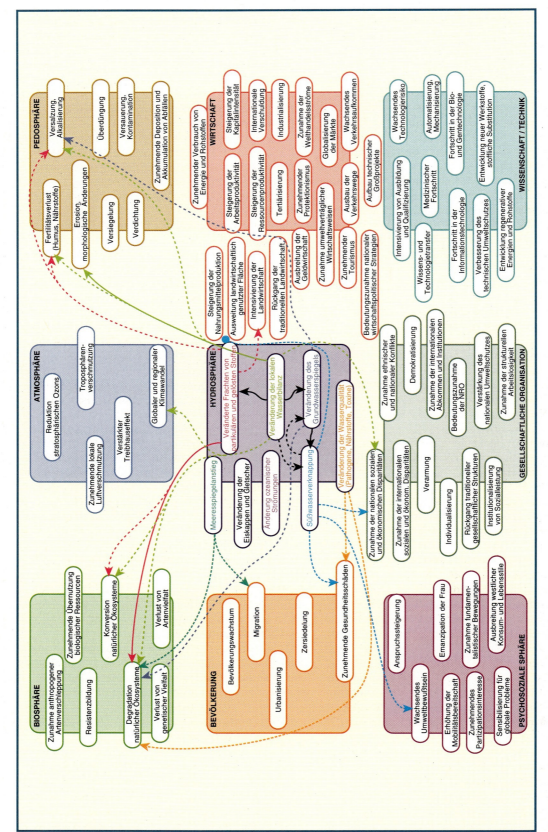

Abbildung D 2-2
Wasserzentriertes Globales Beziehungsgeflecht: Auswirkungen. Die unterbrochenen Linien kennzeichnen regional unterschiedlich ausgeprägte Wirkungszusammenhänge.
Quellen: BMBF-Projekt „Syndromdynamik", PIK-Kernprojekt QUESTIONS und WBGU

zu veränderten Evapotranspirationsraten, wodurch die lokale Verweilzeit des Niederschlags verringert wird.

Die „Versiegelung und Verdichtung von Böden" beschleunigt den Abfluß ebenso wie der Verbau von Flußufern und die Kanalisation von Wasserläufen. Ein wichtiger Einflußfaktor stellt hier wiederum die „Intensivierung der Landwirtschaft" dar. Die „Ausweitung landwirtschaftlich genutzter Fläche" und deren intensivere Bewirtschaftung kann über Trockenlegung von Feuchtgebieten („Konversion natürlicher Ökosysteme"), Eindämmung von Uferauen und Überschwemmungsflächen zu erheblichen Abflußänderung führen und die lokale Wasserbilanz nachhaltigen verändern.

Die Wirkung des Trends „Globaler und regionaler Klimawandel" auf die lokale Wasserbilanz funktioniert vor allem über die Veränderung der Niederschlagsmuster, die regional sehr unterschiedlich ausgeprägt sein kann.

Einwirkungen auf „Veränderung der Frachten von partikulären und gelösten Stoffen"

Ein wichtiger Aspekt der Wasserqualität ist der Gehalt an suspendierten Sedimenten und an gelösten Salzen in fließenden Gewässern. Die Sedimentfracht in Flüssen wird vor allem durch die Bodenerosion verstärkt, deren Wirkung sich über die Verstärkung des Abflusses („Veränderung der lokalen Wasserbilanz") fortpflanzt und die vor allem in veränderten Landnutzungspraktiken seine Ursache hat (WBGU, 1994). Wasserbauliche Maßnahmen von Veränderungen am Flußbett bis hin zur Errichtung von Staudämmen sind weitere wichtige Faktoren, die den Sedimenttransport verändern (siehe Kap. D 3.4). Die Entnahme von Wasser für die „Bewässerungslandwirtschaft" in großem Umfang führt infolge der hohen Verluste durch Evapotranspiration – vor allem in ariden und semi-ariden Regionen – zu der starken Anreicherung von Salzen im rückfließenden Wasser, was im Unterlauf die „Versalzungserscheinungen" von Böden verstärken kann (siehe Kap. D 3.3).

2.2.2 Auswirkungen der hydrosphärischen Trends auf andere Sphären

Auswirkungen der „Süsswasserverknappung"

„Süßwasserverknappung" erzwingt die Nutzung von Wasser geringerer Qualität mit der Gefahr „Zunehmender Gesundheitsschäden", wie die Ausbreitung von Epidemien, aber auch Vergiftungen (siehe Kap. D 4.2). In der Landwirtschaft behindert Wassermangel die „Steigerung der Nahrungsmittelproduktion".

Die „Verknappung von Süßwasser" kann das Konfliktpotential zwischen benachbarten Staaten erhöhen, die von denselben Oberflächengewässern abhängig sind. Beispielsweise bahnt sich zwischen Syrien und Irak, wo die noch erreichbare Wassermenge kaum mehr zur Aufrechterhaltung einer intensiven Bewässerungslandwirtschaft reicht, und der Türkei, die durch Staudammprojekte den Zufluß kontrollieren kann, ein erheblicher Interessenkonflikt an (siehe Kap. D 4.1). Auch innerhalb eines Landes können Verteilungskonflike entstehen und die „sozialen und ökonomischen Disparitäten" gesteigert werden.

Auswirkungen der „Verminderung der Wasserqualität"

Die Hauptwirkung der Wasserverschmutzung bezieht sich vor allem auf die Quantität des für menschliche Bedürfnisse nutzbaren Wasserangebots („Süßwasserverknappung"). Die zunehmend schlechtere Qualität regionaler Wasserreserven, die primär durch die Verschmutzung von Oberflächen- und Grundwasser aus industriellen, landwirtschaftlichen und urbanen Quellen erfolgt, kann in Ballungsräumen vor allem in Entwicklungsländern zu vermehrten „Gesundheitsschäden" führen. Beispiele für Epidemien als Folge minderwertiger Wasserversorgung sind Typhus, Cholera und Diarrhoe (siehe Kap. D 4.2). Bedeutsam sind aber auch schleichende Vergiftungen durch Schwermetalle oder andere im Wasser gelöste Schadstoffe. Die Anreicherung von Gewässern mit Nährstoffen und die daraufhin einsetzende Eutrophierung stellt eine „Degradation von Ökosystemen" dar.

Auswirkungen von „Veränderungen des Grundwasserspiegels"

Ein „Absinken des Grundwasserspiegels" ist gleichbedeutend mit einer Verknappung des zur Verfügung stehenden Süßwasserangebots. Als Folge steigt der Aufwand zur Erschließung tieferer Grundwasserreservoire. Ein weiteres Gefährdungspotential entsteht für weiter entfernte Gebiete, denen das Grundwasser im Rahmen einer Fernversorgung urbaner Zentren entzogen wird. Die dort bestehenden natürlichen Ökosysteme werden durch ein „Absinken des Grundwasserspiegels" degradiert.

In Küstenzonen kann das Sinken des Grundwasserspiegels den Ersatz von Süßwasser durch Salzwasser bewirken. Durch die Entnahme von Grundwasser sank beispielsweise im Gebiet von Tel Aviv im Verlauf der 50er Jahre der Grundwasserspiegel in einem Bereich von rund 60 km^2 unter den Meeresspiegel. Die Gefahr einer drohenden Versalzung durch

Meerwassereinstrom in die Grundwasserleiter konnte nur durch ein umfangreiches Beckensystem zur Einspeisung von Süßwasser behoben werden.

Der „Anstieg des Grundwasserspiegels" – etwa als Folge unsachgemäßer Bewässerung – kann zur Versumpfung der Böden führen. Ein besonderes Problem besteht dann, wenn bei hoher Verdunstung der Kapillarschluß vom Bodenwasser zum Grundwasser erfolgt und daraufhin die „Versalzung" des Bodens gefördert wird. Ebenso kann ein „Ansteigen des Grundwasserspiegels" aufgrund von „Ökosystemkonversion" (z. B. Abholzen von Eukalyptuswäldern in Australien und verringerte Evapotranspiration) durch Mobilmachung von Salzreserven in tieferen Schichten zu einer „Versalzung" der Böden an der Oberfläche führen.

Auswirkungen der „Veränderung der lokalen Wasserbilanz"

Die lokale Wasserbilanz stellt – innerhalb gewisser Grenzen – ein von der Vegetation aktiv beeinflußbares Element des regionalen Klimas dar. Daher können entsprechende Änderungen über veränderte Evapotranspirationsraten und Vegetationsänderungen („Degradation natürlicher Ökosysteme") zu einer Änderung des regionalen Klimas beitragen. In ähnlicher Weise ist die Wasserbilanz als naturräumliche Rahmenbedingung für Lebensräume eng rückgekoppelt mit den natürlichen Ökosystemen. Eine etwa durch Abflußänderungen ausgelöste Ökosystemdegradation kann die Artenzusammensetzung signifikant verändern und im Extremfall zur vollständigen Umwandlung eines Ökosystems führen (z. B. Verschwinden von Feuchtgebieten; siehe Kap. D 4.4).

Es erwachsen aber auch direkte Gefahren für den Menschen: künstlich errichtete offene Wasserflächen durch Stauung des Abflusses, beispielsweise bei Bewässerungsprojekten, können zur Verbreitung wasserverursachter Krankheiten beitragen (z. B. Schistosomiase oder Malaria; siehe Kap. D 3.4 und D 4.2). Infolge fehlerhafter Bewässerungsmethoden kommt es durch die Folgen der verschobenen Wasserbilanz (Erhöhung der Evapotranspiration) häufig zu einer „Versalzung" von produktiven Böden, was eine der wichtigsten Wechselwirkungen im Zusammenhang mit der globalen Bodendegradation darstellt (siehe WBGU, 1994).

Auswirkungen von „veränderten Frachten von partikulären und gelösten Stoffen"

Eine entscheidene Konsequenz hat dieser Trend auf die Pedosphäre und mittelbar auch auf die Biosphäre. Der Abtransport der Schwebstoffe kann zum Verlust produktiver Böden als Folge von Wassererosion, Auswaschung („Fertilitätsverlust"), aber auch zur Veränderung der Landschaftsmorphologie führen. Aufstauung und damit verminderte Fließgeschwindigkeiten verringern die „Sedimentfracht" von Flüssen, was im Unterlauf die Ablagerung von Schlamm vermindert und die Flußbetterosion erhöht, mit entsprechenden Konsequenzen für Flußdelta- und Küstenökosysteme („Degradation" und „Konversion von Ökosystemen"; siehe Kap. D 3.4).

Die Erhöhung der Salzfrachten durch Bewässerungsprojekte kann ebenfalls negative ökosystemare Auswirkungen haben; zusätzlich vergrößert sich die Gefahr der „Versalzung von Böden" stromabwärts durch die erneute Nutzung des Flußwassers für die Landwirtschaft.

Die globale Wasserproblematik und ihre Ursachen

3.1
Kritikalitätsindex als Maß für die regionale Bedeutung der Wasserkrise

Komplexer Indikator entwickelt – Innovative Modellierung – Abschätzung globaler Wasserkrise in regionaler Auflösung – Zukünftige Entwicklung von Dargebot, Verbrauch und Krisenlösungspotential – Abschätzung von Betroffenheit durch Wassermangel und Wasserknappheit

Im folgenden wird vom WBGU eine prospektive Abschätzung der globalen Wasserkrise unternommen. Diese Kritikalitätsabschätzung ist eine der wenigen weltweiten Modellierungen, die hydrologische, klimatologische, demographische und ökonomische Faktoren gleichzeitig berücksichtigt. Sie ermöglicht regionalspezifische Aussagen über das zukünftige Ausmaß der Wasserkrise.

Bislang basierten exemplarische Analysen oftmals auf der Bewertung länderweiter Verbrauchsziffern, für die Daten, nach Sektoren aufgeschlüsselt, in der Regel für jedes Land verfügbar sind. In älteren Darstellungen dominiert eine technische Perspektive auf das Wasserproblem: Für einen gegebenen und als stetig steigend unterstellten Verbrauch ist durch wasserbauliche und weitere technische Maßnahmen ein qualitativ und quantitativ hinreichendes Angebot bereitzustellen. Die Endlichkeit der Ressource wurde nicht hinreichend beachtet, die Bedarfsentwicklung nicht in Frage gestellt. Neuere Berichte stellen aber zunehmend auch die gesamte länderweit verfügbare Süßwassermenge in den Vordergrund (siehe Kap. D 1.4). Erst ihre Berücksichtigung erlaubt eine Bewertung der vorhandenen Nutzungen vor dem Hintergrund des möglichen Nutzungspotentials und damit der Nachhaltigkeit des Gebrauchs dieser erneuerbaren Ressource. Der erforderliche Schlüsselindikator „erneuerbare Süßwassermenge" ist jedoch gegenwärtig nur unzureichend festgelegt. Weitgehende Übereinstimmung besteht hinsichtlich der Berücksichtigung der Wassermenge, die innerhalb eines Landes als Niederschlag zur Verfügung steht. Große Unterschiede finden sich jedoch in der Einrechnung von Oberflächen- und Grundwasser, das als Zufluß aus anderen Ländern das lokale Wasserdargebot entscheidend erhöhen kann.

Eine weitere erhebliche Schwierigkeit ergibt sich nach Meinung des Beirats aus der gegenwärtigen Definition der Begriffe *Wassermangel* und *Wasserknappheit*: Von periodischer oder regelmäßiger Wasserknappheit, bei der nur gelegentlich oder lokal Wasserprobleme auftreten, spricht man dann, wenn zwischen 1.000 und 1.666 m^3 erneuerbaren Süßwassers pro Person und Jahr zur Verfügung stehen. Chronischer Wassermangel herrscht, wenn weniger als 1.000 m^3 Süßwasser verfügbar sind, weil dann die menschliche Gesundheit und die wirtschaftliche Entwicklung beeinträchtigt werden. Können weniger als 500 m^3 Süßwasser pro Person und Jahr genutzt werden, ist von absolutem Wassermangel die Rede (Falkenmark und Lindh, 1993). Diese drei Begriffe kennzeichnen zwar sinnvolle Versuche, Grenzwerte für die Bewertung der Wasserkrise auf der Basis der Wasserverfügbarkeit je Einwohner einzuführen. Allerdings können sie nur grobe Anhaltspunkte geben und nicht als exakte Grenzwerte mit weltweiter Aussagekraft gelten. Gleick etwa bezeichnet die 1.000 m^3-Grenze, die von der Weltbank als ein Indikator für Wassermangel anerkannt wird, als „ungefähres Minimum für eine angemessene Lebensqualität in einem mäßig entwickelten Land" (Gleick, 1993). Der von Falkenmark vorgeschlagene Grenzwert zur Vermeidung von regelmäßiger oder periodischer Wasserknappheit gilt ihm bloß als ein „Warnlicht" für Länder mit weiter wachsender Bevölkerung, d. h. solange sich die Bevölkerungszahlen nicht stabilisieren, laufen die meisten Länder aus der Kategorie der Wasserknappheit Gefahr, mit der Zeit in die des Wassermangels abzurutschen (Engelman und LeRoy, 1995). Doch selbst dann, wenn die genannten Schwellenwerte als Orientierungspunkte einer Wasserkrise dienen, ist ihr Erkenntniswert zweifelhaft: Eine Gegenüberstellung von verfügbarer Wassermenge und entsprechender Bevölkerungsentwicklung informiert zwar über potentielle Nutzungsmengen, sagt aber nichts aus über das Verbrauchsverhalten, die Befriedigung eines Mindestbedarfs oder die technischen und finanziellen Ressourcen zur Kompensation von Mangelerscheinungen. Beispielsweise kommt ein verhältnismäßig wohlhabendes Land wie Israel mit 461 m³ Süßwasser pro Person und Jahr aus, ohne daß von existentiellem Wassermangel mit zerstörerischen Folgen für die wirtschaftliche Entwicklung bzw. die menschliche Gesundheit gesprochen werden könnte, wenngleich es sich dabei um einen sehr fragilen Zustand handelt.

Für eine realistische und regional differenzierte Bewertung der globalen Wasserkrise schlägt der Beirat deshalb einen ähnlichen Ansatz vor, wie er bereits im Jahresgutachten zur Bodenproblematik dargestellt worden ist (WBGU, 1994). Dieser Ansatz würde die globale Wasserkrise durch einen komplexen Indikator bewerten, der das natürliche Wasserdargebot und den (wachsenden) menschlichen Nutzungsdruck in ein Verhältnis setzt, dabei aber gleichzeitig das Abhilfe- oder Problemlösungspotential einer Gesellschaft berücksichtigt. Wo das Dargebot knapp, der Nutzungsdruck hoch und das Abhilfepotential gering sind, ist die globale Krise in besonderem Maße akut; wo dagegen ein geringer Nutzungsdruck einem hohen Wasserdargebot gegenübersteht und die Gesellschaft gleichzeitig über eine Reihe von Optionen zur Problemlösung verfügt, ist keine Krise gegeben. Zwischen diesen beiden Polen liegt wahrscheinlich die Mehrheit der Länder der Welt. Der zu formulierende Kritikalitätsindex sollte vor allem der Abschätzung von Wasserkrisen in naher Zukunft dienen, fungiert also als Frühwarnsystem. Er muß daher einen „dynamischen" Zuschnitt besitzen und aktuelle Trends berücksichtigen.

Mit Hilfe dieses „lokalen", zusammengesetzten Indikators $K(r)$,

$$K(r) = \frac{\text{Wasserentnahme}}{\text{Wasserverfügbarkeit} * \text{Problemlösungspotential}},$$

ließe sich die weltweite Süßwasserproblematik in Form eines Kritikalitätsindexes regional aufgelöst bewerten. Die einzelnen Größen hängen jeweils von unterschiedlichen Einflußfaktoren ab: Die Wasserentnahme wird bestimmt durch die lokale Bevölkerungsdichte, die spezifischen Wirtschaftsformen (besonders hinsichtlich ihrer Wassereffizienz und ihres Wasserverschmutzungspotentials), die Umweltbedingungen und die kulturellen Spezifika. Für die Wasserverfügbarkeit sind Klima, Vegetation, Bodenbeschaffenheit, Hydro- und Topographie, Klimavariabilität sowie installierte wasserbauliche Maßnahmen verantwortlich. Das Problemlösungspotential als die „weichste" der drei im Indikator auftretenden Größen könnte sich an der Wirtschaftskraft eines Standortes (BSP pro Kopf), einem Indikator für wasserbezogenes Know-how, an der Menge und Qualität der vorhandenen Wasserver- und -entsorgungsinfrastruktur sowie an einem Indikator für die Effizienz und Stabilität der relevanten politischen Institutionen bemessen lassen.

Gegenwärtig stehen jedoch nur einige der benötigten Eingangsgrößen in hinreichend kleinräumiger Auflösung zur Verfügung. Gleichwohl ist die Erfassung und Aufbereitung ihrer Datengrundlage für eine weitergehende Beurteilung der regionalen Bedeutung der Süßwasserproblematik in naher Zukunft unumgänglich. Hierin sieht der Beirat neben der weiteren Aufklärung der Funktionszusammenhänge dringenden Forschungsbedarf.

3.1.1
Modellierung der Wasserentnahme

Um anzudeuten, in welche Richtung eine integrierte und transdisziplinär verankerte Abschätzung der globalen Wasserkrise gehen könnte, hat der Beirat eine erste Näherung des vorgeschlagenen Kritikalitätsindex entwickelt. Die im folgenden vorgestellte regionale Kritikalitätsabschätzung $KA(r)$ setzt die Grundüberlegungen zu $K(r)$ auf der Basis des derzeit verfügbaren Datenmaterials um. Sie erlaubt eine bezüglich der zu berücksichtigenden Einflußgrößen zwar noch lückenhafte, bezüglich der notwendigen regionalen Auflösung gleichwohl hinreichende Abschätzung der weltweiten Wasserkrise. Diese Abschätzung ist zudem prospektiv, weil sie auf der Basis von Szenarien der Klimaforschung die drei entscheidenden Kritikalitätsfaktoren bis zum Jahr 2025 verfolgt. Der Beirat stützt sich dabei hinsichtlich der Komponenten „Wasserentnahme" und „Wasserverfügbarkeit" auf die Vorarbeit des Zentrums für Umweltsystemforschung an der Gesamthochschule Kassel (Alcamo et al., 1997), hinsichtlich der Komponente „Wasserspezifisches Problemlösungspotential" sowie der integrierten Modellierung auf die Vorarbeit einer Arbeitsgruppe des Potsdam-Instituts für Klimafolgenforschung (Lüdeke et al., 1997).

Der „Zähler" der globalen Wasserkritikalitätsabschätzung wird durch die Wasserentnahme des Menschen definiert. Die Hauptkomponenten der Wasserentnahme sind:
- Landwirtschaft,
- Industrie,
- Haushalte.

Die verfügbaren nationalen Entnahmedaten wurden für 1995 (bisweilen ältere Werte) auf der Basis der aktuellen Bevölkerungsdichteverteilung und anderer Informationen (z. B. Verteilung der landwirtschaftlichen Bewässerungsfläche) auf eine geographische Auflösung von 0,5° x 0,5° skaliert. Zu den Determinanten der Entnahme zählen u. a. die Bevölkerungsgröße, die Höhe des Bruttoinlandsprodukts pro Kopf und die Intensität der Wassernutzung bezogen auf die industrielle Produktion. Zur Berechnung der zukünftigen Entwicklung der Wasserentnahme bis zum Jahr 2025 wurden drei verschiedene Szenarien gerechnet: ein niedriger, ein mittlerer und eine hohe Entnahme. Der hier vorgelegten Kritikalitätsabschätzung liegt das mittlere Szenario (M) zugrunde. Es basiert zum einen auf den regional aufgelösten Bevölkerungs- und Wirtschaftsannahmen des IS92a-Szenarios des IPCC (Weltbevölkerung: 8.205 Mio. Menschen, BIP pro Kopf im weltweiten Durchschnitt: 7.314 US-$), zum anderen auf sektoral und wirtschaftsgeographisch differenzierten Annahmen über die Wassereffizienz im Zuge wirtschaftlicher Entwicklung. Wasserpreise und deren Änderung wurden von dieser Abschätzung nicht explizit berücksichtigt.

Für den Haushaltssektor wurde dabei, gestützt auf Zeitreihen aus Industrie- und Entwicklungsländern, angenommen, daß die Pro-Kopf-Entnahme mit steigendem Pro-Kopf-Einkommen stetig zunimmt. Bei einer Höhe von 15.000 US-$ erreicht dieser Wert sein Maximum, fällt dann relativ rasch auf die Hälfte des Maximalwerts ab und bleibt ab ca. 20.000 US-$ konstant. Die Entnahme der Industrie wurde auf die sektorale Bruttowertschöpfung bezogen. Die Modellannahmen gehen davon aus, daß eine zunächst konstant hohe Wasserentnahme ab einem bestimmten Wert der industriellen Bruttowertschöpfung pro Kopf auf 50% absinkt; dieser Wert wurde für Länder mit einer geringen Wasserverfügbarkeit bei ca. 5.000 US-$ angesetzt, bei Ländern mit hoher Wasserverfügbarkeit tritt die Verbrauchsdämpfung erst bei ca. 15.000 US-$ ein. Hintergrund dafür ist die Annahme, daß die industrielle Produktion aufgrund der größeren Flexibilität in der Auswahl von Produkten und Produktionsprozessen eher an das Wasserdargebot anpaßbar ist als das häusliche Wirtschaften. Die Wasserentnahme der Landwirtschaft als der weltweit größte Entnahmebereich wurde untergliedert in die Entnahme des weltweiten Nutztierbestands sowie in die Entnahme für Bewässerungslandwirtschaft. Szenario M geht hinsichtlich dieser letzten Komponente, gestützt u. a. auf die FAO-Studie von Alexandratos (1995), für die Industrieländer von einer Konstanz der Bewässerungsfläche aus, für die Entwicklungsländer von einer – regional unterschiedlich großen – Zunahme derselben, analog zum bevölkerungsbedingt wachsenden Nahrungsbedarf. Die Effizienz der Bewässerung soll sich dabei auf allen Flächen um 0,5% pro Jahr erhöhen, was einer Verbesserung von insgesamt 16% bis 2025 entspricht.

3.1.2
Modellierung der Wasserverfügbarkeit

Die Berechnung der Wasserverfügbarkeit erfolgte im Rahmen umfangreicher Modellrechnungen auf der Basis einer Aufteilung der Erde in 1.162 Wassereinzugsgebiete (Alcamo et al., 1997). In Übereinstimmung mit der Auflösung globaler Datenbasen wurde die Wasserverfügbarkeit mittels einer Gitterauflösung von 0.5° x 0.5° modelliert. Unter Berücksichtigung der treibenden klimatischen Variablen sowie der Boden- und Vegetationsbeschaffenheit, der Hangneigung und des hydrologischen Untergrunds des dazugehörigen Bodentyps, wurde in jeder Gitterzelle die tägliche Wasserbilanz berechnet und mit den empirisch bestimmten jährlichen Abflußwerten verglichen und kalibriert.

Auf der Ebene der Wassereinzugsgebiete läßt sich die gesamte Wasserverfügbarkeit als Summe aus jährlichem Oberflächenabfluß und der Grundwassererneuerung in diesem Gebiet bestimmen. Obwohl die zeitliche Auflösung der Modellrechnungen feiner ist, können die Resultate nur im Jahresmittel interpretiert werden, da Lateralflüsse nicht explizit berücksichtigt wurden. Diese Mittelung ist aufgrund der Speicherfähigkeit der Abflußsysteme und des Bodens sicherlich vertretbar. Als Stärke bewertet der Beirat, daß die Modellierung der Wasserverfügbarkeit auf der Basis der Wassereinzugsgebiete die hydrologischen Gegenheiten sehr viel genauer erfaßt als eine Beschreibung auf Länderebene, wie sie vielen anderen Modellierungen der globalen Wasserkrise zugrundeliegt.

Es sollte allerdings erwähnt werden, daß die Aussagekraft der Modellergebnisses durch eine Reihe bisher noch nicht oder nur ungenügend erfaßter Aspekte beschränkt wird. An erster Stelle ist dabei der Gesichtspunkt der Wasserqualität zu nennen. Für eine realistische Bewertung der globalen Wasserkritikalität wäre es dringend erforderlich, zu international vergleichbaren Wasserqualitätsindikatoren auf aggregiertem Niveau zu kommen. Da Qualitätsverschlechterungen (z. B. durch Einleitung toxischer Industrieabwässer in die Vorfluter) große Mengen von Süßwasser für Trink- oder gar für Brauchwasserzwecke unbrauchbar machen können, stellt dies auch unter dem Gesichtspunkt der Abschätzung des quantitativen Aspekts der Wasserkrise eine wesentliche Einschränkung dar. Zum Qualitätsaspekt gehören auch mögliche Sedimentfrachten, die als Folge des Abflusses die Wasserqualität und damit die direkte Verfügbarkeit beeinflussen. Des weiteren bleiben eine Reihe weiterer Aspekte im Rahmen der Zukunftsszenarien unberücksichtigt: intra-annuelle Klimavariabilität, schwer zu prognostizierende Veränderungen der Landnutzung und Vegetationsänderungen. Auch die Abschätzung der zukünftigen Niederschlagsmuster als Folge eines Klimawandels sind gegenwärtig noch mit großen Unsicherheiten behaftet. Der Beirat betont hier ebenfalls den Forschungsbedarf.

Um den Einfluß des Bevölkerungswachstums, ökonomischer Veränderungen und auch des Klimawandels auf die Wasserkrise abzuschätzen, wurde neben den Wasserentnahmeszenarien ein Wasserverfügbarkeitsszenario formuliert, wobei die zukünftigen Temperatur- und Niederschlagswerte für das Jahr 2025 mit Hilfe des Klimaszenarios eines gekoppelten globalen Atmosphäre-Ozean-Zirkulationsmodells (GCM) des Hamburger Max-Planck-Instituts für Meteorologie bestimmt wurden (siehe Kap. D 1.3). Dieses GCM-Ergebnis beruht auf zukünftigen Treibhausgasemissionen, wie sie im Rahmen des IS92a-Szenarios (IPCC, 1992) für möglich gehalten werden und die keine Emissionsreduktionsstrategien beinhalten. Die CO_2-Äquivalent-Konzentration in der Atmosphäre wird sich demnach im Jahr 2025 um 50% gegenüber dem Wert zwischen 1980 und 1990 erhöht haben. Aufgrund der gegenwärtig sicherlich noch vorhandenen Unsicherheit hinsichtlich der regionalen Niederschlagsabschätzungen wurden die Wasserverfügbarkeitsmodellierungen sowohl mit dem genannten Klimaszenario als auch mit den Resultaten eines Modellaufs eines weiteren GCMs (Geophysical Fluid Dynamics Laboratory) durchgeführt. Grundsätzlich lassen sich mit heute verfügbaren globalen Klimasimulationen Niederschlagsverteilungen nur auf großräumiger Skala verläßlich interpretieren. Es besteht deshalb verstärkter Forschungsbedarf hinsichtlich der Entwicklung regionaler Klimaszenarien.

Wie sich der Klimawandel auf die globale Wasserbilanz auswirken wird, ist derzeit nicht eindeutig geklärt. Man kann mit einer gewissen Sicherheit davon ausgehen, daß der Anstieg der globalen Mitteltemperatur um 1,5–4,5 °C zu einem Anstieg der mittleren Jahresniederschläge um 3–15% weltweit führen wird (IPCC, 1996a). Während erhöhte Niederschläge die Wasserverfügbarkeit (z. B. für Landwirtschaft) verbessern, hat der Temperaturanstieg einen gegenteiligen Effekt (z. B. durch erhöhte Evapotranspiration). Selbst wenn man einen positiven globalen Nettoeffekt des Klimawandels auf die Wasserverfügbarkeit annimmt, besteht größere Unsicherheit hinsichtlich der Frage der regionalen und zeitlichen Verteilung des Niederschlags. Auch hier besteht nach Ansicht des Beirats eine wichtige Forschungslücke, deren Schließung die Prognosekraft des eingangs skizzierten Kritikalitätsindex deutlich erhöhen würde.

Die Abschätzung der globalen Wasserkritikalität darf nicht zu leichtfertig hinsichtlich durchschnittlicher Verfügbarkeitswerte sein. Gerade wenn man bedenkt, daß die Landwirtschaft weltweit der größte Wasserentnehmer ist – das Kernproblem der Süßwasserverknappung also sehr eng mit dem Kernproblem der Gefährdung der Welternährung koppelt – dann sollte auch ein globaler und integrierter Index eine vorsichtige Abschätzung der Wasserverfügbarkeit mit Blick auf natürliche Variabilitäten haben. Daher wurde in vorliegendem Szenario nicht der durchschnittliche monatliche Niederschlag berücksichtigt, sondern ein Niederschlag, wie er in eher trockenen Jahren fällt (nur 10% aller Jahre sind trockener).

3.1.3
Wasserspezifisches Problemlösungspotential

Der Mensch ist nicht nur Verursacher von Wasserkrisen, er ist auch dazu in der Lage, Maßnahmen zur Dämpfung ihrer Folgen zu ergreifen. Soziale Akteure und Systeme besitzen eine Vielzahl von Optionen, um dies zu tun. Beispielhaft sei hier nur erwähnt (siehe dazu ausführlicher Kap. D 5):
- Überregionaler Transport von Wasser aus Überschußgebieten.
- Ausgleich von saisonalen Dargebotsschwankungen durch wasserbauliche Maßnahmen.
- Verbesserung der Wasserqualität durch Reinigungstechniken und/oder Umstellung der Produktionspalette.
- Substitution herkömmlicher Wasserquellen (z. B. durch Meerwasserentsalzung).

Diese und andere Maßnahmen sind abhängig vom Entwicklungsstand einer Gesellschaft, ihrem wasserspezifischen Problemlösungspotential. Ihre Hauptstoßrichtung ist die effektive Erhöhung des Wasserdargebots. Sie sind dabei zu unterscheiden von Maßnahmen, die bei den verwendeten Entnahmeszenarien zur Erhöhung der Wasserverbrauchseffizienz führen. Die Meinungen darüber, wie man dieses Potential definiert und mißt, differieren je nach vertretenem Entwicklungsbegriff. Damit ist eine grundlegende Frage innerhalb der Diskussion um das Verhältnis Gesellschaft-Natur im allgemeinen berührt: die Frage nämlich, ob und wie stark der Mensch durch seine wirtschaftliche und technische Leistungsfähigkeit dazu in der Lage ist, natürliche Knappheiten – ungeachtet ihres natürlichen oder anthropogenen Ursprungs – durch den (zusätzlichen) Einsatz sozio-ökonomischer Faktoren zu überwinden oder zumindest zu kompensieren.

Projiziert man diese Frage in den Horizont der Ökonomie-Ökologie-Debatte, so lassen sich – idealtypisch und leicht überspitzt – vier Positionen ausmachen, in denen sich der Grad der Substituierbar-

Tabelle D 3.1-1
Idealtypische Ökonomie-Ökologie-Auffassungen. Quellen: Jansson et al., 1994; Pearce und Turner, 1990; Radke, 1996; Rennings und Wiggering,

	Grad der Substituierbarkeit von natürlichem durch sozio-ökonomisches Kapital			
	Gering bis überhaupt nicht	Gering	Hoch	Hoch bis völlig
Ökonomischer Idealtyp	Radikaler Ökologismus	Ökologische Ökonomie	Umweltökonomie	Radikaler Ökonomismus

keit des natürlichen Kapitalstocks durch sozio-ökonomisches Kapital denken läßt (Tab. D 3.1-1).

Der Beirat hält die beiden idealtypischen Extrempositionen – völlige Substituierbarkeit und völlige Nicht-Substituierbarkeit – für wenig realistisch. Daß eine Gesellschaft mit hinreichend viel Geld „alles" kann, scheint gerade angesichts der Nicht-Substituierbarkeit von Wasser für menschliche Zwecke unplausibel. Umgekehrt besteht mit Blick auf die jahrtausendealte menschliche Erfahrung im Umgang mit der knappen Ressource Wasser kein Anlaß zu der Annahme, daß moderne Gesellschaften völlig unflexibel regionalen Knappheiten ausgeliefert sind. Das reduziert das Spektrum plausibler Positionen auf die beiden mittleren, denen der Beirat hier Rechnung tragen will. In der Kritikalitätsabschätzung wurde darauf verzichtet, nur eine einzige Substituierbarkeitsposition einzunehmen. Der Beirat hält sowohl eine moderat substitutionalistische (hier vereinfachend als „Umweltökonomie" bezeichnet) als auch eine moderat nicht-substitutionalistische (hier als „Ökologische Ökonomie" bezeichnet) Position für vertretbar und möchte beide heranziehen, um zu zwei verschiedenen Einschätzungen des gesellschaftlichen Kurationspotentials für die globale Wasserkrise zu gelangen.

Der vom Beirat eingangs vorgeschlagene Kritikalitätsindex würde eine Reihe weiterer Dimensionen der Problemlösung berücksichtigen. Die hier umgesetzte Kritikalitätsabschätzung geht aus pragmatischen Gründen davon aus, daß der volkswirtschaftliche Entwicklungsgrad einer Gesellschaft – gemessen am Bruttoinlandsprodukt pro Kopf – als erste Näherung für das wasserrelevante Kurationspotential dienen kann. Es ist eine vorderhand plausible Annahme, daß eine reiche Volkswirtschaft ein größeres Krisenbewältigungspotential besitzt als eine arme. Gleichwohl unterscheiden sich die Grade, in denen menschliches Kapital natürliche (auch: anthropogene) Krisen ausgleichen kann. Dem tragen die im folgenden vorgestellten zwei Szenarien Rechnung. Als Einteilungsprinzip des Bruttoinlandsprodukts wurde eine Vier-Klassen-Lösung gewählt, die mit den vier Wasserknappheitsklassen numerisch analog ist und der Einteilung der Weltbank in Volkswirtschaften mit hohem, mittelhohem, niedrigem und sehr niedrigem Pro-Kopf-Einkommen entspricht. Die Werte für das BIP pro Kopf liegen nur in länderweiter Auflösung vor. Das ist in diesem Fall aber keine nennenswerte Beeinträchtigung der Aussagekraft des Modells, weil davon auszugehen ist, daß der entscheidende Akteur die nationale Politik darstellt.

Unabhängig davon allerdings, wie man die Substituierbarkeit natürlicher Ressourcen für eher hoch oder eher niedrig hält – in jedem Fall muß zweierlei bedacht werden:
- *Effektivität:* Die zur Kuration einer Wasserkrise ergriffenen Maßnahmen müssen zielführend wirken.
- *Opportunitätskosten:* Die kurativ verwandten Mittel stehen der Gesellschaft nicht für andere, womöglich ebenfalls wichtige Aufgaben zur Verfügung.

Einfacher gesagt: Man kann viel Geld auch schlecht ausgeben, und man kann auch gut ausgegebenes Geld nicht noch einmal verwenden. Das für die Abschätzung der weltweiten Wasserkrise zugrundegelegte BIP pro Kopf ist nicht daraufhin untersucht worden, inwiefern es diese beiden Bedingungen erfüllt. In beiden Szenarien wird von einer Art Durchsickereffekt ausgegangen: ein höheres BIP wird die Wahrscheinlichkeit dafür erhöhen, daß Abmilderungsmaßnahmen ergriffen werden. Erst auf der Basis einer syndromspezifischen Analyse der globalen Wasserkrise würde es dann allerdings möglich sein, beiden Aspekten genauer Rechnung zu tragen. Es soll noch darauf hingewiesen werden, daß die Annahme einer Abschwächung der Wasserkrise durch verstärkten Kapitaleinsatz, die vor allem Szenario I zugrundeliegt, unter Umständen mit den BIP-Pro-Kopf-Prognosen des IPCC kollidiert. Diese Prognosen berücksichtigen normalerweise nicht die wachstumsdämpfenden Effekte von Ressourcenverknappung, sind also besonders bei Szenario I wahrscheinlich zu optimistisch.

3.1.4
Formulierung einer Kritikalitätsabschätzung

Auf der Basis des Verhältnisses der Wasserentnahme zur Wasserverfügbarkeit läßt sich für jede

Zelle des Gitters eine Abschätzung der Kritikalität der Wasserentnahme bestimmen. Diese Größe variiert von relativ kleinen Werten, die nur gering genutzte Wassereinzugsflächen kennzeichnen, bis hin zu Werten größer 1. Letztere bezeichnen Entnahmebereiche, in denen die Nutzer dieser Umweltressource über die erneuerbaren Wassermengen hinaus auch fossile Grundwasserreserven, Meerwasserentsalzungsanlagen oder z. B. auch rezyklierte Ressourcen benutzen.

Durch die Verknüpfung dieses Verhältnisses aus Wasserentnahme und Wasserverfügbarkeit mit der Wasserverfügbarkeit pro Kopf läßt sich nach Kulshreshtha (1993) ein *Wasserknappheitsindex* konstruieren, in dem zwei kritische Aspekte besonders betont werden: Zum einen die fast vollständige Entnahme der erneuerbaren Wassermenge (Verhältnis Entnahme zu Verfügbarkeit) und zum anderen eine geringe verbleibende Gesamtverfügbarkeit pro Kopf. Durch diesen zweiten Aspekt wird der Tatsache Rechnung getragen, daß es einen Unterschied macht, ob eine identische Entnahmequote noch relativ viel oder aber nur relativ wenig Nutzungsspielraum läßt (Tab. D 3.1-2).

Die Ergebnisse dieser Klassifikation geben eine erste Einschätzung der regionalen Bedeutung der Süßwasserkrise wieder. Bei der Betrachtung dieser Größe ergibt sich, daß trotz der zu erwartenden klimabedingten globalen Zunahme des Wasserdargebots gerade in Gebieten, in denen heute schon Wasserknappheit herrscht, in Zukunft eine Verschärfung der Situation zu erwarten ist (Alcamo et al., 1997).

Diese Rechnungen berücksichtigen allerdings noch nicht das regional vorhandene wasserspezifische Problemlösungspotential. Diese Größe, die das sozio-ökonomische Linderungs- oder Kurationspotential repräsentiert, kann in erster Näherung durch die Entwicklung des BIP pro Kopf abgeschätzt werden. Je nach Substituierbarkeit des natürlichen Kapitalstocks werden folgende Bewertungsmatrizen in dieser Abschätzung zugrundegelegt:

Der Grundgedanke hinter beiden Matrizen ist relativ einfach: Geht man von einer *hohen* Substituierbarkeit von Wasser durch BIP pro Kopf aus, dann lassen sich auch Krisen und Knappheiten (Wasserknappheitsklassen 3 und 4) relativ gut kompensieren, während dies bei der Annahme geringer Substituierbarkeit deutlich weniger der Fall ist. Im Falle der niedrigsten Einkommensklasse allerdings kommen beide Positionen darin überein, daß die Wasserknappheit nicht kompensiert werden kann. Die Auswahl der Kritikalitätsinidices zwischen diesen beiden Extrembewertungen kann man als Interpolation verstehen.

Integriert man nun alle bisher diskutierten Aspekte, dann erhält man zwei verschiedene Szenarien der weltweiten Wasserkritikalität für die Jahre 1995–2025:

- Szenario I, das die aktuelle Wasserknappheit und ihre zukünftige Entwicklung unter Bedingungen des Klimawandels bis 2025 modelliert und dabei die zivilisatorischen Kurationsmöglichkeiten aufgrund der höheren Substituierbarkeit natürlichen Kapitals eher optimistisch einschätzt.
- Szenario II, das dieselbe aktuelle Wasserknappheit bis 2025 modelliert, dabei aber aufgrund der geringeren Substituierbarkeit von Wasser eine eher vorsichtige Kriseneinschätzung liefert.

Im folgenden werden die Ergebnisse dieser beiden Szenarien für 1995 dargestellt (Abb. D 3.1-2a und 3a). In einem zweiten Schritt wird verglichen, wie sich die Situation zwischen 1995 und 2025 jeweils verändert (Abb. D 3.1-2b und 3b). Dazu wird besonders auf die Zahl der von sehr hoher bzw. hoher Knappheit betroffenen Menschen Bezug genommen (Tab. D 3.1-3).

Szenario I liefert für 1995 ein regional (Flußeinzugsgebiete) aufgelöstes Bild der weltweiten Wasserknappheit mit einem als hoch eingeschätzten Kurationspotential (Abb. D 3.1-3a). Trotz dieses Potentials und seiner relativ starken Gewichtung fällt auf, daß eine ganze Reihe von Weltregionen unter nicht (hinreichend) zu kurierender Wasserknappheit leiden. Dazu gehören vor allem Gebiete in Nord-, Süd- und Ostafrika, ärmere Teile der arabischen Halbinsel, weite Teile des nahen und mittleren Ostens sowie Süd- und Ostasiens. Gebiete wie der Südwesten der USA, der Nordosten Frankreichs oder weite Teile Australiens werden zwar auch als Gebiete mit starker Wasserknappheit ausgewiesen – sei es, weil sie hohe natürliche Dargebote auch stark nutzen (Frankreich), sei es, weil sie geringe Dargebote zwar absolut gering, aber relativ stark nutzen (Australien). Sie können diese anthropogene Beeinträchtigung ihres natürlichen Kapitalstocks aber durch die Mobili-

Tabelle D 3.1-2
Definition des Vulnerabilitätsindexes. Die Matrixelemente entsprechen folgenden Zuordnungen:
1: Süßwasserüberfluß, 2: geringe Vulnerabilität, 3: Süßwasserstreß, 4: Süßwasserknappheit.
Quelle: nach Kulshreshtha, 1993

Wasserverfügbarkeit pro Kopf (m^3 pro Jahr)	Verhältnis (Wasserentnahme/Wasserverfügbarkeit)			
	<0,4	0,4–0,6	0,6–0,8	0,8
<2.000	2	3	4	4
2.000–10.000	1	2	3	4
>10.000	1	1	2	4

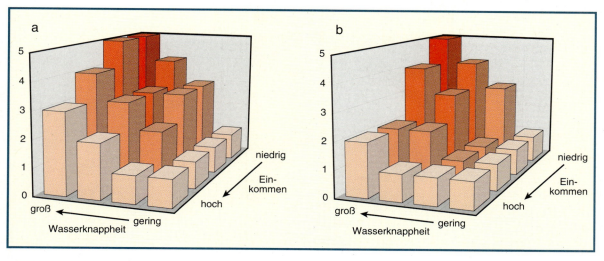

Abbildung D 3.1-1
Bewertungsmatrizen. a) geringe Substituierbarkeit (Szenario II). b) hohe Substituierbarkeit (Szenario I) des natürlichen durch den ökonomischen Kapitalstock.
Quellen: BMBF-Projekt „Syndromdynamik", PIK-Kernprojekt QUESTIONS und WBGU

sierung sozio-ökonomischen Kapitals (z. B. durch Fernleitungen oder Grundwasserbohrungen) regional kompensieren.

Nimmt man allerdings, wie in Szenario II für 1995, eine eher *geringe* Substituierbarkeit der beiden Kapitalsorten an (Abb. D 3.1-2a), dann ist auch diese letzte Ländergruppe stärker von der Wasserkrise betroffen (z. B. USA und Australien). Auch Saudi-Arabien, Mexiko oder Libyen gelingt es in dieser Bewertung dann nicht mehr, Knappheit durch Technik zu überwinden. Die Resultate für beide Szenarien allerdings, das muß betont werden, legen die Notwendigkeit zusätzlicher bzw. spezifischerer Abhilfemaßnahmen nahe. Denn sowohl bei der Unterstellung eines starken Durchsickereffekts hoher BIP-pro-Kopf-Werte als auch bei dessen geringerer Bewertung kommt es zu nicht-kompensierbaren Beeinträchtigungen menschlicher Überlebens- und Produktionsmöglichkeiten in den jeweils betroffenen Regionen. Dieses Ergebnis kann man als Hinweis darauf interpretieren, daß zielführendere Dämpfungsmaßnahmen notwendig werden, die z. B. eine stärkere Auflösung der krisenverursachenden Mechanismen sowie der entsprechenden Maßnahmenbündel nahelegen. Dies motiviert eine nicht nur regional, sondern vor allem auch bezüglich der Ursachen- und Folgenkomplexe stärker disaggregierende Betrachtung, wie sie in den folgenden Kapiteln (Kap. D 3.2–D 3.6) umrissen ist.

Betrachtet man die regionalen Zukunftsprognosen, dargestellt als Änderungen des Kritikalitätszustandes in bezug auf 1995 (Abb. D 3.1-2b und 3b), dann fällt auf, daß Szenario I eine Verschärfung der Wasserkrise für weite Teile Osteuropas voraussagt, für Westeuropa dagegen keine Änderung errechnet. Szenario II sieht dagegen auch für einzelne Teile Westeuropas (z. B. neue Bundesländer oder Großraum London) eine Verschlechterung voraus. Auch in der Bewertung der Entwicklung in den bevölkerungsreichen Ländern Indien und China unterscheiden sich die Szenarien. Die Protagonisten der starken Substituierbarkeitsannahme (Abb. D 3.1-b) erwarten eine Verbesserung der Wassersituation in großen Teilen dieser Länder – mit Ausnahme einiger Regionen in den indischen Bundesstaaten Kerala, Tamil Nadu und Madhya Pradesh, wo eine Verschlechterung zu erwarten ist.

Bisher (Abb. D 3.1-2 und 3) wurden Regionen identifiziert, die von der globalen Wasserkrise betroffen sind bzw. sein werden. Damit ist unspezifisch das gesamte natürliche und zivilisatorische Inventar innerhalb eines geographischen Raumes bezeichnet. Eine Kritikalitätsabschätzung sollte jedoch auch dazu in der Lage sein, die spezifische Betroffenheit des Menschen zu ermitteln. Bekanntlich variiert die Bevölkerungsdichte auf der Erde erheblich. Man erhält daher kein hinreichend sensibles Maß für die Wasserkritikalität, wenn man nur die Regionen betrachtet. Es macht eben einen beträchtlichen Unterschied, ob in zwei gleich großen Gebieten, die als besonders kritisch eingestuft werden, 10 Mio. oder „nur" 10.000 Menschen leben. Unter ökosystemaren Gesichtspunkten ist die regionale Indizierung möglicherweise hinreichend. Mit Blick auf wirtschaftliche, soziale und politische Krisenpotentiale dagegen ebenso wie aus einfachen humanitären Überlegungen heraus ist es jedoch notwendig, ein Maß für die

136   D 3.1 **Kritikalitätsindex**

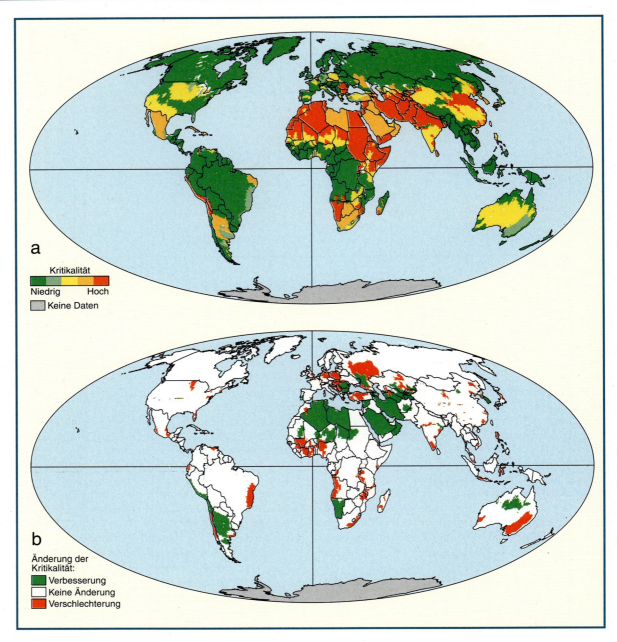

Abbildung D 3.1-2
Szenario II und Differenz 2025. a) Kritikalitätsindex im Jahre 1995, wie er sich unter der Annahme geringer Substituierbarkeit (Szenario II) ergibt. b) Änderung des Kritikalitätsindexes bis 2025 unter Annahme des mittleren Szenarios für die Wasserentnahme und der IPCC-Prognose IS92a für Wirtschaftswachstum und Bevölkerungsentwicklung. Klimaentwicklung nach den Resultaten des gekoppelten Atmosphären-Ozean-GCM ECHAM4 (MPI für Meteorologie und Klimarechenzentrum, Hamburg), getrieben durch das IS92a-CO_2-Emissionsszenario. Es ist zu beachten, daß die flächenmäßig teilweise recht ausgedehnten Verbesserungen oft in bevölkerungsärmeren Gebieten stattfinden (zu einer bevölkerungsgewichteten Analyse siehe Abb. D 3.1-4) und daß „keine Änderung" die Konservierung einer schweren Wasserkrise bedeuten kann.
Quellen: BMBF-Projekt „Syndromdynamik", PIK-Kernprojekt QUESTIONS und WBGU, unter Verwendung von Alcamo et al., 1997

Formulierung einer Kritikalitätsabschätzung D 3.1.4 137

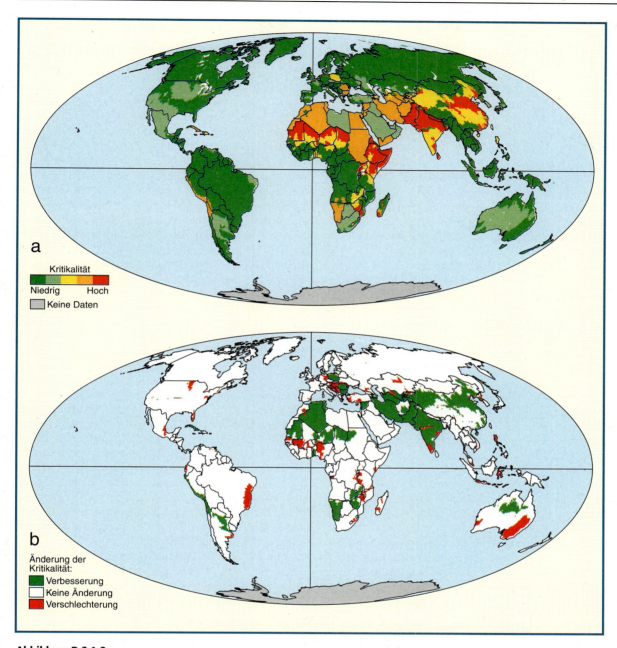

Abbildung D 3.1-3
Szenario I und Differenz 2025. a) Kritikalitätsindex im Jahre 1995, wie er sich unter der Annahme hoher Substituierbarkeit (Szenario I) ergibt. b) Änderung des Kritikalitätsindexes bis 2025 unter Annahme des mittleren Szenarios für die Wasserentnahme und der IPCC-Prognose IS92a für Wirtschaftswachstum und Bevölkerungsentwicklung. Klimaentwicklung nach den Resultaten des gekoppelten Atmosphären-Ozean-GCM ECHAM4 (MPI für Meteorologie und Klimarechenzentrum, Hamburg), getrieben durch das IS92a-CO_2-Emissionsszenario. Es ist zu beachten, daß die flächenmäßig teilweise recht ausgedehnten Verbesserungen möglicherweise gering sein können (in Teilen des bevölkerungsreichen Indiens fällt KI von 5 auf 4) und daß „keine Änderung" die Konservierung einer schweren Wasserkrise bedeuten kann.
Quellen: BMBF-Projekt „Syndromdynamik", PIK-Kernprojekt QUESTIONS und WBGU, unter Verwendung von Alcamo et al., 1997

Betroffenheit von Menschen für die globale Wasserkrise zu entwickeln.

Der Beirat hat dafür einen relativ einfachen Weg gewählt und die beiden gravierendsten Stufen der Wasserkrise (Klassen 4 und 5) mit der bestehenden bzw. für 2025 prognostizierten Bevölkerungsdichte gewichtet. Wenn sich die Anzahl der Menschen in den als kritisch eingestuften Regionen erhöht, muß von einer Verschlimmerung der Krise ausgegangen werden, wenn sie sich vermindert, mildert dies auch das Ausmaß der Krise. Die globale Krise kann also nicht nur dadurch zunehmen, daß es mehr Regionen mit höheren Kritikalitäts-Werten gibt, sondern auch dadurch, daß mehr Menschen in solchen Regionen leben. Die Situation in einer Region mit zeitlich konstanter gravierender Kritikalität kann mithin allein durch Bevölkerungswachstum verschärft werden. Umgekehrt verbessert sich die Lage nicht nur dort, wo Regionen aus kritischeren in weniger kritische Klassen wechseln, sondern auch dort, wo die Anzahl der von der Wasserkrise Betroffenen abnimmt – ein Fall, der allerdings angesichts des weltweiten Bevölkerungswachstums selten ist. In den beiden folgenden Abbildungen wurde dieser Zusammenhang kartographisch dargestellt (in Abb. D 3.1-4a für Szenario II, in Abb. D 3.1-4b für Szenario I). In den gelb oder rot eingefärbten Gebieten nimmt die Anzahl der Betroffenen (Klassen 4 und 5) zu, in den grün eingefärbten Gebieten nimmt sie ab (meist deshalb, weil diese Regionen eine Entschärfung der Wasserkrise erleben).

Unter der Annahme geringer Substituierbarkeit von Wasser durch menschliches Kapital (Szenario II) zeigt sich, daß sich zwischen 1995 und 2025 die Krisenhaftigkeit nicht nur in weiten Teilen Afrikas und Asiens, sondern auch in Mexiko und im Nordosten und Osten Brasiliens verschärfen wird. Letzteres ist gerade im Hinblick auf das Stadtwachstum in diesen beiden Ländern bemerkenswert und sollte Anlaß zur Sorge geben. Aber auch in Europa (Polen, Rumänien) ist diesem Szenario zufolge mit einer verschärften Wasserkrise zu rechnen.

Selbst dann, wenn man mit relativ hoher Substituierbarkeit (Szenario I) rechnet, entspannt sich die Lage – gemessen an der Anzahl der Betroffenen – nicht. Zwar gelingt es im Rahmen dieses Szenarios einigen Ländern, sich dank ihrer wachsenden Kapitalkraft pro Kopf aus dem besonders kritischen Bereich (Klassen 4 und 5) herauszubewegen. Polen und Rumänien etwa sind dann nicht mehr betroffen oder verbessern sich, ähnliches gilt für Algerien, den Iran, Namibia, Mexiko oder Brasilien. Gleichwohl wird die Summe der Verbesserungen auch in diesem Szenario von der Summe der Verschlechterungen übertroffen. Dies ist vor allem deshalb der Fall, weil sich in den bevölkerungsreichen Ländern Asiens (Indien, China) die Wasserkrise – gemessen an der Anzahl der Betroffenen – verschärft.

Angesichts dieser Resultate ist zu bemerken, daß das verwendete Szenario für die Wirtschafts- und Bevölkerungsentwicklung, in dem negative Rückkopplungen durch Ressourcenknappheit nicht berücksichtigt sind, eher zu optimistisch sein dürfte.

Nimmt man die Gesamtzahl der von der globalen Wasserkrise massiv betroffenen Menschen als Maß (Tab. D 3.1-3), dann ergibt sich folgendes Bild: Szenario I rechnet für 1995 mit 1,9 Mrd. Menschen (34%) der Weltbevölkerung, die von hoher oder sehr hoher Wasserknappheit betroffen sind, während Szenario II für dasselbe Jahr 2,1 Mrd. Menschen (37%) angibt. Die relativ geringe Differenz macht deutlich, daß es sich bei der globalen Süßwasserkrise tatsächlich und weitgehend unabhängig von theoretischen und Bewertungsdifferenzen um ein gravierendes Kernproblem der Menschheit handelt.

Für das Jahr 2025 weist Szenario I 2,7 Mrd. Menschen (33% der Weltbevölkerung) als betroffen aus, während es bei Szenario II 3,3 Mrd. Menschen (40%)

Ausmaß der Krise	Milliarden betroffener Menschen / Anteil an der Gesamtbevölkerung 1995	Milliarden betroffener Menschen / Anteil an der Gesamtbevölkerung 2025
Geringe Substituierbarkeit (Szenario II)		
KI = 5 (sehr hoch)	1,8 / 32%	2,7 / 33%
KI = 4 (hoch)	0,3 / 5%	0,6 / 7%
Summe	2,1 / 37%	3,3 / 40%
Hohe Substituierbarkeit (Szenario I)		
KI = 5 (sehr hoch)	1,5 / 27%	0,3 / 4%
KI = 4 (hoch)	0,4 / 7%	2,4 / 29%
Summe	1,9 / 34%	2,7 / 33%

Tabelle D 3.1-3
Anzahl und Anteil der von der globalen Wasserkrise betroffenen Menschen.
Quelle: WBGU

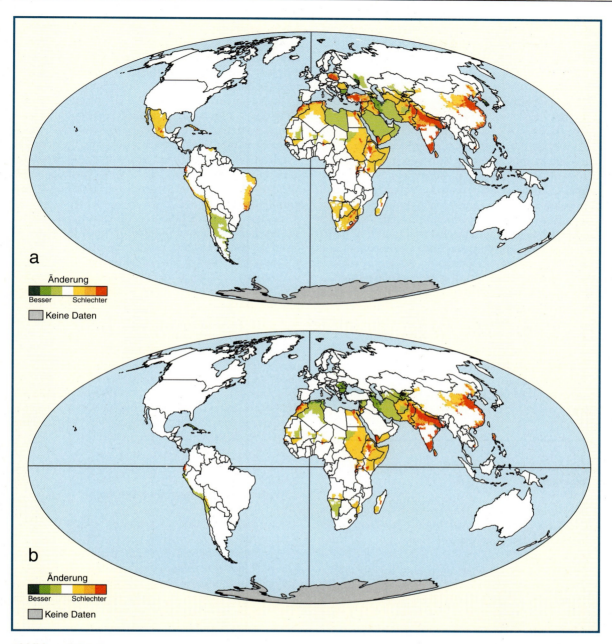

Abbildung D 3.1-4
Änderung der Anzahl der von schwerer oder sehr schwerer Wasserkrise (K = 4 oder 5) betroffenen Menschen zwischen 1995 und 2025 (zu den Gesamtwerten siehe Tab. D 3.1-3). In den gelb bis rot eingefärbten Regionen nimmt die Anzahl der schwer betroffenen Menschen zu (bis zu +3.000 Menschen km^{-2} in den dunkelroten Gebieten). In den hell- bis dunkelgrünen Regionen verringert sich dagegen die Anzahl der schwer betroffenen Menschen: a) Änderung der Anzahl der schwer Betroffenen unter der Annahme geringer Substituierbarkeit (Szenario II). Globaler Nettoeffekt bis 2025: +1,2 Mrd. Menschen. b) Änderung der Anzahl der schwer Betroffenen unter der Annahme hoher Substituierbarkeit (Szenario II). Globaler Nettoeffekt bis 2025: +0,8 Mrd. Menschen.
Quellen: BMBF-Projekt „Syndromdynamik", PIK-Kernprojekt QUESTIONS und WBGU, unter Verwendung von Alcamo et al., 1997

sind. Betrachtet man die Kategorie sehr hoher Kritikalität allein, dann ergeben sich deutliche Differenzen zwischen den Szenarien. Da sich jedoch herausstellte, daß dieses Resultat sehr empfindlich davon abhängt, wie die Bewertungsmatrix von Szenario I im Bereich niedriger Einkommen und hoher Wasserknappheit im Detail gewählt wurde, wurde für die Gesamtbewertung in Tab. D 3.1-3 sowie in Abb. D 3.1-4 noch das Ergebnis für die Kategorie „Hohe Kritikalität" aufgenommen. (Im wesentlichen beruht diese Sensitivität auf der Einschätzung der Entwicklung des Volkseinkommens in der Volksrepublik China in bezug auf dessen Kurationspotential). Auch unter Zugrundelegung eines eher hohen BIP-bedingten Problemlösungspotentials wird sich daher, bei Fortschreibung des bisherigen Entwicklungspfades, in Zukunft die absolute Bedeutung des Kernproblems Süßwasserknappheit – selbst bei klimabedingt erhöhter weltweiter Wasserverfügbarkeit – verschärfen. Es sei wiederholt, daß dabei der Aspekt der Wasserqualität noch nicht explizit berücksichtigt wurde; seine Einbeziehung würde die Kritikalitätsabschätzung wahrscheinlich deutlich verschärfen. Dieser Befund macht deutlich, daß die weltweite Wasserkrise ein wichtiges Problemfeld globaler Umweltveränderungen darstellt und in Zukunft verstärkt darstellen wird.

3.2
Syndrome als regionale Wirkungskomplexe der Wasserkrise

Syndromübersicht – Wasserrelevante Komponenten – Syndromgruppe Nutzung – Syndromgruppe Entwicklung – Syndromgruppe Senken

Wasser als elementares Lebensmittel und zentrales Umweltmedium wird von der menschlichen Zivilisation in zunehmendem Maße genutzt und belastet. Bevölkerungswachstum, Anspruchssteigerung, Wachstum der Weltwirtschaft, Ausdehnung der Bewässerungslandwirtschaft und zunehmende Abfallmengen sind einige globale Trends, die zur globalen Wasserkrise beitragen. Die Vielfalt der Nutzungs- und Belastungsformen und die Unterschiedlichkeit beteiligter sozialer Akteure und Systeme, die sich der gleichen Ressource zu verschiedenen Zwecken bedienen, läßt die globale Wasserkrise als ein sehr facettenreiches Kernproblem des Globalen Wandels erscheinen.

Durch eine geographische Abbildung der typischen Erscheinungsformen der Wasserkrise können jedoch weltweit wiedererkennbare, funktional zusammenhängende Problemmuster gefunden werden. Das vom Beirat und am Potsdam-Institut für Klimafolgenforschung (PIK) entwickelte Konzept der Syndrome des Globalen Wandels (siehe Kasten D 3.2-1 und detailliertere Darstellungen z. B. WBGU, 1994, 1996a, b; Schellnhuber et al., 1997) liefert die analytische Grundlage für diese Ausdifferenzierung.

Im folgenden werden die 16 Hauptsyndrome des Globalen Wandels kurz charakterisiert und ihre spezifisch wasserrelevanten Komponenten hervorgehoben: Wie wirken die aktiven Trends eines bestimmten Syndroms auf die anderen Symptome? Wie sind die Wirkungen hinsichtlich der Wasserproblematik? Welches sind die Rückwirkungen auf Mensch und Gesellschaft?

Dabei wird hinsichtlich der Folgen für den Wasserhaushalt und seiner Nutzbarmachung für menschliche Zwecke zwischen primär quantitativen (Wasserknappheit) und primär qualitativen (Wasserverschmutzung) Aspekten der Wasserkrise unterschieden – wohl wissend, daß beide Aspekte zusammenhängen. Als dritter Aspekt wird die Einwirkung der problematischen Wasserkomponente des jeweiligen Syndroms auf menschliche Akteure und soziale Systeme abgeschätzt. Die Leitfrage ist dabei: Wieviele Menschen sind in welchem Maße durch die syndromspezifische Wasserproblematik betroffen? Aus den drei Abschätzungskomponenten Qualität, Quantität und Betroffenheit wird abschließend eine Gesamtbewertung der globalen Relevanz der 16 Syndrome für die Wasserproblematik hergeleitet.

3.2.1
Wasserrelevanz einzelner Syndrome

LANDWIRTSCHAFTLICHE ÜBERNUTZUNG MARGINALER STANDORTE: SAHEL-SYNDROM

Als Sahel-Syndrom wird der Ursache-Wirkungskomplex von Degradationserscheinungen bezeichnet, die bei Überschreitung des maximal möglichen nachhaltigen Ernteertrags in Regionen auftreten, in denen die natürlichen Umweltbedingungen (Klima, Böden) nur begrenzte landwirtschaftliche Nutzungen zulassen (marginale Standorte) (WBGU, 1994). Wichtige Bestandteile dieses Musters sind die Degradation von Böden (Erosion, Fertilitätsverlust, Versalzung), die Ausbreitung wüstenähnlicher Verhältnisse (Desertifikation), die Konversion naturnaher Ökosysteme (z. B. durch Entwaldung), der Verlust biologischer Vielfalt und die Veränderung des regionalen Klimas. Das Sahel-Syndrom tritt typischerweise in Subsistenzwirtschaften auf, wo ländliche Armutsgruppen und von Ausgrenzung bedrohte Bevölkerungsschichten durch Übernutzung der Agrarflächen (z. B. Überweidung, Ausweitung von Ackerbau auf ökologisch empfindliche Gebiete) einer zunehmenden Degradation ihrer natürlichen Umwelt aus-

KASTEN D 3.2-1

Übersicht über die Syndrome des Globalen Wandels

Das Syndromkonzept zerlegt die hochkomplexe Dynamik der Mensch-Umwelt-Wechselwirkungen im Erdsystem in ihre „wichtigsten" typischen Basisdynamiken, die *Syndrome*. Als Grundelemente der Syndromanalyse dienen die immer noch hochaggregierten *Symptome des Globalen Wandels*, wie sie vom Beirat bereits in den bisherigen Gutachten dargestellt wurden (Abb. D 2-1 und D 2-2). Diese Symptomsammlung stellt eine transdisziplinäre Zusammenschau der wichtigsten weltweiten Veränderungen im Rahmen des Globalen Wandels dar. Unter Berücksichtigung der zwischen diesen Symptomen existierenden wechselseitigen Beeinflussungen können graphische und formale Beziehungsgeflechte konstruiert werden, die als Instrument der qualitativen Umweltsystemanalyse die hochkomplexe, vernetzte Dynamik dieser Veränderungen aufzeigen. Die Beziehungsgeflechte aus Symptomen und Wechselwirkungen lassen sich jedoch nur in einer regionalen Analyse relativ eindeutig formulieren. Auf dieser Betrachtungsstufe ergeben sich dann aber Beziehungsgeflechte, die eindeutige Wirkungszusammenhänge aufzeigen und weltweit typische Muster der Mensch-Umwelt-Interaktion kennzeichnen. Die grundsätzliche Bewertung des Schadenspotentials der in der nachfolgenden Liste genannten Syndrome ist jedoch nicht frei von Schwierigkeiten: Das Problem entsteht bei Syndromen, die nicht nur negativ zu sehen sind (z. B. Favela- oder Sahel-Syndrom), sondern deren Entstehung auf einen erwünschten, positiv gesehenen Vorgang zurückgeht: Beispiele hierfür sind das Grüne-Revolution-Syndrom, das Kleine-Tiger-Syndrom oder das Aralsee-Syndrom. Der Beirat bevorzugt hier eine an den Leitplanken orientierte Bewertungsphilosophie: Wie im folgenden am Beispiel Aralsee-Syndrom skizziert, sollten für die Folgen eines Großprojekts (z. B. eines Staudamms) landes- und situationsspezifische Leitplanken für tolerierbare Umweltbelastungen entwickelt werden. Enge Korridore wären beispielsweise für irreversible Schädigungen seltener Biotope zu ziehen, während sie für einen kleinen Ausschnitt eines verbreiteten Biotops breiter ausfallen können. Die Abschätzung von Nutzen und Schaden eines Staudamms sowie seiner Varianten und Alternativen (z. B. mehrere kleine Dämme), sind dann mit Blick auf diese Leitplanken zu bewerten (siehe ausführlich Kap. D 3.4). Im folgenden werden die Syndrome nach den Gruppen „Nutzung", „Entwicklung" und „Senken" kurz klassifiziert.

SYNDROMGRUPPE „NUTZUNG"

1. Landwirtschaftliche Übernutzung marginaler Standorte: Sahel-Syndrom.
2. Raubbau an natürlichen Ökosystemen: Raubbau-Syndrom.
3. Umweltdegradation durch Preisgabe traditioneller Landnutzungsformen: Landflucht-Syndrom.
4. Nicht-nachhaltige industrielle Bewirtschaftung von Böden und Gewässern: Dust-bowl-Syndrom.
5. Umweltdegradation durch Abbau nicht-erneuerbarer Ressourcen: Katanga-Syndrom.
6. Erschließung und Schädigung von Naturräumen für Erholungszwecke: Massentourismus-Syndrom.
7. Umweltschädigungen durch militärische Nutzung: Verbrannte-Erde-Syndrom.

SYNDROMGRUPPE „ENTWICKLUNG"

8. Umweltschädigung durch fehlgeleitete oder gescheiterte, zentral geplante Großprojekte: Aralsee-Syndrom.
9. Umwelt- und Entwicklungsprobleme durch Transfer standortfremder landwirtschaftlicher Produktionsmethoden: Grüne-Revolution-Syndrom.
10. Vernachlässigung ökologischer Standards im Zuge hochdynamischen Wirtschaftswachstums: Kleine-Tiger-Syndrom.
11. Umweltdegradation durch ungeregelte Urbanisierung: Favela-Syndrom.
12. Landschaftsschädigung durch geplante Expansion von Stadt- und Infrastrukturen: Suburbia-Syndrom.
13. Singuläre, anthropogene Umweltkatastrophen mit längerfristigen Auswirkungen: Havarie-Syndrom.

SYNDROMGRUPPE „SENKEN"

14. Umweltdegradation durch weiträumige diffuse Verteilung von meist langlebigen Wirkstoffen: Hoher-Schornstein-Syndrom.
15. Umweltverbrauch durch geregelte und ungeregelte Deponierung zivilisatorischer Abfälle: Müllkippen-Syndrom.
16. Lokale Kontamination von Umweltschutzgütern an vorwiegend industriellen Standorten: Altlasten-Syndrom.

gesetzt sind. Die syndromspezifischen Probleme der Bevölkerung sind wachsende Verarmung, Landflucht, eine steigende Anfälligkeit gegenüber Nahrungskrisen sowie zunehmende Häufigkeit von politischen und sozialen Konflikten um knappe Ressourcen. Neben der Sahel-Region als Beispiel für die aride Variante des Syndroms können weitere marginale Produktionsstandorte in humiden Klimazonen betroffen sein, so z. B. auch tropische Wälder (Marginalität der Bodenkomponente), die durch Brandrodungsfeldbau (shifting cultivation) degradiert wurden.

Im Hinblick auf die Wasserkomponente des Syndroms sind als problematische Aspekte besonders hervorzuheben:
- Übernutzung von Grundwasservorräten durch Tiefbrunnen (aride Variante).
- Veränderung der regionalen Wasserbilanz durch Konversion von Ökosystemen (aride und humide Varianten).
- Veränderung des lokalen (und eventuell. globalen) Klimas (z. B. Niederschlagsmuster) (vorwiegend humide Variante).
- Verschärfung der Wasserknappheit mit gesundheitlichen Folgen (aride Variante).

RAUBBAU AN NATÜRLICHEN ÖKOSYSTEMEN: RAUBBAU-SYNDROM

Das Raubbau-Syndrom beschreibt die Konversion von natürlichen Ökosystemen sowie den Raubbau an biologischen Ressourcen. Hiervon sind sowohl terrestrische Ökosysteme (Wälder, Savannen) als auch aquatische (Überfischung) betroffen. In beiden Fällen werden Ökosysteme ohne Rücksicht auf ihre Regenerationsfähigkeit übernutzt, wobei schwerwiegende Folgen für den Naturhaushalt auftreten. Die Verletzung des Nachhaltigkeitsgebots führt zur Degradation bis hin zur Vernichtung von natürlichen Ökosystemen, z. B. durch großflächigen Kahlschlag oder durch Überfischung. Die unmittelbaren Folgen sind Habitatverlust und somit Verlust biologischer Vielfalt und – besonders in gebirgigen Regionen – Erosion. Die Freisetzung von CO_2 aus Biomasse und Böden trägt zum Treibhauseffekt bei. Für die lokale Bevölkerung bedeutet die Konversion der Ökosysteme den Verlust ihrer Lebensgrundlage, was u. a. Verarmung und Verlust der regionalen kulturellen Identität zur Folge hat. Das Zulassen eines am kurzfristigen Gewinn orientierten Raubbaus ist ein typisches Merkmal des Raubbau-Syndroms.

Bezüglich der Wasserkomponente ist hier besonders zu erwähnen:
- Absenkung des Grundwasserspiegels und Störung des Wasserhaushalts durch Abflußänderung auf Landflächen, die auch zur Erhöhung der Variabilität des Wasserstandes der Flüsse führt.
- Erhöhter Eintrag von Sedimenten in Flüsse, Binnenseen und Küstengewässer infolge erhöhter Bodenerosion (Gefahr von Überschwemmungen und Beeinträchtigung von aquatischen Ökosystemen).
- Regionaler Klimawandel (u. a. Verschiebung von Niederschlagsmustern).

UMWELTDEGRADATION DURCH PREISGABE TRADITIONELLER LANDNUTZUNGSFORMEN: LANDFLUCHT-SYNDROM

Das Landflucht-Syndrom beschreibt Umweltdegradationen, die durch Aufgabe traditioneller Landnutzung verursacht werden. Die traditionellen Bewirtschaftungsmethoden lassen sich oft nur mit einem hohen Aufwand an manueller Arbeit aufrechterhalten. Arbeitsintensive, kleinparzellierte Bodenpflegemaßnahmen, wie z. B. die Erhaltung terrassierter Hänge, aufwendige kleinräumige Bewässerung oder Maßnahmen gegen Winderosion, werden bei veränderten sozioökonomischen Rahmenbedingungen zunehmend unrentabel. Der Grund ist oftmals die Abwanderung der jüngeren, männlichen Bevölkerung in urbane Zentren (siehe Favela-Syndrom, Kleine-Tiger-Syndrom), wo wirtschaftlich attraktivere Lohnarbeit, bessere Bildungschancen und allgemein ein weniger „provinzielles" Leben gesucht werden. Die zurückbleibenden Frauen, Kinder und Alten sind mit der Aufrechterhaltung der arbeitsintensiven Bewirtschaftung überfordert. Die Folgen der Vernachlässigung von Schutz- und Pflegemaßnahmen sind Erosion (oft verstärkt durch übermäßigen Holzeinschlag auf steilen Hangflächen wie im Sahel-Syndrom), der Abgang von Muren oder Bergstürze.

Die Wasserkomponente ist hier nicht sehr ausgeprägt:
- Aufgabe von Bewässerungssystemen und zunehmender Sedimenteintrag in Flüsse.

NICHT-NACHHALTIGE INDUSTRIELLE BEWIRTSCHAFTUNG VON BÖDEN UND GEWÄSSERN: DUST-BOWL-SYNDROM

Mit dem Dust-bowl-Syndrom wird der Ursachenkomplex angesprochen, der Umweltschädigungen durch nicht-nachhaltige Nutzung von Böden oder Gewässern als Produktionsfaktor für Biomasse unter hohem Energie-, Kapital- und Technikeinsatz nach sich zieht.

Die moderne Landwirtschaft zielt auf größtmögliche Arbeitsproduktivität/Gewinn über maximale Flächenerträgeund ordnet diesem Ziel die langfristig wichtigen Umweltaspekte unter. Hochertragssorten, Agrochemikalien und Mechanisierung bilden die Grundlage für die moderne industrielle Biomasseproduktion. Kennzeichnend für solche Agrarsysteme ist, daß die Betriebe hochtechnisiert und automatisiert sind (z. B. Massentierhaltung, moderne Bewässerungssysteme, Aquakultur, Forstmonokulturen) und nur wenige Beschäftigte benötigen. Entwickelte (internationale) Märkte sowie nationale bzw. regionale Landwirtschaftspolitik (z. B. Subventionen) bestimmen die Rahmenbedingungen. Bei nicht-nachhaltiger Wirtschaftsweise kann es zu beträchtlichen Umweltschäden kommen (Verlust von Ökosystem- und Artenvielfalt, genetische Erosion, Freisetzung von CO_2, Bodendegradation).

Aufgrund der relativ großflächigen Verbreitung dieses Syndroms ergeben sich weitreichende quantitative und qualitative Folgen für den Wasserhaushalt:
- Belastung des Grundwassers mit Pestiziden und Nährstoffen.
- Eutrophierung der Oberflächengewässer.
- Übernutzung fossiler Grundwasserressourcen.
- Veränderung der Abflußverhältnisse und der Grundwasserneubildung.
- Saurer Regen.

Umweltdegradation durch Abbau nichterneuerbarer Ressourcen: Katanga-Syndrom

Unter dem Namen Katanga-Syndrom werden Schädigungen der Umwelt zusammengefaßt, die entstehen, wenn ohne Rücksicht auf die Bewahrung der natürlichen Umgebung nicht-erneuerbare Ressourcen über oder unter Tage abgebaut werden. Der Abbau nicht-erneuerbarer Ressourcen erfolgt zwar meist nur während relativ kurzer Zeitspannen, doch hinterläßt er in vielen Fällen dauerhafte, zum Teil irreversible Umweltschäden (toxische Rückstände, Änderungen der Landschaftsmorphologie). Typisch für das Syndrom ist die großflächige Vernichtung natürlicher Ökosysteme bzw. kulturfähiger Böden. Letzteres ist beim Tagebau in Entwicklungs- und Schwellenländern besonders ausgeprägt.

Hinsichtlich der Wasserkomponente sind folgende Symptome relevant:
- Kontamination von Grund- und Oberflächenwasser durch (teilweise toxische) Reststoffe (Erdöl, Schwermetalle).
- Regionale Wasserknappheit bei wasserintensivem Abbau.
- Veränderung des Abflusses und drastisch erhöhter Eintrag von Sedimenten (Flotationsverfahren z. B. im Kupferbergbau in Chile).

Erschliessung und Schädigung von Naturräumen für Erholungszwecke: Massentourismus-Syndrom

Das Massentourismus-Syndrom beschreibt Umweltschäden, die durch die stetige Zunahme des globalen Tourismus in den letzten Jahrzehnten hervorgerufen werden. Gründe sind steigende Einkommen in den Industrieländern und sinkende Transportkosten, bei gleichzeitig kürzer werdenden Arbeitszeiten und insgesamt verändertem Freizeitverhalten. Brennpunkte sind dabei Küstengebiete und Bergregionen (Skisport, Trekking u. a.). Der Massentourismus bewirkt u. a. die Zerstörung von naturnahen Flächen durch den Bau touristischer Infrastruktur (Hotels, Ferienhäuser, Verkehrswege) und die Schädigung oder den Verlust von empfindlichen Berg- und Küstenökosystemen (z. B. Dünenlandschaften, Salzwiesen). Die stark zunehmende Anzahl von Fernreisen mit dem Flugzeug in den letzten Jahren trägt zur Belastung der Atmosphäre durch Luftschadstoffe bei.

Die für die Wasserkomponente relevanten Symptome sind:
- Erhöhter Süßwasserbedarf durch Touristen (Pools, Duschen usw.).
- Lokale Grundwasserabsenkungen.
- Lokale mitunter aber beträchtliche Abwasserbelastungen durch Konzentration touristischer Infrastruktureinrichtungen.
- Abflußänderungen auf Hangflächen (u. a. erhöhte Wassererosion).
- Mitverursachung globaler Klimaveränderungen durch Flugverkehr.

Umweltzerstörung durch militärische Nutzung: Verbrannte-Erde-Syndrom

Militärische Auseinandersetzungen und die militärische Infrastruktur auch in Friedenszeiten (Truppenübungsplätze, militärische Entsorgungsgelände, Manöver) können sich direkt oder indirekt negativ auf die Umwelt auswirken. Dies vor allem dann, wenn die Umwelt bzw. ihre Zerstörung gezielt als Mittel für die Kriegsführung eingesetzt wird (z. B. Agent Orange im Vietnamkrieg, „Abfackeln" von Ölfeldern im zweiten Golfkrieg). Militärische Altlasten gefährden zudem langfristig Mensch und Natur.

Mit Blick auf die Gefährdung der Ressource Süßwasser lassen sich hier besonders erwähnen:
- Kontamination von Oberflächen- und Grundwasser durch toxische Altlasten.
- Direkte Schadstoffeinleitungen (Öl, chemische Kampfstoffe usw.).
- Zerstörung von wasserrelevanter Infrastruktur (Staudämme, Wasserwerke, Stromversorgung usw.).

Umweltschädigung durch fehlgeleitete oder gescheiterte, zentral geplante Grossprojekte: Aralsee-Syndrom

Das Aralsee-Syndrom beschreibt die Problematik von fehlgeleiteten oder gescheiterten, zentral geplanten Großprojekten mit zielgerichteter Umgestaltung der Umwelt. Mit Blick auf die Hydrosphäre sind vor allem großskalige Be- und Entwässerungsregime, Flußregulierungen und Staudämme zu nennen. Solche Projekte sind ambivalent: Einerseits stellen sie gewünschte zusätzliche Ressourcen bereit (Wasser für Ernährungssicherheit, erneuerbare Energie) oder schützen vorhandene Ressourcen (Hochwasserschutz), andererseits beeinflussen sie Umwelt und Gesellschaft nachteilig. Die Auswirkungen dieser Großanlagen sind selten lokal oder regional begrenzt, sondern können weitreichende, oft auch internationale Ausmaße annehmen. Das Syndrom wird in Kap. D 3.4 ausführlich dargestellt.

Wichtige Symptome mit Bedeutung für die Hydrosphäre sind:
- Veränderungen der lokalen Wasserbilanz, insbesondere die Abflußänderungen auf Landflächen durch Wasserentnahme aus Flüssen, Flußregulierungen und vor allem durch Staudammbau sowie die teilweise erheblichen Verdunstungsverluste.
- Veränderte Fracht von partikulären und gelösten Stoffen, insbesondere durch Änderungen der Sedimentdynamik.
- Verschlechterung der Wasserqualität.
- Erhöhte Gefährdung der menschlichen Gesundheit durch wassergebundene Krankheitserreger (z. B. Malaria, Schistosomiase).
- Veränderungen des Grundwasserspiegels als Folge des Eingriffs in den Wasserhaushalt.
- Gefahr der Zunahme internationaler Konflikte um Wasser.

UMWELT- UND ENTWICKLUNGSPROBLEME DURCH VERBREITUNG STANDORTFREMDER LANDWIRTSCHAFTLICHER PRODUKTIONSVERFAHREN: GRÜNE-REVOLUTION-SYNDROM

Das Grüne-Revolution-Syndrom umfaßt die großräumige, staatlich geplante und rapide Modernisierung der Landwirtschaft mit importierter, nichtangepaßter Agrartechnologie zur Ernährungssicherung, wobei negative Nebenwirkungen auf die naturräumlichen Produktionsbedingungen einerseits und die Sozialstruktur andererseits auftreten bzw. in Kauf genommen werden (siehe Kap. D 3.3). Charakteristisch für die Entstehung der Grünen Revolution ist das zeitliche Zusammentreffen von bestimmten geopolitischen (internationale Interessenlagen), biologisch-technischen (Saatgutrevolution), bevölkerungspolitischen (Bevölkerungswachstum) und wirtschaftlichen (Armut) Entwicklungen. Die Grüne Revolution wurde im Rahmen groß angelegter planerischer Maßnahmen stets „von oben nach unten", im globalen Maßstab von „reich nach arm" (Technologie- und Wissenstransfer) und im nationalen Maßstab über die Landeseliten (Meinungsführerstrategie) eingeführt. Die Erfolge der Grünen Revolution werden vor allem in der Bewässerungslandwirtschaft erzielt, so daß es zu einer erheblichen Ausweitung der Bewässerungsflächen sowie einem Anstieg des Wasserbedarfs kommt. Binnen weniger Jahre stellen sich häufig wasserrelevante Probleme ein. Dazu zählen insbesondere:
- Grundwasserabsenkung durch steigenden Wasserbedarf für die Landwirtschaft.
- Bodenversalzung mangels fachgerechter Drainage.
- Belastung von Grund- und Oberflächengewässern durch Pestizide und Nährstoffe.
- Gesundheitsgefährdung der Landbevölkerung durch toxisch belastetes Wasser.
- Veränderungen der lokalen Wasserbilanz durch Wasserentnahme aus Flüssen, Flußregulierungen, den Bau von Bewässerungskanälen und Verdunstungsverlusten.
- Zunahme von Nutzungskonflikten um Wasser.

VERNACHLÄSSIGUNG ÖKOLOGISCHER STANDARDS IM ZUGE HOCHDYNAMISCHEN WIRTSCHAFTSWACHSTUMS: KLEINE-TIGER-SYNDROM

Viele Regionen in den sogenannten Schwellenländern erfahren ein rasantes Wirtschaftswachstum. Der hiermit zusammenhängende Strukturwandel könnte mit einer sehr hohen Eigendynamik gravierende Folgen für Mensch und Natur zeigen. Rasche, exportorientierte Industrialisierung geht dabei einher mit der mehr oder weniger bewußten Vernachlässigung von Umweltschutzstandards (Politikversagen). Die betroffenen Regionen unterliegen wachsenden Luft- und Bodenbelastungen aus steigender industrieller Produktion und erhöhtem Verkehrsaufkommen.

Folgende Wasseraspekte des Syndroms sind wichtig:
- Verschmutzung der Oberflächengewässer (z.T. toxisch) durch mangelhafte Abwasserreinigung in Industrie und Haushalten (Folge u. a. massive Gesundheitsgefährdung).
- Verknappung von Süßwasser durch rasch steigenden Verbrauch in Industrie und Haushalten (wachsende Nutzungskonkurrenz mit Landwirtschaft und dem Bedarf von Ökosystemen).
- Saurer Regen.

UMWELTDEGRADATION DURCH UNGEREGELTE URBANISIERUNG: FAVELA-SYNDROM

Das Favela-Syndrom beschreibt den Prozeß der ungeplanten, informellen und dadurch umweltgefährdenden Verstädterung, angetrieben durch Landflucht infolge der hohen Anziehungskraft der Städte. Es ist u. a. gekennzeichnet durch Verelendungserscheinungen, wie die Bildung von Slums und illegalen Hüttensiedlungen. Damit gehen Überlastungs-,

Infrastruktur- und Umweltprobleme sowie Segregationserscheinungen einher. Durch den zunehmenden Verkehr und industrielle Emissionen ohne ausreichende Auflagen oder deren Kontrolle erreichen Luftverschmutzung und Lärmbelastung sehr hohe Werte. Hinzu kommen die zunehmende Versiegelung des Bodens, ungeregelte Abfallakkumulation und dementsprechend eine akute Gesundheitsgefährdung der Bevölkerung. Häufig auf marginalen Standorten (Hanglagen, Überschwemmungsgebiete) angesiedelt, unterliegen die Favela-Bewohner besonderen Risiken. Durch den weltweiten Trend zur Urbanisierung (Megastädte, aber auch kleinere Städte) betrifft dieses Syndrom eine große und weiter wachsende Zahl von Menschen. Das Syndrom wird in diesem Gutachten ausführlich dargestellt (siehe Kap. D 3.5).

Die Wasserkomponente hat hier besondere Bedeutung:
- Kontamination von Oberflächen- und Grundwasser durch ungeklärte Siedlungsabwässer.
- Gesundheitsgefährdung mit teilweise epidemischem Potential (u. a. Cholera, Typhus) durch mangelhafte Versorgung und schlechte Wasserqualität.
- Veränderung der Wasserbilanz durch Versiegelung und Evaporation.
- Übernutzung von Oberflächen- und Grundwasser durch Fernleitungen und Tiefbrunnen.
- Wasserverluste aus defekten oder unzureichend gewarteten Wasserleitungssystemen und infolge illegaler Entnahmen.

LANDSCHAFTSSCHÄDIGUNG DURCH GEPLANTE EXPANSION VON STADT- UND INFRASTRUKTUREN: SUBURBIA-SYNDROM

Das Suburbia-Syndrom beschreibt den Prozeß der Ausweitung von Städten mit Umweltauswirkungen großer Reichweite. Durch die Bildung städtischer Ballungsräume entstehen völlig neue Raumstrukturen mit entsprechendem Anpassungsbedarf. Die zunehmende räumliche Trennung der Funktionen Wohnen, Einkaufen und Arbeiten – unterstützt durch die modernen Schlüsselelemente Auto und Eigenheim und ein gestiegenes Anspruchsniveau – führen zu Zersiedelung über große Areale hinweg und einem erhöhten Verkehrsaufkommen. Infolgedessen steigen die anthropogenen Belastungen von Böden und Luft (Smog, bodennahes Ozon, Fragmentierung von Ökosystemen usw.). Neben der relativ großen Zahl der Menschen, die von diesem Syndrom betroffen sind (und es mit herbeiführen) ist es vor allem die Intensität der Inanspruchnahme von Natur, das die globale Relevanz dieses Syndroms ausmacht.

Hinsichtlich seiner Wasserkomponente ist zu verweisen auf:

- Hohe Pro-Kopf-Verbräuche von Wasser in modernen Ballungsräumen (Anspruchsniveau).
- Wasserbelastung durch z. T. toxische Stoffe.
- Übernutzung (auch fossiler) Wasservorräte beispielsweise durch Tiefbrunnen und Fernleitungen.
- Wasserverluste bei älteren Leitungssystemen.
- Hohe Verwundbarkeit und Überschwemmungspotentiale durch Siedlung in gefährdeten Gebieten.

SINGULÄRE ANTHROPOGENE UMWELTKATASTROPHEN MIT LÄNGERFRISTIGEN AUSWIRKUNGEN: HAVARIE-SYNDROM

Im Mittelpunkt des Havarie-Syndroms steht die zunehmende Gefährdung der Umwelt durch lokale, singuläre Katastrophen, die durch Menschen verursacht werden. Derartige Ereignisse treten zwar mit geringer Wahrscheinlichkeit auf, haben aber schwerwiegende, oft auch grenzüberschreitende Auswirkungen. Weltweit scheint diese Störfallcharakteristik im Rahmen des Globalen Wandels an Bedeutung zu gewinnen. Die Steigerung der weltweiten Transportleistung und der lokal zunehmende Bedarf an Energie und Rohstoffen erhöhen die Gefährdung durch Tankerunfälle oder allgemein Umweltkatastrophen durch den Transport von gefährlichen Gütern. Darüber hinaus besteht ein hohes Gefährdungspotential durch Störfälle bei industriellen Prozessen. Hierzu gehören auch die Vielzahl von veralteten und nicht mehr dem Stand der Technik entsprechenden Kernkraftwerken, Chemie- und anderen Industrieanlagen in Schwellen-, Transformations- und Entwicklungsländern (z. B. Bhopal, Tschernobyl). Boden- und Luftbelastungen mit meist hoch toxischen Stoffen in besonders hohen Konzentrationen sowie langfristige Nebenfolgen für Ökosysteme und die menschliche Gesundheit sind Begleiterscheinungen dieses Syndroms.

Bezogen auf die hydrologische Komponente sind besonders zu erwähnen:
- Verschmutzung durch meist toxische Stoffe und/oder radioaktive Verseuchung (infolgedessen häufig kurzfristige oder dauerhafte Verknappungen).
- Gefährdung menschlicher Gesundheit durch kontaminiertes Wasser.
- Dammbrüche und das Versagen wasserbaulicher Maßnahmen.

UMWELTDEGRADATION DURCH WEITRÄUMIGE DIFFUSE VERTEILUNG VON MEIST LANGLEBIGEN WIRKSTOFFEN: HOHER-SCHORNSTEIN-SYNDROM

Dieses Syndrom beschreibt die Fernwirkung von stofflichen Emissionen nach Entsorgung in die Umweltmedien Wasser und Luft. Dahinter steht die Strategie, unerwünschte Stoffe durch möglichst feine

Verteilung in der Umwelt bzw. durch starke Verdünnung in Umweltmedien (Wasser, Luft) zu entsorgen. So werden durch hohe Schornsteine Luftschadstoffe nicht beseitigt, sondern das Problem lediglich auf andere, industrieferne Bereiche verlagert. Ähnliches gilt für die „Entsorgung" von Produktionsrückständen und Schadstoffen über den „Abwasserpfad" und vor allem die Emission von Treibhausgasen. In Abhängigkeit vom Emissionsmuster und dem physikalisch-chemischen Verhalten der Stoffe in den Umweltmedien kommt es zu einer lokalen, regionalen oder globalen Verteilung der emittierten Abfallstoffe. Der Ferntransport erfolgt vor allem über die Atmosphäre sowie über Fließgewässer. In der Umweltwirkung ist zu unterscheiden, ob die Schadstoffe nach Verteilung in der Umwelt direkte Wirkungen auf die Lebensgemeinschaften entfalten oder ob sie sich im System anreichern (Bioakkumulation). Da dieses Mensch-Natur-Interaktionsmuster weltweit verbreitet ist und für verschiedene Umweltmedien gleichzeitig gilt, kommt ihm eine relativ hohe globale Relevanz zu.

Mit Blick auf die Süßwasserproblematik ist dabei zu erwähnen:
- Verschmutzung von Oberflächen- und Grundwässern durch Einleitung von Rest- und Schadstoffen.
- Gefährdung von aquatischen Organismen und Ökosystemen durch direkte Einleitung und durch Absorptionen von Luftschadstoffen im Wasser.
- Gesundheitsgefährdung durch Toxine und Anreicherung in der Nahrungskette.
- Eutrophierung von Oberflächengewässern.
- Saurer Regen.
- Globaler Klimawandel und dessen Auswirkungen auf den Wasserkreislauf.

UMWELTVERBRAUCH DURCH GEREGELTE UND UNGEREGELTE DEPONIERUNG ZIVILISATORISCHER ABFÄLLE: MÜLLKIPPEN-SYNDROM

Das Müllkippen-Syndrom beschreibt die Entsorgung von Rest- und Abfallstoffen und ihre Folgen. Im Gegensatz zum Hoher-Schornstein-Syndrom, wo eine Vermeidung von Umweltbelastung durch „Verdünnung" in Luft oder Wasser erreicht werden soll, stehen hier die Konzentration durch Verdichtung und Anreicherung des Abfalls im Vordergrund. Die Abfallstoffe werden konzentriert in möglichst kleinräumigen Anlagen zusammengefaßt und mit sehr unterschiedlicher Sorgfalt von der Umwelt abgeschlossen. Letztlich ist jedoch selbst bei hochwertigen Deponien unbekannt, wie lange eine Rückhaltung bei nicht-gebundenen Schadstoffen aufrechterhalten werden kann. Die Haltbarkeit der Dichtungen und entstehende Zersetzungsprozesse sind erhebliche Unsicherheitsfaktoren. Die Kontamination von Böden und Luft sind je nach lokalen Umweltstandards eine Folge, zudem bindet die Deponierung auch über lange Zeiträume finanzielle und personelle Mittel, da turnusmäßige Sanierungen anfallen. Aufgrund der wachsenden Entsorgung zivilisatorischer Rückstände weltweit ist dieses Syndrom – zumindest bei nicht-geschlossenen Kreisläufen – von hoher globaler Bedeutung. Das zeigt nicht zuletzt der Müllexport aus Industrie- in Entwicklungs- und Transformationsländer.

Hinsichtlich der Wasserkomponente weist dieses Syndrom folgende Aspekte auf:
- Kontamination von Grundwasser durch schwer abbaubare Stoffe.
- Verknappung der Trinkwasserressourcen.
- Gesundheitsgefährdung (besonders in Entwicklungsländern).

LOKALE KONTAMINATION VON UMWELTSCHUTZGÜTERN AN VORWIEGEND INDUSTRIELLEN PRODUKTIONSSTANDORTEN: ALTLASTEN-SYNDROM

Das Altlasten-Syndrom kennzeichnet Standorte und Regionen mit akkumulierten Einträgen von Schadstoffen in Böden oder in den Untergrund, die die menschliche Gesundheit und die Umwelt gefährden. Altlasten finden sich an Standorten und in Regionen mit ehemaligen industriellen, gewerblichen oder militärischen Aktivitäten. Sie treten aber auch auf verlassenen und stillgelegten Ablagerungsplätzen mit Siedlungs- und Gewerbeabfällen sowie mit umweltgefährdenden Produktionsrückständen auf. Besonderen Belastungen sind dabei die Böden ausgesetzt. Die Gesundheitsgefahren für die betroffenen Anwohner können schwerwiegend sein. Die Altlastensanierung ist zudem äußerst kostspielig.

Der Wasserhaushalt wird bei diesem Syndrom im wesentlichen in einem Punkt betroffen:
- Grundwasserbelastung durch human- und ökotoxische Schadstoffe.

3.2.2
Systematische Einordnung der Syndrome

Nachdem die wasserrelevanten Aspekte der verschiedenen Syndrome qualitativ charakterisiert wurden, soll nun deren systematische Bewertung hinsichtlich ihrer Bedeutung für die Wasserkrise vorgenommen werden. Die Einordnung erfolgt nach zwei Gesichtspunkten: syndromspezifisches Verhältnis von Wasserqualitäts- und Quantitätsbeeinträchtigung sowie Schwere der direkten wasserbedingten Auswirkungen auf die betroffenen Menschen. Der letzte Aspekt berücksichtigt ebenfalls die Häufigkeit

Systematische Einordnung der Syndrome D 3.2.2

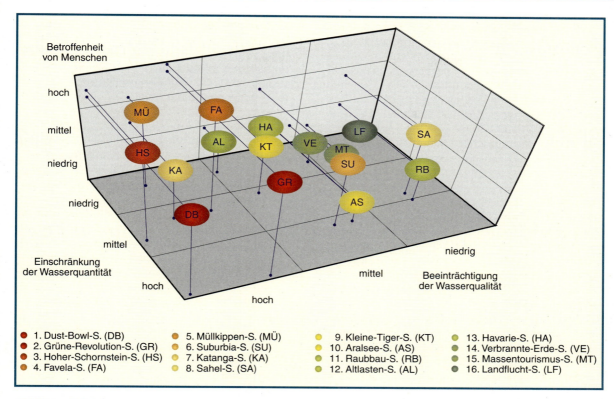

Abbildung D 3.2-1
Einschätzung der Bedeutung der einzelnen Syndrome hinsichtlich ihres Beitrags zur Wasserkrise. Die Farbkodierung von rot nach grün kennzeichnet eine abnehmende globale Wasserrelevanz, die aus einer Linearkombination der Achsenkategorien gebildet wurde. Der Aspekt „Betroffenheit von Menschen" wurde hierbei doppelt gewichtet, um diese anthroposphärische Dimension mit den mehr naturräumlichen Aspekten Wasserquantität und -qualität gleichwertig zu halten.
Quelle: WBGU

des Auftretens des Syndroms und erlaubt damit, den Beitrag jedes einzelnen Syndroms zur derzeitigen globalen Wasserkrise abzuschätzen.

Hierzu wurde die Rangfolge der Syndrome bezüglich folgender drei Aspekte bestimmt (Abb. D 3.2-1):
- Globale Bedeutung der Qualitätsbeeinträchtigung des Süßwassers.
- Beeinträchtigung der Quantität des verfügbaren Süßwassers im Sinne der globalen Summe der regionalen Knappheiten.
- Anzahl der wasserbezogen weltweit vom Syndrom direkt betroffenen Menschen, gewichtet mit dem Ausmaß ihrer Betroffenheit.

Um eine Gesamtbeurteilung der Relevanz eines Syndroms bezüglich des Wasseraspekts zu ermöglichen, wurde die Bewertung jedes Syndroms in den drei Dimensionen zusammengefaßt (siehe Farbkodierung in Abb. D 3.2-1: von rot nach grün abnehmende globale Wasserrelevanz). Der Aspekt „Betroffenheit von Menschen" wurde hierbei doppelt gewichtet, um diese direkt anthroposphärische Di-

mension mit den eher naturräumlichen Aspekten Wasserquantität und -qualität gleich zu werten.

Bei der Einordnung konnte im Falle einiger schon ausführlicher untersuchter Syndrome (siehe Kap. D 3.3–3.5; WBGU, 1996b; Schellnhuber et al., 1997) auf quantitativ auswertbare Untersuchungen zurückgegriffen werden; in anderen Fällen wurden eine Reihe von Experteneinschätzungen ausgewertet.

So konnte etwa für die wichtigsten Syndrome, die die landwirtschaftliche Nutzung betreffen (Dustbowl-, Grüne-Revolution- und Sahel-Syndrom), bestimmt werden, daß – global gesehen – der Beitrag zur Süßwasserknappheit durch das Dust-bowl-Syndrom dem des Grüne-Revolution-Syndroms entspricht, während das Sahel-Syndrom in dieser Hinsicht einen geringeren Anteil hat. Diese Abschätzung ergab sich auf der Grundlage bereits erstellter globaler Syndromintensitätsfelder sowie vorliegender länderweiter Auswertungen über Wasserknappheit, die auf Bewässerungslandwirtschaft zurückzuführen ist (Anteil landwirtschaftlicher Wasserentnahme am erneuerbaren Wasserdargebot). Hinsichtlich des

Quantitätsaspektes spielen die genannten landwirtschaftsrelevanten Syndrome eine größere Rolle, da das entnommene Wasser einerseits von der Menge her sehr bedeutend ist und andererseits im wesentlichen Bewässerungszwecken in ariden Gegenden dient und weitgehend durch Verdunstung verloren geht (konsumptive, einmalige Nutzung). Der hohe Verdunstungsanteil betont auch die eminente Bedeutung des Aralseesyndroms auf der Quantitätsachse. Bei den übrigen Syndromen ist die Wasserentnahme weniger relevant, und die Beeinträchtigung der Wasserquantität (in erster Linie im Sinne von Verfügbarkeit) beruht entweder auf der Übernutzung des Grundwassers oder der Verlangsamung der Grundwasserneubildung. Beim Suburbia-Syndrom spielen beide Aspekte eine wichtige Rolle, so daß der Anteil an der globalen Wasserknappheit angesichts der zunehmenden Versiegelung vorwiegend in Industrie- und Schwellenländern als beträchtlich angesehen werden muß.

Bezüglich des Qualitätsaspektes spiegelt sich in der Anordnung der Landwirtschaftssyndrome die Summe der global eingesetzten Pestizide und Düngemittel zusammen mit der Größe der betroffenen Regionen wider, während es sich bei den Senkensyndromen „Hoher Schornstein" und „Müllkippen" um – wenn auch global sehr häufige – Punktquellen handelt, die ihre hohe Relevanz für die Beeinträchtigung der Wasserqualität aus den hohen Schadstoffkonzentrationen in den Einleitungen beziehen.

Das Gewicht des Kriteriums „Betroffenheit" für die Syndromrelevanz wird an der Einordnung des Favela-Syndroms deutlich, das im globalen Maßstab weder bezüglich der Qualitäts- noch der Quantitätsbeeinträchtigung eine führende Rolle spielt. Obwohl das Syndrom auch hinsichtlich der Anzahl der vom Syndrom betroffenen Menschen nur eine mittlere Rolle einnimmt, gewinnt es dennoch eine hohe Bedeutung durch den Grad der Beeinträchtigung, die sich durch erhebliche Gesundheitsschädigungen auszeichnet.

Da in diesem Gutachten nicht alle Syndrome im Detail dargestellt werden können, werden exemplarisch drei wasserrelevante Syndrome aus dem Bereich der Entwicklungssyndrome ausgewählt. Dabei wird als landwirtschaftsrelevantes Schädigungsmuster das Grüne-Revolutions-Syndrom behandelt (hohe globale Wasserrelevanz in allen Einordnungskriterien und hohe Aktualität im Zusammenhang mit der Diskussion um die „zweite Grüne Revolution"). Die Problematik fehlgeleiteter Stadtentwicklungsmuster wird im Rahmen des Favela-Syndroms diskutiert (höchste Einordnung in der Betroffenheit von Menschen). Schließlich wird das Aralsee-Syndrom untersucht, nicht zuletzt wegen seiner engen Kopplung an das Grüne-Revolutions-Syndrom.

3.3
Das Grüne-Revolution-Syndrom: Umweltdegradation durch Verbreitung standortfremder landwirtschaftlicher Produktionsmethoden

Steigerung der Nahrungsgetreideproduktion durch Technologietransfer – Nicht-angepaßte Technologien – Entstehungsgeschichte und Stadien des Syndroms – Folgewirkungen für Mensch und Natur – Syndromindikator – Globales Vorkommen – Syndromkopplungen – Wasserbedarf neuer Sorten – Versalzung – Nutzungskonflikte um Irrigationswasser – Wasserspezifische Empfehlungen – „Neue Grüne Revolution" im Licht der Syndromanalyse – Lernen aus den Fehlern der „Alten Grünen Revolution" – Mehr Vielfalt in der Landwirtschaft – Verknüpfung mit ländlicher Entwicklung – Fallbeispiel Indien – Ernährungssicherheit und Völkerrecht – Partizipation im Planungsprozeß – Empfehlungen

3.3.1
Begriffsbild

Das Grüne-Revolution-Syndrom umfaßt die großräumige, staatlich geplante und rapide Modernisierung der Landwirtschaft mit importierter, nichtangepaßter Agrartechnologie zur Ernährungssicherung, wobei negative Nebenwirkungen auf die naturräumlichen Produktionsbedingungen einerseits und die Sozialstruktur andererseits auftreten bzw. in Kauf genommen werden.

3.3.1.1
Beschreibung

Der Begriff „Grüne Revolution" kam Ende der 60er Jahre auf und umfaßt einen um 1965 einsetzenden markanten Durchbruch in der Landwirtschaft von Entwicklungsländern (Bohle, 1981). Grundlage hierfür sind biologische, technische und chemische Neuentwicklungen in der Agrarwirtschaft, insbesondere die Züchtungserfolge bei Nahrungsgetreide. Die dadurch ausgelösten rapiden Veränderungen führten in der langen Geschichte landwirtschaftlicher Intensivierung von der *Grünen Evolution* zur *Grünen Revolution*. Das Ergebnis waren starke Anstiege in der Nahrungsgetreideproduktion. Aus produktionstechnischer Sicht schien das Ernährungsproblem endgültig lösbar geworden zu sein, so daß dieses Syndrom den Charakter eines „Fluchs der guten Tat" aufweist. Unter dem damaligen Problemdruck waren keine adäquaten Alternativen sichtbar.

Die Erfolge der Grünen Revolution werden vor allem in der Bewässerungslandwirtschaft erzielt, so daß es zu einer erheblichen Ausweitung der Bewässerungsflächen sowie einem Anstieg des Wasserbedarfs kommt. Binnen weniger Jahre stellen sich häufig wasserrelevante Probleme wie „Süßwasserverknappung", „Grundwasserabsenkung", „Versalzung" sowie „Wasserverschmutzung" ein. Der Begriff Grüne Revolution umfaßt mehrere Dimensionen:

Geopolitische Dimension

Die Grüne Revolution kann als das Ergebnis geopolitischer Interessenkonstellationen aufgefaßt werden. So stellt die Kolonialzeit in einigen Ländern eine Prädisposition für die Grüne Revolution dar. Zum einen ermöglichten die unter der kolonialen Herrschaft geschaffenen Infrastrukturen die planerische Umsetzung der Grünen Revolution. Zum anderen fand sie vielfach auf Böden statt, die bereits durch die Kolonialregierungen stark beansprucht worden waren. Die oftmals bereits in vorkolonialer Zeit ungleiche Landbesitzverteilung wurde während der Kolonialzeit weiter akzentuiert. Die Grüne Revolution verstärkte diese Effekte zusätzlich.

In der postkolonialen Zeit waren viele Entwicklungsländer mit dem Problem der wachsenden Nachfrage nach Nahrung konfrontiert. Eine sich verschärfende Versorgungslage und Massenarmut drohten viele Länder im Innern zu destabilisieren. Diese ernährungs- und entwicklungspolitische Herausforderung traf mit den Interessenkonstellationen zusammen, die sich aus der Situation des Kalten Krieges ergaben. Zusätzlich hatten viele Länder nach dem Abzug der Kolonialmächte wirtschaftliche und politische Probleme. Die Grüne Revolution sollte auf nationaler Ebene zum sozialen Frieden beitragen. Auf internationaler Ebene ging es – im Zusammenhang mit dem sich entwickelnden Ost-West-Gegensatz – auch darum, die Länder vom Einflußbereich der Gegenseite fernzuhalten (Nahrungsmittelimporte), indem man sie in die Abhängigkeit von der eigenen Seite (Technologietransfer) brachte.

Technische Dimension

Bei der Grünen Revolution handelt es sich um eine durch den Technologietransfer aus den Industrienationen ausgelöste erhebliche Steigerung der Hektarerträge in der Nahrungsgetreideproduktion von Entwicklungsländern. Ermöglicht wurden diese Produktionszuwächse durch die gezielte Kombination von hochertragreichem Saatgut, Dünger- und Pflanzenschutzmitteleinsatz, Bewässerung und Mechanisierung, der sogenannten Komplementarität der Inputs. Wichtigste Grundlage waren die Züchtungserfolge des Centro Internacional de Mejoramiento de Maiz y Trigo (CIMMYT) in Mexiko und des International Rice Research Institute (IRRI) auf den Philippinen in den 60er Jahren (Saatgutrevolution). Vorangetrieben wurden diese Erfolge, die sich vor allem auf Weizen, Mais und Reis konzentrierten, durch die finanzielle Förderung der Rockefeller-, der Ford- und der Kellog-Foundation sowie der Weltbank und der FAO (Barrow, 1995). Die möglichst rasche Steigerung der Bodenproduktivität mit Hilfe von erhöhtem Kapitaleinsatz (z. B. Energie, Mineraldünger) stand im Vordergrund.

Entwicklungspolitische Dimension

Mit der Grünen Revolution wurden und werden auch entwicklungspolitische Ziele verfolgt. Die Intensivierung der Landwirtschaft sollte Kaufkraft schaffen, die Lebensbedingungen im ländlichen Raum verbessern und damit Armut und Unterernährung beseitigen helfen. In der Wirtschaftspolitik stand die Importsubstitution im Vordergrund. Daher ist das Grüne-Revolution-Syndrom der Gruppe der Entwicklungssyndrome zugeordnet. Technischer Wandel wurde als Alternative zum politischen Wandel angesehen (Bohle, 1981). Mit der Grünen Revolution sollten die meist agrarwirtschaftlich geprägten Länder von Getreideimporten unabhängig werden, hatten dafür aber neue Importabhängigkeiten in Kauf zu nehmen. Mineraldünger, Maschinen und Erdöl mußten nun gegen knappe Devisen importiert werden. Schließlich sollte die landwirtschaftliche Modernisierung auch die Industrialisierung vorantreiben.

Institutionelle Dimension

Mit der Einführung der Grünen Revolution war der Aufbau eines weltumspannenden institutionellen Netzwerkes verbunden. Dazu zählen u. a. die Consultative Group on International Agricultural Research (CGIAR) und ihrer Unterorganisationen, die Gründung von nationalen Agrarbanken und des International Fund for Agricultural Development (IFAD), die Einrichtung von Distributionsnetzwerken für landwirtschaftliche Betriebsmittel und von Beratungsinstitutionen (Wissenstransfer) sowie die Förderung von Industrien für Agrochemie und Agrotechnik. Hinzu kam die umfassende Subventionierung der neuen Technologien und Bewässerung, um eine möglichst rasche Verbreitung zu erreichen. Die ländlichen Eliten wurden gezielt mit der Absicht gefördert, Durchsickereffekte in alle sozialen Gruppen zu bewirken.

3.3.1.2
Entscheidendes Merkmal

Charakteristisch für die „Entstehung" der Grünen Revolution ist das zeitliche Zusammentreffen von bestimmten geopolitischen (internationale Interessenlagen), biologisch-technischen (Saatgutrevolution), bevölkerungspolitischen (Bevölkerungswachstum) und wirtschaftlichen (Armut) Entwicklungen. Die Grüne Revolution wurde im Rahmen groß angelegter planerischer Maßnahmen stets *von oben nach unten*, im globalen Maßstab von *reich nach arm* (Technologie- und Wissenstransfer) und im nationalen Maßstab über die Landeseliten (Meinungsführerstrategie) eingeführt. Syndromspezifisch ist die hohe Geschwindigkeit, ihr regional nicht-angepaßtes Muster und die Inkaufnahme dadurch bedingter Risiken, mit der die Erhöhung der Bodenproduktivität erreicht wurde. Aus heutiger Sicht war die Grüne Revolution durch eine Kurzfristorientierung geprägt.

3.3.2
Allgemeine Syndromdarstellung

3.3.2.1
Syndrommechanismus

Zentraler Trend des Syndroms ist die „Zunahme der Nahrungsmittelproduktion" (Abb. D 3.3-1–3). Angesichts eines hohen „Bevölkerungswachstums", einer drohenden produktionsbedingten Nahrungskrise (Trend: „Verarmung" im Sinne von Hunger) sowie weit verbreiteter Armut, wird in den betroffenen Ländern eine nationale wirtschaftspolitische Strategie in Gang gesetzt, die mit der „Intensivierung der Landwirtschaft" die „Steigerung der Nahrungsmittelproduktion" und ländliche Entwicklung erreichen wollen, um auf diese Weise den Trend „Verarmung" (Hunger) wieder abzuschwächen. Die Trends „Wissens- und Technologietransfer", „Industrialisierung" und „Globalisierung der Märkte" verstärken die „Intensivierung der Landwirtschaft" zusätzlich.

STADIEN DES GRÜNE-REVOLUTION-SYNDROMS

I. Stadium (ca. 1965 bis Mitte der 70er Jahre): erfolgreicher Anfang
Im ersten Stadium der Grünen Revolution wirkten vorwiegend „wünschenswerte" Trends, negative Umweltauswirkungen oder eine Beeinträchtigung der gesellschaftlichen Entwicklung waren noch nicht vorhanden, aber bereits angelegt. In diesem ersten Stadium werden nur wenige Trends wirksam (Abb. D 3.3-1). Durch die Intensivierung der Landwirtschaft nach dem Muster der Grünen Revolution wurden in vielen Ländern zunächst große Erfolge hinsichtlich der Bekämpfung des Hungers und der Unabhängigkeit von Nahrungsmittelimporten erzielt. In einigen Regionen entstanden durch den zweifachen Anbau pro Jahr zunächst neue Beschäftigungsmöglichkeiten, die zunehmende Mechanisierung machte diesen Vorteil jedoch immer mehr zunichte. Der Transfer neuer Produkte der Biotechnologie wurde unter dem akuten Druck drohender Hungerkrisen unkritisch begrüßt. Dem „Rückgang der traditionellen Landwirtschaft" wurde keine große Bedeutung beigemessen, er wurde eher als Zeichen des Fortschritts gutgeheißen. Der mit der „Intensivierung der Landwirtschaft" nach dem Muster der Grünen Revolution verbundene hohe „Energie- und Rohstoffverbrauch" spielte angesichts der geringen Preise in den 60er Jahren nur eine untergeordnete Rolle; erst durch die Ölkrise, die das Ende dieses ersten Stadiums markiert, änderte sich die Lage grundlegend.

II. Stadium (Mitte der 70er bis Mitte der 80er Jahre): negative Rückwirkungen treten in den Vordergrund
In vielen Ländern der Grünen Revolution wurde Getreidebau auf Feldern betrieben, deren Boden bereits unter der Kolonialherrschaft durch intensiven Anbau von Exportkulturen exploitiert worden war. Die ungünstigen Boden- und Klimaverhältnisse in Verbindung mit der kolonialen Exploitation sowie die strukturellen gesellschaftlichen Rahmenbedingungen in den Entwicklungsländern erwiesen sich in den folgenden Jahren als immer größer werdende Hindernisse für den Erfolg der Grünen Revolution.

Die eingeführten Hochleistungssorten erzielten unter optimalen Bedingungen zwar hohe Erträge, allerdings waren diese Bedingungen unter tropisch-humiden oder ariden bis semi-ariden Klimaverhältnissen nur mit erheblichen Aufwand und oft nur in begünstigten Regionen (z. B. Punjab und Haryana, Indien) zu gewährleisten. Ungünstige edaphische Bedingungen (Sandböden, Laterite) verstärkten den Mißerfolg. Die hohe Anfälligkeit der genetisch uniformen Hochleistungssorten gegenüber Schädlingen oder Trockenheit, ebenso wie das Absinken des Grundwasserspiegels infolge der Übernutzung durch intensive Bewässerung, das Auftreten versalzter Böden und Grundwässer in ariden und semi-ariden Gebieten oder die Gefahr der Bodenerosion, waren Faktoren, deren Einfluß immer stärker zum Tragen kam (Abb. D 3.3-2).

Die fortschreitende Mechanisierung der Landwirtschaft setzte immer mehr Arbeitskräfte frei, ohne jedoch ausreichend Beschäftigungsalternativen zu bieten. Strukturelle Probleme innerhalb der ländlichen Gesellschaft (Landbesitzverteilung, feudale Machtstrukturen, Kapitalmangel) und des Staates (z. B. Kapitalmangel, schlechte Regierungsführung, Korruption, Versagen der Machteliten) verhinderten einen Ausgleich oder zumindest Milderung der negativen naturräumlichen und sozio-ökonomischen Folgen. Um die Ernährung der wachsenden Bevölkerung trotz der sich abzeichnenden Fehlentwicklungen produktionstechnisch zu sichern, wurde die Intensivierung nach dem Muster der Grünen Revolution weiter vorangetrieben (z. B. durch höhere Pestiziddosen oder Kombination verschiedener Pestizide, tiefere Brunnen, mehr Dünger). Dieser Selbstverstärkungsprozeß bestimmte nun das Grüne-Revolution-Syndrom, und die Erfolge der ersten Jahre traten in den Hintergrund (Abb. D 3.3-2). Der mit der Grünen Revolution verbundene „Wissens- und Technologietransfer" erwies sich zudem als eine neue Form der Abhängigkeit, der zusammen mit den steigenden Energie- und Rohstoffpreisen als Folge der Ölkrise schließlich zur internationalen Schuldenkrise beitrug, die den Endpunkt dieses Stadiums markiert.

III. Stadium (seit Mitte der 80er Jahre): Strukturanpassung verändert die Grüne Revolution, und weitreichende Negativwirkungen mit langer Vorlaufzeit treten hinzu

Entgegen ursprünglichen Erwartungen ist eine Vereinfachung durch Aufhebung von Problemen oder Problemverflechtungen nicht zu beobachten, so daß das Beziehungsgeflecht zunehmend umfangreicher und komplexer geworden ist (Abb. D 3.3-3). Seit ca. Mitte der 80er Jahre ist die Grüne Revolution in das Zeitalter der Globalisierung eingetreten. Der Beginn dieses Stadiums wird durch die weltweite „Verschuldungskrise" und die sich daran anschließenden Strukturanpassungsmaßnahmen markiert, die jene Subventionen verminderten, die einst im Rahmen der Grünen Revolution als Instrument zu ihrer schnellen Verbreitung eingeführt worden waren. Auch das durch die Grüne Revolution geschaffene Institutionennetzwerk aus Agrarberatung, Agrarbanken sowie Düngemittel- und Saatgutverteilersystemen war einem strukturellen Wandel unterworfen. Beispielsweise wurden in vielen Entwicklungsländern die Agroindustrien und ihre Verteilernetzwerke privatisiert oder aus Rentabilitätsgründen aufgelöst. In den letzten Jahren zeigt sich vielfach ein Trend zur Stagnation der Hektarerträge, insbesondere in Indonesien, Mexiko, Pakistan und Tunesien; in Einzelfällen war auch ein Rückgang zu verzeichnen (Bangladesh und Sri Lanka). Auch auf Versuchsfeldern des IRRI sind die Ernteerträge trotz optimalen Inputs und verbesserter Varietäten gesunken. Veränderungen der Böden als eine mögliche Ursache hierfür werden derzeit untersucht (WRI, 1994). Aus den zahlreichen Fehlentwicklungen und ihren Wechselwirkungen erwachsen eine Reihe weiterer Syndrome, wie das Sahel-Syndrom, das Favela-Syndrom, das Dust-Bowl-Syndrom und das Aralsee-Syndrom (siehe Kap. D 3.3.2.3).

Sozial-, wirtschaftsräumliche und kulturelle Folgewirkungen

Ohne die Grüne Revolution wäre die „Steigerung der Nahrungsproduktion" nicht in diesem Ausmaß möglich gewesen. Die Gefahr produktionsbedingter Nahrungskrisen konnte somit vermindert, aber nicht beseitigt werden, da neben der nationalen Verfügbarkeit von Nahrungsmitteln die privaten Zugangsrechte eine entscheidende Rolle spielen. Beispielsweise tritt Indien nach einer guten Ernte als Nettoexporteur von Getreide auf, obwohl ca. 220 Mio. Menschen im Land chronisch mangelernährt sind.

Die „Intensivierung der Landwirtschaft" nach dem Muster der Grünen Revolution führt aufgrund struktureller Probleme und konzeptioneller Schwächen (top-down Ansatz) in vielen betroffenen Ländern zur „Zunahme sozialer und ökonomischer Disparitäten", (FAO, 1996a) was als Wachstum ohne Entwicklung beschrieben wird (Bohle, 1989). Da die Grüne Revolution ihre größten Erfolge in Bewässerungsregionen aufweisen kann, werden dort auch die staatlichen Anstrengungen konzentriert, so daß die regionalen Disparitäten ansteigen, was zu einer „Zunahme ethnischer und sozialer Konflikte" führen kann.

Die sozio-ökonomischen Disparitäten verstärken sich durch die Grüne Revolution, da die meisten Kleinbauern nicht im erwarteten Maße partizipieren und Arbeitskräfte ohne Beschäftigungsalternative freigesetzt werden. Hinzu kommt, daß die Abhängigkeit der Agrarproduzenten von externen Produktionsmitteln ansteigt. Beispielsweise nimmt der Ertrag von ertragreichen Hybridsorten mit jeder Tochtergeneration ab, so daß Saatgut immer neu erworben werden muß. Diese Abhängigkeit wird dann problematisch, wenn das kleinbäuerliche Krisenbewältigungspotential gering ausfällt und durch exogene Faktoren eine ungünstige und relativ rasche Änderung der ökonomischen oder infrastrukturellen Rahmenbedingungen eintritt (Preisschwankungen, Versorgungsengpässe usw.). Bei krisenanfälligen Staaten können die Versorgungsschwankungen mit diesen Inputs erheblich sein (Pilardeaux, 1995).

Häufig ist die Grüne Revolution mit den sozialen und kulturellen Strukturen in ihren Verbreitungsgebieten nicht kompatibel. Ein Beispiel sind die Schwierigkeiten bei der Einführung formal-rechtli-

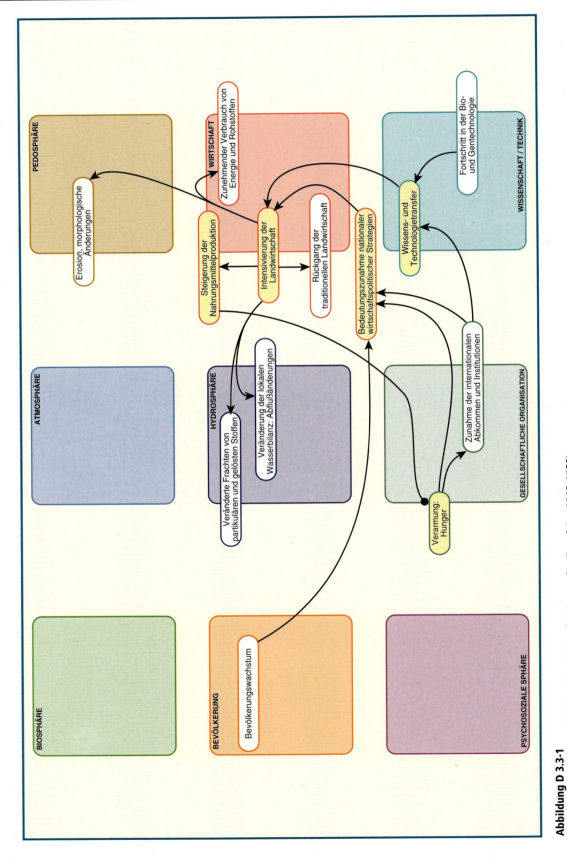

Abbildung D 3.3-1
Beziehungsgeflecht des Grüne-Revolution-Syndroms, Stadium I (ca. 1965–1975).
Quellen: BMBF-Projekt „Syndromdynamik", PIK-Kernprojekt QUESTIONS und WBGU

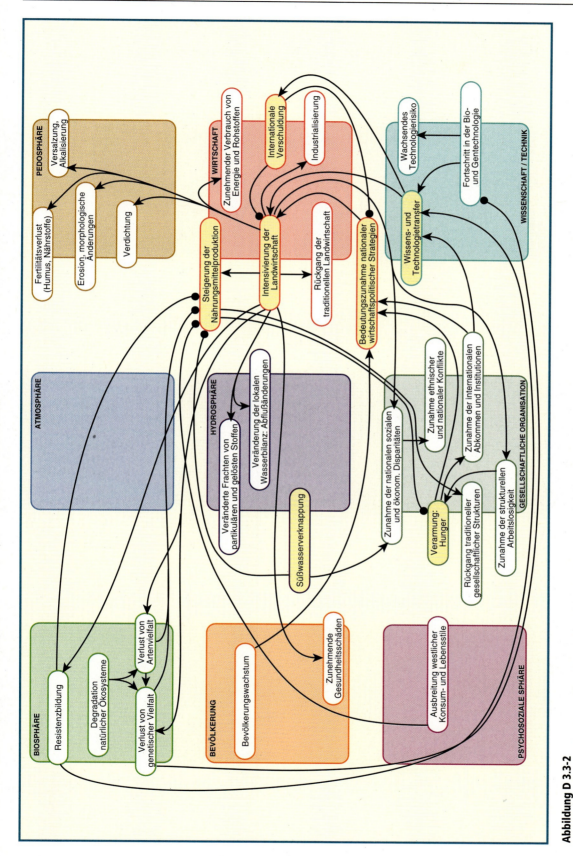

Abbildung D 3.3-2
Beziehungsgeflecht des Grüne-Revolution-Syndroms, Stadium II (ca. 1975–1985).
Quellen: BMBF-Projekt „Syndromdynamik", PIK-Kernprojekt QUESTIONS und WBGU

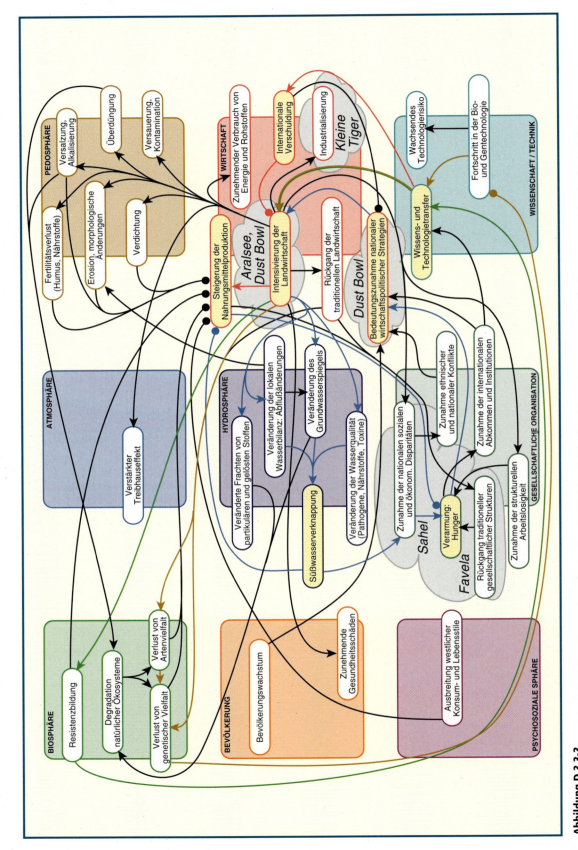

Abbildung D 3.3-3
Beziehungsgeflecht des Grüne-Revolution-Syndroms, Stadium III (ca. 1985 bis heute). Farbige Pfeilverbindungen bezeichnen die syndromspezifischen Subgeflechte.
Quellen: BMBF-Projekt „Syndromdynamik", PIK-Kernprojekt QUESTIONS und WBGU

cher Kreditsysteme, wenn es überhaupt keinen Kataster zur Dokumentation des individuellen Landbesitzes und damit zur Feststellung der Kreditwürdigkeit gibt. Auch der zusätzliche Wissensbedarf spielt hier eine bedeutsame Rolle. Verbunden mit der Verbreitung der Grünen Revolution ist auch der „Rückgang traditioneller gesellschaftlicher Strukturen".

Mit der „Steigerung der Nahrungsmittelproduktion" sinkt die Abhängigkeit von Getreideimporten, was im Rahmen der Grünen Revolution mit einer temporär steigenden Abhängigkeit von importierter Agrartechnik, von Agrochemie und Saatgut („Wissens- und Technologietransfer") verbunden ist. Dieser Trend verstärkt neben vielen anderen die „internationale Verschuldung". Zur Bekämpfung der Schuldenkrise werden in vielen Ländern seit dem Ende der 80er Jahre Strukturanpassungsmaßnahmen durchgeführt. Die hieraus resultierende Deregulierung nationaler wirtschaftspolitischer Strategien verändert das durch die Grüne Revolution staatlich geschaffene Institutionen- und Dienstleistungsnetzwerk tiefgreifend.

Auswirkungen auf die Umwelt

Durch die „Intensivierung der Landwirtschaft" nach dem Muster der Grünen Revolution werden eine ganze Reihe von negativen Trends in der Natursphäre verstärkt (Abb. D 3.3-3). Dazu zählen in der Pedosphäre „Überdüngung", „Versauerung", „Fertilitätsverlust", „Erosion und bodenmorphologische Änderungen". Letzteres spricht speziell den Aspekt der Bodenverdichtung durch Mechanisierung an. Nährstoffverluste in der Landwirtschaft, Versauerung und Versalzung sind insbesondere im Norden Indiens, in Bangladesch, Indonesien, Nordchina und Nordkorea zu finden (WRI, 1994). Der häufig unzureichende Bodenschutz bei monokulturellem Anbau fördert die Bodenerosion, die die Wasserqualität der Oberflächengewässer beeinträchtigt („Veränderte Frachten von partikulären und gelösten Stoffen") (siehe Kap. D 1.5). Der intensive und häufig unsachgemäße Einsatz von Agrochemikalien gefährdet die Umwelt (Bodenflora und -fauna, Gewässer, angrenzende Ökosysteme usw.) und die Gesundheit der Menschen (siehe Kap. D 4.2).

In den Entwicklungsländern werden jährlich etwa 20% der weltweit eingesetzten Pflanzenschutzmittel verbraucht. Über ihren Anteil in der Nahrungsgetreideproduktion liegen keine flächendeckenden Daten vor. Aufgrund des großen Flächenanteils der Getreidekulturen ist die ausgebrachte Menge jedoch bedeutsam. Im Vergleich zu den Industrieländern ist der Einsatz von Pflanzenschutzmitteln zwar relativ gering, aber während er in den meisten Industrieländern eingeschränkt wird oder wirkungsvollere und weniger persistente Produkte verwendet werden, nimmt er in einigen Entwicklungsländern noch rapide zu. In Indien z. B. steigt der Pestizideinsatz um jährlich etwa 12%. Einige Entwicklungsländer weisen bereits einen intensiveren Pflanzenschutzmitteleinsatz als Deutschland auf. Die negativen Folgen des hohen Pflanzenschutzmittelverbrauches treten in den Entwicklungsländern besonders gravierend zu Tage. So sind dort die meisten Pestizid-Todesopfer zu beklagen (Committee House of Commons Agriculture 1987, nach Pimentel, 1996). Die Ursache hierfür sind im wesentlichen Informationsmängel, unzulängliche Praktiken in Umgang, Lagerung und Anwendung der Pestizide, unzureichende Etikettierung sowie fehlende Schutzkleidung und Reinigungsmöglichkeiten für die Landarbeiter. Häufig werden in den Entwicklungsländern noch kaum abbaubare und human- wie ökotoxische Insektizide wie Lindan und DDT verwendet. Der Einsatz solch besonders gesundheitsgefährdender Pflanzenschutzmittel ist in vielen Industrieländern verboten. In Indien entfallen etwa 70% des gesamten Pestizideinsatzes auf Lindan und DDT. Zahlreiche Regierungen fördern den Pestizidverbrauch durch Subventionen. Der hohe Einsatz von Pflanzenschutzmitteln wird oftmals auch durch die falsche Vorstellung der Bauern gefördert, daß er besonders progressiv und modern sei. Diese Vorstellung hat sich durch die jahrelange „Beratung" durch Vertreter der Agrochemie und staatliche Agrarberater entwickelt (WRI, 1994).

Der hohe, häufig unkontrollierte und z. T. präventive Einsatz von Pestiziden fördert die „Resistenzbildung" bei den Schädlingen. Großflächige Monokulturen und jahrelanger Anbau der gleichen Kultur schaffen ideale Bedingungen für das Wachstum von Schädlingspopulationen. Hinzu kommt, daß die ausgebrachten Pestizide nur zu einem sehr geringen Teil den Zielorganismus erreichen; bei vielen Insektiziden sind es weniger als 0,1%. Die Schädigung der natürlichen Prädatoren und Parasiten und die günstigen Lebensbedingungen in den Monokulturen lassen zunächst kleine Schädlingspopulationen rasch auf das Niveau einer Schädlingskalamität anwachsen (sekundäre Plagen).

Die rapide Zunahme von Insektiziden im Reisanbau Indonesiens zwischen 1980 und 1985 reduzierte die natürlichen Feinde des Brown Planthopper (einer Zikadenart), was eine explosionsartige Zunahme der Planthopper-Population zur Folge hatte. Die Ernteverluste waren so hoch, daß zum ersten Mal seit Jahren Reis nach Indonesien importiert werden mußte. Die Reaktion der Landwirte auf solch sekundäre Schädlingsplagen – Erhöhung der Pestiziddosis und häufigere Ausbringung – beschleunigt die Tendenz zur „Resistenzbildung" und erhöht die Ausgaben für mehr oder neue Pestizide bei sinkenden Ernteerträgen. Heute sind mehr als 500 Insekten und

KASTEN D 3.3-1

Die Grüne Revolution in Indien: Wasserprobleme

Hungersnöte sind in Indien seit Jahrtausenden bekannt. Die letzte große Hungerkatastrophe ereignete sich 1943 in Bengalen und forderte binnen eines Jahres 3,5 Mio. Menschenleben. Insgesamt verschlechterte sich die Ernährungssituation auf dem indischen Subkontinent in der ersten Hälfte des 20. Jahrhunderts erheblich. Die Getreideproduktion konnte mit dem Bevölkerungswachstum immer weniger Schritt halten, so daß die Pro-Kopf erzeugten Getreidemengen kontinuierlich zurückgingen. Nach der Unabhängigkeit Indiens kam hinzu, daß mit der Teilung des Subkontinents zwar 18% der Bevölkerung, aber 30% der besonders ertragreichen Bewässerungsflächen an Pakistan übertragen wurden.

Nach dem in den 50er und frühen 60er Jahren gescheiterten Versuch, die Erträge nur mit intensiverer Bewässerung zu steigern, jahrelanger Stagnation in den Produktionsmengen und den beiden Dürrejahren 1965–1967 änderte die indische Regierung ihre Agrarentwicklungsstrategie grundlegend. Unter dem Druck der USA, die mit Einstellung der Getreidelieferungen drohte, und auf Drängen der eigenen Großbauernschaft schwenkte sie zur Grünen Revolution um (Bohle, 1981). 1966/67 wurden die ersten hochertragreichen Reissorten eingeführt, die bis zu 5.000 kg pro ha erbringen können, während der Durchschnittsertrag traditioneller Reissorten nur bei rund 860 kg pro ha lag. Zwischen 1960 und 1978 erhöhte sich die Nahrungsgetreideproduktion um insgesamt 60%. Den entscheidenden Anteil an diesem Zuwachs hatten die beachtlichen Produktionssteigerungen beim Weizenanbau, die zwischen 1960 und 1975 157% erreichten. Die Reisproduktion erhöhte sich im gleichen Zeitraum um 43%. Die Erfolge der Grünen Revolution in Indien blieben auf Weizen und Reis beschränkt.

Ohne Veränderungen im Bewässerungsfeldbau wären diese Erfolge nicht denkbar gewesen. Bereits in der Kolonialzeit angelegt (Ausbau der Kanalanlagen für Baumwolle) beginnt ein in der indischen Geschichte beispielloser Einsatz für die Bewässerung. Zwischen 10 und 20% des Staatshaushalts wurden Ende der 60er, Anfang der 70er Jahre für den Bewässerungsausbau aufgewendet. Entsprechend stiegen die bewässerten Anbauflächen von 20,9 Mio. ha im Jahr 1950 auf 32 Mio. ha 1976 um mehr als 50% an. Gleichwohl macht der Bewässerungsfeldbau nur etwa ein Viertel der gesamten Agrarflächen Indiens aus. Dies bedeutet, daß sich die Erfolge der Grünen Revolution räumlich stark konzentrierten, so daß die wirtschaftsräumlichen Disparitäten anstiegen. Insgesamt fallen auf Indien, Pakistan und China 45% der weltweit bewässerten Agrarflächen.

Auch die sozio-ökonomischen Disparitäten wuchsen an, da die große Zahl der Kleinbauern nicht in dem erwarteten Maß partizipierten, sondern sich eher dauerhaft verschuldeten, gleichzeitig aber die mittleren und größeren Landbesitzer überproportionale Einkommenssteigerungen erzielten. Jenen Bauern, die auch für den Markt produzierten, wurden feste und relativ hohe Abnehmerpreise garantiert, so daß die Einkommenseffekte sich im wesentlichen auf diese Gruppe beschränkten.

Der Verbrauch von Mineraldünger, der zu einem großen Teil gegen knappe Devisen importiert werden mußte, stieg zwischen 1960 und 1977 um das Zehnfache an. Erdöl und Mineraldüngereinfuhren machten 1975/76 fast 30% der Gesamteinfuhren Indiens aus und nahmen aufgrund des Devisenbedarfs rund 40% der Exporterlöse in Anspruch.

Der Mineraldüngereinsatz verlangt eine höhere Wassergabe, da dieser nur in gelöstem Zustand in die Pflanzen aufgenommen wird. Mit dem Bedeutungszuwachs der Bewässerung verstärkte sich auch die Erschließung des Grundwassers durch Pumpenbewässerung. Besonders effizient sind solche Anlagen dort, wo sie die Wasserversorgung aus bereits bestehenden Bewässerungssystemen ergänzen, beispielsweise in den kanalbewässerten Schwemmlandebenen Nordwestindiens und den Deltabereichen Südostindiens. Durch die Verwendung von Grundwasserpumpen konnten nicht nur höhere Flächenerträge erreicht, sondern auch Einfach- zu Doppelerntegebieten werden. Begünstigt wurden Doppelernten zudem durch die kürzeren Reifezeiten der hochertragreichen Sorten.

Die relativ teuren Wasserpumpen, die das Zehnfache des Jahresverdienstes eines Landarbeiters kosten, konnten sich nur wohlhabende Bauern leisten. Der Einsatz von Tiefbrunnen wurde so weit vorangetrieben, daß im Bundesstaat Tamil Nadu der Grundwasserspiegel binnen einer Dekade um 25–30 m sank (FAO, 1996b). Im Bundesstaat Punjab, der Kornkammer Indiens, fallen auf zwei Drittel der Fläche die Grundwasserstän-

> de um 20 cm jährlich, und in den 80er Jahren wurden in Gujarat sinkende Grundwasserstände in 90% der Brunnen beobachtet (Postel, 1996). Für Bauern mit traditionellen Brunnen wird aufgrund ihrer geringeren Tiefenreichweite der Zugang zu Grundwasser immer schwieriger. Zwischen 1970 und 1982 stieg der Anteil der Bewässerung mit Tiefbrunnen an der gesamten Bewässerungsfläche in Indien von 14,3% auf 26,2% an (Bohle, 1989). Im westindischen Staat Gujarat führte die übermäßige Grundwassernutzung für Bewässerungszwecke dazu, daß in Küstenregionen Salzwasser in die Grundwasserleiter eindringen konnte und die Trinkwasserreserven der Dörfer schädigte.
>
> Durch verbesserte Wassernutzung (z. B. Sanierung der bestehenden Anlagen) lassen sich Erträge steigern, deren Potential bei weitem noch nicht ausgeschöpft ist. Allein für Indien wird die betroffene Bewässerungsfläche mit 10–13 Mio. ha beziffert (Postel, 1993).

Milbenarten gegen ein oder mehrere Insektizide resistent, über 273 Unkrautarten haben die Fähigkeit zur Entgiftung ein oder mehrerer Herbizide entwickelt. Etwa 150 Pflanzenpathogene wie Pilze und Bakterien sind inzwischen gegen Fungizide geschützt. Intensive Stickstoffdüngung verstärkt den Befall durch Läuse (Aphiden), da das hohe Stickstoffangebot der Wirtspflanze die Fortpflanzung der Läuse fördert. In Asien wurde beobachtet, daß sich die Anfälligkeit der Reispflanzen gegenüber bestimmten Krankheiten durch intensive Stickstoffdüngung erhöhte (WRI, 1994).

Durch den Anbau nur weniger Sorten in Monokultur und intensiven Pestizideinsatz kommt es zum „Verlust der genetischen Vielfalt" und der „Artenvielfalt". Dieser Verlust steigert die Krisenanfälligkeit des Agrarsystems gegenüber Schädlingen, Krankheiten und Klimaschwankungen (FAO, 1996a). So wirken der „Verlust der genetischen Vielfalt" und der „Artenvielfalt" dämpfend auf die Trends „Fortschritt in der Bio- und Gentechnologie" und „Steigerung der Nahrungsmittelproduktion", insbesondere unter Nachhaltigkeitsaspekten. Problematisch ist hierbei, daß aufgrund der umfassenden Verbreitung der Hochertragssorten die traditionellen, hochdiversen und lokal angepaßten Landsorten verdrängt worden sind (Harlan, 1975; Heywood und Watson, 1995). Viele Grüne-Revolution-Länder gelten als Genzentren für Nutzpflanzen, deren Reichtum an Genressourcen durch die Dominanz der wenigen, genetisch eng eingegrenzten Hochertragssorten akut gefährdet ist (z. B. Indien, China, Mexiko). Beispielsweise stellt Indien ein bedeutendes Zentrum der genetischen Vielfalt an Feldfrüchten wie Reis, Zuckerrohr, Mango, Gurken, Avokado, Heil- und Gewürzpflanzen dar. Mit dem Verlust der genetischen Vielfalt der Kultursorten geht eine unersetzliche Genressource für die Forschung verloren. Die Forschung findet hierdurch eine immer schmalere Basis an genetischen Ressourcen vor, was die Neu- und Weiterentwicklung von modernen landwirtschaftlichen Sorten hemmt („Fortschritt in der Bio- und Gentechnologie"). Insbesondere die sich ständig ändernde Situation bei Pflanzenschädlingen (u. a. durch „Resistenzbildung") führt zu dem Zwang, die Sorten durch Einkreuzen von neuen Merkmalen aus Zucht und Wildsorten ständig zu verbessern. Die Grüne Revolution reduziert ihre eigene genetische Ressourcenbasis für eine zukünftige „Intensivierung der Landwirtschaft".

Zudem führte die Beschränkung auf wenige Getreidesorten zum Rückgang des Anbaus proteinreicher Hülsenfrüchte. In Indien beispielsweise erfolgten etwa 20% der Zunahme in der Nahrungsgetreideproduktion zu Lasten des Leguminosenanbaus. Zwischen 1967/68 und 1979/80 nahm dort der Hülsenfruchtanbau um jährlich 1,1% ab (Pierre, 1987). Entsprechend verschlechterte sich die Proteinversorgung der Bevölkerung. Die Einschränkung auf wenige Getreidesorten wird nicht dem Subsistenzbedarf nach Brennholz, Viehfutter usw. gerecht (siehe auch Kasten D 3.3-1).

Aufgrund der ansteigenden Methanemissionen im Reisbau und der energieintensiveren Produktionstechnik kommt es auch zu einem *„Verstärkten Treibhauseffekt"*.

Die Auswirkungen auf die Hydrosphäre wie „Süßwasserverknappung", „Versalzung" und „Eutrophierung" sowie Kontamination mit Pestiziden werden in Kap. D 3.3.3.2 aufgegriffen.

3.3.2.2
Syndromintensität/Indikatoren

Um einen globalen Überblick über die Ausbreitung des Grüne-Revolution-Syndroms zu gewinnen, ist es wichtig, einen Indikator zu entwickeln, der Auskunft gibt über Vorkommen und Intensität des Syndroms. Hierzu werden in einem ersten Schritt die Länder identifiziert, in denen ein Prozeß nach dem Muster der Grünen Revolution stattgefunden hat,

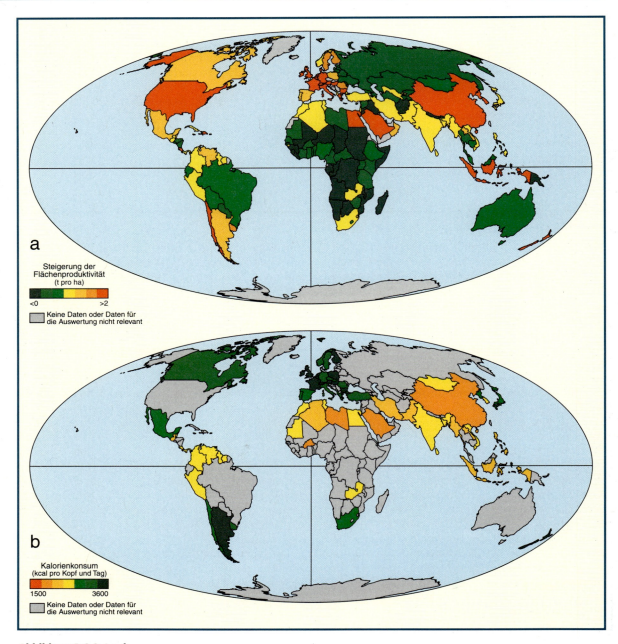

Abbildung D 3.3-4 a–b
Einzelindikatoren für das Auftreten der Grünen Revolution. a) Absolute Flächenproduktivitätssteigerung im Getreideanbau von 1960–1990. b) durchschnittliches Nahrungsversorgungsdefizit im Jahr 1961 gemessen an der Kalorienversorgung pro Kopf.
Quellen: BMBF-Projekt „Syndromdynamik", PIK-Kernprojekt QUESTIONS und WBGU

um dann im zweiten Schritt für diese Länder zu untersuchen, wie stark der syndromare und damit problematische Charakter ausgeprägt ist.

AUFTRETEN DER GRÜNEN REVOLUTION
Ausgehend von der Mechanismusbeschreibung in Kap. D 3.3.2.1 wird das Auftreten der Grünen Revolution zwischen 1960 und 1990 anhand von gesamtwirtschaftlichen Indikatoren untersucht. Mit deren Hilfe wird geprüft, ob die Voraussetzungen für folgende Argumentation erfüllt sind:

Falls (1) ein großer Zuwachs der Flächenproduktivität von Getreide beobachtet wird *und* (2) zu Beginn des betrachteten Zeitraums ein Nahrungsmitteldefizit vorliegt *und* (3) der Getreidesektor des Landes einen signifikanten Beitrag zur Ernährung

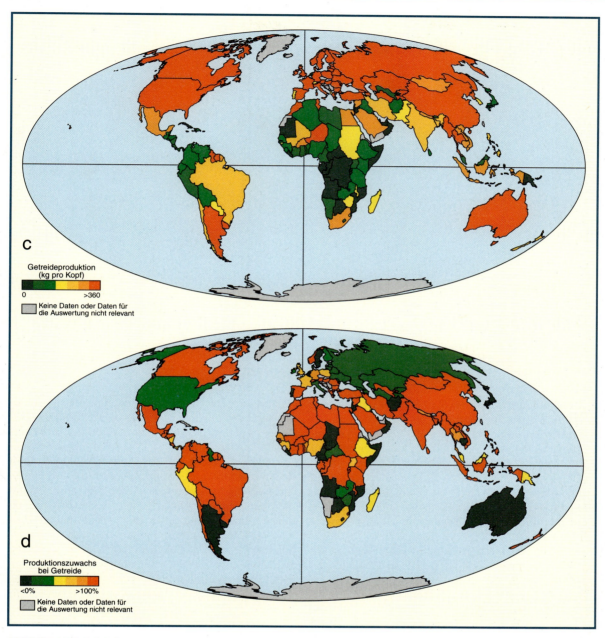

Abbildung D 3.3-4 c–d
Einzelindikatoren für das Auftreten der Grünen Revolution. c) Pro-Kopf-Getreideproduktion im Jahr 1991. d) relativer im Lande verbleibender Getreideproduktionszuwachs, gemessen als die Differenz der Getreideproduktion und der Getreideexportsteigerung bezogen auf die Getreideproduktion 1961.
Quellen: BMBF-Projekt „Syndromdynamik", PIK-Kernprojekt QUESTIONS und WBGU

leisten kann *und* (4) ein Getreidegesamtproduktionszuwachs zu verzeichnen ist, der im Lande bleibt, *dann* fand im betrachteten Land eine Grüne Revolution statt.

Um die angegebenen Bedingungen messen zu können, werden folgende Basisindikatoren auf Staaten-Ebene verwendet (FAO, 1993, WRI, 1992):

1. Absolute Flächenproduktivitätssteigerung im Getreideanbau von 1960–1990 (Abb. D 3.3-4a)
2. Durchschnittliches Nahrungsversorgungsdefizit im Jahr 1961 gemessen an der Kalorienversorgung pro Kopf (Abb. D 3.3-4b)
3. Pro-Kopf-Getreideproduktion im Jahr 1991 (Abb. D 3.3-4c)

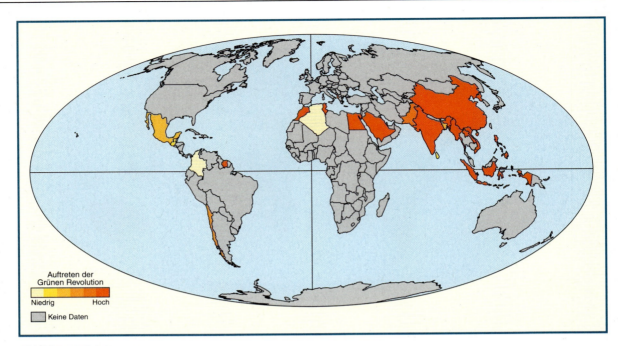

Abbildung D 3.3-5
Auftreten der Grünen Revolution.
Quellen: BMBF-Projekt „Syndromdynamik", PIK-Kernprojekt QUESTIONS und WBGU

4. Relativer im Lande verbleibender Getreideproduktionszuwachs, gemessen als die Differenz der Getreideproduktionssteigerung und der Getreideexportsteigerung im betrachteten Zeitintervall bezogen auf die Getreideproduktion 1961 (Abb. D 3.3-4d)

Die oben formulierten vier Bedingungen müssen alle gleichzeitig zutreffen (Und-Verknüpfung). Dies kann nun mit Hilfe von bestimmten Wahrheitswerten formalisiert werden, die sich aus den eingeführten Indikatoren ergeben. Hierzu wird eine Fuzzy-logic-Erweiterung der klassischen Und-Verknüpfung (Minimumsbildung) verwendet. Das Ergebnis ist ein Indikator, der aussagt, ob in einem Land ein Grüne-Revolution-Prozeß stattgefunden hat (0 = fand sicher nicht statt, 1 = fand sicher statt). Diese Werte sind in Abb. D 3.3-4a–d einzeln und in Abb. D 3.3-5 zusammenfassend dargestellt.

SYNDROMARE EFFEKTE IN LÄNDERN DER GRÜNEN REVOLUTION

Die auf diese Weise identifizierten Länder werden nun auf syndromare Aspekte hin untersucht und bewertet. Die erste Gruppe von Ländern (hohe Intensitätswerte) weist einen Intensitätsindikator für das „Stattfinden" der Grünen Revolution zwischen 0,6 und 1 auf. In der Ländergruppe mit „eingeschränkter Grüner Revolution" (geringe Intensitätswerte) beträgt der Intensitätsindikator 0,3–0,6. Länder mit Werten unter 0,3 wurden nicht berücksichtigt. Die Analyse der Daten über die länderspezifische Änderung des Anteils der bewässerten Ackerfläche zwischen 1960 und 1990 sowie der Anteil der bewässerten Ackerfläche im Jahr 1990 erlauben eine Einschätzung der Rolle der Bewässerungslandwirtschaft in den Ländern der Grünen Revolution. Hierbei weisen die Steigerungswerte zwischen 1960 und 1990 auf die Bedeutung der Bewässerungsflächen im Rahmen der Grüne-Revolution-Intensivierungsmaßnahmen hin. Bei Ländern mit hohen Anteilen der Getreideanbauflächen an der Gesamtanbaufläche gelten die Werte im engeren Sinne für die Grüne Revolution. In Ländern wie Indien zeigt sich, daß die Ausweitung der Bewässerung auf Getreideanbauflächen sogar überproportional ist.

Der ebenfalls länderspezifische Anteil der degradierten Ackerflächen im Getreideanbau gibt Auskunft über den Zustand der Bodendegradation und die Rate der Bodendegradation. Bei den Angaben über den Zustand sind auch Degradationsprozesse einbezogen, die *vor* den Schädigungen durch die Grüne Revolution stattfanden (z. B. durch die koloniale Exportlandwirtschaft in Indien), während der Fortgang der Bodenschädigung, gemessen an der Bodendegradationsrate auf Getreideanbauflächen, eindeutig der Grünen Revolution zuzuordnen ist (Oldeman et al., 1990).

Zur Bewertung der globalen Relevanz des Grüne-Revolution-Syndroms in naturräumlicher Hinsicht werden die innerhalb des Syndroms insgesamt degradierten Flächen je Land und die durch bewässerungsbedingte Degradation betroffenen Flächen berücksichtigt. Hinweise auf die sozialräumliche Dimension gibt die Änderung der Anzahl der Menschen auf dem Lande, die unter der Armutsgrenze lebt, bezogen auf die absolute Anzahl der ländlichen Armen (1985–1992) und die Änderung des Anteils der Exporterlöse, die für den Schuldendienst aufgewendet werden (1970–1990).

Aus der Analyse geht hervor, daß im Zusammenhang mit dem Grüne-Revolution-Syndrom Bodendegradationsformen wie Wasser- und Winderosion eine große Rolle spielen. Des weiteren wird deutlich, daß insbesondere in ariden Regionen die bewässerungstypischen Degradationsformen wie Versalzung und Vernässung weit verbreitet und fortschreitend sind. Die Produktionsflächen werden hierdurch langfristig, zunehmend und zum Teil irreversibel geschädigt. Von herausragender globaler Relevanz ist die Bodenversalzung bzw. Bodenvernässung in China, aber auch die wasserbezogenen Bodendegradationen in den anderen Ländern haben in der Summe globale Bedeutung.

Im folgenden wird nun auf der Grundlage des soweit aufgearbeiteten Materials ein Indikator für das Auftreten des Grüne-Revolution-*Syndroms* definiert. Im Gegensatz zur Grünen Revolution an sich werden nun auch die syndromtypischen Auswirkungen berücksichtigt. Als Maß für naturräumliche Degradationserscheinungen im Rahmen des Grüne-Revolution-Syndroms wird die länderspezifische Bodendegradationsrate auf Getreideanbauflächen verwendet. Zur Abschätzung sozio-ökonomischer Folgewirkungen der Grünen Revolution wird die Entwicklung der ländlichen Armut und die Entwicklung des Anteils des Schuldendienstes an den Exporterlösen je Land herangezogen. Beide Dimensionen von nicht erwünschten Folgewirkungen werden dann gleichgewichtig bewertet und quasi „addiert". Der hieraus entstandene Teilindikator wird dann im nächsten Schritt durch Vergleich mit dem Grad des Auftretens der Grünen Revolution begrenzt. Spielt diese im betrachteten Land keine große Rolle, sind auch möglicherweise auftretende sozio-ökonomische und naturräumliche Degradationserscheinungen nur begrenzt durch die Grüne Revolution zu erklären. In Abb. D 3.3-6 ist der resultierende Indikator für das Auftreten des Grüne-Revolution-Syndroms dargestellt.

3.3.2.3
Syndromkopplungen und -wechselwirkungen

Die Kopplungen zu anderen Syndromen sind im Beziehungsgeflecht des dritten Stadiums (Abb. D 3.3-3) durch graue Wolken gekennzeichnet. Erst durch die Berücksichtigung dieser Wechselwirkungen wird die Gesamtheit der Probleme deutlich:

- Durch den intensiven Bewässerungsbedarf der Grünen Revolution gewinnen Staudamm-Großprojekte mit all ihren negativen sozialen und naturräumlichen Folgen an Bedeutung. In dieser Hinsicht besteht eine direkte Wechselwirkung zwischen dem Aralsee-Syndrom und dem Grüne-Revolution-Syndrom (siehe Kap. D 3.4).
- Das Favela-Syndrom wird durch das Grüne-Revolution-Syndrom mit angetrieben, da durch die „Wachsende Verarmung" die Migration in die urbanen Verdichtungsräume anwächst (siehe Kap. D 3.5). Eine „Abwanderung" zum Favela-Syndrom tritt dann ein, wenn kleinbäuerliche Produzenten zu Pächtern und Landlosen absteigen und vor Ort keine Beschäftigungsalternativen bestehen.
- Im Gegensatz zum Grüne-Revolution-Syndrom umfaßt das Dust-bowl-Syndrom die Umweltfolgen agroindustrieller Aktivitäten auf höchstem technischen Niveau, die keine entwicklungspolitischen Intentionen aufweisen. Die nationale Selbstversorgung spielt eine untergeordnete Rolle. Das Dust-bowl-Syndrom umfaßt im Gegensatz zum Grüne-Revolution-Syndrom den exportorientierten Agrarsektor. Veränderungen in der Sozialstruktur durch überproportionale Einkommenseffekte für einzelne Bauern („Zunahme sozio-ökonomischer Disparitäten"), die Schaffung von Infrastruktur („Zunahme von Institutionen") und der Paradigmenwechsel in der Wirtschaftspolitik („Internationale Verschuldung") können aus dem Grüne-Revolution-Syndrom ein Dust-bowl-Syndrom entstehen lassen.
- Durch die Verdrängung von Bauern auf marginale Standorte („Zunahme nationaler sozialer und ökonomischer Disparitäten") kann aus dem Grüne-Revolution-Syndrom ein Sahel-Syndrom (WBGU, 1996b) entstehen.
- Die Grüne Revolution bewirkt eine Erhöhung der Arbeitsproduktivität und eine steigende Wertschöpfung des Agrarsektors. Dazu kann sich eine Agroindustrie in den Bereichen Vorleistungen, Investitionsgüter und Vermarktung entwickeln. Diese Faktoren bewirken eine verstärkte Kapitalakkumulation im industriellen Sektor sowie eine Freisetzung von Arbeitskräften. Auf diese Weise kann das Grüne-Revolution-Syndrom die Entstehung des Kleine-Tiger-Syndroms begünstigen.

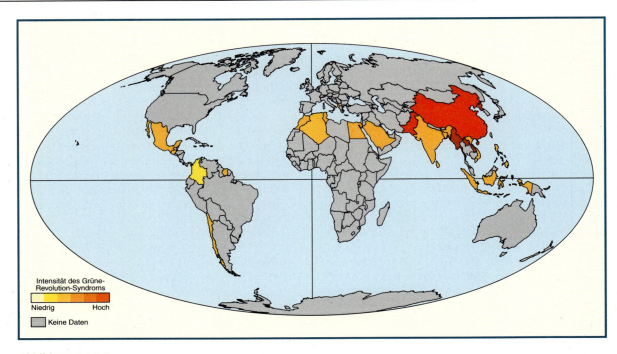

Abbildung D 3.3-6
Auftreten des Grüne-Revolution-Syndroms.
Quellen: BMBF-Projekt „Syndromdynamik", PIK-Kernprojekt QUESTIONS und WBGU

Abbildung D 3.3-7 verdeutlicht die Syndromkopplungen im Zeitverlauf. Die Grafik zeigt die Beziehung des Grüne-Revolution-Syndroms zu anderen Syndromen. Auf der Zeitachse wird ersichtlich, daß die einzelnen Syndrome zu sehr unterschiedlichen Zeitpunkten begannen. Für die Syndromentstehung bedeutsame Trends waren in einigen Fällen bereits kolonialzeitlich oder sogar vorkolonial angelegt. Das Favela-Syndrom ist beispielsweise mit dem Grüne-Revolution-Syndrom über die Trends „Zunahme von sozio-ökonomischen Disparitäten" und „Bevölkerungswachstum" verbunden. Das Favela-Syndrom ist eine Nachkriegserscheinung, die beiden erwähnten Trends sind bereits seit der Kolonialzeit bedeutsam. Das Grüne-Revolution-Syndrom beginnt ab Mitte der 60er Jahre, die drei syndromspezifischen Kerntrends sind hingegen vorkolonial bzw. kolonial angelegt. Den Trend „Intensivierung der Landwirtschaft" gab es bereits in den Hydraulischen Gesellschaften z. B. während der Mogulzeit in Indien und während der britischen Kolonialzeit, wo die Bewässerungssysteme weiter ausgebaut wurden. Gesellschaftliche Polarisierungsprozesse („Zunahme der sozio-ökonomischen Disparitäten") wurden z. B. in Indien bereits in der Zeit feudaler Herrschaft angelegt, in der Kolonialzeit zementiert und postkolonial erneut akzentuiert. Der Trend „Bevölkerungswachstum" erlangt hingegen erst ab der Kolonialzeit eine wichtige Bedeutung. Diese langfristige Entwicklung fällt Mitte der 60er Jahre zusammen mit der Zunahme von Nahrungskrisen, gravierenden Entwicklungsproblemen im ländlichen Raum, Fortschritten in der Pflanzenzüchtung und einem günstigen politischen Klima: Die Grüne Revolution beginnt.

3.3.2.4 Allgemeine Handlungsempfehlungen

EMPFEHLUNGEN AUF DER BASIS DER SYNDROMANALYSE

Aus dem bisher dargestellten Syndrommechanismus, den wichtigsten Wechselwirkungen und Kopplungen mit anderen Syndromen sollen nun übergreifende Empfehlungen abgeleitet werden.

- Die Intensivierung der Landwirtschaft im Rahmen der Grünen Revolution hat den Verlust genetischer Vielfalt zur Folge. Dies führt unmittelbar zu einem Schwund der genetischen Ressourcen. Die Forschung findet eine immer schmalere Basis vor, so daß der Fortschritt in der Bio- und Gentechnologie gehemmt wird (siehe braunes Subgeflecht in Abb. D 3.3-3). Gleichzeitig erfordert die zu beobachtende Resistenzbildung, daß die Sorten durch Einkreuzen von neuen Merkmalen aus Zucht und Wildsorten ständig verbessert werden müssen.

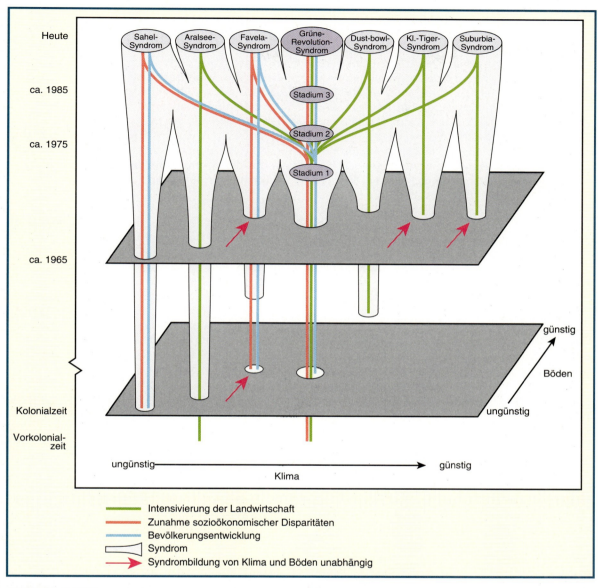

Abbildung D 3.3-7
Syndromkopplungen im Zeitverlauf.
Expositionsfaktoren des Grüne-Revolution-Syndroms:
- Zunahme von Nahrungskrisen,
- Entwicklungsprobleme im ländlichen Raum,
- Innovationen als Voraussetzung für landwirtschaftliche Intensivierung,
- Internationale Politik.

Dispositionsfaktoren des Grüne-Revolution-Syndroms:
- Ungünstige Boden- und Klimaverhältnisse für Grüne Revolution,
- Polare Landbesitzverteilung,
- Feudale Abhängigkeiten.

Quelle: WBGU

Aus diesen Gründen ist darauf zu achten, daß flankierende Maßnahmen ergriffen werden, die die rapide Generosion stoppen oder zumindest verlangsamen. Dazu gehören nicht nur Genbanken und botanische Gärten (Ex-situ-Erhaltung), sondern auch Maßnahmen zum Schutz in situ (z. B. On-farm-Erhaltung usw.), die im Rahmen einer integrierten Strategie zur Erhaltung genetischer Ressourcen umgesetzt werden müssen.
- Mit der Steigerung der Nahrungsmittelproduktion sinkt die Abhängigkeit von Getreideimporten, gleichzeitig aber steigt die Abhängigkeit von importierter Agrartechnik, Agrochemie und Saatgut (Wissens- und Technologietransfer). Da solche Importe mit knappen Devisen finanziert werden müssen, verstärkt sich der Trend „Internationale Verschuldung". In der Folge verringert sich die Fähigkeit zum Import landwirtschaftlicher Inputs, so daß es zur Unterversorgung der nationalen Märkte kommen kann. Die Agrarproduktion wird aufgrund möglicher Versorgungsschwankungen krisenanfälliger. Weil die Komplementarität der Inputs nicht mehr gewährleistet ist, wird der Trend Intensivierung der Landwirtschaft abgeschwächt. Ertragseinbußen sind die Folge (siehe rotes Subgeflecht in Abb. D 3.3-3). Dem zunehmenden Druck durch die Verschuldung kann aber auch durch eine Zunahme der Exportlandwirtschaft begegnet werden, so daß eine fortschreitende Intensivierung der Landwirtschaft die Folge ist (WRI, 1994). Da die Exportlandwirtschaft einen Großteil des Pestizidverbrauches ausmacht, gewinnen die Pestizide als Instrument zur Maximierung der Ernteerträge und der Wettbewerbsfähigkeit auf den internationalen Märkten an Bedeutung und mit ihnen die Gefährdung der natürlichen Umwelt und der menschlichen Gesundheit. Dieser Zusammenhang verdeutlicht die Bedeutung des Aufbaus eigener Forschungs- und Produktionskapazitäten in den betroffenen Ländern bzw. die Einführung von Low-input-Strategien. Hier hat die Bundesrepublik in der Vergangenheit im Rahmen der Entwicklungszusammenarbeit wertvolle Beiträge geleistet. Das deutsche Engagement in diesem Bereich sollte wieder verstärkt werden.
- Aufgrund von „Resistenzbildung" werden neue bzw. mehr Pestizide nachgefragt („Wissens- und Technologietransfer") und eingesetzt („Intensivierung der Landwirtschaft"), was erneut zu „Resistenzbildung" führt (siehe grünes Subgeflecht in Abb. D 3.3-3). Die Agrarproduktion sollte nach Ansicht des WBGU auf mehr Sorten- und Artenvielfalt ausgerichtet sein, um den Pestizideinsatz möglichst niedrig zu halten.

EMPFEHLUNGEN ZUR
ENTWICKLUNGSZUSAMMENARBEIT

Übergreifend
- Die Entwicklungszusammenarbeit sollte grundsätzlich weniger durch nationale Exportinteressen beeinflußt werden.
- Die Förderrichtlinien in der Entwicklungszusammenarbeit sollten die Verbreitung von Saatgut mit ausländischen Patentrechten grundsätzlich vermeiden. Vielmehr sollten landeseigene Potentiale und Ressourcen im Vordergrund stehen.

Effizienz
- Effiziente Systeme für die Bereitstellung und Nutzung von Betriebsmitteln haben für den Erfolg bzw. Mißerfolg von Agrarentwicklungsmaßnahmen eine herausragende Bedeutung. Dies setzt nach Ansicht des WBGU Institutionen voraus, die eine rechtzeitige, ausreichende und flächendeckende Versorgung mit Betriebsmitteln und Informationen sicherstellen. Ein Rückzug des Staates und die Öffnung dieses Bereiches für den privaten Sektor im Rahmen von Strukturanpassungsmaßnahmen weisen in die richtige Richtung. Dabei ist sicherzustellen, daß vom politischen Bereich geeignete Rahmenbedingungen erhalten oder bereitgestellt werden und der private Sektor die erforderlichen Funktionen übernimmt. Der Transformationsprozeß muß aufmerksam beobachtet, und wo nötig, institutionell unterstützt werden.
- Der Beirat begrüßt die im Globalen Aktionsplan des Welternährungsgipfels angesprochenen Food Security Swaps als Instrumente zur Förderung der Ernährungssicherheit (siehe auch Kasten D 3.3-3). Eine wichtige Erfolgsbedingung ist dabei die transparente Gestaltung dieses Instruments, einschließlich der Mitbestimmungsmöglichkeiten der Regierungen der betroffenen Partnerländer und beteiligter NRO. Im Rahmen eines solchen Instruments sollten bei der Betrachtung der ökologischen Verträglichkeit die Wasseraspekte eine zentrale Rolle spielen.
- Die weltweit zu beobachtende Vernachlässigung der Agrarförderung wird der Rolle der Landwirtschaft für die wirtschaftliche Entwicklung, die Armutsbekämpfung sowie den Umwelt- und Ressourcenschutz nicht gerecht, insbesondere weil nach FAO-Angaben die weltweite Agrarproduktion bis 2010 um 60% gesteigert werden muß. In der Entwicklungspolitik sollte diese Schlüsselrolle wieder stärker gewürdigt werden. Der WBGU bedauert den seit 1991 zu beobachtenden Einbruch in der Finanzierung der internationalen Agrarforschung und würde eine deutli-

che Erhöhung des deutschen Beitrags sehr begrüßen.

Ökologische Verträglichkeit
- Der Beirat empfiehlt eine möglichst niedrige und kontrollierte Verwendung von Pestiziden im Rahmen von integrierten Schädlingsbekämpfungsmethoden (WBGU, 1993). Dieses Ziel sollte auch in die Förderrichtlinien internationaler Entwicklungsinstitutionen (Weltbank, FAO usw.) und einzelner Geberländer verbindlich aufgenommen werden. Besorgniserregend ist die im letzten Jahr erfolgte Herabsetzung verbindlicher Umweltstandards im Bereich Pflanzenschutz bei von der Weltbank geförderten Vorhaben. Die Bundesregierung sollte hier ihren Einfluß geltend machen, um einmal erreichte Umweltstandards nicht wieder herabzusetzen.
- Die extensive Weide- bzw. Viehwirtschaft ist in vielen ariden und semi-ariden Regionen eine bessere, weil standortgerechte Alternative zur intensiven Ackerwirtschaft. Unter diesem Blickwinkel sind Maßnahmen der ländlichen Regionalentwicklung, insbesondere auf Grenzertragsstandorten, zu prüfen.
- Der WBGU begrüßt die 1995 erfolgte Ausrichtung der Forschungsaktivitäten der Consultative Group on International Agricultural Research (CGIAR) auf den ökoregionalen Ansatz und empfiehlt die aktive Beteiligung der Zielgruppen sowie die Integration kulturspezifischen Wissens in den Forschungs- und Entwicklungsprozeß. Zudem sollte in dieser Hinsicht bisher wenig beachteten Kulturpflanzen wie z. B. Sorghum, Hirse oder Süßkartoffeln mehr Aufmerksamkeit zukommen.

Soziale Verträglichkeit
- Insgesamt wirken sich die Strukturanpassungsmaßnahmen weitgehend positiv auf die Landwirtschaft aus. Düngersubventionen und nicht-kostendeckende Gebühren ermöglichen auf der einen Seite vielfach eine individuelle Existenzsicherung. Auf der anderen Seite verringert die relative Verbilligung der Produktionsfaktoren Anreize zum sparsamen Einsatz. Zudem müssen die Subventionsbeträge an anderer Stelle in den Volkswirtschaften erwirtschaftet werden, ohne daß unmittelbar zu erkennen ist, wer diese Mehrbelastung zu tragen hat. Ein Abbau von Düngersubventionen und die Einführung kostendeckender Gebühren sollten angestrebt werden, aber erst erfolgen, wenn das Existenzminimum anderweitig sichergestellt werden kann. Strukturanpassungsmaßnahmen sollten daher, wie auf dem Weltsozialgipfel 1995 in Kopenhagen vereinbart, die soziale Verträglichkeit bereits in ihre Zielformulierung aufnehmen.

Forschung
- Das Wissen über die Entwicklung der Grünen Revolution im Zeitalter der Globalisierung ist noch fragmentarisch. Insbesondere die Auswirkungen der internationalen Schuldenkrise und die sich hieran anschließenden Strukturanpassungmaßnahmen sind in ihren Wechselwirkungen auf die Grüne Revolution noch wenig untersucht. Hier besteht Forschungsbedarf.
- Die vielfach eingeforderte Partizipation bei Regionalentwicklungsprogrammen ist bislang nur unzureichend konkretisiert. Daher müssen die Erfolgsbedingungen von Partizipation eingehend erforscht werden (Kasten D 3.3-2).

3.3.3
Wasserspezifische Syndromdarstellung

Künstliche Bewässerung wird zu einem immer bedeutsameren Faktor für die Ernährungssicherung der Menschheit. Nur 17% des weltweiten Ackerlandes sind künstlich bewässert, aber sie liefern fast 40% der globalen Ernte (FAO, 1996b). Die Bedeutung der Ressource Wasser für die Grüne Revolution zeigt sich daran, daß 50–60% der seit den 70er Jahren erzielten Ertragssteigerungen in Entwicklungsländern auf die Bewässerungslandwirtschaft zurückgehen (Barrow, 1995). Viele Länder erwirtschaften mehr als die Hälfte ihrer Nahrungsproduktion durch Bewässerungsfeldbau, wie z. B. China, Indien, Indonesien und Pakistan. Ägypten könnte ohne das Wasser des Nils nur sehr wenige Nahrungsmittel produzieren (Postel, 1993). In Mexiko flossen seit 1940 80% der öffentlichen Ausgaben für den Agrarsektor in Bewässerungsprojekte. In China, Pakistan und Indonesien beansprucht die Bewässerung rund die Hälfe der öffentlichen Investitionen in den Agrarsektor (FAO et al., 1995). Auch in der Entwicklungszusammenarbeit nimmt die Bewässerung einen hohen Stellenwert ein. 30% der durch die Weltbank vergebenen Kredite flossen in den 80er Jahren in Bewässerungsprojekte.

Ertragssteigerungen, wie sie im Rahmen der Grünen Revolution angestrebt werden, sind in semi-ariden und ariden Gebieten nur mit Hilfe einer intensiven Bewässerungswirtschaft möglich. Die eingesetzten hochertragreichen Sorten (High Yielding Varieties – HYV) weisen bei adäquater Düngung sehr hohe Assimilationsleistungen auf, die aber stets mit hohen Wasserverlusten und damit auch einem hohen Wasserbedarf dieser Sorten verbunden sind (Fischer und Turner, 1978; Schulze, 1982). Der Wasserbedarf

KASTEN D 3.3-2

Partizipative Methoden der Datenerhebung und Projektplanung in der Entwicklungszusammenarbeit

Nahezu alle Weltgipfel und Konventionsverhandlungen der vergangenen Jahre fordern mehr Partizipation der Bevölkerung, ohne dieses Ziel näher zu konkretisieren. In der Entwicklungszusammenarbeit werden bereits seit längerem neue partizipative Ansätze zur Entwicklungsplanung diskutiert und in der Praxis angewendet.

Datenerhebungen als Grundlage der Problemanalyse und zur Ableitung von Entwicklungsstrategien begleiten alle Projekte der Entwicklungszusammenarbeit. Dabei gerieten in den letzten Jahren die herkömmlichen Erhebungsmethoden wie beispielsweise die standardisierte Befragung zunehmend unter Kritik, weil die so erfaßten Probleme und Konfliktfelder nicht unbedingt mit der Problemsicht der Zielbevölkerung übereinstimmten und die Erfolge der auf solchen Erhebungen basierenden Projekte gering waren. Die Kritik richtete sich vor allem auf die personell und zeitlich aufwendige Erzeugung von „Datenfriedhöfen". Zudem gingen die Untersuchungsergebnisse der externen „Experten" häufig an der Lebenswirklichkeit der Bevölkerung vorbei, weil von Armut Betroffene leicht übersehen, Sachinformationen der Vorzug gegenüber Personeninformationen gegeben und die erzielten Ergebnisse nur von Außenstehenden erworben, analysiert und zur Grundlage von Entscheidungen gemacht wurden.

Inzwischen wurden die Fehler dieses Vorgehens identifiziert und die aktive Einbindung der Betroffenen als wichtige Erfolgsbedingung erkannt. Der entscheidende Impuls kam aus dem angelsächsischen Raum, wo die ersten partizipativen Erhebungs- und Planungsmethoden für die Entwicklungszusammenarbeit entwickelt wurden (Chambers, 1992; Schönhuth und Kievelitz, 1993). Zu den wichtigsten übergreifenden Ansätzen zählen Rapid Rural Appraisal (RRA) und Participatory Rural Appraisal (PRA). Mit diesen beiden Ansätzen sollen die wahrgenommenen Bedürfnisse der Bevölkerung identifiziert, Prioritäten für die Projektarbeit festgelegt und gegensätzliche Interessen von Bevölkerungsgruppen erkannt werden. Darüber hinaus dienen diese Ansätze zur Fokussierung herkömmlicher Datenerhebungen. RRA und PRA werden auch im Rahmen von Durchführbarkeitsstudien und bei der Projektevaluierung eingesetzt.

Rapid Rural Appraisal ist ein Ansatz, bei dem mit nicht-standardisierten Methoden und unter Einbeziehung des Wissens der lokalen Bevölkerung in relativ kurzer Zeit die wesentlichen Informationen über die bestehenden Entwicklungsprobleme und Lösungspotentiale in Entwicklungsländern auf lokaler Ebene gesammelt werden können. RRA wird als Alternative zu herkömmlichen Erhebungsverfahren angesehen, wenn nicht die Erfassung exakter Zahlen, sondern eine möglichst realistische Einschätzung aller mit dem Entwicklungsziel verbundenen Fragen im Vordergrund stehen.

Der Participatory-rural-appraisal-Ansatz ist eine Weiterentwicklung des RRA-Ansatzes und stellt die Bottom-up-Strategie stärker in den Vordergrund. Die Betroffenen werden aktiv in Problemanalyse und Planung eingebunden, wobei Außenstehende, in der Regel ein interdisziplinäres Team, nur die Rolle des *Katalysators* übernehmen sollen. Die Interessen der lokalen Gemeinschaften haben Priorität. Der Bevölkerung sollen die Untersuchungsergebnisse die eigene Situation verdeutlichen helfen und als Grundlage für Selbsthilfe und Projekte dienen. Beim PRA-Ansatz sind auch die Dorf- oder Stadtteilbewohner „Experten", indem Externe und lokale Bevölkerung gemeinsam die Lebenssituation vor Ort erkennen und als Grundlage für gemeinsames Planen und Handeln heranziehen. Dieser Prozeß wird als *sharing realities* bezeichnet. PRA ist mehr auf das Verständnis komplexer Sachverhalte ausgerichtet als auf die Erhebung quantitativer Daten, wobei vor allem die zur Entscheidungsfindung wichtigen Aspekte betont werden.

PRA basiert auf einer Reihe von Schlüsselkonzepten. Dazu zählt die Gegenprüfung von Erhebungen aus verschiedenen Blickwinkeln, bei der es auf Interdisziplinarität und ein ausgeglichenes Geschlechterverhältnis durch mehrere sich in der Zusammensetzung verändernde Teams ankommt (Triangulation). Durch *Lernen in der Gemeinschaft* soll das Untersuchungsteam, in dem auch Mitglieder der lokalen Bevölkerung vertreten sind, die Probleme aus dem Blickwinkel der Betroffenen kennenlernen. Die Funktion des Teams besteht in der Unterstützung einer selbstbestimmten Entwicklung. Um die Innensicht zu verbessern, hält sich das PRA-Team während der ganzen Zeit vor Ort auf und nimmt auch am Alltagsgeschehen teil. Dabei soll nur so viel und so genau wie nötig untersucht werden (Optimale Ignoranz oder angemessene Ungenauigkeit). Die Erhebungen sollen mit angepaßten Instrumenten unter Verwendung von einfachen Diagrammen, Schautafeln oder Bildern durchgeführt werden. Angepaßt bedeutet z. B. das Zählen von Samenkörnern bei der Mengenbeschreibung. Eine wichtige Erfolgsbedingung ist das *visual sharing*. Im Gegensatz zu einer herkömmlichen Befragung wird dem Befragten z. B. durch die Darstellung auf einer Tafel das Befragungsergebnis unmittelbar veranschaulicht. Die Anwesenden können direkt Änderungsvorschläge einbringen und schon im Vorfeld Schwachstellen bei der Problemlösung erkennen. Solche Vor-Ort-Analysen werden durch Vor-Ort-Präsentationen ergänzt, um die Ergebnisse öffentlich zu diskutieren. Dadurch wird die Gefahr von Planungsfehlern stark vermindert. Regelmäßige Folgetreffen machen die Fortschritte bei der Umsetzung des Entwicklungsprojekts deutlich. Das Prinzip der Selbstkritik dient dazu, die Vergessenen (z. B. von Armut betroffene), das Übersehene (z. B. Peripherregionen) und eigene Irrtümer ausfindig zu machen. Ein PRA läuft nach dem Dreischritt Workshop, Untersuchung und Auswertung ab. Untersuchung und Auswertung dauern zwischen zehn Tagen und vier Wochen. Angewendet wurden PRA-Ansätze z. B. von *Save the Children* im Gaza-Streifen und vom *Aga Khan Rural Support Program* in Pakistan.

Die Stärke des in der Praxis entwickelten PRA ist sein informeller, experimenteller und offener Charakter. PRA ersetzt allerdings nicht projektbegleitende Forschung und Langzeitstudien. Zukünftiger Schwerpunkt von PRA wird das Training der Entwicklungsexperten sein. Durch die Integration von PRA-Methoden in die Universitätsausbildung könnten auch Fallstudien zu Problemen des PRA-Ansatzes angeregt werden, die bisher nur in Einzelfällen erarbeitet wurden. Ebenso zentral wird die Rezeption der unkonventionell gewonnenen PRA-Ergebnisse in die sozialwissenschaftliche Theoriebildung sein (Schönhuth und Kievelitz, 1993).

eines Hochertragsweizens ist z. B. dreimal höher als der des traditionell in Indien genutzten Weizens (Shiva, 1991). Zudem ermöglicht die kürzere Wachstumsperiode der hochertragreichen Sorten Doppel- oder sogar Dreifachernten. In den meisten Gebieten ist eine weitere Ernte aber nur mit einer zumindest zeitweisen Bewässerung realisierbar, und es muß berücksichtigt werden, daß unter vergleichbaren Bedingungen die Verkürzung der Wachstumsperiode eine Verringerung des Ertragspotentials zur Folge hat (Schulze, 1982; Donald und Hamblin, 1976). Dem hohen Input durch doppelten bzw. dreifachen Ernteeinsatz und intensive Bewässerung steht also nur ein relativ geringer Nettomehrertrag gegenüber.

3.3.3.1
Wasserspezifischer Syndrommechanismus

Das syndromspezifische Beziehungsgeflecht verdeutlicht die Bedeutung des Wassers beim Grüne-Revolution-Syndrom (Abb. D 3.3-3). Die negativen Auswirkungen sind je nach Region unterschiedlich: Zum einen verstärkt die „Intensivierung der Landwirtschaft" oft das „Absinken des Grundwasserspiegels" durch Pumpenbewässerung, wodurch „Änderungen der lokalen Wasserbilanz und der Lösungsfracht" ausgelöst werden. Zum anderen kann die „Intensivierung der Landwirtschaft" durch Bewässerung über unsachgemäße Drainage und den Anstieg des Grundwasserspiegels die Bodenvernässung (water logging) und -versalzung fördern.

3.3.3.2
Wasserspezifisches Beziehungsgeflecht

VERSALZUNG

Die häufigste Ursache der Degradation von Bewässerungsland ist die Versalzung. Die Böden der semi-ariden und ariden Gebiete sind von Natur aus sehr salzreich. Eine Versalzung des Oberbodens kann hier, unabhängig von der Intensität der Bewirtschaftung oder dem Anbau bestimmter Kultursorten, bereits als Folge der Umwandlung der natürlichen Vegetation in Kulturland erfolgen (siehe Kap. D 1.3). Eine unsachgemäße Bewässerung des Bodens beschleunigt und verstärkt diesen Prozeß. Ein Grundproblem dabei ist, daß auch Süßwasser immer gelöste Salze enthält, die sich durch Verdunstungsverluste bereits während der Bewässerung konzentrieren können. Nur bei ausreichendem Niederschlag bzw. Zufuhr von Bewässerungswasser und gleichzeitig guter Drainage des Bodens ist ein Transport der gelösten Salze aus dem Oberboden (Wurzelhorizont) in tiefere Horizonte gewährleistet. Neben einer unzureichenden Bewässerung sind die häufigsten Faktoren, die zu einer Versalzung führen, zu intensive Bewässerung, eine unzureichende Drainage und die Versickerung von Wasser aus unverkleideten Bewässerungskanälen. Sie können eine Vernässung des

Bodens und einen Anstieg des lokalen oder regionalen Grundwasserspiegels verursachen. Steigt der Grundwasserspiegel auf über 1,5 m an, kann Wasser über Kapillarkräfte zur Bodenoberfläche aufsteigen und verdunsten. Die im Wasser gelösten und mobilisierten Salze bleiben zurück und reichern sich in der Wurzelzone oder an der Bodenoberfläche an (Pereira, 1974; Barrow, 1994). Beispielsweise hatten in Sukkur Barrage Command (Pakistan) 1932 15% der Landfläche einen Grundwasserspiegel von über 3,7 m Tiefe, 1964 waren es mehr als 65% (Carruthers und Clark, 1981). Mit der Versalzung ist eine Verschlämmung des Bodens verbunden, die auch mit hohem Kapitaleinsatz nicht zu beheben ist. Versalzung und Wassersättigung des Bodens schädigen zudem die Bodenflora und -fauna. Darüber hinaus beeinträchtigt der häufig hohe Salzgehalt des Bewässerungsabflusses die Wasserqualität des Vorfluters und kann zu Konflikten mit den Unterliegern des Flußsystems führen („Veränderte Frachten von partikulären und gelösten Stoffen").

Wieviel Land unter Versalzung leidet, ist nicht genau bekannt. Es wird geschätzt, daß mindestens 15 Mio. ha in Entwicklungsländern aufgrund des hohen Salzgehalts erheblich reduzierte Ernten liefern. Betroffen sind vor allem Indien, China und Pakistan. Untersuchungen der Weltbank haben ergeben, daß Bodenvernässung und Bodenversalzung die landwirtschaftlichen Erträge Ägyptens und Pakistans um rund 30% senken (Postel, 1993).

DÜNGEREINSATZ

1994 wurden weltweit jährlich über 150 Mio. t Mineraldünger (bezogen auf die Ausbringung von Nährstoffen in Form von Stickstoff, Phosphor und Kalium) verbraucht, etwa 66% davon in den Entwicklungsländern. In bezug auf „Gewässereutrophierung" und „Gesundheitsgefährdung" (Nitrat im Trinkwasser) spielt vor allem die Stickstoffdüngung eine besondere Rolle. In den Grüne-Revolution-Ländern ist der jährliche Stickstoffdüngereinsatz je ha Ackerland von durchschnittlich 4 kg N ha^{-1} 1961 auf durchschnittlich 91 kg N ha^{-1} im Jahre 1994 angestiegen. In Europa ging dagegen der durchschnittliche Stickstoffdüngerverbrauch seit Anfang der 90er Jahre von über 110 kg Stickstoff je ha und Jahr auf unter 90 kg N ha^{-1} zurück (FAOSTAT, 1997).

Zwar liegt der Stickstoffdüngerverbrauch in den meisten Ländern mit Grüner Revolution noch weit unter 100 kg N ha^{-1} (Tab. D 3.3-1). Nordkorea, Ägypten und China haben mit über 200 kg ha^{-1} aber bereits Düngungsintensitäten erreicht, die weit über denen einiger europäischer Länder liegen. Hinzu kommmt der Einsatz von Gülle und Mist sowie die biologische Stickstoffixierung. Eine „Eutrophierung" von Oberflächengewässern durch zu hohen und/oder unsachgemäßen Düngereinsatz und insbesondere durch den Eintrag von Nährstoffen mit dem Bewässerungsrückfluß ist daher zukünftig zu erwarten. Die Kontamination des Grundwassers mit Nitrat hat in den meisten Entwicklungsländern noch kein problematisches Niveau erreicht. In Brunnenwasser Haryanas (Indien) wurden allerdings schon Nitratwerte von 114–1.800 mg l^{-1} gemessen (nationaler Richtwert 45 mg l^{-1}) (WRI, 1994).

Tabelle D 3.3-1
Mittlerer jährlicher Stickstoffdüngerverbrauch in den Grüne-Revolution-Ländern im Jahr 1994.
Quelle: FAOSTAT, 1997

Land	Stickstoffdünger-verbrauch (kg N ha^{-1} Ackerland)	Land	Stickstoffdünger-verbrauch (kg N ha^{-1} Ackerland)
Ägypten	208	Saudi Arabien	52
Albanien	17	Mexiko	45
Algerien	7	Marokko	15
Bangladesch	83	Myanmar	9
Chile	48	Nordkorea	310
China	207	Pakistan	78
Guatemala	66	Sri Lanka	63
Indien	56	Surinam	59
Indonesien	54	Tunesien	9
Kolumbien	53	Philippinen	44
Laos	1	Vietnam	132

PFLANZENSCHUTZMITTELEINSATZ

Mit dem überschüssigen Bewässerungswasser gelangen nicht nur Salze und Dünger in Oberflächengewässer und ins Grundwasser, sondern auch Pestizide. Beispielsweise reichen bereits geringe Mengen des Herbizides Atrazin in Bächen, Teichen und Flüssen aus, um Ökosysteme zu schädigen. Atrazin hemmt das Wachstum von Algen und Plankton und entzieht Fischen und anderen Organismen somit ihre Nahrungsgrundlage.

GRUNDWASSERABSENKUNG

Die für die Bewässerung notwendigen Wassermengen lassen sich in vielen semi-ariden und ariden Gebieten nur durch die Nutzung von Grundwasser decken. Dies kann bei Überschreitung des Erneuerungspotentials zu einer „Grundwasserabsenkung" führen, die weit über die Bewässerungsfläche hinaus wirkt und Konfliktpotentiale zwischen den Nutzern schafft. Beispielsweise beträgt der Wasserbedarf im Trockenreisanbau in Nordchina etwa 600 mm pro Ernte. Die Transpiration aus der Pflanze beträgt 150–200 mm, d. h. der Rest von 400 mm wird aus dem Boden oder schon bei der Bewässerung verdunstet. Bei 300–400 mm Niederschlag müssen also 200–

300 mm Irrigationswasser zugegeben werden. In Indien nahm die Zahl der landwirtschaftlich genutzten Wasserpumpen innerhalb von 10 Jahren von 4,33 Mio. (1980–1981) auf 9,1 Mio. (1991–1992) zu. Eine Studie des Bezirkes Ludhiana (Indien), einem semiariden Gebiet, welches von der künstlichen Bewässerung aus Brunnen abhängig ist, verzeichnete ein Absinken des Grundwasserspiegels von Mitte bis Ende der 80er Jahre um rund 0,8 m jährlich (WRI, 1994). In Getreideanbaugebieten der nordchinesischen Ebene fällt das Grundwasser um etwa 1 m pro Jahr ab. Aus Tianjin, China wird von einer „Grundwasserabsenkung" von 4,4 m pro Jahr berichtet (Postel, 1984 und 1989). Bei der Nutzung fossiler, nicht-erneuerbarer Grundwasserreservoire erhält die beschriebene Problematik eine besondere Relevanz. Eine „Grundwasserabsenkung" in Küstennähe hat die katastrophale Folge der Intrusion von Meerwasser in den Aquifer, womit das Grundwasser als Trink- und Bewässerungswasser unbrauchbar wird (z. B. Gujarat Aquifer, Indien). Aber nicht nur die direkte Nutzung von Grund- oder Flußwasser wirkt sich negativ auf die Wasserbilanz der betroffenen Regionen aus. Die hohe Transpiration der Kulturpflanzen und die häufig hohen Verdunstungsverluste bei der Bewässerung verringern den Abfluß und die Erneuerungsrate des Grundwassers (Wilber et al., 1996).

ZUSAMMENFASSUNG

Durch den Wechsel von traditionellen zu hochertragreichen Weizensorten und die Ablösung von Hirse und Mais durch Reis steigt der Wasserbedarf stark an. Auch „Wasserverschmutzung" bzw. „Eutrophierung" durch Düngereintrag in die Oberflächengewässer werden verstärkt, mit z. T. direkten Auswirkungen auf die Gesundheit der ländlichen Bevölkerung („Zunehmende Gesundheitsschäden"). Dies resultiert daraus, daß Bewässerungswasser und Trinkwasser sich oftmals im selben Wasserkreislauf befinden. Der Eintrag in das Grundwasser spielt bei den derzeitigen Ausbringungsmengen eine untergeordnete Rolle (Wissenschaftlicher Beirat beim BMZ, 1995).

Alle drei Hydrosphärentrends verstärken die „Süßwasserverknappung", die sich dämpfend auf die „Steigerung der Nahrungsmittelproduktion" auswirkt. Zwischen Stadt und ländlichem Umland nimmt die Konkurrenz um die Ressource Wasser zu.

3.3.3.3
Wasserspezifische Handlungsempfehlungen

Die „Intensivierung der Landwirtschaft" nach dem Muster der Grünen Revolution hat mehrere negative Auswirkungen in der Hydrosphäre. Dazu zählen das „Absinken des Grundwasserspiegels", die „Eutrophierung" und die „Veränderung der lokalen Wasserbilanz". Alle drei Trends verstärken die „Süßwasserverknappung" und haben damit negative Auswirkungen auf die Bewässerung der Landwirtschaft. „Süßwasserverknappung" dämpft auf diese Weise die „Steigerung der Nahrungsmittelproduktion", mit der Folge, daß die Gefahr einer produktionsbedingten Nahrungskrise wächst (Zunahme des Trends „Armut im Sinne von Hunger"). Darüber hinaus kann die „Süßwasserverknappung" auch die „Zunahme der sozio-ökonomischen Disparitäten" verstärken. Die „Süßwasserverknappung" entsteht oft dadurch, daß vermehrt Motorpumpen eingesetzt werden, die aus Tiefbrunnen Grundwasser entnehmen, so daß es zu einer „Absenkung des Grundwasserspiegels" kommen kann. Im ungünstigsten Fall können die benachbarten Bauern das Grundwasser mit ihren traditionellen Brunnen nicht mehr erreichen. Hierdurch wird der Trend „Verarmung im Sinne von Hunger" noch weiter angetrieben. Erneut kommt es zu einer „Bedeutungszunahme nationaler wirtschaftpolitischer Strategien", um die Landwirtschaft nach dem Muster der Günen Revolution zu intensivieren. Hiermit schließt sich eine positive Rückkopplungsschleife, die einen wesentlichen Aspekt der Syndromdynamik darstellt (siehe blaues Subgeflecht in Abb. D 3.3-3).

Die „Süßwasserverknappung" hat, wie gezeigt wurde, eine Schlüsselfunktion in der Syndromdynamik. Dies bedeutet, daß sich für zukünftige Agrarentwicklungsstrategien überproportionale Nachhaltigkeitseffekte ergeben, wenn die Wasseraspekte schon in der Konzeption ernst genommen werden. Dabei sollten auch ihre Sozialverträglichkeit und kulturspezifische Faktoren berücksichtigt werden.

WASSERBEZOGENE EMPFEHLUNGEN

Effizienz
- Die im Verlauf der Wasserdekade durch den Collaborative Council for Water Supply and Sanitation angefangene Koordinierung zwischen Geberländern, NRO und den Entwicklungsländern muß fortgesetzt und intensiviert werden.
- Wie dringend internationales Handeln notwendig ist, veranschaulicht die Tatsache, daß etwa 60% des entnommenen Irrigationswassers nicht bei der Pflanze ankommt (FAO, 1996a). Viele Bewässerungssysteme befinden sich in einem schlechten Zustand. Weltweit müssen fast 150 Mio. ha, nahezu zwei Drittel der gesamten bewässerten Fläche, saniert werden (Postel, 1993). Nach Ansicht des WBGU kommt es jetzt auf die Verbesserung der bestehenden Bewässerungssysteme an, statt neue zu schaffen.

- Unzureichende Drainage, zu intensive Bewässerung, mangelhafte Wartung und Abdichtung der Wasserleitungssysteme sind in der Bewässerungslandwirtschaft die häufigsten vom Menschen gemachten Ursachen für die Vernässung und Versalzung der Böden. Auch hier stellen die Verbesserung und Sanierung der bestehenden Bewässerungssysteme sowie eine umfassende Ausbildung der Landwirte die dringlichsten Aufgaben dar, die es in der Entwicklungszusammenarbeit zu unterstützen gilt.
- Die Einführung von Wasserpreisen zur Förderung seiner effizienten Nutzung ist grundsätzlich wünschenswert, wenn bei fehlenden Beschäftigungsalternativen gleichzeitig die kleinbäuerliche Existenz gesichert wird. Daher muß die Einrichtung von Wassermärkten stets von einer Grundbedarfssicherung begleitet werden.
- Wenn der Preis für das Oberflächenwasser zu hoch wird, werden die Grundwasservorräte automatisch mehr beansprucht. Daher ist ein koordiniertes Oberflächen- und Grundwassermanagement notwendig.
- Ohne Investitionen in Wasserinfrastruktur kann es keine nachhaltige Ernährungssicherungspolitik geben. Wasserbauliche Maßnahmen und Wassermanagementsysteme müssen Teil jedes Regionalentwicklungsprogrammes sein. Unter dem Gesichtspunkt der Nachhaltigkeit ist nach Ansicht des WBGU kleinräumigen Wasserentwicklungsprogrammen der Vorzug zu geben, da lokal angepaßte Technologien erfahrungsgemäß am ehesten aus eigener Kraft und damit langfristig unterhalten werden können. Im Hinblick auf Nutzungskonflikte sollen dabei jedoch großräumige Aspekte nicht vernachlässigt werden.

Ökologische Verträglichkeit
- Der Beirat begrüßt das 1995 beschlossene Aktionsprogramm des CGIAR, insbesondere die Definition der fünf Schwerpunktbereiche Produktivitätssteigerung, Ressourcenschutz, Biodiversitätserhaltung, Sozioökonomie und Politikberatung sowie die Stärkung von nationalen Agrarforschungssystemen. Insbesondere im Bereich Ressourcenschutz und Sozioökonomie könnte das Wasserthema querschnittsorientiert angegangen werden. Hier ist die weitere Unterstützung der beiden weltweit führenden Institute zur Erforschung wassersparender Technologien für die Landwirtschaft, des International Rice Research Institute (IRRI) auf den Philippinen und des International Irrigation Management Institute (IIMI) in Sri Lanka (beides CGIAR-Unterorganisationen) sehr wichtig. Zur Abdeckung sozio-ökonomischer Fragen sollte auch das International Food Policy Research Institute (IFPRI) in den USA in diese Arbeiten einbezogen werden.
- Die Selektion heimischer Sorten, Agroforestry und Multicropping-Systeme müssen zukünftig in der ländlichen Entwicklung im Vordergrund stehen. Der vergleichsweise geringe Flächenbedarf dieser Agrarsysteme sowie ihre hohe Produktvielfalt (Kohlenhydrate, Proteine, Futter, Feuerholz usw.) tragen wesentlich zur Subsistenzsicherung bei. Hierzu empfiehlt der Beirat die Unterstützung der beiden CGIAR-Institute International Crop Research Institute for the Semi-Arid Tropics (ICRISAT) in Indien sowie des International Institute of Tropical Agriculture (IITA) in Nigeria.
- Der energetische Aufwand zur tierischen Eiweißproduktion ist wesentlich höher als zur pflanzlichen Produktion. Dies bedeutet, daß aufgrund der begrenzten Ressourcen eine gesicherte Proteinversorgung der Bevölkerung vielfach nur durch die Förderung eiweißreicher Leguminosen (außer Soja) erreicht werden kann.

Soziale Verträglichkeit
- Viele Regierungen subventionieren Irrigationswasser als Teil ihrer Ernährungssicherungspolitik. Eine solche Politik kann darauf ausgerichtet sein, von Nahrungsmittelimporten weitgehend unabhängig zu sein, oder darauf, die Ernährung ärmerer Bevölkerungsschichten durch eine generelle Verbilligung von Nahrungsmitteln oder die Ermöglichung des Nahrungsmittelanbaus sicherzustellen. Bei unsicherer Verfügbarkeit über Devisen wären viele der Länder möglicherweise nicht in der Lage, Nahrungsgetreidedefizite über Importe auszugleichen. Darüber hinaus wäre ein vollständiger Subventionsabbau für Irrigationswasser für viele Kleinbauern, die vor allem Nahrungsfrüchte erzeugen, existenzgefährdend. Die generelle Subventionierung von Irrigationswasser führt aber dazu, daß Anreize zum sparsamen Einsatz von Wasser reduziert werden. Zudem kommen die Wassersubventionierungen allen Nachfragern unabhängig von ihrer Einkommenssituation und den nachgefragten Produkten zugute. Zur Sicherung der Nahrungsmittelversorgung sollten deshalb Umverteilungsmaßnahmen zugunsten der ärmeren Bevölkerungsteile durchgeführt oder Verbilligungen von Grundnahrungsmitteln realisiert werden. Um kleinbäuerliche Existenzen zu erhalten, für die keine Beschäftigungsalternativen bestehen, sollte zielgruppenorientiertes Wassergeld eingeführt werden. Von zentraler Bedeutung ist dabei die Identifizierung der besonders krisenanfälligen Bevölkerungsteile.
- Auf die Bedeutung sicherer Landbesitztitel und klar definierter Wasserrechte für eine effiziente

Ressourcennutzung haben bereits die Weltbank (Weltbank, 1992) und das International Food Policy Research Institute (Rosegrant, 1995) hingewiesen. Sie fördern die Langfristorientierung bei der Bodenbewirtschaftung und der Wassernutzung und sind eine wichtige Basis für den Zugang zu formal-rechtlichen Agrarkrediten. Die Stärkung der Rechtssicherheit von Landbewirtschaftern (vor allem Pächter und Kleinbauern) ist ein Beitrag zum Ressourcenschutz und ein geeignetes Mittel, um das im Internationalen Pakt über die wirtschaftlichen, sozialen und kulturellen Rechte bestimmte Menschenrecht auf Nahrung und Wasser besser zu verwirklichen. Deshalb begrüßt der Beirat eine weitere Konkretisierung dieser Wasserrechte und den Aufbau von Institutionen zu ihrer Durchsetzung sehr (siehe Kasten D 3.3-3).

Forschung
- Der Sockelbedarf an Irrigationswasser zur Sicherung der Nahrungssubsistenz muß länder- und regionenspezifisch ermittelt werden.

DIE NEUE GRÜNE REVOLUTION: BEWERTUNG AUF DER BASIS DER SYNDROMANALYSE

Der im Rahmen des Welternährungsgipfels von der FAO vorgestellte Ansatz einer Neuen Grünen Revolution ist eine Agrarentwicklungsstrategie, die gezielt die Fehler der „alten" Grünen Revolution vermeiden will (FAO, 1996a). Dabei stehen die Verminderung des Einsatzes betriebsfremder Produktionsmittel, die Partizipation der Zielgruppen und die Schaffung günstiger Rahmenbedingungen zur Sicherung der Breitenwirksamkeit (Eigentumsrechte zur Schaffung von Planungssicherheit und Gewährleistung einer effizienten Ressourcennutzung, Einkommensverteilung usw.) im Vordergrund. Zusätzlich soll mehr Gewicht auf die Vermeidung von Nachernteverlusten gelegt werden. Als Zielvorgaben werden angesprochen:
- die Wiederbelebung der nationalen Agrarberatungs- und Forschungsinstitutionen,
- die ökologische Ausrichtung von Agrarforschung und Agrarberatung, insbesondere die Förderung von Low-input-Systemen und die Förderung von Biodiversität in der Agrarwirtschaft,
- die Kooperation mit der internationalen Agrarforschung im Rahmen des CGIAR-Systems und eine klare Fokussierung auf Armutsbekämpfung,
- die Öffnung der nationalen Märkte,
- die Sicherstellung einer hohen Priorität für Ernährungssicherungspolitik.

Die Biotechnologie wird von der FAO zwar als eine wichtige Option für die Zukunft angesehen, doch von ihr allein werden nicht die nötigen Produktionssteigerungen erwartet (FAO, 1996a). Diese zurückhaltende Bewertung wird vom Beirat geteilt.

Dennoch ist festzustellen, daß die Gentechnologie in folgenden Bereichen der Pflanzenproduktion große Fortschritte erzielt hat:
- Produktqualität, hierzu gehören u. a. Qualitätsänderungen von Fetten und Ölen (z. B. Raps), Änderungen der Aminosäurenzusammensetzung (z. B. Methioningehalt bei Mais und Soja), Vitamingehalt sowie Änderungen des Stärkegehalts und der Stärkezusammensetzung (z. B. Kartoffel),
- Haltbarkeit (z. B. Ethylstoffwechsel bei Tomate, Flavr Savr-Tomate),
- Toleranz gegenüber Herbiziden (z. B. Toleranz von Soja und Mais gegenüber dem Totalherbizid BASTA),
- Virusresistenz (z. B. Tabak, Kartoffel und Reis),
- Resistenz gegenüber Bakterien oder Pilzen (z. B. Tabak, Kartoffel),
- Insektenresistenz (z. B. gegen *Bazillus thuringiensis*),
- männlich-sterile Pflanzen (z. B. Tabak, Raps).

Nicht erfüllt haben sich hingegen die Erwartungen bezüglich
- Ertragssteigerungen,
- höherer Wassernutzungseffizienz oder höherer Trockenresistenz,
- Salzresistenz.

Zukünftige Produktionssteigerungen werden vor allem durch verbesserte Agrarsysteme zu erreichen sein. Die Sicherung der Subsistenzbasis der meist kleinbäuerlichen Produzenten erfordert Anbausysteme mit einer hohen Produktvielfalt, die eine ausgewogene Ernährung sowie den Bedarf an Feuerholz und Tierfutter abdecken.

Das Potential der molekularen Biotechnologie für eine Neue Grüne Revolution ist sehr begrenzt, weil mittels der Gentechnolgie bislang nur in den „Sekundärstoffwechsel" der Pflanzen erfolgreich eingegriffen werden kann. Mit Hilfe gentechnischer Verfahren werden bis jetzt vor allem einzelne Gene und damit monogenetische Eigenschaften der Pflanzen verändert, die unmittelbare Auswirkungen z. B. auf die Resistenz der Pflanze haben können. Der Ernteertrag einer Pflanze ist jedoch ein Produkt aus zahlreichen Umweltfaktoren (Temperatur, Licht, Nährstoff- und Wasserversorgung, Konkurrenz, Fraß, Parasiten, Krankheiten usw.) sowie genetischen, physiologischen und morphologischen Eigenschaften der Pflanzen (Photosynthese, Blattfläche, Wachstumsrate und -dauer, Ernteindex usw.). Viele dieser Faktoren sind miteinander und in Abhängigkeit voneinander positiv oder negativ korreliert (Donald und Hamblin, 1976; Schulze, 1982). Bislang wurden Ertragssteigerungen vorwiegend durch Erhöhung des Ernteindex, morphologische Veränderungen, die

KASTEN D 3.3-3

Völkerrechtliche Aspekte der Ernährungssicherheit

DAS VÖLKERRECHTLICHE RECHT AUF NAHRUNG UND WASSER

Das Recht auf Nahrung und – darin eingeschlossen – das Recht auf Wasser sind Teile der *sozialen Menschenrechte*. Schon die 1948 von der UN-Vollversammlung beschlossene Allgemeine Erklärung der Menschenrechte bestimmt in Artikel 25:

„Jedermann hat das Recht auf einen für die Gesundheit und das Wohlergehen von sich und seiner Familie angemessenen Lebensstandard, einschließlich ausreichender Ernährung ...".

Da jedoch Erklärungen auch der Vollversammlung die UN-Mitglieder nicht unmittelbar verpflichten können, bemühten sich deren Unterausschüsse seit den 50er Jahren um eine bindende Festschreibung der Menschenrechte in völkerrechtlichen Verträgen. 1966 wurden 2 Internationale Menschenrechtspakte zur Zeichnung aufgelegt, von denen der eine die sogenannten *bürgerlichen und politischen Menschenrechte* und der andere die *wirtschaftlichen, sozialen und kulturellen Menschenrechte* umfaßt. Beide Verträge traten 1976 in Kraft und binden inzwischen die meisten Staaten.

Wie die Allgemeine Erklärung der Menschenrechte, so enthält auch der Pakt über die wirtschaftlichen, sozialen und kulturellen Rechte (Sozialpakt) das Menschenrecht auf Nahrung. So bestimmt Artikel 11:

„Die Vertragsstaaten erkennen das Recht eines jeden auf einen angemessenen Lebensstandard für sich und seine Familie an, einschließlich ausreichender Ernährung [...]".

Analog zur Allgemeinen Erklärung der Menschenrechte ist das Wasser hier mit eingeschlossen: Jeder Mensch hat demnach ein Recht auf eine angemessene Menge von nutzbarem Wasser, das einen angemessenen Lebensstandard garantiert: Dies schließt sowohl Trinkwasser als auch ausreichend Irrigationswasser zur Sicherung der Nahrungssubsistenz mit ein.

Das Recht auf Nahrung und auf Wasser ist nicht in erster Linie ein Abwehrrecht gegenüber dem Staat, sondern eine Leistungspflicht des Staates gegenüber seinen Bürgern. Allerdings gibt es auch hier, wie vielfach im Menschenrechtsregime, Abgrenzungsprobleme: So schließt das Menschenrecht auf Nahrung und Wasser ein, daß der Bürger auch ein Abwehrrecht gegenüber der Vorenthaltung von Nahrung und Wasser hat. Dies beträfe etwa innerstaatliche bewaffnete Konflikte, in denen die Ernährungssicherheit der Zivilbevölkerung von allen Konfliktparteien zu gewährleisten ist, oder das internationale Verbot von Nahrungsmittelembargos, das erst jüngst im Globalen Aktionsplan der UN-Welternährungskonferenz proklamiert wurde.

KONKRETISIERUNG DES MENSCHENRECHTS AUF NAHRUNG UND WASSER

Das vertraglich garantierte Menschenrecht auf Nahrung und Wasser bedeutet somit, daß in allen Regionen, in denen dieses Menschenrecht verletzt wird, weil Wasser mengenmäßig und qualitativ unzureichend vorhanden oder die Zugangsrechte der Bevölkerung zu Wasser beschränkt sind, Abhilfe geschaffen werden muß. Dies ist zunächst eine Leistungspflicht der Staaten für ihren eigenen Hoheitsbereich: Sie sollen – so Art. 11 Abs. 1 des Sozialpakts – angemessene Schritte (appropriate steps) ergreifen, um dem Menschenrecht auf Wasser bzw. Nahrung Geltung zu verschaffen.

Allerdings ist auch die Pflicht der Staaten zur internationalen Zusammenarbeit ein Bestandteil des Menschenrechts auf Nahrung und Wasser; so bekräftigt der Sozialpakt ausdrücklich die „entscheidende Bedeutung einer internationalen, auf freier Zustimmung beruhenden Zusammenarbeit".

Die grundsätzlichen Leistungspflichten der Staaten werden im zweiten Absatz von Artikel 11 näher bestimmt: Demnach sollen die Staaten, sowohl für sich selbst als auch durch eine verbesserte internationale Zusammenarbeit, die Methoden der Erzeugung, Haltbarmachung und Verteilung von Nahrung (einschließlich Wasser) verbessern und dabei das technische und wissenschaftliche Wissen voll ausnutzen.

Gerade hier jedoch sieht der Beirat noch erheblichen Handlungsbedarf: Der Auftrag des 1976 in Kraft getretenen Internationalen Sozialpakts, das Menschenrecht auf Wasser und Nahrung mit angemessenen Schritten umzusetzen, ist bislang nicht ausreichend erfüllt worden und erfordert verstärkte Anstrengungen (siehe Kap. D 5.5). Der Internationale Pakt über die wirtschaftlichen, sozialen und kulturellen Menschenrechte verpflichtet seine Parteien nicht nur allgemein zur Bereitstellung von Nahrung und Wasser, sondern nennt als eine notwendige Maßnahme „die Entwicklung oder Reform landwirtschaftlicher Systeme mit dem Ziel einer möglichst wirksamen Erschließung und Nutzung der natürlichen Hilfsquellen."

Um die Umsetzung des Menschenrechts auf Nahrung und auf Wasser zu verbessern, ist es nach Auffassung des Beirats zwingend, daß effiziente Wassernutzungstechniken und wassersparende Feldfrüchte und Agrarproduktionssysteme gefördert werden (siehe Kap. D 3.3.3.3). Eine wichtige Erfolgsbedingung dabei ist die Einbeziehung kleinbäuerlicher Produzenten.

DER FOLGEPROZESS DES UN-WELTERNÄHRUNGSGIPFELS

Die im Globalen Aktionsplan des UN-Welternährungsgipfels (1996) angesprochenen Food Security Swaps sind ein vielversprechendes Instrument zur Förderung effizienter Ressourcennutzungssysteme, wie sie der Internationale Pakt über die wirtschaftlichen, sozialen und kulturellen Menschenrechte fordert. Hierbei sollen Schuldentitel von Entwicklungsländern aufgekauft und diesen Ländern ihre Schulden erlassen werden, wenn sie eine entsprechende Summe in nationaler Währung zur Umsetzung einer aktiven Ernährungssicherungspolitik einsetzen. Der Beirat begrüßt dieses Instrument zur Förderung der Ernährungssicherheit. Eine wichtige Erfolgsbedingung ist dabei die transparente Gestaltung dieses Instruments, einschließlich der Mitbestimmungsmöglichkeiten der Regierungen der betroffenen Länder und der beteiligten Nichtregierungsorganisationen. Im Rahmen eines solchen Instrumentes sollten die Wasseraspekte bei der Prüfung der Umweltverträglichkeit eine zentrale Rolle spielen (siehe Kap. D 3.3.3.3).

Im Folgeprozeß des UN-Welternährungsgipfels kommt es auf eine Verbindlichmachung des von der Staatengemeinschaft in Rom unterzeichneten Globalen Aktionsplans an. Dabei muß ein besonderer Schwerpunkt auf der Erarbeitung eines international *verbindlichen Verhaltenskodex* (code of conduct) gelegt werden. Ein solcher Verhaltenskodex sollte nach Ansicht des WBGU u. a. das Verbot von Food Dumping, die gezielte Förderung standortgerechter und wassereffizienter Produktionssysteme, die Unterstützung der Selbsthilfepotentiale bäuerlicher Organisationen sowie die Stärkung der Zugangsrechte kleinbäuerlicher Produzenten zu produktiven Ressourcen umfassen.

---

eine bessere Lichtausnutzung und dichtere Bestände erlaubten, sowie durch höhere Inputs (Düngung, Bewässerung) und neue Bewirtschaftungsmethoden erzielt (Donald und Hamblin, 1976; Schulze, 1982). Da das Potential des Ernteindex nahezu ausgereizt ist (heute können Werte von über 50% erreicht werden), sind Ertragssteigerungen nur noch durch eine Erhöhung der Gesamtbiomasse zu erwarten (Hay, 1995; Donald und Hamblin, 1976). Auch einer Erhöhung der Wassernutzungseffizienz von Kulturpflanzen sind enge Grenzen gesetzt. Zum einen sind höhere Erträge zwingend an einen höheren Wasserverbrauch gekoppelt (siehe Kap. D 1.3.4), zum anderen wird die Wassernutzungseffizienz im wesentlichen durch zwei, nicht gentechnisch zu manipulierende Faktoren bestimmt: dem Wasserdampfdruckdefizit der Luft und dem primären Carboxylierungsenzym der Photosynthese (Fischer und Turner, 1978), welches einer Co-Regulation aller Enzyme des primären Stoffwechsels unterliegt (Stitt, 1994). Die bisher erzielte Trockenresistenz von Kultursorten ist vor allem das Ergebnis einer frühzeitigeren Blütenbildung (Fischer und Turner, 1978). Es wird geschätzt, daß mittels klassischer Kreuzungszüchtung nur eine geringfügige Verbesserung der Wassernutzung zu erreichen ist (Farquhar et al., 1988).

Die Gentechnologie stellt, trotz ihrer unbestreitbaren Erfolge, noch kein Instrument zur Minderung oder gar Beseitigung des ökologischen und soziökonomischen Gefahrenpotentials von Monokulturen, energie- und kostenintensiven Agrarsystemen oder wirtschaftlichen Abhängigkeiten dar. Im Gegenteil, einige der bereits bei der „alten" Grünen Revolution beobachteten naturräumlichen und soziökonomischen Implikationen könnten sich verstärken. Die gentechnisch erzeugte Resistenz von Nutzpflanzen gegenüber Totalherbiziden (z. B. BASTA) führt dazu, daß nach Herbizidgaben unspezifisch alle Pflanzen absterben und lediglich die Nutzpflanze überlebt. Dies wird zwar Ernteverluste verringern, verleitet aber auch zu einem ungehemmten Gebrauch von Herbiziden mit allen seinen Folgen. Gentechnisch erzeugte Resistenzen gegen Insekten (z. B. Gene des *Bazillus thuringiensis*) oder Pathogene werden zunächst den Verbrauch von Pflanzenschutzmitteln reduzieren helfen. Beim Anbau der resistenten Sorten in Monokultur besteht allerdings, ähnlich wie beim bislang praktizierten, hohen Einsatz von Pflanzenschutzmitteln (Kap. D 3.3.2), die Gefahr der Resistenzbildung auch bei Schädlingen. Dies würde bedeuten, daß die gentechnisch induzierte Resistenz der Nutzpflanze ihre Wirkung verliert und die Landwirte wieder auf neue Sorten mit neuen Resistenzgenen angewiesen sind. Genetische Uniformität und Generosion aufgrund von Monokulturen und Vernachlässigung des Anbaus und der Züchtung lokaler Sorten drohen in gleicher Art und Weise wie bei der „alten" Grünen Revolution.

Die Nutzung gentechnisch veränderten Saatguts wird die Abhängigkeit der meist kleinbäuerlichen Landnutzer von betriebsfremden Produktionsmitteln möglicherweise in bisher unbekannter Weise verstärken und die von der alten Grünen Revolution bekannten Nachteile weit übertreffen. Indem die einzelnen Sorten für den Einsatz ganz spezifischer Pflanzenschutzmittel zugeschnitten sind, werden Saatgut und Agrochemie „im Paket" angeboten. Ohne ausreichende Informationen der Nachfrager über mögliche Konsequenzen des gekoppelten Bezugs von Saatgut und Agrochemie besteht die Gefahr, daß eine große Zahl von Agrarproduzenten unfreiwillig in die Abhängigkeit einzelner Hersteller geraten, die monopolistisch über die jeweiligen Patentrechte und Preisgestaltungsmöglichkeiten verfügen. Die Anwendung gentechnisch manipulierten Saatguts würde auf diese Weise die Krisenanfälligkeit der Agrarsysteme erheblich erhöhen. Produktionsausfälle einer derart hochspezialisierten Agrochemie hätten weitreichende Konsequenzen.

Da die gentechnisch herbeigeführte Resistenz der Kulturpflanzen nur jeweils gegenüber einzelnen Schädlingen oder Herbiziden besteht (Snow und Palma, 1997), müssen bei Mehrfachbefall der Nutzpflanzen nach wie vor verschiedene Pflanzenschutzmittel ausgebracht werden, so daß die ökologischen und finanziellen Vorteile durch den „eingebauten" Pflanzenschutz eng begrenzt sind. Trotz dieser Bedenken müssen die Potentiale der Gentechnologie für eine nachhaltige Landwirtschaft sorgfältig geprüft und, wo sinnvoll, auch zum Einsatz gebracht werden.

Folgende drei Elemente aus dem Konzept der Neuen Grünen Revolution, die die Gefahr einer zukünftigen syndromaren Entwicklung deutlich verringern, sind nach der obigen Syndromanalyse besonders hervorzuheben:
1. Der Einsatz von kulturell und sozio-ökonomisch angepaßten Technologien, insbesondere im Bewässerungsbereich.
2. Die Schaffung von Agrarsystemen mit mehr Sorten- und Artenvielfalt (Agroforestry, Multiple Cropping Systems).
3. Die Nutzung von Low-input-Systemen sowie eigener Produktionspotentiale.

IM EINZELNEN EMPFIEHLT DER BEIRAT:
- Die Erforschung der Chancen und Risiken der Biotechnologie in der Agrarwirtschaft verdient weitere Unterstützung. Allerdings müssen parallel Kontrollmechanismen und Regelungen entwickelt werden, um den Biosafety-Anforderungen, z. B. durch die deutsche Unterstützung des Biosafety-Protokolls der Biodiversitätskonvention (WBGU, 1996a), gerecht zu werden. Dabei dürfen insbesondere die Fehler, die bei der Grünen Revolution gemacht worden sind, nicht wiederholt werden.
- Das Ernährungsproblem läßt sich nicht allein auf den Mangel an Nahrung reduzieren. Vielmehr sind Armut und Verelendung vieler Menschen wesentliche Triebkräfte von chronischer Unterernährung und Hunger. Daher müssen Produktionssteigerung und ländliche Entwicklung Hand in Hand gehen. Der Beirat empiehlt neben der reinen landwirtschaftlichen Produktionsförderung auch die Entwicklung des Kleingewerbes, des Handwerks und des Marktwesens zur Revitalisierung des ländlichen Raums.
- Bei der Neuen Grünen Revolution sollten nach Ansicht des WBGU auch Agroforestry und Multicropping Systems eine bedeutsame Rolle spielen, da der Flächenbedarf von letzteren im Vergleich zu Monokulturen bei gleichem Ertrag geringer ist. Zudem sollte auch auf die Förderung eiweißreicher Leguminosen geachtet werden.

Bewirtschaftungsmethoden wie Agroforestry und Multiple Cropping werden sich nicht ohne „Starthilfe" großräumig etablieren können. Solche Innovationen erfordern geeignete Institutionen und zielgruppenspezifische Fördermechanismen. Vom privaten Sektor allein kann dies nicht erwartet werden. Die einzelnen Länder müssen sich daher in der ländlichen Entwicklung engagieren und Hilfe bei der Umstellung der Landwirtschaft leisten.
- Für die Neue Grüne Revolution sollte ein institutioneller Rahmen für Private und Organisationen bestehen, durch dessen Regeln – bei Sicherung des Mindestbedarfs – Kostenexternalisierungen und Fehlallokationen aufgrund subventionierter Preise eingeschränkt werden.
- Die Neue Grüne Revolution sollte nicht großräumig geplant und nur wo nötig staatlich umgesetzt werden. Wegen des begrenzten Wissens um die bestmögliche Umsetzung der angestrebten Ziele und der möglichen negativen Folgewirkungen auch der Neuen Grünen Revolution, sollte Spielraum für eine zwischen- und innerstaatliche Vielfalt der Rahmenbedingungen gelassen werden, so daß unterschiedliche Erfahrungen gewonnen und nutzbar gemacht werden können.
- Zur Vermeidung der angeführten Negativeffekte sollte die Neue Grüne Revolution im Rahmen eines Frühwarnsystems kontinuierlich überwacht werden. Ein solches Monitoringsystem müßte neben den vorhandenen Verwundbarkeitsrisiken

und Resilienzpotentialen auch unerwartete Entwicklungen berücksichtigen.

3.4
Das Aralsee-Syndrom: Umweltdegradation durch großräumige Naturraumgestaltung

Großtechnische wasserbauliche Projekte – Wasser für die Landwirtschaft – Energiegewinnung durch Wasserkraft – Flußregulierung – Staudämme – Soziale und ökologische Folgen – Syndromkopplungen – Fallstudie „Aralsee" – Fallstudie „Drei-Schluchten-Projekt" – Indikator für Syndromintensität – Bewertungskriterien für Großprojekte – Integriertes Management von Wassereinzugsgebieten

3.4.1
Begriffsbild

Gezielte Eingriffe in den Wasserhaushalt wurden und werden vom Menschen zur Energiegewinnung, Nahrungsmittelerzeugung, Hochwassersicherung und Wasserspeicherung vorgenommen. Beispiele hierfür sind Entwässerungsmaßnahmen sowie Deich-, Damm- und Kanalbauten zur Lenkung und Bereitstellung von Wasser. Schon vor 2.500 Jahren wurden in China wasserwirtschaftliche Bauwerke wie der Tu-Kiang-Damm und der Kaiserkanal errichtet, die große Bedeutung für die Bewässerungslandwirtschaft und als Verkehrsweg hatten. In Mitteleuropa sind im 16. und 17. Jahrhundert großflächige Trockenlegungen und – vor allem in den Niederlanden – große Deichbaumaßnahmen mit dem Ziel des Hochwasserschutzes und der Neulandkultivierung durchgeführt worden.

In diesem Jahrhundert veränderten großskalige Bewässerungsprojekte und vor allem die großen, meist multifunktionalen Dammbauten den Wasserhaushalt in großem Maßstab. Die Anzahl der Staudämme mit einer Dammhöhe über 15 m stieg seit 1950 auf ca. 40.000 an; täglich wird ein neuer Damm in Betrieb genommen (ICOLD, mündliche Mitteilung, 1997). Die Fläche der Stauseen beträgt weltweit ca. 400.000 km², das ist mehr als die Fläche Deutschlands. Dämme beeinflussen das Abflußregime von Landflächen in erheblichem Maße: 77% des Abflusses in Nordamerika, Europa und der ehemaligen UdSSR werden durch Dammbauten oder andere große Wasserbaumaßnahmen verändert (Dynesius und Nilsson, 1994). Das Ausmaß des Eingriffs in den Naturhaushalt wird deutlich, wenn man feststellt, daß der Inhalt der Stauseen weltweit (10.000 km³) etwa dem fünffachen Volumen aller Flüsse der Welt entspricht. Der kumulative Einfluß der Stauseen durch Umverteilung von Massen trägt inzwischen sogar meßbar zu geodynamischen Veränderungen von Erdrotation und Poldrift bei (Chao, 1995).

Zunächst wurden große Dämme hauptsächlich in den Industrienationen, heute vor allem in den Entwicklungsländern gebaut. Alle großen wasserbaulichen Projekte sind unweigerlich mit starken Eingriffen in das gesellschaftliche und ökologische Gefüge einer Region verbunden, so daß sich neben den gewünschten Effekten eine Reihe von unerwünschten Folgewirkungen einstellen, die – wenn sie in den Kosten-Nutzen-Rechnungen berücksichtigt werden – den Nutzen erheblich herabsetzen können (McCully, 1996).

Das Aralsee-Syndrom beschreibt die Problematik von zentral geplanten, großtechnischen Wasserbauprojekten. Solche Projekte sind ambivalent: Einerseits stellen sie gewünschte zusätzliche Ressourcen bereit (Wasser für Ernährungssicherheit, erneuerbare Energie) oder schützen vorhandene Ressourcen (Hochwasserschutz), andererseits beeinflussen sie Umwelt und Gesellschaft nachteilig.

Der Dimension der Projekte entsprechend, sind die Auswirkungen solcher Baumaßnahmen in der Regel nicht lokal oder regional begrenzt, sondern können auch internationale Ausmaße annehmen, allein schon weil die betroffenen Flußsysteme und deren Einzugsgebiete sehr groß und oft auch grenzüberschreitend sind.

Die Hoffnung bei der Planung ist, mit einem großen Projekt mehrere Entwicklungsprobleme gleichzeitig zu lösen: die gestiegene Nachfrage nach erneuerbarer, klimaneutraler Energie, nach Produktionssteigerungen in der Landwirtschaft durch Ausweitung der bewässerten Flächen sowie schließlich der Schutz von Menschen und Sachwerten vor Hochwasser.

Die negativen Konsequenzen solcher Projekte umfassen nicht nur den unmittelbaren Eingriff in den Wasser- und Sedimenthaushalt des Einzugsgebiets und die daraus folgenden Auswirkungen auf die daran gekoppelten natürlichen Systeme. Zu berücksichtigen sind auch die sozialen Konsequenzen, die von der Umsiedlung der lokalen Bevölkerung über die Verstärkung ökonomischer Disparitäten bis hin zu innerstaatlichen und internationalen Konflikten reichen können (McCully, 1996; Pearce, 1992; Goldsmith und Hildyard, 1984).

Die meist unzureichende Berücksichtigung der sozialen und ökologischen Auswirkungen folgt aus der oft technisch orientierten Sichtweise und der mangelnden Fähigkeit der Planer, die Wechselwirkungen des jeweiligen Projekts einzuschätzen und zu beherrschen. Hinzu kommen die häufig einseitigen Interessen der Entscheidungsträger angesichts des vorherrschenden technikzentrierten Entwicklungsparadigmas.

Die Vielzahl der positiven und negativen Folgen eines Großprojekts führt zu mehreren möglichen Kopplungen zu anderen Syndromen des Globalen Wandels (siehe Kap. D 2; WBGU, 1996b). Die Bereitstellung von Wasser für eine ausgedehnte, intensive Landwirtschaft stellt die wichtigste Schnittstelle dar: vor allem zum Grüne-Revolution-Syndrom (siehe Kap. D 3.3) und zum Dust-Bowl-Syndrom gibt es starke Wechselwirkungen. Zum Beispiel kann die Errichtung eines Staudamms zusätzlich zu den notwendigen Umsiedlungsmaßnahmen auch zu einer Änderung der Landnutzungsrechte beitragen, die meist zu Lasten ohnehin marginalisierter Bevölkerungsgruppen geht (Sahel-Syndrom). Durch die Bereitstellung von Ressourcen werden Industrialisierungsprozesse gefördert, die selbst schwerwiegende Folgen für die Umwelt besitzen können (Kleine-Tiger-Syndrom) oder die Sogwirkungen für eine Urbanisierung induzieren (Favela-Syndrom).

Das gleichzeitige Auftreten positiver und negativer Folgen wasserbaulicher Großprojekte und der individuelle Charakter dieser Folgen, erfordert eine sorgfältige Kosten-Nutzen-Analyse für jedes einzelne Vorhaben. Dabei sind alle Folgewirkungen ökonomischer, ökologischer und sozialer Art unter Berücksichtigung der jeweiligen Wissensdefizite miteinzubeziehen, was an dieser Stelle nicht geleistet werden kann.

Dennoch können Empfehlungen gegeben werden, die als Grundlage für die Bewertung von solchen Projekten dienen können (siehe Kap. D 3.4.5). Der Ansatz fußt auf dem Syndromansatz des Beirats (WBGU, 1996b), der die Definition eines Handlungsrahmens und die darauffolgende Evaluation auf der Basis des *Leitplankenkonzepts* erlaubt. Dieses Konzept geht von der Formulierbarkeit von Grenzzonen zwischen unerwünschten oder gefährlichen Bereichen einer Nicht-Nachhaltigkeit und einem akzeptablen Handlungsraum aus.

Weil die unmittelbaren Auswirkungen auf die Hydrosphäre immer im Zentrum dieses Syndroms stehen und dies auch den Ausgangspunkt für die weiterreichenden mittelbaren Auswirkungen darstellt, wird auf eine getrennte Darstellung wasserspezifischer Aspekte verzichtet.

3.4.2
Wasserspezifischer Syndrommechanismus

Im Rahmen des Aralsee-Syndroms werden jene Umweltdegradationen erfaßt und analysiert, die durch eine großräumige Umgestaltung der Landschaft als unerwünschte Nebeneffekte von technischen Großprojekten (Staudammbau, Bewässerungsprojekte, Flußausbau usw.) entstehen können. Neben den unmittelbaren Beeinträchtigungen der Natur können indirekte Wirkungen auftreten, die für den Globalen Wandel relevant sein können. Die sozialen Folgen (Zwangsumsiedlung, Gesundheitsschäden, internationale Konflikte usw.) können ihrerseits mittelbare Umweltschädigungen nach sich ziehen. Um die komplex verflochtene Gesamtheit der für den Globalen Wandel relevanten Mechanismen dieses Syndroms zu beschreiben und zu analysieren, wird im folgenden das syndromspezifische Beziehungsgeflecht (Abb. D 3.4-1) entwickelt. Dabei können die erwähnten Sekundärfolgen auch durch Kopplungen zu anderen Syndromen zu Tage treten, wie sie in Abb. D 3.4-1 durch die „Wolken" und die Nennung der jeweiligen Syndrome angedeutet sind.

3.4.2.1
Kerntrends an der Mensch-Umwelt-Schnittstelle

Eine wichtige Motivation für wasserbauliche Großprojekte ist die Erwartung, daß sich die Trends „Steigerung des Nahrungsmittelverbrauchs" und „Zunehmender Verbrauch von Energie und Rohstoffen" verstärken werden. Um Abhilfe zu schaffen, wird aus verschiedenen Gründen (siehe Kap. D 3.4.2.2) der „Aufbau technischer Großprojekte" bevorzugt. Häufig erscheint der Wunsch nach effektiver Hochwasserkontrolle („Wachsende Gefährdung gegenüber Naturkatastrophen") und „Verbesserte Verkehrsinfrastruktur" durch die Großprojekte gleichzeitig umsetzbar. Für die Verwirklichung der Projekte ist die „Zentralisierung der wirtschaftspolitischen Strategien" Voraussetzung, da ein großes Kanalprojekt oder ein Staudamm schon aufgrund der Kosten nur sehr schwer von kleinen, regionalen Verwaltungen bewältigt werden können. Die unmittelbare Auswirkung nach Fertigstellung eines solchen Projekts sind zunächst „Veränderungen der lokalen Wasserbilanz", insbesondere Abflußänderungen. Dies umfaßt vor allem bei Dämmen immer auch ein verändertes Sedimentationsverhalten („Veränderte Fracht von partikulären und gelösten Stoffen").

Diese Beziehungen beschreiben den Kernmechanismus eines jeden wasserbaulichen Großprojekts und sind daher zwar notwendig für das Aralsee-Syndrom, als solches aber nicht konstituierend. Der gesamte Mechanismus und insbesondere die negativen Wechselwirkungen und Folgen, die einem großen Projekt erst den syndromaren Charakter verleihen, sind im Beziehungsgeflecht (Abb. D 3.4-1) zusammengefaßt und werden im folgenden beschrieben. Dieses Beziehungsgeflecht ist notwendigerweise eine Generalisierung auf hohem Aggregationsni-

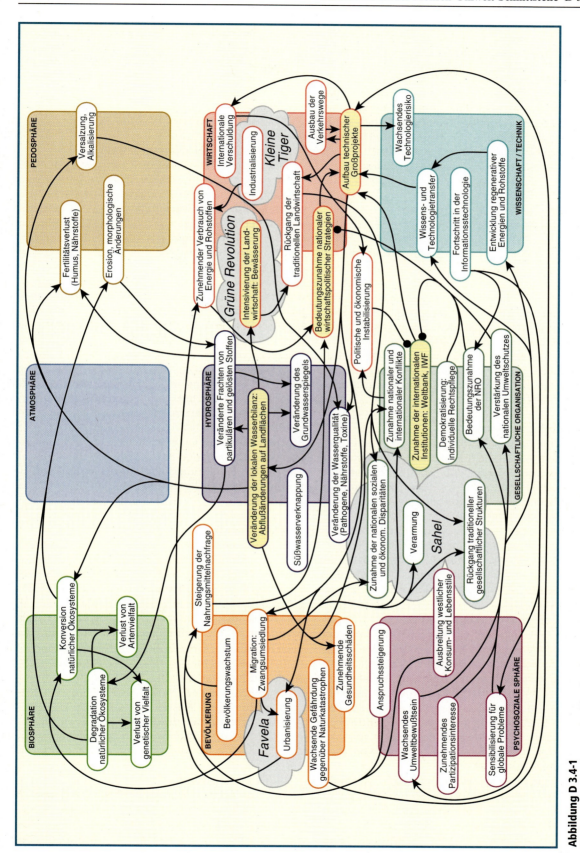

Abbildung D 3.4-1
Beziehungsgeflecht zum Aralsee-Syndrom.
Quellen: BMBF-Projekt „Syndromdynamik", PIK-Kernprojekt QUESTIONS und WBGU

veau, so daß es nicht für jedes einzelne Projekt typisch sein kann. Je nach Typ des Wasserbauprojekts (Staudamm, Kanal, großflächiges Bewässerungsprojekt usw.), Klima (humid, semi-arid usw.) oder andere regionale Gegebenheiten, können einzelne Trends und Wechselwirkungen hinzukommen, fehlen oder anders ausgeprägt sein. Insgesamt jedoch beschreibt das Beziehungsgeflecht ein Muster von Ursachen und Folgen, das als „globales Krankheitsbild" für viele wasserbauliche Großprojekte typisch ist.

3.4.2.2
Antriebsfaktoren

Die Motivation zum Bau von Großprojekten beschränkt sich selten auf ein einziges Ziel. So sind zum Beispiel Staudammprojekte häufig typische Mehrzweckvorhaben, die die Voraussetzungen für Entwicklung verbessern sollen (Baumann et al., 1984). Im folgenden wird auf eine Reihe von Faktoren eingegangen, die die Planung und Umsetzung derartiger Großprojekte antreiben. Dabei wird an einigen Stellen zwischen Industrie- und Entwicklungsländern differenziert, da sich deren Motivationsstrukturen unterscheiden können.

ENERGIEGEWINNUNG
Der Wunsch nach „Industrialisierung" und wirtschaftlichem Wachstum bringt einen „Zunehmenden Verbrauch von Energie" für Haushalte, Industrie und Export mit sich. So ist vor allem bei Dammbauten die Stromerzeugung ein zentrales Anliegen: fast ein Fünftel der Weltstromproduktion wird durch Wasserkraft erzeugt. Beispiele sind die Staudammprojekte am Paraná, die inzwischen den Elektrizitätsbedarf Paraguays nahezu vollständig und den des Südens Brasiliens und Argentiniens zum Großteil decken (Seager, 1995). Da keine Form der Stromproduktion während des Betriebs so kostengünstig ist wie die aus großen Wasserkraftwerken (Schmidt-Kallert, 1989), liegt hier ein starker Anreiz vor, den „Zunehmenden Verbrauch von Energie" durch Wasserkraft zu decken, zumal in Entwicklungsländern häufig die Alternativen zur Energiegewinnung fehlen oder zu Importabhängigkeiten führen könnten. Oft wird ein großer Teil der gewonnenen Energie exportiert, seltener direkt in Form von elektrischem Strom, häufiger indirekt durch den Export von lokal produzierten, energieintensiven Gütern, vor allem Aluminium (Gitlitz, 1993).

Megastaudammprojekte haben heute in Industrieländern vor allem dort Umsetzungschancen, wo ungenutztes und nur dünn besiedeltes Land betroffen und der Staudamm zur (billigen) Energieerzeugung genutzt werden kann, ohne daß große Interessenskonflike mit Eigentümern oder Nutzern der überschwemmten Flächen oder Umweltschützern befürchtet werden müssen, oder die betroffenen Gruppen nur geringe Einflußmöglichkeiten haben (z. B. das James-Bay-Projekt in Kanada).

BEREITSTELLUNG VON WASSER FÜR
GROSSRÄUMIGE
BEWÄSSERUNGSLANDWIRTSCHAFT
Durch das Bevölkerungswachstum sind die Regierungen in den Entwicklungsländern gezwungen, die landwirtschaftliche Produktion zu erhöhen, um die steigende Nahrungsmittelnachfrage zu befriedigen. Somit ist es Ziel von vielen wasserbaulichen Großprojekten, durch die Bereitstellung einer verläßlich verfügbaren Wasserressource die landwirtschaftlich nutzbare Fläche zu vergrößern oder die bestehenden Agrarflächen durch Bewässerung produktiver zu machen. Beispiele hierfür sind die Projekte im Nordwesten Afrikas zur Begrünung der Sahel-Zone. Aus manchen Vorhaben resultiert auch ein geringer Beitrag zur Ernährungssicherung durch die Fischereiwirtschaft im entstehenden Stausee. In Industrieländern besitzen Staudämme besonders dort regionale Bedeutung, wo intensive Landwirtschaft betrieben wird und mit einer höheren Wasserversorgung der landwirtschaftliche Ertrag wesentlich gesteigert werden kann (z. B. Kalifornien; Pearce, 1992; McCully, 1996). Im Unterschied zu Entwicklungsländern ist die Motivation bei den Industrieländern weniger in der Ernährungssicherung als in der Produktion hochwertiger landwirtschaftlicher Erzeugnisse zu sehen.

REGULIERUNG VON FLUSSSYSTEMEN FÜR
HOCHWASSERSCHUTZ UND SCHIFFBARMACHUNG
Eine weitere Motivation ist der Schutz vor periodischen Überschwemmungen („Zunehmende Gefährdung durch Naturkatastrophen") durch Flußregulierungsprojekte. Der Hochwasserschutz wird bei der Begründung von Staudammprojekten oftmals besonders betont, weil damit neben ökonomischen auch humanitäre Gründe angeführt werden können. (z. B. Drei-Schluchten-Projekt, siehe Kap. D 3.4.3.2). Auch die Nutzbarmachung von Flüssen als Transportweg („Ausbau der Verkehrswege") ist ein wichtiger Faktor (siehe Kasten D 4.4-2). Die Verbesserung der Schiffbarkeit des Jangtse ist z. B. ein wichtiges Ziel für die Verkehrsinfrastrukturplanung Chinas.

WEITERE FAKTOREN
Die angeführten Hauptantriebskräfte bedeuten für sich allein noch nicht zwangsläufig, daß Megastaudämme errichtet werden müssen, um die beschriebenen Ziele zu erreichen. Es gibt in der Regel

auch Alternativen, etwa mit mehreren kleineren Projekten. Der Trend zu wasserbaulichen Großprojekten wurde vor allem dadurch unterstützt, daß in der Entwicklungspolitik lange davon ausgegangen wurde, Entwicklungsprozesse zentral planen und steuern zu können bzw. zu müssen. Mit Hilfe von Großprojekten scheinen Entwicklungsziele wie eine Steigerung der Energieerzeugung besonders schnell und kostengünstig erreicht werden zu können. Daher sind Großprojekte, gerade in Entwicklungsländern, häufig zentrale Bestandteile wirtschaftspolitischer Strategien zur Förderung einzelner Wirtschaftszweige oder Regionen.

Der finanzielle Umfang der Projekte verhindert allerdings in der Regel eine Eigenfinanzierung. Deshalb gehörten Staudämme lange Zeit zu den am meisten geförderten Projekten von internationalen Finanzierungsinstitutionen (Weltbank, IWF), deren Bedeutungszunahme demzufolge den Aufbau der Großprojekte unterstützt hat. Allein die Weltbank, die wichtigste öffentliche Institution für die Finanzierung von Dammbauten, hat dafür 58 Mrd. US-$ (Zeitraum von 1944–1994, Basis-Dollar-Wert von 1993) bereitgestellt.

Damit einher gehen die Interessen der Baufirmen und Beratungsunternehmen aus Industrieländern, die ebenfalls großskalige Vorhaben bevorzugen. Das ist sicher auch eine Motivation dafür, daß die Entwicklungspolitik der Industrieländer Großprojekte besonders fördert. So schätzt z. B. die staatliche schwedische Agentur für Entwicklungszusammenarbeit SIDA, daß bis zu drei Viertel des Geldes für Hydroprojekte nach Schweden zurückfließen (Usher, 1994 zitiert nach McCully, 1996).

Staudämme haben oftmals für Regierungen oder Staatsoberhäupter in den jeweiligen Ländern Symbolcharakter, mit dem sie ihre ökonomische Unabhängigkeit demonstrieren wollen (Schmidt-Kallert, 1989). Vor allem in Entwicklungsländern wird zudem der innenpolitische Prestigewert von Bauprojekten der Superlative (Demonstration von Fortschritt und Modernität) und dessen stabilisierende Wirkung für Staat oder Regierung sehr hoch eingeschätzt, so daß den Großprojekten häufig der Vorzug vor kleinskaligeren oder dezentralen Alternativen gegeben wird.

3.4.2.3
Wirkungen auf die Natursphäre

Wirkungen auf die Natursphäre haben sowohl die unmittelbaren oder primären Effekte des Projekts, als auch die sekundären Effekte, die erst mittelbar durch Reaktionen des Menschen hervorgerufen werden. Sieht man von der eher kleinräumigen Einflußnahme durch den Bau des Staudamms selbst ab, so lassen sich mehrere Formen der Naturbeeinträchtigung identifizieren, die ihre Ursache in den Abflußänderungen auf Landflächen bzw. dem Aufbau technischer Großprojekte haben.

Insbesondere in den Tropen führen die Flüsse eine beträchtliche Menge Sediment mit (Tab. D 3.4-1). Ein Staudamm hat durch die Verlangsamung der Fließgeschwindigkeit den Effekt einer Sedimentfalle: die mitgeführten Schwebstoffe lagern sich im Staubereich ab.

Man schätzt, daß dadurch weltweit jedes Jahr ungefähr 1% der Speicherkapazität der Stauseen verloren geht, insgesamt sind seit 1986 etwa 20% der globalen Speicherkapazität „versandet" (IRN, 1996; Mahmood, 1987).

Für genaue Prognosen des Sedimenteintrags in einen Stausee sind langjährige Datenreihen nötig, die aber häufig nicht vorliegen. Die Folge ist, daß Sedimentationsraten nahezu durchgängig unterschätzt werden, was bei einigen Projekten zum Fiasko geführt hat. Bis heute ist Sedimentation das größte technische Problem bei Dammbauten (McCully, 1996).

Hinter dem Damm äußert sich dieser Effekt in einer gegenüber dem ursprünglichen Zustand verringerten Fracht partikulärer Stoffe, was das empfindliche Sedimentationsgleichgewicht im Unterlauf verändert. Die Folgen sind verstärkte Ufererosion und das tiefere Eingraben des Flusses, was zu einer Veränderung des Grundwasserspiegels führt. Das Absinken des Grundwassers kann durch das Ausbleiben von Überschwemmungen gefördert werden. Andererseits kann es bei entsprechenden Bodenverhältnissen zu einem Anstieg des Grundwasserspiegels auch im Staubereich kommen, der dann aber direkt von den Abflußveränderungen herrührt. Der Einfluß auf das Grundwasser ist vor allem in semi-ariden und

Tabelle D 3.4-1
Sedimentfrachten von ausgewählten Flüssen.
Quelle: nach WWI, 1996b

Fluß	Einzugsgebiet (1.000 km^2)	Sedimentfracht (Mio. t Jahr^{-1})
Huang He	752	1.866
Ganges/Brahmaputra	1.480	1.669
Amazonas	4.640	928
Indus	305	750
Jangtse	180	506
Orinoco	938	389
Irawady	367	331
Magdalena	240	220
Mississippi	327	210
MacKenzie	1.800	187

ariden Gebieten wichtig, denn hier wird das Grundwasser hauptsächlich durch die Flüsse gespeist. In humiden und semi-humiden Klimaten liegen umgekehrte Verhältnisse vor.

Die Fließgeschwindigkeit wird durch den Damm herabgesetzt, so daß ein Fließgewässer in ein stehendes Gewässer umgewandelt wird, mit allen damit verbundenen hydrologischen Folgen (Wasserchemie, Temperatur, Sedimentation). Das Gewässer ist sauerstoffärmer, die Akkumulation von Schadstoffen sowie deren Freisetzung aus dem Sediment werden begünstigt. Je nach der Konstruktion des Wasserablasses wird z. T. das kalte, sauerstoffarme Tiefenwasser weitergeleitet. Insgesamt führt dies zu höheren Konzentrationen von Schadstoffen im verbleibenden Wasser („Veränderung der Wasserqualität"). Eine weitere Folgewirkung kann über die Verwendung des gespeicherten Wassers in der Bewässerungslandwirtschaft entstehen, denn infolge der Verluste durch Verdunstung und Transpiration wird der Rücklauf stark mit Salzen angereichert („Versalzung"). Zudem wird der Abfluß tiefgreifend verändert: nicht nur die Gesamtmenge geht zurück, sondern vor allem die Dynamik verändert sich; z. B. wird der Abfluß nach Regenfällen vom Damm abgefangen.

In der Biosphäre sind zunächst die Trends „Konversion" und „Degradation natürlicher Ökosysteme" zu nennen. Offensichtlich findet Konversion an der Baustelle des Staudamms selbst statt, wo während der Bauzeit die Installation der erforderlichen Infrastruktur eine Ökosystemzerstörung verursacht. Die Umwandlung in ein stehendes Gewässer hat weitreichende Folgen für die Lebensgemeinschaften des Flusses, bis hin zum Aussterben von endemischen Arten („Verlust von Artenvielfalt"). Ein besonderes Problem ist die Fragmentierung des Flußökosystems durch die meist unüberwindlichen Dämme, die die Populationen voneinander abschneiden. Fischtreppen können hier nur bedingt Abhilfe schaffen (Bernacsek, 1984).

Die Veränderungen des Wasserhaushalts haben aber auch weiter flußabwärts einschneidende Effekte und können durch das oben beschriebene veränderte Sedimentationsgleichgewicht zu Verlusten von Feuchtgebieten führen. Die drastische Änderung der zeitlichen Abflußdynamik und die relative Erhöhung der Schadstofffracht durch Verringerung der Abflußmengen (Abb. D 3.4-2) führt ebenfalls zu einem Verlust von Feuchtgebieten sowie zur Degradation natürlicher Ökosysteme. Aufgrund des verringerten Sedimenteintrags in den Küstenbereich sind Abtragungen sowie Versalzungen küstennaher aquatischer Ökosysteme häufig, wie auch schwerwiegende Folgen für die Küstenfischerei (Rozengurt, 1992). So haben z. B. die Dämme am Indus dazu geführt, daß fast die gesamten 250.000 ha Mangroven im Flußdelta

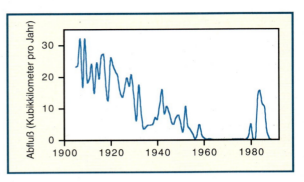

Abbildung D 3.4-2
Abfluß des Colorado unterhalb der Dämme (1905–1992).
Quelle: nach WWI, 1996b

verschwunden sind (Snedacker, 1984), und sowohl das Nil- als auch das Mississippi-Delta schrumpfen drastisch. Die direkte Folge dieser Eingriffe in die Ökosysteme ist der Verlust genetischer Vielfalt und teilweise sogar der Verlust von Artenvielfalt.

Ein anderer Beziehungskomplex, der mit wesentlichen Wirkungen für die Biosphäre verbunden ist, betrifft die Abholzung von Wäldern als Folge der Ansiedlung der durch den Stausee verdrängten Bevölkerung, die häufig an den oberhalb des Stausees gelegenen Berghängen stattfindet. Aufgrund dieser Konversion von natürlichen Ökosystemen kommt es dann zu einer verstärkten Bodenerosion, die wiederum den Sedimenteintrag in das Reservoir erhöht („Veränderung der Frachten von gelösten und partikulären Stoffen").

Durch die Flutregulierung wird die Sedimentfracht verringert, wodurch es häufig zu langsamen, aber fortwährenden Fertilitätsverlusten im Unterstrombereich kommt. Im Falle einer übermäßigen Wasserentnahme, wie etwa am Aralsee oder bei unzureichendem Rücklauf aus großen Bewässerungssystemen, kann es zu Versalzung in flußabwärts gelegenen Bereichen kommen (siehe oben), die dann durch starke Winderosion und wiederholte Versalzung in weiter entfernt gelegene Bereiche vordringen kann (Dech und Ressl, 1993).

Für die Atmosphäre sind insbesondere mikroklimatische Effekte wichtig, die sich in einer lokalen Abkühlung, verstärkter Nebelbildung oder Dämpfung der Temperaturvariabilität niederschlagen. Darüber hinausgehende Effekte sind nur bei sehr großen Stauseen zu erwarten, z. B. durch eine Veränderung der Albedo oder der Evaporation. Vor allem in ariden Regionen kann es durch den Stausee zu einer erheblichen Verstärkung der Verdunstung kommen, die unter Umständen eine relevante Verlustmenge für die regionale Wasserverfügbarkeit darstellen kann. So betragen die Verluste in den Stauseen am

Colorado etwa ein Drittel des gesamten Abflusses (Dynesius und Nielsson, 1994).

Staudämme sind nicht immer klimaneutrale Energieproduzenten: vor allem, wenn durch einen Stausee große Mengen an Biomasse überschwemmt werden, können die anaeroben Abbauprozesse erhebliche Mengen des Treibhausgases Methan (CH_4) erzeugen, die den CO_2-Einsparungen durch die Nutzung von Wasserkraft gegenüberzustellen sind. Modellrechnungen zufolge können diese Emissionen während der ersten 50 Jahre der Nutzung in der Größenordnung von fossil befeuerten Kraftwerken liegen, in Einzelfällen sogar weit darüber (Balbina-Damm, Brasilien: Fearnside, 1995; Rudd et al., 1993).

3.4.2.4
Wirkungen auf die Anthroposphäre

Im Gegensatz zu den Wirkungen auf die Natursphäre knüpfen die Folgen für die Anthroposphäre nicht nur an den Trend „Abflußänderung auf Landflächen" an, sondern auch direkt am „Aufbau technischer Großprojekte".

Die Weltbank und andere internationale Organisationen haben den Ländern zwar die Umsetzung der Wasserbaumaßnahmen ermöglicht, aber andererseits zu deren internationaler Verschuldung beigetragen. Verstärkt wird dies durch die Kostenexplosion, von der Dammbauten in der Regel betroffen sind. Dabei gilt die Daumenregel, daß die Mehrkosten eines Projekts mit der Größe ansteigen. Die Weltbank errechnete einen Durchschnitt von 30%, wobei allerdings Fälle von mehreren hundert Prozent keine Seltenheit darstellen (McCully, 1996).

Nicht zu vernachlässigen sind auch die Effekte, die durch den starken Einstrom von Kapital ausgelöst werden. Besonders bei großen Staudammprojekten kann es sich um erhebliche Dimensionen handeln: so kamen z. B. die Kosten des Chixoy-Dammes in Guatemala (944 Mio. US-$) etwa 40% der gesamten externen Verschuldung gleich und Brasilien gab Schuldgarantien in Höhe von 16,6 Mrd. US-$ (1990) für den Itaipú-Damm, was nahezu 14% der gesamten Staatsschulden ausmachte (McCully, 1996).

Die Folge eines großen Kapitaleinstroms durch Bauprojekte ist oftmals ein kurzer Wirtschaftsboom mit darauffolgender Inflation. Hinzu kommt, daß oftmals die Korruption im Lande gefördert wird, so hat z. B. Argentiniens Präsident Menem 1990 den Yacyretá-Damm ein „Denkmal für die Korruption" genannt. Andere prominente Beispiele sind der Turkwell-Damm (Kenia) und der Pergau-Damm (Malaysia), wo ähnliche Erfahrungen gemacht wurden. Zusammen mit der Verschuldung können beide Effekte zu einer politischen und ökonomischen Instabilisierung des Landes führen, die wiederum eine weitere Kreditvergabe erschweren kann.

Heute spielen sich die großen Dammbauprojekte oft in abgelegenen Gegenden von Entwicklungsländern ab. Die Einbeziehung derart peripherer Regionen in den Weltmarkt durch Staudammprojekte führt zur umfassenden Transformation der sozialen Verhältnisse der dort lebenden vielfach indigenen Bevölkerung, die meist noch traditionell vergesellschaftet ist („Rückgang traditioneller gesellschaftlicher Strukturen"). In deren Wahrnehmung sind Staudammprojekte, ähnlich wie Bergbauprojekte, Vorhaben fremder, äußerer Mächte, die die ökologische und soziale Integrität ihres Lebensraums zerstören. Land, Natur und Erde gelten ihnen als heilig und haben somit einen ganz anderen Stellenwert als in der Wahrnehmung der Planer, seien es Vertreter der staatlichen Zentralgewalt oder von multinationalen Konzernen. Die Zwangsumsiedlungen, die mangelhafte Partizipation an der Planung und Entscheidungsfindung und vor allem an den Vorteilen der Projekte sind Faktoren, die die lokale Bevölkerung in die Rolle marginalisierter Entwicklungsopfer drängen kann (drastische Beipiele finden sich in Indien und China). Die Schätzungen der bisher durch Dammbauten verdrängten Bevölkerung liegen bei 30–60 Mio. Menschen, die meistens nach der Zwangsumsiedlung schlechter gestellt sind als vorher. Die Verteilung der aus den Dämmen gewonnenen Vorteile (Stromproduktion, Bewässerungslandwirtschaft) ist sehr ungleichmäßig und verstärkt den Trend zur „Zunahme nationaler sozialer und ökonomischer Disparitäten". Die Folge sind Spannungen, die sich bis hin zur Entwicklung eines nationalen Konflikts aufbauen können (Bächler et al., 1996).

Große Wasserbauprojekte haben häufig die vermehrte Bewässerung von Landflächen zum Ziel, was die Trends „Ausweitung landwirtschaftlich genutzter Fläche" und „Intensivierung der Landwirtschaft" zur Folge hat. Andererseits führt sowohl der Bau des Staudamms selbst, z. B. die damit verbundenen Infrastrukturmaßnahmen und die Zwangsumsiedlung der lokalen Bevölkerung, als auch die veränderten Anbaubedingungen und Landnutzungsrechte zu einem „Rückgang der traditionellen Landwirtschaft". Dies wiederum kann die oben beschriebenen Trends „Rückgang traditioneller gesellschaftlicher Strukturen" und die „Zunahme nationaler sozialer und ökonomischer Disparitäten" weiter verstärken.

Die deutlich herabgesetzte Fließgeschwindigkeit im Staubereich, in den neu errichteten Kanälen eines Bewässerungsnetzes oder im Unterstrom, führt zu einem erhöhten Risiko für wassergebundene Krankheiten, insbesondere Vektorkrankheiten und somit allgemein zu zunehmenden Gesundheitsschäden. So sind in den vergangenen Jahren regelrechte Bilharziose-Epidemien als Folge von neu errichteten Wasserbauprojekten aufgetreten (Volta-Stausee, Diama-Damm am Senegal, Niltal). Auch verbessern sich durch stehendes Gewässer – unter sonst unveränderten Konditionen – die Lebensbedingungen der *Anopheles*-Mücke, die für die Übertragung der Malaria verantwortlich ist.

An den Beispielen Euphrat, Indus, Ganges und Jordan wird das Konfliktpotential von umfangreichen Staudammprojekten deutlich, das sich in einer Zunahme internationaler und nationaler Konflikte äußern kann. Obwohl aufgrund der oben diskutierten Abhängigkeit semi-arider Regionen von teilweise nur einem Fluß das Konfliktpotential in diesen Regionen ausgeprägter ist, läßt sich zumindest ein Beispiel finden, wo ein solcher Konflikt auch in humidem Klima zu beobachten ist: das zur Regulierung der Donau geplante Gemeinschaftsprojekt Gabcikovo/Nagymaros zwischen Ungarn und der Tschechoslowakei (zu Zeiten der ersten Planungen; heute: Slowakei), das nach der Weigerung Ungarns zum Weiterbau gegenwärtig vor dem Internationalen Gerichtshof verhandelt wird (siehe Kap. D 4.1).

Schließlich sind die durch Staudammbauten wachsenden Technologierisiken zu nennen. Hierzu zählen Dammbrüche, die durchaus keine Seltenheit sind und zu den größten von Menschen verursachten Katastrophen zählen. Besonders gefährlich werden Dämme dann, wenn das gestaute Reservoir durch sein Gewicht tektonische Wirkungen hat und Erdbeben auslösen kann (Gupta, 1992). Dieses Phänomen hat wahrscheinlich 1963 den Bruch des 261 m hohen Vaiont-Damms in Norditalien verursacht, dessen Flutwelle 2.600 Menschen tötete. Im Falle des Drei-Schluchten-Projekts bestimmt diese Gefahr einen wesentlichen Teil der Diskussion, da ein Dammbruch wohl das größte je vom Menschen verursachte Desaster auslösen würde (Williams, 1993a; siehe Kap. D 3.4.3.2).

Das Bewußtsein der negativen Konsequenzen für Mensch und Natur hat dazu beigetragen, daß internationale Organisationen (z. B. die Weltbank) in den vergangenen Jahren damit begonnen haben, Umwelt- und Sozialaspekte bei der Evaluierung von Projekten zu berücksichtigen. Bei den dabei stattfindenden Diskussionen und Hearings wird die zunehmende Einflußzunahme der Nichtregierungsorganisationen im Umwelt- und Entwicklungsbereich (von lokalen Bürgerinitiativen bis zum International Rivers Network) deutlich. Deren Kritik entzündete sich vor allem daran, daß die oft sogar geheimgehaltenen offiziellen Kosten-Nutzen-Rechnungen viele ökonomische, ökologische und soziale Nachteile der Projekte – von Verlusten der Küstenfischerei über Umsiedlungskosten bis hin zu Haftungsrisiken und Kosten des Abbaus nach Erreichen der Lebensdauer – nicht berücksichtigen, während die Vorteile in der Regel überschätzt werden.

Der dadurch ausgeübte politische Druck blieb nicht ohne Wirkung: die Weltbank z. B. überprüft derzeit kritisch die eigene Förderpraxis der Vergangenheit und verhält sich gegenüber Megadammprojekten vorsichtiger. Die Notwendigkeit der vollständigen Internalisierung von ökologischen und sozialen Folgekosten in die Kosten-Nutzen-Rechnungen steht inzwischen bei der Weltbank außer Zweifel (Weltbank, 1995). Am Beispiel der Diskussionen um Vorhaben wie das Drei-Schluchten- oder das Narmada-Projekt wird deutlich, daß beide Aspekte – Umweltdiskussion und politisch-ökonomische Situation – wichtige internationale Kreditinstitutionen veranlaßten, von einer Finanzierung abzusehen (siehe Kap. D 3.4.3.2).

Der Druck von Umweltverbänden fördert auch in Entwicklungsländern die Auseinandersetzung mit den Projekten, daher wirken diese Trends auch abschwächend auf die Zentralisierung wirtschaftspolitischer Strategien. Letztlich sind es Trends der psychosozialen Sphäre, wie das wachsende Umweltbewußtsein und das von Gruppen und Individuen ausgehende zunehmende Partizipationsinteresse, die hier, über Nichtregierungsorganisationen institutionalisiert, die Politik beeinflussen. So ist z. B. die Aufgabe des Okavango-Projekts in Botswana auf eine verstärkte Umweltdiskussion seit den 80er Jahren zurückzuführen (Pearce, 1992), nicht zuletzt gestützt durch eine verstärkte Vernetzung der Umweltverbände durch den Ausbau der Informationstechnologie (z. B. Zugang zu Umweltinformationen über das Internet). In den Industrieländern beobachtet man vor allem die Verstärkung des nationalen Umweltschutzes und die verbesserten Möglichkeiten einer individuellen Rechtspflege, z. B. Einspruchsrecht für Individuen und Minderheiten.

Eine wichtige Rolle spielt der Wissens- und Technologietransfer, da das für den Bau eines großen Staudamms notwendige Wissen in Entwicklungsländern oft nicht verfügbar ist, sondern durch Experten oder Schulung vor Ort importiert werden muß. Gefördert wird ein solcher Transfer durch die Tatsache, daß Wasserkraft als regenerative Energie eine zunehmend wichtige Rolle im Kontext nachhaltiger Entwicklung spielt. Mitunter entsteht nun – vor allem in Industrieländern – ein „Dilemma der Umweltgruppen": einerseits führen wachsendes Umweltbewußtsein und die Sensibilisierung für globale Probleme (wie etwa der verstärkte Treibhauseffekt) zu einer grundsätzlichen Präferenz für regenerative Energien, andererseits wird der Bau von großen Wasserkraftanlagen wegen der lokalen und regionalen Umweltfolgen abgelehnt.

3.4.2.5
Syndromkopplungen

Das Aralsee-Syndrom zeichnet sich dadurch aus, daß es einerseits von zahlreichen Syndromen angetrieben wird und andererseits selbst Auslöser und Beschleuniger anderer Syndrome des Globalen Wandels sein kann (zu einer Typisierung der Syndromkopplungen siehe WBGU, 1996b). Im allgemeinen jedoch sind die jeweiligen Syndrome so eng miteinander vernetzt, daß eine Zuordnung „Antrieb versus Folge" kaum möglich ist. In Abb. D 3.4-1 sind die Kopplungsstellen zu anderen Syndromen des Globalen Wandels durch „Wolken" dargestellt. Wesentliche Schnittstellen bestehen zu den Syndromen Favela, Sahel, Dust Bowl, Grüne Revolution und Kleine Tiger. Dabei ist einerseits der Grad der Kopplung und andererseits das Ausmaß historisch bereits beobachteter Interaktion unterschiedlich.

GRÜNE-REVOLUTION-SYNDROM UND DUST-BOWL-SYNDROM

Das Aralsee-Syndrom koppelt sehr intensiv mit diesen beiden Syndromen. Die Beziehung wird durch die Intensivierung der Landwirtschaft vermittelt, vor allem durch die bereits diskutierte Motivation der Ausdehnung der Bewässerung (siehe Kap. D 3.3). Bei großen Bewässerungsprojekten und Dammbauten können die ökologischen Folgen durch die Kopplung zum Grüne-Revolution-Syndrom in derselben Größenordnung liegen wie die direkten Folgen innerhalb des Aralsee-Syndroms.

FAVELA-SYNDROM

Wesentlicher Kopplungstrend ist die Urbanisierung, die im Rahmen des Aralsee-Syndroms die typischen Prozesse des Favela-Syndroms zusammenfaßt (Kap. D 3.6). Relevant ist dabei insbesondere der durch die städtische Agglomeration erhöhte Bedarf an Energie, insbesondere Elektrizität. Der durch die Energieversorgung ausgelöste Wachstums- und Entwicklungsschub kann dann seinerseits eine Sogwirkung für den Zuzug armer, ländlicher Bevölkerung zur Folge haben. Es ist aber auch möglich, daß Abhilfemaßnahmen gegen das Favela-Syndrom – also z. B. der Aufbau einer Elektrizitätsversorgung aus erneuerbaren Quellen zur Verbesserung der Lebensbedingungen in der Stadt – die Kopplung erzeugen können. So ist etwa die Elektrizitätsversorgung der Bewohner Ascunciόns eng mit den Wasserbauprojekten am Rio Paraná verbunden. Auch verschieben sich im Rahmen des Aufbaus eines großangelegten Bewässerungsprojekts die Landnutzungsrechte derart, daß die lokale Bevölkerung zur Migration in die Städte gezwungen ist.

SAHEL-SYNDROM

Der Kopplungsmechanismus zum Sahel-Syndrom besteht darin, daß die lokale Bevölkerung nach Errichtung des Projekts häufig nicht mehr die traditionellen Landbaumethoden durchführen darf oder kann bzw. die gewachsenen Landnutzungsrechte geändert werden. So mußte etwa die traditionelle Bewirtschaftung einiger Überflutungsgebiete im Nordosten Nigerias, die sogenannten Fadamas, nach Errichtung zweier Staudämme aufgegeben werden: Die verbleibende Arbeit in den entstehenden Cash-crop-Farmen konnte den Einkommensverlust nicht kompensieren (WBGU, 1996b; Cassel-Gintz et al., 1997). Auch bei der Fallstudie zum Drei-Schluchten-Projekt gibt es deutliche Hinweise, daß durch die Umsiedlungsaktion auf marginale Hangflächen das Sahel-Syndrom ausgelöst bzw. verschärft wird (siehe Kap. D 3.4.3.2).

KLEINE-TIGER-SYNDROM

Das rapide Wirtschaftswachstum, das häufig einem entsprechenden Ausbau der Umweltschutzmaßnahmen vorauseilt, kann nur durch einen erhöhten Einsatz von Energie und Wasser erreicht werden. Hierfür werden – wie die Beispiele Brasilien, Malaysia und vor allem China zeigen – bei entsprechenden naturräumlichen Voraussetzungen auch große Wasserkraftwerke errichtet, die der durch die Industrialisierung gestiegenen Energienachfrage Rechnung tragen sollen.

3.4.3
Fallbeispiele

3.4.3.1
Aralsee

Die Versalzung und Austrocknung des Aralsees illustriert den komplexen Fall einer folgenschweren ökologischen Katastrophe, die durch ein gigantisches Bewässerungsprojekt ausgelöst wurde (Létolle und Mainguet, 1996). Die Umsetzung dieser Planung führte in den letzten 30 Jahren zum Niedergang einer fruchtbaren, wald- und artenreichen Region, in der die Bevölkerung überwiegend von Fischfang und Landwirtschaft lebte, und endete in einer großflächigen Verwüstung mit katastrophalen Folgen für Wirtschaft und Gesellschaft (Giese, 1997).

Der Aralsee, ehemals viertgrößter Süßwassersee der Erde, liegt mit seinem 2 Mio. km² großen Einzugsgebiet in der ariden und semi-ariden Region Zentralasiens. Dieses Gebiet umschließt die noch jungen, unabhängigen Republiken Usbekistan, Tadschikistan sowie Teile von Kasachstan, Kirgistan,

Turkmenistan, Nord-Afghanistan und Nord-Iran. Der See wird überwiegend durch zwei Zuflüsse, den Amu Darya und Syr Darya, gespeist, die den Bergregionen Zentralasiens und Kasachstans entspringen.

Die Sowjetunion wollte mit diesem nur auf maximale landwirtschaftliche Erträge ausgerichteten Großprojekt in den 50er und 60er Jahren die Produktion erhöhen und neue Devisenquellen schaffen, vor allem durch den Export von Baumwolle. Untersuchungen über die Auswirkungen eines solchen Großprojekts in physikalisch-geographischer, ökologischer, ökonomischer und soziokultureller Hinsicht wurden nicht vorgenommen (Kasperson, 1995).

Seit den 60er Jahren verminderte der Ausbau des Bewässungssystems für die drastisch vergrößerten Anbauflächen durch Anzapfen der natürlichen Zuflüsse des Aralsees den Zufluß in den See um 94% (FAO, 1996c). Dies wiederum veränderte die Wasserbilanz des Sees; der Salzgehalt erhöhte sich von 12 auf 33‰. Gleichzeitig verringerte sich das Volumen um zwei Drittel (Abb. D 3.4-3). Die Fläche des Sees halbierte sich und 30.000 km² salzhaltigen Seebodens wurden freigelegt. Die gesamte Flora und Fauna des Sees, mit 266 bekannten Wirbellosenarten, 24 Fischarten und 94 Arten höherer und niederer Pflanzen ist heute erloschen. Dazu zählen auch vier Stör-Arten, die zu den ältesten Knochenfischgattungen zählen (Kasperson, 1995). Die saline Restwasserfläche und der freigelegte Seeboden – eine Salzsteppe – bieten heute Pflanzen und Tieren nur spärlich Lebensraum und können weder landwirtschaftlich noch fischereilich weiter genutzt werden. 60.000 Arbeitsplätze gingen allein in der Fischerei verloren.

Durch den Rückzug des Sees änderte sich das Klima im Aralgebiet. Die geringere Dämpfung von Temperaturschwankungen führte zu einem verstärkt kontinental geprägten Klima mit heißeren Sommern und kälteren Wintern. Stürme transportierten Salz vom ehemaligen Seegebiet in die umliegenden Regionen und verursachten dort Bodendegradation.

Hohe Grundwasserstände, wie sie durch die intensive Bewässerung auf 50–90% der bewirtschafteten Fläche entstanden (Kasperson, 1995), führen in ariden Gebieten zu Bodenversalzung aufgrund der hohen Verdunstung des Kapillarwassers und langfristig zu Einbußen im landwirtschaftlichen Ertrag und der Erntequalität. Nach der anfänglich hohen Ertragssteigerung um 67% in den ersten 15 Jahren der Projektrealisierung sanken die Erträge seit 1975–1985 um 15%, obwohl der Düngemittel- und Bizideinsatz weit über dem UdSSR-Durchschnitt lag und die bewirtschaftete Fläche immer mehr erweitert wurde.

Aus der Übernutzung der Böden, die dem naturräumlichen Potential nicht entsprach, und dem exportorientierten Anbau von Baumwolle in Monokul-

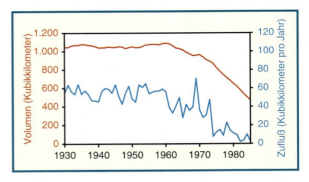

Abbildung D 3.4-3
Gesamtzufluß und Volumen des Aralsees (1930–1985).
Quelle: Gleick, 1993

tur ergab sich ein weitreichendes Geflecht von sozialen und ökonomischen Folgeschäden.

Die Gesundheit der inzwischen auf 50 Mio. Menschen angewachsenen Bevölkerung verschlechterte sich durch die abnehmende Qualität von Wasser und Umwelt. Fehlende Abwasserreinigung und Umweltverschmutzungen aus der Landwirtschaft sind hierfür maßgeblich verantwortlich. So führte der Kontakt mit pestizidverseuchtem Schmutzwasser (DDT, Entlaubungsmittel) vor allem in der arbeitsintensiven Baumwollproduktion zu einer bis zu 15fach erhöhten Sterblichkeit aufgrund von Krebs, TBC, Typhus und anderen Erkrankungen bei den dort arbeitenden Frauen und Kindern (Glazowsky, 1995).

Schätzungen der Folgekosten der Aralsee-Katastrophe zeigen, daß aus dem vormaligen ökonomischen Nutzen des Projekts mittlerweile 15–30 Mio. Rubel direkte ökonomische Verluste am Aralsee, ca. 100 Mio. Rubel im Einzugsgebiet der Zuflüsse und insgesamt 37 Mrd. Rubel Umwelt-, Gesundheits- und ökonomische Folgeschäden entstanden sind (Kasperson, 1995).

Das Beispiel des Aralsees zeigt, daß Auswirkungen von wasserbaulichen Großprojekten nur schwer zu beherrschen sind und zu beträchtlichen globalen ökonomischen und ökologischen Schäden führen können. Zur langfristigen Wiederherstellung des Ökosystems des Aralsees ist eine Verringerung des Wasserabzugs zur Bewässerung auf etwa ein Fünftel notwendig (FAO, 1996c). Dazu müssen Grenzertragsflächen aufgegeben, der Baumwoll- und Reisanbau verringert und die Bewässerungseffektivität erhöht werden. Weil das Wasser auch dann nicht zur Deckung aller Ansprüche reicht, muß die Industrie- und Siedlungsstruktur verändert werden, was ohne politische Vereinbarungen zwischen den betroffenen Staaten nicht erreicht werden kann. Eine volle Restauration gilt heute als unmöglich, lediglich Teilbereiche sollen in einem derzeit laufenden Weltbankprojekt wiederhergestellt werden (Whitford, 1997).

3.4.3.2
Drei-Schluchten-Projekt

Ein sehr großer Damm entsteht zur Zeit am Jangtse (oder Changjiang), dem mit 6.300 km drittlängsten Fluß der Welt und größten Chinas (Einzugsgebiet 1,8 Mio. km^2). Der Jangtse entspringt im nördlichen Tibet und fließt ostwärts quer durch China. In den Provinzen Sichuan und Hubei zwängt sich der Fluß auf einer Strecke von 200 km durch eine Folge von tiefen und engen Canyons, genannt Sanxia oder Drei Schluchten. An dieser Stelle soll das größte hydroelektrische Kraftwerk Chinas entstehen, das zur Zeit größte Wasserbauprojekt der Welt.

Der Plan, den Fluß bei den Drei Schluchten mit einem großen Damm zu stauen, stammt bereits aus dem 19. Jahrhundert. Nach der großen Flut 1954 mit ca. 33.000 Todesopfern und 1 Mio. Obdachlosen wurde ein Vielzweckdamm geplant, der nicht nur Hochwasserschutz gewährleisten, sondern auch zur Stromerzeugung genutzt und die Schiffbarkeit des Flusses verbessern sollte.

In den 80er Jahren warnte eine US-Studie vor den tektonischen und militärischen Gefahren und bewertete das Projekt als ökonomisch unrentabel. Statt dessen wurde eine Alternativplanung mit einer Reihe kleinerer Dämme entwickelt. Die chinesischen Behörden hielten dennoch an der Megadamm-Version fest. Eine kanadische Machbarkeitsstudie empfahl den Bau als technisch, ökonomisch und ökologisch machbar (CYJV, 1989). In China wurde parallel dazu von einem 400köpfigen Gremium eine geheime Machbarkeitsstudie erarbeitet, die zu einem ähnlichen Ergebnis kam (Barber und Ryder, 1993).

Die Kosten betragen mehr als 20 Mrd. US-$, die Bauzeit wird etwa 18 Jahre betragen. Der 600 km lange Stausee wird mehrere 10.000 ha Land fluten, davon 23.800 ha Ackerland und 5.000 ha Obstbauflächen. Dieses Land ist seit vorgeschichtlicher Zeit besiedelt, es werden nach chinesischen Angaben 13 Städte (darunter Wanxian mit 140.000 und Fuling mit 80.000 Einwohnern), 140 Ortschaften, 657 Fabriken sowie viele kulturelle und archäologische Stätten untergehen (Beijing Review, 1992, zitiert nach Freeberne, 1993; Barber und Ryder, 1993; Aksamit, 1996). Zudem versinkt eine der schönsten Landschaften Chinas in den Fluten, die zum Kulturerbe Chinas gehört und eine der wichtigsten Touristenattraktionen des Landes darstellt. Die Umsiedlung von mehr als 1,1 Mio. Menschen wird in Kauf genommen (Ex-Im Bank, 1996).

Das Projekt ist wegen seiner ökologischen und sozialen Folgen auch in China umstritten. Wegen des öffentlichen Protestes votierten 1989 im Nationalkongreß Hunderte von Delegierten für eine Verschiebung des Projekts auf das nächste Jahrhundert.

Wenige Monate später war der „politische Frühling" vorbei; auf dem Tiananmen-Platz wurde der innenpolitische Protest niedergeschlagen. Auch die führenden Köpfe des Widerstands gegen den Damm wurden inhaftiert, kritische Literatur (Dai Qing, 1994) wurde zensiert.

Bereits ein Jahr später wurden die Planungen wieder aufgenommen. Der Nationalkongreß stimmte ohne Aussprache im April 1992 erneut ab und befürwortete diesmal das Projekt, bei 30% Gegenstimmen und Enthaltungen, was als Zeichen für erheblichen Dissens gilt. Die Bauarbeiten zu dem Mammutprojekt haben im Dezember 1994 begonnen.

Der Nutzen des Drei-Schluchten-Projekts

Das Drei-Schluchten-Projekt am Jangtse in China soll eine Mehrzweckanlage werden, aber vor allem Hochwasserschutz für die Menschen in der Ebene zwischen Yichang und Shanghai bieten (Lin, 1994). Weil dieses Projekt mit 17.680 MW installierter Leistung auch eines der größten Wasserkraftwerke der Welt sein wird, ist immer wieder in der Weltöffentlichkeit nur die Energiegewinnung als Ziel gesehen worden. Von chinesischer Seite wird jedoch in der Regel die absolute Notwendigkeit des Projektes für die Sicherheit der Unterlieger (Lin, 1994) betont und auf die Auswirkungen früherer Hochwasser am Jangtse hingewiesen (Tabelle D 3.4-2).

Die Stadt Yichang liegt direkt am Ausgang der Drei Schluchten, und die gewaltigen Wassermassen, die bei Hochwasser den Fluß herunter fließen, haben unterhalb dieser Stadt zwischen 1499 und 1949 alle zwei bis drei Jahre die Deiche durchbrochen. Seit 1922 werden die Wassermengen gemessen (die früheren Werte sind geschätzt). Die Hochwasser von 1931 und von 1954 haben Flächen von der Größe des Landes Baden-Württemberg (35.751 km^2) überflutet und zahlreiche Opfer gefordert. Daher schien es geboten, den Damm in erster Linie für den Hochwasserschutz zu schaffen.

Eine Hochwasserstatistik, die sich an den sehr alten Aufzeichnungen bei Yichang orientiert, zeigt, daß das Hochwasser mit einer Wiederkehrzeit T von 100 Jahren bei 86.300 m^3 sec^{-1}, und das Hochwasser mit T=1.000 Jahren bei 105.000 m^3 sec^{-1} liegt. Der kritische Abschnitt des Jangtse von einer Länge von 300 km mit Deichen von 10 bis 16 m Höhe liegt im Mittelbereich zwischen Yichang und Shanghai. Ein Deichbruch in diesem Abschnitt würde mehr als 15 Mio. Menschen sowie 1,5 Mio. ha Ackerland bedrohen. Die Volksrepublik China hat seit 1949 mit großem Aufwand die vorhandenen Deiche ausgebessert und erhöht. Technisch ist es allerdings nicht möglich, ein Hochwasser von mehr als 60.000 m^3 sec^{-1} durch diesen Abschnitt abzuführen. Um Sicherheit gegen

Jahr	Durchfluß bei Yichang ($m^2\ sec^{-1}$)	Überflutete Flächen (km^2)	Betroffene Personen (Mio.)	Todesfälle
1870	105.000			
1227	96.300			
1560	93.600			
1153	92.800			
1860	92.500			
1788	86.000			
1796	82.200			
1613	81.000			
1981	70.800	–	–	–
1954	66.800	32.000	18,9	30.000
1931	64.600	33.000	28,9	145.000
1949	58.100	18.000	8,1	5.700
1935	56.900	15.000	10	142.000
1983	53.500			

Tabelle D 3.4-2
Historische Spitzenwerte des Jangtse-Hochwassers bei Yichang (unterhalb des Drei-Schluchten-Dammes) und extreme Hochwasserspitzen des 20. Jahrhunderts
Quelle: Lin, 1994

ein Hochwasser zwischen 60.000 und 80.000 $m^2\ sec^{-1}$ zu gewährleisten, müssen die alten Poldergebiete geflutet werden, die heute dicht bevölkert sind. Im wichtigsten Polder, der dann unbedingt benutzt werden muß, leben heute mehr als 300.000 Menschen, die innerhalb von drei Tagen evakuiert werden müßten – eine kaum zu bewältigende organisatorische Aufgabe. Bei einem höheren Hochwasser ließen sich heute Deichbrüche im Mittellauf kaum vermeiden. Dabei sind Todesfälle durch Ertrinken immer nur ein Teil der Gesamtfälle, da viele Menschen auch an den Folgen der Hochwasserauswirkungen (Epidemien etc.) umkommen. Die chinesischen Ingenieure weisen darauf hin, daß die Anzahl der von einem großen Hochwasser Betroffenen wesentlich über der Zahl der als Folge des Dammbaus umzusiedelnden Menschen liegt.

Daher soll der Drei-Schluchten-Damm das Hochwasser mit T=100 ohne Notwendigkeit einer Flutung der Polder abführen können, wofür ein Speicherraum von 22,5 Mrd. m³ erforderlich ist, und auch das Hochwasser mit T=1.000 soll im Zusammenwirken mit den Poldern noch schadlos abgeführt werden können.

Der dafür erforderliche Staudamm ist gewaltig: er hat eine Höhe von ca. 175 m und eine Speichergröße von 39,3 Mrd. m³. Der Stausee erstreckt sich über eine Länge von über 600 km und füllt das Tal des Jangtse. Er ermöglicht eine verbesserte Schiffahrt, die allerdings mit Hilfe einer Schleusenkette mit vier 34 m hohen Schleusen eine Höhendifferenz von mehr als 130 m zu überwinden hat. Die Entwicklung der Verkehrsinfrastruktur als Voraussetzung für wirtschaftliche Entwicklung ist eine zusätzliche Motivation für den Dammbau. Die Schiffbarkeit des Jangtse würde besonders im bislang gefährlichen Bereich der Drei Schluchten verbessert. Die Transportkapazität soll jährlich von 10 auf 50 Mio. t steigen (Bosshard und Unmüßig, 1996).

Durch sehr große hydraulische Modelle in Wuhan und Peking wurde untersucht, wie der Geschiebetransport im Speicher ablaufen würde: eine Verlandungsgefahr, wie sie beim Sanmenxia-Staudamm am Huangho aufgetreten ist, wollen die chinesischen Ingenieure unter allen Umständen vermeiden.

Der Drei-Schluchten-Damm soll 18 GW Strom produzieren, das entspricht etwa der Leistung von zwölf großen Atomkraftwerken. Als Folge der rapiden industriellen Entwicklung in China wird mit einer erheblichen Steigerung des Energiebedarfs – vor allem des industriellen Sektors – gerechnet (WBGU, 1996a). In China werden derzeit etwa drei Viertel des Stroms mit Kohle erzeugt. Zur Minderung der Umweltfolgen, insbesondere der Klimafolgen, ist die Stromproduktion aus erneuerbaren Energiequellen daher besonders wünschenswert. Es gibt allerdings einen gewissen Zielkonflikt zwischen Hochwasserschutz und Stromproduktion. Je höher der Wasserstand, desto mehr Energie kann erzeugt werden, aber die zusätzliche Wasserspeicherkapazität, die zur Pufferung von Hochwasser notwendig ist, wird entsprechend geringer. Dieser Zielkonflikt ist jedoch bei großen Stauseen vergleichsweise klein, da eine geringe Wasserabsenkung auch nur zu geringen Energieverlusten, aber zu großem zusätzlichen Speicherraum führt.

DIE NACHTEILE DES DREI-SCHLUCHTEN-PROJEKTS

Das Projekt ist umstritten, da diesen unbestreitbaren Vorteilen hohe soziale und ökologische Kosten gegenüberstehen und darüber hinaus Zweifel an der Validität der Planungen bestehen (Fearnside, 1988; Barber und Ryder, 1993). Bedenken werden nicht nur von Umweltverbänden geäußert. So steht z. B. das Bureau for Reclamation der USA, eine Fachbehörde mit Erfahrung im Dammbau, dem Projekt kritisch gegenüber (IRN, 1996). Die Export-Import Bank der USA hat nach zweijähriger Evaluation im Mai 1996 festgestellt, daß das Projekt in der gegenwärtigen Form nicht den Umweltschutzrichtlinien der Bank entspricht (Kamarck, 1996). Auch die Weltbank hat dem Projekt schon vor längerer Zeit wegen der unkalkulierbaren finanziellen Risiken die Unterstützung versagt (IRN, 1996). Anders die Bundesregierung: Deutschland hat im Herbst 1996 Hermes-Bürgschaften für den Staudammbau genehmigt, um die Wettbewerbsgleichheit für deutsche Exporteure in ihrer Konkurrenz mit Mitbewerbern zu gewährleisten (Bundestagsdrucksache 13/5348). Nach dieser Entscheidung haben auch die Schweiz und Japan Exportkredite angekündigt.

Von den Kritikern wird oft auf eine Vielzahl von ökologischen, ökonomischen und sozialen Problemen und Folgen des Projektes hingewiesen. So wird bezweifelt, daß die angestrebten Ziele des Projekts realistisch sind. Dies schließt Vorbehalte gegenüber Design und technischen Merkmalen des Projekts (in bezug auf Sicherheit, Überflutungsschutz und Sedimentation) mit ein, es werden aber auch Zweifel am ökonomischen Nutzen geäußert. Die Methodik der Kosten-Nutzen-Analyse steht ebenfalls in der Kritik, da ökologische und soziale Folgekosten nicht genügend berücksichtigt werden bzw. keine hinreichenden Maßnahmen vorgesehen sind, um diese Folgen abzumildern.

In den Kosten-Nutzen-Analysen der Machbarkeitsstudien finden sich Hinweise, die das hohe ökonomische Risiko des Projekts verdeutlichen. Beispielsweise wurde den ökonomischen Berechnungen eine Diskontrate von 15% zugrunde gelegt. Ein realistischerer Wert wäre 12%, wie ihn die Weltbank bei ähnlichen Projekten angenommen hat (z. B. Narmada-Projekt in Indien). Die kanadische Machbarkeitsstudie konzediert, daß dann der berechnete Nettonutzen des Projekts um 59% sinken würde (CYJV, 1989). Nicht zuletzt birgt die Kostenexplosion des Projekts erhebliche Risiken. Die Schätzungen beliefen sich 1986 auf 4,5 Mrd. US-$ und 1993 bereits auf 26 Mrd. US-$.

Eines der Hauptprobleme beim Betrieb von Staudämmen ist die Kontrolle der Sedimentation. Der Jangtse führt jährlich über 500 Mio. t Sediment, von dem sich ein großer Teil aufgrund der reduzierten Fließgeschwindigkeit im Reservoir absetzen wird. Andere Dammbauprojekte in China (Sanmenxia und Gezhouba) zeigen, daß die Sedimentationsrate meist unterschätzt wird, was die Kosten-Nutzen-Relation eines Damms so stark verändern kann, daß er unrentabel wird. Die Machbarkeitsstudie kommt dennoch zu dem Ergebnis, daß die Lebensdauer des Reservoirs unbegrenzt erhaltbar sei. Die Annahmen, die der Sedimentationsanalyse in der Machbarkeitsstudie zugrundeliegen, werden allerdings von amerikanischen Experten in Zweifel gezogen (Williams, 1993c). Sedimentation kann auch die Schiffbarkeit des Flusses im oberen Teil des Stausees gefährden.

Die Störung des Gleichgewichts von Sedimentation und Abtrag durch den Damm kann im Unterlauf den Betrieb der bestehenden, umfangreichen landwirtschaftlichen Bewässerungssysteme beeinträchtigen und die Flußdeiche durch vermehrten Abtrag und Unterspülung gefährden. Im Mündungsgebiet des Jangtse wird die Küstenlinie erodieren und der Salzwassereintrag zunehmen, mit entsprechenden Auswirkungen auf die Ökosysteme und die Erträge aus der Fischerei. Diese Konsequenzen wurden bei den Machbarkeitsstudien offensichtlich nicht in Rechnung gestellt.

Die Folgen eines Dammbruchs an den Drei Schluchten würde als die größte durch Menschen verursachte Katastrophe in die Geschichte eingehen (Williams, 1993c). Dammbrüche sind in China keine Seltenheit: seit 1950 brachen 3.200 von 80.000 Dämmen. Auch Erdbeben können zum Dammversagen führen. Im Falle eines Krieges ist ein militärischer Angriff auf die Staumauer wahrscheinlich. Während der 18jährigen Bauphase müssen Hilfsdämme gebaut werden, die einer Jahrhundertflut voraussichtlich nicht standhalten würden. Die Machbarkeitsstudie selbst schätzt die Wahrscheinlichkeit eines solchen Ereignisses auf 1:20 (CYJV, 1989, zitiert nach Barber und Ryder, 1993), was angesichts des gigantischen Schadenspotentials inakzeptabel hoch erscheint.

Es gibt darüber hinaus eine Reihe von Altlasten und Deponien im Überflutungsgebiet, die ohne vorherige Sanierung überspült werden sollen. In stehenden Gewässern sind an die Reinigung der industriellen und Siedlungsabwässer erhöhte Anforderungen zu stellen; diese Folgekosten müssen mit einbezogen werden. Die Gefahr der Herauslösung von Methylquecksilber aus überfluteten Böden und die darauffolgende Anreicherung in der Nahrungskette bis hin zum Menschen (CYJV, 1989) ist nur ungenügend berücksichtigt.

Die Größenordnung der geplanten Zwangsumsiedlungen ist mit über 1,1 Mio. Menschen gewaltig (Kwai-cheong, 1995). Die Kosten der Umsiedlung werden mit 32% der Gesamtkosten angegeben. In China sind großskalige Umsiedlungsprojekte nur selten befriedigend verlaufen und waren meist mit großer sozialer Not verbunden (Freeberne, 1993). Auf der anderen Seite war die Tragfähigkeit des neuen Siedlungsgebiets, ein ökologisch sehr fragiles, bergiges Gelände oberhalb des Stausees, schon 1985 in weiten Bereichen um ca. 15% überschritten (Gao und Chen, 1987, zitiert nach Kwai-cheong, 1995). 46% der Ackerflächen haben eine Hangneigung von 25° oder mehr. Die Entwaldungs- und Erosionsraten sind in der Region heute schon sehr hoch (Shi et al., 1987, zitiert nach Kwai-cheong, 1995). Wahrscheinlich wird eine Ansiedlung in diesem Gebiet ein hinreichender Expositionsfaktor für die Auslösung oder weitere Intensivierung des Sahel-Syndroms sein (zum Sahel-Syndrom siehe ausführlich WBGU, 1996b). Eine dauerhaft umweltverträgliche Landnutzung erscheint auf diesen Flächen schwierig. Die bereits hohen Erosionsraten werden sich weiter verstärken und über den Sedimenteintrag die Lebensdauer des Projekts beeinträchtigen.

Auch die wirtschaftlichen und nicht zuletzt die sozialen und psychologischen Folgen einer Zwangsumsiedlung in derartiger Größenordnung werden kaum abzufedern sein. Eine Voraussetzung für den Erfolg von solchen drastischen Eingriffen in das soziale Gefüge einer Region ist die rechtzeitige Partizipation der Bevölkerung an einer transparenten Planung und Durchführung der Umsiedlungsaktion. Es muß bezweifelt werden, ob derartige Rahmenbedingungen in China derzeit vorhanden sind. Als Indiz hierfür kann gelten, daß Widerstand gegen den Damm in China unterdrückt wird und kritische Texte nicht veröffentlicht werden dürfen (HRW, 1995).

Zusätzlich zu der bereits erwähnten Ökosystemdegradation, sowohl flußabwärts als auch als Folge der Umsiedlung, würde der Fluß im Staubereich auf einer Länge von 600 km in ein stehendes Gewässer umgewandelt, was tiefgreifende Konsequenzen für die abiotischen Bedingungen (z. B. verringerte Fließgeschwindigkeit, anoxische Verhältnisse im Tiefenwasser, Freisetzung von Nährstoffen, vermehrte Biomasseproduktion) und somit für die Lebensgemeinschaft des Flusses haben muß. Wandernde Arten werden durch den Damm am Habitatwechsel gehindert und könnten aussterben. Die kleinen Populationen von endemischen Flußdelphinen (Lipotes vexillifer, derzeitiger Bestand: weniger als 200 Individuen; Renjun, 1991) und Alligatoren werden mit hoher Wahrscheinlichkeit erlöschen.

Megastaudämme sind nicht die einzig mögliche Methode, Wasserkraft zu nutzen oder Flutkontrolle zu gewährleisten. Auch für das Drei-Schluchten-Projekt gibt es Alternativen, die eine umweltverträglichere Nutzung der Wasserkraft ermöglichen und die Überflutungsgefahr im Unterlauf vermindern helfen würden.

Das Potential von dezentralen kleinen und mittleren Kraftwerken am Jangtse wird hoch eingeschätzt und ist bei weitem nicht ausgenutzt. Zudem ist die Energieeffizienz in China derzeit sehr gering, so daß die Investition in Maßnahmen zur Steigerung der Effizienz den Investitionen zur Produktion von Energie gegenübergestellt werden sollte. Auch für den Hochwasserschutz sollten Alternativen (zusätzliche Investitionen in das bestehende Flutkontrollsystem, Erosionsschutz und Aufforstung) geprüft werden.

Im Rahmen einer Gesamtabschätzung der Kosten-Nutzen-Relation des Drei-Schluchten-Projekts wäre eine korrespondierende Abschätzung von Alternativlösungen im Sinne eines Bündels dezentraler Maßnahmen sinnvoll gewesen, wie sie bereits in einer Studie von US-Experten in den 80er Jahren vorgeschlagen wurde.

HANDLUNGSEMPFEHLUNGEN

Der deutschen Zusage für die Vergabe von staatlichen Risikobürgschaften (Hermes-Bürgschaften) an das Staudammprojekt lag keine der Öffentlichkeit zugängliche Kosten-Nutzen-Analyse zugrunde; in der Verlautbarung des Wirtschaftsministeriums wurden ausschließlich Wettbewerbsgründe für die Entscheidung angeführt. Das liegt nicht zuletzt daran, daß die Vergabe von Hermes-Bürgschaften in Deutschland bislang nicht an die Einhaltung von ökologischen oder sozialen Kriterien gebunden ist.

Der Beirat empfiehlt, staatliche Risikobürgschaften für Großprojekte, die derart massive Umwelt- oder Sozialfolgen haben, künftig an die Einhaltung von ökologischen und sozialen Standards zu binden und entsprechende Untersuchungen öffentlich zugänglich zu machen. Im Fall des Drei-Schluchten-Projekts wird empfohlen, von einer Unterstützung des Projekts ohne vorherige sorgfältige Einschätzung der Sozial- und Umweltfolgen nach den unten angegebenen Kriterien abzusehen (siehe Kap. D 3.4.5.2).

3.4.4
Indirekte Messung der Intensität

Wie bereits erläutert, ist das Aralsee-Syndrom aus zweierlei Sicht von Relevanz für die globale Wasserproblematik. Zum einen gibt es Elemente im Syndrommechanismus, die einen unmittelbaren Effekt auf die Wasserqualität und auch -quantität haben. Dabei sind z. B. die Einflüsse auf das Grundwasser, die Veränderung der Flußphysik und -chemie (Stofffracht, Temperatur, Sauerstoffgehalt usw.) oder eventuelle Verdunstungseffekte zu nennen. Andererseits jedoch – und dies stellt den wichtigeren Effekt dar – werden im Syndrom die mit großtechnischen Wasserbaumaßnahmen verknüpften mittelbaren Umweltdegradationen und sozialen Folgen erfaßt.

Im Rahmen einer Intensitätsmessung wird versucht, die Regionen zu spezifizieren, in denen das Syndrom bereits zu beobachten ist (Schellnhuber et al., 1997). Die Intensität des Aralsee-Syndroms gibt somit einen Hinweis auf ökologisch und sozial fehlgeschlagene wasserbauliche Großprojekte. Dementsprechend sind auch die Handlungsempfehlungen eher auf Kuration als auf Prävention zu richten. Die Bestimmung der Disposition dagegen dient zur Identifikation der von dem Syndrom bedrohten Regionen (Schellnhuber et al., 1997). Im Zusammenhang mit der sich verschärfenden weltweiten Wasserkrise und der noch ungenutzten hydroelektrischen Potentiale ist damit zu rechnen, daß auch in Zukunft solche Großprojekte geplant und errichtet werden. Für die Ausrichtung der Politik in Richtung präventiver Maßnahmen gegen das Aralsee-Syndrom ist damit das Dispositionsmaß von entscheidender Bedeutung.

Leider läßt die Datenlage eine völlig unabhängige Bestimmung der beiden Indikatoren nicht zu. Daher wird an dieser Stelle ein Mittelweg versucht, der die Bestimmung einer Vulnerabilität zum Ziel hat. Diese läßt sich verstehen als Anfälligkeit einer Region nicht gegenüber dem ganzen Syndrom, sondern nur gegenüber seinen wesentlichen negativen Wirkungen (siehe Kap. D 3.4.2.3 und D 3.4.2.4). Es werden also jene Regionen identifiziert, in denen die Errichtung eines wasserbaulichen Großprojekts mit einem erheblichen Risiko für Folgeschäden verbunden ist. Durch Kombination mit einer Karte, die die Verteilung der großen Dämme (ICOLD, 1984 und 1988) an den großen Flüssen der Welt darstellt, erlaubt die Bestimmung der Vulnerabilität eine indirekte Intensitätsmessung: vulnerable Regionen mit zahlreichen Dämmen im Oberlauf der Flüsse sind meist von dem Syndrom betroffen, da „gelungene" Staudammprojekte noch die Ausnahme von der Regel darstellen und erst in jüngster Zeit realisiert wurden.

3.4.4.1
Messung des Kerntrends „Abflußänderungen auf Landflächen"

Wie oben ausgeführt, stellt der Trend „Abflußänderungen auf Landflächen" die zentrale Schnittstelle zwischen der Errichtung eines technischen Großprojekts und seinen Folgen dar. Daher ist es für die Bestimmung der Intensität des Aralsee-Syndroms entscheidend, diesen Trend geeignet zu erfassen. Leider ist die Datenlage nicht ausreichend, um den punktuellen Effekt eines Staudamms oder eines ähnlichen Wasserbauprojekts vollständig zu erfassen, da nicht für alle Bauprojekte Daten über den genauen Standort vorliegen. Daher wurden zunächst auf der Basis des World Register of Dams (ICOLD, 1984 und 1988) die Dämme über 30 m Firsthöhe in einem Land gezählt, wobei für einige Flächenstaaten (Australien, Brasilien, China, Indien, Kanada, Mexiko, Südafrika und die USA) die Zahlen nach den Provinzen bzw. den Bundesstaaten aufgeschlüsselt wurden.

Das Aralsee-Syndrom zeichnet sich gegenüber anderen Syndromen dadurch aus, daß durch den natürlichen Lauf der Flüsse eine räumliche Kopplung zwischen den Ursachen und Folgen besteht: ein Eingriff in den Wasserhaushalt wirkt sich – neben dem Ort des Eingriffs selbst – im wesentlichen im Unterlauf des Flusses aus. Um außerdem die Abhängigkeit der Umweltauswirkungen von der Durchflußmenge an Wasser und partikulären oder gelösten Stoffen zu erfassen, wurde ein einfaches Modell zur Beschreibung dieser Durchflußmengen entwickelt, das im wesentlichen auf der graphentheoretischen Bearbeitung eines globalen digitalisierten Flußnetzes beruht und an ausreichend vielen Meßstationen validiert wurde (Petschel-Held und Plöchl, 1997).

Auf dieser Basis wurde zunächst – als aggregierter Indikator für die Einflußnahme auf die Flußsysteme einer Region – die Zahl der Dämme in einem Land bzw. einer Provinz bestimmt. Dieser Indikator ist, bezogen auf die Fläche der von einem größeren Fluß durchflossenen Regionen, in Abb. D 3.4-4 dargestellt. Besonders auffällig sind die hohen Werte in Kalifornien und Colorado (USA), im südlichen Europa, in China und Japan. Daneben fallen aufgrund der subnationalen Auflösung einzelne Regionen auf, wie z. B. Kwazulu-Natal in Südafrika, Tamil Nadu in Indien und Victoria in Australien.

Die Zahl der Dämme pro durchflossener Fläche wurde mit dem globalen Flußnetz kombiniert, um einen *Damm-Impaktindikator* zu ermitteln. Dieser indiziert den Erwartungswert der Zahl der am Ort selbst und im Oberlauf des Flusses befindlichen Dämme, bezogen auf die jeweilige Jahresdurchflußmenge. Der Indikator beschreibt somit die durch die Gesamtheit der Dämme in der Region aufgetretenen Abflußänderungen auf Landflächen, kann jedoch nicht zur Analyse der Konsequenzen einzelner Großprojekte herangezogen werden (Abb. D 3.4-5).

3.4.4.2
Messung der Vulnerabilität

Auf der Basis des syndromspezifischen Beziehungsgeflechts lassen sich die folgenden Effekte als relevant für die Bestimmung der Vulnerabilität identifizieren und mit Indikatoren belegen:
- Veränderte Stofffracht: mit Hilfe eines globalen Datensatzes (Auflösung 0.5° x 0.5°) für den Sedimenteintrag in einer Region (Ludwig und Probst, 1996) und des oben erwähnten Flußmodells wurde der natürliche Sedimenttransport abgeschätzt (d. h. ohne Berücksichtigung von bereits beste-

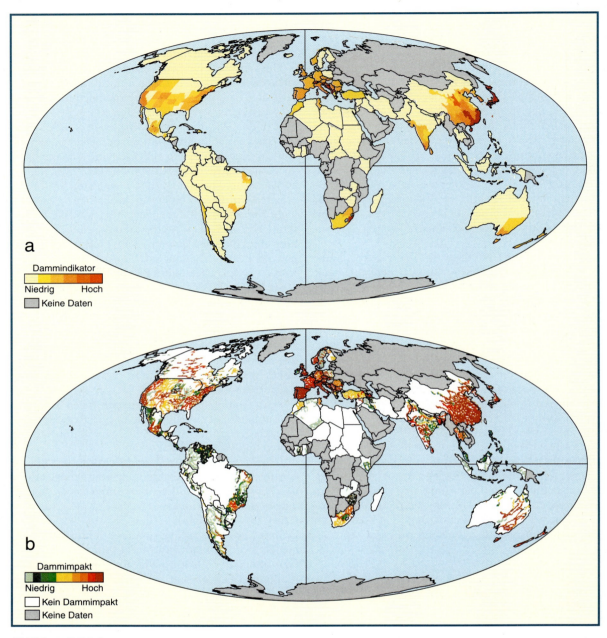

Abbildung D 3.4-4
a) Zahl der Dämme in einer Provinz bzw. einem Land, bezogen auf die gesamte Flußlänge in der jeweiligen Region.
b) Damm-Impaktindikator, d. h. Erwartungswert der flußaufwärts gelegenen Dämme pro km³ Jahresdurchflußmenge.
Quellen: BMBF-Projekt „Syndromdynamik", PIK-Kernprojekt QUESTIONS und WBGU

henden flußregulierenden Bauten) und als Maßzahl für die Vulnerabilität der Region für die Folgen der Veränderung des Sedimenttransports durch Staudämme verwendet.
- Wirkungen auf terrestrische und marine Ökosysteme: als Indikatoren für die Empfindlichkeit terrestrischer Ökosysteme wurde die räumlich explizite Kartierung von Feuchtgebieten nach Matthews und Fung (1987) genutzt. Ausgehend von der hohen Abhängigkeit mariner und küstennaher Ökosysteme vom Sedimenteintrag nahegelegener Flüsse wurde der Gesamtstoffeintrag des jeweiligen Flusses ins Meer als Indikator für die Verwundbarkeit dieser Systeme verwendet.
- Gesundheitsgefährdung: Durch große wasserbauliche Maßnahmen wird insbesondere die Gefahr für Infektionen durch Schistosomiase erhöht. Auf der Basis der Arbeiten von Martens (1995), der

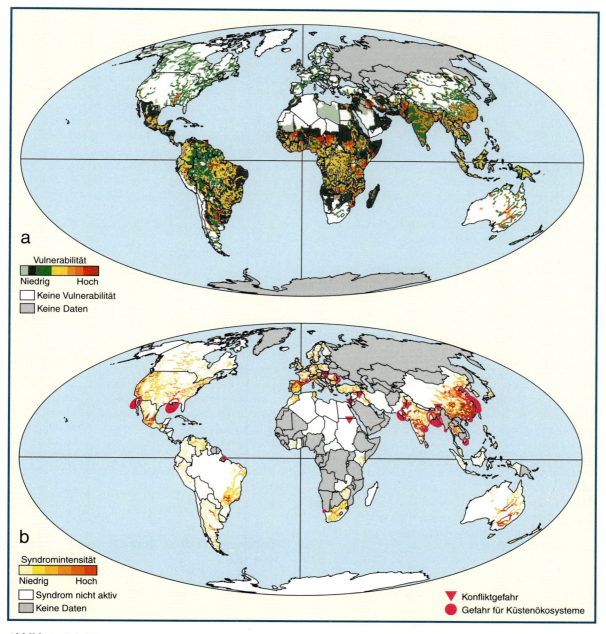

Abbildung D 3.4-5
a) Vulnerabilität für schwerwiegende Schädigung von Natur und Mensch durch Errichtung von großen Staudämmen. Vulnerable Küstenbereiche sind durch die eingezeichneten Kreise gekennzeichnet.
b) Intensität des Aralsee-Syndroms. Aufgrund der unsicheren Datenlage hinsichtlich Zahl und Ort großer Dämme, wurde für die Länder der ehemaligen Sowjetunion keine Abschätzung vorgenommen.
Quellen: BMBF-Projekt „Syndromdynamik", PIK-Kernprojekt QUESTIONS und WBGU

das sogenannte epidemische Potential in Abhängigkeit von der Temperatur untersucht, und eines aggreggierten Indikators für eine ausreichende Sanitäts- und Wasserversorgung (WRI, 1996) wurde ein Indikator für das Gesundheitsrisiko erstellt. Das Fehlen digitaler Daten über das Verbreitungsgebiet der Trägerschnecken – die Zwischenwirte des Parasiten sind – läßt die so indizierten Risikoregionen größer erscheinen, als sie zur Zeit noch sind. So sind z. B. auf dem indischen Subkontinent sowohl geeignete klimatische Bedingungen als auch eine sehr schlechte sanitäre Versorgung anzutreffen. Da jedoch die Trägerschnecke des Erregers der Schistosomiase dort

zur Zeit (noch) kaum anzutreffen ist (WHO, persönliche Mitteilung), sind nur einige wenige Infektionsfälle bekannt.
- Internationale Konflikte: Mit Hilfe des in Kap. D 3.4.4.1 erwähnten Durchflußmodells und einer beiratsinternen Expertenbewertung wurde das Risiko für die Auslösung eines internationalen Konflikts durch großtechnische Wasserbaumaßnahmen geographisch explizit indiziert. Dieses Risiko wird nicht in die Gesamtvulnerabilität integriert, sondern als Risiko in die in Kap. D 3.4.4.3 beschriebene Intensitätskarte eingetragen.

Aus Kap. D 3.4.2 ist ersichtlich, daß neben diese Schadenskategorien noch zahlreiche weitere treten. Jedoch ist einerseits, wie etwa beim Verlust der überfluteten Landflächen, der räumliche Bezug direkt mit dem Staudamm korreliert und braucht von daher in erster Näherung nicht explizit berücksichtigt zu werden. Andererseits ist aber im Hinblick auf die regionalen sozioökonomischen Schadenskategorien ein erheblicher Datenmangel festzustellen. Daher ist die aus den genannten Indikatoren abgeleitete und in Abb. D 3.4-5a dargestellte Gesamtvulnerabilität als Abschätzung nach unten zu interpretieren, d. h. die tatsächliche Verwundbarkeit dürfte in der Regel höher liegen.

Die Vulnerabilität liegt in den Tropen in der Regel höher als in den gemäßigten Breiten, was im Rahmen der vorgenommenen Indizierung durch die weitaus ungünstigere klimatische Wasserbilanz, das höher liegende Risiko für wassergebundene Vektorkrankheiten und die höhere Sedimentfracht der Flüsse zu erklären ist. Besonders ausgeprägt ist die Vulnerabilität der Flußtäler von Nil, Niger und Mississippi wie auch weiter Gebiete Indiens und Chinas. Aufgrund seiner Sedimentlast ist auch der Amazonas teilweise als vulnerabel indiziert.

3.4.4.3
Intensität

Die Intensität des Aralsee-Syndroms wurde durch Kombination der einzelnen Vulnerabilitätsindikatoren mit dem Damm-Impaktindikator berechnet. Da keine direkte Messung möglich ist, ist die resultierende Intensitätskarte (Abb. D 3.4-5b) als Wahrscheinlichkeitsverteilung zu verstehen, d. h. rote Regionen sind mit einer höheren Wahrscheinlichkeit vom Aralsee-Syndrom betroffen als Regionen mit einer grünen Kodierung. Die Verschneidungen wurden so vorgenommen, daß der Indikator eine Abschätzung nach unten darstellt, d. h. die tatsächliche Intensität des Syndroms liegt eher höher als hier indiziert.

Als wesentliche Schwerpunktregionen des Syndroms lassen sich Südchina und weite Teile Indiens ausmachen. Dazu zählen aber auch Provinzen bzw. Bundesstaaten in Mexiko (Guanajuato, Zacatecas), Brasilien (São Paulo, Minas Gerais) oder Australien (New South Wales, South Australia). Im allgemeinen schwach indiziert, da nur durch den Kerntrend, nicht aber durch eine hohe Vulnerabilität gekennzeichnet, sind die temperaten Breiten Nordamerikas und Europas. In Afrika sind insbesondere die großen Stauseen (Assuan, Akosombo, Koussou, Kariba und Cabora Bassa) und deren flußab gelegene Regionen zu erkennen. Aufgrund der unsicheren Datenlage wurde auf eine Indizierung in den Staaten der ehemaligen Sowjetunion verzichtet (grau gekennzeichnet).

3.4.5
Handlungsempfehlungen

Im Falle des Aralsee-Syndroms liegt eine dreiteilige Klassifizierung der Empfehlungen zur Vermeidung oder Abschwächung sozialer, ökologischer und auch wirtschaftlicher Folgen von wasserbaulichen Großprojekten nahe. Diese Dreistufung spiegelt eine Entscheidungshierarchie wider, d. h. der Beirat bevorzugt im Hinblick auf eine nachhaltige Entwicklung die Verringerung oder Vermeidung der Disposition für wasserbauliche Großprojekte mit schwerwiegenden ökologischen oder sozialen Folgen. Wenn sie sich dennoch als notwendig erweisen, sollten sie zunächst unter Internalisierung aller Kosten sorgfältig bewertet werden, und erst an letzter Stelle stehen die Minderungsmaßnahmen für bereits bestehende Projekte.

3.4.5.1
Minderung der Disposition des Aralsee-Syndroms

Wassereinzugsgebiete stellen die natürlichen Einheiten für eine nachhaltige Bewirtschaftung von knapper werdenden Wasserressourcen dar und bilden somit auch den geeigneten Rahmen für die Planung und Bewertung von Wasserbaumaßnahmen. Die Maxime für Wasserbauprojekte muß daher lauten, die Integrität und Funktion der Einzugsgebiete zu erhalten und Degradation der darin liegenden Ökosysteme und Böden zu vermeiden. Beispielhaft für dieses integrierte Management von Wassereinzugsgebieten werden einige Punkte genannt, die in Kap. D 5 näher ausgeführt werden.
- Vermeidung von nicht-nachhaltiger Landnutzung im Einzugsbereich, vor allem Entwaldung (siehe Raubbau-Syndrom; Kap. D 3.2), Nutzung von steilen Flächen als Ackerland und andere erosions-

fördernde Praktiken (siehe Kap. D 3.4; WBGU, 1994).
- Erhaltung bzw. Wiederherstellung der Wälder im Einzugsgebiet kann wesentlich die Flutgefahr eindämmen und Bodendegradation vorbeugen.
- Erhaltung der Feuchtgebiete und Auenbereiche trägt ebenfalls wesentlich dazu bei, hohe Flutspitzen zu vermeiden. Zudem sind Feuchtgebiete wegen ihrer ökologischen Funktion und der in ihnen bewahrten Biodiversität wertvoll (siehe Kap. D 1.2 und D 4.4).
- Für eine am Prinzip der Nachhaltigkeit orientierte Strategie zum Umgang mit Hochwasser, sind die obigen Punkte sehr wesentlich. Andere Strategieelemente sind: Vermeidung der Besiedlung von Hochrisikobereichen, vermehrtes Augenmerk auf passive Schutzmaßnahmen (z. B. Ringdeiche, Warften), verbesserte Maßnahmen für Frühwarnung und Katastrophenschutz, Aufklärung der gefährdeten Bevölkerung (siehe Kap. D 1.6).

Vor der Planung von punktuellen Großprojekten, die tiefgreifend in das ökologische und soziale Gefüge der Region eingreift, sollte eine Analyse der bestehenden traditionellen Systeme zum Wasser- und Landbau stehen. Zum einen sind derartige Systeme die Grundlage für teils jahrhundertelange nachhaltige Bewirtschaftung und können nach Weiterentwicklung und Modifikation unter Berücksichtigung der Prinzipien von Partizipation und Subsidiarität durchaus Alternativen darstellen. Zum anderen ist das Wissen um die traditionellen Systeme Voraussetzung für eine Bewertung der Folgen eines Projekts. Für den Erfolg aller dieser Maßnahmen ist die Beteiligung der lokalen Bevölkerung an Planung und Durchführung unerläßlich (siehe Kap. D 5.3). Schließlich ist zu berücksichtigen, daß viele Wassereinzugsgebiete nationale Grenzen überschreiten. Strategien zu Vorbeugung internationaler Konflikte werden in Kap. D 4.1 angesprochen.

Vom Blickwinkel einer nachhaltigen Entwicklung muß das integrierte Management von Wassereinzugsgebieten eng begleitet werden von geeigneten Strategien zur Effizienzsteigerung bei Nutzung von Wasser und Energie (Kap. D 3.4.2.2):
- Effizienzsteigerung der Wassernutzung, z. B. durch moderne Bewässerungsverfahren, Vermeidung von Wasserverlusten bei der Verteilung oder Wiederverwertung durch Leckagen oder Installation wassersparender Anlagen. Hierzu finden sich an verschiedenen Stellen dieses Gutachtens konkrete Hinweise (z. B. Kap. D 4.3 und D 4.5). Bei der gesteigerten Nachfrage nach Wasser für die Landwirtschaft sind die enge Kopplung zum Grüne-Revolution-Syndrom und die dort gegebenen Handlungsempfehlungen zu beachten (siehe Kap. D 3.3). Die Nachfrage für urbane Gebiete wird durch das Suburbia- und durch das Favela-Syndrom beeinflußt, für letzteres finden sich Handlungsanweisungen in Kap. D 3.6.
- Effizienzsteigerung bei der Energienutzung bietet erhebliche Möglichkeiten zur Minderung der Nachfrage vor allem in Entwicklungs- und Schwellenländern, bei denen die Energieproduktivität noch beträchtliche Steigerungspotentiale aufzuweisen hat.

3.4.5.2
Bewertung wasserbaulicher Großprojekte

Wenn Strategien zur Effizienzsteigerung nicht mehr ausreichen, um die erwarteten Nachfragesteigerungen zu befriedigen, stellt sich die Frage nach dem Bau von Großprojekten und im Zusammenhang damit nach der Bewertung dieser Projekte. Hierfür ist eine umfassende und standortbezogene Abwägung der mit dem Projekt verbundenen Konsequenzen und Erwartungen notwendig. Eine solche Beurteilung kann der Beirat nicht erstellen, auch nicht für einzelne Großprojekte wie das Drei-Schluchten-Staudammprojekt. Empfehlungen können allerdings in zwei Richtungen gegeben werden: Zum ersten lassen sich Leitplanken aufstellen, die nicht überschritten werden dürfen. Unter *Leitplanken* werden „K.O.-Kriterien" verstanden, deren Unterschreitung durch kein noch so hervorragendes Abschneiden bei anderen Kriterien kompensiert werden kann. Zum zweiten lassen sich Empfehlungen zum Abwägungsverfahren und zu den Anforderungen ableiten, die an ein solches Verfahren zu stellen sind.

LEITPLANKEN
Bei der Beurteilung von wasserbaulichen Maßnahmen werden viele Wirkungsdimensionen berührt. Auf der positiven Seite stehen direkte Nutzeffekte wie Stromgewinnung, Bewässerung, Hochwasserschutz und die Schaffung neuer Lebensräume für Wasserfauna und Flora sowie verbesserte Freizeitmöglichkeiten. Es kommen aber auch indirekte Effekte zum Tragen, wie Planungssicherheit, Wirtschaftsentwicklung, Schaffung von Arbeitsplätzen, Substitution von ökologisch bedenklichen Energieträgern, Exportgewinne, Technologietransfer und Aufbau funktionsfähiger Institutionen.

Auf der negativen Seite stehen direkte Auswirkungen wie z. B. Kosten für Bau, Betrieb und Abbau der technischen Einrichtungen, Umsiedlungsprobleme, Verlust von Arbeitsplätzen (etwa in der Fischerei), Verlust von gefährdeten Ökosystemen und Arten, Gesundheitsrisiken, Sicherheitsrisiken sowie indirekte Auswirkungen im Unterlauf und in den Kü-

stenökosystemen wegen fehlender Sedimentfracht, erhöhte Wasserverschmutzung, soziale Entwurzelung und die Verstärkung ökonomischer und sozialer Disparitäten. Die adäquate Einbeziehung aller Aspekte in einen wissensbasierten und ausgewogenen Abwägungsprozeß bedeutet einen erheblichen Aufwand und ist ohne spezielle Detailkenntnisse nicht möglich. Einen solchen Aufwand kann man daher nicht generell für alle geplanten Großprojekte durchführen. Deshalb sollten zwei Selektionskriterien zum Einsatz kommen:
- Erkennt man, daß die Auswirkungen nur minimale Veränderungen in Umwelt und Gesellschaft bewirken, ist eine Analyse nicht notwendig und das Projekt kann durchgeführt werden, vorausgesetzt daß das Projekt eine positive Kosten-Nutzen-Bilanz aufweist (trivialer Fall).
- Erkennt man, daß ein Projekt bereits auf einem relevanten Prüfkriterium so schlecht abschneidet, daß eine Kompensation durch ein Nutzenkriterium nicht möglich erscheint, dann ist das Projekt auch ohne eingehende Analyse nicht weiter zu verfolgen (Verletzung einer Leitplanke).

Sind die Fälle der Trivialität bzw. der Ablehnung auf der Basis einer der Leitplanken nicht gegeben, dann ist eine detaillierte Abwägung der Vor- und Nachteile notwendig. Da es sich bei den Manifestationen im Rahmen des Aralsee-Syndroms stets um große Projekte mit weitgehenden Auswirkungen handelt, ist der erste Fall der Trivialität auszuschließen. Es gilt also, für alle mit diesem Syndrom zusammenhängenden Fälle eine Analyse nach dem Leitplankenprinzip vorzunehmen, um vorab zu klären, ob überhaupt eine Analyse der jeweiligen Vor- und Nachteile benötigt wird.

Was sind aber die Leitplanken? Aus Sicht des Beirats sollten die als Kriterien benutzten Leitplanken quantitativ oder eindeutig faßbare Minimalbedingungen aus der Perspektive der Ökologie, Ökonomie und Sozialverträglichkeit umfassen. Ist eine der Minimalbedingungen nicht erfüllt, dann ist das Projekt abzulehnen, es sei denn, daß alle anderen Handlungsoptionen (einschließlich des Nicht-Handelns) ebenfalls Minimalbedingungen verletzen. Im folgenden sind diese Minimalbedingungen für das Aralsee-Syndrom formuliert:

Ökologie
- *Biodiversität:* irreversible Konversion eines als besonders wertvoll eingestuften Ökosystems (beispielsweise mit international anerkanntem Schutzstatus als Ramsar- oder Welterbe-Gebiet; siehe Kap. D 5.6.1), Verlust von besonders wichtigen ökologischen Funktionen oder einer oder mehrerer als besonders schutzwürdig angesehenen Arten,
- *Degradation von Umweltmedien:* hohe Wahrscheinlichkeit einer irreversiblen Zerstörung oder signifikanten Minderung des Nutzungspotentials von Wasser und Böden aufgrund von Versalzung, Sedimentation oder ähnlichen Prozessen.

Ökonomie
- *Nettonutzen:* Der Nettonutzen des Projekts sollte auf der Basis einer rudimentären Kosten-Nutzen-Analyse mit großer Wahrscheinlichkeit auf ein positives Ergebnis hinweisen,
- *Solidität:* Unsicherheit des erwarteten „rate of return" darf nicht größer sein als ein festzulegender Prozentsatz der gesamten Investitionssumme,
- *Management:* Abwesenheit oder mangelnde Funktionsfähigkeit von Organisationen im Projektgebiet, um die zu erwartenden Nebenwirkungen und Risiken angemessen zu managen.

Sozialverträglichkeit
- *Risiko:* gestaffelte Risikohöhe je nach Reichweite (Empfehlungen des Corps of Engineers der USA mit Einschluß eines Risikoaversionsfaktors):
  – 1×10^3 bei maximal 100 Personen
  – 1×10^4 bei maximal 1.000 Personen
  – 1×10^5 bei über 1.000 Personen.
- *Gesundheit:* erwartete Erhöhung der Mortalität um einen festzulegenden Faktor.
- *Partizipation:* Mindestmaß an Partizipation und Zustimmung der betroffenen Bevölkerung.
- *Konfliktträchtigkeit:* besonders hohe Wahrscheinlichkeit von kriegerischen Konflikten als Konsequenz des Projekts.

Bei jedem Projekt ist zu fragen, ob eine dieser Leitplanken überschritten ist. Wenn ja, muß weiterhin geprüft werden, ob die Beibehaltung des Status quo an der gleichen oder an einer anderen Stelle eine der Leitplanken ebensowenig erfüllt. Wenn dies der Fall sein sollte, ist zu prüfen, ob es Alternativen gibt, um das Projekt, andere nutzenäquivalente Projekte oder den Status quo (mit vertretbarem Aufwand) aus der „Katastrophendomäne" hinauszubringen. Gelingt dies, so ist die Lösung mit den zu erwartenden geringsten Kosten zu nehmen. Gelingt dies nicht, dann muß eine Güterabwägung zwischen den Optionen, die alle zumindest eine Leitplanke verletzen, vorgenommen werden. Damit diese Abwägung sinnvoll angewandt werden kann, sind die Leitplanken so zu wählen, daß sie lediglich Mindestanforderungen umfassen.

PROZEDURALE EMPFEHLUNGEN

Ist keine der Leitplanken verletzt oder schneidet die vorgeschlagene Projektlösung hinsichtlich der Leitplanken besser ab als der Status quo oder eine andere realisierbare Option, dann ist eine umfassende Bewertung zu befürworten. In dieser umfassenden Bewertung sollen alle oben angesprochenen Bewertungsdimensionen berührt werden. Wegen der Vielschichtigkeit der Dimensionen und der kaum vorhersehbaren Folgen schlägt der Beirat ein multidimensionales Bewertungsverfahren vor (Baumann et al., 1984). Dort werden ökonomische Kriterien (Kosten-Nutzen-Analyse), soziale Kriterien, Umweltkriterien (Umweltverträglichkeitsprüfung – UVP) und Risikokriterien getrennt erfaßt und in einer Matrix wiedergegeben. Die Bewertung des jeweiligen Projekts ist aufgrund dieser Analysen nur relativ zu möglichen Alternativen sinnvoll. Deshalb muß eine solche Abwägung sowohl die Option der Beibehaltung des Status quo sowie eine oder mehrere nutzenäquivalente Optionen (z. B. dezentrale Wasserbaumaßnahmen oder Bau von Erdgaskraftwerken) umfassen. Eine Aggregation der verschiedenen Dimensionen erfolgt nicht durch die Analytiker, sondern erfordert politische Prioritätensetzung. In demokratischen Gesellschaften wie der Bundesrepublik sollten dazu diskursive Formen der Gewichtung herangezogen werden.

Das Ergebnis eines solchen Prozesses ist nicht vorbestimmt. Voraussetzung für das Wirksamwerden solcher Bewertungsprozesse sind folgende Metakriterien:
- Gesicherte Daten und Ergebnisse für den Vergleich der Optionen.
- Qualifizierte Aussagen zu den Unsicherheiten der Prognosen.
- Transparenz über den Entscheidungsprozeß (wer, was, wann).
- Zugang zu und Beteiligung von den wichtigsten Akteuren (um Partizipationsbereitschaft zu testen).
- Offenheit des Verfahrens.
- Notwendigkeit der Begründung von Gewichtungen.

Diese Metakriterien sind immer gültig, unabhängig davon, ob sie als Leitsätze für das projektausführende Land oder als Entscheidungshilfe für das Geldgeberland eingesetzt werden.

Schlussfolgerungen für die Bundesregierung

- In einem ersten Schritt ist zu prüfen, ob das erste Selektionskriterium (Trivialität der Nebenfolgen) erfüllt ist. Wenn ja, sollte bei Vorliegen einer positiven Kosten-Nutzen-Bilanz und einer eindeutigen Zuordnung des Projekts in die Kategorie der förderungswürdigen Projekte eine positive Entscheidung zugunsten der Förderung erfolgen.
- In einem zweiten Schritt ist zu prüfen, ob bei einem Projekt mit nicht-trivialen Nebenwirkungen eine der oben genannten Leitplanken verletzt ist. Wenn dies der Fall ist, sollte das Projekt abgelehnt werden, es sei denn, der Status quo verletzt ebenfalls eine oder mehrere Leitplanken. In diesem Falle sollte vorrangig nach Modifikationen des ursprünglichen Projekts oder anderen nutzenäquivalenten Optionen gesucht werden, bei denen eine Verletzung der Minimalbedingungen nicht zu erwarten ist.
- Wenn das Projekt in modifizierter oder ursprünglicher Ausrichtung keine der Leitplanken verletzt, dann ist zu prüfen, ob ausreichende Unterlagen vorliegen, damit gemäß der oben genannten Metakriterien eine aussagekräftige Abwägung vorgenommen werden kann.
- Liegen diese Unterlagen vor, dann sollte die Bundesregierung entweder eine offenzulegende Abwägung durch das antragstellende Land anfordern und entsprechend evaluieren oder eine solche Abwägung selbst vornehmen.
- Im Rahmen der Prüfung wird es niemals möglich sein, alle wünschenswerten Daten zu beschaffen oder alle Partizipationswünsche durchzusetzen. Hier muß am Einzelfall geprüft werden, ob die Voraussetzungen zur Einhaltung der Metakriterien zumindest im Grundsatz erfüllt sind.
- Kommen alle diese Prüfungen zu einem positiven Ergebnis, ist eine Förderung zu empfehlen. Dabei sollte aber die Zusage von finanziellen Mitteln, technischer Hilfe oder Bürgschaften an die Einhaltung der jeweiligen Bedingungen geknüpft werden.
- Da bei der Durchführung von umfangreichen Projekten die in den Plänen vorgesehenen Maßnahmen (etwa zum Schutz von Ökosystemen oder zur Einbindung der betroffenen Bevölkerung) oft nicht oder nicht adäquat umgesetzt werden, sollte der Finanzierungsplan die jeweils vorgesehenen Zahlungen an die Erfüllung vorgegebener Plandaten zu bestimmten Zeitpunkten ankoppeln. Dabei ist wichtig, daß im Projekt Sollbruchstellen eingebaut werden, die bei Vorliegen von ernsthaften Defiziten einen Abbruch des Projekts noch möglich machen.
- Bei der Vergabe von Fördermitteln oder technischer Hilfestellung sollte die bisherige Bilanz des jeweiligen Landes mit solchen Großprojekten in die Analyse der Vor- und Nachteile des Projekts einbezogen werden. Auch im Prinzip segensreiche Projekte können bei institutionellen Defiziten (etwa hohe Korruption) zu untragbaren Risiken führen.

3.4.5.3
Minderung der Folgen bestehender wasserbaulicher Großprojekte

Der Beirat ist der Auffassung, daß ein großer Staudamm einen erheblichen Eingriff in die Natur darstellt, dessen Folgen im einzelnen schwer voraussehbar und kaum abzumildern sind. Insbesondere die hydrologischen Folgen der Abflußänderungen und des Sedimenthaushalts, aber auch der Großteil der ökologischen Folgewirkungen bleibt durch die im folgenden aufgeführten Maßnahmen unberührt.

- Maßnahmen zum *integrierten Management von Wassereinzugsgebieten* können nicht nur die Disposition gegenüber dem Aralsee-Syndrom verringern, sondern auch wesentlich zur Verbesserung bereits durchgeführter Projekte beitragen. Hierzu gehören vor allem nachhaltige Methoden der Landnutzung, z. B. Erosionsminderung durch verstärkte Aufforstung (siehe Kap. D 3.4.5.1).
- *Verstärktes Ablassen von Wasser aus dem Stausee* soll den Abfluß vergrößern und die natürliche Abflußvariabilität nachahmen. Diese Maßnahmen sind vor allem bei hydroelektrischen Kraftwerken teuer und lassen sich direkt in Geld umrechnen, daher wird ihnen von den Betreibern großer Widerstand entgegengesetzt. Entsprechende Auflagen haben in den USA schon zur Aufgabe von Dammbauprojekten geführt. Alte Dämme sind oft nicht dafür eingerichtet, große Mengen an Wasser in kurzer Zeit abzulassen, wie es für eine ökologisch sinnvolle Simulation nötig wäre. Erste Erfahrungen aus einem Experiment am Glen Canyon (Colorado) sind positiv; das Flußbett hat sich dem natürlichen Zustand wieder angenähert (Collier et al., 1997). Weitere Erfahrungen sollten gesammelt werden (siehe Forschungsempfehlungen in Kap. D 3.4.6).
- Die *Wasserqualität* des aus dem Stausee abfließenden Wassers kann positiv beeinflußt werden: Sauerstoffanreicherung vor oder während des Passierens der Turbinen und Temperaturregelung durch Nutzung der thermischen Schichtung des Reservoirs sind Beispiele dafür.
- Die Versuche, die negativen Effekte auf wandernde Fischarten durch *Fischtreppen* und *Fischaufzuchtanlagen* auszugleichen, müssen kritisch betrachtet werden. Die nachteiligen Folgen eines Damms können auf diese Weise nur für einen kleinen Ausschnitt der Lebensgemeinschaft gemildert werden. Die Voraussetzung ist die sorgfältige ökologische Untersuchung der lokalen Gegebenheiten, denn die Erfahrungen mit anderen Dämmen in anderen Klimazonen lassen sich nicht ohne weiteres übertragen (siehe Forschungsempfehlungen in Kap. D 3.4.6).
- *„Rettungsaktionen" für wildlebende Tiere* aus den Überflutungsbereichen sind mehr als Public-relations-Maßnahme denn als Naturschutzmaßnahme zu werten, denn mit dem Verlust des Habitats verlieren die Tiere ihre Lebensgrundlage. Umsiedlungen von Tierpopulationen in angrenzende Gebiete sind aus ökologischer Sicht zweifelhaft.
- Nach erneuter Bewertung von Vor- und Nachteilen eines bestehenden Projekts kann sich im Extremfall die Notwendigkeit eines Rückbaus (insbesondere von Staudämmen) ergeben. Es liegen hier vergleichsweise wenige Erfahrungen vor, so daß noch Forschungsbedarf besteht (siehe Kap. D 3.4.6).
- Die direkte *Gesundheitsgefährdung* durch großskalige wasserbauliche Maßnahmen vor allem zur Bewässerung ist eng mit einer unzureichenden Anbindung der lokalen Bevölkerung an sauberes Trinkwasser und an sanitäre Entsorgung gekoppelt (siehe Indikator für Schistosomiase in Kap. D 3.4.4.2). Wo möglich sollte diese daher – in Verbindung mit einer Verbesserung des Gesundheitssystems im allgemeinen – ausgebaut werden, um so die Infektionsgefahr zu mindern (siehe Handlungsempfehlungen in Kap. D 4.2).

Die oben angegebene Bewertung von Abhilfemaßnahmen sollte bei Projekten, die mit deutscher Hilfe aus der Entwicklungszusammenarbeit oder aus staatlichen Risikobürgschaften gefördert werden, bedacht werden; die Aufwendungen für Installation und Betrieb sollten in die Kosten-Nutzen-Rechnungen integriert sein.

3.4.6
Forschungsempfehlungen

Über die Wirkungen von wasserbaulichen Großprojekten ist im Prinzip ein breites Grundlagenwissen vorhanden. Die Umsetzung des Wissens in jeweilige Einzelfallstudien jedoch ist schwierig; insbesondere die Abschätzung von ökologischen Folgen im Rahmen von Kosten-Nutzen-Analysen stößt auf große methodische Schwierigkeiten. An dieser Stelle konstatiert der Beirat dringenden Forschungsbedarf. Besonders gilt dies für die Einhaltung der in Kap. D 3.4.5.2 genannten ersten beiden Metakriterien: „gesicherte Daten und Ergebnisse" sowie „qualifizierte Aussagen zu den Unsicherheiten der Prognosen".

Zur Unterstützung derartiger Forschungen ist es sinnvoll, bisherige Staudammprojekte – beispielsweise von der Bundesregierung im Rahmen der Entwicklungszusammenarbeit geförderte Maßnahmen – nachträglich erneut auf ihren Erfolg zu überprüfen und diese Analyse den vor dem Bau jeweils prognostizierten Kosten und Nutzen gegenüberzustellen. Insbesondere die ökologischen und sozialen Folgen von Projekten sollten auch längerfristig beobachtet werden, um die Basis für Bewertungen zu verbessern und Abhilfemaßnahmen erfolgreicher planen zu können.

Eine große Forschungslücke sieht der Beirat beim Umgang mit den technischen und finanziellen Problemen beim Abbau von Dämmen (decommissioning). Dämme haben z. B. durch Sedimentation und bauliche Alterung oder durch eine nachträglich veränderte Einschätzung der Kosten-Nutzen-Rechnung eine begrenzte Lebensdauer. Der Abbau von Dämmen ist bislang kaum das Thema von Untersuchungen, und die Kosten derartiger Unternehmungen werden bislang in den Kosten-Nutzen-Rechnungen nicht berücksichtigt. Hier ist noch Grundlagenarbeit zu leisten, bei der sich Deutschland einen Forschungsvorsprung erarbeiten kann.

Auch bei der Minderung der ökologischen Folgen von Dammbauten sind noch Wissenslücken vorhanden. Die technischen Maßnahmen, mit denen die Behinderung von Wanderungsbewegungen von Tieren vermindert werden sollen (z. B. Fischtreppen) sind in Einzelfällen, vor allem bei Salmoniden, erfolgreich, aber in vielen Fällen noch ungenügend. Die Techniken, die vor allem in den USA entwickelt wurden, werden häufig ohne ausreichende biologisch/ökologische Untersuchung auf andere Kontinente und Klimate übertragen, mit entsprechend unbefriedigenden Ergebnissen. Experimente mit der natürlichen Situation nachempfundenen Abflußregimes können helfen, die ökologischen Nachteile im Unterstrombereich zu verringern.

3.5
Das Favela-Syndrom: ungeregelte Urbanisierung, Verelendung, Wasser- und Umweltgefährdung in menschlichen Siedlungen

Kollabieren von Megastädten möglich – Push-and-pull-Faktoren – Politikversagen als Antriebskraft – Informeller Sektor unterstützt Überlebenssicherung – Wachsender Wasserbedarf der Agglomerationen überfordert regionale Süßwasserreserven – Indikatoren des Syndroms –Verfahren der Abwasserbehandlung – Empfehlungen

Der globale Wasserhaushalt wird durch ein weiteres Syndrom belastet, dessen Bedeutung für den Globalen Wandel in Zukunft noch steigen wird: das Favela-Syndrom. In nahezu allen Entwicklungs- und Schwellenländern läßt es sich beobachten; seine direkten Folgen für die betroffenen Menschen, den regionalen und globalen Naturhaushalt sowie indirekt für die Industrieländer sind gewaltig. Durch rasche Verstädterungsprozesse, teilweise angetrieben durch Landflucht, zusammen mit mangelnden politischen Planungs- und Steuerungskapazitäten vor Ort kommt es zu einer Überlastung städtischer Systeme (Wohnen, Arbeiten, Transport, Ver- und Entsorgung), die in manchen Städten katastrophale Ausmaße angenommen hat. Der Wasserbedarf dieser Agglomerationen ist enorm, die Entsorgungsinfrastruktur völlig unzureichend. Gleichzeitig kann für große Teile der Bevölkerung eine Versorgung mit sicherem Trinkwasser sowie eine Basisausstattung mit Sanitäranlagen nicht bereitgestellt werden. Die Folge ist eine Reihe von typischen Krankheiten, die im Zuge der Globalisierung auch auf andere Weltregionen übergreifen können. Das vorliegende Kapitel analysiert – nach einem kurzen Begriffsbild (Kap. D 3.5.1) – den allgemeinen Mechanismus des Favela-Syndroms (Kap. D 3.5.2), fokussiert daraufhin die Wasserkomponente und ihre sozialen und ökologischen Folgen (Kap. D 3.5.3), um in einem abschließenden Teil Handlungsempfehlungen zur Kuration des Syndroms und besonders seiner Wasserproblematik zu geben (Kap. D 3.5.4).

3.5.1
Begriffsbild

Das Favela-Syndrom kennzeichnet eine spezielle Entwicklungsproblematik, die sich aus einem ungeregelten Wachstum menschlicher Siedlungen ergibt – entweder in einzelnen Bereichen der Kernstädte oder, häufiger noch, in schon bestehenden und neuen Zentren. Aufgrund der hohen Geschwindigkeit, mit der sich diese informelle Urbanisierung vollzieht, sowie aufgrund vielfältiger Formen des Politikversagens unterbleibt in der Regel jede staatliche Einflußnahme durch Flächennutzungs- und Bebauungsplanung, Ordnungskontrolle sowie der Aufbau notwendiger Infrastruktureinrichtungen zur Ver- und Entsorgung. Diese rasch wachsende Disparität im Urbanisierungsprozeß bildet damit den eigentlichen Mechanismus des Syndroms mit seinem charakteristischen Muster aus Wachstum und Umweltdegradation und dem daraus resultierenden Gefahrenpotential für Mensch und Natur.

Im Portugiesischen bezeichnet favela (englisch: slums, squatter settlements; spanisch: barrios) eine städtische Siedlung, die ohne feste Baustoffe und ohne Genehmigung häufig von Landflüchtlingen errichtet wurde. Aber es ist nicht allein die Bau- bzw. Wohnform, die das Favela-Syndrom beschreibe. Es sind auch nicht einfach die Städte auf der Welt, die einen hohen Anteil an solchen Siedlungen aufweisen. Es geht vielmehr um einen in ganz unterschied-

Land	Einwohnerzahl (Mio.)	Davon Einwohner in Favelas (Prozent)	Einwohnerzahl der Megastädte (Mio.)	
Philippinen	69	27,6	Manila	9,3
Ägypten	63	15,1	Kairo	7,7
Südkorea	45	14,4	Seoul	11,6
Indien	945	7,7 (regional bis zu 36)	Kalkutta	11,7
			Bombay	15,1
			Delhi	9,9
Brasilien	161	6,9	São Paulo	15,9
			Rio de Janeiro	10,4
Indonesien	200	6,9	Jakarta	11,5

Tabelle D 3.5-1
Das quantitative Ausmaß der Favela-Bildungen. Quellen: Oberai, 1993; UNPD, 1994; Kidron und Segal, 1996

lichen Städten aufweisbaren Mechanismus der ungleichgewichtigen Urbanisierung, der neben Siedlungsformen auch ökonomische und soziale Beziehungen, stoffliche und energetische Vernetzungen sowie natürliche Folgen und Rückwirkungen beinhaltet. Diese funktionale Einheit ist gemeint, wenn im weiteren vom *Favela-Syndrom des Globalen Wandels* gesprochen wird. Es tritt zum einen dort auf, wo man es aufgrund der erwähnten Siedlungsmerkmale vermutet – etwa in São Paulo oder Lima. Aber auch die innerstädtischen Slumgebiete – obwohl aus festen Baumaterialien erbaut – gehören zum Favela-Syndrom als typischem Prozeß im Globalen Wandel. Und es gehören all jene Segmente in „entwickelteren" Städten dazu, die die im Beziehungsgeflecht (siehe unten) dargestellte Charakteristik aufweisen.

Die Teilaspekte „Ungeregelte Urbanisierung, Umweltgefährdung und Verelendung" formen jedoch nicht das einzige Syndrom des Globalen Wandels im Bereich „Stadt". In der Regel finden sich in einer urbanen Struktur neben dem Favela-Syndrom weitere Krankheitsbilder, wie das Kleine-Tiger-Syndrom und das Suburbia-Syndrom (siehe Kap. D 3.2) in jeweils unterschiedlichen Ausprägungen. Diese kennzeichnen spezifische Schadensmuster mit jeweils eigenen Ursachen, Mechanismen und Problemen für Mensch und Natur. Ihr Fokus liegt jedoch primär auf Problemen, die sich aus wohlstandsspezifischen Lebensstilen oder aus einer nachholenden Industrialisierung mit hoher Eigendynamik ergeben. Im Gegensatz zum Favela-Syndrom korrelieren ihre Intensitäten nicht mit einer rasch wachsenden Bevölkerungszahl. Damit ist jedoch nicht gesagt, daß das Favela-Syndrom ausschließlich eine Problemkonstellation der Entwicklungsländer darstellt, denn einerseits sind Anzeichen dieses Krankheitsbildes auch in den Metropolen der Industrieländer zu beobachten und andererseits steht zu befürchten, daß im Falle eines „Kollabierens" der überlasteten Megastädte ein Migrationspotential freigesetzt wird, dessen primäre Ziele aller Voraussicht nach in den hochentwickelten Ländern liegen werden.

Der Prozeß der Verstädterung als solcher stellt nach Ansicht des Beirats keine negative Entwicklung im System Erde dar. Die Geschichte der Menschheit ist voller Beispiele für die Beiträge der Urbanisierung zur zivilisatorischen Entwicklung. Auch unter ökologischen Gesichtspunkten ergeben sich Vorteile des verdichteten Lebens und Produzierens (z. B. geringerer Flächenbedarf pro Kopf, bessere Infrastrukturnutzung, höhere Energieeffizienz). Gleichwohl ist es gerade Kennzeichen der Verstädterung im Favela-Syndrom, daß sie die zivilisatorischen und ökologischen Systeme aufgrund charakteristischer Fehlentwicklungen überlasten und schädigen. Dieses komplexe Schadensmuster steht im Zentrum der Analyse. Tab 3.5-1 verdeutlicht das quantitative Ausmaß der ungeregelten Urbanisierung.

Über den globalen Umfang der Favelas liegen unterschiedliche Schätzungen vor. Die UNFPA geht weltweit von ca. 600 Mio. Bewohnern in den Favelas aus (UNFPA, 1995). Hochrechnungen aus den Statistiken der Vereinten Nationen und von UNICEF bewegen sich in der Größenordnung von 0,77– 1,5 Mrd. Menschen, die nicht in der Lage sind, die wesentlichen Grundbedürfnisse (Wohnung, Ernährung, Gesundheit) zu befriedigen.

Alles deutet darauf hin, daß das Syndrom in Zukunft an Bedeutung gewinnen wird: Bis zum Jahr 2010 werden etwa 3,3 Mrd. Menschen (rund die Hälfte der Weltbevölkerung) in Städten leben; 2025 wird der Anteil der Stadtbevölkerung schätzungsweise ca. zwei Drittel der Weltbevölkerung ausmachen (UNPD, 1994). Die Städte mit den höchsten Einwohnerzahlen im Jahr 2000 und einer ausgeprägten Anfälligkeit gegenüber dem Favela-Syndrom sind Bombay, Buenos Aires, Jakarta, Kairo, Kalkutta, Manila, Mexiko-Stadt, São Paulo, Shanghai und Teheran (siehe Kasten D 3.5-1). Anfällig für das Favela-Syndrom sind allerdings nicht nur die bereits bestehenden Megastädte: Zahlreiche Beispiele des afrikanischen Kontinents wie Dar-es-Salaam in Ost- oder Bangui in Zentralafrika belegen, daß insbesondere landwirtschaftlich genutzte, marginale Standorte eine hohe

KASTEN D 3.5-1

Fallbeispiele des Favela-Syndroms

Die Umweltbelastung städtischer Lebensräume ist insbesondere durch das Zusammenwirken verschiedener Faktoren gekennzeichnet. Die hohe Konzentration von Produktionsstätten und Konsumaktivitäten verursacht erhebliche Schadstoffemissionen, die durch den geringen Effizienzgrad der meisten Produktionsanlagen verstärkt werden. Das lokale Klima verhindert häufig ein Entweichen dieser Schadstoffe aus der Stadtatmosphäre, so daß nicht nur der städtische Boden, der ohnehin einer Degradation durch Abfallakkumulation und Versiegelung ausgesetzt ist, kontaminiert wird. Über die Böden gelangen die Schadstoffe in das Grundwasser. Die industriellen Anlagen dieser städtischen Agglomerationen erreichen oft nicht einmal ein Mindestmaß an Sicherheits-, Entsorgungs- und Emissionsminderungsvorkehrungen. Auch verfügen die Transportmittel in der Regel über keinerlei abgasreduzierende Technik.

Die betroffenen Siedlungen können selbst bei geringen Zuwachsraten häufig keine zusätzliche Infrastruktur bereitstellen, da weder entsprechende finanzielle Mittel verfügbar sind noch ein notwendiges Planungs- und Ressourcenmanagement durch die Verwaltung betrieben wird oder diese der rasanten Bedarfssteigerung gewachsen ist. Bestehende Einrichtungen können nur einen kleinen Teil des zusätzlichen Bedarfs abdecken, so daß die Verstädterung zusehends außer Kontrolle gerät und für diesen Prozeß spezifische Mensch-Umwelt-Interaktionen ausgelöst werden, die sich insbesondere in ungeregelter Abfallakkumulation aus Haushalten und Industrie, ungesicherter Wasserver- und -entsorgung, hohen Schadstoffkonzentrationen in Boden, Wasser und Luft, versagenden Verkehrssystemen, zunehmender Versiegelung und dementsprechend akuter Gesundheitsgefährdung der Bevölkerung niederschlagen.

Fallbeispiel Mexiko-Stadt

Täglich belasten 6.000 t Luftschadstoffe die (städtische) Atmosphäre und damit die Gesundheit der Einwohner von Mexiko-Stadt: Allein eine Raffinerie und 2 Elektrizitätswerke emittieren täglich 330 t Schwefeldioxid. Als Folge der Bodenerosion und der fehlenden Vegetation steigen im Stadtgebiet pro Jahr 300.000 t Staub auf. Der Abwasserausstoß des Großraums Mexiko-Stadt beträgt ca. 50 m^3 pro Sekunde. Davon gelangen nur 70% in die öffentliche Kanalisation (könnten also potentiell der Abwasserreinigung zugeführt werden). Die Haushaltsabwässer gelangen allerdings nahezu vollständig ungeklärt in die Ökosphäre. Durch die zunehmende Verstädterung steigt auch der Wasserbedarf stark an. Allein in den letzten 20 Jahren ist es infolge der beträchtlichen Wasserentnahme zu Bodenabsenkungen bis zu 8 m in den Randbezirken gekommen (Ezcurra und Mazari-Hiriart, 1996). Hieraus ergeben sich weitreichende Konsequenzen für die Gesundheitsvorsorge der Stadtbevölkerung. Die autonome Metropolitan University hat im Rahmen von Abwasseranalysen ca. 40 krankheitserregende Mikroorganismen sowie hohe Konzentrationen an Cadmium und Blei nachweisen können.

Fallbeispiel Madras

In Madras leben 3,79 Mio. Menschen, davon ca. 1,5 Mio. in Slums ohne Abwasserentsorgung. Die Infrastruktur ist lediglich für 1 Mio. Einwohner konzipiert. Täglich entstehen im Stadtgebiet ca. 4.000 t Abfall, der meist in küstennahen Sumpfgebieten entsorgt wird (Appasamy und Lundqvist, 1993). Die Wasserressourcen der Region sind bereits übernutzt. Der jährliche Niederschlag kann die Entnahme nicht kompensieren, Vorhaltebekken können den täglichen Süßwasserbedarf von 350 Mio. l nicht bereitstellen. Infolge der erheblichen Grundwasserentnahme (150 Mio. l täglich) dringt Seewasser in die Grundwasserleiter ein, wodurch die ohnehin geringen Süßwasserressourcen erheblich vermindert werden. Mit 78 l Wasser pro Person und Tag (in Jahren mit extremem Niederschlagsmangel weniger als die Hälfte) bildet Madras das Schlußlicht der indischen Verfügbarkeitsskala für Wasser. Trotz eines dualen Versorgungssystems (Wasser hoher Qualität zum Trinken und Kochen, Wasser niedrigerer Qualität zum Waschen und Baden) sind Versorgungsengpässe nicht zu vermeiden. Die Kosten für eine sichere Wasserver- und -entsorgung der Stadt werden auf nahezu 200 Mio. US-$ geschätzt. Solange dieses Kapital nicht aufgebracht werden kann, verbleiben 26% des Stadtgebiets ohne jegliche Entsorgungsinfrastruktur, d. h. das Abwasser wird ungeklärt in die Flußläufe eingeleitet, die weiten Teilen anderer Stadtbewohner als „Frischwasserquelle" dienen.

Fallbeispiel São Paulo

1985 verfügten 15,1% aller Haushalte nicht über eine kanalisierte Wasserversorgung und

> 51,6% aller Haushalte waren nicht an die kanalisierte Abwasserversorgung angeschlossen. Es wird geschätzt, daß von allen Abwässern in São Paulo lediglich 10% geklärt werden. Das Problem der Wasserverschmutzung betrifft auch die Küstengewässer und insbesondere die stadtnahen Strände. Große Probleme bereitet auch die Entsorgung des festen Mülls, der zum Teil auf ungesicherten und nachlässig verwalteten Deponien, heimlichen Müllkippen, an Straßenrändern und in Flußbetten abgelagert wird. Der Grundwasserschutz ist völlig unzureichend (Wöhlcke, 1994).
>
> FALLBEISPIEL BANGKOK
> Die meisten Kanäle in und um Bangkok sind durch organische Abfälle derartig verschmutzt, daß sie keinen Sauerstoff mehr enthalten. Abwässer werden in der Regel über „storm drains" in nahegelegene Kanäle geleitet. Von den 51.500 registrierten Industriebetrieben wird nahezu die Hälfte als wasserverschmutzend klassifiziert. Durch die Kanalisation gelangt das kontaminierte Abwasser in den Chao Phraya, der durch Bangkok fließt und dessen Sauerstoffgehalt – zumindest im mittleren Sektor – schon heute weit unter dem offiziellen Standard liegt und demgemäß auch den Flußunterlauf erheblich beeinträchtigt (Hardoy et al., 1995).

Anfälligkeit für ungeregelte, explosionsartige Verstädterungsprozesse aufweisen. Das Syndrom bezieht insbesondere auch die Anfälligkeit solcher Siedlungsstrukturen mit ein, die – wie vor 20 Jahren Nouakchott, die Hauptstadt Mauretaniens – durch den Entwicklungsstand „nicht mehr Dorf und noch nicht Stadt" gekennzeichnet sind und potentielle Keimzellen weiterer ungeregelter, explosionsartiger Urbanisierung sind.

3.5.2
Allgemeine Syndromdiagnose

Die folgenden Ausführungen analysieren die Symptome und Wechselwirkungen des Favela-Syndroms, gegliedert nach den Hauptproblemkomplexen. Einen Überblick darüber gibt auch das Beziehungsgeflecht in Abb. 3.5-1.

3.5.2.1
Landflucht, Enttraditionalisierung und ungeregelte Verstädterung

Das Favela-Syndrom ist eine Begleiterscheinung des globalen Urbanisierungsprozesses am Ende des 20. Jahrhunderts. Die weltweite Urbanisierung ist im wesentlichen durch drei Parameter gekennzeichnet:
- Zunahme der absoluten Anzahl von Menschen, die in Städten leben.
- Erhöhung des Anteils der Bevölkerung eines Landes, der in Städten lebt.
- Weltweite Ausbreitung städtischer Siedlungs- und Lebensformen.

Die wesentlichen Antriebsfaktoren für die raschen Urbanisationsprozesse sind grob in zwei große Gruppen unterteilbar: Auf der einen Seite gibt es Faktoren, die die Land-Stadt-Wanderung von Menschen durch ländliche Verdrängungsprozesse antreiben (Push-Faktoren), auf der anderen Seite stehen Faktoren, die Menschen an Städten attraktiv finden und durch die sie angezogen werden (Pull-Faktoren) (Bähr und Mertins, 1995; Campbell, 1989; Flanagan, 1990; Hardoy und Satterthwaite, 1989).

PUSH-FAKTOREN
- Überbevölkerung ländlicher Gebiete.
- Knappheit an kultivierbarem Land, u. a. durch technische Großprojekte (Dammbau).
- Abnahme der Bodenfruchtbarkeit und sonstiger natürlicher Produktionsfaktoren, Degradation der landwirtschaftlichen Böden.
- Wachsende Nutzung der Landwirtschaft und des Produktionsfaktors Boden unter marktwirtschaftlichen Gesichtspunkten (z. B. cash crops).
- Sozioökonomische Rahmenbedingungen (z. B. Dominanz von Großgrundbesitz, fehlende Landreformen).
- Steigendes Anspruchsniveau.

PULL-FAKTOREN
- Hoffnung auf bessere Existenzsicherung.
- Hoffnung auf differenziertere Arbeitsmärkte und Beschäftigungsmöglichkeiten.
- Erwartung höherer Einkommen.
- Bessere Bildungs- und Ausbildungschancen.
- Geringere soziale Kontrolle (höhere Individualisierung).

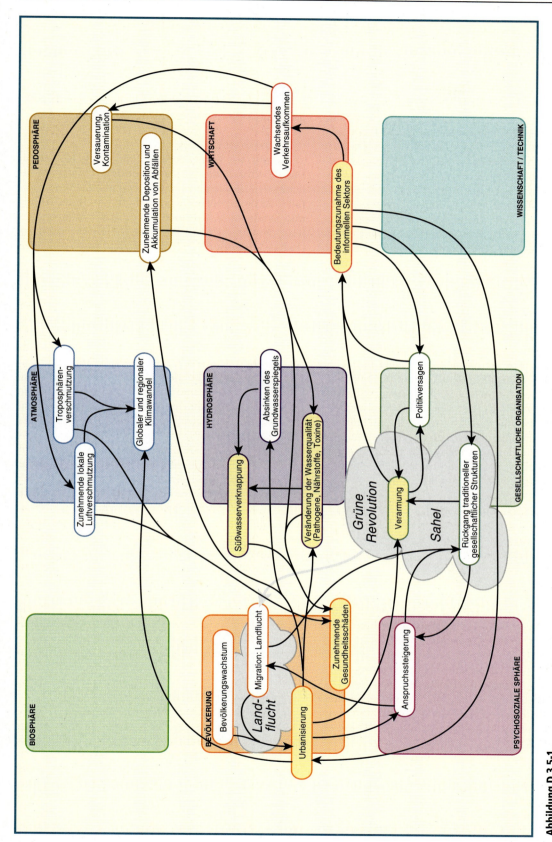

Abbildung D 3.5-1
Wasserzentriertes Beziehungsgeflecht für das Favela-Syndrom.
Quellen: BMBF-Projekt „Syndromdynamik", PIK-Kernprojekt QUESTIONS und WBGU

- Bessere soziale und urbane Infrastruktur (Gesundheitsversorgung, soziale Sicherungssysteme, Verkehr usw.).
- Besserer Zugang zu Informationen.
- Modernes Leitbild „Urbanität".

In der Regel liegt eine kultur- und regionenspezifische Mischung aus diesen Faktoren vor, wenn einzelne Personen, Familien oder ganze Dorfclans sich dazu entschließen, ihren Lebens- und Arbeitsraum in den ländlichen Gebieten zu verlassen. Die gewaltsame Vertreibung landloser Armer stellt dabei den Extremfall unfreiwilliger Land-Stadt-Migration dar, die zeitweise Abwanderung Jugendlicher zwecks besserer Ausbildung steht am anderen Ende der Skala. Die subjektive Wahrnehmung und Bewertung objektiver Merkmale und Situationen (z. B. die Einschätzung der zukünftigen Entwicklungspotentiale einer Region verglichen mit der Stadt) spielt dabei eine ebenso wichtige Rolle wie diese objektiven Faktoren selbst.

Generell ist es die weltweit zu beobachtende disparitäre Entwicklung zwischen Stadt und Land, die den raschen Urbanisationsprozeß in weiten Gebieten der Erde antreibt. Die meisten Megastädte sind zudem durch eine sogenannte Functional Primacy gekennzeichnet, d. h. in den Zentren dieser Metropolen konzentrieren sich politisch-administrative, wirtschaftliche, soziale und kulturell-wissenschaftliche Funktionen (Bronger, 1996), die in ländlich geprägten Regionen fehlen. In Indien entfielen auf Bombay, Kalkutta und Delhi (1991 zusammen 3,9% der indischen Bevölkerung) Mitte der 80er Jahre
- 12,7% der Studenten,
- 15,5% der Krankenhausbetten,
- 18,3% der Produktionswerte der Industrie,
- 30,6% des Im- und Exports über Häfen,
- 34,3% der Telefone,
- 39,9% der privaten Pkw und
- 43,5% der insgesamt erwirtschafteten Einkommensteuer (Bronger, 1996).

An diesen Zahlen wird der „Glanz" deutlich, den urbane Zentren auf das Umland ausüben – ein Glanz, der durch die Ausbreitung von Kommunikationsmedien (allen voran: dem Fernsehen) sowie durch Verkehr und Tourismus weiter verstärkt wird. In den Entwicklungsländern fanden zwischen 1985 und 1989 allerdings 72% aller neuen städtischen Haushalte lediglich eine Unterkunft in Slums oder Squattersiedlungen. In Afrika betrug der Anteil sogar 92% (SEF, 1993).

Der Blick auf die Problemlage der Megastädte darf nicht darüber hinwegtäuschen, daß die Mehrheit der Stadtbewohner in den Entwicklungs- und Schwellenländern nach wie vor in Städten unter 1 Mio. Einwohner lebt (Hardoy et al., 1995). Viele von ihnen sind erst in jüngerer Vergangenheit zu urbanen Zentren geworden. Die öffentliche Wahrnehmung der globalen urbanen Krise wird im wesentlichen durch Eindrücke etwa aus São Paulo, Mexiko-Stadt, Lagos, Shanghai oder Bombay, kaum jedoch mit denen aus Belém, Ciudad Jurez, Kumasi, Zhuhai oder Patna geprägt. Und doch ist auch in diesen Städten das Favela-Syndrom anzutreffen.

ANSPRUCHSSTEIGERUNG

Es gibt, wie oben erwähnt, eine ganze Reihe von Push-Faktoren, die die Abwanderung aus dem ländlichen Raum vorantreiben. Dementsprechend vielfältig ist die Syndrom-Kopplung mit anderen Trends und Syndromen, die einen Fokus in der anthropogenen Nutzung von Agrarökosystemen besitzen (Sahel-, Landflucht-, Grüne-Revolution-Syndrom). Auch das stärker auf die Schwellenländer zentrierte Kleine-Tiger-Syndrom liefert hier einen Antrieb. Innerhalb des Favela-Syndroms spielt darüber hinaus die Anspruchssteigerung eine treibende Rolle. Einzelne, Familien und ganze soziale Gruppen in vielen Ländern der Welt entwickeln im Zuge von Entwicklungs- und Modernisierungsprozessen ein höheres Niveau ihrer Ansprüche an die materiellen und immateriellen Aspekte der eigenen Lebensführung: selbstbestimmtere und leichtere Tätigkeitsformen, höhere Einkommen, autonomere Familienformen, freiere Lebenszeitgestaltung, Freiräume gegenüber Bindungen an Traditionen, höhere Bildung usw. Dies gilt nicht nur für Industrie- und Schwellenländer, sondern – freilich auf niedrigerem Niveau – auch für Entwicklungsländer (Inkeles, 1996). Solange der ländliche Raum gegenüber den Städten im Hinblick auf die Lebenschancen von Menschen unterdurchschnittlich ausgestattet ist, gibt es eine latente Motivation, die Stadt als Lebensraum mit dem Land zu vertauschen. Sofern die Ansprüche auch der ländlichen Bevölkerung ansteigen, setzt sich diese Bereitschaft leicht in Handeln um. Gefördert wird die zur Landflucht beitragende Anspruchssteigerung durch Familien- oder Dorfmitglieder, die bereits in die Städte migriert sind und deren Lebensmöglichkeiten in die Herkunftsfamilien und -dörfer übermitteln. So können sich ganze Migrationsketten (chain migration) ausbilden.

RÜCKGANG TRADITIONELLER GESELLSCHAFTLICHER STRUKTUREN

Die Anspruchssteigerung trägt nicht nur zur Landflucht bei, sondern fördert auch den Rückgang traditioneller gesellschaftlicher Strukturen. Die Ansprüche, die sich im Verlauf der Syndromentwicklung (auf dem Land) steigern, sind nicht nur quantitativ höher, sondern auch qualitativ anders als die bisherigen. Sie lassen sich häufig im Rahmen herkömmlicher Sozialstrukturen sowie der entsprechenden

Norm- und Wertesysteme nicht mehr realisieren. Für sie ist der ländliche Raum rasch „zu eng", die Stadt erscheint als der richtige Ort zur Umsetzung. Der Übergang vom Esel zum Moped etwa ist nicht einfach ein quantitativer Zuwachs an PS, sondern ein Wechsel im Bezugssystem: anstatt Gras und Stroh aus der dörflichen Eigenproduktion, werden jetzt Benzin, Öl und Ersatzteile aus der städtisch geprägten Wirtschaft benötigt, der soziale Status des Nutzers erhöht sich deutlich, der Bewegungsradius erlaubt weite Fahrten usw.

Die Vielfalt der Traditionen ist eng mit der dörflichen Siedlungsstruktur und dem Lebens- und Arbeitsrhythmus in Ackerbau und Viehzucht verbunden. In dem Maße, in dem sich diese Siedlungs-, Arbeits- und Lebensformen durch Abwanderung in die Städte nicht mehr tradieren lassen, dünnt die kulturelle Tradition aus. Landflucht – in ihrer ganzen Komplexität verstanden – ist damit nicht einfach der Wechsel von Menschen zwischen Ortsgrößenklassen, sondern bezeichnet einen tiefen soziokulturellen Wandel. Und dies gilt nicht nur für die Akteure selbst, sondern auch für eine Gesellschaft im ganzen – hinreichend große Migrationsbewegungen vorausgesetzt. Das System Stadt unterscheidet sich in mehrfacher Hinsicht vom Dorf: es folgt anderen Regeln der ökonomischen Reproduktion (z. B. Geldökonomie statt einfacher Tausch), der sozialen Assoziation (z. B. Vergesellschaftung durch Arbeits- oder Freundschaftsbeziehungen statt Vergemeinschaftung durch Familie und Nachbarschaft) und der kulturellen Symbolisierung (z. B. Kino und Hochhaus statt Geschichtenerzähler und Rundhütte) (Calvert und Calvert, 1996; Flanagan, 1990; Giddens, 1993). Die traditionellen Formen sozialer Kontrolle sind stark herabgesetzt.

Für einzelne und Gruppen, aber auch für eine Gesellschaft im ganzen bedeutet Landflucht daher: Erosion traditioneller Lebens- und Arbeitsformen, Rückgang von überkommenen Norm- und Wertsystemen. Dieser Prozeß kann mit sozialen Anomieerscheinungen wie wachsender Kriminalität, Orientierungslosigkeit arbeitsloser Jugendlicher sowie Verwahrlosung der alltäglichen Lebensführung größerer Schichten verbunden sein. In vielen Städten der Entwicklungsländer sind diese Phänomene zu beobachten. Der wachsende Fundamentalismus findet einen wichtigen Nährboden in diesen entwurzelten städtischen Milieus. Gleichwohl muß Anomie und Gewaltbereitschaft nicht die notwendige Folge von Traditionsverlust sein. An die Stelle alter Lebensformen und der ihnen zugehörigen Wert- und Normsysteme treten häufig neue, in denen sich ein Stück der Selbstgewähltheit des neuen Lebensumfelds und der daran geknüpften Hoffnungen ebenso ausdrückt wie neue Formen sozialer Integration und Reproduktion.

Zweifellos sinken die Chancen für einen friedlichen und friktionsarmen Übergang zu neuen Formen der soziokulturellen Integration in dem Maße, in dem der Urbanisierungsprozeß sehr rasch, ungeplant, ohne entsprechende ökonomische Chancen und ohne adäquate politische Regulierungsmöglichkeiten stattfindet. Dennoch gibt es in den betroffenen Städten Hinweise darauf, daß sich endogene Abhilfepotentiale in Gestalt von Basisinitiativen, Selbsthilfegruppen und fragilen Netzwerken zwischen Armen und den Mittelschichten herausbilden.

3.5.2.2
Politikversagen, Bedeutungszunahme des informellen Sektors und Ausgrenzung

Große Agglomerationen (insbesondere in den Entwicklungsländern) wie São Paulo, Mexiko-Stadt, Lagos oder Manila weisen auf der einen Seite einen „modernen" Sektor auf, der in städtebaulicher, ökonomischer, sozialer und kultureller Hinsicht alle oder doch die meisten Kriterien einer global city erfüllt, wie sie in New York, London oder Tokio zu beobachten sind. In den Innenstädten finden sich hier die nationalen Zentralen international operierender Konzerne, ein funktionierendes Nahverkehrs- und Telefonsystem, Restaurants mit nationalen und internationalen Spezialitäten, moderne Geschäfte usw. Die nahegelegenen Flughäfen transportieren Geschäftsleute und Touristen ins Land. Dieser moderne Sektor der Stadt hängt gleichsam im Netz der internationalen Wirtschafts- und Kommunikationsverflechtungen, das sich im Zuge der Globalisierung der Wirtschaft ausweitet und zugleich enger geknüpft wird (Clark, 1996; Lo und Yeung, 1996).

Auf der anderen Seite findet man heruntergekommene innerstädtische Slums und die mehr oder weniger weit an der Peripherie gelegenen Elendsviertel. Hier dreht sich alles ums Überleben, um Beschäftigung für die nächsten Tage, um sauberes Trinkwasser. Die Prosperität der städtischen Kernbereiche erreicht diese Gebiete und ihre Bewohner kaum. Räumlich an den Rand gedrängt, oft auf gefährlichem Terrain (Hänge, Niederungen) „wild" errichtet und sozial marginalisiert, charakterisiert dieser Komplex das Favela-Syndrom.

POLITIKVERSAGEN
Das Auftreten des Favela-Syndroms ist u. a. auf Politikversagen auf nationaler Ebene zurückzuführen. So wurde über Jahre hinweg die städtische Ökonomie und ihre Infrastruktur einseitig und überproportional, d. h. auf Kosten des ländlichen Raums, gefördert. Der damit angesprochene „urban bias" der nationalen Entwicklungspolitiken (Lipton, 1976) be-

Dimension	Formeller Sektor	Informeller Sektor
Technologie	Kapitalintensiv	Arbeitsintensiv
Organisation	Bürokratisch und marktlich	Primitiv und familiär
Kapital	Reichlich	Begrenzt
Arbeit	Begrenzt und qualifiziert	Reichlich und unqualifiziert
Löhne	Allgemein geregelt	Individuell
Preise	Fest	Flexibel/verhandelbar
Kredit	Banken: institutionell	Personen: nicht-institutionell
Beziehung zu Kunden	Indirekt, unpersönlich	Direkt, persönlich
Fixkosten	Hoch	Niedrig
Öffentliche Kontrolle	Hoch	Gering
Öffentliche Beihilfen	Hoch	Gering
Internationale Verflechtung	Hoch	Gering

Tabelle D 3.5-2
Schlaglichtartige Gegenüberstellung des formellen und informellen Sektors.
Quelle: Bähr und Mertins, 1995; Santos, 1979

darf dringend der Korrektur, soll das Favela-Syndrom gelindert werden. Einer der wichtigsten Schlüssel zur Syndrombekämpfung (siehe unten) liegt in der Verbesserung der Lebens-, Arbeits- und Einkommenschancen der ländlichen Bevölkerung, vor allem des abwanderungsbereiten Teils (Landlose, Kleinbauern, kleine Pächter, Jugendliche, alleinerziehende Frauen).

Darüber hinaus ist es auch die Politikebene vor Ort – städtische Verwaltungen und Managementeinrichtungen (z. B. im Abfall-, Wasser- oder Verkehrsbereich) –, deren Versagen das Syndrom verschärft. Der Begriff des „Versagens" zielt in diesem Zusammenhang nicht in erster Linie auf individuell verantwortbares Fehlverhalten von Kommunalpolitikern, sondern auf systemische Fehlfunktionen. Diese betreffen die politischen Akteure, aber auch das politische System, seine Strukturen, Programme und Instrumente. Politikversagen ist im Rahmen des hier angesprochenen Syndroms zu verstehen als
– Politik basierend auf mangelnder Information,
– nicht-vorhandene oder schlecht ausgestattete raum- und stadtplanerische Kapazitäten,
– Unklarheit über administrative Zuständigkeiten,
– Trennung von städtischer Planung und Bewirtschaftung der Finanzmittel,
– fehlende oder unzureichend umgesetzte Umweltgesetzgebung,
– mangelhaft entwickelte bzw. ausgestattete kommunale Selbstverwaltung innerhalb der nationalen Verfassung und ihrer Umsetzung,
– problemferne Aufspaltung von Zuständigkeiten für die Bereitstellung von Infrastruktur (z. B. Wasserversorgung vs. Wasserentsorgung, Straßenbau vs. Öffentlicher Nahverkehr),
– Korruption und Patronage im Bereich der öffentlichen Daseinsfürsorge.

BEDEUTUNGSZUNAHME DES INFORMELLEN SEKTORS

Wo die Politik versagt, wächst der informelle Sektor. Dieser Begriff wird kontrastierend zum formellen Sektor der Ökonomie verwendet und zeichnet sich durch die in Tab. 3.5-2 zusammengestellten Merkmale aus. Dieser sehr weit definierte Bereich umfaßt Tätigkeiten (Branchen) wie Kleinhandel (Lebensmittel, Konsumgüter), Handwerk und Kleinindustrie (z. B. Reparaturbetriebe, Schneidereien, Heimwerkstätten), Dienstleistungen (z. B. Schuhputzer, Garküchen, Autowäsche), Transport, Abfallbeseitigung usw. Die Übergänge zum Bereich der Illegalität (z. B. Drogenhandel, Prostitution) sind, je nach Definition und gesetzlicher Lage, in den einzelnen Ländern fließend. Typisch für das Favela-Syndrom ist analog zu der großen Zahl informeller Siedlungen die hohe Bedeutung des informellen Sektors, da das städtische Planungs- und Ressourcenmanagement zur Aufrechterhaltung einer Basisinfrastruktur nicht (mehr) ausreicht (Manshard, 1992).

Der informelle Sektor kann als städtisches Pendant zur Subsistenzproduktion in der Landwirtschaft angesehen werden. Hier kommen in hohem Maße Überlebensstrategien und -mechanismen zum Tragen (Portes und Schauffler, 1993). Die Verdienstmöglichkeiten im informellen Sektor sind entgegen landläufigen Erwartungen relativ günstig; zumindest werden in vielen Städten die staatlichen Mindestlöhne des formellen Sektors z. T. deutlich übertroffen (Bantle, 1994). Die objektiven Chancen zur Überlebenssicherung zusammen mit ihrer subjektiven Perzeption erklären größtenteils, warum viele Menschen

Tabelle D 3.5-3
Trends in der städtischen Erwerbstätigenstruktur Lateinamerikas 1950–1989.
Quelle: Bähr und Mertins, 1995

Städtische Erwerbstätige	1950	1980	1985	1989
	(Prozent)			
Erwerbstätige im formellen Sektor	71,1	69,1	67,5	63,9
Davon: – im öffentlichen Dienst	18,8	21,3	24,0	20,8
– in Privatunternehmen	81,2	78,7	76,0	79,2
Erwerbstätige im informellen Sektor	22,2	23,5	27,5	32,1
Arbeitslose	6,7	7,4	5,0	5,0
Summe	100	100	100	100

aus dem ländlichen Raum in die Städte wandern und stellen mithin einen wichtigen Pull-Faktor im Urbanisierungsprozeß dar. Tabelle D 3.5-3 dokumentiert die Bedeutungszunahme des informellen Sektors. Andere Untersuchungen gehen davon aus, daß ca. 50% der in der Stadt Beschäftigten im informellen Sektor tätig sind (ILO, 1993). In einzelnen Städten (z. B. Lima, Ibadan) wird dieser Anteil sogar auf über 60% geschätzt (Stapelfeldt, 1990; Manshard, 1992).

Der informelle Sektor ist zudem mit dem formellen Sektor vielfältig verknüpft (etwa über Zulieferung von Bauteilen oder Vorprodukten für die Industrieproduktion oder über die Bereitstellung von Dienstleistungen) und wird dies in Zukunft verstärkt sein, wobei kommunale Strukturanpassungsprogramme eine bedeutende Rolle spielen (Arbeitsplatzverlagerung in den informellen Sektor, Funktionsübertragung). Allerdings werden den Kommunen durch den wachsenden informellen Sektor auch Ressourcen (z. B. Gebühren) und Loyalitäten entzogen, was ihre Handlungsfähigkeit weiter einschränkt. Dabei nimmt gewöhnlich das Infrastrukturdefizit mit wachsender Distanz zum Stadtzentrum zu.

Auch wenn der informelle Sektor über ein beachtliches Auffang- und Pufferpotential verfügt, weist der Beirat mit Nachdruck darauf hin, daß hierin keine dauerhafte Lösung der Probleme ungeregelter Urbanisierung zu sehen ist. Auf mittlere Sicht ist zu befürchten, daß immer weniger Menschen in der Lage sein werden, informelle Siedlungsstrukturen aus eigenen Kräften weiterzuentwickeln. Sie werden an Grenzen stoßen, die mit den Mitteln, die ihnen zur Verfügung stehen, nicht zu überwinden sind. Diese Einschätzung wird u. a. in zunehmender Konkurrenz um informelle Arbeitsplätze, wachsenden Abwasserproblemen mit zunehmender Verdichtung, Aufgabe landwirtschaftlicher Nutzflächen und einem steigenden Verkehrsaufkommen deutlich (WBGU, 1996b).

Die Bedeutungszunahme des informellen Sektors zusammen mit einer mangelhaften Verkehrsplanung, erhöht das innerstädtische Verkehrsaufkommen. In den von diesem Syndrom betroffenen Städten sind die Straßen chronisch überlastet und der öffentliche Personennahverkehr mangelhaft ausgebaut. Da sich viele Wohngebiete informell Beschäftigter außerhalb der Zentren bzw. auch außerhalb der eigenen Produktionsstandorte befinden, wächst das Verkehrsaufkommen vieler von diesem Syndrom betroffenen Städte mit dem Wachstum des informellen Sektors.

SOZIALE UND ÖKONOMISCHE AUSGRENZUNG

Eine weitere wichtige Ursache für die Bedeutungszunahme des informellen Sektors im Rahmen des Favela-Syndroms ist der Trend zur sozialen und ökonomischen Ausgrenzung in den betroffenen Regionen bzw. Ländern. Dabei sind zum einen alle jene Ausgrenzungsprozesse angesprochen, die in anderen Syndromen (z. B. Sahel-Syndrom, Landflucht-Syndrom) als Antriebsfaktoren wirken, zum anderen aber die Favela-endogene Ausgrenzung, die Menschen in den informellen Sektor treiben. Zu diesen können gehören (Hardoy und Satterthwaite, 1989; Flanagan, 1990): (1) Zugangsschranken zu Beschäftigungsmöglichkeiten im formellen Sektor (z. B. Bildungsdefizite, mangelnde Kreditwürdigkeit), (2) Verarmungsprozesse ohne staatliche Auffangmöglichkeiten, (3) Verdrängung aus angestammten Stadtvierteln durch Anstieg der Miet- und Grundstückspreise bzw. durch Vertreibung seitens der Behörden und (4) wirtschaftlicher Druck auf den formellen Sektor (Strukturanpassung, Globalisierung der Märkte).

Das bereits erwähnte Politikversagen wird durch die sozio-ökonomischen Disparitäten verstärkt und treibt diese umgekehrt auch an. Je ungleicher das ökonomische und politische Machtgefüge eines Landes bzw. einer Stadt, desto höher die Wahrscheinlichkeit, daß sich die Interessen der stärkeren Gruppen durchsetzen, desto geringer die Fähigkeit und häufig auch der Wille nationaler und lokaler Regierungen, eine gemeinwohlorientierte und zukunftsgestaltende Politik zu entwickeln und durchzusetzen.

Wo staatliche Bürokratien ineffizient und korrupt agieren und die Gemeinwohlorientierung zugunsten eines egoistischen Klientilismus aufgegeben wird, können Enttraditionalisierungs- und Urbanisationsprozesse gleichsam ungeschützt und ungedämpft auf die sozial Schwächeren durchschlagen und deren Ausgrenzung verstärken (Bangura, 1996). Bezieher hoher Einkommen und politisch einflußreiche Gruppen leben vornehmlich in den Städten, und die politisch einflußreiche Klasse orientiert ihre Entwicklungsleitbilder und -maßnahmen meist an der städtischen Bevölkerung (urban bias): entweder durch Ausrichtung der Produktion auf die Lebensbedürfnisse der Städter (z. B. durch niedrige Lebensmittelpreise) oder durch Verwendung der Geldabschöpfung aus dem Land für die Schaffung städtischer Infrastruktur in privilegierten Stadtteilen. Durch diese ökonomische, politische und soziale Privilegierung und ihre Folgen, wie besserer Infrastruktur, Nahrungs- und Gesundheitsversorgung, Arbeitsplatzangebote, Bildungseinrichtungen usw., werden die Städte zum einen intern sozial gespalten, zum anderen aber auch zu Anziehungspunkten für die unterprivilegierte Landbevölkerung, welche durch die politische Vernachlässigung des ländlichen Raums und durch niedrig gehaltene Produzentenpreise benachteiligt ist (Lipton, 1976; Sundrum, 1990).

Ausgrenzungsvorgänge werden auch durch den bereits beschriebenen Traditionsverlust verstärkt. Dies trifft dann zu, wenn an die Stelle der sich auflösenden, ländlich geprägten Traditionswelt kein funktionales Äquivalent in Form homogener, lebensfähiger und identitätsstiftender Sinnwelten tritt. Kinder und Jugendliche beispielsweise, denen Ausbildungs- oder Beschäftigungsperspektiven in den Städten fehlen, werden auf die „Straße" und teilweise in Kriminalität oder Drogensucht getrieben. Hinzu kommt, daß in stagnierenden oder nur stark disparitär wachsenden Ökonomien der ausgleichende Effekt einer sozialen Mittelschicht nicht hinreichend stark entwickelt ist. Mittelschichten, ob industrieller, kommerzieller oder administrativer Herkunft, sind nicht nur die alltäglich sichtbare Verkörperung von ökonomischem Übergang und sozialem Kompromiß, sie sind auch die ideellen Träger der entsprechenden Normen und Werte. Ihre Existenz wirkt materiell wie ideell dem Ausgrenzungsdruck entgegen. Können sie sich nicht entwickeln, führt Traditionsverlust zu einer Verstärkung der Ausgrenzung. Sinken Teile der Mittelklassen selbst in Armut und informelle Ökonomie ab, ist das Syndrom verschärft ausgeprägt, wie vor allem in Afrika südlich der Sahara zu beobachten ist (Bangura, 1996).

3.5.3
Wasserspezifische Syndromdarstellung

Kennzeichnend für das Favela-Syndrom ist eine Siedlungsstruktur mit unzureichend entwickelten Wasserver- und -entsorgungsmöglichkeiten bei gleichzeitig steigendem Wasserbedarf und -verbrauch. Diese Problematik wirkt sich in vielfältiger Weise negativ auf die städtische Bevölkerung sowie die städtischen und stadtnahen Ökosysteme aus. Im folgenden werden diese beiden Aspekte ins Zentrum der Analyse gestellt.

Die Verknappung der vorhandenen Süßwasserreserven im Zuge der ungeregelten Verstädterung hat mehrere Ursachen. Primär führt die stark angewachsene und noch wachsende Wassernachfrage zu einem Anstieg der Entnahmemengen, welche über die natürlichen Erneuerungsraten der regionalen Wasserressourcen meist weit hinausgeht. Die Wasserentnahme aus Flüssen, Seen, Grundwasser und anderen Quellen hat sich weltweit zwischen 1940 und 1990 vervierfacht (WRI, 1996). Die Wasserknappheit führt zu einer verstärkten Konkurrenz zwischen städtischer, industrieller und agrarischer Nutzung. Durch das hohe Bevölkerungswachstum zeichnen sich schon jetzt besondere Versorgungsengpässe in Teilen Chinas, Indiens und des Nahen Ostens ab.

3.5.3.1
Das Mißverhältnis zwischen Entnahme und Dargebot und seine Folgen

Wie in allen Ballungszentren reichen in den Favelas die regionalen Süßwasserreserven und ganz besonders die infrastrukturellen Versorgungsmöglichkeiten zur Deckung der Wassernachfrage nicht aus. Zwar ist der Anteil von Oberflächengewässern als Quellen für Wasserentnahmen traditionell hoch, da Ballungszentren oft verkehrsgünstig an großen Strömen entstanden und diese auch als einfach zu nutzende Wasserquelle für Industrie und Bevölkerung dienen. Fehlen derartige Oberflächengewässer oder nimmt ihre Belastung mit Abwässern zu, so konzentriert sich die Wasserentnahme entweder auf das Grundwasser oder es werden künstliche Wasserspeicher errichtet. Allerdings sind diese sehr häufig durch ungeklärte Abwässer extrem belastet und dementsprechend hoch-eutroph. Ein gut studiertes Beispiel stellt der Hartbeespoort Dam bei Johannisburg dar. Im Falle der überwiegenden Nutzung von Grundwasser kann dessen natürliche Erneuerungsrate aus dem Niederschlag meist die Entnahme nicht kompensieren. Außerdem kommt es häufig zur Kontamination des Grundwassers durch Abwässer und durch Mülldeponien.

In küstennahen Gebieten kann bei sinkendem Grundwasserspiegel Meerwasser einsickern und das Grundwasser versalzen, eine Degradation, die nahezu irreversibel ist. Das Ausmaß möglicher Grundwasserversalzung wird durch die bevorzugte Lage von großen Ansiedlungen in küstennahen Gebieten deutlich: Von den acht Megastädten der Erde mit über 10 Mio. Einwohnern liegen sechs in einer Küstenregion, bei den rund 270 kleineren Ballungszentren über 1 Mio. Einwohner liegt der Anteil bei 40% (WRI, 1996). Eine Versalzung des Grundwassers küstennaher Regionen wurde auch in der Umgebung mehrerer Küstenstädte Chinas und in Vietnam festgestellt. Durch übermäßige Grundwasserentnahme erschöpften sich großflächig Grundwasserleiter in Nordafrika, Indien, Südostasien und im Nahen Osten.

Die Schädigung der regionalen Hydrosphäre durch Absenkung und/oder Versalzung des Grundwassers kann die natürliche Vegetationsdecke und Nutzpflanzen im Einzugsgebiet stark beeinträchtigen und im Extremfall völlig zerstören (Desertifikation).

3.5.3.2
Wasserverschmutzung und Eutrophierung

Die ungeregelt freigesetzten Abwasserfrachten aus Siedlungen sowie Wirtschaftsbetrieben des informellen Sektors führen vor allem zur Eutrophierung und einer bedenklichen biologischen Verschmutzung der Vorfluter und des Grundwassers mit hohem hygienischen Gefährdungspotential, da diese entweder ihrerseits als Quellen für Trink- und Nutzwasser oder im Falle von Oberflächengewässern zu Erholungszwecken oder zur Nahrungsgewinnung (Fischerei, Aquakultur) genutzt werden.

Durchschnittlich die Hälfte urbaner Abwässer stammt aus diffusen, häuslichen Quellen. Die im Umfeld angesiedelten, ohne ausreichende gesetzliche Auflagen errichteten und daher nicht mit den erforderlichen Einrichtungen zur Schadstoffreduzierung ausgestatteten Industrieanlagen stellen punktförmige, lokalisierbare Schadstoffemittenten dar. Auch der Verkehr und die ungeregelte Abfallakkumulation bewirken eine großflächige Kontamination von Oberflächen- und Grundwasser.

Nur wenige große Städte in Entwicklungs- und Schwellenländern verfügen über geeignete Kanalisationen und Kläranlagen, meist wird auch nur ein geringer Anteil des Abwassers gereinigt, selbst wenn es kanalisiert ist. Die vorhandenen Kläranlagen arbeiten selten zufriedenstellend. Ihr Ablauf überschreitet meist gesetzliche und/oder hygienisch vertretbare Abwassergrenzwerte. Schuld an diesem Zustand sind jedoch nicht notwendigerweise die Kläranlagen selbst, vielmehr fehlen meist adäquat ausgebildete Techniker zum Betrieb technisch aufwendiger Anlagen. Außerdem verhindert zusätzlich der hohe Energiebedarf und die hohen Betriebskosten moderner Abwasserreinigungsanlagen häufig ihren wirkungsvollen Einsatz. Als Folge werden die wenigen vorhandenen modernen Kläranlagen durch unsachgemäßen Betrieb und oft unzureichende Wartung funktionsuntüchtig. In Mexiko-Stadt arbeiten sieben der 14 Kläranlagen nicht ausgelastet und behandeln nur etwa 7% des gesamten Abwassers. Hier wurden anstelle von Modernisierungs- und Instandsetzungsmaßnahmen bevorzugt neue Anlagen gebaut und so die Betriebskosten künstlich in die Höhe getrieben.

Erhebliche volkswirtschaftliche Schäden entstehen durch den Zustrom gering geklärter, urbaner Abwässer in die betroffenen Flüsse und Ästuare Indiens, Chinas, Venezuelas, Senegals und Manilas, wo sie zu einem rapiden Verfall der heimischen Fischereiwirtschaft führten. Als unmittelbare Folge kommt es zu regionalen Ernährungsproblemen und zur Abwanderung der Bevölkerung.

3.5.3.3
Mangelnde Infrastruktur und ihre Folgen

Obwohl der prozentuale Anteil adäquater Wasserver- und -entsorgung in den Megastädten in den letzten Jahren gestiegen ist, nimmt aufgrund des rapiden Bevölkerungswachstums die absolute Zahl der mit geeignetem Süßwasser versorgten Einwohner weiter ab. Aufgrund der ungeregelten Wasserversorgung muß jeder vierte Favelabewohner sein Wasser bei fliegenden Händlern kaufen, das 4- bis 100mal teurer ist als Wasser aus einer Leitung und dessen hygienische Qualität starken Schwankungen unterworfen ist. Die weltweite Vervierfachung der Wasserentnahme aus Flüssen, Seen, Grundwasser und anderen Quellen in den letzten 50 Jahren kann durch die regionalen Wasserressourcen nicht mehr gedeckt werden (WRI, 1996). So ist etwa die Wasserversorgung in Kairo an eine Grenze gestoßen. Hier setzen siedlungspolitische Maßnahmen ein, wie z. B. eine forcierte Ansiedlung von Stadtbewohnern in neu entstehenden Reißbrettsiedlungen in der Wüste, deren ökonomische Entwicklung durch die Anlage eines 800 km langen Kanals aus dem Weißen Nil gefördert werden soll. Mit dem ersten, 30 km langen Bauabschnitt wurde bereits begonnen.

Unzureichende Effizienz bestehender Versorgungssysteme

Die Effizienz bestehender Versorgungsnetze ist meist völlig unzureichend:
- Hohe Wasserverluste kennzeichnen die Versorgungsnetze in Manila, Kairo, Jakarta, Lima und Mexiko-Stadt, in denen etwa 40% des aufbereiteten Trinkwassers ohne Nachweis aus der Kanalisation verschwindet. Als Ursachen kommen undichte Leitungen, illegale Anschlüsse (Korruption), aber auch die aus sozioökonomisch-ethischen Gründen stillschweigend geduldete „ungeregelte Entnahme" in den informellen Gebieten in Frage.

Der jährliche finanzielle Verlust durch die nicht nachweisbaren Wasserverluste beläuft sich in Mittelamerika auf 1–1,5 Mrd. US-$ (Black, 1994).
- Der Wasserpreis in Mexiko-Stadt von 0,18 DM pro m³ deckt derzeit nur ein Zehntel der nicht im Tarifsystem berücksichtigten Bereitstellungskosten (WRI, 1994).
- In Rufisque (Senegal) stellte sich eine lokale Projektgruppe der Aufgabe, die Beseitigung der flüssigen und festen Abfälle aus dem informellen Sektor zu übernehmen und die ökonomischen, sozialen, hygienischen und ökologischen Rahmenbedingungen zu verbessern. Sie übernahm die Weiterentwicklung entsprechender Technologien sowie Ausbildungs, Kontroll- und Finanzierungsfunktionen. Mit Hilfe der Bevölkerung – meistens Frauen und Kinder – sowie städtischer und privater Betriebe wurden private Sanitäranlagen, eine Kanalisation, eine geregelte Müllentsorgung auf Deponien und Recyclingverfahren von Brauchwasser und häuslichem Müll entwickelt. Durch Beiträge der Nutznießer zum Kapital des Projekts können die laufenden Investitionen zunehmend ohne fremde Mittel durchgeführt werden (Gaye und Diallo, 1994).

Die Wasserknappheit führt zu einer verstärkten Konkurrenz zwischen städtischer, industrieller und agrarischer Nutzung. Durch das hohe Bevölkerungswachstum zeichnen sich schon jetzt besondere Versorgungsengpässe in Teilen Chinas, Indiens und des Nahen Ostens ab. Durch die fehlende Infrastruktur ergeben sich zusätzliche Defizite bei der hygienisch einwandfreien Trinkwasserversorgung.

FERNWASSERVERSORGUNG ALS AUSWEG

Die abnehmende Qualität der regionalen Wasserreserven durch die Verschmutzung und Eutrophierung der Gewässer mit industriellen, agrarischen und urbanen Abwässern verringert die nutzbaren Wasserresourcen. Dies wird zusätzlich verschärft durch umfangreiche Flächenversiegelungen im Zuge des Ausbaus von Siedlungen, Industrieanlagen und Verkehrsflächen auf Kosten von Grün- und Freiflächen. Als Ausweg aus der Krise fällt der Blick vieler Stadtverwaltungen auf eine mögliche Fernversorgung, da der urbane Wasserverbrauch weltweit nur 10% des Gesamtbedarfs ausmacht. In Dhaka (Bangladesh), Jakarta (Indonesien) und São Paulo (Brasilien) liegt er sogar unter 1% (WRI, 1996). Eine Fernversorgung wurde in den Megastädten Jakarta, Bangkok und Mexiko-Stadt realisiert. Letztere versorgt sich über Rohrleitungen aus einem 180 km entfernten Gewässer. Bei der aktuellen Bedarfsentwicklung wird jedoch auch diese Quelle im Jahr 2000 nicht mehr ausreichen (Black, 1994). Diese Art der Wasserversorgung verursacht sehr hohe Kosten, nicht nur im Etat der Städte, sondern auch für die verarmte Bevölkerung, an die diese Kosten weitergegeben werden. Schon jetzt haben Wasserkäufe in den Haushaltsbudgets der armen Favelabewohner einen Anteil von etwa 20%.

3.5.3.4
Wasserspezifische Gesundheitsgefahren

Hohe Bevölkerungsdichte im Verbund mit unzureichender Wasserver- und -entsorgung führen in den Favelas zu einer starken Gesundheitsgefährdung. Dabei häufen sich unterschiedliche Krankheitsbilder, und es entstehen hohe Folgekosten im Gesundheitswesen. Tabelle D 3.5-4 beschreibt für 3 Städte die Wasserversorgung und sanitären Verhältnisse. Abbildung D 3.5-2 vergleicht in Akkra und São Paulo die Sterberaten aufgeschlüsselt nach Todesursachen und Wohngebiet. Auffallend ist die hohe Anfälligkeit für Infektionskrankheiten in Akkra, die deutlich mit den Sanitärverhältnissen korreliert. Gleichzeitig unterstreicht die Abbildung die besondere Exposition und Sterbehäufigkeit in den Wohngebieten mit der ärmsten Bevölkerung.

Durchfallerkrankungen werden vor allem durch eine mangelhafte Wasserver- und Abfallentsorgung verursacht und forderten 1995 weltweit 3 Mio. Tote, zu 80% Kinder unter 5 Jahren. Dabei entfallen etwa 30% der Erkrankungen auf die Übertragung pathogener Keime durch Trinkwasser und 70% auf den Verzehr verdorbener Speisen. Besonders Cholera (siehe Kap. D 4.2) weist eine hohe Affinität zu Armut, Überbevölkerung und mangelhaften hygienischen Bedingungen auf (WHO, 1996) und kann da-

Tabelle D 3.5-4
Wasserversorgung städtischer Haushalte (Untersuchung von etwa 1.000 Haushalten).
Quellen: WRI, 1996; UNDP, 1996; Weltbank, 1996

	Akkra	Jakarta	São Paulo
Durchschnittliche Kaufkraft pro Kopf (US-$)	1.000 –2.000	2.000 –4.000	4.000 –8.000
Gemeinschaftstoiletten mit mind. 10 Haushalten (Prozent)	48	14–20	<3
Keine häusliche Wasserversorgung (Prozent)	46	13	5
Keine Abfallbeseitigung (Prozent)	89	37	5

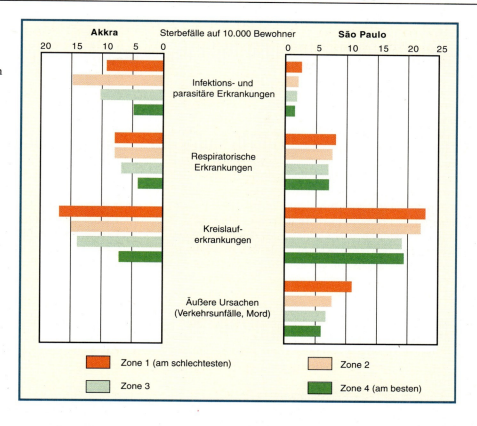

Abbildung D 3.5-2
Altersangepaßte Sterberaten nach Todesursachen in verschiedenen Wohnzonen in Akkra und São Paulo. Daten für 1991–1992. Quelle: modifiziert nach Stephens, 1994

her als eine typische Krankheit des Favela-Syndroms bezeichnet werden. Seit den 70er Jahren ist diese Krankheit vor allem in Afrika wieder auf dem Vormarsch. Allein hier sind etwa 79 Mio. Menschen gefährdet. Weltweit sterben jährlich 120.000 Menschen an Cholera.

Die beengten Wohnverhältnisse fördern die Übertragung von Infektionskrankheiten wie Erkältungen, Lungenentzündung und Tuberkulose. Auch die psychische Belastung durch die minimale Wohnfläche (in den Slums von New Delhi z. B. 1,5 m² pro Person) und durch Angst vor Repressionen aufgrund der illegalen Behausungen ist beträchtlich.

Ratten und Flöhe sind Überträger der Pest. Das Bakterium Yersinia pestis wird von infizierten Ratten durch Flöhe auf den Menschen übertragen. Die mangelhafte Abfallbeseitigung in den Favelas lockt Ratten an, unter denen sich zyklisch die Epidemie ausbreitet. Peru hatte beispielsweise im Jahr 1984 einen starken Pestausbruch, geringere 1990 und 1992. Nach „ruhigen" Perioden von mehr als 30 Jahren trat die Pest in den vergangenen Jahren z. B. wieder in Botswana, Indien und Malawi auf. Regelmäßig werden Krankheitsfälle aus Staaten wie Madagaskar, Kongo, Bolivien, Brasilien, China, Kasachstan und Vietnam gemeldet. 1995 erkrankten weltweit rund 1.400 Menschen mit mindestens 50 Todesfällen an der Pest (WHO, 1996).

Luftverschmutzung durch die häufig große Nähe zu Industrieansiedlungen, aber vor allem auch durch die Exposition von Rauch aus Hausbrand, führt vor allem bei Frauen und Kindern zu Erkrankungen der Atemwege, wie chronischer Bronchitis und Asthma.

Durch die Verflechtung der Favelas mit verkehrsreichen Ballungszentren bleiben die Krankheiten nicht mehr lokal beschränkt. Da zudem der vielfältig mit dem formellen Sektor in Kontakt steht, können sich infektiöse Krankheiten schnell ausbreiten und aufgrund der hohen gewerblichen wie touristischen Mobilität auch international in Regionen verschleppt werden, die zunächst kein Expositionspotential aufweisen.

3.5.3.5
Wasserzentriertes Beziehungsgeflecht

Das Zusammenwirken ungünstiger Entwicklungstrends ist dem folgenden, wasserzentrierten Beziehungsgeflecht für das Favela-Syndrom (Abb. D 3.5-1) ebenso zu entnehmen wie dessen Kopplungen mit anderen Krankheitsbildern des Globalen Wandels.

3.5.3.6
Dynamisches Intensitätsmaß für das Favela-Syndrom

Im folgenden sollen diejenigen Trends und Wechselwirkungen beschrieben werden, die erstens das Favela-Syndrom von verwandten Syndromen (z. B. Suburbia-Syndrom, Kleine-Tiger-Syndrom) unterscheiden und zweitens eine hohe interne Verknüpfung aufweisen (z. B. in Form selbstverstärkender Trendinteraktionen). Die folgenden vier Indikatoren wurden ausgewählt, weil sie beide Bedingungen erfüllen. Gemessen werden nicht einzelne Trends, sondern Trendverknüpfungen. Im Ergebnis führt dies zu einem dynamischen Intensitätsmaß des Favela-Syndroms, das eine erste Abschätzung der zukünftigen Entwicklung des Syndroms erlaubt. Als entscheidende Merkmale des Favela-Syndroms lassen sich identifizieren:

1. Ein sehr starkes städtisches Bevölkerungswachstum primär aufgrund von Zuwanderungen, in einer späteren Phase auch aufgrund von Stadt-Stadt-Wanderung. Gerade im Hinblick auf die Abschätzung der zukünftigen Entwicklung des Syndroms in bisher noch nicht „befallenen" Regionen, gilt das Zusammenwirken der Trends Landflucht und Urbanisierung als ein besonders syndromspezifischer Mechanismus. Als Indikator hierfür ist daher das jährliche städtische Bevölkerungswachstum heranzuziehen.
2. Die soziale und ökonomische Ausgrenzung stellt einen der wichtigsten anthroposphärischen Trends im Rahmen des Favela-Syndroms dar. Sie treibt die Herausbildung des informellen Sektors an und wird, vermittelt über den Rückgang traditioneller gesellschaftlicher Strukturen, wiederum davon angetrieben. Gemessen wird dieser Schlüsseltrend mit Hilfe der Indikatoren „Verteilung der Einkommen" und „Menschen in städtischer Armut".
3. Die ungenügende infrastrukturelle Grundversorgung urbaner Räume stellt eine der Basiseigenschaften des Favela-Syndroms dar. Dies gilt insbesondere für den Bereich der Wasserver- und -entsorgung. Zahlreiche Probleme sowohl im Umwelt- als auch im sozialen Bereich resultieren daraus, daß die betroffenen Städte aufgrund finanzieller, organisatorischer und politischer Gründe nicht in der Lage sind, eine ausreichende Ver- und Entsorgungsinfrastruktur für die wachsende Einwohnerzahl bereitzustellen. Oftmals sind die betroffenen Bevölkerungsgruppen deshalb gezwungen, die fehlenden Leistungen der öffentlichen Daseinsfürsorge anderweitig zu organisieren. Um diesen Zusammenhang zwischen sozialer Ausgrenzung und wachsender Bedeutung des informellen Sektors wenigstens grob zu indizieren, wird auf den Indikator „Entwicklung der öffentlichen Investitionen" zurückgegriffen. Stagnation oder ein nur ungenügendes Ansteigen der Investitionen weisen auf eine syndromverschärfende Trendverknüpfung hin.
4. Der rasche Urbanisierungsprozeß in vielen Regionen überfordert meist die bestehenden städtischen Strukturen und Kapazitäten. Er findet zudem im Rahmen technischer, ökonomischer und politischer Verhältnisse statt, die durch starke Gegensätze gekennzeichnet sind. Während Urbanisierung im Rahmen des Suburbia-Syndroms mit einer relativ gleichmäßigen Zugangschance zu städtischer Infrastruktur einhergeht, zeichnet sich das Favela-Syndrom durch eine erhebliche Chancenungleichheit aus. Um diesen syndromspezifischen Prozeß der marginalisierten Urbanisierung im Bereich der Wasserversorgung erfassen zu können, wird der Indikator „Städtischer Bevölkerungsanteil mit kontinuierlichem Zugriff auf gesundheitlich unbedenkliches Wasser" verwandt. Ein geringer bzw. ein unterdurchschnittlich wachsender Anteil wirkt dabei verstärkend auf das Syndrom.

Grundlage für die kartographische Projektion der Trendverknüpfungen ist die räumliche Verteilung der Bevölkerung. Hier stellt sich zunächst die Frage nach der Abgrenzung von ländlichen und städtischen Räumen. Da das Favela-Syndrom nicht nur in Megastädten auftritt, sondern auch kleinräumige urbane Strukturen für das Krankheitsbild disponiert sein können, ist eine Bestimmung des Intensitätsmaßes anhand der absoluten städtischen Einwohnerzahlen wenig hilfreich. Zudem besteht das Problem, daß im internationalen Vergleich kein einheitliches Verständnis hinsichtlich des „Stadtbegriffs" vorliegt, so daß die Intensitätsmessung hier – unabhängig von Verwaltungsgrenzen – mit Hilfe von Bevölkerungsdichtemaßen erfolgt.

Auf der Grundlage der von Tobler et al. (1995) entwickelten Rasterkarte der Bevölkerungsdichte (5 Bogenminuten Rasterzellen) werden weltweit zunächst die Gebiete mit der jeweils höchsten Bevölkerungsdichte eines Landes als Stadtstruktur identifiziert. Auch die Rasterzellen mit den nächst geringeren Bevölkerungsdichten werden noch als urbane Struktur ausgewiesen, bis die Summe der in den erfaßten Regionen lebenden Menschen dem bekannten städtischen Bevölkerungsanteil eines Landes entspricht.

Inwieweit sich der Zustand in den so ermittelten Mangelgebieten verschärfen wird, hängt im wesentlichen von dem jeweiligen Bevölkerungswachstum und der infrastrukturellen Investitionskraft der Städte ab, ein Mindestmaß an Ver- und -Entsorgungskapazität aufrecht zu erhalten oder zu etablieren. Das

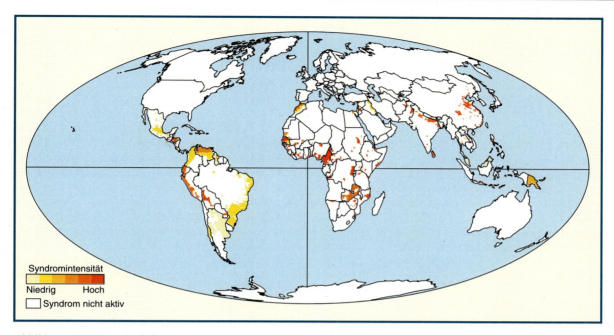

Abbildung D 3.5-3
Intensität des Favela-Syndroms. Erläuterungen im Text.
Quellen: BMBF-Projekt „Syndromdynamik", PIK-Kernprojekt QUESTIONS und WBGU

Intensitätsmaß bestimmt sich also weiterhin durch eine unscharfe UND-Verschneidung (Minimum-Funktion) der Basiskarte mit den regionsspezifischen Kennzahlen zur demographischen Entwicklung und zu den Binneninvestitionen der öffentlichen Hand (in BSP-US-$ pro Person und Jahr). Die Verknüpfung des entsprechenden Datenmaterials für den Beginn der 90er Jahre führt im Ergebnis zu der kartographischen Darstellung des Intensitätsmaßes (Abb. D 3.5-3).

3.5.4
Syndromkuration

Mit Blick auf die hier zentral behandelten Wasserprobleme im Zusammenhang mit dem Favela-Syndrom müssen drei unterschiedliche Strategieebenen zur Abhilfe unterschieden werden:
* Bekämpfung allgemeiner Ursachen, die zum Auftreten des Favela-Syndroms führen und sich dementsprechend auch auf Fragen des Süßwassers auswirken.
* Gezielte Bekämpfung wasserspezifischer Probleme, die das ganze Beziehungsgeflecht oder Teile davon berühren.
* Bekämpfung von Einzelproblemen im Hinblick auf das Wasser ohne Beachtung seiner systemischen Zusammenhänge im Rahmen des Favela-Syndroms.

3.5.4.1
Allgemeine Handlungsempfehlungen

Im Rahmen des Favela-Syndroms allgemeine Handlungsempfehlungen auszusprechen bzw. grundlegende Therapieansätze aus dem Syndrommechanismus zu entwickeln, erweist sich insbesondere aus drei Gründen als problematisch:
* Das Begriffsbild und die geschilderten Wirkungsmechanismen deuten zwar darauf hin, daß gewisse sozio-ökonomische und naturräumliche Voraussetzungen für das Entstehen von Slums erforderlich sind. Eine differenziertere Betrachtung, die nach der Zusammensetzung der Bewohner, der Dauer oder der Notwendigkeit des Aufenthaltes verschiedene Typen von Slums (Aufstiegs- oder Abstiegsslums, homogene oder heterogene Quartiere) unterscheidet, würde gleichsam auf spezifische Konstellationen von Entstehungsursachen hinweisen, für die allgemein gültige Handlungsempfehlungen kaum zu entwickeln sind.
* Viele der im Favela-Syndrom wirksamen Symptome zählen zu den zentralen Trends des Globalen Wandels. Landflucht, Urbanisierung und Bevölkerungswachstum etwa bilden ein Gemenge aus „Megatrends", das mit seiner ganzen Komplexität zu den entscheidenden Triebkräften des Favela-Syndroms gehört. Maßnahmen zur Verringerung des Bevölkerungswachstums empfehlen sich daher auch als Therapeutikum gegen eine ungeregel-

te Verstädterung. Der WBGU hat in diesem Zusammenhang wiederholt darauf hingewiesen, daß auch bei optimistischen Erwartungen über den Erfolg der Bemühungen zur Stabilisierung der Weltbevölkerung sich bestenfalls langfristig durchgreifende Wirkungen erzielen lassen. (WBGU, 1993 und 1994).

Noch Mitte der 60er Jahre versuchte man, der gröbsten Mißstände in den Slum-Siedlungen durch bau- und gesundheitspolizeiliche Vorschriften Herr zu werden (Spiegel, 1970). „Slum clearance", „urban redevelopment" und „housing acts" waren die Schlagwörter der damals einsetzenden Sanierungsgesetzgebung. Die soziale Problematik blieb dabei weitgehend unberücksichtigt oder wurde in der Erwartung, daß diese mit dem Abriß der Elendsviertel von selbst verschwinden würde, verdrängt. Was geschah, war jedoch im besten Fall eine räumliche Verschiebung der alten Mißstände. Eine Wende kam langsam mit der Einsicht der Planer, daß in den Favelas meist eine relativ stabile Subkultur besteht, mit hochentwickelter Gruppenmoral, differenziertem Sittenkodex, intensivem Familienleben und ausgeprägten nachbarlichen Beziehungen. Die Entwicklung allgemeiner Handlungsempfehlungen sollte sich dementsprechend an der nicht zu verkennenden Dichotomie aus „Favela-Not" und „Favela-Wert" orientieren. Nicht jede Maßnahme, die zum Rückbau der Slum-Siedlungen führt, ist per se auch wohlfahrtsfördernd.

Verringerung des Bevölkerungswachstums

Unter Berücksichtigung dieser Einschätzung sollte es vorrangiges Ziel sein, durch internationale Kooperation und Finanzierungsprogramme eine institutionelle Verankerung der Bevölkerungspolitik in allen Staaten sicherzustellen (WBGU, 1994 und 1996a), da die Bewältigung der durch ungeregelte Verstädterung hervorgerufenen Probleme entscheidend von der Bevölkerungsentwicklung abhängt. Der Beirat vertritt die Auffassung, daß Deutschland wie alle übrigen Industrieländer ein besonderes Interesse an der Entwicklung entsprechender Problemlösungskompetenz haben muß, da intranationale Wanderungen (Landflucht) – bei Mißachtung der damit verbundenen Überlastungen urbaner Strukturen – sehr schnell in internationale Fluchtbewegungen umschlagen können, die u. a. Deutschland zum Ziel haben werden. Die Ursachen einer ungeregelten Bevölkerungsentwicklung und damit die Ansatzpunkte einer gezielten Gegensteuerung hat der Beirat mehrfach dargelegt (WBGU, 1993 und 1994). Auf die entsprechenden Maßnahmen in den Bereichen Armutsbekämpfung, Gleichstellung der Frauen, Verminderung der Kindersterblichkeit, Verbesserung der Bildung und Ausbildung, Zugang zu Methoden der Familienplanung usw. hat der Beirat mehrfach nachdrücklich hingewiesen.

Verminderung von Wanderungsdruck

Geregelte Urbanisierung setzt darüber hinaus eine Verminderung des Wanderungsdrucks in ländlichen Gebieten voraus. Grundlage hierfür wäre eine national und auch international koordinierte Raumordnungspolitik, die auf einen angemessenen Strukturwandel im ländlichen Raum ausgerichtet ist (WBGU, 1993) und sich in erster Linie gegen die fatalen Auswirkungen eines „urban bias" wendet. Es müssen im Sinne der AGENDA 21 polyzentrische anstelle von monozentrischen Raumnutzungsstrukturen geschaffen werden. Weiterhin sind konkrete raumordnerische Leitbilder zu entwickeln und u. a. über Bodenreformen umzusetzen, die durch eine ausgewogene Mischung von Nutzungsstrukturen zwischen Stadt und Land aber auch innerhalb der Städte (durch den Erhalt und die Entwicklung ausreichender innerstädtischer Grünflächen) eine Harmonisierung von „Umwelt und Entwicklung" zulassen.

Nachhaltige Siedlungsentwicklung

Die UN-Konferenz für Umwelt und Entwicklung 1992 in Rio de Janeiro war diesbezüglich richtungweisend. Insbesondere die Weltsiedlungskonferenz 1996 in Istanbul hat die Grundlage für eine Umsetzung der Stadtentwicklungsaspekte der AGENDA 21 geschaffen. Mit der HABITAT-Agenda ist eine globale Handlungsgrundlage zur Förderung einer nachhaltigen Siedlungsentwicklung erarbeitet worden. Deren Globaler Aktionsplan gilt als Rahmen für gemeinsame Ziele und Strategien, die in nationalen Aktionsplänen ihren Niederschlag finden. In erster Linie sollen hiermit die Bedürfnisse von Armutsgruppen, Obdachlosen, Flüchtlingen und ethnischen Minderheiten (stärker) berücksichtigt werden. Siedlungspolitik und Armutsbekämpfung müssen dabei im Zusammenhang betrachtet werden. Zur Verbesserung der Datenbasis ist zudem die Entwicklung eines Wohnraum-Informationssystems notwendig. Bodenmanagement und Bodenpolitik (Gewährleistung von Landrechten) müssen verbessert werden (WBGU, 1996b).

Neben diesen allgemeinen Handlungsempfehlungen, die sich im weitesten Sinne auf den Gesamtkontext des Favela-Syndroms beziehen, enthält der Globale Aktionsplan spezifische Empfehlungen zur Siedlungswasserwirtschaft: Hier geht es beispielsweise um (1) eine integrierte Wasserver- und -entsorgungsplanung, (2) Maßnahmen zur Vermeidung von Wasserverschwendung und zum angemessenen Recycling von Trinkwasser, (3) Strategien und Kriterien zum vorsorgenden Schutz und zur Aufrechterhaltung aquatischer Ökosysteme, (4) Verbesserungen hinsichtlich der Allokationseffizienz von Infrastrukturinvestitionen sowie (5) ein umfassendes, sektorenübergreifendes Ressourcenmanagement (Habitat II, Global Plan of Action, 1996). Forschungsbedarf besteht vor allem in der Entwicklung von Determinanten der Tragfähigkeit urbaner Strukturen („optimalen Stadtgröße") und von Analyse- und Prognosemethoden zur Bestimmung von Dispositionsräumen intranationaler Wanderungen (WBGU, 1996a).

3.5.4.2
Wasserspezifische Handlungsempfehlungen

SCHAFFUNG DER GRUNDLAGEN FÜR EIN INTEGRIERTES WASSERMANAGEMENT

Voraussetzung für jede Kuration ist eine angemessene Informationsgrundlage. Dazu gehört zum einen die Inventarisierung des Wasserdargebots, zum zweiten die Quantifizierung und Qualifizierung des regionalen und lokalen Wasserbedarfs im Rahmen einer nationalen Wasserstrategie. Ökonomische, soziale und ökologische Belange sind hierbei im Sinne des Nachhaltigkeitsziels gleichzeitig zu berücksichtigen. Die Stärkung nationaler und kommunaler hydrologischer Forschungseinrichtungen sowie ihre Vernetzung mit der Umweltforschung sowie wirtschafts- und sozialwissenschaftlichen Instituten (besonders im Bereich Urbanistik/Stadtplanung) ist hierfür wichtig. Der Wissenstransfer zu den kommunalen Entscheidungsstellen ist zu verbessern.

SICHERUNG EINES GRUNDRECHTS AUF WASSER

Auf der Basisversorgung vor allem der armen Bevölkerungsgruppen mit sauberem Trinkwasser sowie auf der Entsorgung von Siedlungsabwässern muß ein kommunaler Politikschwerpunkt liegen. Für die internationale Ebene wird hier auf das vom Beirat vorgeschlagene Instrument einer Weltwassercharta zur Absicherung einer Mindestversorgung verwiesen (siehe Kap. D 5.5 und Kap. E 2). Auf lokaler Ebene sind diese Rechte umzusetzen. Einfache Ver- und Entsorgungstechniken sind dabei in den meisten Fällen nicht nur der einzig realistische Weg, sondern stärken zudem Selbsthilfepotentiale.

EFFIZIENTERE KOMMUNALVERWALTUNG

Dem oben diagnostizierten Politikversagen auf kommunaler Ebene sollte durch eine Verbesserung der Verwaltungseffizienz auf lokaler Ebene entgegengewirkt werden. Falls erforderlich, muß dafür auf nationaler Ebene (Kommunalverfassung) der Rahmen geschaffen werden. Hierher gehören Maßnahmen wie die Bündelung von häufig zersplitterten Zuständigkeiten, die Zusammenführung von Management und Finanzierung, die Verbesserung der Umweltschutzgesetzgebung und -überwachung, der Abbau bürokratischer Hemmnisse, die Dezentralisierung von Aufgaben auf möglichst niedrige Ebenen, die Erhöhung der Transparenz des Verwaltungshandelns sowie die Verbesserung der Qualifikation des Verwaltungspersonals. Die Privatisierung von Wasserver- und -entsorgungsbetrieben kann dann eine Lösung sein, wenn (a) die oben angesprochene Basisversorgung und (b) die Nachhaltigkeitsziele sichergestellt sind. Wasserver- und Wasserentsorgung sollten ebenso zusammen verwaltet werden wie Oberflächen- und Grundwasser. Bezugspunkt verbesserter Management-Strategien sollten „reale" Einheiten (z. B. Wassereinzugsgebiete) und nicht-tradierte Verwaltungseinheiten sein.

ANGEPASSTE TECHNIKENTWICKLUNG

Die Entwicklung effizienter Technologien zur Wassernutzung und Abwasserbehandlung ist wesentlich für die Bekämpfung des Favela-Syndroms. Für den industriellen Bedarf liegt der Schwerpunkt auf der Erzielung eines möglichst geringen Wasserverbrauchs, für die häuslichen Abwässer der Favelas in der Förderung und Weiterentwicklung kostengünstiger, gut handhabbarer und meist regional entstandener Technologien mit geringem Grad an Komplexität. Fördermaßnahmen der Geberländer sollten auch den internationalen Wissens- und Technologietransfer zur Optimierung des Forschungsaufwands unterstützen (technical capacity building). Auf einen möglichst geringen Energiebedarf dieser Technologien ist hierbei besonders zu achten.

VERBESSERTE KOOPERATION ZWISCHEN VERWALTUNG UND INFORMELLEM SEKTOR

Das Selbsthilfepotential des informellen Sektors sollte stärker genutzt und mit einer dezentraleren öffentlichen Verwaltung vernetzt werden – nicht zuletzt, um letztere von Aufgaben und Kosten zu entlasten, aber auch, um zu rascheren, angepaßteren und flexibleren Lösungen für die vom Favela-Syndrom hauptsächlich Betroffenen zu kommen. Eine Reihe von NRO und CBOs (community based organizations) in vielen Städten der Entwicklungsländer sind diesen Weg gegangen und haben im Bereich des Managements von Infrastruktureinrichtungen sowie der Mobilisierung von lokaler Selbsthilfe im Rahmen städtischer Versorgungsprojekte gute Erfahrungen gemacht (z. B. das Orangi Pilot Project, Pakistan; Hardoy et al., 1995). Stärkung von Selbsthilfepotentialen, Partizipation und Eigenverantwortung könnten den syndromspezifischen Mechanismus einer wechselseitigen Verstärkung von Politikversagen und Bedeutungszunahme des informellen Sektors abdämpfen und produktiv, im Sinne von Synergieeffekten, umkehren.

Steuerung der Nachfrage (Tarifsystem)

Die Tarifsysteme der meisten Metropolen, die vom Favela-Syndrom betroffen sind, spiegeln die ökonomische und ökologische Knappheit des Lebensmittels Wasser nicht hinreichend wider – mit der Folge tariflich induzierter Verschwendung. Gleichzeitig zahlen viele arme Verbraucher wegen mangelnder Versorgungssysteme relativ hohe Wasserpreise bei fliegenden Händlern. Die bestehenden Tarifsysteme sind daher so zu verändern, daß sie Knappheiten widerspiegeln und Versorgungssicherheit erhöhen. Ein ökologisch und ökonomisch tragfähiges Gebührenkonzept sollte die Kosten der Wassergewinnung und -nutzung widerspiegeln, da die finanziellen Mittel für die Wasserwirtschaft, den Siedlungswasserbau und vorgelagerten Ressourcenschutz in den gesamten volkswirtschaftlichen Kosten der Entwicklungsländer immer größere Bedeutung erlangen (siehe Handlungsempfehlungen zur Sicherung des Mindestbedarfs in Kap. D 5.4). Die Grundversorgung einkommensschwacher Nutzergruppen ist über einen Sockelbetrag, in Abhängigkeit der Zahlungsfähigkeit, zu garantieren. Eine Kostendämpfung für einkommenschwache Nutzer läßt sich durch die Erbringung von Eigenleistungen an der Erschließung, Bereitstellung und Entsorgung von Wasser erreichen. Starkverschmutzer oder Großverbraucher sollten über die Einführung eines Grenzkostentarifsystems in ihrer Nachfrage gesteuert werden. Eine solche Besteuerung bietet einen finanziellen Anreiz zur nachhaltigen Nutzung (Postel, 1993).

Rahmenprogramm für Städtepartnerschaften

Der Beirat regt an, ein Rahmenprogramm für internationale Städtepartnerschaften deutscher Kommunen mit wasserbezogenem Schwerpunkt einzurichten. Im Rahmen der dabei festgelegten einheitlichen Kriterien für finanzielle, organisatorische, technische und wissenschaftliche Kooperations- und Hilfsmaßnahmen, könnten sich deutsche bzw. EU-Städte um ihren spezifischen Beitrag zur Milderung des Favela-Syndroms bewerben. Räumlicher Focus sollte dabei das Syndrom sein, so daß auch der stadtnahe ländliche Raum in den Blickpunkt geriete. Die GTZ, die über eine langjährige Erfahrung mit Wasserver- und -entsorgungsprojekten verfügt, könnte dabei mit der Projektdurchführung beauftragt werden.

Technische Massnahmen

Vorrangiges humanitäres Ziel der Empfehlungen ist der gesundheitliche Schutz der Bevölkerung durch Verbesserung der hygienischen Bedingungen in den Favelas. Um die hohe gesundheitliche Gefährdung abzubauen, muß eine sichere und angemessene Wasserversorgung und -entsorgung sichergestellt werden. Die Erfüllung dieses Ziels verschafft politischen Aktivitäten einen zeitlichen Spielraum, deren Ziel die Wiedererlangung der Kontrolle über die ungesteuerte Urbanisierung sein muß.

Mittel- bis langfristig sollten Maßnahmen einsetzen, die zu einer Anpassung der Wassernutzung in den urbanen Ballungszentren als Wirtschaftsgut und Abwassermedium an das Prinzip der Nachhaltigkeit führen, um den großräumigen Schutz der Umwelt und Lebensgrundlagen zu gewährleisten. Eine Vernachlässigung dieser Ziele stärkt die Epidemiegefahr und bewirkt langfristig einen wachsenden internationalen Umweltflüchtlings- und Migrationsdruck, insbesondere in Richtung der Industrienationen.

- *Ermittlung vertretbarer Entnahmemengen:* Bei den meist begrenzten und deutlich übernutzten Süßwasserreserven steht die Ermittlung der maximal vertretbaren Entnahmemenge im Vordergrund, die sich am erneuerbaren Wasservorrat orientiert, um eine Erschöpfung der Wasserressourcen zu vermeiden (siehe Leitplankenmodell, WBGU, 1996b).
- *Effizienzsteigerung der Versorgungssysteme:* Die oft geringe Effizienz bestehender Wasserver- und -entsorgungssysteme sollte durch Modernisierungs- und Instandsetzungsmaßnahmen angehoben werden. Dies ist in vielen Fällen vorteilhafter als der Bau neuer Anlagen, da Zeit und Kosten gespart werden können.
- *Versorgung ländlicher Gebiete:* Internationale Finanzhilfen sollten vordringlich für die Versorgung ländlicher und einkommensschwacher städtischer Gebiete in den ärmsten Ländern Afrikas und Südasiens bereitgestellt werden. Hier hat die Bevölkerung nur spärlichen Zugriff auf eine Trinkwasserversorgung und ein hygienisches Sanitärwesen. In Äthiopien, Mosambik, Kongo, Pakistan, Indien und Papua Neuguinea liegt der Anteil der Unterversorgung bei 80–90% (Weltbank, 1996).
- *Grundwasserschutz und -anreicherung:* Der Übernutzung der Grundwasserreserven kann mit einer erhöhten Grundwasserneubildung begegnet werden. Hierzu dient zum Beispiel die Einrichtung von Wasserschutzgebieten mit entsprechenden terrestrischen Nutzungsauflagen auf Böden hoher Wasserdurchlässigkeit und die Anlage von Wasserspeichern zur künstlichen Grundwasseranreicherung unter Berücksichtigung von Hochwasser- und Trockenzeiten. Dies gilt insbesondere für meeresnahe Gebiete, deren abnehmende Grundwasserreserven aufgrund der Versalzungsgefahr schwerwiegend geschädigt werden können.

- *Meerwasserentsalzung:* In manchen meeresnahen Regionen besteht eine Ausweichmöglichkeit in der Wassergewinnung durch Entsalzung von Brack- und Meerwasser. Diese Form der Wassergewinnung hat allerdings den Nachteil, vergleichsweise hochtechnisiert, kapitalintensiv und energieaufwendig, bei Nutzung von Solarenergie eher flächenintensiv zu sein.
- *Waterpricing:* Die Maßnahmen zur besseren Grundwasserneubildung usw. lassen einen finanziellen Bedarf erkennen, der eine Inwertsetzung des Gutes Wasser durch entsprechende Preise oder Gebühren notwendig macht.
- *Wassersteuer:* Der industrielle Wasserkonsum und Abwassereintrag wird ebenso wie die Konkurrenz um Wasser in den urbanen Zentren der Entwicklungsländer in Zukunft stark ansteigen. Bei der Belastungssteuerung der Wasserressourcen sollte daher nach den umweltpolitischen Prinzipien des Verursacher- und Vorsorgeprinzips vorgegangen werden.
- *Wasserrecycling:* Zu den belastungsmindernden Maßnahmen gehört der Einsatz wasserressourcenschonender Technologien, vor allem das betriebliche Wasserrecycling, die Förderung des Recyclings wasserintensiver Produkte und die Anwendung angemessener Abwasserbehandlungsverfahren, die die Einhaltung entsprechender Auflagen gewährleisten.
- *Gewässerüberwachung:* Eine kommunale Überwachung der Schadstoffquellen sowie Gewässer und Wasserressourcen, die als Vorfluter für Abwasser dienen, sollte dauerhaft erfolgen. Hierbei sind regional angepaßte Umweltauflagen über die Güte des gereinigten Abwassers aufzustellen.

Die Trennung industrieller von urbanen Abwässern ermöglicht eine effizientere, da separate Behandlung toxischer Stoffe. Vorbehandeltes bzw. getrennt gesammeltes Abwasser eignet sich besser zur Weiterverwendung, z. B. für die Bewässerung. Eine Methodik zur Auswahl geeigneter Abwasserbehandlungsverfahren in Entwicklungländern entstand im Rahmen der Habitat-II-Konferenz (siehe Kasten D 3.5-2).

GESUNDHEITSSPEZIFISCHE
HANDLUNGSMASSNAHMEN

Für die Minderung gesundheitlicher Gefahren kommt neben einer hygienisch unbedenklichen Trinkwasserversorgung auch der Abwasserbehandlung eine Schlüsselfunktion zu, welche das Überleben und die Zirkulation pathogener Keime unterbinden muß. Die Auswahl entsprechender Systeme ist unter Berücksichtigung lokaler Gegebenheiten bei der Krankheitsübertragung vorzunehmen. Neben dem Einsatz angepaßter Technologien ist vor allem die Beteiligung der Bewohner beim Ausbau der Sanitäreinrichtungen notwendig. Bewährt haben sich dezentrale Systeme, wo die Nutzer am Entstehungsprozeß beteiligt werden und teilweise auch die aktive Mithilfe der lokalen Bevölkerung bei der Erstellung eingeworben wird. Durch Gespräche, Ausbildungsprogramme und Mitarbeit wird so die Identifikation mit dem Projekt gefördert und langfristig gesichert (sog. „Abwassernachbarschaften" etwa in Brasilien).

Da pathogene Keime fast ausschließlich in den Exkrementen vorkommen, verringern Sanitärsysteme mit Trennung von Urin und Exkrementen die Kontamination des Abwassers, wobei die Exkremente trockendeponiert werden können. Gleichzeitig wird so der Spülwasserverbrauch gesenkt.

Die WHO (1995) beschreibt die prozentuale Verringerung der Infektionsgefahr mit Diarrhöe wie folgt:
- Verbesserte Wasserqualität: 16%.
- Verbesserte Wasserverfügbarkeit: 25%.
- Kombination von verbesserter Wasserqualität und -verfügbarkeit: 37%.
- Verbesserte Exkrementverbringung: 22%.

In Gebieten mit geringem Wasserdargebot kann behandeltes Abwasser als Brauchwasser zur landwirtschaftlichen Bewässerung verwendet werden. Die WHO hat entsprechende Richtlinien für die sichere Verwendung von Brauchwasser herausgegeben. Sie berücksichtigt die unterschiedlichen Möglichkeiten einer Krankheitsübertragung je nach Art der pathogenen Keime, ihrer Überlebensdauer im Abwasser, den Übertragungsformen, der angebauten Feldfrucht und der Exposition von Landarbeitern und Verbrauchern unter Berücksichtigung von Körperhygiene und Immunität. Um den gesundheitlichen Schutz zu gewährleisten, ist eine Abwasserbehandlung aber unabdingbar. In warmen Klimaten weisen anaerobe Klärteiche (Absetzbecken) eine hohe Effektivität bei der Vernichtung von Pathogenen auf. Bei niedrigen Landpreisen stellen sie eine kostengünstige, einfach zu konstruierende und zu unterhaltende Möglichkeit der Abwasserbehandlung dar.

Wasservermittelte Infektionskrankheiten sind ein Charakteristikum des Favela-Syndroms. Eine reagierende Seuchenbekämpfung, die immer wieder Ärzte und Hilfsgüter an die Brennpunkte schickt, wird angesichts der hohen Ausbreitungsgeschwindigkeit dieser Krankheiten an ihre Grenzen stoßen. Durch Touristen und Geschäftsreisende, Migranten und Warenexporte können Erreger, vor allem auch in Form neuer Mutanten, schnell weltweit verbreitet werden. Daher muß in Zukunft mehr Gewicht auf die präventiven Maßnahmen – etwa zur Verbesserung der Wasserqualität – gelegt werden. Hier könnte sich ein Pa-

KASTEN D 3.5-2

Methodik zur Auswahl angepaßter Verfahren der Abwasserbehandlung

Die Eignung verschiedener Systeme zur Abwasserbehandlung ist abhängig von der Siedlungsgröße, Geologie, Topographie, dem Wasserdargebot und der Umweltverschmutzung, dem Klima, hygienischen, sozio-ökonomischen und technischen Gegebenheiten, den vorgesehenen Vorfluter (Fluß oder Bewässerungssystem) und dem Ausbauzustand der Abwasserkanalisation (Arceveila, 1996).

Weitere Kriterien an die Entsorgungstechnologie sind ökonomischer Wirkungsgrad, Zuverlässigkeit, einfache Handhabung (geringer Technisierungsgrad), Herstellung mit nationalen Mitteln, lokale Verantwortlichkeit und Einbeziehung der Gemeinschaft. Zur Abschätzung umweltrelevanter Auswirkungen kann die Methodik der Lebenszyklusanalyse (LCA) angewandt werden. Relevante Faktoren sind die hygienische Effizienz, Energiefluß, Phosphorfluß und Stickstoffelimination sowie Nährstoffaustrag von terrestrischen in aquatische Lebensräume, qualitative und quantitative Veränderungen des Wasserdargebots, Verbrauch nicht-erneuerbarer Energien und Materialien (Pumpenergie, Energieverlust in Form von Methan, Infrastruktur und Betriebsmitteln), ökonomische Kosten und die Menge des wiederverwandten Wasseranteils.

Nach Erfüllung dieser Kriterien ist die Methode mit dem geringsten Flächenbedarf, einer einfachen Bauweise und einem ökonomischen Nutzwert zu bevorzugen.

Als optimale Abwasserbehandlung in dichten Siedlungsräumen der warmen Klimate wird eine Kombination aerober und anaerober Abwasserbehandlungssysteme und die Trockendeposition von Feststoffen angesehen, die einen niedrigen Mechanisierungsgrad und Energiebedarf aufweist und zudem von den hohen Temperaturen profitieren kann. Die Weltbank hat eine geeignete Methode zur Auswahl kostengünstiger Modelle der Abwasserbehandlung in Entwicklungsländern warmer Klimate zusammengestellt (Arthur, 1983). Hier wird die Abwasserbehandlung in anaeroben Teichen präferiert, mit der bei 25 °C geruchsarm etwa 70–80% der organischen Substanz abgebaut werden kann (bei einer täglichen Zufuhr von max. 350 g abbaubarer Substanzen pro m^3 Abwasser). Das vorbehandelte Abwasser kann über Reservoire einer Nutzung für hygienisch unbedenkliche Bewässerungszwecke zufließen. Forschungsvorhaben sollten hier auf die Minimierung des Flächen- und Energiebedarfs der angewandten Verfahren abzielen.

Eine Reihe denkbarer Lösungsansätze der Abwasserbehandlung in humiden bis semi-ariden Regionen stellt Tab D 3.5-5 vor:

Ist die Trennung der Kanalisation in unterschiedliche Abwasserqualitäten möglich, erhöht sich die Wiederverwendbarkeit von Abwässern:
– Abwässer mit Fäzes sind hygienisch bedenklich,
– Abwässer ohne Fäzes sind unangenehm, aber nicht gefährlich und als Brauchwasser für Bewässerungen geeignet,
– gereinigte Abwässer ohne Fäzes sind vielseitig verwendbares Brauchwasser und z.T. als Trinkwasser geeignet.

Eine Alternative zur wasserbasierten Entsorgung bietet eine Reihe wassersparender bis trockener, in der Regel dezentral orientierter Sanitärsysteme. Dazu gehören die kostengünstigen und mit lokalen Ressourcen erstellbaren Typen „Pour flush latrine" und „Ventilated improved pit (VIP) latrine". Erstere verbraucht nur 2–3 l gegenüber 8–20 l Wasser bei einer Spülung mit einem konventionellen WC (Hardoy et al., 1990).

Tabelle D 3.5-5
Abwasserbehandlung in humiden bis semi-ariden Gebieten.
Quelle: WBGU

Anlagentyp	Kosten	Flächenbedarf	Energiebedarf	Komplexität	Wirkungsgrad
Pflanzenklärbeete	Gering	Mäßig hoch	Gering	Mäßig niedrig	Nach Temperatur
Klärteiche	Gering	Hoch	Gering	Niedrig	Nach Temperatur
Tropfkörper	Mäßig	Mäßig	Mittel	Mäßig niedrig	Mittel
Belebtschlamm	Mittel	Gering	Hoch	Hoch	Hoch
Mehrstufige Klärung	Hoch	Gering	Sehr hoch	Hoch	Hoch

> Da der wassergestützte Transport von menschlichen, häuslichen und urbanen Abfällen eine ungewollte und ineffiziente Mischung unterschiedlicher Abfälle verursacht, haben diese Systeme folgende Vorteile: Sie führen nicht, wie die wasserbasierten Verfahren, zu einem Transport von Nähr- und Fremdstoffen aus terrestrischen in aquatische Systeme, und durch die separate Deposition können die verschiedenen Abfälle nach entsprechender Behandlung als Dünger verwendet werden.
>
> Derartige Systeme werden in Städten aber bislang nur in geringem Umfang angewandt. Spezielle Reinigungsverfahren sind zur Behandlung toxischer Abwässer erforderlich, die meist aus industriellen Anlagen stammen. Organische toxische Stoffe können auf herkömmlichem Wege nur in sehr geringen Mengen durch verschiedene Mikroorganismen abgebaut und Schwermetalle nur durch Zugabe besonderer chemischer Substanzen (Chelatbildner) extrahiert werden. In temperaten Klimaten können Schwermetalle in kompostierten Klärschlämmen durch Regenwürmer aufgenommen und in Humussubstanzen eingelagert werden (Protopopov, 1995).

radigmenwechsel vollziehen, weil Investitionen in eine geregelte Trinkwasserversorgung und Abwasserbeseitigung eine der höchstmöglichen „Gesundheitsrenditen" bei der Bekämpfung zahlreicher Krankheiten versprechen. Mit diesen Auswirkungen sind solche Investitionen gleichzeitig bedeutende Maßnahmen zur Stabilisierung der Bevölkerungszahl und zur Armutsbekämpfung (siehe Kap. D 4.2).

4 Schlüsselthemen

4.1
Internationale Konflikte

Konflikte um Wasser – Atatürk-Staudammprojekt – Jordanbecken – Gabcikovo-Staudamm – Die Großen Seen in Nordamerika – Unterschiedliche Konfliktlinien und Nutzungsansprüche – Globale Dimension regionaler Konfliktpotentiale – Schutz des Weltnaturerbes – Dauerhafte organische Schadstoffe (POPs) – Recht auf Wasser – Bewahrung der Süßwasserressourcen als Gemeinschaftsaufgabe

4.1.1
Grundlagen der Konfliktanalyse

Die sozialwissenschaftliche Forschung hat zur Untersuchung zwischenstaatlicher Konflikte vielfältige Theorieansätze entwickelt und empirisch geprüft, die auch zur Analyse von Verteilungs- und Nutzungskonflikten um Süßwasser herangezogen werden können. Hierbei werden Konflikte nach ihrem Inhalt in einzelne Politikbereiche klassifiziert, was auf die jeweilige Form des Konfliktaustrags und zugleich auf geeignete Lösungsmöglichkeiten schließen läßt. So können Konflikte auch nach der Wahrscheinlichkeit bewertet werden, inwieweit sie von den beteiligten Staaten ad hoc kooperativ bearbeitet und möglicherweise durch beständige „internationale Regime" verregelt werden. Der Begriff des „Regimes", ursprünglich aus der Rechtswissenschaft stammend, bezeichnet im Fach Internationale Beziehungen ein Netz von impliziten oder expliziten Grundsätzen, Normen, Regeln und Entscheidungsverfahren, in denen sich die gegenseitigen Erwartungen der Staaten treffen (Krasner, 1983; Rittberger, 1993; zu Umweltregimen Young, 1994). Als „Regeln" gelten dabei spezifische Ge- oder Verbote für staatliches Handeln, die in der Praxis weitgehend eingehalten werden müssen. Um ein internationales Regime festzustellen, muß das staatliche Handeln in diesem Problemfeld also nicht nur *regelhaft*, sondern *regelgeleitet* sein.

Bei zwischenstaatlichen Konflikten läßt sich zunächst zwischen Konflikten um widerstreitende Interessen, Konflikten um Mittel und Konflikten um Werte unterscheiden (etwa Aubert, 1972).

- Ein Interessenkonflikt zwischen zwei Akteuren folgt aus einer Mangelsituation: Zwei Akteure wollen dieselbe Sache, aber es ist nicht genug für jeden vorhanden.
- Ein Mittelkonflikt liegt vor, wenn ein Dissens über den richtigen Weg zu einem gemeinsamen Ziel besteht.
- Ein Wertkonflikt beruht auf einem Dissens über den Status eines Objekts, worunter in der Regel Wertkategorien wie Sicherheit, Macht, Herrschaft oder Territorialstaatlichkeit (z. B. Einflußsphären, Grenzen) zu verstehen sind.

Weiterhin läßt sich zwischen absolut und relativ bestimmten Gütern unterscheiden. Absolut bestimmte Güter sind Güter, die ihren Wert unabhängig davon erlangen, wieviel vom gleichen Gut die anderen Konfliktparteien besitzen, wie z. B. sauberes und ausreichendes Wasser. Relativ bestimmte Güter hingegen erhalten ihren Wert erst dadurch, daß ein oder mehrere Akteure davon mehr besitzen als andere Konfliktparteien.

Auf der Basis dieser Unterscheidungen läßt sich auf die Kooperationstauglichkeit und die Eignung zur Regelung durch internationale Regime („Regimetauglichkeit") bei zwischenstaatlichen Konflikten schließen. Mehrere sozialwissenschaftliche Forschungsbeiträge bestätigen die Annahme, daß Interessenkonflikte um absolut bestimmte Güter vergleichsweise leicht zur zwischenstaatlichen Zusammenarbeit führen, während Mittelkonflikte schwieriger und Interessenkonflikte um relativ bestimmte Güter noch schwieriger zu verregeln sind. Die geringsten Chancen für die Bildung von zwischenstaatlichen Regimen bieten Konflikte um Werte, also um Sicherheit, Herrschaft, Einflußsphären und ähnliches (Abb. D 4.1-1).

Gemäß dieser Konfliktdifferenzierung werden reine Süßwasserkonflikte, in denen es „nur" um eine knappe Ressource geht, eher kooperativ bewältigt, wie die Fallbeispiele (siehe Kap. D 4.1.3) demonstrie-

Abbildung D 4.1-1
Konfliktdifferenzierung:
Werte-, Mittel- und
Interessenkonflikte.
Quelle: Efinger et al., 1988

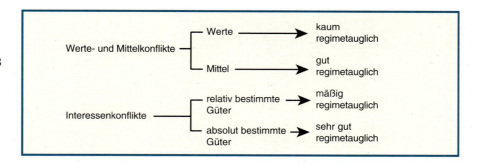

ren. Solche Konflikte führen eher zu einem Konsens über die Verteilung des Gutes als Konflikte etwa um Rüstungsbedrohungen oder Status, die von den jeweiligen Konfliktparteien relativ bestimmt werden. Spielen in die Süßwasserkonflikte politische Ziele wie Machtausübung, Sicherheit, Einflußnahme oder ähnliches mit hinein, sind die Aussichten für eine kooperative und einvernehmliche Konfliktlösung wesentlich geringer.

4.1.2
Wege zur Konfliktbewältigung

Der erste Schritt zur Bewältigung eines Konflikts liegt darin, daß die Konfliktparteien bereit sind, miteinander zu kommunizieren. Um eine konsensuale Einigung oder einen Kompromiß zu erzielen, ist entscheidend, daß die Kontrahenten von ihren eigennützigen Positionen zumindest teilweise abrücken und in einen kooperativen Diskurs eintreten. In einem solchen Diskurs handeln die Konfliktbeteiligten kommunikativ. Kommunikatives Handeln läßt sich idealtypisch durch strategisches und verständigungsorientiertes Handeln (Habermas, 1981) kennzeichnen. Strategisches Handeln ist zielorientiertes Handeln in voneinander abhängenden Entscheidungssituationen, in denen sich die Akteure bewußt darüber sind, daß das Resultat ihrer Handlungen nicht nur von ihrem eigenen Handeln abhängt, sondern auch vom Handeln der Anderen (Keck, 1995). Handlungen sind dann rational, wenn sie die Ziele bestmöglich realisieren. Diese Annahmen allein können jedoch nicht die Verhaltensänderungen von Akteuren erklären, die z. B. durch Regime in den internationalen Beziehungen (siehe Kap. D 5.5.3) oder durch dezentrale Entscheidungsfindung und diskursive Verständigung im Rahmen von Mediationsverfahren (siehe Kap. 5.3.2 und D 5.5.4) hervorgerufen werden. Diesen Handlungen liegt hingegen das Motiv der Verständigung zugrunde. Die Akteure beabsichtigen, mit ihrem Handeln eine Verständigung über die Handlungssituation zu erhalten, damit sie ihre Handlungen einvernehmlich koordinieren können (Habermas, 1981). Verständigungsorientiertes Handeln bietet den Weg der Argumentation, um Lösungen für die Konfliktbearbeitung zu suchen. Politik und insbesondere internationale Politik besteht vorwiegend aus Sprechinteraktionen. In Anlehnung an Müller (1994) sind es drei Punkte, die entscheidend sind, damit die Akteure in der Zusammenarbeit ihre Ziele erreichen können:

1. gegenseitiges Vertrauen in die Echtheit, Zuverlässigkeit und Glaubwürdigkeit der Sprache des Gegenüber,
2. Verständigung über die Situationsdefinition und den normativen Rahmen; und
3. Kompromiß über die Verteilung.

In sozialen Situationen, in denen verständigungsorientiertes Handeln stattfindet, stehen die Präferenzen der Akteure selbst zur Disposition (Risse-Kappen, 1995). Argumentationen sind im Verständigungsprozeß jenes diskursive Element, um Ansprüche geltend machen zu können, d. h. jeder in diesem Prozeß muß die Bereitschaft mitbringen, sich von den Argumenten des Gegenübers überzeugen zu lassen. Den verständigungsorientierten Prozeß im zwischenstaatlichen Bereich erkennt man daran, daß es bei internationalen Verhandlungen nicht nur um die Authentizität der Sprache geht, sondern auch um Argumente, denen Überzeugungen von dem zugrundeliegen, was als auf Tatsachen gegründet angesehen wird bzw. was normativ gewünscht wird (Zangl und Zürn, 1996). Entscheidend für den Ausgang des kommunikativen Prozesses ist, daß keine Partei in dieser Situation über überlegene Machtressourcen verfügt, damit eine freiwillige Übereinkunft zur Kooperation allein aufgrund der Überzeugungskraft der vernünftigeren Argumente zustande kommt (siehe Kasten D 4.1-1).

4.1.3
Regionale Konflikte um Wasser

Im folgenden werden verschiedene Beispiele zwischenstaatlicher Konflikte um Süßwasserressourcen im Hinblick auf ihre politische Bearbeitung unter-

KASTEN D 4.1-1

Spieltheoretische Modellierung von Konfliktsituationen

Konfliktsituationen oder Verhandlungen, in denen Akteure Entscheidungen treffen, lassen sich spieltheoretisch modellieren. Die Spieltheorie analysiert strategische Entscheidungsstrukturen, in die das rationale Kalkül der Akteure eingeht. Konfliktverhalten und Konfliktverlauf sowie Entscheidungen von Akteuren werden simuliert, so daß mögliche zukünftige Entwicklungen vorhergesagt werden können. Die Spieltheorie (exemplarisch Axelrod, 1987; Putnam, 1988; Zürn, 1992; Keck, 1993) unterscheidet zwischen kooperativen und nicht-kooperativen Spielen. Es werden also Situationen modelliert, in denen Möglichkeiten des Konflikts mit konfrontativen Interessen einerseits und andererseits Chancen der Kooperation mit gemeinsamen Interessen dargestellt werden. In der vereinfachenden Darstellung der Spieltheorie spiegelt sich ihr Vorteil wider, daß Komplexität reduziert und denkbare Ergebnisse vorhersagbar werden, aber auch ihr Nachteil. So wird kritisiert, daß die Reduktion komplexer Realität auf wenige Akteure und einfache Situationen, die tatsächlichen vielschichtigen Strukturen internationaler Beziehungen mit ihren vielfältigen Faktoren nicht angemessen erfaßt. Konfliktkonstellationen beinhalten häufig zahlreiche Konfliktparteien mit verschiedenen Interessen, die dann gebündelt oder gar nicht berücksichtigt werden.

Menschen beeinflussen sich durch ihr Verhalten gegenseitig, und unterschiedliche Verhaltensweisen ändern die Welt, in der die Akteure handeln. Die Spieltheorie stellt eine empirisch nutzbare Methode dar, mit der Situationen beschrieben und analysiert werden können, in denen die Werte der Zielfunktion eines Entscheidungsträgers nicht nur von seinen eigenen Entscheidungen, sondern auch von denen anderer abhängen. Die Akteure können, beispielsweise zur Lösung ökonomischer, politischer oder militärischer Probleme kooperieren oder den Konflikt suchen. Ihnen wird rationales Verhalten unterstellt, und sie versuchen, ihren Vorteil zu maximieren. Der Name „Spieltheorie" beruht darauf, daß die mathematische Formulierung von Situationen mit mehreren Entscheidungsträgern – Individuen, Gruppen, Unternehmen, Nationen – ähnlich ist wie bei strategiegeprägten Gesellschaftsspielen.

Die Entscheidungsträger heißen in der Spieltheorie Spieler, und ihre Zielfunktion ist eine Auszahlungs- oder Nutzenfunktion. Diese Funktion gibt die Auszahlung oder den Nutzen für einen Spieler an, wenn er eine bestimmte Strategiekombination spielt. Ein Spiel ist beschrieben durch die Menge der Spieler, den Strategienraum, der alle möglichen Strategiekombinationen der einzelnen Spieler angibt, die Nutzen- oder Auszahlungsfunktion und die Spielregeln. Jeder Spieler wählt eine Strategie – unter Beachtung des Umstands, daß sein Nutzen nicht nur durch seine, sondern auch durch die Entscheidungen Dritter bestimmt wird. Diese gibt dem Spieler vor, welche Aktion er in einem bestimmten Zustand des Spiels unter Berücksichtigung der verfügbaren Information wählen soll, um seinen erwarteten Vorteil zu maximieren.

Die Spieltheorie trägt dazu bei, die Wirkung von Regeln, die die zwischenmenschlichen Beziehungen ordnen sollen, zu analysieren. Die einfachste und schon „klassische" spieltheoretisch formulierte Situation findet sich im Gefangenen-Dilemma-Modell. Damit können auf einfache Weise das Konfliktpotential zwischen Individuen und die Bedeutung von Regeln dargestellt werden. Der Name resultiert aus der ursprünglich analysierten Situation von zwei Personen, die nachweisbar eine leichte, möglicherweise zusätzlich eine schwere Straftat begangen haben, diese aber (noch) nicht gestanden haben. Unterschiedliche individuelle Verhaltensweisen – einer gesteht, beide gestehen, keiner gesteht – führen zu verschiedenen Strafmaßen, und es kann gezeigt werden, daß eigennutzorientiertes Verhalten bei fehlender Kontaktmöglichkeit zu einem für beide Personen relativ schlechten Ergebnis führt.

Umweltprobleme lassen sich häufig als Gefangenen-Dilemma-Situation modellieren. Beispielhaft wird folgende Situation angenommen: In zwei Staaten A und B werden Güter produziert, bei deren Herstellung verschmutztes Abwasser anfällt, das in ein gemeinsam genutztes Gewässer gelangt. Die Produktion der Güter bringt den Einwohnern einen als meßbar unterstellten Nutzen von jeweils 8. Ohne Abwasserreinigungsmaßnahmen wird das Wasser so stark verschmutzt, daß daraus kein Vorteil mehr gezogen werden kann. Ergreifen beide Staaten Abwasserreinigungsmaßnahmen, bringt das Wasser aufgrund seiner verbesserten Qualität für die Einwohner in jedem Staat einen Vorteil von 6 mit sich, wobei die Kosten der Abwasserreinigung jeweils 4 entsprechen. Ergreift nur ein Staat Reinigungsmaßnahmen, bringt dies für jeden Staat einen Nutzen aufgrund der verbesserten Wasserqualität von 3 mit sich.

	B	
	Strategie 1	Strategie 2
A Strategie 1	I 10, 10	II 7, 11
A Strategie 2	III 11, 7	IV 8, 8

In der Matrix steht in den 4 Zellen I–IV jede Zahl für den Nettonutzen der Einwohner von A (links) oder B (rechts). Verzichten beide Staaten auf die Abwasserreinigung, erreichen sie aus der Güterproduktion jeweils einen Nutzen von 8 (Zelle IV). Führen beide Staaten Abwasserreinigungsmaßnahmen durch, erlangt jede Gesellschaft einen Nettonutzen von 10 (Zelle I): Der Nettonutzen aus der Produktion reduziert sich wegen der Kosten der Abwasserreinigung von 8 auf 4. Diesem steht aber ein Nutzenzuwachs aufgrund des reinen, gemeinsam genutzten Wassers in Höhe von jeweils 6 gegenüber.

In der dargestellten Situation gibt es, wenn A und B die Strategie der jeweiligen Gegenseite nicht kennen, sowohl für A als auch für B eine dominante Strategie: Unabhängig vom Verhalten von B wird A immer Strategie 2 (Verzicht auf die Reinigung) wählen, und unabhängig vom Verhalten von A wird B sich immer für seine Strategie 2 (Verzicht auf die Reinigung) entscheiden. Entschließt sich B zur Reinigung, erreicht die Bevölkerung von A dann, wenn hier auf die Reinigung verzichtet wird, einen Nutzen von 11. Im Unterschied dazu wäre der Nutzen nur 10, wenn in A ebenfalls Abwasserreinigungsmaßnahmen durchgeführt würden. Verzichtet B auf die Reinigung, stellen sich die Menschen in A ebenfalls besser, wenn sie der Strategie 2 (keine Reinigung) folgen (Nutzen von 8 statt 7). Unabhängig vom Verhalten von B ist der Verzicht auf die Abwasserreinigung für die Menschen in A die vorteilhaftere Lösung. Gleiches gilt aber für die Menschen in B. Da in beiden Staaten somit – bei fehlender Kooperationsmöglichkeit – rational auf die Abwasserreinigung verzichtet wird, stellt sich die in Zelle IV dargestellte Situation ein. Die Menschen in beiden Staaten wären allerdings besser gestellt, wenn sowohl A als auch B ihre Abwässer reinigen würden. Jede der beiden Gesellschaften könnte dann einen Vorteil (Nutzen) in Höhe von 10 erzielen. Um dieses Ergebnis zu erreichen, sind aber Regeln erforderlich, die dazu beitragen, die Unsicherheit über das Verhalten anderer zu reduzieren. Ohne eine bindende Regel werden sich beide Staaten so verhalten, daß das Ergebnis in Zelle IV – welches zu einem von beiden unerwünschten Resultat führt – realisiert wird.

sucht. Hiermit soll die Bandbreite möglicher und empirisch feststellbarer Kooperationsmuster exemplifiziert werden, die von sehr kooperativ bearbeiteten Konflikten, etwa zwischen Kanada und den USA, bis zu noch gänzlich ungeregelten Konflikten reicht. Nach Müller (1993) sind bei zwei Dritteln der weltweit über 200 grenzüberschreitenden Flußläufe kooperative Vereinbarungen und in dreißig Fällen auch organisatorische Strukturen festzustellen. Alle Fallbeispiele werden einleitend beschrieben und sodann im Hinblick auf ihre Eskalationsgefahr ansatzweise bewertet.

4.1.3.1
Atatürk-Staudammprojekt am Euphrat-Tigris

Das türkische Staudammprojekt an Euphrat und Tigris (Günedogu Anadolu Projesi, GAP) ist eines der größten wasserbaulichen Vorhaben der Welt und zugleich das umfangreichste Entwicklungsvorhaben in der Geschichte der Türkei. Daß dieses gigantische Wasserprojekt geeignet ist, zu erheblichen Spannungen mit den Nachbarstaaten zu führen, zeigen nicht zuletzt die von der Türkei installierten Boden-Luft-Raketen, durch die das Bauvorhaben vor militärischen Angriffen geschützt werden soll. Hieraus ist jedoch nicht zu folgern, daß durch den Staudamm in jedem Fall eine kriegerische Verwicklung zwischen dem Oberanlieger Türkei, dem Mittelanlieger Syrien und dem Unteranlieger Irak entstehen würde. Obgleich keine trilateralen Verhandlungen über eine einvernehmliche Aufteilung des Wassers geführt werden, besteht gegenwärtig keine akute Kriegsgefahr.

Die einseitige Formulierung von Bedürfnissen sowie die Unklarheit über die Absichten der Nachbarn fördern indes das Mißtrauen und allseitiges Wunschdenken in der Region, das auf mittlere Sicht die bestehenden verteilungs- wie umweltpolitischen Probleme im Euphrat-Tigris-Becken verschärfen könnte. Kommt nämlich zur rasch wachsenden Wassernachfrage eine unerwartete Trockenheit hinzu, können sich die politischen Beziehungen zwischen den drei Anrainern rasch verschlechtern. Ein bewaffneter Konflikt, ausgelöst durch unterschiedliche Wahrnehmungsmuster, ist nicht völlig auszuschließen, zumal der Nahe und der Mittlere Osten im nächsten Jahrhundert voraussichtlich Wassernotstandsregionen sein werden.

Der eigentliche Stein des Anstoßes ist der Atatürk-Staudamm, der das Herzstück des türkischen Großprojekts bildet, durch das Südostanatolien in eine wohlhabende, wirtschaftlich dynamische Region verwandelt werden soll. Die Speicherkapazität aller Dämme zusammen wird um das Jahr 2000 etwa 115–120 Mrd. m³ Wasser betragen. Daher befürchten die Unterlieger Syrien und Irak, daß die bereits verwirklichten Bauten zusammen mit den geplanten Projekten am Oberlauf auf Kosten ihres ebenfalls deutlich wachsenden Bedarfs an Frischwasser gehen werden. Tatsächlich sind die Abflußgrößen für das Euphrat-Tigris-Becken bekannt, so daß die Schere zwischen der Nachfrage und dem aktuellen und prognostizierten Bedarf gut bestimmt werden kann. Abzüglich der am Oberlauf genutzten Wassermenge ist gegenwärtig mit einer durchschnittlichen Abflußmenge von ungefähr 700 m³ pro Sekunde zu rechnen. In bilateralen Verhandlungen mit Syrien und dem Irak hat die Türkei 1984 und 1987 eine Abflußmenge an der türkisch-syrischen Grenze von 500 m³ pro Sekunde garantiert, die sich Syrien und der Irak nach eigenem Ermessen im Verhältnis von 58 zu 42 teilen. Wenn man die gegenseitig zugestandenen „gerechten" Anteile mit der vorhandenen Wassermenge von 700 m³ vergleicht, so beläuft sich die eigentlich umstrittene Wassermenge auf rund 200 m³ pro Sekunde. Damit ist die Verteilung von 21% des Euphratwassers umstritten.

Einer einvernehmlichen Lösung stehen entwicklungspolitische Ziele und strategische Interessen entgegen, welche in den letzten Jahren zu erheblichen Positionsunterschieden geführt haben. Hierzu zählen vor allem die jeweiligen Verbrauchsziele der drei Anrainer, die bei allen drei Staaten im Hinblick auf die Modernisierung der Landwirtschaft und die Neuansiedlung von Industrie sehr hoch liegen oder gar noch hochgeschraubt worden sind, um eine bessere Verhandlungsposition zu erzielen. Gegenwärtig überschreiten sowohl der gegenwärtige Bedarf als auch die Konsumziele die Kapazitäten des Flußbeckens bei weitem.

Hinzu kommt die komplexe Sicherheitsproblematik im Euphrat-Tigris-Becken, die aufgrund der geostrategischen Lage der Anrainer und kultureller, sozio-ökonomischer und ökologischer Unterschiede zur Entwicklung einer spezifischen Konfliktformation führte. Regionale Konflikte haben zum Teil eine lange Geschichte: So beherrschte das Osmanische Reich noch bis zum 1. Weltkrieg die gesamte Region, so daß die gegenwärtigen Staudammprojekte der Türkei in Syrien und Irak auch negative Erinnerungen an die osmanische Herrschaft wachrufen. Das Staudammgroßprojekt ist zudem im Zusammenhang mit den innenpolitischen Problemen in Südostanatolien zu sehen; das Projekt steht sowohl symbolisch als auch entwicklungspolitisch für die Integration Ostanatoliens und der kurdischen Bevölkerung in den türkischen Staat.

Allerdings kann die Türkei heute durchaus ökonomische wie ökologische Gründe für ihr Interesse vorbringen, als Oberanrainer für die Wassernutzung im gesamten Becken verantwortlich zu sein. So könnte es ökonomisch für die Region von Nutzen sein, dort Bewässerungswirtschaft zu betreiben, wo es am produktivsten ist und die knappe Ressource Wasser am sparsamsten eingesetzt werden könnte. Eine derartige regionale „Arbeitsteilung" würde jedoch die Verwundbarkeit der beiden Unteranrainer erhöhen; trotz höherer regionaler Kosten bemühen sich Syrien und Irak daher, eine von der Türkei möglichst unabhängige Landesversorgung zu erreichen. Zudem besteht in Syrien und Irak die Mehrheit der Bevölkerung aus Kleinbauern, die auf das Wasser angewiesen sind.

Allerdings divergieren auch die Interessen Syriens und des Iraks: So ist vor allem für Syrien der Euphrat die zentrale Wasserquelle für Industrie und Landwirtschaft. Da im Landesinnern die Niederschläge bis auf 200 mm im Jahr sinken, ist Landwirtschaft nur mit Bewässerung möglich. Wenn die Türkei ihre Projekte am Oberlauf des Euphrat verwirklicht, könnte Syrien eine dauernde Wasserknappheit drohen. Syrien schlägt daher eine separate Nachfrage- und Angebotsrechnung für alle drei Länder vor. Der Irak hingegen hat gegenüber der Türkei eine stärkere Position. Zum einen ist er nicht ausschließlich vom Euphrat abhängig, sondern kann den Tigris bis heute praktisch allein nutzen. Zum anderen ist er in der Lage, den Wasserabfluß aus der Türkei mit dem „Ölzufluß" in die Türkei zu koppeln. Daneben behauptet der Irak auch ein „historisches Recht" auf die Bewässerung weiter Gebiete, da manche Bewässerungsanlagen schon seit den sumerischen Reichen funktionsfähig seien. Gerade dies macht den Irak jedoch auch verwundbar, da die Bewässerung von 1,95 Mio. ha landwirtschaftlich genutzter Fläche zum höchsten Wasserbedarf in der Region führt.

In dieser komplexen Konfliktformation nimmt Syrien geographisch und machtpolitisch eine Mittelposition ein. Zunehmend dürfte es sich Druckversuchen von beiden Seiten ausgesetzt sehen. Aufgrund des hohen eigenen Wasserbedarfs und der historischen Hypothek würde sich Syrien schwer tun, sich mit der Türkei gegen den Unteranrainer Irak zu verbünden. Aber auch ein gemeinsames Vorgehen von Syrien und dem Irak ist seit dem zweiten Golfkrieg kaum vorstellbar, zumindest nicht vor dem Hintergrund der gegenwärtigen politischen Systeme in beiden Ländern. Trotz großer Positions- und Interessenunterschiede könnte es daher möglicherweise der Türkei und dem Irak gelingen, bilaterale Absprachen zu Ungunsten Syriens zu erreichen.

Die Positionsunterschiede der drei Anrainer zeigen sich zudem in divergierenden völkerrechtlichen Auffassungen über das internationale Süßwasserrecht (hierzu ausführlicher Kap. D 5.5). Während Syrien und der Irak mit ihrer Politik des „gerechten" Anteils auf das diskutierte Rechtskonzept einer „geteilten Ressource" abzustellen scheinen, beharrt die Türkei als Oberanrainer auf einem grundlegend anderen Standpunkt: Sie verwehrt beiden Nachbarn den von diesen beanspruchten Anteil von zwei Dritteln einer Ressource, die zu 88,7% auf dem Territorium der Türkei angesiedelt ist. Das gleiche Argument macht sie auch für den Tigris geltend. Die Position des Iraks, der mit 83% den größten Teil des Tigriswassers sichern möchte und der Türkei gerade nur 13% zugesteht, obwohl 52,8% des Wassers auf deren Territorium beheimatet sind, wird als unberechtigt zurückgewiesen. Die Türkei favorisiert das Konzept der „ausgewogenen" (equitable) and „vernünftigen" (reasonable) Nutzung von grenzüberschreitenden Gewässern, wie es von der UN-Völkerrechtskommission in ihrem Vertragsentwurf zum Recht über die nicht-schiffahrtliche Nutzung internationaler Wasserläufe (UNGA Official Records A/49/10) zugrundegelegt wurde. Dieses Prinzip scheint in diesem Fall den Interessen des Staates am Oberlauf entgegenzukommen.

Der geographisch determinierte Opportunismus stellt nur einen Grund mehr für ein umfassendes Wasserregime in der Region dar. Ein solches Regime müßte die miteinander zusammenhängenden Konfliktpotentiale der verschiedenen Flußsysteme angemessen berücksichtigen.

Darüber hinaus instrumentalisieren strategische Interessen den Wasserkonflikt. Die unterschiedlichen Interessen zwischen den drei Anrainern haben keineswegs allein wasserwirtschaftliche oder technische, sondern in erster Linie historische und politische Gründe.

So sieht sich die Türkei seit dem Zusammenbruch der Sowjetunion mehr und mehr als weltpolitischer Akteur. Als Mitglied der NATO sowie als Aspirantin für die Aufnahme in die EU und eine Vollmitgliedschaft in der WEU strebt die Türkei eine Brückenfunktion zwischen West und Ost an, die es ihr erlaubt, als regionale Großmacht in alle Richtungen zu agieren. So versteht sie sich seit 1989 als wichtiger Pfeiler bei der Verwirklichung einer stabilen gesamteuropäischen Sicherheitsarchitektur. Andererseits befindet sie sich im Zentrum eines Ringes von akuten Konflikten auf dem Balkan, im Kaukasus, in Zentralasien und im Nahen und Mittleren Osten. Gerade der Machtanspruch, der sich aus der Brückenfunktion ableitet, ruft bei den arabischen Nachbarn Erinnerungen an die Zeit vor dem Zusammenbruch des Osmanischen Reiches wach.

Auch die Lösung des kurdischen Problems wird von den Regierungen der Region sowohl direkt als auch indirekt mit der Wasserfrage verbunden. Zur direkten Verknüpfung führen vor allem staatspolitische Fragen in der Türkei. Beobachter gehen davon aus, daß die türkische Politik kaum Milliarden in eine Region investieren würde, von der sie annimmt, sie könnte kurz- oder mittelfristig autonom werden oder sich sogar abspalten. Im Gegenteil, das GAP steht sowohl symbolisch als auch entwicklungspolitisch für die Integration Ostanatoliens und seiner Bewohner in den türkischen Staat. Die ökonomischen Integrationsbestrebungen wiederum weisen darauf hin, daß an eine Änderung im Hinblick auf die Anerkennung der Kurden als nationale Minderheit nicht zu denken ist. Auf der anderen Seite hat der bewaffnete Konflikt zwischen der kurdischen Arbeiterpartei PKK und den türkischen Streitkräften seit 1984 die Bauvorhaben immer wieder verzögert und viele ausländische Investoren davon abgehalten, sich an dem Projekt zu beteiligen.

Zumindest zur Zeit ist es schwer vorstellbar, daß es im Euphrat-Tigris-Becken zu einer militärischen Auseinandersetzung über die Wasserverteilung kommt. Werden jedoch die Konsumziele im Becken weiterhin von den Anrainern einseitig definiert, werden die sicherheitsrelevanten Risiken wachsen. Bei der Analyse der künftigen Bedrohungen spielen nicht nur typische sicherheitspolitische und geostrategische Interessen an einem knappen Rohstoff eine Rolle, sondern auch Fragen der ökologischen Sicherheit. Möglicherweise wird es gerade die ökologische Transformation des Beckens sein, die sich – vermittelt über sozioökonomische Probleme der vorwiegend ländlichen Produzenten in allen drei Ländern – destabilisierend auf die internationale Sicherheit auswirken wird. Verteilungskonflikte im Innern der drei Ländern werden die Marginalisierung der Landbevölkerung fördern. Auch wird das Staudammprojekt die ländliche Armut eher begünstigen als lindern.

Der türkische „3-Stufen-Plan zur optimalen, ausgewogenen und vernünftigen Nutzung der grenzüberschreitenden Wasserläufe im Euphrat-Tigris-Becken" könnte eine Basis für einen Kompromiß bieten. Dessen erste Stufe sieht den Austausch und die Evaluation meteorologischer und hydrologischer

Daten sowie die Berechnung von Wassermengen und Wasserverlusten an vereinbarten Meßstellen vor. Die zweite Stufe enthält ein Inventar des fruchtbaren Landes, die Evaluation der Qualität des Landes sowie Erhebungen über Nutzungsmuster und Bewässerungssysteme. Die dritte Stufe fordert die integrierte Evaluation von Land- und Wasserressourcen mit dem Ziel der Minimierung von Wasserverlusten und Wasserverbrauch durch die Identifizierung von technisch hochstehenden Bewässerungssystemen. Hinzu kommt die Evaluation des Gesamtwasserverbrauchs der drei Staaten, die Messung der Verdunstungsraten und weiteres.

Der Plan bietet eine gute Grundlage, um auf der Basis des Vertragsentwurfs der UN-Völkerrechtskommission ein regionales Wasserregime auszuarbeiten. Voraussetzung ist allerdings, daß die Türkei die Vorbehalte der beiden Unteranrainer im Hinblick auf Abhängigkeitsstrukturen berücksichtigt. Dies könnte geschehen, indem der Grad der äußeren Verwundbarkeit ebenfalls zu einem Kriterium erhoben wird. Das Ziel müßte eine Verminderung der Möglichkeit sein, sich gegenseitig Schaden zufügen zu können. Die Anzahl Menschen pro Fließeinheit Wasser könnte als Indikator herhalten. Die Verhandlungen müßten von der Einsicht getragen sein, daß die ökonomischen wie ökologischen Kosten, die ein rein einseitiges oder sogar konfrontatives Vorgehen hervorbringt, mittelfristig die für eine kooperative Lösung notwendigen Zugeständnisse bei weitem übersteigen werden.

4.1.3.2
Jordanbecken

Der Nahostkonflikt zwischen Israel und seinen arabischen Nachbarn ist in erster Linie ein Sicherheits- und Territorialkonflikt. Allerdings rückt zunehmend die zusätzliche Dimension eines sogenannten „Wohlfahrtskonflikts" in den Vordergrund, in dem um ein begrenztes Ressourcenpotential gestritten wird (Schmid, 1993). Der Streit um die begrenzte Ressource Wasser läßt sich als Thema bis in die Ursprünge des Nahostkonflikts zurückverfolgen, hat aber in der letzten Zeit stark an Bedeutung gewonnen. Zum einen bezieht Israel 50% seines Wassers aus den umstrittenen Territorien, so daß der allgemeine Friedensprozeß in der Region neben der sicherheitspolitischen Bedeutung unmittelbar die Wasserversorgung Israels betrifft. Die Bedeutungszunahme des Jordanwassers läßt sich jedoch vor allem auf das Wachstum der Bevölkerung in der Region, die Übernutzung des Wassers – insbesondere durch die explosionsartige und bewässerungsorientierte Agrarentwicklung (Renger, 1995) – sowie auf die Gewässerverschmutzung zurückführen (Libiszewski, 1995). Die Wasservorkommen von Jordan und Yarmuk sind von existentieller Bedeutung für Israel und seine arabischen Nachbarn (Durth, 1996; Dombrowsky, 1995).

Deshalb ist die Lösung des Wasserkonflikts zwar keine hinreichende, aber eine notwendige Voraussetzung für die Lösung des Gesamtkonflikts. Die Rechte an den Wasserläufen spielen schon seit der Staatsgründung Israels eine entscheidende Rolle. Der US-Vermittlungsplan von 1955, der die Wasserverteilung von Jordan und Yarmuk für Israel, Jordanien, Libanon, Syrien und das Westjordanland vorsah, scheiterte am fehlenden Konsens durch Syrien und den Libanon. In Ausnutzung der ungeregelten Situation nutzte Israel Anfang der 90er Jahre fast doppelt soviel Jordanwasser als in dem Johnston-Plan vorgesehen war (Lehn et al., 1996). Damit geht der Streit zwischen Israel und seinen Nachbarn einher, ob die in dem Plan vorgesehenen Verteilungsquoten durch die Territorialgewinne Israels zugunsten Israels verschoben wurden (Soffer, 1994). Allerdings konsolidiert sich der in zahlreichen Kriegen ausgetragene Sicherheitskonflikt um Territorium und Grenzen seit Beginn der 90er Jahre. Der Konflikt über die Nutzung und Verteilung der Wasserressourcen ist in der heutigen Situation deshalb wohl eher als „Interessenkonflikt" denn als „Wertekonflikt" zu sehen, bei dem das Gut Wasser absolut und nicht relativ bewertet werden wird und so, gemäß den bisherigen sozialwissenschaftlichen Forschungsergebnissen, eine (vergleichsweise) „sehr gute" Chance zur Regimebildung zu erwarten ist.

Erste Schritte zu einer Regimebildung lassen sich in dem Friedensvertrag zwischen Israel und Jordanien vom 24. Oktober 1994 finden. Hierin wurden Vereinbarungen getroffen sowohl zur quantitativen Aufteilung als auch zur Sicherung der Wasserqualität und zum Gebot, bei der Bewirtschaftung und dem Ausbau der eigenen Ressourcen den Vertragspartner nicht zu schädigen. Der materielle Inhalt orientiert sich an den im Völkergewohnheitsrecht geltenden Grundsätzen.

Ungewöhnlich und an den konkreten Umständen orientiert ist die gemeinsame Feststellung, daß die bestehenden Ressourcen nicht zur Bedarfsdeckung ausreichen und daß die Parteien deshalb kooperieren müssen, um zusätzliche Wasserressourcen zu erschließen (Alster, 1996): Die Vergrößerung der jordanischen Wasserversorgung ließe sich ansonsten nur durch die für Israel innenpolitisch wohl nicht durchsetzbare Beschränkung der eigenen Anteile erzielen.

Allerdings steht die Umsetzung der Verpflichtungen noch weitestgehend aus. Des weiteren kann eine bilaterale Vereinbarung nur zu einer Lösung des

Konflikts führen, wenn sie als Teilstück einer Verständigung aller beteiligten Parteien dient. Als ein solches Teilstück kann auch die Grundsatzerklärung zwischen Israel und der PLO vom Oktober 1994 gedeutet werden. Als ein mögliches Forum zur Lösung des Konflikts ist im Rahmen der multilateralen Friedensverhandlungen die Arbeitsgruppe „Wasser" zu nennen. Hintergrund der Arbeitsgruppe war die Einsicht, daß die Bearbeitung bestimmter Sachfragen nur in einem regionalen und internationalen Kontext sinnvoll ist (Renger, 1995). In der Arbeitsgruppe nehmen nicht nur die unmittelbaren Konfliktparteien an den Verhandlungen teil, sondern auch andere Staaten der Region sowie die politisch und wirtschaftlich führenden Staaten der Welt.

In der Literatur wird der Johnston-Plan von 1955 als Beispiel eines Nicht-Nullsummenspiels gewertet. Dies sei darauf zurückzuführen, daß nicht nur die Anrainerstaaten beteiligt gewesen sind, sondern auch außenstehende Dritte, die vermitteln konnten, technische und finanzielle Hilfe leisteten, gleichzeitig aber politischen Druck auf die Parteien ausübten (Eaton und Eaton, 1994). Hierin bestehen Parallelen zur Arbeitsgruppe „Wasser" der multilateralen Friedensverhandlungen.

Die Arbeitsgruppe „Wasser" konnte jedoch bisher, nicht zuletzt wegen der engen Einflechtung der Wasserfrage in den Gesamtprozeß, keine grundsätzlichen Fortschritte erzielen. Zu verzeichnen sind Ergebnisse im Hinblick auf Fragen der Wassergewinnung. Die Konzentration galt bisher der Suche nach der technischen Lösbarkeit der Wasserknappheit. Es ist jedoch vor allem eine Behandlung der politischen Dimension erforderlich. Politische Erfolge fielen bisher eher bescheiden aus: Erstmals wurden die Palästinenser in diesem Forum von Israel in Friedensgesprächen als Gesprächspartner akzeptiert.

4.1.3.3
Gabcikovo-Staudamm an der Donau

Neben direkten Verhandlungen können zwischenstaatliche Konflikte um grenzüberschreitende Gewässer auch vor internationalen Gerichten behandelt werden, wobei den Staaten dann nicht mehr die letzte Entscheidung über das Ergebnis verbleibt, sondern dieses auf der Basis der einschlägigen regionalen Verträge oder des Völkergewohnheitsrechts festgelegt wird. Gerade wegen dieser Unsicherheit über das Ergebnis hat die internationale Gerichtsbarkeit bislang nur eine Nebenrolle in der internationalen Politik spielen können.

Ein Gegenbeispiel ist hier der Konflikt zwischen Ungarn und der Slowakischen Republik um Staudammprojekte an der Donau. Beide Staaten legten ihren schon länger währenden Konflikt 1993, nach gescheiterten Vermittlungsversuchen durch die EG, dem Internationalen Gerichtshof (IGH) in Den Haag vor. Ein gemeinsames Staudammprojekt an der Donau zur Elektrizitätsgewinnung war von der damaligen Tschechoslowakei und Ungarn schon in den 50er Jahren ins Auge gefaßt worden; 1977 schlossen beide Staaten hierüber einen Vertrag. Sie vereinbarten, auf tschechoslowakischer Seite einen hydroelektrischen Staudamm bei Gabcikovo zu bauen und hierfür die Donau oberhalb von Gabcikovo bei dem ungarischen Dunakiliti aufzustauen. Der Gabcikovo-Staudamm sollte im Spitzenlastverfahren betrieben werden, d. h. die Turbinen sollten nicht von dem natürlichen Donauabfluß angetrieben werden: Statt dessen sollte der Fluß täglich 18 h lang aufgestaut werden, um so in den verbleibenden sechs Stunden, in denen das Wasser abfließen sollte, eine höhere Turbinenleistung (720 MW) erreichen zu können. Dies hätte zudem eine zeitliche Anpassung der Stromerzeugung an die Höchstbedarfszeiten des Stromverbrauchs ermöglicht. Andererseits erfordert dieses Verfahren zwingend den Bau eines unteren Staudamms, um die täglich entstehenden Wasserstandsschwankungen auszugleichen, was u. a. für den Schiffsverkehr unerläßlich ist. Dieser Damm sollte laut dem Vertrag von 1977 bei Nagymaros in Ungarn gebaut werden.

1989 beschloß Ungarn, die Arbeiten einzustellen, und forderte auch die Tschechoslowakei hierzu auf, vor allem mit dem Hinweis auf die Umweltgefahren, die durch das Projekt entstünden. Im Vorfeld hatten zahlreiche Proteste der ungarischen Bevölkerung stattgefunden, die auch von der ungarischen nationalen Wissenschaftsakademie unterstützt wurden. Die Tschechoslowakei teilte die ungarischen Umweltschutzbedenken nicht und fuhr mit der Konstruktion des Gabcikovo-Staudamms fort. Dafür entwarf sie als Ersatz für den ungarischen Staudamm bei Dunakiliti einen Alternativplan, welcher eine Aufstauung bei Cunovo auf eigenem Gebiet vorsah, und begann mit der Umsetzung des Plans („Variante C"). Darauf beendete Ungarn einseitig am 19. Mai 1992 den Vertrag. Der Cunovo-Damm ermöglichte der Slowakei den Betrieb des hydroelektrischen Staudamms bei Gabcikovo zumindest unter Nutzung des natürlichen Abflusses der Donau.

Wie Klötzli (1993) in einer im Rahmen des „Environment und Conflicts Project" durchgeführten Studie aufzeigte, birgt das Staustufenprojekt Gabcikovo ein über den Umweltkonflikt hinausreichendes Konfliktpotential. Das während des Sozialismus entwickelte Projekt an der Donau gefährde demnach nicht nur das ökologische Gleichgewicht in einer einzigartigen Flußauenlandschaft, sondern werde zunehmend von beiden Seiten in der Minderheitenfrage instrumentalisiert: Beide Seiten mißbrauchten den ökologischen Konflikt, um Minderheitenrechte geltend machen zu können.

Dennoch brachten Ungarn und die Slowakei den Streitfall 1993 vor den Internationalen Gerichtshof. Die Brisanz des Falles steckt in der Tatsache, daß Ungarn sich vor dem IGH hauptsächlich auf Argumente des Umweltschutzes stützt. Ungarn befürchtet u. a. einen Verlust an Biodiversität, die Zerstörung des ökologischen Gleichgewichts in der Region und eine Verschlechterung der Wasserqualität der Donau, so daß die Trinkwasserversorgung von Budapest, die zu einem erheblichen Anteil durch Uferfiltratbrunnen an der Donau gedeckt wird, gefährdet werde. Diese Bedenken werden von der Slowakei entweder gänzlich abgelehnt oder mit dem Hinweis auf mögliche Gegenmaßnahmen beantwortet.

Sowohl rechtlich als auch tatsächlich ist der Fall sehr komplex. Beispielsweise hat Ungarn durch die einseitige Suspendierung der vertraglich vereinbarten Arbeiten bei Nagymaros den Rechtsgrundsatz der Vertragstreue verletzt (pacta sunt servanda). Die herrschende Völkerrechtslehre läßt zwar einige wenige Ausnahmen von diesem Grundsatz zu, etwa den des Staatsnotstands (state of necessity, hierzu Berrisch, 1994; dagegen Ipsen, 1990), auf den sich Ungarn gegenüber dem IGH auch beruft. Gemäß den Vertragsentwürfen der UN-Völkerrechtskommission zur Staatenverantwortlichkeit (Yearbook of the International Law Commission, 1980 II/2: 34ff.) müßte Ungarn nachweisen, daß die einseitige Vertragskündigung das einzige Mittel ist, um bedeutende Interessen Ungarns vor einer schweren und unmittelbar bevorstehenden Gefahr zu schützen und dadurch essentielle Interessen der Slowakei nicht beeinträchtigt werden. Die grundsätzliche Anerkennung des Rechtfertigungsgrunds eines Staatsnotstands durch den IGH ist wohl wahrscheinlich: Ob das Gericht jedoch die von Ungarn vorgebrachte Wahrscheinlichkeit des Eintritts schwerwiegender ökologischer Folgen als eine solche Notstandssituation ansieht, bleibt abzuwarten.

Streitig ist weiterhin die Rechtmäßigkeit des zusätzlichen Staudammbaus durch die Slowakei bei Cunovo, durch die das Gesamtprojekt trotz der einseitigen Suspendierung der Arbeiten durch Ungarn gerettet werden sollte. Die Rechtmäßigkeit bestimmt sich hierbei nach dem Gewohnheitsrecht, insbesondere dem Grundsatz der „ausgewogenen und vernünftigen Nutzungsaufteilung", dem Verbot „erheblicher grenzüberschreitender Umweltbeeinträchtigungen" sowie der Pflicht zur Information und Konsultation (siehe Kap. D 5.5). Da sich durch die Umleitung und Aufstauung der Donau der natürliche Abfluß des Wassers erheblich verändert, ließe sich annehmen, daß der IGH darin einen Verstoß gegen die beiden erstgenannten Regeln sehen wird. Sofern der IGH die einseitige Suspendierung der Arbeiten durch Ungarn als Bruch des Völkerrechts ansieht, wird er zugleich prüfen müssen, ob dann gegebenenfalls der einseitige Staudammbau durch die Slowakei eine gerechtfertigte Reaktion auf das rechtswidrige Verhalten Ungarns darstellt oder sogar, wie von der Slowakei angeführt, eine Handlung darstellt, die von dem Vertrag von 1977 gedeckt wird (approximate application). Davon hängt wiederum ab, ob der Gerichtshof die Beendigung des Vertrages von 1977 durch Ungarn als rechtmäßig ansehen wird.

Es ist wahrscheinlich, daß in Zukunft weitere Konflikte zwischen Staaten auftreten werden, denen eine gegensätzliche Einschätzung über die ökologischen Folgen ihres Handelns zugrundeliegt, insbesondere da das Umweltbewußtsein und die umweltrechtlichen Standards von Staat zu Staat unterschiedlich ausgeprägt sind. Der IGH hat in diesem Fall die Gelegenheit, zu der sich abzeichnenden Entwicklung frühzeitig Stellung zu nehmen. Der Fall könnte somit erheblich zur Weiterentwicklung und Stärkung des Umweltvölkerrechts beitragen.

4.1.3.4
Große Seen in Nordamerika

Das Beispiel des Grenzgewässerregimes zwischen den USA und Kanada zeigt, daß Konflikte um Süßwasser friedlich gelöst werden können. Beide Staaten einigten sich schon 1909 auf einen ersten Grenzgewässervertrag, der seither vielfach geändert und ergänzt wurde. Die Regelungen für die Großen Seen werden weithin als Pionierleistung im Bereich der Überwachung von Wasserverschmutzung in einem gemeinsamen Flußbecken (River Basin) und seines Ökosystems angesehen. Der Schwerpunkt liegt dabei auf der Überwachung des Flußökosystems und nicht nur auf der Konfliktvermeidung. Die Regelungen versuchen, Auseinandersetzungen schon im Vorfeld vorzubeugen. Dafür stehen ausgefeilte binationale Institutionen zur Verfügung, in die die amerikanischen Bundesstaaten und die kanadischen Provinzen eingebunden sind. Wenn ein Konflikt entsteht, werden Verfahren zur Untersuchung der Sachverhalte eingeleitet, an denen technische Experten und die Öffentlichkeit beteiligt werden. Zum Abschluß des Verfahrens werden dann Empfehlungen an die Streitparteien ausgesprochen, um den Konflikt zu schlichten.

Der „Grenzwasser-Vertrag" von 1909 enthält u. a. Prinzipien und Mechanismen, um Streitigkeiten vorzubeugen oder diese zu schlichten, insbesondere wenn es um die Wasserqualität geht. Darüber hinaus enthält der Vertrag eine der ersten vertraglichen Vorschriften zur Verhinderung der Wasserverschmutzung. Mit der vertraglichen Einrichtung einer Gemeinsamen Kommission, die für Streitsachen zuständig ist, liegt ein Verfahren vor, durch das jede Partei eine Frage oder Angelegenheit zur Untersuchung an die Gemeinsame Kommission verweisen kann. Die Kommission kann dann einen Bericht mit Empfehlungen anfertigen, der ausdrücklich nicht den Charakter einer formellen Streitschlichtung hat. Dieses Verfahren ist als „Reference" bekannt und stellt das Instrument dar, durch das Wasserdispute über Jahre hinweg geschlichtet wurden. Das Verfahren beruht auf der Untersuchung der Sachverhalte durch Experten, Anhörungen und Gutachten an die Parteien. Seit 1909 gab es 52 „References" (Vorlagen) an die Gemeinsame Kommission. In den letzten zwölf Jahren wurden drei Vorlagen eingebracht: die „1985 Flat Head River"-Vorlage, die „1986 Great Lake Levels"-Vorlage und eine Vorlage, um öffentliche Stellungnahmen zu dem US-kanadischen Luftqualitätsabkommen von 1991 zu erhalten. Die „Great Lakes Levels"-Vorlage von 1986 ist besonders wichtig, weil die Kommission einen ökosystemaren Ansatz wählte, selbstständig in die Überwachung des Wasserstandes einbezogen ist und den Parteien Ratschläge unterbreitet. Die Gemeinsame Kommission hat auch eine große Rolle gespielt, wenn es um die Schlichtung transnationaler Konflikte durch mediatisierte Streitschlichtung und die Nutzbarmachung von technischen Expertisen ging.

Aufgrund eines Rekordtiefs des Wasserstands der Großen Seen und ernsthafter Sorgen über die Wasserverschmutzung reichten 1964 die USA und Kanada bei der Gemeinsamen Kommission eine Vorlage ein. Die Kommission ernannte zwei Untersuchungsgremien (joint investigatory boards) aus technischen Experten, die aus den Regierungen der Länder und der betreffenden Bundesstaaten und Provinzen rekrutiert wurden. Nachdem die Untersuchungsgremien über ernste Probleme mit Phosphatverschmutzung und Eutrophierung der Gewässer berichtet hatten, handelten die Parteien die „Übereinkunft über die Wasserqualität der Großen Seen von 1972" aus. Diese Übereinkunft enthielt gemeinsame Wasserqualitätsziele und ein Verfahren zur Überwachung der Verschmutzung. Es wurde auch eine formelle Institution etabliert: ein Wasserqualitätsgremium (Water Quality Board), das die bundesstaatlichen Bemühungen und die der Provinzen zur Kontrolle der Verschmutzung koordinieren sollte. Weiterhin wurde ein „Research Advisory Board" eingerichtet, dem die naturwissenschaftliche Beratung der Gemeinsamen Kommission und des Wasserqualitätsgremiums oblag. Den Abschluß bildete die Einrichtung eines gemeinsamen regionalen Büros mit Hauptsitz in Windsor/Ontario.

Die Übereinkunft von 1972 wurde im Jahr 1978 geändert und erweitert, dabei wurde die institutionelle Struktur beibehalten. Der Zweck der neuen Übereinkunft war, die Integrität des Ökosystems des Beckens der Großen Seen wiederherzustellen und zu erhalten. Diese Zielsetzung war insofern bahnbrechend, als sie zum ersten Mal das gesamte Ökosystem des Beckens betonte und die Kontrolle der Verschmutzung durch ökosystemisches Management vorsah. Dies bedeutete, daß nicht nur die direkten Emissionen beachtet wurden, sondern auch die Verschmutzung durch andere Quellen. 1987 wurde schließlich ein Protokoll zu der bestehenden Übereinkunft ausgehandelt. Das Protokoll betrifft die verschiedenen Verschmutzungsursachen der Großen Seen und versucht zum ersten Mal einen ökosystemischen Ansatz mit dem Ziel der Sicherung der Wasserqualität in den Großen Seen wirksam umzusetzen.

Es hat wenig Dispute über die Umsetzung des Übereinkommens über die Wasserqualität in den Großen Seen gegeben. Dies ist zum Teil darauf zurückzuführen, daß die Übereinkunft Institutionen bereitstellt, die die Kooperation der Parteien bei der Überwachung und Beobachtung der Verschmutzung fördern.

Zusätzlich zu den internationalen Abkommen zwischen den beiden Ländern bestehen bedeutende Abkommen auf der sub-nationalen Ebene zwischen den betreffenden Bundesstaaten der USA und den kanadischen Provinzen. Aus der Perspektive der Konfliktschlichtung haben die substantiellen Bemühungen um Zusammenarbeit zwischen den US-Bundesstaaten und den kanadischen Provinzen zur Kontrolle der Verschmutzung und für andere wasserrelevanten Themen gegenseitiges Vertrauen dahingehend geschaffen, daß beide Seiten die gemeinsame Ressource erhalten wollen. Die Vorkehrungen haben sicherlich geholfen, die grenzüberschreitenden Konflikte zu minimieren und zu lösen. Sie sind bedeutsam, weil sie eine sehr große Einbindung und Beteiligung der Öffentlichkeit beinhalten. Zusätzlich zu der Präsenz vieler NRO, die den Schutz der Großen Seen fordern, haben die Regierungsorgane die Bürger an den Programmen durch Anhörungen, Unterrichtungen und durch verschiedene Arbeitsgruppen beteiligt, auf der gegenseitigen nationalen Ebene und auf der Ebene der Bundesstaaten und Provinzen. Auch dies wirkte positiv auf die Bewältigung potentieller Konflikte an den Großen Seen.

Da die USA und Kanada ein enges Verhältnis pflegen, sind die beschriebenen eher informellen Verfahren zur Untersuchung von Sachverhalten, die durch die Ausarbeitung von Empfehlungen an die Parteien abgeschlossen werden, bisher effektiv gewesen. Die Erfahrungen an den Großen Seen und allgemein mit Wasserkontroversen zwischen den beiden Staaten liefern nützliche Einsichten, die brauchbar sein könnten für die Wasserbewirtschaftung und ökologischen Auseinandersetzungen in anderen Regionen der Welt.

Beide Staaten betrachten die Streitigkeiten um die grenzüberschreitenden Gewässer als reine Interessenkonflikte, in denen es um die Nutzung, den Erhalt und den Schutz der Gewässer und deren Ökosysteme geht. Diese Interessenkonflikte wurden von der jeweiligen Außenpolitik nicht anderweitig instrumentalisiert oder mit außenpolitischen Wertkategorien wie Sicherheit, Macht, Einflußsphären oder ähnlichem verknüpft. Aus dieser Perspektive erstaunt es kaum, daß die USA und Kanada in ihren Süßwasserstreitigkeiten seit fast neunzig Jahren friedlich miteinander zusammenarbeiten und es gelang, ein effektives bilaterales Grenzgewässerregime fest zu verankern.

4.1.4
Süßwasserdegradation als globales Problem

Die Fallbeispiele zeigen, daß die Nutzung knapper Süßwasserressourcen in vielen Fällen zu regionalen Konflikten zwischen Staaten geführt hat. Diese wurden kooperativ bearbeitet, wenn reine Interessenkonflikte betroffen waren, aber auch unzureichend verregelt, wenn zu den Interessenkonflikten noch Konflikte um die richtigen Mittel zum Ziel oder um Sicherheitsfragen und Einflußsphären hinzutraten. Die weltweit feststellbare Degradation der Süßwasserressourcen ist in den Augen des Beirats jedoch mehr als ein regionales Problem.

Zwar ist die Degradation von Süßwasserressourcen kein Interdependenzproblem wie die Zerstörung der stratosphärischen Ozonschicht, die Änderung des Klimas oder die Verschmutzung der Meere mit nichtabbaubaren Chemikalien. In diesen Problemfeldern wirken sich Umweltschädigungen in einem Staat direkt auf Umweltgüter in einem anderen Staat aus, was in vielen Fällen zu Ansätzen einer effektiven Verregelung durch internationale Regime geführt hat (zu Konventionen in diesen Bereichen siehe WBGU, 1996a und zu Ansätzen globaler Umweltregime z. B. Simonis, 1996; Biermann, 1994; Breitmeier, 1996). Da es sich beim Wasser nicht um eine weltweit gleichartige Ressource handelt, es quantitativ und qualitativ sehr unterschiedliche Vorkommen gibt und diese regional begrenzt sind, ergeben sich auch unterschiedliche Konfliktlinien sowie Nutzungsansprüche (BMZ, 1995 und 1996; SEI, 1996; Gleick, 1993).

Allerdings gibt es 4 Aspekte, die in der Sicht des Beirats auch der Degradation von Süßwasser eine globale Dimension verleihen:

1. Regionale Wasserkonflikte können eskalieren und zu einer weltweiten Destabilisierung beitragen;
2. bestimmte Gewässer erfordern als „Weltnaturerbe" den Schutz der internationalen Gemeinschaft;
3. die Verschmutzung von Süßwasser beeinträchtigt die Meeresumwelt und so ein globales Gemeinschaftsgut;
4. die Degradation der Süßwasserressourcen gefährdet immer stärker die Umsetzung eines Menschenrechts auf Nahrung und Wasser, das im Internationalen Pakt über die wirtschaftlichen, sozialen und kulturellen Rechte von 1966 (für die Vertragsparteien) kodifiziert wurde und die internationale Gemeinschaft – im Rahmen der Möglichkeiten jedes einzelnen Staates – in die Pflicht nimmt.

4.1.4.1
Regionale Wasserkonflikte als Sicherheitsbedrohung

In vielen Fällen haben zwischenstaatliche Wasserkonflikte nur eine regional begrenzte Reichweite, wie in den oben dargestellten Fallbeispielen deutlich wurde. Gerade aber Fälle wie der diskutierte Konflikt um Euphrat und Tigris lassen das erhebliche Destabilisationspotential solcher regionaler Konflikte deutlich werden. Mehr als 200 Flußläufe, zahlreiche Seen und Grundwasservorkommen haben grenzüberschreitende Einzugsgebiete. Nur sehr weinige Konflikte um Nutzungsrechte wurden bisher dem Internationalen Gerichtshof vorgelegt.

Eine Reihe weiterer Konflikte wurde zwar durch regionale internationale Regime verregelt, in denen die einzelstaatlichen Nutzungsrechte detailliert festgelegt wurden. Allerdings wurden derartige regionale Regime bislang vor allem zwischen Staaten verwirklicht, die allgemein vergleichsweise eng zusammenarbeiten, etwa in Nordamerika oder Europa. Konflikte in Westasien um den Euphrat/Tigris oder in Ostasien um den Mekong (für den der Oberlieger China bislang dem Regime der Unterlieger fernblieb) zeigen jedoch, daß Wasserkonflikte ohne kooperative Regelungen bestehen bleiben und möglicherweise, so ist zu befürchten, sogar eskalieren können. Dies wird allein deshalb wahrscheinlicher, weil der Druck auf die verbliebenen Wasserressourcen steigt und immer mehr Menschen potentiell von Wasserkrisen betroffen sind.

Der Beirat sieht hier vor allem zwei Lösungswege: Zum einen müssen die Konfliktregelungs- und Konfliktverhütungsmechanismen für von Wasserkonflikten betroffene Staaten verbessert werden; dies schließt vor allem die Unterstützung der vom sechsten Ausschuß der UN-Vollversammlung gebilligten UN-"Rahmenübereinkommens zur nicht-schiffahrtlichen Nutzung grenzüberschreitender Wasserläufe" ein und möglicherweise den Aufbau einer spezialisierten Vermittlungs- und Verhandlungsstruktur, etwa ein internationales Mediationszentrum für Wasserkonflikte (hierzu Kap. D 5.5).

Zum anderen müssen alle Möglichkeiten ausgeschöpft werden, um zu verhindern, daß lokale und regionale „Wasserkrisen" überhaupt entstehen und zu zwischenstaatlichen Konflikten führen können. Denn wenn die gegenwärtigen, in diesem Gutachten dargelegten Trends anhalten, werden sich bestehende Wasserkonflikte weiter verschärfen und neue hinzukommen. Diese im Eskalationspotential regionaler Wasserkonflikte inhärente Bedrohung der globalen Sicherheit läßt den Schutz und die Bewahrung des Süßwassers zu einer globalen Aufgabe werden. Soweit die Interessen der Staaten hinsichtlich einer globalen Bekämpfung regionaler Wasserkrisen sich decken, besteht in sozialwissenschaftlicher Sicht ein erheblicher Regimebedarf, der die Errichtung eines weltweiten Regimes zur Minderung und Verhütung von „Wasserkrisen" sinnvoll erscheinen läßt.

4.1.4.2
Süßwasserressourcen als „Weltnaturerbe"

Manche Binnengewässer gelten aufgrund ihrer einzigartigen biologischen Vielfalt oder ihres hohen wissenschaftlichen oder ästhetischen Wertes als „Weltnaturerbe". Hierfür wurde im Rahmen der UNESCO schon 1972 ein völkerrechtliches „Übereinkommen zum Schutz des Weltkultur- und -naturerbes" geschlossen. Dieser Vertrag verpflichtet seine Parteien u. a., bestimmte als „Weltnaturerbe" definierte Stätten unter besonderen Schutz zu stellen. Die Staaten haben zudem die Möglichkeit, die internationale Gemeinschaft um Hilfe zu ersuchen, wenn sie die notwendigen Schutzmaßnahmen nicht selbst ausreichend durchführen können. Mit Inkrafttreten des Übereinkommens wurde ein „Fonds für das Welterbe" (World Heritage Fund) eingerichtet, der teilweise auf Pflichtbeiträgen der Vertragsstaaten beruht und so der wohl früheste „Pionierfonds" für spätere vergleichbare Unternehmungen wurde, wie den Montrealer Ozonschutz-Fonds und die Globale Umweltfazilität von 1990/1991 (Ehrmann, 1997). Wie bei dem Montrealer Fonds oder der GEF, dient der Fonds für das Welterbe vor allem der Unterstützung von Entwicklungsländern, denen so die Bewahrung des Welterbes auf ihrem Territorium ermöglicht wird.

Soweit bestimmte Binnengewässer als „Weltnaturerbe" gelten können, ist deren Schutz somit überall dort Aufgabe der Staatengemeinschaft, wo den betroffenen Staaten nicht selbst ausreichend Mittel zur Verfügung stehen. Auch dies zeigt die globale Dimension der Nutzung und des Schutzes von Süßwasserressourcen (zu einem Fallbeispiel siehe den Kasten D 1.2-1).

4.1.4.3
Binnengewässer und Meeresverunreinigung

70–80% der Meeresverschmutzung gehen von landseitigen Quellen aus, von denen wiederum über die Hälfte über die Flüsse eingeleitet werden. Beispielsweise gelangt über die Flüsse (und Küstenstädte) mehr Öl in die Meere als von Tankschiffen aus (WBGU, 1996a). Auch hier gewinnt die lokale und regionale Nutzung von Binnengewässern eine globale Dimension. Wie der Beirat in seinem Jahresgutachten von 1995 (WBGU, 1996a) bereits ausgeführt hat, erfordert der Meeresschutz umfassende Umweltschutzmaßnahmen vor allem auf dem Land. Bislang werden in den Entwicklungsländern erst 5% aller Abwässer geklärt, und mit fortschreitender Bevölkerungskonzentration in Küstenzonen, verbunden mit Industrialisierung und Intensivierung der Landwirtschaft, wird der Druck auf die Binnengewässer wie auch auf die küstennahen Meere zu einem immer weiter an Bedeutung gewinnenden Umweltproblem.

Nach Auffassung des Beirats können hier nur globale Lösungen helfen. Der Beirat begrüßt deshalb insbesondere den auch von Deutschland mitgetragenen Beschluß der Washingtoner „Konferenz zur Verhütung der Meeresverschmutzung durch landseitige Handlungen" von 1995, nun Verhandlungen für eine weltweite Konvention zur Reduktion und letztlich zum Verbot nicht-abbaubarer organischer Schadstoffe (persistent organic pollutants – POP) aufzunehmen. 1998 werden voraussichtlich die ersten Verhandlungen beginnen: Weil das Problem der POPs deutliche Ähnlichkeiten mit dem Problem der ozonabbauenden Stoffe aufweist, empfiehlt der Beirat hier als Modell für die geplante „POP-Konvention" das Montrealer Protokoll über Stoffe, die zu einem Abbau der Ozonschicht führen, das zudem als herausragender Erfolg der globalen Umweltpolitik gewertet wird. Neben dem eingegrenzten POP-Problem darf allerdings die weltweite Eindämmung „normaler" Abwässer nicht an Bedeutung verlieren, da deren Akkumulation in den Küstenbereichen zu erheblichen Schädigungen der biologischen Vielfalt zu führen droht. So sind bereits jetzt 10% der Korallenriffe zerstört worden; weitere 30% sind bedroht, vor allem in den Küstengewässern (Biermann und Hardtke, 1997).

4.1.4.4
„Menschenrecht auf Wasser"

Die Frage der Nutzung und des Schutzes von Süßwasser hat auch deshalb eine globale Dimension, da sie untrennbar mit dem weltweiten Schutz der Menschenrechte verbunden ist. Gemäß Artikel 25 der Allgemeinen Erklärung der Menschenrechte von 1948 und Art. 11 des Internationalen Pakts über die wirtschaftlichen, sozialen und kulturellen Menschenrechte von 1966 hat jeder Mensch das Recht auf Nahrung, was Trinkwasser einschließt (McCaffrey, 1992). Auch die Staaten, die 1996 der Erklärung der Welternährungskonferenz von Rom zugestimmt haben, „bekräftigen das Recht jedes Menschen auf Zugang zu unbedenklichen und nährstoffreichen Nahrungsmitteln in Einklang mit dem Recht auf angemessene Ernährung und dem Grundrecht eines jeden Menschen, frei von Hunger zu sein".

Der Weltsiedlungsgipfel HABITAT II schließt in seiner „Erklärung von Istanbul" von 1996 in einer sonst fast gleichlautenden Bekräftigung des Menschenrechts auf Nahrung ausdrücklich das Recht auf „angemessenes Wasser" ein. Alle diese Dokumente wurden von Deutschland mitgetragen.

Allerdings sind diese sozialen Menschenrechte nicht in einem strikt rechtlichen Sinne zu sehen, da selbst im Konsens angenommene Abschlußerklärungen der UN-Konferenzen oder die Allgemeine Erklärung der Menschenrechte als solche die Staaten nicht rechtlich binden. Dennoch ist unstrittig, daß das soziale Menschenrecht auf Nahrung und Wasser einen Auftrag an den Staat beinhaltet, sich mit den zur Verfügung stehenden Mitteln für dessen Verwirklichung einzusetzen.

Gemäß Art. 11 Abs. 2 des Internationalen Pakts über die wirtschaftlichen, sozialen und kulturellen Menschenrechte betrifft dieser Auftrag auch die internationale Gemeinschaft, die all diejenigen Staaten nach Möglichkeit unterstützen sollte, die das Menschenrecht auf Nahrung und Wasser nicht selbst garantieren können. Im Rahmen des Menschenrechtsregimes sind erhebliche regionale Wasserkrisen deshalb mehr als ein regionales Problem, sondern betreffen das Interesse aller Staaten an der Verwirklichung sozialer Menschenrechte. Insofern kann die Grundversorgung aller Menschen mit ausreichend Wasser zum Trinken und für sanitäre Zwecke als Gemeinschaftsaufgabe aller Staaten gesehen werden.

Summe bei steigender globaler Wasserknappheit ein gefährliches Eskalationspotential beinhalten. Zunächst sind zwischenstaatliche Konflikte um die Wasserverteilung regional; durch ihr friedensgefährdendes Potential erwächst aus ihnen jedoch auch ein Interesse der gesamten Staatengemeinschaft an einer Verhütung von lokalen und regionalen Wasserkrisen und der friedlichen Beilegung regionaler Wasserkonflikte. Ein globales Interesse besteht auch in den Fällen, in denen durch regional begrenzte Handlungen ein Teil des „Weltnaturerbes" vernichtet zu werden droht. Die gesamte Staatengemeinschaft ist ebenfalls betroffen, wenn lokale und regionale Handlungen die Meere schädigen. Selbst wenn auf eine Region begrenzte Wasserkrisen keine unmittelbaren Folgen wie etwa Flüchtlingsströme für benachbarte Staaten haben, können sie dennoch ein weltweites Interesse der Staatengemeinschaft betreffen, wenn die Grundversorgung der Menschen mit Wasser – das „Menschenrecht auf Wasser" – nicht mehr gewährleistet wird.

Diese verschiedenen Aspekte zeigen in einer Zusammenschau, daß der Schutz und die Bewahrung von Süßwasserressourcen in vielen Fällen zu den Gemeinschaftsaufgaben der Staaten zählt, die in vergleichbaren Fällen zu der Bildung internationaler Regime geführt haben. Der UN-Generalsekretär hat 1997 in einer gemeinsam mit den UN-Sonderorganisationen erstellten Studie gefolgert, daß die bisherigen Aktionsprogramme nicht ausreichen und daß ein neuer „Global Consensus" der Staatengemeinschaft im weltweiten Süßwasserschutz erforderlich ist. Der Beirat schließt sich dieser Auffassung des UN-Generalsekretärs im wesentlichen an und betont die Notwendigkeit verstärkter internationaler Zusammenarbeit (hierzu ausführlicher Kap. D 5.5 sowie E 2).

Der Beirat empfiehlt bei grenzüberschreitenden Gewässern in Konfliktregionen, friedensstiftende und friedenssichernde Musterprojekte zum nachhaltigen Umgang mit Wasser zu initiieren, um zur Deeskalation des Konfliktpotentials beizutragen. Dabei sollten alle Konfliktparteien beteiligt werden. Die gemeinsame Nutzung der Ressource sollte durch eine faire und ausgewogene Zusammenarbeit und Verteilung gekennzeichnet sein. Derartige Musterprojekte können im Rahmen der entwicklungs-, wirtschafts- und umweltpolitischen Zusammenarbeit angeregt werden (zu weiteren Handlungsempfehlungen zur Friedensstiftung siehe Kap. D 5.5 und E 2).

4.1.5
Zusammenfassung

Die Nutzung und Verteilung von Wasser kann zu zwischenstaatlichen Konflikten führen, die in der

4.2 Ausbreitung wasservermittelter Infektionskrankheiten

Hälfte der Weltbevölkerung an wasserassoziierten Infektionen erkrankt – Entwicklungsländer besonders betroffen – Neue Erreger in den Industrieländern – Wirtstiere Stechmücken und Schnecken – Malaria auf dem Vormarsch – Problemfelder Mobilität, Resistenzbildung, Klimaänderung, Armut, Ausweitung der Bewässerung, Ratten

In der ersten Hälfte dieses Jahrhunderts schienen viele Infektionskrankheiten auf dem Rückzug, zumindest in den Industrieländern. In vielen Teilen der Welt treten diese Krankheiten jedoch wieder vermehrt auf. Diese Situation resultiert aus zahlreichen, sehr unterschiedlichen Faktoren, die das Auftreten von Infektionskrankheiten mit beeinflussen: rasches Bevölkerungswachstum, dichte menschliche Besiedlung z. B. auch in Wald- und Sumpfnähe, hohe Mobilität, globaler Handel, unangepaßter Gebrauch von Pestiziden und Antibiotika, Anpassung der Erreger an die ökologischen Gegebenheiten, sozialer und politischer Zerfall und schließlich regionale Klimastörungen.

Wasservermittelte Infektionen sind global nach wie vor eine der Hauptursachen von Erkrankungs- und Sterbefällen, vor allem in Entwicklungsländern der Tropen und Subtropen. Aber auch in den Industrieländern haben solche Infektionen wieder an Bedeutung gewonnen, insbesondere durch parasitäre hochresistente Krankheitserreger. Gegenwärtig leidet etwa die Hälfte der Weltbevölkerung an wasserassoziierten Erkrankungen. Daher stellt eine geregelte Wasserver- und Abwasserentsorgung, die die hygienischen Gütekriterien der Weltgesundheitsorganisation (World Health Organization – WHO) einhält, eine der wirksamsten Präventionsmaßnahmen zur weltweiten Krankheitsbekämpfung dar. Investitionen in diesen Bereich versprechen eine der höchstmöglichen „Gesundheitsrenditen". Auch wenn sicheres Trinkwasser viele Krankheiten verhindern kann, bleiben Impfprogramme jedoch ein zweiter wichtiger Pfeiler in der Präventivmedizin.

Die Vereinten Nationen erklärten die 80er Jahre zur Trinkwasser- und Gesundheitsdekade, und in diesem Jahrzehnt erhielten auch 1,3 Mrd. Menschen eine neue Wasserversorgung und 750 Mio. Menschen sanitäre Einrichtungen. Dennoch hatten Ende der 80er Jahre immer noch 1,2 Mrd. Menschen keinen Zugang zu sauberem Wasser und 1,7 Mrd. Menschen keine sanitären Einrichtungen. Nach einer Schätzung der Vereinten Nationen werden allein aufgrund des Bevölkerungswachstums in den 90er Jahren fast 900 Mio. Menschen in diesen Kategorien hinzukommen, da die Investitionen in die Infrastruktur mit dem Bevölkerungswachstum nicht schritthalten können (Abb. D 4.2-1). Eine solche Zunahme ist selbst in der europäischen Region der WHO (einschließlich Rußlands) zu verzeichnen. Andererseits hat sich in Ländern, in denen eine hygienisch einwandfreie Trinkwasserbereitstellung und Abwasserbeseitigung gelang, die Infektionsanfälligkeit deutlich verringert. Weitere erfolgreiche Maßnahmen zur Reduktion wasservermittelter Infektionen waren bisher Impfungen und gesundheitliche Aufklärung, insbe-

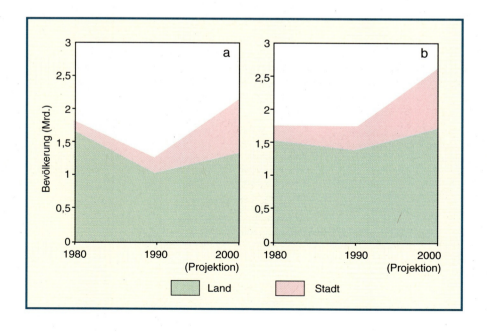

Abbildung D 4.2-1
a) Bevölkerung ohne Zugang zu sauberem Trinkwasser.
b) Bevölkerung ohne Zugang zu sanitären Anlagen.
Quelle: Gleick, 1993

sondere von Frauen, die z. B. auch in einfache Therapiekonzepte eingebunden werden konnten.

4.2.1
Mit Wassernutzung verbundene Krankheiten

Neben der unmittelbaren Vergiftung durch Wasserinhaltsstoffe können zahlreiche Infektionen durch Wassernutzung erfolgen. Hierbei sind Infektionen zu unterscheiden, die

1. durch Genuß von verseuchtem Trinkwasser oder durch Hautkontakt mit verseuchtem Süß- oder Meerwasser, oder
2. durch Wirts- oder Überträgertiere, die Krankheitserreger in der Umgebung ihrer Süßwasserlebensräume übertragen,

erworben werden. Einen Überblick über die wichtigsten wasservermittelten Krankheiten, gegliedert nach der biologisch-systematischen Einordnung der Krankheitserreger, bietet Tab. D 4.2-1. Die dort ebenfalls aufgeführten Krankheits- und Todesfälle widersprechen sich teilweise in den unterschiedli-

Tabelle D 4.2-1
Wasservermittelte Krankheiten.
Quellen: PAHO, 1994; WHO, 1994, 1995 und 1996; Michael und Bundy, 1996

	Erreger	Krankheit	Vektor	Gefährdete Personen (Mio.)[a]	Häufigkeit (1.000 pro Jahr)	Todesfälle (1.000 pro Jahr)	Veränderung bei Klimawandel
Viren	Polioviren	Poliomyelitis (Kinderlähmung)		k.A.	110	5	
	Dengueviren (DEN-Virus)	Denguefieber	z. B. *Aedes aegypti* (Stechmücke)	2.400	560	23	++
	Gelbfieberviren (YF-Virus)	Gelbfieber	z. B. *Aedes aegypti* (Stechmücke)	450	200	30	++
Bakterien	Pathogene *Escherichia coli*, *Shigella* u. a.	Diarrhoe		k.A.	1.200.000–1.800.000	3.000–4.000	
	Salmonella typhi	Typhus		k.A.	16.000	600	
	Legionella pneumophila	Legionellose		k.A.	k.A.	k.A.	
	Vibrio cholerae	Cholera		k.A.	380	120	?
Protozoen	*Entamoeba histolytica*	Amöbiasis (Amöbenruhr)		k.A.	k.A.	k.A.	
	Cryptosporidium parvum	Kryptosporidiose		k.A.	k.A.	k.A.	
	Giardia lamblia	Lambliasis		k.A.	500		
	Plasmodium sp.	Malaria	*Anopheles* (Stechmücke)	2.400	300.000–500.000	2.100	+++
Trematoden	*Schistosoma sp.* (Pärchen-Egel)	Schistosomiase- oder Bilharziose	Wasserschnecken	600	200.000	20	++
Nematoden	*Wucheria sp.*, *Brugia sp.*	Lymphatische Filariose	Stechmücken	1.094	117.000	k.A.	+
	Onchocerca volvulus	Onchocerciase (Flußblindheit)	Kriebelmücken	123	17.500	k.A.	++
	Dracunculus medinensis (Medinawurm)	Drakunkulose	Kleinkrebse (Wasserfloh)	100	100	k.A.	?

+ = wahrscheinlich, ++ = sehr wahrscheinlich, +++ = hochwahrscheinlich, ? = unbekannt, k. A. = keine Angaben
[a] Projektionen aufgrund des Bevölkerungswachstums, basierend auf den Zahlen von 1989.

chen Quellen und sind daher nur als grobe Orientierung anzusehen.

4.2.1.1
Genuß von verseuchtem Trinkwasser

Die Aufrechterhaltung einer angemessenen Wasserhygiene erfordert eine intakte technische und epidemiologische Infrastruktur in den Kommunen. Besonders häufig sind auch in entwickelten Ländern Seuchen durch Genuß von Trinkwasser, das infolge von Leitungsschäden durch Abwasser kontaminiert ist (Usera et al., 1995). Hier sind insbesondere Großsiedlungen mit zentraler Wasserversorgung gefährdet. Dabei sind in den vergangenen Jahrzehnten neue Erreger aufgetaucht. 1976 wurde zum Beispiel erstmals über Kryptosporidiose beim Menschen berichtet, ausgelöst durch den Parasiten *Cryptosporidium* im Trinkwasser. 1993 kam es zur bisher größten Kryptosporidiose-Epidemie in den USA. Das Problem tritt in Entwicklungs- wie Industrieländern gleichermaßen auf. Ein Beispiel aus Rußland zeigt, daß in Kälteperioden Hygienerichtlinien vernachlässigt werden, wodurch das Auftreten wasservermittelter Darminfektionen steigt (Kartsev, 1995).

Trinkwasservermittelte Infektionen sind allerdings besonders in Entwicklungsländern weit verbreitet, wo neben der mangelnden Trinkwasserqualität auch die fehlenden Möglichkeiten für eine persönliche Hygiene an den fäkal-oralen Übertragungen beteiligt sind (Bangs et al., 1996). 25 Mio. Menschen sterben dort jährlich an Trinkwasserverschmutzungen. Dabei verursachen im Wasser vorhandene Krankheitserreger oder Überträger 99% der weltweit trinkwasservermittelten Krankheiten, nur 1% entstehen durch chemische Verunreinigungen. Es handelt sich meistens um Infektionen durch Protozoen (*Giardia*, Cryptosporidien), Bakterien (z. B. *Escherichia coli*, Salmonellen, Shigellen, *Campylobacter sp.*, Yersinien, *Vibrio cholerae*) oder Viren (z. B. Rotaviren), wobei die Erreger durch mangelhafte Trennung zwischen Abwasser und Trinkwasser in das Trinkwasser gelangen und akute Darmkrankheiten oder sogar systemische Infektionen hervorrufen.

Akute Durchfallkrankheiten liegen nach akuten Atemwegserkrankungen an zweiter Stelle als Ursache der globalen Kindersterblichkeit (WHO, 1996). Von den insgesamt 3,1 Mio. Todesfällen pro Jahr sind zu 80% Kinder unter 5 Jahren betroffen. Dabei ist die Beziehung zwischen dem Zugang zu sauberem Trinkwasser und der Kindersterblichkeit evident (Abb. D 4.2-2). Die Cholera allein verursacht gegenwärtig 120.000 Todesfälle pro Jahr. In jüngster Zeit ist diese Infektionskrankheit an vielen Orten (Abb. D 4.2-3) wieder aufgetreten, wo sie zuvor als ausgerottet galt. Siedlungen mit sehr hoher Bevölkerungsdichte, in denen es an elementaren Sanitäreinrichtungen fehlt, schaffen immer wieder die Voraussetzungen für Epidemien. Flüchtlingslager und Armenviertel in Städten waren in jüngster Zeit Schauplätze

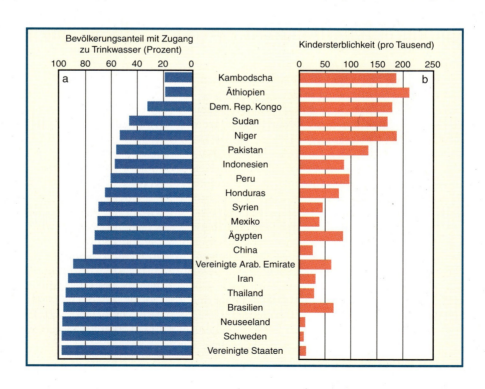

Abbildung D 4.2-2
a) Bevölkerung mit Zugang zu sauberem Trinkwasser.
b) Kindersterblichkeit.
Quelle: Engelman und LeRoy, 1995

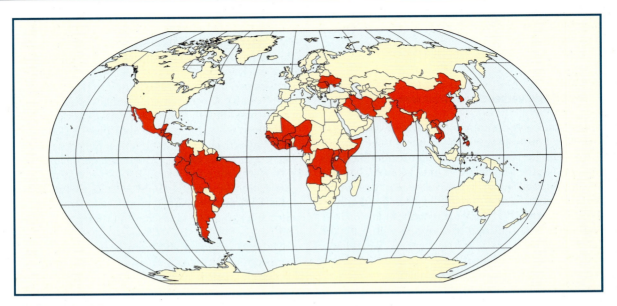

Abbildung D 4.2-3
Ausbrüche von Cholera im Jahr 1995.
Quelle: WHO, 1996

einiger dramatischer Choleraausbrüche (siehe Kap. D 3.5). Seit 1995 ist auch Europa wieder mit mehreren Tausend Erkrankungsfällen pro Jahr beteiligt. Cholera kann nicht nur über das Trinkwasser, sondern auch über Brackwasser, beim Baden im Meer und über den Verzehr verseuchter Fische erworben werden. Im Meer herrschen neben dem hohen Salzgehalt weitere günstige Bedingungen für die Choleraerreger, nämlich ein durch industrielle Abwässer verursachtes alkalisches Milieu mit einem hohen Gehalt an Mikrofauna, wie es sich z. B. an den Küsten Südamerikas und am Golf von Bengalen entwickelt hat. Neuartige Varianten der Cholerabakterien erschweren die Bekämpfung in der Anfangsphase. Im Gegensatz zu *Vibrio cholerae* O1, das den Darm im Verlauf der Infektion nicht verläßt, kann der seit 1992 bekannte Choleraerreger *Vibrio cholerae* O139 durch seine Kapselbildung invasiv werden und zu generalisierten Infektionen (Übergreifen der Keime auf den ganzen Körper) führen. Die epidemiologische Bedeutung dieses neuen Erregers ist bisher noch nicht abzusehen. Er ist aber bisher auf Asien beschränkt geblieben. Neuere Erkenntnisse über das Überleben von *V. cholerae* außerhalb des Menschen sowie zwischen den Pandemieepisoden verlangen einen Systemansatz für die Untersuchung. Offensichtlich bestehen komplexe Beziehungen zwischen dem Muster der Ausbreitung, dem Auftreten neuer Stämme und anthropogenen Umweltveränderungen, wie etwa der ozeanischen Eutrophierung und steigenden Temperaturen des Oberflächenwassers, welche das Phytoplanktonwachstum fördern (McMichael et al., 1996).

Insgesamt treten etwa 4 Mrd. Durchfallerkrankungen jährlich auf. Mit mangelnder Wasserhygiene verbundene Erkrankungen wie bakterielle, virale und parasitäre Darminfektionen häufen sich besonders in Entwicklungsländern mit rascher Verstädterung und Slumbildung sowie im Rahmen größerer Migrationen infolge von Kriegen oder Naturkatastrophen. (siehe Kap. D 3.5).

Etwas weniger häufig sind parasitäre Infektionen wie Amöbiasis (Infektion mit *Entamoeba histolytica*) und Lambliasis (Infektion mit *Giardia lamblia*), die auf gleichem Wege erworben werden und akute oder chronische Gesundheitsstörungen verursachen: Amöbenruhr, Amöbenleberabszeß sowie Lamblien-Enteritis mit komplizierendem Malabsorptionssyndrom (mangelnde Aufnahme lebenswichtiger Nahrungsbestandteile über den Darm). Weiter ist die Kryptosporidiose zu erwähnen, die durch Infektion mit Oocyten von *Cryptosporidium parvum* erworben wird. Zum bisher größten Ausbruch, bei dem über 400.000 Menschen an Diarrhoe erkrankten, kam es 1993 in Milwaukee, USA. Dieser Ausbruch wurde durch mit *Cryptosporidium* verseuchtes Trinkwasser verursacht. Die direkten und indirekten Kosten werden auf über 100 Mio. US-$ geschätzt (Exner und Gornik, 1997). Die Drakunkulose, eine Infektion mit dem Medinawurm *Dracunculus medinensis*, dessen Larve zusammen mit mikroskopisch kleinen Süßwasserkrebsen über das Trinkwasser aufgenommen wird, hat nur noch regionale Bedeutung.

Unter den Infektionen, die den ganzen Körper befallen, sind der Typhus abdominalis, die Hepatitis A und die Hepatitis E am häufigsten. Ihre Häufigkeiten korrelieren negativ mit zunehmender Qualität der Wasserversorgung (Perez et al., 1996). Unter den Salmonellosen, die mit mangelnder Trinkwasser- und Nahrungsmittelhygiene verbunden sind, ist der Typhus mit 16 Mio. Erkrankungen und 600.000 Todesfällen pro Jahr, von denen überwiegend Asien betroffen ist, die wichtigste Infektion (WHO, 1996). Bei inkonsequenter Trinkwasserüberwachung treten solche trinkwasservermittelten Infektionsepidemien aber auch in Industrieländern auf (Yatsuyanagi et al., 1996).

Ein Sonderfall ist die Legionellose, hervorgerufen durch das Bakterium *Legionella pneumophila*, die insbesondere durch Aerosole aus warmem Spritzwasser, die z. B. beim Duschen entstehen, erworben wird. Gefahr besteht sowohl in warmen Ländern als auch in gemäßigten Zonen, wenn Warmwasser zentral aufbereitet oder Brauchwasser in Dachzisternen gelagert wird. Weiterhin kann versehentlich aufgenommenes verseuchtes Abwasser zu Infektionen des Menschen führen, z. B. im Rahmen von Freizeitaktivitäten in Binnengewässern oder am Meer.

Die Poliomyelitis (Kinderlähmung), durch Polioviren verursacht, hat wegen der erfolgreichen Impfkampagnen eine deutlich abnehmende Bedeutung, tritt aber in afrikanischen und asiatischen Entwicklungsländern weiterhin auf.

Die Leptospirose ist eine häufig schwer verlaufende Infektion mit Nierenversagen, Gelbsucht und Blutungsneigung. Sie wird durch Aufnahme von Schraubenbakterien (Leptospiren) über Hautwunden und Schleimhäute im Kontakt mit Binnengewässern bzw. in Verbindung mit Ratten oder Mäusen erworben, welche die Bakterien über ihren Urin ausscheiden. Sie hat nur regionale Bedeutung.

4.2.1.2
Wasserassoziierte Wirte und Überträger von Infektionskrankheiten

STECHMÜCKEN

Stechmücken, deren Larven sich im Süßwasser entwickeln, und andere Gliederfüßler (Arthropoden) übertragen zahlreiche Viruskrankheiten, die sogenannten Arbovirosen (Nielsen et al., 1996). Von den 20 häufigsten haben alle schon Epidemien verursacht. Neben dem Menschen dienen Affen, Vögel und Nagetiere als natürliches Virusreservoir. Einige treten nur in ländlichen Gebieten fast ausschließlich der Tropen und Subtropen auf, wie O'nyong-nyong, Sinbis, Östliche und Westliche Pferdeenzephalitis, Barmah- und Kyasanur-Waldkrankheit, Murray-Tal-Enzephalitis, Rocio, Rifttal-Fieber und Kalifornien-Enzephalitis. Andere verursachen auch Erkrankungsfälle in größeren Siedlungen wie Chikungunya, Ross River, Mayaro, Venezuelanische Pferdeenzephalitis, Dengue, Gelbfieber, Japanische Enzephali-

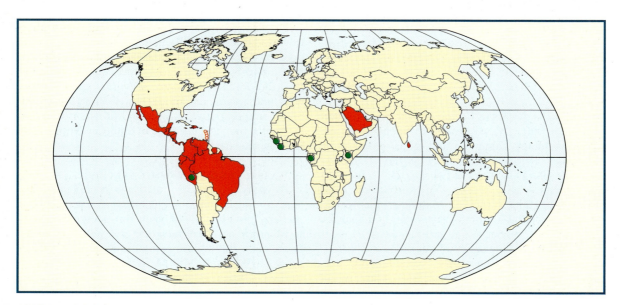

Abbildung D 4.2-4
Ausbrüche von Dengue (rot) und Gelbfieber (grüne Kreise) im Jahr 1995.
Quelle: WHO, 1996

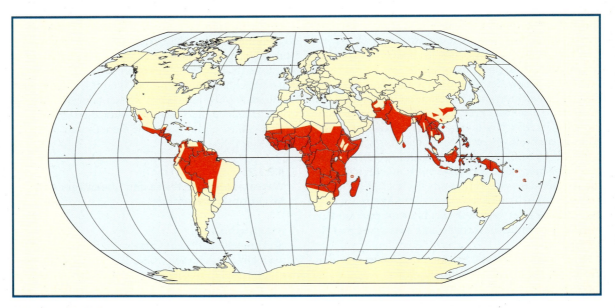

Abbildung D 4.2-5
Verbreitung von Malaria.
Quelle: WHO, 1993

tis, St.-Louis-Enzephalitis, West-Nil- und La Crosse-Enzephalitis.

Die Mehrzahl der Infektionen verläuft als fieberhafte systemische Infektion. Kommt eine Meningoenzephalitis (Entzündung des Gehirns und der Hirnhäute) hinzu, so sind Sterbefälle und Heilungen mit bleibenden Defekten häufig. Die höchste Sterberate haben hämorrhagische Fieber, gekennzeichnet durch eine hohe Blutungsneigung. Als hämorrhagisches Fieber können Dengue, Gelbfieber, Kyasanur-Waldkrankheit und das Rifttal-Fieber verlaufen. Dengue (Abb. D 4.2-4) kann zudem als Dengue-Schock-Syndrom leicht zum Tod führen. Dengue ist die wichtigste Arbovirose. Die Infektion tritt in über 100 Ländern auf, in denen 2,5 Mrd. Menschen leben (WHO, 1996).

Malaria ist durch die Brutgewohnheiten der übertragenden Mücke (*Anopheles sp.*) ebenfalls an ein Süßwasserbiotop gebunden und global gesehen die wichtigste wasserassoziierte Infektionskrankheit: Von den 500 Mio. jährlich Erkrankten sterben 2,1 Mio., davon 1 Mio. Kinder. Die Sterblichkeit wird fast ausschließlich durch die Malaria tropica verursacht, hervorgerufen durch *Plasmodium falciparum*. Die Malaria tertiana, hervorgerufen durch *P. vivax* oder *P. ovale*, und die seltene Malaria quartana, hervorgerufen durch *P. malariae*, verlaufen nur ausnahmsweise tödlich. Malaria tritt in 91 Ländern auf (Abb. D 4.2-5), 40% der Weltbevölkerung leben in diesen Gebieten. Afrika ist zu 90% am Auftreten der Malaria beteiligt (WHO, 1996). In städtischen Gebieten ist Malaria seltener, weil sich dort die *Anopheles*-Populationen verringert haben. Allerdings paßt sich die Mücke in Südostasien bereits dem Stadtleben an.

Die lymphatische Filariose, eine ebenfalls durch Stechmücken übertragbare Fadenwurminfektion mit *Wucheria bancrofti*, *Brugia malayi* und *Brugia timori*, ist in den Tropen und Subtropen aller Kontinente verbreitet, 120 Mio. Menschen sind infiziert (WHO, 1996). Die Erkrankung führt zu akuten und chronischen Lymphbahnentzündungen mit Schwellungen der abhängigen Körperteile (Elephantiasis).

Die Onchocerciasis, durch Kriebelmücken übertragen, die an schnellfließenden Gewässern brüten oder ihre Larven in langsamfließenden Gewässern an Flußkrebse anheften, ist eine Fadenwurminfektion, die durch *Onchocerca volvulus* hervorgerufen wird und wegen der möglichen Erblindung (Flußblindheit) gefürchtet ist. Etwa 18 Mio. Menschen sind in Afrika und in geringerem Maße in Mittel- und Südamerika infiziert.

WASSER- UND SCHLAMMSCHNECKEN

Aquatische Lungen- und Kiemenschnecken dienen in natürlichen Binnengewässern wie auch Bewässerungs- und Stauanlagen mit geeigneten Wasserpflanzen als Zwischenwirte der Schistosomiase. Diese auch Bilharziose genannte Krankheit hat gegenwärtig etwa 200 Mio. Menschen befallen, 200.000 sterben jährlich an ihr. Ihre wesentlichen Erreger, *Schistosoma mansoni*, *S. haematobium* und *S. japonicum*, nutzen die Süßwasserschnecken als Zwischenwirte, die das für Menschen infektiöse Larvenstadium, die Zerkarien, entlassen. Diese können die intakte Haut oder Schleimhaut durchbohren und sich zu adulten Pärchenegeln entwickeln. Während des Eindringens in den Körper und der Entwicklung können akute Krankheitsbilder auftreten wie die Zerkariendermatitis und das Katayama-Fieber. Die vom Weibchen produzierten Eier werden mit dem Urin oder Stuhl ausgeschieden oder verursachen in verschiedenen inneren Organen chronische Entzündungen und sogar Karzinome. *S. japonicum* besitzt ein wesentliches zusätzliches Reservoir in Nutztieren. *S. mansoni-* und *S. haematobium-*Zyklen können sich aber nur dort halten, wo schistosomeneierhaltige Fäkalien Anschluß an Bade-, Trink- oder Brauchwasserstellen bekommen, die mit den entsprechenden Zwischenwirtschnecken besiedelt sind (Burchard et al., 1996). In den neuentstandenen Freizeitzentren des südlichen Afrikas erwerben zunehmend Surfer und Kanufahrer eine akute oder chronische Schistosomiase.

Kiemenschnecken der Gattung *Bithynia* sind erste Zwischenwirte des chinesischen Leberegels (*Clonorchis sinensis*) und des Katzenleberegels (*Opisthorchis felineus* und *O. viverrini*). Zweite Zwischenwirte sind Süßwasserfische, die auch als Infektionsquelle für den Menschen dienen. Wesentliche Gesundheitsstörungen sind Entzündungen und Stauungen im Bereich der Gallenwege mit komplizierendem Gallengangskarzinom. Allein mit dem chinesischen Leberegel sind etwa 20 Mio. Menschen infiziert.

Die großen Leberegel, *Fasciola hepatica* und *F. gigantica*, benutzen Schlammschnecken als erste und Uferpflanzen wie Gräser und Wasserkresse als zweite Zwischenwirte. Mit letzteren infizieren sich Nutztiere und der Mensch als Fehlwirt. Die Infektion führt zu Entzündungen im Bereich der Leber und Gallenwege, hat aber nur regionale Bedeutung, gegenwärtig besonders in Südamerika und Nordafrika.

4.2.2
Trends in der Ausbreitung wasservermittelter Infektionen

ZUNEHMENDE MOBILITÄT/TOURISMUS

Der Luftverkehr wuchs in den vergangenen 20 Jahren jährlich um 7%, Voraussagen für die kommenden 20 Jahre gehen von einem weiteren Wachstum um 5% jährlich aus. Immer mehr Touristen und Geschäftsreisende suchen auch abgelegene Ziele in allen Erdteilen auf. Gleichzeitig nehmen Migrationen weiter zu, etwa 120 Mio. Menschen leben heute außerhalb ihres Geburtslandes und Millionen suchen jährlich in anderen Ländern bessere Lebensbedingungen. Dieses sind die Voraussetzungen für eine schnelle Verbreitung von Infektionskrankheiten, harmlosen ebenso wie hochgefährlichen. Die Länder in gemäßigten Zonen werden durch diese Entwicklung unmittelbar zu Betroffenen und müssen Präventions- wie auch Schutzmaßnahmen einleiten. Seuchenhygienische Untersuchungen in Häfen und Flughäfen sind nicht mehr ausreichend, gefordert ist eine umfassende präventive Strategie vor Ort.

Ein Beispiel für eine durch Ferntourismus verbreitete Infektion ist z. B. das Auftreten der Schistosomiase in Malawi oder Südafrika (Taylor et al., 1995). Hier ist zu beachten, daß die Zwischenwirtschnecken der Schistosomiase auch in Portugal vorkommen und eine permanente Einschleppung des Schistosomenzyklus über Touristen theoretisch möglich ist.

Tropenreisende aus gemäßigten Zonen erkranken zunehmend an Arbovirosen. Bei ansteigender Tendenz muß mit jährlich etwa 40 Mio. solcher Reisender allein aus den USA und Europa gerechnet werden. Mit dem wachsenden Interkontinentalverkehr werden Viren, Vektoren (Krankheiten übertragender Organismus) und Reservoirtiere vermehrt verbreitet. Insbesondere wurden so bestimmte Dengue-Virus-Typen global verschleppt. Einzelfälle des schwer verlaufenden Dengue-hämorrhagischen Fiebers unter Touristen sind bereits aufgetreten. In Texas sind schon vorübergehend Dengue-Biotope mit Übertragung auf den Menschen entstanden. Die Mücke *Aedes albopictus*, ein weiterer Dengue-Überträger, hat sich von Asien aus auch in Europa und den USA verbreitet, z. T. über Restwasser in importierten gebrauchten Autoreifen (Gubler, 1996). Neben Dengue zeigt auch Gelbfieber neuerdings eine deutliche Ausbreitungstendenz. Viele tropische und subtropische Städte besitzen das Potential von Stadtgelbfieberepidemien in Form des Überträgers *Aedes aegypti* (WHO, 1996). Auch Ratten spielen bei der Verbreitung von Infektionskrankheiten wieder eine zunehmende Rolle (Kasten D 4.2-1).

RESISTENZBILDUNG UND NEUE ERREGER

Massenchemotherapie und Chemoprophylaxe, wie sie gegen die Onchocerciasis, die lymphatische Filariose, Malaria und bakterielle Infektionen angewandt werden, sind mit Resistenzentwicklungen gegen die verwendeten Medikamente verbunden. Insbesondere die ungezielte und unkontrollierte Verwendung von Malariaprophylaktika hat regional zu erheblichen Resistenzbildungen der Malariaerreger gegen Chloroquin, Pyrimethamin-Sulfadoxin, Mefloquin und Chinin geführt. Wird aber die Medikamentenausgabe zur gezielten Therapie überwacht, sind diese Resistenzen zum Teil reversibel, wie in Hainan (China) und Thailand gezeigt werden konnte. Negative Entwicklungen hinsichtlich der Wirksamkeit von Chloramphenicol, Co-trimoxazol und Ampicillin ge-

> **KASTEN D 4.2-1**
>
> **Die Bedeutung von Ratten**
>
> Insbesondere durch die steigende Urbanisierung haben Ratten ihren Lebensraum erheblich ausgeweitet. Sie können als konsequente Begleiter des Menschen angesehen werden. Hinsichtlich der Verbreitung von Infektionskrankheiten ist wichtig, daß sich Ratten vorzugsweise in der Kanalisation aufhalten. Häufig sind jedoch außerhalb der Kanalisation auftretende Krankheiten durch Ratten, die in der verseuchten Umgebung leben, vermittelt. Insofern stellen Ratten, insbesondere die Wanderratte, eine Verbindung zwischen mit infektiösen Keimen verunreinigtem Abwasser einerseits sowie Mensch und Haustier andererseits dar. Diese Verbindung birgt eine hohe epidemologische Gefahr, die um so größer wird, je stärker der Gehalt des Abwassers an infektiösen Keimen mit großen Rattenpopulationen in der Kanalisation gekoppelt ist. Ratten sind Träger einer großen Vielzahl von Parasiten (Läuse, Flöhe, Zecken, Würmer) sowie Bakterien (*Leptospira, Borrelia, Salmonella, Yersinia* usw.) und Viren. Der zunehmende Ausbau der Kanalisation vieler Städte in den Entwicklungsländern weist auf das potentielle Risiko hin. Ratten erobern von den Häfen aus weitgehend alle Siedlungsräume des Menschen und entwickeln geschickte Anpassungsstrategien an die dortigen Umwelt- und Lebensbedingungen. Sie müssen als möglicher Vielfachvektor für Infektionskrankheiten stärker als bisher beachtet und untersucht werden.

gen *Salmonella typhi*, dem Erreger des Typhus abdominalis, wurden ebenfalls beobachtet. Die Ausrottung der Drakunkulose hat dagegen sehr gute Fortschritte gemacht. Doch nicht nur die Erreger selbst, auch die Wirtsorganismen bilden zunehmend Resistenzen z. B. gegen Insektizide aus.

Trotz der erzielten Erfolge haben Infektionskrankheiten gerade auch in den Industrieländern nicht an Bedeutung verloren und sind durch eine nicht-vorhersagbare Dynamik gekennzeichnet. Mit neu entdeckten oder entstehenden, das Trinkwasser verseuchenden Erregern ist weiterhin zu rechnen. Beispiele gaben hier 1976 die Legionellose- und Kryptosporidiose-Epidemien bei unzureichender Trinkwasseraufbereitung in den USA, 1988 das Bakterium *Salmonella enteritidis PT4* in Großbritannien sowie der 1992 erstmalig in Indien aufgetretene Choleraerreger *Vibrio cholerae* O139, der wegen seiner Bekapselung auch systemische Infektionen hervorrufen kann.

Neue Erkenntnisse machen es daher notwendig, die Grundlagen für die Beurteilung der Bedeutung von Krankheitserregern im Trinkwasser und die Effizienz von Präventionsstrategien kritisch zu prüfen. Hierzu zählen (Exner, persönliche Mitteilung. Resolutionsentwurf der Teilnehmer des Kongresses „Wasser und Krankheitserreger", Bonn 1996):
– in den letzten Jahre beobachtete trinkwasserbedingte Epidemien durch Protozoen (Giardien, Cryptosporidien);
– die Kenntnisse über die Vermehrung von Mikroorganismen in Biofilmen der Leitungsrohre und Hausinstallationen (Legionellen, Pseudomonaden);
– die Bedeutung des Trinkwassers für die Übertragung von Viren;
– die unsichere Korrelation dieser Krankheitserreger zu klassischen bakteriellen Indikatoren für die Beurteilung einer einwandfreien Trinkwasserqualität;
– die Zunahme der Risikopopulationen;
– die Notwendigkeit, Oberflächenwasser zur Trinkwassergewinnung heranzuziehen.

KLIMAÄNDERUNG

Die geographische Verbreitung von Vektorkrankheiten hängt von den Lebensbedingungen ab, welche für die Entwicklung der Überträger und der Erreger vorhanden sein müssen. Die dominierenden Faktoren sind Temperatur, Verfügbarkeit von Oberflächenwasser, Boden- und Luftfeuchtigkeit oder auch bestimmte Vegetationsformen. Eine Verschiebung oder Ausdehnung entsprechender Lebensgemeinschaften durch ein verändertes Klima wird somit die zukünftige Verteilung der gefährdeten Gebiete prägen. Neben den Klimaräumen spielt aber beispielsweise auch eine Veränderung des Jahresgangs eine Rolle: Dies gilt insbesondere für die Lebensspanne der Vektoren, an die der Erreger angepaßt ist (IPCC, 1996a).

Gegenwärtig wird mit einer mittleren globalen Erwärmung um rund 2 °C bis zum Jahr 2100 gerechnet (IPCC, 1996b). Erwärmungen können lokal zu einem verminderten landwirtschaftlichen Ertrag und damit zu Mangelernährung führen, die zusammen mit einer erhöhten Ultraviolett- und Höhenstrahlungsbelastung des Immunsystems einer vermehrten Infektionsanfälligkeit Vorschub leisten. Andererseits führen lokale Kälteeinbrüche zur Vermehrung viraler Darminfektionen, insbesondere durch die hohe Chloridresistenz der Erreger bei niedrigen Temperaturen (Kartsev, 1995).

Für den Fall der globalen Erwärmung kann mit der Ausbreitung von bestimmten Erkrankungen, die durch Stechmücken übertragen werden, gerechnet werden. Dazu gehören Malaria, Dengue und virale Enzephalitiden. Wesentliche Faktoren hierfür sind höhere Reproduktions- und Stichraten der Stechmücken und verkürzte Inkubationszeiten der Krankheitserreger im Vektor. In Texas konnten sich bereits vorübergehend Populationen der Malaria tertiana etablieren. In der Türkei hat das Auftreten von Malaria tertiana in den letzten Jahren mit jetzt mehr als 100.000 Krankheitsfällen pro Jahr stark zugenommen. Auch in den gemäßigten europäischen Zonen kommt der Krankheitsüberträger, die weibliche *Anopheles*-Mücke, vor. Insbesondere bei zunehmenden Durchschnittstemperaturen kann sich die Malaria hier wieder rasch etablieren. Die Malaria entwickelt sich aber regional sehr unterschiedlich. Rückläufig ist sie dort, wo Pyrethroid-imprägnierte Mückennetze flächendeckend eingesetzt werden, wie mit sichtbarem Erfolg in China. Im allgemeinen kann aber im Rahmen der globalen Erwärmung mit einer Zunahme der Malaria gerechnet werden (siehe Kasten D 4.2-2).

Der Erreger des Gelbfiebers ist dagegen weniger empfindlich und dürfte aufgrund der Variabilität der Wahl seines Wirtes selbst bei moderatem Klimawandel neue Ausbreitungsgebiete finden (Maurice, 1993). Die Inkubationszeit des Gelbfieber-Virus in der Mücke sinkt mit steigender Temperatur von mehreren Wochen auf 8–10 Tage. Dengue wird durch die Mückengattung *Aedes* übertragen. In der vergangenen Dekade hat sich Dengue in Mittelamerika erneut verbreitet und in Kolumbien dehnt *A. aegypti* seinen Lebensraum von bisher maximal 1.000 m Höhe auf über 2.000 m Höhe aus. Dengue-Epidemien wurden bisher aber selten unter 20 °C mittlerer Temperatur beobachtet. *A. albopictus*, ebenfalls ein Überträger des Dengue-Virus und noch kälteresistenter als *A. aegypti*, hat sich in den Vereinigten Staaten etabliert und könnte bei einer Temperaturerhöhung bis Kanada vordringen (IPCC, 1996a). Auch die Schistosomiase dürfte sich bei steigenden Temperaturen weiter ausbreiten, weil einerseits die als Zwischenwirte agierenden Wasserschnecken schneller wachsen und sich schneller vermehren, andererseits die Egel selbst im Wirt bei höheren Temperaturen bessere Überlebenschancen haben. So wurde z. B. in Ägypten beobachtet, daß im Winter der Egelbefall in den Schnecken zurückging (WHO, 1990).

Auswirkungen eines veränderten Klimas auf Verteilung und Qualität des Oberflächenwassers haben einen großen Effekt auf die Lebensbedingungen der Krankheitserreger, die zu direkten Trinkwasserinfektionen führen. Auch können Überschwemmungen durch Starkregen zeitweilige Übertragungsbrücken zwischen Abwässern und Trinkwasserquellen schaffen und so einer Ausbreitung von diarrhöischen Erkankungen (wie Cholera) auch in den Industrieländern begünstigen (IPCC, 1996a). Größere Zeiträume mit höheren Temperaturen können die Überlebensfähigkeit einer Vielzahl bakteriologischer Organismen erhöhen.

MARGINALISIERUNG/ARMUT

Die Zahl der Länder mit Wasserknappheit nimmt zu (siehe Kap. D 1.4). Obwohl Einrichtungen zur hygienisch einwandfreien Wasserversorgung und Abwasserbeseitigung in den letzten Jahren vermehrt werden konnten, hat sich die absolute Zahl der Menschen ohne Zugang zu solchen Einrichtungen aber aufgrund des Bevölkerungswachstums vergrößert. Unter der (sehr optimistischen) Einschätzung, daß bei der Trinkwasserver- und Abwasserentsorgung in den kommenden Jahren bedeutende Fortschritte erzielt werden können, kann aber angenommen werden, daß sich das Auftreten wasservermittelter und anderer Infektionen innerhalb der nächsten 20 Jahre insbesondere in den Entwicklungsländern zu Lasten von Verletzungen und anderen nichtübertragbaren Erkrankungen deutlich reduzieren wird. So werden Durchfallkrankheiten, die gegenwärtig nach Atemwegsinfektionen global die höchste kumulative Arbeitsunfähigkeit (Disability-Adjusted Life Years – DALYs) verursachen, im Jahre 2020 nur noch die neunthäufigste Gesundheitsstörung nach Herzkrankheiten, Depressionen, Verkehrsunfallfolgen, Hirngefäßerkrankungen, Atemwegserkrankungen, Pneumonien, Tuberkulose und Kriegsfolgen sein (Murray und Lopez, 1996).

IMPFUNG

Die Kinderlähmung (Poliomyelitis) ist deutlich rückläufig. Sie ist die einzige wasservermittelte Infektion, die gegenwärtig von dem erfolgreichen Expanded Programme of Immunization (EPI) der WHO berücksichtigt wird. Zukünftige Programme werden allerdings das Gelbfieber sowie bakterielle Darminfektionen durch den Einsatz neu entwickelter Impfstoffe einschließen. Mit Hilfe des EPI wurde die Kinderlähmung vor fünf Jahren in Amerika ausgerottet, weltweit ist damit bis 2001 zu rechnen. Nach den Pocken wird daher Poliomyelitis die zweite Krankheit sein, die mit einer Impfung als alleiniger Maßnahme weltweit ausgerottet werden konnte.

Die Entwicklung eines Impfstoffes gegen Malaria schlug bislang fehl, es gibt aber neuere erfolgversprechende Ansätze (Butler, 1997). Noch scheint der po-

KASTEN D 4.2-2

Malaria auf dem Vormarsch

Nach Schätzungen der WHO leben heute 36% der Weltbevölkerung in Malariaregionen (WHO, 1996). Seit Ausbruch der AIDS-Pandemie sind sechsmal mehr Menschen an Malaria gestorben als an AIDS. In Deutschland werden jährlich 800–1.000 Erkrankungen bei Einreisenden oder Rückkehrern aus Malariagebieten gemeldet, wobei die Dunkelziffer zwei- bis viermal so hoch sein dürfte.

Malaria breitet sich global weiter aus. Dabei spielen verschiedene Faktoren eine Rolle: Bevölkerungszunahme und Migrationen, Kriege, landwirtschaftliche Entwicklung, Bewässerungsmaßnahmen, Staudammbauten, Entwaldung, Wachstum der Slums, kurzfristige Witterungs- und vermutlich auch mittelfristige Klimaänderungen. Die WHO (1993) nennt 11 Problemzonen mit unterschiedlichen Ursachen der Malariaausbreitung:

Zentralamerika: landwirtschaftliche Entwicklung, Bewässerung und Besiedlung, kombiniert mit Resistenz gegen Insektizide.

Regenwald Amazoniens: Abholzung, Aufbrechen malariaabweisender Biotope.

Afrikanische Städte: Ungenügende Sanitärsysteme, hohe Resistenz gegen Medikamente.

Trockene Savanne und Rand der Wüste in Afrika: Überflutungen, Migration der Bevölkerung.

Äthiopien: Umweltzerstörung, Trockenheit, großskalige Umsiedlung.

Savannne und Wälder in Afrika: wachsende Resistenz gegen Chloroquin.

Ostafrikanisches Hochland und Madagaskar: starke Veränderungen der landwirtschaftlichen Flächen und Praktiken, eventuell gestiegene Temperaturen.

Afghanistan: Unterbindung der Kontrolle durch Bürgerkrieg.

mittleres Südasien: Abholzung von Wäldern, auch im Hügelland.

Kambodscha, Laos, Myanmar, Thailand und Vietnam: schnell wachsendes Risiko an Grenzgebieten der Zivilisation durch ökonomische Aktivitäten (z. B. Bergbau). Höchste Resistenz auf der Welt gegen Medikamente.

Trotz möglicherweise neuer und angepaßter Vektoren bleibt für eine weitere Ausbreitung die Temperatur ein begrenzender Faktor. Während die minimale Temperatur für die Entwicklung von Moskitos bei 8–10 °C und das Optimum bei 25–27 °C liegt, beendet *Plasmodium vivax* seine Sporenbildung bei Temperaturen unter 14–16 °C, *P. falciparum* bei Temperaturen unter 18–20 °C (Miller und Warrell, 1990). Damit können sich relativ geringe Temperaturveränderungen signifikant auf die Malariaausbreitung auswirken. Martens et al. (1994) legten eine Modellrechnung vor, in der die Auswirkungen von Klimaänderungen auf die Mückenpopulationen und die Inkubationszeit des Parasiten berücksichtigt werden. Unter Annahme einer Temperatursteigerung von 3–5 °C bis zum Jahr 2100 wurde berechnet, daß zukünftig 60% der Weltbevölkerung in potentiellen Malariaräumen leben würden. Außerdem sagt das Martens-Modell für 2100 zusätzlich 50–80 Mio. Malariafälle jährlich voraus. Das Ökosystem ist allerdings sehr komplex, so daß gleiche Umweltveränderungen regional völlig unterschiedliche Effekte haben können (Lindsay und Birley, 1996). Nicht berücksichtigt wurden allerdings demographische, sozioökonomische und technische Veränderungen, so daß die Ergebnisse mit großer Vorsicht zu beurteilen sind.

Hundert Jahre nach Entdeckung des Übertragungszyklus und nach zunächst spektakulären Erfolgen in der Forschung und Umsetzung befinden sich die Malariaforschung wie auch die Konzepte der Bekämpfung, Prophylaxe und Therapie in der Krise. Malaria breitet sich durch Bevölkerungsdruck und Umweltzerstörung weiter aus, möglicherweise verstärkt durch die Erwärmung der Erde und die Zunahme der Niederschläge in den Tropen.

Quelle: Diesfeld, 1997

---

tentielle Impfstoff nur 60 Tage zu schützen und so nur für Kurzreisende, nicht aber für die gefährdete lokale Bevölkerung von Nutzen zu sein. Zahlreiche offene Fragen sollen in Feldversuchen in Gambia geklärt werden.

AUSWEITUNG DER BEWÄSSERUNG

In der Vergangenheit hat die Vielzahl von Maßnahmen zur Wassererschließung die Verbreitung wasservermittelter Krankheiten begünstigt. Die Anlage von Teichen, Wasserreservoiren, Be- und Entwässerungskanälen sowie die großen Unzulänglichkeiten in den Wasserversorgungs- und Abwasserbeseitigungssystemen vieler Städte der Entwicklungsländer haben den Fortbestand bzw. die Verbreitung einer Reihe von Krankheiten gefördert und fördern sie nach wie vor. In den vergangenen Jahren haben neue Bewässerungsanlagen und Wasserreservoire in Mittel- und Nordafrika sowie im Vorderen Orient ideale Bedingungen für die Verbreitung der Schneckenarten hergestellt, die die Bilharziose übertragen. Neben Bilharziose, die bei der Wassernutzung aus Gewässern mit langsamer Fließgeschwindigkeit auftritt, verbreiteten sich Infektionskrankheiten wie Malaria, Gelbfieber und Flußblindheit. In neuerer Zeit ist durch den Bau des Indira-Gandhi-Kanals in Radschasthan (Indien) die Landwirtschaft grundlegend umgestellt worden. Weizen und Baumwolle werden nunmehr im Bewässerungsfeldbau angebaut. Viele Menschen zog es auf der Suche nach Arbeit in diese Gebiete. Der 445 km lange Kanal erwies sich während der Monsunzeit als idealer Brutplatz für Moskitos. Statt hoher Erträge und Wohlstand brachten die Monsunregenfälle den Bauern eine sich rasch ausbreitende Malariaepidemie. Das Auftreten von Malaria, aber auch von Dengue-Fieber und Japanischer Enzephalitis, ist in Indien nicht ungewöhnlich. Die Kanäle trugen die Epidemien aber weit ins Land hinein und brachten Bauern und Arbeiter mit ihnen in Kontakt.

Es gibt keine überzeugenden Berechnungen, inwieweit der ökonomische Vorteil solcher Maßnahmen durch den Krankheitsimport kompensiert oder sogar überkompensiert wird (siehe auch Kap D 3.4). Seit 15 Jahren besteht die Aktionsgemeinschaft PEEM (Panel of Experts on Environmental Management for Vector Control) der WHO, FAO, UNEP, 1991 ergänzt durch das UNCHS, die sich mit den Auswirkungen der Wasserwirtschaft auf wasservermittelte Erkrankungen und deren Bekämpfung unter besonderer Berücksichtigung der Ökologie beschäftigt. PEEM scheint aber bisher über Planungen, Sitzungen und lokale Analysen nicht hinausgekommen zu sein (Bos, 1997).

Auch die Zunahme von Rifttal-Fieber und Japanischer Enzephalitis kann mit veränderten landwirtschaftlichen und Bewässerungspraktiken erklärt werden. Die wichtigste der genannten Arbovirosen ist Dengue, das zusammen mit seinem wichtigsten Vektor, der Stechmücke *Aedes aegypti*, in den tropischen und subtropischen Regionen aller Kontinente verbreitet ist. *Aedes* hat sich gut an städtische Umgebungen angepaßt, indem sie kleine Wasserreservoire wie Blumentöpfe, Autoreifen, Vogeltränken, Rinnsteine, Fässer und sogar Plastikplanen zum Leben und Brüten ausnutzt. Die Erkrankung hat weltweit dramatisch zugenommen, insbesondere im Zusammenhang mit der Verstädterung tropischer Entwicklungsländer. Gegenwärtig kann mit über 50 Mio. Erkrankungen und über 200.000 schweren Verläufen pro Jahr gerechnet werden. Zwischen 1989 und 1994 hat die Zahl der Dengue-Fieberfälle in Lateinamerika um das 60fache zugenommen.

Die Onchocerciasis-Bekämpfung mit Hilfe der Ivermectin-Massenbehandlung und Simulien-Bekämpfung im Rahmen des von der WHO koordinierten OCP (Onchiocerciasis Control Programme) macht gute Fortschritte. Das Programm wird jetzt auf das gesamte tropische Afrika ausgedehnt. Die Bekämpfung der lymphatischen Filariose ist gegenwärtig weniger erfolgreich.

4.2.3
Handlungsbedarf und -empfehlungen

URSACHEN BEKÄMPFEN

Erreger und Wirte bekämpfen
Die direkte chemische Bekämpfungen der Krankheitserreger und vor allem ihrer Wirtstiere ist lang geübte Praxis, allerdings mit unterschiedlichem Erfolg und zahllosen Nebenwirkungen. Vor 40 Jahren glaubte man, Malaria in relativ kurzer Zeit durch den Einsatz von DDT ausrotten zu können. Die Hoffnung trog. Vielmehr wurde dieses Insektizid trotz unbestrittener Erfolge geradezu zum Synonym für den Einsatz einer Chemikalie in der Umwelt ohne sorgfältige Überprüfung der Nebenwirkungen (Carson, 1962). Malaria blieb und bleibt die Tropenkrankheit mit der größten Häufigkeit und den meisten Todesfällen. Mückenpopulationen und ihre Larven werden weiterhin mit Hilfe von Insektiziden oder z. B. durch Suspensionen von *Bacillus thuringiensis* bekämpft.

Die Bekämpfung der Mücken oder anderer Wirtstiere kann aber nur Teil einer umfassenden Strategie sein. Dazu gehören frühe Diagnose und Behandlung erkrankter Menschen ebenso wie der Aufbau lokaler Gesundheitsdienste und Aufklärungskampagnen. Auch die Forschungskapazitäten müssen in Malariaregionen verstärkt werden, zum einen zur Überwachung, zum anderen auch zur Aufklärung der ökologischen, sozialen und ökonomischen Determinanten der Krankheit.

Lebensraum begrenzen
In vielen Ländern wurden Sümpfe trockengelegt und Flußläufe begradigt, wodurch die Lebensräume von Insekten eingegrenzt oder vernichtet wurden. Damit wurden zweifellos Erfolge bei der Malariabekämpfung erzielt. Nach den Baumaßnahmen zur Schiffbarmachung des Oberrheins verschwand z. B. die Malaria aus den Rheinauen etwa ab Mitte des 19. Jahrhunderts. Nach heutiger Sicht sind Feuchtgebie-

te jedoch zunehmend gefährdet und stellen schützenswerte Biotope dar. Bei Baumaßnahmen zur Begrenzung des Lebensraums von Wirtstieren für Krankheitserreger muß deshalb eine Güterabwägung zwischen den Chancen für eine Krankheitsbekämpfung und dem Verlust wertvoller Biotope vorgenommen werden.

Die Anlage großer Stauseen und Kanalsysteme schafft umgekehrt Lebensräume für Wirtsorganismen wie Mücken und Wasserschnecken. Zahlreiche Beispiele (siehe oben) belegen die Zunahme von Malaria, Dengue oder Bilharziose nach Eröffnung großer wasserbaulicher Projekte. Die Umweltverträglichkeitsprüfung solcher Projekte muß daher die Abschätzung der Besiedlung mit Krankheitserregern oder ihren Wirtstieren einschließen und mögliche Gegenmaßnahmen aufzeigen.

Transport/Ausbreitung begrenzen

Die wachsende Mobilität trägt wesentlich zur globalen Verbreitung auch wasservermittelter Krankheiten bei. Daher wird die gezielte Aufklärung potentiell Gefährdeter wie Fern- und Geschäftsreisende über das bestehende Gesundheitsrisiko sowie die möglichen prophylaktischen Schutzmaßnahmen immer wichtiger. Gleichzeitig gilt es, die Impfmoral in Deutschland durch öffentliche Aufklärung wieder zu stärken. Notwendig ist auch eine Aufklärung über eine abgestufte Prävention, um so der Resistenzbildung von Erregern und Wirtsorganismen vor Ort vorzubeugen.

EXPOSITION BEGRENZEN

Trinkwasserver- und -entsorgung

Global gesehen spielt die hygienisch einwandfreie und überwachte zentrale oder dezentrale Trinkwasserversorgung und Abwasserbeseitigung die Schlüsselrolle in der Bekämpfung wasservermittelter Infektionen. Hier kann eine entscheidende Verringerung trinkwasservermittelter Darminfektionen erzielt werden (Omar et al., 1995). Weiterhin reduziert sich das Auftreten von Haut- und Schleimhauterkrankungen durch die verbesserte Hygiene im Zusammenhang mit der Bereitstellung von sauberem Wasser für die Körperwäsche. In ländlichen Gebieten der Entwicklungsländer wenden überwiegend Frauen viel Zeit für das Beschaffen von Trink- und Brauchwasser auf. Haushaltsnahe Wasserquellen in ausreichender Anzahl, z. B. in Form von Pumpbrunnen, schaffen zusätzliche Arbeitszeit zugunsten der ökonomischen Entwicklung. Im städtischen Raum muß die Infrastruktur für Trinkwasserversorgung und Abwasserentsorgung vor allem in den Slumgebieten verbessert werden. Studien der Weltbank (1993) zeigen, daß in Projekten für eine verbesserte Wasserver- und Abwasserentsorgung in Slums die Krankheitsraten um 25% erniedrigt werden konnten, davon zwei Drittel durch Verbesserung der Hygieneverhältnisse und ein Drittel durch sauberes Trinkwasser.

Grundsätzlich ist die Frage zu stellen, ob eine reagierende Seuchenbekämpfung wie bisher angesichts der Änderung der Ausbreitungsgeschwindigkeit wasserverursachter Krankheiten an ihre Grenzen stößt und in Zukunft daher mehr Gewicht auf die vorbeugenden Maßnahmen – etwa zur Verbesserung der Wasserqualität – gelegt werden muß. Hier könnte sich ein Paradigmenwechsel vollziehen, weil Investitionen in eine geregelte Trinkwasserversorgung und Abwasserbeseitigung eine der höchstmöglichen „Gesundheitsrenditen" bei der Bekämpfung zahlreicher Krankheiten versprechen. Mit diesen Auswirkungen sind solche Investitionen gleichzeitig bedeutende Maßnahmen zur Stabilisierung der Bevölkerungszahl und zur Armutsbekämpfung.

Der Beirat empfiehlt daher, in der Entwicklungszusammenarbeit solche Projekte verstärkt zu fördern, die über den Ausbau der Trinkwasserversorgung und Abwasserbeseitigung Auswirkungen auf die regionale Gesundheitsvorsorge versprechen. Diese potentiellen Auswirkungen sollten bei jedem Projekt intensiv geprüft und bewertet werden. Dabei ist die Partizipation der Betroffenen ein entscheidendes Element, da nur über Bildungsmaßnahmen und Einsicht in mögliche Risiken das Verhalten im Umgang mit Wasser verändert werden kann.

Zentrale Wasseraufbereitung

Zentrale Warmwasseraufbereitungsanlagen für öffentliche Einrichtungen sollten insbesondere auch in Industrieländern wie Deutschland hinsichtlich der Legionellose überwacht und behandelt werden, z. B. durch Erhitzung oder Chlorierung. Die Überwachung solcher Einrichtungen ist insbesondere für Krankenhäuser, Hotels und andere öffentliche Einrichtungen notwendig (Walker et al., 1995).

PROPHYLAXE

Ernährung

Der Krankheitsverlauf wasservermittelter Infektionen wird wie der anderer Gesundheitsstörungen wesentlich vom Ernährungszustand der Betroffenen bestimmt. Mangelernährung kompliziert solche Infektionen. Maßnahmen insbesondere in Entwicklungsländern zur Beseitigung von Protein-Mangelzuständen, Jodmangel, Vitamin-A-Mangel und ernährungsbedingter Anämien (Blutarmut) haben daher auch im Zusammenhang mit wasservermittelten Infektionen hohe Priorität.

Erziehung

Im Rahmen der Gesundheitserziehung können Anleitungen zur Selbstbehandlung gegeben werden, insbesondere zur Therapie kindlicher Durchfallkrankheiten mit Rehydrierungslösungen (Zufuhr von Flüssigkeiten mit Salzen), wodurch z. B. in Ägypten im Rahmen eines nationalen Programms die Sterblichkeit dramatisch gesenkt werden konnte. Entsprechende Netzwerke zur Bekämpfung von Durchfallepidemien wurden unter Koordination der WHO mit verschiedenen Hilfsorganisationen gebildet (WHO, 1996).

WHO und UNICEF bemühen sich seit 1994, die Erkrankungen von Kindern im Programm „Integrierte Behandlung von Kinderkrankheiten" (Integrated management of childhood illnesses) zu bekämpfen. Die Diagnose für ein krankes Kind ist häufig unzureichend, weil sich Symptome verschiedener Krankheiten überlagern. In Trainingskursen, die z. B. in Äthiopien und Tansania abgehalten wurden, werden die Teilnehmer ausgebildet, schnell auf die Anzeichen von Krankheiten (Atemwegsinfektionen, Diarrhoe, Unterernährung usw.) zu reagieren und mit den Gesundheitsdiensten Kontakt aufzunehmen. Solche vorbeugenden Kurse werden als eine hochwirksame Lösung zur Bekämpfung der hohen Kindersterblichkeit in Entwicklungsländern angesehen (WHO, 1996). Die Strategien zur Bekämpfung der Kindersterblichkeit sind bekannt:
- Vitamin-A-Supplementierung,
- gezielte Bekämpfung der Mangelernährung,
- Förderung der Brustmilchernährung,
- Rotavirusimpfung,
- Entwicklung von Impfstoffen gegen Shigellen und *Escherichia coli*.

Leider ist die Inanspruchnahme der Gesundheitsdienste für Impfungen und Behandlungen der erkrankten Kinder in vielen Ländern extrem gering, in Bolivien, Pakistan, Kamerun und Burkina Faso nutzten ihn nur 20% der erkrankten Kinder. Die Hebung des Bildungsniveaus der Bevölkerung, vor allem der Frauen, stellt damit eine der wirksamsten Waffen zur Verbesserung der Familiengesundheit dar. Persönliche und Nahrungsmittelhygiene, Nutzung der Gesundheitsdienste, die Bereitschaft und Fähigkeit, für Wasserversorgung und Abfallbeseitigung sowie für vorbeugende und behandelnde Gesundheitsmaßnahmen Gebühren zu zahlen, ist entscheidend an das Bildungsniveau der Familie gekoppelt.

Die Schistosomiase erfordert in erster Linie Gesundheitserziehung, in zweiter Linie Medikamenteneinsatz (WHO, 1996). Bei der *Schistosoma japonicum*-Infektion ist das zusätzliche Nutztierreservoir eine besondere Herausforderung. Effektive Impfstoffe, die z. B. in China in Form bestrahlter Zerkarien (Larven des Leberegels) bereits erprobt werden, verdienen eine Förderung.

Impfung

Die Impfstoffentwicklung gegenüber wasservermittelten Infektionen muß stärker gefördert werden. Impfkampagnen haben sich als eines der erfolgreichsten Werkzeuge der Schulmedizin erwiesen, auch was die Kosten-Nutzen-Analyse angeht. Dort, wo es gelingt, die Hersteller, Forschungsinstitute und Einrichtungen des öffentlichen Gesundheitswesens unter Einschluß der WHO im Rahmen einer konzertierten Aktion zusammenzuführen, werden solche Impfstoffe auch tatsächlich entwickelt, wie gegen Malaria, Dengue, Cholera, Rotaviren und enterotoxische *Escherichia coli*.

Unterstützenswert ist der verstärkte Einsatz von bereits verfügbaren Impfstoffen wie gegen das Gelbfieber und die Japanische Enzephalitis unter WHO-Koordination. Das „Erweiterte Impfprogramm" (Expanded Programme of Immunization) der WHO sieht diese und andere Impfungen bereits vor.

Public Health

Die zu erwartenden Veränderungen hinsichtlich der Epidemiologie wasservermittelter Infektionen bei einer Klimaerwärmung und der sich ständig ändernden Biotope erfordern eine interdisziplinäre Kooperation zwischen Ärzten, Klimatologen, Biologen und Sozialwissenschaftlern. Werkzeuge hierbei sind die Überwachung der infektionsepidemiologischen Lage, die naturräumlich und sozialwissenschaftlich integrierende Modellierung und Geographische Informationssysteme (Patz et al., 1996).

Für Deutschland, wo die Infektionsepidemiologie für Tropenkrankheiten noch in den Kinderschuhen steckt, würde dies bedeuten, das Robert-Koch-Institut als designierter Nachfolger des Bundesgesundheitsamtes mit universitären und außeruniversitären infektiologischen Forschungs- und Dienstleistungseinrichtungen zu verbinden. Dabei sollte unter Einbeziehung der Gesundheitsämter ein (möglichst europäisches) Netzwerk auch mit internationalen Verbünden wie den Centers for Disease Control and Prevention (CDC) in den USA und besonders der WHO geknüpft werden. Auch das in England und Wales vorhandene Surveillance-System gilt derzeit als vorbildlich. Hierzu ist die Entwicklung und Umsetzung leistungsfähiger und schneller Gesundheitsinformationssysteme (mit GIS) notwendig. Wesentliche Werkzeuge sind nationale und internationale infektionsepidemiologische Arbeitsgruppen, die mit Hilfe moderner Methoden wie der molekularen Epidemiologie Krankheitshäufungen rechtzeitig erkennen können (Usera et al., 1995). Sie müssen auch in die Lage versetzt werden, neuartige Infektionen, mit denen weiterhin zu rechnen ist, zu entdecken. Die notwendigen Seuchenbekämpfungsmaßnahmen müssen auch Sofort- und Langzeithilfsprogramme für Entwicklungsländer einschließen. Resistenzentwicklungen gegenüber Medikamenten sind nur aufzuhalten, wenn diese gezielt und überwacht eingesetzt werden. Dies kann aus dem Vergleich Deutschland–USA (besser überwachte kurative Therapie in Deutschland) sowie von den erfolgreichen Maßnahmen in Thailand und China (Hainan) gegen die Resistenzentwicklung der Malariaerreger abgeleitet werden. Auch die Überwachung und Bekämpfung von Resistenzen sollte Aufgabe der Netzwerke werden.

Auch in Deutschland ist das Wissen über wasservermittelte Infektionen noch sehr unzureichend. Dieses Wissen sollte verstärkt in der medizinischen Ausbildung vermittelt und über geeignete Medien an die Bevölkerung weitergegeben werden. Ein weiterer kompetenter Ansprechpartner ist die Deutsche Tropenmedizinische Gesellschaft, die gegenwärtig den Vorsitz der European Federation of Tropical Medicine and International Health hat und sich programmatisch und mit Hilfe zahlreicher Einzelmitglieder aktiv mit den wasservermittelten Infektionen beschäftigt.

In den Entwicklungsländern müssen die individuellen und öffentlichen Gesundheitsdienste stärker ausgebaut werden. Dies zeigt das Wiederaufflammen der Schlafkrankheit in Zentralafrika nach der Unabhängigkeit durch den Zusammenbruch der vertikalen Kontrollmaßnahmen der Kolonialverwaltung. Die angebotenen Dienste sind häufig von geringer Qualität. Trinkwasserbedingte Epidemien können deshalb nicht oder nur unzureichend erkannt werden. Die frühzeitige Erkennung ist jedoch Voraussetzung, um die Ursachen zu ermitteln und diese so rasch wie möglich zu bekämpfen. Strukturmaßnahmen (Dezentralisierung, innovative Finanzierungsmodelle, Qualitätssicherung) zur Verbesserung der Gesundheitsdienste haben Priorität gegenüber Aus- und Fortbildung des Personals und sollten fest in die Entwicklungszusammenarbeit einbezogen werden.

Zusammenfassend empfiehlt der Beirat folgende Maßnahmen zur Bekämpfung wasservermittelter Infektionen. Das Konzept einer umfassenden Qualitätssicherung kann dabei der Akzeptanz in der Öffentlichkeit sicher sein und damit letztlich auch zur internen politischen Stabilität beitragen.

- Verstärkte Förderung von Trink- und Abwasserprojekten im Rahmen der Entwicklungszusammenarbeit unter besonderer Berücksichtigung der gesundheitlichen Auswirkungen.
- Einrichtung und Unterstützung von nationalen und globalen epidemiologischen Netzwerken zur Beobachtung und Analyse der Seuchenlage hinsichtlich wasservermittelter Infektionen und deren Resistenzentwicklung gegenüber Medikamenten.
- Verknüpfung von Ernährungssicherungsprogrammen mit Verbesserungen in der Trinkwasserinfrastruktur im Rahmen der Entwicklungszusammenarbeit.
- Gezielte Ausbildung von Entscheidungsträgern sowie Verantwortlichen der Gesundheits- und Umweltbehörden auf dem Gebiet der Trink- und Abwasserhygiene sowie der Ver- und Entsorgung, um die notwendigen Strukturmaßnahmen einzuleiten.
- Regelung klarer Veranwortlichkeiten bei Überwachung und Kontrolle der Trinkwasserqualität für Wasserversorgungsunternehmen, Behörden und Referenz-Hygiene-Institute und Einrichtung entsprechender Infrastruktur.
- Einsetzung eines interdisziplinären Komitees unter Leitung der WHO, welches international akzeptierte Richtlinien zur Qualitätssicherung und zu Präventionsmaßnahmen erarbeitet.
- Die Errichtung von Stauseen und offenen Bewässerungsanlagen sollten nicht unterstützt werden, solange die gesundheitlichen Auswirkungen solcher Maßnahmen nicht vorausberechnet und begleitende Bekämpfungsmaßnahmen nicht angeboten werden können.
- Gesundheitsaufklärung der betroffenen Bevölkerung, insbesondere der Frauen als wesentliche Koordinatoren der Familie, unter Berücksichtigung von Selbstbehandlungsmethoden in Gebieten mit mangelhafter ärztlicher Versorgung.
- Verbesserte Durchführung und Unterstützung von Impfungen. Einzelprogramme zur Bekämpfung von Malaria, lymphatischer Filariose, Schistosomiase, Onchocerciasis und Legionellose.
- Chemische Bekämpfung von Mücken und deren Larven nur unter Berücksichtigung der Umweltauswirkungen der eingesetzten Chemikalien.

FORSCHUNGSBEDARF
- Verstärkte Entwicklung von Impfstoffen gegen wasservermittelte Infektionen.
- Weitere Untersuchung möglicher Krankheitserreger wasservermittelter Infektionen hinsichtlich Nachweisverfahren, ökologischer und epidemiologischer Charakteristika, des Einflusses von Aufbereitungsverfahren, Desinfektionsverfahren und Vermehrungsbedingungen.

4.3
Wasser und Ernährung

Historische Kornkammern der Erde – Getreideproduktion gestiegen – Kalorienverbrauch regional unterschiedlich – Flächenrückgang bei Grundnahrungsmittelerzeugung – Starker Anstieg des Wasserbedarfs für die Landwirtschaft prognostiziert

4.3.1
Historischer Rückblick

Die Ernährung des Menschen ist eng an die Verfügbarkeit von Wasser geknüpft. Zum einen besteht die Verknüpfung direkt in der Erreichbarkeit von Trinkwasser, zum anderen indirekt über die Nahrungsmittel, die ohne Wasserzufuhr nicht erzeugt werden können. Neben dieser existentiellen Bedeutung hat die Verwendung von Wasser auch zentrale kulturschaffende Bedeutung. Die technologische Nutzung von Wasser in landwirtschaftlichen Bewässerungssystemen ermöglichte im Einzugsbereich der großen Flußsysteme (z. B. Euphrat und Tigris, Nil, Ganges, Niger) die Entstehung der ältesten Hochkulturen bereits vor über 8.000 Jahren.

Mit der Entwicklung der Landwirtschaft in verschiedenen ökologischen Gunsträumen der Erde begann vor mehr als 10.000 Jahren die gezielte Produktion von Nahrungsmitteln (Sick, 1983; Kinder und Hilgemann, 1986). Die Kopplung von Ackerbau und Viehzucht in einer Wirtschaftsform mit der Kultivierung von Wildgetreide sowie der Domestikation von Schafen, Ziegen und Schweinen schuf die Voraussetzung für die Seßhaftigkeit der Bevölkerung. Dabei lassen sich entsprechend den ökologischen Gegebenheiten die tropischen Savannenbauern mit der vegetativen Vermehrung von Knollengewächsen den Steppenbauern mit der Vermehrung und Aussaat von Getreide gegenüberstellen. Unabhängig voneinander entwickelten sich auf der Erde verschiedene landwirtschaftliche Produktionszentren, wie das Chinesische Zentrum, das Westasiatische Zentrum oder das Andine Zentrum (Nentwig, 1995). Die frühe Landwirtschaft verfügte bereits über ein breites Spektrum an Nahrungsmitteln und ermöglichte dadurch weiteres Bevölkerungswachstum und gesellschaftliche Entwicklung. Eine drastische Umweltveränderung brachte der in der mittleren Steinzeit (ca. 8500 v. Chr.) beginnende Klimawandel, in dessen Folge es mit zunehmender Erwärmung zur Austrocknung großer Gebiete der ehemaligen Gunsträume im subtropisch-tropischen Savannen- und Steppengürtel der Nordhalbkugel kam (Sick, 1983). Bevölkerungswachstum und zunehmende Austrocknung führten zur Wanderung in die Überschwemmungsgebiete der großen Flüsse und zur Entstehung der Hochkulturen am Nil, Euphrat und Tigris, Ganges oder Indus (Kinder und Hilgemann, 1986).

In diesen Flußkulturen entwickelten sich aus den Agrargemeinschaften der Steppen und Savannen mit Subsistenzwirtschaft bald differenzierte Gesellschaftssysteme mit Hierarchieunterschieden, differierenden Kulturelementen und Arbeitsteilung. Dementsprechend änderten sich auch Nahrungsangebot, -verteilung und -zusammensetzung innerhalb und zwischen den Gesellschaften. Schon hier zeigt sich, daß die Art der Ernährung eng an die gesellschaftliche Entwicklung gekoppelt ist und damit von kulturellen Unterschieden, gesellschaftlichem Stand, technologischer Entwicklung und Mobilität, aber auch Kriegen und Umweltveränderungen abhängt.

4.3.2
Bevölkerungswachstum und Ernährung

Vor fast genau 200 Jahren, im Jahr 1798, erschien ein Aufsatz von Thomas Malthus mit dem Titel „Essay on the Principle of Population". In ihm wurde dargelegt, daß die Bevölkerung in geometrischer Progression und die Lebensmittelproduktion nur linear steigen würde. Aufgrund dieser unterschiedlichen Wachstumsraten prognostizierte Malthus eine gravierende Unterversorgung mit Lebensmitteln, in deren Folge es eine durch Hunger bedingte Anpassung des Bevölkerungswachstums an die Nahrungsmittelproduktion geben sollte. Seither hat sich die Bevölkerung jedoch mehr als versechsfacht, auf heute 5,7 Mrd. Menschen. Gemäß des exponentiellen Wachstums verkürzten sich die Zeiträume für die Verdopplung der Erdbevölkerung fortlaufend. Für die letzte Verdopplung von drei auf sechs Mrd. Menschen werden bei einer mittleren Wachstumsrate von derzeit 1,7% nur noch ca. 38 Jahre benötigt. Seit Beginn des 20. Jahrhunderts konzentriert sich das Bevölkerungswachstum vor allem auf die Entwicklungsländer (Abb. D 4.3-1). Dort ist auch die Ernährungssituation am gravierendsten. Trotz sinkender Wachstumsraten verschiebt sich das Gewicht der Bevölkerungszunahme weiter zuungunsten der Entwicklungsländer.

Lag der Anteil der Entwicklungsländer an der Weltbevölkerung 1955 noch bei 65%, stieg er bis 1990 auf 78% an und wird im Jahr 2025 nach einer UN-Schätzung 83% betragen (WRI, 1994).

Dem steht eine negative Einkommensentwicklung in den Entwicklungsländern entgegen. Die seit 15 Jahren anhaltend fallenden Weltmarktpreise für Agrarprodukte belasten die Entwicklungsländer besonders stark, da die landwirtschaftliche Produktion

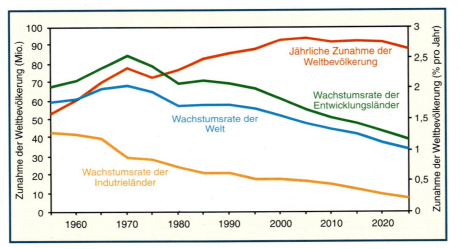

Abbildung D 4.3-1
Wachstumsraten (Prozent) und Zunahme der Weltbevölkerung (Mio. Menschen pro Jahr).
Quelle: WRI, 1994

dort eine hohe wirtschaftliche Bedeutung hat. 1991 teilten sich die ärmsten 20% der Weltbevölkerung lediglich 1,4%, die reichsten 20% aber 84,7% des Welteinkommens. Mehr als 1,1 Mrd. Menschen verdienen weniger als einen US-$ pro Tag.

Ein hohes Bevölkerungswachstum ist in den ärmsten Ländern oder Ländern mit großer Wasserknappheit (Indien, Bangladesh, Kenia, Nigeria, Ägypten, Burundi, Somalia, Sudan) zu verzeichnen (Engelman und Leroy, 1995). Problematisch wird die Situation in Gebieten mit Wassermangel *und* hoher Niederschlagsvariabilität. Unzureichende wirtschaftliche Entwicklung, klimatische und pedologische Extreme, Wassermangel und -verschmutzung sowie das Bevölkerungswachstum verschlechtern die Ernährungssituation in den Entwicklungsländern dramatisch. Insbesondere die Lage in den Ländern südlich der Sahara, aber auch Südasiens geben Anlaß zur Sorge, während das Problem der Unterernährung in den schnell wachsenden Staaten Südostasiens wohl gebannt ist.

Im Wettlauf zwischen „Storch und Pflug" stehen für den „Pflug" seit jeher zwei Strategien zur Verfügung: Flächenausweitung und Intensivierung des Anbaus. Bis zur Mitte dieses Jahrhunderts wurden vor allem die Anbauflächen ausgeweitet. Dieser Weg wird nur noch dort verfolgt, wo ein Potential an kulturfähigem Ackerland vorhanden ist oder keine Regelungen zur Nutzung von Wäldern und Grasländern bestehen. In vielen Gebieten mit potentiell nutzbarem Ackerland wird eine ertragreiche Landwirtschaft durch Wassermangel beeinträchtigt. Wasser ist eine landwirtschaftliche Schlüsselressource. Dementsprechend gab es schon früh intensive Bemühungen, den Bewässerungsfeldbau zu verstärken. Dies führte dazu, daß sich die Bewässerungsflächen in diesem Jahrhundert (1900–1994) von 50 Mio. ha auf 250 Mio. ha verfünffacht haben, bei gleichzeitiger Erhöhung der Wasserentnahme um den Faktor sechs (Clarke, 1993; Postel et al., 1996) (siehe auch Kap. D 1.3). Weltweit fließt heute etwa 75% der Wasserentnahme in die Landwirtschaft. Die Entnahme und der Verbrauch unterscheiden sich regional aber beträchtlich. Mehr als 70% der Bewässerungsflächen liegen in den Entwicklungsländern. Asien ist mit einem Anteil von 62% an der Gesamtfläche die bedeutendste Bewässerungsregion. 86% der Entnahme entfallen hier auf diesen Sektor, das entspricht 40% des weltweiten Wasserverbrauchs. In den ariden und semi-ariden Entwicklungsländern wird 80% des entnommenen Wassers von der Landwirtschaft genutzt, während in den humiden Regionen der Industrieländer lediglich 40% für die Agrarproduktion verwendet werden (FAO, 1996c).

Die Verbesserung der Nahrungsmittelversorgung wurde vor allem seit Mitte der 60er Jahre durch die Intensivierung der Landwirtschaft erreicht. Grundlage waren neue Produktionstechnologien, die neben der beschriebenen Bewässerung auf dem Einsatz von Hochertragssorten, Düngemitteln, Pflanzenschutzmitteln und erhöhtem Maschineneinsatz beruhte. Dieser als „Grüne Revolution" bezeichnete Prozeß sorgte für enorme Ertragssteigerungen (siehe Kap. D 3.3).

Trotz der oben genannten düsteren Prognosen hat sich in den letzten 30 Jahren die Versorgung der Weltbevölkerung mit Nahrungsgetreide sowohl quantitativ als auch qualitativ verbessert, vor allem zwischen 1969 und 1989 wurde die Produktion weltweit gesteigert (Abb. D 4.3-2 und D 4.3-3). In diesen 20 Jahren wuchs die Produktion von Hackfrüchten jährlich um 0,8%, von Getreide um 2,6% und von Milch, Fleisch und Fisch um 2% (Schug et al., 1996). In absoluten Zahlen ausgedrückt steigerte sich die Getreideproduktion von 680 Mio. t im Jahr 1950 auf 1.970 t im Jahr 1990 annähernd um den Faktor Drei, das ent-

Abbildung D 4.3-2
Ertragssteigerungen im Getreideanbau seit 1950.
Quelle: WWI, 1996a

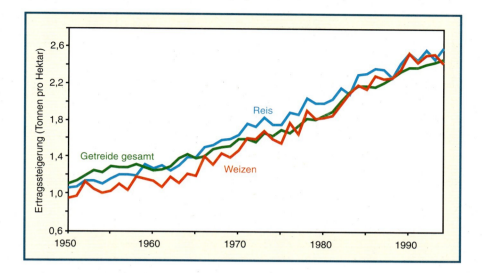

spricht einer Steigerung der Pro-Kopf-Versorgung von 247 kg (1950) auf 336 kg (1990).

Die Reisproduktion konnte ebenfalls von 151 Mio. t im Jahr 1960 auf 350 Mio. t im Jahr 1990 gesteigert werden, was einer Steigerung um 230% bzw. einem jährlichen Produktionszuwachs von 7% entspricht. Nach Schätzungen von Yudelman (1994) beträgt der Produktionsanteil im Bewässerungsfeldbau bei Reis 60% und bei Getreide 46,5%. Nur 17% des weltweiten Ackerlandes sind bewässert, die FAO (1996c) ermittelte hierfür aber einen Anteil von 40% an der Nahrungsmittelproduktion, wodurch die große Bedeutung der Bewässerungskulturen für die Welternährung zum Ausdruck kommt.

In den Entwicklungsländern insgesamt stieg die Nahrungsmittelproduktion allein zwischen 1980 und 1990 um 39%. Die Zuwächse waren in Asien mit 50% besonders hoch, betrugen aber auch in Afrika 33%. Absolut gesehen verbesserte sich die Nahrungsmittelproduktion in 101 Entwicklungsländern (Oltersdorf und Weingärtner, 1996). Ebenso deutlich ist jedoch auch, daß sich die Zuwachsraten in den letzten 30 Jahren stetig verringert haben. Betrug die jährliche Zuwachsrate zwischen 1960 und 1970 noch 3%, sank sie zwischen 1970 und 1980 auf 2,3% und zwischen 1980 und 1990 auf lediglich 2% (WRI, 1996). Von 1990–1995 reduzierten sich die Getreideerträge um 12%, was einer Reduzierung der Pro-Kopf-Versorgung von 336 auf 300 kg entspricht. Außerdem müssen die Zuwachsraten regional betrachtet werden. Europa hat beispielsweise stetige Produktionszuwächse zu verzeichnen, während in Afrika die Erträge pro Kopf deutlich gesunken sind (Abb. D 4.3-4).

Die unbestreitbaren Erfolge der „Grünen Revolution" können und dürfen jedoch nicht verdecken, daß nach wie vor ein erheblicher Produktions- und Verteilungsunterschied zwischen Nord und Süd be-

Abbildung D 4.3-3
Weltgetreideprodukion und Entwicklung der Pro-Kopf-Produktion von 1960–1994.
Quelle: WWI, 1996a

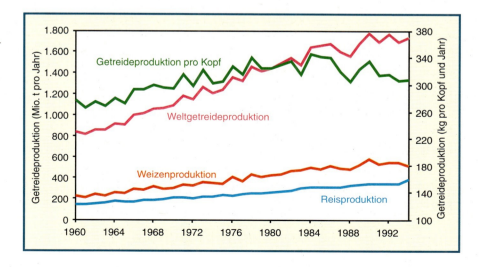

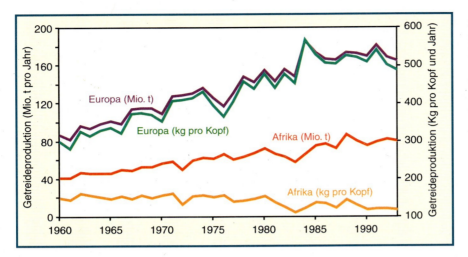

Abbildung D 4.3-4
Vergleich der Getreide-Produktionsniveaus von Europa und Afrika (1960–1994).
Quelle: WWI, 1996a

steht und heute mehr als 800 Mio. Menschen an chronischer Unterernährung oder Hunger leiden (FAO, 1996c). Der Anteil der chronisch Unterernährten beträgt in den afrikanischen Staaten südlich der Sahara 37%, das sind 175 Mio. Menschen. Auch in Südasien, wo der Anteil der chronisch Unterernährten von 34% (1970) auf 24% (1990) gesenkt werden konnte, leiden 277 Mio. Menschen an Unterernährung. Selbst in China, dem Land mit der größten Produktionssteigerung der letzten 20 Jahre, gelten 189 Mio. Menschen als chronisch unterernährt (Uvin, 1993). Mindestens 82 Entwicklungsländer fallen mit einem Kalorienangebot von weniger als 2.500 kcal pro Kopf in die Kategorie der Länder mit chronischer Unter- und Mangelernährung (Schug et al., 1996) (Abb. D 4.3-5). Die Zahl dürfte noch weit höher liegen, wenn eine statistische Differenzierung nach sozialen Kriterien, Regionen und dem Geschlecht möglich wäre. Selbst wenn auf Haushaltsebene die Nahrungssubsistenz gesichert ist, kann die Ernährungssicherheit einzelner Familienmitglieder gefährdet sein. Beispielsweise wird die Mahlzeit oft zugunsten der männlichen Familienvorstände und Jungen verteilt. Mädchen und Frauen sind daher häufiger von Unterernährung betroffen (FAO, 1987; UNDP, 1992).

In Äthiopien, Kambodscha und den Malediven fiel Mitte der 80er Jahre die Kalorienversorgung unter 1.800 kcal pro Kopf. Die Gegensätze werden noch deutlicher, wenn man bedenkt, daß beispielsweise im subsaharischen Raum gerade 5% der Ernährung aus tierischen Nahrungsquellen bestritten wird, während der Anteil in den Industrieländern 30% beträgt. Der Energiebedarf für tierische Kalorien ist um den Faktor 7 höher als für pflanzliche Kalorien. Damit ist der Primärkalorienverbrauch pro Kopf in den Industrieländern mit ca. 9.500 kcal vier mal so hoch wie in Afrika.

Bei derart ungleichen Bedingungen ist zu fragen, ob eine weitere Verdopplung der Erdbevölkerung mit Blick auf die Nahrungsmittelversorgung möglich ist, wenn schon heute weltweit deutliche ökologische Schäden zu verzeichnen sind, die auf die Nahrungs-

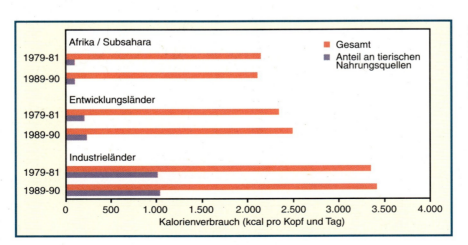

Abbildung D 4.3-5
Kalorienverbrauch und Nahrungszusammensetzung in verschiedenen Regionen der Erde.
Quellen: Alexandratos, 1995; Oltersdorf, 1992

Abbildung D 4.3-6
Entwicklung der Getreideanbau- und Bewässerungsflächen.
Quelle: WWI, 1996a

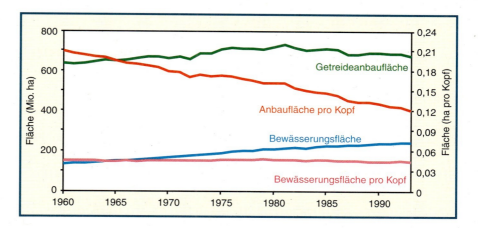

mittelproduktion zurückgeführt werden können. Zu nennen sind die weltweit fortschreitende Degradation der Böden (WBGU, 1994), die Ausbreitung der Desertifikation im Randbereich der Wüsten und der Verlust wertvoller Ökosysteme durch die Ausdehnung von Weide- und Ackerland zu Lasten von Wäldern und Graslandern. Die Situation erscheint um so bedrohlicher, wenn man sich vergegenwärtigt, daß die Produktionssteigerungen in der letzten Dekade gerade noch mit dem Bevölkerungswachstum Schritt halten konnten und die aktuelle Entwicklung eine Stagnation sowohl bei der Flächenausdehnung als auch bei der Ertragssteigerung anzeigt (Abb. D 4.3-3 und 6).

Die Anbauflächen für Grundnahrungsmittel gehen zurück, die Landflächen, die für den Getreideanbau genutzt werden, reduzierten sich im Vergleich zu 1981 um mehr als 16 Mio. ha (8,5%). Angesichts von 90 Mio. Menschen, um die die Weltbevölkerung jährlich wächst, bedeutet die um weniger als 1% pro Jahr zunehmende Bewässerungsfläche eine reale Pro-Kopf-Abnahme von 12% bis zum Jahr 2010. Beim Ackerland insgesamt sieht die Entwicklung noch ungünstiger aus; hier wird bis zum Jahre 2010 die verfügbare Pro-Kopf-Fläche trotz Zunahme der landwirtschaftlichen Nutzfläche um insgesamt 50 Mio. ha, d. h. um 21% sinken (WWI, 1996a). Dem steht nach Schätzungen des International Food Policy Research Institute (IFPRI) eine Nachfragesteigerung bei Getreide von 56% und bei tierischen Erzeugnissen von 74% im Zeitraum von 1990–2010 gegenüber (Holtz, 1997).

4.3.3
Ernährung und Wasserverbrauch: Ist-Zustand und Blick in die Zukunft

Der Getreideanbau nimmt ca. 50% der weltweiten Ackerfläche ein. Man kann davon ausgehen, daß für die Erzeugung von einer Tonne Getreide ca. 1.000 t Wasser benötigt werden (WWI, 1996a). Diese Menge berücksichtigt die Transpiration von Pflanzen und die Evaporation der Böden. Nicht enthalten sind darin Verluste, die durch unzureichende Bewässerungsmethoden entstehen oder das zur Entsalzung von Böden benötigte Wasser. Die Wassermenge stellt daher eher den Mindestbedarf für die Getreideproduktion dar. Legt man die Weltgetreideproduktion von 1995 mit 1,72 Mrd. t zugrunde (FAO, 1996c), so ist dafür eine Wassermenge von 1.720 km^3 oder 300 m^3 pro Kopf notwendig. Die Weltgetreideproduktion entspricht 1995 mit 300 kg pro Kopf genau der Menge, die notwendig ist, um den Kalorienbedarf des Menschen zu decken. Bei 100%iger Effizienz und rein pflanzlicher Ernährung würden theoretisch 300 m^3 Wasser pro Kopf und Jahr für die Nahrungsversorgung ausreichen. Der aktuelle Verbrauch an Getreide beträgt im weltweiten Durchschnitt etwa 150 kg pro Kopf und Jahr und deckt damit die Hälfte der menschlichen Kalorienversorgung.

Strebt man für die Zukunft eine Ernährungsgrundlage für alle Menschen an, die der aktuellen globalen Nahrungsmittelzusammensetzung gleicht, dann müßte sich die Nahrung zu 84% aus pflanzlichen Nahrungsmitteln und zu 16% aus tierischen Produkten zusammensetzen. Das käme einer Reduzierung bei den Industrieländern um 13% und einer Erhöhung der tierischen Kalorienversorgung in den Entwicklungsländern um 6% gleich. Würde der pflanzliche Anteil rein aus Getreide bestehen, käme es bei dieser Nahrungszusammensetzung zu einem Wasserverbrauch von 570 m³ pro Kopf und Jahr. Die deutliche Erhöhung resultiert aus dem ungünstigen Kalorienumsatz bei der Erzeugung von tierischen Produkten. Für die Erzeugung einer tierischen Kalorie werden durchschnittlich sieben Getreidekalorien verbraucht. Legt man den genannten Wasserverbrauch zugrunde, so werden zur Deckung des zusätzlichen Nahrungsmittelbedarfs für den Bevölkerungszuwachs von 90 Mio. Menschen zusätzlich 51,3 Mrd. m³ (51,3 km³) Wasser jährlich benötigt. Bei einem gleichbleibenden durchschnittlichen Pro-Kopf-Verbrauch an Nahrungsmitteln werden im Jahre 2025 zusätzlich 1.556 km³ Wasser für die Nahrungsmittelproduktion nachgefragt werden. Das ist die 18fache Wassermenge, die jährlich den Nil herabfließt oder 58% der Wassermenge, die 1990 in der Landwirtschaft eingesetzt wurde. Diese Zahlen berücksichtigen noch nicht die Wasserverluste durch ineffiziente Bewässerung. Überträgt man die heutigen Produktionsverhältnisse im Bewässerungsfeldbau auf das Jahr 2025, würde sich die Wasserentnahme für die Nahrungsmittelproduktion um weitere 20% auf 1.867 km³ erhöhen.

Noch ernster stellt sich die Situation bei Berücksichtigung der FAO-Angaben dar. Die FAO veranschlagt in Asien, wo 60% der Weltbevölkerung leben, eine Wasserentnahme von 2.000 m³ pro Person und Jahr für eine ausgewogene Ernährung mit ausreichendem Fleischanteil (FAO, 1996c). Die hohen Werte resultieren aus dem hohen Bewässerungsanteil bei der Nahrungsmittelproduktion und enthalten die großen Wasserverluste aufgrund wenig effizienter Bewässerungssysteme.

Setzt man die beschriebenen Entnahmeraten mit den erneuerbaren Wasservorräten in Beziehung (WRI, 1996; Engelman und Leroy, 1995) und berücksichtigt das zu erwartende Bevölkerungswachstum bis 2025 (mittlere UN-Projektion), so fallen im asiatischen Raum China (1.780 m³), Indien (1.498 m³), Pakistan (1.643 m³), Iran (812 m³), Afghanistan (1.105 m³) Südkorea (1.158 m³) und Singapur (179 m³) mit ca. 3,43 Mrd. Menschen unter diesen Grenzwert. Durch die zu erwartende wirtschaftliche Entwicklung in diesen Ländern wird die Wasserknappheit weiter verschärft werden und der Importbedarf an Nahrungsmitteln ansteigen. Ein weiteres Problem besteht in der zunehmenden Urbanisierung, die bei knappen Wasserressourcen zu Verteilungsproblemen zwischen Stadt und Umland führen wird. Neben diesem quantitativen Aspekt sind auch Auswirkungen auf die Wasserqualität zu erwarten, da aufgrund des Nutzungsdrucks für die Bewässerung zunehmend qualitativ schlechteres Wasser zur Verfügung gestellt werden wird.

4.3.4
Handlungsempfehlungen

Zur Sicherung der Nahrungsmittelversorgung der weiterhin rasch wachsenden Weltbevölkerung bedarf es zusätzlicher Anstrengungen zur Verbesserung der land- und forstwirtschaftlichen Produktion und zur Eindämmung der fortschreitenden Bodendegradation. Hierzu ist die Entwicklung standortgerechter, nachhaltiger und umweltschonender Nutzungsstrategien in der Land- und Forstwirtschaft erforderlich, die weit stärker als bisher das abiotische und biotische Potential der Standorte berücksichtigen und durch geeignete Maßnahmen erhalten oder schützen.

Die effektive Nutzung des Wassers für die Pflanzenproduktion stellt eine große Herausforderung für Agraringenieure und Landwirte dar. Effizienzsteigerungen bei der Bewässerung lassen sich durch Verbesserungen der technischen Maßnahmen bei der Wasserzufuhr über Kanal- und Leitungssysteme sowie bei der Wasserverteilung und Dosierung auf den Flächen erreichen. Es wird künftig mehr darauf zu achten sein, daß nicht die perfektesten Ingenieurleistungen unterstützt werden, sondern angepaßtere und damit häufig auch finanziell günstigere Techniken zum Einsatz kommen. Hierbei ist stärker als bisher die Erfahrung und der soziokulturelle Hintergrund der betroffenen Bevölkerung zu berücksichtigen.

- In Regionen mit knappen Wasserressourcen wird die Landbehandlung von Abwässern oder die Ausbringung gereinigter Abwässer zunehmend an Bedeutung gewinnen, da der Bedarf wie auch das Abwasservolumen der Haushalte und der Industrie steigen wird. Schon heute sollten bei der Planung von Entwicklungsprojekten diese Langzeittrends in Betracht gezogen und die Weichen für eine veränderte Wassernutzung früh gestellt werden, um Fehlinvestitionen zu vermeiden. Abwasserbehandlung hat in Deutschland eine lange Tradition. Die dabei gemachten Erfahrungen sollten genutzt und an andere Regionen angepaßt werden.
- Der Bewässerungslandbau wird häufig mit der Einrichtung von Großprojekten verbunden. Aus ökologischer wie auch ökonomischer und sozialer Sicht empfiehlt es sich, die Entwicklung kleiner und dezentraler Projekte zu fördern, die häufig besser anzupassen sind und auf den lokalen Strukturen und Erfahrungen aufbauen. In der Kombination mit den heute verfügbaren Einrichtungen der Daten- und Informationsvermittlung lassen sich auch kleine Projekte optimal steuern und überwachen.

- Zur Effizienzsteigerung der Bewässerung gehört die Wahl oder Züchtung von Kulturpflanzen, die weniger empfindlich gegen Schwankungen in der Wasserversorgung sind und eine höhere Salzverträglichkeit aufweisen. Der Einsatz derartig standortangepaßter Pflanzen würde das Risiko von Ertragsausfällen mindern, geringere Anforderungen an die Bewässerung stellen und damit die Akzeptanz steigern.
- Wie bereits im Jahresgutachten des WBGU 1994 ausgeführt, weist auch der Regenfeldbau in großen Teilen der Welt noch ein erhebliches Potential für Ertragssteigerungen auf. Durch Unterstützung von dezentralen Einrichtungen der „Wasserernte" wird nicht nur der Anteil des pflanzenverfügbaren Wassers vergrößert, sondern gleichzeitig wird durch Minderung der Erosion auch die Degradation des Ackerlandes reduziert. Wie bei der Bewässerung müssen derartige Maßnahmen mit der Wahl angepaßter Kulturpflanzen einhergehen.
- Duch die Förderung des Regenfeldbaus läßt sich gleichzeitig eine Überlastung der intensiv bewässerten, jahrtausendealten „Kornkammern" vermeiden und es kann der weiteren Verschärfung regionaler Disparitäten entgegengewirkt werden.
- Multiple Cropping Systems und Agroforestry sollten nach Ansicht des WBGU gegenüber dem Anbau unter Monokultur bevorzugt werden. Im Rahmen einer integrierten Agrarentwicklungsstrategie sollten das Ziel der Steigerung der Nahrungsgetreideproduktion und ländlichen Entwicklung gemeinsam verfolgt werden, um Wachstumsimpulse ohne Entwicklungseffekt zu vermeiden.

Ein sich zukünftig weiterentwickelnder wasserbezogener Zweig der Ernährungswirtschaft ist die Aquakultur (siehe Kasten D 4.3-1) und damit verbunden die Produktion tierischer und pflanzlicher Nahrung. Sie verdient sowohl in ihrer intensiven wie extensiven Form weitere Unterstützung und Förderung. Fehlschläge in der Vergangenheit beruhten neben Unzulänglichkeiten in der Produkterzeugung auch auf mangelnder Akzeptanz der erzeugten Produkte. Ein wesentlicher Teil der Förderung von Projekten der Aquakultur sollte daher der Produktvermarktung und Akzeptanzerhöhung gewidmet sein.

- Landnutzungssysteme und Aquakulturen, die auf der Ausbeutung fossiler Wasservorräte basieren, sollten nur nach genauer Prüfung ökologischer, ökonomischer und sozialer Kriterien gefördert werden. In vielen Regionen sind die Vorräte hochwertigen Grundwassers die einzigen „Quellen" zur Versorgung der Menschen mit Trinkwasser. Aufgrund der Begrenztheit dieser Vorräte sollte ihre Verwendung unter den Aspekten einer langfristigen Regionalentwicklung bewertet werden.
- Dem wachsenden Bedarf an Nahrungsmitteln kann allein durch eine Steigerung der Agrarproduktion nicht begegnet werden. Vielmehr müssen wirksame soziale Sicherungssysteme gefordert werden, die eine große Kinderzahl zur Überlebenssicherung überflüssig machen und die Kaufkraft zum Erwerb von Nahrungsmitteln schaffen. Ohne soziale Entwicklung kann es langfristig keine Nahrungssicherheit geben.
- Ein Schlüsselbereich zur Steigerung der Produktivität ist Bildung. Es gilt daher, die schulische Ausbildung zu fördern und zusammen mit der Einrichtung sozialer Sicherungssysteme die nötige Infrastruktur zu schaffen.

4.3.5
Forschungsempfehlungen

Gemeinsame Projekte von deutschen Wissenschaftlern mit Wissenschaftlern aus Entwicklungsländern sollten generell gefördert werden. Der Forschung „vor Ort" kommt eine bedeutende Multiplikatorfunktion zu. Dem finanziellen Einbruch in der Förderung der internationalen Agrarforschung sollte durch verstärktes deutsches Engagement entgegengewirkt werden. Insbesondere wird empfohlen, daß das BMZ mehr Mittel als bisher für die Förderung der Forschung über die vielfältigen Aspekte des Einsatzes von Wasser für die Nahrungsmittelproduktion in den Entwicklungsländern bereitstellt. Diese Aktivitäten sollten mit denen des BMBF und des BML abgestimmt werden. Zur stärkeren Einbindung des vorhandenen Forschungspotentials der Universitäten sollte auch die DFG in den Entwurf entsprechender Programme mit einbezogen werden.

Im einzelnen besteht Forschungsbedarf in folgenden Bereichen:
- Entwicklung von Verfahren zur Verteilung und Dosierung von Bewässerungswasser, die die Effizienz der Wassernutzung steigern.
- Entwicklung von Bewässerungstechniken, die eine nachhaltige Nutzung der Böden sicherstellen.
- Stärkung der Züchtungsforschung für salz- und trockenresistente Kulturpflanzen. Dabei sollten zunehmend auch traditionell verwendete Kulturpflanzenarten einbezogen werden, die bisher züchterisch eher vernachlässigt wurden.
- Erforschung der Potentiale von Brauch- und Abwässern in der Agrarproduktion.
- Erforschung neuer Strategien zur Wasserernte für den Bodenschutz und die Pflanzenproduktion in ariden und semi-ariden Regionen (siehe Kasten D 4.3-2).

KASTEN D 4.3-1

Aquakultur – zunehmende Bedeutung einer traditionellen Wirtschaftsform

Integrierte Aquakultur in Form von Fisch-Reis-Kulturen oder Schweine-Fisch-Kulturen haben als Nutzungssysteme in Asien ein lange Tradition und trugen zur Nahrungssicherung sowie zur Produktionssteigerung bei. In den letzten 2 Jahrzehnten hat sich die Aquakultur durch gezielte Züchtung von Wasserpflanzen und -tieren in einen expansiven Zweig der Fischereiwirtschaft mit zunehmender wirtschaftlicher Bedeutung und jährlichen Wachstumsraten von 10–15% gewandelt (1994 betrug der Umsatz bereits 40 Mrd. US-$; FAO, 1996c) (Abb. D 4.3-7). Annähernd 45% der Produktion und 33% des erwirtschafteten Umsatzes entfallen dabei auf die Süßwasseraquakultur (1994). Die größte Verbreitung besitzt die Aquakultur in den Entwicklungsländern, besonders im asiatischen Raum, wo ca. 75% der weltweiten Produktion und 57% des Umsatzes erwirtschaftet werden und damit zur Verbesserung der Nahrungssituation und der wirtschaftlichen Entwicklung beitragen. 70% des Umsatzes entfallen dabei auf die Süßwasseraquakultur.

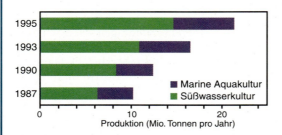

Abbildung D 4.3-7
Produktionszuwächse bei Aquakulturen.
Quelle: FAO, 1996c

Die Versorgung mit Süßwasserfisch hatte 1994 zwar lediglich einen Anteil von 19% am gesamten Fischkonsum, dieser Anteil wurde aber bereits zu 68% in Aquakultur erzeugt (FAO, 1996c). Bei wachsender Bevölkerung und stagnierenden bzw. rückläufigen Fangquoten auf den Weltmeeren ist davon auszugehen, daß sich der Anteil der Aquakultur an der Fischproduktion weiter vergrößern wird.

Aufgrund der hochwertigen Proteine kann Fisch einen bedeutenden Beitrag zur Ernährung und Nahrungssicherung leisten. Weltweit wird die Versorgung mit hochwertigem Eiweiß zu 17% über den Konsum von Fisch gedeckt. 1994 wurden 12 Mio. t Fisch als Nahrungsmittel in Aquakultur produziert (FAO, 1996c).

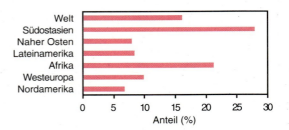

Abbildung D 4.3-8
Anteil der Proteinversorgung durch Fisch.
Quelle: WWI, 1996a

Die südostasiatischen Länder, aber auch Afrika, liegen mit 28% bzw. 21% Fischanteil an der Proteinversorgung weit über dem weltweiten Durchschnitt (Abb. D 4.3-8). Bei der Aquakultur ist zwischen industriell betriebener Aquakultur und der extensiv und oftmals integriert betriebenen Aquakultur zu unterscheiden. Erstere konzentriert sich auf Edelprodukte wie Lachs, Hummer oder Garnelen, ist exportorientiert und kostenintensiv. Hohe Besatzdichten führen oft zur Eutrophierung und starken organischen Belastung der Gewässer. Die Wasserqualität wird außerdem durch mikrobielle Belastung, Antibiotika und Insektizide stark herabgesetzt. Die in kleinbäuerlichen Betriebssystemen integriert betriebene Low-input-Aquakultur der Entwicklungsländer kann dagegen einen wichtigen Beitrag zur Ernährungssicherung durch Verbreiterung der Nahrungsbasis, damit zu geringerer Anfälligkeit für Dürren oder andere Ertragseinbußen und zur Sicherung bzw. Verbesserung des Betriebseinkommens durch die Beschickung lokaler Märkte beitragen. Voraussetzung ist die kulturelle Anpassung, die Verfügbarkeit von Land und der freie Zugang zu Wasser.

In 9 Ländern des südlichen Afrikas mit ca. 20.000 kleinen Wasserflächen und einem Ertragspotential von 50–200 kg ha^{-1} Jahr^{-1} unterstützt die FAO die regionale Integration von Aquakultur mit vorhandenen Anbausystemen. Eine zunehmende Rolle spielt die Aquakultur in Form von Fisch-Gemüse-Kulturen auch in den Randbereichen asiatischer Städte. Sie bietet der stadtnah lebenden ländlichen Bevölkerung eine zusätzliche Erwerbsquelle und der ständig wachsenden Bevölkerung in den Städten eine wichtige Nahrungsgrundlage.

KASTEN D 4.3-2

Bewässerungssysteme der Nabatäer

In den Trockengebieten der Erde hat der Mensch schon früh gelernt, mit der knappen Ressource Wasser nutzbringend umzugehen. Ein besonders interessantes und auch heute noch beispielhaftes Bewässerungssystem wurde dabei von den Nabatäern im Nahen Osten entwickelt. Die extrem gut angepaßten Systeme bestanden von 1000 v. Chr. bis in die Zeit 700 n. Chr., als sie durch die arabischen Kriege zerstört wurden. In Regionen mit 80–200 mm Niederschlag pro Jahr war es mit diesem System möglich, ohne die Zufuhr von Fremdwasser auf Flächen von 35 ha eine Familie mit Nahrungsmitteln zu versorgen, und dies nachhaltig über Jahrhunderte.

Das System basierte darauf, daß nach Regenfällen (2–3 mm pro Tag) in Wüstengebieten mit schluffigen Böden das Wasser auf den Bodenoberflächen abläuft, sich in den Tälern sammelt und in Sturzbächen abfließt. Ursache dafür sind die geringen Infiltrationsraten aufgrund schlechter Benetzbarkeit und Oberflächenverschlämmung der Böden. Sammelt sich dieses Wasser in Senken, kann dort aufgrund der kleinflächigen Speicherung den Pflanzen genügend Wasser aus dem Boden zur Verfügung gestellt werden, um auch längere Trockenzeiten zu überstehen, ohne daß ein Anschluß an das Grundwasser besteht.

Die Nabatäer verstärkten diesen natürlichen Effekt der Hochwasserrückhaltung mit baulichen Maßnahmen, die über 1.500 Jahre zu einer nachhaltigen landwirtschaftlichen Bewirtschaftung von Talauen in der Negev-Wüste führte. Zu den baulichen Maßnahmen gehörten
- die Anlage von Kanälen, die hangbegleitend das Flutwasser zum Farmland lenkte,
- das Aufsammeln von Steinen am Hang, um den Wasserertrag zu erhöhen (dies war wichtig in Jahren mit geringem Niederschlag)
- die Anlage von randlichen Steinwällen in der Talaue, die das Kulturland vor den Schichtfluten des Hanges schützen und überschüssiges Wasser in einen Vorfluter leiten (wichtig in Jahren mit hohem Niederschlag), und
- Schleusen für den Einlaß von Wasser in die eigentliche Farm.

Die Farm selbst wurde in Form von Terrassen angelegt, wobei jede Parzelle von einem Erd- bzw. Steinwall umgeben war, so daß die Farmfläche tiefer lag als die Begrenzung. Die Terrassen hatten die Funktion, Wasser zurückzuhalten und Sedimente zu sammeln. Die Funktion der Anlage ist wie folgt beschrieben.

Bei Niederschlagsraten, welche größer sind als die lokale Infiltration, kommt es wie oben beschrieben zur Schichtflut. Dieses Wasser wurde gesammelt, über Kanäle auf die Farm geleitet und dort in teichartig angelegten Parzellen gespeichert. Überschüssiges Wasser wurde über Wehre an talabwärts liegende Parzellen weitergeleitet. Das aufgefangene Sturzwasser versickerte während etwa einer Woche im Boden. Die randlichen Steinwälle waren dabei so bemessen, daß nicht nur das Bodenprofil durchfeuchtet wurde, sondern zusätzlich eine Durchwaschung des Bodenprofils erfolgte. Damit wurde eine Akkumulation von Salz im Wurzelraum verhindert. Nach der Flut wurde der Boden gehackt, um durch Unterbrechung der Kapillaren einen Wassertransport zur Bodenoberfläche zu unterbinden, denn dies hätte zur Versalzung des Oberbodens geführt.

Die Parzellen wurden vornehmlich mit Holzgewächsen bepflanzt, die eine große Wurzeltiefe haben (Olive, Mandel, Granatapfel, Johannisbrotbaum, Aprikose, Pfirsich, Pflaume, Pistazie, Wein). Hinzu kamen tiefwurzelnde Futterpflanzen (Atriplex, Gräser). Anbau von Gemüse und Getreide war möglich, wurde aber nicht regelmäßig und dann nur auf einzelnen Parzellen vorgenommen.

Das Verhältnis von Einzugsgebiet zu Nutzfläche lag bei etwa 7–5:1. Auf den Versuchsfarmen Avdat und Shivta konnten selbst in Trockenjahren mit nur 80 mm Niederschlag Ernten erzielt werden.

Die Wassernutzung bei den Nabatäern war fest geregelt:
- Es gab Nutzungsrechte in Nachbartälern (sichtbar an Kanälen, die über ein Einzugsgebiet hinausreichen).
- Die Höhe der feldbegleitenden Wälle entsprach der nutzbaren Bodentiefe (am Talanfang mit flachen Böden sind die Wälle niedriger als am Talausgang).
- Überschüssiges Wasser wurde in geregelter Form (Schleusen) an den talabwärtsliegenden Nachbarn abgegeben.
- Ein Vorfluter entsorgte Hochwasser und füllte gleichzeitig bachbegleitende große Zisternen.

Die Anlage einer Sturzwasserfarm erfordert einen verhältnismäßig geringen technischen Aufwand (10 Männer, 200 Tage Handarbeit). Die Erhaltung der Wälle war die wichtigste Aufgabe zur Unterhaltung der Farm, da sie in Flutjahren beschädigt werden können. Der Ertrag einer 5-ha-Farm mit 35 ha Einzugsgebiet von weitgehend unbewachsenen Hängen in der Wüste, reichte für die subsidiäre Versorgung einer Familie aus. Die fossilen Reste der byzantinischen Farmen werden auch heute noch von Beduinen für Getreideanbau genutzt – ohne Anzeichen einer Versalzung. Die Farmen arbeiten ohne einen Tropfen künstlicher Bewässerung. Der Ertrag liegt pro Baum höher als bei einer Bewässerungskultur, allerdings ist der Flächenertrag wegen der geringeren Stammzahl niedriger.

Die Idee der Sturzwasserfarm wäre in allen Trockengebieten mit nicht-sandigen Böden zu verwirklichen. Da sie aber nur zu einer subsidiären Landwirtschaft und nicht zu einer Exportwirtschaft führt, wurde dieses Wissen bisher nicht in dem Maße verbreitet, wie es aufgrund seines Potentials möglich und sinnvoll wäre.

- Weiterentwicklung der Potentiale von Aquakulturen und Erforschung ihrer gesellschaftlichen Erfolgsbedingungen.
- Nutzung der Möglichkeiten internationaler Forschungsprogramme wie IGBP und IHDP, die sich mit globalen Wasserproblemen und den Wechselwirkungen zwischen Pflanzenproduktion und dem Wasserhaushalt befassen.

4.4
Degradation der Süßwasserökosysteme und angrenzender Lebensräume

Salzgehalt begrenzt Nutzbarkeit – Versauerung: über 4.000 Seen betroffen – Wärme und Schadstoffe belasten Gewässer – Exotische Arten verändern Lebensgemeinschaften – Überfischung – Eingriffe in Gewässer und Feuchtgebiete – Ramsar-Konvention – Feuchtgebiete regulieren Klima

Die Degradation der Süßwasserlebensräume durch Belastungen, Schädigungen und direkte menschliche Eingriffe ist mit der Beeinträchtigung ihrer Funktionen verbunden. Von Art und Schwere der Degradation hängt es ab, welche Natur-, Kultur- und Nutzungsfunktionen eingeschränkt werden oder völlig verloren gehen (Kap. D 1.1). Besonders drastisch sind Eingriffe, die zum Flächenverlust von Süßwasserlebensräumen, beispielsweise durch Eingriffe in den Wasserhaushalt (Aralsee), Absenkung des Grundwasserspiegels, Begradigung von Flußbetten, Eindeichung, Bebauung und Torfabbau führen. Belastungen und Schädigungen, die physikalische, chemische oder biotische Faktoren verändern, haben vor allem Auswirkungen auf die Wasserqualität (Kap. D 1.5). Solche Schädigungen können z. B. durch Wärmezufuhr aus Kraftwerken, erhöhte Turbulenz und mechanische Beanspruchung durch Schiffsverkehr (physikalische), die Zufuhr von anorganischen und organischen Stoffen (chemische), die Einführung nicht-heimischer Tier- und Pflanzenarten und die übermäßige Entnahme von Biomasse (Überfischung) entstehen (biotische). Oft sind verschiedene Eingriffe und Belastungen gekoppelt und auch mit Einflüssen aus angrenzenden und weit entfernten Gebieten verbunden. So kann mechanische Belastung durch Schiffsverkehr Schadstoffe aus Sedimenten freisetzen, saure Niederschläge führen zur Lösung von Metallen aus Böden, die in Grund- und Oberflächengewässer gelangen. Die nicht-nachhaltige Bodennutzung erhöht die Erosion, durch die Süßwasserlebensräume gefährdet werden.

Die natürlichen Ausprägungen der verschiedenen wasserbestimmten Lebensräume können sich je nach geologischen, klimatischen und hydrologischen Gegebenheiten ganz erheblich unterscheiden. Oft gibt es naturnahe Lebensräume, die in ihren Eigenschaften degradierten Lebensräumen nicht unähnlich sind. Die Trophiegrade der Seen variieren beispielsweise erheblich, wobei eutrophierte Seen sich unwesentlich von solchen mit natürlicherweise hohem Nährstoffgehalt unterscheiden. Die Nahrungsketten in Salzseen sind einfach und Nutzungsfunktionen für den Menschen oft gering – Eigenschaften, die auch bei anthropogen verursachter Versalzung in Erscheinung treten. Andere Degradationen, wie die Belastung mit persistenten organischen Spurenstoffen, traten dagegen bislang nicht unter natürlichen Bedingungen auf. Die Abschätzung ihrer Folgen und die Bestimmung kritischer Belastungsgrenzen (critical load concept, WBGU, 1994) sind daher um so schwieriger. Die Beurteilung von Degradationen hängt zunächst davon ab, welche Funktionsveränderungen und -verluste mit ihnen verbunden sind. Die Gewichtung der verschiedenen Ökosystemfunktionen wird die Bedeutsamkeit ihres Verlustes (Globale Tragweite? Größe der betroffenen Fläche? Akzeptable Alternativen für betroffene Menschen?) ebenso bestimmen wie die Frage, ob diese Funktionen auf andere Weise übernommen werden können oder Ökosysteme mit gleichen Funktionen in ausreichendem Maße vorhanden sind. Als besonders gravierend müssen Degradationen beurteilt werden, die prinzipiell oder praktisch unumkehrbar sind, also solche, die weder durch die Selbstorganisationsfähigkeit der Ökosysteme noch durch Restaurierungs- und Sanierungsmaßnahmen in überschaubaren Zeiträumen rückgängig gemacht oder gemildert werden können. Prozesse, die mit dem Aussterben von Arten, mit der Degradation einzigartiger Lebensräume, mit langfristigem Nutzungsverlust oder der Vernichtung von Ökosystemen mit besonderer Klimarelevanz verbunden sind, müssen dazugerechnet werden. Eine wichtige Aufgabe ist es daher, die natürliche Bandbreite vorhandener Ökosysteme zu erhalten. In erster Linie kann dazu die Vermeidung künftiger Degradation und die Beseitigung derzeitiger Degradationsursachen beitragen. Gezielte Rehabilitierungsmaßnahmen (Sanierung, Restaurierung) und die Anlage neuer Lebensräume ist in vielen Fällen sinnvoll. Die Erhaltung von Ökosystemen gewährleistet ihre gegenwärtigen Funktionen, stellt aber auch sicher, daß künftig erforderliche Funktionen möglich bleiben (siehe Kap. D 1.2.5). Sie trägt dazu bei, auch solche Funktionen zu sichern, deren Existenz oder Bedeutung bisher unerkannt geblieben sind.

4.4.1
Versalzung und Austrocknung

OBERFLÄCHENGEWÄSSER
Wegen der geringen Toleranz der meisten Süßwasserorganismen gegen erhöhte Salzgehalte führt die Steigerung der Salinität zu drastischen Veränderungen der Lebensgemeinschaften, die meist mit einer Abnahme der Biodiversität verbunden ist. Bei Salzgehalten ab 5‰ verlieren nahezu alle Süßwasserfische ihre Reproduktionsfähigkeit (Bäthe et al., 1994). Erhöhter Salzgehalt kann Wasser für die Trinkwasser- oder landwirtschaftliche Nutzung unbrauchbar machen (siehe Kap. D 1.5).

Seen in ariden Gebieten mit hoher Verdunstung haben hohe natürliche Salzgehalte. Den höchsten Salzgehalt aller größeren Binnengewässer hat mit 270 g l^{-1} das Tote Meer. Hier lebt neben Bakterien nur noch eine einzige, äußerst salztolerante Grünalgenart (Wetzel, 1983). Der Aralsee ist durch die Entnahme riesiger Wassermengen der Zuflüsse für die Bewässerung von Baumwollplantagen in den letzten Jahrzehnten auf die Hälfte seiner ehemaligen Fläche geschrumpft. Als Folge des steigenden Salzgehaltes (Plotnikov et al., 1991) durch die verringerte Wasserzufuhr wurden die Lebensgemeinschaften des ehemals viertgrößten Süßwasser-Ökosystems irreversibel gestört. Diese Entwicklung hat zum Zusammenbruch der Wirtschaft in weiten Teilen der Region geführt (siehe Kap. D 3.4).

Auch die Einleitung salzreichen Wassers aus Siedlungsabwässern führt in vielen Flüssen zu einer Erhöhung des Salzgehalts. Doch insbesondere infolge von Bergbau, Erdölförderung und landwirtschaftlicher Nutzung kommt es zur Abgabe großer Salzmengen an Oberflächengewässer. Oft ist besonders der Unterlauf von Fließgewässern betroffen. In Mitteleuropa stellen die Versalzung des Rheins und der Werra durch Kalibergbau gut dokumentierte Beispiele dar. In beiden Fällen kam es zu einer drastischen Verringerung des Artenbestands (Buhse, 1989). Die Verringerung der Salzbelastung der Werra hat in den letzten Jahren zu einer deutlichen Erholung der Lebensgemeinschaften geführt.

BÖDEN UND GRUNDWASSER
Versalzung und Austrocknung des Grundwassers sind in ariden Gebieten die Folgen der Übernutzung. Der erhöhte Wasserbedarf durch den meist aus den reichen Industrieländern stammenden Ferntourismus, führt in Wassermangelgebieten oft zur Erschöpfung der Grundwasserreserven. In küstennahen Gebieten mit erhöhter Wasserentnahme für die Trinkwassergewinnung (Indien, Mexiko, Mittelmeerraum) oder den Bergbau (North Carolina, Großbritannien) hat die künstliche Absenkung des Grundwasserspiegels häufig das Eindringen von Meerwasser in die Grundwasserleiter zur Folge.

Bodenversalzte Gebiete (Tab. D 4.4.-1) treten weltweit in den Salzmarschen der gemäßigten Zonen, in den Mangroven-Sümpfen der Tropen und Subtropen und in den Salzmarschen der Salzseen arider Gebiete auf. Salzbelastete Böden sind in ariden und subariden Regionen verbreitet, wo der Niederschlag nicht ausreicht, um die gelösten Salze in tiefere Bodenschichten zu verfrachten. Dort erfolgt ein umgekehrter Wassertransport von tieferen Bodenschichten zur Bodenoberfläche, in denen die Salze angereichert werden. Versalzungen treten in Küstennähe durch eine hohe Salzfracht des Niederschlages auf. Auch auf nicht-bewässertem Weide- und Farmland führt die erhöhte Transpiration der Kulturpflanzen zur Erhöhung des Salzgehaltes. Doch vor allem in Bewässerungskulturen – nicht nur in den Subtropen – erreicht die Salinität ein kritisches Maß. Häufig sind an der Versalzung Natriumionen beteiligt, die zur Bildung von Soda führen und in den Böden durch Belegung der Austauscher mit Natriumionen zur Alkalinisierung führen (Kap. D 1.5.2.2).

Das Problem der Bodenversalzung existiert bereits seit langer Zeit. Seit Menschen Landwirtschaft betreiben, war in vielen Fällen der Niedergang von Kulturen mit der Versalzung der Böden verbunden (Marschner, 1990). Weltweit sind etwa ein Drittel der bewässerten Flächen durch Salz beeinflußt, und es wird geschätzt, daß mehr Bewässerungsflächen

Tabelle D 4.4-1
Durch direkte und indirekte Einwirkung ausgelöste natürliche und anthropogene Versalzungsphänomene, ihre regionale Verbreitung und Prognose für die Zukunft.
Quelle: WBGU

Typ	Klima und Standort	Fallbeispiel	Sekundäre Ursache	Primäre Ursache	Vorhersage
NATÜRLICHE VERSALZUNG					
Bodenversalzung	Aride und semiaride Klimate	West- und Nordwestindien, Ägypten, Nordwestchina, Australien, West-USA, Namibia	Verdunstung größer als Niederschlag	Klima	Zunahme mit Klimaänderung
Grundwasserbeeinflussung	Küstennahe Salzmarschen, salzseenahe Marschen	Nordsee- und Schwarzmeerküste, Israel, Australien, China	Salzreiches Grundwasser, Überschwemmung	Küstennähe	Zunahme mit Meeresspiegelanstieg
	Senken, Talaue usw.	Great Plaines (USA, Kanada), Indus- und Ganges-Ebene	Salzreiches Grundwasser, Überschwemmung	Geologie, Klima	Gleichbleibend
ANTHROPOGENE VERSALZUNG					
Abholzung von Wäldern	Mediterran, gemäßigt	West-Australien	Änderung des Wurzelhorizonts	Landnahme	Gleichbleibend
Abholzung von Wäldern	Kontinental, boreal	Sibirien	Änderungen der Transpiration	Landnahme	Zunehmend
Abholzung von Tieflagenwäldern	Tropisch humid	Südamerika	Küstennahe Salzfracht	Anbau von Getreide und Rinderzucht für den Export	Zunehmend
Umwandlung von Steppen und Bewässerung	Kontinental, gemäßigt	Kasachstan	Änderungen der Transpiration und Furchenbewässerung	Anbau von Getreide und Baumwolle für den Export	Zunehmend
Umwandlung von Steppen und Bewässerung	Kontinental, gemäßigt	Nebraska (USA), Alberta, Saskatchewan (Kanada)	Änderungen der Transpiration, Sprinklerirrigation	Anbau von Getreide und Luzerne	Zunehmend
Bewässerung aus Flüssen	Aride und semiaride Klimate, tropisch	Murray-Valley (Australien)	Sprinklerirrigation und Furchenbewässerung	Anbau von Früchten für den Export	Abnehmend
		Indus (Pakistan)	Furchenbewässerung	Anbau von Baumwolle für den Export	Zunehmend
Änderung alter Bewässerungsformen	Monsunklima	Indien	Furchenbewässerung	Anbau von Baumwolle für den Export	Zunehmend
		China	Teichbewässerung	Reisanbau für Ernährungssicherung	Zunehmend

durch Versalzung für die Landwirtschaft verloren gehen als neue Flächen in Bewässerungskulturen einbezogen werden (Marschner, 1990; Pereira, 1974). Die jährliche Zunahme versalzter Böden (natürlich und anthropogen) wird auf weltweit 0,16–1,5 Mio. ha pro Jahr geschätzt (Barrow, 1994).

4.4.2
Versauerung

Die über den atmosphärischen Ferntransport verbreiteten Emissionen schwefel- und stickstoffhaltiger Gase, vor allem aus der Verbrennung fossiler Brennstoffe, führen weltweit in regenreichen Gebieten zu Saurem Regen und zur Versauerung von Gewässern und Böden. Betroffen sind vor allem Flüsse und Seen in kalkarmen Gebieten mit geringer Pufferkapazität (Abb. D 1.5-2). Die ausgestoßenen Mengen schwefelhaltiger Säurebildner sind durch die bisher eingeleiteten Maßnahmen zur Emissionsminderung in Deutschland zurückgegangen; eine Trendwende des pH-Wertes im Regen wurde aber bisher nicht festgestellt (Brown et al., 1995). Die Abnahme des pH-Wertes verursacht Veränderungen im zellulären Ionenhaushalt der Wasserorganismen (Klee, 1985) und führt bei Extremwerten zum Absterben (Lenhart und Steinberg, 1984).

Eine Folge der Versauerung ist die gesteigerte Freisetzung toxischer Metallionen aus Böden und Sedimenten (vor allem Aluminium, Kupfer, Kadmium, Zink und Blei) in Oberflächen- und Grundwasser. Aluminium und andere Metalle führen bei Wasserorganismen zur Enzymhemmung und können verminderte Blutbildung bewirken (Lampert und Sommer, 1993). Hohe Konzentrationen können akut toxisch sein. Die Freisetzung von Metallen wird auch durch die Eutrophierung und thermische Belastung der Gewässer verstärkt. Beide Belastungen führen zu Sauerstoffschwund, wodurch sich die Löslichkeit vieler Metalle erhöht.

Über 4.000 Seen in Norwegen und Schweden sind durch Versauerung beeinträchtigt oder zerstört worden. Lachse und Forellen sind aus den Flüssen weitgehend verschwunden (Rosseland et al., 1986). Ähnliche Folgen des Sauren Regens wurden in der Hohen Tatra und im nordöstlichen Nordamerika, in den Adirondack Mountains (USA, New York) und im Bundesstaat Ontario (Kanada) beobachtet (Burns et al., 1981; Dickson, 1981).

4.4.3
Eutrophierung und Verschmutzung

EUTROPHIERUNG DER OBERFLÄCHENGEWÄSSER
Die erhöhte Nährstoffzufuhr besonders von Phosphat und Nitrat führt zur Erhöhung der Primärproduktion. Vor allem nimmt die Biomasse des Phytoplanktons zu und die Artenzusammensetzung der Lebensgemeinschaften verändert sich. In extremen Fällen der Eutrophierung bilden sich dichte Blaualgenteppiche, die häufig übelriechende und toxische Substanzen ausscheiden. Der Partikelfluß zum Seeboden nimmt zu (Lampert und Sommer, 1993), und der Abbau organischen Materials in den Tiefenwasserschichten führt dort zu einer Abnahme des Sauerstoffs bis hin zu völliger Aufzehrung. Als Folge der sauerstofffreien Bedingungen nimmt die Rücklösung von Phosphat aus den Sedimenten zu (interne Düngung) und verstärkt die Wirkung der Eutrophierung. Die Zunahme der organischen Produktion ermöglicht eine erhöhte Fischproduktion (Hartmann und Quoss, 1993), doch ändert sich auch der Artenbestand. Die besonders in produktionsarmen Gewässern heimischen lachsartigen Fische (Salmoniden) reagieren empfindlich auf hohe Temperaturen und geringen Sauerstoffgehalt. Wegen des Sauerstoffschwundes im Tiefenwasser eutropher Seen können Fische mit hohen Sauerstoffansprüchen nur in den warmen, oberflächennahen Wasserschichten überleben, die für sie aber keine optimalen Bedingungen bieten. Die Lachsartigen werden deshalb im Zuge der Eutrophierung durch weniger wertvolle Speisefische ersetzt, die zu den Karpfenartigen (Cypriniden) gehören (Carpenter et al., 1996). Besonders in hocheutrophen Seen der Tropen können Veränderungen des Sauerstoffhaushalts zu dramatischen Massensterben des gesamten Fischbestandes führen (summer fish kills). In Seen der gemäßigten und kalten Zonen kann es auch im Winter zum kompletten Sauerstoffschwund kommen, wenn wegen der Eisdecke der Sauerstoffeintrag aus der Atmosphäre unterbunden wird und die sauerstoffliefernde Photosynthese wegen des Lichtmangels gering ist (winter fish kills).

Die Eutrophierung der meisten Binnengewässer ist auf gesteigerte Phosphatzufuhr aus dem Einzugsgebiet zurückzuführen. Noch 1989 stammte in Westdeutschland das Phosphat vor allem aus kommunalen Abwässern (UBA, 1994). In Europa und Nordamerika führte die Verringerung der Einleitung von Abwässern durch Anlegen von Ringkanalleitungen, die Einführung der dritten Reinigungsstufe in Kläranlagen und den Ersatz der Waschmittelphosphate durch andere Wasserenthärter wie organische Komplexbildner (Burns et al., 1981; Wagner, 1976) in zahlreichen Gewässern zu einer drastischen Verringerung der Phosphatzufuhr (Tilzer et al., 1991; Wehrli et al., 1996). In den alten Bundesländern wurde die Phosphatemission aus kommunalen Kläranlagen zwischen 1985 und 1995 um 74% reduziert (UBA, 1994). In vielen Seen wurde in der Folge tatsächlich eine Verringerung des Trophiegrads erreicht. Während Massenentwicklungen von Algen im Uferbereich in der Regel rasch zurückgehen (z. B. am Bodensee), tritt die Reoligotrophierung der Seen insgesamt allerdings oft mit großen Verzögerungen ein. Vor allem in seichten Seen ist nach Herabsetzung der externen Phosphatzufuhr die Freisetzung von Phosphaten aus den Bodensedimenten, wo sich diese während der Eutrophierung angereichert haben, nach wie vor hoch. Im Lake Trummen (Schweden) konnte erst das Ausbaggern der extrem stark mit Phosphor beladenen Sedimente die Wasserqualität verbessern (Björk, 1985). Für eine erfolgreiche Sanierung ist die Kenntnis der produktionsbegrenzenden Nährstoffe, ihre Herkunft und das Verständnis der steuernden Prozesse Grundvoraussetzung.

Im Bodensee kam es infolge der konzertierten Sanierungsmaßnahmen (Elimination von ca. 80% des Phosphors aus den häuslichen Abwässern des gesamten Einzugsgebiets durch Simultanfällung sowie durch das Anlegen eines Abwasser-Ufersammlers) zu einer drastischen Abnahme der winterlichen Konzentrationen von Gesamtphosphor im Wasser (bis 1995 auf weniger als 25% des Maximalwertes). Trotzdem hat die jährliche Primärproduktion sowie die Phytoplanktonbiomasse bisher nur unwesentlich abgenommen (maximal um etwa 30%). Warum das System auf die verringerte externe Nährstoffzufuhr so langsam reagiert, ist noch nicht ausreichend verstanden (Kümmerlin, 1991; Tilzer et al., 1991).

Heute stammt der größte Teil der Phosphatemissionen in Deutschland aus der Landwirtschaft. Phosphate werden aus den Böden vor allem in partikulärer Form durch Bodenerosion ausgetragen und weniger aus durchlüfteten Böden ausgeschwemmt als die mobileren Stickstoffverbindungen. Trotzdem konnte im Gegensatz zu den kommunalen Abwässern ihre Emission zwischen 1985 und 1995 nur um etwa 20% reduziert werden. Die sehr großen Einträge der Stickstoffverbindungen (Nitrat, Nitrit, Ammonium) aus der Landwirtschaft (Abwässer, Sickerwasser) haben sich bisher kaum verändert. Während die Atmosphäre als Eintragspfad für Phosphat global von geringer Bedeutung ist, kann der atmosphärische Eintrag von Stickstoff z. B. aus der Landwirtschaft erheblich sein und ein Vielfaches dessen betragen, was über Ab- und Sickerwässer in die Umwelt gelangt (UBA, 1994).

In der Regel ist nur ein Nährstoff produktionsbegrenzend, in Binnengewässern meist Phosphat. In manchen Binnengewässern mit besonderen biogeochemischen Verhältnissen ist statt des Phosphats jedoch der Stickstoff wichtigster limitierender Nährstoff. In diesen Fällen kann folglich die Zufuhr von Stickstoff eutrophierend wirken. Im extrem nährstoff- und produktionsarmen Lake Tahoe (USA) stammen über 65% des zugeführten Stickstoffs aus der Atmosphäre (Jassby et al., 1994 und 1995; siehe Kap. D 1.5.1.1). Durch die Zunahme dieser Stickstoffeinträge nahm die Phytoplanktonbiomasse zu, so daß die vorher ungewöhnliche Klarheit des Wassers abnahm. Durch die Verschiebung des Mengenverhältnisses von Phosphat und Stickstoff im Wasser kommt es nun in diesem See zu einem Wechsel von der Stickstoff- zur Phosphatbegrenzung (Goldman et al., 1993).

Fließgewässer werden oft als Vorfluter für Abwasser, Kühlwasser und anderes genutzt. Die rasche Wassererneuerung und die meist gute Belüftung bewirken, daß fließende Gewässer in der Regel stärker belastbar sind als stehende (Niemeyer-Lüllwitz und Zucchi, 1985). Allerdings nimmt ihre Belastbarkeit durch die Errichtung von Stauhaltungen stark ab, da sich die Gewässer dann in physikalisch-chemischer Hinsicht ähnlich wie Seen verhalten (verlängerte Wasseraufenthaltszeiten, Ausbildung vertikaler Temperaturschichtung im Sommer). Dasselbe gilt, allerdings in geringerem Maße, für die Unterläufe großer Ströme, wo infolge der geringeren Strömungsgeschwindigkeit und größerer Wassertiefe der Gasaustausch herabgesetzt ist und es bei starker organischer Belastung zum Sauerstoffschwund kommt (Kap. D 1.2.1 und D 1.2.2).

NITRAT IM GRUNDWASSER

Die Anreicherung des Grundwassers mit Nitrat vollzieht sich großflächig vor allem über diffuse Flächeneinträge von Stickstoff, die atmosphärischen Einträgen (Kap. D 1.5.1.1), insbesondere aber der Auswaschung von Düngemitteln landwirtschaftlicher Flächen entstammen. Die Nutzbarkeit von Grundwasser für die Trinkwassergewinnung kann durch hohe Konzentrationen an Nitrat ernsthaft in Frage gestellt sein. In der EU und in Deutschland liegt der Grenzwert für die maximale Nitratbelastung bei 50 mg l^{-1}. In Deutschland werden deshalb zur Sicherung der Trinkwassergewinnung aus Grundwasser Wasserschutzgebiete mit kontrollierter Flächennutzung ausgewiesen. In den besonders gefährdeten Kluftgrundwasserleitern, zum Beispiel in den Karstgebieten im ehemaligen Jugoslawien, auf der Halbinsel Yucatan und vielen Karibischen Inseln, erfordert die Abschätzung solcher Schutzgebietsgrößen umfangreiche hydrologische Untersuchungen.

Gewässerverschmutzung

Das Spektrum anthropogener Stoffe, die in die Umwelt gelangen, ist unübersehbar. Es gibt viele Hunderttausend verschiedene chemische Verbindungen, von denen nur ein sehr kleiner Teil durch die Gewässerüberwachung erfaßt werden kann. Zu den verschiedenen Schadstoffgruppen und Belastungen gehören: Pestizide, Schwermetalle, hormonell wirksame Stoffe, radioaktive Isotope, pathogene Keime und Parasiten. Radioaktive Substanzen stellen ein besonderes Risiko dar; die Bedeutung von Umweltchemikalien mit hormoneller Wirkung, zum Beispiel Pestizide, Dioxine und PCB, ist zur Zeit noch umstritten. Letztere können schon bei geringen Konzentrationen einen entscheidenden Einfluß auf das endokrine System haben und Fortpflanzung und Entwicklung von Wasserorganismen negativ beeinflussen (Froese, 1997).

In stehenden Gewässern können sich wegen des geringen Wasseraustausches Schadstoffe stark anreichern (Akkumulation). Häufig werden Schadstoffe an Schwebstoffe gebunden und durch Organismen aktiv aufgenommen. Wenn Partikeln oder abgestorbene Organismen absinken, führen sie die Schadstoffe mit sich und reichern diese in den Sedimenten an. Durch Aufwirbelung des Bodenschlamms bei Bagger- und Bauarbeiten, bei Überschwemmungen, infolge von Wasserbewegungen durch Windeinwirkung oder Schiffsverkehr, aber auch durch bodenlebende Wassertiere (Bioturbation) sowie chemische Mobilisierung (Sauerstoffschwund, Änderung des Redoxpotentials, Salzgehaltsschwankungen), können die Schadstoffe wieder dem Stoffkreislauf der Gewässer zugeführt werden.

Das größte Seengebiet der Erde, die nordamerikanischen Großen Seen, weisen infolge erheblicher externer Zufuhr einen derart hohen Schadstoffgehalt auf, daß nur noch auf 3% der über 8.000 km langen Uferlinie Trinkwasser entnommen werden darf. Diese Anreicherung von Schadstoffen wird durch die geringe Wassererneuerung der Seen noch verstärkt (Abramowitz, 1995). In Südfinnland und am Baikalsee sind die Papier- und Zelluloseproduktion Hauptursache für die starke Belastung (Lindstrom-Seppa und Oikari, 1990).

Toxische Verschmutzungen beeinträchtigen die normalerweise hohe Selbstreinigungskraft von Fließgewässern, wenn sie die für den Selbstreinigungsprozeß verantwortlichen Bakterien abtöten oder beeinträchtigen. Bei Belastung von Flüssen infolge massiver Einleitungen aus Industriezentren oder bedingt durch Unfälle kann eine hohe Sauerstoffzehrung und die direkte Wirkung toxischer Substanzen zur Elimination zahlreicher Tiergruppen führen, wie etwa bei der Sandoz-Katastrophe am Rhein (Lelek und Koehler, 1990). Oft hat sich gezeigt, daß sich die Lebensgemeinschaften von Flüssen nach derartigen einmaligen Belastungen rasch wieder erholen, was in anderen Gewässern nicht gleichermaßen der Fall ist (siehe Kap. D 1.2.5).

Die Einleitung von Kühlwässern führt zur Aufheizung des folgenden Gewässerabschnitts. Als Folge der veränderten Lebensbedingungen wandeln sich die Lebensgemeinschaften sowie die Stoffumsatzraten. Besonders schwerwiegend ist die gesteigerte Sauerstoffzehrung als Folge der Temperaturerhöhung, die sowohl auf die Temperaturabhängigkeit der physikalischen Löslichkeit von Sauerstoff im Wasser als auch auf die Steigerung der Stoffumsatzraten der Wasserorganismen zurückzuführen ist. Für thermisch stark belastete Flüsse in hochindustrialisierten Gebieten wurden Wärmelastpläne erstellt, die sicherstellen sollen, daß die Gewässeraufheizung 3 °C nicht überschreitet. Große Bedeutung für die thermische Belastbarkeit von Flüssen haben Schwankungen in der Wasserführung. Kühlwassereinleitungen bei niedrigen Wasserständen wirken sich vor allem in der warmen Jahreszeit besonders schwerwiegend aus.

Grundwasser

Verschmutzungen des Grundwassers stellen sich in der Regel erst mit einer gewissen Verzögerung ein, weil die Auswaschung von Schadstoffen aus verseuchten Böden an Industriestandorten und unter Deponien in den Porengrundwasserleitern meist langsam erfolgt. Besonders in Kluftgrundwasserleitern (Granit, Lava, Karst) mit geringer Wassererneuerung können anthropogene Verschmutzungen allerdings auch schnell auftauchen. Bestimmte Schadstoffgruppen (z. B. radioaktive Isotope, Phenole, Arsen) im Grundwasser verhindern selbst in den hochtechnisierten Industrieländern die weitere Nutzung des Grundwassers (WBGU, 1994). Entstandene Verschmutzungen sind kaum zu sanieren und daher als schwerwiegende Ressourcenschädigung einzustufen.

4.4.4
Einführung exotischer Arten

Einschleppung und Einführung exotischer Arten

Der internationale, transozeanische Schiffsverkehr ermöglicht die unbeabsichtigte Verschleppung von Arten aus vorher voneinander isolierten Wasserlebensräumen. Zur wirtschaftlichen Nutzung werden zudem Tier- und Pflanzenarten absichtlich in Süßwasserlebensräume eingeführt. Des weiteren eröffnet die Verbindung kontinentaler Einzugsgebiete über Kanäle neue Ausbreitungswege für lokale und exotische Faunen- und Florenelemente. Die zum Teil

> **KASTEN D 4.4-1**
>
> **Die Einführung exotischer Nutzfischarten und ihre Folgen: Zwei Fallbeispiele**
>
> EINFÜHRUNG DES NILBARSCHES IN DEN VICTORIASEE
>
> Zu einer Massenvernichtung der weltweit einzigartigen Fischfauna des Victoriasees (Uganda, Kenia, Tansania) führte das Einsetzen von Nilbarschen (*Lates niloticus*) Anfang der 50er Jahre. Von den ca. 350 endemischen Arten sind bislang 200 den exotischen Raubfischen und der wachsenden Verschmutzung zum Opfer gefallen, die übrigen Bestände wurden stark dezimiert. Zwar konnte so eine exportorientierte Fischindustrie durch die Befischung der bis zu 200 kg schweren und 2 m langen Nilbarsche etabliert werden, die Ernährungsgrundlage und lokale Wirtschaft von ca. 30 Mio. betroffenen Einwohnern wurde dabei jedoch zerstört (Abramowitz, 1995).
>
> DIE EINFÜHRUNG VON NUTZFISCHEN IN DIE SÜDCHILENISCHEN SEEN
>
> Infolge der biogeographischen Isolation sind die Lebensgemeinschaften der südchilenischen Seen relativ artenarm. Es fehlen Wasserflöhe (Daphnien), die in europäischen und nordamerikanischen Seen die wichtigste Beute der planktonfressenden Fische darstellen. Da die Produktivität dieser Gewässer in der Regel gering ist, war bisher lediglich die Einführung von Regenbogen- und Bachforellen erfolgreich, die sich von Bodentieren ernährten. Durch die Eutrophierung dieser Seen infolge intensiver Landnutzung in den Einzugsgebieten sowie durch Aquakultur könnten sich größere, als Fischbeute geeignete Zooplanktonarten ausbreiten und Bedingungen entstehen, die jenen in europäischen und nordamerikanischen Seen ähnlich sind. In jedem Falle wäre damit zu rechnen, daß die heimische Fischfauna, die sich von kleinem Zooplankton (Ruderfußkrebse) ernährt, zurückgedrängt wird (Carpenter et al., 1996).
>
> Die beiden Beispiele zeigen, daß durch die Einführung bestandsfremder Nutzfischarten grundlegende Änderungen in der Struktur der Nahrungsnetzbeziehungen auftreten, die in ihren Auswirkungen nicht vorhersehbar sind. Im Falle der chilenischen Seen ist zu erwarten, daß die Auswirkungen stark von der Eutrophierung der betroffenen Seen abhängen.

explosionsartige Ausbreitung eingeschleppter Arten, wie der Dreikantmuschel *Dreissena polymorpha* in den nordamerikanischen Großen Seen, spiegelt deren hohe Mobilität und die geringe Kontrollierbarkeit durch natürliche Regulation wider (Griffiths und Schloesser, 1991). Bedingt durch das Fehlen der in der Heimat vorhandenen natürlichen Feinde (Räuber und Parasiten) drängen eingeführte exotische Arten die heimische Flora und Fauna häufig stark zurück und können zu deren Elimination führen. Die Einführung exotischer Arten kann die folgenden langfristigen Konsequenzen für die betroffenen Ökosysteme haben:

1. Eine Etablierung ist nicht dauerhaft möglich.
2. Es kommt zu einer Verdrängung der heimischen Arten.
3. Eine Koexistenz mit heimischen Arten tritt unter Einstellung eines neuen Gleichgewichts ein.

Allein in die nordamerikanischen Großen Seen sind bisher etwa 130 exotische Arten eingeführt worden. Als Folge ist der Fischertrag heimischer Arten auf 0,2% gesunken. Die wirtschaftlichen Schäden bewegen sich in einer Größenordnung von mehreren Milliarden US-$ (Abramowitz, 1995). Häufig folgt der zunächst explosionsartigen Ausbreitung exotischer Arten ein Rückgang und die Einstellung eines neuen Gleichgewichtszustands innerhalb der Lebensgemeinschaft. Im Fall der Koexistenz der heimischen und exotischen Arten ist dieser Zustand nicht identisch mit dem vor der Einwanderung des fremden Organismus. Die Einschleppung der Wasserpest (*Elodea canadensis*) aus Nordamerika in europäische Binnengewässer vor über 100 Jahren hat zunächst zu drastischen Veränderungen in der Struktur der Uferbiozönosen geführt. In der Zwischenzeit hat sich diese Art in den betroffenen Ökosystemen fest etabliert (siehe auch Kasten D 4.4-1).

Neben der unbeabsichtigten Einschleppung bestandsfremder Arten kommt es zu drastischen Veränderungen in der Struktur ganzer Nahrungsnetze durch die gezielte Einfuhr exotischer Nutztierarten, von denen hohe Erträge erwartet werden. Auswirkungen auf die betroffenen Lebensgemeinschaften sind unterschiedlich und meist nicht vorhersagbar. Oft sind die Auswirkungen auf das betroffene Nahrungsgefüge gravierend. Bei den erfolgreich eingeführten Fischarten handelt es sich oft um raschwüchsige Arten, die zur Aufrechterhaltung ihrer hohen Reproduktionsraten die Beutepopulationen effektiv nutzen und eliminieren können.

4.4.5
Überfischung von Binnengewässern

Der Ertrag an Nutzfischen in Binnenseen ist von der organischen Primärproduktion des Gewässers sowie von der Effizienz der Nutzung der gebildeten organischen Substanz durch die potentiellen Nutzfische abhängig. Nur in den seltensten Fällen nutzen als Speisefische geeignete Arten direkt die gebildete pflanzliche Biomasse. Meist stehen sie am Ende einer Nahrungskette: Planktonalgen werden durch planktonfressende Tiere (Zooplankton) genutzt, die ihrerseits planktonfressenden Fischen als Nahrung dienen. Bei jedem Transferschritt treten Energieverluste auf, die in der Summe um so größer sind, je länger die jeweilige Nahrungskette ist (Odum, 1971). Die Besiedlungsdichte der folgenden Konsumentenpopulation erreicht ein Sättigungsplateau, wenn die aufgrund der Nahrungslage höchstmögliche Besiedlungsdichte (carrying capacity) erreicht ist.

Die nachhaltige Nutzung einer Fischpopulation ist nur möglich, wenn die gefischte Menge durch das Nachwachsen von Jungfischen ausgeglichen wird. Der rascheste Zuwachs wird dann erreicht, wenn die Bestandsdichte etwa die Hälfte der maximal möglichen erreicht hat. In vielen Fällen werden aber Fischbestände wesentlich stärker genutzt, wodurch nicht nur die Bestandsdichten, sondern auch die Zuwachsraten verringert werden. Als Folge sind die erzielten Fischerträge kleiner, als sie es bei einer Optimierung der Fangraten sein könnten. Eine wichtige Bewirtschaftungsmaßnahme ist der Besatz mit Jungfischen, der das für die Erhaltung der Populationen erforderliche Bestandsminimum gewährleisten soll. Die maximale Besiewdlungsdichte und damit der Gesamtfischertrag können dadurch jedoch nicht gesteigert werden.

4.4.6
Flächen- und Qualitätsverlust von Binnengewässern durch unmittelbare Eingriffe

Eine Vielzahl direkter anthropogener Eingriffe und Nutzungen führt zu Beeinträchtigungen der ökologischen Integrität und damit zu Qualitätsverlusten von Binnengewässerökosystemen. Baumaßnahmen können sogar zur Zerstörung ganzer Ökosysteme führen. Zu nennen sind vor allem die Trockenlegung von Feuchtgebieten, die Begradigung von Flüssen, die Eindeichung und die Errichtung von Stauhaltungen und Dämmen. In zahlreichen Industrieländern wurden die Ökosysteme der großen Ströme dadurch weitgehend zerstört, daß eine Serie von Staudämmen errichtet wurde (Beispiele: Donau und Wolga). Fließstrecken beschränken sich in manchen Fällen auf wenige kurze Abschnitte. Der Uferverbau an Flüssen und Seen hat nicht nur zur Vernichtung artenreicher Lebensgemeinschaften im Uferbereich selbst geführt, sondern auch zur Zerstörung von Feuchtgebieten in den angrenzenden Talauen beigetragen.

Staudämme

Staudämme verändern das hydrologische Regime im gesamten Einzugsbereich der Flüsse und bewirken massive Veränderungen der ökologischen, ökonomischen und soziokulturellen Faktoren in den betroffenen Gebieten. Die ökologischen Veränderungen lassen sich wie folgt zusammenfassen:
1. Durch Verlängerung der Wasseraufenthaltszeit kommt es zu einer Steigerung der Verdunstung von der Wasseroberfläche.
2. Durch Stauhaltungen werden thermisch geschichtete Wasserkörper erzeugt, die sich ähnlich wie natürliche stehende Gewässer verhalten. Demzufolge kommt es zur Ausbildung vertikaler Gradienten (gelöster Sauerstoff, Nährstoffe), der Bildung von Plankton, Vermehrung von krankheitsverursachenden Vektoren (z. B. Mücken, die Malaria übertragen) und einer Verdrängung der Fließgewässer-Biozönosen.
3. Durch Unterbrechung des Flußlaufes werden Wanderungen verhindert, die für den Lebenszyklus vieler Fische und anderer Organismen unerläßlich sind. So wird befürchtet, daß durch die Aufstauung des Jangtse Kiang das Überleben einer endemischen Säugetierart, des Jangtse Delphins, bedroht wird. Ähnliches ist für die Delphine im Ganges zu befürchten (Reeves und Leatherwood, 1994).
4. Der natürliche Stoffhaushalt ganzer Talregionen wird verändert, wenn die durch jährliche Hochwässer bewirkte Düngung der angrenzenden Talsohle unterbleibt. Um dennoch Landwirtschaft zu betreiben, muß künstlich bewässert und gedüngt werden (Beispiel: Niltal).

Nutzung von Flüssen als Schiffahrtswege

Im Laufe der Verdichtung menschlicher Siedlungsräume erhöhte sich der Land- und Regelungsbedarf im Umfeld großer Ströme (Niemeyer-Lüllwitz und Zucchi, 1985). Viele Fließgewässer wurden zu reinen Transportwegen und Bewässerungskanälen ausgebaut. Durch Eintiefung der Stromsohle, Begradigung, Uferbefestigungen und Unterhaltungsmaßnahmen ging der naturnahe Zustand der Flußökosysteme vollständig verloren (Claus und Neumann, 1995).

Neue Landflächen in den Auen- und Überflutungsbereichen werden vor allem durch Eindeichung und Vertiefung des Flußbetts gewonnen. Die Eindeichung führt zu einer Erhöhung der Fließgeschwindigkeit, wodurch sich der Fluß tiefer in die Sohle eingräbt. Als Folge treten sinkt der Grundwasserspiegel großflächig ab, so daß Feuchtgebiete zerstört werden und der landwirtschaftliche Ertrag der Agrarflächen zurückgeht.

Die verminderte Wasseraufnahmekapazität der alljährlichen Hochwasserstände in regulierten Flußsystemen führt zu einem Wettlauf in der Anpassung der Deichhöhen. Die sich weltweit häufenden Überflutungskatastrophen, wie sie zum Beispiel im Einzugsgebiet des stark verbauten Mississippi (USA) vorkommen, verursachen große volkswirtschaftliche Schäden. Werden Flächen im Einzugsgebiet von Fließgewässern zur intensiven landwirtschaftlichen Nutzung umgewidmet (wie etwa am Huang He, China), können sie weniger Wasser zurückhalten (WBGU, 1994).

Schiffahrt, Wassersport und Freizeitnutzung

Von Schiffen erzeugte Wellen können sich auf das Sediment übertragen und dort zur Aufwirbelung führen. Auf stark frequentierten Wasserstraßen kommt es zu einer Reaktivierung abgelagerter Schadstoffe. Die mechanische Beanspruchung von Uferröhrichten, Schwimmblatt- und Unterwasserpflanzen durch Strömungs- und Wellenbildung des Schiffsverkehrs kann zum Umknicken und Abreißen ganzer Bestände und zur Hemmung der Blütenbildung führen. Entlang intensiv befahrener Wasserstraßen fehlt oft jeglicher Uferbewuchs, der durch die meist wasserbaulich veränderte und teilweise befestigte Uferlinie erschwerte Anwuchsbedingungen vorfindet.

Durch intensiven Schiffsverkehr und Freizeitaktivitäten ergeben sich Störungen in der Tierwelt. Hiervon sind insbesondere die Vogelwelt und größere Wassersäugetiere (z. B. Seekühe) betroffen (Zhou, 1986).

4.4.7
Flächen- und Qualitätsverlust von Feuchtgebieten und ihre Auswirkungen

Entsprechend ihrer Stellung als Bindeglied zwischen terrestrischen und aquatischen Ökosystemen sind Feuchtgebiete in besonderem Maße natürlichen und anthropogenen Degradationen ausgesetzt (Tab. D 4.4-2).

Flächenverlust und Austrocknung

Die Trockenlegung von Feuchtgebieten erfolgt meist mit folgenden Zielen:
- Flußausbau und Wasserstandssenkung.
- Bekämpfung wasservermittelter Krankheiten (vor allem Malaria).
- Landgewinnung für die Nutzung in Landwirtschaft, Industrie und Handel.
- Errichtung von Verkehrs- und Wohnflächen (Versiegelung).
- Direkte Nutzung (Torfabbau für Brennmaterial, Gartenbau).

Insbesondere in landwirtschaftlich dominierten tropischen Ländern hat die Umwandlung von Feuchtgebieten in Agrarflächen nicht immer zu höheren Erträgen geführt. So sind die aus der breitgefächerten Nutzung naturbelassener Feuchtgebiete im Delta des Niger zu erzielenden Gewinne für die Volkswirtschaft vermutlich größer als jene aus einer Reismonokultur (Drijver und Marchand, 1986; siehe auch Kap. D 1.2.4). In zunehmendem Maße werden Kosten-Nutzen-Analysen erforderlich, welche neben dem unmittelbar zu erzielenden Gewinn die Kosten von mittel- und langfristig zu erwartenden Folgen (z. B. Hochwässer, Grundwasserabsenkung, ökologische Schäden wie Verlust an Biodiversität) berücksichtigen müssen (siehe Kasten D 4.4-2).

Stoffhaushalt

Die Zufuhr von Fluß- bzw. Drainagewasser mit hoher Nährstofffracht sowie nährstoffreiches Niederschlagswasser führen zu verstärktem Pflanzenwachstum und langfristig zur Verlandung von Feuchtgebieten. Viele Feuchtgebiete sind auch unter natürlichen Bedingungen eutroph und hochproduktiv, und ihre Fähigkeit zur Umsetzung von Nährstoffen in Biomasse wird weltweit zur Verbesserung der Wasserqualität genutzt (Kap. D 1.2.4). Nitrat wird in den wassergefüllten, sauerstoffarmen Bodenschichten zu atmosphärischem Stickstoff umgesetzt (denitrifiziert). Diese Selbstreinigung bewirkt eine Verminderung und gehemmte Abgabe der aufgenommenen Nährstoffe (Vought et al., 1994). In vielen Fällen werden angrenzende Lebensräume aber den Austrägen aus Feuchtgebieten ausgesetzt. Integrierte Aquakulturen wie im subtropischen und tropischen Südasien (Thailand, Indien, Vietnam, China und Taiwan) können zur Belastung der umgebenden aquatischen Ökosysteme werden, denen sie eine nährstoffreiche, sauerstoffzehrende Fracht aus Fäkalien, Futterresten und verschiedenen Chemikalien (z. B. Medikamente oder Algenwachstumshemmer) (Dierberg und Kiattisimkul, 1996) zuführen. Maximalbelastungen treten beim saisonalen Ablassen von Fischteichen zu Erntezwecken auf.

Tabelle D 4.4-2
Weltweiter Rückgang von Feuchtgebieten.
Quellen: verändert nach WRI, 1996 und UNDP, 1994

Region	Feuchtgebiete um 1990 (1.000 km^2)	Flächenverlust an Feuchtgebieten (Prozent)	
Europa	154	Italien (1994):	94
		Großbritannien (1991):	60
		Niederlande (1991):	60
		Frankreich (1980):	10
Naher Osten	8	Pakistan (1994):	74
Ferner Osten	11	Indien (1994):	79
Südostasien	241	Thailand (1994):	96
		Vietnam (1994):	100
		Indonesien (1994):	39
Australien und Neuseeland	15	Australien (1990):	95
		Neuseeland (1994):	90
Afrika	355	Botswana (1994):	10
		Dem. Rep. Kongo (1990):	50
		Malawi (1994):	60
		Kamerun (1994):	80
		Nigeria (1994):	80
		Chad (1994):	90
Alaska	325	-	
Kanada	1.268	-	
USA	422	(1984):	57
Zentralamerika	18	-	
Südamerika	1.524	-	
Global	5.900	-	

Nährstoffarme Feuchtgebiete, wie die skandinavischen und nordasiatischen Sumpf- und Moorlandschaften, werden überwiegend durch den Regen mit Wasser versorgt. Die geringe Pufferkapazität des Regenwassers sowie die Fähigkeit der die Hochmoore aufbauenden Torfmoose (Gattung *Sphagnum*) zum Kationenaustausch (Natrium- und Kaliumionen werden gegen Wasserstoffionen ausgetauscht) führen unabhängig vom geologischen Untergrund zu sauren Milieubedingungen. Die Flora von Hochmooren ist an diese Verhältnisse angepaßt (Ruttner, 1962). Durch die veränderte Zusammensetzung der Niederschläge (Kap. D 1.5.1.1) können die charakteristischen Merkmale verlorengehen und das Arteninventar der typischen Flora und Fauna kann sich verschieben.

BEDEUTUNG FÜR DAS KLIMA

Feuchtgebiete wirken regulierend auf den Wasser- und Temperaturhaushalt der Erde. Viele zeichnen sich durch hohe Produktivität aus (Mitsch et al., 1994). In den meisten überwiegt die Primärproduktion die Abbauprozesse, so daß große Mengen organischen Materials in diesen Gebieten festgelegt sind. Allein in Mooren, Tundren und Marschen sind 20–30% des gesamten in den Böden der Welt gebundenen Kohlenstoffs und Stickstoffs fixiert (Martikainen, 1996). Das entspricht etwa 40–60% des gesamten atmosphärischen Kohlenstoffs und ist etwa das Dreifache des Kohlenstoffs in den tropischen Regenwäldern (Maltby und Procter, 1996). Besonders in den letzten 200 Jahren wurden erhebliche Mengen dieses Kohlenstoff- und Stickstoffpools durch Trockenlegung für Land- und Fostwirtschaft und Torfabbau zur Energiegewinnung freigesetzt. Zur Zeit beträgt die jährliche CO_2-Emission aus diesen Gebieten allein durch die Landwirtschaft verursacht 3,5% dessen, was durch die Verbrennung fossiler Brennstoffe in die Atmosphäre gelangt. Feuchtgebiete sind einerseits Kohlendioxidsenken, aus ihnen werden aber auch wesentlich klimawirksamere Gase wie Methan und N_2O freigesetzt werden. Welche Mengen dieser Gase abgegeben werden, hängt von der Durchlüftung, dem Wasserstand, der Bodentemperatur und dem „Reifegrad" der Feuchtgebiete ab. Die Entwässerung der Feuchtgebiete mit sinkendem Wasserstand bewirkt zum einen eine geringere Methanproduktion, zum anderen erhöht sich unter diesen Bedingungen in nährstoffreichen Feuchtgebieten

KASTEN D 4.4-2

Das Pantanal – eines der größten Feuchtgebiete der Welt – ist gefährdet

Das Pantanal in Zentralsüdamerika gehört überwiegend zu Brasilien und dehnt sich westlich bis nach Bolivien aus. Bisher garantierte die extensive Nutzung den Erhalt dieses einzigartigen Ökosystems mit einer Vielfalt an Lebens- und Kulturformen, die an den Überschwemmungszyklus angepaßt sind (Junk und da Silva, 1995; Heckman, 1994). Neben einer zunehmenden Belastung durch Nutzungsänderungen im Überschwemmungsgebiet (auf der Karte Abb. D 4.4-1 grün) und im Einzugsgebiet (auf der Karte weiß), drohen dem Pantanal durch das Megaprojekt „Hidrovia" massive ökologische Degradation und unberechenbare soziale und ökonomische Folgeschäden. Die auf 3.400 km Länge von Nueva Palmira in Uruguay bis Cáceres am Oberlauf des Rio Paraguay vorgesehene Wasserstraße wird von der südamerikanischen Handelsunion „Mercosud" geplant, der Brasilien, Argentinien, Uruguay und Paraguay angehören.

Das 180.000 km² große Gebiet wird von Savannen, Waldinseln, galeriewaldgesäumten Flüssen und Seen geprägt (Tucci et al., 1995). Während der jährlichen Regenzeit werden ausgedehnte Flächen überschwemmt. Ein Großteil des Wassers verdunstet bereits vor dem Rücklauf in den Rio Paraguay (Ponce, 1995). Das Pantanal wirkt dadurch regulierend auf den Abfluß des Paraguay-Parana-La Plata-Flußsystems und auf das Klimageschehen Südamerikas.

Der hohe ökologische Wert des Pantanal liegt in der Größe, der weitgehenden Unberührtheit und der großen Zahl bedrohter Arten, darunter Jaguar, Sumpfhirsch, Großer Ameisenbär, Riesenotter und Hyazinthara (Alho et al., 1988). Die Vielfalt der Lebensräume im Mosaik aus tropischen Überschwemmungssavannen und terrestrischer Vegetation ist einzigartig in der subtropisch-tropischen Klimazone (UNEP, 1995). Die traditionell von Fischfang und Viehhaltung lebende Bevölkerung bezieht ihre Ressourcen aus dem Pantanal (da Silva und Silva, 1995).

Nach dem wirtschaftlichen Aufschwung im Pantanal bis Ende der 50er Jahre durch Rindermast, Zuckerrohranbau und Holzexport ging die wirtschaftliche Bedeutung durch zunehmend billigere Konkurrenz aus Nordostbrasilien mehr und mehr zurück (Kohlhepp, 1995). Als wesentliche Ursache wurden neben ineffizienten Produktionsmethoden die hohen Transportkosten als Folge der schlechten Verbindungen zu den brasilianischen Großstädten und den Exporthäfen am Atlantik verantwortlich gemacht. Heute werden auf dem Rio Paraguay zwischen Cáceres und Asunción regionale Transportgüter nur in gerin-

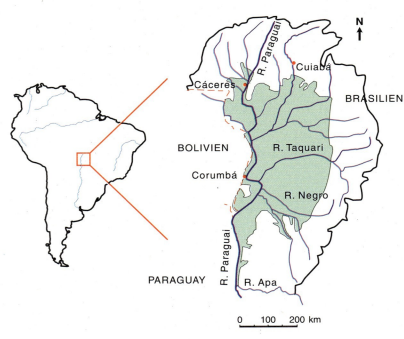

Abbildung D 4.4-1
Karte des Pantanal.
Quelle: nach Junk, 1993

gem Umfang verschifft. Bei Niedrigwasser kommt die Schiffahrt zeitweise zum Erliegen. Für einen ganzjährigen Schiffsverkehr wären umfangreiche Maßnahmen zur Flußregulierung und Instandhaltung erforderlich. Von dem überregional initiierten „Hidrovia-Projekt", das eine Verbesserung der Transportkapazitäten, vor allem für Soja aus Anbaugebieten nördlich des Pantanal über eine ganzjährig befahrbare Wasserstraße ermöglichen soll, wird ein erneuter Aufschwung der Wirtschaft erwartet. Vorgesehen sind Eingriffe an mehr als 200 Stellen, wie die Tieferlegung des Flußbetts, Sprengung von Felsen und Durchstich von Flußmäandern. Die Folgen der Zerstörung von natürlichen Felsenbarrieren am Ausfluß des Pantanal sind nicht absehbar. Insgesamt drohen die Maßnahmen die Fähigkeit zur Wasserrückhaltung und -verdunstung stark zu verringern. Bei beschleunigtem Abfluß durch Sohlenvertiefung sind Trockenschäden im Pantanal und erhöhtes Hochwasserrisiko flußabwärts zu erwarten. Die volkswirtschaftlichen Folgen des Wasserstraßenbaus quer durch das Feuchtgebiet, wie die Beeinträchtigung der Fischwirtschaft und kostenintensive Hochwasserschutzmaßnahmen wurden bei der Planung nicht berücksichtigt. Daher erschien bisher der Wasserweg kostengünstiger als der Schienenweg.

Mit den sozio-ökonomischen Veränderungen des Umlandes, wie der Goldgewinnung, der Umstellung der landwirtschaftlichen Nutzung auf exportorientierte cash crops, der Landflucht und dem damit zusammenhängenden Städtewachstum nehmen die negativen Auswirkungen auf das Pantanal zu (Coy, 1991). Der Strukturwandel zur modernen Rinderweidewirtschaft bringt Landschaftsveränderungen wie Eindeichungen mit sich. Bei der Goldgewinnung wird Quecksilber in Gewässer, Böden und Luft emittiert (von Tümpling et al., 1995). Die Bodenerosion durch Tagebau, Straßenbau und den Soja- und Zuckerrohranbau im Einzugsgebiet trägt gewaltige Sedimentmengen in die Gewässer ein, so daß Habitate verschüttet und die Lebensbedingungen für Flora und Fauna großräumig verschlechtert werden (Wantzen, 1997).

WAS IST ZU TUN?

Massive negative soziale, ökonomische und ökologische Folgen des Hidrovia-Projekts sind zu erwarten (siehe auch Kap. D 3.4). Insbesondere die Gefährdung der Biodiversität im Pantanal und Überschwemmungsschäden in Gebieten unterhalb des Pantanals haben überregionale Bedeutung. Die Entscheidung über eine Förderung des Megaprojekts „Hidrovia" sollte auf der Basis einer sozialen, ökonomischen und ökologischen Folgenabschätzung stattfinden. In diesem Zusammenhang müssen die wirtschaftlichen Wachtumsgrenzen der Region (z. B. Angebot, Absatzmärkte) und Alternativen wie der Schienenweg berücksichtigt werden, damit langfristig eine nachhaltige Nutzung und landschaftsangepaßte Entwicklung möglich sind (Kap. D 3.4). Zur Zeit ist die Akzeptanz zur Förderung des Hidrovia-Projekts bei internationalen Förderorganisationen wie der Interamerikanischen Entwicklungsbank (IDB) noch gering.

Die Erfassung der naturräumlichen Gegebenheiten und die Folgenabschätzung existierender und geplanter menschlicher Eingriffe in dieses einzigartige Ökosystem erfordern eine gezielte Tropenforschung. Die Bundesregierung fördert im Rahmen des SHIFT-Programms (Studies of Human Impact on Forests and Floodplains in the Tropics) im Pantanal Forschungsprojekte, die ökologische und sozioökonomische Probleme der Region untersuchen.

---

die Abgabe von N_2O. Ein globaler Temperaturanstieg hätte vermutlich nicht nur veränderte Pflanzengemeinschaften zur Folge, sondern würde auch die Abbauprozesse beschleunigen. Bisher kann die gemeinsame Wirkung von Temperaturerhöhung, veränderter Hydrologie sowie möglichen Änderungen der Lebensgemeinschaften auf die biogeochemischen Prozesse nicht endgültig abgeschätzt werden.

4.4.8
Forschungs- und Handlungsempfehlungen

FORSCHUNGSEMPFEHLUNGEN

- Definition kritischer Grenzen für physikalische, chemische und biotische Belastungen sowie Untersuchungen über die Bedeutung der physikalischen Eigenschaften (Morphologie, hydraulische Eigenschaften, Temperaturregime usw.) stehender und fließender Gewässer für ihre Belastbarkeit. Der Begriff der physikalischen Belastung

KASTEN D 4.4-3

Die Ramsar-Konvention

Am 3. Februar 1971 unterzeichneten 18 Staaten im iranischen Ramsar das „Übereinkommen Feuchtgebiete mit internationaler Bedeutung, insbesondere als Lebensraum für Wasser- und Watvögel" (Ramsar-Konvention). Als Feuchtgebiete gelten dabei seichte Gewässer (wie Seen, Teiche, Flüsse und Küstenzonen) sowie Land, das zumindest periodisch überschwemmt oder mit Wasser gesättigt ist, wie Marschen, Moore, Sümpfe, Überschwemmungsgebiete. Der Schutz dieser Gebiete muß international geregelt werden, weil sie eine globale Bedeutung für die Biodiversität besitzen, aber auch, weil zahlreiche Tiere wie Fische, Vögel und Amphibien, die in Feuchtgebieten leben oder in einer bestimmten Entwicklungsphase von Feuchtgebieten abhängen, häufig die Staatsgrenzen überqueren (Matthews, 1993).

Die Ramsar-Konvention trat 1975 in Kraft und wurde bislang von 101 Staaten ratifiziert. In Europa, Nordamerika und Ozeanien haben fast alle Staaten die Konvention ratifiziert, während in Asien und Afrika nur 61% bzw. 42% der Fläche von der Konvention erfaßt werden. Die Konvention war 1975 der erste multilaterale Vertrag, mit dem natürliche Ressourcen international geschützt und zugleich „weise genutzt" werden sollten (*wise use*). Bis heute ist das Übereinkommen der einzige Vertrag, der den Schutz von Lebensräumen als solche zum Ziel hat. Inzwischen haben die Vertragsstaaten 867 Feuchtgebiete mit einer Gesamtfläche von 62,5 Mio. ha als Schutzgebiete angemeldet („Ramsar-Liste"), was etwa einem Zehntel der Fläche aller Feuchtgebiete der Welt entspricht. Deutschland allein hat 31 Feuchtgebiete mit insgesamt 660.569 ha zum Ramsar-Schutzgebiet erklärt. Zu den weltweit geschützten Feuchtgebieten zählen marine und küstennahe Gebiete (Felsenküsten, Salzwiesen oder Wattenmeere) und Feuchtgebiete auf dem Festland, von Flüssen bis zu Wüstenoasen, und vom Menschen geschaffene Feuchtgebiete, wie Stauseen, Fischteiche oder Salinen. Die meisten Ramsar-Schutzgebiete sind Seen, Lagunen und Sümpfe.

Die Konvention verpflichtet die Parteien, auch alle übrigen Feuchtgebiete, die nicht auf der Ramsar-Liste stehen, „weise zu nutzen". Hiermit war die Ramsar-Konvention 1975 ihrer Zeit weit voraus. Die Entwicklungsgeschichte des Begriffs der „weisen Nutzung" zeigt, daß deutliche Parallelen zum neueren Konzept der „nachhaltigen Entwicklung" bestehen. Durch die bisherige Zusammenarbeit der Vertragsstaaten im Rahmen der Ramsar-Konvention konnten Richtlinien für die „nachhaltige Nutzung" von Feuchtgebieten erarbeitet werden.

1982 stärkten die Parteien die Konvention in ihren Institutionen: Durch das „Pariser Protokoll" wurde erstmals die Möglichkeit von regelmäßigen Vertragsänderungen geschaffen. 1988 wurde so ein ständiges Konventionsbüro in der Schweiz eingerichtet, das die Umsetzung der Konvention unterstützt. Bis 1994 wurden die Kompetenzen der Vertragsstaatenkonferenz gestärkt, ein ständiger Ausschuß geschaffen und der Konferenz das Recht auf einen eigenen Haushalt zugestanden. Die Vertragsstaatenkonferenz findet alle drei Jahre statt (zuletzt 1996 in Brisbane), um die Umsetzung des Übereinkommens zu beraten und durch Entschließungen und Empfehlungen an die Parteien zu verbessern. Ein Beispiel hierfür sind die Resolutionen von 1993, durch welche die sogenannte Montreux-Liste eingerichtet wurde. Durch diese Liste sollten Feuchtgebiete der Ramsar-Liste gesondert ausgewiesen werden, deren ökologischer Charakter sich geändert hat oder sich zu ändern droht. Hierdurch soll die Schwerpunktsetzung der Schutzprogramme erleichtert werden. Sobald ein Feuchtgebiet auf die Montreux-Liste gesetzt wird, sollten die Vertragsparteien ein Überwachungsverfahren einleiten, welches vom Konventionsbüro unterstützt werden kann. 1990 wurde ein eigenständiger internationaler „Fonds zur Erhaltung von Feuchtgebieten" gegründet (Wetland Conservation Fund). Dieser soll vor allem Entwicklungsländer technisch unterstützen und Programme zur „weisen Nutzung" von Feuchtgebieten finanzieren. Der Fonds wird nur zu einem kleinen Teil aus dem Konventionshaushalt finanziert und ist vor allem auf Spenden angewiesen. Die unterstützten Projekte sind eher klein, selten umfassen sie mehr als 40.000 Sfr.

Die Konvention hat allerdings eine wesentliche Schwäche: Negative Einflüsse, die von außen die Feuchtgebiete schädigen, können durch sie nicht günstig beeinflußt oder gemildert werden. Eine Ausweitung des Regelungsgegenstands der Konvention erscheint jedoch unwahrscheinlich. In manchen regionalen Verträgen zur Nutzungsregelung grenzüberschreitender Gewässer sind inzwischen Schutzbestimmungen für angrenzende Ökosysteme enthalten, doch muß die praktische Integration und Koordination der Konvention mit anderen Umweltschutzregimen in Zukunft stärker beachtet werden.

schließt in diesem Sinne die Entnahme von Wasser, seine Aufheizung und die Erzeugung von Turbulenz mit ein. Zur chemischen Belastung gehört die Zufuhr von Nähr- und Schadstoffen.
- Erforschung klimarelevanter Prozesse in süßwasserbestimmten Ökosystemen (insbesondere in Feuchtgebieten) und ihre Bedeutung für biogeochemische Kreisläufe.
- Weiterentwicklung von Sanierungskonzepten für anthropogen beeinträchtigte Ökosysteme z. B. durch Unterstützung des Selbstreinigungsprozesses sowie anderer systemeigener Prozesse, welche zu einer verbesserten Wasserqualität beitragen. Dazu gehören Maßnahmen zur Nahrungskettensteuerung, der Restaurierung von Sohleintiefungen und zur Wiederherstellung nährstoffarmer Verhältnisse (Reoligotrophierung). Für diese Maßnahmen ist eine begleitende Forschung notwendig.
- Ermittlung nachhaltig möglicher Fischerträge für Gewässer mit lokaler Bedeutung für Ernährung und Ökonomie. Vor der Neueinführung gebietsfremder Nutzfische sind mögliche Folgen auf die Struktur und Funktion von Süßwasserökosystemen abzuschätzen.

HANDLUNGSEMPFEHLUNGEN
Der Beirat empfiehlt:
- International darauf hinzuwirken, daß Siedlungsabwässer und andere potentiell schädigende Abwässer nicht ungeklärt in Oberflächen- und Grundwasser gelangen, wenn dadurch schützenswerte Lebensräume oder Ressourcen bedroht oder kritische Belastungsgrenzen überschritten würden.
- Landwirtschaftliche Produktionsverfahren mit geringem Belastungspotential für die Umwelt und die menschliche Gesundheit zu fördern, zum Beispiel durch Beiträge zur Optimierung von Nutzpflanzenkulturen vor dem Hintergrund der edaphischen und klimatischen Eignung oder durch Förderung der ökologischen Landwirtschaft.
- Direkte Eingriffe in Süßwasserökosysteme, insbesondere den Uferverbau, die Begradigung und Verkürzung von Fließstrecken und die Errichtung von Stauhaltungen als ökologische Schädigungen anzusehen, deren Nutzen gegen den Funktionsverlust abzuwägen sind.

4.5
Wassertechnologien: Grundlagen und Tendenzen

Wassergewinnung, -verteilung und -aufbereitung – Wasserentsorgung – Angepaßte Technologien

Wassertechnologien im engeren Sinne stellen alle technischen Einrichtungen dar, die der Versorgung der Haushalte, der öffentlichen Einrichtungen, der Landwirtschaft sowie von Gewerbe und Industrie mit Wasser in ausreichender Qualität und Quantität sowie der Entsorgung und Reinigung der nach der Nutzung abgegebenen Abwässer dienen. Im weiteren Sinn sind hierzu auch technische Einrichtungen zu zählen, die eine optimierte kultur- und standortangepaßte Nutzung des Wassers zum Ziel haben. Dabei geht es insbesondere darum, den Verbrauch und die Verschmutzung des Wassers zu verringern.

Die Sicherstellung des täglichen Wasserbedarfs war der erste Antrieb zur Entwicklung technischer Einrichtungen, mit deren Hilfe Wasser geschöpft, transportiert und gespeichert werden konnte. Darüber hinaus wurden schon früh Wege gefunden, um an das qualitativ hochwertige und vor Verdunstung geschützte Grundwasser zu gelangen. Mit der Einführung des Ackerbaus und der Bewässerungskulturen wurde die Notwendigkeit, große Wassermassen zu heben und durch Kanalsysteme zu bewegen, sowie sich vor Hochwasser zu schützen, eine schon früh wirksam werdende Triebkraft für die technologische Entwicklung. Die elementare Bedeutung des Wassers für den Menschen drückt sich aber nicht nur in dem technologischen Fortschritt aus, sondern war in gleicher Weise kulturprägend. Wasser war in der Vergangenheit und wird auch in der Zukunft ein maßgebender Entwicklungsfaktor bleiben, zumal immer deutlicher wird, daß ein nachhaltiger Umgang mit Wasser noch längst nicht erreicht worden ist.

4.5.1
Wasserversorgung

Zur Versorgung mit Wasser dienen technische Anlagen zur Wassergewinnung, zur Verteilung sowie zur Aufbereitung der gewonnenen Rohwässer entsprechend den Qualitätsanforderungen der jeweiligen Verbrauchergruppen. Tabelle D 4.5-1 gibt eine Übersicht über die Einrichtungen zur Wassergewinnung und Wasserverteilung (Förster, 1990).

Grund- und Quellwässer sind aufgrund der Schutzwirkung der Deckschichten und der Filterwirkung der Bodenpassage am besten vor Verunreinigungen geschützt und liefern daher Rohwässer ho-

Tabelle D 4.5-1
Einrichtungen zur Wassergewinnung und -verteilung.
Quelle: Rott, 1997

Wassergewinnung		Wasserverteilung	
GRUNDWASSER:	Vertikalbrunnen, Horizontalbrunnen, Sickerleitungen, Foggaras und Qanate	FÖRDERUNG:	Schöpf- und Pumpwerke
QUELLWASSER:	Quellfassungen, Sickerleitungen	TRANSPORT:	Leitungsnetze, Kanäle
OBERFLÄCHENWASSER:	See- oder Flußentnahmebauwerke	SPEICHERUNG:	Hoch- bzw. Tiefbehälter, Wassertürme, Zisternen, Talsperren, Aquifere
UFERFILTRAT:	Brunnen		
GRUNDWASSERANREICHERUNG:	Infiltrationsanlagen, Brunnen		
MEERWASSER:	Entsalzung		

her Güte, die bisher oft keine oder nur eine geringfügige Aufbereitung erforderten. Allerdings macht die immer stärkere Belastung des Wassers mit Schadstoffen und störenden Wasserinhaltsstoffen zunehmend auch die Behandlung des Grundwassers notwendig. Die Reinigungswirkung der Bodenpassage wird beim Uferfiltrat und bei der künstlichen Grundwasseranreicherung zur naturnahen Aufbereitung von Oberflächenwässern genutzt. Meerwasser steht in großem Umfang zur Verfügung, die notwendige Entsalzung ist jedoch energie- und daher kostenaufwendig.

4.5.1.1 Wassergewinnung

Die Gewinnung bzw. Entnahme von Grundwasser, Uferfiltrat und künstlich angereichertem Grundwasser erfolgt über Brunnen. Es besteht eine zunehmende Tendenz, Brunnen mit großen Fördermengen aus größeren Tiefen anzulegen. Dabei ist die Wassergewinnung im allgemeinen nur mit Hilfe von Pumpen möglich. Je nach örtlicher Gegebenheit können unterschiedliche Brunnentypen eingesetzt werden (Förster, 1990) (Tab. D 4.5-1). In oberflächennahen Grundwasserleitern von geringer Mächtigkeit werden sogenannte Horizontalfilterbrunnen verwendet. Sie bestehen aus einem größeren Brunnenschacht, von dem aus in Höhe des Grundwasserleiters sternförmig nach allen Seiten horizontale Filterstränge vorgetrieben werden. Die große Filterfläche macht sie besonders für Böden mit geringer Durchlässigkeit geeignet. Gegenüber Vertikalbrunnen haben sie den Vorzug sehr hoher Förderleistungen auf beschränktem Raum, die sich allerdings nur in ergiebigeren Grundwasserleitern voll ausnutzen lassen. Neben diesen beiden Brunnentypen werden in flachen Grundwasserhorizonten und Hangwasserfassungen auch gelochte und geschlitzte Sickerleitungen eingebaut, die in Sammelschächten einmünden. Ihr Einsatz ist zweckmäßig, wenn größere Grundwasserabsenkungen vermieden werden sollen oder das Gelände den Bau von Brunnen nicht erlaubt. Eine weitere, insbesondere im Nahen Osten und Nordafrika praktizierte Technologie sind die sogenannten Foggaras oder Qanate. Es handelt sich hierbei um Stollenbauwerke, die Grundwasser unterirdisch fassen und mit freiem Gefälle austreten lassen (BMZ, 1995).

Bei der Entnahme von Flußwasser ist darauf zu achten, daß die Wasserstandsschwankungen nicht zu einem Trockenfallen der Brunnen bzw. des Entnahmebauwerks führen. Auch muß die Strömung und die durch sie bedingte Verteilung von Geschiebe bzw. von Schadstoffen berücksichtigt werden (Förster, 1990).

Die Nutzung von See- und Talsperrenwasser setzt die genaue Kenntnis des Gewässers voraus. Je nach Größe und geographischer Lage können jahreszeitliche oder tägliche Änderungen der Wasserschichtung die Verteilung von Organismen sowie die chemischen Prozesse im See bestimmen. Kennt man diese natürlichen Vorgänge, so kann man die Entnahmetiefe so wählen, daß unerwünschte Stoffe – insbesondere Algen – kaum oder gar nicht in das Rohwasser gelangen (Förster, 1990).

Bei künstlichen Grundwasseranreicherungen ist der Übergang des Oberflächenwassers in den Filter- oder Bodenkörper besonders kritisch. Hier erfolgt die Festlegung der Wasserinhaltsstoffe, die nicht echt gelöst sind, und hier setzt unter Einschaltung der Oberflächenwirkung des Filterkorns oder Bodenmaterials ein Abbau der biologisch leicht verwertbaren

Stoffe ein. Je größer die für die Infiltration einer bestimmten Wassermenge verfügbaren Flächen sind, desto weniger Verdichtungsprobleme gibt es. Das gilt sowohl für oberirdische als auch für unterirdische Infiltrationsanlagen. Die Entscheidung darüber, welche Infiltrationsmethode gewählt werden soll, ist nicht nur von den hydrologischen Gegebenheiten, sondern auch von der bestehenden oder geplanten sonstigen Nutzung des Geländes und von der Qualität des Oberflächengewässers abhängig (Förster, 1990).

Um Meerwasser zu entsalzen, werden Verfahren der Umkehrosmose, der Elektrodialyse und der Destillation eingesetzt. Diese Technologien sind jedoch bisher zu teuer und benötigen große Mengen an Energie, so daß die Entsalzung von Meerwasser zumindest in der nahen Zukunft keine signifikante Quelle für die Versorgung mit Süßwasser sein wird.

4.5.1.2
Wasserverteilung

In seltenen Fällen werden offene Kanäle verwendet, um große Wassermengen von der Gewinnung zur Aufbereitung zu transportieren. Geschlossene Systeme empfehlen sich in jedem Fall nach der Aufbereitung. Neben Leitungen und Pumpwerken werden auch Wasserspeicher benötigt, damit Vorräte gehalten werden können, aber auch, um einen Spitzenverbrauch auszugleichen, um Feuerlöschwasser vorzuhalten sowie um im gesamten Versorgungsgebiet einen konstanten Druck zu gewährleisten. Bei großen Höhenunterschieden wird das Verteilungsnetz in Druckzonen aufgeteilt, um den Druck innerhalb eines zulässigen Bereichs zu halten. Mit Hilfe elektronischer Datenverarbeitungsanlagen werden die Betriebszustände sowie die Drücke und Durchflüsse berechnet. Während die hydraulischen Grundlagen weitgehend abgesichert sind, bereitet die zutreffende Erfassung des Wasserbedarfs und seines zeitlichen Verlaufs, insbesondere der Tages- und Stundenspitzen erhebliche Schwierigkeiten. Da der Nutzungszeitraum der Anlagen 15–30 Jahren beträgt, müssen auch zukünftige Entwicklungen mit einbezogen werden (Förster, 1990).

Die für die Wasserverteilung verwendeten Rohrwerkstoffe weisen unterschiedliche Eigenschaften auf. Stahl z. B. hat eine große Festigkeit, ist aber anfällig für Korrosion. Kunststoffe dagegen besitzen eine weitaus geringere Festigkeit, aber eine hohe Korrosionsbeständigkeit. Bis 1965 wurden Gußrohre ausschließlich aus Grauguß gefertigt und verlegt. Sie besitzen eine hohe Korrosionsbeständigkeit, sind aber bruchempfindlich. Die Entwicklung vom Grauguß zum duktilen Gußeisen im Laufe der 60er Jahre führte zu einem Rohr mit hoher Festigkeit und ausreichender Verformbarkeit; es erwies sich jedoch als weit korrosionsempfindlicher als ursprünglich angenommen wurde. Deshalb werden heute Rohre aus duktilen Gußeisen nach Bedarf mit einer entsprechenden Rohrumhüllung versehen. Asbestzementrohre werden überwiegend außerhalb dichtbebauter Gebiete benutzt. Der Verdacht, daß von diesen Rohren gesundheitsgefährdende Mengen an Asbestfasern an das Wasser abgegeben werden, hat sich nach Untersuchungen des Bundesgesundheitsamtes nicht bestätigt. Bei großkalibrigen Transportleitungen haben sich Spannbetonrohre bewährt. Kunststoffrohre werden meistens in der ländlichen Flächenversorgung und für Hausanschlüsse verwendet. Bei der Herstellung der Kunststoffrohre ist eine sorgfältige Güteüberwachung nötig. Um die Innenseite metallischer Rohre gegen Korrosion zu schützen, wird heute ausschließlich Zementmörtel in die Rohre eingebracht. Bei kleinen Dimensionen werden auch verzinkte Stahlrohre verwendet. Soweit Beschichtungen oder Verkleidungen der Innenwände von Behältern vorgenommen werden, müssen diese weitgehend porenfrei aufgebracht werden. Korrosionsprobleme, die beim Zusammentreffen von Wässern verschiedener Herkunft und Zusammensetzung entstehen können, lassen sich beherrschen. Dazu müssen feste Mischungsverhältnisse eingehalten und möglicherweise der pH-Wert korrigiert werden (Förster, 1990).

4.5.1.3
Wasseraufbereitung

In den Anlagen zur Aufbereitung gewonnener Rohwässer werden physikalische, chemische und biologische Verfahren angewendet. Da die Menschen heute intensiv in den natürlichen Wasserkreislauf eingreifen und die Abwassereinleitung und die Rohwasserentnahme immer näher zusammenrücken, sind moderne Anlagen zur Wasseraufbereitung und zur Abwasserreinigung einander sehr ähnlich geworden. Es erscheint daher sinnvoll, an dieser Stelle zunächst eine Übersicht über Verfahren zu geben, die sowohl zur Wasseraufbereitung als auch zur Abwasserreinigung dienen (Tab. D 4.5-2). Anschließend wird auf die spezielle Situation der Trinkwasseraufbereitung und in Kap. D 4.5.3.2 auf die Besonderheiten der Abwasserreinigung eingegangen.

Neben der Wirkungsweise ist es für die Verfahren entscheidend, ob es sich um stofftrennende (bei physikalischen und einigen chemischen) Verfahren oder um stoffzerstörende (bei biologischen und einigen anderen chemischen) Verfahren handelt. Stofftrennende Verfahren trennen einen Stoff vom Wasser. Der Stoff liegt dann in unveränderter Form vor und

Tabelle D 4.5-2
Verfahren der Wasseraufbereitung und Abwasserreinigung.
Quelle: Rott, 1997

Verfahren der Wasseraufbereitung und Abwasserreinigung		
Physikalisch	Chemisch	Biologisch
STOFFTRENNENDE VERFAHREN: Gasaustausch, Rechen, Siebe, Sedimentation, Flotation, Filtration, Membranverfahren, Adsorption	STOFFTRENNENDE VERFAHREN: Fällung/Flockung, Ionenaustausch, Destillation STOFFZERSTÖRENDE VERFAHREN: Oxidation, Reduktion, Photooxidation	STOFFZERSTÖRENDE VERFAHREN: *Suspendierte Biomasse:* Unbelüftete und belüftete Teiche, Belebtschlammverfahren, Turm- und Druckbiologie *Trägerfixierte Biomasse:* Bewachsene Bodenfilter, Biofilter, Scheibentauchkörper, Tropfkörper, Schwebebett, Wirbelbett

muß weiterbehandelt oder entsorgt werden. Nach Anwendung stoffzerstörender Verfahren liegt ein Wasserinhaltsstoff in veränderter, d. h. meist mineralisierter Form vor, so daß eine weitergehende Behandlung oder Entsorgung nicht nötig ist. Bei der Anwendung biologischer Verfahren entsteht als Reaktionsprodukt auch Biomasse, die ebenfalls zu entsorgen ist.

PHYSIKALISCHE AUFBEREITUNGSVERFAHREN

Gasaustauschverfahren werden angewendet, wenn im Wasser gelöste Gase (etwa Schwefelwasserstoff oder Kohlendioxid) sowie Geruchs- und Geschmacksstoffe entfernt werden oder wenn Gase wie z. B. Sauerstoff als Oxidationsmittel im Wasser gelöst werden sollen. Die Bandbreite des technischen Aufwands reicht von der Kaskadenbelüftung, bei der das Wasser mit vollkommenem Überfall drucklos über ein Wehr in darunterliegende Becken strömt, bis zum Oxidator, dem sowohl das Wasser als auch das einzutragende Gas unter Druck zugeführt wird.

Die zur Abtrennung von Feststoffen verwendeten Verfahren (Rechen, Siebe, Sedimentation, Flotation, Filtration) und ein Teil der Membranverfahren beruhen auf dem Siebeffekt sowie der Nutzung von Schwer-, Strömungs- und Bindungskräften.

In der Regel besteht ein Rechen aus parallel verlaufenden, in Fließrichtung senkrecht angeordneten Stäben. Durch diesen einfachen Aufbau kann man damit betriebssicher und kostengünstig Feststoffe abtrennen. Aufgrund des relativ großen Stababstands im Bereich von 10–100 mm ist ein Rechen jedoch nur zur Entnahme verhältnismäßig großer Feststoffpartikeln geeignet und wird sowohl in der Wasseraufbereitung als auch der Abwasserreinigung nur als Vorreinigungsstufe und zum Schutz nachfolgender Verfahrensstufen eingesetzt.

Sollen Teilchen, die aufgrund ihrer geringen Größe nicht mehr durch einen Rechen erfaßt werden, vom Wasser abgetrennt werden, bietet sich der Einsatz von Sieben mit Maschenweiten bis unter 0,1 mm an. Mikrosiebe mit Maschenweiten zwischen 5–40 µm, wie sie beispielsweise in der Trinkwasseraufbereitung oder der weitergehenden Abwasserreinigung verwendet werden, erlauben die Entnahme sehr fein suspendierter Stoffe.

Alle Verfahren, die auf der Ausnutzung des Dichteunterschieds von Wasser und abzutrennenden Partikeln beruhen, können als Schwerkraftverfahren bezeichnet werden. Sollen suspendierte Stoffe abgeschieden werden, deren Dichte über der des umgebenden Wassers liegt, kann das Verfahren der Sedimentation eingesetzt werden. Sollen Öltropfen und Fettpartikeln, deren Dichte kleiner als die des Wassers ist, abgetrennt werden, ist dieses mit dem Verfahren der Flotation zu erreichen.

Die Grenzen der Leistungsfähigkeit von Sedimentation und Flotation sind dann erreicht, wenn die suspendierten Teilchen zu klein sind bzw. ihr Dichteunterschied gegenüber Wasser zu gering ist. Um dennoch Feststoffe weitestgehend abzutrennen, werden Filtrationsverfahren eingesetzt.

Bei der Filtration werden über den rein mechanischen Siebeffekt hinaus weitere Mechanismen des Stofftransportes und der Stoffanlagerung wirksam, so daß die Filter auch kleine suspendierte, kolloidal gelöste und echt gelöste Stoffe zurückhalten können.

Es wird zwischen Langsam- und Schnellfiltration unterschieden. Die Langsamfiltration mit Filtergeschwindigkeiten im Bereich von 0,05 m h^{-1} ist ein bewährtes Verfahren der Trinkwasseraufbereitung, wenn große Flächen zur Verfügung stehen. Die Langsamfilter werden regeneriert, indem die verunreinigte Oberfläche im mehrmonatigen Rhythmus abgetragen wird. Sollen große Durchsätze bei geringem Flächenverbrauch erreicht werden, wird die Schnellfiltration, d. h. Filtration mit Filtergeschwindigkeiten von mehr als 5 m h^{-1}, eingesetzt. Schnellfilter werden durch Rückspülung nach Filterlaufzeiten von einem bis mehreren Tagen regeneriert.

Membranverfahren basieren auf dem Prinzip, daß das zu behandelnde Rohwasser unter Druck durch eine Membran mit definierter Porengröße gepreßt wird. Entsprechend dem breiten Anwendungsbereich, der von der Abtrennung suspendierter Partikeln in der Größenordnung von ca. 10 µm bei der Mikrofiltration über die Abtrennung von Molekülen bei der Ultrafiltration bis hin zum Rückhalt kleiner einwertiger Ionen bei der Umkehrosmose reicht, werden Membranverfahren für die verschiedensten Aufgaben eingesetzt. Mit der Mikrofiltration werden beispielsweise Partikeln organischer und anorganischer Herkunft aus Abwasser entfernt. Mit Hilfe der Ultrafiltration können Öle oder Farbstoffe aus dem Wasser zurückgewonnen und wieder genutzt werden. Die Umkehrosmose wird zur Aufbereitung von zu stark salzbelasteten Rohwässern zu Trinkwasser verwendet. Das technologische Potential von Membranverfahren ist noch nicht ausgeschöpft. Ihr Anwendungsgebiet hat sich in den letzten Jahren in allen Gebieten der Wassertechnologie stark erweitert. Allerdings ist das hohe technologische Potential mit hohen Investitions- und Betriebskosten verbunden und erfordert hochqualifiziertes Bedienungspersonal, so daß Membranverfahren bisher am weitesten im Bereich der industriellen Wassertechnologie zur Stoffrückgewinnung und Behandlung von Abwässern mit toxischen oder biologisch schwer abbaubaren Inhaltsstoffen verbreitet sind.

Die Adsorption beruht auf dem Effekt, daß sich organische Wasserinhaltsstoffe aufgrund physikalischer und chemischer Bindungskräfte an den Oberflächen von Festkörpern anreichern. Um diesen Effekt zur Abtrennung unerwünschter gelöster Wasserinhaltsstoffe optimal nutzen zu können, wird das zu behandelnde Wasser daher mit Feststoffen in Kontakt gebracht, deren adsorptiv wirksame innere Oberfläche möglichst groß ist. Die gebräuchlichsten Adsorbentien sind Aktivkohle mit einer inneren Oberfläche bis zu 1.500 m^2 g^{-1}, Braunkohlekoks, Bentonite und Adsorberharze. Verfahrenstechnisch besteht sowohl die Möglichkeit, das Adsorbens in Pulverform dem zu behandelnden Wasser zuzugeben und nach ausreichender Kontaktzeit durch Sedimentation und/oder Filtration wieder abzutrennen, als auch die Möglichkeit, das Adsorbens in Kornform in einem Filterbett zu fixieren und das zu behandelnde Wasser wie bei der Filtration durch dieses Adsorberbett hindurchströmen zu lassen. Ist die Adsorptionskapazität des Adsorbens erschöpft, muß dieses regeneriert oder entsorgt werden.

Chemische Aufbereitungsverfahren

Die Fällung besteht in der Überführung eines in Wasser gelösten Stoffes in eine unlösliche Form durch chemische Reaktionen, welche durch Zugabe von Fällmitteln ausgelöst werden. Da die entstehenden unlöslichen Verbindungen wegen ihrer sehr kleinen Partikelgröße nicht direkt vom Wasser abtrennbar sind, schließt sich in der Regel ein Flockungsprozeß an. Anschließend müssen die gebildeten Flocken durch Sedimentation, Filtration oder Flotation vom Wasser getrennt werden. Fällungs- und Flockungsverfahren sind technisch ausgereift und finden Anwendung zur Entnahme einer Vielzahl gelöster Wasserinhaltsstoffe bei der Wasseraufbereitung und Abwasserreinigung. Sie werden allerdings in neuerer Zeit bei solchen Anwendungen, wo sie in Konkurrenz treten, immer stärker durch stoffzerstörende Verfahren verdrängt.

Der Ionenaustausch ist ein chemisch-physikalisches Verfahren, bei dem die Fähigkeit von Stoffen, die eine Oberflächenladung aufweisen, genutzt wird, um bestimmte Ionen aus dem Wasser aufzunehmen und dafür eine äquivalente Menge anderer gleichsinnig geladener Ionen abzugeben. Mit Ionenaustauschverfahren können daher spezifisch Kationen- oder Anionen aus dem Wasser entfernt werden. Wenn die Kapazität eines Austauschers erschöpft ist, kann diese wiederhergestellt werden, indem das ursprüngliche Gegenion in hoher Konzentration zugeführt wird. Dabei entsteht als Reststoff eine hochkonzentrierte Regeneratlösung mit dem aus dem Wasser zu entfernenden Inhaltsstoff. Ionenaustauschverfahren sind technisch ausgereift und werden im Bereich der Wasseraufbereitung z. B. zur Nitratentfernung oder Enthärtung, vor allem jedoch im Bereich der industriellen Abwasserreinigung zur Aufbereitung von Prozeßabwässern und Rückgewinnung von Metallen aus Abwässern eingesetzt.

Oxidations- und Reduktionsverfahren beruhen darauf, daß Wasserinhaltsstoffe nach Zugabe von Oxidations- oder Reduktionsmitteln mit diesen reagieren. Bei den photooxidativen Verfahren erfolgt diese Reaktion nicht durch Zugabe eines Oxidationsmittels, sondern durch Zufuhr von Energie in Form von Strahlung im sichtbaren und ultravioletten Wellenlängenbereich. Dies kann zur Folge haben, daß ein zuvor gelöster Wasserinhaltsstoff in seine ungelöste Form oder daß ein gelöster Wasserinhaltsstoff in Gasform übergeht. Dies führt dazu, daß ein Oxidations-, Photooxidations- oder Reduktionsverfahren selten als eigenständiges Verfahren eingesetzt werden kann, sondern als Teilschritt in einem Gesamtverfahren mit Nachschaltung von physikalischen Trennverfahren. Oxidations-, Photooxidations- und Reduktionsverfahren werden im Bereich der Wasseraufbereitung z. B. zur Entfernung von Eisen oder zur Desinfektion, vor allem jedoch im Bereich der Reinigung industrieller Abwässer zur Cyanidentgiftung, Entfärbung und Oxidation biologisch schwer abbaubarer Inhaltsstoffe angewendet. Je nach verwendetem Oxidationsmittel und Reaktorbauweise erfordert ihr Einsatz hohe Investitions- und Betriebskosten sowie hochqualifiziertes Personal.

Bei der Destillation bzw. Eindampfung wird das zu behandelnde Wasser vom flüssigen in den dampfförmigen Zustand überführt. Die enthaltenen Inhaltsstoffe bleiben, sofern ihr Siedepunkt über dem des Wassers liegt, zurück und sind als Reststoff zu entsorgen. Bei der anschließenden Abkühlung kondensiert das Wasser ohne die unerwünschten Inhaltsstoffe. Da Wasser eine sehr hohe Verdampfungswärme besitzt, ist dieses Verfahren sehr energieintensiv. Die Weiterentwicklung technischer Destillationsverfahren zielt daher darauf, einen möglichst hohen Anteil der zur Erwärmung des Wassers eingesetzten Energie bei der Kondensation des verdampften Wassers zurückzugewinnen und wieder zur Aufwärmung weiteren Wassers zu nutzen. Bei mehrstufigen Anlagen gelingt die Wärmerückgewinnung in der Praxis zu etwa 90 %. Destillationsverfahren werden zur Entsalzung von Meerwasser und zur Eindampfung organisch hoch belasteter industrieller Abwässer, bei der ein selbstgängig brennbarer Eindampfrückstand entsteht, eingesetzt.

BIOLOGISCHE AUFBEREITUNGSVERFAHREN

Eine zentrale Rolle bei der Reinigung von Abwässern und zunehmend auch bei der Aufbereitung von Trinkwasser spielen biologische Verfahren. Bei der technischen Nutzung biologischer Prozesse wird der natürliche Selbstreinigungsprozeß der Gewässer nachgeahmt und der Abbau organischer Verbindungen durch Mikroorganismen im Rahmen ihrer Stoffwechselaktivität gezielt gesteuert und intensiviert. Mikroorganismen benötigen für ihren Energie- und Baustoffwechsel ein ausreichendes und ausgewogenes Angebot der Nährstoffe Stickstoff, Phosphor, Magnesium, Kalzium und Kalium, so daß eine Zudosierung einzelner Elemente erforderlich werden kann. Für den biologischen Abbau können verschiedenste Mikroorganismengruppen eingesetzt werden. Diese können sich hinsichtlich ihres Stoffwechsels, hinsichtlich der Art ihrer Energiegewinnung und hinsichtlich der für ihren Zellaufbau benötigten Kohlenstoffquelle unterscheiden.

In Wasseraufbereitungs- oder Abwasserreinigungsanlagen bilden verschiedenste Organismenarten eine Lebensgemeinschaft (Biozönose), die in der Wassertechnik als Flocken, Schlamm, biologischer Rasen oder Biofilm bezeichnet wird. Im Gegensatz zu den chemischen und physikalischen Verfahren erreichen biologische Prozesse erst nach wochen- oder monatelanger Anpassung einen hohen Wirkungsgrad. Biologische Verfahren werden im Bereich der Wasseraufbereitung, z. B. zur biologischen Entfernung von Eisen und Mangan sowie zur Denitrifikation eingesetzt.

Im Bereich der Abwasserreinigung finden biologische Verfahren überall dort Anwendung, wo abbaubare organische Inhaltsstoffe mineralisiert werden müssen. Sie besitzen ein sehr breites Anwendungsfeld und können auf verschiedenen technischen Niveaus flexibel an die Problemstellung angepaßt werden. Wenn das entscheidende Kriterium eine möglichst geringe Konzentration von Schadstoffen ist, und das zu behandelnde Abwasser bereits relativ geringe Konzentrationen enthält (wie etwa häusliches Abwasser), kommen in der Regel aerobe Verfahren zur Anwendung, obwohl diese einen hohen Energiebedarf für die Belüftung und einen hohen Reststoffanfall in Form überschüssiger Biomasse haben. Ist das entscheidende Kriterium eine möglichst hohe Wirtschaftlichkeit und weist das zu behandelnde Abwasser eine hohe organische Belastung auf (wie etwa Abwässer aus der Lebensmittel- und Papierindustrie), werden in der Regel anaerobe Verfahren angewendet. Diese haben gegenüber aeroben Verfahren den Vorteil, daß keine Energie zur Belüftung erforderlich ist, daß weniger überschüssige Biomasse auftritt und daß Methangas als nutzbarer Energieträger entsteht.

TRINKWASSERAUFBEREITUNG

Eine Aufbereitung des Grund- und Oberflächenwassers ist dann erforderlich, wenn es Stoffe enthält, die gesundheitsschädigend oder wegen ihres Geruchs- oder Geschmacks unerwünscht sind oder zu technischen Störungen führen können.

Grundwässer enthalten gelöste anorganische Stoffe und organische Abbauprodukte mikrobieller Umsetzungen. Zur Aufbereitung von Grundwasser werden daher in der Regel folgende Verfahren angewendet (Förster, 1990):

- Gasaustauschverfahren zum Eintrag von Sauerstoff und zur Entfernung von Kohlendioxid, Schwefelwasserstoff, selten von Methan und Geruchsstoffen.
- Oxidation auf mikrobiellem oder chemischem Weg zur Entfernung von Eisen und Mangan. Damit werden Ablagerungen in Rohrleitungen sowie ein tintenartiger strenger Geschmack des Wassers und braune Flecken auf Haushaltsgegenständen und Wäsche verhindert.

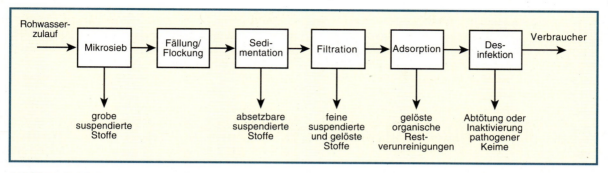

Abbildung D 4.5-1
Verfahrensschema einer Anlage zur Aufbereitung von Oberflächenwasser.
Quelle: Förster, 1990

- Entsäuerung durch Gasaustausch oder Zugabe von Calciumhydroxid, Natriumhydroxid sowie Filtration über basische Filtermaterialien zur Verhütung einer nachträglichen Verunreinigung des aufbereiteten Trinkwassers durch Korrosionsprodukte zementhaltiger metallischer Werkstoffe.
- Entzug von Calciumionen (Enthärtung) durch Fällung von Calciumcarbonat oder durch Ionenaustausch, um die Bildung von Kesselstein in Rohrleitungen zu verhindern (besonders in Warmwasseranlagen und Haushaltsgeräten), aber auch, um den Bedarf an Wasch- und Reinigungsmitteln zu vermindern.
- Entfernung gelöster organischer Stoffe durch Adsorption an Aktivkohle (eventuell nach einer Behandlung mit Ozon). Bei der Aufbereitung von Grundwasser sind diese Verfahren nur dann nötig, wenn es z. B. durch Organohalogene oder Mineralölprodukte verunreinigt ist. Natürlich vorhandene Huminstoffe werden dabei ebenfalls zum Teil entfernt.
- Desinfektion durch Zugabe von Chlor oder Chlordioxid, durch Behandlung mit Ozon oder UV-Bestrahlung, um Gefahren durch Erreger übertragbarer Krankheiten abzuwehren.

Oberflächenwässer enthalten im Gegensatz zu Grundwässern stets auch partikuläre Wasserinhaltsstoffe wie Plankton und mineralische Trübstoffe. Besonders problematisch sind hier Parasiten wie Cryptosporidien und Giardien. Daher werden zusätzliche Verfahrensschritte zur Aufbereitung dieser Wässer erforderlich (Förster, 1990).

Oberflächenwasser kann mit Verfahren der Uferfiltration und der künstlichen Grundwasseranreicherung auf natürliche Weise zu Trinkwasser aufbereitet werden (Förster, 1990).

Der Anteil des künstlich angereicherten Grundwassers hat in den vergangenen Jahrzehnten ständig zugenommen und ist in einigen Regionen, z. B. im Rhein-Ruhr-Gebiet, zu einem unverzichtbaren Faktor in der kommunalen und industriellen Wasserversorgung geworden. Der Vorteil dieses Verfahrens liegt in der Kombination von zwei Aspekten:
- der Nutzung natürlicher Aufbereitungsvorgänge mit ihrer großen Pufferkapazität gegen unverhoffte Wasserverschlechterungen und
- der Möglichkeit, die gewinnbare Wassermenge durch technische Maßnahmen weitgehend zu steigern.

Die Rückhaltemechanismen gegenüber anorganischen und organischen Schadstoffen bei der künstlichen Grundwasseranreicherung sind im Prinzip dieselben wie bei der Uferfiltration, doch ergeben sich quantitative Unterschiede dadurch, daß in der biologisch sehr aktiven Oberflächenschicht besonders rasche Umsetzungen von Substanzen stattfinden, die teilweise zu einer stärkeren Festlegung, teilweise aber auch zu einer höheren Mobilität von schädlichen Stoffen führen. Trotz einer unverkennbaren Verbesserung der Wasserqualität können diese Verfahren nur im Verbund mit physikalisch-chemischen Aufbereitungsmethoden verwendet werden. In Abb. D 4.5-1 ist ein mögliches Verfahrensschema zur Aufbereitung direkt entnommenen Oberflächenwassers angegeben (Förster, 1990).

Seit Mitte der 70er Jahre werden vor allem für die Trinkwassergewinnung aus stark belasteten Oberflächengewässern neue Technologien adaptiert, die in der chemischen Industrie schon länger bekannt sind. Dazu gehören die Verfahrenskombination Flockung-Sedimentation-Hochleistungsfiltration, der Einsatz von Ozon als Oxidationsmittel oder die Membranverfahren Nanofiltration und Umkehrosmose. Neue Herausforderungen an die Wassertechnologien stellt zudem das verstärkte Auftreten von halogenorganischen Verbindungen (HOV) und von Stickstoffpestiziden in den Oberflächen- und Grundwässern (Förster, 1990).

Während für die Aufbereitung von Trinkwasser lange Zeit hauptsächlich chemische Verfahren weiterentwickelt und optimiert wurden, bedient man sich nun zunehmend der Leistungsfähigkeit und Stabilität biologischer Wasseraufbereitungsverfahren.

Im Gegensatz zu anderen Biotechnologien und insbesondere zu der Abwasserbehandlung besteht bei der Trinkwasseraufbereitung das Problem der kleinen Biomassemengen. Eine biologische Behandlung solcher Wässer ist deshalb nur mit Festbettreaktoren möglich, in denen die Mikroorganismen durch Adsorption auf dem Trägermaterial immobilisiert sind.

Gefordert sind biologische Wasseraufbereitungsverfahren mit hoher Raum-Zeit-Ausbeute. Es sollte aber auch darauf hingewiesen werden, daß im Gegensatz zu anderen biotechnologischen Verfahren der Trinkwasseraufbereitung relativ enge Grenzen durch die Kosten für die Nachreinigung (Entfernung nicht-verwerteter Stoffe) gesetzt sind.

4.5.2
Wassernutzung

Auch die technischen Einrichtungen zur Wassernutzung sollen als Wassertechnologie betrachtet werden, soweit sie Einfluß auf den Wasserverbrauch und die Menge und Beschaffenheit des Abwassers haben.

Da sowohl beim häuslichen Gebrauch als auch bei den anderen Verbrauchergruppen höchst unterschiedliche Qualitätsanforderungen an das Wasser gestellt werden, liegt eine Versorgung mit verschiedenen Wasserqualitäten nahe. Ein Vorteil wäre, daß dadurch der Verbrauch des qualitativ hochwertigen und damit aufwendig aufzubereitenden Trinkwassers deutlich reduziert werden könnte (Förster, 1990).

Im häuslichen Bereich wird eine solche Versorgung mit verschiedenen Wasserarten bis heute jedoch nur in wenigen Ballungsräumen wie z. B. Hongkong, Singapur und Tokio (Förster, 1990) praktiziert, da neben hygienischen Bedenken insbesondere die hohen Investitionskosten (für den Bau eines doppelten Leitungsnetzes) gegen die Versorgung mit verschiedenen Wasserqualitäten sprechen. Anlagen zur Nutzung von Regenwasser (Dachablaufwasser) bieten sich eher in dezentralen Systemen an (beispielsweise für die Toilettenspülung, die Bewässerung oder die Wäsche). Vereinzelt werden auch Einrichtungen für die Nutzung von leicht verschmutztem Abwasser, sogenanntem Grauwasser, für die Toilettenspülung installiert (Lehn et al., 1996). Theoretisch kann mit solchen Techniken in Haushalten der Trinkwasserverbrauch um bis zu 50% vermindert werden (Förster, 1990; Lehn et al., 1996). Ein weiteres Einsparpotential ergibt sich aus der Weiterentwicklung der wassernutzenden Hausgeräte wie Wasch- und Spülmaschinen. Auch kann die Hausinstallationstechnik optimiert werden. Beispiele hierfür sind Durchflußbegrenzer, schnellregulierenden Mischarmaturen und insbesondere die Toilettensparspülung. Auch lassen sich durch Wasserzähler in Wohnungen die Kosten direkt den Haushalten zuordnen. Dadurch kann der Verbrauch deutlich reduziert werden (Lehn et al., 1996).

Im gewerblichen und industriellen Bereich ist die Versorgung mit unterschiedlichen Wasserqualitäten bereits häufiger anzutreffen. In den wasserverbrauchs- und abwasserintensiven Branchen sind Techniken, die den Verbrauch mindern, weit verbreitet. So wird das Wasser mit Hilfe von Gegenstrom- und Kaskadenspülungen mehrfach benutzt oder als Kühl- und Prozeßwasser im Kreislauf geführt. Ein identischer Produktionsablauf in der Textilveredelungsindustrie kann je nach eingesetzter Technologie einen Wasserverbrauch zwischen 40 und 300 m^3 je Tonne veredeltem Gewebe aufweisen. Mit Verfahren zur Vermeidung von Produkt- und Hilfsmittelverlusten, mit Trockenreinigungsverfahren und mit Techniken zur Stoffrückgewinnung kann die Verschmutzung des eingesetzten Wassers vermieden werden (Rudolph et al., 1995; Rott und Minke, 1995).

Ein sehr hohes Einsparpotential im Hinblick auf den Wasserverbrauch ist im Bereich der Bewässerung landwirtschaftlicher Flächen gegeben. Weltweit ist die Landwirtschaft der größte Wasserverbraucher, und der überwiegende Anteil wird für die künstliche Bewässerung verwendet. Allerdings erreichen nach Angaben der FAO weniger als 40% des Bewässerungswassers tatsächlich die Kulturen (BMZ, 1995; siehe Kap. D 4.3). So kann der Wasserverbrauch bei Nutzung der Tropfbewässerung gegenüber Beregnungs- und Gravitationsbewässerungsverfahren insbesondere in der ariden Klimazone um bis zu 50% vermindert werden (BMZ, 1995). Dies hat zudem den wichtigen Nebeneffekt, daß die solchermaßen bewässerten Böden weniger stark versalzen und somit länger nutzbar bleiben. Da an die Qualität von landwirtschaftlichem Bewässerungswasser relativ geringe Anforderungen zu stellen sind, werden hierzu in der Regel nicht oder wenig aufbereitete Grund- und Oberflächenwässer genutzt (siehe Kap. D 1.5.) Es wird erwogen, zunehmend gereinigte Abwässer aus Haushalten heranzuziehen. So haben zu Beginn der 90er Jahre die meisten Länder des mittleren Ostens und Nordafrikas mit Programmen zur Behandlung und Wiederverwendung von Abwasser für die Bewässerung, aber auch für industrielle Zwecke und zur Anreicherung von Grundwasser begonnen (BMZ, 1995).

4.5.3 Wasserentsorgung

Wasser, das durch häuslichen, landwirtschaftlichen, gewerblichen und industriellen Gebrauch verschmutzt wurde, wird als Abwasser bezeichnet. Im weiteren Sinne wird auch das von Dächern, Höfen, Straßen und Plätzen abfließende Niederschlagswasser dazu gerechnet. Auch Sickerwasser von organisierten Drainagen, Sickerleitungen, künstlichen Grundwasserabsenkungen sowie von Grundwässern, welche durch undichte Stellen der Abflußrohre und -bauwerke in die Kanalisation fließen, wird als sogenanntes Fremdwasser in die Berechnung der Wasserentsorgungsanlagen, d. h. der Abwasserableitungs- und Reinigungsanlagen, eingeschlossen.

4.5.3.1 Wassersammlung und -transport

In den Industrieländern sowie generell in Ballungsräumen werden Fäkalien meist mit Hilfe der Schwemmkanalisation durch die Wasserspülung verdünnt, um dann im Kanalnetz transportiert zu werden. Die Abwässer und Niederschlagswässer werden in Auffangeinrichtungen gesammelt, von dort fließt das Wasser durch das Kanalisationsnetz in die Kläranlage und anschließend in den Vorfluter. Die Kanalisation kann aus einem oder mehreren Netzen bestehen. Als Mischsystem wird die Kanalisation bezeichnet, die alle Abwässer – häusliche, gewerbliche und Niederschlagswässer – in nur einer Leitung ableitet. Wenn die Abwässer in zwei oder mehreren Leitungen getrennt abgeleitet werden, wird die Kanalisation als Trennsystem bezeichnet.

Misch- und Trennverfahren haben jeweils Vor- und Nachteile, die für die Planung der Kanalisationsanlage entscheidend sein können (Förster, 1990):
- Das Mischverfahren erfordert in der Regel niedrigere Baukosten als das Trennverfahren, da nur ein Leitungsnetz in den Straßen zu verlegen ist. Es erfordert auch weniger Spülungen der Leitungen, da sie durch das Regenwasser gereinigt werden. Andererseits benötigt es größere Kläranlagen, und bei starken Regenfällen muß wegen der dann auftretenden Überlastung der Kläranlagen auch Schmutzwasser direkt in den Vorfluter abgeleitet werden.
- Das Trennverfahren hebt die Nachteile des Mischverfahrens auf. Es ist auch erweiterungsfähiger. Die häuslichen Abwasserleitungen können in einer geringeren Tiefe als die Regenwasserleitung verlegt werden. Bei starken Regenfällen wird nur relativ unbelastetes Niederschlagswasser unbehandelt in den Vorfluter abgeleitet.

Das Mischverfahren ist für große Städte in ebenem Gelände sowie für kleinere Ortschaften, die über nur begrenzte Überwachungsmöglichkeiten verfügen, wirtschaftlicher. In Gemeinden mit geschlossenen Industriegebieten kann das Trennverfahren von Vorteil sein. Im wesentlichen jedoch bestimmen die Gelände- und Vorflutverhältnisse die Kosten und damit die Wahl des Verfahrens. Problematisch an beiden Systemen ist, daß aufgrund der hohen Bodenversiegelung in Verdichtungsräumen bei Regen sehr große Niederschlagsabflüsse über die Kanalisation abgeführt werden müssen. Dies läßt sich vermeiden, wenn Flächen entsiegelt werden und wenn gering verschmutztes Regenwasser versickern kann (Förster, 1990; Lehn et al., 1996).

In vielen asiatischen Ländern, wie China, Indien, Japan und Vietnam, werden Fäkalien üblicherweise von Abwasser getrennt gehalten. Bei diesem System werden die Fäkalien entweder direkt, nach dezentraler anaerober Faulung oder dezentraler aerober Kompostierung, wieder dem Nährstoffkreislauf der Landwirtschaft zugeführt. Kanalisation und zentrale Abwasserbehandlungsanlagen entfallen somit zumindest für die häuslichen Abwässer. Weiterer Vorteil dieses Verfahrens ist der deutlich geringere Wasserverbrauch, da der Anteil für die Toilettenspülung entfällt. In Japan werden in einigen Fällen Trockentoiletten mit Sammelgruben ausgestattet, die dann zwei- bis vierwöchig von Saugfahrzeugen geleert werden. Diese bringen den Fäkalschlamm in zentrale Behandlungsanlagen, die mit mechanisch-biologischen Stufen und Schlammverbrennung ausgerüstet sind (Lehn et al., 1996; BMZ, 1995).

4.5.3.2 Wasserreinigung

In Deutschland wird Abwasser fast ausnahmslos in zentralen Kläranlagen gereinigt. Diese umfassen eine mechanische, eine biologische und, bei sehr weitgehenden Reinigungszielen, in Einzelfällen auch eine dritte chemisch-physikalische Reinigungsstufe (Förster, 1990). Entsprechende Konzepte werden auch in den Ballungsräumen der Entwicklungsländer anzuwenden sein. Das Verfahrensschema einer solchen Kläranlage mit einem Aufbau nach dem Stand der Technik ist in Abb. D 4.5-2 angegeben.

Aus der Kanalisation gelangt das Abwasser zunächst in die mechanische Reinigungsstufe. Diese gliedert sich üblicherweise in Rechen, Sand- und Fettfang sowie ein Vorklärbecken. Grobes Rechengut wird in Rechen entfernt, die in der Abwasserreinigung als Grobrechen mit Stababständen von

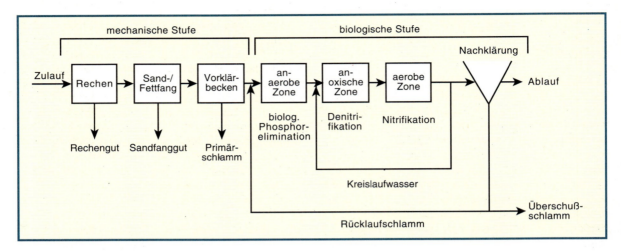

Abbildung D 4.5-2
Verfahrensschema einer kommunalen Kläranlage mit weitgehender Entnahme von Kohlenstoff-, Stickstoff- und Phosphorverbindungen.
Quelle: nach Rott, 1997

60–100 mm oder als Feinrechen mit Stababständen von 10–25 mm angewendet werden. Danach durchfließt das Abwasser den kombinierten Sand- und Fettfang, in welchem leicht absetzbare anorganische Partikeln durch Sedimentation und aufschwimmende Öle und Fette durch Flotation abgetrennt werden. Anschließend gelangt das Abwasser in große Sedimentationsbecken, die sogenannten Vorklärbecken, in denen es mehrere Stunden verweilt. Dadurch können auch schwer absetzbare Partikeln organischen Ursprungs durch Sedimentation entfernt werden. Der am Beckenboden abgesetzte Schlamm, der sogenannte Primärschlamm, wird anschließend durch Absaugen endgültig vom Abwasser getrennt.

Die nachfolgende Stufe der biologischen Reinigung hat die Aufgabe, die gelösten organischen Abwasserinhaltsstoffe sowie Stickstoff- und Phosphorverbindungen durch die Stoffwechselaktivität der Mikroorganismen in Biomassewachstum umzusetzen bzw. zu mineralisieren. In Deutschland sind die am häufigsten verwendeten Verfahren das Tropfkörper- und das Belebtschlammverfahren. Letzteres ist in Abb. D 4.5-2 im Rahmen des Verfahrensschemas einer Kläranlage dargestellt. In einem nachgeschalteten Nachklärbecken muß die Biomasse durch Sedimentation vom gereinigten Abwasser abgetrennt werden. Ein Teil der abgesetzten Biomasse wird als Rücklaufschlamm in das Belüftungsbecken rückgeführt, die durch die Nährstoffe zusätzlich gewachsene Biomasse wird hier als Überschußschlamm aus dem System abgeführt. In der Regel wird der Überschußschlamm in das Vorklärbecken zurückgeleitet, dort zusammen mit dem Primärschlamm entnommen und einer Schlammbehandlung unterzogen. In vielen Kläranlagen besteht diese in einer anaeroben Schlammfaulung in turmartigen Faulbehältern, wo die Biomasse durch die Tätigkeit von Methanbakterien stabilisiert und hygienisiert wird.

Werden an die Ablaufqualität erhöhte Anforderungen hinsichtlich der Konzentrationen der Hauptnährstoffe gestellt, so erfordert die Einhaltung dieser Anforderungen Modifikationen der biologischen Stufe, wie vergrößerte Belüftungsbecken zur Nitrifikation, die Einrichtung anoxischer Zonen zur Denitrifikation oder anaerober Zonen zur biologischen Phosphorelimination. Sollten diese Modifikationen der biologischen Stufe nicht ausreichen, so muß die Kläranlage um eine zusätzliche physikalisch-chemische Verfahrensstufe wie etwa Fällung/Flockung oder Filtration erweitert werden.

Ist die Abwasserbeschaffenheit stark durch bestimmte persistente Inhaltsstoffe industriellen Ursprungs gekennzeichnet, so kann in Einzelfällen auch die Erweiterung um eine speziell angepaßte physikalisch-chemische Stufe wie etwa Adsorption oder Oxidation in Betracht kommen. Allerdings ist aus technischer und volkswirtschaftlicher Sicht in solchen Fällen eine gezielte und somit hochwirksame innerbetriebliche Vorbehandlung mit dem Ziel der Entfernung oder Zerstörung solcher Inhaltsstoffe vor der Einleitung in die Kanalisation vorzuziehen.

In den ländlichen Gebieten der Entwicklungsländer sind zentrale Abwasserreinigungsanlagen kaum denkbar. Hier sind angepaßte Lösungen wie die Getrennthaltung der Fäkalien von Abwasser oder Rieselfelder, unbelüftete Abwasserteiche, Abwasserfischteiche bzw. Aquakulturen, bewachsene Bodenfilter und Überstaupflanzenbecken geboten. In diesen Systemen können geeignete Abwässer ohne wesentlichen technischen Aufwand gereinigt werden.

Zwei stärker ökologisch geprägte aerob-biologische Reinigungsverfahren sind die Landbehandlung und Behandlung in stehenden Gewässern. Die Oberflächenbehandlung bzw. Bodennutzung ist im Gegensatz zu den meisten der anderen Verfahren relativ gut kontrollierbar. Es wird dabei das Abwasser auf einer leicht geneigten Fläche in dünner Schicht verrieselt. Angestrebt wird die Aufnahme der durch Oxidation umgesetzten Pflanzennährstoffe in den Metabolismus der Pflanzen und ihre Umwandlung in organisches Material, das dann in periodischen Abständen geerntet wird. Durch die Auswahl dichter oder künstlich abgedichteter Böden wird ein Durchschlagen des Wassers in den Grundwasserhorizont verhindert. Vorteile können vor allem in tropischen und ariden Gebieten erwartet werden. In einem Übergangsbereich zwischen den Landverfahren und der Behandlung in stehenden Gewässern liegt die Nutzung von Wasserpflanzenfiltern wie Binsen, Schilf, Rohrkolben in gemäßigten Zonen bzw. Wasserhyazinten und Wasserlinsen in tropischen und subtropischen Gebieten. Der Aufwuchs an Mikroorganismen auf Wurzeln und Stengeln dient als biologischer Filter; die Einrichtung gleicht in der Funktion einem Tropfkörper, bei dem anstelle des inerten Füllmaterials Pflanzen verwendet werden (Förster, 1990; Lehn et al., 1996; BMZ, 1995).

Die letztgenannten Wurzelraum- oder Pflanzenkläranlagen erfahren als kostengünstige Alternative in ländlichen Gemeinden mit bis zu 1.000 Einwohnern in letzter Zeit ein größeres Interesse, da sie in der Lage sind, die gesetzlichen Mindestanforderungen an die Abwasserreinigung zu erfüllen (Lehn et al., 1996). Im Vergleich zu konventionellen Kläranlagen liegen die Baukosten bei etwa 20–30% und die Betriebskosten unter 20% der sonstigen Kosten (Hecht, 1992).

GLOBALE BEZÜGE – ENTWICKLUNGSLÄNDER

Nach Erhebungen der Weltbank und Zahlen der UN lebten 1990 ca. 1,7 Mrd. Menschen weltweit ohne angemessenen Kanalisationsanschluß (Weltbank, 1992; UN, 1990). Dabei ist außerdem ein großes Stadt-Land-Gefälle zu verzeichnen. Während in Städten 72% versorgt sind (dies entspricht 377 Mio. Menschen ohne Versorgung), beträgt der Versorgungsgrad der ländlichen Bevölkerung lediglich 49% (1,36 Mrd. Menschen ohne Versorgung). Die Zahl der Anschlüsse gibt einen ersten Hinweis auf die mangelnde Infrastrukturausstattung für die Abwasserreinigung, sagt jedoch noch nichts darüber aus, wieviel von dem kanalisierten Abwasser gereinigt in den Vorfluter gelangt.

Die Prognose der UN (WRI, 1990) für das Jahr 2000 zeigt, daß der Versorgungsgrad in den Städten stagniert oder sogar abnimmt, während in den ländlichen Regionen der Versorgungsgrad leicht ansteigt. Aufgrund des hohen Bevölkerungswachstums in den Entwicklungsländern wird die absolute Anzahl der nicht an die Kanalisation angeschlossenen Menschen weltweit auf annähernd 1,9 Mrd. Menschen ansteigen, insbesondere in den Städten der Entwicklungsländer. Mit Ausnahme von Westasien belaufen sich die Zuwachsraten auf 70–100%, so daß im Jahr 2000 633 Mio. Menschen in den Städten ohne Sanitärversorgung leben werden.

Die zunehmende Verstädterung in den Entwicklungsländern geht weitgehend ohne Ausbau der Wasserversorgung und Zunahme der Kapazitäten zur Abwasserreinigung vor sich, so daß gar nicht oder nur unzureichend geklärtes Wasser in den Vorfluter gelangt. Häusliche Abwässer bilden z. B. in Südamerika ein großes Problem. Überdurchschnittlich viele Flüsse weisen eine extrem hohe Keimbelastung (koliforme Keime) auf. Nach Schätzungen des World Resources Institute werden hier nur 2% der häuslichen Abwässer gereinigt (BMZ, 1995). Von 3.119 Städten in Indien besitzen nur acht Städte eine vollständig ausgebaute Infrastruktur zur Abwassersammlung und -reinigung (WRI, 1996). Auch in den Ländern mit mittlerem und höherem Einkommen geben Städte wie Buenos Aires oder Santiago de Chile, in denen lediglich 2 bzw. 4% der städtischen Abwässer geklärt werden, ein Beispiel für die mangelnde Infrastruktur in der Abwasserreinigung. Hinzu kommt, daß es sich nicht nur um häusliche Abwässer, sondern auch um Industrieabwässer verschiedenster Produktionsprozesse handelt. Mangelnde oder nicht vorhandene Abwasseraufbereitung und direkte Einleitung in die lokalen Vorfluter ist nicht nur ein Problem der Entwicklungsländer. Selbst in den Ländern der OECD-Staaten ist ein Drittel der Bevölkerung nicht an die Abwasserreinigung angeschlossen (WRI, 1996). Ein weiteres Problem stellt die Überalterung bei Teilen der vorhandenen Infrastruktur in den Industriestaaten dar, die aufgrund erhöhten Abwasseraufkommens zu Überlastung der Kläranlagen und erhöhten Einleitungen von ungeklärtem Wasser in den Vorfluter führt.

Öffentliche Investitionen in die Wasserversorgung und das Kanalisationssystem machen 10% der gesamten öffentlichen Investitionen in den Entwicklungsländern oder rund 0,6% des BIP aus (Weltbank, 1992). Die Ausgaben für die Abwasser- und Kanalisationsinfrastruktur belaufen sich auf deutlich weniger als 20% der Kreditvergabe durch die Weltbank, wobei wiederum der Großteil dieser Gelder in die Abwassersammlung und nicht in die Abwasseraufbereitung gesteckt wurde (Weltbank, 1992). Bei Kosten von durchschnittlich 1.500 US-$ pro Haushalt für das Sammeln und mechanisch-biologische Reinigen der Abwässer (WRI, 1996) wird es sich kaum ein

> **KASTEN D 4.5-1**
>
> **Angepaßte Ver- und Entsorgungs-Technologien für Entwicklungsländer**
>
> Für alle Industrieländer und insbesondere für die Ballungsräumen der Entwicklungsländer steht ein breit gefächertes Instrumentarium zur Verfügung. Für weitere Fortschritte ist die technische Optimierung bekannter Verfahren und die weitergehende Entwicklung von Hochtechnologien erforderlich. Dies hat aber auch zur Folge, daß die Technologien komplexer werden, oft kostenintensiv sind, und daher einer entsprechend hochqualifizierten Betreuung und hochentwickelten Infrastruktur bedürfen.
>
> Ganz anders stellt sich dagegen die Situation in den ländlichen Gebieten der Entwicklungsländer dar. In Afrika, wo bisher nur 46% der Bevölkerung überhaupt Zugang zu einer öffentlichen Trinkwasserversorgung haben und nur 34% an eine geregelte Abwasserentsorgung angeschlossen sind (UNICEF, 1997), gilt es, kulturell und an den Standort angepaßte, finanzierbare, technisch einfache sowie schnell und unter Selbsthilfe der Bevölkerung zu realisierende Wasserver- und -entsorgungstechnologien einzusetzen (BMZ, 1995). Beispiele für solche angepaßten Verfahren sind die Langsamsandfiltration zur Wasseraufbereitung, die Weiterentwicklung der solaren Destillation zur Meerwasserentsalzung, der Einsatz anaerob biologischer Verfahren zur Reinigung häuslicher und industrieller Abwässer sowie aerober biologischer Verfahren mit geringer Ausbeute wie etwa bewachsene Bodenfilter oder Aquakulturen zur Reinigung häuslicher Abwässer. Erheblicher Forschungsbedarf besteht auch hinsichtlich der hygienischen Optimierung von Verfahren der Fäkalientrennung von Abwasser, um sie zur Düngung auf landwirtschaftliche Flächen aufzubringen, sowie von Verfahren der Nutzung teilgereinigter häuslicher Abwässer zur landwirtschaftlichen Bewässerung (Lehn et al., 1996; BMZ, 1995).
>
> In den sich entwickelnden Ländern kann zudem der Effekt beobachtet werden, daß sich die Netzverluste schon kurz nach Inbetriebnahme der Versorgungsnetze deutlich erhöhen. Dies erfordert die Weiterentwicklung der Organisationsstrukturen, wie z. B. eine qualifizierte Bauabnahme, aber auch die Weiterentwicklung der Rohrnetztechnologie in Richtung vereinfachter und sicherer Dichtungstechnik. Durch die Einrichtung zentraler Wasserversorgungsanlagen steigt der spezifische Pro-Kopf-Verbrauch meist drastisch an. Daher sind speziell in ariden Gebieten vermehrt Anstrengungen bei der Weiterentwicklung und Umsetzung von Wassersparttechniken (insbesondere in der landwirtschaftlichen Bewässerung) und von Mehrfachnutzungsverfahren zu unternehmen. Beispiele für die Mehrfachnutzung sind die Nutzung teilgereinigter häuslicher Abwässer als landwirtschaftliches Bewässerungswasser oder zur Grundwasseranreicherung (BMZ, 1995).

Entwicklungsland ohne zusätzliche finanzielle Unterstützung leisten können, die Abwässer aller Haushalte zu sammeln und aufzubereiten. Die hohen Kosten der Abwasserreinigung haben dazu geführt, daß selbst in Industrieländern wie z. B. Kanada oder Frankreich nur 66 bzw. 52% der Bevölkerung an Abwasseraufbereitungsanlagen angeschlossen sind (Weltbank, 1992). Angesichts der zunehmenden Verstädterung scheint es daher angeraten, wenn sich die Investitionen der Entwicklungsländer auf die großen Agglomerationen konzentrieren und dort konventionelle Technologien zur Abwasserreinigung zum Einsatz kommen.

Daneben besteht ein großer Bedarf an kostengünstigen und technisch einfachen Verfahren zur Abwasserreinigung (siehe Kasten D 4.5-1). Wichtige technologische Erneuerungen stellen in den letzten Jahren die verhältnismäßig preiswerten und leicht zu handhabenden Stabilisierungsteiche und die flußaufwärts gelegenen, technologisch aufwendigeren Schlammkontaktverfahren dar, mit denen in Brasilien und Kolumbien gute Erfahrungen gesammelt wurden (Weltbank, 1992). Außerdem besteht die Möglichkeit, die Wiederverwertung von städtischen Abwässern weiter auszubauen. Mechanisch-biologisch vorgereinigte Abwässer können im Bewässerungsfeldbau oder in der Aquakultur genutzt werden. Die im mechanischen Reinigungsverfahren abgeschiedenen organischen Feststoffe können wiederum nach Kompostierung zur Düngung eingesetzt werden. Verschiedene Spielarten dieser biologischen Abwasserreinigung existieren traditionell in Ostasien in Form der Aquakultur, die mit dem Bewässerungsfeldbau kombiniert wird. In Indien werden z. B. 30% des Abwassers in Abwasserfarmen zur Haltung von Karpfen und Tilapia genutzt (Lehn et al., 1996). Kalkutta entsorgt täglich 680.000 m³ in umliegende Feuchtgebiete mit Aquakultur. Die Keimbelastung mit koliformen Keimen reduziert sich während des

Durchflusses von 10 Mio. Keimen pro 100 ml auf 10–100 Keime pro 100 ml. Das so gereinigte Wasser kann nun zur Bewässerung genutzt werden und zeigt die Effizienz einer einfachen Nutzerkaskade.

4.5.4 Entwicklungstendenzen und Forschungsbedarf

Zukünftige Weiterentwicklungen sollten der Zielhierarchie Vermeiden-Vermindern-Verwerten gerecht werden sowie der Erkenntnis, daß nur eine ganzheitliche Betrachtung eine nachhaltige Entwicklung und Nutzung sichert. Daraus ergeben sich folgende Schwerpunkte zukünftiger Forschungs- und Entwicklungsarbeit (Kobus und de Haar, 1995; Scherer und Castell-Exner, 1996; Bernhardt, 1993; Wichmann, 1996; Rudolph et al., 1995):

Im Bereich der Wasserversorgung:
1. Vermeidung von anthropogenen Rohwasserbelastungen durch Weiterentwicklung der technischen Maßnahmen gegen den Eintrag von Problemstoffen wie etwa Pflanzenschutzmittel, Stickstoffverbindungen, Schwermetalle, Arzneimittel und Sickerwässer aus Altlasten.
2. Vermeidung des Auftretens gesundheitsrelevanter Keime wie Cryptosporidien, Giardien und Legionellen in Rohwässern durch Klärung des Ursprungs, Vorkommens und Verhaltens bei der Aufbereitung sowie Entwicklung sicherer Eliminationsverfahren.
3. Lösung des Problems der Wiederverkeimung, Biofilmbildung und Korrosion in Verteilnetzen durch Klärung der Wechselwirkungen zwischen Werkstoffen und Wassergüte sowie des Potentials zur Wiederverkeimung. Entwicklung von Gütekontrollsystemen in Verteilnetzen und von wirtschaftlichen Sanierungs- und Erneuerungsverfahren für betroffene Netzteile.
4. Verminderung des Wasserverbrauchs und der Netzverluste durch Nutzung aller wirtschaftlich vertretbaren Sparpotentiale bei den verschiedenen Verbrauchergruppen sowie Optimierung der Wasserverteilungs- und Wasseraufbereitungstechnik durch Minimierung der Netzverluste und des Eigenverbrauchs. Entwicklung praxistauglicher Mehrfachverwendungs- und Kreislaufführungstechniken insbesondere im industriellen Bereich sowie Verbesserungen der landwirtschaftlichen Bewässerungstechniken.
5. Weiterentwicklung naturnaher und nebenreaktionsfreier Aufbereitungsverfahren mit dem Ziel, den Chemikalien- und Energieeinsatz zu minimieren und zu entsorgende Reststoffe zu vermeiden.
6. Weiterentwicklung von Verfahren der biologischen In-situ-Aufbereitung, um Fällungs- und Flockungs-Verfahren durch biologische und chemische Oxidationsverfahren mit Nutzung von Katalysatoren zu ersetzen. Weiterentwicklung von Verfahren der Adsorptionstechnik mit erneuerbaren Adsorbentien sowie von Verfahren, die die Chlordesinfektion durch UV-Bestrahlung oder Membranverfahren ersetzen. Die größten Entwicklungspotentiale werden in diesem Zusammenhang den biologischen Verfahren, den Membranverfahren sowie den chemischen Oxidationsverfahren mit Einsatz von Katalysatoren eingeräumt.

Im Bereich der Wasser- bzw. Abwasserentsorgung:
1. Weiterentwicklung von Maßnahmen des produktionsintegrierten Umweltschutzes zur Vermeidung unnötiger Wasserverschmutzung. Forcierung des Baus von Misch- und Ausgleichsbecken, um eine gleichmäßige Abwasserbeschaffenheit zu erreichen. Weiterentwicklung innerbetrieblicher Vorbehandlungsmaßnahmen mit dem Ziel einer Verbesserung der biologischen Behandelbarkeit. Beispiele hierfür sind der Einsatz von Membranverfahren zur Rückgewinnung von Wertstoffen aus dem Abwasser sowie der Einsatz von anaeroben biologischen Verfahren und chemischen Oxidationsverfahren. Besonderes Augenmerk sollte hierbei der Entwicklung branchenspezifischer Teilstrombehandlungskonzepte gewidmet werden.
2. Reduktion der Belastung von Vorflutern durch abfließende Niederschlagswässer von versiegelten Flächen. Entwicklung wirtschaftlicher und betriebssicherer dezentraler oder zentraler Nutzungs- und Versickerungssysteme für gering verschmutzte Dachabläufe.
3. Weiterentwicklung des Kanalraums zum gezielt gesteuerten Reaktionsraum, in dem der Abfluß homogenisiert und vorgereinigt wird. Einsatz von Membranverfahren zur verbesserten Rückhaltung von Feststoffen bei gleichzeitig deutlich verringertem Platzbedarf.
4. Minderung der Keimbelastung von Kläranlagenabläufen durch die Weiterentwicklung und Anwendung von Verfahren wie UV-Bestrahlung, Ultraschall, Membranverfahren oder nachgeschalteten biologischen Reinigungsstufen.

4.5.5
Handlungsempfehlungen

Die Empfehlungen des Beirats zur Lösung der globalen Wasserproblematik orientieren sich an der Zielhierarchie Vermeiden-Vermindern-Verwerten sowie an der Erkenntnis, daß nur eine ganzheitliche Betrachtung eine nachhaltige Entwicklung und Nutzung sichert. Insbesondere sollten die Wasserressourcen geschützt und effizienter genutzt werden. Konkret empfiehlt der Beirat folgende Maßnahmen:

- Vermeidung von anthropogenen Rohwasserbelastungen durch Anwendung rechtlicher und organisatorischer Instrumente gegen den Eintrag von Problemstoffen wie etwa Pflanzenschutzmittel, Stickstoffverbindungen, Schwermetalle, Arzneimittel und Sickerwässer aus Altlasten.
- Vermeidung von Wasserverschmutzung sowie Wiederverwendung und Mehrfachnutzung von Wasser in Industrie und Gewerbe.
- Förderung der Weiterentwicklung und Verbreitung von angepaßten Wassertechnologien.
- Förderung optimierter landwirtschaftlicher Bewässerungssysteme.
- Unterstützung kostengünstiger und effizienter Verfahren zur Reinigung und Entkeimung von häuslichen und industriellen Abwässern.
- Naturnahe und reststoffarme Reinigung von häuslichen Abwässern.
- Einsatz von Verfahren der künstlichen Grundwasseranreicherung mit gering verschmutzten Dachablaufwässern und gereinigten häuslichen Abwässern.
- Stützung von Vorhaben zur Nutzung teilgereinigter häuslicher Abwässer zur landwirtschaftlichen Bewässerung.
- Reduzierung von Netzverlusten und des Eigenverbrauchs von Wasserwerken.
- Förderung dezentraler, angepaßter, einfacher und kostengünstiger Technologien zur Aufbereitung von Trinkwasser und Reinigung von Abwässern in ländlichen Gebieten der Entwicklungsländer.

Wege aus der Wasserkrise

5.1
Leitlinien für den „Guten Umgang mit Wasser"

Größtmögliche Effizienz unter Beachtung von Fairneß und Nachhaltigkeit – Leitplankenphilosophie – Jüngere Entwicklungen der internationalen Ressourcenpolitik und Rechtsauffassung – „Hydrologische Imperative"

5.1.1
Das Leitbild des Beirats

Das weltweite Wasserproblem stellt sich, ähnlich wie die Bodenproblematik (WBGU, 1994), als ein Mosaik regionaler und lokaler Krisensituationen dar, welche sich weitgehend nach den Syndromen des Globalen Wandels klassifizieren lassen. Maßnahmen zur Auflösung der Krisensituationen zielen deshalb sinnvollerweise auf die Beseitigung („Kuration") des jeweiligen Syndroms oder doch zumindest auf die Linderung seiner wasserspezifischen Symptome. Entsprechende Empfehlungen werden in diesem Gutachten ausgesprochen.

Diese Empfehlungen orientieren sich jedoch, ungeachtet ihres kontextspezifischen Charakters, an gemeinsamen *normativen Leitlinien*, die sich aus einem *übergeordneten Leitbild für den „Guten Umgang mit Wasser"* in einer Welt im Wandel ableiten lassen.

Ein solches globales Leitbild trägt auch der Tatsache Rechnung, daß die aktuelle Wasserproblematik sehr wohl überregionale Züge besitzt – sowohl was die Ursachen (Welthandel, Lebensstilexport, anthropogener Klimawandel usw.) als auch die Folgen (Migration, Verlust der biologischen Vielfalt usw.) angeht. Um so notwendiger ist es, einen weltweiten Konsens für den Umgang mit der kostbarsten aller Ressourcen anzustreben.

Das vom Beirat angeregte Leitbild für einen „Guten Umgang mit Wasser" läßt sich auf den folgenden einfachen Nenner bringen:

Größtmögliche Effizienz unter Beachtung der Gebote von Fairneß und Nachhaltigkeit.

Diese duale Zielsetzung berücksichtigt die Tatsache, daß Wasser wie kein anderes Schutzgut eine knappe und zugleich eine essentielle Ressource darstellt, daß es also zugleich ein Wirtschaftsgut und ein Lebens-Mittel im eigentlichen Sinne ist. Die essentiellen Eigenschaften definieren soziokulturelle und ökologische Rahmenbedingungen, die als *Leitplanken* die ökonomischen Aktivitäten begrenzen. Die soziokulturellen Leitplanken umfassen das Gebot der Gerechtigkeit, sowohl zwischen den Generationen als auch innerhalb der Generationen, das Gebot der Selbstbestimmung der Menschen und ihrer Partizipation an den Entscheidungen, das Recht jedes Menschen auf die Deckung des Mindestbedarfs an Wasser sowie das Gebot, die Gefahr von Katastrophen etwa durch Hochwasser nach Möglichkeit zu vermindern. Die ökologischen Leitplanken umfassen das Gebot, die international geschützten süßwasserbestimmten Ökosysteme (Weltnaturerbe, Ramsar-Gebiete usw.) in ihrer Gesamtheit zu bewahren, aber auch die wesentlichen Funktionen der übrigen süßwasserbestimmten Ökosysteme zu sichern. Diese soziokulturellen und ökologischen Leitplanken, gleichsam die Mindestgebote von Mensch und Natur, definieren den *gesellschaftlichen Handlungsraum*, also den Bereich des im Rahmen des Leitbildes zulässigen Umgangs mit Wasser.

Die Knappheitseigenschaften des Süßwassers als Gut erfordern dagegen, daß innerhalb der Leitplanken und des skizzierten gesellschaftlichen Handlungsraums der Umgang mit Wasser möglichst effizient erfolgt. Erst so wird aus dem „zulässigen" Umgang mit Wasser der „gute" Umgang mit Wasser. Innerhalb des gesellschaftlichen Handlungsraums muß der wirtschaftliche und gesellschaftliche Suchprozeß nach einem nutzenstiftenden und möglichst effizienten Umgang mit Wasser möglichst ungehindert erfolgen. Effizienz kann allerdings nur dann erzielt werden, wenn geeignete institutionelle, technologische und edukatorische Voraussetzungen bestehen. Dies wird in Abb. D 5.1-1 schematisch dargestellt, wobei

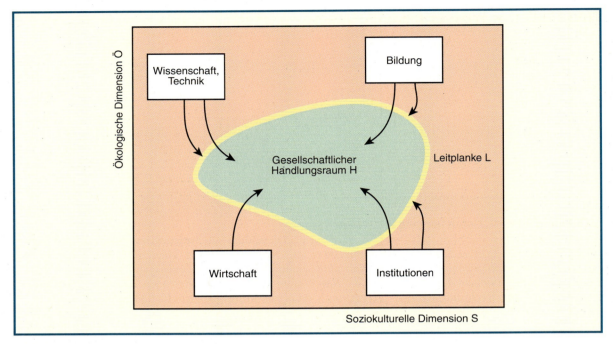

Abbildung D 5.1-1
Die Leitplankenphilosophie des WBGU. Der Handlungsraum für den „Guten Umgang mit Wasser" wird wesentlich durch die soziokulturellen (S) und ökologischen (Ö) Dimensionen mitgeprägt. Normative gesellschaftliche Vorgaben definieren soziökologische Leitplanken, die als Kontur L (S, Ö) den zulässigen gesellschaftlichen Handlungsraum H als Teilgebiet des zugänglichen Aktionsfelds begrenzen. Bei der Festlegung und Beachtung der Leitplanken sind vor allem institutionelle, edukatorische und wissenschaftliche Faktoren zu berücksichtigen (also die zur Kontur L führenden Pfeile). Erst innerhalb dieser Leitplanken bzw. des gesellschaftlichen Handlungsraums H werden die Nutzung und die Kontrolle der Süßwasserressourcen durch effizientes Wirtschaften optimiert, wiederum unterstützt durch technische, institutionelle und edukatorische Maßnahmen (d. h. die in den gesellschaftlichen Handlungsraum H führenden Pfeile).
Quelle: WBGU

die wesentlichen Kontrollfaktoren für den „Guten Umgang mit Wasser" berücksichtigt werden.

Der Beirat hat bereits früher (z. B. WBGU, 1996a) die „Leitplankenphilosophie" als einen geeigneten Ansatz für die Gestaltung der Umwelt- und Entwicklungspolitik angeregt und erläutert. Dieser allgemeine Ansatz entspricht im Sprachgebrauch der Integrierten Problemanalyse („Integrated Assessment") einer kostenoptimalen Strategie im Gegensatz zur grundsätzlich wünschenswerten, aber im allgemeinen nicht seriös durchführbaren Kosten-Nutzen-Strategie.

5.1.2
Normative Leitlinien für einen „Guten Umgang mit Wasser"

Wie lassen sich dieses Leitbild des Beirats und die soziokulturellen und ökologischen Leitplanken für das politische Handeln operationalisieren? Auf der Grundlage der in den Kap. D 1 bis D 4 durchgeführten Analyse kann das Leitbild des Beirats nach normativen Leitlinien differenziert werden, die als „hydrologische Imperative" besondere Beachtung verdienen:

1. Die Grundversorgung jetziger Generationen mit Trinkwasser und wasserspezifischen Hygieneleistungen muß sichergestellt werden.
2. Das globale Süßwasserdargebot muß für künftige Generationen erhalten werden, wobei beim Zugriff auf nicht-essentielle fossile Reservoirs die langfristige Substitution sicherzustellen ist.
3. Faire Zugangs- und Nutzungsrechte, auch im Hinblick auf grenzüberschreitende Süßwasserressourcen, müssen garantiert werden.
4. Die Schädigung anderer Menschen durch die Beeinflussung der Wasserqualität oder der Abflußcharakteristik (Überflutungen!) muß vermieden werden.
5. Die kulturelle Identität und die politische Selbstbestimmung im Umgang mit Süßwasser muß beachtet werden.
6. Alle international geschützten süßwasserbestimmten Ökosysteme müssen in ihrer Gesamtheit bewahrt werden.

7. Die Funktion der übrigen süßwasserbestimmten Ökosysteme muß – z. B. durch Maßnahmen zum Wasserqualitätsschutz – auch als Voraussetzung für die nachhaltige Bewirtschaftung dieser Systeme gesichert werden.

Aufbauend auf diesen normativen Leitlinien eines „Guten Umgangs mit Wasser" sowie den „Wegen aus der Wasserkrise", die der Beirat in den folgenden Kapiteln ausführlicher entwickelt, werden in den Abschnitten E 1 und E 2 die zentralen Forschungs- und Handlungsempfehlungen abschließend zusammengefaßt und nach Politikfeldern gegliedert.

Zunächst wird jedoch kurz dargelegt, inwieweit das Leitbild und die Leitlinien des Beirats sich bereits in den neueren Entwicklungen in der internationalen Ressourcenpolitik und dem internationalen Recht wiederfinden. Ausführlicher werden diese jüngeren Entwicklungen an anderen Stellen des Gutachtens behandelt.

5.1.3
Das Leitbild im Lichte jüngerer Entwicklungen der internationalen Ressourcenpolitik und Rechtsauffassung

Das vom Beirat hier skizzierte Leitbild eines „Guten Umgangs mit Wasser" folgt aus der vom Beirat bislang entwickelten Leitplankenphilosophie; es stimmt jedoch ebenfalls überein mit neueren Entwicklungen in der internationalen Ressourcenpolitik und im internationalen Recht.
1. So verfolgt die deutsche Entwicklungszusammenarbeit bereits seit längerem die Schwerpunkte Armutsbekämpfung, Bildung und Ausbildung sowie Umwelt- und Ressourcenschutz. Allein auf den Umwelt- und Ressourcenschutz fallen seit Jahren 30% der Zusagen im Rahmen der bilateralen finanziellen und technischen Zusammenarbeit. Zu Beginn der UN-Wasserdekade wurde vom BMZ ein „Sektorkonzept Wasserversorgung und Sanitärmaßnahmen in Entwicklungsländern" verabschiedet, seither wurden zahlreiche Projekte im Wasserbereich begonnen.
2. Die Europäische Union hat als Teil des EU-Rahmenprogramms zur Forschung und Technologieentwicklung 1996 die „Task Force Umwelt-Wasser" eingerichtet. Diese Arbeitsgruppe soll zur Entwicklung einer europäischen Strategie für den nachhaltigen Umgang mit Wasser beitragen, die im Wasserbereich tätigen Unternehmen im internationalen Wettbewerb stärken und die EU-Politik auf Schwerpunktbereiche konzentrieren.
3. Die Kommission der Vereinten Nationen zur nachhaltigen Entwicklung (CSD) hat 1997 zur Wasserkonferenz in Marrakesch einen Bericht zur Bewertung der globalen Süßwasserressourcen vorgelegt. Darin wird auf die ansteigende Zahl der Länder hingewiesen, die unter Wassermangel leiden.
4. Der Leitplankenansatz des Beirats kommt auch dem Verständnis des Völkerrechts von der staatlichen Souveränität entgegen. Durch den Hinweis auf Leitlinien und Leitplanken für die Politik wird die staatliche Souveränität geachtet, was bei der Formulierung von positiven Handlungsanweisungen nicht unbedingt der Fall wäre. Das Leitbild für den „Guten Umgang mit Wasser" berücksichtigt neuere Entwicklungen im Völkerrecht und könnte die dringend erforderliche Konkretisierung der rechtlichen Konzeptionen von „Nachhaltigkeit", „intergenerationeller Gerechtigkeit" und dem Grundsatz der „optimalen Nutzungsaufteilung" zwischen den Staaten vorantreiben. Das im Leitbild eingebundene Gebot der größtmöglichen Effizienz der Wassernutzung wurde schon 1972 in der Stockholmer „Erklärung über die menschliche Umwelt" postuliert und schlug sich im Grundsatz der „optimalen Nutzung" (optimal utilization) nieder. Hieran zeigt sich besonders deutlich, daß eine rechtliche Operationalisierung auf interdisziplinäre Vorarbeit angewiesen ist.

Ganz besonders bei den Wasserressourcen zeigt sich deutlich, daß die menschliche Nutzung heute weithin ein Ausmaß erreicht hat, das einer nachhaltigen Entwicklung widerspricht. Das Hauptproblem ist bislang nicht die menschliche Einwirkung auf den globalen Wasserkreislauf, sondern auf lokale Ressourcen, wodurch vor allem die Optionen der zukünftigen Generationen beeinträchtigt werden. Wie man die Gerechtigkeit zwischen Generationen juristisch konkretisieren könnte, wurde für grenzüberschreitende Grundwasservorkommen schon unter dem Standard des „maximum sustainable yield" diskutiert. Der Gedanke ist einfach: Die Entnahmerate darf die Erneuerungsrate nicht übersteigen. Eine Leitplanke des „maximum sustainable yield" wäre grundsätzlich für alle Arten von Gewässern zu empfehlen.

Die Nutzung von grenzüberschreitenden Süßwasserressourcen stellt auch ein Potential für internationale Konflikte dar, etwa zwischen den Oberliegern und Unterliegern eines Flusses. Hier konkretisiert sich die Leitplanke der „Fairneß" und des fairen Zugangs zu Wasser in den völkerrechtlichen Grundsätzen der ausgewogenen und vernünftigen Nutzungsaufteilung. Der Verhandlungsraum für den Ausgleich der kollidierenden Souveränitätsinteressen findet dort seine Grenze, wo die Sorge eines Staates um die Deckung des existenznotwendigen Wasserbedarfs seiner Bevölkerung

dem Interesse eines anderen Staates an wirtschaftlicher Entwicklung gegenübersteht.
Der Leitplankenansatz des Beirats entspricht auch den Menschenrechten. Als Leitplanke muß hier das Recht eines jeden Menschen auf die Deckung seines lebensnotwendigen Wasserbedarfs gesehen werden, ungeachtet der Frage, ob dies auch eine Leistungspflicht des Staates zur Versorgung des einzelnen mit der notwendigen Wassermenge in der erforderlichen Qualität begründet. In jedem Fall darf der Staat durch die Regelung der Wasserverteilung nicht bestimmten Regionen oder Bevölkerungsgruppen den fairen Zugang zu Wasser verwehren. Ob ein Staat den gebotenen fairen Zugang aller Bürger zu Wasser beeinträchtigt, muß rechtlich danach bewertet werden, ob dieser Staat die administrativen und logistischen Voraussetzungen geschaffen hat, die von einem Staat unter vergleichbaren Umständen, vergleichbaren natürlichen Gegebenheiten und mit vergleichbaren Fähigkeiten vernünftigerweise zu erwarten wären. Je höher das Ausmaß der effektiven Kontrolle des Staates über sein Territorium ist, desto strengere Maßstäbe sind anzulegen.

5.2
Soziokulturelle und individuelle Rahmenbedingungen für den Umgang mit Wasser

Wasserkulturen – Bedeutungen des Wassers – Kulturbildendes Element – Westliches Wissenschaftsverständnis – Reparaturökologie – Monetäre Nutzenbewertung – Wasserregeln – Zentralisierte Wasserverwaltung – Wassermythen – Gestaltungselement – Individuelle Verhaltensweisen – Öffentliche Wahrnehmung vernachlässigt Wasser – Vorsorgen statt Ausweichen – Reinlichkeitsnormen – Fehlende Handlungsanreize – Konsumbetonte Lebensstile – Unsichtbarkeit der Wasserverschmutzung – Mangelndes Wissen – Gewohnheiten – Ent-emotionalisierter Umgang mit Wasser – Folgen von Fehlverhalten kaum wahrnehmbar

5.2.1
Wasserkulturen: soziokulturelle Kontexte für den Umgang mit Wasser

Wie Menschen mit Wasser umgehen, ist nicht nur von den ökologischen Gegebenheiten abhängig, sondern in hohem Maße auch von dem jeweiligen soziokulturellen Umfeld, innerhalb dessen sie mit Bezug auf Wasser aufwachsen und handeln, der Wasserkultur. Wie umfassend dieser soziokulturelle Kontext zu konzipieren ist, zeigt bereits die Bedeutungsvielfalt, die dem Wasser seit jeher zukommt (siehe Kasten D 5.2-1).

Je nach der Verortung einer Gesellschaft in Raum und Zeit kann der soziokulturelle Kontext für den Umgang mit Wasser ganz unterschiedlich ausfallen. Entsprechend der jeweiligen Ausprägung der Wasserkultur dominieren bestimmte wasserbezogene Werthaltungen, Wahrnehmungs-, Bewertungs- und Verhaltensmuster, und dies auf allen gesellschaftlichen Aggregationsebenen, vom Individuum über wirtschaftliche Unternehmungen bis hin zur Politik mit jeweils unterschiedlichen Umweltfolgen.

Die Wasserkultur einer Gesellschaft als Wertekontext, der jeden Umgang mit Wasser maßgeblich mitbestimmt, ist freilich keine feststehende Größe. Sie ist vielmehr selbst durch die vielfältigen Wechselwirkungen zwischen ökologischen Bedingungen einerseits und den verschiedenen soziokulturellen Sphären (Politik, Wirtschaft, Religion usw.) andererseits entstanden und unterliegt einem ständigen Wandel. Großen Einfluß auf die Manifestation der Wasserkultur nahm und nimmt dabei das Wasser selbst, sei es als Fluß oder Meer, als Flut oder Dürre (siehe Kasten D 5.2-2).

Der soziokulturelle Wertekontext beim Umgang mit Wasser läßt sich nach verschiedenen Dimensionen differenzieren, die in einem Spannungsverhältnis zueinander stehen und in verschiedenen räumlich und/oder zeitlich distinkten Gesellschaften in jeweils unterschiedlicher „Mischung" zu beobachten sind. Zu den wichtigsten dieser Dimensionen, die in ihrer Gesamtheit die Wasserkultur einer Gesellschaft ausmachen, zählen
- die wissenschaftlich-technische Dimension,
- die ökonomische Dimension,
- die rechtlich-administrative Dimension,
- die religiöse Dimension und
- die symbolische und ästhetische Dimension.

Die Wasserkultur einer bestimmten Gesellschaft läßt sich analytisch beschreiben, indem die konkrete Ausgestaltung der einzelnen Dimensionen herausgearbeitet und diese entsprechend ihrer Wertigkeit für diese Gesellschaft gewichtet werden. Die auf diese Weise diagnostizierte Wasserkultur einer Gesellschaft bestimmt als Wertekontext jeden Umgang mit Wasser mehr oder weniger mit. Allerdings wird sie innerhalb der Gesellschaft kaum reflektiert und bleibt daher meist unbewußt. Dies erschwert die Suche nach adäquaten Lösungen für die Wasserproblematik. Erst der Blick in andere Weltregionen und Kulturen macht deutlich, daß Gesellschaften auch entlang völlig andersartiger Wertesysteme organisiert sein können. Aus dieser Divergenz der soziokulturellen Kontexte ergibt sich gerade bei einer globalen Betrachtung, wie sie der Beirat einnimmt,

> **KASTEN D 5.2-1**
>
> **Erscheinungsweisen und Bedeutungen des Wassers**
>
> Seit Urzeiten ist die Erscheinungsvielfalt des Wassers Ursprung für eine Fülle von Bedeutungen, die sich sowohl in der „subjektiven Kultur" (Werthaltungen, Einstellungen, Mythen, Normen usw.) als auch in der „objektiven Kultur" (sichtbare und greifbare Wasserbilder und -symbole, Malerei, Literatur, Gartengestaltung, Stadtgestaltung, Architektur) einer Gesellschaft manifestieren. Hartmut Böhme läßt den Reichtum der Erscheinungs- und Erlebnisweisen lebendig werden:
>
> „Wasser tritt aus der Erde als Quelle, bewegt sich als Fluß, steht als See, ist in ewiger Ruhe und endloser Bewegtheit das Meer. Es verwandelt sich zu Eis und Dampf; es bewegt sich aufwärts durch Verdunstung und abwärts als Regen, Schnee oder Hagel; es fliegt als Wolke... Es spritzt, rauscht, sprüht, gurgelt, gluckert, wirbelt, stürzt, brandet, rollt, rieselt, zischt, wogt, sickert, kräuselt, murmelt, spiegelt, quillt, tröpfelt... Es ist farblos und kann alle Farben annehmen. Im Durst weckt es das ursprünglichste Verlangen, rinnt erquickend durch die Kehle; es wird probiert, schlückchenweise getrunken, hinuntergestürzt... Es weckt beim Schwimmen die Ahnung davon, was Schweben, Gleiten, Schwerelosigkeit sind. Im Wasser wohnt der Embryo. Wasser reinigt Körper und Dinge, ja Seele und Geist... In den Übergängen zwischen Flüssigem und Festem bildet es seltsame Zonen: schleimig, schmierig, quallig, glitschig, schlammig, moorig, matschig – Aggregate, ohne die wir kaum wüßten, was z. B. Ekel ist... Es ist formlos, paßt sich jeder Form an; es ist weich, aber stärker als Stein. Es bildet selbst Formen: Täler, Küsten, Grotten. Es gestaltet Landschaften und Lebensformen durch extremen Mangel (Wüsten) oder periodischen Überfluß (Regenzeit). Es ängstigt, bedroht, verletzt und zerstört den Menschen und seine Einrichtungen durch Überschwemmungen, Sturmfluten, Hagelschlag... So enthält das Wasser den Tod und gebiert alles Leben... Wasser ist Krankheit (...) und Wasser heilt... Wasser (fordert) den menschlichen Erfindungsgeist heraus: Flußregulierung, Dammbau, Bewässerungsanlagen, Kanalisation, Schiffsbau... Das Wasser als Verkehrsweg, als natürliche Straße des Handels... Das Wasser als Bollwerk gegen Feinde oder als strategische Basis der Macht: Venedig, England... Unterwasser: Reich der Tiefe, des Geheimnisses, des Abgrunds... Das Wasser und seine Schätze: die eingefrorenen Süßwasserreservoirs der Antarktis; die Nahrungsressourcen; die ... unterseeischen Rohstoffreserven... Das Wasser und das Recht: Wassernutzungsordnungen in antiken Städten; Fischereirecht im Mittelalter..., die binnenstaatliche und internationale Verrechtlichung des gesamten Wassers dieser Erde heute... Das Wasser und das Göttliche: Urstoff der Schöpfung; Chaos, von Gott besiegt. Die Götter und Göttinnen der Meere und Flüsse: die Quellnymphen, Nixen, Sirenen... Rhein-Romantik: Loreley. Wasser und Weiblichkeit... Das Wasser, das Unbewußte und die Träume. „Des Menschen Seele gleicht dem Wasser" (Goethe). Das Wasser und die Zeit: „Du steigst nicht zweimal in denselben Fluß" (Heraklit). Die Künste: Wasser und Gartenkunst; Wasser in der Landschaftsmalerei; „Wasser-Lyrik" (Böhme, 1988).

zwangsläufig der Bedarf für eine differenzierte, kulturell kontextualisierte Instrumentierung einer nachhaltigen Wasserpolitik.

5.2.1.1
Die wissenschaftlich-technische Dimension

Der Einfluß der Wissenschaft auf den gesellschaftlichen Umgang mit Wasser in westlichen Zivilisationen geht weit darüber hinaus, Erkenntnisse zur Diskussion zu stellen oder Grundlagen für Wassertechnik und Wasseranalyse zu erarbeiten. Sie schafft allgemein akzeptierte Entscheidungsgrundlagen und Beurteilungskriterien, und Wissenschaftler sind in verschiedenen Gremien an wasserpolitischen Entscheidungen beteiligt. Die Glaubwürdigkeit von Wissenschaft in der Gesellschaft ist ungebrochen. Nicht selten wird dabei Wissenschaftlichkeit zum höchsten Wert stilisiert, dem sich alle Entscheidungen unterzuordnen haben. Für Entscheidungsträger besteht somit ein Anreiz, kontroverse Themen durch „Verwissenschaftlichung" dem Spiel der gesellschaftlichen Kräfte zu entziehen.

Aber auch wissenschaftliche Experten können irren und agieren auch nicht immer frei von eigenen Interessen. Hinzu kommt, daß die wissenschaftliche Bearbeitung der komplexen und vernetzten Problemfelder des Globalen Wandels, zu denen auch die Wasserproblematik zählt, erhebliche strukturelle wie inhaltliche Defizite aufweist und ihrem Gegenstand bislang kaum gerecht wird (WBGU, 1996b). Dabei ist

> **KASTEN D 5.2-2**
>
> **Wasser als „kulturbildendes Element"**
>
> Zu jeder Zeit in der Menschheitsgeschichte hat das Wasser in seinen vielen Ausprägungen die kulturelle Entwicklung wesentlich beeinflußt und individuelle wie kollektive Wahrnehmungen, Werthaltungen und Verhaltensweisen geprägt. Einige Beispiele mögen dies schlaglichtartig illustrieren (Assmann, 1996; Fischer, 1988; Neubauer, 1995; Schua und Schua, 1981; Smith, 1985):
> - Der Übergang der Menschheit vom Nomadismus zur seßhaften Lebensweise, die den Anbau von Nahrungsmitteln und die Haltung von Tieren mit sich brachte, war nur an Gewässern möglich, weil nur hier das begehrte Trink- und Bewässerungswasser in ausreichender und sicherer Menge zu finden war.
> - Die Entstehung einer arbeitsteiligen Lebensweise im Altertum war in vielen Teilen der Erde gekennzeichnet durch die Wanderung ganzer Völker in die Tallandschaften großer Ströme, etwa in Ägypten (Nil), Mesopotamien (Euphrat und Tigris), Indien (Indus), und China (Huang He). An den großen Flüssen begann die Entwicklung von lokal angepaßten Bewässerungstechnologien, die in der Folge die Entstehung vieler anderer technischer Einrichtungen beeinflußten und die Gesellschaften und sozialen Ordnungen prägten.
> - Im alten Ägypten galt das Wasser des Nils als Ausfluß einer Gottheit und damit als Inbegriff der Entstehung von Leben. Die zyklischen, die Fruchtbarkeit des ansonsten kargen Landes garantierenden Überschwemmungen des Nils beeinflußten somit nicht nur die Agrarkultur, sondern waren auch Inhalt religiöser Überzeugungen sowie Impulsgeber für das Zeitempfinden der Menschen.
> - Viele Stadtgründungen an Flüssen, wie z. B. Bern oder Freiburg, sind darauf zurückzuführen, daß dort einerseits günstig Handel zu treiben war, andererseits der Fluß als natürlicher Schutzwall gegen Feinde in Anspruch genommen werden konnte.
> - Bereits seit dem 9. Jahrhundert befinden sich die Friesen im Kampf mit der Nordsee um den Schutz ihrer Ländereien vor Überschwemmungen und um den Gewinn neuen Landes aus dem Meer. Immer wieder ging der Kampf gegen die See verloren, Tausende von Menschen kamen dabei ums Leben. Dennoch wurden die zur Lösung der Probleme erforderlichen Technologien stetig weiterentwickelt.
> - Bis fast in unsere Tage gab es auf den Halligen Nordfrieslands außer den Niederschlägen kein Süßwasser. Dies machte ein aufwendiges System der Auffang- und Vorratshaltung erforderlich, das mit seinen Vorgaben die Bauweise der bewohnten künstlichen Hügel (Warften) von Grund auf bestimmte. Die permanente Mangelwirtschaft formte Bedürfnisse und Wissen der Halligbewohner und führte zu einem extrem sparsamen Umgang mit dem kostbaren Gut Wasser, der sich bei den Alten trotz der zwischenzeitlichen Verbesserungen bis heute gehalten hat.

der wissenschaftliche Wasserdiskurs in den meisten Ländern der westlichen Welt ausgesprochen naturwissenschaftlich geprägt, die menschlichen Dimensionen des Umgangs mit Wasser werden hingegen erst selten berücksichtigt.

Auch durch die wissenschaftliche Unterstützung der Entwicklungszusammenarbeit und die Ausbildung einheimischer Experten aus Entwicklungs- und Schwellenländern an westlichen Universitäten wird das skizzierte „westliche" Wissenschaftsverständnis in viele andere Kulturen exportiert.

Eng mit der herrschenden Wissenschaftskultur verbunden ist die Kultur der Entwicklung und Anwendung von Technik zur Lösung von Wasserproblemen. Ohne aufwendige Technik scheint Wasserwirtschaft heute kaum mehr möglich zu sein, von der Förderung über die Aufbereitung und den Transport bis hin zur Klärung. Eine überwiegend technische Sichtweise auf die Wasserproblematik führt dazu, daß in der Wasserwirtschaft unbefriedigend funktionierende Systeme vorwiegend in ihren technischen Komponenten analysiert und „optimiert" werden, während die Wechselwirkungen mit natürlichen oder sozialen Faktoren unberücksichtigt bleiben. Unerwünschte oder unvorhergesehene Folgen dieser Optimierung werden dann wiederum mit den Mitteln der Technik angegangen (permanente „Reparaturökologie"). Beispielhaft zeigt sich dies am stetig steigenden technischen Aufwand zur Einhaltung der Qualitätsnormen für Trinkwasser. Das Auftreten von Schadstoffen wird vorrangig mit immer raffinierteren Filtermethoden, dem Anschluß an Fernwassernetze oder der Erschließung „fossiler" Wasserspeicher angegangen, statt an den eigentlichen Ursachen der Verunreinigungen anzusetzen oder gar vorsorgenden Trinkwasserschutz zu betreiben. Entstandene

> **KASTEN D 5.2-3**
>
> **Wasser ohne Nutzer: Bewässerungsanlagen in Peru**
>
> Die Hochebene am Titicacasee an der Grenze zwischen Peru und Bolivien, das Altiplano, gilt als marginales, karges Land. Die hier lebenden Menschen haben sich allerdings seit jeher auf diese Bedingungen mit eigenen Anbaumethoden eingestellt. In den 80er Jahren unternahmen westliche Agrarberater den Versuch, die Region nördlich des Titicacasees durch künstliche Bewässerungssysteme in fruchtbares Land zu verwandeln. Sie errichteten Staudämme, bauten Bewässerungskanäle und legten Terrassen an. Dabei führten sie kapitalintensive Systeme nach europäischem und amerikanischem Agrarwissen ein, die traditionellen Techniken der Einheimischen nahmen die Planer nicht zur Kenntnis.
>
> Die große Mehrzahl dieser Projekte gilt heute als gescheitert. Mindestens neun größere Bewässerungsprojekte nördlich des Titicacasees mit insgesamt über 100.000 ha werden praktisch gar nicht genutzt (Wicke, 1993). Verantwortlich dafür waren einerseits die mit den lokalen agrarökologischen Bedingungen nicht vertrauten westlichen Planer, deren Bulldozer z. B. viele Terrassen mit unfruchtbarem Boden belegten. Als Hauptgrund gilt aber das für die westlichen Agraringenieure völlig unverständliche Desinteresse der bäuerlichen Bevölkerung an der Bestellung der neu angelegten Felder. Im Gegensatz zu der westlich geprägten wissenschaftlich-technischen Betrachtung ist das Altiplano für die einheimischen Quechua und Aymara „eine kosmische Landschaft, ein geordneter kultureller Raum voller heiliger Orte (*huacas*), die Heimat der Erdmutter *pachamama*. Als Teil eines komplexen, auf Gegenseitigkeit beruhenden Wertesystems gibt die Erde den Bauern ihre Früchte; zum Dank geben diese reichhaltige Geschenke (*pagos*) an die Erde zurück" (Erickson, 1992). Es kann nicht verwundern, daß westliche Bewässerungstechnik, die sich darauf konzentriert, Flüsse zu stauen und durch Tunnels in andere Täler umzuleiten, um bisher unbekannte, aus dem Westen importierte Getreide anzubauen, sich mit einem solchen Weltbild schwer vereinbaren läßt.

Probleme werden so räumlich und zeitlich verlagert, nicht jedoch gelöst. Obwohl die technische Optimierung von Systemen also nicht automatisch gute Wasserpolitik ist, werden wasserwirtschaftliche Entscheidungen immer noch häufig ausschließlich unter technischen Gesichtspunkten getroffen.

Auch die Entwicklungspolitik ist von dieser technikzentrierten Denkweise geprägt. Die im Wassersektor eingerichteten Systeme, seien es Trinkwasserversorgungs- oder Bewässerungsanlagen, treffen jedoch in den Entwicklungsländern auf völlig unterschiedliche ökologische, soziale, rechtliche und wirtschaftliche Rahmenbedingungen. Mit der Übertragung technischer Systeme werden zugleich Wertvorstellungen übertragen, die häufig mit den vor Ort herrschenden nicht in Übereinstimmung zu bringen sind (siehe Kasten D 5.2-3). Zudem zeigen sich unter den erschwerten Bedingungen in ärmeren Ländern die strukturellen Defizite einer einseitig technisch optimierten Wasserwirtschaft noch deutlicher. So gilt inzwischen die weltweite Propagierung des Wasserklosetts als äußerst problematisch: Über Kanalisation und Kläranlagen gelangen enorme Mengen an Fäkalkeimen in die Flüsse, woraus eine erhebliche Ausbreitung von Krankheitserregern resultiert. Was hierzulande zu Flußbadeverboten führt, bedeutet z. B. in Indien eine erhebliche Belastung der vorwiegend auf Flußwasser beruhenden Trinkwasserversorgung. Eine technische Lösung dieses WC-Folgeproblems, nämlich die Aufbereitung von Flußwasser zu Trinkwasser, ist für ärmere Länder jedoch ohne Unterstützung von außen unerschwinglich (Amsel und Lanz, 1992).

5.2.1.2
Die ökonomische Dimension

Die moderne Ökonomie betrachtet Wasser unter einer güterwirtschaftlichen Perspektive. Für sie ist Wasser eine Ressource, ein Mittel zum Zweck der menschlichen Bedürfnisbefriedigung. Da der Ge- und Verbrauch von Wasser Menschen einen Nutzen stiftet, sei es unmittelbar als Konsumgut oder indirekt als Investitionsgut, wird es von ihnen nachgefragt. Unter bestimmten Bedingungen (bei fehlendem Ausschlußprinzip oder mangelhafter Zuordnung von Eigentumsrechten) kann es nun zu Fehlallokationen der Ressource Wasser kommen. Das früher vielfach freie Umweltgut Wasser wird so vielerorts zum knappen Gut, was sich eigentlich im Preis niederschlagen müßte. Liegen gravierende externe Effekte vor, können die Wasserpreise allerdings ihre Funktion als Knappheitsindikatoren verlieren. Die

> **KASTEN D 5.2-4**
>
> **Kenia: Von der Allmende zum Privateigentum**
>
> Im trockenen Norden Kenias haben sich traditionell nomadische Lebensformen entwickelt, die Böden sowie Wasserläufe und -quellen nur saisonal nutzen. Der Landbau ist dörflich organisiert und beruht auf einer gemeinsamen Nutzung der vorhandenen Wasser- und Bodenressourcen. Entsprechend stehen sowohl Land als auch Wasser allen Mitgliedern eines Dorfes gleichermaßen zur Verfügung.
>
> Das heutige kenianische Wasserrecht wurde 1951 noch während der britischen Kolonialherrschaft verabschiedet. Der Anspruch auf Wasser ist darin an den Besitz von Land geknüpft und unterscheidet sich damit fundamental von der bis dahin üblichen Sichtweise. Die Bevölkerung Kenias kannte keinen Landbesitz. Die Nutzung von Böden und Wasser war durch Zugangsrechte geregelt. Wasser war dabei nur eine von mehreren Ressourcen, auf die man auf kommunal verwaltetem Land Zugriff hatte. Das Verhältnis zum Wasser beruhte auf Bedarf und Nutzung. Wasser war traditionell weit mehr als ein ökonomisches Gut. Die Betonung lag dabei nicht auf Rechten, sondern auf Pflichten.
>
> Durch das britische Recht wurde auch in Nordkenia die Kontrolle über das Wasser aus den Händen der Bevölkerung genommen und zentralstaatlich organisiert. Ohne eine formelle behördliche Erlaubnis war keine Wassernutzung mehr möglich. Der traditionelle Zugang zu Bächen und Wasserstellen war mit einem Mal genehmigungspflichtig geworden, und nur solches Wasser genoß staatlichen Schutz vor Verschmutzung, dessen Nutzung behördlich registriert war.

prinzipielle Lösung für die Wasserproblematik liegt demnach im Finden von adäquaten Knappheitspreisen, auf deren Grundlage der Marktmechanismus das Allokationsproblem „von selbst" regelt und den gesamtgesellschaftlichen Nutzen maximiert.

Grundlegend für die Sichtweise der Ökonomie ist die (monetäre) Bewertung des Nutzens von Wasser in seinen verschiedenen Funktionen für den Menschen. Wasser bzw. seine Funktionen bekommen so den Charakter käuflich zu erwerbender Güter, alternative Nutzungen werden nach Kosten und Nutzen abgewogen. Die damit verbundene Denkweise muß zwangsläufig von dem vielschichtigen Bedeutungsgehalt von „Wasser" abstrahieren, von dem die Ökonomie lediglich postuliert, daß er sich in unterschiedlichen Zahlungsbereitschaften niederschlage. Eine Überbetonung dieser Denkweise führt möglicherweise zu einer Zurückdrängung von Wasser-"Nutzungen", die über den reinen Ressourcengebrauch hinausreichen (z. B. die Aufstellung künstlerisch gestalteter Brunnen oder die Verwendung von Wasser als Mittel zu einer ästhetisch ansprechenden Garten- und Landschaftsgestaltung).

5.2.1.3
Die rechtlich-administrative Dimension

Regeln über den Umgang mit Wasser gehören zu den ältesten gesellschaftlichen Verabredungen der Menschheit. Die ungeheure Vielfalt an hydrologischen, klimatischen, geologischen, aber auch religiösen und sozialen Bedingungen fand ihren Ausdruck in einer ebenso großen Vielfalt an Wasserregeln und sich daraus entwickelndem Wasserrecht. Dabei sind nicht alle Regeln in geschriebenes Recht überführt worden, vieles wird von den Menschen als ungeschriebenes Gesetz akzeptiert. So hat jede Kultur ihre ureigenen Wasch- und Reinigungsrituale, die die Menschen prägen.

In vielen ehemaligen Kolonien verdrängte das Rechtssystem der Kolonialmächte die ursprünglichen Gesetze. So kann es nicht überraschen, daß die Übertragung europäischer Wasserrechtssysteme auf Länder in Afrika, Asien oder Lateinamerika zu Konflikten mit den bestehenden Werten und Gebräuchen, aber auch mit den dortigen ökologischen Gegebenheiten führte. Oftmals untergruben die neuen Gesetze die traditionellen Nutzungen von Wasser (siehe Kasten D 5.2-4).

Gesetze entstehen in einem komplexen Geflecht von Interessen und prägen den Umgang mit Wasser, indem sie bestimmte Aktionen untersagen und andere tolerieren. So ist es von erheblicher Bedeutung, ob z. B. die Verschmutzung von Grundwasser grundsätzlich verboten ist oder ob sie unter Genehmigungsvorbehalt gestellt und so faktisch – wenn auch in Grenzen – sanktioniert wird. So wird Grundwasser von einem besonders wertvollen, strikt zu schützenden Gut per Rechtsakt zu einer belastbaren Ressource. Zwar hat sich z. B. im deutschen Wasserhaushaltsgesetz eine Sorgfaltspflicht gegenüber Wasser und Gewässern erhalten, doch hat sich das Wasserrecht immer mehr zu einem reinen Nutzerrecht entwickelt. Schutz- und Sorgfaltspflichten werden dabei verstärkt als bloße Nutzungsbehinderungen und Standortnachteile angesehen und nicht mehr als notwendige Grundlage menschlicher Existenz, auch mit Blick auf zukünftige Generationen. Insbesondere in Entwicklungsländern können die zu formulierenden Schutz- und Sorgfaltspflichten allerdings auch den Charakter von Entwicklungsbarrieren erhalten.

Mit der zunehmenden Komplexität der Wasserwirtschaft hat sich auch die Verwaltung dieses Bereichs grundlegend gewandelt. Nach der traditionellen behördlichen Aufsicht über Bäche und Flüsse ist auch die Nutzung von Wasser in den Haushalten immer stärker unter staatliche Kontrolle gekommen. Den damit verbundenen positiven Effekten (Verbesserung der Versorgungssituation, Vereinfachung der Qualitätsüberwachung usw.) steht gegenüber, daß sich lokales Wissen über die Herkunft des Wassers und über die Besonderheiten des Leitungs- und Speichersystems heute nur noch bei wenigen alten Menschen findet. Die im Laufe der Jahre an vielen Orten entstandene zentralisierte Wasserverwaltung mit zentral geplanten und weit verzweigten Wasserversorgungsnetzen ist zudem für die Bürger so gut wie undurchschaubar: Handelnde Personen sind nicht auszumachen. Die Herkunft des zu Hause aus der Leitung strömenden Wassers bleibt unbekannt. So fördert die Verwaltungsstruktur die Wahrnehmung von Wasser als technisches und käufliches Produkt, das scheinbar herkunftslos aus der Leitung kommt.

Wasserpolitische Entscheidungen können in einem solchen Verwaltungssystem auf „Expertenebene", praktisch unter Ausschluß der Öffentlichkeit getroffen werden. Auch erleichtert das System die gängige Praxis, relevante Informationen über Nutzung und Verschmutzung von Gewässern weitgehend unter Verschluß zu halten. Die daraus resultierende Behördenkultur mangelnder Transparenz und Kooperation hat mit dem Wissen auch das Interesse der Bevölkerung an Wasserfragen weitgehend untergraben.

Ähnlich wie die Struktur des Wasserrechts findet sich die hochzentralisierte Arbeitsweise der Wasserverwaltung wiederum nicht nur in den westlichen Industrieländern, sondern häufig auch in deren ehemaligen Kolonien.

5.2.1.4
Die religiöse Dimension

Die vielschichtigen Bedeutungen, die dem Wasser zu allen Zeiten in Mythen und Religionen zugewiesen wurden, verdeutlichen den ambivalenten Charakter dieses Elements für den Menschen. Wasser wird in religiösen Kontexten meist sowohl Verehrung als auch Furcht entgegengebracht, steht es doch für Fruchtbarkeit und Leben, etwa im Regen für die Felder oder im Trinkwasser, aber auch für die Bedrohung durch unkontrollierbare Mächte, wenn es z. B. als Überschwemmung und Regensturm auftritt oder aber in Zeiten der Dürre ganz ausbleibt (u. a. Schröer und Staubli, 1995; Wilke, 1995; zusammenfassend Gaidetzka, 1996b).

Die Schöpfungsmythen der meisten Religionen sehen Wasser als den Urstoff des Lebens an und bringen es mit Geburt und Fruchtbarkeit in Verbindung. Insbesondere in den religiösen Überlieferungen von Wüstenvölkern gilt Regen als Segen Gottes, der durch entsprechende Gebete und Rituale beschworen wird. Hingegen wird der übermäßige Regen, z. B. die Sintflut, als Zeichen von Gottes Zorn über menschliches Handeln interpretiert. Analog zu seinen stofflichen Eigenschaften wird Wasser im religiösen Zusammenhang mit der Wegnahme von Unreinheit in Verbindung gebracht, z. B. bei rituellen Waschungen oder bei der Zuschreibung von Heilkraft zu bestimmten Quellen. Damit eng zusammen hängt das Verständnis von Wasser als Lebenswasser, das der Vergänglichkeit entgegensteht und z. B. in der christlichen Taufe zu einem Zeichen der Umkehr, der Erneuerung und der Eingliederung in die Gemeinschaft der Gläubigen wird. Darüber hinaus finden sich positive wie negative Wasserbilder in zahlreichen religiösen Vorstellungen von Gott, Paradies und Jenseits.

Im Gegensatz zum fast ausschließlich „säkularen" Umgang mit Wasser in den meisten Industrieländern hat sich die religiöse Dimension der Wasserkultur in vielen anderen Kulturen der Welt noch erhalten. Allerdings schützt auch in diesen Kulturen die Zuweisung religiöser Bedeutungen Wasser nicht zwangsläufig vor Verschmutzung (siehe Kap. D 5.2.3).

5.2.1.5
Die symbolische und ästhetische Dimension

Nicht nur im religiösen Kontext tritt uns Wasser in vielfältigen symbolischen Bedeutungen entgegen, so z. B. als Inbegriff von Reinheit, Natürlichkeit und Frische, als Sinnbild für stetige Veränderung und Vergänglichkeit (panta rhei), für beharrliche Durchsetzungskraft usw. (Selbmann, 1995). Auch haben die unterschiedlichen Gestalten des Wassers unzählige Künstler – Komponisten, Maler, Bildhauer und Dichter – animiert und zu großen Werken inspiriert, die selbst wiederum als visuelle oder akustische „Wasserabbilder" unsere Wahrnehmung des Wassers beeinflussen.

In manchen Kulturen schlagen sich unterschiedliche Bedeutungen des Wassers auch in unterschiedlichen Benennungen nieder, mit unmittelbaren Auswirkungen auf den jeweiligen Umgang mit dem phy-

> **KASTEN D 5.2-5**
>
> **Neuseeland: die Wasserkultur der Maori**
>
> Für die Maori, die Ureinwohner Neuseelands, hat Wasser eine tiefe spirituelle Bedeutung. In ihm sind die Götter ebenso gegenwärtig wie die Ahnen. Regen bedeutet, daß der Himmelsgott Ranginui weint. Er weint um die Erdmutter Papatuanuku, deren Seufzer als Nebel aufsteigen. In den Flüssen leben die verstorbenen Vorfahren ebenso wie die mythologischen Götter. Die Gewässer ihrer Heimat sind für die Maori Teil ihrer Identität: Was immer dem Wasser geschieht, geschieht auch ihnen. Das gilt für fremde Einflüsse ebenso wie für das eigene Handeln.
>
> Bezeichnend ist, daß Wasser je nach den Umständen verschiedene Namen trägt. *Waiora*, das heilige Wasser, geht als Regen nieder und entspringt als Quelle aus der Tiefe der Erde. Nur *waiora* eignet sich für rituelle Zeremonien, z. B. bei Geburt oder Tod. Flußwasser ist meistens *waimaori*: gut und gesund zum Trinken und Fischefangen und ein Heilmittel bei Krankheit. Verschmutztes oder umgeleitetes Wasser wird zu *waikino* oder gar *waimate*: gefährliches Wasser, weder für Zeremonien noch als Heilmittel oder zum Trinken zu gebrauchen.
>
> Jeder Fluß, jeder See, jeder Bach ist also von einem mehr oder weniger heilsamen oder gefährlichen Geist (*wairua*) durchdrungen. Genau wie alle anderen Dinge – Erde, Himmel, Tiere, Pflanzen – werden die Gewässer personifiziert und zugleich als lebendige Bestandteile eines größeren, universalen Organismus angesehen (Taylor, 1987).

sikalisch identischen Element „Wasser" (siehe Kasten D 5.2-5).

Mit dem symbolischen Aspekt verwandt ist der ästhetische Bedeutungsgehalt von Wasser. Er äußert sich u. a. in der Nutzung von Wasser als Gestaltungselement, sei es in Landschaften, Gärten und Parks oder urbanen Räumen, als künstlicher See, Wasserfall, Teich oder künstlerisch gestalteter Brunnen. All diesen Formen ist gemeinsam, daß dem „lebendigen" Element Wasser in seinen vielen Varianten offenbar eine Warnehmungsqualität zukommt, die von vielen Menschen geschätzt wird. Dabei übersteigt die Attraktivität von Wasser in der Umwelt die anderer Materialien oder Elemente bei weitem (Pitt, 1989).

Die Wasserkultur einer bestimmten Gesellschaft in all ihren Dimensionen – Wissenschaft, Technik, Wirtschaft, Recht, Verwaltung, Religion, Symbolik, Ästhetik – und mit ihren jeweiligen Folgen für das Wasser zu beschreiben, setzt erhebliche inter- bzw. transdisziplinäre Forschungsanstrengungen voraus. Bisher liegen hier fast nur Fallbeschreibungen vor, die zudem oft anekdotischer Natur sind. Eine systematische Analyse der Wasserkultur, die für die meisten Gesellschaften erst noch zu erarbeiten wäre, würde deutlich machen, daß viele wasserrelevante Entscheidungen in einem sehr engen Werterahmen getroffen werden, und daß wichtige Faktoren wie ökologische Folgekosten oder die Beteiligung der Bevölkerung häufig gar nicht oder nicht ausreichend berücksichtigt werden.

Daher muß sich jede nachhaltige Wasserpolitik zunächst des soziokulturellen Wertekontexts klarwerden, also der Wasserkultur, innerhalb der sie wirksam werden will. Insbesondere die für die Entwicklungszusammenarbeit Verantwortlichen sollten erkennen, daß Wasserprojekte in tief verwurzelte kulturelle Systeme eingreifen, die sich nicht allein in technischen Kategorien fassen lassen. Vor dem Hintergrund der soziokulturellen Bedingungen sind dann differenzierte Strategien zu erarbeiten, wie ein nachhaltiger Umgang mit Wasser in den verschiedenen Sektoren erreicht werden kann.

Insbesondere zur Veränderung individueller Verhaltensmuster im Umgang mit Wasser, wie sie für den Sektor der privaten Haushalte charakteristisch sind, ist es erforderlich, allgemeine Bedingungsfaktoren für wasserbezogene Verhaltensweisen zu kennen. Dies betrifft vor allem die Rolle menschlichen Verhaltens im Zusammenhang mit den Problemfeldern der *Verknappung* (Kap. D 5.2.2) und *Verschmutzung* von Wasser (Kap. D 5.2.3), aber auch den Umgang mit der *Bedrohung*, die Wasser für den Menschen darstellen kann (siehe Kap. D 1.6). Die sozial- und verhaltenswissenschaftliche Forschung zu diesen Themenbereichen fand bisher überwiegend im Rahmen einer Wasserkultur statt, wie sie in westlichen Industrieländern anzutreffen ist. Dies bringt für die folgende Darstellung zwangsläufig einen gewissen Eurozentrismus, teilweise sogar eine Verengung auf die Verhältnisse in Deutschland mit sich. Die prinzipielle Bedeutung der darin skizzierten Einflußfaktoren für den menschlichen Umgang mit Wasser bleibt davon allerdings unberührt.

5.2.2
Wasserverknappung und Verhalten

Ein wesentlicher Aspekt der Wasserproblematik ist die zunehmende Übernutzung lokaler Wasserressourcen in quantitativer Hinsicht, mit der Folge ihrer Verknappung (siehe Kap. D 1.4). Eine solche Entwicklung kann auf einem zu geringen natürlichen Dargebot, einem zu hohen anthropogenen Verbrauch oder auf einer Kombination von beidem beruhen.

Stellt man menschliches Verhalten als Ursache von Wasserverknappung in den Vordergrund, so läßt sich das Quantitätsproblem oft nur schwer von der Qualitätsproblematik (siehe Kap. D 1.5) trennen: Einerseits führt eine starke Nachfrage von Industrie und privaten Haushalten nach hochwertigen Wassersorten (z. B. nach qualitativ streng normiertem Trinkwasser) bei Einschränkungen der Rohwasserqualität schnell zu Verknappungserscheinungen, auch in prinzipiell wasserreichen Regionen wie der Bundesrepublik. Andererseits hat ein hoher Wasserverbrauch häufig auch eine Verschärfung des Qualitätsproblems zur Folge, indem z. B. größere Mengen an Abwasser anfallen. Dies ist zu berücksichtigen, wenn in der Folge Wasserverknappung und -verschmutzung aus analytischen Gründen getrennt behandelt werden.

In der Wahrnehmung der Bevölkerung spielt die Wasserproblematik nur eine sehr untergeordnete Rolle. Dies gilt für quantitative wie für qualitative Aspekte. In der umfassendsten sozialwissenschaftlichen Untersuchung der letzten Jahre in Deutschland zum Thema Wasser, einer großangelegten Umfragestudie in den Städten Frankfurt/Main und Dresden mit insgesamt über 1.000 Befragten (Ipsen, 1994; Glasauer, 1996), rangierten auf die (offene) Frage nach dem wichtigsten Umweltproblem die Problemfelder Trinkwasserversorgung (Quantität) und Wasserverschmutzung (Qualität) mit 2,1 bzw. 1,2% aller Nennungen weit hinter Problemen wie Luftverschmutzung (30%), Verkehr (30%), Chemieindustrie (15,2%) und Abfall/Müll (12,7%). Diese Irrelevanz der Wasserproblematik in der Wahrnehmung der Bevölkerung ist insofern überraschend, als die Stadt Frankfurt kurz zuvor eine umfangreiche Wassersparkampagne initiiert hatte und das Problemfeld zum Zeitpunkt der Erhebung öffentlich breit diskutiert wurde. Mit der mangelnden Problemwahrnehmung in auffälligem Kontrast steht allerdings die in der gleichen Untersuchung festgestellte Etablierung des Wassersparens als „allgemeingültiger Norm": 92% (!) aller Befragten finden Wassersparen sinnvoll. Davon geben fast zwei Drittel an, diese Auffassung habe mit der Wasserknappheit zu tun. Sollte sich die hier aufscheinende Diskrepanz zwischen mangelnder Problemwahrnehmung auf der einen und großer sozialer Akzeptanz für das Einsparen von Wasser auf der anderen Seite erhärten lassen, hätte dies auch Auswirkungen auf die Instrumentierung einer auf die Reduktion von Wasserverbräuchen ausgerichteten Wasserpolitik (siehe Kap. D 5.3). Verhaltensnahe Sparmaßnahmen (Bereitstellung von Sparmöglichkeiten, Anreize zum Wassersparen usw.) wären demnach zur Absenkung des Wasserverbrauchs in Haushalten geeigneter als die Schaffung von Problembewußtsein, etwa durch Informationskampagnen.

Zur Untersuchung der Ursachen anthropogener Wasserverknappung ist es zunächst erforderlich, wasserverbrauchende Verhaltensweisen zu identifizieren und zu quantifizieren (siehe Kasten D 5.2-6). Sollen die privaten Haushalte als „Endverbraucher" bei aktueller oder drohender Verknappung in einem Land oder einer Region zu einem sparsameren Umgang mit Wasser bewogen werden, so stellt sich die Frage nach den möglichen Antriebskräften für unterschiedlich hohe Wasserverbräuche (zu möglichen Interventionsmaßnahmen siehe Kap. D 5.3). Unter Rückgriff auf die bereits in früheren Gutachten des Beirats verwendete Systematik (z. B. WBGU, 1993) werden daher im folgenden verschiedene sozial- und verhaltenswissenschaftliche Aspekte im Zusammenhang mit dem Verbrauch von Wasser erörtert.

Wahrnehmung

In der Wahrnehmung der Einwohner der meisten Industrieländer erscheint (Trink-)Wasser als zu jeder Zeit und in jeder beliebigen Menge verfügbar, vorausgesetzt, es wird dafür ein (in der Regel vergleichsweise geringer) Preis bezahlt. Diese wahrgenommene Selbstverständlichkeit der alltäglichen Wasserversorgung dürfte eng mit der Unsichtbarkeit der entsprechenden Infrastruktur zusammenhängen: Wasser kommt in jeder Wohnung „aus dem Hahn", mehr ist von der öffentlichen Wasserversorgung im Normalfall nicht zu spüren. Sie tritt erst dann ins Bewußtsein, wenn sie aus irgendwelchen Gründen gestört ist.

Das war nicht immer so (Katalyse, 1993; Schramm, 1995). Die zentrale Wasserver- und -entsorgung, wie wir sie kennen (einschließlich Wasserklosett und Schwemmkanalisation), wurde z. B. in Deutschland erst im 19. Jahrhundert vor dem Hintergrund seuchenhygienischer Erfordernisse eingeführt. Bis dahin ermöglichten in der Regel Brunnengenossenschaften durch ihre Betonung der Eigenverantwortung und durch die Nähe zur Ressource den Beteiligten die unmittelbare Erfahrung von Knappheit. Nach der Zentralisierung der Wasserversorgung hingegen stieg zwar das Qualitätsbewußtsein der Bevölkerung, Gestaltungsmacht und Verantwortung wurden je-

> **KASTEN D 5.2-6**
>
> **Wasserverbrauchende Verhaltensweisen der privaten Haushalte**
>
> Insgesamt muß der Wasserverbrauch der privaten Haushalte im Vergleich mit Landwirtschaft und Industrie als relativ gering angesehen werden (siehe Kap. D 1.1). Bei regionaler Aufschlüsselung und in absoluten Zahlen zeigen sich jedoch deutliche Unterschiede (WRI, 1996). Nach einer Statistik der International Water Supply Association für 1993 weist der Durchschnittsverbrauch in 15 Industrieländern (ohne USA) eine Streubreite von 120 (Belgien) bis 316 l (Australien) pro Einwohner und Tag auf. In Deutschland ist dieser Pro-Kopf-Verbrauchswert zwischen 1990 und 1996 kontinuierlich leicht gesunken und liegt derzeit bei ca. 130 l d^{-1} (Bundesverband der Deutschen Gas- und Wasserwirtschaft (BGW), 1997, persönliche Mitteilung). Indirekte Wasserverbräuche, z. B. durch den Kauf von Konsumartikeln, sind in diesen Zahlen allerdings nicht enthalten. Sie werden den Konsumenten in der Regel noch weniger bewußt als der „sichtbare" Verbrauch (siehe unten). So sind beispielsweise zur Herstellung eines einzigen Autos über 200.000 l Wasser erforderlich, und auch für andere Konsumgüter lassen sich eindrucksvolle „ökologische (Wasser-) Rucksäcke" aufzeigen (Katalyse, 1993).
>
> Diese versteckten Wasserströme sind globaler Natur: Mit Wirtschaftsgütern (z. B. Blumen, Südfrüchte) werden regelmäßig auch versteckte Wasserverbräuche im- und exportiert.
>
> Eine Aufschlüsselung des Verbrauchs der Haushalte nach Nutzungsarten gibt Hinweise auf die deutlichen Einsparpotentiale, die hier von vielen Experten noch gesehen werden. So wurde in deutschen Haushalten nach Schätzungen von Möhle (1983) Anfang der 80er Jahre etwa ein Drittel des Trinkwasserverbrauchs für die Toilettenspülung benötigt, ein weiteres Drittel wurde zum Baden und Duschen eingesetzt, und das letzte Drittel floß in die Nutzungsarten Wäschewaschen, Geschirrspülen, Körperpflege, Gartenbewässerung, Raumreinigung, Trinken und Kochen sowie Autopflege. Zwar sind diese Schätzwerte u. a. wegen der zwischenzeitlichen Änderungen bei technischen Normen, der Entwicklung von Wasserspartechnologien sowie aufgrund von Änderungen in der Haushaltszusammensetzung mit Vorsicht zu interpretieren. Dennoch ist anzunehmen, daß sich die Größenordnungen und insbesondere das geringe Ausmaß der Verwendung von Trinkwasser höchster Qualität zu adäquaten Zwecken (z. B. Trinken und Kochen) seither nur wenig geändert haben.

doch an „Fachleute" delegiert. Die Wahrnehmung der Wasserversorgung erfolgte immer stärker „aus zweiter Hand".

Der mit der Zentralisierungspolitik des vergangenen Jahrhunderts angestoßene Prozeß der Distanzierung setzt sich bis heute entlang mehrerer Dimensionen fort. Eine Politik des permanenten Ausweichens anstelle der lokalen Sanierung und Vorsorge hat dazu geführt, daß sich zwischen der Gewinnung und Nutzung von Trinkwasser eine räumliche (Aufbau umfangreicher Fernwasser-Versorgungssysteme), zeitliche (Aufbrauchen uralter, „fossiler" Grundwasservorräte) und qualitative Distanz (physikalisch-chemische Trinkwasserproduktion aus „Rohwasser") aufbauen konnte. Die Wasserprobleme wurden dadurch in andere Regionen, auf andere Generationen und in andere Umweltmedien hinein verschoben. Die Wahrnehmung von Zusammenhängen, beispielsweise zwischen dem Wasserverbrauch in Frankfurt und der Austrocknung des Vogelsbergs, wurde zusätzlich erschwert. Insofern verwundert es nicht, wenn die mediale Berichterstattung über den „drohenden Wassernotstand" zu Irritationen bei der Bevölkerung führen kann, wenn gleichzeitig wie gewohnt Wasser aus dem Hahn kommt, der Fluß über die Ufer tritt oder die Brunnen im Stadtbild munter weiterplätschern (Ambiguität der Wahrnehmung) (Glasauer, 1996).

Parallel zur technischen Distanzierung hat sich auch die Wasserpolitik immer mehr von den Menschen entfernt. Sie findet vorwiegend unter Ausschluß der Öffentlichkeit statt und kennt Bürger allenfalls als „Störer", wenn es z. B. um die Ausweisung von Trinkwasserschutzgebieten geht. Auch diese Tendenz führt dazu, daß die Wasserversorgung zumindest in einem prinzipiell wasserreichen Land wie der Bundesrepublik nur im Konflikt- bzw. Krisenfall ins Bewußtsein der Bevölkerung tritt.

Anders in wasserarmen Ländern, wo der Krisenfall häufig zur Normalität gehört. So galt in den Trockengebieten vieler Entwicklungsländer Wasser schon immer als Kostbarkeit, was u. a. zur Entwicklung wasserschonender Techniken der Förderung, Bewässerung usw. geführt hat (Gaidetzka, 1996a). Insofern beeinflußt vor allen anderen Verhaltensdeterminanten der strukturelle Faktor der lokalen Verfügbarkeit bzw. Krisenhaftigkeit von Wasser die Wahrnehmung der Menschen.

Wissen

Zum Wissen der Bevölkerung über quantitative Aspekte des Wasserverbrauchs sind mangels geeigneter Daten bisher kaum Aussagen möglich. Es darf aber angenommen werden, daß nicht zuletzt aufgrund der mangelnden Rückmeldung von wasserverbrauchendem wie -sparendem Verhalten in weiten Teilen der Bevölkerung Unkenntnis vorherrscht. Hinweise auf die Plausibilität dieser Annahme gibt ein Ergebnis aus einer Umfragestudie zum Umweltbewußtsein in Ost- und Westdeutschland, die vom Umweltbundesamt in Auftrag gegebenen wurde (BMU, 1996b). Darin beantworten die Frage nach dem durchschnittlichen täglichen Wasserverbrauch in Deutschland trotz sehr grober Antwortvorgaben lediglich 16 (West) bzw. 25 % (Ost) richtig („zwischen 101–199 l").

Einstellungen, Normen und Werthaltungen

Etwa ein Drittel des Wasserverbrauchs in deutschen Haushalten entfällt auf den Bereich Duschen/Baden (siehe Kasten D 5.2-6). Dieser Umstand reflektiert neben der wachsenden Verfügbarkeit der entsprechenden sanitären Ausstattung auch einen Wandel der Hygienebedürfnisse. Gehörte beispielsweise im Mittelalter ein Vollbad zu den selten genossenen Luxusgütern, so ist heute das tägliche Duschen oder gar Baden für viele Menschen in den Industrieländern zu einer Selbstverständlichkeit, teilweise sogar zu einem „Muß" geworden. Hier wird deutlich, wie soziale Normen wie Sauberkeit, Gepflegtheit und Ordentlichkeit mit einem sparsamen Wasserverbrauch bzw. einer entsprechenden Einstellung in Konflikt treten können (Glasauer, 1996). Diese in Sozialisationsgeschichte und Alltag erfahrenen und erlernten sozialen Normen sind bedeutsame Voraussetzungen für gesellschaftliche Akzeptanz und Integration. Daher ist davon auszugehen, daß die individuelle Motivation zu wassersparendem Verhalten schon sehr stark sein muß, um ihnen gegenüber zum Zuge zu kommen. In historischer wie kulturvergleichender Perspektive zeigt sich jedoch, daß Reinlichkeitsnormen bzw. der damit verbundene Verbrauch von Wasser durchaus Schwankungen unterliegen (Vigarello, 1988).

Potentiell verbrauchsfördernd wirkt auch, daß ein verschwenderischer Umgang mit Wasser häufig positiv konnotiert ist (Glasauer, 1996). Ein Vollbad entspannt Leib und Seele, und auch die zunehmende Aufrüstung heimischer Badezimmer zu „Erlebnisbädern" im Zuge der fun-Kultur macht deutlich, daß der individuelle, exzessive Verbrauch von Wasser mit Wohlgefühl und Lebenslust assoziiert ist (Schramm, 1995).

Handlungsanreize

Mögliche Anreize für einen verschwenderischen ebenso wie für einen sparsamen Umgang mit Wasser finden sich im dafür zu bezahlenden Preis bzw. in der Tarifstruktur. Allerdings weist Wasser als essentielles Gut in der Regel nur eine geringe Preiselastizität auf (Winkler, 1982). Als wichtiger Handlungsanreiz gilt daneben eine verbrauchsbezogene Abrechnung, sowohl für einen wassersparenden Lebensstil als auch für die Installation wassersparender Geräte (BMU, 1996b). Zumindest in Mietwohnungen unterliegt Wasser nur selten einem solchen Abrechnungsmodus, vielmehr wird es häufig wie die Heizkosten pauschal in Rechnung gestellt.

Ein „negativer Anreiz" für einen sparsamen Umgang mit Wasser ist auch die Erfahrung, daß sich Erfolge von Wassersparkampagnen für die beteiligte Bevölkerung nicht auszahlen. Statt dessen schlagen sie sich oft sogar in einer Erhöhung des Wasserpreises nieder (Glasauer, 1996). Insgesamt begünstigt somit die herrschende Anreizsituation einen hohen Wasserverbrauch.

Handlungsmöglichkeiten und -gelegenheiten

Eine Ursache für die jahrelange Steigerung des Wasserverbrauchs in Deutschland nach dem zweiten Weltkrieg ist sicher in der stetigen Verbesserung der sanitären Verhältnisse sowie in der Zunahme wasserverbrauchender Maschinen im Haushalt (Wasch- und Spülmaschinen) zu suchen, kurz: in der allgemeinen Verfügbarkeit von Wasserverbrauchs-Infrastruktur. Auch der derzeit noch geringere Verbrauch in den neuen Bundesländern, der u. a. auch auf das Fehlen von Bädern oder Duschgelegenheiten zurückgeführt werden kann, scheint dies zu bestätigen (Schramm, 1995). Diese Erfahrungen sind vor allem mit Blick auf die sich entwickelnden Länder und deren künftigen Wasserverbrauch von Bedeutung. Offenbar bringen konsumbetonte, materiell orientierte Lebensstile „automatisch" einen hohen (direkten wie indirekten) Wasserverbrauch mit sich.

Wahrnehmung von Handlungskonsequenzen

Auch wenn eine zentrale Wasserver- und -entsorgung durchaus eine Reihe von Vorteilen bietet: Die Folgen wasserverbrauchenden, aber auch wassersparenden Handelns werden dem Wasserverbraucher unter diesen Bedingungen häufig nicht bewußt. Waren in den Brunnengenossenschaften des 18. Jahrhunderts Wassermangel, aber auch Qualitätsprobleme für die beteiligten Haushalte noch unmittelbar zu spüren, so verhindern dies heute oft mangelnde Verbrauchsrückmeldung (u. a. infolge fehlender haushaltsbezogener Verbrauchserfassung), verbrauchsunabhängige Wasserpreise sowie die unter hohem, aber unsichtbarem Aufwand gewährleistete ständige Verfügbarkeit von Trinkwasser. Als Beispiel für die Konsequenzen aus dem Fehlen solcher feedback-Mechanismen nennen Lanz und Davis (1995) die griechische Insel Alonnisos, wo eine Umstellung des Versorgungssystems von dezentral angelegten Zisternen auf eine zentrale Wasserversorgung zu einem Anstieg des Wasserverbrauchs führte. Die unmittelbare Wahrnehmung der Folgen wasserverbrauchenden Verhaltens ist für die handelnden Menschen insbesondere dort von Bedeutung, wo Wasser ohnehin knapp ist, z. B. in Trockengebieten.

5.2.3
Wasserverschmutzung und Verhalten

Zum Teil eng mit dem Problem der Wasserverknappung verknüpft ist die Verschmutzung von stehenden und fließenden Gewässern sowie des Grundwassers. Als Ursachen hierfür sind zwar auch unmittelbare Eingriffe in den Wasserhaushalt zu nennen, wie das absichtliche oder unfallbedingte Einleiten von Schadstoffen in Gewässer. In zunehmendem Maße sind die Ursachen von Wasserverschmutzungen jedoch „weit weg" von den Gewässern selbst zu suchen, z. B. in der Verunreinigung des Bodens durch Intensivlandwirtschaft (Kontamination des Grundwassers durch langjährigen Einsatz von Düngemitteln und Pestiziden) und durch leckende Abfalldeponien oder in der Verschmutzung der Luft durch schadstoffhaltige Niederschläge aus Verkehr und industrieller Produktion (Problem der räumlichen und zeitlichen Distanz) (siehe Kap. D 1.5).

Für kein anderes Umweltproblemfeld werden von der Bevölkerung größere Verbesserungen wahrgenommen als für die Reinheit der Gewässer. Nach der bereits zitierten Studie des Umweltbundesamtes (BMU, 1996b) sehen hier im Westen Deutschlands 39% der Befragten, in den neuen Ländern sogar 57% die meisten Fortschritte der Umweltpolitik, vor den Problemfeldern Luft, Boden, Klima, Energie und Abfall. Letzteres könnte damit zusammenhängen, daß mit dem Begriff „Gewässer" von den Befragten wohl eher Oberflächengewässer in Verbindung gebracht werden (wo tatsächlich Qualitätsverbesserungen zu verzeichnen sind) und weniger das Grundwasser bzw. Trinkwasserreservoirs. Mit der verwendeten Begifflichkeit ließe sich auch erklären, warum das Thema „Wasserverseuchung" in einer Studie von Billig (1994) bei der Frage nach den wichtigsten zukünftigen Bedrohungen hinter „Altlasten" und „Gewalt" auf Platz 3 kam, vor Ereignissen wie „Klimaveränderungen", „Krieg" oder „Chemieunfälle" (zur methodischen Problematik von Umfragen siehe WBGU, 1996b). Aber auch im Health of the Planet Survey (Dunlap et al., 1993), einer umfangreichen, ländervergleichenden Befragungsstudie, zählten die Befragten in 19 von 24 Ländern in einer offenen Interviewfrage die Wasserqualität zu den drei wichtigsten Umweltproblemen. Nach der Luftverschmutzung (23 Länder) entspricht dies der zweithäufigsten Nennung, mit deutlichem Abstand vor allen übrigen genannten Problemen. Insgesamt ist somit aus den vorliegenden Untersuchungen zur Umweltproblemwahrnehmung für die Wasserverschmutzung keine eindeutige Tendenz herauszulesen.

Mit der zunehmenden Betrachtung indirekter Verschmutzungsquellen, zu denen auch die gewaltigen Wasserverbräuche bei der Herstellung von Konsumgütern zählen, sind natürlich auch die entsprechenden menschlichen Verhaltensweisen und ihre Determinanten größtenteils in anderen Bereichen als dem unmittelbar wasserbezogenen Verhalten zu suchen. Insofern können die folgenden Ausführungen, die sich auf Verhaltensaspekte im Zusammenhang mit unmittelbaren Wassereinwirkungen beziehen, nur einen kleinen Teil der relevanten Verhaltensweisen abdecken und müssen durch Analysen indirekt wasserverschmutzender Handlungen ergänzt werden (für Verhaltensdeterminanten mit Blick auf die Verunreinigung des Bodens siehe z. B. WBGU, 1994).

WAHRNEHMUNG
Verschmutzungen des Wassers sind in den meisten Fällen nicht unmittelbar wahrnehmbar. Selbst klarstes Wasser aus einem „natürlichen" Gebirgsbach – für das Auge der Inbegriff von Reinheit – kann ökologisch minderwertig sein. Eine adäquate Problemwahrnehmung wird dadurch erschwert. Schien man die Verschmutzung des Rheins infolge der Sandoz-Katastrophe 1986 noch zu sehen, als er sich weithin sichtbar rot färbte (wobei die rote Farbe selbst noch das Harmloseste an der damaligen Verschmutzung war), so ist es dem klaren Wasser, das in den Haushalten aus dem Hahn kommt, nur selten anzumerken, ob und durch welche Substanzen es verschmutzt ist. Auf Blei aus alten Wasserleitungen, Nitrate oder Pestizidmetaboliten werden wir erst aufmerksam, wenn uns die Wasserwerke (häufiger: die Medien) darüber informieren oder wenn wir, irritiert durch widersprüchliche Expertenmeinungen, private Analysen veranlassen. Scheinbare Widersprüche zwischen den zunehmend alarmierenden Medieninformationen und der eigenen Wahrnehmung klaren, wohlschmek-

kenden Wassers machen unsicher und schüren Mißtrauen gerade gegenüber amtlichen, nicht selten beschwichtigenden Informationsquellen (Glasauer, 1996). Fast immer aber muß sich der „Laie" bei der Beurteilung der Wasserqualität auf Wissenschaftler und Politiker verlassen und dabei auch noch differenzieren: Die zum Beleg für erfolgreiche Wasserpolitik oft herangezogene Tatsache, daß wieder Lachse im Rhein schwimmen, mag zwar etwas über den verbesserten Zustand der Flüsse aussagen, über die Qualität der Badeseen oder den Verschmutzungsgrad des Trinkwassers gibt die plakative Aussage aber keine Auskunft.

Nicht nur beim Trinkwasser, wie es über Leitungen ins Haus geliefert wird, sind Verschmutzungen kaum wahrnehmbar. Auch vom Abwasser, das mit Schmutz, Wasch- und Putzmitteln und Fäkalien befrachtet unser Haus verläßt, ist jenseits des Gullys nichts mehr zu bemerken. Offene Abwasserkanäle, in denen ein ekelerregendes Abwassergemisch zu sehen und zu riechen wäre, gehören längst vergangenen Zeiten an, und erst in abgeschotteten Kläranlagen tritt das Abwasser noch einmal ans Tageslicht. Insgesamt scheint es durchaus plausibel anzunehmen, daß die individuelle Wahrnehmung von Wasserverschmutzung kaum Auswirkungen auf privates, wasserverschmutzendes Verhalten haben kann.

WISSEN

Auch wenn dazu keine direkten Daten vorliegen: Mit der mangelnden unmittelbaren Wahrnehmung dürfte auch ein mangelndes Faktenwissen über den Sauberkeitsgrad des uns zur Verfügung stehenden Wassers einhergehen. Angesichts des beruhigenden Wissens um die Pflicht der Wasserver- und -entsorger, die hohen Qualitätsnormen für Trinkwasser ständig zu erfüllen und zu überwachen sowie in Klärwerken aus Abwasser wieder „sauberes Wasser" zu machen, war solches Umweltwissen bis vor kurzem auch noch nicht relevant, zumal auch der technische Aufwand für die „Produktion" von Trinkwasser und die Wiederaufarbeitung von Abwasser weitgehend im Dunkeln blieben.

In jüngster Zeit führen allerdings die vermehrten Meldungen über „verseuchtes Trinkwasser" dazu, daß sich einzelne Bürger selbst kundig machen, von ihren Wasserwerken Auskunft verlangen und eigene Wasserproben zur Analyse bringen, auch, um selbst Klarheit in die kontroversen Informationen zu bringen, die sie über die Medien erreichen. Dabei hat das Wissen über Wasserverunreinigungen in den meisten Fällen bereits Unsicherheit und Mißtrauen gegenüber der gesundheitlichen Unbedenklichkeit von Leitungswasser ausgelöst und längst zu einem Rückgang der Trinkwasserakzeptanz bei der Bevölkerung geführt (Schramm, 1995). In der zitierten Umfragestudie zum wasserbezogenen Verhalten in deutschen Städten geben über 85% der Befragten an, selten oder gar nie „Wasser aus der Leitung" zu trinken (Ipsen, 1994). Hier wird vermeintliches oder tatsächliches Wissen unmittelbar verhaltensrelevant: Die mengenmäßig ohnehin nicht allzu bedeutende Nutzung von Leitungswasser als Trinkwasser geht zurück, während verstärkt auf die vermeintlich unbelasteten Mineralwässer zurückgegriffen wird.

Inwieweit angesichts der Vielzahl potentiell wassergefährdender Stoffe, mit denen wir täglich umgehen, von einem Bestand an Wissen über wasserverschmutzende Auswirkungen einzelner Verhaltensweisen ausgegangen werden kann, scheint zweifelhaft, ebenso, ob ein solches Wissen verhaltensrelevant werden kann. Zu stark scheinen viele wasserverunreinigende Handlungen, vom Wäschewaschen bis zur Körperpflege, Gewohnheiten unterworfen und mit Werthaltungen und Normen verknüpft zu sein.

EINSTELLUNGEN, NORMEN UND WERTHALTUNGEN

Während die religiöse Verehrung von Wassergottheiten durchaus eine Art „natürliches Reinheitsgebot" darstellen kann und „heiliges Wasser" aus Flüssen, Quellen und Brunnen von Gläubigen ganz selbstverständlich saubergehalten wird (Katalyse, 1993), fehlt ein solcher Schutzmechanismus im völlig ent-emotionalisierten Umgang mit dem „toten Rohstoff Wasser", wie er in säkularen Gesellschaften zu finden ist. Allerdings schützt auch die Zuweisung religiöser Bedeutungen Wasser nicht zwangsläufig vor Verschmutzung, so daß vor einer romantisierenden Betrachtung religiöser Schutznormen zu warnen ist. So wird etwa aus Indien berichtet, daß der heilige Fluß Ganges von gläubigen Hindus gerade wegen seiner Heiligkeit ganz unbekümmert als Mülldeponie genutzt wird: Ein Fluß, der alles reinigen kann, kann auch sich selbst reinigen (Wilke, 1995).

Für die Einstellung zum Wasser, wie sie in Industrieländern heute vorherrscht, ist die Selbstverständlichkeit kennzeichnend, mit der es als Entsorgungspfad benutzt wird (Lanz und Davis, 1995). Dank WC, Schwemmkanalisation und Delegation der Entsorgungspflicht an dafür bestimmte Institutionen ist dies auch nicht weiter verwunderlich. Die Wahrnehmung von Schmutzwasser endet unmittelbar „am Ausguß", und die Verhaltensweise, flüssige Abfälle gleich welcher Art der Kanalisation zu überantworten, ist hochgradig habitualisiert. Dies trägt zu weitgehender Sorglosigkeit im Zusammenhang mit der Verschmutzungsproblematik bei. Zudem gilt auch hier, was bereits im Zusammenhang mit der Verknappung von Wasser ausgeführt wurde: Die Macht konkurrierender Normen (Sauberkeit von Körper, Wäsche, Auto usw.) läßt den Ge- und Verbrauch von Wasser in quantitativer wie in qualitativer Hinsicht häufig als prioritär vor Überlegungen des Umweltschutzes erscheinen.

HANDLUNGSANREIZE

Nicht umsonst dient Wasser in vielen ökonomischen Lehrbüchern als geradezu klassisches Beispiel für die Externalisierung privater Kosten im Zusammenhang mit öffentlichen Gütern: Die Anreizstruktur bei der Inanspruchnahme von Gewässern als Entsorgungsweg fördert beinahe zwangsläufig deren Verschmutzung. Vor die Wahl gestellt, Flüssigabfälle teuer als Sonderabfall zu entsorgen oder einfach „wegzukippen", liegt die Versuchung zu letzterem nahe – im Industriebetrieb wie im Haushalt. Anders als beim Boden, wo Kontaminationen noch Jahre später als Altlasten ihren Verursachern zugerechnet werden können, lädt dabei das fließende Element Wasser zur ungestraften Verunreinigung geradezu ein.

WAHRNEHMUNG VON HANDLUNGSKONSEQUENZEN

Wie die Verschmutzungen des Wassers selbst sind auch Zusammenhänge zwischen einzelnen Verhaltensweisen und ihren Folgen für die Wasserqualität im Rahmen einer zentralen Wasserver- und -entsorgung in der Regel kaum wahrnehmbar. Zwar ist beinahe jeder Gebrauch von Wasser gleichzeitig mit einer Verschmutzung verbunden. Unterschiede in der Konsequenz, z. B. zwischen einem Vollbad und der Entsorgung von Fotochemikalien über den Gully, treten für den Verursacher hingegen nicht zutage. Die vermischte Behandlung der Abwässer in Kanalisation und Klärwerk macht in der Regel eine Zuordnung individueller Verunreinigungen zu ihren Verursachern schon vom Prinzip her unmöglich. Schäden an der Kläranlage oder im Vorfluter sowie – auf der Versorgungsseite – der Aufbereitungsaufwand für Trinkwasser treffen die einzelnen Bürger allenfalls viel später durch eine Erhöhung der Abgabenbelastung. Verschmutzung wie Nichtverschmutzung, z. B. aus Gründen des verstärkten Umweltschutzes, werden dem Verursacher nicht rückgemeldet und können daher auch nicht auf diesem Weg verhaltenswirksam werden.

Über das Fehlen von Feedback-Mechanismen beim direkten Umgang mit Wasser hinaus werden indirekte Zusammenhänge zwischen Verhaltensweisen und einer Beeinträchtigung von Gewässern noch viel weniger bewußt. Zeitlich und räumlich auseinandergezogene, zum Teil sehr lange und verzweigte Kausalketten (z. B. Fleischverzehr aus Intensivtierhaltung, Bodenbelastung durch Gülle, Grundwasserkontamination) werden selten aufgedeckt und können kaum quantitativ auf einzelne Verhaltensweisen abgebildet werden. Zudem hätte eine Strategie der wasserbezogenen Verhaltensänderung, die auf Aufklärung über „versteckte Wasserverschmutzung" beruhen würde, wohl mit dem Problem der Ubiquität wasserverschmutzenden Verhaltens zu kämpfen.

5.3
Prinzipien und Instrumente eines nachhaltigen Wassermanagements: Umweltbildung und öffentlicher Diskurs

Umweltbildung – Wasserkultur als Barriere und Potential – Nachfragesteuerung – Veränderung von Verhaltensweisen – Wirksamkeit von Interventionsmaßnahmen – Wasser wahrnehmbar machen – Wertewandel fördern – Bestrafung vermeiden – Handlungsmöglichkeiten anbieten – Verhaltensrückmeldung – Frauen und Wasser – Formen der Konfliktschlichtung – Konsensfindung

Die Wasserkultur einer Gesellschaft, die sich anhand verschiedener Dimensionen beschreiben läßt, bleibt dieser häufig unbewußt. Sie tritt erst beim Vergleich verschiedener Gesellschaften, bei historischer Betrachtung oder im Zusammenhang mit akuten Wasserkrisen deutlicher zutage. Dennoch bestimmt sie als Wertekontext jeden Umgang mit Wasser mehr oder weniger mit (siehe Kap. D 5.2). In ihren verschiedenen Manifestationen kann die Wasserkultur als Barriere, aber auch als Potential wirksam werden, wenn es um eine Veränderung des Umgangs mit Wasser im Rahmen einer nachhaltigen Entwicklung geht. Jede Strategieplanung und Instrumentierung einer nachhaltigen Wasserpolitik muß diesen soziokulturellen Hintergrund berücksichtigen und entsprechend differenziert agieren. Dies impliziert, daß es weltweit und zeitlos gültige Instrumente für die Bewältigung der Wasserproblematik nicht geben kann, und hat Konsequenzen u. a. für globale Politikansätze (Konventionen usw.) und für wasserbezogene Initiativen der Entwicklungszusammenarbeit. Aus der Berücksichtigung der Wasserkultur einer Gesellschaft ergeben sich vielfältige Anknüpfungspunkte für spezifische Interventionen mit dem Ziel eines veränderten Umgangs mit Wasser.

Im folgenden werden zunächst psychosoziale Ansätze zur Verhaltensänderung (zusammengefaßt unter dem Begriff „Umweltbildung") und anschließend Kommunikationsprozesse zwischen verschiedenen Gruppen von Akteuren („öffentlicher Diskurs") behandelt. Diese Ansätze müssen in der Praxis immer mit rechtlich-administrativen, ökonomischen und technischen Maßnahmen koordiniert werden. Da der Umgang mit Wasser einschließlich damit verbundener Normen (Reinheit, „Lust" oder auch Sparsamkeit) im Laufe der Sozialisation eines Menschen sehr früh gelernt und damit meist zu einer festen, nicht mehr reflektierten Gewohnheit wird, ist allerdings nicht damit zu rechnen, daß wasserbezogene Verhaltensweisen „nach Belieben" veränderbar sind.

5.3.1
Maßnahmen der Umweltbildung für einen veränderten Umgang mit Wasser

Im Rahmen eines nachhaltigen Wassermanagements, das zu einem „veränderten Umgang mit Wasser", also zu Veränderungen einzelner Verhaltensweisen bis hin zur Veränderung von Lebensstilen führen soll, kann im Einzelfall entweder die Reduktion des Wasserverbrauchs oder die Sicherung der Wasserqualität im Vordergrund der Bemühungen stehen (siehe Kap. D 5.2). Beide Ziele erfordern eine jeweils unterschiedliche Schwerpunktsetzung bei der Auswahl der Interventionsmaßnahmen. Insbesondere verhaltensnahe Strategien wie die Schaffung von Handlungsanreizen und Handlungsgelegenheiten oder die Rückmeldung von Handlungskonsequenzen werden sich danach unterscheiden, ob Verhaltensaspekte verändert werden sollen, die den Wasserverbrauch oder aber die Wasserqualität beeinflussen.

In der sozial- und verhaltenswissenschaftlichen Forschung zur Veränderung wasserbezogener Verhaltensweisen wurde bislang – analog zum Energiesparen – vor allem der quantitative Aspekt der Verbrauchsreduktion bearbeitet. Er steht auch in den folgenden Abschnitten im Vordergrund. Zudem ist zu berücksichtigen, daß Forschung zur Beeinflussung wasserbezogener Verhaltensweisen immer noch vornehmlich vor dem Hintergrund der „westlichen Wasserkultur" stattfindet. Bei einer Übertragung der daraus gewonnenen Erkenntnisse auf andere Kulturen muß daher stets deren spezifische Wasserkultur in Betracht gezogen werden.

Prinzipiell können Probleme bei der langfristigen Sicherung der Wasserversorgung mit verschiedenen Strategien angegangen werden. Einerseits kann versucht werden, das Angebot an Wasser zu erweitern, meist unter massivem Einsatz technischer Hilfsmittel (Aufbereitung, Entsalzung, Fernwassernetze, Tiefbrunnen zur Erschließung „fossiler" Wasservorkommen usw.). Diese Strategie des *supply side management* hat vor allem für jene Länder ihre Berechtigung, in denen eine Grundversorgung mit Wasser nicht gewährleistet ist. Sie findet dort ihre Grenzen, wo ein hoher Verbrauch mit enormem Aufwand aufrechterhalten wird. Andererseits kann aber auch versucht werden, mit einer Kombination aus technischen, ökonomischen und psychosozialen Interventionen die Nachfrage nach Wasser zu beeinflussen und so den Verbrauch an das begrenzte Dargebot anzupassen (*demand side management*). Für den Bereich der Energieversorgung konnte gezeigt werden, daß letzteres unter bestimmten Randbedingungen ökonomisch effizienter sein kann als Investitionen auf der Angebotsseite (Stichwort least cost planning) – ökologisch und sozial nachhaltiger scheint eine solche Strategie ohnehin zu sein. In der Wasserversorgung gewinnen solche nachfrageorientierten Ansätze allerdings erst allmählich an Boden (Cichorowski, 1996; Schramm, 1995; Winkler, 1982).

Auf der technischen Seite (ergänzt durch entsprechende rechtlich-administrative und ökonomische Maßnahmen) impliziert ein wasserbezogenes demand side management die Bereitstellung von Handlungsmöglichkeiten, etwa durch das verstärkte Angebot an wassersparender Infrastruktur (Wasch- und Spülmaschinen, Armaturen usw.) oder an qualitativ unterschiedlichen Wassersorten (Trink- vs. Brauchwasser). Im Bereich der psychosozialen Interventionen kommen Maßnahmen zum Einsatz, die primär an der Motivation zu wasserbezogenen Verhaltensweisen ansetzen und dazu eine Veränderung von Problemwahrnehmungen, Wissen, Einstellungen und Werthaltungen sowie der entsprechenden Anreizstruktur anstreben. Unter Zuhilfenahme von Marketing- und PR-Strategien können auch mehrere dieser Einflußfaktoren simultan bei breiten Kreisen der Bevölkerung angesprochen werden. Ziel des demand side management ist die Reduktion des Wasserverbrauchs, wobei die technische Effizienzsteigerung durch ein verändertes Wasserverbrauchsverhalten (Dusch- und Badeverhalten, Mehrfachnutzung usw.) ergänzt wird.

Im Vergleich zum Energiebereich, der von der sozial- und verhaltenswissenschaftlichen Forschung seit den „Ölkrisen" Ende der 70er/Anfang der 80er Jahre intensiv bearbeitet wurde, gibt es zur Verhaltenswirksamkeit psychosozialer Interventionsmaßnahmen beim Umgang mit Wasser erst relativ wenige Studien (siehe Kasten D 5.3-1). Sie differieren teilweise erheblich hinsichtlich der situativen Randbedingungen, der zugrundegelegten Verhaltensmodelle und der untersuchten Einflußfaktoren, so daß generalisierende Aussagen kaum möglich sind. Es zeigt sich aber, daß eine ganze Reihe von Faktoren zur Veränderung des Wasserverbrauchs beitragen kann. Dabei ist bemerkenswert, daß offenbar weder die Änderung von Preisen und Preisstrukturen noch das Angebot an wassersparenden Techniken noch die Anwendung von Informationsstrategien für sich allein jeweils zum Ziel führten (Schramm, 1995; Winkler, 1982). Vielmehr scheint eine Kombination verschiedener Interventionen am erfolgversprechendsten zu sein.

> **KASTEN D 5.3-1**
>
> **Wirksamkeit psychosozialer Interventionsmaßnahmen**
>
> Untersuchungen zur Reduktion von Wasserverbräuchen mit Hilfe psychosozialer Interventionsmaßnahmen wurden seit Anfang der 80er Jahre vor allem in den USA und in Australien durchgeführt (für einen Überblick siehe Cone und Hayes, 1980; Winkler, 1982; Stern und Oskamp, 1987; Seligman und Finegan, 1990; Gardner und Stern, 1996). Insgesamt blieben die erzielten Verhaltenseffekte in den meisten Studien gering. Dies mag mit einer geringen Veränderungselastizität des Wasserverbrauchsverhaltens zusammenhängen, kann aber auch mit der jeweils selektiven Anwendung einzelner Interventionsmaßnahmen in den Untersuchungen zu tun haben.
>
> Folgende Faktoren führten in den einzelnen Studien zu einer Verbrauchsreduktion:
> – die wahrgenommene soziale Norm, Wasser zu sparen (Kantola et al., 1982),
> – der preisgünstige Einbau wassersparender Armaturen (Geller et al., 1983),
> – die Erhöhung des Wasserpreises (Berk et al., 1980; Moore et al., 1994),
> – Aufklärung über den Commons-dilemma-Charakter der Situation (langfristiger Nutzen des Wassersparens für alle Menschen; Wirksamkeit des eigenen Sparverhaltens) (Thompson und Stoutemyer, 1991),
> – eine Kombination aus Aufklärung und einer Selbstverpflichtung, zu wassersparendem Verhalten beizutragen (Dickerson et al., 1992),
> – eine Kombination aus Verbrauchsrückmeldung und Erzeugen kognitiver Dissonanz (Aitken et al., 1994),
> – Sparprogramme mit einer Kombination aus aufklärenden (Information, Appelle, Verbrauchsrückmeldungen usw.) und regulativen Elementen (temporäre Verbrauchseinschränkungen usw.) (Berk et al., 1980).
>
> Als eher unwirksam erwiesen sich hingegen:
> – eine allgemeine Preiserhöhung sowie progressive Preisgestaltung bei Überschreitung von Reduktionszielen („Strafzahlungen") (Agras et al., 1980),
> – Rabatte für Minderverbrauch (Winkler, 1982),
> – Aufklärung über Wasserproblematik und Sparmöglichkeiten (Geller et al., 1983),
> – „ökonomische Aufklärung" (kurzfristiger ökonomischer Nutzen von Wassersparverhalten) (Thompson und Stoutemyer, 1991),
> – isolierte Verbrauchsrückmeldung (Geller et al., 1983; Winkler, 1982).
>
> Verschiedene Autoren führen die relative Wirkungslosigkeit von informatorischen Interventionsmaßnahmen (insbesondere von Rückmeldungen über den tatsächlichen Wasserverbrauch) auf die ökonomischen Rahmenbedingungen der entsprechenden Untersuchungen zurück und verweisen dazu auf ähnliche Effekte im Energiebereich: Der niedrige Preis für Wasser sowie die meist degressive Preisstruktur geben ein kontraproduktives Signal, eine Motivation zum Sparen könne nicht entstehen (Geller et al., 1983; Winkler, 1982; Seligman und Finegan, 1990). Dennoch können solche feedback-Strategien sinnvoll sein, wie der Befund von Hamilton (1985) belegt, wonach das Wassersparverhalten mit dem Wissen über den eigenen Wasserverbrauch positiv korreliert.
>
> Neben den genannten Einflußfaktoren konnten in den einzelnen Studien auch für zahlreiche soziodemographische Merkmale statistische Zusammenhänge mit dem Wasserverbrauch hergestellt werden, so für das Alter (Kantola et al., 1982), die gesellschaftliche Stellung (Thompson und Stoutemyer, 1991), sowie die Haushaltsgröße und das Einkommen (Aitken et al., 1994) der untersuchten Stichproben. Dies unterstreicht die Notwendigkeit, Interventionen zur Reduktion von Wasserverbräuchen zielgruppenspezifisch auszugestalten.

Unter Rückgriff auf die in Abschnitt D 5.2 eingeführte Taxonomie werden im folgenden Optionen vorgestellt, die aus Sicht der Sozial- und Verhaltenswissenschaften einzeln, besser aber in Kombination zu einem veränderten Umgang mit Wasser beitragen können (siehe dazu auch WBGU, 1993).

WAHRNEHMUNG UND WISSEN

Um ein Bewußtsein für Wasser und die damit verbundenen realen bzw. potentiellen Problemfelder zu schaffen, ist es zuallererst erforderlich, Wasser im Alltag (wieder) wahrnehmbar zu machen. Dies betrifft die Qualität und Quantität des zur Verfügung stehenden Wassers, aber auch die wasserbezogene Infrastruktur, seine Herkunft und seinen weiteren

Verbleib (räumlich wie zeitlich) sowie die Veränderungen, die diese Ressource durch menschliche Nutzungen erfährt.

Möglichkeiten dazu sind
- die möglichst weitgehende Offenlegung von Flüssen und Kanälen (was auch für das lokale Mikroklima günstig ist und ästhetisch wertvoll sein kann),
- die laufende Veröffentlichung von Qualitäts- und Quantitätsdaten durch die lokalen Wasserwerke, „Tage der offenen Tür" in Brunnen- und Aufbereitungsanlagen sowie Klärwerken und entsprechende Öffentlichkeitsarbeit,
- Maßnahmen der Umweltbildung innerhalb wie außerhalb der Schule mit Bezug zur lokalen Wassersituation, die auf das Wahrnehmbar- und Erfahrbarmachen von Wasser ausgerichtet sind,
- die Thematisierung und Problematisierung von Art, Zustand, Herkunft, Bedeutung und Umgang mit lokalen Wasserressourcen im Rahmen eines breit angelegten öffentlichen Wasserdiskurses,
- die Verpflichtung zur Kennzeichnung produktionsbedingter Wasserverbräuche bei Konsumgütern ab einer bestimmten Menge.

Zur Steigerung der Effektivität und Effizienz von Informationsmaßnahmen, die eine Veränderung wasserbezogener Verhaltensweisen anzielen, sollten entsprechende Informationen möglichst mit anderen Umwelt- oder Sozialthemen (Boden, Luft, Konsumverhalten usw.) in Zusammenhang gebracht werden. Ein solches Vorgehen trägt auch dem oft nur indirekten, „versteckten" Wasserbezug einzelner Verhaltensweisen Rechnung.

EINSTELLUNGEN, NORMEN UND WERTHALTUNGEN

Um mit bestehenden individuellen wie sozialen Normen (Reinlichkeitskult, fun-Kultur usw.) „konkurrieren" zu können, ist ein Wertewandel hin zu einem nachhaltigen Umgang mit Wasser zu fördern. Dazu zählt auch die Einsicht in die Notwendigkeit wasserbezogener Verhaltensänderungen, falls diese aufgrund der qualitativen oder quantitativen Bedingungen erforderlich sein sollten.

Hier kann die Vorbildwirkung prominenter Personen oder der öffentlichen Hand (z. B. bei Bau- und Investitionsmaßnahmen) dazu genutzt werden, wassersparendes Verhalten glaubwürdig als „autorisierten Standard" zu etablieren. Auch die Veröffentlichung besonders sparsamer Verhaltensweisen bzw. Verbrauchertips kann dazu beitragen, ebenso der Einsatz von Prämien materieller wie symbolischer Art für wasserschonendes Handeln. Zur Entwicklung eines „Wasserbewußtseins" kann an lokal vorhandenen soziokulturellen Normen oder religiös motivierten Regeln, durchaus aber auch am positiv besetzten, lustvoll-verschwenderischen Umgang mit Wasser angeknüpft werden, wenn etwa gerade in öffentlichen Bädern und Erlebnisparks eine wassersparende Infrastruktur vorzufinden ist oder dort „nachhaltige" Verhaltensweisen durch Anreize oder Verhaltensmodellierung unterstützt werden (Glasauer, 1996).

Außerdem können Konzepte der regionalen Nachhaltigkeit oder die Bemühungen um die Erstellung einer LOKALEN AGENDA 21 über die Förderung eines lokalen Zugehörigkeits- und Verantwortungsgefühls Einfluß auf Einstellungen und Werthaltungen gegenüber der (lokalen) Ressource Wasser nehmen. Auch die Förderung der Wasser(problem)wahrnehmung und des entsprechenden Wissens trägt dazu bei.

Für einen differenzierten Umgang mit Wasser unterschiedlicher Qualitäten, wo immer dies möglich ist (Ersatz von Trinkwasser durch Hygiene- und Brauchwasser), ist es neben der Bereitstellung entsprechender Infrastruktureinrichtungen (Zapfstellen, Reservoirs) oder der baugesetzlichen Vereinfachung der Regenwassernutzung erforderlich, entsprechende Imagekampagnen durchzuführen. Hierzu kann auf einschlägige Erfahrungen der Werbebranche zurückgegriffen werden, die sich inzwischen als „ökologisches Marketing" etablieren. Auch die Kampagnen einzelner Wasserwerke zur Anhebung des Image von Leitungswasser als Lebensmittel sind gerade im Zusammenhang mit der Wahrnehmbarmachung von Wasser im Alltag zu begrüßen. Sie müssen allerdings in besonderer Weise mit der Sicherung der Trinkwasserqualität bzw. mit Transparenz im Problemfall einhergehen, damit keine Glaubwürdigkeitslücken entstehen.

HANDLUNGSANREIZE

Anreize zu einem nachhaltigen Umgang mit Wasser können von der Preisgestaltung sowie von den Abrechnungsmodi für Trink- und Abwasser ausgehen. Dabei ist einer verbrauchsbezogenen Abrechnung vor dem verbreiteten Umlageverfahren der Vorzug zu geben. Die Tarife sollten vor diesem Hintergrund progressiv, mindestens aber linear gestaltet sein, um hohe Verbräuche nicht zu begünstigen. Wegen der geringen Preiselastizität sollten Ansätze, die auf der Gestaltung des Wasserpreises basieren, allerdings immer zusammen mit anderen Instrumenten eingesetzt werden.

Insgesamt sind Anreize, z. B. in Form von Prämien und Rabatten, aber auch von sozialer Anerkennung (etwa durch Prämierungen im Rahmen von Wassersparwettbewerben) so zu setzen bzw. zu korrigieren, daß sich ein schonender Umgang mit Wasser für den einzelnen Bürger, aber auch für Kommunen oder Wasserwerke lohnen kann. Insbesondere ist eine

„Bestrafung" wassersparender Verhaltensweisen durch nachfolgende Preiserhöhungen zu vermeiden.

Handlungsmöglichkeiten und -gelegenheiten

Von den Bürgern werden ihre eigenen Handlungsmöglichkeiten im Bereich des Wassersparens offenbar als relativ begrenzt angesehen (Glasauer, 1996). Um so wichtiger ist es, neue Handlungsgelegenheiten zu schaffen bzw. unbekanntere Möglichkeiten zu propagieren, im öffentlichen Raum z. B. durch klare und aufmerksamkeitserregende Hinweisschilder in Toiletten und Duschen. Auch eine weitgehende Kennzeichnung entsprechender Armaturen und Geräte, wie sie bei Wasch- und Spülmaschinen teilweise schon der Fall ist, trägt dazu bei. Die Schaffung von Handlungsgelegenheiten umfaßt aber auch die Förderung entsprechender umwelttechnischer Innovationen der Industrie.

Soll ein differenzierter Umgang mit Wasser unterschiedlicher Qualität angestrebt werden, so sind entsprechende Infrastrukturmaßnahmen zu fördern, z. B. zur Gartenbewässerung mit geringerwertigem Brauchwasser.

Zu einer Verbesserung der Handlungsgelegenheiten beim Umgang mit Wasser zählt insbesondere auch die Schaffung von Partizipationsmöglichkeiten bei wasserrelevanten Entscheidungen im Rahmen eines öffentlichen Wasserdiskurses.

Wahrnehmung von Handlungskonsequenzen

Damit positive wie negative Auswirkungen ihrer eigenen wasserbezogenen Verhaltensweisen von den handelnden Personen überhaupt als solche wahrgenommen und zu ihrem Handeln in Bezug gesetzt werden können, ist die Rückmeldung über quantitative wie qualitative Wasserge- und -verbräuche zu verbessern. Dies umfaßt u. a. die technische Ermöglichung der haushaltsbezogenen Verbrauchsmessung, deren bau- bzw. mietrechtlich verbindliche Einführung geprüft werden sollte, sowie die adäquate Darstellung der entsprechenden Informationen, z. B. in Form von Anzeigetafeln, Displays usw. Die Rückmeldeverfahren selbst sind nutzerfreundlich zu gestalten und sollten möglichst genau auf die handelnden Personen und ihre Verhaltensweisen zugeschnitten sein. Auch sollten sie relativ häufig erfolgen und Vergleiche ermöglichen.

Die Wahrnehmbarmachung von Handlungskonsequenzen kann für kollektive Verhaltensweisen auch in aggregierter Form erfolgen, z. B. über die laufende Veröffentlichung von lokalen Schadstoffparametern in Klärwerken oder von Pegelständen in Trinkwasserreservoirs sowie von deren jeweiligen Ursachen. Mit dem Sichtbarmachen der Auswirkungen wasserbezogener Verhaltensweisen durch Signaltafeln, Plakate oder ähnliche Informationsmedien kann auch der häufigen Annahme der Marginalität des eigenen Verhaltens begegnet werden.

Sämtliche vorgestellten Interventionsmaßnahmen sind für den konkreten Einsatz kontext- und zielgruppenspezifisch auszugestalten und in ihren Auswirkungen auf tatsächliches Verhalten zu evaluieren. Wegen der möglicherweise geringen Wirksamkeit von psychosozialen Interventionsmaßnahmen, die nur einzelne der o.g. verhaltensbeeinflussenden Faktoren berücksichtigen, ist es ratsam, auf der Grundlage von Gesamtkonzepten mehrere Faktoren gleichzeitig zu „bewegen". Als Beispiel für ein solches Vorgehen kann das Konzept der „Rationellen Wasserverwendung" gelten, wie es seit einigen Jahren in Frankfurt am Main umgesetzt wird (siehe Kasten D 5.3-2).

Die Anwendung psychosozialer Interventionsmaßnahmen in anderen „Wasserkulturen", wie sie z. B. bei Maßnahmen der Entwicklungszusammenarbeit erfolgt, muß den jeweiligen soziokulturellen Kontexten Rechnung tragen. Dies erfordert zunächst die genaue Analyse der vor Ort vorzufindenden wasserbezogenen Rahmenbedingungen ökologischer, wissenschaftlich-technischer, ökonomischer, rechtlich-administrativer, religiöser und symbolischer Natur (siehe Kap. D 5.2), sowie der Bedürfnisse, Gebräuche und Empfindlichkeiten der lokalen Bevölkerung. Die Auswahl und Umsetzung konkreter Maßnahmen muß diese Rahmenbedingungen berücksichtigen, um kontraproduktive Ergebnisse von vornherein ausschließen zu können.

So ist es beispielsweise von Bedeutung, technische Maßnahmen, die bei vielen Projekten zunächst im Vordergrund stehen, sozialverträglich zu gestalten und in das Wissens- und Wertesystem der lokalen Bevölkerung „einzubetten", um die Akzeptanz von und Identifikation mit diesen Maßnahmen zu fördern. Auch sollte die Installation von Wasserversorgungstechnik unmittelbar mit begleitenden Bildungsmaßnahmen (kulturangepaßte Hygieneerziehung usw.) einhergehen. Von besonderer Bedeutung gerade in Entwicklungsländern ist es, Frauen in geeigneter Weise in wasserbezogene Maßnahmen einzubeziehen (siehe Kasten D 5.3-3).

> **KASTEN D 5.3-2**
>
> **Das Konzept der „Rationellen Wasserverwendung" in Frankfurt am Main**
>
> Für die Stadt Frankfurt am Main wurde Anfang der 90er Jahre zur langfristigen Sicherstellung der Versorgung mit Trinkwasser das Konzept der „Rationellen Wasserverwendung" entwickelt. Neben dem Schutz der innerstädtischen Grundwasservorkommen (zur Sicherung der lokalen Ressourcen) und einer differenzierten Wassernutzung (möglichst weitgehende Substitution von Trinkwasser durch Brauchwasser) zielt das Konzept auf eine Reduktion des Wasserverbrauchs zwischen 1991 und 2000 um 20% ab, und zwar durch die Vermeidung von Verschwendung und Verlusten, den Einsatz wassersparender Technik bei gleichbleibenden Komfort- und Hygienestandards sowie durch ein verändertes Verbraucherverhalten. Die größten Einsparpotentiale werden dabei bei den privaten Haushalten vermutet, die zwei Drittel des Frankfurter Trinkwassers verbrauchen.
>
> Zur Veränderung des Verbraucherverhaltens auf der Grundlage dieses Konzepts wird in Frankfurt seit 1992 eine breit angelegte Wassersparkampagne durchgeführt, die mehrere Elemente umfaßt, gleichwohl nicht nach Akteursgruppen differenziert (Cichorowski, 1996; Koenigs, 1996):
>
> - Schaffung von Problembewußtsein durch Medienwerbung (Plakatreihe, Poster, Funk- und Kinospots) mit dem Ziel einer aufklärenden und emotionalen Verknüpfung der Themen „Wasserknappheit" und „Natur/Umwelt".
> - Problematisierung der (vorrangig auf Fernwasser basierenden) Frankfurter Wasserversorgung durch Veranstaltungen, Broschüren und Zeitungsanzeigen.
> - Information über konkrete Handlungsmöglichkeiten der einzelnen Haushalte durch Broschüren, Zeitungsanzeigen, Beratungsstellen sowie ein Infotelefon.
> - Durchführung von Modellvorhaben in einzelnen Stadtteilen (kostenloser Einbau von Wasserspar-Armaturen, Optimierung der Sanitärinstallation, Einbau von Wohnungswasserzählern).
> - Ehrung von „Wassersparern".
>
> Zur Finanzierung der Kommunikations- und Marketingkampagne konnte u. a. auf die in Hessen seit 1992 erhobene Grundwasserabgabe zurückgegriffen werden.
>
> In den Jahren 1991–1995 ist der Gesamtverbrauch an Trinkwasser in Frankfurt um 16% zurückgegangen, die Einsparung des Verbrauchs pro Kopf und Tag beläuft sich auf 12,3%. Da es im fraglichen Zeitraum auch im Umland der Stadt zu einer Reduktion des Wasserverbrauchs kam und in den Jahren 1992 und 1993 für die Region Südhessen der Wassernotstand ausgerufen wurde, ist eine eindeutige Zuordnung der Verbrauchsminderung zu der beschriebenen Kampagne sicher nicht möglich (Cichorowski, 1996; Schramm, 1995). Dennoch belegen auch die Befunde von Ipsen (1994 und 1996) indirekt die Wirksamkeit der Kampagne. Aus diesen Daten geht freilich auch hervor, daß eine Differenzierung nach Akteurs- bzw. Lebensstilgruppen ihre Wirksamkeit möglicherweise noch steigern könnte.

5.3.2 Kommunikation und Diskurs

5.3.2.1 Grundlagen diskursiver Verständigung

Was kommunikatives Handeln und kooperativer Diskurs aus der Sicht der Sozialwissenschaften bedeuten, ist bereits in Kap. D 4.1.2 angesprochen. Hier geht es nun um die verschiedenen Formen der Kommunikation und des verständigungsorientierten Diskurses, die in sozialen Prozessen angewendet werden. Die relevanten Instrumente von Kommunikation und Diskurs sind Gesprächskreise, Mediationsverfahren, Runde Tische, Bürgerbeteiligungen u. a. auf kommunaler, regionaler, nationaler und internationaler Ebene, bei denen alle Konfliktbeteiligten zusammengeführt werden sollen. In Gesprächskreisen geht es um eine gegenseitige Orientierung der Teilnehmer und um soziales Lernen; in Diskursen stehen kollektiv verbindliche Regelungen oder Selbstverpflichtungen im Vordergrund. In einem Diskurs haben alle Teilnehmer gleiche Rechte und Pflichten und sehen freiwillig von strategischer Einflußnahme ab. Mit Hilfe der Kommunikation können anhand von Aussagenüberprüfungen Konflikte entweder durch einen Konsens oder Kompromiß bewältigt werden, der für alle Konfliktbeteiligten eine faire und kompetente Lösung darstellt (Renn, 1996a). Die Konsensfähigkeit ist an drei Bedingungen geknüpft (Renn, 1996b):

> **KASTEN D 5.3-3**
>
> **Frauen und Wasser in Entwicklungsländern**
>
> In vielen Entwicklungsländern sind Frauen die Hauptakteure im Umgang mit Wasser, sei es als Trägerinnen, Managerinnen, Nutzerinnen oder Gesundheitserzieherinnen. Wegen ihrer Tätigkeit im Haushalt sind sie aber auch oft Hauptbetroffene von Krankheiten, die mit der Verwendung von verschmutztem bzw. verseuchtem Wasser in Zusammenhang stehen. Daher ist es von großer Bedeutung, sie an der Planung und Durchführung von Maßnahmen der Wasserver- und -entsorgung adäquat zu beteiligen.
>
> So sind Frauen für viele Fragen im Kontext von Wasserprojekten oftmals geeignete Informanten, Promotoren und Multiplikatoren, von der Erhebung lokaler Bedürfnisse über Standort- und Ausstattungsfragen bis hin zur Akzeptanz und Nutzung neuer Wasserversorgungssysteme. Ihr Wissen über wasserrelevante natürliche wie kulturelle Gegebenheiten und Bedingungen prädestiniert sie für die Beratung von Maßnahmenträgern und sichert so die Identifikation der Bevölkerung mit dem Projekt. Dabei sind es oft kleine Details, die über Erfolg oder Mißerfolg von Wasserprojekten entscheiden, etwa die Frage der Sichtbarkeit bei der Körperhygiene, die im Zusammenhang mit der Standortwahl und baulichen Ausgestaltung öffentlicher Sanitäranlagen eine Rolle spielt. Auch die ehrenamtliche oder aber bezahlte Pflege und Wartung sowie das Management von Wassersystemen sind bei Frauen in guten Händen, da sie an einer intakten Wasserver- und -entsorgung ein besonderes Interesse haben. Oft sind sie daher auch für Wassersparmaßnahmen besonders motiviert. Darüber hinaus haben sich Frauen auch als die effektivsten Erzieherinnen bei Hygiene- und Gesundheitsfragen erwiesen (UN INSTRAW, 1991).

1. Es müssen genügend Lösungen zwischen den Extremen (ja oder nein) existieren bzw. geschaffen werden.
2. Die Beteiligten müssen gemeinsame Regeln anerkennen, um die Geltungsansprüche von Aussagen überprüfen zu können.
3. Alle Konfliktparteien müssen das Gebot der Fairneß anerkennen. Die Anforderungen an einen Konsens sind höher als an einen Kompromiß.

Der Konsens beschreibt eine Problemlösung, die alle Konfliktparteien aus ihrer inneren Vernunft und Eigenverpflichtung zur Fairneß freiwillig akzeptieren und die sie selbst gegebenenfalls ihrer ursprünglichen Forderung vorziehen.

5.3.2.2
Kommunikative Formen der Orientierung

Kommunikative Formen der Orientierung sind darauf gerichtet, bei den Teilnehmern des Kommunikationsprozesses Lernprozesse und Einsichten auszulösen, die sich auch in Verhaltensänderungen oder -anpassungen widerspiegeln. Bei dem Versuch, durch Kommunikation Verhaltensänderungen auszulösen oder anzuregen, ist stets zu bedenken, daß Kommunikation ein zweiseitiger Prozeß ist. Wer überzeugen will, sollte zunächst die Wahrnehmung der Situation und die Argumente des zu Überzeugenden kennenlernen. Häufig sind es gerade die traditionell-kulturellen Gegebenheiten, die als Unterstützung für erwünschte Verhaltensweisen dienen können. Ist beispielsweise sauberes Wasser ein kulturell verankerter Wert, dann ist Kommunikation über die Notwendigkeit einer Versorgung mit sauberem Trinkwasser wesentlich einfacher, als wenn dieser Wert der jeweiligen Kultur fremd ist. In kleinen Gesprächskreisen vor Ort können die jeweiligen Besonderheiten der lokalen oder regionalen Kultur, die möglichen sozialen und kulturellen Verstärker, aber auch die Barrieren identifiziert und gemeinsam nach Strategien gesucht werden, um die erwünschten Verhaltensweisen zu fördern.

Eines der schwierigen Probleme bei der Kommunikation zum Thema Umwelt ist die oft marginale Bedeutung dieses Themas für die Lebensführung der jeweils Betroffenen. Wer um das Überleben kämpft, hat oft wenig Verständnis für die Sorge anderer um den Erhalt von Biodiversität. Gleichzeitig ist vielen dieser Menschen wenig bewußt, daß Umweltprobleme direkte Auswirkungen auf ihr Leben haben, z. B. in Form von Gesundheitsschäden. Um diese Personen zu erreichen, ist es oft sinnvoll, Wasserthemen als „Trittbrettfahrer" von anderen, stark nachgefragten Themen in den Kommunikationsprozeß einzubinden. Vom Rockkonzert bis zur Sprechstunde beim Arzt können auf diese Situationen abgestimmte Elemente einer wasserbezogenen Kommunikation eingebracht werden. Dabei ist natürlich die Veranstaltungsform zu wählen, die im Rahmen der jeweiligen Kultur hohen Prestigewert besitzt und sich auch für die Einbringung von Wasserthemen eignet.

Neben Gesprächskreisen eignen sich kommunikative Prozesse auch für Beratung und Bildung (siehe Kap. D 5.3.1). In Regionen mit sehr geringem Wasserdargebot wäre es sicher sinnvoll, Beratungsstellen für Wasserverbrauch einzurichten. Diese Beratung könnte z. B. mit Beratungen zur Bewässerung von Feldern, zur Haushaltsführung oder zur Gesundheitsberatung integriert oder auch in Zusammenarbeit mit Wasserwerken oder ähnlichen Einrichtungen organisiert werden. Besichtigungen von wasserbearbeitenden Anlagen sind weitere Angebote, die in vielen Industrieländern bereits mit Erfolg eingesetzt werden. Es spricht nichts dagegen, solche Besichtigungen als eine weltweite Form der Kommunikation am Ort des Geschehens zu verankern. Vielen Menschen sind die Probleme der Abwasserentsorgung überhaupt nicht deutlich. Die Möglichkeit, die Sachverhalte vor Ort zu sehen und zu begreifen, schafft neue Motivation, auch das eigene Verhalten, wenn dies erforderlich ist, zu ändern. Bereits informierte Bevölkerungsteile können hier Multiplikatorfunktionen übernehmen.

Wie in Kap. D 5.4 noch ausführlich erörtert wird, sind unter bestimmten Umständen genossenschaftliche Lösungen den staatlichen oder privatwirtschaftlichen Lösungen überlegen. Aber auch diese müssen organisiert und betreut werden, zumindest so lange, wie die Betroffenen eine solche Hilfestellung benötigen. Entwicklungshelfer und andere im Ausland arbeitende Experten sollten geschult werden, um die besonderen Voraussetzungen für genossenschaftliche Lösungen zu erkennen und die mit Organisation und Betrieb von Genossenschaften verbundenen Regeln und Anforderungen praktisch umzusetzen. Eine Reihe von positiven Beispielen aus Südamerika haben gezeigt, daß die Etablierung von Genossenschaften einen wesentlichen Beitrag der Hilfe zur Selbsthilfe geleistet haben.

5.3.2.3
Umsetzung und Anwendung diskursiver Verfahren

Die wachsende Bedeutung lokaler und regionaler Handlungs- und Politikfelder verdeutlicht im Kontext der zunehmenden Globalisierung von Umweltproblemen die Notwendigkeit, Mediationen und Bürgerpartizipationen verstärkt auch in Entwicklungsländern durchzuführen. Von seiten der Vereinten Nationen gibt es die generelle Forderung an die Staaten, Bürger in den politischen Entscheidungsprozeß einzubeziehen (UNDP, 1993). In nahezu allen entwicklungspolitischen Erfahrungsberichten und Erklärungen wird die Einbeziehung der Bevölkerung in Planung und Durchführung von Entwicklungsprogrammen ebenfalls als essentiell bezeichnet (siehe Kasten D 5.3-4). Gegen den Widerstand der Bevölkerung läßt sich auch das beste Programm nicht sinnvoll durchsetzen. Auf der ganzen Welt finden sich Überreste einer Entwicklungspolitik, die an den Wünschen und Anliegen der betroffenen Bevölkerung vorbeigelaufen sind. So sehr heute Einigkeit darüber besteht, daß internationale Hilfe bei der Wasserversorgung und -entsorgung die Partizipation der Bevölkerung einschließen muß, so wenig ist geklärt, wie man dies im einzelnen umsetzen kann. Sollen Abstimmungen organisiert werden oder sollen Eigentumsrechte per öffentlicher Zustimmung vergeben werden? Wie werden partizipative Formen der Entscheidungsfindung in die bestehende soziale und politische Ordnung eingebunden? Wie lassen sich partizipative Formen in einem diktatorisch regierten Land durchsetzen? Auf alle diese Fragen gibt es keine allgemeingültige Antwort. Oberste Zielvorstellung sollte sein, daß alle Maßnahmen zur Wasserver- und -entsorgung nicht gegen den Willen derjenigen ausgeführt werden sollten, für die diese Maßnahmen gedacht sind. Dabei kommen individuelle Gespräche, Nachbarschaftstreffen, Runde Tische mit Interessengruppen, Abstimmungen mit legalen Entscheidungsträgern und anderes in Frage. Welche Form der Partizipation angemessen, effektiv und effizient ist, ist trotz der Popularität dieser Forderung noch immer weitgehend ungeklärt. Hier besteht noch ein großer Forschungsbedarf.

Partizipative Verfahren der Mitwirkung von Betroffenen an der Planung ihrer Umwelt sind auch dann besonders gefragt, wenn die politischen Institutionen oder privaten Organisationen fehlen, um Planungsaufgaben zu übernehmen. In vielen Gesellschaften sind die zur Aufrechterhaltung eines staatlichen Wassermanagements oder auch zur Etablierung und Überwachung privatwirtschaftlicher Systeme notwendigen Institutionen entweder nicht vorhanden oder können aus vielen Gründen (Stammesfehden, Geldmangel, Korruption, mangelnde Autorität usw.) ihre Funktion nicht erfüllen. In dieser Situation macht es Sinn, auf Instrumente wie Runde Tische, kollektive Foren oder andere Formen kooperativen Handelns zurückzugreifen. Die GTZ hat diese Möglichkeit bereits erkannt und entsprechende Handlungsanweisungen formuliert (GTZ, 1996). Solche konsensorientierten Gesprächskreise sind häufig der politischen Kultur der jeweiligen Länder besser angepaßt als Mehrheitssysteme oder individualisierte Marktsysteme. Häufig helfen solche Gesprächskreise, die schwierigen Probleme des Übergangs für Gesellschaften in Transformationsprozessen (z. B. in den ehemals kommunistischen Ländern) besser zu bewältigen. Sie sind dann typische Übergangsphänomene und werden durch stabilere Ordnungssysteme

KASTEN D 5.3-4

Erfahrungen mit diskursiven Verfahren im Umweltbereich aus dem In- und Ausland

In den europäischen und nordamerikanischen Staaten sowie Japan haben diskursive Formen der Planung und Konfliktschlichtung – Runde Tische, Bürgerbeteiligungen, alternative Konfliktregelungsverfahren u. a. – zunehmend an Beliebtheit gewonnen. Diese partizipativen Verfahren sollen die Gewähr dafür bieten, daß der Anspruch einer sachgerechten und kompetenten politischen Planung mit den Wünschen und Präferenzen der Betroffenen nach einer lebenswerten Umwelt verknüpft werden kann. Zu diesen diskursiven Verfahren gehören: Konsenskonferenzen, Politikdialoge, Branchendialoge, Schlichtungs- und Moderationsverfahren, Planungszellen sowie deren Kombinationen (Weidner, 1996a). All diese Beteiligungsformen sind durch den direkten Kommunikationsprozeß gekennzeichnet. In den vom angelsächsischen Recht geprägten politisch-administrativen Systemen spielen informelle Verfahren der Schlichtung und Planung auf lokaler und regionaler Ebene eine wichtige Rolle. In Einzelfällen können Behörden durch das Verfahren des „Preempting" Kommissionen oder Mediationsrunden Entscheidungsbefugnis übertragen. Anders sieht es in der Bundesrepublik Deutschland aus. Hier können Mediationen und Beteiligungsverfahren keine rechtlich verbindlichen Ergebnisse formulieren, sondern lediglich Empfehlungen erarbeiten. Sie stellen ein Instrument der freiwilligen Selbstorganisation und Selbstkoordination auf einer horizontalen politischen Verflechtungsebene dar.

Angesichts zunehmender Umweltprobleme und deren steigendem Regelungsbedarf stoßen die Form der traditionellen hierarchischen Politiksteuerung und die damit verbundenen Handlungs- und Entscheidungspielräume an die Grenzen ihrer Leistungsfähigkeit. Damit sind die Voraussetzungen für einen Politikstil des kooperativen Diskurses gegeben. Es gibt zwar zahlreiche Vorbehalte gegen direkte bürgerschaftliche Mitwirkungsmöglichkeiten, aber dennoch sind von seiten der Verwaltung und der Politik Partizipationsverfahren erwünscht und notwendig, denn traditionelle Strategien der Entscheidungsfindung zur Lösung von Umweltproblemen werden als unzulänglich erkannt (Renn et al., 1995). Es gibt zahlreiche Gründe für die Notwendigkeit von Mediationsverfahren (Holzinger, 1994). Im Verhältnis von Staat und Bürgern ist ein grundsätzlicher Wandel zu beobachten, der sich auch darin widerspiegelt, daß umweltrelevante Entscheidungen von verantwortlichen politischen Instanzen nicht mehr widerspruchslos von den Betroffenen hingenommen werden. Das Dilemma der politischen Planung im Umweltbereich zeigt sich darin, daß zur Bewertung von Planungsvorhaben Sachkenntnisse vorliegen müssen, aber Sachkenntnisse allein reichen nicht aus, um eine demokratisch und ethisch legitimierte Lösung zu erhalten (Renn und Oppermann, 1995). Einerseits widerspricht dem normativen Fundament demokratischer Ordnungen, daß die Entscheidungsfindung den Experten überlassen wird, andererseits führt eine Entscheidung, die den politischen Kräften ausgesetzt ist, in der Regel zur Verkennung sachlich gegebener Gesetzmäßigkeiten und zu hohen Folgekosten. Mediationen und Beteiligungsverfahren sind Strategien, die eine faire Beschlußfassung und gleichzeitig eine kompetente Problemlösung bieten können.

Erfahrungen aus dem In- und Ausland demonstrieren, daß alternative Konfliktregelungsverfahren wie Umweltmediationen in vielen Ländern zwar erst in der Phase des Entstehens und der Konsolidierung sind, aber dennoch vielversprechende und erfolgreiche Ansätze direkt-demokratischer Partizipation in der politischen Entscheidungsfindung bei Umweltkonflikten darstellen. Vergleichende Untersuchungen des Wissenschaftszentrums Berlin für Sozialforschung (WZB) zeigen, daß vor allem in 3 von 11 Industrieländern – nämlich USA, Kanada und Japan – Mediationsverfahren in quantitativer Hinsicht eine Rolle bei der Regelung von Umweltkonflikten spielen (Weidner, 1996a). In Europa kommen Mediationsverfahren seltener vor, in der Schweiz und in Österreich lassen sich ungefähr 10 Mediationsverfahren identifizieren. Häufiger sind sie in Deutschland anzutreffen, wo sie in vielen Bereichen der Umweltpolitik und angrenzenden Politikfeldern (Verkehrsplanung, Stadtteilplanung, Abfallbehandlung) eingesetzt werden.

Die USA sind gewissermaßen der Ausgangspunkt der Mediationsverfahren in der Umweltpolitik. Anfang der 70er Jahre wurden sie bereits angewendet. Bis Mitte der 80er Jahre bilanziert Weidner (1996b) über 160 größere Fälle von Umweltkonflikten, in denen Mediationsverfahren eingesetzt wurden, wobei neuere Schätzungen darauf hinweisen, daß die Wachstumsrate zunimmt. Formen von Mediationsverfahren in Umweltkonflikten wurden sowohl auf der Ebene vieler Bundesstaaten als auch auf nationaler Ebene rechtlich institutionalisiert. Die Palette von Umweltmediationen auf den verschiedenen politischen Ebenen reicht von einzelnen Standortentscheidungen, Anlagenplanungen, Infrastrukturmaßnahmen, Gesetzesvorhaben bis zu politischen Grundsatzerklärungen. In Kanada, angeregt durch den Nachbarn USA, ist ebenfalls eine steigende Tendenz für den Einsatz von Umweltmediation zu verzeichnen. Analog zu den USA sind auch hier auf der Provinzebene und auf der Ebene des Bundes gesetzliche Regelungen verabschiedet worden, die Umweltmediationen in bestimmten Fällen auf eine rechtliche Grundlage stellen. Weidner (1996b) kommt auch hier zu dem Schluß, daß die Anwendung von Umweltmediationen zunehmen wird. Das Grenzgewässerregime zwischen USA und Kanada zeigt, daß Mediationen nicht nur zur friedlichen und dauerhaften Konfliktbewältigung führen, sondern auch als wesentliches Element in die Vereinbarungen integriert sind (siehe Kap. D 4.1.2.4).

In Japan haben Mediationsverfahren ebenfalls Tradition, die auf die konsensorientierte politische Kultur zurückzuführen ist. Bereits Ende der 60er Jahre wurden Mediationsverfahren zur Schlichtung von Umweltkonflikten institutionalisiert. Auf kommunaler Ebene sind Mediationsverfahren besonders weit verbreitet. Weidner (1996b) bewertet die unterschiedlichen institutionalisierten Verfahren der Konfliktbeilegung als positiv, insbesondere bei größeren Umweltkonfliktfällen gelten sie als besonders wirksam.

---

institutioneller Herrschaft abgelöst. In Ländern mit sehr lockerer Regierungsgewalt sind aber solche subpolitischen Entscheidungsforen auch als Dauerlösung sinnvoll, wenn sie im Rahmen der politischen Struktur eine legitime Funktion erhalten. Gerade Probleme der Wasserzuweisung und der kollektiven Abwasserreinigung, aber auch des Risikomanagements für Hochwasser, lassen sich ergebnisorientiert und fair mit Hilfe solcher Gremien angehen. Zwar verhindert das Konsensprinzip eine schnelle und manchmal auch effiziente Lösung, es sichert aber die Umsetzbarkeit der beschlossenen Maßnahmen und stärkt die Kohäsion des Sozialsystems und die Friedlichkeit von Konfliktaustragungen.

Diskursive Formen der Verständigung können neben Planungsaufgaben auch und vor allem Aufgaben der Konfliktschlichtung übernehmen. Häufig treten Konflikte zwischen unterschiedlichen Wassernutzern auf. Gleichzeitig beeinträchtigt die Nutzung des einen das Nutzungspotential des anderen. Das Rechtssystem ist oft überfordert, solche Konflikte zu regeln. In dieser Situation können Mediationsverfahren einen Ausweg bieten. Voraussetzung dafür ist natürlich, daß die Menge der möglichen Lösungen nicht gleich Null ist und ein erfahrener Mediator den Prozeß leitet. Die Bundesregierung könnte sowohl durch die Bereitstellung von Mediatoren als auch durch die Ausbildung von Mediatoren am Ort einen wichtigen Beitrag zur friedlichen Lösung von lokalen und regionalen Wasserkonflikten leisten.

In der Umsetzung müssen alle oben beschriebenen diskursiven Verfahren in der Umweltpolitik so strukturiert sein, daß sie zwei Ziele erfüllen: Zum einen müssen sie gewährleisten, daß eine kompetente Problemerfassung und Problemlösung erfolgt, zum anderen sollen sie jedem potentiell Betroffenen des Konflikts die gleiche Chance gewähren, seine Interessen und Werte in den Entscheidungsfindungsprozeß einzubringen (Renn, 1996b). Das Verfahren muß sicherstellen, daß die notwendigen Sachkenntnisse einfließen, geltende Normen und Gesetze beachtet, soziale Interessen und Werte in fairer und repräsentativer Weise eingebunden werden sowie eine Einbeziehung sachlicher, emotionaler und normativer Aussagen stattfinden kann (Zilleßen, 1993). Im deutschen und schweizerischen Umweltbereich hat sich beispielsweise ein dreistufiges Verfahren (Renn et al., 1993) in der Praxis bewährt, das eine Kombination aus Mediation von Interessengruppen, Expertenrunde und Bürgerbeteiligung nach dem Modell der Planungszelle vorsieht. Im ersten Schritt werden die Anliegen und Wertvorstellungen der Interessengruppen mit Hilfe der sogenannten Wertbaum-Methode in Kriterien übersetzt, um Wertpräferenzen sichtbar zu machen. Die sich daraus ergebenden verschiedenen Optionen der Interessengruppen werden im zweiten Schritt durch Experten bewertet, so daß sich für jede Option ein Profil ergibt, das mit den anderen verglichen werden kann. Im dritten Schritt werden die Profile ausgewertet und in eine Rangfolge gestellt, die als Empfehlung an die politischen Entscheidungsträger weitergegeben wird. Bedeutsam an mehrstufigen Verfahren ist, daß letztlich zufällig ausgewählte Bürger die zu empfehlende Entscheidung treffen und nicht etablierte Interessengruppen (Feindt, 1996).

Welche Form des Diskurses man auch immer für adäquat halten mag, die Aufgabe, diskursive Verfahren der Beteiligung zur Lösung von Wasserproblemen und zur gemeinsamen Planung und Konfliktbeilegung einzusetzen, wird vom Beirat als eine zentrale Herausforderung gesehen. Neben den Bemühungen auf internationaler Ebene sollte Deutschland durch personelle Unterstützung in Form von Umweltmediatoren, Wissenschaftlern und umweltpolitischen Fachleuten seine praktischen Erfahrungen und sein Know-how aus Umweltmediationen und die Erkenntnisse aus der Mediationsforschung in Form eines Wissenstransfers bei der Beratung von innerstaatlichen Wasserkonflikten in anderen Ländern zur Verfügung stellen.

5.3.3 Empfehlungen

Adressaten der folgenden Empfehlungen sind alle gesellschaftlichen Akteure, die (aus unterschiedlichen Gründen) an einem veränderten, nachhaltigen Umgang der Bürger mit Wasser interessiert sind bzw. sich dazu gezwungen sehen (staatliche Akteure: Bund, Länder, vor allem Gemeinden; Unternehmen: Industrie, Handel, Handwerk; Wasserversorger; Umwelt- und Entwicklungs-NRO und Verbraucherverbände; Umweltberater und -pädagogen; Organisationen der Entwicklungszusammenarbeit).

ALLGEMEIN
- *Instrumentenmix:* Veränderungen des Umgangs mit Wasser können in der Regel nicht durch eine einzelne Strategie oder Maßnahme erreicht werden, sondern setzen den Einsatz vielfältiger Instrumente in einem Mix voraus. Daher sind technische, ökonomische und rechtlich-administrative Maßnahmen mit verhaltensorientierten Interventionen und öffentlicher Kommunikation zu kombinieren.
- *Berücksichtigung des soziokulturellen Kontextes:* Alle Versuche, den Umgang mit Wasser zu verändern, finden in einem bestimmten ökologischen, aber auch soziokulturellen Kontext statt. Dieser Kontext, der sich in verschiedenen Dimensionen manifestiert (Wissensbestände, kollektive Vorstellungen und Normen, ökonomische, politische, rechtlich-administrative Strukturen, religiöse Praktiken usw.), muß als Barriere, aber auch als Potential berücksichtigt werden.
- *Initiierung eines öffentlichen Wasserdiskurses:* Der Umgang mit Wasser wird selbst in wasserarmen Regionen häufig nur wenig reflektiert. Zur Thematisierung und Problematisierung von Art, Zustand, Herkunft, Bedeutung und Umgang mit lokalen Wasserressourcen ist daher auch unabhängig von akuten Wasserkrisen die Initiierung eines öffentlichen Wasserdiskurses auf allen Ebenen der Gesellschaft notwendig.
- *Nachfragesteuerung:* Eine nachhaltige Wasserpolitik muß auch an der Nachfrage ansetzen. Die vielerorts traditionell angebotsorientierte Wasserpolitik muß durch eine verstärkte Steuerung der Nachfrage (demand side management) ergänzt und erweitert werden, sowohl in Regionen mit aktuellen als auch mit derzeit lediglich potentiellen Wasserproblemen.
- *Förderung eines differenzierten Gebrauchs von Wasser:* Der Einsatz von Wasser verschiedener Qualität (Trinkwasser, Brauchwasser, Regenwasser) für unterschiedliche Funktionen ist zu fördern. Dazu sollten entsprechende „Imagekampagnen" durchgeführt und gleichzeitig Handlungsmöglichkeiten und Anreize zu Verhaltensänderungen geschaffen werden.
- *Einsatz von Instrumenten zur Veränderung von Verhaltensweisen:* Um den Umgang mit Wasser ökologisch sinnvoll, ökonomisch effizient und sozial verträglich zu verändern, sind individuelle und soziale Einflußfaktoren umweltschädigender Verhaltensweisen zu identifizieren und verstärkt wirksame Interventionsinstrumente zur Verhaltensänderung einzusetzen. Diese haben anzusetzen:
  – an der Wahrnehmung und Bewertung von Umweltgegebenheiten,
  – am Wissen und an Prozessen der Informationsverarbeitung,
  – an kulturellen Werten, Normen und Regeln,
  – an monetären und symbolischen Handlungsanreizen,
  – an der Bereitstellung und Schaffung von Handlungsgelegenheiten (Infrastruktur),
  – am feedback über die Auswirkungen eigener Verhaltensweisen und -änderungen,
  – an der Wahrnehmung von Handlungen anderer (Bezugsgruppen, Modellpersonen).

Sämtliche Interventionsinstrumente sind an die jeweils spezifischen soziokulturellen Kontexte, Lebensstile und Akteursgruppen anzupassen.

SPEZIFISCH
- Wahrnehmbarmachung: Wasser, Wasserprobleme sowie positive wie negative wasserbezogene Verhaltensweisen müssen verstärkt der Wahrnehmung der Bevölkerung zugänglich gemacht werden. Dies kann u. a. erfolgen durch die Offenlegung von Flüssen und Kanälen, durch die haushaltsbezogene Rückmeldung des Wasserverbrauchs, verbrauchsbezogene Abrechnungen usw.
- Aufklärung über Wahrnehmungs- und Bewertungsmuster: Um das Thema Wasser hinreichend bewußt zu machen, sollte die jeweilige Bevölke-

rung über kulturabhängige und soziale Wahrnehmungs- und Bewertungsmuster aufgeklärt werden.
- Geeignete Präsentation von Informationen: Informationen zum Umgang mit Wasser sollten im Zusammenhang mit anderen Umwelt- und Sozialthemen präsentiert werden, um die Beziehungen zwischen einzelnen Problemen und darauf bezogenen Verhaltensweisen deutlich werden zu lassen. Als mögliche Klammer für Verhaltensempfehlungen bietet sich das mittlerweile weltweit anerkannte und „verbindende" Prinzip der nachhaltigen Entwicklung an.
- Vermittlung kausaler Zusammenhänge: Kausale Zusammenhänge zwischen dem eigenen Verhalten und seinen oft erst langfristigen Konsequenzen sollten verständlich und einsehbar gemacht werden. Dazu sind adressatenspezifische Bildungs- und Ausbildungsmaßnahmen zu entwickeln.
- Rückmeldung über die Auswirkungen von Verhaltensweisen (feedback): Rückmeldungen über die Auswirkungen eigener Verhaltensweisen bzw. über die Folgen von deren Änderung, z. B. mit Hilfe von technischen Informationshilfen wie Anzeigetafeln, können im Zusammenhang mit progressiven oder linearen Wassertarifen zu wirksamen Einspareffekten führen.
- Wirksamkeit von Verhaltensänderungen: Der eigene Beitrag zu einem gesellschaftlich erwünschten Umweltziel wird von den einzelnen Bürgern oft als minimal bzw. marginal empfunden. Daher ist die Wirksamkeit kollektiver Verhaltensweisen deutlich zu machen, etwa in Form von öffentlich sichtbaren Anzeigetafeln zu den Einsparerfolgen einer Gemeinde oder durch die Veröffentlichung von „Gemeinde-Hitlisten".
- Symbolische Belohnungen: Die Anreizwirkung symbolischer Belohnungen (Auszeichnung, öffentliche Anerkennung) sowohl für Individuen und Gruppen (z. B. Schulklassen) als auch für Kommunen und Regionen (z. B. durch Verleihung einer „Nachhaltigkeitsmedaille") sollte stärker genutzt werden.
- Beachtung vorhandenen Wissens und kultureller Regeln: Bei Maßnahmen zur Aufrechterhaltung oder Wiedereinführung wasserschonender Verhaltensweisen sind lokal vorhandene Wissensbestände und kulturelle Regeln (religiös motivierte Normen, Tabus usw.) zu beachten und aktiv miteinzubeziehen, anstatt unreflektiert westliche Wertesysteme und Lebensstile einzuführen.
- Etablierung geeigneter Kommunikationsgelegenheiten: Wasserbezogene Kommunikationsmaßnahmen sollten unter Berücksichtigung der Merkmale und Interessen sowie des soziokulturellen Kontexts der Adressaten gestaltet werden. Beispiele hierfür sind die Schaffung lokaler Gesprächskreise („Wasserzirkel"), die Durchführung von „Tagen der offenen Tür" bei Ver- und Entsorgungseinrichtungen, die Einrichtung von Wasserberatungs-Sprechstunden oder die Einbeziehung von Wasserthemen in kulturelle und kirchliche Veranstaltungen.
- Ermöglichung von Partizipation: Gegen den Widerstand der Bevölkerung läßt sich auch das beste wasserbezogene Maßnahmenprogramm nicht durchsetzen. Daher ist die lokale Bevölkerung bei Planung und Durchführung von Wassermaßnahmen einzubeziehen, wobei verschiedene Formen der Partizipation zu berücksichtigen und situationsangemessen einzusetzen sind.
- Förderung kooperativen Handelns: In Gesellschaften, in denen die notwendigen Voraussetzungen für staatliches Wassermanagement oder für die Etablierung privatwirtschaftlicher Systeme (noch) nicht vorhanden sind, sollten Formen kooperativer Entscheidungsfindung und entsprechende Handlungsmuster gefördert werden. Dazu zählt auch die Hilfe bei der Einrichtung und Aufrechterhaltung wasserwirtschaftlicher Genossenschaften, wo die Voraussetzungen dafür gegeben sind oder geschaffen werden können.
- Verhandlungsbasierte Konfliktlösungen: Zur friedlichen Lösung von Konflikten zwischen verschiedenen Wassernutzern sollten verstärkt kommunale Konfliktlösungsforen und Mediationsverfahren eingesetzt werden. Dazu sind Mediatoren und Moderatoren bereitzustellen bzw. auszubilden.

5.4
Ökonomische Ansatzpunkte für einen nachhaltigen Umgang mit Wasser

Nutzungsvielfalt – Qualität und Quantität – Trinkwasserfunktion – Einsatz in der Landwirtschaft – Bewertungsfragen – Marktbewertung – Options-, Vermächtnis-, Existenzwert – Risiken durch Wasser – Markt- und Staatsversagen – Allokationsfragen – Regelungsformen von Gemeinschaften – Wassermärkte – Durchsetzbare Eigentumsrechte – Institutionen zur Verteilung – Deckung des Mindestbedarfs an Wasser – Kosten der Wasserversorgung und -entsorgung – Wirtschaftlichkeitsaspekte – Stoffeinträge – Vergleich Deutschland-USA

5.4.1
Besonderheiten des Wassers

Der Umgang mit der Ressource Süßwasser zeichnet sich durch wichtige Besonderheiten aus. Einerseits ist wegen der regionalen Unterschiede im Dargebot, in der Qualität und der Nachfrage eine differenzierte Lösung für die Wasserprobleme notwendig. Andererseits lassen sich Grundsätze des „Guten Umgangs mit Wasser" herausarbeiten, die zu bestimmten Lösungsmustern führen.

Die wichtigsten Besonderheiten lassen sich schlagwortartig wie folgt charakterisieren:
– Multifunktionalität und Bewertungsvielfalt des Wassers,
– divergierende ökonomische Gutseigenschaften des Wassers,
– regionaler Charakter der meisten Wasserprobleme und
– steigende Bedeutung der Wirtschaftlichkeit bei der Wasserversorgung und -entsorgung.

Hierbei ist zu beachten, daß die isolierte Betrachtung von Wasser Probleme bereitet, da im natürlichen Dargebot die Grenzen zwischen den Medien Wasser und Boden (etwa Uferbereich oder Feuchtgebiete) fließend sind. Dies wirkt sich häufig bei der Erfassung und Bewertung der Lebensraumfunktion des Wassers aus.

5.4.1.1
Multifunktionalität und Bewertungsvielfalt des Wassers

NUTZENVIELFALT
Es gibt kaum eine Ressource – am ehesten noch die Böden – bzw. kaum eine Güterkategorie, die sich durch eine derartig große Nutzen- und Bewertungsvielfalt auszeichnet wie das Wasser. Nimmt man die Naturfunktionen, so kann man dem Wasser Lebenserhaltungs-, Lebensraum- und Regelungsfunktionen zusprechen. Geht man von einer anthropozentrischen Betrachtung aus, ist Wasser unentbehrliches Lebensmittel (Trinkwasserfunktion), dient als Medium zur Speise- und Getränkezubereitung und zur Reinigung, hat Rohstoffcharakter, wirkt als Produktionsmittel im volkswirtschaftlichen Wertschöpfungsprozeß, übt Deponiefunktionen mit beachtlicher Selbstreinigungsfunktion aus, wird als Transportmittel genutzt und erfüllt wichtige ästhetische und religiöse Funktionen.

Aus der Vielfalt dieser Verwendungen seien hier diejenigen herausgegriffen, die für viele Entwicklungsländer von großer Bedeutung sind. Viele dieser Länder
– entnehmen der Natur Wasser zur konsumtiven Nutzenstiftung und müssen dieses vor seiner Endnutzung (etwa als Trink- oder Säuberungswasser) in der Regel teuer aufbereiten (Entnahmenutzung mit spezifischen Extraktions-, Aufbereitungs- und Verteilungskosten),
– lassen Wasser als entscheidende Inputgröße in Produktionsprozesse eingehen, wobei die Landwirtschaft als sektoraler Einsatzbereich eindeutig im Vordergrund steht (ebenfalls Entnahmenutzung mit ebenfalls hohen Extraktions-, Aufbereitungs- und Verteilkosten),
– gebrauchen Wasser in seinem natürlichen Zustand (Flüsse, Seen, Grundwasser) für Erholungszwecke im Rahmen des Ferntourismus, für den Transport von Gütern oder die Deponierung von Stoffen (Gebrauchsnutzung), wobei zur Nutzensteigerung vielfach in die Natur eingegriffen wird (etwa infrastrukturelle Erschließung von Seen als Erholungslandschaft oder Schiffbarmachung von Flüssen),
– sehen Wasser allein aufgrund seines Vorhandenseins oder seines äußeren Erscheinungsbildes als nutzenstiftend (kulturelle Funktion) an.

Teilweise schließen sich einzelne dieser Funktionen wechselseitig aus, teilweise ergänzen sie sich. Da Wasser knapp ist, ergibt sich aus ökonomischer Perspektive ein Allokationsproblem: Für was soll Wasser in welchen Mengen wann, wie und wo verwendet werden? Die Lösung dieses ökonomischen Entscheidungsproblems, die in jedem Land und in jeder Region erfolgen muß, verlangt immer und unvermeidbar Bewertungen – etwa Gliederung der Wassernutzungen in höherrangige und niederrangige Zwecke. Multifunktionalität und Bewertungsvielfalt sind darum untrennbar miteinander verbunden, stellen sich auf jeder Ebene jedoch vielfach anders dar.

LÖSUNG DES BEWERTUNGSPROBLEMS

Trotz aller Heterogenität der regionalen Wasserprobleme schälen sich Grundalternativen heraus, die bei der Lösung von Bewertungsproblemen zum Einsatz gelangen können. Dies sind vor allem der Einsatz von Märkten als Bewertungsverfahren, der Rückgriff auf Expertenmeinungen oder politische Bewertungen. Dabei zeigt sich, daß im Wasserbereich der Weg der Marktbewertung bzw. das Konzept der Bewertung über die individuelle Zahlungsbereitschaft eine große, wenn nicht sogar die entscheidende Rolle spielt. Danach ist das Individuum die zentrale Bewertungsinstanz, da es am besten den individuellen Nutzen einer Wasserverwendung abzuschätzen vermag. Es kennt seine Präferenzen und hat auch problemadäquate Vorstellungen von einer „gewinnbringenden" Verwendung von Wasser in Produktionsprozessen. Auf Märkten ist das Individuum bereit, seine Bewertungsvorstellungen in einer Zahlungsbereitschaft, d. h. in einer sich monetär artikulierenden Nachfrage zu äußern. Insofern handelt es sich um eine effektive und nicht um eine hypothetische Bewertung.

Jede von Experten oder staatlichen Stellen vorgenommene Bewertung ist demgegenüber mit der Gefahr der Abkopplung von der Realität, d. h. der Fehlbewertung und subjektiven Einschätzung verbunden. Insofern kommt es selbst in Wirtschaftssystemen, die die oben skizzierte Allokationsentscheidung zentral oder kollektiv treffen wollen, immer wieder zur Herausbildung spontaner Märkte – als Märkte in der Schattenwirtschaft oder informelle Märkte –, auf denen sich individuelle Zahlungsbereitschaft äußern kann. Dies unterstreicht, daß Marktbewertungen die vielfältigen konsumtiven und produktiven Verwendungsmöglichkeiten von Wasser am besten zum Ausdruck bringen.

Märkte bewerten zunächst die wichtige Trinkwasser- und Hygienefunktion des Wassers. Sie äußert sich meist als sehr preisunelastische Nachfrage. Aber auch andere konsumtive Nutzungsmöglichkeiten – etwa Nutzung von Wasser für private Schwimmbäder, Wasserspiele oder für die Bewässerung von Vorgärten – werden berücksichtigt. Diese über den Grundbedarf hinausgehende Zahlungsbereitschaft zeichnet sich in der Regel durch eine höhere Preiselastizität der Nachfrage aus. Auch sie ist eine ökonomische Größe, die auf den nutzenstiftenden Charakter des Wassers hinweist.

Stellt man auf die für den Menschen unentbehrliche und durch kein anderes Gut ersetzbare Trinkwasser- und Hygienefunktion ab, wird Wasser zum essentiellen Gut, das unverzichtbar und existenzentscheidend ist. Bei knapper Wasserverfügbarkeit kann sich dies bei Marktlösungen in hohen Wasserpreisen niederschlagen und damit jene menschlichen Gruppen benachteiligen, wenn nicht sogar gefährden, die angesichts ihrer Einkommens- bzw. Vermögenssituation nicht in der Lage sind, ihren für das Überleben notwendigen Grundbedarf an Wasser zu decken. So zahlten z. B. arme Familien aus den illegalen Squatter-Siedlungen in den Pueblos Jovenes von Lima für Wasser von oft zweifelhafter Qualität aus dem Tankwagen Anfang der 90er Jahre 3 US-$ pro m^{-3}, was vielfach 10% des Haushaltseinkommens dieser Gruppe ausmachte (Briscoe, 1996). Dies traf die Armen in zweifacher Weise: Zum einen wurden sie einkommensmäßig belastet, zum anderen löste der preis- und einkommensbedingte Zwang zum Wassersparen hygienische Probleme mit gesundheitlichen Folgekosten aus.

TRENNUNG DER BEWERTUNGS- VON DER ALLOKATIONSFRAGE

Solche Erfahrungen führen gelegentlich zur Kritik an der Marktbewertung und zu Bewertungsinterventionen – etwa einer Preissubventionierung. Diese Kritik ist nach Meinung des Beirats unbegründet und beruht auf einer Vermischung von Bewertungs- und Zuteilungsproblemen. Beide Probleme können über Märkte gelöst, müssen aber unterschiedlich betrachtet werden. Das Bewertungsproblem wird, vor allem was die Nutzenvorstellungen der heute lebenden Menschen betrifft, über Märkte durchaus zutreffend gelöst. Eine Preissubventionierung aus Zuteilungsüberlegungen ist darum unter Bewertungsaspekten eindeutig eine politische Fehlreaktion, die bei der Lösung des Wasserknappheitsproblems sogar kontraproduktiv wirken kann, da sie in der Regel die Wassernachfrage steigert und darum das Zuteilungsproblem verschärft. Zur Bewältigung des Zuteilungsproblems – etwa zwecks ausreichender Grundversorgung mittelloser Menschen mit Wasser – sollte man sich darum anderer Verfahren (z. B. „Wassergeld") bedienen (siehe Kap. D 5.4.2.3), jedoch keine Preissubventionierung vornehmen.

AGRARISCHE NUTZUNGSBEWERTUNG

Märkte vermögen insbesondere auch den produktiven Nutzen von Wasser zu verdeutlichen. So ist Wasser ein wesentliches Element im volkswirtschaftlichen Wertschöpfungsprozeß bzw. eine entwicklungsrelevante Ressource, was sich in der Regel in einer erwerbswirtschaftlich bestimmten Zahlungsbereitschaft für Wasser bemerkbar macht. Die sich aus dieser Zahlungsbereitschaft ergebende quantitative Wassernachfrage ist bedeutend und umfaßt in vielen Fällen mehr als zwei Drittel der nationalen Wassernachfrage. Diese Wertschätzung aus dem Blickwinkel der Landwirtschaft leitet sich im Normalfall aus den agrarischen Produktionsgesetzmäßigkeiten (siehe Kasten D 5.4-1), dem technischen Fortschritt so-

KASTEN D 5.4-1
Ökonomische Bewertung landwirtschaftlicher Wassernutzung

Zur Bewertung des Wassers in der Landwirtschaft wird insbesondere auf 2 Methoden zurückgegriffen, mit denen jeweils eine Nachfragefunktion für Wasser ermittelt werden kann (Gibbons, 1986):

Ökonomische Bewertung anhand einer Produktionsfunktion. Die Beziehung zwischen den eingesetzten Produktionsfaktoren und den hergestellten Gütern – hier: landwirtschaftlichen Erzeugnissen – läßt sich mathematisch anhand einer Produktionsfunktion beschreiben. Werden andere Einsatzfaktoren wie Düngemittel oder Arbeitsstunden konstant gehalten, so läßt sich das Wertgrenzprodukt berechnen, das durch den erhöhten Einsatz von Wasser erzielt werden kann. Die Daten für eine solche Produktionsfunktion können durch Experimente gewonnen werden, bei denen die Veränderung der Produktionsleistung durch eine Variation der eingesetzten Wassermenge bei konstantem Einsatz anderer Inputs ermittelt wird.

Ökonomische Bewertung anhand einer Budgetanalyse. Da eine Ermittlung der physischen Produktionssteigerung in der Regel schwierig ist, wird häufig auf eine sogenannte Budgetanalyse zurückgegriffen, bei der diese Probleme umgangen werden können. Ausgangspunkt der Budgetanalyse bildet der gesamte Ertrag, der mit einem landwirtschaftlichen Produkt erzielt werden kann. Hiervon werden die Kosten abgezogen, die für die Beschaffung aller Inputfaktoren außer Wasser entstehen. Der verbliebene Restbetrag bildet die Summe, die der landwirtschaftliche Betrieb für Wasser ausgeben kann, ohne einen Verlust zu machen. Wird diese Summe durch die benutzte Wassermenge geteilt, erhält man als Ergebnis den maximalen durchschnittlichen Wert des Wassers. Dies kann dahingehend erweitert werden, daß der landwirtschaftliche Betrieb versuchen wird, einen maximalen Ertrag bei gegebenen Inputpreisen und Kapazitätsgrenzen zu erzielen. Mit Hilfe der linearen Programmierung kann dann die optimale Wassermenge bei unterschiedlichen Wasserpreisen ermittelt werden. Aus diesen Ergebnissen kann schließlich die gesuchte Nachfragefunktion abgeleitet werden.

Anhand der Bewertungsmethode mit Hilfe einer Produktionsfunktion soll nun beispielhaft eine solche Bewertung durchgeführt werden. Zu Beginn ihrer Studie ermitteln Ayer und Hoyt (zitiert nach Gibbons, 1986) die physische Grenzproduktivität des Wassereinsatzes beim Baumwollanbau in Arizona und berechnen daraufhin das Wertgrenzprodukt des Wassers bei einer Reduktion des Wassereinsatzes um 10%. Hierzu verwenden sie den Absatzpreis für Baumwolle von 1975 und den höheren Preis von 1980. Abb. D 5.4-1 stellt ihre Ergebnisse graphisch dar:

Diese Abbildung verdeutlicht zweierlei: Zum einen sinkt das Wertgrenzprodukt des Wassers bei zunehmender Wassermenge, da die physische Grenzproduktivität abnimmt. Zum anderen wird deutlich, daß das Wertgrenzprodukt des Wassers bei einem höheren Absatzpreis größer ist. Aus diesen Ergebnissen läßt sich folgern, daß durch staatlich gestützte Agrarpreise, wie es beispielsweise im Rahmen der EU-Agrarmarktordnungen

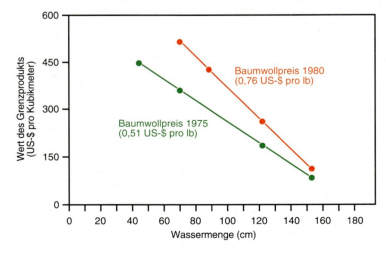

Abbildung D 5.4-1
Wertgrenzprodukt für Wasser beim Baumwollanbau in Arizona (1975 und 1980).
1 lb = 453,59 g.
Quelle: nach Ayer und Hoyt, 1981 aus Gibbons, 1986

der Fall ist, der ökonomische Wert von Wasser beeinflußt wird und es dadurch zu allokativen Verzerrungen kommt. Aufgrund des überhöhten Wertes von Wasser wird beim Anbau subventionierter Erzeugnisse eine zu große Wassernachfrage artikuliert, und Anreize zur Entwicklung wassersparender Bewirtschaftsformen werden entsprechend verringert.

Solche durch den Absatzpreis induzierte Verzerrungen treten neben solche, die durch subventionierte Wasserpreise hervorgerufen werden. Mit Hilfe einer staatlichen Beeinflussung der Wasserpreise wird vielfach versucht, das Produktionsniveau bzw. die Produktionsstruktur von Wirtschaftszweigen, die im Rahmen ihres Produktionsprozesses unentbehrlich auf den Einsatz von Wasser angewiesen sind, zu steuern (siehe Kap. D 3.3). Eine solche staatlich induzierte Unterbewertung der Wasserressourcen hat zur Folge, daß Wasser im Vergleich zur Nichtsubventionierung stärker genutzt wird. Zusammenfassend kann also festgehalten werden, daß, falls sowohl auf der Ebene der Agrarprodukt- als auch der Wasserpreise keine verzerrenden Interventionen stattfinden, Marktbewertungen zu guten Ergebnissen führen.

Bei der ökonomischen Bewertung landwirtschaftlicher Wassernutzung ist zu beachten, daß diese einen meist negativen Einfluß auf die Trinkwasserfunktion (Qualitätsverschlechterung natürlicher Wasservorräte) haben kann und eine intensive Bewässerung häufig zu Landverbrauch durch Versalzung von Böden und zu Vermögensminderung führt. Diese Folgekosten müßten bei der Bewertung landwirtschaftlicher Wassernutzung berücksichtigt werden.

wie dem Endnachfrageniveau bzw. seiner Struktur ab und kann sich im Gefolge von Einkommens- und Verfahrensänderungen (etwa Steigerung des Wirkungsgrades der Wassernutzung) laufend ändern. Diese Wertschätzung kommt ebenfalls in Marktpreisen zum Ausdruck und erweist sich damit als monetarisierbar bzw. kardinal meßbar. Wie das Beispiel der in vielen Ländern subventionierten Wasserversorgung der Landwirtschaft zeigt, kann die staatliche Beeinflussung der Wasserpreise im Sinne einer selektiven Strukturpolitik das Produktionsniveau eines Wirtschaftszweiges (siehe Kap. D 3.3) steuern. Dies beinhaltet in der Regel eine künstliche Verbilligung (Subventionierung) der Inputvariable Wasser – mit der Folge einer stärkeren Wassernutzung in den wasserabhängigen Wirtschaftsbereichen. Dahinter können verteilungs- oder sicherungspolitische Ziele (Unterstützung der landwirtschaftlichen Betriebe oder Autonomie in der Nahrungsmittelversorgung) stehen. Aber auch hier gilt: Solche preissenkenden Interventionen lassen sich nicht mit dem Hinweis auf Wasserbewertungsprobleme durch Märkte begründen.

Der nutzenstiftende Charakter des Wassers geht aber in der Regel über die sich als Marktnachfrage ausdrückenden Wertschätzungen der Individuen und damit über die Marktpreisbewertung hinaus. Dies ist vor allem dann der Fall, wenn man die religiösen und kulturellen Funktionen des Wassers sowie seinen Erlebnis-, Existenz-, Vermächtnis- und Optionswert (siehe Kasten D 5.4-2) und damit auch seine ökologische Bedeutung (Lebensraumfunktion für Ökosysteme; mitkreatürliche Solidarität) berücksichtigt.

BEWERTUNG ÖKOLOGISCHER FUNKTIONEN

Die Ermittlung des Wertes von Wasser bei Nutzung in privaten Haushalten als Trinkwasser oder in der Landwirtschaft als Produktionsfaktor ist vergleichsweise einfach, da hier die Nutzungsfunktion des Wassers dominiert und das Wasser somit in individuellen Nützlichkeitsüberlegungen berücksichtigt wird. Schwieriger gestaltet sich eine Wertermittlung bei den ökologischen Funktionen des Wassers, insbesondere der Lebensraum- und Regelungsfunktion (siehe Kap. D 1.1). Wie bereits betont wurde, ist hier eine von anderen Umweltmedien losgelöste Bewertung nicht mehr möglich. Zwischen Wasser und Böden sind vielmehr fließende Übergänge zu beobachten.

Aquatische Lebensräume sind eine essentielle Voraussetzung für eine Vielzahl pflanzlicher und tierischer Lebensformen und damit wiederum für die Assimilationskapazität des Wassers. Meist stehen aber die Funktionen für das ökologische System im Vordergrund; individuelle Nutzenpositionen werden meist nur indirekt tangiert. Direkte Konsequenzen hat die Lebensraumfunktion beispielsweise für Fischer, die auf einen ausreichenden Fischbestand angewiesen sind. Indirekt werden Nutzenpositionen berührt (siehe Kasten D 5.4-2), wenn man beispielsweise an den Wert denkt, den ein Individuum einer Wasserlandschaft zuschreibt, ohne diese direkt zu sehen und zu erleben (Existenzwert), oder der sich aus einer potentiellen Nutzung von Genressourcen in der Zukunft ergibt (Optionswert). Solche Wertschätzungen, die vielfach auf einer intrinsischen Motivation beruhen, schlagen sich selten in einer beobachtbaren Nachfrage nieder. Daher sind bei der Lebens-

> **KASTEN D 5.4-2**
>
> **Wertkategorien, die sich nur bedingt oder kaum in einer marktlichen Zahlungsbereitschaft ausdrücken**
>
> - Der *Erlebniswert* (user value) steht für jenen Nutzen, der sich individuell aus dem Genuß einer Wasserlandschaft und eventuell ihrer ökologischen Vielfalt – etwa zum Beobachten, Photographieren usw. – ergibt. Indirekt versucht man ihn in der Regel mit dem Reisekostenansatz zu ermitteln.
> - Der *Existenzwert* (existence value) beschreibt jenen Nutzen, der Personen zuwächst, die bereits allein an der Tatsache der Existenz einer Landschaft oder von Lebewesen, ohne sie zu sehen oder zu erleben, ihre Freude haben (Krutilla, 1967). Indirekt kommt er z. B. im finanziellen oder persönlichen Engagement in Naturschutzverbänden zum Ausdruck.
> - Der *Vermächtniswert* (bequest value) ergibt sich aus dem Wunsch, eine Naturgegebenheit oder ein Gut (etwa wassergeprägte Kulturlandschaft) aufgrund seines Symbol- oder Identifikationswertes an Nachkommen zu vererben und hierfür auch zu bezahlen (etwa in Form eines freiwilligen Beitrags für eine Gesellschaft zur Erhaltung eines bestimmten Sees).
> - Der *Optionswert* ist jener potentielle Nutzen, der sich aus der Erhaltung einer künftigen Zugriffsmöglichkeit ergibt (etwa als Genpool oder als „eiserne Reserve" bei fossilen Grundwasservorräten) und demzufolge als „Preis" eine gegenwärtige Nichtnutzung verlangt.
>
> Quelle: in Anlehnung an Hampicke, 1991

raumfunktion meist andere Methoden anzuwenden als bei einer Wertermittlung von Wasser als Trinkwasser oder als Produktionsfaktor in der Landwirtschaft, wo auf Marktdaten zurückgegriffen werden kann.

Indirekte Möglichkeiten zur Messung solcher Werte sind der Reisekostenansatz, die Marktsimulation bzw. die kontingente Bewertungsmethode (zur Diskussion siehe u. a. Pommerehne und Römer, 1992; Cansier, 1996 bzw. Ewers und Rennings, 1996). Als Anwendungsbeispiele des Reisekostenansatzes kann die Messung des Freizeit- und Erholungsnutzens von Naherholungsgebieten, Gewässern oder Wäldern angeführt werden. Grundidee dieses Ansatzes ist es, aus den tatsächlichen Aufwendungen eines Individuums, die es zum Konsum des Gutes „Wasserlandschaft" aufbringen muß, auf die individuelle Zahlungsbereitschaft zu schließen. Eine andere Möglichkeit zur Wertermittlung ist der direkte Bewertungsansatz, mit dem die Individuen nach ihrer potentiellen Zahlungsbereitschaft beispielsweise für den Erhalt einer Wasserlandschaft befragt werden. Dieser Ansatz ist prinzipiell immer anwendbar, erlangt aber besondere Bedeutung, wenn nicht direkt auf Marktgrößen abgestellt werden kann. Bei Anwendung dieser Methode treten aber nicht unerhebliche Meß-, Informations-, Generations- und Verteilungsprobleme auf (Schulz, 1989). Insbesondere die Generationsprobleme schränken die Anwendbarkeit dieses Bewertungsansatzes ein. Der Rückgang an Artenvielfalt stellt einen irreversiblen Verlust dar, der vermutlich nur unzureichend Berücksichtigung in den individuellen Zahlungsbereitschaften finden wird. In diesem Fall könnte auch nicht auf Expertenwissen zurückgegriffen werden. Denn es ist allgemein schwierig, den ökonomischen Wert abzuschätzen, den umfangreiche Genressourcen in der Zukunft haben werden, da zu wenig über die wirtschaftlichen Einsatzmöglichkeiten dieser Ressourcen oder die zukünftige Präferenz für den Erhalt von Artenvielfalt bekannt ist. Deshalb muß bei einer ökonomischen Bewertung von Naturvermögen jeweils geprüft werden, inwieweit das Kosten-Nutzen-Kalkül als Grundlage einer ökonomischen Bewertung angewandt werden kann. Als Filterkriterien werden die Essentialität von Nutzenstiftungen und die Möglichkeit des irreversiblen Verlustes einer Nutzenstiftung genannt (Fromm, 1997).

Bei den Regelungsfunktionen von Wasser treten ähnliche Probleme wie bei der Lebensraumfunktion auf. Wasser stellt eine bedeutende Regelgröße im Energie- und Stoffhaushalt der Erde dar. Beispielsweise wird durch Verdunstung und die Kondensation von Wasser das Wetter maßgeblich beeinflußt. Auch solche Funktionen finden sich in ökonomischen Größen nicht direkt wieder. Daß die Regelungsfunktion des Wassers auch ökonomische Bedeutung besitzt, wird nur dann deutlich, wenn diese Funktionen beeinträchtigt werden oder ganz verloren gehen. So wird beispielsweise die Regelungsfunktion des Wassers bei Fließgewässern durch die Abholzung von Auenwäldern beeinflußt. Die Fähigkeit des ökologischen Systems, unterschiedlich hohe Abflußmengen auf natürliche Weise zu absorbieren, geht verloren. Der Wert dieser Regelungsfunktion tritt im Falle von Überschwemmungen zu Tage und kann dann auch unmittelbar in Form von Hochwasserschäden gemessen werden. Dieses Beispiel verdeutlicht, daß eine ökonomische Bewertung der Naturfunktionen von Wasser sich nicht auf das Wasser beschränken kann. Es müssen auch angrenzende Ökosysteme und Landschaftsbestandteile, die das Oberflächengewässer begleiten, berücksichtigt werden. Nur mit einer solch komplexen Betrachtung könnte die Stellung des Wassers im gesamten ökologischen System angemessen berücksichtigt und bewertet werden. Hier werden abermals die Grenzen einer ökonomischen Bewertung ökologischer Funktionen offensichtlich. Trotz aller Einschränkungen können solche komplementären Bewertungsergebnisse wichtige Informationen für einen nachhaltigen Umgang mit Süßwasser geben.

Üblicherweise versucht man, die Wertschöpfung oder das volkswirtschaftliche Vermögen mit Volkswirtschaftlichen Gesamt- und Vermögensrechnungen kardinal, d. h. in monetären Größen, zu erfassen. Jedoch wird der Wert des Wassers oft nur unvollkommen erfaßt, wie gerade die Bewertungsprobleme der ökologischen Wasserfunktionen verdeutlichten. Deshalb ist es möglich, daß Volkswirtschaftliche Gesamt- und Vermögensrechnungen die Bedeutung des Wassers für die Gesellschaft eher unterschätzen als überschätzen.

Zur Kritik an der Marktbewertung

Gegen eine Markt- bzw. Individualbewertung wird gelegentlich eingewandt, die Wasserpreise seien infolge privater „Unterschätzung" der gesellschaftlichen Bedeutung und der Engsichtigkeit und Kurzfristigkeit des individuellen Bewertungshorizonts zu niedrig (zur Diskussion siehe Gawel, 1996; Endres und Finus, 1996; von Knorring, 1996; Ströbele, 1987). Dabei ist zunächst darauf hinzuweisen, daß die meisten politischen Bewertungsinterventionen vieler Länder nicht gegen zu niedrige, sondern eindeutig gegen zu hohe Preise gerichtet sind. Eine Begründung über Marktversagen müßte jedoch konsequenterweise zur Forderung nach höheren Preisen führen. Läßt man den Fall fehlender Handlungs- und Verfügungsrechte außer acht, spricht man von Marktversagen, wenn unüberwindbare Koordinationshemmnisse die Entstehung von Märkten verhindern (preislose Zustände), hohe Transaktionskosten die Marktpreisbildung erschweren und/oder gravierende externe Effekte zu zu niedrigen Preisen führen (Benzler et al., 1995; Karl, 1997). Von diesen Versagenstatbeständen spielen im Bereich der Wasserwirtschaft höchstens die externen Effekte eine gewisse Rolle. Sie sind aber meist Ausdruck von Politikversagen (defizitäre rechtliche Rahmenordnung) und müßten im Falle einer gelungenen Internalisierung eindeutig zu höheren Marktpreisen führen. Genau solche Preissteigerungen werden in der politischen Praxis vieler Länder jedoch bekämpft und über Subventionen oder Preisgenehmigungsvorschriften unterbunden. In vielen Entwicklungsländern findet sogar nicht einmal die volle Anlastung der sogenannten privaten Kosten, geschweige denn der sozialen Zusatzkosten statt. So kommt eine neue Studie der Weltbank zum Ergebnis, daß bei den kommunalen Wasserversorgungsunternehmen von Entwicklungsländern im Schnitt nur 35 % der Extraktions-, Aufbereitungs- und Verteilkosten durch die Einnahmen gedeckt werden und gerade in der mangelnden Kostendeckung der entscheidende Grund für die unzureichende Versorgung ärmerer Menschen zu suchen sei (Haarmeyer und Mody, 1997). Hier handelt es sich eindeutig nicht um Markt-, sondern um Politikversagen bei der Lösung des Bewertungsproblems.

Es bleibt die Sorge, daß Individuen – insbesondere in Ländern, die wirtschaftlich um das Überleben kämpfen und/oder einen geringen Bildungsstand aufweisen – sich durch einen kürzeren und engeren Planungshorizont auszeichnen als Experten oder staatliche Entscheidungsträger. Solche Überlegungen werden häufig im Zusammenhang mit dem Nachhaltigkeitspostulat vorgetragen, verlangt dieses doch eine beachtliche Langfristorientierung der Planungen und Entscheidungen sowie die Berücksichtigung vieler Nebenwirkungen einer (problematischen) Wassernutzung. Wo die Kurzsichtigkeit oder Engsichtigkeit individueller Entscheidungen die Folge von Armut oder mangelnder Ausbildung sind, wäre die Armutsbekämpfung oder die Verbesserung des individuellen Informationshorizonts die ursachenadäquate Antwort. Daneben ist keineswegs gesichert, daß staatliche Gremien langfristiger und umfassender bewerten können als private. Die Antwort auf die Frage, wer langfristiger denkt, die an Wahlen denkenden Politiker oder Privatpersonen, fällt selbst in Industrieländern unterschiedlich aus (Gerken und Renner, 1996; Kurz et al., 1996; Rennings et al., 1996; Klemmer et al., 1996). Insofern sollte man mit dieser Kritik an der individuellen Entscheidungsfähigkeit sehr vorsichtig sein. Recht schnell führt sie zur Legitimierung staatlicher Bewertungen, die – wie das Beispiel vieler Entwicklungsländer zeigt – Wasserpreise entstehen läßt, die unter Umweltaspekten kontraproduktiv sind.

Weiterhin wird hinsichtlich einer Markt- bzw. Individualbewertung die Befürchtung geäußert, Wettbewerbsversagen könne zu einer monopolistischen Kontrolle des lebenswichtigen Gutes Wasser und darum zu hohen Preisen führen. Um dieses Risiko zu minimieren, gibt es verschiedene Ansätze, die von regulierenden Kontrollen der Markttransaktionen bis hin zu einer Prohibitivsteuer auf nicht wahrgenommene Nutzungsrechte reichen (Simpson, 1994). Die

Wassereigenschaften lassen außerdem eine beachtliche Markttransparenz zu, die nicht nur die Identifikation von Machtmißbrauch, sondern auch Interventionen gegen Manipulationen und Mißbrauch erleichtern. Außerdem ist zu befürchten, daß die Ineffizienz staatlicher Versorger in der Regel zu höheren Preisen führt als der befürchtete Machtmißbrauch privater Anbieter. Daneben ist zu berücksichtigen, daß der Staat weiterhin Eigentümer natürlicher Wasservorräte bleiben kann.

Faßt man zusammen, so gibt es aufgrund der Multifunktionalität des Wassers eine beachtliche Bewertungsvielfalt, die insbesondere Ausdruck individueller Präferenzunterschiede bzw. divergierender Einschätzungen der gewinnbringenden Einsatzmöglichkeiten von Wasser im Produktionsprozeß ist. Da jede Allokationsentscheidung mit Bewertungen verbunden ist, lassen sich ökonomische Bewertungen letztlich nicht umgehen. Dabei gilt: Die Bewertung der konsumtiven und produktiven Nutzen durch die Gesellschaftsmitglieder läßt sich am besten über Märkte ableiten. Marktprozesse stellen nicht-autoritäre und entpolitisierte Bewertungsverfahren dar, die zu Bewertungsergebnissen führen, die in monetären Größen meßbar und intertemporal bzw. interregional vergleichbar sind. Preise sind vor allem konzentrierte Informationsvermittler bzw. unpersönliche Signale. In solchen Preisen konzentriert sich das Wissen um die unterschiedlichen Verwendungsmöglichkeiten von Wasser und die damit verbundenen nutzenstiftenden Wirkungen bei den Individuen. In sie gehen nicht nur Vergangenheitserfahrungen, sondern – was vielfach übersehen wird – auch divergierende Zukunftserwartungen ein. Insofern liegt es nahe, dafür Sorge zu tragen, daß dieses Bewertungsverfahren bei allen regionalen Wassernutzungen zur Anwendung gelangt.

5.4.1.2
Divergierende ökonomische Eigenschaften des Gutes Wasser

Knappheit verlangt nicht nur die Lösung des Bewertungsproblems, sondern auch die Beantwortung der Allokationsfrage: Wer soll wieviel Wasser in welcher Qualität wann und wo für welche Nutzung erhalten? Die Entscheidung darüber, wie dieses Allokationsproblem gelöst werden soll, hängt von der Gutseigenschaft ab. Dabei ist zu beachten, daß Wasser im Laufe seiner Nutzbarmachung unterschiedliche Gutseigenschaften annehmen kann, so daß sich im „Wasserkreislauf" (siehe Abschnitt D 5.4.2.2) auch die Empfehlungen zum Allokationsmechanismus ändern können. Insofern dienen die folgenden Überlegungen dem besseren Verständnis der später noch zu behandelnden Lösungsverfahren des Allokationsproblems.

Da sich aus solchen Einstufungen divergierende Schlußfolgerungen für die Bewältigung des Allokationsproblems (etwa private oder öffentliche Trägerschaft, Genossenschaftslösungen, Markt- oder Staatsaufgabe) ergeben, handelt es sich hier um mehr als um eine reine Definitionsfrage. Zwangsläufig gelangt man zu unterschiedlichen konzeptionellen Schlußfolgerungen und politischen Empfehlungen.

Wasser kann ein freies Gut sein (siehe Kasten D 5.4-3). Diese Charakterisierung betrifft die Art der Zugangs- oder Zutrittsregelungen. Danach ist Wasser eine Open-access-Ressource, wenn freier Zugang für alle besteht. Freier Zugang bedeutet in der Regel die Abwesenheit von Eigentumsrechten oder Eigentum ohne Zugangsbeschränkung oder Zugangskontrolle. Im Laufe der menschlichen Entwicklung waren fast alle natürliche Ressourcen zunächst durch freien Zugang gekennzeichnet. Solange die Ressourcen – bezogen auf die Nutzer bzw. die Entnahmen – im Überfluß vorhanden waren, stellte dies kein Problem dar. Probleme traten erst auf, als freier Zugang in Verbindung mit Rivalität in der Nutzung (die von A genutzte Ressourceneinheit steht B nicht mehr zur Verfügung) bei erneuerbaren Ressourcen (Tiere und Pflanzen, aber auch die meisten Wasservorräte) zur Übernutzung im Sinne der Nichtberücksichtigung der Regenerationserfordernisse und damit zur Bestandsreduktion führte. Es kam, vor allem bei mangelnder Kooperationswilligkeit und -fähigkeit der Nutzer, zum Nutzungswettlauf mit fehlendem Anreiz, Nutzungskosten (etwa sinkende Regenerationsfähigkeit) und damit wichtige Nachhaltigkeitsanforderungen zu berücksichtigen (Fischer, 1997). Freier Zugang kann darum unter bestimmten Bedingungen zu Bestandsverlusten (Nutzungsraten Regenerationsraten) oder zu Qualitätsverschlechterungen mit den damit verbundenen Risiken führen, was bei Wasserressourcen vielfach zu beobachten ist.

Ähnliche Probleme bestehen dann, wenn zwar Eigentumsrechte – meist der Staat als Besitzer großer Wasserressourcen – vorliegen, der Eigentümer jedoch nicht in der Lage ist, den Zugang und damit die Ressourcennutzung zu kontrollieren oder zu beschränken. Staatseigentum ist somit noch keine Garantie für die Lösung des gerade bei Wasser häufigen Problems der Übernutzung oder Qualitätsverschlechterung (z. B. Grundwasserbeeinflussung durch die Landwirtschaft). Entscheidend ist vielmehr der Wille und die Kraft zur Unterbindung des freien Zugangs bzw. zur Bewältigung des Kontrollproblems. Probleme treten auch auf, wenn bei transnationalen Ressourcenbeständen und mangelnder Bereitschaft zur internationalen Kooperation Nut-

> **KASTEN D 5.4-3**
>
> **Wichtige Güterkategorien**
>
> - Freie Güter sind Güter, die frei zugänglich sind.
> - Wirtschaftliche Güter sind Güter, die Gegenstand wirtschaftlicher Verhandlungen sind und darum in der Regel einen Preis haben.
> - Private Güter sind Güter (Individualgüter), bei denen die Nutzung durch einen Nachfrager dazu führt, daß anderen das Gut nicht zur Verfügung steht; demzufolge wird um die Nutzung rivalisiert.
> - Kollektivgüter sind Güter, bei denen im Gegensatz zu den privaten Gütern die Nutzung durch den einen eine Nutzung durch andere nicht schmälert: „Saubere Luft können alle atmen". Dadurch funktioniert auch meist das Ausschlußprinzip nicht, weshalb sich der durchaus vorhandene Bedarf nicht in individueller Zahlungsbereitschaft niederschlägt. Das hat seine Ursache darin, daß es sich einzelwirtschaftlich als vorteilhaft erweist, darauf zu warten, bis es aufgrund der Nachfrage anderer zur Produktion des Gutes kommt, an dessen Nutzung man zwangsläufig partizipieren kann.
> - Meritorische Güter sind private Güter, bei denen von den politischen Entscheidungsträgern die Auffassung vertreten wird, daß sie in einem zu geringen Umfang angeboten werden.
> - Allmendegüter sind Güter, die – meist im lokalen oder regionalen Kontext – grundsätzlich durch freien Nutzungszugang und Nutzungsrivalität gekennzeichnet sind, die beide aber durch Bildung einer Nutzergemeinschaft bzw. einer den freien Zugang beschränkenden Gemeineigentumslösung nicht zur Geltung kommen.

zungswettläufe beobachtet werden, die Regenerationsanforderungen vernachlässigen.

Die staatliche Zuweisung beschränkter Nutzungsrechte, Kooperationslösungen oder die Gewährung privater Verfügungsrechte (property rights) können Ansatzpunkte sein, die Open-access-Probleme zu bewältigen. In allen Fällen findet aber eine Zuweisung von Eigentumsrechten statt. Im erstgenannten Fall ist der Staat Eigentümer, im zweiten sind es die Mitglieder einer bestimmten Gemeinschaft (common rights), die sich durch Kooperationswilligkeit und -fähigkeit auszeichnet, im letztgenannten Fall sind es Individuen oder juristische Personen (Fischer, 1997; Ostmann et al., 1997). Damit wird aus Wasser ein Gut, das Gegenstand von Bewertungen, Allokationsentscheidungen, Verhandlungen und Verträgen ist, d. h. ein wirtschaftliches Gut. Weil Wasser in den meisten Regionen knapp, teilweise sogar extrem knapp und damit auch zum Ausgangspunkt sozialer Konflikte geworden ist, verlangt dies zwangsläufig eine Wasserbewertung, wie im vorherigen Abschnitt deutlich gemacht wurde. Wasser muß mit Blick auf die Wasserfunktionen ein „Preis" (Gewichtung, Prioritätensetzung) zugeordnet werden. Dies ist ein wesentliches Merkmal wirtschaftlicher Güter. Dieser Preis kann sich über Märkte herausbilden, kann aber auch durch Kollektive gesetzt werden. Hier stellt sich auch die Frage, wer Wasser nutzen darf und wie man über die Zuweisung von Nutzungsrechten den gesellschaftlichen Nutzen einschließlich der nicht-monetarisierbaren Nutzenkategorien und der verschiedenen Gerechtigkeitsvorstellungen steigern kann.

Handelt es sich beim Wasser um ein privates Gut, was in einer Vielzahl der Fälle (siehe Kap. D 5.4.2.2) gegeben ist, schließt die Nutzung durch einen Nachfrager zwangsläufig andere von der Nutzung aus. Dann ist die Zuweisung privater bzw. individueller Entnahme- oder Verfügungsrechte grundsätzlich möglich und kann um die Nutzung rivalisiert werden. Solche Rechte sind exklusiv und transferierbar. Damit kann sich private Zahlungsbereitschaft äußern, und eine Marktlösung an den sogenannten Meistbietenden ist möglich. Für private Güter ist somit meist die Möglichkeit des Ausschlusses anderer gegeben. Dies läßt auch Kooperationslösungen zu, wenn eine Nutzergemeinschaft Dritte von der Nutzung ausschließen kann. Insofern sind auch lokale oder regionale Kooperationen auf der Basis von Common Property Rights durchaus mit Marktlösungen vereinbar.

Im Gegensatz hierzu stehen die sogenannten Kollektivgüter. Aufgrund natürlicher Eigenschaften funktioniert bei ihnen zugleich das Ausschlußprinzip nicht. So können beim Überschreiten der natürlichen Assimilationsfähigkeit bei den meisten Oberflächen- und Grundwasservorkommen lokale Schadstoffeinträge an anderer Stelle Qualitätsverschlechterungen auslösen oder andere können hiervon nicht „ausgeschlossen" werden. Bei vielen natürlichen Wasserressourcen besteht eine hydrogeographische Verflechtung, die dazu führt, daß einzelwirtschaftliche Aktivitäten ab einem bestimmten Niveau mit räumlich streuenden externen Effekten, die auch Tiere und

Pflanzen betreffen, verbunden sind. Die Qualität vieler natürlicher Wasservorräte ist aber, analog zur Qualität der Atemluft oder des Lärmschutzes, ein „Gut", dessen Nutzung nicht rivalisiert und das darum als Kollektivgut oder öffentliches Gut gekennzeichnet werden kann. Klärwerke sind z. B. Produzenten des öffentlichen Gutes „Wasserqualität", die Landwirtschaft hingegen ein Akteur, der diese Qualität häufig negativ beeinflußt.

Solange sich das Nutzerkollektiv nicht einigt, kann es zu Fehlbewertung bzw. -nutzung kommen. Dann besteht grundsätzlich eine private Zahlungsbereitschaft (etwa für Reinigungsmaßnahmen), die sich aber aufgrund des ausfallenden Ausschlußprinzips in der Regel nicht als Marktnachfrage artikuliert und darum die Lösung des Bewertungs- bzw. Allokationsproblems des Gutes „Wasserqualität" über Märkte erschwert. Die Wassernutzer sind nicht bereit, ihre Grenzvorteils- oder Grenznachteilskurven zu offenbaren. Im Sinne des Coase-Theorems sind zwar Verhandlungslösungen denkbar, die Verhandlungskosten werden mit wachsender Zahl der Beteiligten aber schnell sehr hoch. Dann kann man die Lösung der Bewertungs- und Allokationsfrage der öffentlichen Hand übertragen oder nach Wegen suchen, die doch eine Marktlösung ermöglichen. Ein Beispiel hierfür ist die Einführung handelbarer Emissionsrechte bei Vorgabe einer maximalen Emissionsmenge.

Eine gewisse Besonderheit stellen die sogenannten Allmendegüter dar. Grundsätzlich ist bei ihnen nämlich eine Nutzungsrivalität vorhanden und die Zuweisung privater Verfügungsrechte möglich. Im Gegensatz zu den individuell zugeordneten Verfügungsrechten besteht hier aber eine „identifizierbare Gemeinschaft interdependenter Nutzer" (Fischer, 1997), die die Rechte der Nutzung (aber auch die Pflichten) innerhalb der Gemeinschaft regelt und Nichtmitglieder von der Nutzung ausschließen kann. Das interne Regelsystem kann hierbei eine effiziente und nachhaltige Nutzung gewährleisten und auch der Bewahrung anderer Wasserfunktionen dienen.

Je nach Nutzungskontext und Stufe im Wasserkreislauf kann Wasser den Charakter unterschiedlicher Gutsformen annehmen. So kann es im Falle der Nutzung eines Gewässers zur Biotoperhaltung ein öffentliches Gut darstellen, im Falle der Entnahme aus einem frei fließenden Fluß als ein Gut mit freiem Zugang charakterisiert werden, im Falle einer kultischen Nutzung als meritorisches Gut gelten oder nach der Aufbereitung als Trinkwasser auf einem Wassermarkt wirtschaftlich gehandelt werden. Bestimmte Wasserressourcen können auch ein Gut darstellen, das einen über die engere Monetarisierbarkeit hinausgehenden Nutzen abwirft. Solche Ressourcen können den Charakter eines regional common good oder global common good erhalten. Meist dominiert hierbei der Wunsch nach Erhalt und Schutz einer bestimmten Gegebenheit. Meistens übernimmt der Staat die Schutzaufgabe, die letztlich eine Nichtnutzung von Ressourcen beinhaltet. Diese Vielfalt von Nutzungsmöglichkeiten und entsprechenden Gutseigenschaften läßt es unwahrscheinlich erscheinen, daß eine Klasse von Maßnahmen, gleichgültig ob sie auf ökonomischen, politisch-administrativen, sozialen oder kulturellen Prinzipien beruht, ausreichen wird, um alle Wasserprobleme in ihren vielfältigen Nutzungskontexten in den Griff zu bekommen. Je nach Problem und Gutscharakter kommen jeweils andere Allokationsmechanismen in Frage (siehe Kap. D 5.4.2.2).

VIELFALT DER BEWERTUNGSMETHODEN

Mit zunehmender Knappheit von Wasser – bezüglich der Quantität und/oder der Qualität – treten Nutzungskonkurrenzen bei der Verwendung von Wasser auf. Weiter wurde dargelegt, daß in Marktsystemen eine Zuteilung knapper Ressourcen und damit eine Auflösung dieser Nutzungskonkurrenzen über den Preis, in dem sich die individuellen Zahlungsbereitschaften äußern, erfolgt. Wenn Wasser lediglich die Merkmale eines privaten Gutes aufwiese, wie beispielsweise – als ebenfalls wichtige Ernährungsbasis – das Brot, und nicht den Charakter einer wesentlichen Komponente des ökologischen Realkapitals hätte, so könnte man die Bewertung allein dem Markt überlassen, dessen Funktionieren allerdings gesichert sein müßte. Da Wasser teilweise aber auch Eigenschaften eines öffentlichen Gutes erfüllt, etwa die Lebensraumfunktion, kommen zusätzliche Nutzenüberlegungen ins Spiel, die ergänzende oder korrigierende Bewertungen verlangen.

Dies sind aber ebenfalls ökonomische Bewertungen. Sie sollen den Wert von Wasser dort abschätzen, wo einzelwirtschaftliche Abwägungen zu kostspielig sind oder spezifische Nutzenkomponenten keinen (Markt-)Preis haben. Auf diese Weise will man einen Beitrag leisten, die Allokation von Wasser, vor allem also die Zuordnung dieser Ressource auf verschiedene Verwendungszwecke zu verbessern. Meist führt dies auch zur Forderung nach umfassenden Nutzen-Kosten-Analysen (inkl. aller externen Effekte). So werden beispielsweise in der Neufassung des US-amerikanischen Safe Drinking Water Act von 1996 mehr Kosten-Nutzen-Analysen als bisher gefordert, und jedes Jahr sollen mit ihrer Hilfe die Grenzwerte für fünf Schadstoffe (neu) festgelegt werden (Davies, 1996). Läßt man einmal die methodischen Probleme einer solchen Nutzen-Kosten-Analyse außer acht, wäre dies die umfassendste Form ökonomischer Bewertung und grundsätzlich zu befürworten.

Kritiker dieser ökonomischen Denkweise verlangen den Schutz des menschlichen Lebens und der Ökosysteme, und zwar losgelöst von menschlichen Nützlichkeitsvorstellungen und ohne Abwägung monetarisierter Werte. Sobald Wasser knapp ist, muß es zwangsläufig zu Bewertungen kommen, und ein Verzicht hierauf wäre unter umweltpolitischen Aspekten kontraproduktiv. Ein völliger Verzicht auf eine Bepreisung würde z. B. eine staatliche Zuordnung von (zunächst kostenlosen) Nutzungsrechten implizieren. Dies müßte, falls keine oder zu niedrige Wasserpreise verlangt werden, den Wasserverbrauch stimulieren. Zwangsläufig käme es zu einer Ersatzbewertung in der Schattenwirtschaft. Die mit einer staatlichen Bewertung verbundene Auferlegung von Verzichtsleistungen wäre an anderer Stelle ebenfalls mit Bewertungen verbunden. Wenn beispielsweise die Nutzung eines Gewässers verboten wird, um eine Pflanzen- oder Tierart zu schützen, so sind formal diejenigen in Geldeinheiten bewerteten Beträge aufgewendet worden, die durch die nunmehr verhinderte gegenwärtige oder künftige Nutzung erwirtschaftet worden wären (Opportunitätskosten). Wie zu sehen ist, lassen sich (ökonomische) Bewertungen grundsätzlich nicht vermeiden. Sie sind aber, wie nachfolgend gezeigt werden soll, äußerst komplexer Natur, da vielfältige Informationen und Bewertungsaspekte zu berücksichtigen sind.

Bei Bewertungen ist immer entscheidend, wer bewerten soll bzw. welche Präferenzen als maßgeblich angesehen werden. Sollen die Werte etwa auf Basis individueller Wertschätzungen abgeleitet werden oder auf Wertschätzungen von Umweltexperten oder Politikern beruhen? In individualistisch und demokratisch geprägten Gesellschaftssystemen bilden die Präferenzen der Individuen eine wichtige, wenn nicht sogar die wichtigste Quelle aller Wertschätzungen. Bei rationalem Verhalten wählen die Individuen jenes Güterbündel aus, das ihnen den höchsten Nutzen stiftet. Dies ist auch die Grundidee der Marktwirtschaft. Da eine direkte Nutzenmessung in der Regel nicht möglich ist, wird zur indirekten Nutzenerfassung auf die Erfassung der Zahlungsbereitschaft zurückgegriffen. Insofern kommt der Marktbewertung unter Beachtung der oben angeführten Grenzen große Bedeutung zu.

Dieser marktwirtschaftliche und auf individuellen Präferenzen beruhende Ansatz wird, wie bereits erwähnt wurde, immer wieder kritisiert. So wird darauf verwiesen, daß angesichts einer gewissen Engsichtigkeit, Voreingenommenheit und Kurzsichtigkeit der Individuen viele Umweltverschmutzungen, Ressourcen-Nutzungsimplikationen und Langfristaspekte nicht direkt wahrgenommen werden und daher keine entsprechende Berücksichtigung bei der Präferenzenoffenbarung auf den Märkten finden. So kann beispielsweise eine Verunreinigung von Grundwässern nicht erlebt werden, und seltene Biotope können unansehnlich und übelriechend sein und bei spontaner Befragung abgelehnt werden (Bonus, 1994). Hinzu tritt Platts natürlicher „Defekt des Menschen", nämlich dem Unmittelbaren und Kurzfristigen spontan den Vorzug zu geben (Platt, 1973; Ostmann et al., 1997) sowie eine gewisse Neigung zur Krisenblindheit (Ostmann et al., 1997). Immer wieder weist man auf ineffiziente und kontraproduktive Verhaltensweisen von Individuen in einem komplexen motivationalen Umfeld hin und fordert andere Bewerter. Insbesondere aus Expertensicht bzw. naturzentrischer Perspektive wird manchmal die Meinung vertreten, die Wertermittlung von Naturvermögen solle nicht über Märkte, sondern durch spezielle Gremien erfolgen, die umfassend und langfristig zu denken vermögen und ihre Wertschätzungen auch an der Aufrechterhaltung der Funktionsfähigkeit ökologischer Systeme orientieren.

Dabei wird unterstellt, daß Experten die Besonderheiten der Natur kennen. Damit taucht die Frage auf, ob solche Experten-Gremien „bessere" Bewertungen vorzunehmen vermögen und wer die Experten bestimmt bzw. wer als Experte anerkannt wird. Angesichts der methodischen Probleme bei der Erstellung umfassender Nutzen-Kosten-Analysen kann man gegenüber der Überlegenheit anderer Bewertungsverfahren Zweifel anmelden. Außerdem greift die Kritik an der individuellen Bewertung oft zu kurz, denn der Grund für eine eventuell zu niedrige Zahlungsbereitschaft zugunsten einer höheren Umweltqualität liegt sehr oft darin, daß die Individuen unzureichend informiert sind. Insoweit richtet sich die Kritik eigentlich eher gegen den unvollkommenen Informationsgrad der Individuen und nicht gegen den ökonomischen Bewertungsansatz als solchen. In diesem Zusammenhang kommt dem Expertenwissen aber zweifellos die wichtige Aufgabe zu, über die Folgen nicht unmittelbar wahrnehmbarer Umweltverschmutzungen, insbesondere langfristiger und irreversibler Schäden, aufzuklären. Da es sich aber häufig um einander widersprechende Informationen handelt, muß für Wettbewerb bei der Hypothesenfindung und -ausbreitung Sorge getragen werden, d. h. wissenschaftliche Redundanz ist anzustreben, und Doppelforschung zahlt sich aus.

5.4.1.3
Regionaler Charakter der meisten Wasserprobleme

Die meisten Wasserprobleme haben eine regionale Dimension. Dies ergibt sich zum einen aus den hydrogeographischen Verhältnissen. Strömungsgegebenheiten im Grundwasserbereich führen z. B. dazu, daß lokale Schadstoffeinträge (etwa durch die Landwirtschaft) die Grundwasserqualität eines größeren Raumes zu bestimmen vermögen. Änderungen der Landnutzung im Einzugsbereich eines Wasserwerkes können die Qualität des aufzubereitenden Rohwassers und damit auch die Aufbereitungskosten beeinflussen. Besonders Nitrate gelangen – vor allem in Bereichen von Intensiv- und Sonderkulturen wie Zuckerrüben-, Gemüse- und Weinbau – ins Grundwasser, teilweise gilt dies auch für Pflanzenschutzmittel (SRU, 1985 und 1987). Die Art und Dauer der landwirtschaftlichen Nutzung beeinflußt die regionale Wasserbilanz. So vermindert die Verlängerung der Nutzungszeit in einer Fruchtfolge durch Anbau von Zwischenfrüchten (Nachfrucht) den Abfluß und die Sickerwassermenge um etwa 10%, ebenso braucht Grünland wegen der längeren Transpirationsperiode durchschnittlich 20% mehr Wasser als Ackerland (SRU, 1985). Dies kann zu einer Grundwasserabsenkung und damit zu verschärften Wasserkonflikten führen. Aber auch die Oberflächengewässer werden bedroht. Nährstoffreiche Dränwasser und Bodenabschwemmungen erhöhen die ohnehin hohe Nährstoffbelastung der Gewässer. Dies kann zur Verkrautung, zu erhöhtem Algenwuchs und bei stehenden Gewässern zur Gefahr des „Umkippens" führen, sich nachteilig auf andere Wasserfunktionen (Erholungs- und Badefunktion) auswirken und steigende Kosten bei der Wasseraufbereitung verursachen.

In Großstädten ist die Wasserversorgung häufig von der Erschließung weit entfernt liegender Wasservorräte abhängig. Zwangsläufig führt dies zu steigenden Kosten der Wasserextraktion und -zufuhr, teilweise auch der Wasseraufbereitung, auf alle Fälle aber wieder zu steigenden Kosten der Wasserreinigung und -entsorgung sowie zu Nachteilen in den Quellgebieten. Der Aufbau und die Pflege einer aufwendigen Infrastruktur zur Wasserver- und -entsorgung wird notwendig, wobei ein großer Teil dieser Kosten distanzabhängig ist. Gehen diese Kosten nicht in die Preisbildung ein, werden Ballungsprozesse nicht gebremst und die Wasserversorgungs- und -entsorgungsgebiete ufern aus. Insofern sprechen auch entfernungsabhängige Kosten für eine Regionalisierung bzw. eine regionale Problemlösung. Dies führt auch dazu, daß regionale Bewertungsdivergenzen auftreten und es bei einer Marktbewertung bzw. Vollkostenkalkulation zu regional unterschiedlichen Wasserpreisen kommen muß.

Faßt man zusammen, sollte die Lösung der Wasserprobleme im regionalen Kontext erfolgen. Nur auf dieser Ebene lassen sich Nutzungskonflikte zutreffend angehen und Trittbrettfahrer-Probleme bewältigen. Dies entspricht auch dem klassischen fiskalischen Äquivalenzprinzip: Zur Durchsetzung einer effizienten Lösung sollte möglichst eine räumliche Deckungsgleichheit der Nutznießer und Kostenträger einer (öffentlichen) Güterbereitstellung gewährleistet werden. Damit wird auch das Haftungsprinzip gestärkt und dem Subsidiaritätsprinzip stärker Rechnung getragen. Letzteres ist insofern zu betonen, als gerade das Beispiel der schnell wachsenden asiatischen Staaten (siehe Kap. D 3.2) zeigt, welche Probleme sich aus einer (staatlichen) Vernachlässigung des Versorgungs- und Entsorgungsbereichs, aber auch des Öffentlichen Personen-Nahverkehrs ergeben können. Vor allem die Entsorgung (Abwasser, Abfall) verlangt den zeitaufwendigen und kapitalintensiven Auf- und Ausbau einer spezifischen Infrastruktur. Wird dies durch einseitige Förderung der privaten Kapitalbildung versäumt, kann es – wie gegenwärtig vor allem in den asiatischen Megastädten sichtbar wird – zu entwicklungslimitierenden Engpaßeffekten kommen. Aus der Verantwortlichkeit für die Berücksichtigung dieser Folgeeffekte sollten Regionen oder Staaten nicht entlassen werden.

Frankreich hat z. B. aus diesen Überlegungen Konsequenzen gezogen und eine Regionalisierung eingeführt. Danach ist das französische Wasserwirtschaftssystem auf sechs große hydrogeographische Gebiete ausgerichtet, und zwar verbunden mit einer angemessenen nationalen Politikkontrolle (Feder und Le Moigne, 1994). Diese entsprechen den vier großen Wassereinzugsbereichen des Landes und den zwei Gebieten mit dichter Besiedlung und intensiver industrieller Betätigung. Jeder Region steht ein Komitee (eine Art regionales Wasserparlament) sowie ein korrespondierendes ausführendes Organ, der sogenannte Wasserausschuß, vor. Im Wasserparlament soll die Berücksichtigung möglichst vieler regionaler Wasserinteressen, d. h. eine Art regionale Güterabwägung unter Gewährleistung möglichst hoher Partizipation erfolgen. Die Wasserver- und -entsorgung erfolgt jedoch weitgehend privat. Es wird auf regionaler Ebene eine Art Verschmutzungsgebühr erhoben, deren Aufkommen wiederum regional verwendet wird. Vor allem findet eine gleichzeitige Berücksichtigung von Versorgungs- und Entsorgungsaspekten statt. Vieles spricht dafür, dieses „Modell" auf Entwicklungsländer zu übertragen, wobei mit einem inselartigen Ausbau (etwa im Bereich der Megastädte) begonnen werden könnte (siehe Kap. D 3.5).

5.4.1.4
Steigende Bedeutung der Wirtschaftlichkeit

Die wirtschaftliche Bewältigung der meist regionalen Wasserprobleme wird immer teurer. So wurde Anfang der 90er Jahre allein für die Entwicklungsländer davon ausgegangen, daß für die nächste Dekade mindestens Investitionen (Wasserversorgung, Kanalisation usw.) in der Größenordnung von 600–700 Mrd. US-$ erforderlich sein werden (Feder und Le Moigne, 1994). Neuere Untersuchungen kommen zum Ergebnis, daß in den nächsten zehn Jahren allein für die Trinkwasserversorgung pro Jahr ca. 60 Mrd. US-$ benötigt werden. Dabei blieben die gewaltigen Investitionserfordernisse in Mittel- und Osteuropa noch unberücksichtigt. Dies macht deutlich, daß sich die Lösung regionaler Wasserprobleme immer mehr mit einer Kostenfrage verbindet, wobei es nicht nur um die Finanzierung geplanter Projekte, sondern vor allem um mehr Wirtschaftlichkeit bei der Problembewältigung geht.

Häufig reichen zwar schon kleinere Maßnahmen aus, um große Effekte zu erzielen. So ersetzte Mexiko-Stadt bei dem Versuch, den Pro-Kopf-Wasserverbrauch zu reduzieren, etwa 350.000 Toiletten durch kleinere und effizientere Modelle und sparte dadurch genug Wasser, um den Bedarf von 250.000 Einwohnern zu decken (Feder und Le Moigne, 1994). Zumeist stehen aber Großinvestitionen und der Aufbau und Ausbau einer sehr kapitalintensiven Versorgungs- und Entsorgungsinfrastruktur an. Vor allem die wachsenden Hygieneprobleme verlangen hohe Investitionen im Entsorgungsbereich. Der Trend bei Großprojekten in den Wachstumsregionen Asiens, Lateinamerikas sowie Afrikas basiert auf dem Gedanken der integrierten Dienstleistungsaufgabe Trinkwasserversorgung und Abwasserversorgung. Der Planungsträger schreibt also (schon allein aus Finanzierungsgründen) nicht mehr die Teilaufgabe „Klärwerkserrichtung" aus, sondern umfassende „Build, Operate and Transfer"-Modelle (Rudolph und Gärtner, 1997).

Gerade hier wird aber die Wirtschaftlichkeit relevant. Insbesondere zeigt sich, daß viele ökonomische Probleme (Ineffizienzen, zu hohe Kosten), dies gilt teilweise auch für Deutschland, aus der Fragementierung bzw. Segmentierung der verschiedenen wasserwirtschaftlichen Teilaufgaben sowie aus aufgeblähten staatlichen Verwaltungen resultieren. Immer deutlicher wird, daß angesichts der hohen Kosten für mehr Effizienz und Ausschöpfung der Kostensenkungspotentiale Sorge getragen werden muß. Gerade die Weltbank, bei der die Kreditvergabe für Wasserprojekte eine große Rolle spielt, engagiert sich hier zunehmend (Weltbank, 1992; Ayub und Kuffner, 1994; Feder und Le Moigne, 1994; Engelman und LeRoy, 1995; Briscoe, 1992).

Angesichts dieser Investitionserfordernisse sind Anreizsysteme gesucht, die mehr ausländisches Kapital und Know-how ins Land locken und mehr Effizienz und Wirtschaftlichkeit versprechen, falls wegen des Entwicklungsrückstands und der Armut der Bevölkerung eine Eigenfinanzierung nicht möglich ist.

Insgesamt ist davon auszugehen, daß international genügend private Großunternehmen zur Verfügung stehen, um diese Aufgaben gewinnbringend zu übernehmen. Vor allem französische, britische und nordamerikanische Unternehmen stehen bereit, bei der Wasserversorgung und -entsorgung nicht nur die Planung und den Bau, sondern vor allem auch die Finanzierung sowie den (temporären) Betrieb zu übernehmen. Erstaunlich ist nur, daß sich das Engagement deutscher Unternehmen in diesem Bereich bislang noch in engen Grenzen hält. Dies steht im Widerspruch zur hohen (technischen) Reputation deutscher Wasserwerke und ist, wie bereits anklang, zu einem beachtlichen Teil darauf zurückzuführen, daß das deutsche Modell wirtschaftlich nicht voll zu überzeugen vermag (Rudolph und Gärtner, 1997). In beachtlicher Weise ist letzteres die Folge ineffizienter Organisation der Wasserwirtschaft sowie beachtlicher Kostenprobleme bei der kommunalen Abwasserbeseitigung (Rudolph, 1990; Gellert, 1991). Teilweise scheint aber auch Unternehmerversagen (mangelnde Bereitschaft zum Engagement im Ausland) vorzuliegen. Dies ist zu bedauern, weil ein überzeugendes deutsches Modell nicht nur unter Umweltaspekten, sondern auch unter wirtschaftlichen Überlegungen zu einem Exportschlager werden könnte. So liegen gerade bezüglich der Entsorgungsinfrastruktur neue Ideen (begehbarer Leitungsgang) vor, die vor allem für die schnell wachsenden Megastädte Asiens von Interesse sein dürften (Stein, 1997). Hier böte sich die Unterstützung von Pilotprojekten an.

Damit sich privates Kapital in der Wasserwirtschaft engagiert (Lösung des Finanzierungsproblems) und sich mehr Effizienz durchsetzt, sind verschiedene Voraussetzungen zu schaffen. Zu den wichtigsten zählen zunächst das Zulassen einer Vollkostenkalkulation mit angemessenem Gewinnaufschlag, der Verzicht auf preisbezogene politische Begünstigung sowie die Gewährleistung kalkulierbarer Langfristverträge über bestimmte Nutzungs- bzw. Eigentumsrechte. Wie bereits erwähnt wurde, gibt es Möglichkeiten, der Etablierung von Ausbeutungsmonopolen entgegenzuwirken. Besondere Bedeutung kommt hierbei der Ausschreibung unter Wettbewerbsbedingungen zu.

Bezüglich des Besitzes (etwa an den natürlichen Wasserressourcen), der Investitionen, des Betriebs und der Gebührenkalkulation bzw. des Gebühreneinzugs sind verschiedene Formen möglich, die allein schon bei der Wasserversorgung unterschiedliche Lösungen zulassen (Tab. D 5.4-1). Wie bei der Analyse bereits praktizierter Modelle zu sehen ist, verbleiben die natürlichen Wasservorräte in der Mehrzahl der Fälle beim Staat; dieser muß nur dafür Sorge tragen, daß hieraus keine Open-access-Res-

	Managementvertrag	Mietvertrag	ABB-/ABW-Konzession	Voll-Service Versorgungsunternehmen	Verkauf von Anteilen
RECHTE WERDEN ABGEGEBEN AN					
Besitz	Staat	Staat	Staat	Staat	Privat
Investition	Staat	Staat	Privat	Privat	Privat
Betrieb	Privat	Privat	Privat	Privat	Privat
Gebühreneinzug	Staat/Privat	Privat	Staat	Privat	Privat
JÜNGSTE FÄLLE					
	Puerto Rico, Mexiko, Trinidad und Tobago, Antalya, Türkei	Guinea, Gdansk, Polen, Nordböhmen, Tschech. Republik	Johor, Sydney, Australien, Izmir, Türkei, Chihuahua, Mexiko	Buenos Aires, Malaysia, Liberia, Brasilien, Côte d'Ivoire, Macao	England und Wales

Tabelle D 5.4-1
Verteilung der Verantwortung bei alternativen Ansätzen der Wasserversorgung: Auswertung von Fallstudien.
ABB = Aufbauen – Besitzen – Betreiben;
ABW = Aufbauen – Betreiben – Weitergeben.
Quelle: Haarmeyer und Mody, 1997

sourcen mit den damit verbundenen Qualitäts- und Übernutzungsproblemen werden. Bezüglich der Eigentumsrechte an den Investitionen spricht vieles dafür, diese in den Händen von Privaten zu belassen. Vor allem ergeben sich Effizienzvorteile für einen privatwirtschaftlichen Betrieb. Die Übertragung des betriebswirtschaftlichen Risikos schafft auf dem privaten Sektor die Anreize für eine effiziente Betriebsführung (Haarmeyer und Mody, 1997). Voll-service-Konzessionen bieten den breitesten Raum für betriebswirtschaftliche und finanzielle Verbesserungen. Um die Risiken für private Betreiber zu verringern, sind vielfach Bürgschaften internationaler Organisationen (etwa Weltbank) oder von Regierungen oder andere Formen partieller Risikoübernahme erforderlich.

5.4.2
Lösung des Allokationsproblems

5.4.2.1
Grundsätzliche Lösungsmöglichkeiten

Ist einmal das qualitative und quantitative Knappheitsproblem erkannt und das Bewertungsproblem gelöst, rückt die Frage in den Vordergrund, wer die Ressource Wasser in welchem Umfang (für welche Zwecke, wann, wo und wie) nutzen darf bzw. wer Nutzungsrechte zuweist, d. h. wie das Allokationsproblem unter Berücksichtigung von Verteilungs- und Nachhaltigkeitsaspekten bewältigt werden soll. Zur Lösung des so charakterisierten Allokationsproblems hat die Ökonomie und Sozialforschung unterschiedliche Ordnungs- bzw. Regelungsformen herausgearbeitet (zur sozialwissenschaftlichen Forschung vergleiche Reuter, 1994 bzw. zur evolutorischen Ökonomik Wagner und Lorenz, 1995). Der institutionstheoretische Ansatz basiert auf begrenztrationalen individuellen Entscheidungskalkülen, die primär auf das Eigeninteresse der Beteiligten abstellen, unabhängig davon, ob es sich um Konsumenten, Unternehmer, Politiker oder Bürokraten handelt (Brennan und Buchanan, 1985; Williamson, 1985). Ausgehend von diesen individuellen Zielen werden Entscheidungs- und Koordinationsverfahren untersucht, die für alle Beteiligten aufgrund ihrer Vorteile grundsätzlich akzeptabel erscheinen (siehe zum Kriterium der Zustimmungsfähigkeit u. a. Buchanan, 1975 und 1987; Knight, 1992). Die Beachtung der Zustimmungsfähigkeit für rational-eigennutzmaximierende Individuen bietet eine höhere Stabilität von Vereinbarungen und Erwartungssicherheit der beteiligten Akteure (siehe Williamson, 1985; Ostrom, 1986).

Institutionen können somit als allgemein anerkannte Regeln verstanden werden. Diese Regeln können spontan entstehen, aber auch vom Staat gesetzt werden. Individuen werden sich regelkonform verhalten, wenn sie davon ausgehen können, daß andere dies auch tun werden oder die Nichteinhaltung von Regeln mit Sanktionen verbunden ist. Dies führt in sich wiederholenden Situationen zu wechselseitigen Verhaltenserwartungen und damit zur Reduktion der Komplexität von Entscheidungssituationen. Institutionen vermögen somit, individuelles Verhalten in bestimmte Richtungen zu steuern.

Obwohl die Frage einer eindeutigen Klassifikation von Regelungs- und Ordnungssystemen umstritten ist, geht der Beirat von folgenden Regelungsformen aus:

1. *Anomie oder totaler Institutionenausfall:* Letztlich handelt es sich hier um einen Zustand, der durch den Zerfall jeglicher Institutionen bzw. Ordnungsprinzipien oder durch die mangelnde Durchsetzbarkeit von (überkommenen oder staatlich gesetzten) Regeln gekennzeichnet ist. Regellose Zustände sind meist vorübergehend, oft steht hier die rücksichtslose Durchsetzung partikularer Interessen im Vordergrund, wobei die Schädigung anderer in Kauf genommen wird. In dieser Situation der regellosen Konfliktaustragung ist die Wahrscheinlichkeit des Einsatzes bewaffneter Mittel als Problemlösung sehr hoch. Hier wird deutlich, daß grenzüberschreitende Umweltprobleme bzw. der Umgang mit grenzüberschreitenden Ressourcen durch Verhandlungen und Institutionengründungen gelöst werden müssen, vor allem, wenn diese Ressourcen Kollektivguteigenschaften besitzen.

2. *Problemlösungsmöglichkeiten unter institutionellen Rahmenbedingungen*

a) Hoheitliche Lösungen: In diesem Regime bestimmt in einfachen Gesellschaften eine von allen anerkannte Person (etwa der Schamane, die Medizinfrau oder der Häuptling), in modernen Gesellschaften meist der Staat über die Zuweisung von Nutzungsrechten. Dies erfolgt z. B. durch Quoten (bestimmte Menge pro Nutzer), administrative Preise oder durch Nutzungseinschränkungen (etwa die Einrichtung von Wasserschutzgebieten). Eine hoheitliche Lösung setzt die Bewältigung der Informations- und Bewertungsprobleme sowie Durchsetzungskraft und Kontrollkompetenz voraus.

Dabei ist zu beachten, daß die für die Zuweisung von Nutzungsrechten relevanten Allokationsziele in der Regel in einem Entscheidungsgeflecht formuliert werden, bei dem in beachtlichem Ausmaß die Eigeninteressen der Politiker, aber auch die Vorstellungen der politischen Konkurrenten, Wähler, Bürokratien und wichtiger Interessentengruppen (siehe Endres und Finus, 1996) eine Rolle spielen. Hieraus kann sich eine deutliche Kurzfristorientierung ergeben. Gegenwärtig wird darum darüber nachgedacht, wie sich Langzeitverantwortung am besten institutionalisieren läßt (Rennings et al., 1996; SRU, 1994; Maier-Rigaud, 1994). Die Idee der Schaffung ökologischer Räte oder die Betonung des Subsidiaritätsprinzips sind umstritten. Hier besteht gerade bezüglich der Ressource Wasser Forschungsbedarf.

b) Marktlösungen unter Wettbewerbsbedingungen: Bei diesem marktwirtschaftlichen Lösungsansatz treten die Mitglieder der Gesellschaft unter Einhaltung bestimmter Spielregeln in Wettbewerb um knappe Güter. Konstitutiv hierfür ist die Vergabe von privaten Eigentumsrechten. Mit Eigentums- und Nutzungsrechten an Wasserressourcen ist der Anreiz für den Eigentümer verbunden, in seinem eigenen Interesse das Potential der Ressource zur Nutzenbefriedigung der Wasserkunden auf Dauer zu erhalten und mit der Ressource haushälterisch umzugehen. Eigentumsrechte an Ressourcen können wie Eigentumsrechte an Flächen oder Gütern auf dem Markt veräußert und erworben werden.

Auch hier ist zu beachten, daß es möglicherweise zu einem Defizit an Langfristverantwortung kommen kann. Insofern spielt wieder die Frage eine Rolle, wie sich eine stärkere Langfristorientierung in die einzelwirtschaftlichen Planungen integrieren läßt und – gerade unter Verteilungsaspekten – intrinsische Motivation geweckt werden kann (Frey und Oberholzer-Gee, 1996). Hierzu besteht noch großer Forschungsbedarf.

c) Solidargemeinschaften oder Gemeingutlösungen: Die mangelnde Verfügbarkeit hoheitlicher und klassisch-privatisierender Lösungen beim Umgang mit natürlichen Ressourcen weckt neuerdings wieder das Interesse an Solidargemeinschaften oder Gemeingutlösungen (Allmende-Lösungen). Dabei zeigt sich, daß solche Lösungen unter bestimmten Konstellationen durchaus gute Ergebnisse zu bringen vermögen. Auch dies ist ein institutioneller Ansatz, da die Mitglieder der Solidargemeinschaft gemeinsam definierten Regeln des Umgangs mit dem Gemeingut unterliegen (Ostman et al., 1997). Das befürchtete commons dilemma (Hardin, 1968) muß nicht auftreten, da es sich nicht um Open-access-Güter handelt, sondern aufgrund des Gemeineigentums andere von der Nutzung ausgeschlossen werden können. In diesem Regime werden kollektive Eigentums- oder Nutzenrechte an Gruppen von Individuen übertragen; die Ressourcen werden dabei als common pools angesehen, die von den Mitgliedern einer Gemeinschaft gemeinschaftlich nach vorher festgelegten Regeln genutzt werden (Ostrom, 1990; Fischer, 1997, Frey und Oberholzer-Gee, 1996; Ostmann et al., 1997). Eine typische Form solcher Solidargemeinschaften sind Genossenschaften, die sich durch einen gemeinschaftlichen Geschäftsbetrieb auszeichnen.

Solche Solidargemeinschaften stellen soziale Einheiten mit in der Regel begrenzter Mitgliederzahl, klar definierten räumlichen Grenzen, bestimmten gemeinschaftlichen Interessen, einem Mindestgrad an Interaktion unter den Mitgliedern, meist gemeinsamen kulturellen Normen und einem eigenen endogenen Autoritätssystem dar (Fischer, 1997). Der ökonomische Vorteil besteht häufig darin, daß man den Nettonutzen einer Gemeinschaft durch Behebung von Externalitäten und Langfristorientierung heben kann. Letzteres gelingt vor allem dann, wenn die Zeitpräferenzrate gesenkt werden kann, weil innerhalb der Solidargemeinschaft sich ein Warten (im Sinne von Nichtnutzung) mit geringeren Risiken verbindet. In vielen Ländern mit „traditionellen" Gesellschaftsstrukturen und geringerem Privateigentumsdenken können solche Solidargemeinschaften zu interessanten Lösungen werden. Zur Analyse der hierfür relevanten Ausgangsbedingungen besteht noch Forschungsbedarf.

Aus diesen Überlegungen wird deutlich, daß eine grundsätzliche Maxime nach der Art *Je mehr Markt desto besser* oder *Gemeineigentum ist stets Privateigentum vorzuziehen* weder sinnvoll noch erfolgversprechend ist. Es kommt auf die Umstände an. Liegen private oder ohne große Transaktionskosten privatisierbare Güter vor, ist die Maxime, marktwirtschaftliche Regime zu bevorzugen, ebenso offenkundig wie die Forderung, bei öffentlichen Gütern hoheitliche Lösungen anzustreben. Bei allen Mischformen und bei fehlenden Voraussetzungen der Erfolgsbedingungen des jeweiligen Regimes muß dagegen vom Kontext her eine geeignete Lösung gefunden werden. Eine solche angepaßte Lösung kann auf einer Mischung von verschiedenen Ordnungskonzepten oder auf eine Veränderung der Bedingungen hinauslaufen, so daß ein Ordnungstyp für die gewünschte Problemlösung ausreicht.

In der Vergangenheit sind viele Nutzungen von Wasser, selbst wenn sie überwiegend privaten Gutscharakter besaßen, durch staatliche Regime geregelt worden. Zunehmend wird aber deutlich, daß die Kosten, die mit dieser meist ineffizienten Lösung verbunden sind, höher sind als bei einer Regelung durch das Wettbewerbssystem und daß die mit dem staatlichen Regime verbundenen Anliegen ähnlich oder sogar besser durch den Markt hätten gelöst werden können. Insofern ist das heutige Ungleichgewicht zwischen Markt und Staat in den meisten Fällen in Richtung auf Ausweitung des Marktes auszugleichen. Dies darf jedoch nicht zu dem Fehlschluß führen, das marktwirtschaftliche Lösungssystem sei für alle Gutseigenschaften des Wassers verwendbar.

Gleichzeitig sollte aus dem offensichtlichen Scheitern von Solidargemeinschaften in den meisten hoch entwickelten Ländern nicht der Schluß gezogen werden, daß genossenschaftliche Lösungen oder kommunale Eigentumsformen auch in anderen Kulturen aussichtslos seien. So wie viele Allmendelösungen über Jahrhunderte in Europa, Asien und Afrika hohe Stabilität aufwiesen, so sind auch in vielen heutigen Kulturen die Voraussetzungen dafür gegeben, daß bei Gütern mit noch überwiegend freiem Zugang gemeinschaftliche Eigentumslösungen den staatlichen wie den marktwirtschaftlichen Lösungen überlegen sind. Ostrom (1992) zeigte anhand von Bewässerungssystemen, daß Self-governing-Systeme, die auf der Basis der gemeinsamen Nutzung einer kommunalen oder regionalen Ressource operieren, auf Veränderungen der Umwelt (etwa Dürre) flexibler reagieren können, Wasser in der Regel bedarfsgerechter verteilen sowie dem Mißbrauch und der Vernachlässigung von Bewässerungsanlagen entgegenwirken. Das Management von Common-pool-Ressourcen zeigt, daß Nutzer von Gemeinschaftsgütern unter bestimmten Konstellationen durchaus bereit sind, sich dauerhaft auf Regeln zu einigen, die eine langfristige, effiziente Nutzung der Ressource ermöglichen. Entscheidende Voraussetzung für den Erfolg kollektiver Vereinbarungen ist, daß alle Nutzer bereit sind, die im vorhinein aufgestellten Kriterien der Verteilung bzw. des Umgangs mit Wasser anzuerkennen und auch dann zu beherzigen, wenn sie nicht staatlich kontrolliert werden. Eine dezentrale Überwachung der Regeleinhaltung und Sanktionierung der Regelverletzer erscheint jedoch notwendig (Ostrom, 1990).

Diese Bedingungen sind nur in Sozialsystemen erfüllt, in denen hohe soziale oder kulturelle Kohärenz, konsensorientierte Entscheidungsfindung und geringe Mobilität vorherrschen. Zum Teil finden sich entsprechende Sozialsysteme in einer Reihe von Entwicklungsländern. Mit zunehmender Mobilität (Zugang – Weggang) brechen aber auch erfolgreiche Common-pool-Lösungen auseinander, weil Neuankömmlinge selten gewillt sind, die Eintrittskosten zu übernehmen und die Wegziehenden einen Teil ihrer Einlage zurückfordern. Allerdings kann die Common-pool-Lösung eine Vorstufe zu einer späteren Eigentumslösung durch eine private Gesellschaft sein. Besonders angemessen erscheint ein solcher allmählicher Wandel in Gesellschaften, in denen eine hohe intrinsische Motivation vorherrscht, die durch eine zu rasche Privatisierung zu schnell zerstört werden könnte. Die Funktionsfähigkeit von Common-pool-Lösungen ist dort am größten, wo kulturelle Traditionen und soziale Regelungsprozesse Verantwortung für das Allgemeinwohl nahelegen und somit positiv belohnen. Dies kann aufgrund von kulturellen Zwängen und Tabus, von sozialen Netzwerken und durch externen Druck erfolgen.

5.4.2.2
Problemlösung über Wassermärkte

Angesichts der Probleme bei der hoheitlichen Lösung des Bewertungs- und Allokationsproblems rückt in der neueren Literatur sowie bei wichtigen Organisationen (etwa der Weltbank) immer stärker

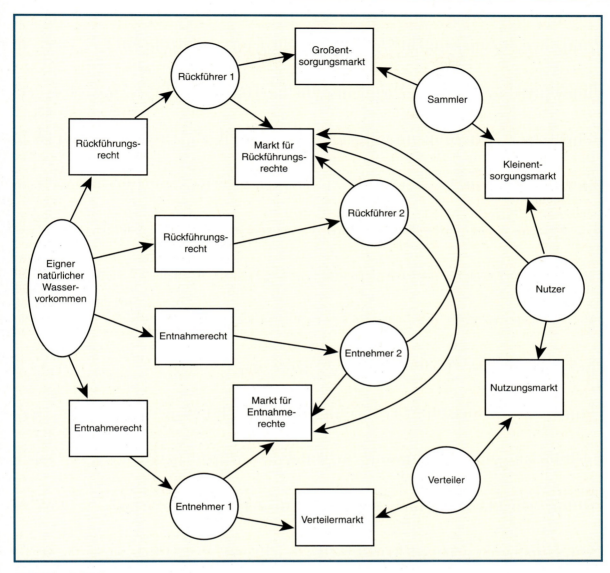

Abbildung D 5.4-2
Wassermärkte. Erläuterungen im Text.
Quelle: WBGU

die Forderung in den Vordergrund, die Lösung der Wasserprobleme über die Installation von Wassermärkten anzugehen. Auch der Beirat schließt sich dieser Überlegung an, wobei die Frage, wie soziale Belange berücksichtigt werden können, insbesondere die Sicherung des Mindestwasserbedarfs für Individuen oder soziale Gruppen, in Kap. D 5.4.2.3 behandelt wird. Die Installation von Wassermärkten verlangt aber eine differenzierte Vorgehensweise, da bei Zuweisung durchsetzbarer Eigentumsrechte an Wasser verschiedene Akteure bzw. Märkte als Beziehungssysteme (Abb. D 5.4-2) entstehen können, wobei diese Märkte vielfach – ähnlich wie bei der Energieversorgung und Abfallentsorgung – kleinräumige Monopolmärkte sein werden. Die folgenden Ausführungen sollen somit verdeutlichen, welche verschiedenen Ebenen betroffen sind und wo zusätzlicher staatlicher Handlungsbedarf besteht.

Als Akteure können grob unterschieden werden:
– Eigentümer natürlicher Wasservorkommen,
– Wasserentnehmer,
– Wasserverteiler,
– Wassernutzer,
– Abwassersammler,
– Abwasserrückführer.

Reicht das natürliche Wasserdargebot einer Wasserregion (Flußeinzugsgebiet, Binnensee, Grundwasservorkommen) nicht mehr aus, um eine expandierende Wassernachfrage zu befriedigen, treten Knappheitsprobleme auf. Bei stehenden Gewässern geht jede Entnahme bezogen auf das natürliche Wasseraufkommen zu Lasten anderer Entnahmen. Bei Fließgewässern gehen Entnahmen am Oberlauf in der Regel zu Lasten der Anlieger am Unterlauf. Wenn die Entnahmen nicht begrenzt werden, nimmt das natürliche Wasservorkommen bei fehlenden Eigentumsrechten und Ausfall einer Kooperationslösung den Charakter einer Open-access-Ressource (freies Gut) an: ein Ausschluß einzelner Nutzer erfolgt nicht, aber die Nutzer stehen zueinander in einem Rivalitätsverhältnis. Ein derartiger Zustand muß dazu führen, daß die Ressource übernutzt wird: Wegen des freien Zugriffs lohnt sich bei Eigennutzorientierung der individuelle Verzicht auf die Entnahme nicht, weil damit gerechnet werden muß, daß die nicht-entnommenen Mengen von anderen genutzt werden. Auch Fließgewässer können den Charakter einer übernutzten Open-access-Ressource annehmen, wenn das natürliche Wasserdargebot nichtmehr ausreicht, alle Nachfrager entlang des Flußlaufes zu befriedigen. Hier sind die negativen Wirkungen allerdings räumlich ungleich verteilt: Während die Übernutzung eines stehenden Gewässers alle Anlieger schädigt, werden von der Übernutzung eines Fließgewässers vor allem die Unteranlieger betroffen.

In beiden Fällen besteht die Notwendigkeit, zur Bestandserhaltung die Entnahmen aus den Gewässern zu begrenzen. Dieses impliziert zweierlei: Zum einen muß unter Berücksichtigung der ressourcenspezifischen Regenerationszeiten die periodische Gesamtentnahme aus der Wasserregion begrenzt werden, zum anderen kann auch eine Verteilung von Entnahmerechten auf einzelne (etwa Anrainer eines Oberflächengewässers oder Landbesitzer über Grundwasservorkommen) notwendig werden. Damit wird es erforderlich, in Wasserregionen einen Eigentümer am Wasser zu bestimmen, der die maximal zulässigen Entnahmen definiert, und eine Organisation zu schaffen, die in der Lage ist, Entnahmebegrenzungen auch durchzusetzen. Gerade letzteres stellt in vielen Entwicklungsländern ein Problem dar, welches bei großräumigem Staatseigentum besondere Dimensionen aufweist. Berücksichtigt man die historische Komponente der Landnutzung in Wasserregionen, die vielfach das Ergebnis von Entscheidungen ist, die noch nicht unter dem Diktat einer Wasserknappheit standen, dann werden einzuführende mengenbezogene Entnahmerechte in Wasserregionen in der Regel räumlich zu differenzieren sein (etwa nach der Appropriation-Doktrin: first in time means first in right; Hirshleifer et al., 1972).

Entnahmerechte für Anlieger von Oberflächengewässern oder Bodenbesitzer über Grundwasservorkommen liefern die erste Möglichkeit für die Einführung von Wassermärkten. Die so definierten Akteure erhalten damit die Möglichkeit, ihnen zustehende Wasserentnahmerechte zu handeln. Tauschgeschäfte können dabei mit dem Ziel des dauerhaften Erwerbs von Wasserentnahmerechten erfolgen, sie können aber auch nur zur Überbrückung temporärer regionaler Engpässe dienen. In die Preisbildung gehen auch Einschätzungen über die künftigen Entwicklungstendenzen ein. Dieser Markt kann als Markt für Entnahmerechte bezeichnet werden. Dabei ist zu klären, wo mögliche Grenzen dieses Marktes in dem Sinne liegen, daß bestimmt werden muß, wann Rechte zwischen Regionen handelbar sein dürfen und wann nicht. Falls ein unbegrenzter interregionaler Handel zugelassen wird, kann es aufgrund einer Verknappung der Wasserrechte zu gravierenden regionalen Anpassungsprozessen kommen. Dem Träger der Entnahmerechte, seinen Aufgaben und seinen Zielen kommt somit erhebliche Bedeutung zu. Um ein problematisches Horten zu verhindern, wäre es auch denkbar, das Wassernutzungsrecht abzuerkennen, wenn es von seinem Besitzer nicht genutzt wird.

Die Etablierung dieses Bewertungs- und Allokationssystems verlangt die Zuweisung von Eigentumsrechten. Wird hierbei dem fiskalischen Äquivalenzprinzip Rechnung getragen, kommt auch das Subsidiaritäts- und Haftungsprinzip zur Geltung. Um dem mit dieser Monopolbildung verbundenen Problem des Machtmißbrauchs entgegenzuwirken, sind Kontrollen einzubauen oder zusätzliche Maßnahmen zu ergreifen (temporäre Ausschreibung, Preisgenehmigung), wobei die Wassereigenschaften eine beachtliche Transparenz zulassen.

Diesem Markt für Entnahmerechte schließt sich ein Markt für Verteilungsrechte an. Wie die Wassermengen, die einer Region aufgrund der originären Rechtsverteilung und nach erfolgten Tauschgeschäften zustehen, innerhalb dieser Region auf einzelne Nachfrager verteilt werden, ist grundsätzlich innerhalb der Region zu entscheiden. Entnehmer und Verteiler können, müssen aber nicht identisch sein. Im Unterschied zum Markt für Entnahmerechte, dessen Gesamtangebot in einer Wasserregion in der Regel kollektiv bzw. hoheitlich bestimmt werden muß, sind bei der Entscheidung darüber, in welche konkreten Verwendungen Wasser fließen soll, kollektive Entscheidungen nicht erforderlich und auch nicht sinnvoll. Jenseits einer Sicherung des individuellen Mindestbedarfs an Wasser (siehe Kap. D 5.4.2.3) kann die Verteilung des nach der Entnahme aus den natürlichen Wasservorkommen privaten Gutes Wasser grundsätzlich über Märkte und damit Zahlungsbereitschaften gesteuert werden. Zwei Märkte sind hier von Relevanz: Märkte, auf denen die einer Region zustehenden Entnahmemengen gehandelt werden, um sie auf einzelne Bereiche zu verteilen (Verteilermärkte), und Märkte, über die die Wassermengen den einzelnen Nutzern zugeführt werden (Nutzungsmärkte). Die Zahlungsbereitschaften der einzelnen Nutzer entscheiden darüber, in welche Verwendungen das Wasser gelangt. Tendenziell werden die Zahlungsbereitschaften dort am höchsten sein, wo Wasser die relativ höchsten Werte schafft. Sofern die einzelnen Nachfrager mit den vollen Kosten der Wassernutzung konfrontiert werden, werden effiziente Anreize gesetzt, die Wassernutzung zu reduzieren. Für einzelne Verteiler besteht auch die Möglichkeit, Wasser aus anderen Wasserregionen zu beziehen. Hoheitliche Tätigkeit in einzelnen Wasserregionen kann sich darauf beschränken zu prüfen, ob der künftige regionale Wasserbedarf und das künftige Wasserangebot plausibel ermittelt werden und ob Maßnahmen ergriffen worden sind, Angebot und Nachfrage zum Ausgleich zu bringen.

Die Nutzer führen das von ihnen bezogene Wasser über den Luftpfad (Verdunstung), den Boden (Versickerungen, Abspülungen) und Sammelsysteme wieder dem Wasserkreislauf zu. Sofern das Wasser qualitativ nicht so verändert wird, daß folgende Nutzungen beeinträchtigt werden, ergeben sich nur dann Knappheitsprobleme, wenn – z. B. aus hygienischen Gründen – eine Sammlung des genutzten Wassers und seine Entsorgung vor Ort durch technische Maßnahmen (Entsorgungsleitungen, Pumpen) sichergestellt werden muß. Hier können je nach Gegebenheiten ein oder zwei Märkte auftreten: Ein Markt für – aus hygienischen Gründen oft erzwungene – Einzelentsorgungseinrichtungen und ein Markt, über den sich Entsorger kleiner Teilgebiete einer Region an große Abwasserentsorgungssysteme anschließen können. Spezielle Rückführungsrechte, die die Einleitung von Abwasser in natürliche Wasservorkommen ermöglichen, sind für qualitativ unverändertes Wasser nicht erforderlich. Um effiziente Anreize zur Wassereinsparung zu setzen, sind die Kosten der Wasserrückführung den Wassernutzern auf den Entsorgungsmärkten in Rechnung zu stellen.

Die Situation stellt sich anders dar, wenn das genutzte Wasser – was in der Regel der Fall ist – qualitativ derart verändert wird, daß folgende Nutzungen eingeschränkt werden. Hier treten Knappheitsprobleme auf, die in der begrenzten Fähigkeit des Wassers zur Selbstreinigung begründet sind. Kosten entstehen nicht mehr (allein), weil knappe Ressourcen zum Bau und Betrieb von Wassersammelsystemen eingesetzt werden müssen, sondern zusätzlich dadurch, daß Wasserbelastungen durch einen Wassernutzer die Nutzungsmöglichkeiten an anderer Stelle mindern. Wasserbelastungen führen darüber hinaus dazu, daß die Entnahme von Wasser eingeschränkt wird. Entnahmerechte, die allein quantitativ ausgerichtet sind, können somit wertlos werden, wenn die Qualität des Wassers durch Rückführungen gebrauchten Wassers so stark verändert wird, daß Nutzungsmöglichkeiten des – quantitativ immer noch vorhandenen Wassers – entfallen. Um die Qualität des Wassers, für das Entnahmerechte bestehen sicherzustellen, muß darum eine Möglichkeit bestehen, die Qualität des Wassers, das wieder in natürliche Wasservorkommen eingebracht wird, zu beeinflussen.

Sollen Entnahmerechte nicht nur den Zugriff auf bestimmte Wassermengen, sondern auch auf Wasser bestimmter Qualität sichern, sind insgesamt erlaubte Belastungen in Wasserrückführungsmengen festzulegen, wobei die Zielgröße die Wasserqualität an bestimmten Entnahmeorten (oder Nutzungsorten) sein kann. Sofern diese Zielvorgabe nicht verletzt wird, können Rückführungsrechte, die einzelnen Akteuren zustehen, auf Märkten für Rückführungsrechte getauscht werden. Ähnlich wie bei Entnahmerechten wird sich die Vergabe von Rückführungsrechten zunächst auch an historisch gewachsenen Nutzungsrechten orientieren müssen. Längerfristig wird der Tausch von Rückführungsrechten zu einer regionalen Nutzungsstruktur führen, die den qualitativen Knappheiten und der Lage der Wasserentnahmestellen Rechnung trägt. Existieren knappe und handelbare Rückführungsrechte, kommt es dazu, daß steigende qualitative Wasserbeanspruchungen preiswirksam werden, weil Rückführungsrechte an anderer Stelle erworben werden müssen. Damit steigen Anreize, Wasserbelastungen von vornherein zu vermeiden oder zu reduzieren. Auch bei Rückführungsrechten ist zu regeln, wann diese veräußert werden dürfen und wann nicht.

Wie innerhalb einer Wasserregion deren knappe Rückführungsrechte auf einzelne Interessenten verteilt werden, kann über Groß- und Kleinentsorgungsmärkte geregelt werden: Belastungsrechte wandern dann tendenziell zu jenen Wasserbelastern, bei denen die Kosten der Vermeidung der Wasserbelastung am höchsten sind. Für die gesamte Wasserregion ist nur von Bedeutung, daß die verursachte Belastung des natürlichen Wasservorkommens die rechtlich zugestandene Belastung nicht übersteigt. Wichtig ist, daß ein solches Regelungssystem Suchprozesse nach besseren Lösungen oder besseren institutionellen Arrangements auslöst.

Auf dem Markt für Rückführungsrechte können grundsätzlich auch Entnehmer tätig werden, wie auch auf dem Markt für Entnahmerechte sich Rückführer engagieren können. Entnehmer können z. B. Rückführungsrechte erwerben. Dies ist für sie dann von Interesse, wenn dadurch die Qualität des von ihnen angebotenen Wassers verbessert werden kann und in der Versorgungsregion hierfür eine entsprechende Zahlungsbereitschaft vorhanden ist. Hier treten allerdings Trittbrettfahrerprobleme auf: Jede Reduzierung von Einleitungen in ein stehendes Gewässer kommt allen Entnehmern zugute, und von Minderungen des Abwassereintrags an Flußoberläufen profitieren alle Unteranlieger. Interessierte Rückführer können auf der anderen Seite Entnahmerechte erwerben – sofern damit auch Qualitätsrechte verbunden sind – und so Wasser stärker belasten. Auch hier können Probleme auftreten, weil stärkere Wasserbelastungen alle Entnehmer an stehenden Gewässern und alle Unteranlieger an Fließgewässern treffen können. Insofern ist es in der Regel erforderlich, daß zunächst von einem Verfügungsberechtigten (in der Regel hoheitliche Lösung) sowohl Entnahmerechte als auch Zufuhrrechte innerhalb einer Wasserregion verteilt werden. Eine alleinige Zuteilung von Entnahmerechten, die auch eine bestimmte Wasserqualität garantieren, würde – wenn relativ viele Wassernutzer in einer Wasserregion vorhanden sind – möglicherweise eine Rechtsverteilung herbeiführen, die ökonomisch nicht optimal ist, aber auch durch Tauschgeschäfte nicht verbessert werden kann. Probleme treten dadurch auf, daß eine Zufuhr von belastetem Wasser in das natürliche Wassersystem nur möglich wird, wenn alle Entnehmer, die von den Qualitätsveränderungen betroffen sind, ihre Ansprüche auf die Qualität ihrer Wasserentnahmen abtreten. Werden umgekehrt allein Rückführungsrechte ausgegeben, treten Trittbrettfahrerprobleme bei den Interessenten an qualitativ hochwertigem Wasser auf, weil jeder Erwerb von Rückführungsrechten durch einen Entnehmer auch anderen Entnehmern zugute käme.

Ein spezielles Problem soll abschließend angesprochen werden. Wasserbelastungen durch Zufuhren erfolgen nicht nur über die kanalisierte Zufuhr zu und die kanalisierte Abfuhr von Nutzungsorten, sondern auch durch den unkanalisierten Abfluß von kanalisierten Zufuhren und Niederschlägen. Die Wasserbelastungen entstehen hier nicht daraus, daß das Wasser bei seiner Nutzung belastet wird, sondern dadurch, daß Bodennutzungen – z. B. in der Landwirtschaft – zum Stoffeintrag in Böden führen, wobei die Stoffe dann später durch Wasserzufuhren zum Boden infolge von Bewässerungsmaßnahmen oder Niederschlägen ausgewaschen werden und zu Belastungen führen. Je nach Regelung müssen in diesem Fall entweder die Bodennutzer auf dem Markt für Rückführungsrechte derartige Rechte erwerben – weil sie zwar nicht Wasser entnehmen und belasten, wohl aber die Wasserbelastung von ihrem Grundstück ausgeht – oder Entnehmer müssen von den Bodennutzern Rückführungsrechte erwerben und diese stillegen.

5.4.2.3
Mindestwasserbedarf und seine Sicherung

Eine grundlegende Einwendung gegen Wassermärkte als institutionelles Arrangement zur Lösung der Wasserprobleme lautet vielfach, Wasser sei für den Menschen ein essentielles Gut, d. h. ohne den Zugriff auf eine Mindestmenge (bestimmter Qualität) ist der Mensch nicht lebensfähig. Diese Mindestmenge wird für das Trinken, die Zubereitung von Nahrung und hygienische Zwecke benötigt und ist weitgehend durch natürliche Gesetzmäßigkeiten bestimmt. Darüber hinaus ist Wasser auch unter Produktionsgesichtspunkten ein essentielles Gut, weil ohne die Zufuhr von Wasser als Produktionsfaktor bestimmte lebenswichtige Güterproduktionen, vor allem die Erzeugung von Nahrungsmitteln, nicht möglich sind. Im folgenden soll geprüft werden, wie sich solche Sicherungsanforderungen mit Marktlösungen verknüpfen lassen.

Der Mindestwasserbedarf eines Menschen ist somit in zweifacher Hinsicht geprägt:
– Durch einen aufgrund von Naturgesetzmäßigkeiten unabdingbaren Bedarf zur Aufrechterhaltung von Lebensfunktionen und
– durch den mindestnotwendigen Bedarf an Wasser zur Produktion von essentiellen Gütern, vor allem Nahrungsmitteln.

Während der an erster Stelle genannte Bedarf untrennbar direkt mit dem einzelnen Menschen verbunden ist, gilt dies für den an zweiter Stelle genannten Bedarf nicht. Grundsätzlich ist es möglich – und wird auch in vielen Ländern praktiziert –, daß essentielle Güter, die Wasser als unabdingbaren Produktionsfaktor benötigen, von Dritten bereitgestellt und auf Märkten erworben werden können. Der individuelle Mindestwasserbedarf wird höher, wenn ein derartiger Tausch nicht erfolgen kann, weil
– keine institutionellen Anreize bestehen, Güter arbeitsteilig zu produzieren,
– arbeitsteilig produzierte Güter aufgrund institutioneller Defizite nicht zur Sicherung eines individuellen Mindestbedarfs bereitgestellt werden,
– arbeitsteilig produzierte Güter nicht von allen in dem Umfang nachgefragt werden können, daß sie ihren Mindestbedarf decken können (vor allem wegen zu geringem Einkommen).

Damit stellen sich im Zusammenhang mit einer Mindestwasserversorgung zwei Fragen: Inwieweit ist es möglich und ökonomisch vorteilhaft, den unmittelbaren individuellen Mindestwasserbedarf dadurch zu reduzieren, daß die Produktion essentieller Güter, die nur mit Wasser hergestellt werden können, arbeitsteilig erfolgt, und wie kann der verbleibende Mindestwasserbedarf gesichert werden? Die Akzeptanz der arbeitsteiligen Produktion setzt voraus, daß zumindest die Zufuhr essentieller Güter dem einzelnen als so gesichert erscheint, daß er auf die Eigenproduktion zu verzichten bereit ist. Dies verlangt Institutionen, die eine arbeitsteilige Wirtschaft ermöglichen und erhalten. Es muß sichergestellt sein, daß ein Angebot der Güter erfolgt, und es muß gewährleistet sein, daß Nachfrager diese Güter auch in einem Mindestumfang erhalten. Dies gilt sowohl für essentielle Güter, in deren Produktion Wasser eingeht, als auch für den essentiellen individuellen Wasserbedarf selbst.

Sieht man von Solidargemeinschaften oder Kooperationslösungen ab, bestehen in großen Gesellschaften zur Sicherstellung der individuellen Mindestversorgung verschiedene Möglichkeiten:
– Zuteilung bestimmter Mengen, z. B. über Berechtigungsscheine,
– Setzung von Höchstpreisen,
– Subventionierung des Angebots,
– Transferzahlungen an die Nachfrager.

In kleinen Gesellschaften ist es durchaus möglich, daß einzelfallbezogen nach der Dringlichkeit des Bedarfs entschieden wird und Mengen entsprechend zugeteilt werden. Dies wird möglich, weil das Wissen um besondere Umstände, Bedarfe, Leistungen usw. relativ leicht erlangt werden kann und eine Kontrolle des individuellen Verhaltens leicht möglich ist. In großen Gesellschaften ist eine derartige Koordination, die den Besonderheiten von Einzelfällen gerecht wird, kaum mehr möglich. Wissensdefizite und Kontrollprobleme zwingen hier dazu, auf andere Koordinationsverfahren zur Sicherstellung eines Mindestbedarfs zurückzugreifen, die in der Mehrzahl der Fälle zu befriedigenden Ergebnissen führen. Dabei setzen alle Alternativen ein halbwegs funktionierendes Staatswesen voraus, weil Umverteilungen nur zugunsten derjenigen erfolgen sollen und müssen, die aus eigener Kraft ihre Mindestwasserversorgung nicht sicherstellen können.

Die Festsetzung von Höchstpreisen für die Wasserabgabe – ein in Entwicklungsländern vielfach praktizierter Weg, um die Versorgung der ärmeren Menschen zu sichern – bringt auf der einen Seite das Problem mit sich, daß dann entweder eine Kostenunterdeckung auf der Angebotsseite erfolgt – so daß die Finanzierung der Versorgung anderweitig sichergestellt werden muß – oder aber das Angebot quantitativ und qualitativ zu gering ausfällt. Auf der anderen Seite besteht (bei der Wasserversorgung aber nur begrenzt) die Gefahr der Herausbildung von Schwarzmärkten, auf denen Wasser zu einem höheren Preis gehandelt wird, so daß die ärmeren Menschen noch weniger zum Zuge kommen. Des weiteren profitieren von einem durchsetzbaren Höchstpreis nicht nur die Bezieher geringer Einkommen, sondern auch die relativ reichen Gesellschaftsmitglieder, was verteilungspolitisch nicht erwünscht ist.

Die generelle Subventionierung des Wassers ist aus zwei Gründen problematisch: Hier wird weder nach dem Zweck unterschieden, für den Wasser eingesetzt wird, noch nach den Personen, die Wasser nachfragen. Insbesondere kommt es dazu, daß preiswert angebotenes Wasser über den essentiellen Mindestbedarf hinaus in zu großem Umfang verbraucht wird. Die Entwicklung und der Einsatz von wassersparenden Techniken und Organisationsformen ist nicht lohnend, auch der Umstieg auf weniger wasserintensive Verwendungen rechnet sich nicht. Die Subventionierung begünstigt alle Wassernachfrager, wenn sie unabhängig vom individuellen Einkommen erfolgt. Die relativ überhöhte Wasserentnahme kann dann die Knappheiten verschärfen und gesellschaftliche Kosten an anderer Stelle verursachen (etwa aufgrund der Zunahme wasserwirtschaftlicher Konflikte). Wenn überhaupt, ist eine Subventionierung nur dann angemessen, wenn zwischen verschiedenen Nachfragern ebenso wie zwischen verschiedenen Verwendungszwecken von Wasser differenziert werden kann.

Die zielgruppenorientierte Zahlung von Wassergeld an Bedürftige ermöglicht es hingegen grundsätzlich, daß deren Einkommenssituation so verbessert wird, daß sie eine Zugriffsmöglichkeit auf eine Mindestwasserversorgung haben. Die Leistung der Zahlung kann von der speziellen Situation des Empfängers abhängig gemacht werden, so daß Bezieher höherer Einkommen nicht unterstützt werden. Der einzelne hat, sofern die Zahlungen mehr als einen absolut notwendigen Mindestbedarf sichern, auch einen Anreiz, Wasser einzusparen, weil der damit verbundene Vorteil ihm unmittelbar für andere Güter zugute kommt. Finanziert werden muß nur der Zugriff auf den – physischen oder gesellschaftlich definierten – Mindestbedarf. Wasser behält dann seinen Knappheitspreis, und es werden erhebliche Anreize gesetzt, den Wasserbedarf durch Vermeidungs- und Verwertungsmaßnahmen zu reduzieren. Gleichzeitig erhöht sich durch die Möglichkeit einer gewinnbringenden Produktion von Wasser der Anreiz für ausländische Investoren, sich investiv zu engagieren.

5.4.3
Vergleich der Wasserwirtschaft in Deutschland und den USA

5.4.3.1
Vorbemerkungen

Wie in einzelnen Staaten die Wasserknappheit unter quantitativen und qualitativen Gesichtspunkten gehandhabt werden sollte, kann nicht generell bestimmt werden (Wolff, 1996). Zwar lassen sich abstrakte Aussagen darüber erlangen, welche Bedingungen aus ökonomischer Sicht erfüllt sein müssen, damit die knappe Wasserressource effizient genutzt wird. Welche Institutionen (auch Institutionen im Sinne von Organisationen) aber geeignet sind, diese Bedingungen herbeizuführen, kann nicht allgemein bestimmt werden. Vorhandene Institutionen können Wasserknappheiten bereits handhabbar machen oder – verbunden mit Anpassungsmaßnahmen – dazu geeignet sein, so daß eventuell vor allem Informationsprobleme zu lösen sind (z. B. über das Vorhandensein und die Wirkung von Stoffen oder den Zusammenhang zwischen Wasserqualität und Gesundheit). Vielfach werden aber größere institutionelle Anpassungen erforderlich sein, teilweise auch die Neuschaffung von Institutionen. Da diese Anpassungen und Bereitstellungen ebenso wie der „Betrieb" der Institutionen mit Kosten verbunden sind, können die kostengünstigsten Lösungen zur Handhabung der Wasserknappheiten in verschiedenen Staaten völlig unterschiedlich ausfallen.

Allgemein bestimmt werden kann nur, was verfügbar sein muß: Information über Wasservorräte und Regenerationsraten, über Stoffe und ihre Wirkungen, Einbringungsquellen, über unterschiedliche technische Alternativen zur Ver- und Entsorgung, Finanz- und Realkapital, Qualifikation der Beschäftigten usw.

Wie dieses Wissen und Kapital dann am vorteilhaftesten genutzt wird, muß weitgehend länderspezifisch unter Berücksichtigung der vorhandenen rechtlichen oder traditionellen Institutionen bestimmt werden, weil die Nutzung und Berücksichtigung vorhandener Institutionen Kostenvorteile ermöglicht: Neue Institutionen müssen nicht geschaffen, und Reibungsverluste zwischen neuen und alten Institutionen können minimiert werden.

Im folgenden werden zwei Länder kurz angesprochen: Deutschland, weil die Leistungsfähigkeit des eigenen Landes interessiert, und die USA insoweit, wie dort neue Ansätze in Form der Wassermärkte erprobt werden. Die rechtliche Ausgestaltung des Wassermanagements in vielen Ländern ist dann Gegenstand des folgenden Abschnitts.

5.4.3.2
Wasserwirtschaft in Deutschland

In Deutschland werden Menge und Qualität des für die verschiedenen Nutzungen bereitstehenden und verteilten Wassers staatlich bestimmt. Dadurch sind zwar die essentiellen Güter (Minimum an Trinkwasser, Sicherung wichtiger Biotope), deren Management öffentlich erfolgen muß, von vornherein weitgehend gesichert. Zugleich sind aber auch diejenigen Elemente unter staatlichem Regime, die wettbewerblich organisierbar sind. Am deutlichsten ist dies für die Verbrauchs- bzw. Entnahmefunktion des Wassers.

Die hierfür zuständige Wasserversorgung in Deutschland ist auf den ersten Blick privatwirtschaftlich, d. h. in Eigengesellschaften oder Aktiengesellschaften, organisiert. De facto besteht aber über öffentliche Beteiligungen eine weitgehende Gestaltungs- oder zumindest Mitwirkungskompetenz der öffentlichen Hand. Die Grenze zwischen öffentlichen und privaten Unternehmen ist dabei fließend. Wettbewerb findet, in starkem Maße staatlich verhindert, praktisch kaum statt. Vor allem wurden im Wege von sogenannten Konzessionsverträgen Gebietsmonopole aufgebaut, um technischen Mindestanforderungen zu entsprechen und einen Parallelausbau von Netzinfrastrukturen zu verhindern.

Auch die Abwasserentsorgung obliegt, obwohl dort das Kollektivgut-Argument eine noch geringere Rolle spielt, in Deutschland als hoheitliche Pflichtaufgabe vollständig den Gebietskörperschaften und ist stark durch behördenähnliche Verwaltungsstrukturen geprägt (Kameralistik und öffentliches Dienstrecht).

Diese auf dem Kollektivgut-Argument aufbauende Organisation der deutschen Wasserver- und -entsorgung hat möglicherweise dazu geführt, daß die technischen Standards und die Betriebssicherheit vergleichsweise hoch sind und insoweit das deutsche System weltweit große Anerkennung findet. Zugleich vermag es aber kostenmäßig nicht zu überzeugen (Briscoe, 1995; Rudolph und Gärtner, 1997), so daß es sich als Gesamtsystem des Wassermanagements nicht als „Exportgut" eignet. Dies gilt insbesondere für potentielle Zielländer, in denen die Gesetzes- und Verwaltungskultur weniger ausgeprägt ist. Obwohl eine kostengünstige Lösung wegen des geringen Pro-Kopf-Einkommens als besonders dringlich erscheint, ist die Übernahme des deutschen Modells wegen fehlender Verwaltungsvoraussetzungen fraglich.

5.4.3.3
Wasserwirtschaft in den USA

VORBEMERKUNGEN

In den 50 Bundesstaaten der USA bestehen unterschiedliche Wasserrechtssysteme nebeneinander. Ein Kennzeichen der Systeme ist für die Entwicklung wettbewerblich geprägter Regime vermutlich sehr günstig: Wasserrechte sind in den USA private Eigentumsrechte, die veräußerbar sind, und gleichzeitig stellen sie an die Gemeinschaft gebundene Rechte dar. Als individuelle Rechte sind sie veräußerbar. Folglich können neue Nutzer die notwendigen zusätzlichen Wassermengen ankaufen, wenn sie Nutzer mit älteren Nutzungsrechten überbieten können.

ERSTE ERFAHRUNGEN MIT WATER MARKETS

Im Westen der Vereinigten Staaten werden viele Experimente mit Water Markets unternommen. Wassertransfers werden entweder in der Form endgültiger Transfers von bisher landwirtschaftlich genutztem Wasser hin zur urbanen Nutzung oder zum Erhalt der Natur durchgeführt oder aber in der Form des zeitweiligen Transfers des Wassers von einer Nutzung in die andere.

Die größten Schwierigkeiten für die Veräußerung von Wasserrechten sind die vielfach hohen Transaktionskosten, die sich bei der Ermittlung der für den Transfer zur Verfügung stehenden Wassermenge ergeben, und Behinderungen des klassischen Rechts der Prior Appropriation (siehe nächsten Abschnitt), nach dem nicht-verwendete Wasserrechte verwirkt werden. In der Praxis der westlichen Bundesstaaten aber scheinen die Transaktionskosten kein größeres Hindernis zu sein. Eine größere Studie über Wassertransfers in sechs Staaten kommt zu dem Schluß, daß – mit Ausnahme des „rechtsanwaltsdominierten" Colorado – die jetzigen Transferbeschränkungen durch die hierdurch induzierten Vorteile gerechtfertigt sind (McDonnell, 1990). Etliche Staaten haben Gesetze verabschiedet, die das „gesparte Wasser" vollständig oder zum Teil dem Sparer zuordnen. Die wirklichen Hindernisse sind politischer, nicht rechtlicher Natur. Water Districts, die einen Großteil des Wassers kontrollieren, sind bei der Genehmigung von Wassertransfers zurückhaltend, da für sie damit ein Verlust an politischem Einfluß verbunden ist (Thompson, 1993).

Zeitweise Transfers erfolgen generell über „Verpachtung" des Wasserrechts oder durch Wasserbankhinterlegungen. Die Verpachtung von Wasserrechten steigt in Dürreperioden. Die andauernde Dürre der späten 80er Jahre und Anfang der 90er Jahre stimulierte das Interesse an zeitweiligen Transfers und die Gründung von Wasserbanken. Ein aus dem amerikanischen Grundsatz der Prior Appropriation resultierendes Risiko ist, daß ein Wasserrecht unter dieser Regel durch die Nichtnutzung des Rechts eingebüßt werden kann. Water Banking versucht diese Gebrauch-es-oder-verlier-es-Regel auszuschalten, indem Wasser-Hinterlegungen an die Bank ermöglicht werden, so daß keine Einbuße des Wasserrechts erfolgt.

Water Banking wurde in Idaho am Snake River zum ersten Mal betrieben und von Kalifornien während der Dürreperiode der späten 80er Jahre und Anfang der 90er Jahre übernommen. 1991 folgte für Kalifornien das fünfte aufeinanderfolgende Jahr der Dürre. Die Wasservorräte lagen 54% unter dem Durchschnittswert. Um die Differenz zwischen Dargebot und Nachfrage zu schließen, errichtete der Staat die Drought Water Bank. Eine Notgesetzgebung ermächtigte Wasseranbieter, mit der Bank in Verbindung zu treten, und bestimmte weiterhin, daß temporäre Transfers keine Folgen für die Wasserrechte der Anbieter haben würden. Die Bank spielte während der letzten Jahre der Dürre eine Hauptrolle in der Umverteilung des Wassers aus dem Bereich der Landwirtschaft in den Bereich städtischer Nutzungen. Eine dazu erfolgte Studie kommt zu dem Schluß, daß die Bank das Ziel der Mobilisierung von Notreserven erreicht habe, aber geltende Verfahrensregeln zum Schutze Dritter umgangen worden seien (Gray, 1994).

Es gibt zahlreiche Bestrebungen, größere Anreize für landwirtschaftliche Nutzer zu schaffen, damit sie ihre Wasserrechte verkaufen. Wasser ist Macht, und viele ländliche Gegenden befürchten, daß Transfers die Gegenden in Einöden verwandeln könnten. So hat der Kongreß der Vereinigten Staaten zwar begonnen, Transferhindernisse aufzuheben, um Anreize zu schaffen. Er ging aber nicht soweit, einen unregulierten Markt für bundesstaatlich subventioniertes Wasser zu schaffen. Das Improvement-Gesetz für das Central-Valley-Project (CVP) von 1992 ermächtigt einen Teil der Angeschlossenen zu jedem Transfer an einen kalifornischen Wasserverband, an staatliche oder bundesstaatliche Behörden, indigene Völker oder private nicht-kommerzielle Organisationen. Die Transfers stehen unter dem Vorbehalt gewisser Bedingungen, u. a.
- Überprüfung durch den Innenminister,
- die von dem Empfänger des Transfers vorgeschlagene Nutzung muß sich auf ein CVP-Projekt beziehen oder nach dem kalifornischen Recht als gesellschaftlich nützlich einzustufen sein,
- der Transfer darf nicht dem Recht von Kalifornien zuwiderlaufen,
- der Transfer darf nicht die Fähigkeit des Ministers beeinträchtigen, Wasser an andere CVP-Nutznießer zu vergeben.

Das interessanteste Merkmal ist die Festlegung einer Obergrenze. Um die von dem CVP abhängige Landwirtschaft zu schützen, dürfen maximal 20% des Wassers, das ein Bezirk von dem CVP erhält, ohne Erlaubnis des Distrikts und des Innenministers transferiert werden.

Das Konzept der Water Markets kann auch dazu genutzt werden, Wasser aus landwirtschaftlicher Nutzung in ökologische Funktionen zurückzuführen. Ein großes Reallokationsexperiment findet am Truckee River und Carson River im östlichen Nevada statt. Der Carson River mündet in ein Becken, das als World Heritage Wildlife Refuge eingestuft ist und durch die Abflüsse eines kleinen Bewässerungsgebiets verschmutzt wurde. Im Jahre 1990 wies der Kongreß den Innenminister an, 25.000 acre Feuchtgebiete in dem Gebiet zu erhalten, u. a. durch den Ankauf von Bewässerungsrechten. Hierfür wurden 125.000 acre feet Wasser benötigt (US Department of the Interior, 1996). Eine Umweltverträglichkeitsprüfung aus dem Jahre 1996 veranschlagte einen weiteren Bedarf von 75.000 acre feet, der durch den Ankauf bestehender Wasserrechte von Bauern in dem Distrikt gedeckt werden soll. Der Ankaufsvorgang ist sehr komplex, da festgestellt werden muß, ob das gekaufte Wasserrecht „naß" ist, d. h. daß der Inhaber das Recht unter der Doktrin der Prior Appropriation erlangt hat, indem er das Wasser einem gesellschaftlich nützlichen Zweck zugeführt hatte. Weiterhin muß sichergestellt werden, daß das Wasser tatsächlich den Naturraum erreicht, nachdem das Land, an dem das Wasserrecht haftet, nicht mehr genutzt wird.

Zur Übertragbarkeit des Water Marketing

Im folgenden sollen die Vor- und Nachteile der praktischen Erfahrungen mit Wassermärkten in den USA gezeigt werden, um – mit gebotener Vorsicht – zu klären, ob Wassermärkte ein sinnvolles Instrument der Politik in anderen Ländern sein könnten.

Das Konzept der Water Markets in den USA beruht auf der Annahme, daß durch die Allokation der Wasservorräte über den Markt diese in die Verwendungen mit dem höchsten monetären Wert fließen. Diejenigen Akteure, die mit dem Wasser den größten Nutzen erzielen können, sind auch bereit, den höchsten Preis dafür zu zahlen. Durch die Wassermärkte muß sich die in den westlichen Staaten der USA betriebene Bewässerungslandwirtschaft an ökonomischen Maßstäben messen lassen, da sie nicht der existentiellen Nahrungsversorgung der Bevölkerung dient und gegenüber anderen Verwendungen eine monetär ausgedrückt geringere Dringlichkeit aufweist.

Übergreifend stellt sich die Frage der Anwendbarkeit der Wassermärkte für andere Länder mit Wasserknappheit. Dies wäre zu wünschen, denn die effizientere Allokation der schon erschlossenen Wasserressourcen ist für viele Länder in ariden und semi-ariden Regionen der Erde eine attraktive Alternative zur Erschließung neuer Ressourcen. Hinzu kommt, daß internationale Hilfe für große wasserbauliche Maßnahmen, insbesondere durch die Weltbank wegen der damit verbundenen negativen ökologischen Folgen, vorsichtiger erfolgt (siehe Kap. D 3.4). In vielen Entwicklungsländern, die mit der Förderung der Bewässerungslandwirtschaft eine Deckung des inländischen Nahrungsmittelbedarfs anstreben, hat die staatliche Subvention der Wasserpreise für diesen Sektor oft zu einem vergleichsweise sorglosen und verschwenderischen Gebrauch des Wassers geführt (siehe Kap. D 3.3). Das Konzept der Water Markets könnte hierauf von seiner Konzeption her eine adäquate Antwort sein.

Zu bedenken ist allerdings, daß Water Markets sich in den USA als Antwort auf die Unzulänglichkeiten des historisch gewachsenen Rechtsgrundsatzes der Prior Appropriation herausgebildet haben. Dies mag bei der Besiedlung des Westens der USA hilfreich gewesen sein, führt aber zu Schwierigkeiten in der Gegenwart. Der spezifische rechtliche Kontext mahnt zur Vorsicht bei der Frage der Übertragbarkeit des Konzeptes der Water Markets auf andere Länder. Aber auch kulturell gewachsene Wertvorstellungen sollten nicht unberücksichtigt bleiben. Zum Beispiel könnte auch die hohe Wertschätzung des Wassers in islamischen Ländern einen Ansatzpunkt für den sinnvollen Umgang mit dem Problem der Wasserknappheit darstellen. Water Markets könnten hier durch die monetäre Veranschlagung des Wertes von Wasser sogar wassersparende kultur- und zeitspezifische Ansätze beeinträchtigen. Außerdem ist zu berücksichtigen, daß die Bewässerungslandwirtschaft in den westlichen Staaten der USA nicht der existentiellen Nahrungsmittelversorgung dient, so daß Parallelen zu Ländern, die die Bewässerungslandwirtschaft zur Nahrungsmittelversorgung betreiben, nicht ohne genaue Prüfung gezogen werden sollten. Wie aber oben dargelegt wurde, sind auch unter solchen Bedingungen Wassermärkte möglich.

Allerdings haben Wassermärkte große Effizienzvorteile gegenüber dem staatlichen Regime. Daher sind möglichst viele Versuche zu unternehmen, sie in anderen Ländern einzuführen. Dies gilt besonders in Ländern mit großer Wasserknappheit.

5.4.4
Empfehlungen

BESSERE LÖSUNG DES BEWERTUNGSPROBLEMS

Angesichts der Nutzungsvielfalt des Wassers kommt der Lösung des Bewertungsproblems besondere Bedeutung zu. Insbesondere konnte gezeigt werden, daß viele Wasserprobleme Folge einer vor allem vom Staat induzierten Unterbewertung sind. Letztere soll meist der Verfolgung spezifischer Anliegen, wie z. B. der Unterstützung der Landwirtschaft oder der preisgünstigen Versorgung unterer Einkommensschichten, dienen. Der Beirat betont mit Nachdruck, daß gerade beim Wasser die Bewertungs- von der Allokationsfrage getrennt werden sollte. Gleichzeitig macht er darauf aufmerksam, daß bei staatlicher Festlegung maximaler Nutzungsrechte an natürlichen Wasserressourcen sowie Vorgabe von Qualitätsstandards und weitgehender Internalisierung externer Effekte (etwa über die Verschärfung des Haftungsrechts) die Marktbewertung zu guten Ergebnissen führt, die in der Mehrzahl der Fälle auch Preisanhebungen bewirken wird. Die Festlegung maximaler Nutzungsrechte kann hierbei auf komplementäre Bewertungsverfahren zurückgreifen, die vor allem eine bessere Berücksichtigung ökologischer Belange gewährleisten sollen.

REGIONALE VERANTWORTLICHKEIT

Viele Wasserressourcen (etwa Seen oder Grundwasservorräte) sind über- oder unterirdisch mit ihrem „Umland" verflochten. Mit anderen Worten: Es lassen sich hydrogeographische Regionen abgrenzen, die in manchen Fällen sogar den Charakter geschlossener Gebiete haben. Dies hat auch ökonomische Implikationen. Was auf kleinräumiger Ebene aufgrund der funktionalen Verflechtung nämlich ein Externalitätenproblem sein kann, muß es nicht auf regionaler Ebene sein. Auf der regionalen Ebene wird daher der Zusammenhang zwischen Nutzung und Verschmutzung deutlicher. Dort lassen sich, was die Nutzung natürlicher Ressourcen betrifft, daher eher Eigentumsrechte zuweisen und vor allem das Haftungsprinzip verwirklichen. Damit würde auch dem unter föderalen Überlegungen (Subsidiaritätsprinzip) wichtigen fiskalischen Äquivalenzprinzip (räumliche Deckungsgleichheit des Nutznießer- und Kostenträgerkreises zwecks Stärkung des Haftungsprinzips) Rechnung getragen. Da die Art der Abwasserentsorgung wesentlichen Einfluß auf die Qualität der regionalen Wasserressourcen ausübt, liegt es nahe, die Kompetenzen für die Wasserversorgung und Abwasserentsorgung in einer Hand zu vereinen. Auf diese Weise könnte vor allem eine verbesserte Internalisierung negativer externer Effekte aus dem Bereich der Abwasserentsorgung gelingen.

Eine solche Gesamtbetrachtung unter Einbeziehung des Entsorgungssektors (sanitary services) ist vor allem in den dicht besiedelten Gebieten Asiens, Afrikas und Südamerikas, vor allem aber in den sogenannten Megastädten mit ihren dramatischen Wasserproblemen, dringend erforderlich. Einer Weltbankstudie folgend läßt sich Kalkutta beispielsweise nur sanieren, wenn man die Wasserver- und -entsorgung sowie die Hygienedienste (pit latrines – Entsorgungsdienste für Fäkalgruben) in einer Hand vereinigt und auf der regionalen Ebene auch die flüssigen, festen und gasförmigen Emissionen der Industriebetriebe, teilweise aber auch der Landwirtschaft kontrolliert (Rudolph, 1990). In die gleiche Richtung gehen neueste Studien der Asiatischen Entwicklungsbank (ADB, 1997).

Für eine regionale Betrachtung sprechen auch Kostenüberlegungen. So erfolgt der Ausbau der Wasserversorgungs- und der Abwasserentsorgungsinfrastruktur in der Regel inselartig, und die Ausweitung der Wasserversorgung bzw. der Rückgriff auf weiter entfernt liegende Wasserressourcen ist mit teilweise überproportional steigenden Kosten verbunden. Werden diese nicht adäquat angelastet, kommt es zur „Subventionierung" des Ballungsprozesses. In vielen Entwicklungsländern treten hier noch spezifische Probleme hinzu. So lassen sich in vielen Fällen die häufig noch in kolonialen Zeiten gebauten Systeme zur Wasserversorgung und Abwasserableitung nur bedingt nach außen erweitern (z. B. Freigefällekanalisation zur Abwassersammlung oder Verästelungssysteme zum Frischwassertransport). Hier entstehen bei einer Erweiterung hohe Schwellenkosten, die manchmal zu einer getrennten Versorgungs- und Entsorgungspolitik im engeren Bereich und Umland führen. Hierdurch können Unterschiede in Preis und Qualität entstehen, die die Suburbanisierung beschleunigen, aber auch gebietsüberschreitende externe Effekte, die zu Wasserkonflikten führen können (siehe Kap. D 4.1). Um so wichtiger ist eine regionale Betrachtung, die bei Fließgewässern auch eine interregionale Zusammenarbeit erfordert.

Gerade aus dem Subsidiaritätsprinzip ergibt sich die Verpflichtung, aus Eigenverantwortung und regionaler Haftung heraus zu handeln. Dies wird neuerdings gerade in den Schwellenländern sichtbar. Die Umweltprobleme dieser Länder, und zwar vor allem im Abwasser- und Abfallbereich, resultieren aus der Vernachlässigung regionaler Zusammenhänge sowie dem damit zusammenhängenden rechtzeitigen Auf- und Ausbau einer guten Versorgungs- und vor allem Entsorgungsinfrastruktur. Diese Unausgewogenheit des Realkapitalstocks rächt sich jetzt. Angesichts ihrer Wohlstandsentwicklung sollten diese Länder in die Pflicht genommen werden, zunächst selbst für eine Problemlösung Sorge zu tragen. Globale Hilfestellung sollte darum nur dort geleistet werden, wo eine Problemlösung aus eigener Kraft nicht möglich erscheint.

Effizienz und Wirtschaftlichkeit

Das Wasserthema ist unter umweltpolitischen Aspekten mit einer wichtigen Implikation verbunden. Im Gegensatz zu anderen Umweltmedien geht es hier nämlich nicht nur um eine Schutzaufgabe, vielmehr sind auch Produktionsleistungen zu erbringen. Um eine quantitativ und qualitativ befriedigende Wasserversorgung für Trinkwasser und für sonstige konsumtive und produktive Einsatzmöglichkeiten zu liefern, müssen Wasservorräte erschlossen, aufbereitet, verteilt und anschließend wieder entsorgt werden. Es müssen also umfassende Wasserdienstleistungen erbracht werden. Dieses gilt insbesondere für den in vielen Entwicklungsländern erschreckend vernachlässigten Entsorgungsbereich: Verschmutztes Wasser muß eingesammelt, geklärt und wieder kontrolliert in die Umwelt eingebracht werden (Karl und Klemmer, 1994). Dies sind Wertschöpfungsaktivitäten, welche die Bewältigung typisch unternehmerischer Aufgaben verlangen. Anlagen müssen geplant, finanziert und betrieben werden. Solche Leistungen müssen sich den Wünschen der Endabnehmer anpassen (bedarfsgerechte Produktion) und sollen möglichst wenig kosten, d. h. insgesamt dem Effizienzkriterium genügen. Dabei spielt auch die stete Suche nach neuen Lösungsverfahren technischer und organisatorischer Art (Innovationsaufgabe) eine wichtige Rolle. Erfahrungsgemäß läuft ein solcher Suchprozeß effizient ab, wenn er dezentral, privatwirtschaftlich und unter Wettbewerbsbedingungen erfolgt. Insofern finden sich weltweit immer wieder Bemühungen, die Wasserver- und -entsorgung stärker privatwirtschaftlich sowie markt- und wettbewerbsorientiert zu gestalten.

Auch die räumliche Verbreitung bestimmter Lösungen – etwa des „deutschen Modells" – geschieht zumeist über privatwirtschaftliche Unternehmen. Sie exportieren Verfahren und Organisationsmodelle. Dies geschieht in der Regel über den gewinnbringenden Verkauf ganzer Leistungspakete bzw. über verschiedene Beteiligungsformen. Das setzt gewisse Mindestgrößen und ein meist erwerbswirtschaftlich motiviertes Engagement voraus. Es wundert daher nicht, wenn die Diskussion um das Thema *Wasser- und Entsorgungsdienstleistungen unter Markt- und Wettbewerbsaspekten* immer wichtiger wird. Gerade hier werden nämlich auch Defizite des deutschen Weges sichtbar. So ist in Deutschland die Wasserversorgung und die Abwasserentsorgung in der Regel getrennt, vor allem die Entsorgung steht unter einem die Kosteneffizienz mindernden und das bürokratische Denken fördernden hoheitlichen Einfluß, und findet meist in zu kleinen Organisationseinheiten statt. Rund 80% der Wasserversorgung werden von etwa 5.000 Unternehmen erbracht, die in kleinen und kleinsten Einheiten überwiegend Grundwasser fördern, und von den 10.000 Abwassersystemen sind mehr als drei Viertel für Größenklassen unter 10.000 Einwohnerwerte ausgelegt (Rudolph und Gärtner, 1997). Privatwirtschaftliches Engagement findet man meist nur in den Bereichen Planung (private Ingenieure), Finanzierung (private Banken), Bau und Anlagenbau (Bauunternehmen, Anlagenausrüster und Elektrotechnikfirmen) sowie bei Service- und Wartungsleistungen (Rudolph, 1987). Im Gegensatz dazu sind in Frankreich seit Jahrzehnten etwa drei Viertel der Wasserver- und -entsorgung in der Hand von drei großen Wasserkonzernen (Compagnie Générale des Eaux, CGE; Lyonnaise des Eaux-Dumez, LED; Societé d'Amenagement Urbain et Rural, SAUR). In Großbritannien wurden die zersplitterten Organisationen vor etwa 20 Jahren zu großen Wasserverbänden und vor 10 Jahren durch einen politischen Kraftakt in 10 Aktiengesellschaften umgewandelt sowie neu organisiert. Auch in den Vereinigten Staaten, Australien und Japan dominieren schlagkräftige Großunternehmen privatwirtschaftlicher Prägung. Alle konnten sich jene logistischen und finanziellen Strukturen schaffen, die für das Bestehen am Weltmarkt mit den langen Vorlaufkosten bis zum Vertragsabschluß eines „Build, Operate and Transfer"-Modells erforderlich sind. Öffentliche Unternehmen und teilweise zersplitterte Einheiten wie in Deutschland haben gegenüber diesen Großunternehmen kaum eine Chance und sind global bedeutungslos. Zwar besitzt die deutsche Wasser- und Abwasserwirtschaft bezogen auf die technische Solidität und die Betriebssicherheit einen weltweit guten Ruf, sie gilt jedoch als kosteninefizient und zu bürokratisch. Teilweise kann auch von Unternehmerversagen gesprochen werden.

Der Beirat ist darum der Auffassung, daß Sorge getragen werden muß, das „deutsche Modell" exportfähig zu machen. Vor allem im Versorgungs- und Entsorgungsbereich hat Deutschland technisch und leistungsmäßig gute Lösungen zu bieten. Dies gilt insbesondere für den Entsorgungsbereich und seine neueren Entwicklungen – etwa begehbare Leitungsgänge (Stein, 1997). Dies verlangt eine stärkere Zusammenarbeit (Industrie als Technikanbieter, Bauwirtschaft, Dienstleister und Banken) sowie eine stärkere globale Orientierung deutscher Versorgungsunternehmen. Die Bundesregierung könnte diese globale Orientierung und Zusammenarbeit pilotartig unterstützen, wobei es in vielen Fällen ausreichen würde, Ausfallrisiken abzusichern.

AUSREICHENDE DECKUNG EINES
MINDESTBEDARFS

Es wurde deutlich, daß eine ausreichende Deckung des menschlichen Mindestbedarfs dringend erforderlich erscheint. Die unbefriedigende Lösung dieser Aufgabe hat vielfach dazu geführt, daß Vorbehalte gegen Märkte als Bewertungs- und Allokationsverfahren bestehen. In Gesellschaften mit kleiner Bevölkerungszahl ist es durchaus möglich, daß einzelfallbezogen nach der Dringlichkeit des Bedarfs entschieden und zugeteilt wird. In Gesellschaften mit großer Bevölkerungszahl oder Megastädten und Verdichtungsgebieten sind solche Verfahren überfordert. Hier plädiert der Beirat für den Weg der Zahlung eines sogenannten Wassergeldes. Die Leistung der Zahlung kann von der speziellen Situation des Empfängers abhängig gemacht werden, so daß die Bezieher höherer Einkommen nicht unterstützt werden. In Einzelfällen kann auch die Gewährung einer kostengünstigen Sockelversorgung erwogen werden. Beides setzt jedoch einen funktionsfähigen Staat voraus, der vor allem das Kontrollproblem zu lösen vermag. Bei der kostengünstigen Zuweisung einer Sockelversorgung ist die Lösung des Meß- und Abrechnungsproblems Voraussetzung.

5.5
Prinzipien und Instrumente des rechtlichen Umgangs mit Wasser

Wasserhaushaltsrecht in Deutschland – Grenzüberschreitende Gewässer – Ausgewogene Nutzungsaufteilung vorgeschrieben – Verbot erheblicher grenzüberschreitender Umweltbelastungen – Donau-Vertrag – Mekong-Übereinkommen – Water Resources Committee der International Law Association – UN-Konvention zur nicht-schiffahrtlichen Nutzung grenzüberschreitender Gewässer – Berücksichtigung des UNCED-Prozesses – Einbezug der geschlossenen Grundwasservorkommen – Ökosystemare Betrachtung notwendig – Globaler Lösungsansatz erforderlich – Information und Monitoring – Konsultation – Stärkung von Konfliktschlichtungsmechanismen – Globales Aktionsprogramm, Weltwassercharta oder Globales Rahmenübereinkommen zum Süßwasserschutz

5.5.1
Einleitung

Durch die nationalen und internationalen Rechtsordnungen werden institutionelle Vorgaben geschaffen, die erst eine gesicherte und effektive Allokation der vorhandenen Wasserressourcen ermöglichen. Produktive und konsumtive Prozesse sollen hierdurch so gesteuert werden, daß der Wirtschaftskreislauf des Wassers sich weitgehend in den übergreifenden natürlichen Wasserkreislauf einfügt (Meißner, 1991). Das zentrale Ziel muß eine möglichst rationelle Wasserverwendung sein, vor allem in wasserärmeren Ländern, in denen der ohnehin bestehende Wassermangel durch Fehlallokation drastisch verstärkt wird. Während innerhalb der Staaten die eigentliche Aufteilung des Wassers zwischen den unmittelbaren Nutzern des Wassers erfolgt, soll die zwischenstaatliche Rechtsordnung das bei der Nutzung von grenzüberschreitenden Wasserressourcen auftretende Konfliktpotential zwischen Nachbarstaaten bewältigen.

In diesem Abschnitt soll deshalb zunächst das deutsche Wasserhaushaltsrecht als Beispiel eines nationalen Allokationsmechanismus dargestellt sowie hinsichtlich seiner Übertragbarkeit auf andere Länder bewertet werden. Besonders berücksichtigt wird dabei die Deckung des Grundbedarfs an Wasser. Daneben erfordert die effektive Allokation von Wasser technisch-logistische und planerische Konzepte zur Verwirklichung einer funktionierenden Wasserwirtschaft. Diese werden an anderer Stelle des Gutachtens im Zusammenhang mit der Exportfähigkeit deutscher Technologie im Bereich der Wasserversorgung und -entsorgung – als Form der technischen Entwicklungszusammenarbeit und des Beitrags zum Umweltschutz – behandelt (Kap. D 4.5). Des weiteren soll dort auf die in neuerer Zeit entstandenen Wassermärkte in den USA als weiteres Beispiel für einen nationalen Allokationsmechanismus eingegangen werden (Kap. D 5.4.3.3).

Der zweite Abschnitt dieses Kapitels behandelt das internationale Süßwasserrecht. Schwerpunktmäßig sollen neuere Entwicklungen aufgezeigt werden, insbesondere die Bestrebungen der Vereinten Nationen zur Verabschiedung einer Konvention über die nicht-schiffahrtliche Nutzung internationaler Wasserläufe. Hier steht die Abgrenzung der einzelstaatlichen Kompetenzen bei grenzüberschreitenden Binnengewässern im Vordergrund. Ein zweiter Abschnitt bietet einen Überblick über mögliche Mechanismen zur Konfliktschlichtung.

Der abschließende Abschnitt versucht, mögliche weitergehende internationale Kooperationsformen zum Schutz und zur Bewahrung von Wasser aufzuzeigen. Diese Überlegungen bauen auf dem vom UN-Generalsekretär im Namen der UN-Organisationen geforderten „Globalen Konsens" zu Süßwasser auf, in dem eine verbesserte internationale Zusammenarbeit – über den engen Bereich des Nachbarschaftsrechts hinaus – angemahnt wird.

5.5.2
Wasserhaushaltsrecht in Deutschland

5.5.2.1
Rechtliche Regelung der Nutzungsaufteilung in Deutschland

Die Nutzungsaufteilung des Wassers unterliegt in Deutschland dem Wasserhaushaltsrecht, geregelt durch das Gesetz zur Ordnung des Wasserhaushaltes (Wasserhaushaltsgesetz – WHG) in der Fassung der Bekanntmachung vom 23. September 1986 in Verbindung mit den Landeswassergesetzen, die das Rahmengesetz des Bundes ausfüllen.

Die Grundvoraussetzungen für das heutige System der Gewässerbewirtschaftung in der Bundesrepublik wurden bereits im 19. Jahrhundert geschaffen, wodurch das in zahlreiche private und öffentliche Wasserrechte zersplitterte Gewässereigentum im Sinne einer Gemeinwohlbindung beschränkt und weitgehend in das öffentliche Sachenrecht überführt wurde. Die deutsche Regelung ist somit Beispiel für die „Entindividualisierung einer Rechtsordnung" (Kloepfer, 1989). Die Gewässer werden einer öffentlich-rechtlichen Benutzungsordnung unterstellt, die alle wesentlichen Gewässerbenutzungen von einem Zulassungsakt abhängig macht. Dies hat zur Folge, daß die Nutzung von Wasser nicht dem einzelnen zur freien Wahl steht, sondern dem Staat die Bewirtschaftung des Wasserhaushalts ermöglicht wird. Das Bundesverfassungsgericht stellte die Verfassungsmäßigkeit der wasserwirtschaftlichen Benutzungsordnung fest (im "Naßauskiesungsbeschluß"; BVerfGE 58, 300 ff.).

Gemäß § 1 WHG werden sowohl die oberirdischen Gewässer als auch das Grundwasser und die hoheitlichen Küstengewässer dem öffentlich-rechtlichen Nutzungsregime unterstellt. Die zulassungsbedürftigen Nutzungstatbestände werden in § 3 WHG aufgeführt. Alle wesentlichen Nutzungen sind darin erfaßt, mit Ausnahme der indirekten Abwassereinleitungen, die aus historischen Gründen unter das kommunale Satzungsrecht fallen (Brockhoff und Salzwedel, 1978). Einige unwesentliche Gewässernutzungen sind nicht zulassungsbedürftig. Für das deutsche System ist dabei ein besonderes Merkmal, daß kein Rechtsanspruch auf Zulassung besteht (repressives Verbot mit Erlaubnisvorbehalt). Somit ist den zuständigen Behörden für die Zulassung einer Nutzung ein weites Bewirtschaftungsermessen eingeräumt, das es ihnen u. a. ermöglicht, öffentliche Interessen neben dem Eigeninteresse des Antragstellers bei der Zulassung zu berücksichtigen.

Im Interesse des Gewässerschutzes ist das Ermessen der Behörde zur Zulassung durch zwingende Versagungsgründe gemäß §§ 6 und 7a WHG begrenzt. Der Gesetzgeber hat sich damit vorbehalten, die Einleitung von Abwasser an bestimmte Anforderungen zu knüpfen und solche Nutzungen zu verbieten, von denen eine Beeinträchtigung des Wohls der Allgemeinheit, insbesondere eine Gefährdung der öffentlichen Wasserversorgung, zu erwarten ist.

Bei der Zulassung wird zwischen der Erlaubnis und der Bewilligung unterschieden. Diese unterscheiden sich grundsätzlich nicht nach Gegenstand und Umfang der ermöglichten Gewässerbenutzung, sondern durch die Art der gewährten Rechtsstellung (Breuer, 1987). Die Erlaubnis gewährt nach § 7 WHG die widerrufliche Befugnis, ein Gewässer zu einem bestimmten Zweck in einer nach Art und Maß bestimmten Weise zu benutzen. Dagegen gewährt die Bewilligung das unwiderrufliche, allerdings befristete Recht zu einer bestimmten Gewässerbenutzung. Die Bewilligung gewährleistet dem Nutzer somit ein höheres Maß an Sicherheit. Sie darf gemäß § 8 Abs. 2 WHG nur erteilt werden, wenn dem Unternehmer die Durchführung seines Vorhabens ohne eine gesicherte Rechtsstellung nicht zugemutet werden kann und die Benutzung einem bestimmten, planmäßigen Zweck dient. Eine unwiderrufliche Bewilligung darf nicht für das Einleiten von Abwasser erteilt werden.

Die wasserwirtschaftliche Verwaltung und somit die Entscheidung über die Zulassung der Nutzung im konkreten Fall liegt in der Kompetenz der Länder. Die durch Landesrecht eingerichteten Wasserbehörden folgen dem allgemeinen Aufbau der Verwaltung und gliedern sich in untere, mittlere und obere Wasserbehörden. Grundsätzlich erfolgt die Zulassung durch die untere Wasserbehörde und ab einer gewissen Erheblichkeit des Nutzungsvorhabens durch die mittlere Wasserbehörde. Über die Zulassung wird somit dezentral "vor Ort" entschieden.

Zusammenfassend weist die Nutzungsaufteilung in der Bundesrepublik ein hohes Maß an Flexibilität auf. In materieller Hinsicht wird dies durch die Unterstellung der Wassernutzung unter eine öffentlich-rechtliche Benutzungsordnung erreicht und in formeller Hinsicht dadurch, daß die Genehmigung der einzelnen Nutzungen nicht zentralisiert erfolgt, sondern durch die regionalen und lokalen Verwaltungsinstanzen. Nachteile sind jedoch die mit dem Verwaltungsaufwand verbundenen erheblichen Kosten. Weiterhin setzt eine öffentlich-rechtlich ausgestaltete Benutzungsordnung eine gut funktionierende Verwaltung voraus. Dies ist ein entscheidendes Hindernis bei der Frage der Übertragbarkeit der deutschen Verteilungsregelung auf andere Länder. So schreibt die Weltbank: "Wo es lange Traditionen einer festgefügten Regierungstätigkeit gibt (wie in Botswana, Korea und Singapur), ist es offensichtlich, daß selbständige, rechenschaftspflichtige Stellen effizient und gerecht Leistungen erbringen können. In vielen anderen Ländern sind jedoch solche Standards kurzfristig nicht erreichbar" (Weltbank, 1992).

Trotz der konzeptionellen Stärke einer öffentlich-rechtlichen Verteilungsregelung ist ihre Effektivität deshalb maßgeblich von einer gut funktionierenden Verwaltung abhängig. Wo diese nicht gegeben ist, muß über andere Verteilungsregelungen nachgedacht werden.

5.5.2.2
Öffentliche Trinkwasserversorgung

In Deutschland wird die Grundbedarfsdeckung der Menschen mit Wasser durch die öffentliche Hand gesichert. Die zentrale Wasserversorgung fällt traditionell in die Verantwortung der Kommunen im Rahmen ihrer verfassungsrechtlichen Selbstverwaltungsgarantie und nach Maßgabe der Landeswassergesetze; sie wird als Teil der hoheitlichen Daseinsvorsorge begriffen. Durch die zentrale öffentliche Wasserversorgung werden rund 98% der Bevölkerung mit Trinkwasser beliefert (BMU, 1996a). Die existentielle Grundbedarfsdeckung wird somit vom Staat grundsätzlich voll sichergestellt.

Auch wenn sich Gemeinden zu größeren Versorgungseinheiten in Form von Zweckverbänden zusammenschließen können, um die Wasserversorgung technisch und wirtschaftlich effizient zu gestalten, wird jedoch in der Regel die Wasserversorgung durch kleine Organisationseinheiten gewährleistet: 80% der Wasserversorgung werden von rund 5.000 Unternehmen, die in kleinen und kleinsten Einheiten überwiegend Grundwasser fördern, erbracht.

Wie die Gemeinde die Versorgung wahrnimmt, kann in vielfältiger Form geschehen: Sie kann Regiebeziehungsweise Eigenbetriebe einrichten, Eigengesellschaften gründen oder auch private Dritte mit der Versorgung betrauen (sog. „Betreibermodell"). Die privatwirtschaftliche Ausgestaltung dient dem Zweck, durch marktwirtschaftliches Handeln dem Kostendeckungsprinzip gerecht zu werden, da grundsätzlich alle Kosten der Trinkwasserversorgung durch den Wasserpreis gedeckt werden müssen. Die öffentlich-rechtliche Verantwortung für die Aufgabenerfüllung verbleibt aber auch in einem solchen Fall bei der Gemeinde (BMU, 1996a), so daß die Verantwortung zur Sicherstellung des Grundbedarfs und die tatsächliche Durchführung der Wasserversorgung auseinanderfallen können.

Die zentrale öffentliche Wasserversorgung deckt aber nicht nur den Grundbedarf der Bevölkerung; rund ein Fünftel des von den Versorgungsunternehmen bereitgestellten Wassers wird an gewerbliche Unternehmen abgegeben (BMU, 1996a). Diese verfügen entweder nicht über eine eigene Wasserversorgung oder decken einen Teil ihres Bedarfs über den Rückgriff auf die Versorgungsunternehmen, zum Beispiel weil sie einen Teil ihres Wassers in der von den Versorgungsunternehmen gewährleisteten hohen Qualität benötigen. Weiterhin übersteigt auch der private Wasserverbrauch in Deutschland den reinen Grundbedarf an Wasser, da es zu einem nicht unbeträchtlichen Maße „luxuriös" genutzt wird.

Die Grundbedarfsdeckung wird in vielen Ländern als staatliche Aufgabe begriffen, so daß der Weg der zentralen öffentlichen Wasserversorgung beschritten wird. Staatliche Wasserversorgung und effiziente Allokation stehen sich aber oftmals gegenüber. In Caracas und Mexiko-Stadt sind schätzungsweise 30% der Anschlüsse nicht registriert, so daß eine kostendeckende Arbeitsweise nicht möglich ist. Der nichterfaßte Wasserverbrauch beläuft sich in den meisten lateinamerikanischen Städten auf etwa 40%. Für ganz Lateinamerika werden die daraus resultierenden Einnahmeeinbußen auf 1–1,5 Mrd. US-$ geschätzt. Weiterhin beträgt die Zahl der Beschäftigten pro 1.000 Wasseranschlüssen in Westeuropa nur zwei bis drei Personen, in den meisten lateinamerikanischen Versorgungsbetrieben hingegen zehn bis zwanzig (Weltbank, 1992). Ein wirtschaftliches Arbeiten nach dem Kostendeckungsprinzip ist jedoch notwendig, wenn eine staatliche Wasserversorgung über die Sicherung des existentiellen Grundbedarfs der Bevölkerung hinaus Aufgaben übernimmt.

5.5.3
Internationales Süßwasserrecht

Internationale Zusammenarbeit bei der Nutzung gemeinsamer Wasserressourcen wird im Gegensatz zu anderen Bereichen des Umweltvölkerrechts schon länger thematisiert. Seit mehr als hundert Jahren versuchen Staaten, Konflikte auf diesem Gebiet durch Abschluß bi- und multilateraler Verträge beizulegen. Die FAO zählte schon 1978 über 2.000 völkerrechtliche Instrumente zur Regelung grenzüberschreitender Gewässernutzung (FAO, 1978). Eine Aktualisierung wurde 1993 veröffentlicht. Sie zeigt, daß der Institutionalisierungsprozeß anhält (FAO, 1993). Die Menge der Verträge kann aber nicht darüber hinwegtäuschen, daß der Kooperationsgrad in vielen Regionen, gemessen am Inhalt der Verträge, noch unzureichend ist. Die durch die Vertragsstaaten eingegangenen Kooperationspflichten reichen nicht viel weiter als das bestehende Völkergewohnheitsrecht.

Diese gewohnheitsrechtlichen Regeln bilden gleichsam einen „Mindeststandard" der Kooperationspflichten, an den die Anrainerstaaten auch ohne vertragliche Verständigung gebunden sind. Derartige Regeln entstehen, wenn eine dahingehende dauerhafte Staatenpraxis besteht und die Staaten zugleich davon ausgehen, daß diese Praxis einer Rechtspflicht und nicht bloßer „Völkersitte" entspricht (opinio iuris). Die Identifikation der einschlägigen völkergewohnheitsrechtlichen Regeln auf diesem Gebiet ist vor allem den Arbeiten internationaler Gremien zu verdanken. Zu nennen sind die „Salzburger Erklärung" des Institut de Droit International (Institut de Droit International, 1961), die „Helsinki Regeln" der International Law Association (ILA) von 1966 und die Arbeit der Völkerrechtskommission der UN, die von 1974–1994 an einem „Entwurf zur nicht-schiffahrtlichen Nutzung internationaler Wasserläufe" (UNGA Official Records A/49/10) arbeitete. Die UN-Völkerrechtskommission soll gemäß der UN-Charta „die fortschreitende Entwicklung des Völkerrechts sowie seine Kodifizierung begünstigen." Für ihre Tätigkeit zum Wasserrecht hat die Kommission die einschlägige Vertragspraxis der Staaten gesammelt und ausgewertet. Dadurch sollte sichergestellt werden, daß die Kodifikationsarbeit sich auf die tatsächliche Staatenpraxis gründet und somit von den Staaten besser akzeptiert wird (McCaffrey, 1996). Neben der Kodifikation der bestehenden Völkergewohnheitsregeln hat die Völkerrechtskommission in ihrem Entwurf auch versucht, mögliche Entwicklungen zu zeigen, die über die gewohnheitsrechtlichen Regeln hinausgehen.

Die UN-Generalversammlung hat am 9. Dezember 1994 (Res. 49/52) beschlossen, auf der Grundlage dieses Entwurfes der Völkerrechtskommission eine UN-Konvention zu erarbeiten. Die Verhandlungen im 6. Arbeitsausschuß der Generalversammlung sind im April 1997 abgeschlossen worden, und die Konvention wurde am 21.5.1997 von der Generalversammlung als Resolution 51/229 verabschiedet. Durch die geplante Konvention wird – weltweit betrachtet – der „Minimalstandard" der Kooperationspflichten steigen und in manchen Regionen über die bestehenden vertraglichen Pflichten hinausreichen. Dies könnte bedeutend zum Schutz grenzüberschreitender Gewässer und zur Prävention von Nutzungskonflikten zwischen den Anrainerstaaten beitragen.

Im folgenden werden die anwendbaren völkerrechtlichen Gewohnheitsregeln dargestellt, dann neuere Tendenzen im Völkerrecht, insbesondere die „UN-Konvention zur nicht-schiffahrtlichen Nutzung grenzüberschreitender Binnengewässer".

5.5.3.1
Völkergewohnheitsrechtliche Regeln zur Nutzung grenzüberschreitender Gewässer

DER GRUNDSATZ DER AUSGEWOGENEN UND VERNÜNFTIGEN NUTZUNGSAUFTEILUNG

Für grenzüberschreitende Oberflächenwasser ist die völkergewohnheitsrechtliche Geltung des Grundsatzes der „ausgewogenen" (equitable) und „vernünftigen" (reasonable) Nutzungsaufteilung weitestgehend anerkannt. Für Grundwasservorkommen, die im Austausch mit Oberflächenwasser stehen, ist die Geltung dieses Grundsatzes jedoch umstritten und für sonstige, abgeschlossene Grundwasser (confined groundwaters) zu verneinen, da eine allgemeine Staatenpraxis nicht nachweisbar ist.

Das Tatbestandsmerkmal der ausgewogenen Aufteilung korrespondiert mit dem Ausgleich der kollidierenden territorialen Souveränitätsrechte der Anlieger: Denn jeder Staat hat grundsätzlich das Recht, von den auf seinem Staatsgebiet gelegenen Ressourcen nach Belieben Gebrauch zu machen, aber zugleich die Pflicht, nicht in die Nutzung der Ressourcen eines anderen Staates einzugreifen. Ausgewogenheit in der Nutzung grenzüberschreitender Gewässer bedeutet hier, daß die Anrainerstaaten diese Rechte und Pflichten ausgleichen. Was im konkreten Fall eine ausgewogene Nutzungsaufteilung darstellt, hängt dabei von den Umständen des Einzelfalls ab. Hierbei spielen u. a. folgende Faktoren eine Rolle:
– die geographischen Bedingungen des Gewässers,
– die bisherige, „historische" Nutzungsaufteilung,
– die ökonomischen und sozialen Bedürfnisse der Anrainerstaaten,
– die Zahl der von dem Gewässer abhängigen Menschen und
– die Kosten, die bei einer alternativen Deckung der ökonomischen und sozialen Bedürfnisse der Staaten entstünden.

Diese Faktoren sind weder abschließend noch hierarchisch geordnet. Dies mag zwar unbefriedigend erscheinen, da der den Staaten vorgegebene Rahmen vage bleibt. Jedoch gibt es kaum eine alternative Regelungsweise, weil die geographischen Gegebenheiten der einzelnen Gewässer und die sozioökonomischen Ausgangslagen der jeweiligen Anrainer regional allzu unterschiedlich sind (Heintschel von Heinegg, 1990).

Deshalb muß die Regelung einer ausgewogenen Nutzungsaufteilung internationaler Gewässer durch vertragliche Regelungen konkretisiert werden, die auf das spezifische Gewässer und die jeweiligen Anlieger abgestimmt sind. Die gewohnheitsrechtliche Regel gibt lediglich das Gebot der Verständigung vor und benennt einschlägige Faktoren, ohne sie zu gewichten. Daraus läßt sich indes nicht schließen, daß das Gewohnheitsrecht neben den Verträgen keine eigene Funktion besitzt. Vielmehr steckt der Grundsatz der ausgewogenen Nutzungsaufteilung in der Praxis den Rahmen ab, in dem neue Verträge oder Änderungen bestehender Verträge verhandelt werden. Die Staaten stützen sich in der Praxis im diplomatischen Austausch bei konkreten Streitigkeiten oftmals argumentativ auf die gewohnheitsrechtlichen Regeln, wie sie durch die Arbeiten der Expertengremien herausgearbeitet wurden.

Die Nutzungsaufteilung muß nicht nur dem Gebot der Ausgewogenheit folgen, sondern auch „vernünftig" sein. Selbstredend liegt es in der Souveränität eines jeden Staates, seine Bedürfnisse unabhängig von anderen Staaten zu bestimmen (solange nicht gegen das Völkerrecht verstoßen wird). Andere Staaten dürfen diese Bedürfnisdefinition grundsätzlich nicht in Zweifel ziehen und durch eine eigene Einschätzung der Bedürfnisse ersetzen, wenngleich der Verhandlung über die Wasserverteilung auch die gegenseitige Bewertung der jeweiligen Bedürfnisse implizit zugrundeliegt. Im Kern soll das Kriterium der „vernünftigen" Nutzung einzelne Anrainerstaaten vor unangemessenen Forderungen anderer Staaten schützen, d. h., daß ein Staat sich nur auf solche Forderungen eines anderen Staates einlassen muß, die ein Staat in vergleichbarer Lage vernünftigerweise erheben würde. In der Praxis sind wieder die gleichen Kriterien zu berücksichtigen wie bei der Bestimmung der ausgewogenen Nutzungsaufteilung (Hafner, 1993).

Als drittes Tatbestandsmerkmal wird die Pflicht der Staaten zu einer „optimalen" Nutzungsaufteilung diskutiert. In den „Helsinki-Regeln" von 1966 fehlt noch ein Hinweis auf dieses Konzept, das erst in die Entwürfe der UN-Völkerrechtskommission aufgenommen wurde (Art. 5 Abs. 1). Der Grundgedanke wurde aber schon auf der Stockholmer Konferenz über die menschliche Umwelt von 1972 diskutiert und dort als Empfehlung 51 des Aktionsprogramms verabschiedet. Es ist einsichtig, daß der optimale Einsatz der Ressource umweltschonenden Charakter hat, da nicht mehr Wasser als erforderlich degradiert wird. Anhand der völkerrechtlichen Verträge und Dokumente auf diesem Gebiet läßt sich eine gewohnheitsrechtliche Festigung des Gebots zur Optimierung der Nutzungsaufteilung aber noch nicht feststellen (Hafner, 1993).

Das Verbot erheblicher grenzüberschreitender Umweltbelastungen

Das völkerrechtliche Verbot der „erheblichen grenzüberschreitenden Umweltbelastungen" stellt die zentrale Regel des völkerrechtlichen Nachbarrechts dar. Demnach müssen Staaten dafür sorgen, daß von ihrem Gebiet aus keine erheblichen Beeinträchtigungen für menschliches Leben und Gesundheit sowie für die von Menschen genutzten Gegenstände in einem anderen Staat verursacht werden.

Dem Verbot liegt ein weiter Umweltbegriff zugrunde, der nicht nur die Umweltmedien erfaßt, sondern auch (und traditionell gesehen vor allem) die darauf basierenden menschlichen Tätigkeiten, wie zum Beispiel auch die landwirtschaftliche und industrielle Nutzung des Wassers (Epiney, 1995). Insofern ist der Gebrauch des Wortes Umweltbelastungen irreführend. Das Verbot schützt nicht die Ökologie eines Staates, sondern dessen Souveränitätsinteressen. Im Interesse eines Staates liegt aber neben der Unversehrtheit seiner Umwelt gleichzeitig und wesentlich auch deren Bewirtschaftung. Dabei differenzierte das Völkerrecht jedenfalls herkömmlicherweise nicht, ob die geschützte Bewirtschaftung selbst die Umwelt beeinträchtigt, da dies in der Selbstverantwortung des Staates liegt. In bezug auf das Merkmal „grenzüberschreitend" bedarf es keiner gemeinsamen Grenze zwischen den Staaten – Nachbarstaat ist jeder Staat, der von einer Umweltbelastung betroffen werden kann (Epiney, 1995). Für den Bereich der Binnengewässer kommen deshalb alle Anrainerstaaten in Betracht.

Es muß sich dabei aber stets um eine „erhebliche" Beeinträchtigung handeln. Das Kriterium der Erheblichkeit führt – neben dem Nachweis der Kausalität zwischen den Aktivitäten in einem Staat und der Beeinträchtigung in einem anderen – zu den größten Anwendungsproblemen. Denn in der Praxis werden in Konfliktfällen Kausalität, Erheblichkeit oder Zurechenbarkeit bestritten, nicht aber die Geltung der Norm (Kunig, 1992). Die Schwierigkeit besteht in der Konkretisierung des unbestimmten Rechtsbegriffs der „Erheblichkeit". Angesichts der notwendigerweise allgemeinen Natur des Völkergewohnheitsrechts können von diesem keine genauen Grenzwerte und festen Abgrenzungskriterien abgeleitet werden. Die betreffenden Staaten sind vielmehr auf Verhandlungen angewiesen, um zu einer einvernehmlichen Lösung zu gelangen und diese informell oder vertraglich festzulegen. Das Verbot der erheblichen grenzüberschreitenden Umweltbelastungen ist also vornehmlich als ein Gebot zu verstehen, durch Verhandlung zum Interessenausgleich zu finden (Kunig, 1992). So ist auch erklärlich, daß der Entwurf der Völkerrechtskommission der Vereinten Nationen, in dem das Beeinträchtigungsverbot aufgenommen wurde, in erster Linie Konsultationen vorsieht und nur nachrangig und vorsichtig formuliert die Frage des Schadensersatzes andeutet.

Verfahrensrechtliche Pflichten

Die materiellen Regeln der ausgewogenen und vernünftigen Nutzungsaufteilung und des Verbots der erheblichen grenzüberschreitenden Umweltbelastungen laufen beide auf ein Verständigungsgebot für die betroffenen Staaten hinaus. Insofern liegt die Annahme nahe, daß sie durch formelle Pflichten zur Information und Konsultation ergänzt würden. Die Konsultation baut dabei auf der vorher gewährten Information auf. Ohne die Konsultation liefe die für die beiden oben genannten Grundsätze erforderliche Einvernahme der Staaten ins Leere. So hat die Informations- und Konsultationspflicht über erhebliche grenzüberschreitende Umweltbelastungen Eingang in Grundsatz 19 der Rio-Deklaration gefunden. Sie läßt sich des weiteren in völkerrechtlichen Verträgen nachweisen.

In dem Entwurf der Völkerrechtskommission werden die Grundsätze der „Equitable Utilization" und der „Obligation not to cause significant harm" durch Kooperationspflichten flankiert. Die Bundesregierung könnte durch Unterstützung der Konventionsbestrebungen auf der Grundlage des Entwurfs der Völkerrechtskommission, die Anerkennung der Informations- und Konsultationspflicht bei grenzüberschreitenden Umweltbelastungen und der Kooperationspflicht bei der ausgewogenen und vernünftigen Nutzungsaufteilung als völkergewohnheitsrechtliche Regeln festigen.

5.5.3.2
Neuere regionale Verträge

Wie oben dargelegt, erfolgt die Konkretisierung der gewohnheitsrechtlichen Regeln im Bereich Süßwasser meist durch den Abschluß von Verträgen, deren Inhalte jedoch sehr weit auseinanderfallen können. Die Stufung reicht von dem einfachen Versprechen zur Konsultation vor der Änderung des Nutzungsmusters, über das Versprechen, nicht in die Wassernutzung des anderen einzugreifen, über Versuche, die Gewässer und ihre Vorteile aufzuteilen, bis zur kooperativen Bewirtschaftung des Gewässers und zum hochentwickelten Instrument der integrierten Wasserbewirtschaftung (Dellapenna, 1996). Dabei kann integrierte Wasserbewirtschaftung nicht als feststehendes Konzept begriffen werden, sondern als das auf der Basis des jeweils vorhandenen naturwissenschaftlichen Erkenntnisstands aufbauende Instrument mit dem höchsten Integrationsniveau unter den beteiligten Staaten. Deshalb müssen bestehende Schutzregime den Erkenntnissen und Aufgaben angepaßt werden.

Neue Verträge in Europa

Jüngstes Beispiel ist das Übereinkommen über die Zusammenarbeit zum Schutz und zur verträglichen Nutzung der Donau, das die Bukarester Deklaration von 1985 ablöst. Das 1994 unterzeichnete Übereinkommen wurde durch den deutschen Gesetzgeber am 12. Juni 1996 umgesetzt (BGBl. 1996, Teil II: 875ff.). Das Übereinkommen ist beispielhaft für den zur Zeit möglichen Regelungsgrad eines Vertrages über die gemeinsame Gewässernutzung, orientiert an dem Gedanken einer möglichst schonenden Nutzung. Der Anwendungsbereich bezieht sich auf das gesamte hydrologische Einzugsgebiet der Donau und soll darüber hinaus zur Verminderung der Belastung des Schwarzen Meeres beitragen. Die Zielvorgaben, u. a. die Verhütung bleibender Umweltschäden und der Schutz der Ökosysteme, werden durch weitreichende Instrumente flankiert. Dem Übereinkommen liegen das Vorsorge- und das Verursacherprinzip zugrunde (Art. 2 IV). Vorgesehen ist u. a. die Errichtung einer ständigen gemeinsamen Kommission (Art. 18f.). Die durch den Vertrag vorgesehene Verschmutzungsbekämpfung reicht im Detail von der Differenzierung einzelner industrieller Branchen und gefährlicher Stoffe bis zur Festlegung von Emissionsbegrenzungen, die gemeinsam erarbeitet werden sollen (Art. 7 i.V.m. Anlage II). Hierzu sollen die Vertragsstaaten auch gemeinsame Gewässergüteziele und -kriterien erarbeiten oder die nationalen harmonisieren (Art. 7 IV und Art. 9 I). Weiterhin soll ein Inventar über die diffusen und punktförmigen Verschmutzungsquellen erstellt werden. Verfahrenspflichten sichern die für die Erreichung der geplanten Maßnahmen notwendige enge Zusammenarbeit. Für mögliche Meinungsverschiedenheiten ist durch Anlage V ein Schiedsverfahren vorgesehen. Gemäß Artikel 14 des Vertrages ist außerdem die Weitergabe von Informationen über den Zustand und die Qualität des Fließgewässers an die Öffentlichkeit sicherzustellen. Das Donau-Übereinkommen erinnert in seiner Ausgestaltung maßgeblich an das in Helsinki unterzeichnete Übereinkommen zum Schutz und zur Nutzung grenzüberschreitender Wasserläufe und internationaler Seen vom 17. März 1992 (Helsinki-Übereinkommen; BGBl. 1994, Teil II: 2333ff.). Das gleiche trifft für die 1994 durch Frankreich, Belgien und die Niederlande unterzeichneten Verträge über die Maas und die Schelde zu (Teclaff, 1996; ILM, 1995). Das Helsinki-Übereinkommen wurde von der UN-Wirtschaftskommission für Europa (ECE) erarbeitet und kann gewissermaßen als eine „Konvention für den europäischen Bereich" bezeichnet werden.

DER NEUE VERTRAG ZUM MEKONG

Aber auch in anderen – nicht-europäischen – Regionen wurde der Umweltschutz in zwischenstaatlichen Verträgen weiter aufgewertet. So haben die Anrainerstaaten des unteren Mekong – Kambodscha, Laos, Thailand und Vietnam – am 5. April 1995 ein Übereinkommen zur Zusammenarbeit für die nachhaltige Entwicklung des Mekong geschlossen (ILM, 1995), das die seit 1957 bestehende Kooperation neu ausrichten soll. Kernpunkt der Zusammenarbeit ist der seit 1957 bestehende Gemeinsame Ausschuß für den unteren Mekong. Der Vertrag beruht grundsätzlich auf dem Gedanken der ausgewogenen und vernünftigen Nutzungsaufteilung (Art. 5). Durch Art. 3 wird dabei jedoch dem Schutz der Umwelt, der natürlichen Ressourcen, dem Leben im Wasser und dem ökologischen Gleichgewicht im Mekong eine dominante Rolle als Abwägungsfaktor eingeräumt. Nach Art. 6 dürfen dabei die durch die Staaten erfolgenden Nutzungen außer in Dürre- oder Flutzeiten nicht zu einem Absinken des Flusses unter den akzeptablen monatlichen Minimalfluß führen, und in der Flutsaison dürfen die Nutzungen nicht zu einem durchschnittlichen Tagesanstieg über die normalen Verhältnisse führen. Insgesamt wird dem Umweltschutz in dem Vertrag ein hoher Stellenwert eingeräumt. Fraglich ist jedoch, ob sich der materiell erhobene Anspruch auch ohne starke institutionelle Ausgestaltung des Gemeinsamen Ausschusses durchsetzen wird. Im Regelfall besteht für Wasserentnahmen lediglich eine Notifikationspflicht. Ein großes Hindernis ist auch der Umstand, daß die Anlieger des oberen Mekong, China und Myanmar, sich bisher jeglicher Zusammenarbeit mit den unteren Anliegern, außer im technischen und naturwissenschaftlichen Forschungsbereich, entzogen haben. China hat 1993 den ersten seiner geplanten Dämme am Mekong, den Man-Wan-Damm, in Betrieb genommen, ohne die unteren Anlieger zu konsultieren (Chomchai, 1995). Die ökologischen Folgen sind noch nicht absehbar. Vor allem wird durch die mangelnde Zusammenarbeit der Oberanlieger die Wirksamkeit der Kooperation der Unterliegerstaaten wesentlich entwertet und behindert.

5.5.3.3
Fortschritte in der Arbeit der International Law Association

Die International Law Association (ILA) ist die älteste und größte private Vereinigung von Juristen, die sich nach Art. 2 ihrer Satzung u. a. zum Ziel gesetzt hat, „das internationale Recht weiterzuentwickeln und das gegenseitige Wohlwollen und die internationale Verständigung zu fördern". Die ILA erarbeitet in einzelnen Ausschüssen, die sich jeweils mit einem bestimmten Sachgebiet beschäftigen, Berichte, auf deren Grundlage sie gegebenenfalls Resolutionen verabschiedet. Die Berichte können sich mit der Festlegung des Völkergewohnheitsrechts, dem Entwurf eines Vertrags oder einer Konvention, der Besprechung jüngerer Entwicklungen des Rechts und der Praxis und der Erarbeitung von Regeln und Prinzipien des internationalen Rechts beschäftigen. Die Berichte der einzelnen Ausschüsse und die zur Verabschiedung gelangten Entwürfe haben erheblichen Einfluß auf die Entwicklung des internationalen Rechts (Stödter, 1995). Im Bereich des Wasserrechts hat die Arbeit der ILA in Form der sogenannten Helsinki-Regeln maßgeblichen Einfluß auf die gewohnheitsrechtliche Anerkennung des Grundsatzes der ausgewogenen und vernünftigen Aufteilung gehabt.

Seit 1954 haben sich 3 Ausschüsse der ILA mit dem Recht internationaler Wasserressourcen beschäftigt. Zuletzt wurde das Water Resources Committee (WRC) 1990 eingerichtet, das aus 22 Mitgliedern besteht. Das WRC hat sich 4 Themenfelder zur Aufgabe gemacht:
- Flußmündungsgebiete.
- Transfer von Wasser von oder in ein internationales hydrographisches Becken.
- Rechtsbehelfe.
- Intermediale Verschmutzung.

Weiterhin hat das WRC eine Arbeitsgruppe zur Bewertung der Arbeit der Völkerrechtskommission auf diesem Gebiet eingerichtet. Das Thema der Flußmündung wurde bislang noch nicht bearbeitet. Der Wassertransfer von oder in ein internationales hydrographisches Becken wurde als Thema fallengelassen. Die damit beauftragte Arbeitsgruppe war zu dem Ergebnis gekommen, daß der Wassertransfer aus oder in ein hydrographisches Becken keinen speziellen Regeln unterworfen ist, sondern den allgemeinen Grundsätzen unterliegt (Bourne, 1996). Zu den Themen der intermedialen Verschmutzung und der Rechtsbehelfe waren die Bemühungen fruchtbarer. Die vom WRC entwickelten Artikel zu diesen Themen wurden von der ILA im August 1996 auf ihrer Helsinki-Konferenz verabschiedet.

Das WRC hat für die Frage der intermedialen Verschmutzung, die von dem Gebrauch des Wassers eines internationalen hydrographischen Beckens herrührt, vier Artikel entworfen. Ein neuer Ansatz im Umweltrecht ist es, die Verschmutzung eines Mediums, z. B. des Wassers, nicht isoliert zu betrachten, sondern auch die Auswirkungen auf andere Umweltmedien, d. h. der Luft oder des Bodens, bei der rechtlichen Regelung zu berücksichtigen. Der traditionelle Weg ist, die Umweltmedien isoliert einem Schutzregime zu unterstellen. Der naturwissenschaftliche

Zusammenhang zwischen den Medien bleibt hierbei weitgehend unberücksichtigt. Der Ansatz der intermedialen Betrachtung von Verschmutzungen scheint deswegen sinnvoll. Es entsteht dadurch aber neben der Schwierigkeit, ein neues Regelungswerk schaffen zu müssen, vor allem das Problem, den integrativen Ansatz mit den bestehenden Schutzregimen der jeweiligen Medien auszugleichen. Für den Bereich der Europäischen Union ist hier auf die im September 1996 verabschiedete Richtlinie zur integrierten Vermeidung und Verminderung von Umweltverschmutzungen (IVU-Richtlinie) hinzuweisen.

Der Beirat sieht in diesem Bereich Forschungsbedarf. Die rechtswissenschaftliche Diskussion schenkt zwar der IVU-Richtlinie schon seit einiger Zeit erhebliche Beachtung, und die nun anstehende Umsetzung der Richtlinie durch die Mitgliedstaaten wird sicherlich aufmerksam verfolgt werden. Es mangelt aber an einer den völkerrechtlichen Kontext der intermedialen Verschmutzung hinreichend berücksichtigenden Forschung. Eine interdisziplinär ausgerichtete Forschung erscheint notwendig.

Diesen Bedarf sieht auch die ILA. Die verabschiedeten Artikel stellen noch kein umfassendes Regelungswerk dar. Deshalb wurde der Titel: „Ergänzende Regeln zur Verschmutzung" gewählt. Damit sollte zum Audruck gebracht werden, daß die Regeln in ihrer Reife nicht mit den ebenfalls von der ILA erarbeiteten Artikeln IX–XI der Helsinki-Regeln von 1966, den Artikeln über die landseitige Meeresverschmutzung und den Montreal-Regeln über die Wasserverschmutzung in einem internationalen hydrographischen Becken (1982) zu vergleichen sind. Ein umfassendes Regelungswerk erschien dem WRC vorerst nicht möglich, da unter den Mitgliedern Übereinstimmung in diesem komplexen Rechtsfeld, das noch in der Anfangsphase der Entwicklung steckt, nicht in Aussicht stand.

Es gibt zudem kein global verbindliches Forum, in dem Schadensersatzfragen für grenzüberschreitende deliktische Handlungen verhandelt werden können. Die Gewährung von Rechtsschutz fällt grundsätzlich in die nationalstaatliche Kompetenz. Der Schutz der Umwelt und die Lösung internationaler Konflikte um Naturressourcen werden deshalb vornehmlich präventiv angegangen. Man trifft Regelungen, um die Entstehung von Schäden zu verhindern. Diese Funktion erfüllen z. B. Verträge über die Nutzungsaufteilung und die Einleitung von Stoffen in ein internationales Gewässer. Falls jedoch trotzdem ein Schaden eintritt, muß die Frage des Schadensersatzes geklärt werden.

Die von der ILA 1996 verabschiedeten Artikel behandeln nicht die Frage der Staatenverantwortlichkeit, d. h. den Schadensausgleich zwischen Staaten. Die Artikel beschäftigen sich vielmehr mit einigen Aspekten der Frage nach den Rechtsschutzmöglichkeiten einer privaten Person im Falle einer grenzüberschreitenden Schädigung (Brandt, 1995). Diese Materie unterfällt traditionell dem Internationalen Privatrecht, das die Zuständigkeit von Gerichten und die Anwendbarkeit des prozessualen und materiellen Rechts regelt. Die Artikel der ILA gehen aber darüber hinaus.

Nach Art. 3 sollen Personen, die durch die Nutzung des Wassers eines internationalen hydrographischen Beckens in einem anderen Staat einen Schaden erlitten oder zu befürchten haben, ermächtigt sein, in diesem Staat im gleichen Ausmaß und unter den gleichen Bedingungen wie ein Einwohner des Staates an gewissen Verfahren beteiligt zu werden. Beispiele sind die Beteiligung an Umweltverträglichkeitsprüfungen, die Überprüfung der Zulässigkeit der schädigenden Nutzung oder Aktivität vor einem Gericht oder im Verwaltungsverfahren sowie präventive Rechtsbehelfe und ein Recht auf Information. Auch sollen ausländischen öffentlichen Körperschaften und privaten Nichtregierungsorganisationen im Falle eines Schadens oder eines zu befürchtenden Schadens die gleichen Verfahrens- und Beteiligungsrechte zugestanden werden, wie sie auch den entsprechenden innerstaatlichen öffentlichen Körperschaften und privaten Nichtregierungsorganisationen zustehen. Art. 3 Abs. 2 im Verbund mit Art. 1 Abs. 2 führt weiterhin dazu aus, daß ausländischen Körperschaften und Nichtregierungsorganisationen im gleichen Maße wie den innerstaatlichen die Möglichkeit der sogenannten altruistischen Verbandsklage zustehen soll, d. h. die Rechtsschutzmöglichkeit aufgrund eines reinen Umweltschadens, der keine Verletzung eigener Rechte des Verbandes beinhaltet.

5.5.3.4
UN-Konvention zur nicht-schiffahrtlichen Nutzung internationaler Wasserläufe

Der Konvention geht auf Arbeiten der Völkerrechtskommission zurück, die knapp zwanzig Jahre in Anspruch genommen haben. Der 1994 verabschiedete Entwurf der Völkerrechtskommission wurde von dem 6. Ausschuß der Generalversammlung als Diskussionsgrundlage genommen, um einen Konventionsentwurf für die Generalversammlung zu erarbeiten. Dieser wurde von der Generalversammlung am 21.5.1997 als Resolution 51/229 verabschiedet. Die UN-Konvention wird einen weltweiten „Mindeststandard" vorgeben, in dessen Rahmen die Staaten zukünftig durch den Abschluß konkretisierender regionaler Verträge zusammenarbeiten sollten. Im folgenden soll auf die Entwicklungsgeschichte der Konvention eingegangen werden.

Berücksichtigung des UNCED-Prozesses

Der Entwurf der Völkerrechtskommission war Grundlage des Konventionsentwurfs. Die schwierigen wirtschaftlichen und sicherheitspolitischen Fragen nahmen einen Großteil der Aufmerksamkeit der Völkerrechtskommission in Anspruch. Jüngere bedeutende völkerrechtliche Dokumente, wie vor allem die Ergebnisse der Rio-Konferenz – hier insbesondere Kapitel 18 der AGENDA 21 – konnten dagegen von der Völkerrechtskommission nicht mehr hinreichend berücksichtigt werden. In den Stellungnahmen der Staaten zu dem Entwurf der Völkerrechtskommission spiegelte sich die Einsicht wider, daß die neueren Entwicklungen und die erkannten gemeinsamen Aufgaben mit in die geplante Konvention eingehen müßten (z. B. UN-Dok. A/51/275). Diese Ansicht hat sich aber nur zum Teil durchsetzen können. Erfreulich ist, daß der Gedanke der Nachhaltigkeit Aufnahme in den Artikel 5 der Konvention gefunden hat, der den zentralen Grundsatz der ausgewogenen und vernünftigen Nutzungsaufteilung enthält. Eine ökosystemare Zentrierung der Konvention, wie sie z. B. von Portugal gefordert wurde, fand indes keine Zustimmung.

Internationale Wasserläufe

Die Bestimmung des Regelungsgegenstands ist die entscheidende Weichenstellung für eine erfolgreiche integrierte Wasserbewirtschaftung (integrated water management). Maßgebliche Studien weisen übereinstimmend darauf hin, daß das hydrographische Becken (River Basin) im Regelfall die geeignetste geographische Einheit für die Planung der Nutzung und die Entwicklung von Wasser- und darauf bezogene Landressourcen ist (so z. B. UN DESA, 1958; President's Water Resources Council, 1962; UN DTCD, 1991; Teclaff, 1996).

Dem durch die Völkerrechtskommission entwickelten Begriff des „internationalen Wasserlaufs" liegt ein ähnlicher Ansatz zugrunde, der auch Eingang in den jetzigen Konventionsvorschlag gefunden hat. Nach Art. 2 lit. a ist damit ein System von Oberflächen- und Grundwasser gemeint, das aufgrund seiner physikalischen Beziehung eine Einheit bildet und normalerweise in einem gemeinsamen Abfluß endet. Somit sollen naturwissenschaftliche Zusammenhänge und Erkenntnisse verstärkt Berücksichtigung finden. Es erweitert den Regelungsgegenstand insofern, als viele regionale Verträge noch bei der Regelung der unmittelbar grenzüberschreitenden Flüsse und Seen stehenbleiben und die Zuflüsse, anders als beim Begriff des internationalen Wasserlaufs, keine Berücksichtigung finden. Artikel 3 streicht die rahmenrechtliche Intention der Konvention heraus, indem er darauf hinweist, daß die Bestimmungen der Konvention aufgrund von Verträgen an die Charakteristika und Nutzungen des jeweiligen internationalen Wasserlaufs angepaßt werden sollen. Wie aus den Kommentierungen der Völkerrechtskommission hervorgeht, gilt dies auch für die flexible Bestimmung des Regelungsgegenstands der auf der Grundlage der Konvention zu erlassenden Verträge, sei es ein hydrographisches Becken, ein Wasserlauf oder aber nur ein Teil dessen (ILC Draft Articles 1994). Der Entwurf der Völkerrechtskommission überläßt den Staaten somit grundsätzlich die Bestimmung des Regelungsgegenstands beim Abschluß regionaler Verträge.

Die Stellungnahmen der Staaten und die Entstehungsgeschichte des Entwurfs der Völkerrechtskommission machen jedoch klar, daß selbst bei flexibler Handhabung gegen die Einführung des Begriffs des internationalen Wasserlaufs beträchtlicher Widerstand bestand. Dies zeigt auch, welche Bedeutung einer Konvention in diesem Gebiet zum Teil beigemessen wird. Eingedenk der heutigen Dimensionen wasserbaulicher Maßnahmen, wie zum Beispiel der Umleitung ganzer Flüsse (man denke an die Umleitung der den Aralsee speisenden Flüsse sowie an den israelischen „national water carrier"), erscheinen selbst so weitgehende Konzepte wie das hydrographische Becken und der internationale Wasserlauf als Planungseinheit zu klein (Teclaff, 1996). Es ist begrüßenswert, daß der Begriff des „internationalen Wasserlaufs" beibehalten wurde.

Geschlossene Grundwasservorkommen (confined groundwaters)

Unter den Begriff der geschlossenen Grundwasservorkommen (confined groundwaters) fallen solche Vorkommen, die nicht im Austausch mit einem Oberflächengewässer stehen. Zwar läßt sich eine gewohnheitsrechtliche Festigung des Grundsatzes der ausgewogenen und vernünftigen Nutzungsaufteilung für Grundwasser nicht hinreichend belegen. Weil ein Großteil des für Menschen verfügbaren Wassers als Grundwasservorkommen gespeichert ist sowie aufgrund des sich durch technologischen Fortschritt und regionales Bevölkerungswachstum abzeichnenden Konfliktpotentials, erscheint die rechtliche Regelung der Nutzung dringend geboten. Hinzuweisen ist auf die ILA-Groundwater Rules, die 1986 in Seoul verabschiedet wurden, sowie die Erarbeitung des Bellagio-Modellvertrags durch ein internationales Expertengremium (Hayton und Utton, 1989). Aus diesem Grund hat auch die Völkerrechtskommission den Staaten durch eine gesonderte Resolution über geschlossene Grundwasservorkommen empfohlen, die in ihrem allgemeinen Entwurf entwickelten Grundsätze auch in Streitfällen über geschlossene Grundwasservorkommen anzuwenden (GAOR, 49th sess., supp.10).

Stephen McCaffrey, ehemaliger Sonderberichterstatter der Völkerrechtskommission auf diesem Gebiet, hat es noch jüngst als bedauerlich bezeichnet, daß die in der Zukunft wachsende Bedeutung der geschlossenen Grundwasservorkommen für die Staaten nur in einer separaten Resolution behandelt wurde. Er bezeichnet dies als „einen an den eigentlichen Entwurf angefügten hastigen Versuch in der Endphase der Arbeit der Völkerrechtskommission". Er sprach die Hoffnung aus, daß die von der UN-Generalversammlung eingerichtete Arbeitsgruppe der Regierungsvertreter diese Auslassung korrigieren möge. Durch den Konventionsentwurf wurde diese Unsicherheit leider nicht eindeutig geklärt (McCaffrey, 1996).

Ökosystemare Betrachtung

Nach Art. 20 des Entwurfs der Völkerrechtskommission sollen die Vertragsstaaten das Ökosystem des internationalen Wasserlaufs schützen und erhalten. Nach McCaffrey (1996) „schreit der Artikel geradezu nach weiterer Ausarbeitung". Innerhalb des 6. Arbeitsausschusses sprach sich Portugal dafür aus, in die Definition des „Wasserlaufs" angrenzende Ökosysteme miteinzubeziehen (UN-Dok. A/51/275). Dies wäre aus zwei Gründen begrüßenswert gewesen: Die Einbeziehung ökosystemarer Gedanken in den Regelungsgegenstand hätte größere Wirkung entfaltet als ihre Einbindung in einen einzelnen Artikel. Des weiteren hätte dies dem Umstand, daß nicht nur das Ökosystem des Gewässers, sondern auch die angrenzenden Systeme maßgeblichen Einfluß auf die nachhaltige Gewässerbewirtschaftung haben, besser Rechnung getragen. Die Vorschläge Portugals, eine ökosystemische Zentrierung zu erreichen, waren sehr weitgehend, aber für eine zukunftsgerichtete Aufgabenbewältigung wünschenswert gewesen. Seit Anfang der 90er Jahre gibt es weitverbreitete Beweise dafür, daß die in der Vergangenheit getätigten wasserbaulichen Maßnahmen erheblichen Schaden an Ökosystemen verursacht haben (Teclaff, 1996). Naturnähere Gewässerentwicklung ist in Deutschland heute in vielen Bereichen, ohne Nachteile für Dritte möglich und wird in zunehmenden Maße auch betrieben (Binder, 1996). Dazu gehört z. B. auch die Renaturierung begradigter Flußläufe. Die damit verbundenen Kosten ließen sich vermeiden, wenn bei der Entwicklung neuer Wasserressourcen auf eine Wiederholung der negativen Erfahrungen der Vergangenheit verzichtet würde. Dies gilt nicht nur für Deutschland, sondern gerade für die Regionen der Welt, in denen die Erschließung neuer Wasserressourcen ansteht und als Entwicklungsfaktor unumgänglich ist.

Verhältnis des „Equitable and Reasonable Utilization"-Grundsatzes zu der „No significant harm"-Regel

Ein zentraler Konflikt innerhalb der Arbeit der Völkerrechtskommission betraf die Frage, in welchem Verhältnis der Grundsatz der „ausgewogenen und vernünftigen Nutzungsaufteilung" (Art. 5) und das Verbot der „erheblichen grenzüberschreitenden Beeinträchtigung" (Art. 7) zueinander stehen und welche Norm bei einer Kollision Vorrang haben sollte. Auch die von einzelnen Staaten innerhalb der 6. Arbeitsgruppe eingegangenen Stellungnahmen zum Kommissionsentwurf ließen nicht auf einen Konsens in dieser Frage schließen:

Es ist wichtig, sich den weiten Schutzbereich des Verbots der erheblichen grenzüberschreitenden Beeinträchtigungen (significant harm) zu vergegenwärtigen, der nicht nur die Umwelt, sondern auch alle auf dem Umweltmedium Wasser aufbauenden menschlichen Nutzungen einschließlich der industriellen Nutzung umfaßt. Deshalb ist aus umweltpolitischer Sicht ein allgemeiner Vorrang des Verbots der Beeinträchtigungen vor der ausgewogenen Nutzenverteilung nicht sinnvoll. Außerdem würden dann grundsätzlich alle bestehenden Nutzungen gegenüber neuen Nutzungen, die eine erhebliche Beeinträchtigung der alten Nutzungen zur Folge haben, geschützt (Bourne, 1992; Brandt, 1997). Dies würde die Beilegung der bestehenden Wasserkonflikte und die Verhütung weiterer Streitigkeiten erschweren. In dem Entwurf der Völkerrechtskommission wurde dem Grundsatz der ausgewogenen und vernünftigen Nutzungsaufteilung der Vorrang eingeräumt. Aus umweltpolitischer Sicht wäre es wünschenswert gewesen, den Vorrang nur dort zu durchbrechen, wo die hervorgerufenen Beeinträchtigungen unmittelbar die Umwelt betreffen. Dies hätte durch eine Vorrangigkeit des Art. 21 erreicht werden können, der ein spezielles Umweltschädigungsverbot enthält (Brandt, 1997). Die Inkaufnahme solcher Folgen kann einer langfristigen Konfliktlösung kaum dienlich sein – selbst wenn sie kurzfristig ausgewogen und vernünftig sein mag – da damit die zukünftigen Nutzungsmöglichkeiten unweigerlich beeinträchtigt werden und dies dem Gedanken einer nachhaltigen Entwicklung und Bewirtschaftung widerspricht.

Zusammenfassung

Die jüngst als Resolution von der Generalversammlung verabschiedete Konvention zur nichtschiffahrtlichen Nutzung internationaler Wasserläufe ist weitestgehend auf die Arbeiten der Völkerrechtskommission zurückzuführen. Die Konvention bleibt hinter dem Integrationsniveau zurück, das in einigen Regionen der Erde bereits durch zwischenstaatliche Regelungen erreicht ist. Hierin liegt aber auch nicht ihre Funktion: Die Konvention soll einen weltweiten „Minimalstandard" für Anrainerstaaten eines gemeinsamen grenzüberschreitenden Gewässers schaffen, der für einige Staaten bereits selbstverständlich sein mag, aber für viele andere nicht. Deshalb stellt die Konvention weitgehend eine Kodifikation des in diesem Bereich geltenden Gewohnheitsrechts dar – mit einigen darüber hinausgehenden Ansätzen. Wünschenswert wäre gewesen, wenn dabei eine stärkere inhaltliche Orientierung an neueren Entwicklungen in der Staatenpraxis und somit neben der Kodifizierung auch stärker Rechtsfortbildung stattgefunden hätte (z. B. Brunee und Toope, 1997). So enthält die Konvention zwar in Teil IV (Art. 21-26) Artikel, die den Umweltschutz betreffen. Wünschenswert wäre aber eine stärkere Berücksichtigung und Integrierung des Umweltschutzes in den zentralen Teilen der Konvention gewesen. Zusammenfassend läßt sich sagen, daß die Konvention zwar keine überraschenden Innovationen des Umweltschutzes beinhaltet, aber eine fundierte Kodifizierung des geltenden Gewohnheitsrechts auf diesem Gebiet darstellt, auf dessen Grundlage sich in der Zukunft progressive regionale zwischenstaatliche Verträge verhandeln lassen können.

5.5.4
Stärkung der internationalen Mediationsmechanismen zur Konfliktverhütung

Neben langfristigen und institutionalisierten Strukturen in den internationalen Beziehungen sind unmittelbare und effektive Konfliktvermittlungen und -schlichtungen (Mediationen) zwischen den Staaten notwendig, die die Eskalation eines potentiell gewaltträchtigen Konflikts zu einer kriegerischen Auseinandersetzung verhindern können. Mediation ist ein Prozeß des Konfliktmanagements, in dem die streitenden Parteien oder ihre Repräsentanten um den Beistand oder die Hilfe einzelner, Gruppen, Staaten oder Organisationen ersuchen, um Vorstellungen oder Verhalten zu verändern oder zu beeinflussen, ohne dabei Gewalt anzuwenden oder die Hilfe des Gesetzes in Anspruch zu nehmen (Bercovitch, 1992; Kriesberg, 1991).

Die Einmischung von außen durch eine dritte Partei kann in Form eines Schiedsrichters oder Mediators erfolgen. Die Rolle des Konfliktschlichters kann durch einen Repräsentanten eines dritten Staates oder einer internationalen Organisation wahrgenommen werden, wobei der Mediator nicht direkt in den Konflikt involviert sein soll und von allen Konfliktparteien als neutraler Dritter anerkannt werden muß. In den internationalen Beziehungen, in denen es weder eine Einhaltung allgemein gültiger Regeln noch eine zentrale Autorität gibt, die das internationale Verhalten reguliert, bietet Mediation einen effektiven Weg der friedlichen Konfliktbehandlung zwischen Staaten (Bercovitch, 1991).

Wenn Mediation erfolgreich sein soll, dürfen die Konfliktwidersacher nicht egoistisch nur ihre eigenen Interessen verfolgen im Sinne eines Nullsummenspiels, in dem der Verlust oder Schaden der anderen den eigenen Nutzen oder Vorteil bedeuten, sondern müssen sich freiwillig um eine gütliche Einigung bemühen und eine friedliche Lösung anstreben. Die entscheidenden Bausteine einer Mediation sind damit die freiwillige Teilnahme, der Konsens, wechselseitige Gewinne und, wenn erforderlich, die Akzeptanz einer autonomen Entscheidungsfindung. Gerade diese Bausteine können für alle Konfliktbeteiligten ein zufriedenstellendes Ergebnis möglich machen.

Kriesberg (1991) unterscheidet vier Phasen der Deeskalation von Konflikten, die bei Mediationen durchlaufen werden. In der ersten Phase wird die Konfliktbereitschaft heruntergeschraubt. In der zweiten Phase werden Verhandlungen angestoßen und die Konfliktparteien an einem Verhandlungstisch zusammengeführt. In der dritten Phase werden Verhandlungen geführt und geleitet. Zuletzt werden gemeinsame Vereinbarungen getroffen und umgesetzt. Ohne die freiwillige Bereitschaft der Konfliktparteien zu einer konsensualen Lösung ist internationale Mediation nicht durchführbar, weil jede schärfere Verpflichtung der Staaten mit dem Souveränitätsprinzip in Widerspruch steht, das in Art. 2 Abs. 1 und 7 der UN-Charta festgelegt ist (Czempiel, 1994). Dementsprechend sind die Aussichten, daß Außenstehende zur Vermittlung in innerstaatlichen Konflikten herangezogen werden, von Natur aus geringer.

Wenn transnationale oder internationale Mediationen verläßliche Schlichtungsmechanismen bei grenzüberschreitenden Wasserkonflikten sein sollen, die nicht nur ad hoc in Konfliktsituationen herbeigerufen werden und von der Bereitschaft neutraler Drittstaaten abhängen, dann ist ein institutioneller Rahmen für die Konfliktschlichtung einzurichten, der dauerhaft zur Verfügung steht. Derartige dauerhafte Konfliktschlichtungsmechanismen können durch internationale Regime, internationale Organisationen und auch internationale Konventionen gewährleistet werden. Die beiden wichtigsten Verfahren zur friedlichen Streitbeilegung sind die Vermittlung und die Guten Dienste. Die Institutionalisierung von Konfliktvermittlung ist im Rahmen der Vereinten Nationen ein gestaffeltes System der Konfliktbewältigung (Frei, 1990). Verhandlungen und Untersuchungen stehen an erster Stelle in diesem Verfahrensablauf.

Der nächste Schritt ist der Vergleich, indem eine neutrale Kommission den Konfliktparteien Vorschläge zur gütlichen Beilegung des Konflikts unterbreitet. Abschließende Vorgehensweise ist die Vermittlung durch neutrale Vertreter der Vereinten Nationen. Die regionale Organisation der Amerikanischen Staaten (OAS) weist beispielsweise neben den Instrumenten der Vermittlung und der Guten Dienste einen weiteren Mechanismus auf, der die Einsetzung einer „Commission of Investigation and Conciliation" vorsieht (Czempiel, 1994). Dabei kommen Vertreter der streitenden Parteien unter einem Vorsitz zusammen und müssen innerhalb von sechs Monaten Bericht erstatten. Ein näherliegendes Beispiel im europäischen Raum sind die Schlichtungsmechanismen der Organisation für Sicherheit und Zusammenarbeit in Europa (OSZE). Neben der ständigen Institution des Vergleichs- und Schiedsgerichtshofs in Genf sind verschiedene Vermittlungsmechanismen für Konfliktsituationen eingerichtet, die den diskursiven Stil der Mediation beinhalten (Schlotter et al., 1994).

Schlotter (1994) führt die Argumente für eine regionale und für eine universale Verankerung der Mechanismen an. Für eine regionale Verankerung von Konfliktschlichtungsmechanismen spricht, daß direkte Nachbarn eines Konfliktgebiets am besten zur Vermittlung geeignet sind, da sie am meisten von den destabilisierenden Auswirkungen betroffen sind. Unmittelbare Nachbarn müssen oft die politischen, sozialen und ökonomischen Folgen einer gewaltsamen Konfliktaustragung tragen, ohne selbst Verursacher zu sein. Außerdem können Nachbarn die Konfliktdynamik besser verstehen als außenstehende Dritte, wobei persönliche Kontakte zu Konfliktparteien für die Mediation von Nutzen sein können (Roberts, 1993). Die unmittelbare Nachbarschaft muß aber nicht von vornherein für den Erfolg einer Mediation sprechen. Die direkte Nähe zum Krisenherd und die damit verbundene Betroffenheit macht Nachbarn auch erpreßbar. Die Vertrautheit mit den Bedingungen kann zur Parteinahme für eine Konfliktpartei werden, so daß die notwendige Neutralität für eine Vermittlung fehlt.

Die Bandbreite internationaler Mediationen reicht von Konflikten über Souveränitätsansprüche und koloniale Unabhängigkeitskriege bis zu Konflikten über die Nutzung von natürlichen Ressourcen (Susskind und Babbitt, 1992). Gemäß den quantitativen Erhebungen von Bercovitch und Regan (1997) sind seit dem 2. Weltkrieg weltweit 981 Konfliktfälle durch Mediation bearbeitet worden. In 38,5% der Fälle konnte das Mediationsverfahren einen Erfolg in Form eines Waffenstillstands bzw. einer teilweisen oder vollständigen Vermittlung verbuchen. In nahezu 20% der Fälle wurden die Streitigkeiten zumindest in Teilen beigelegt und in immerhin über 5% der Konfliktfälle war die Mediation vollständig erfolgreich.

Im Kernwaffenstreit mit Nordkorea vermittelte 1994 der ehemalige US-Präsident Carter. Der stellvertretende UN-Generalsekretär Cordovez vermittelte zwischen der Sowjetunion und Afghanistan, so daß der sowjetische Rückzug seit 1982 zustande kam. Im Libyen-Tschad-Konflikt (Amoo und Zartman, 1992) vermittelte die regionale Organisation der Afrikanischen Einheit (OAU). In Bosnien-Herzegowina schlichtete US-Präsident William Clinton zwischen Kroaten, Serben und Bosniern und erzielte das Friedensabkommen von Dayton, Ohio.

Eines der bemerkenswerten und erfolgreichen Beispiele für internationale Mediation sind Washingtons langjährige Anstrengungen, im israelisch-arabischen Konflikt zu vermitteln. So ist der derzeitige Friede zwischen Israel auf der einen Seite und Ägypten, Jordanien und der PLO auf der anderen Seite zu einem Großteil dem Einfluß der erfolgreichen US-amerikanischen Mediation zuzuschreiben. Kissingers Vermittlungsbemühungen zwischen Israel und Ägypten in den 70er Jahren (Mandell und Tomlin, 1991) führte der US-amerikanische Präsident Jimmy Carter erfolgreich zu dem Friedensabkommen von Camp David. Der Nahost-Konflikt ist zwar originär ein Sicherheits- und Territorialkonflikt, die Frage nach der Nutzung von Wasserressourcen spielte jedoch schon immer eine große Rolle. So ist in dem seit Anfang der 90er Jahre von den USA initiierten Friedensprozeß zwischen Israel und Jordanien sowie der PLO Wasser ein überaus wichtiger Verhandlungsgegenstand (Bächler et al., 1996).

Dabei ist die Vermittlerrolle der norwegischen Soziologin Marianne Heiberg zu betonen, die die Israelis und Palästinenser an einem Tisch zusammenführte und so für den Dialog den Anstoß gab (Czempiel, 1994). Libiszewski (1996) dokumentiert in seiner Studie über den Wasserkonflikt im Jordanbecken die zentrale Bedeutung der Wasserfrage im Friedensvertrag zwischen Israel und Jordanien.

Die Beispiele zeigen, daß selbst in den Politikfeldern Sicherheit und Territorialität Mediationsverfahren von Außenstehenden erfolgreich abgeschlossen werden können. Konflikte um Sicherheit und Territorialität gehören gemäß der Konfliktdifferenzierung (siehe Kap. D 4.1.1) zu den Wertkonflikten, die auf einem Dissens über den normalen Status eines Objekts basieren. Wertkonflikte sind die im Vergleich zu Ziel- und Interessenkonflikten am schwierigsten zu bearbeitenden Konflikte. In reinen Interessenkonflikten sind die Erfolgsaussichten für eine erfolgreiche Vermittlung am größten. Da in schwierigen Wertkonflikten erfolgreiche Mediationen nachweisbar sind, ist die Wahrscheinlichkeit für erfolgreiche Vermittlungen bei Wasserkonflikten hoch, da es sich um Interessenkonflikte handelt.

Deutschland kann zur direkten Verhütung von eskalierenden Süßwasserkonflikten und zur langfristigen Friedenssicherung beitragen, indem friedensstiftende internationale Mediationsmechanismen unterstützt werden. Auch die ständige Bereitschaft, als Vermittler in Konflikten zu schlichten, kann in Konfliktsituationen unmittelbar friedensstiftend wirken. Die Errichtung von institutionellen Strukturen zur Konfliktvermittlung trägt dauerhaft dazu bei, den Frieden zu sichern und militärische Konflikte zu verhindern.

- Der Beirat empfiehlt erstens, daß Deutschland als neutraler Drittstaat die Funktion der Konfliktvermittlung und Konfliktschlichtung bei zwischenstaatlichen Konflikten um grenzüberschreitende Gewässer anbietet. Dabei können Erfahrungen und Know-how aus der Umweltmediation und den Regelungen zu europäischen Gewässern eingebracht werden.
- Zweitens sollte Deutschland dazu beitragen, daß im Rahmen der Vereinten Nationen Schlichtungsmechanismen in Abstimmung mit der vom Beirat empfohlenen Zusammenlegung und Stärkung umweltrelevanter Institutionen eingerichtet werden, die durch ihre funktionalen, strukturellen und personellen Voraussetzungen in der Lage sind, auf Anfrage oder nach Bedarf Mediationen in grenzüberschreitenden Wasserkonflikten durchzuführen.

5.5.5
Stärkung der internationalen Zusammenarbeit zum Schutz von Süßwasserressourcen

5.5.5.1
„Global Consensus" zu Süßwasserressourcen

Die Bedrohung von Süßwasserressourcen durch Übernutzung und Verschmutzung ist ein weltweites Problem, das an Schärfe zunimmt. Im Jahr 2025 drohen zwei Drittel der Menschheit von einer Wasserkrise betroffen zu sein (UN-Dok. E/CN.17/1997/9, § 2). Regionale Wasserkrisen sind zudem eine akute oder potentielle Ursache zwischenstaatlicher Konflikte. Lokaler Wassermangel kann zur Landflucht und gar zur Aufgabe von Siedlungsgebieten führen und so Migrationsbewegungen auslösen („Favela-Syndrom"). Der Versuch, lokale Wasserkrisen durch Großprojekte wie Staudämme oder Bewässerungsanlagen einzudämmen, kann – abgesehen von ihrer ökologischen Fragwürdigkeit – zwischenstaatliche Konflikte auslösen oder verstärken, wenn der Wasserbedarf der Anrainerstaaten die gemeinsam verfügbare Wassermenge übersteigt und die Staaten so zur Aufteilung der nutzbaren Wassermenge gezwungen sind („Aralsee-Syndrom"). In solchen Situationen wird in der sozialwissenschaftlichen Literatur bereits von einer Bedrohung der „ökologischen Sicherheit" von Staaten und von „Wasserkriegen" gesprochen. So beziehen beispielsweise Ägypten, Botswana, Bulgarien, Mauretanien, Turkmenistan, Ungarn und Usbekistan jeweils über 90% ihres Oberflächenwassers aus dem Ausland (siehe Kap. D 4.1).

Die große Bedeutung des Süßwassers für von einer Wasserkrise betroffene Regionen sowie deren großer Verbreitungsgrad sprechen für einen globalen Lösungsansatz. Neben der notwendigen Regelung von zwischenstaatlichen Konflikten um die Nutzungsverteilung bei grenzüberschreitenden Gewässern, die in Abschnitt D 5.5.3 erörtert wurde, hält der Beirat deshalb auch die verstärkte internationale Zusammenarbeit zum Schutz und zur verbesserten Nutzung sonstiger Süßwasserressourcen im weltweiten Maßstab für erforderlich.

Diese globale Zusammenarbeit sollte diejenigen Funktionen erfüllen, die von der UN-Rahmenkonvention zu internationalen Wasserläufen nicht abgedeckt werden können. Hierzu gehört die koordinierte interregionale Zusammenarbeit sowie die gezielte und effektivere Unterstützung der Staaten, in denen ein geringes Pro-Kopf-Einkommen mit erheblichem Wassermangel zusammentrifft. In diesen Ländern leben etwa 1,2 Mrd. Menschen, hier droht Wassermangel zum entscheidenden limitierenden Faktor ihrer sozio-ökonomischen Entwicklung zu werden (UN-Dok. E/CN.17/1997/9, § 71ff., 150f.). Aber auch in anderen Staaten muß dem Schutz des Wassers, etwa vor Verunreinigung, eine höhere Priorität eingeräumt werden.

Der UN-Generalsekretär kam in dem 1997 vorgelegten und gemeinsam mit den UN-Sonderorganisationen erstellten „Comprehensive Assessment of the Freshwater Resources of the World" zu dem Schluß, es sei „illusorisch zu glauben, daß durch irgendetwas unterhalb der Schwelle eines weltweiten Einsatzes (global commitment) ausreichende Mittel zur Nachhaltigkeit bereitgestellt würden. Gerade weil Wasserkrisen zum Teil sehr drastisch sein können, hat die ganze Welt ein Interesse, sie zu verhindern." Der Generalsekretär hielt es deshalb für notwendig, „einen Globalen Konsens (global consensus) zu erreichen, der weit über das hinausreicht, was in den bestehenden Grundsätzen und Vereinbarungen zu den globalen Süßwasserressourcen enthalten ist" (UN-Dok. E/CN.17/1997/9, § 100, 177).

Ein solcher Globaler Konsens muß notwendigerweise auf eine vergleichsweise „schwache" internationale Regelung beschränkt bleiben, denn weltweit bindende umweltpolitische Standards, wie z. B. im Ozonregime, sind für Süßwasserressourcen nicht möglich, da Wasserprobleme in einzelnen Ländern qualitativ und quantitativ unterschiedlich auftreten. Auch muß berücksichtigt werden, daß eine Vielzahl sektoraler internationaler Aktionsprogramme zur Wasserpolitik durchgeführt wurden und daß regionale Wasserkommissionen in Industrieländern und teilweise in Entwicklungsländern Fortschritte in der integrierten Bewirtschaftung von Wasserläufen erzielten.

Es sind nach Auffassung des Beirats vier Funktionen, die ein Globaler Konsens zu Süßwasserressourcen in Ergänzung zur bestehenden regionalen und sektoralen Zusammenarbeit erfüllen sollte (Kap. D 5.5.5.2) und drei mögliche institutionelle Ausgestaltungen, die ein solcher Globaler Konsens haben könnte (Kap. D 5.5.5.3).

5.5.5.2
Funktionen

Ein Globaler Konsens sollte vier Funktionen erfüllen:
- die verbesserte Information über den Status der globalen Wasserressourcen einschließlich einer Bewertung über deren „Kritikalität" sowie das fortlaufende Monitoring der Wasserpolitik auf nationaler Ebene (was für Deutschland aufgrund bestehender Programme und Kapazitäten kaum Mehrkosten verursachen würde),
- die verbesserte Konsultation der Staaten über verschiedene Lösungsansätze bei akuten Wasserkrisen, einschließlich der verschiedenen Technologien der rationellen Wassernutzung und des Gewässerschutzes sowie der geeigneten Politikinstrumente,
- die verstärkte, auch vorbeugende Unterstützung von Staaten, denen eine Wasserkrise droht oder die bereits akut von einer Wasserkrise betroffen sind, insbesondere durch Technologietransfer, sowie
- die verbesserte Vermittlung zwischen und Beratung von Staaten, zwischen denen ein Konflikt um die Nutzung grenzüberschreitender Wasserressourcen besteht oder droht, wobei hier eine synergistische Verbindung zur UN-Konvention zur nicht-schiffahrtlichen Nutzung internationaler Wasserläufe zu suchen ist (siehe Kap. D 5.5.3).

INFORMATION UND MONITORING

Die AGENDA 21 enthält in Kapitel 18 einen umfassenden Katalog von nicht-bindenden Handlungsempfehlungen zum Schutz und zur verbesserten Nutzung von Wasserressourcen. Diese Empfehlungen sollten durch ein verbessertes Berichtssystem über ihre Umsetzung gestärkt werden. Anders als in den Verträgen zu Klima, Ozon, Biodiversität und Desertifikation, wo diese Funktion von Vertragsstaatenkonferenzen wahrgenommen wird, oder dem Schutz der Wälder und der Meere, wo entsprechende nichtbindende Mechanismen existieren, verbleibt die Berichterstattung über die Umsetzung der wasserpolitischen Empfehlungen bei der UN-Kommission zur nachhaltigen Entwicklung, die den Süßwasserschutz nur im Rahmen ihrer allgemeinen Tätigkeit begleiten kann. Hinzu kommen Informations- und Konsultationspflichten im Rahmen regionaler Regime, die der Zusammenarbeit zwischen Anrainerstaaten eines grenzüberschreitenden Gewässers dienen und nach dem Vertragsentwurf der UN-Völkerrechtskommission gestärkt werden sollen (siehe Kap. D 4.1 und D 5.5.3). Insgesamt wird dies der Bedeutung der globalen Wasserkrise nicht gerecht.

Unzureichend ist zudem nicht nur die Information über die Wasserpolitik auf nationaler Ebene, sondern auch über Qualität und Quantität der Süßwasserressourcen: Gerade in Entwicklungsländern scheint sich die Kapazität zur Erfassung und Bewertung der Süßwasserressourcen in den letzten Jahren weiter verringert zu haben, trotz der bisherigen Aktionsprogramme (UN-SG 1997a, § 6; UN-Dok. E/CN.17/1997/9, § 99). Die sozialwissenschaftliche Analyse der bisherigen Umweltpolitik hat gezeigt, daß selbst reine Berichtspflichten positive Effekte haben können, die die damit verbundenen Kosten aufwiegen. Diese regelmäßige Berichtspflicht der Staaten über ihre Wasserpolitik und den Zustand der Gewässer sollte deshalb eine wesentliche Funktion eines Globalen Konsenses über Süßwasser sein, die mit bestehenden, sektoralen Ansätzen in geeigneter Weise zu verknüpfen wäre (z. B. Forschungsprogramme wie das Global Network for Isotopes in Precipation oder das World Hydrological Cycle Observing System).

Regelmäßige und verbesserte nationale Zustandsberichte können auch die Basis für die Feststellung einer drohenden oder akuten lokalen oder regionalen Wasserkrise bieten; dies könnte den betroffenen Regierungen ermöglichen, ihre nationale Wasserschutz- und -nutzungspolitik zu ändern, vor allem jedoch den internationalen Organisationen helfen, ihre Unterstützungsprogramme besser zu fokussieren. Der Beirat hat hier – als einen ersten Ansatz – einen Kritikalitätsindex entwickelt (siehe Kap. D 3.1), der als Grundlage für die Feststellung lokaler Wasserkrisen dienen könnte. Auf der Basis eines derartigen Kritikalitätsindexes ließen sich „von Wasserkrisen besonders betroffene Staaten" als Gruppe politisch und rechtlich definieren (most vulnerable nations/most affected nations[297]), wie es in anderen Politikbereichen – etwa im Klimaschutz – bereits üblich ist. Diese Staaten sollten im Mittelpunkt der Beratungs-, Unterstützungs- und Vermittlungsfunktion einer verbesserten internationalen Zusammenarbeit stehen. Hinsichtlich der Berichte ist darauf hinzuweisen, daß den Entwicklungsländern hierfür nach dem Montrealer Protokoll und nach den Konventionen zu Klima und Biodiversität die vereinbarten „vollen Mehrkosten" von den Industrieländern durch zusätzliche Mittel kompensiert werden.

KONSULTATION

Die Konsultation der Staaten über geeignete Instrumente der Wassernutzungs- und -schutzpolitik sollte weiter verbessert werden, insbesondere im Hinblick auf die Erfolge und Mißerfolge der in Kapitel 18 der AGENDA 21 aufgeführten Maßnahmenkataloge.

Soweit grenzüberschreitende Wasserressourcen betroffen sind, wäre hier eine wichtige Möglichkeit der gezielten Einbindung regionaler Organisationen in den globalen Beratungsprozeß, durch die die regionalen Erfahrungen durch interregionale Konsultation weitergegeben und ausgetauscht werden könnten. Beispielsweise könnten Partnerschaften zwischen einzelnen Gewässerkommissionen aufgebaut werden, durch die neue und verbesserte Kanäle für Technologietransfer, insbesondere im Nord-Süd-Kontext, entstünden. Hierbei könnten auch die kostengünstigen und schnellen Kommunikationswege des Internet genutzt werden.

Eine weitere Möglichkeit wäre der Aufbau eines Clearing-House für Technologien der Wassernutzung und des Wasserschutzes, etwa für die Bewässerung in der Landwirtschaft, Klärung von Abwässern oder Vermeidung schädlicher Emissionen. Dieses Clearing-House sollte auch sozialwissenschaftliche, ökonomische und juristische Forschungskompetenz einschließen und die Erfahrungen mit verschiedenen national erprobten Instrumenten der Wasserpolitik auswerten. Wie zum Beispiel im Ozon-Regime üblich, könnte das Clearing-House detaillierte Listen der Anbieter relevanter Technologien erstellen und – preisgünstig elektronisch über das Internet – verbreiten. Derartige Clearing-House-Stellen sind in anderen Umweltbereichen bereits eingerichtet oder im Entstehen (siehe etwa die Biodiversitätskonvention), so daß auf bestehende Erfahrungen zurückgegriffen werden könnte.

UNTERSTÜTZUNG

Die Information über regionale Wasserkrisen und die Beratung betroffener Staaten ist nur dann sinnvoll, wenn die betroffenen Staaten auch die geeigneten Ressourcen zur Umsetzung einer effizienten und effektiven Wasserpolitik haben. Dies ist gerade in Entwicklungsländern, die vergleichsweise häufig von Wasserkrisen betroffen sind, selten der Fall (UN-SG 1997b, § 14f.). Eine verbesserte internationale Zusammenarbeit sollte deshalb vor allem gezielt die Staaten unterstützen, die als akut oder potentiell von Wasserkrisen betroffen identifiziert wurden, sich jedoch selbst nicht ausreichend helfen können. Im Rahmen eines Globalen Konsenses zur Wasserpolitik könnte dies über einen geeigneten multilateralen Finanzierungsmechanismus erfolgen, der durch bilaterale Programme ergänzt werden könnte.

Angesichts der großen Bedeutung von Wasserkrisen für die menschliche Gesundheit, aber auch wegen der möglichen Folgen wie Migrationsdruck und zwischenstaatlicher „Wasserkriege" sollte diese Unterstützung als Zuschußfinanzierung für die betroffenen Länder erfolgen; dies erscheint ein erreichbares Ziel, das mit der vom Beirat empfohlenen Erhöhung der öffentlichen Entwicklungshilfeleistungen im Einklang steht (WBGU, 1993). Die AGENDA 21 listet in Kapitel 18 den für eine nachhaltige Nutzung und den Schutz der Süßwasserressourcen notwendigen Finanzbedarf auf (Tab. D 5.5-1). Dieser 1992 von fast allen Regierungen der Welt als rechtlich unverbindliches Globalziel anerkannte Finanzrahmen scheint allerdings durch die seither erfolgten, zu geringen finanziellen Leistungen weder von den Geberländern noch (mangels des erforderlichen Eigenmitteleinsatzes) von den Entwicklungsländern umgesetzt worden zu sein.

Neben einer Steigerung der Anstrengungen zur Erreichung des in der AGENDA 21 anerkannten Globalziels empfiehlt der Beirat, auch innovative Finanzierungsinstrumente verstärkt anzuwenden, die mit vergleichsweise geringeren Finanzmitteln große Erfolge erzielen könnten: So ist für potentiell rentable Projekte – etwa Verbesserungen der Bewässerung in der Landwirtschaft – eine Finanzierung über regionale und lokale revolvierende Fonds zu erwägen, die sich nach einer „Anschubfinanzierung" durch die internationale Gemeinschaft über Rückzahlungen möglicherweise selbst tragen. Derartige innovative Finanzierungsinstrumente, die verstärkt im Rahmen der UN-Kommission zur nachhaltigen Entwicklung diskutiert werden, könnten die effizientere und effektivere Nutzung der vorhandenen Gelder fördern.

Schließlich kommt ein Rückgriff auf die Globale Umweltfazilität von Weltbank, UNEP und UNDP in Betracht. Deren Aufgabenbereich ist jedoch bislang auf „globale Umweltprobleme" zugeschnitten, zu denen bislang nur „internationale Gewässer" gerechnet werden. Deshalb wäre entweder der Aufgabenbereich der GEF entsprechend auszuweiten oder ein eigenständiger Mechanismus, gegebenenfalls im Rahmen bestehender Institutionen, einzurichten.

Tabelle D 5.5-1
Geschätzter jährlicher Finanzbedarf (1993–2000) zur Umsetzung von Kapitel 18 der AGENDA 21. Quelle: UNCED, 1992

Teilprogramm	Jährlicher Finanzbedarf (Mio. US-$)	
	Internationale Gemeinschaft „on grant or concessional terms"	Eigenmittel der Staaten
Integrated Water Resources Development and Management	115	
Water Resources Assessment	145	210
Protection of Water Resources, Water Quality and Aquatic Ecosystems	340	660
Drinking-Water Supply and Sanitation	7.400	12.600
Water and Sustainable Urban Development	4.500	15.500
Water for Sustainable Food Production and Rural Development	4.500	8.700
Impacts of Climate Change on Water Resources	40	60

STÄRKUNG DER KONFLIKTSCHLICHTUNGSMECHANISMEN BEI GRENZÜBERSCHREITENDEN WASSERKONFLIKTEN

Die UN-Konvention zur nicht-schifffahrtlichen Nutzung internationaler Wasserläufe stellt eine dringend erforderliche Kodifikation des internationalen Wasserrechts dar, die der Beirat – mit der oben aufgeführten Kritik – begrüßt (siehe Kap. D 5.5.3). Diese Konvention bietet jedoch keine neuen Mechanismen, die im Einzelfall eine friedliche Konfliktlösung auf der Basis dieser Grundsätze fördern könnten. Zudem bleibt die Frage der Verteilung knapper Wasserressourcen im Einzelfall notwendigerweise offen; die Staaten müssen sich weiterhin auf der Basis der in der Konvention genannten Faktoren selbst auf eine „ausgewogene" Nutzungsverteilung einigen. Diese konkrete Verteilung knapper Ressourcen ist jedoch gerade die zentrale Ursache von zwischenstaatlichen Wasserkonflikten.

Die Staatengemeinschaft kann hier mittels verschiedener herkömmlicher Methoden der Streitschlichtung konfliktmindernd Einfluß nehmen: Vor allem die nicht-konfrontativen Mechanismen zur Beilegung von Konflikten um grenzüberschreitende Wasserressourcen könnten gestärkt und bis zu einem gewissen Grad institutionalisiert werden. Möglich wäre das Angebot der Guten Dienste und der Vermittlung oder Schlichtung durch neutrale Staaten in einem regionalen Wasserkonflikt, um Verhandlungen zu koordinieren und durch unverbindliche Kompromißvorschläge zu begleiten. Gerade Deutschland – als ein Land, das nicht direkt von ernsten zwischenstaatlichen Wassernutzungskonflikten betroffen ist – könnte sich verstärkt als neutrale Vermittlungsinstanz für die Parteien solcher Wasserkonflikte anbieten, etwa durch die Bereitstellung von Verhandlungsinfrastruktur auf „neutralem Boden" (Gute Dienste) oder, soweit die Konfliktparteien dies wünschen, durch die Instrumente der Vermittlung und Schlichtung. Dies könnte unter Umständen den Aufbau einer spezialisierten organisatorischen Struktur in Deutschland, in enger Kooperation mit den Vereinten Nationen, einschließen, etwa einer ständigen Vermittlungsinstanz für Wasserkonflikte (hierzu Kap. D 5.5.4).

Daneben steht es den Staaten offen, den Internationalen Gerichtshof anzurufen. Es könnten auch die bestehenden Schiedsgerichte gestärkt oder spezialisierte neu aufgebaut werden, denen die Staaten gegebenenfalls ihren Streit unterwerfen könnten. Schließlich wäre eine Einflußnahme durch den Sicherheitsrat der Vereinten Nationen denkbar, nachdem dieses Organ 1992 „ökologische Probleme" als potentielle Bedrohung des Weltfriedens anerkannt hat (UN-Dok. A/47/253).

5.5.5.3
Mögliche institutionelle Ausgestaltung

Der Beirat hält weitere Anstrengungen in der Wasserpolitik durch verbesserte internationale Zusammenarbeit – im Sinne des vom UN-Generalsekretär vorgeschlagenen „Globalen Konsenses" über den Schutz und die Bewahrung der Süßwasserressourcen – für dringend erforderlich. Diese sollte vor allem die vier genannten Funktionen erfüllen. Für die institutionelle Ausgestaltung bestehen im wesentlichen drei Möglichkeiten:

„Globales Aktionsprogramm"

Die internationale Gemeinschaft könnte ein globales Aktionsprogramm beschließen, das einen Katalog von Handlungsempfehlungen zur Wasserpolitik enthalten könnte. Dies erscheint dem Beirat jedoch als alleiniges Instrument nicht ausreichend. So deuten sozialwissenschaftliche Forschungsarbeiten darauf hin, daß reine Aktionsprogramme nur geringe Wirksamkeit auf staatliches Verhalten bieten; dies schließt die relative Erfolgslosigkeit auch der wasserpolitischen Aktionsprogramme, etwa des Mar-del-Plata-Aktionsplans, ein. Deshalb wurden in mehreren Problemfeldern Aktionsprogramme durch Rahmenkonventionen ersetzt, die zumindest die Pflicht zur Berichterstattung über die Umsetzung von Handlungsempfehlungen sowie Finanzierungsmechanismen (siehe die Desertifikationskonvention, WBGU, 1996a) oder gar substantielle Umweltstandards in Protokollen enthalten (Montrealer Protokoll, Genfer Luftreinhalte-Konvention) oder diese anstreben (Biodiversitäts- und Klimarahmenkonvention). Allerdings sind Konventionen meist sehr schwierig und langwierig zu verhandeln und versprechen nur selten einen kurz- oder mittelfristigen Erfolg.

Weltwassercharta

Eine weitere Möglichkeit wäre der Beschluß einer Weltwassercharta über die Grundsätze eines „Guten Umgangs mit Wasser", die zwar nicht völkerrechtlich bindend wäre, aber gleichwohl einen gewissen Grad an politischer Bindungskraft und den Aufbau von Institutionen einschlösse. Eine Weltwassercharta könnte vergleichsweise zügig vereinbart werden; da eine solche Charta kein völkerrechtliches Dokument wäre, könnten sie auch von den Akteuren gezeichnet werden, die keine Völkerrechtssubjekte sind: so etwa den Kommunen, Regionalparlamenten, umwelt- und entwicklungspolitischen Verbänden oder auch Wirtschaftsunternehmen. Der Beirat hält eine solche Weltwassercharta für das Gebot der Stunde.

Zur Illustration, wie eine solche Charta aussehen könnte, hat der Beirat im Kap. E 2 einen ersten gerüstartigen Entwurf vorgelegt, der bereits eine Vielzahl von Vorschlägen zur institutionellen Ausgestaltung enthält. Der materielle Gehalt der Weltwassercharta – also die konkreten Normen, die sie enthalten sollte – könnte anhand der detaillierten Empfehlungen des Beirats aufgefüllt werden, die ebenfalls in Kap. E 2 unterbreitet werden. Die Weltwassercharta könnte die verschiedenen sektoralen wasserpolitischen Aktivitäten der internationalen Gemeinschaft zusammenführen und dadurch stärken; sie könnte auch der Mittelpunkt eines globalen Berichtssystems zur Wasserpolitik werden und die Staaten nicht-konfrontativ zur Umsetzung der AGENDA 21 beraten, wobei auf die nationalen Erfahrungsberichte zurückgegriffen werden könnte.

Die Weltwassercharta ist dabei in geeigneter Weise mit bestehenden Institutionen und Aktionsprogrammen zu verknüpfen, um Dopplungen zu vermeiden und Synergismen zu nutzen. Eine zentrale Verknüpfung wäre hierbei insbesondere zur UN-Konvention zur nicht-schiffahrtlichen Nutzung internationaler Wasserläufe herzustellen. Diese kann wegen ihres Schwerpunkts auf der Verteilung grenzüberschreitender Wasserressourcen nicht alle Funktionen einer globalen Wasserstrategie erfüllen, die auch lokale Probleme wie Trinkwasserversorgung und nicht-grenzüberschreitende Wasserressourcen einschließen muß; sie wird jedoch über die Förderung regionaler Gewässerkommissionen einen wichtigen komplementären Beitrag darstellen, der durch entsprechende Verknüpfungen zu fördern wäre.

Eine weitere Verknüpfung sollte zur Meeresumweltpolitik hergestellt werden. Das 1995 in Washington vereinbarte „Globale Aktionsprogramm zur Verhütung der Meeresverschmutzung durch landseitige Handlungen" ist als ein erster Schritt zu der vom Beirat empfohlenen Internationalen Meeresschutzkonvention zu begrüßen (siehe WBGU, 1996a). Die vom Washingtoner Globalen Aktionsprogramm angestrebten Emissionsreduktionen bei landseitigen Einleitungen sind, soweit der Eintrag über Flüsse betroffen ist, direkt mit der Wassernutzungs- und Wasserschutzpolitik auf dem Land verknüpft. Hier wäre demnach nach geeigneten Kooperationsformen zwischen den Institutionen der Meeresumweltpolitik und der Süßwasserschutzpolitik zu suchen.

Weitere Synergismen könnten aus einer Kooperation mit den Institutionen der Biodiversitätspolitik erwachsen, vor allem dem Ramsar-Übereinkommen, der Konvention zum Schutz des Welterbes und der UN-Biodiversitätskonvention. Eine entsprechende Verknüpfung sollte auch zur UN-Konvention zur Bekämpfung der Desertifikation hergestellt werden. Weitere Verbindungslinien müßten zu dem International Action Programme on Water and Sustainable Agricultural Development (IAP-WASAD) gezogen werden, das von der FAO in Zusammenarbeit mit anderen Organisationen initiiert worden ist.

Völkerrechtliches „Rahmenübereinkommen zum Süsswasserschutz"

Eine dritte Möglichkeit wäre die Vereinbarung eines völkerrechtlichen „Rahmenübereinkommens zum Schutz und zur Bewahrung von Süßwasserressourcen". Hierfür könnte insbesondere die Desertifikationskonvention als Modell dienen: Auch dieser Rahmenvertrag umfaßt eine globale Zusammenarbeit zur Bekämpfung lokaler oder regionaler Probleme; auch hier sind Staaten beteiligt, die nicht selbst von dem Umweltproblem betroffen sind, auch hier sind die besonders kritischen Situationen in den Entwicklungsländern konzentriert. Die Desertifikationskonvention verpflichtet die Vertragsparteien materiell nicht zu bestimmten Umweltstandards, sondern institutionalisiert im wesentlichen ein Berichtssystem über die Fortschritte der nationalen Politik, verbunden mit entsprechender zwischenstaatlicher Konsultation und einer Unterstützungskomponente für die bedürftigen und besonders betroffenen Entwicklungsländer.

Gegenüber einem Aktionsprogramm oder einer Weltwassercharta würde ein Rahmenübereinkommen zum Süßwasserschutz die oben genannten Funktionen eines Globalen Konsenses auf einer höheren Ebene erfüllen, also mit
- regelmäßigen Vertragsstaatenkonferenzen mit bindenden Berichtspflichten,
- wissenschaftlichen Unterausschüssen zur Expertenberatung,
- einem Konventionssekretariat und
- einem verbesserten Finanzierungsmechanismus.

Dies entspricht den sogenannten drei „C", die auch „schwache" Umweltschutzkonventionen erfüllen können: ein höherer Stellenwert für das Umweltproblem bei nationalen Regierungen und internationalen Organisationen (raising concern), eine verbesserte institutionelle Umgebung auf internationaler Ebene, um im fortlaufenden politischen Prozeß detailliertere Maßnahmen zu verhandeln (enhancing the contractual environment) sowie die gestärkte nationale Handlungskapazität aufgrund der internationalen Institutionen, die die Umsetzung der internationalen Empfehlungen fördert (increasing national capacity) (Haas et al., 1993).

Werden Informationspflichten in Form völkerrechtlich bindender Verträge vereinbart, erhöht dies die Effektivität der Informationspflichten und – je nach Ausgestaltung des Vertrags – möglicherweise auch deren Qualität; die Beschränkung eines Rahmenübereinkommens auf Informations- und Konsultationspflichten erlaubt es zudem den besonders betroffenen Staaten – etwa den schon in zwischenstaatlichen Wasserkonflikten verstrickten –, sich einem universellen Regime anzuschließen, und senkt die Kosten für die potentiellen Vertragspartner.

Trotz aller denkbaren Vorteile erscheint dem Beirat jedoch eine völkerrechtlich bindende Rahmenkonvention zum Süßwasserschutz als zur Zeit nicht anstrebenswert. Eine bessere und schnellere Möglichkeit, die gegenwärtige (und sich voraussichtlich steigernde) Süßwasserkrise zu bewältigen, bietet vorerst eine nicht rechtlich, aber dafür politisch deutlich verpflichtende Weltwassercharta.

5.5.5.4
Zusammenfassung

Der Beirat weist darauf hin, daß Deutschland, wenn es sich im weltweiten Süßwasserschutz verstärkt engagiert und hier seine technologischen und finanziellen Ressourcen einsetzt, der Staatengemeinschaft, den Menschen in den von Wasserkrisen betroffenen Regionen und seinem eigenen langfristigen Interesse dient. Die vom Beirat entwickelte Syndromanalyse deutet darauf hin, daß die Wasserversorgung ein zentraler Wirkungsfaktor im Beziehungsgeflecht ist und durch eine lokale Wasserkrise zahlreiche andere Probleme verursacht bzw. verstärkt werden können („Selbstverstärkungsschleifen"). Lokale Wasserkrisen können zur Desertifikation führen und so den Treibhauseffekt und die Reduktion der Biodiversität verstärken. Wasserkrisen können die lokale Bevölkerung zur Abwanderung zwingen und so einen erheblichen innerstaatlichen und zwischenstaatlichen Migrationsdruck erzeugen; insgesamt führen Wasserkrisen zur Übernutzung auch grenzüberschreitender Gewässer und so zu einer Zunahme regionaler Konflikte, die bis zu „Wasserkriegen" eskalieren können. All dies zeigt, daß auch lokale Wasserkrisen eine immense globale Bedeutung haben können, die das Wasserproblem zu einem Problem der gesamten Staatengemeinschaft werden lassen.

Zur Unterstützung von Entwicklungsländern mit akuten oder potentiellen Wasserkrisen empfiehlt der Beirat, daß Deutschland den UN-Generalsekretär in seinem Bemühen um einen Globalen Konsens zu Süßwasserressourcen unterstützt; dabei könnte sich Deutschland als eines der größten Industrieländer für die Aushandlung einer Weltwassercharta einsetzen, deren Schwerpunkt auf einem verbesserten Berichtssystem über nationale Wasserpolitik, einer verbesserten internationalen Konsultation und einer verbesserten Unterstützung der von Wasserkrisen betroffenen Entwicklungsländer liegen sollte. Im Rahmen einer solchen Weltwassercharta könnte Deutschland angesichts seiner technologischen und finanziellen Möglichkeiten eine globale Clearing-Einrichtung unterstützen, dieser möglicherweise sogar einen Sitz in Deutschland (Bonn) anbieten. Eine weitere Möglichkeit wäre der Aufbau von Partnerschaften zwischen den europäischen Gewässerkommissionen, an denen Deutschland beteiligt ist, mit entsprechenden Kommissionen in den Entwicklungsländern.

Hinsichtlich der Schlichtung von zwischenstaatlichen Wasserkonflikten sollte Deutschland sich nach Möglichkeit als neutrale Vermittlungsinstanz für die Parteien eines regionalen Wasserkonflikts anbieten, etwa durch Gute Dienste oder, soweit die Konfliktparteien dies wünschen, durch Vermittlung und Schlichtung. Dies könnte den Aufbau einer spezialisierten Institution in Deutschland, in enger Kooperation mit den Vereinten Nationen, einschließen, etwa einer Vermittlungsinstanz für Wasserkonflikte, auf die Streitparteien zurückgreifen könnten.

5.6
Instrumenteneinsatz

Instrumentenmix – Schutzstatus schaffen – Finanzielle Beiträge der Weltgemeinschaft – Garantierter Sockelbetrag für alle – Öffentliche Aufklärung – Stärkung kommunaler Selbstverantwortung – Technische Maßnahmen des Monitoring und der Kontrolle – Stärkung des öffentlichen Gesundheitswesens – Technologie- und Wissenstransfer – Partizipation – Beachtung ökologischer Leitplanken durch Gesetze und Abkommen – Ausbau von marktwirtschaftlichen oder genossenschaftlichen Strukturen – Bildung und Training – Ausrichtung von Technik und Organisation am Maßstab der Resilienz – Verbesserung des rechtlichen Rahmens – Mediation

5.6.1
Erhalt von wertvollen Biotopen (Welterbe)

INSCHUTZSTELLUNG DURCH INTERNATIONALE ORGANISATIONEN

Besonders wertvolle Süßwasser-Biotope, welche sich durch einmalige, über die engere Region oder das Land hinausgehende Eigenschaften auszeichnen, sollten einen besonderen international anerkannten Schutzstatus erhalten. Solche Eigenschaften sind: Hoher Anteil von endemischen (nur im betreffenden Lebensraum vorkommende) Pflanzen- und Tierarten, besondere (einmalige) naturräumliche Eigenschaften und landschaftliche Schönheit, besonderer wissenschaftlicher Wert, herausragende bis existenzielle wirtschaftliche Bedeutung für die Bevölkerung der Region/des betreffenden Landes und besondere Bedrohung infolge der wirtschaftlichen und/oder politischen Bedingungen (Instabilitäten) in den betreffenden Regionen. Der Baikalsee entspricht im wesentlichen diesen Kriterien (siehe Kasten D 1.2-1).

FINANZIELLE BEITRÄGE DER WELTGEMEINSCHAFT

Ein geeignetes Instrument zur Inschutzstellung stellt die Aufnahme in die World Heritage List der UNESCO als Naturerbe dar. Auf diesem Wege besteht auch die Möglichkeit der Bereitstellung von internationalen Mitteln. Die Bundesrepublik unterstützt das UNESCO-Welterbe in großzügiger Weise und könnte die Nominierung anderer Gewässer anregen, die allerdings durch die jeweiligen Regierungen erfolgen müßte und durch gezielte Mittelzuweisung gefördert werden könnte. Kandidaten für eine besondere Inschutzstellung sind etwa der Tanganjikasee (extrem tiefer tropischer Grabensee, hohes wissenschaftliches Interesse, große wirtschaftliche Bedeutung), die Drei Schluchten des Jangtse Kiang (besondere landschaftliche Schönheit und Bedeutung für den Jangtse-Delphin), der Titicacasee (höchstgelegener großer See der Erde; große wirtschaftliche Bedeutung, hohes wissenschaftliches Interesse), der Ochridsee (Endemismus wegen hohen geologischen Alters, daraus resultierend hohes wissenschaftliches Interesse) der Tschadsee (biogeographisch isolierter großer See in aridem Gebiet mit hohem Endemismus, große Bedeutung für die lokale Bevölkerung, besondere Bedrohung durch sehr instabile politische Verhältnisse).

WISSENSTRANSFER

Die Bundesrepublik verfügt über ein erhebliches Potential an wissenschaftlicher Erfahrung, die sowohl für die Erforschung im Rahmen international koordinierter oder bilateral durchgeführter Forschungsprojekte als auch zur Erarbeitung gezielter Umweltschutz- und Sanierungsprogramme eingebracht werden könnte. Als extrem wirkungsvolle und nicht kostenintensive Instrumente bieten sich an:
1. Die Abhaltung von Kursen in der jeweiligen Region für lokale Wissenschaftler und Umweltschützer, wie auch für die Optimierung der fischereilichen Bewirtschaftung.
2. Ermöglichung der universitären Ausbildung von hochbegabten Studierenden aus den betreffenden Ländern in Deutschland und Betreuung von Doktorarbeiten in der jeweiligen Region nach dem „Sandwich-Verfahren" (Spezialausbildung und Einarbeitung in die erforderlichen Untersuchungsmethoden in Deutschland; Durchführung der praktischen Arbeit mit deutscher finanzieller und apparativer Unterstützung vor Ort; Auswertung, Analyse und Publikation der Ergebnisse unter Betreuung in Deutschland).

Durch beide Instrumente werden Multiplikatoren herangezogen, welche in ihren Heimatländern die wissenschaftliche Erforschung, die Inschutzstellung und Maßnahmen zur Sanierung und Optimierung der wirtschaftlichen Nutzung (z. B. für die Fischerei) und die Heranbildung von weiterem qualifizierten Personal übernehmen können. In Deutschland besteht eine erhebliche Infrastruktur zur Durchführung derartiger Programme im Rahmen der GTZ, des DAAD und in Ausnahmefällen der Alexander-von-Humboldt-Stiftung sowie von zahlreichen privaten und halb-privaten Stiftungen. Bei allen Programmen, in deren Rahmen hochqualifizierte Personen nach Deutschland kommen, muß sichergestellt werden, daß diese nicht in Deutschland bleiben und auf diese Weise ihre Rolle als Multiplikatoren nicht mehr erfüllen könnten.

5.6.2
Wasserver- und -entsorgung

TECHNOLOGIETRANSFER

Der Technologietransfer kann neben wissenschaftlichem und technischem Informationsaustausch, Ausbildung, Beratung und der Übernahme von Managementfunktionen im Rahmen von Direktinvestitionen und des Exports von Ausrüstungen (z. B. Abwassertechnik, Kläranlagen, Rohrleitungstechnik usw.), verbunden mit technologieunterstützenden Trainings- und Beratungsleistungen, stattfinden. Daneben müssen sich z. B. zukunftsorientierte Strategien der Abwasserbehandlung sowohl an bereits bestehenden Entwässerungssystemen orientieren als auch örtliche, soziale und kulturelle Gegebenheiten (Verdichtungsraum oder ländlicher Raum) berücksichtigen. Neuartige biologische Abwasserreinigungsanlagen können in vielen Fällen kostengünstig beim Vorhandensein relativ großer Rieselfelder eingesetzt werden. Da in vielen Entwicklungsländern pathogene Risiken in der Trinkwasserversorgung vorherrschen, sind einfache Reinigungssysteme zunächst zu installieren, die dann nach und nach aufgerüstet werden können. Auch gibt es inzwischen verbesserte Methoden der Leckagenidentifikation und der Behebung von Leckagen, ohne daß ganze Rohrleitungssysteme ausgewechselt werden müssen. Auch diese Systeme sind bei Tolerierung von leichten Leckagen preiswerter als die herkömmlichen Ersatzinvestitionen in Rohrleitungen.

EINRICHTUNG VON MÄRKTEN FÜR DIE WASSERNUTZUNG

Eigentumsrechte an Entsorgungs- und Versorgungsunternehmen sollen, wo immer dies die Voraussetzungen erlauben, gestärkt werden. Damit wird das knappe Gut Wasser durch den Marktausgleich von Angebot und Nachfrage selbstreguliert, so daß eine effiziente Allokation stattfinden kann. Besonders zu empfehlen ist dabei eine weitgehende Vereinheitlichung von Versorgungs- und Entsorgungsaufgaben unter einen Unternehmensverbund.

EINRICHTUNG VON GENOSSENSCHAFTEN IN REGIONEN MIT GERINGER STAATLICHER AUTORITÄT UND EHER ANOMISCHEN ZUSTÄNDEN

Sind die Voraussetzungen für privatrechtliche Regelungen nicht gegeben oder sind privatrechtliche Lösungen aufgrund anderer Umstände nicht erwünscht, bieten sich genossenschaftliche Lösungen an. Diese erfordern, daß sich die Nutzer zu einem Zweckbündnis zusammenschließen und gemeinsame Regeln der Nutzung und der Kontrolle entwickeln.

MINDESTSOCKEL AN TRINKWASSER FÜR ALLE MENSCHEN

Unabhängig vom Einkommen sollen alle Menschen eine Mindestversorgung an Wasser erhalten. Die vom Beirat empfohlene Weltwassercharta enthält einen derartigen Mindestbedarf als Forderung an die Weltgemeinschaft. Die Umsetzung dieser Forderung kann auf zwei Ebenen verlaufen: entweder teilt der Staat die jeweilige Mindestmenge an jeden Bürger aus (etwa durch Berechtigungsscheine) oder aber es findet ein Transfer in Form eines Wassergeldes statt. Effektivität und Effizienz dieser beiden Maßnahmen lassen sich nicht im voraus bestimmen, es kommt deshalb auf die jeweiligen Umstände an. Gibt es ein leitungsgebundenes Wasserversorgungssystem, kann auch ein entsprechender Tarif (die ersten 20–50 l im Monat sind frei oder nur mit geringen Kosten verbunden) die Funktion des Mindestsockels erfüllen.

BEGLEITENDE BILDUNGSARBEIT UND DISKURSE MIT DER BEVÖLKERUNG

Die Einführung von neuen Strukturen in der Wasserwirtschaft macht es notwendig, die betroffene Bevölkerung auf diese Strukturen hin zu orientieren. In Gesprächen mit unterschiedlichen Gruppen können die Bedürfnisse und Wünsche ausgelotet und beispielsweise als Rahmenbedingungen für wirtschaftliches Handeln in die neuen Strukturen integriert werden.

5.6.3
Gesundheit

ÖFFENTLICHE AUFKLÄRUNG UND BILDUNGSARBEIT

Die meisten Gesundheitsrisiken des Wassers gehen von Pathogenen aus, chemische Belastungen durch organische Schadstoffe und Schwermetalle sind zwar an einzelnen Standorten problematisch, sie tragen aber nur marginal zur weltweiten Sterblichkeit durch unreines Wasser bei. Die epidemischen Ausmaße der Morbidität und Mortalität durch verunreinigtes Wasser machen erhebliche Anstrengungen zur Verbesserung der Situation notwendig. Dazu gehört in erster Linie eine Aufklärung über Maßnahmen der Hygiene und der Prophylaxe. Aufklärung über gesundheitliche Folgen des eigenen Verhaltens ist dann wenig erfolgreich, wenn gutmeinende Ratgeber von reichen Ländern Verhaltensvorschriften machen wollen. Statt dessen ist es notwendig, in kleinen Gesprächszirkeln den Umgang mit Wasser zu thematisieren und angepaßte Strategien der Hygiene im Rahmen der gegebenen Situation zu entwickeln.

Stärkung kommunaler Selbstverantwortung

Zunehmend setzt sich die Erkenntnis durch, daß komplexe Aufgaben der Gesundheitsvorsorge und der Hygiene über die individuelle Aufklärung hinaus kollektive Anstrengungen erfordern. Dabei sind sowohl die Überwindung einer apathischen Grundhaltung wie auch das Bewußtsein gemeinsamer Stärke Ziele des Kommunikationsprozesses. Gerade die Versorgung mit reinem Wasser, die Vermeidung von unhygienischen Verhältnissen und die Veränderung von selbstgefährdendem Verhalten setzen ein funktionierendes Kommunal- oder Gemeinschaftsgefüge voraus. Dieses durch geeignete Maßnahmen zu fördern, könnte eine wesentliche Aufgabe der Entwicklungshelfer vor Ort sein. Partizipative Verfahren von einzelnen Mitgliedern der Kommunen helfen zusätzlich, das Gefühl der Eigenverantwortung zu stärken.

Technische Massnahmen zum Monitoring und zur Kontrolle

Neben den üblichen technischen Maßnahmen der Wasserreinigung und -entsorgung sind vor allem in Ländern, in denen keine ausreichende Infrastruktur zur Wasseraufbereitung und Abwasserreinigung besteht, einfache technische Hilfsmittel zu entwickeln, die es den Menschen erlauben, verschmutztes von reinem Wasser zu unterscheiden. Beispielsweise könnte man bei der Einleitung ungeklärter industrieller Abwässer oder Kloakenrückstände ein ungefährliches Farbmittel zusetzen, das die Menschen, die weiter flußabwärts das Wasser zum Trinken, Baden oder Wäschewaschen nutzen, vor den Gefahren warnt und sie von der verschmutzten Wasserfahne fernhält. Daneben sind einfach zu bedienende Wasserfilter sinnvoll, die entweder im einzelnen Haushalt oder in kleineren Gemeinschaften eingesetzt werden können.

Ausbau des öffentlichen und privaten Gesundheitswesens

Gesundheitsaufklärung, Vorsorge und Behandlung sind wesentliche Bestandteile eines funktionierenden Gesundheitswesens. Dabei ist vor allem auf mobil einsetzbare Gesundheitsberater und medizinisch ausgebildete Kräfte zu setzen, die vor Ort die Menschen aufsuchen, beraten und wenn nötig auch heilen. Der Bau von Krankenhäusern, so notwendig dies auch sein mag, kann den Einsatz von mobilen Krankenhelfern nicht ersetzen. Sobald Patienten aus dem Krankenhaus entlassen sind, fallen sie wieder in die gleichen Verhaltensweisen zurück, die sie möglicherweise ins Krankenhaus gebracht haben. Die Vorsorge und Versorgung vor Ort bietet dagegen eine größere Chance, auch das Verhalten der Menschen zu beeinflussen. Solche mobilen Dienstleistungen sind zunächst als Teil des öffentlichen Gesundheitswesens anzubieten. Mit zunehmendem Entwicklungsstand und Einkommenshöhe können die öffentlichen Gesundheitsdienste jedoch sukzessiv durch private Anbieter ergänzt oder bei entsprechenden Voraussetzungen auch abgelöst werden.

Ceterum censeo

Mangelnde Hygiene und Gesundheitsschutz sind wie kaum ein anderes Schutzgut von der Höhe des Einkommens abhängig. Je reicher jemand ist, desto geringer ist die Chance einer infektiösen Erkrankung. Dies gilt weltweit. Insofern sind, wie bei vielen anderen Entwicklungsproblemen, die Verbesserung der Produktivität und der fairen Verteilung des erwirtschafteten Einkommens die wirkungsvollsten Mittel, Gesundheitsschäden durch unreines Wasser zu verhindern. Beide Ziele sind allerdings durch Maßnahmen der Bundesregierung nur begrenzt zu erreichen.

5.6.4 Bewässerung und Ernährung

Technologie- und Wissenstransfer

Die heute weitgehend üblichen Bewässerungssysteme sind häufig wenig effizient und führen zu unerwünschten Nebenwirkungen. Wissenstransfer ist in zweierlei Hinsicht notwendig: Zum einen gilt es, Bewässerungssysteme zu installieren, die den örtlichen Gegebenheiten (Versalzungsgefahr, Sedimentierung, Gesundheitsgefahren durch stehendes Wasser, Verunreinigung von Grundwasser usw.) angepaßt sind und die angestrebten Ziele mit einem Minimum an ökologischen Nebenfolgen erreichen helfen. Um dieser Forderung gerecht zu werden, sind auch und gerade traditionelle Bewässerungssysteme mit in das Kalkül aufzunehmen, da sie oft im Prozeß der kulturellen Evolution den besonderen Gegebenheiten des jeweiligen Standorts angepaßt sind. In Israel werden zum Beispiel heute Bewässerungssysteme eingesetzt, die bereits seit 4.000 Jahren in sehr ariden Regionen eine nachhaltige landwirtschaftliche Nutzung ermöglichen. Zum zweiten gilt es, bei der Wahl der Nutzpflanzen oder Nutztiere diejenigen auszuwählen, deren Wasserbedarf in einem vernünftigen Verhältnis zum Dargebot steht. Nur wenn beide Bedingungen erfüllt sind, sind negative Auswirkungen der Irrigation zu vermeiden.

PARTIZIPATION

Alle Maßnahmen des Technologie- und Wissenstransfers verfehlen häufig ihr Ziel, wenn es nicht gelingt, die Nutzer von Bewässerungssystemen für die Neuerungen zu begeistern. Enthusiasmus für diese Lösungen läßt sich aber nicht von oben verordnen, noch reichen die Mittel der Information dafür aus. Vielmehr gilt es, die Nutzer gemeinschaftlich zu einem kommunalen Verbund zusammenzuschließen und sie mit den Optionen zu versorgen, die ihnen für die angestrebten Ziele offenstehen. Erst wenn die Nutzer selbst in die Lage versetzt werden, an der Planung und an dem Betrieb solcher Anlagen aktiv mitzuwirken (empowerment), werden sie auch die Anlagen entsprechend pflegen und bestimmungsgemäß nutzen.

BEACHTUNG VON ÖKOLOGISCHEN LEITPLANKEN

Großflächige Bewässerungssysteme verändern die Landschaft in besonders hohem Ausmaß. Aus diesem Grund ist darauf zu achten, daß mit den Bewässerungsmaßnahmen keine gefährdeten Biotope oder auch Arten zerstört werden. Der Erhalt schutzwürdiger Biotope ist auf gesetzliche Regelungen angewiesen. Bei besonders wertvollen Biotopen sollte die Staatengemeinschaft eine Finanzierung der Erhaltung dieser Biotope vorsehen (etwa Baikalsee). Auch können internationale Konventionen hier eine wichtige Rolle spielen. Ansonsten gilt es, auf die jeweiligen Länderregierungen einzuwirken, daß die wichtigen ökologischen Leitplanken nicht überschritten werden.

AUSBAU VON MARKTWIRTSCHAFTLICHEN ODER GENOSSENSCHAFTLICHEN STRUKTUREN

In ariden Gebieten ist das Wasser für Bewässerungsprojekte in besonderem Maße als knappes Gut anzusehen. Gleichzeitig erschwert der häufig freie Zugang zu den Wasserquellen eine privatwirtschaftliche Regelung des Wassermarktes. Der Eigentümer verfügt meist über wenig Möglichkeiten, Trittbrettfahrer von der Nutzung des Wassers auszuschließen. Läßt sich dieses Problem durch technische Maßnahmen oder Kontrollen regeln, dann ist eine marktwirtschaftliche Lösung jeder staatlichen Verteilungslösung vorzuziehen. Dies ist hier um so wichtiger anzumerken, als der Staat in der Regel das Wasser „unter Preis" abgibt und damit der Verschwendung Vorschub leistet. Läßt sich aber das Trittbrettfahren nicht vermeiden oder bestehen bereits intensive lokale Beziehungen zwischen den Nutzern, ist eine genossenschaftliche Lösung zu bevorzugen. Dabei ist darauf zu achten, daß alle Nutzer den gemeinsam ausgehandelten Regeln zustimmen und Formen der Kontrolle und Überwachung ausbilden. Alleine auf intrinsische Motivation zu setzen, ist selbst bei Völkern mit kommunitaristischen Grundwerten nicht ausreichend. Bei hoher Mobilität der Bevölkerung brechen genossenschaftliche Lösungen zusammen. Sie müssen langsam in privatwirtschaftliche Formen überführt werden.

BERATUNG UND TRAINING

Neben dem Transfer von Wissen und Technik gilt es auch, die Nutzer von Bewässerungssystemen auf die möglichen Gefährdungen von Boden, Pflanzen und auch ihrer eigenen Gesundheit hinzuweisen. Dabei sind die gleichen Besonderheiten zu beachten wie bei allen derartigen Bildungsangeboten. Sie müssen lokal angepaßt, in den sozio-kulturellen Kontext eingebunden und im Sinne des Lernens durch eigene Einsicht motivationsfördernd sein.

5.6.5
Katastrophenschutz

AUSRICHTUNG VON TECHNIK UND
ORGANISATION AM MASSSTAB DER RESILIENZ

Viele Maßnahmen zur Regulierung von Flußläufen und zum Hochwasserschutz waren in der Vergangenheit davon getragen, mit möglichst geringem technischen Aufwand das Risiko weitgehend zu reduzieren. Dabei wurde billigend in Kauf genommen, daß durch diese Maßnahmen das gesamte Katastrophenpotential – d. h. die maximal von einer Katastrophe betroffenen Menschen – ständig erhöht wurde. Inzwischen hat hier in der internationalen Diskussion ein Paradigmenwechsel stattgefunden. Anstelle der Maximierung des Nutzens steht das Gebot der Resilienz. Dieses Gebot besagt, daß auch bei widrigen Umständen oder bei unwahrscheinlichen Ereignissen das maximale Ausmaß des Schadens überschaubar bleiben soll. Diese neue Sichtweise impliziert z. B., daß anstelle eines großen Staudamms wenige kleinere hintereinander gebaut, daß neben bautechnischen Maßnahmen Hochwasser-Ausweichgebiete (Auen) eingerichtet, daß fehlerfreundliche Anlagesysteme bevorzugt und dezentrale und flexible Organisationsformen anstelle von Mammutorganisationen gewählt werden. Das Prinzip der Resilienz besagt jedoch nicht, daß Großprojekte von vornherein und unter allen Umständen negativer einzustufen sind als viele kleine Projekte, sondern daß der Ausfall von Systemen oder der Eintritt von unerwarteten Ereignissen das maximale Schadensausmaß auf ein vertretbares Maß beschränken sollten.

TECHNOLOGIE- UND WISSENSTRANSFER
Die heute üblichen wasserbaulichen Maßnahmen sind noch weitgehend dem alten Paradigma verhaftet. Deshalb ist beim Wissens- und Technologietransfer darauf zu achten, daß die Kriterien der Resilienz stärker beachtet werden.

PARTIZIPATION
Auch bei Maßnahmen zum Hochwasserschutz ist dringend erforderlich, die davon betroffene Bevölkerung in den Entscheidungsprozeß einzubeziehen. Erst wenn die Anwohner in die Lage versetzt werden, an der Vorbereitung und Planung wasserbaulicher Maßnahmen aktiv mitzuwirken (empowerment), werden sie auch die mit dem Bau verbundenen Belästigungen tragen und sich im Katastrophenfall angemessen verhalten. Besondere Aufmerksamkeit verdienen solche wasserbaulichen Maßnahmen, bei denen Anwohner umgesiedelt werden müssen. Hier ist Partizipation eine unabdingbare Voraussetzung für die Errichtung dieser Anlagen. Nicht nur sollten alle betroffenen Bürger die Möglichkeit haben, an der Entscheidung mitzuwirken; Vertreter der betroffenen Bevölkerung sollten auch die Planung und Durchführung der Umsiedlungsmaßnahmen im Rahmen eines vernünftigen Budgets in eigener Regie vornehmen können.

BEACHTUNG VON ÖKOLOGISCHEN LEITPLANKEN
Großflächige Wasserbauten verändern die Landschaft in besonders hohem Ausmaß. Aus diesem Grund ist besonders darauf zu achten, daß mit den Wasserschutzmaßnahmen nicht auch gefährdete Biotope oder Arten zerstört werden. Ähnlich wie bei Bewässerungssystemen sind hier gesetzliche oder internationale Regelungen notwendig.

5.6.6
Konfliktschlichtung auf nationaler und internationaler Ebene

INTERNATIONALE ABKOMMEN UND REGELUNGEN
Institutionelle Arrangements wie globale Wasserprogramme sowie internationale Konventionen und internationale Regime zum Schutz von Süßwasser, z. B. im Rahmen der Vereinten Nationen, die den umweltgerechten und nachhaltigen Umgang vorschreiben, normieren und regeln, können einen wertvollen Beitrag zur präventiven Streitvermeidung und zur Konfliktschlichtung leisten. Im wesentlichen hängt dies aber von der inhaltlichen Ausgestaltung ab. Es ist zu hoffen, daß das von der Europäischen Union auf der CSD-5 vorgeschlagene und von der Bundesrepublik mitgetragene Aktionsprogramm „Water 21" eine starke Ausgestaltung erfahren wird. Der Beirat möchte mit diesem Gutachten Anregungen und Leitlinien aufzeigen.

Internationale Abkommen tragen ebenfalls zur Streitvermeidung und Konfliktschlichtung bei. Offensichtlich ist diese Funktion für die materiellen Regeln, die in einem Vertrag zur Nutzungsregelung eines Gewässers enthalten sind (siehe Kap. D 5.5). Vielschichtiger ist indes die Funkion der in einem solchen Vertrag möglichen Kooperationsregeln: Informations- und Konsultationspflichten können dazu dienen, die Lücken des materiellen Rechts zu schließen. Dies ist vor allem dann notwendig, wenn die Vertragsparteien lediglich bereit waren, abstrakte Verteilungsregelungen und Verschmutzungsverbote festzulegen. Ein höheres Kooperationsniveau liegt dann vor, wenn die Kooperation auch der ständigen Überwachung (Umweltmonitoring), der Implementierung der materiellen Vertragsnormen sowie der Erarbeitung konkreter Verschmutzungsverbote dient. Allgemein läßt sich sagen, daß die Kooperation eine Wegbereiterin materieller Pflichten ist (Hinds, 1997). Wenn man berücksichtigt, daß die unmittelbare Notwendigkeit zur Kooperation ausschließlich unter den Anliegern eines gemeinsamen grenzüberschreitenden Gewässers besteht, so folgt folgende Differenzierung: Die Konkretisierung materieller Pflichten erfolgt somit vor allem in den regionalen Verträgen zwischen den Anrainerstaaten eines grenzüberschreitenden Gewässers. Globale Abkommen wie die anstehende UN-Konvention zur nichtschiffahrtlichen Nutzung internationaler Wasserläufe hingegen nehmen nicht dieselbe Funktion wahr, sondern dienen vielmehr dazu, den Abschluß regionaler Verträge zu fördern und durch ihren Inhalt einen „Mindeststandard" vorzugeben. Dies läßt sich auch daraus entnehmen, daß knapp die Hälfte der Artikel in der geplanten UN-Konvention die Kooperationspflichten der Staaten betreffen. Auch wenn die allzu unterschiedlichen regionalen Umstände in Bezug auf Wasser der Entwicklung einheitlicher konkreter Maßstäbe entgegenstehen, bleibt zu hoffen, daß durch die zunehmende vertragliche Regelung der Nutzung grenzüberschreitender Wasservorkommen, über den einzelnen regionalen Vertrag hinaus verallgemeinerungsfähige Standards und Verteilungsregeln entstehen werden.

VERBESSERUNG DES RECHTLICHEN RAHMENS ZUR KONFLIKTSCHLICHTUNG
Die Stärkung der internationalen Mediationsmechanismen zur Konfliktverhütung wurde in Kap. D 5.5.3 behandelt. Neben der Stärkung dieser „schwächeren" Formen internationaler Kooperation bleibt

auch die Stärkung institutionalisierter Schlichtungsmechanismen wünschenswert. So weisen längst nicht alle regionalen Verträge zur Regelung grenzüberschreitender Gewässer institutionalisierte Kooperations-, insbesondere Streitschlichtungsmechanismen auf. Auch die Verträge, die Vorschriften zur institutionalisierten Kooperation enthalten, weisen große Differenzen auf: So können Flußkommissionen unterschiedlich weitreichende Kompetenzen eingeräumt sein. Des weiteren können die Mitglieder der Kommission weisungsgebunden oder unabhängig sein. Für Beschlüsse der Kommission kann Einstimmigkeit vorgesehen sein oder aber ein Mehrheitsvotum ausreichen. Das gleiche heterogene Bild ergibt sich bei näherer Betrachtung der in regionalen Verträgen enthaltenen Streitschlichtungsvorschriften: Die Streitbeilegungspflicht kann sich darin erschöpfen, daß im Falle einer Streitigkeit die Parteien nach Treu und Glauben eine Lösung anzustreben verpflichtet sind. Es kann aber auch ein unverbindliches Verfahren zur Streitbeilegung vorgesehen sein. Ein verbindlicher Mechanismus ist hingegen sehr selten vorgesehen. Als Beispiel für ein differenziertes Streitschlichtungsverfahren soll hier Art. 24 i.V.m. Anlage V des Donauschutzübereinkommens dargestellt werden: Grundsätzlich obliegt es den Parteien, im Verhandlungswege oder durch irgendein anderes Mittel den Streit in angemessener Zeit beizulegen. Diese Frist beträgt höchstens zwölf Monate nach Inkenntnissetzung der Donaukommission von der Streitigkeit durch eine der Streitparteien. Hiernach soll die Streitigkeit entweder dem Internationalen Gerichtshof oder dem nach Anlage V des Übereinkommens vorgesehenen Ad-hoc-Schiedsgericht zur verbindlichen Entscheidung vorgelegt werden. Das in Anlage V vorgesehene Schiedsverfahren zeichnet sich dadurch aus, daß es Vorkehrungen trifft, damit das Verfahren auch dann beendet werden kann, wenn eine der Parteien nach Vorlage ihre Mitarbeit verweigert. Bemerkenswert ist hierbei die abgestufte und differenzierte Prozedur, die sich im Kern dadurch auszeichnet, daß beim Fehlschlagen nicht-konfrontativer Mittel auf verbindliche Streitschlichtungsinstanzen zurückgegriffen wird. Die Verbesserung des rechtlichen Rahmens zur Konfliktschlichtung läßt sich nicht durch die ideale, aber in der Praxis (noch) nicht durchsetzbare Forderung nach einer zentralen verbindlichen Entscheidungsinstanz bewerkstelligen, sondern durch die Stärkung aller Schlichtungsformen und der gleichzeitigen Regelung ihres abgestuften Einsatzes.

MEDIATION

Die Bundesrepublik Deutschland kann sich in der Rolle des neutralen Dritten in konfliktträchtigen Dilemmasituationen über die Verteilung der Ressource Wasser als Mediator anbieten, um zu einer einvernehmlichen und friedlichen Konfliktschlichtung beizutragen und um so eine gewaltsame Konfliktaustragung zu vermeiden. Ein Konflikt über die Nutzung von Wasserressourcen kann sowohl zwischen gesellschaftlichen Gruppen innerhalb eines Landes auftauchen als auch zwischen Staaten, die Anrainer von Gewässern sind. Die gewaltfreie Konfliktaustragung sollte durch die freiwillige Institutionalisierung von Normen, Regeln und Verhaltensrichtlinien im Rahmen eines (internationalen) Regimes mit regionaler Reichweite aufrechterhalten und langfristig gesichert werden. Daneben sollen auch für regionale und lokale Konflikte neue mediative Verfahren weiterentwickelt und gezielt gefördert werden.

Forschungs- und Handlungsempfehlungen

E

Zentrale Forschungsempfehlungen zum Schwerpunktthema Süßwasser 1

1.1
Sektorales Systemverständnis

INTERNATIONALE
FORSCHUNGSZUSAMMENARBEIT

Vorsorgestrategien zur Abwendung eines weltweit verbreiteten Wassernotstands in den kommenden Jahrzehnten müssen sich auf belastbare Prognosen für das künftige Wasserdargebot stützen. Solche Vorhersagen lassen sich wiederum nur auf der Basis eines deutlich verbesserten Verständnisses der Prozeßzyklen im System Erde und der Stabilität dieser Zyklen gegenüber zivilisatorischen Störungen (z. B. CO_2-Anreicherung der Atmosphäre) entwickeln. Die internationalen Forschungsprogramme WCRP und IGBP stellen im Prinzip die idealen wissenschaftlichen Plattformen dar, um ein solides Systemverständnis, insbesondere auch im Hinblick auf den hydrologischen Kreislauf, zu gewinnen. Aufgrund rückläufiger Finanzierungsbereitschaft der nationalen Förderinstitutionen besteht derzeit leider die Gefahr, daß die genannten Programme ins Stocken geraten. Der Beirat hat auf die Bedeutung dieser internationalen Forschungszusammenarbeit bereits nachdrücklich hingewiesen (WBGU, 1996b).

Die Süßwasserproblematik wird allerdings wie kaum eine andere Fragestellung im Umweltbereich nicht allein von naturwissenschaftlichen Aspekten geprägt, sondern – wie im Gutachten erläutert – ganz wesentlich auch von den „menschlichen Dimensionen". Nur ein integrierter Forschungsansatz, der die Brücke zwischen WCRP, IGBP und dem internationalen sozialwissenschaftlichen Programm IHDP schlägt, kann hier valide Analysen und solide Lösungsvorschläge liefern. Ein solcher Ansatz kann sich beispielsweise an der strukturellen Logik des Syndromansatzes des WBGU (WBGU, 1994 und 1996b) orientieren. Unabhängig davon empfiehlt der Beirat der Bundesregierung, im Rahmen des neuen Umweltforschungsprogramms unbedingt einen breiten und tragfähigen Ansatz zur integrierten Untersuchung der Süßwasserproblematik vor dem Hintergrund des Globalen Wandels vorzusehen und zu fördern.

Als positives Beispiel für ein interdisziplinäres Vorhaben, das den menschlichen Umgang mit Wasser auf allen Ebenen thematisiert, lassen sich die Verbundprojekte „Wasserkreislauf und urban-ökologische Entwicklung" bzw. „Elbeökologie" anführen.

KLIMA UND WASSERKREISLAUF

Von zentraler Bedeutung ist die Aufklärung der Klimavariabilität, vordringlich auf Zeitskalen bis zu 100 Jahren, mit dem Ziel einer Trennung anthropogener und natürlicher Einflüsse. Dafür ist eine verbesserte Beschreibung des gekoppelten Systems Atmosphäre-Hydrosphäre-Kryosphäre-Biosphäre einschließlich der Steuerung durch biologische Parameter in Klimamodellen erforderlich.

- Für eine adäquate Abbildung des Wasserkreislaufs sind wichtige Elemente in den Klimamodellen (Evapotranspiration, Wolkenbildung, Meereisbildung) noch nicht hinreichend beschrieben.
- Mögliche Veränderungen regionaler Niederschlagsmuster sind in vielen Regionen der Erde von lebenswichtiger Bedeutung. Um die Veränderungen prognostizieren zu können, müssen globale und regionale Klimamodelle mit hoher geographischer Auflösung entwickelt werden.
- Die Kenntnisse über Umfang und Erneuerungsraten von Grundwasser müssen unter Berücksichtigung der fossilen Reservoire in vielen Regionen deutlich verbessert werden.

KOPPLUNG ZWISCHEN LIMNISCHEN UND
TERRESTRISCHEN ÖKOSYSTEMEN

Die Qualität von Grundwasser, Fließgewässern, Feuchtgebieten und Seen kann sinnvoll nur im Zusammenhang mit den angrenzenden Ökosystemen sowie dem Klima betrachtet werden. Dabei ist die vertiefte Erforschung der Auswirkung von Landnutzungsänderungen auf die Interaktionen zwischen Umland und Wasser dringend erforderlich. Weiterhin müssen die möglichen Reaktionen terrestrischer wie limnischer Ökosysteme auf die natürliche Klimavariabilität sowie die Bestimmung von Belastungsgrenzen gegenüber dem Klimawandel unter Berücksichtigung langfristiger Klimavariabilität untersucht werden.

Chemische Prozesse in Oberflächengewässern werden von vielfältigen Einflüssen der Umgebung bestimmt, die noch nicht hinreichend bekannt sind. Forschungsthemen zu diesem Bereich sind:
- Quantifizierung biogeochemischer Prozesse im Grundwasser, die zu einer Belastung der Oberflächengewässer führen (z. B. Interaktion zwischen gelöstem organischen Kohlenstoff bzw. Stickstoffbelastung des Grundwassers; Pestizidbelastung).
- Quantifizierung der Einflüsse von quell- und flußnahen Feuchtgebieten auf die Wasserqualität (Nitratabbau, Schwermetallfällung).
- Ökonomische Bewertung der ökologischen Leistungen von Feuchtgebieten, Auenbereichen und uferbegleitender Vegetation für die Gewässerqualität.

ZUSAMMENHANG ZWISCHEN WASSER UND BODENDEGRADATION

Vor allem in der Bewässerungslandwirtschaft, die in Zukunft für die Ernährung der Menschheit einen noch größeren Stellenwert bekommen wird, besteht die Gefahr, daß die fruchtbarsten Böden durch Erosion und durch Versalzung degradieren. Diese Bodenverluste werden meist durch Konversion natürlicher Ökosysteme (z. B. durch Rodung von Wald) ausgeglichen. Wegen der Begrenztheit geeigneter Flächen für Landwirtschaft, aber auch wegen der Zielkonflikte mit internationalen Vereinbarungen zum Schutze der Atmosphäre und der Biodiversität, gibt es erheblichen Forschungsbedarf:
- Entwicklung angepaßter, wassersparender und bodenpfleglicher Nutzungsstrategien unter dem Leitbild der nachhaltigen Landnutzung.
- Untersuchung der Sukzession von Pflanzen und Tieren auf degradierten Flächen.
- Wiederherstellung degradierter Böden unter Nutzung des natürlichen Potentials der Standorte.

SOZIOKULTURELLE RAHMENBEDINGUNGEN FÜR DEN UMGANG MIT WASSER

Die bislang einseitig naturwissenschaftlich-technisch orientierte Forschung zum Themenbereich „Umgang mit Wasser" sollte generell um sozial- und verhaltenswissenschaftliche Fragestellungen in disziplinärer, inter- und transdisziplinärer Weise ergänzt werden. Zukünftige Forschungsschwerpunkte sind:
- Systematische Erforschung der soziokulturellen normativen Grundlagen für den Umgang mit Wasser durch die inter- bzw. transdisziplinäre, kulturvergleichende Analyse von Wasserkulturen in Vergangenheit und Gegenwart in ihren vielfältigen Dimensionen (Wissenschaft, Technik, Wirtschaft, Recht, Verwaltung, Religion, Symbolik, Ästhetik usw.).
- Historische und kulturvergleichende Erforschung tradierter Wissensbestände, Regeln und Techniken beim Umgang mit Wasser im Hinblick auf deren Nachhaltigkeit.

1.2 Konkretisierung und Beachtung des Leitbildes

ÖKOLOGISCHE LEITPLANKEN

Bestimmung kritischer Belastungsgrenzen und der ökologischen Leistung aquatischer Systeme
Kritische Belastungsgrenzen müssen in Abhängigkeit von den klimatischen Randbedingungen und den Eigenschaften des betrachteten Gewässers definiert werden. Diese können als Grundlage für planerische Entscheidungen dienen. Dazu sind Untersuchungen der Grundeigenschaften (Morphologie, Hydraulik, Temperatur) stehender und fließender Gewässer hinsichtlich physikalischer (Irrigation, Trinkwasser, Einleitung von Kühlwasser, Schiffsverkehr) und chemischer Belastungen (Zufuhr von Pflanzen-Nährsalzen und Schadstoffen) erforderlich.
- Untersuchungen der Akkumulation von Schadstoffen in wasserbestimmten Lebensräumen durch physiko-chemische und biotische Prozesse sowie der Um- und Abbauprozesse von Schadstoffen in Gewässern, Böden und angrenzenden Lebensräumen (vor allem durch mikrobielle Prozesse).
- Erforschung bislang unzureichend untersuchter Schadstoffgruppen (u. a. Chelatoren, leichtflüchtige organische Verbindungen, hormonell wirksame Stoffe, künstliche Duftstoffe) hinsichtlich ihrer Entstehung, Umsetzung und Wirkung.
- Erfassung der Biodiversität wasserbestimmter Lebensräume auf den Ebenen der genetischen Diversität, der Artendiversität und der ökologischen Diversität. Forschungsziele müssen Aussagen über die Bedeutung der Biodiversität für die Reaktion der Ökosysteme auf anthropogene Eingriffe sein.
- Erforschung der Auswirkungen der Neueinführung (z. B. von Fischen) und Einschleppung (z. B. über Ballastwasser von Schiffen) gebietsfremder Arten auf Struktur und Funktion wasserbestimmter Ökosysteme.

Globale Bewertungskriterien für Wasserqualität

Zur Verbesserung bestehender Monitoringsysteme müssen einheitliche Indikatoren entwickelt werden. Schwerpunkte sollten sein:
- Erarbeitung von Bewertungskriterien (Indikatoren und Summenparameter) für wasserbestimmte Lebensräume, die unabhängig von edaphischen Bedingungen und biogeographischen Regionen anwendbar sind.
- Definition der Anforderungen an die Wasserqualität für landwirtschaftliche, industrielle und weitere Nutzungsformen unter Berücksichtigung von regionalen Faktoren und vor allem von Gesundheitsaspekten.

ABGLEICH UNVEREINBARER ÖKOLOGISCHER UND SOZIOKULTURELLER LEITPLANKEN

Nicht in allen Situationen sind die separat ermittelten soziokulturellen bzw. ökologischen Anforderungen an die Leitplanken des gesellschaftlichen Handlungsraums miteinander verträglich („kommensurabel"). Beispielsweise kann die Beachtung von Quantitätsstandards für Süßwasser lokale Förderquoten erzwingen, welche irreversible Schädigungen wichtiger Ökosysteme induzieren. In solchen Fällen muß ein Ausgleich der konfligierenden Normen und Interessen geschaffen werden. Die entsprechende Forschung zu Theorie und Praxis „multiobjektiver Entscheidungsprozesse" gewinnt vor dem Hintergrund des Globalen Wandels immer mehr an Bedeutung und bedarf einer kontinuierlichen Förderung.

MONITORING UND ÜBERWACHUNG

Generell bedarf es der Unterstützung der Bestrebungen zur Erstellung einer globalen Datenbank für Süßwasserökosysteme. Es sollten naturräumliche und ökologische Parameter sowie anthropogene Beeinträchtigungen aufgenommen werden. Die Datenbank sollte auch die Ergebnisse eines global koordinierten Gewässermonitoring bereithalten, die Erstellung thematischer Karten unterstützen und einem breiten Nutzerkreis über das Internet verfügbar sein. Im einzelnen besteht Forschungsbedarf zu:
- Erfassung des Status wasserbestimmter Lebensräume durch Ausbau des Gewässermonitoring in Regionen (z. B. Asien, Südamerika und Afrika) und Kategorien (z. B. Feuchtgebiete, Grundwasser, Seen) mit bisher schwacher Datenlage als Grundlage für die globale Datenbank.
- Erhebung von Referenzdaten aus wenig belasteten Wasserkörpern und Erforschung der natürlichen Variabilität qualitätsrelevanter Parameter (z. B. Seesedimente) zur Einschätzung globaler und regionaler Veränderungen. Erweiterung des Monitoring um Parameter, die weltweit bisher ungenügend erfaßt werden (u. a. Metalle, Pestizide, organische Spurenstoffe).

INSTITUTIONEN ZUR SICHERUNG DER SOZIALEN UND ÖKOLOGISCHEN LEITPLANKEN

Eine intermediale Betrachtung von Verschmutzungen, die den wechselseitigen Abhängigkeiten zwischen den Medien Luft, Wasser und Böden Rechnung trägt, ist ein wichtiges Element für integrative Umweltschutzkonzepte. Erste Ansätze sind im nationalen Recht und dem Recht der Europäischen Gemeinschaft zu verzeichnen.
- Solche Ansätze sollten auch für den Bereich des Umweltvölkerrechts erforscht werden.
- Der Nachhaltigkeitsbegriff wird in der Rechtswissenschaft – verstanden in seinem Umweltschutzaspekt – intensiv behandelt. Auch das Recht auf Entwicklung findet Beachtung. Die eigentliche Aufgabe der Nachhaltigkeitsdiskussion, Umweltschutz und Entwicklung konzeptionell zusammenzuführen, bedarf jedoch in der rechtswissenschaftlichen Forschung größerer Aufmerksamkeit.
- Das Kooperationsniveau im Bereich grenzüberschreitender Gewässer ist aufgrund der langen Tradition sehr hoch. Forschungsbedarf besteht bei der Systematisierung und Typologisierung der unterschiedlichen Kooperationsmechanismen, die auch für das Verständnis in anderen Bereichen der globalen und regionalen Zusammenarbeit im Umweltschutz nützlich wären.
- Forschungsbedarf besteht auch bei den Möglichkeiten, internationale Konflikte zu prognostizieren sowie bei den Voraussetzungen und Bedingungen für internationale Konfliktschlichtung.

ROLLE DER NICHTREGIERUNGSORGANISATIONEN UND VERFAHRENSBETEILIGUNG VON AUSLÄNDERN

Die Rolle von Nichtregierungsorganisationen bei internationalen Verhandlungen hat im Verlauf des Rio-Prozesses deutlich an Bedeutung gewonnen. Die Frage nach der Völkerrechtssubjektivität der Nichtregierungsorganisationen erhält damit erneut Aktualität. Interessante Aspekte sind die Frage nach ihrer demokratischen Legitimation und die Untersuchung möglicher Beteiligungsformen und -rechte, gerade im Bereich des internationalen Umweltschutzes.
- Forschungsbedarf besteht bei der Frage, welche Beteiligungsrechte Ausländern in Verwaltungsverfahren eingeräumt werden und welche gerichtlichen Klagebefugnisse ihnen für den Fall zustehen, daß sie in ihrem Staat durch grenzüberschreitende Umwelteinwirkungen aus einem anderen Staat geschädigt werden bzw. Schäden zu befürch-

ten sind. Diese Frage könnte insbesondere im Kontext der europäischen Rechtsvergleichung interessante Aufgaben aufwerfen und von unmittelbarem praktischen Nutzen sein.

HANDELBARE EMISSIONSZERTIFIKATE UND FONDSLÖSUNGEN IM UMWELTRECHT
- Forschungsbedarf besteht bei der rechtlichen Würdigung des in den USA eingesetzten Instruments handelbarer Emissionszertifikate aus deutscher und europäischer Perspektive (siehe WBGU, 1996b). Der internationalen Diskussion um Joint Implementation und handelbare Emissionszertifikate im Rahmen der Klimaschutzdiskussion sollte die juristische Forschung ebenfalls verstärkte Aufmerksamkeit schenken.
- Umweltfondslösungen im haftungsrechtlichen Bereich werden bereits erforscht; hingegen sind präventive Finanzierungsmodelle, wie die Globale Umweltfazilität, noch aufzubereiten (siehe WBGU, 1996b).

1.3
Ausgestaltung des Leitbildes

ERNÄHRUNG
Dem finanziellen Einbruch in der Förderung der internationalen Agrarforschung sollte durch ein verstärktes deutsches Engagement entgegengewirkt werden.
- Insbesondere wird empfohlen, daß das BMZ mehr Mittel als bisher für die Förderung der Forschung über die vielfältigen Aspekte des Einsatzes von Wasser für die Nahrungsmittelproduktion in den Entwicklungsländern bereitstellt. Es sollten verstärkt die Möglichkeiten internationaler Forschungprogramme wie IGBP und IHDP genutzt werden.
- Die Entwicklung integrierter Strategien für den Umgang mit Wasser bei der Landnutzung muß vorangetrieben werden.
- Forschungsbedarf besteht auch bei der Entwicklung von Verfahren zur Verteilung und Dosierung von Irrigationswasser, die die Effizienz der Wassernutzung steigern, einschließlich der Wiederverwendung von Wasser und neuer „Wassererntestrategien".
- Bei der Züchtungsforschung sollte die Erforschung salz- und trockenresistenter Kulturpflanzen gestärkt werden.
- Die Potentiale von Aquakulturen, ihre gesellschaftlichen Erfolgsbedingungen und ihre ökologischen Konsequenzen für Oberflächengewässer und Küstenökosysteme sollten in der Forschung mehr Aufmerksamkeit finden.

OPTIMIERUNG DER LANDNUTZUNG: AGROFORESTRY UND MULTIPLE CROPPING
Menschen benötigen für die Befriedigung ihrer Grundbedürfnisse nicht nur Getreide, sondern auch Futter für das Vieh, proteinreiche pflanzliche Nahrungsmittel sowie Feuerholz. Bei begrenzter Anbaufläche und zunehmenden Kosten für eine Bewässungskultur kommen zukünftig vor allem moderne landwirtschaftliche Verfahren des Zwischenfruchtanbaus (multiple cropping) und der kombinierten Land- und Forstwirtschaft (agroforestry) in Frage. Hier besteht nach wie vor erheblicher Forschungsbedarf, insbesondere zu den folgenden Aspekten:
- Akzeptanzerhöhung und Umsetzung von „Multiple-Cropping-Systemen".
- Züchtung und Selektion lokal standortangepaßter Kulturpflanzen für solche Anbausysteme (Vermeidung eines weltweiten Anbaus von Leucaena und Eucalyptus).
- Optimierung der Landbautechnik für komplexe Fruchtfolgen.

„INTEGRATED WATERSHED MANAGEMENT"
Die effektive und wirtschaftliche Nutzung der Wasserreserven der Erde ist mit der Landnutzung eng verbunden. Daher kann eine sinnvolle Wasserbewirtschaftung nur auf der Ebene natürlicher Wassereinzugsgebiete erfolgen. Als Grundlage für eine solche integrierte Betrachtung müssen die Kosten für Nutzungseinschränkungen (z. B. in steilen Quellgebieten) und für negative Einflüsse (z. B. Eutrophierung) im Einzugsgebiet bewertet und dem Nutzen gegenübergestellt werden können. Hier besteht erheblicher Forschungsbedarf (siehe auch oben):
- Quantifizierung und Bewertung von schädlichen Einflüssen der verschiedenen Landnutzungsformen auf das Grund- und Oberflächenwasser.
- Entwicklung von Strategien zur Abhilfe und Vorbeugung negativer Folgen der Landnutzung (z. B. durch Aufforstungen, Erosionsschutz bei Nutzung von Hängen, Erhalt von Feuchtgebieten, Auen usw. für Speicherung und Verzögerung des Abflusses).
- Identifizierung und Quantifizierung biogeochemischer Umsetzungen, die in Feuchtgebieten und im Grundwasser ablaufen.
- Ökonomische Bewertung dieser Interaktionen und Maßnahmen.

GESUNDHEIT
Rund die Hälfte aller Menschen in den Entwicklungsländern leidet an wasservermittelten Krankheiten. Diese Situation fordert Forschung auf folgenden Gebieten:
- Verstärkte Entwicklung von Impfstoffen gegen wasservermittelte Infektionen.

- Weitere Untersuchung von Krankheitserregern wasservermittelter Infektionen hinsichtlich Nachweisverfahren, ökologischer und epidemiologischer Charakteristika, des Einflusses von Aufbereitungsverfahren, Desinfektionsverfahren und Vermehrungsbedingungen.
- Verstärkung der Forschungskapazitäten in Malariaregionen sowohl zur Überwachung als auch zur Aufklärung der ökologischen, sozialen und ökonomischen Determinanten der Krankheit.
- Aufbau europäischer Netzwerke zur Infektionsepidemiologie wie etwa die Centers for Disease Control and Prevention (CDC) in den USA unter Einsatz leistungsfähiger und schneller Gesundheitsinformationssysteme (unter Verwendung der GIS-Technologie).

WASSERTECHNOLOGIE

Die Speicherung, Verteilung, Nutzung und Reinigung von Wasser ist an technische Maßnahmen gebunden, die zukünftig weiterentwickelt werden müssen, um Wasser hoher Qualität auch in Regionen mit knappem Wasserdargebot bereitzustellen, den Verbrauch zu mindern, Verschmutzung zu vermeiden und belastetes Wasser zu verwerten. Für die Forschung sollten folgende Bereiche mit Vorrang gefördert werden:

- (Weiter-)Entwicklung von biologischen Verfahren, Membranverfahren oder chemischen Oxidationsverfahren zur Wasseraufbereitung.
- Entwicklung von Leitungssystemen mit hoher Lebensdauer und geringer Gefahr der Sekundärbesiedlung durch Mikroorganismen.
- Entwicklung wassersparender Techniken für den Haushalt, die Industrie und die Landwirtschaft.
- Optimierung kostengünstiger, dezentraler Abwasserreinigungsanlagen für den ländlichen Raum.
- Weiterentwicklung der Abwasser-Land-Behandlung und von Verfahren der Mehrfachnutzung.
- Forschung zu einfach handhabbaren und preiswerten Reinigungs- und Hygienetechnologien sowie zu biologisch wirksamen Kläranlagen.

HOCHWASSERSCHUTZ

Neben Krankheitsübertragungen und Dürren stellt Hochwasser die dritte Form der direkten Bedrohung des Menschen durch Wasser dar. Forschungsbedarf besteht zu:

- Integrierte Untersuchung und Modellierung der gesamten Wirkungskette von Niederschlag über die Abflußbildung und -konzentration zum Hochwasserablauf (auch in den Überschwemmungsbereichen) bis hin zur Schadensbewertung.
- Frühere und genauere Vorhersage des Niederschlags mit Hilfe von mathematischen Modellen. Erweiterte Einbeziehung von Fernerkundungsverfahren in der Hochwasservorhersage und Methodenentwicklung zur direkten Umrechnung der Fernerkundungsdaten in Abflüsse.
- Ableitung von Szenarien für Extremwettersituationen sowohl im regionalen als auch im lokalen Maßstab auf der Basis von Szenarien der globalen Erwärmung, globaler und regionaler Klimamodelle und der Analyse des Einflusses zyklonaler Wetterlagen auf die Niederschläge in Deutschland.
- Erforschung der gesellschaftlichen Prozesse der Wahrnehmung, Kommunikation und Reaktion beim Umgang mit dem Hochwasserrisiko im Vergleich zu anderen individuellen und zivilisatorischen Risiken. Untersuchung der Rolle von Grenzwerten bei der Risikoakzeptanz.
- Erforschung dezentral einsetzbarer, einfach zu handhabender Technologien für den Hochwasserschutz.

ÖKONOMIE

- Inwieweit beeinträchtigt eine Marktbewertung intrinsische Motivationen – etwa des sparsamen und/oder pfleglichen Umgangs mit Wasser? Die Frage des Wechselspiels zwischen intrinsischer und extrinsischer Motivation bekommt in der Theorie der Spiele neue Aktualität und sollte darum näher analysiert werden.
- Wie kann man in die agrarische Bewertung des Wassers jene Schäden integrieren, die sich aus der Beeinträchtigung der Böden (Versalzung) bzw. des Grundwassers ergeben? Letztlich handelt es sich um Vermögensschäden, die bei natürlichen Ressourcen häufig nur unzureichend in die Periodenrechnung eingehen.
- Zwischen Wasser und seiner Umgebung (etwa Uferzonen) bestehen Wechselbeziehungen, so daß vor allem bei ökologischen Funktionen die Medien Wasser und Böden nur bedingt getrennt werden können. Wie kann man dies bei der ökologischen Bewertung des Wassers berücksichtigen?
- Die Lösung vieler Wasserprobleme verlangt die Integration von Wasserversorgung und -entsorgung in einer Hand im regionalen Kontext. Wie kann man das damit verbundene Monopolisierungsproblem lösen? Welche Voraussetzungen müssen staatlicherseits erfüllt sein, damit dieser sein Kontrollproblem befriedigend bewältigen kann?
- Die französischen Regionalmodelle werden in Weltbankberichten häufig als vorbildlich hingestellt. Hier wäre eine systematische Bestandsaufnahme der Stärken und Schwächen des französischen Wegs sinnvoll. Gewährleisten die regionalen Wasserparlamente eine umfassendere Bewertung der verschiedenen Wasserfunktionen?

- Wie läßt sich die wirtschaftliche Schwäche des deutschen Modells überwinden und dieses „exportfähig" machen?
- Bei der Bewältigung vieler Wasserprobleme kommt den Kooperationsmodellen Bedeutung zu. Solche Solidargemeinschaften stellen soziale Einheiten mit in der Regel begrenzter Mitgliederzahl, klar definierten räumlichen Grenzen und bestimmten gemeinschaftlichen Interessen dar. In vielen Ländern mit ausgeprägter kultureller Tradition und weniger verankertem Privateigentumsdenken können solche Solidargemeinschaften zu interessanten Lösungen werden. Zur Analyse der hierfür relevanten Ausgangsbedingungen besteht noch Forschungsbedarf.
- Berücksichtigt man die historische Komponente der Landnutzung, wurden Entscheidungen zur Wassernutzung vielfach dann getroffen, als noch keine Wasserknappheit herrschte. Welche Erfahrungen hat man mit verschiedenen Möglichkeiten der Einführung von Eigentumsrechten an Wasser gemacht, als dieses Gut knapp wurde (etwa nach der Doktrin: „first in time means first in right")?
- Die Zahlung von „Wassergeld" an Bedürftige soll deren Einkommenssituation so verbessern, daß sie eine Zugriffsmöglichkeit auf eine Mindestwasserversorgung haben. Der einzelne hat, sofern die Zahlungen mehr als einen absolut notwendigen Mindestbedarf sichern, auch einen Anreiz, Wasser einzusparen, weil der damit verbundene Vorteil ihm unmittelbar für andere Güterkategorien zugute kommt. Welche Erfahrungen hat man bislang mit solchen „Wassergeld-Modellen" gemacht? Inwieweit sind sie Gebührenmodellen (Gebührenfreistellung eines Mindestbedarfs) überlegen?

BILDUNG UND GESELLSCHAFTLICHE ORGANISATION

Als wichtigste Errungenschaft der Desertifikationskonvention gilt die Anerkennung partizipativer Strategien, die Aufwertung der Nichtregierungsorganisationen und damit verbunden von sogenannten Bottom-up-Ansätzen als Voraussetzung für eine erfolgreiche Umsetzung der Aktionsprogramme. Forschungsbedarf besteht vor allem bei der Bestimmung der Erfolgsbedingungen für Partizipation in unterschiedlichen soziopolitischen und kulturellen Kontexten. Wichtig sind insbesondere die:

- Erforschung der Möglichkeiten, die Wasserproblematik im Bewußtsein der Bevölkerung stärker zu verankern und so zu einem ökologisch sinnvollen, ökonomisch effizienten und sozialverträglichen Umgang mit Wasser beizutragen, etwa durch Wahrnehmbarmachung, Information, Preisgestaltung, Rückmeldung usw.
- Erforschung und Entwicklung von kulturangepaßten, akteurs- und situationsspezifischen, integrativen Interventionsstrategien für einen nachhaltigen Umgang mit Wasser („Instrumentenmix" aus technischen, ökonomischen, rechtlichen und psychosozialen Maßnahmen) unter expliziter Berücksichtigung der jeweiligen Wasserkultur.

1.4
Integriertes Systemverständnis

AUSBAU DER FORSCHUNG ZU WASSERSPEZIFISCHEN KRITIKALITÄTSINDIZES

Im Zusammenhang mit der Süßwasserproblematik ist festzustellen, daß die weltweite Datenlage unzureichend ist und sich teilweise sogar verschlechtert. Diese Entwicklung ist zum Teil dem Niedergang der wissenschaftlichen Strukturen in vielen Entwicklungsländern zuzuschreiben.

Zur weitergehenden Bewertung der lokalen Bedeutung der Süßwasserkrise sind eine feinere geographische Auflösung sowie die thematische Verbreiterung der Datengrundlage unumgänglich. Hier sind insbesondere folgende Forschungsfragen von Bedeutung:

- Das Problemlösungspotential sollte sich nicht nur an der Wirtschaftskraft eines Standorts (BSP) orientieren, sondern ebenfalls eine regionale Abschätzung des wasserrelevanten Know-how, der Effizienz der relevanten Institutionen und auch der Stabilität politischer Strukturen enthalten. Die Bestimmung dieser Basisindikatoren ließe sich auch in einem weitergehenden Programm zur Analyse des lokalen Managementpotentials hinsichtlich Umweltkrisen, beispielsweise im Rahmen weltweiter Verwundbarkeitsstudien, erbringen.
- Von großer Bedeutung für die Aussagekraft des Kritikalitätsindexes ist die Berücksichtigung des Aspekts der Wasserqualität. Anthropogene Verschmutzungen des natürlichen Wasserdargebots stellen ein weltweites Problem dar und beschränken das verfügbare Angebot in einzelnen Regionen teilweise ganz erheblich. Hier müssen bestehende Datengrundlagen (z. B. GEMS/Water) verbessert werden. So verwenden z. B. bei der Bewertung der Wasserqualität viele statistische Erhebungen den Begriff „gesundheitlich unbedenkliches Wasser" (safe water), wobei keine einheitlichen Vorstellungen über den Inhalt dieses Begriffs bestehen.
- Trotz des einheitlichen Gliederungsschemas sind viele nationale Statistiken nicht miteinander vergleichbar, da ihnen unterschiedliche Nutzungen

innerhalb der Sektoren (Landwirtschaft, Industrie, Haushalte) zugrunde liegen.
- Großflächige Länder wie Brasilien, China, Kanada oder die USA sind in ihrer Geographie und Bevölkerungsverteilung so inhomogen, daß sich unterschiedliche Nutzungsstrukturen für Wasser herausgebildet haben. Daher ist die Verwendung länderweiter sozioökonomischer Erhebungsgrößen nicht ausreichend und eine weitere regionale Differenzierung nötig (z. B. Gleichbehandlung Alaskas und der Ostküste der USA).
- Die Harmonisierung des Datenmaterials in sachlicher, inhaltlicher und räumlicher Hinsicht ist keineswegs nur ein methodisches Forschungserfordernis. Es ist vor allem notwendig, einen Erhebungs- und Projektionsstandard zu definieren, der auch Untersuchungen im globalen Maßstab gerecht wird.

ERWEITERUNG UND VERTIEFUNG DES SYNDROMKONZEPTS

Im Rahmen einer Aufgliederung der globalen Süßwasserkrise in die dafür verantwortlichen Ursachen- und Wirkungsmuster ergeben sich eine Reihe weiterführender Forschungsaufgaben als Schwerpunkte:
- Die spezifische Süßwasserrelevanz der vom Beirat identifizierten Syndrome sollte im Rahmen interdisziplinärer Forschungsverbünde näher bestimmt werden.
- Auf der Basis der Syndromwirkungsgeflechte sollten thematische Karten hinsichtlich der Syndromintensitäten in hoher geographischer Auflösung entwickelt werden.
- Unter Berücksichtigung der spezifischen Süßwasserrelevanzen und der regional bestimmten Syndromintensitäten sollte die Betroffenheit einer Region sowohl hinsichtlich der Ursachen als auch der Auswirkungen der Süßwasserkrise durch systemare Indikatoren bewertet werden.
- Die Entwicklung von Instrumenten (Strategien, Techniken, Anreizoptionen usw.) für eine integrierte Kuration der globalen Wasserkrise und die Abschätzung ihrer möglichen Folgewirkungen sollte unter Beachtung der syndromspezifischen Mechanismen erfolgen.

FORSCHUNGSEMPFEHLUNGEN ZUM GRÜNE-REVOLUTION-SYNDROM

Zum Verhältnis von Nahrungsmittelproduktion und Süßwasserverknappung besteht Forschungsbedarf auf folgenden Gebieten:
- Das Wissen über die Entwicklung der Grünen Revolution im Zeitalter der Globalisierung ist noch fragmentarisch. Insbesondere die Auswirkungen der internationalen Schuldenkrise und die sich hieran anschließenden Strukturanpassungsmaßnahmen sind in ihren Wechselwirkungen auf die Grüne Revolution noch wenig untersucht. Hier besteht Forschungsbedarf.
- Die vielfach eingeforderte Partizipation bei Regionalentwicklungsprogrammen ist bislang nur unzureichend konkretisiert. Daher müssen die Erfolgsbedingungen von Partizipation eingehend erforscht werden.
- Der Sockelbedarf an Irrigationswasser zur Sicherung der Nahrungssubsistenz muß länder- und regionenspezifisch ermittelt werden.
- Die Erforschung der Chancen und Risiken der Biotechnologie in der Agrarwirtschaft verdient weitere Unterstützung (Sicherheit im Umgang mit Biotechnologie – „Biosafety").

FORSCHUNGSEMPFEHLUNGEN ZUM ARALSEE-SYNDROM

Über die Wirkungen von wasserbaulichen Großprojekten ist im Prinzip ein breites Grundlagenwissen vorhanden. Die Umsetzung des Wissens in Einzelfallstudien ist jedoch schwierig. Forschungsbedarf ist insbesondere auf folgenden Gebieten festzustellen:
- Verbesserung der Methodik sowie der Datenlage für die Abschätzung von ökologischen Kosten und ihre Internalisierung in Kosten-Nutzen-Analysen.
- Erneute Evaluation und längerfristiges Monitoring bisheriger wasserbaulicher Großanlagen.
- Grundlagenarbeit zur Lösung der technischen und finanziellen Probleme, die durch den Abbau von Staudämmen (decommissioning) entstehen.
- Forschung zu technischen Maßnahmen, mit denen die Behinderung von Wanderungsbewegungen von Tieren vermindert werden sollen (z. B. Fischtreppen).

FORSCHUNGSEMPFEHLUNGEN ZUM FAVELA-SYNDROM

Gerade in den am dichtesten besiedelsten Stadtregionen ist die infrastrukturelle Ausstattung oft unzureichend oder fehlt gänzlich. Hieraus ergeben sich spezifische Forschungserfordernisse:
- Das Zusammenwirken von klassischen Push- und Pullfaktoren als Ursachenbündel der Wanderungen vom Land in die Stadt ist weitgehend bekannt. Mit der Bedeutungszunahme des informellen Sektors scheinen die herkömmlichen Erklärungsansätze jedoch überdacht werden zu müssen. Forschungsbedarf besteht hinsichtlich der Frage, inwieweit der informelle Sektor eine neue Qualität als Pull-Faktor darstellt und welche Lösungspotentiale er zur Bewältigung des urbanen Wasserproblems bietet.

- Aus stadtplanerischer und städtebaulicher Sicht besteht ein erhebliches Defizit an elementaren Kenntnissen über die Erfolgsbedingungen eines lokalen bzw. kommunalen Wassermanagements. Möglichkeiten einer angemessenen Kompetenzerhöhung und Verantwortungsübernahme der Stadtbewohner müssen ebenso erforscht werden wie die Eignung von Kooperationsbündnissen in Form von Public Private Partnerships.
- In Anbetracht des erheblichen Erkrankungsrisikos durch unzureichende Sanitärausstattung in weiten Teilen der Megastädte insbesondere in den Entwicklungsländern sind einfache, schnell durchführbare und kostengünstige Installationsmaßnahmen zu ergreifen. In dieser Hinsicht müssen Möglichkeiten einer kurzfristigen und problemlosen Organisation, Koordination und Umsetzung erforscht werden.

Zentrale Handlungsempfehlungen zum Schwerpunktthema Süßwasser

2.1
Elemente einer globalen Wasserstrategie

Der Beirat hat in Abschnitt D 5.1 sein allgemeines Leitbild für einen effizienten, fairen und nachhaltigen Umgang mit Süßwasser vorgestellt und nach Leitlinien gegliedert. Bei einer grundsätzlichen Übereinstimmung mit diesen normativen Vorgaben muß die Umwelt- und Entwicklungspolitik danach streben, die Konkretisierung, Ausgestaltung und Umsetzung dieses Leitbildes sicherzustellen.

Auf die Lösung globaler Wasserprobleme kann Deutschland vor allem durch die Einflußnahme auf verschiedene internationale Politikfelder hinwirken. Hierzu zählt die internationale Entwicklungszusammenarbeit, der Außenhandel, der Wissens- und Technologietransfer und die Unterstützung der bestehenden und neuer internationaler Regime im Umwelt- und Entwicklungsbereich. Daneben kann Deutschland auch anstreben, durch eine nationale Wasserpolitik im Sinne der vom Beirat skizzierten Leitlinien eine stärkere „Vorbildfunktion" für den „Guten Umgang mit Wasser" in anderen Regionen zu erlangen.

Für die Organisation der dem Leitbild verpflichteten Maßnahmen bieten sich drei unterschiedliche internationale Plattformen an:
- Ein „Globaler Konsens" über die Festlegung des Leitbildes, insbesondere hinsichtlich der Konkretisierung der soziokulturellen und ökologischen Leitplanken.
- Eine darauf aufbauende „Weltwassercharta", in der sich die Mitglieder der Staatengemeinschaft zur Beachtung der Prinzipien und Randbedingungen des durch das Leitbild definierten „Guten Umgangs mit Wasser" bekennen.
- Ein „Globales Aktionsprogramm" zur detaillierten Ausgestaltung und Umsetzung des vereinbarten, von Leitplanken eingegrenzten gesellschaftlichen Handlungsraums nach dem Gebot größtmöglicher Effizienz.

Für die Ausgestaltung des Leitbildes sind insbesondere operative Leitlinien zu beachten, die sich aus den geophysikalischen Eigenschaften des Mediums Wasser, aus seinen spezifischen Funktionen als Umwelt- und Kulturgut oder aus der gegenwärtigen Verteilung von Zugangsmöglichkeiten und Zugriffsrechten ergeben. Solche Handlungsprinzipien sind in den Abschnitten D 5.2 bis D 5.6 diskutiert und bewertet worden.

2.2
Konkretisierung des Leitbildes

Ein „Guter Umgang mit Wasser" im Sinne des Beirats setzt voraus, daß die soziokulturellen und ökologischen Leitplanken konkret bestimmt werden. Sehr wichtig ist dabei, die umwelt- und entwicklungspolitischen Standards integriert zu betrachten und die Wirkungstiefe wasserrelevanter Vorhaben hinreichend auszuloten. Im einzelnen empfiehlt der Beirat hierzu:
1. Mindeststandards für die individuelle Grundversorgung mit Trinkwasser und wasserbezogenen Hygieneleistungen festzulegen.
2. Die aus 1. resultierenden länder- und kulturspezifischen Süßwasserbedarfe nach Quantität und Qualität unter besonderer Berücksichtigung der Gesundheitsaspekte zu ermitteln.
3. Allgemeine Sicherheitsstandards im Hinblick auf wasserbedingte Naturkatastrophen festzulegen.
4. Das geographische und soziale Vulnerabilitätsmuster und den resultierenden Vorsorgebedarf nach Maßgabe von 3. zu ermitteln.
5. Internationale Gerechtigkeitsgrundsätze für den Zugang zu bzw. Zugriff auf innerstaatliche und grenzüberschreitende Süßwasserressourcen zu vereinbaren.
6. Den weltweiten Bestand an fossilen Grundwasservorkommen sowie der Erneuerungs- und Selbstreinigungsraten rezenter Grundwasserreservoirs zu ermitteln.
7. Den weltweiten Bestand an schützenswerten süßwasserdominierten oder süßwasserbeeinflußten Ökosystemen zu erfassen und zu klassifizieren.

8. Die jeweiligen Belastungsgrenzen der unter 7. identifizierten naturnahen Systeme im Hinblick auf Wasserdargebot, Wasserqualität und Wasservariabilität zu bestimmen.
9. Die Methoden zur integrierten Analyse und Bewertung wasserrelevanter privatwirtschaftlicher oder staatlicher Projekte weiterzuentwickeln.

Der Beirat besitzt allerdings nicht das Mandat, die empfohlenen Leitplanken eines „Guten Umgangs mit Wasser" bis ins Detail auszuführen. Dies bleibt Aufgabe der praktischen Politik und der legitimierten Gesetzgebungsorgane.

2.3
Beachtung und Ausgestaltung des Leitbildes

Ein grundsätzlicher Konsens zwischen den konkurrierenden Nutzern, Gesellschaftsgruppen oder Staaten über den Charakter der Leitplanken für einen „Guten Umgang mit Wasser" bewirkt nicht automatisch, daß diese Leitplanken auch respektiert werden. Hierzu müssen institutionelle Regelungen vereinbart werden, die durch technische, edukatorische und ökonomische Maßnahmen gestärkt werden können. Der Beirat empfiehlt hier im einzelnen

hinsichtlich der Weiterentwicklung des Völkerrechts und der internationalen Regimebildungsprozesse:
- Wasserrelevante Standards stärker in die internationalen Handels- und Kreditvereinbarungen (WTO, Programme der Weltbank, Hermes-Bürgschaften usw.) zu integrieren.
- Die Aushandlung einer Weltwassercharta und eines umfassenden Globalen Aktionsprogramms zum „Guten Umgang mit Wasser" zu unterstützen.
- Sich auch in diesem Zusammenhang weiterhin für eine internationale Regelung der Bodenproblematik einzusetzen (WBGU, 1994), da gerade der Schutz von Böden auch für den Gewässerschutz und die Versorgung mit Süßwasser dringend erforderlich ist.
- Den „Guten Umgang mit Wasser" als Querschnittsaufgabe in sektoralen Regimen zur nachhaltigen Entwicklung stärker zu berücksichtigen (etwa Klimakonvention, Wälderverhandlungen, Biodiversitätskonvention, Desertifikationskonvention).
- Die internationale Zusammenarbeit im Hinblick auf die wasserrelevanten Aspekte des Internationalen Pakts über die wirtschaftlichen, kulturellen und sozialen Rechte und die entsprechenden Aufgaben des Hohen Kommissars der Vereinten Nationen zu Menschenrechten zu stärken.

- Im Hinblick auf eine verbesserte und gestärkte Koordination der internationalen Organisationen und Programme im Feld der „nachhaltigen Entwicklung" die Integration in eine zusammenfassende „Organisation für nachhaltige Entwicklung" in Erwägung zu ziehen, wobei insbesondere UNEP, CSD und UNDP integriert werden könnten, aber auch engere Verbindungen zu Weltbank, Weltwährungsfonds, Welthandelsorganisation und UNCTAD herzustellen wären.
- Im Hinblick auf die von Deutschland gestützte Änderung der Satzung der Vereinten Nationen (Mitgliedschaft Deutschlands im Sicherheitsrat) auch die Aufnahme von Bestimmungen zur nachhaltigen Entwicklung in die Satzung in Erwägung zu ziehen, wobei insbesondere die Aufnahme des Umweltschutzes in Art. 55 Buchstabe b und die Aufnahme des Ziels der nachhaltigen Entwicklung in die Präambel sowie Art. 1 oder 2 geprüft werden könnte.
- Hinsichtlich der weltweiten Initiativen zur LOKALEN AGENDA 21 für eine weitestmögliche Unterstützung zu sorgen, da beispielsweise Artenschutz und Bodenschutz Probleme sind, die auf lokaler Ebene ins Bewußtsein der Bevölkerung eindringen müssen und vor allem lokales Handeln erfordern.

hinsichtlich der Außenhandelspolitik und der Entwicklungszusammenarbeit:
- Die Sicherung der Grundversorgung mit Wasser als Nahrungsmittel und für Hygienezwecke sowie ökologische Aspekte in Verträgen zur Entwicklungszusammenarbeit in Übereinstimmung mit den Partnerländern stärker zu berücksichtigen.
- Den Vorrang der Wasserrezyklierung vor der Primärentnahme anzuerkennen und den Rückgriff auf fossile Grundwasservorkommen nur als letztes Mittel zu akzeptieren.
- Grundsätzlich lokale Traditionen des Gewässer- und Umweltschutzes in Betracht zu ziehen und in ihrer Wirkung als Potential und Barriere zu berücksichtigen.
- Die Partizipation der betroffenen lokalen Bevölkerung sicherzustellen, um hierdurch die Sozialverträglichkeit und Wirksamkeit der entwicklungspolitischen Maßnahmen zu gewährleisten, die realen Bedürfnisse der designierten Nutznießer festzustellen und damit die Akzeptanz von Vorhaben zu erhöhen
- Zu „robusten" Strukturen des „Guten Umgangs mit Wasser" überzugehen und dabei besonders die Variabilitätsaspekte (Dürren, Hochwasser usw.) zu berücksichtigen, wofür in der Regel große modulare Systeme geeignet sind, welche lokale oder temporäre Insuffizienzen (etwa bei der Spei-

cherung, der Reinhaltung und der Retention von Wasser) leichter ausgleichen können und somit „fehlertolerante" Eigenschaften besitzen.
- Die Entwicklung von nationalen „Masterplänen" auf der Grundlage regelmäßiger Inventarisierung des Wasserdargebots nach Qualität und Quantität im Abgleich mit laufenden Bedarfsschätzungen zu unterstützen.
- Den integrierten Umgang mit Wasser zu stärken, vor allem durch die kombinierte Betrachtung von Menge und Qualität, die Kopplung von Versorgungs- und Entsorgungsfragen und die Wahl von Einzugsgebieten (d. h. nicht der staatlichen Territorien) als Planungseinheiten.
- Von Wasserkrisen betroffene oder bedrohte Staaten zu unterstützen vor allem bei der
  1. Modernisierung bestehender Bewässerungssysteme in der Landwirtschaft,
  2. Sanierung und Erweiterung der Wasserversorgungsnetze,
  3. Etablierung oder Weiterentwicklung von Trinkwasserförderungs-, Abwasserentsorgungs- und Rezyklierungssystemen.
  wobei diese Maßnahmen sowohl im Rahmen der bilateralen Entwicklungszusammenarbeit als auch in enger Zusammenarbeit mit internationalen Organisationen wie der FAO, dem UNDP oder der Weltbank durchgeführt werden sollte.
- Friedensstiftende Umwelt- und Entwicklungsvorhaben in Wasserkrisengebieten (etwa im Nahen Osten) stärker zu fördern.
- Technologie und Expertise zur Wahrung soziokultureller und ökologischer Wasserstandards verstärkt zu übertragen oder deren Übertragung finanziell zu fördern,
  1. insbesondere in von Wasserkrisen betroffenen Regionen und zum Schutze des Weltnaturerbes,
  2. vorwiegend mit Hilfe von wassersparenden und umwelt-, kultur- und standortverträglichen Methoden.
- Volkswirtschaftliche Externalitäten (etwa langfristige Gewässerqualitätsminderungen durch die Industrie) durch eine geeignete Operationalisierung des Haftungsprinzips zu berücksichtigen, wobei die ökologischen Leitplanken effektiv z. B. durch die Vergabe von handelbaren Emissionszertifikaten respektiert werden können,
- Die Rahmenbedingungen für effizientes Wirtschaften mit dem knappen Gut Süßwasser deutlich zu verbessern, wofür insbesondere
  1. Eigentums- und Verfügungsrechte möglichst vollständig zugeordnet und die verfügbaren Wasserressourcen ökonomisch bewertet werden sollten,
  2. die Wassernutzung im erlaubten Handlungsraum möglichst dereguliert und wettbewerbsmindernde Subventionen begrenzt werden sollten,
  3. geordnete regionale und internationale Wassermärkte gefördert werden sollten, soweit ein effektives Wettbewerbs- und Kartellrecht die Monopolbildung und die Benachteiligung der Armen verhindern kann,
  4. die Süßwassergrundversorgung in von Wasserkrisen betroffenen Ländern durch angemessene direkte Zuwendungen („Wassergeld" statt „Sozialer Wasserbau") gesichert werden muß.
- Die Umweltbildung zu stärken und dabei in kulturangepaßter, akteurs- und situationsspezifischer Weise
  1. Wasser, Wasserprobleme sowie wasserbezogene Verhaltensweisen und deren Auswirkungen der Wahrnehmung der Menschen zugänglich zu machen,
  2. einen Wertewandel hin zu einem nachhaltigen Umgang mit Wasser zu fördern,
  3. die Anreizwirkung materieller wie symbolischer Belohnungen zu nutzen sowie
  4. Möglichkeiten für einen nachhaltigen Umgang mit Wasser zu schaffen und bereitzustellen.

hinsichtlich der internationalen Forschungszusammenarbeit:
- Den internationalen Wissenstransfer über wasserrelevante physiologische, epidemiologische und ökologische Zusammenhänge sowie zu allen weiteren Aspekten des „Guten Umgangs mit Wasser" zu stärken und dabei vor allem
  1. wissenschaftlich-technische Zusammenhänge (u. a. in den Bereichen Hydrologie, Hydraulik, Wasseraufbereitung oder Hygiene),
  2. bewährte Regeln der institutionellen Organisation sowie
  3. Methoden des effizienten Wirtschaftens mit knappen Umweltressourcen zu vermitteln.
- Integrierte und partizipatorische Mechanismen zur Wahrung wasserspezifischer Standards in privatwirtschaftlichen und staatlichen Vorhaben (Wasser-Audits, Wasser-Verträglichkeitsprüfungen usw.) zu entwickeln und hierüber zu informieren.

hinsichtlich der Finanzierung der Maßnahmen:
- Verstärkte Anstrengungen zu unternehmen, den deutschen Beitrag zur finanziellen Unterstützung in den finanziell überforderten Ländern zu erhöhen und hierbei zu berücksichtigen, daß der UN-Generalsekretär für den Zeitraum 1990–2000 einen globalen Investitionsbedarf von 50 Mrd.

US-$ zur Deckung des weltweiten Trinkwasserbedarfs veranschlagt hat.
- Alle Möglichkeiten einer Reduktion des Schuldendienstes der von Wasserkrisen bedrohten Entwicklungsländer auszuschöpfen und hierbei gegebenenfalls eine Verknüpfung mit wasserpolitischen Programmen zu prüfen (debt for water security swaps).
- In Fällen der finanziellen Überforderung von Ländern die Unterstützung aus einem globalen Wasserfonds, der über robuste internationale Finanzierungsmechanismen (eventuell einen „Weltwasserpfennig") gespeist wird, in Erwägung zu ziehen.

Mit dem Textentwurf in Kasten E 2-1 will der Beirat zur Aushandlung einer völkerrechtlich nicht bindenden Weltwassercharta anregen. Der Text enthält allgemeine Formulierungen, die eine mögliche Ausgestaltung einer solchen Charta illustrieren. Für substantielle Verhaltensstandards wurden Platzhalter eingefügt; hier könnten – bei entsprechender politischer Willensbildung – gegebenenfalls die oben aufgelisteten Handlungsempfehlungen des Beirats eingefügt werden (siehe auch Kap. D 5.5.5).

lung" der Vereinten Nationen. Erste Schwerpunktaufgabe dieser Organisation sollte die Planung und Leitung eines globalen Aktionsprogramms zur Bewältigung der Süßwasserproblematik sein, da dieser Bereich einen besonders hohen humanitären Nutzen pro eingesetzter Kapitaleinheit verspricht.

2.4
Ausgewählte Kernempfehlungen zur Vermeidung einer weltweiten Süßwasserkrise

1. Wasserbewirtschaftung durch private Unternehmen und Akteure, z. B. über die Vergabe von temporären Lizenzen für Flußeinzugsgebiete oder über die Bildung von Wassermärkten, wo immer dies die gesellschaftlichen und geoökologischen Verhältnisse zulassen.
2. Realisierung einer Weltwassercharta, in der sich die zeichnenden Nationen zur Beachtung fundamentaler sozialer und ökologischer Leitplanken („Menschen- und Naturrecht auf Wasser") verpflichten.
3. Sicherung der innerstaatlichen Grundversorgung aller Menschen mit Süßwasser, bei Armut beispielsweise über die Zuweisung eines staatlichen „Wassergelds". In den Fällen, in denen Staaten bei dem Auf- und Ausbau der Wasserversorgung und Wasserentsorgung finanziell überfordert sind, ist die zeitlich begrenzte Unterstützung aus einem globalen Wasserfonds zu erwägen, der über robuste internationale Finanzierungsmechanismen gespeist wird (etwa durch einen „Weltwasserpfennig").
4. Bündelung der unübersichtlichen und zersplitterten internationalen Institutionen und Programme zum Umwelt- und Entwicklungskomplex in einer einzigen „Organisation für nachhaltige Entwick-

KASTEN E 2-1

Globaler Verhaltenskodex zur Umsetzung des Rechts auf Wasser („Weltwassercharta")

PRÄAMBEL

Die unterzeichnenden Staaten, zwischenstaatlichen Organisationen und nichtstaatlichen Verbände,

IN UNTERSTÜTZUNG eines Menschenrechts auf Wasser, das eingeschlossen ist in das Recht auf Nahrung, wie es in der Allgemeinen Erklärung der Menschenrechte von 1948, dem Internationalen Pakt über die wirtschaftlichen, sozialen und kulturellen Rechte von 1966 und zahlreichen Erklärungen internationaler diplomatischer Konferenzen proklamiert ist,

IN KENNTNIS der Ergebnisse der Weltwasserkonferenzen, die 1992 in Dublin und 1997 in Marrakesch stattfanden,

BESORGT, daß bisherige internationale und nationale Aktionsprogramme nicht ausreichen, jedem Menschen den Zugang zu ausreichendem und sauberem Wasser für Ernährung und Hygiene zu verschaffen,

BESORGT, daß drastische Wasserknappheit in der Zukunft zu einer Gefährdung des Weltfriedens führen könne,

IN DEM BEWUßTSEIN, daß verstärkte internationale Anstrengungen der Staaten, zwischenstaatlichen Organisationen und nichtstaatlichen Verbände dringend notwendig sind, um möglichst schnell jedem Menschen Zugang zu ausreichendem sauberem Wasser zu verschaffen,

HABEN SICH auf diesen Globalen Verhaltenskodex zur Umsetzung eines Rechts auf Wasser geeinigt und diesen als Richtlinie für ihre jeweiligen Programme anerkannt.

ARTIKEL 1 – REGELUNGSBEREICH
1. Dieser Globale Verhaltenskodex zur Umsetzung des Rechts auf Wasser (im folgenden: „Weltwassercharta") ist eine völkerrechtlich nicht-bindende Erklärung eines weltweiten Konsenses über Grundsätze zu einem Menschenrecht auf Wasser, welche von den unterzeichnenden Staaten, zwischenstaatlichen Organisationen und nichtstaatlichen Verbänden als Verhaltensstandard anerkannt wird.
2. Alle Staaten, zwischenstaatlichen Organisationen und nichtstaatlichen Verbände, einschließlich der Wirtschaftsunternehmen, sind aufgerufen, die Weltwassercharta zu zeichnen und deren Grundsätze in ihre Programme und Aktionspläne zur Umsetzung des Menschenrechts auf Wasser zu integrieren.

ARTIKEL 2 – GRUNDSÄTZE
1. Recht auf Wasser bedeutet, daß jeder Mensch zu jeder Zeit und in ausreichender Menge physischen und wirtschaftlichen Zugang zu Wasser in angemessener Qualität hat, um seinen Grundbedarf zur Ernährung und zur Hygiene zu decken.
2. Die Gewährleistung eines Rechts auf Wasser ist grundsätzlich Aufgabe des Staates. Jeder Staat muß das Höchstmaß seiner verfügbaren Mittel einsetzen, um ein Recht auf Wasser gemäß Abs. 1 für alle Menschen unter seiner Rechtshoheit zu gewährleisten, ohne dabei andere zentrale Menschenrechte zu gefährden. Der Staat kann diese Aufgabe nach Maßgabe der nationalen Gesetze an nichtstaatliche Wirtschaftsunternehmen übertragen, soweit hierbei gewährleistet wird, daß das Recht eines jeden Menschen unter seiner Rechtshoheit auf ausreichend Wasser gemäß Abs. 1 gewahrt bleibt.
3. Die Unterstützung von Staaten, die ein Recht auf Wasser für Menschen unter ihrer Rechtshoheit nicht gewährleisten können, ist Aufgabe der internationalen Gemeinschaft, im Einklang mit Art. 55 der Satzung der Vereinten Nationen und Art. 11 Abs. 2 des Internationalen Pakts über die wirtschaftlichen, sozialen und kulturellen Rechte. Alle Staaten und zwischenstaatlichen Organisationen sind, nach Maßgabe ihrer individuellen Möglichkeiten, aufgerufen, den unter Wasserkrisen leidenden Staaten zu helfen, um das Recht auf Wasser gemäß Abs. 1 umzusetzen.
4. Der Zugang zu Wasser darf nicht als Zwangsmittel zur Erreichung politischer oder militärischer Ziele eingesetzt werden.
5. Das Recht auf Wasser schließt die Aufgabe der Staaten ein, Gewässer unter ihrer Rechtshoheit vor Verunreinigungen derart zu schützen, daß Schäden gegenüber Menschen ausgeschlossen und gegenüber Tieren und Ökosystemen soweit wie möglich vermieden werden.
6. Die Nutzung eines grenzüberschreitenden Gewässers durch einen Staat darf in keinem Fall das Recht der Menschen eines anderen Staates auf ausreichend sauberes Wasser zur Ernährung und für Hygienezwecke beeinträchtigen, soweit nicht vergleichbare Rechte des nutzenden Staates betroffen sind.

Artikel 3 – Umsetzung durch die Staaten

1. Die unterzeichnenden Staaten werden bestehende physische und wirtschaftliche Zugangsmöglichkeiten der Menschen unter ihrer Rechtshoheit zu ausreichendem sauberem Wasser nicht einschränken.
2. Die unterzeichnenden Staaten erkennen die Umsetzung des Rechts auf Wasser als eine nationale Aufgabe von großer Priorität an und werden, unter Einsatz des Höchstmaßes ihrer Möglichkeiten, dafür Sorge tragen, daß alle Menschen unter ihrer Rechtshoheit, die noch keinen Zugang zu ausreichendem sauberem Wasser haben, diesen baldmöglichst erhalten.
3. Die unterzeichnenden Staaten werden die Beschlüsse der Weltwasserkonferenzen, insbesondere der Konferenzen von Dublin 1992 und von Marrakesch 1997, in der Umsetzung dieser Weltwassercharta als Mindeststandard berücksichtigen.
4. Diejenigen unterzeichnenden Staaten, in denen eine Grundversorgung mit Nahrung und Wasser nicht gewährleistet ist, erkennen als Ziel an, mindestens 20 v. H. ihres Staatshaushalts für die soziale Sicherheit zu verwenden und hierbei der Grundversorgung der Menschen unter ihrer Rechtshoheit mit Wasser besondere Beachtung zu schenken.
5. Wenn qualitativ ausreichendes Wasser ein knappes Gut ist, sollte von Regierungen erwogen werden, unter Berücksichtigung nationaler kultureller Traditionen, Wasser nicht kostenlos abzugeben und den Endverbrauchspreis des Wassers an die Gestehungskosten zu knüpfen, um einen wirtschaftlichen Umgang mit Wasser zu fördern. Hierbei müssen Staaten durch ökonomische Ausgleichsmaßnahmen gewährleisten, daß der Zugang aller Menschen unter ihrer Rechtshoheit gemäß Art. 2 Abs. 1 gewährleistet ist.
6. Alle staatlichen Maßnahmen sollen nach Maßgabe der nationalen Gesetze unter einem Höchstmaß an Beteiligung der betroffenen Menschen und der lokalen und regionalen Gebietskörperschaften erfolgen.
7. Die unterzeichnenden Staaten werden insbesondere durch folgende Einzelmaßnahmen zur Umsetzung eines Rechts auf Wasser beitragen:
   (a) soweit nicht bereits erfolgt, durch die Ratifikation des Internationalen Pakts über die wirtschaftlichen, sozialen und kulturellen Rechte;
   (b) durch die Berücksichtigung des Rechts auf Wasser in ihrer nationalen Gesetzgebung;
   (c) durch die Einführung geeigneter Umweltstandards, um die Versorgung der Menschen mit gesundheitlich unbedenklichem Trinkwasser und den Schutz der Ökosysteme sicherzustellen;
   (d) durch ein nationales Wasseraktionsprogramm, das mit klar definierten quantitativen, qualitativen und zeitlichen Zielen allen Menschen den physischen Zugang zu Wasser garantiert;
   (e) durch die Einführung eines „Wassergelds" oder vergleichbarer Instrumente, soweit die Versorgung mit Wasser gewinnorientierten Wirtschaftsunternehmen überlassen wurde, um den wirtschaftlichen Zugang auch der Armen zu Wasser zu garantieren;
   (f) durch den Aufbau eines wirksamen Systems zur Überwachung des Rechts auf Wasser, welches geeignet ist, verwundbare Gruppen zu identifizieren und mit ihnen gemeinsam Lösungswege zu entwickeln, z. B. durch
      (i) Ermöglichung von Beschwerden bei Nichterfüllung des Rechts auf Wasser;
      (ii) einen nationalen Wasser-Ombudsmann, welcher dem nationalen Parlament und zwischenstaatlichen Organisationen i.V.m. Art. 7 über die Umsetzung des Rechts auf Wasser berichtet.
   (...) siehe zu weiteren konkreten Pflichten Kap. E 2.3 des Jahresgutachtens).
8. Die unterzeichnenden Staaten werden über die Umsetzung ihrer Maßnahmen regelmäßig gemäß Art. 7 berichten.

Artikel 4 – Umsetzung durch zwischenstaatliche Zusammenarbeit

1. Die unterzeichnenden Staaten erkennen die Bedeutung der zwischenstaatlichen Zusammenarbeit zur Sicherstellung des Rechts auf Wasser und Nahrung an. Hierzu werden alle Staaten, nach Maßgabe ihrer Möglichkeiten, andere Staaten bei dem Schutz des Rechts auf Wasser unterstützen.
2. Die unterzeichnenden Staaten bekennen sich zu dem Grundsatz der ausgewogenen und optimalen Verteilung der Nutzung von grenzüberschreitenden Gewässern und akzeptieren hierbei den vom sechsten Ausschuß der Vollversammlung der Vereinten Nationen beschlossenen Entwurf eines Vertrags zur nicht-schifffahrtlichen Nutzung grenzüberschreitender

Gewässer als Grundlage weiterer Verhandlungen.
3. Die unterzeichnenden Industrieländer werden weitere Mittel zur Gewährleistung des Rechts auf Wasser in Entwicklungsländern zur Verfügung stellen. Dabei werden sie 20 v. H. ihrer in der Entwicklungszusammenarbeit verwandten Mittel zur Förderung der sozialen Sicherheit verwenden und hierbei der Grundversorgung mit Wasser und Nahrung einen besonderen Stellenwert einräumen.
4. Die unterzeichnenden Industrieländer erkennen an, daß die Höhe des erforderlichen Schuldendienstes in vielen Entwicklungsländern auch dazu beiträgt, daß umfassendere Programme zur Umsetzung des Rechts auf Wasser nicht im notwendigen Umfang möglich sind. Industrieländer werden gemeinsam mit den Entwicklungsländern verstärkt nach geeigneten Lösungswegen suchen, einschließlich der Möglichkeit eines mit Wasserprogrammen verknüpften Schuldenerlasses (debt for water security swaps).

Artikel 5 – Umsetzung durch zwischenstaatliche Organisationen

1. Die zwischenstaatlichen Organisationen werden das Recht auf Wasser, soweit möglich und angebracht, in ihre Tätigkeit integrieren und verstärkt auf die Gewährleistung dieses Rechts für alle Menschen hinarbeiten.
2. Zwischenstaatliche Organisationen werden ein organisationsinternes Aktionsprogramm ausarbeiten und über dessen Umsetzung gemäß Art. 7 regelmäßig berichten.
3. Insbesondere werden zwischenstaatliche Organisationen Maßnahmen ergreifen, um
(...) (siehe hierzu die detaillierten Handlungsempfehlungen des Beirats in E 2.3 des Jahresgutachtens)

Artikel 6 – Umsetzung durch nichtstaatliche Verbände

1. Nichtstaatliche Verbände, die nicht gewinnorientiert für gemeinnützige Zwecke gegründet wurden, werden dem Recht auf Wasser in ihren Programmen hohe Priorität einräumen.
2. Nichtstaatliche Wirtschaftsunternehmen werden ihre Unternehmenspolitik derart gestalten, daß das Menschenrecht auf Wasser nicht gefährdet wird. Nichtstaatliche Wirtschaftsunternehmen, die besonders in der Wasserwirtschaft tätig sind, werden

(a) in der Verteilung von Wasser niemanden diskriminieren;
(b) den Zugang verwundbarer Gruppen zu Wasser besonders fördern;
(c) die volle Teilhabe der lokalen Bevölkerung bei allen Entscheidungen über wasserbauliche Infrastrukturmaßnahmen gewährleisten;
(...) (siehe hierzu die detaillierten Handlungsempfehlungen des Beirats in Kap. E 2.3)
3. Nichtstaatliche Organisationen, einschließlich der Wirtschaftsunternehmen, werden dem nationalen Ombudsmann oder vergleichbaren Stellen gemäß Art. 3 Abs. 7 lit. f sowie den zwischenstaatlichen Organisationen gemäß Art. 7 über die Umsetzung des Rechts auf Wasser in der Arbeit ihrer Organisation berichten.

Artikel 7 – Internationale Mechanismen

1. Das höchste Überwachungsgremium der Weltwassercharta ist die jährliche Konferenz der unterzeichnenden Staaten, an der auch die zwischenstaatlichen Organisationen und nichtstaatlichen Verbände angemessen vertreten und anzuhören sein werden („Weltwasserkonferenz").
2. Der Hohe Kommissar der Vereinten Nationen zu Menschenrechten wird eingeladen, die Umsetzung der Weltwassercharta als ihr ständiges Sekretariat zu koordinieren und zu überwachen. Hier sollte ein eigenständiger Geschäftsbereich innerhalb des Kommissariats eingerichtet werden, der ausschließlich mit dem Recht auf Wasser befaßt ist.
3. Der Hohe Kommissar der Vereinten Nationen zu Menschenrechten berichtet der Menschenrechtskommission der Vereinten Nationen über Fortschritte bei der Umsetzung des Rechts auf Wasser. Dieser Bericht soll im einzelnen enthalten
(a) auf Staaten bezogene Angaben über den Anteil der Menschen ohne Zugang zu sauberem Trinkwasser;
(b) auf Staaten bezogene Angaben über den Anteil der Menschen, die von Wassermangel akut bedroht sind;
(c) eine Identifizierung von Staaten, die von Wassermangel akut betroffen sind;
(d) eine Identifizierung von Staaten, die von Wassermangel bedroht sind;
(e) eine Identifizierung von Staaten, die von Dürren oder Überschwemmungen beson-

ders betroffen oder hiervon besonders bedroht sind.
(...)
4. Zur Unterstützung der Weltwassercharta wird ein Zwischenstaatlicher Beratender Ausschuß zum Recht auf Wasser eingerichtet, der in regelmäßigen Abständen die Umsetzung der Weltwassercharta berät, weitergehende Maßnahmen diskutiert, den Hohen Kommissar in seinen Aufgaben gemäß Abs. 2–3 berät und gegenüber der Weltwasserkonferenz Empfehlungen ausspricht.
5. Dieser Zwischenstaatliche Beratende Ausschuß besteht aus 14 Mitgliedern, von denen jeweils sieben aus Industrieländern und sieben aus Entwicklungsländern entsandt werden. Eine angemessene geographische Repräsentation ist zu gewährleisten.
(...)

# Literatur	F

Abramowitz, J. N. (1995): Süßwasser: Alles fließt. World Watch (November/Dezember), 30-45.

Achtnich, W. (1980): Bewässerungsfeldbau. Stuttgart: Ulmer.

ADB – Asian Development Bank (1997): Annual Report 1996. Manila: ADB.

Agras, W. S., Jacob, R. G. und Lebedeck, M. (1980): The California Drought: A Quasi-experimental Analysis of Social Policy. Journal of Applied Behavior Analysis 13 (4), 561-570.

Aitken, C. K., McMahon, T. A., Wearing, A. J. und Finlayson, B. L. (1994): Residential Water Use: Predicting and Reducing Consumption. Journal of Applied Social Psychology 24 (2), 136-158.

Aksamit, D. (1996): A Journey to the Three Gorges. World Rivers Review 11 (2), 8-9.

Alcamo, J. (1994): IMAGE 2.0 Integrated Modeling of Global Climate Change. Dordrecht: Kluwer.

Alcamo, J., Döll, P., Kaspar, F. und Siebert, S. (1997): An Overview of the Global Fresh Water Situation. Externes Gutachten für den WBGU. Unveröffentlichtes Manuskript.

Alexandratos, N. (Hrsg.) (1995): World Agriculture Towards 2010. A FAO Study. Rom: FAO.

Alho, C. J. R., Lacher jr., T. E. und Goncalves, H. (1988): Environmental Degradation in the Pantanal Ecosystem. BioScience 38 (3), 164-171.

Alster, J. (1996): Water in the Peace Process. Justice (9), 11-16.

Amoo, S. G. und Zartman, I. W. (1992): Mediation by Regional Organizations: The Organization for African Unity (OAU) in Chad. In: Bercovitch, J. und Rubin, J. (Hrsg.): Mediation in International Relations. Multiple Approaches to Conflict Management. New York: St. Martin's Press, 131-148.

Amsel, A. und Lanz, K. (1992): Ein Klo geht um die Welt. Greenpeace-Magazin 3, 9-13.

Andreae, M. O. (1995): Climate Effects of Changing Atmospheric Aerosol Levels. In: Henderson-Sellers, A. (Hrsg.): Future Climate to the World: A Modelling Perspective, World Survey and Climatology. Amsterdam: Elsevier, 341-392.

Appasamy, P. und Lundqvist, J. (1993): Water Supply and Waste Disposal. Strategies for Madras. Ambio 22 (7), 442-448.

Arceveila, (1996): Waste Water Treatment Problematique. Joint GAP-WHO Report from an Internet Discussion to the UN Habitat II Conference. Stockholm: Royal Institute of Technology.

Arthur, J. P. (1983): Notes on the Design and Operation of WSP in Warm Climates of Developing Countries. Washington, DC: The World Bank.

Assmann, J. (1996): Das Leichensekret des Osiris: Zur kultischen Bedeutung des Wassers im alten Ägypten. Heidelberg: Unveröffentlichtes Vortragsmanuskript.

Aubert, V. (1972): Interessenkonflikt und Wertkonflikt: Zwei Typen des Konflikts und Konfliktlösung. In: Bühl, W. L. (Hrsg.): Konflikt und Konfliktstrategie. Ansätze zu einer soziologischen Konflikttheorie. München: Nymphenberger Verlagshandlung, 178-205.

Axelrod, R. (1987): Die Evolution der Kooperation. München: Oldenbourg.

Ayub, M. A. und Kuffner, U. (1994): Wasserwirtschaft im Maghreb. Finanzierung & Entwicklung 31 (2), 28-29.

Azzoni, A., Chiesa, S., Frassoni, A. und Govi, M. (1992): The Valpola Landslide. Engineering Geology 33, 59-70.

Bächler, G., Böge, V., Klötzli, S., Libiszewski, S. und Spillmann, K. R. (1996): Kriegsursache Umweltzerstörung: Ökologische Konflikte in der Dritten Welt und Wege ihrer friedlichen Bearbeitung. Band 1. Chur, Zürich: Rüegger.

Bähr, J. und Mertins, G. (1995): Die lateinamerikanische Groß-Stadt. Verstädterungsprozesse und Stadtstrukturen. Darmstadt: Wissenschaftliche Buchgesellschaft.

Bäthe, J., Herbst, V., Hofmann, G., Matthes, U. und Thiel, R. (1994): Folgen der Reduktion der Salzbelastung in Werra und Weser für das Fließgewässer als Ökosystem. Wasserwirtschaft 10, 528-536.

Bangs, M. J., Purnomo, N., Andersen, E. M. und Anthony, R. L. (1996): Intestinal Parasites of Humans in a Highland Community of Irian Jaya, Indonesia. Annales Tropical Medicine and Parasitology 90 (1), 49-53.

Bangura, Y. (1996): Economic Restructuring, Coping Strategies and Social Change: Implications for Institutional Development in Africa. In: Lundahl, M. und Ndulu, B. J. (Hrsg.): New Directions in Development Economics. Growth, Environmental Concerns and Government in the 1990s. London, New York: Routledge, 352-393.

Bantle, S. (1994): Schattenhandel als sozialpolitischer Kompromiß: die „Lybischen Märkte" in Tunesien. Informelle Kleinimporte, Wirtschaftsliberalisierung und Transformation. Münster: Studien zur Volkswirtschaft des Vorderen Orients.

Barber, M. und Ryder, G. (Hrsg.) (1993): Damming the Three Gorges: What Dam Builders Don't Want You to Know. London, Toronto: Earthscan und Probe International.

Bárdossy, A. und Caspary, H. J. (1990): Detection of Climate Change in Europe by Analyzing European Atmospheric Circulation Patterns from 1881–1989. Theoretical and Applied Climatology 42, 155-167.

Barney, G. O. (1991): Global 2000 - Bericht an den Präsidenten. Technischer Bericht. Frankfurt/M.: Zweitausendeins.

Barrow, C. J. (1994): Land Degradation. Cambridge: Cambridge University Press.

Barrow, C. J. (1995): Developing the Environment - Problems and Management. London: Longman.

Barsch, H. und Bürger, K. (1996): Naturressourcen der Erde und ihre Nutzung. Gotha: Perthes.

Baumann, W., Bayer, H., Greupner, P., Kraft, H., Lauterjung, E., Lauterjung, H., Mollien, H., Wolkewitz, H. und Zeuner, G. (1984): Ökologische Auswirkungen von Staudammvorhaben - Erkenntnisse und Folgerungen für die entwicklungspolitische Zusammenarbeit. München, Köln: Weltforum.

Baumgartner, A. und Liebscher, H. J. (1990): Lehrbuch der Hydrologie. Allgemeine Hydrologie. Berlin, Stuttgart: Bornträger.

Baumgartner, A. und Reichel, E. (1975): The World Water Balance. Amsterdam: Elsevier.

Benzler, G., Halstrick-Schenk, M., Klemmer, P. und Löbbe, K. (1995): Wettbewerbskonformität von Rücknahmeverpflichtungen im Abfallbereich. Untersuchungen des Rheinisch-Westfälischen Instituts für Wirtschaftsforschung (RWI). Essen: RWI.

Beran, M. (1995): The Role of Water in Global Environmental Change Processes. In: Oliver, H. R. und Oliver, S. A. (Hrsg.): The Role of Water and the Hydrological Cycle in Global Change. Berlin, Heidelberg, New York: Springer, 1-22.

Bercovitch, J. (1991): International Mediation. Journal of Peace Research 28 (1), 3-6.

Bercovitch, J. (1992): The Structure and Diversity of Mediation in International Relations. In: Bercovitch, J. und Rubin, J. (Hrsg.): Mediation in International Relations. Multiple Approaches to Conflict Management. New York: St. Martin's Press, 1-29.

Bercovitch, J. und Regan, P. M. (1997): Managing Risks in International Relations: The Mediation of Enduring Rivalries. In: Schneider, G. und Weitsman, P. A. (Hrsg.): Enforcing Cooperation. Risky States and the Intergovernmental Management of Conflict. London: MacMillan, 185-201.

Berk, R. A., Cooley, T. F., LaCivita, C. J., Parker, S., Sredl, K. und Brewer, M. (1980): Reducing Consumption in Periods of Acute Scarcity: The Case of Water. Social Science Research 9, 99-120.

Bernacsek, G. M. (1984): Dam Design and Operation to Optimize Fish Production in Impounded River Basins. Rom: FAO.

Berner, E. K. und Berner, R. A. (1996): Global Environment. Water, Air and Geochemical Cycles. New York: Prentice Hall.

Bernhardt, H. (1993): Überlegungen zur Entwicklung der Trinkwasseraufbereitungstechnik. gwf Wasser-Abwasser 134 (14), 196-198.

Berrisch, G. (1994): The Danube Dam Dispute Under International Law. Austrian Journal of Public and International Law 46, 231-281.

Biermann, F. (1994): Internationale Meeresumweltpolitik. Auf dem Weg zu einem Umweltregime für die Ozeane? Frankfurt/M.: Lang.

Biermann, F. (1997): Financing Environmental Policies in the South. An Analysis of the Multilateral Ozone Fund. International Environmental Affairs 9 (3) (im Druck).

Biermann, F. und Hardtke, M. (1997): Tod im Korallenriff. Die ‚Regenwälder der Meere' drohen zu sterben. Ökozidjournal 13 (1), 2-13.

Billig, A. (1994): Ermittlung des ökologischen Problembewußtseins der Bevölkerung. Berlin: Umweltbundesamt (UBA).

Binder, J. (1996): Vortrag auf dem Internationalen LAWA-Symposium (28.-29.11.1996 in Heidelberg). Tagungsband (im Druck).

Birnie, P. und Boyle, A. E. (1992): International Law and the Environment. Oxford: Clarendon Press.

Björk, S. (1985): Scandinavian Lake Restoration Activities. In: European Water Control Association (Hrsg.): Lakes Pollution and Recovery: European Water Pollution Control Association International Congress Proceedings-Reprints. London: European Water Control Association, 293-301.

Black, M. (1994): Mega Slums - A Coming Sanitary Crisis. Water Aid Report. Internet-Datei: www.oneworld.org/wateraid/reports/slums.html. WWW: OneWorld Online.

Bliefert, C. (1994): Umweltchemie. Weinheim: VCH.

BMU - Bundesministerium für Umwelt, Naturschutz und Reaktorsicherheit (1994): Umweltpolitik – Wasserwirtschaft in Deutschland. Bonn: BMU.

BMU - Bundesministerium für Umwelt, Naturschutz und Reaktorsicherheit (1996a): Umweltpolitik – Wasserwirtschaft in Deutschland. Bonn: BMU.

BMU – Bundesministerium für Umwelt, Naturschutz und Reaktorsicherheit (1996b): Umweltbewußtsein in Deutschland. Ergebnisse einer repräsentativen Bevölkerungsumfrage im Auftrag des Umweltbundesamtes. Bonn: BMU.

BMZ - Bundesministerium für wirtschaftliche Zusammenarbeit und Entwicklung (1995): Überlebensfrage Wasser – eine Ressource wird knapp. Bonn: BMU.

BMZ – Bundesministerium für wirtschaftliche Zusammenarbeit und Entwicklung (1996): Wasser als knappe lebensnotwendige Ressource (Langfassung der BMZ-Studie „Wasser - eine Ressource wird knapp"). Bonn: BMZ.

Bohle, H.-G. (1981): Die Grüne Revolution in Indien - Sieg im Kampf gegen den Hunger? Paderborn: Schöningh.

Bohle, H.-G. (1989): 20 Jahre Grüne Revolution in Indien. Geographische Rundschau 41 (2), 91-98.

Böhme, H. (1988): Umriß einer Kulturgeschichte des Wassers. Eine Einleitung. In: Böhme, H. (Hrsg.): Kulturgeschichte des Wassers. Frankfurt/M.: Suhrkamp, 7-42.

Bonus, H. (1994): Vergleich von Abgaben und Zertifikaten. In: Mackscheidt, K., Ewringmann, D. und Gawel, E. (Hrsg.): Umweltpolitik mit hoheitlichen Zwangsabgaben. Karl-Heinrich Hansmeyer zur Vollendung seines 65. Lebensjahres. Berlin, 287-300.

Bos, R. (1997): New Priority Areas on the Interface of Water Resources Development and Vector-borne Diseases. Genf: World Health Organisation (WHO).

Bosshard, P. und Unmüßig, B. (1996): Der Damm zu Babel: das Drei-Schluchten-Projekt am Jangtse. Bonn: Weltwirtschaft, Ökologie und Entwicklung e.V. (WEED).

Bourne, C. (1992): The International Law Commission's Draft Articles on the Law of International Watercourses: Principles and Planned Measures. Colorado Journal of International Enviromental Law and Policy, 3 (1), 65 ff.

Bourne, C. (1996): The ILA's Contribution to International Water Resources Law. Natural Resources Journal 155, 175 ff.

Bradley, R. S., Diaz, H. F., Eischeid, J. K., Jones, P. D., Kelly, P. M. und Goodess, C. M. (1987): Precipitation Fluctuations Over Northern Hemisphere Land Areas Since the Mid-19th Century. Science 237, 171-175.

Brandt, K. (1995): Grenzüberschreitender Nachbarschutz im deutschen Umweltrecht. Deutsches Verwaltungsblatt (110), 779 ff.

Brandt, K. (1997): Reichweite und Schranken territorialer Souveränitätsrechte über die Umwelt. Die Notwendigkeit einer Umweltpflichtigkeit der Souveränität. Dissertation Universität Trier (im Druck).

Brehm, J. M. M. (1982): Fließgewässerkunde. Heidelberg: Quelle & Meyer.

Breitmeier, H. (1996): Wie entstehen globale Umweltregime? Der Konfliktaustrag zum Schutz der Ozonschicht und des globalen Klimas. Opladen: Leske und Budrich.

Brennan, G. und Buchanan, J. M. (1985): The Reason of Rules. Cambridge, New York: Cambridge University Press.

Bretschneider, H., Lecher, K. und Schmidt, M. (Hrsg.) (1993): Taschenbuch der Wasserwirtschaft. Hamburg: Parey.

Breuer, R. (1987): Öffentliches und Privates Wasserrecht. München: Beck.

Briscoe, J. (1992): Armut und Wasserversorgung. Der Weg voran. Finanzierung & Entwicklung 29 (4), 16-19.

Briscoe, J. (1995): Der Sektor Wasser und Abwasser in Deutschland - Qualität seiner Arbeit, Bedeutung für Entwicklungsländer. gwf Wasser - Abwasser 136 (8), 422-432.

Brix, H. (1994): Constructed Wetlands for Municipal Wastewater Treatment in Europe. In: Mitsch, W. J. (Hrsg.): Global Wetlands: Old World and New World. Amsterdam: Elsevier, 325-333.

Brockhoff, K. und Salzwedel, J. (1978): Korrekte Maßstabsbildung für Entwässerungsgebühren. Berlin: Schmidt.

Bronger, D. (1996): Megastädte. Geographische Rundschau 48 (2), 74-81.

Brown, L. R., Lenssen, N. und Kane, H. (1995): Vital Signs. The Trends That are Shaping our Future. London: Earthscan.

Brun, W. (1992): Cognitive Components of Risk Perception: Natural Versus Manmade Risks. Journal of Behavioral Decision Making 5, 117-132.

Brunee, J. und Toope, S. (1997): Environmental Security and Freshwater Resources: Ecosystem Regime Building. American Journal of International Law 91 (1), 1ff.

Buchanan, J. M. (1975): The Limits of Liberty. Between Anarchy and Leviathan. Chicago: University of Chicago Press.

Buchanan, J. M. (1987): Zur Verfassung der Wirtschaftspolitik. Zeitschrift für Wirtschaftspolitik 36 (2), 101-112.

Buck, W. und Lee, K. K. (1980): Effektiver Hochwasserschutz: Vorarbeiten und deren Anwendung. Wasser und Boden 32, 59-67.

Buck, W. und Pflügner, W. (1991): Nutzwertanalytische Bewertung auenökologischer Wirkungen - Pilotstudie für eine Hochwasserschutzmaßnahme. Wasserwirtschaft 81, 578-587.

Buhse, G. (1989): Biotope Impairment Caused by Potassium Polluted Water of the Werra and Oberweser Rivers East Germany. Zeitschrift für Wasser- und Abwasser-Forschung 22 (2), 49-56.

Burchard, G. D., Büttner, D. W., Korte, R., Kretschmer, H. und Meier-Brook, C. (1996): Schistosomiasis (Bilharziose). In: Knobloch, J. (Hrsg.): Tropen und Reisemedizin. Stuttgart: Fischer, 238-256.

Burkhardt, P. (1995): Auswirkungen wasserbaulicher Maßnahmen auf das Hochwasserverhalten im mitteldeutschen Raum am Beispiel von Elbe und Bode. Vortrag am DFG-Rundgespräch „Hochwasser in Deutschland unter Aspekten globaler Veränderungen" am 9. Oktober 1995 in Potsdam. In: Bronstert, A. (Hrsg.) (1996): Hochwasser in Deutschland unter Aspekten globaler Veränderungen. Bericht über das DFG - Rundgespräch am 9. Oktober 1995 in Potsdam. Potsdam: Potsdam-Institut für Klimafolgenforschung (PIK), 37-45.

Burns, D. A., Galloway, N. J. und Hendrey, G. R. (1981): Acidification of Surface Waters in Two Areas of the Eastern United States. Water, Air & Soil Pollution (16), 277-285.

Burton, I., Kates, R. W. und White, G. F. (1978): The Environment as Hazard. New York, Oxford: Oxford University Press.

Butler, D. (1997): Time to Put Malaria Control on the Global Agenda. Nature 386, 535-540.

Calvert, S. und Calvert, P. (1996): Politics and Society in the Third World. An Introduction. London: Prentice Hall, Harvester Wheatsheaf.

Campbell, T. (1989): Urban Development in the Third World: Environmental Dilemmas and the Urban Poor. In: Leonard, H. J. (Hrsg.): Environment and the Poor: Development Strategies for a Common Agenda. New Brunswick, Oxford: Transaction Books, 165-187.

Cansier, D. (1996): Umweltökonomie. Stuttgart: Lucius und Lucius.

Carpenter, S., Frost, T., Persson, L., Power, M. und Soto, D. (1996): Freshwater Ecosystems: Linkages of Complexity and Processes. In: Mooney, H. A., Cushman, J. H., Medina, E., Sala, O. E. und Schulze, E.-D. (Hrsg.): Functional

Role of Biodiversity: A Global Perspective. Chichester, New York: Wiley & Sons, 299-325.
Carruthers, I. und Clark, C. (1981): The Economics of Irrigation. Liverpool: Liverpool University Press.
Carson, R. (1962): Silent Spring. London: Penguin.
Carter, V., Bedinger, M. S., Novitzki, R. P. und Wilen, W. O. (1979): Water Resources and Wetlands. In: Greeson, P. E., Clark, J. R. und Clark, J. E. (Hrsg.): Wetland Functions and Values: The State of Our Understanding. Minneapolis: American Water Resources Association, 344-376.
Cassel-Gintz, M. A., Lüdeke, M. K. B., Petschel-Held, G., Reusswig, F., Plöchl, M., Lammel, G. und Schellnhuber, H.-J. (1997): Fuzzy Logic Based Assessment on Marginality of Agricultural Land Use. Climate Research (im Druck).
Chambers, R. (1992): Rural Appraisal: Rapid, Relaxed and Participatory. Sussex: Institute of Development Studies.
Chao, B. F. (1995): Anthropogenic Impact on Global Geodynamics Due to Reservoir Water Impoundment. Geophysical Research Letters 22 (24), 3529-3532.
Chapman, D. (1992): Water Quality Assessment. London: Chapman and Hall.
Charlson, R. J., Lovelock, J. E., Andreae, M. O. und Warren, S. G. (1987): Oceanic Phytoplankton, Atmospheric Sulfur, Cloud Albedo and Climate. Nature (326), 655-661.
Chomchai, P. (1995): Management of Transboundary Water Resources: A Case Study of the Mekong. In: Blake, G. H., Hildesley, W., Pratt, M., Ridley, R. und Schofield, C. (Hrsg.): The Peaceful Management of Transboundary Resources. London, Boston: Graham & Trotman, Nijhoff, 245 ff.
Cichorowski, G. (1996): Rationelle Wasserverwendung. Die Maßnahmen und ihre Auswirkungen in Frankfurt am Main. Wasserkultur 7, 40-46.
Clark, D. (1996): Urban World/Global City. London, New York: Routledge.
Clarke, R. (1993): Water: The International Crisis. Cambridge: Cambridge University Press.
Claus, B. und Neumann, P. (1995): Masterplan, Development Objectives and Agenda for the Natural Reconstruction of the Lower Weser and Her Marshes. Archiv für Hydrobiologie Supplementband 101 (3-4), 615-627.
Collier, M. P., Webb, R. H. und Andrews, E. D. (1997): Die experimentelle Überflutung im Grand Canyon. Spektrum der Wissenschaft (3), 76-83.
Cone, J. D. und Hayes, S. C. (1980): Environmental Problems/Behavioral Solutions. Monterey: Brooks/Cole.
Cooper, A. B. (1990): Nitrate Depletion in the Riparian Zone and Stream Channel of a Small Headwater Catchment. Hydrobiologia 202 (1-2), 13-26.
Costanza, R., d'Arge, R., de Groot, R., Farber, S., Grasso, M., Hannon, B., Limburg, K., Naeem, S., O'Neill, R. V., Raruelo, J., Raskin, R. G., Sutton, P. und van den Belt, M. (1997): The Value of the World's Ecosystem Services and Natural Capital. Nature 387, 253-260.

Coy, M. (1991): Sozio-ökonomischer Wandel und Umweltprobleme in der Pantanal-Region Mato Grossos (Brasilien). Geographische Rundschau 43 (3), 174-182.
Cramer, W. und Leemans, R. (1992): The IIASA Database for Mean Monthly Values of Temperature, Precipitation and Cloudiness of a Global Terrestrial Grid. Laxenburg: IIASA.
CYJV - CIPM Yangtse Joint Venture (1989): Three Gorges Water Control Project Feasibility Study. 13 Bände. Montreal: CYJV.
Czempiel, E.-O. (1994): Die Reform der UNO. Möglichkeiten und Mißverständnisse. München: Beck.

Dai Qing (1994): „Jangtse! Jangtse!" London, Toronto: Earthscan und Probe International.
da Silva, C. J. und Silva, J. F. (1995): No ritmo das águas do Pantanal. São Paulo: NUPAUB/USP.
Davies, T. (1996): Two Steps Forward. Center for Risk Management Newsletter (10), 1-2.
de Haan, G., Kuckartz, U. und Rheingans, A. (1996): Lokale Agenda 21: Der Stand der Dinge November 1996. Berlin: Freie Universität. Forschungsgruppe Umweltbildung.
Dech, S. W. und Ressl, R. (1993): Die Verlandung des Aralsees - Eine Bestandsaufnahme durch Satellitenfernerkundung. Geographische Rundschau (45), 345.
Dellapenna, J. (1996): Rivers as Legal Structures: The Example of the Jordan and the Nile. Natural Resources Journal 36 (2), 217ff.
Denny, P. (1994): Biodiversity and Wetlands. Wetlands Ecology and Management 3 (1), 55-61.
Dickerson, C. A., Thibodeau, R., Aronson, E. und Miller, D. (1992): Using Cognitive Dissonance to Encourage Water Conservation. Journal of Applied Social Psychology 22, 841-854.
Dickson, W. (1981): Freshwater Acidification in Scandinavia and Europe. An Overview. Chichester, New York: Wiley & Sons.
Dierberg, F. E. und Kiattisimkul, W. (1996): Issues, Impacts, and Implications of Shrimp Aquaculture in Thailand. Environmental Management 20 (5), 649-666.
Diesfeld, H. J. (1997): Malaria auf dem Vormarsch? Geographische Rundschau 49, 232-239.
Dombrowsky, I. (1995): Wasserprobleme im Jordanbecken. Perspektiven einer gerechten und nachhaltigen Nutzung internationaler Ressourcen. Frankfurt/M.: Lang.
Donald, C. M. und Hamblin, J. (1976): The Biological Yield and Harvest Index of Cereals as Agronomic and Plant Breeding Criteria. Advances in Agronomy 28, 361-405.
Drijver, C. A. und Marchand, M. (1986): Taming the Floods: Environmental Aspects of Floodplain Development in Africa. Natural Resources 22 (4), 13-22.
Dugan, P. (Hrsg.) (1993): Wetlands in Danger. A Mitchell Beazley World Conservation Atlas. London: Reed International.

Dunhoff, J. L. (1992): Reconciling International Trade With Preservation of the Global Commons. Can We Prosper and Protect? Washington and Lee Law Review 49 (4), 1407-1454.

Dunlap, R. E., Gallup jr., G. H. und Gallup, A. M. (1993): Health of the Planet. A George H. Gallup Memorial Survey. Results of a 1992 International Environmental Opinion Survey of Citizens in 24 Nations. Princeton: The George H. Gallup International Institute.

Durka, W. (1994): Isotopenchemie des Nitrat, Nitrataustrag, Wasserchemie und Vegetation von Waldquellen im Fichtelgebirge (NO-Bayern). Bayreuth: Bayreuther Forum Ökologie.

Durth, R. (1996): Zwischenstaatliche Zusammenarbeit an grenzüberschreitenden Flüssen und regionale Integration. Zeitschrift für Umweltpolitik und Umweltrecht 19 (2), 183-208.

Dynesius, M. und Nielsson, C. (1994): Fragmentation and Flow Regulation of River Systems in the Northern Third of the World. Science 266, 759ff.

Eaton, J. W. und Eaton, D. J. (1994): Water Utilization in the Yarmuk-Jordan, 1192-1992. In: Isaac, J. und Shuval, H. (Hrsg.): Water and Peace in the Middle East. Amsterdam: Elsevier, 107ff.

Efinger, M., Rittberger, V. und Zürn, M. (1988): Internationale Regime in den Ost-West-Beziehungen. Ein Beitrag zur Erforschung der friedlichen Behandlung internationaler Konflikte. Frankfurt/M.: Haag und Herchen.

Ehrmann, M. (1997): Die Globale Umweltfazilität (GEF). Zeitschrift für ausländisches öffentliches Recht und Völkerrecht 57 (im Druck).

Endres, A. und Finus, M. (1996): Umweltpolitische Zielbestimmung im Spannungsfeld gesellschaftlicher Interessengruppen. Ökonomische Theorie und Empirie. In: Siebert, H. (Hrsg.): Elemente einer rationalen Umweltpolitik. Expertisen zur umweltpolitischen Neuorientierung. Tübingen: Mohr, 35-133.

Engel, H. (1995): Die Hochwasser 1994 und 1995 im Rheingebiet im vieljährigen Vergleich. Proceedings des DGFZ (6), 59-74.

Engel, H. (1997): Understanding Recent Large River Flooding. 1st European Workshop on River-Basin-Modelling and Flood Mitigation (RIBAMOD) in Delft, February 13-14, 1997. Delft: RIBAMOD.

Engelman, R. und LeRoy, P. (1995): Mensch, Wasser! Die Bevölkerungsentwicklung und die Zukunft der erneuerbaren Wasservorräte. Hannover: Balance.

Enquete-Kommission „Schutz des Menschen und der Umwelt" (1996): Öffentliche Anhörung: Kommunen und nachhaltige Entwicklung. Beiträge zur Umsetzung der Agenda 21. Bonn: Enquete-Kommission.

Epiney, A. (1995): Das „Verbot der erheblichen grenzüberschreitenden Umweltbeeinträchtigungen": Relikt oder konkretisierungsfähige Grundnorm. Archiv des Völkerrechts (33), 332 ff.

Erickson, C. L. (1992): Prehistoric Landscape Management in the Andean Highlands. Raised Field Agriculture and its Environmental Impact. Population and Environment 13 (4), 285-300.

Evans, G. und Cohen, S. (1987): Environmental Stress. In: Stokols, D. und Altman, I. (Hrsg.): Handbook of Environmental Psychology. Band 1. Chichester, New York: Wiley & Sons, 571-610.

Evenari, M., Shanan, L. und Tadmor, N. (1982): The Negev - The Challenge of a Desert. Cambridge: Harvard University Press.

Ewers, H.-J. und Rennings, K. (1996): Quantitative Ansätze einer rationalen und umweltpolitischen Zielbestimmung. In: Siebert, H. (Hrsg.): Elemente einer rationalen Umweltpolitik. Expertisen zur umweltpolitischen Neuorientierung. Tübingen: Mohr, 135-171.

Ex-Im Bank – Export-Import Bank of the United States (1996): Frequently Asked Questions About the Three Gorges Dam Project. Internet-Datei http://www.exim.gov/3gorges.html. Washington: Ex-Im Bank.

Exner, M. und Gornik, V. (1995): Kryptosporidiose. Sonderdruck 1/97. Aus: Beck, E. G. und Eikmann, T. (Hrsg.): Hygiene in Krankenhaus und Praxis. Landsberg: Ecomed.

Ezcurra, E. und Mazari-Hiriart, M. (1996): Are Mega Cities Viable? A Cautionary Tale from Mexico City. Environment 38 (1), 6-33.

Falkenmark, M. und Lindh, G. (1993): Water and Economic Development. In: Gleick, P. (Hrsg.): Water in Crisis. A Guide to the World's Fresh Water Resources. New York, Oxford: Oxford University Press, 80-91.

FAO – Food and Agriculture Organization of the United Nations (1976): Water Quality for Agriculture. Irrigation and Drainage Paper. Rom: FAO.

FAO – Food and Agriculture Organization of the United Nations (1978): Systematic Index of International Water Resources Treaties, Declarations, Acts and Cases by Basin. Rom: FAO.

FAO – Food and Agriculture Organization of the United Nations (1987): The Fifth World Food Summit. Rom: FAO.

FAO – Food and Agriculture Organization (1993): FAO Production 1992/1993. Rom: FAO.

FAO – Food and Agriculture Organization of the United Nations (1996a): Food Production - The Critical Role of Water. Rom: FAO.

FAO – Food and Agriculture Organization of the United Nations (1996b): Lessons from the Green Revolution. Towards a New Green Revolution. Rom: FAO.

FAO – Food and Agriculture Organization of the United Nations (1996c): World Food Summit. Technical Background Documents. Rom: FAO.

FAO – Food and Agriculture Organization of the United Nations (1996d): World Food Summit. Technical Fact Sheets. Rom: FAO.

FAO – Food and Agriculture Organization of the United Nations (1996e): The State of the World Fisheries and Aquaculture. Rom: FAO.

FAO – Food and Agriculture Organization of the United Nations, World Bank und UNDP – United Nations Development Programme (1995): Water Sector Policy Review and Strategy Formulation. Rom: FAO.

FAOSTAT – Food and Agriculture Organization Statistical Department (1997): FAOSTAT Statistics Database. Internet Datei http://apps.fao.org/default.asp. Rom: FAO.

Farquhar, G. D., Hubick, K. T., Condon, A. G. und Richards, R. A. (1988): Carbon Isotope Fractionation and Plant Water-use Efficiency. In: Rundel, P. W., Ehleringer, J. R. und Nagy, K. A. (Hrsg.): Stable Isotopes in Ecological Research. Ecological Studies. Berlin, Heidelberg, New York: Springer, 31-40.

Fearnside, P. M. (1988): China's Three Gorges Dam: Fatal Project or Step Towards Modernization? World Development 16 (5), 615-630.

Fearnside, P. M. (1995): Hydroelectric Dams in the Brazilian Amazon as Sources of „Greenhouse Gases". Environmental Conservation 22 (1).

Feder, G. und le Moigne, G. (1994): Umweltverträgliche Wasserwirtschaft. Finanzierung & Entwicklung 31 (2), 24-27.

Feindt, P. H. (1996): Rationalität durch Partizipation? Das Mehrstufige Dialogische Verfahren als Antwort auf gesellschaftliche Differenzierung. In: Feindt, P. H., Gessenharter, W., Birzer, M. und Fröchling, H. (Hrsg.): Konfliktregelung in der offenen Bürgergesellschaft. Dettelbach: Röll, 169-189.

Fischer, L. (1988): Trank Wasser wie das liebe Vieh. Marginalien zur Sozialgeschichte des Umgangs mit Wasser. In: Böhme, H. (Hrsg.): Kulturgeschichte des Wassers. Frankfurt/M.: Suhrkamp, 314-352.

Fischer, L. (1997): Von der Tragedy of the Commons zu deren Benefits. Rahmenbedingungen für die erfolgreiche Organisation von Gemeingütern. Ökologisches Wirtschaften (2), 11-12.

Fischer, R. A. und Turner, N. C. (1978): Plant Production in the Arid and Semiarid Zones. Annual Review of Plant Physiology 29, 277-317.

Flanagan, W. G. (1990): Urban Sociology. Images and Structure. Boston: Allyn & Bacon.

Flohn, H. (1988/89): Ändert sich das Klima? Neue Erkenntnisse und Folgerungen. Mannheimer Forum 88/89, 135-189.

Förster, U. (1990): Umweltschutztechnik. Berlin, Heidelberg, New York: Springer.

Fraser, A. S., Meybeck, M. und Ongley, E. D. (1995): Water Quality of World River Basins. Nairobi: GEMS und UNEP.

Freeberne, M. (1993): The Three Gorges Project and Mass Resettlement. Water Resources Development 9 (3), 337ff.

Frei, D. (1990): Die Organisation der Vereinten Nationen (UNO). Eine Einführung in 15 Vorlesungen. Grüsch: Rüegger.

Frey, B. S. und Oberholzer-Gee, F. (1996): Zum Konflikt zwischen intrinsischer Motivation und umweltpolitischer Instrumentenwahl. In: Siebert, H. (Hrsg.): Elemente einer rationalen Umweltpolitik. Expertisen zur umweltpolitischen Neuorientierung. Tübingen: Mohr, 207-238.

Froese, B. (1997): Umweltchemikalien mit hormoneller Wirkung. GSF - Information Umwelt. Oberschleißheim: GSF.

Fromm, O. (1997): Möglichkeiten und Grenzen einer ökonomischen Bewertung des Ökosystems Boden. Dissertation. Marburg: Universität Marburg.

Frost, T. M., Carpenter, S. R., Ives, A. R. und Kratz, T. K. (1994): Species Compensation and Complementarity in Ecosystem Function. In: Jones, C. and Lawton, J. (Hrsg.): Linking Species and Ecosystems. London: Chapman and Hall, 224-239.

Fuglestvedt, J. S., Jonson, J. E., Wang, W.-C. und Isaksen, I. S. A. (1995): Responses in Tropospheric Chemistry to Changes in UV Fluxes, Temperatures and Water Vapour Densities. In: Wang, W.-C. und Isaksen, I. S. A. (Hrsg.): Atmospheric Ozone as a Climate Gas. Berlin, Heidelberg, New York: Springer, 145-162.

Gaidetzka, P. (1996a): Wasser - Leben für Süd und Nord. In: Bischöfliches Hilfswerk Misereor e.V. (Hrsg.): Wasser: Eine globale Herausforderung. Aachen: Horlemann, 6-10.

Gaidetzka, P. (1996b): Wasser in den Religionen. In: Bischöfliches Hilfswerk Misereor e.V. (Hrsg.): Wasser: Eine globale Herausforderung. Aachen: Horlemann, 138-145.

Gardner, G. T. und Stern, P. C. (1996): Environmental Problems and Human Behavior. Boston: Allyn & Bacon.

GATT – General Agreement on Tariffs and Trade (1991): Dispute Settlement Panel Report on United States Restrictions on Imports of Tuna, übermittelt an die Parteien am 16. August 1991, GATT Doc. DS21/R. ILM 30, 1594.

GATT – General Agreement on Tariffs and Trade (1994): Dispute Settlement Panel Report on United States Restrictions on Imports of Tuna, übermittelt an die Konfliktparteien am 20. Mai 1994. ILM 33, 839.

Gawel, E. (1996): Neoklassische Umweltökonomie in der Krise? Kritik und Gegenkritik. In: Köhn, J. und Welfens, M. J. (Hrsg.): Neue Ansätze in der Umweltökonomie. Ökologie und Wirtschaftsforschung. Marburg: Metropolis, 45-88.

Gaye, M. und Diallo, F. (1994): Case Study: Programme Assainissement de Diokoul et Quartiers Environnants Rufique, Senegal. Mexico: Habitat International Coalition (HIC).

Geller, E. S., Erickson, J. B. und Buttram, B. A. (1983): Attempts to Promote Residential Water Conservation with Educational, Behavioral and Engineering Strategies. Population and Environment 6 (2), 96-112.

Gellert, M. (1991): Kostensenkungspotentiale in der kommunalen Abwasserbeseitigung unter besonderer Berücksichtigung der Organisationsform. Witten: K.-U. Rudolph Eigenverlag.

GEMS/Water Datenbank (1997a): Global Risk of Surface Water Acidification. Internet-Datei http://cciw.ca/gems/atlas-gwdq/images/figpg25a.gif. Burlington, Ontario: UNEP Collaborating Centre for Freshwater Quality Monitoring und WHO Collaborating Centre for Surface and Groundwater Quality.

GEMS/Water Datenbank (1997b): Global Patterns of Sediment Yield, with River Output of Sediment to the Oceans. Internet-Datei http://cciw.ca/gems/atlas-gwdq/images/figpg10.gif. Burlington, Ontario: UNEP Collaborating Centre for Freshwater Quality Monitoring und WHO Collaborating Centre for Surface and Groundwater Quality.

GEMS/Water Datenbank (1997c): Range of TDS in Surface Water. Internet-Datei http://cciw.ca/gems/atlas-gwdq/images/figpg15a.gif. Burlington, Ontario: UNEP Collaborating Centre for Freshwater Quality Monitoring und WHO Collaborating Centre for Surface and Groundwater Quality.

GEMS/Water Datenbank (1997d): Nitrate Concentrations for Global Major Watersheds. Internet-Datei http://cciw.ca/gems/atlas-gwdq/images/figpg20c.gif. Burlington, Ontario: UNEP Collaborating Centre for Freshwater Quality Monitoring und WHO Collaborating Centre for Surface and Groundwater Quality.

Gerken, L. und Renner, A. (1996): Der Wettbewerb der Ordnungen als Entdeckungsverfahren für eine nachhaltige Entwicklung. In: von Gerken, L. (Hrsg.): Ordnungspolitische Grundfragen einer Politik der Nachhaltigkeit. Baden-Baden: Nomos, 51-102.

Gettkant, A., Simonis, U. E. und Suplie, J. (1997): Biopolitik für die Zukunft. Kooperation oder Konfrontation zwischen Nord und Süd. Bonn: Stiftung Entwicklung und Frieden (SEF).

Ghassemi, F., Jakeman, A. J. und Nix, H. A. (1995): Salinisation of Land and Water Resources Human Causes, Extent, Management & Case Studies. Sydney: CAB International.

Gibbons, D. C. (1986): The Economic Value of Water. Washington, DC: Resources for the Future.

Giddens, A. (1993): Sociology. Cambridge, Oxford: Policy Press.

Giese, E. (1997): Die ökologische Krise der Aralseeregion. Geographische Rundschau 49 (5): 293-299.

Gitlitz, J. (1993): The Relationship Between Primary Aluminium Production and the Damming of the World Rivers. Berkeley: International Rivers Network (IRN).

Glasauer, H. (1996): „Wer küßt schon den Mann, der auf der Toilette Wasser spart?". Individuelle Blockierungen beim nachhaltigen Umgang mit Wasser. Über Bewußtsein und Verhalten, Wollen und Können - Erste Erklärungsansätze. Wasserkultur 7, 48-58.

Glazowsky, N. F. (1995): Aral Sea. Amsterdam: SPB.

Gleick, P. H. (Hrsg.) (1993): Water in Crisis. A Guide to the World's Fresh Water Resources. New York, Oxford: Oxford University Press.

Goldman, C. R., Jassby, A. D. und Hackley, S. H. (1993): Decadal, Interannual, and Seasonal Variability in Enrichment Bioassays at Lake Tahoe. Canadian Journal of Fisheries and Aquatic Sciences 50 (7), 1489-1496.

Goldsmith, E. und Hildyard, N. (1984): The Social and Environmental Effects of Large Dams. San Francisco: Sierra Club Books.

Gray, B. (1994): The Role of Laws and Institutions in California's 1991 Water Bank. In: Carter, H. O., Vaux, H. und Scheuring, A. (Hrsg.): Sharing Scarcity: Gainers and Losers in Water Marketing. Davis: University of California Agricultural Issues Center, 133ff.

Griffiths, R. W. und Schloesser, D. W. (1991): Distribution and Dispersal of the Zebra Mussel (Dreissena polymorpha) in the Great Lake Region. Canadian Journal of Fisheries & Aquatic Sciences 48 (8), 1381-1388.

Grünewald, U. (1996): Abschätzung des Einflusses von Landnutzung und Versiegelung auf den Hochwasserabfluß. Rapporteursbericht zum DFG-Rundgespräch „Hochwasser in Deutschland unter Aspekten globaler Veränderungen" am 9. Oktober 1995 in Potsdam. In: Bronstert, A. (Hrsg.) (1996): Hochwasser in Deutschland unter Aspekten globaler Veränderungen. Bericht über das DFG-Rundgespräch am 9. Oktober 1995 in Potsdam. Potsdam: Potsdam-Institut für Klimafolgenforschung (PIK), 37-45.

GTZ – Deutsche Gesellschaft für Technische Zusammenarbeit (1996): Konfliktmanagement im Umweltbereich. Instrument der Umweltpolitik in Entwicklungsländern. Eschborn: GTZ.

Gubler, D. J. (1996): Arboviruses as Imported Disease Agents: The Need for Increased Awareness. Archive of Virology 11, 21-32.

Gupta, A. C. (1974): Lakes of Sorrow. Journal of the Indian Institute of Engineers 55, 6-11.

Gupta, H. K. (1992): Reservoir-induced Earthquakes. Amsterdam: Elsevier.

Haarmeyer, D. und Mody, A. (1997): Privates Kapital in der Wasserversorgung. Finanzierung & Entwicklung 34 (1), 32-35.

Haas, P. M., Keohane, R. O. und Levy, M. A. (Hrsg.) (1993): Institutions for the Earth. Sources of Effective International Environmental Protection. Cambridge, Ma.: MIT Press.

Habermas, J. (1981): Theorie des kommunikativen Handelns. Frankfurt/M.: Suhrkamp.

Häckel, H. (1990): Meteorologie. Suttgart: Ulmer.

Hafner, G. (1993): The Optimum Utilization Principle. Austrian Journal of Public International Law (45), 113ff.

Hamilton, L. C. (1985): Self-reported and Actual Savings in a Water Conservation Campaign. Environment and Behavior 17 (3), 315-326.

Hampicke, U. (1991): Naturschutz-Ökonomie. Stuttgart: UTB.

Hanssen-Bauer, I., Førland, E. J., Tveito, O. E. und Nordli, P. Ø. (1997): Estimating Regional Precipitation Trends - Comparison of Two Methods. Nordic Hydrology 28, 21-36.

Hardin, G. (1968): The Tragedy of the Commons. Science 162 (3859), 1243-1248.

Hardoy, J. E. und Satterthwaite, D. (1989): Squatter Citizen: Life in the Urban Third World. London: Earthscan.

Hardoy, J. E., Cairncross, S. und Satterthwaite, D. (1990): The Poor Die Young. Housing and Health in Third World Cities. London: Earthscan.

Hardoy, J. E., Mitlin, D. und Satterthwaite, D. (1995): Environmental Problems in Third World Cities. London: Earthscan.

Harlan, J. R. (1975): Our Vanishing Genetic Resources. Science 188, 618-621.

Hartmann, J. und Quoss, H. (1993): Fecundity of Whitefish Corgonus-Lavaretus During the Eu- and Oligotrophication of Lake Constance. Journal of Fish Biology 43 (1), 81-87.

Hauglustaine, D. A., Granier, C., Brasseur, G. P. und Mégie, G. (1994): The Importance of Atmospheric Chemistry in the Calculation of Radiative Forcing on the Climate System. Journal of Geophysical Research 99, 1173-1186.

Hay, R. K. M. (1995): Harvest Index: A Review of its Use in Plant Breeding and Crop Physiology. Annales of Applied Biology 126 (1), 197-216.

Hayton, R. und Utton, A. (1989): Transboundary Groundwaters: The Bellagio Draft Treaty 29. Natural Resources Journal, 29 (3), 663ff.

Heckman, C. W. (1994): The Seasonal Succession of Biotic Communities in Wetlands of the Tropical Wet-and-dry Climatic Zone I: Physical and Chemical Causes and Biological Effects in the Pantanal of Mato Grosso, Brazil. Internationale Revue der gesamten Hydrobiologie 79 (3), 397-421.

Hecht, U. (1992): Naturnahe Abwasserentsorgung. Politische Ökologie (Sonderheft 5), 67-70.

Hedin, L. O., Granat, L., Likens, G. E., Buishand, T. A., Galloway, J. N., Butler, T. J. und Rodhe, H. (1994): Steep Declines in Atmospheric Base Cations in Regions of Europe and North America. Nature 367, 351-354.

Heintschel von Heinegg, W. (1990): Internationales Öffentliches Umweltrecht. In: Ipsen, K. (Hrsg.): Völkerrecht. München: Beck, 805ff.

Helm, C. (1995): Sind Freihandel und Umweltschutz vereinbar? Ökologischer Reformbedarf des GATT/WTO-Regimes. Berlin: Edition Sigma.

Henderson-Sellers, A. und Hansen, A.-M. (1995): Climate Change Atlas - Greenhouse Simulations From the Model Evaluation Consortium for Climate Assessment. Dordrecht: Kluwer.

Henne, G. und Loose, C. (1997): Gutes Geld für grünes Gold. In: Altner, G., Mettler-von-Meibom, B., Simonis, U. E. und von Weizsäcker, E.-U. (Hrsg.): Jahrbuch Ökologie 1998. München (im Druck).

Heywood, V. H. und Watson, R. T. (Hrsg.) (1995): Global Biodiversity Assessment. Cambridge: Cambridge University Press.

Hinds, C. (1997): Umweltrechtliche Einschränkung der Souveränität: Völkerrechtliche Präventionspflichten zur Verhinderung von Umweltschäden. Frankfurt/M.: Lang.

Hirshleifer, J., de Haven, J. C. und Milliman, J. W. (1972): Water Supply. Economics, Technology, and Policy. Chicago: University of Chicago Press.

Holtz, U. (1997): Welternährung. Spektrum der Wissenschaft (Dossier 2), 16-23.

Holzinger, K. (1994): Politikwissenschaftliche Grundfragen zur Mediation bei Umweltkonflikten. In: Dally, A., Weidner, H. und Fietkau, H.-J. (Hrsg.): Mediation als politischer und sozialer Prozeß. Loccumer Protokolle 73/93. Loccum: Evangelische Akademie, 63-67.

Homagk, P. (1996): Hochwasserwarnsystem am Beispiel Baden-Württemberg. Zeitschrift für Geowissenschaften 14, 539-546.

Howarth, R. W., Billen, G., Swaney, D., Townsend, A., Jaworski, N., Lajtha, K., Downing, J. A., Elmgren, R., Caraco, N., Jordan, T., Berendse, F., Freney, J., Kudeyarov, K., Murdoch, P. und Zhao-Liang Z.(1996): Regional Nitrogen Budgets and Riverine N & P Fluxes for the drainages to the North Atlantic Ocean: Natural and Human Influences. Biogeochemistry 35, 75-139.

HRW – Human Rights Watch Asia (1995): Three Gorges Dam in China: Forced Resettlement, Suppression of Dissent and Labor Rights Concern. New York: Human Rights Watch Asia.

Hutchinson, G. E. (1957): Geography, Physics and Chemistry. In: Hutchinson, G. E. (Hrsg.): A Treatise on Limnology. Band 1. Chichester, New York: Wiley & Sons, 1-1015.

Hutchinson, G. E. (1961): The Paradox of the Plankton. American Naturalist 95, 137-146.

Hutchinson, G. E. (1967): Introduction to Lake Biology and the Limnoplankton. In: Hutchinson, G. E. (Hrsg.): A Treatise on Limnology. Band 2. Chichester, New York: Wiley & Sons, 1115ff.

Hutchinson, G. E. (1975): A Treatise on Limnology. Limnological Botany. Band 3. Chichester, New York: Wiley & Sons.

Hynes, H. B. N. (1970): The Ecology of Running Waters. Liverpool: University Press.

ICLEI – The International Council for Local Environmental Initiatives - European Secretariat (1996): Stellungnahme zur öffentlichen Anhörung „Kommunen und nachhaltige Entwicklung - Beiträge zur Umsetzung der Agenda 21" der Enquete-Kommission „Schutz des Menschen und der Umwelt" am 18. November 1996 in Bonn. Freiburg: ICLEI European Secretariat.

ICLEI – The International Council for Local Environmental Initiatives (1997): Local Agenda 21 Survey. A Study of Responses by Local Authorities and Their National and International Associations to Agenda 21. Internet-Datei http://www.iclei.org/la21/la21rep.htm. Toronto: ICLEI World Secretariat.

ICOLD – International Commission on Large Dams (1984): World Register of Dams. Full Edition. Paris: ICOLD.

ICOLD – International Commission on Large Dams (1988): World Register of Dams. Updating. Paris: ICOLD.

Ihringer, J. (1996): Hochwasser aus ländlichen und städtischen Gebieten. Zeitschrift für Geowissenschaften 14, 523-530.

Illies, J. (1961): Versuch einer allgemeinen biozönotischen Gliederung der Fließgewässer. Internationale Revue der gesamten Hydrobiologie 46 (2), 205-213.

ILM – American Society of International Law (Hrsg.) (1995): International Legal Materials: Current Documents. Washington, DC: ILM.

ILO – International Labour Organization (Hrsg.) (1993): World Labour Report. Genf: ILO.

Inkeles, A. (1996): Making Men Modern: On the Causes and Consequences of Individual Change in Six Developing Countries. In: Inkeles, A. und Sasaki, M. (Hrsg.): Comparing Nations and Cultures. Readings in a Cross-Disciplinary Perspective. London: Prentice Hall, 571-585.

Institut de Droit International (1961): Annuaire de l'Institut de Droit International. Basel, München: Kargo, 381ff.

IPCC – Intergovernmental Panel on Climate Change (1992): Climate Change 1992. The Supplementary Report to the IPCC Scientific Assessment. Cambridge, New York, Melbourne: Cambridge University Press.

IPCC – Intergovernmental Panel on Climate Change (1996a): Climate Change 1995. Impacts, Adaptations and Mitigation of Climate Change: Scientific-Technical Analyses. Cambridge, New York: Cambridge University Press.

IPCC – International Panel on Climate Change (1996b): Climate Change 1995. The Science of Climate Change. Cambridge, New York: Cambridge University Press.

Ipsen, K. (1990): Völkerrechtliche Verantwortlichkeit und Völkerstrafrecht. In: Ipsen, K. (Hrsg.): Völkerrecht. München: Beck, 488ff.

Ipsen, D. (1994): Umweltwahrnehmung und Umgang mit Wasser in Agglomerationsräumen. WasserKultur Texte 5. Kassel: Forschungsprojekt Wasserkreislauf und urban-ökologische Entwicklung.

Ipsen, D. (1996): Haben Wassersparkampagnen einen Sinn? Wasserkultur 7, 47.

IRN – International Rivers Network (1996): US Export-Import Bank Say No to Funding Three Gorges. World Rivers Review 11 (2), 1-10.

Jackson, R. B., Canadell, J., Ehleringer, J. R., Mooney, H. A., Sala, O. E. und Schulze, E.-D. (1996): A Global Analysis of Root Distributions for Terrestrial Biomes. Oecologia 108 (3), 389-411.

Jakobeit, C. (1996): Nonstate Actors Leading the Way. Debt-for-Nature-Swaps. In: Keohane, R. O. und Levy, M. A. (Hrsg.): Institutions for Environmental Aid. Pitfalls and Promise. Cambridge, Ma.: MIT Press, 127-166.

Jansson, A. M., Hammer, M., Folke, C. und Costanza, R. (Hrsg.) (1994): Investing in Natural Capital. The Ecological Economics Approach to Sustainability. Washington, DC: Covelo.

Jassby, A. D., Reuter, J. E., Axler, R. P., Goldmann, C. R. und Hackley, S. H. (1994): Atmospheric Deposition of Nitrogen and Phosphorus in the Annual Nutrient Load of Lake Tahoe (California-Nevada). Water Resources Research 30, 2207-2216.

Jassby, A. D., Goldman, C. R. und Reuter, J. E. (1995): Long-term Change in Lake Tahoe California-Nevada, USA and its Relation to Atmospheric Deposition of Algal Nutrients. Archiv für Hydrobiologie 135, 1-21.

Jungermann, H. und Slovic, P. (1993): Die Psychologie der Kognition und Evaluation von Risiko. In: Bechmann, G. (Hrsg.): Risiko und Gesellschaft. Grundlagen und Ergebnisse interdisziplinärer Risikoforschung. Opladen: Westdeutscher Verlag, 167-207.

Jordan, A. (1994): Paying the Incremental Costs of Global Environmental Protection. The Evolving Role of GEF. Environment 36 (6), 12-36.

Junk, W. G. (1993): Wetlands of Tropical South America. In: Wigham, D. F., Dykyjova, D. und Hejn, S. (Hrsg.): Wetlands of the World I. Dordrecht: Kluwer, 679-739.

Junk, W. J. und da Silva, C. J. (1995): Neotropical Floodplains: A Comparison Between the Pantanal of Mato Grosso and the Large Amazonian River Floodplain. In: Tundisi, J. G., Bicudo, C. E. M. und Tundisi T. M. (Hrsg.): Limnology in Brazil. Rio de Janeiro: Brazilian Academy of Sciences und Brazilian Limnological Society, 195-217.

Kadlec, R. H. (1994): Wetlands for Water Polishing: Free Water Surface Wetlands. In: Mitsch, W. J. (Hrsg.): Global Wetlands: Old World and New World. Amsterdam: Elsevier, 335-351.

Kamarck, M. A. (1996): Three Gorges Dam in China. Transkript der mündlichen Presseerklärung des Vorsitzenden der Ex-Im Bank, USA, am 30.5.1996. Internet-Datei http://www.exim.gov:80/t3gorges.html. Washington: Export-Import Bank.

Kantola, S. J., Syme, G. J. und Campbell, N. A. (1982): The Role of Individual Differences and External Variables in a Test of the Sufficiency of Fishbein's Model to Explain Behavioral Intentions to Conserve Water. Journal of Applied Social Psychology 12 (1), 70-83.

Karger, C. R. (1996): Wahrnehmung von Umweltproblemen - am Beispiel von „Wasser". In: Fischer, W., Karger, C. R. und Wendland, F. (Hrsg.): Wasser: Nachhaltige Gewinnung und Verwendung eines lebenswichtigen Rohstoffs. Jülich: Forschungszentrum Jülich (KFA), 185-201.

Karl, H. und Klemmer, P. (1994): Volkswirtschaftliche Effekte privatwirtschaftlich organisierter öffentlicher Investitionen im Bereich der Abwasserentsorgung. Witten: K.-U. Rudolph Eigenverlag.

Karl, H. (1997): Umweltökonomik. Universität Dortmund. Unveröffentlichtes Manuskript.

Kartsev, A.D. (1995): The Winter Seasonality of Intestinal Infections. Voenna Medicina Zhurnal 80, 44-48.

Kasperson, J. X., Kasperson, R. E. und Turner II, B. L. (Hrsg.) (1995): Regions at Risk. Comparisons of Threatened Environments. Tokio, New York: United Nations University Press.

Katalyse e.V. - Institut für angewandte Umweltforschung (1993): Das Wasserbuch. Trinkwasser und Gesundheit. Köln: Kiepenheuer & Witsch.

Keck, O. (1993): Information, Macht und gesellschaftliche Rationalität. Das Dilemma rationalen kommunikativen Handelns, dargestellt am Beispiel eines internationalen Vergleichs der Kernenergiepolitik. Baden-Baden: Nomos.

Keck, O. (1995): Rationales kommunikatives Handeln in den internationalen Beziehungen. Ist eine Verbindung von Rational-Choice-Theorie und Habermas' Theorie des kommunikativen Handelns möglich? Zeitschrift für Internationale Beziehungen 2 (1), 5-48.

Kelliher, F. M., Leuning, R. und Schulze, E.-D. (1993): Evaporation and Canopy Characteristics of Coniferous Forests and Grasslands. Oecologia 95, 153-163.

Kendall, H. W. und Pimentel, D. (1994): Constraints on the Expansion of the Global Food Supply. Ambio 23 (3), 200-212.

Ketterer, W. und Spada, H. (1993): Der Mensch als Betroffener und Verursacher von Naturkatastrophen: Der Beitrag umweltpsychologischer Forschung. In: Plate, E., Clausen, L., de Haar, U., Kleeberg, H.-B., Klein, G., Mattheß, G., Roth, R. und Schmincke, H. U. (Hrsg.): Naturkatastrophen und Katastrophenvorbeugung. Bericht zur IDNDR. Weinheim: VCH, 73-107.

Kidron, M. und Segal, R. (1996): Der Fischer Atlas zur Lage der Welt. Frankfurt/M.: Fischer Taschenbuch.

Kiehl, J.T. und Trenberth, K. E. (1996): Earth's Annual Global Mean Energy Budget. Bulletin of the American Meteorological Society (im Druck).

Kinder, H. und Hilgemann, W. (1986): dtv-Atlas zur Weltgeschichte. Band I. München: dtv.

Kirschbaum, M., Kirschbaum, U. F. und Fischlin, A. (1996): Climate Change Impacts on Forests. In: Watson, R. T., Zinyowera, M. C., und Moss, R. H. (Hrsg.): Climate Change 1995. Cambridge: Cambridge University Press, 93-129.

Klee, O. (1985): Angewandte Hydrobiologie: Trinkwasser - Abwasser - Gewässerschutz. Stuttgart, New York: Thieme.

Kleidon, A. und Heimann, M. (1996): Interferring Rooting Depth From a Terrestrial Biosphere Model and its Impacts on the Water- and Carbon Cycle. Nature (im Druck).

Klemmer, P., Hecht, D., Hillebrand, B., Karl, H. und Löbbe, K. (1994): Grundlagen eines mittelfristigen umweltpolitischen Aktionsplans. Untersuchungen des Rheinisch-Westfälischen Instituts für Wirtschaftsforschung (RWI). Essen: RWI.

Klemmer, P., Wink, R., Benzler, G. und Halstrick-Schwenk, M. (1996): Mehr Nachhaltigkeit durch Marktwirtschaft: Ein ordnungspolitischer Ansatz. In: von Gerken, L. (Hrsg.): Ordnungspolitische Grundfragen einer Politik der Nachhaltigkeit. Baden-Baden: Nomos, 289-340.

Klitzsch, E. (1991): Die Grundwassersituation Nordost-Afrikas. Naturwissenschaften 78, 59-63.

Kloepfer, M. (1989): Umweltrecht. München: Beck.

Klötzli, S. (1993): Der slowakisch-ungarische Konflikt um das Staustufenprojekt Gabcíkovo. Zürich: Environment and Conflicts Project (ENCOP).

Knight, J. (1992): Institutions and Social Conflict. Cambridge, New York: Cambridge University Press.

Kobus, H. und de Haar, U. (1995): Perspektiven der Wasserforschung. Weinheim: VCH.

Koenigs, T. (1996): Leben wir im Wasserüberfluß? Das großstädtische Trinkwasser kommt aus dem Umland: Probleme und Lösungen. In: Bischöfliches Hilfswerk Misereor e.V. (Hrsg.): Wasser: Eine globale Herausforderung. Aachen: Horlemann, 43-48.

Kohlhepp, G. (Hrsg.) (1995): Mensch-Umwelt-Beziehungen in der Pantanal-Region von Mato Grosso/Brasilien. Beiträge zur angewandten geographischen Umweltforschung. Band 114. Tübingen: Selbstverlag des Geographischen Instituts der Universität Tübingen.

Koppes, S. (1990): Delving into Desert Streams. Arizona State University Research 5, 16-19.

Kozhov, M. (1963): Lake Baikal and its Life. Den Haag: Junk.

Krasner, S. D. (1983): Structural Causes and Regime Consequences: Regimes as Intervening Variables. In: Krasner, S. D. (Hrsg.): International Regimes. Ithaca, London: Cornell University Press, 1-21.

Kriesberg, L. (1991): Formal and Quasi-Mediators in International Disputes: An Exploratory Analysis. Journal of Peace Research 28 (1), 19-27

Krutilla, J.V. (1967): Conservation Reconsidered. American Economic Review 57, 777-786.

Kuby, B. (1996): Stand der Umsetzung der Lokalen Agenda 21 in Europa. Erste Auswertung einer Umfrage. In: Rösler, C. (Hrsg.): Lokale Agenda 21. Dokumentation eines Erfahrungsaustauschs beim Deutschen Städtetag am 29.

April 1996 in Köln. Berlin: Deutsches Institut für Urbanistik (Difu), 23-29.

Kulessa, M. E. (1995): Umweltpolitik in einer offenen Volkswirtschaft. Zum Spannungsverhältnis von Freihandel und Umweltschutz. Baden-Baden: Nomos.

Kulshreshtha, S. N. (1993): World Water Resources and Regional Vulnerability: Impact of Future Changes. Laxenburg: IIASA.

Kümmerlin, R. (1991): Long-term Development of Phytoplankton in Lake Constance. Verhandlung der Internationalen Vereinigung für Limnologie 24, 826-830.

Kunig, P. (1992): Nachbarrechtliche Staatenverpflichtungen bei Gefährdungen und Schädigungen der Umwelt. Berlin: Deutsche Gesellschaft für Völkerrecht.

Kunreuther, H. (1978): Even Noah Built an Ark. The Wharton Magazine (Summer), 28-35.

Kurz, R., Volkert, J. und Helbig, J. (1996): Nachhaltigkeitspolitik: Ordnungspolitische Konsequenzen und Durchsetzbarkeit. In: von Gerken, L. (Hrsg.): Ordnungspolitische Grundfragen einer Politik der Nachhaltigkeit. Baden-Baden: Nomos, 115-165.

Kwai-cheong, C. (1995): The Three Gorges Project of China: Resettlement Prospects and Problems. Ambio 24 (2), 98-102.

Lampert, W. und Sommer, U. (1993): Limnoökologie. Stuttgart: Thieme.

Lanz, K. und Davis, J. S. (1995): Forschungsbedarf Wasser. Externes Gutachten für den WBGU. Unveröffentlichtes Manuskript.

Lau, K.-M., Kim, J. H. und Sud, Y. (1996): Intercomparison of Hydrologic Processes in AMIP GCMs. Bulletin of the American Meteorological Society 77, 2209-2227.

LAWA - Länderarbeitsgemeinschaft Wasser (1995): Leitlinien für einen zukunftsweisenden Hochwasserschutz. Stuttgart: Umweltministerium Baden-Württemberg.

Lazarus, R. und Folkman, S. (1984): Stress, Appraisal, and Coping. Berlin, Heidelberg, New York: Springer.

Legates, D. R. und Willmott, C. J. (1990): Mean Seasonal and Spatial Variability in Gauge Corrected Global Precipitation. Journal of Climatology 10, 111-127.

Lehn, H., Steiner, M. und Mohr, H. (1996): Wasser - die elementare Ressource. Leitlinien einer nachhaltigen Nutzung. Berlin, Heidelberg, New York: Springer.

Lelek, A. und Koehler, C. (1990): Restauration of Fish Communities of the Rhine River Two Year After a Heavy Pollution Wave. Regulated Rivers-Research & Management 5 (1), 57-66.

Lenhart, B. und Steinberg, C. (1984): Limnochemische und limnobiologische Auswirkungen der Versauerung von kalkarmen Oberflächengewässern. Informations-Berichte Bayerisches Landesamt für Wasserwirtschaft 4, 210.

Létolle, R. und Mainguet, M. (1996): Der Aralsee. Eine ökologische Katastrophe. Berlin, Heidelberg, New York: Springer.

Levy, M. A. (1993): European Acid Rain. The Power of Tote-Board Diplomacy. In: Haas, P. M., Keohane, R. O. und Levy, M. A. (Hrsg.): Institutions for the Earth. Sources of Effective International Environmental Protection. Cambridge, Ma.: MIT Press, 75-132.

Lewis, W. J., Foster, S. S. D. und Drasar, B. S. (1982): The Risk of Groundwater Pollution by On-Site Sanitation in Developing Countries. Duebendorf: IRCWD.

Libiszewski, S. (1995): Das Wasser im Nahostfriedensprozeß. ORIENT 36 (4), 625ff.

Libiszewski, S. (1996): Water Disputes in the Jordan Basin and Their Role in the Resolution of the Arab-Israeli Conflict. In: Bächler, G. und Spillmann, K. R. (Hrsg.): Kriegsursache Umweltzerstörung. Environmental Degradation as a Cause of War. Band II. Chur, Zürich: Rüegger, 337-460.

Lichtenstein, S., Slovic, P., Fischhoff, B., Layman, M. und Combs, B. (1978): Judged Frequency of Lethal Events. Journal of Experimental Psychology: Human Learning and Memory 4, 551-578.

Lin, B. N. (1994): Some facts and issues about the Three Gorges Project. International Journal of Sedimentation Research 9, 75-84

Lindsay, S. W. und Birley, M. H. (1996): Climate Change and Malaria Transmission. Annales of Tropical Medical Parasitology 90, 573-588.

Lindstrom-Seppa, P. und Oikari, A. (1990): Biotransformation Activities of Feral Fish in Waters Receiving Bleached Pulp Mill Effluents. Environmental Toxicology & Chemistry 9 (11), 1415-1424.

Lipton, M. (1976): Why Poor People Stay Poor - Urban Bias in World Development. London: McMillan.

Lo, F. und Yeung, Y. (1996): Emerging World Cities in Pacific Asia. Tokio, Paris, New York: United Nations University Press.

Lovett, G. M., Likens, G. E. und Nolan, S. S. (1992): Dry Deposition of Sulfur to the Hubbard Brook Experimental Forest: A Preliminary Comparison of Methods. In: Schwartz, S. E. und Slinn, R. G. W. (Hrsg.): Precipitation Scavenging and Atmosphere-surface Exchange. Band 3. New York: Hemisphere, 1391-1401.

Lozán, J. L. und Kausch, H. (Hrsg.) (1996): Warnsignale aus Flüssen und Ästuaren. Hamburg: Parey.

Lüdeke, M. K. B., Block, A., Reusswig, F. und Schellnhuber, H.-J. (1997): Weltweite Abschätzung der regionalen Wasserkritikalität. Arbeitspapier. Potsdam: Potsdam-Institut für Klimafolgenforschung (PIK).

Ludwig, W. und Probst, J.-L. (1996): A Global Modelling of the Climatic, Morphological, and Lithological Control of River Sediment Discharges to the Oceans. Wallingford, Oxfordshire: IAHS.

Lugo, A. E., Brown, S. und Brinson, M. M. (1990): Concepts in Wetland Ecology. In: Lugo, A. E., Brinson, M. M. und Brown, S. (Hrsg.): Ecosystems of the World. Band 15: Forested Wetlands. Amsterdam: Elsevier, 53-85.

Mahmood, K. (1987): Reservoir Sedimentation: Impact, Extent and Mitigation. Washington, DC: World Bank.

Maier-Rigaud, G. (1994): Umweltpolitik mit Mengen und Märkten. Lizenzen als konstituierendes Element einer ökologischen Marktwirtschaft. Marburg: Metropolis.

Maltby, E. und Procter, M. C. F. (1996): Peatlands: Their Nature and Role in the Biosphere. In: Lappalainen, E. (Hrsg.): Global Peat Resources. Finland: Saarijärvi, 11-19.

Mandell, B. S. und Tomlin, B. W. (1991): Mediation in the Development of Norms to Manage Conflict: Kissinger in the Middle East. Journal of Peace Research 28 (1), 43-55.

Mansell, M.G. (1997): The Effect of Climate Change on Rainfall: Trends and Flooding Risk in the West of Scotland. Nordic Hydrology 28, 37-50.

Manshard, W. (1992): The Cities of Tropical Africa - Cross-Cultural Aspects, Descriptive Models and Recent Developments. In: Ehlers, E. (Hrsg.): Modelling the City. Cross-Cultural Perspectives. Bonn: Colloquium Geographicum, 76-88.

Margat, J. (1990): Les eaux souterraines dans le monde. Orléans: Bureau de Recherches Géologiques et Minières (BRGM).

Marschner, H. (1990): Mineral Nutrition of Higher Plants. London: Academic Press.

Martens, W. J. M. (1995): Modelling the Effect of Global Warming on the Prevalence of Schistosomiasis. Bilthoven: RIVM.

Martens, W. J. M., Rotmans, J. und Niessen, L. W. (1994): Climate Change and Malaria Risk: An Integrated Modelling Approach. Global Dynamics and Sustainable Development Program, Research for Man and the Environment (RIVM). Bilthoven: National Institute of Public Health and Environmental Protection.

Martikainen, P. J. (1996): The Fluxes of Greenhouse Gases CO_2, CH_4 and N_2O in Northern Peatlands. In: Lappalainen, E. (Hrsg.): Global Peat Resources. Finland: Saarijärvi, 29-36.

Matthews, G. V. T. (1993): The Ramsar Convention on Wetlands: Its History and Development. Gland: Ramsar Convention Bureau.

Matthews, E. und Fung, I. (1987): Methane Emission from Natural Wetlands: Global Distribution, Area, and Environmental Characteristics of Sources. Global Biochemical Cycles 1, 61-86.

Maurice, J. (1993): Fever in the Urban Jungle. New Scientist 140, 25-29.

McCaffrey, S. (1984): Yearbook of the International Law Commission 1984. New York: UN.

McCaffrey, S. (1992): A Human Right to Water: Domestic and International Implications. Georgetown International Environmental Law Review 5 (1), 1-24.

McCaffrey, S. (1996): An Assessment of the Work of the International Law Commission. Natural Resources Journal 36 (2), 297 ff.

McCully, P. (1996): Silenced Rivers. The Ecology and Politics of Large Dams. London, New Jersey: Zed Books.

McDonnell, L. (1990): Transferring Water Uses in the West. Oklahoma Law Review 43, 119.

McMichael, A. J., Ando, M., Carcavallo, R., Epstein, P., Haines, A., Jendritzky, G., Kalkstein, L., Odongo, R., Patz, J. und Piver, W. (1996): Human Population Health. In: Watson, R. T., Zinyowera, M. C. und Moss, R. H. (Hrsg.): Climate Change 1995. Impacts, Adaptations and Mitigation of Climate Change: Scientific-Technical Analyses. Cambridge, New York: Cambridge University Press, 561-584.

Meißner, C. (1991): Instrumente des Gewässerschutzrechtes in der DDR. In: Kloepfer, M. (Hrsg.): Instrumente des Umweltrechts in der früheren DDR. Berlin, Heidelberg, New York: Springer, 62-71.

Melillo, J. M., Prentice, I. C., Farquhar, G. D., Schulze, E.-D. und Sala, O. E. (1996): Terrestrial Biotic Responses to Environmental Change and Feedbacks to Climate. In: Houghton, J. T., Meira Filho, L. G., Callander, B. A., Harris, N., Kattenberg, A. und Maskell, K. (Hrsg.): Climate Change 1995. The Science of Climate Change. Cambridge, New York: Cambridge University Press, 444-481.

Mendel, H.-G., Hermann, A. und Fischer, D. (1996): Hochwasser: Gedanken über Ursachen und Vorsorge aus hydrologischer Sicht. Koblenz: Bundesamt für Gewässerschutz (BFG).

Meybeck, M., Chapman, D. und Helmer, R. (1989): Global Freshwater Quality. A First Assessment. Oxford: Blackwell.

Meybeck, M., Friedrich, G., Thomas, R. und Chapman, D. (1992): Rivers. In: Chapman, D. (Hrsg.): Water Quality Assessment. London: Chapman and Hall, 239-316.

Michael, E. und Bundy, D. A. P. (1996): The Global Burden of Lymphatic Filariasis. In: Murray, C. J. L. und Lopez, A. D. (Hrsg.): World Burden of Diseases. Genf: WHO.

Miller, R., Williams, J. und Williams, J. (1989): Extinctions of North American Fishes During the Past Century. Fisheries 4 (6), 34-36.

Miller, L. H. und Warrell, D. A. (1990): Malaria. In: Warren, K. und Mahmoud, A. A. F. (Hrsg.): Tropical and Geographical Medicine. New York: McGraw-Hill, 245-264.

Milliman, J. D. und Meade, R. H. (1983): World-wide Delivery of River Sediment to Oceans. Journal of Geology 91, 1-21.

Mitchell, J. F. B. (1989): The Greenhouse Effect and Climate Change. Review of Geophysics 27, 115-139.

Mitsch, W. J., Mitsch, R. H. und Turner, R. E. (1994): Wetlands of the Old and New World: Ecology and Management. In: Mitsch, W. J. (Hrsg.): Global Wetlands: Old World and New World. Amsterdam: Elsevier, 3-51.

Mitsch, W. J. (1994): The Nonpoint Source Control Function of Natural and Constructed Riparian Wetlands. In: Mitsch, W. J. (Hrsg.): Global Wetlands: Old World and New World. Amsterdam: Elsevier, 351-368.

Möhle, K.-A. (1983): Wassersparmaßnahmen. Wasserversorgungsbericht des Bundesministers des Innern. Materialien. Berlin: Schmidt.

Mohr, H. und Lehn, H. (1994): Present Views of the Nitrogen Cycle. In: Mohr, H. und Müntz, K. (Hrsg.): The Terrestrial Nitrogen Cycle as Influenced by Man. Halle: Nova Acta Leopoldina, 11-28.

Mooney H. A., Cushman, J. H., Medina, E., Sala, O. E. und Schulze, E.-D. (1996): What We Have Learned About the Ecosystem Functioning of Biodiversity. In: Perrings, C. A., Mäler, K.-G., Folke, C., Holling, C. S. und Jansson, B.-O (Hrsg.): Biodiversity Conservation. Dordrecht: Kluwer, 475-484.

Moore, S., Murphy, M. und Watson, R. (1994): A Longitudinal Study of Domestic Water Conservation Behavior. Population and Environment 16 (2), 175-189.

Müller, G. (1996): Schwermetalle und organische Schadstoffe in den Flußsedimenten. In: Lozán, J. L. und Kausch, H. (Hrsg.): Warnsignale aus Flüssen und Ästuaren. Hamburg: Parey, 113-123.

Müller, H. (1993). Die Chance der Kooperation. Regime in den internationalen Beziehungen. Darmstadt: Wissenschaftliche Buchgesellschaft.

Müller, H. (1994): Internationale Beziehungen als kommunikatives Handeln. Zeitschrift für Internationale Beziehungen 1 (1), 15-44.

Münchner Rückversicherung (1997): Überschwemmung und Versicherung. München: Münchner Rück.

Murray, C. J. L. und Lopez, A. D. (Hrsg.) (1996): The Global Burden of Disease. Genf: World Health Organisation (WHO).

Nash, L. (1993): Water Quality and Health. In: Gleick, P. H. (Hrsg.): Water in Crisis – A Guide to the World's Fresh Water Resources. New York, Oxford: Oxford University Press, 25-36.

Nentwig, W. (1995): Humanökologie. Fakten, Argumente, Ausblicke. Berlin, Heidelberg, New York: Springer.

Neubauer, I. (1995): „Der Fluß ist ein Knecht, um den sich alle streiten" - Was Flüsse und Menschen miteinander verbindet. Wendekreis 6, 4-5.

Nielsen, G., Meyer, C. G., Mantel, C. und Knobloch, J. (1996): Viruskrankheiten. In: Knobloch, J. (Hrsg.): Tropen und Reisemedizin. Stuttgart: Fischer, 272-350.

Niemeyer-Lüllwitz, A. Z. und Zucchi, H. (Hrsg.) (1985): Fließgewässerkunde: Ökologie fließender Gewässer unter besonderer Berücksichtigung wasserbaulicher Eingriffe. Berlin, Frankfurt/M.: Diesterweg, Sauerländer.

Novitzki, R. P. (1979): Hydrological Characteristics of Wisconsin's Wetlands and Their Influence on Floods, Steam Flow and Sediment. In: Greeson, P. E., Clark, J. R. und Clark, J. E. (Hrsg.): Wetland Functions and Values: The State of Our Understanding. Minneapolis: American Water Resources Association, 377-388.

Nriagu, J. O. (1992): Worldwide Contamination of the Atmosphere With Toxic Metals. In: Verry, E. S. und Vermette, S. J. (Hrsg.): The Deposition and Fate of Trace Metals in our Environment. Philadelphia: U.S. Department of Agriculture. Forest Service North Central Forest Experiment Station, 9-22.

Oberai, A. S. (1993): Population Growth, Employment and Poverty in Third World Mega-Cities. Genf: International Labour Organization (ILO).

Oberhuber, J. M. (1993): Simulation of the Atlantic Circulation With a Coupled Sea Ice - Mixed Layer - Isopycnal General Circulation Model. Part I: Model Description. Journal of Physical Oceanography (22), 808-829.

Odum, E. P. (1971): Fundamentals of Ecology. Philadelphia: Saunders.

OECD - Organisation for Economic Co-operation and Development (1982): Eutrophication of Waters. Monitoring, Assessment and Control. Paris: OECD.

Oerlemans, J. und Bintanja, R. (1995): Snow and Ice Cover and Climate Sensitivity. In: Oliver, H. R. und Oliver, S. A. (Hrsg.): The Role of Water and the Hydrological Cycle in Global Change. Berlin, Heidelberg, New York: Springer, 189-198.

Oldeman L. R., Hakkeling, R. T. A. und Sombroek, W. G. (1990): World Map of the Status of Human-induced Soil Degradation: An Explanatory Note. Wageningen: International Soil Reference and Information Centre (ISRIC).

Oltersdorf, U. und Weingärtner, L. (1996): Handbuch der Welternährung. Die zwei Gesichter der globalen Nahrungssituation. Bonn: Dietz.

Oltersdorf, U. (1992): Hunger und Überfluß. Geographische Rundschau 44 (2), 74-77.

Omar, M. S., Manfouz, A. A. und Abdel Moneim, M. (1995): The Relationship of Water Sources and Other Determinants to Prevalence on Intestinal Protoual Infections in a Rural Community of Saudi Arabia. Journal of Community Health 20, 433-440.

Ostmann, A., Pommerehne, W., Feld, P. und Hart, A. (1997). Umweltgemeingüter? ZWS-Zeitschrift für Wirtschafts- und Sozialwissenschaften 117 (1), 107-144.

Ostrom, E. (1986): An Agenda for the Study of Institutions. Public Choice 48, 3-25.

Ostrom, E. (1990): Governing the Commons. The Evolution of Institutions for Collective Action. Cambridge: Cambridge University Press.

Ostrom, E. (1992): Crafting Institutions for Self-Governing Irrigation Systems. San Francisco: ICS Press.

PAHO – Pan American Health Organisation (1994): Leishmananiasis in the Americas. Epidemiological Bulletin 15, 8-13.

PAI – Population Action International (1993): Sustaining Water – Population and the Future of Renewable Water Supplies. Washington DC: PAI.

Patz, J. A., Epstein, P. R., Burke, T. A. und Balbus, J. M. (1996): Global Climate Change and Emerging Infectious Diseases. JAMA 275 (3), 217-223.

Pearce, D. W. und Turner, R. K. (1990): Economics of Natural Resources and the Environment. Hampstead: Hemel.

Pearce, F. (1992): The Dammed - Rivers, Dams, and the Coming World Water Crises. London: The Bodley Head.

Peixoto, J. P. (1995): The Role of the Atmosphere in the Water Cycle. In: Oliver, H. R. und Oliver, S. A. (Hrsg.): The Role of Water and the Hydrological Cycle in Global Change. Berlin, Heidelberg, New York: Springer, 199-252.

Pereira, H. C. (1974): Land Use and Water Resources. Cambridge: Cambridge University Press.

Perez, O. M., Morales, W., Paniagua, M. und Strannegard, O. (1996): Prevalence of Antibodies to Hepatitits A, B, C and E Viruses in a Healthy Population in Leon, Nicaragua. American Journal of Tropical Medicine and Hygiene 55, 17-21.

Perrings, C. A., Mäler, K.-G., Folke, C., Holling, C. S. und Jansson, B.-O. (1995): Biodiversity Conservation and Economic Development: The Policy Problem. In: Perrings, C. A., Mäler, K.-G., Folke, C., Holling, C. S. und Jansson, B.-O (Hrsg.): Biodiversity Conservation. Dordrecht: Kluwer, 3-21.

Peterjohn, W. T. und Correll, D. L. (1984): Nutrient Dynamics in an Agricultural Watershed: Observations on the Role of a Riparian Forest. Ecology 65 (5), 1466-1475.

Petschel-Held, G. und Plöchl, M. (1997): A Global Model for Annual River Discharges. Manuskript. Potsdam: Potsdam-Institut für Klimafolgenforschung (PIK).

Petts, G. E. und Amoros, C. (1996): Fluvial Hydrosystems. London: Chapman und Hall.

Pierre, S. (1987): The Green Revolution Re-examined in India. In: Bernhard, G. (1987): The Green Revolution Revisited. Critique and Alternatives. Boston, Sidney, Wellington: Allen & Unwin, 56-75.

Pilardeaux, B. (1995): Innovation und Entwicklung in Nordpakistan. Saarbrücken: Verlag für Entwicklungspolitik.

Pimentel, D. (1996): Green Revolution Agriculture and Chemical Hazards. The Science of the Total Environment 188 (Supplement 1), 86-98.

Pinay, G., Haycock, N. E., Ruffinoni, C. und Holmes, R. M. (1994): The Role of Denitrification in Nitrogen Removal in Rivers Corridors. In: Mitsch, W. J. (Hrsg.) (1994): Global Wetlands - Old World and New. Amsterdam: Elsevier, 106-116.

Pinay, G., Ruffinoni, C. und Fabre, A. (1995): Nitrogen Cycling in Two Riparian Forest Soils Under Different Geomorphic Conditions. Biogeochemistry 30, 9-29.

Pitt, D. G. (1989): The Attractiveness and Use of Aquatic Environments as Outdoor Recreation Places. In: Altman, I. und Zube, E. H. (Hrsg.): Public Places and Spaces. New York: Plenum Press, 217-254.

Plate, E. J. (1997): Wasser und Katastrophen. Externes Gutachten für den WBGU. Unveröffentlichtes Manuskript.

Platt, G. (1973): Social Traps. American Psychologist 28, 641-651.

Plotnikov, I. S., Aladin, N. V. und Filippov, A. A. (1991): The Past and Present of the Aral Sea Fauna. Zoologicheskii Zhurnal 70 (4), 5-15.

Pommerehne, W. und Römer, A. U. (1992): Ansätze zur Erfassung der Präferenzen für öffentliche Güter. Jahrbuch für Sozialwissenschaft 43 (2), 171-210.

Ponce, V. M. (1995): Hydrogeologic and Environmental Impact of the Parana-Paraguai Waterway on the Pantanal of Mato Grosso, Brazil. San Diego: San Diego State University.

Portes, A. und Schauffler, P. (1993): Competing Perspectives on the Latin American Informal Sector. Population and Development Review (19), 33-60.

Postel, S. (1984): Water: Rethinking Management in an Age of Scarcity. Washington, DC: Worldwatch Institute.

Postel, S. (1989): Water for Agriculture: Facing the Limits. Washington, DC: Worldwatch Institute.

Postel, S. (1993): Die letzte Oase - der Kampf um das Wasser. Frankfurt/M.: Fischer.

Postel, S. (1996): Dividing the Waters. Food Security, Ecosystem Health, and the New Politics of Scarcity. Washington, DC: Worldwatch Institute.

Postel, S., Daily, G. C. und Ehrlich, P. R. (1996): Human Appropriation of Renewable Fresh Water. Science 271, 785-801.

President's Water Resources Council (1962): US Senate Document 97. Washington, DC: President's Water Resources Council.

Prinn, R. G., Weiss, R. F., Miller, B. R., Huang, J., Aleya, F. N., Cunnold, D. M., Fraser, P. J., Hartley, D. E. und Simmonds, P. G. (1995): Atmospheric Trends and Lifetime of CH3CCI3 and Global OH Concentrations. Science (269), 187-192.

Protopopov, N. F. (1995): New Vermitechnology Approach for Sludge Utilisation in Northern and Temperate Climates all Year Round. Second International Conference for Ecological Engineering for Waste Water Treatment. Waedensville, Switzerland.

Putnam, R. D. (1988): Diplomacy and Domestic Politics. The Logic of Two-Level Games. International Organization 42 (3), 427-460.

Radke, V. (1996): Ökonomische Aspekte nachhaltiger Technologien. Zur Bedeutung unterschiedlicher Ausprägungen des technischen Fortschritts für das Konzept des Sustainable Development. Zeitschrift für Umweltpolitik & Umweltrecht 1, 109-128.

Rapp, J. und Schönwiese, C. (1995): Atlas der Niederschlags- und Temperaturtrends in Deutschland 1891–1990: Meteorologie und Geophysik. Band 5. Frankfurt/M.: Frankfurter Geowissenschaftliche Arbeiten.

Rasmussen, J. (1994): Floodplain Management Into the 21st Century: A Blueprint for Change - Sharing the Challenge. Water International 19, 166-176.

Reeves, R. R. und Leatherwood, S. (1994): Dams and River Dolphins: Can They Co-exist? Ambio 23 (3), 172-175.

Renger, J. (1995): Die Multilateralen Friedensverhandlungen der Arbeitsgruppe „Wasser". Asien/Afrika/Lateinamerika 23, 149-157.

Renjun, L. (1991): New Advances on Population Status and Protective Measures for Lipotes vexillifer and Neophocaena phocaenoides in the Chiangjian River. Aquatic Mammals 17 (3), 181-183.

Renn, O. (1996a): Kooperativer Diskurs. Kommunikation in der Umweltpolitik. In: Selle, K. (Hrsg.): Planung und Kommunikation. Gestaltung von Planungsprozessen in Quartier, Stadt und Landschaft. Grundlagen, Methoden, Praxiserfahrungen. Wiesbaden, Berlin: Bauverlag, 101-112.

Renn, O. (1996b): Möglichkeiten und Grenzen diskursiver Verfahren bei umweltrelevanten Planungen. In: Biesecker, A. und Grenzdörffer, K. (Hrsg.): Kooperation, Netzwerk, Selbstorganisation. Elemente demokratischen Wirtschaftens. Pfaffenweiler: Centaurus, 161-197.

Renn, O. und Oppermann, B. (1995): „Bottom-up" statt „Top-down" - Die Forderung nach Bürgermitwirkung als (altes und neues) Mittel zur Lösung von Konflikten in der räumlichen Planung. Zeitschrift für angewandte Umweltforschung (Sonderheft 6), 257-276.

Renn, O., Webler, T. und Wiedemann, P. (1995): A Need for Discourse on Citizen Participation: Objectives and Structure of the Book. In: Renn, O., Webler, T. und Wiedemann, P. (Hrsg.): Fairness and Competence in Citizen Participation. Evaluating Models for Environmental Discourse. Dordrecht: Kluwer, 1-15.

Renn, O., Webler, T., Rakel, H., Dienel, P. und Johnson, B. (1993): Public Participation in Decision Making: A Three-Step Procedure. Policy Science 26, 189-214.

Rennings, K., Brockmann, L., Koschel, H., Bergmann, H. und Kühn, J. (1996): Nachhaltigkeit, Ordnungspolitik und freiwillige Selbstverpflichtung. Umwelt- und Ressourcenökonomie. Heidelberg: Physica.

Rennings, K. und Wiggering, H. (1997): Steps Towards Indicators of Sustainable Development: Linking Economic and Ecological Concepts. Ecological Economics 20 (1), 25-36.

Reuter, N. (1994): Institutionalismus, Neo-Institutionalismus, Neue Institutionelle Ökonomie und andere „Institutionalismen". Zeitschrift für Wirtschafts- und Sozialwissenschaften 114 (1), 5-23.

Rhode, H. (1989): Acidification in a Global Perspective. Ambio 18 (3), 155-159.

Risse-Kappen, T. (1995): Reden ist nicht billig. Zur Debatte um Kommunikation und Rationalität. Zeitschrift für Internationale Beziehungen 2 (1), 171-184.

Rittberger, V. (Hrsg.) (1993): Regime Theory and International Relations. Oxford: Clarendon Press.

Roberts, A. (1993): The United Nations and International Security. Survival 35 (2), 3-30.

Roeckner, E., Oberhuber, J.-M., Bacher, A., Christoph, M. und Kirchner, J. (1996): ENSO Variability and Atmospheric Response in a Global Coupled Atmosphere-Ocean GCM. Climate Dynamics 12, 737-754.

Römbke, J. und Moltman, J. F. (1996): Applied Ecotoxicology. Boca Raton, New York, London: CRC Lewis Publishers.

Rosegrant, M. (1995): Dealing with Water Scarcity in the Next Century. Washington, DC: International Food Policy Institute.

Rösler, C. (1996): Stand der Umsetzung der Lokalen Agenda 21 in deutschen Städten. Erste Ergebnisse der Difu-Umfrage. In: Rösler, C. (Hrsg.): Lokale Agenda 21. Dokumentation eines Erfahrungsaustauschs beim Deutschen Städtetag am 29. April 1996 in Köln. Berlin: Deutsches Institut für Urbanistik (Difu), 47-55.

Rosseland, B. O., Skogheim, O. K. und Sevaldrud, I. H. (1986): Acid Deposition and Effects on Nordic Europe. Damage to Fish Populations in Scandinavia Continue Apace. In: Acidic Precipitation. Proceedings of the International Symposium on Acidic Precipitation. Water Air Soil Pollution 30 (1-2), 65-74.

Rott, U. (1997): Wassertechnologien: Grundlagen und Tendenzen. Externes Gutachten für den WBGU. Unveröffentlichtes Manuskript.

Rott, U. und Minke, R. (1995): Verfahren der innerbetrieblichen Behandlung von Abwässern der Textilveredelungsindustrie. Abwassertechnik, Abfalltechnik + Recycling (4), 15-20.

Rozengurt, M. A. (1992): Alterations to Freshwater Flows. In: Stroud, R. H. (Hrsg.): Stemming the Tide of Coastal Fish Habitat Loss. Proceedings of Marine Recreational Fisheries Symposium. Savannah, GA: National Coalition for Marine Conservation, 73-80.

Rudd, J. W. M., Harris, R., Kelly, C. A. und Hecky, R. E. (1993): Are Hydroelectric Reservoirs Significant Sources of Greenhouse Gas? Ambio 22 (4), 246-248.

Rudolph, K.-U. (1987): Zur Nutzenberechnung der Wasserversorgung. In: Rudolph, K.-U. (Hrsg.): Projektbewertung von Talsperren. Schriftenreihe Wasser und Umwelt. Band 1. Witten: K.-U. Rudolph Eigenverlag, 45-74.

Rudolph, K.-U. (1990): Technische Maßnahmen zur Kostensenkung - Möglichkeiten während der Planungsphase. In: Rudolph, K.-U. (Hrsg.): Kostenprobleme der kommunalen Abwasserbeseitigung. Witten: K.-U. Rudolph Eigenverlag, 67-85.

Rudolph, K.-U., Köppke, K.-E. und Korbach, J. (1995): Stand der Abwassertechnik in verschiedenen Branchen. Berlin: Umweltbundesamt (UBA).

Rudolph, K.-U. und Gärtner, T. (1997): Die deutsche Wasserver- und -entsorgung im internationalen Vergleich. Externes Gutachten für den WBGU. Unveröffentlichtes Manuskript.

Ruttner, F. (1962): Grundriß der Limnologie. Berlin: de Gruyter.

Sands, P. (1989): The Environment, Community, and International Law. Harvard International Law Journal 30 (2), 393-420.

Santos, M. (1979): The Shared Space. London, New York: Methuen.

Savenije, H. H. G (1996): The Runoff Coefficient as the Key to Moisture Recycling. Journal of Hydrology (176), 219-225.

Schellnhuber, H.-J., Block, A., Cassel-Gintz, M., Kropp, J., Lammel, G., Lass, W., Loose, C., LŸdeke, M. K. B., Moldenhauer, O., Petschel-Held, G., Plπchl, M. und Reuswig, F. (1997): Syndromes of Global Change. GAIA (im Druck).

Scherer, P. und Castell-Exner, C. (1996): Forschung und Entwicklung im Wasserfach. gwf Wasser-Abwasser 137 (11), 594-600.

Schindler, D. W. (1990): Experimental Perturbations of Whole Lakes as Tests of Hypotheses Concerning Ecosystem Structure and Function. Oikos 57, 25-41.

Schlotter, P. (1994): Zwischen Universalismus und Regionalismus: Die KSZE im System der Vereinten Nationen. In: Meyer, B. und Moltmann, B. (Hrsg.): Konfliktsteuerung durch Vereinte Nationen und KSZE. Frankfurt/M.: Haag und Herchen, 96-107.

Schlotter, P., Ropers, N. und Meyer, B. (1994): Die neue KSZE. Zukunftsperspektiven einer regionalen Friedensstrategie. Opladen: Leske und Budrich.

Schmid, C. (1993): Der Israel-Palästina-Konflikt und die Bedeutung des Vorderen Orients als sicherheitspolitische Region nach dem Ende des Ost-West-Konflikts. Baden-Baden: Nomos.

Schmidt-Kallert, E. (1989): Staudämme: Symbole für einen Entwicklungsweg. In: Pater, S. und Schmidt-Kallert, E. (Hrsg.): Zum Beispiel Staudämme. Göttingen: Lamuv-Verlag, 7-14.

Schminke, H. K. (1997): Heinzelmännchen im Grundwasser. Biologie in unserer Zeit 3, 182-188.

Schmitz, W. (1961): Fließgewässerforschung - Hydrographie und Botanik. Verhandlungen der Internationalen Vereinigung für Limnologie (14), 541-586.

Schönhuth, M. und Kievelitz, U. (1993): Partizipative Erhebungs- und Planungsmethoden in der Entwicklungszusammenarbeit. Eschborn: GTZ.

Schramm, E. (1995): Wege zu einem gesellschaftlichen Wasserdiskurs. Externes Gutachten für den WBGU. Unveröffentlichtes Manuskript.

Schröer, S. und Staubli, T. (1995): Die Flüsse des Garten Eden. Die Flußsymbolik im alten Orient. Wendekreis 6, 6-9.

Schua, L. und Schua, R. (1981): Wasser. Lebenselement und Umwelt. Freiburg: Alber.

Schug, W., Leon, J. und Gravert, H. (1996): Welternährung. Herausforderung an Pflanzenbau und Tierhaltung. Darmstadt: Wissenschaftliche Buchgesellschaft.

Schulz, W. (1989): Ansätze und Grenzen der Monetarisierung von Umweltschäden. Zeitschrift für Umweltpolitik & Umweltrecht 12 (1), 55-72.

Schulze, E.-D. (1982): Plant Life Forms and Their Carbon, Water and Nutrient Relations. Physiological Plant Ecology II, Encyclopedia of Plant Physiology: New Series 12 B, 615-676.

Schulze, E.-D. (1994): The Regulation of Plant Transpiration: Interactions of Feedforward, Feedback, and Futile Cycle. In: Schulze, E.-D. (Hrsg.): Flux Control in Biological Systems. San Diego: Academic Press, 203-235.

Schulze, E.-D., Kelliher, F. M., Körner, C., Lloyd, J. und Leuning, R. (1994): Relationships Among Maximum, Stomatal Conductance, Ecosystem Surface Conductance. Carbon Assimilation Rate, and Plant Nitrogen Nutrition: A Global Ecology Scaling Exercise. Annual Review of Ecology and Systematics 25, 629-660.

Schulze, E.-D. und Heimann, M. (1997): Carbon and Water Exchange of Terrestrial Ecosystems. In: Galloway, J. N. und Melillo, J. (Hrsg.): Asian Change in the Context of Global Change. Cambridge: Cambridge University Press (im Druck).

Schwartz, S. E. und Slingo, A. (1995): Enhanced Shortwave Cloud Radiative Forcing Due to Anthropogenic Aerosols. In: Crutzen, P. J. und Ramanathan, V. (Hrsg.): Clouds, Chemistry and Climate. Berlin, Heidelberg, New York: Springer, 191-236.

Schwoerbel, J. (1987): Einführung in die Limnologie. Stuttgart: Fischer.

Seager, J. (1995): Wasserkraft. In: Seager, J., Reed, C. und Stott, P. (Hrsg.): Der Öko-Atlas - Neuausgabe. Bonn: Dietz, 44-46.

SEF – Stiftung Entwicklung und Frieden (Hrsg.) (1993): Globale Trends 93/94. Daten zur Weltentwicklung. Frankfurt/M.: Fischer.

SEI – Stockholm Environment Institute (1996): The Freshwater Resources of the World - A Comprehensive Assessment. Stockholm: SEI.

Selbmann, S. (1995): Mythos Wasser. Symbolik und Kulturgeschichte. Karlsruhe: Badenia.

Seligman, C. und Finegan, J. E. (1990): A Two-factor Model of Energy and Water Conservation. In: Edwards, J., Tindale, R. S., Heath, L. und Posavac, E. J. (Hrsg.): Social Influence Processes and Preventions. Band 1. Social Psychological Applications to Social Issues. New York: Plenum Press, 279-299.

Shiklomanov, I. A. und Sokolov, A. A. (1985): Methodological Basis of World Water Balance Investigation and Computation. In: IAHS – International Association for Hydological Sciences (Hrsg.): New Approaches in World Water Balance Computations. Hamburg: IAHS, 77-91.

Shiklomanov, I. A. (1993): World Fresh Water Resources. In: Gleick, P. H. (Hrsg.): Water in Crisis. A Guide to the World's Fresh Water Resources. New York, Oxford: Oxford University Press, 13-24.

Shiva, V. (1991): The Violence of the Green Revolution. Penang: Third World Network.

Shukla, J. (1995): On the Initiation and Persistence of the Sahel Drought. In: Martinson, D. G., Bryan, K., Ghil, M., Hall, M. M., Karl, T. R., Sarachik, E. S., Sorooshian, S. und Tallex, L. D. (Hrsg.): Natural Climate Variability on Interannual and Decadal Time Scales. Washington, DC: National Academy Press, 44-48.

Sick, W.-D. (1983): Agrargeographie. Braunschweig: Westermann.

Simmann, H.-Y. (1994): Die Bedeutung von Saprobiensystemen zur Gewässerbeurteilung. Frankfurt/M.: Hessische Landesanstalt für Umwelt.

Simonis, U. E. (Hrsg.) (1996): Weltumweltpolitik. Grundriß und Bausteine eines neuen Politikfeldes. Berlin: Edition Sigma.

Simpson, L. (1994): Wassermärkte. Ein gangbarer Weg? Finanzierung & Entwicklung 31 (2), 30-32.

Slovic, P., Fischhoff, B. und Lichtenstein, S. (1978): Accident Probability and Seat Belt Usage: A Psychological Perspective. Accident Analysis and Prevention 10, 281-285.

Smith, N. (1985): Mensch und Wasser. Geschichte und Technik der Bewässerung und Trinkwasserversorgung vom Altertum bis heute. Wiesbaden: Pfriemer.

Snedacker, S. C. (1984): Mangroves: A Summary of Knowledge With Emphasis on Pakistan. In: Haq, B. U. und Milliman, J. D. (Hrsg.): Marine Geology and Oceanography of Arabian Sea and Coastal Pakistan. New York: Van Nostrand Reinhold, 99.

Snimschikova, L. N. und Akinshina, T. W. (1994): Oligochaete Fauna of Lake Baikal. Hydrobiologia 278 (1-3), 27-34.

Snow, A. A. und Palma, P. M. (1997): Commercialization of Transgenic Plants: Potential Ecological Risks. Bio Science 47 (2), 86-96.

Soffer, A. (1994): The Relevance of the Johnston Plan to the Reality of 1993 and Beyond. In: Isaac, J. und Shuval, H. (Hrsg.): Water and Peace in the Middle East. Amsterdam: Elsevier, 107ff.

Sommer, U. (1985): Comparison between Steady State and Non-Steady-State Competition: Experiments with Natural Phytoplankton. Limnology and Oceanography 30, 335-346.

Spiegel, E. (1970): Slum. In: Akademie für Raumforschung und Landesplanung (Hrsg.): Handwörterbuch der Raumforschung und Raumordnung. Hannover: Jaenecke, 2952-2959.

SRU – Rat von Sachverständigen für Umweltfragen (1985): Umweltprobleme der Landwirtschaft. Sondergutachten. Stuttgart, Mainz: Kohlhammer.

SRU - Rat von Sachverständigen für Umweltfragen (1987): Umweltgutachten 1987. Stuttgart: Metzler-Poeschel.

SRU – Rat von Sachverständigen für Umweltfragen (1994): Umweltgutachten 1994. Für eine dauerhaft-umweltgerechte Entwicklung. Stuttgart: Metzler-Poeschel.

Stanners, D. und Bourdeau, P. (Hrsg.) (1995): Europe's Environment: The Dobris Assessment. Copenhagen: European Environment Agency (EEA).

Stabel, H.-H. (1997): Vergleichende Bewertung der internationalen und nationalen Standards für Nutzwasser. Externes Gutachten für den WBGU. Unveröffentlichtes Manuskript.

Stapelfeldt, G. (1990): Verelendung und Urbanisierung in der Dritten Welt. Der Fall Lima/Peru. Saarbrücken: Breitenbach.

Stein, D. (1997): Moderne Leitungsnetze als Beitrag zur Lösung der Wasserprobleme von Städten. Externes Gutachten für den WBGU. Unveröffentlichtes Manuskript.

Stephens, C. (1994): Environment and Health in Developing Countries: An Analysis of Intra-Urban Differentials Using Existing Data. London: London School of Hygiene & Tropical Medicine.

Stern, P. C. und Oskamp, S. (1987): Managing Scarce Environmental Resources. In: Stokols, D. und Altman, I. (Hrsg.): Handbook of Environmental Psychology. Band 2. Chichester, New York: Wiley & Sons, 1043-1088.

Stitt, M. (1994): Flux Control at the Level of the Pathway: Studies With Mutants and Transgenic Plants Having a Decreased Activity of Enzymes Involved in Photosynthesis Partitioning. In: Schulze, E.-D. (Hrsg.): Flux Control in Biological Systems. San Diego: Academic Press, 13-36.

Stitt, M. und Schulze, E.-D. (1994): Plant Growth, Storage, and Resource Allocation: From Flux Control in a Metabolic Chain to the Whole-Plant Level. In: Schulze, E.-D. (Hrsg.): Flux Control in Biological Systems. San Diego: Academic Press, 57-118.

Stödter, R. (1995): International Law Association. In: Bernhardt, R. (Hrsg.): Encyclopedia of Public International Law. Amsterdam: Elsevier, 1207.

Ströbele, W. (1987): Rohstoffökonomik. Theorie natürlicher Ressourcen mit Anwendungsbeispielen Öl, Kupfer, Uran und Fischerei. München: Vahlen.

Sundrum, R. M. (1990): Income Distribution in Less Developed Countries. London, New York: Routledge.

Susskind, L. und Babbitt, E. (1992): Overcoming the Obstacles to Effective Mediation of International Disputes. In: Bercovitch, J. und Rubin, J. (Hrsg.): Mediation in International Relations. Multiple Approaches to Conflict Management. New York: St. Martin's Press, 30-51.

Tayler, J. R., Cardamone, M. A. und Mitsch, W. J. (1990): Bottomland Hardwood Forests: Their Functions and Values. In: Gosselink, J. G., Lee, L. C. und Muir, T. A. (Hrsg.): Ecological Processes and Cumulative Impacts: Illustrated by Bottomland Hardwood Wetland Ecosystems. Chelsea: Lewis Publishers, 13-86.

Taylor, A. (1987): Looking at Water Through Different Eyes - The Maori Perspective. Soil and Water (Summer), 22-24.

Taylor, M. B., Becker, P. J., van Rensburg, E. J., Harris, B. N., Bailey, I. W. und Grabow, W. O. (1995): A Serosurvey of Water-borne Pathogens Amongst Canoeists in South Africa. Epidemiology and Infection 115, 299-307.

Teclaff, L. (1996): Evolution of the River Basin Concept in National and International Law. Natural Resouces Journal 36 (2), 359 ff.

Thompson Jr., B. H. (1993): Institutional Perspectives on Water Policies and Markets. California Law Review 81, 671.

Thompson, S. C. und Stoutemyer, K. (1991): Water Use as a Commons Dilemma. The Effects of Education that Focuses on Long-term Consequences and Individual Action. Environment and Behavior 23 (3), 314-333.

Tilman, D. und Downing, J. A. (1994): Biodiversity and Stability in Grasslands. Nature (367), 363-365.

Tilzer, M. und Serruya, C. (1990): Large Lakes. Ecological Structure and Function. Berlin, Heidelberg, New York: Springer.

Tilzer, M., Gaedke, U., Schweizer, A., Beese, B. und Wieser, T. (1991): Interannual Variability of Phytoplankton Productivity and Related Parameters in Lake Constance: No Response to Decreased Phosphorus Loading? Journal of Plankton Research 13, 755-777.

Tobler, W., Deichmann, U., Gottsegen, J. und Maloy, K. (1995): The Global Demography Project. Technical Report TR-95-6. Santa Barbara: University of California, National Center for Geographic Information and Analysis.

Tucci, C., Silveira, A., Sanchez, J. und Albuquerque, F. (1995): Flow Regionalization in the Upper Paraguai Basin, Brazil. Hydrological Sciences Journal/Journal des Sciences Hydrologiques 40 (4), 485-497.

UBA – Umweltbundesamt (1991): Ohne Wasser läuft nichts! Rettet unser wichtigstes Lebensmittel. Berlin: UBA.

UBA - Umweltbundesamt (1994): Stoffliche Belastung der Gewässer durch die Landwirtschaft und Maßnahmen zu ihrer Verringerung. Berlin: Schmidt.

UBA – Umweltbundesamt (1995): Umweltdaten Deutschland. Berlin: UBA.

UN -United Nations (1990): Achievements of the International Drinking Water Supply and Sanitation Decade 1981–1990. New York: UN.

UNCED – United Nations Conference on Environment and Development (1992): Agenda 21. Agreements on Environment and Development. Rio de Janeiro: UNCED.

UN DESA – United Nations Department of Economic and Social Affairs (1958): Integrated River Basin Development. UN Doc. E/3066. New York: UN DESA.

UNDP – United Nations Development Programme (1992): Human Development Report 1992. Oxford, New York: Oxford University Press.

UNDP – United Nations Development Programme (1993): Human Development Report 1993. New York, Oxford: Oxford University Press.

UNDP – United Nations Development Programme (1994): Bericht über die menschliche Entwicklung. Bonn: Deutsche Gesellschaft für die Vereinten Nationen (DGVN).

UNDP – United Nations Development Programme (1995): Bericht über die menschliche Entwicklung 1995. Bonn: Deutsche Gesellschaft für die Vereinten Nationen (DGVN).

UNDP – United Nations Development Programme (1996): Bericht über die menschliche Entwicklung. Statistischer Anhang. Bonn: Deutsche Gesellschaft für die Vereinten Nationen (DGVN).

UNDRO – United Nations Disaster Relief Coordinator (1991): Mitigating Natural Disasters: Phenomena, Effects, and Options. New York: United Nations (UN).

UN DTCD – United Nations Department of Technical Cooperation and Development (1991): Integrated Water Resources Planning. New York: UN DTCD.

UNEP – United Nations Environment Programme (1995): Global Biodiversity Assessment. Cambridge: Cambridge University Press.

UNFPA – United Nations Population Fund (1995): Weltbevölkerungsbericht 1995. Welt im Wandel: Bevölkerung, Entwicklung und die Zukunft der Stadt. Bonn: Deutsche Gesellschaft für die Vereinten Nationen (DGVN).

UNICEF – United Nations International Children's Fund (1997): Statistik der Unicef über Wasserversorgung und Abwasserreinigung im Jahre 1996. Korrespondenz Abwasser 44 (4), 596.

UN INSTRAW – United Nations International Research and Training Institute for the Advancement of Women (1991): Women, Water and Sanitation. In: Sontheimer, S. (Hrsg.): Women and the Environment. A Reader. Crisis and Development in the Third World. London: Earthscan, 119-132.

UNPD – United Nations Population Division (1994): World Urbanisation Prospects: The 1994 Revision. New York: UN.

UN-SG – United Nations Secretary-General (1997a): Comprehensive Assessment of the Freshwater Resources of the World. Report of the United Nations Secretary-General to the Fifth Session of the Commission on Sustainable Development (5.-25. April 1997). UN-Dok. E/CN.17/1997/9: New York: UN.

UN-SG – United Nations Secretary-General (1997b): Protection of the Quality and Supply of Freshwater Resources. Application of Integrated Approaches to the Development, Management and Use of Water Resources. New York: UN.

US Department of the Interior (1996): Final Environmental Impact Statement. Water Rights Acquisition for Lahontan Valley Wetlands. Lahontan Valley News 1, 1-5.

Usera, M. A., Echeita, A., Aladuena, A., Alvarez, J., Carreno, C., Orcau, A. und Planas, C. (1995): Investigation of an Outbreak of Water-borne Typhoid Fever in Catalonia in 1994. Enfermedades Infecciosa Microbiologia Clinica 13 (8), 450-454.

Uvin, P. (1993): The State of World Hunger. The Hunger Report. Providence, RI: World Hunger Program.

Vermetten, A. W. M., Hofschreuder, P., Duyzer, J. H., Bosfeld, F. C. und Bouten, W. (1992): Dry Deposition of SO_2 Onto a Stand of Douglas Fir: The Influence of Canopy Wetness. In: Schwartz, S. E. und Slinn, R. G. W. (Hrsg.): Precipitation Scavenging and Atmosphere-surface Exchange. Band 3. New York: Hemisphere, 1403-1414.

Victor, D. G. (1996): The Early Operation and Effectiveness of the Montreal Protocol's Non-Compliance Procedure. Laxenburg: International Institute for Applied Systems Analysis (IIASA).

Vigarello, G. (1988): Wasser und Seife, Puder und Parfüm. Geschichte der Körperhygiene seit dem Mittelalter. Frankfurt/M., New York: Campus.

Vischer, D. (1996): Hochwassergefahr im Gebirge. Tagungsband des internationalen Symposiums „Klimaänderung und Wasserwirtschaft" am 27. und 28. November 1995 im Europäischen Patentamt in München. Mitteilungen des Instituts für Wasserwesen der Universität der Bundeswehr München (56b), 293-306.

von Knorring, E. (1996): Das Umweltproblem als ökonomisches Problem? Eine nachdenkliche Bestandsaufnahme. List Forum 22, 25-42.

von Thun, L. (1984): Application of Decision Analysis Techniques in Dam Safety Evaluation and Modification. Coimbra, Portugal: International Conference on the Safety of Dams.

von Tümpling, W., Wilken, R. D. und Einax, J. (1995): Mercury Contamination in the Northern Pantanal Region Mato Grosso, Brazil. Journal of Geochemical Exploration 52, 127-134.

Vought, L. B.-M., Dahl, J., Pedersen, C. L. und Lacoursiere, J. O. (1994): Nitrogen Retention in Riparian Ecotones. Ambio 23 (6), 342-348.

Wagner, G. (1976): Simulationsmodelle der Seeneutrophierung, dargestellt am Beispiel des Bodensee-Obersees. Archiv für Hydrobiologie 78, 1-41.

Wagner, A. und Lorenz, H.-W. (1995): Studien zur Evolutorischen Ökonomik III. Berlin: Duncker & Humblot.

Walker, J. T., Mackerness, C. W., Mallon, D., Makin, T., Williets, T. und Keevil, C. W. (1995): Control of Legionella Pneumophila in a Hospital Water System by Chlorine Dioxide. Journal of Industrial Microbiology 15, 384-390.

Wantzen, M. (1997): Siltation Effects on Benthic Communities in First Order Streams in Mato Grosso, Brazil. Verhandlungen Internationale Vereinigung für Limnologie. Unveröffentlichtes Manuskript.

WBGU – Wissenschaftlicher Beirat der Bundesregierung Globale Umweltveränderungen (1993): Welt im Wandel: Grundstruktur globaler Mensch-Umwelt-Beziehungen. Jahresgutachten 1993. Bonn: Economica.

WBGU – Wissenschaftlicher Beirat der Bundesregierung Globale Umweltveränderungen (1994): Welt im Wandel: Die Gefährdung der Böden. Jahresgutachten 1994. Bonn: Economica.

WBGU – Wissenschaftlicher Beirat der Bundesregierung Globale Umweltveränderungen (1996a): Welt im Wandel: Wege zur Lösung globaler Umweltprobleme. Jahresgutachten 1995. Berlin, Heidelberg, New York: Springer.

WBGU – Wissenschaftlicher Beirat der Bundesregierung Globale Umweltveränderungen (1996b): Welt im Wandel: Herausforderung für die deutsche Wissenschaft. Jahresgutachten 1996. Berlin, Heidelberg, New York: Springer.

WCMC – World Conservation Monitoring Centre (1992): Global Biodiversity. Status of the Earth's Living Resources. New York, London: Chapman & Hall.

Wehrli, B., Wüest, A., Bührer, H., Gächter, R. und Zobrist, J. (1996): Überdüngung der Schweizer Seen - erfreulicher Trend nach unten. EAWAG News (42D), 12-14.

Weidner, H. (1996a): Umweltkooperation und alternative Konfliktregelungsverfahren in Deutschland. Zur Entstehung eines neuen Politiknetzwerkes. Berlin: WZB.

Weidner, H. (1996b): Umweltmediation: Entwicklungen und Erfahrungen im In- und Ausland. In: Feindt, P. H., Gessenharter, W., Birzer, M. und Fröchling, H. (Hrsg.): Konfliktregelung in der offenen Bürgergesellschaft. Dettelbach: Röll, 137-168.

Weller, D. E., Correll, D. L. und Jordan, T. E. (1994): Denitrification in Riparian Forests Receiving Agricultural Discharges. In: Mitsch, W. J. (Hrsg.): Global Wetlands - Old World and New. Amsterdam: Elsevier, 117-132.

Weltbank (1992) Weltentwicklungsbericht 1992 – Entwicklung und Umwelt – Kennzahlen der Weltentwicklung. Washington, DC: The World Bank.

Weltbank (1993): Weltentwicklungsbericht 1993 – Investitionen in die Gesundheit – Kennzahlen der Weltentwicklung. Washington, DC: The World Bank.

Weltbank (1995): Learning from Narmada. Washington, DC: The World Bank.

Weltbank (1996): Vom Plan zum Markt. Bonn: UNO Verlag.

Wetzel, R. G. (1983): Limnology. Philadelphia: Saunders.

Whitford, P. (1997): The Aral Sea Disaster: Turning the Tide? Environment Matters (Winter/Spring), 20-21.

WHO – World Health Organization (1990): Potential Health Effects of Climate Change: Report of a WHO Task Force. Genf: WHO.

WHO – World Health Organization (1993): A Global Strategy for Malaria Control. Genf: WHO.

WHO – World Health Organization (1994): Progress Report 1994: Second Meeting of Interested Parties on the Control of Tropical Diseases, Geneva September 1-4, 1994. Genf: WHO.

WHO – World Health Organization (1995): The World Health Report 1995: Bridging the Gaps. Genf: WHO.

WHO – World Health Organization (1996): The World Health Report 1996. Genf: WHO.

Wichmann, K. (1996): Entsorgung von Wasserwerksrückständen in Deutschland. gwf Wasser-Abwasser 137 (14), 131-136.

Wicke, P. W. (1993): Irrigation in Highlands. Case Study Peru. In: DVWK – Deutscher Verband für Wasserwirtschaft und Kulturbau (Hrsg.): Ecologically Sound Resources Management in Irrigation. Hamburg: Parey, 133-172.

Wilber, D. H., Tighe, R. E. und O'Neil, L. J. (1996): Associations Between Changes in Agriculture and Hydrology in the Cache River Basin, Arkansas, USA. Wetlands 16 (3), 366-378.

Wilke, A. (1995): „In die Ganga tauchen heißt, im Himmel zu baden". Wendekreis 6, 10-12.

Williams, P. B. (1993a): Dam Safety Analysis. In: Barber, M. und Ryder, G. (Hrsg.): Damming the Three Gorges. London, Toronto: Earthscan und Probe International, 126-132.

Williams, P. B. (1993b): Flood Control Analysis. In: Barber, M. und Ryder, G. (Hrsg.): Damming the Three Gorges. London, Toronto: Earthscan und Probe International, 100-117.

Williams, P. B. (1993c): Sedimentation Analysis. In: Barber, M. und Ryder, G. (Hrsg.): Damming the Three Gorges. London, Toronto: Earthscan und Probe International, 133-145.

Williamson, O. E. (1985): The Economic Institutions of Capitalism. New York: The Free Press.

Winkler, R. C. (1982): Water Conservation. In: Geller, E. S., Winett, R. A. und Everett, P. B. (Hrsg.): Preserving the Environment: Strategies for Behavior Change. New York: Pergamon Press, 262-287.

Wissenschaftlicher Beirat beim BMZ (1995): Vernachlässigung der Agrarförderung - Gefahren für die Zukunft. Bonn: Wissenschaftlicher Beirat beim BMZ.

WMO – World Meteorological Organization (1997): Natural Disasters and Human Settlements: A Statistical Survey. Genf: WMO.

Wöhlcke, L. (1994): Brasilien. Diagnose einer Krise. München: Beck.

Wolff, P. (1994): Ist die Vernachlässigung des Bewässerungssektors in der Entwicklungszusammenarbeit verantwortbar? Zeitschrift für Bewässerungslandwirtschaft 29 (1), 115-120.

Wolff, P. (1996): Zur Nachhaltigkeit der Wassernutzung. Der Tropenlandwirt (Beiheft 56), 103-126.

World Bank und UNDP – United Nations Development Programme (1990): A Proposal for an Internationally Supported Programme to Enhance Research in Irrigation and Drainage Technology in Developing Countries. Washington, DC: The World Bank.

WRI – World Resources Institute (1990): World Resources 1990–91. Special Focus on Climate Change, Latin America plus Essential Data on 146 Countries. New York, Oxford: Oxford University Press.

WRI – World Resources Institute (1992): World Resources 1992–93. Toward Sustainable Development. New York, Oxford: Oxford University Press.

WRI – World Resources Institute (1994): World Resources 1994–95. A Guide to the Global Environment. New York, Oxford: Oxford University Press.

WRI - World Resources Institute (1996): World Resources 1996–97. The Urban Environment. New York, Oxford: Oxford University Press.

WWI – Worldwatch Institute (1996a): Zur Lage der Welt. Frankfurt/M.: Fischer.

WWI – Worldwatch Institute (1996b): Worldwatch Database Disk. Frankfurt: Umwelt Kommunikation.

Yatsuyanagi, J., Saito, S., Kinouchi, Y., Sato, H., Morita, M. und Hoh, K. (1996): Characteristics of Enterotoxigenic Escherichis Coli and E. Coli Harbouring Enteroaggregative E.coli Heat-stable Enterotoxin-1 (EAST-1) Gene Isolated From a Water-borne Outbreak. Kansenshogaku Zasshi 70 (3), 215-223.

Young, O. R. (1994): International Governance. Protecting the Environment in a Stateless Society. Ithaca, London: Cornell University Press.

Young, R. A. und Haveman, R. H. (1985): Economics of Water Resources: A Survey. In: Kneese, A. V. und Sweeney, J. L. (Hrsg.): Handbook of Natural Resource and Energy Economics. Band II. Amsterdam, New York, Oxford: North-Holland, 465-529.

Yudelman, M. (1994): Demand and Supply of Foodstuffs up to 2050 With Special Reference to Irrigation. International Irrigation Management Review 8 (1), 4-14.

Zangl, B. und Zürn, M. (1996): Argumentatives Handeln bei internationalen Verhandlungen. Moderate Anmerkungen zur post-realistischen Debatte. Zeitschrift für Internationale Beziehungen 3 (2), 341-366.

Zauke, G. P. und Meurs, H. G. (1996): Kritische Anmerkungen zum Einsatz des Saprobiensystems bei der Gewässerüberwachung. In: Lozán, J. L. und Kausch, H. (Hrsg.): Warnsignale aus Flüssen und Ästuaren. Hamburg: Parey, 329-330.

Zhou, K. (1986): A Project to Translocate the Baiji Lipotesvexillifer From the Main Stream of the Yangtze River China to Tongling Baiji Nature Reserve. Aquatic Mammals 12 (1), 21-24.

Zilleßen, H. (1993): Die Modernisierung der Demokratie im Zeichen der Umweltpolitik. In: Zilleßen, H., Dienel, P. C. und Strubelt, W. (Hrsg.): Die Modernisierung der Demokratie. Opladen: Westdeutscher Verlag, 17-39.

Zürn, M. (1992): Interessen und Institutionen in der internationalen Politik. Grundlegung und Anwendungen des situationsstrukturellen Ansatzes. Opladen: Leske und Budrich.

Glossar   G

AGENDA 21 ist das rechtlich nicht-bindende Aktionsprogramm für eine nachhaltige und zukunftsfähige Entwicklung, das 1992 auf der Konferenz der Vereinten Nationen zu Umwelt und Entwicklung beschlossen wurde. Die AGENDA 21 umfaßt 40 Kapitel, in denen Einzelmaßnahmen zu sektoralen Themen (etwa Kapitel 18 zum Süßwasserschutz) oder zu übersektoralen Themen (etwa zu „Finanzen", „Jugend" oder „Institutionen") in politisch verbindlicher Sprache empfohlen werden.

Agroforstwirtschaft (agroforestry) bezeichnet eine kombinierte land- und forstwirtschaftliche Nutzung, bei der der Anbau von Bäumen oder Sträuchern mit landwirtschaftlichen Nutzpflanzen oder der Viehhaltung integriert wird. Die Agroforstwirtschaft war früher in den Tropen und Subtropen eine verbreitete Praxis, die jetzt „neu entdeckt" wird.

Alkalisierung bezeichnet die Entstehung von Alkaliböden; diese entstehen vorwiegend in aridem und semi-aridem Klima, etwa auf tonigen Substraten mit schlechter Wasserführung wegen mangelhafter Bewässerungssysteme.

Aquiferen (Grundwasserleiter) sind durchlässige Gesteine, die Brunnen und Quellen speisen können. Diese Gesteine enthalten →Grundwasser und sind geeignet es weiterzuleiten und in wirtschaftlich bedeutsamen Mengen zu liefern.

Arides Klima ist ein Klima, dessen mittlere jährliche Gesamtverdunstung die mittlere jährliche Niederschlagsmenge übersteigt.

Ariditätsindex errechnet sich aus dem Verhältnis zwischen Niederschlägen und dem Feuchtigkeitsverlust des Bodens; unterschieden werden hyperaride, aride, semi-aride, sub-humide und humide Gebiete, je nach Umfang ihres Feuchtigkeitsdefizits.

Autotroph sind Lebewesen, die ihre Energie aus Sonnenlicht oder chemischen Reaktionen gewinnen, wozu alle grünen Pflanzen zählen.

Biodiversität bezeichnet die Artenvielfalt (species diversity), die genetische Vielfalt innerhalb der Arten (genetic diversity) und die ökologische Vielfalt (ecological diversity), d. h. die Vielfalt funktioneller Gruppen und die Verknüpfungen innerhalb und zwischen Lebensgemeinschaften. Biodiversität umfaßt damit weit mehr als die Artenvielfalt, die als Artenzahl pro Fläche angegeben werden kann.

Biologischer Sauerstoffbedarf (BSB_5) ist das Maß für die organische Belastung eines Wasserkörpers. Aus dem nach fünf Tagen in einem luftdicht verschlossenen Gefäß verbliebenem Sauerstoff kann auf die Menge der abgebauten organischen Substanz geschlossen werden.

Chemischer Sauerstoffbedarf (CSB) ist das Maß für die Belastung eines Gewässers mit schwer abbaubarer organischer Substanz, beispielsweise Organochlorverbindungen, Tensiden oder auch natürlich vorkommenden Substanzen wie etwa Huminstoffe; es bezeichnet die Menge Sauerstoff, die nötig ist, um mit kräftigen chemischen Oxidationsverfahren schwer abbaubare organische Stoffe zu oxidieren.

Debt Swaps bezeichnen den „Tausch" von Schuldentiteln (in der Regel der Entwicklungsländer) gegen Gegenleistungen, etwa einer bestimmten Umweltpolitik (debt for nature swaps) oder einer bestimmten Ernährungssicherungspolitik (debt for food security swaps). In welcher Form die Transaktionen erfolgen, hängt von der Art der Schulden ab. Bei Schulden gegenüber ausländischen Banken bieten beispielsweise die debt for nature swaps eine Möglichkeit, gleichzeitig Erfolge gegen die Schuldenkrise und für den Umweltschutz zu erzielen.

Degradation bezeichnet die Veränderung von Ökosystemen, die zum Verlust bzw. zur Beeinträchtigung ihrer Funktionen führt.

Desertifikation ist die Degradation von Landressourcen in →ariden, →semi-ariden und trockenen sub-humiden Zonen.

Disposition bezeichnet in der →Syndromanalyse die Anfälligkeit einer Region für ein bestimmtes Syndrom. Der „Dispositionsraum" bezeichnet die geographische Verteilung der Disposition; er wird durch natürliche und anthropogene Rahmenbedingungen bestimmt, die sich nur langfristig ändern.

Endemische Arten sind Organismen mit einem geographisch eng beschränkten Vorkommen.

Endokrines System bezeichnet das System der Sekretion innerhalb des Körpers hinsichtlich der Drüsenfunktion und Hormonproduktion.

Eutrophierung bezeichnet die Erhöhung der Primärproduktion durch erhöhte Nährstoffzufuhr, wodurch es zu Änderungen der Prozeßabläufe und der Besiedlungsstruktur und zur Zunahme biologischer Abbauprozesse kommt.

Evaporation bezeichnet die Verdunstung von Wasser aus freien Oberflächen und Böden.

Evapotranspiration bezeichnet die Gesamtverdunstung, die sich aus der Verdunstung der freien Oberflächen und Böden (→Evaporation) sowie der Pflanzen (→Transpiration) zusammensetzt.

Exposition bezeichnet in der Syndromanalyse natürliche und anthropogene Ereignisse und Prozesse, die meist kurzfristig auftreten, wie etwa plötzliche Naturkatastrophen oder Wechselkursschwankungen, und in einer krisenanfälligen Region – wo eine →Disposition vorliegt – ein Syndrom auslösen können.

Gewässergüteklassen bezeichnen den Gütezustand von Oberflächengewässern; sie werden in Deutschland nach einem System von charakteristischen Organismen, dem Sauerstoffgehalt und hygienisch-bakteriologischen Werten beschrieben. Es werden vier Gewässergüteklassen von „eins" bis „vier" unterschieden: nicht oder wenig verunreinigt (oligosaprob), mäßig verunreinigt (beta-mesosaprob), stark verunreinigt (alpha-mesosaprob) und übermäßig verunreinigt (polysaprob).

Gewässerverschmutzung bezeichnet die Zufuhr von Schadstoffen, pathogenen Keimen und Wärme mit Beeinträchtigung der Ökosysteme und der Nutzbarkeit des Süßwassers. Die Wirkung pathogener Keime auf die Struktur der Ökosysteme ist im Gegensatz zur Wirkung von Schadstoffen von geringer Bedeutung. Die Folgen einer Gewässeraufheizung führen ähnlich wie die Eutrophierung und organische Belastung zu einer Steigerung der Stoffumsatzraten. Aus diesem Grunde erscheint der Begriff „thermal pollution" gerechtfertigt.

Globales Beziehungsgeflecht bezeichnet in der Syndromanalyse ein qualitatives Netzwerk aus allen vom →Syndromkonzept erfaßten →Trends des Globalen Wandels und ihre Wechselwirkungen. Das Globale Beziehungsgeflecht bietet eine hochaggregierte, auf einzelne Phänomene bezogene Systembeschreibung des Globalen Wandels.

Grundwasser ist das unterirdische Wasser, das zusammenhängend die Hohlräume der Erdrinde ausfüllt und dessen Bewegung ausschließlich oder nahezu ausschließlich von der Schwerkraft und den Reibungskräften bestimmt wird.

Heterotroph sind Lebewesen, die sich von Pflanzen, Tieren, Mikroorganismen oder organischer Substanz ernähren, wozu alle höheren Tiere zählen.

Humid ist ein Klima, in dem die Summe der jährlichen Niederschläge größer ist als die jährliche potentielle Verdunstung. Nicht verdunstete Niederschläge fließen an der Oberfläche ab oder treten durch Versickerung in das →Grundwasser ein.

Interzeption ist der Niederschlagsanteil, der von den oberirdischen Pflanzenteilen aufgefangen wird und anschließend verdunstet. Bei einzelnen Niederschlägen kann die Interzeption 60% und mehr des Niederschlags erreichen.

Kernprobleme des Globalen Wandels sind im →Syndromansatz die zentralen Phänomene des Globalen Wandels. Im Syndromansatz erscheinen sie als entweder besonders herausragende →Trends des Globalen Wandels, wie etwa der Klimawandel, oder sie bestehen aus mehreren zusammenhängenden Trends. Ein solcher „Megatrend" ist beispielsweise das Kernproblem „Bodendegradation", das sich aus mehreren Trends wie Erosion, →Versalzung, Kontamination und anderen zusammensetzt.

Kritikalitätsindex ist ein zusammengestellter Indikator, der die Anfälligkeit einer Region oder der dort lebenden Bevölkerung gegenüber Krisen, insbesondere Umwelt- oder Entwicklungskrisen, bezeichnet. Im vorliegenden Gutachten dient der Kritikalitätsindex zur regionalspezifischen Abschätzung zukünftiger Süßwasserkrisen.

Leitplanken grenzen in der →Syndromanalyse den Entwicklungsraum des Mensch-Umwelt-Systems von den Bereichen ab, die unerwünschte oder gar katastrophale Entwicklungen repräsentieren und vermieden werden müssen. Nachhaltige Entwicklungspfade verlaufen innerhalb des durch diese Leitplanken definierten Korridors. Im Rahmen dieses Gutachtens bilden die essentiellen Eigenschaften des Wassers den soziokulturellen und ökologischen Rahmen, der als Leitplanke für die wirtschaftliche Nutzung des Wassers zur allgemeinen Wohlfahrtsoptimierung dient. Der Beirat sieht das Leitplanken-Modell als ein Hilfsmittel an, um das Entscheidungsdilemma zwischen sozialen, ökologischen und ökonomischen Zielvorstellungen durch eine klare Prioritätensetzung aufzulösen.

LOKALE AGENDA 21 bezeichnet den Beratungsprozeß innerhalb der Städte und Gemeinden (einschließlich ihrer Bürger) über die Aufstellung eines lokalen Aktionsplans zur →AGENDA 21 von Rio de Janeiro sowie dessen Umsetzung.

Nachhaltige oder zukunftsfähige Entwicklung (sustainable development) wird meist als ein umwelt- und entwicklungspolitisches Konzept verstanden, das durch den Brundtland-Bericht formuliert und auf der UN-Konferenz über Umwelt und Entwicklung 1992 in Rio de Janeiro weiterentwickelt wurde. Der WBGU bietet mit seinem Syndromkonzept einen Ansatz zur Operationalisierung dieses Begriffs.

Resilienz ist die Eigenschaft eines Systems nach Auslenkung zu einem stabilen Gleichgewichtszustand oder zu einem lokalen Gleichgewicht zurückzukehren (auch: Elastizität).

Semi-arid bezeichnet Klimate, in denen die jährliche Niederschlagssumme im allgemeinen geringer ist als die Jahressumme der Verdunstung, wobei jedoch während 3–5 Monaten die Niederschlagsmengen größer sind als die Verdunstungssummen.

Strukturanpassung bezeichnet ein ordnungspolitisches Programm zur wirtschaftlichen Stabilisierung und marktwirtschaftlichen Deregulierung sowie zur Liberalisierung des Außenhandels. Ziel ist die Wiederherstellung oder Verbesserung der internationalen Wettbewerbsfähigkeit und Kreditwürdigkeit auf der Grundlage eines ausgeglichenen Haushalts (zur Inflationsbekämpfung), der Erhöhung der internen Spar- und Investitionsrate und eines verbesserten Investitionsklimas für ausländische Investoren. IWF und Weltbank sind die beiden Institutionen zur Umsetzung dieses Programmes.

Subsistenzwirtschaft bezeichnet die landwirtschaftliche Produktion, die der Eigenversorgung dient, nicht oder nur geringfügig den (überlokalen) Markt beliefert und deshalb außerhalb des monetären Sektors bleibt. Die Subsistenzwirtschaft wird inzwischen auch dem sog. „informellen Sektor" zugerechnet.

Syndrome des Globalen Wandels bezeichnen funktionale Muster von krisenhaften Beziehungen zwischen Mensch und Umwelt. Es sind charakteristische, global relevante Konstellationen von natürlichen und anthropogenen →Trends des Globalen Wandels sowie der Wechselwirkungen zwischen ihnen. Jedes Syndrom ist, in Analogie zur Medizin, ein „globales Krankheitsbild"; es stellt einen anthropogenen Ursache-Wirkungs-Komplex mit spezifischen Umweltbelastungen dar und bildet somit ein eigenständiges Muster der Umweltdegradation. Syndrome greifen über einzelne Sektoren wie Wirtschaft, Biosphäre oder Bevölkerung hinaus, aber auch über einzelne Umweltmedien wie Boden, Wasser, Luft (transsektoral). Immer haben Syndrome jedoch einen direkten oder indirekten Bezug zu Naturressourcen. Ein Syndrom läßt sich in der Regel in mehreren Regionen der Welt unterschiedlich stark ausgeprägt identifizieren. Auch können in einer Region mehrere Syndrome gleichzeitig auftreten.

Transpiration bezeichnet die physikalisch und physiologisch gesteuerte Wasserdampfabgabe von Pflanzen.

Trends des Globalen Wandels sind in der →Syndromanalyse analytisch im voraus identifizierte Phänomene in Gesellschaft und Natur, die für den Globalen Wandel relevant sind und ihn charakterisieren. Es handelt sich dabei um veränderliche oder prozeßhafte Größen, die qualitativ bestimmbar sind, wie etwa die Trends „Bevölkerungswachstum", „verstärkter Treibhauseffekt", „wachsendes Umweltbewußtsein" oder „medizinischer Fortschritt".

Versalzung bezeichnet die Akkumulation von löslichen Salzen in oder auf Böden oder in Gewässern. Man unterscheidet zwischen natürlicher Versalzung (vor allem in →ariden und →semi-ariden Klimaten) und anthropogener Versalzung (z. B. durch künstliche Bewässerung und Landnutzungsänderungen).

Vorfluter sind Gewässer, die ober- und unterirdisch zufließendes Wasser aufnehmen und abführen.

Wasserdargebot eines Gebiets setzt sich aus dem Niederschlagsdargebot, dem Wasserzufluß aus Oberliegergebieten und den Wasserverlusten zusammen. Eine wasserwirtschaftliche Nutzung des Wasserdargebots berücksichtigt Gesichtspunkte der Wasserqualität und der Ökologie.

Wasserkultur bezeichnet den soziokulturellen Wertekontext einer Gesellschaft, in dem Menschen mit Bezug auf Wasser aufwachsen und handeln. Er entsteht durch vielfältige Wechselwirkungen zwischen den ökologischen Bedingungen und den soziokulturellen Sphären wie Politik, Wirtschaft oder Religion.

Wassersättigungsdefizit der Luft ist das Maß für die Menge an Wasser, die bis zur vollständigen Sättigung der Luft (100% Luftfeuchte) aufgenommen werden kann.

**Der Wissenschaftliche Beirat der
Bundesregierung Globale
Umweltveränderungen**

H

DER WISSENSCHAFTLICHE BEIRAT
Prof. Dr. Hans-Joachim Schellnhuber, Potsdam
(Vorsitzender)
Prof. Dr. Dr. Juliane Kokott, Düsseldorf
(Stellvertretende Vorsitzende)
Prof. Dr. Friedrich O. Beese, Göttingen
Prof. Dr. Klaus Fraedrich, Hamburg
Prof. Dr. Paul Klemmer, Essen
Prof. Dr. Lenelis Kruse-Graumann, Hagen
Prof. Dr. Ortwin Renn, Stuttgart
Prof. Dr. Ernst-Detlef Schulze, Bayreuth
Prof. Dr. Max Tilzer, Bremerhaven
Prof. Dr. Paul Velsinger, Dortmund
Prof. Dr. Horst Zimmermann, Marburg

ASSISTENTINNEN UND ASSISTENTEN DER
BEIRATSMITGLIEDER
Dr. Arthur Block, Potsdam
Dipl.-Geogr. Gerald Busch, Göttingen
Dipl.-Psych. Gerhard Hartmuth, Hagen
Dr. Dieter Hecht, Bochum
Andreas Klinke, M.A., Stuttgart
Dr. Gerhard Lammel, Hamburg
Referendar-jur. Leo-Felix Lee, Heidelberg
Dipl.-Ing. Roger Lienenkamp, Dortmund
Dr. Heike Mumm, Bremerhaven
Dipl.-Biol. Martina Mund, Bayreuth
Dipl.-Volksw. Thilo Pahl, Marburg
Dipl.-Biol. Helmut Recher, Plön

GESCHÄFTSSTELLE DES WISSENSCHAFTLICHEN
BEIRATS, BREMERHAVEN*
Prof. Dr. Meinhard Schulz-Baldes
(Geschäftsführer)
Dr. Carsten Loose
(Stellvertretender Geschäftsführer)
Dipl.-Pol. Frank Biermann, LL.M.
Dipl.-Phys. Ursula Fuentes Hutfilter
Vesna Karic-Fazlic
Ursula Liebert
Dr. Benno Pilardeaux
Martina Schneider-Kremer, M.A.

* Geschäftsstelle WBGU
Alfred-Wegener-Institut für Polar- und
Meeresforschung
Postfach 12 01 61
D-27515 Bremerhaven

Tel. 0471-4831-723
Fax: 0471-4831-218
Email: wbgu@awi-bremerhaven.de
Internet: http://www.awi-bremerhaven.de/WBGU/

Gemeinsamer Erlaß zur Errichtung des Wissenschaftlichen Beirats Globale Umweltveränderungen (8. April 1992)

§ 1

Zur periodischen Begutachtung der globalen Umweltveränderungen und ihrer Folgen und zur Erleichterung der Urteilsbildung bei allen umweltpolitisch verantwortlichen Instanzen sowie in der Öffentlichkeit wird ein wissenschaftlicher Beirat „Globale Umweltveränderungen" bei der Bundesregierung gebildet.

§ 2

(1) Der Beirat legt der Bundesregierung jährlich zum 1. Juni ein Gutachten vor, in dem zur Lage der globalen Umweltveränderungen und ihrer Folgen eine aktualisierte Situationsbeschreibung gegeben, Art und Umfang möglicher Veränderungen dargestellt und eine Analyse der neuesten Forschungsergebnisse vorgenommen werden. Darüberhinaus sollen Hinweise zur Vermeidung von Fehlentwicklungen und deren Beseitigung gegeben werden. Das Gutachten wird vom Beirat veröffentlicht.

(2) Der Beirat gibt während der Abfassung seiner Gutachten der Bundesregierung Gelegenheit, zu wesentlichen sich aus diesem Auftrag ergebenden Fragen Stellung zu nehmen.

(3) Die Bundesregierung kann den Beirat mit der Erstattung von Sondergutachten und Stellungnahmen beauftragen.

§ 3

(1) Der Beirat besteht aus bis zu zwölf Mitgliedern, die über besondere Kenntnisse und Erfahrung im Hinblick auf die Aufgaben des Beirats verfügen müssen.

(2) Die Mitglieder des Beirats werden gemeinsam von den federführenden Bundesminister für Forschung und Technologie und Bundesminister für Umwelt, Naturschutz und Reaktorsicherheit im Einvernehmen mit den beteiligten Ressorts für die Dauer von vier Jahren berufen. Wiederberufung ist möglich.

(3) Die Mitglieder können jederzeit schriftlich ihr Ausscheiden aus dem Beirat erklären.

(4) Scheidet ein Mitglied vorzeitig aus, so wird ein neues Mitglied für die Dauer der Amtszeit des ausgeschiedenen Mitglieds berufen.

§ 4

(1) Der Beirat ist nur an den durch diesen Erlaß begründeten Auftrag gebunden und in seiner Tätigkeit unabhängig.

(2) Die Mitglieder des Beirats dürfen weder der Regierung noch einer gesetzgebenden Körperschaft des Bundes oder eines Landes noch dem öffentlichen Dienst des Bundes, eines Landes oder einer sonstigen juristischen Person des Öffentlichen Rechts, es sei denn als Hochschullehrer oder als Mitarbeiter eines wissenschaftlichen Instituts, angehören. Sie dürfen ferner nicht Repräsentant eines Wirtschaftsverbandes oder einer Organisation der Arbeitgeber oder Arbeitnehmer sein, oder zu diesen in einem ständigen Dienst- oder Geschäftbesorgungsverhältnis stehen. Sie dürfen auch nicht während des letzten Jahres vor der Berufung zum Mitglied des Beirats eine derartige Stellung innegehabt haben.

§ 5

(1) Der Beirat wählt in geheimer Wahl aus seiner Mitte einen Vorsitzenden und einen stellvertretenden Vorsitzenden für die Dauer von vier Jahren. Wiederwahl ist möglich.

(2) Der Beirat gibt sich eine Geschäftsordnung. Sie bedarf der Genehmigung der beiden federführenden Bundesministerien.

(3) Vertritt eine Minderheit bei der Abfassung der Gutachten zu einzelnen Fragen eine abweichende Auffassung, so hat sie die Möglichkeit, diese in den Gutachten zum Ausdruck zu bringen.

§ 6

Der Beirat wird bei der Durchführung seiner Arbeit von einer Geschäftsstelle unterstützt, die zunächst bei dem Alfred-Wegener-Institut (AWI) in Bremerhaven angesiedelt wird.

§ 7

Die Mitglieder des Beirats und die Angehörigen der Geschäftsstelle sind zur Verschwiegenheit über die Beratung und die vom Beirat als vertraulich bezeichneten Beratungsunterlagen verpflichtet. Die Pflicht zur Verschwiegenheit bezieht sich auch auf Informationen, die dem Beirat gegeben und als vertraulich bezeichnet werden.

§ 8

(1) Die Mitglieder des Beirats erhalten eine pauschale Entschädigung sowie Ersatz ihrer Reisekosten. Die Höhe der Entschädigung wird von den beiden federführenden Bundesministerien im Einvernehmen mit dem Bundesminister der Finanzen festgesetzt.

(2) Die Kosten des Beirats und seiner Geschäftsstelle tragen die beiden federführenden Bundesministerien anteilig je zur Hälfte.

Dr. Heinz Riesenhuber
Bundesminister für Forschung und Technologie

Prof. Dr. Klaus Töpfer
Bundesminister für Umwelt, Naturschutz und Reaktorsicherheit

Anlage zum Mandat des Beirats

ERLÄUTERUNG ZUR AUFGABENSTELLUNG DES BEIRATS GEMÄSS § 2 ABS. 1

Zu den Aufgaben des Beirats gehören:

1. Zusammenfassende, kontinuierliche Berichterstattung von aktuellen und akuten Problemen im Bereich der globalen Umweltveränderungen und ihrer Folgen, z.B. auf den Gebieten Klimaveränderungen, Ozonabbau, Tropenwälder und sensible terrestrische Ökosysteme, aquatische Ökosysteme und Kryosphäre, Artenvielfalt, sozioökonomische Folgen globaler Umweltveränderungen.
   In die Betrachtung sind die natürlichen und die anthropogenen Ursachen (Industrialisierung, Landwirtschaft, Übervölkerung, Verstädterung etc.) einzubeziehen, wobei insbesondere die Rückkopplungseffekte zu berücksichtigen sind (zur Vermeidung von unerwünschten Reaktionen auf durchgeführte Maßnahmen).
2. Beobachtung und Bewertung der nationalen und internationalen Forschungsaktivitäten auf dem Gebiet der globalen Umweltveränderungen (insbesondere Meßprogramme, Datennutzung und –management etc.).
3. Aufzeigen von Forschungsdefiziten und Koordinierungsbedarf.
4. Hinweise zur Vermeidung von Fehlentwicklungen und deren Beseitigung.

Bei der Berichterstattung des Beirats sind auch ethische Aspekte der globalen Umweltveränderungen zu berücksichtigen.

Index

A

Abfallakkumulation 145, 200, 207
Abfluß 59-60, 63, 65, 71, 102-104, 107, 109, 125, 127, 131, 180-181, 189, 196, 222, 270
 – Abflußbeiwert 107, 118
Abwasserentsorgung 79, 199, 239, 278, 303, 328, 331-332
Abwasserreinigung 87, 125, 184, 207, 216, 220-221, 269, 271-272, 275, 278, 305
Ägypten 75, 165, 243, 344
Aerosole 59, 62, 63, 235
Afrika 54, 69, 75, 81, 88, 98, 122, 124, 192, 198, 214, 236, 241, 247, 278, 322
AGENDA 21 25, 32-33, 37, 39, 42-43
 – LOKALE AGENDA 21 (LA21) 33, 37-40, 43, 299
Agrochemie 89, 155, 174
Agroforestry; *siehe* Wälder
AIDS; *siehe* Infektionskrankheiten
Aktionsprogramm „Water 21" 355
Allokation 287, 308, 314, 316, 320, 322, 330, 352
Altlasten 125, 143, 146, 187, 296
Altlasten-Syndrom 146
Anbauflächen 156, 161, 184, 246; *siehe auch* Landwirtschaft
Aquakultur 49, 54, 252, 254, 262, 278, 361
Aquatische Lebensräume 48, 54-55, 93, 95, 311
Aralsee; *siehe* Seen
Aralsee-Syndrom 144, 175-196
Argentinien 83, 181
Aride Regionen 30, 55, 63, 92, 274, 330; *siehe auch* Klima, Klimazonen
Armut 32, 161, 166, 174, 206, 208, 210, 212, 239, 313
Artenvielfalt 50, 54-55, 57, 68, 157, 180, 312; *siehe auch* Biodiversität
 – Artensterben; *siehe* Biodiversität, Verlust
 – endemische Arten 50, 53, 55-57, 180, 351
 – exotische Arten 56-57, 259-260
Asien 53, 81, 85, 88-89, 98, 124, 228, 322
Atatürk-Staudamm; *siehe* Staudämme
Atmosphäre 58, 60, 62, 89, 180, 258
 – Troposphäre 62-63
Australien 65, 134, 332

B

Baikalsee; *siehe* Seen
Bakterien 50-51, 157, 234-235, 238, 255, 276
Bakterioplankton; *siehe* Plankton
Bangkok 200, 208
Bergrutsch; *siehe* Katastrophen
Bergbau 92, 93, 255
Bevölkerung 73, 75, 192, 194-198, 202, 240, 246, 249
 – Bevölkerungswachstum 105, 132, 138, 150, 162, 178, 206-208, 210-212, 231, 245-246
Bewässerung 73-74, 81, 97, 99-100, 131, 142, 156-157, 161, 165, 167-170, 178, 185, 193, 196, 214, 222, 240, 250-251, 255, 274, 311
 – Bewässerungssysteme 81, 162, 170, 181, 245, 251, 253, 287, 353-354
 – Bewässerungsflächen 75, 81-83, 124, 140, 149, 183, 246, 255
 – Bewässerungslandwirtschaft 75, 82-83, 125, 127-128, 131, 140, 144, 148, 156, 160, 165, 170, 180, 241, 246-247, 278, 330, 359
Beziehungsgeflecht 122, 141, 167, 178, 189, 201, 209, 210; *siehe auch* Syndrome
Bildung 43, 352
Bilharziose; *siehe* Infektionskrankheiten
Binnengewässer 51, 54-55, 94, 229, 257-258, 261, 337; *siehe auch* Flüsse *und* Seen
Bioakkumulation; *siehe* Nahrungskette
Biodiversität 54, 57, 194, 224, 255, 265, 349, 351
 – Verlust von Biodiversität 55, 142, 157, 164, 180, 249, 312
 – Biodiversitätskonvention; *siehe* Übereinkommen über die biologische Vielfalt
Biologische Vielfalt; *siehe* Biodiversität
Biomagnifikation; *siehe* Nahrungskette
Biotechnologie 28, 150, 157, 164, 171-174, 274, 311-312, 364
Biotope 141, 242, 317, 351, 354-355
Bodensee; *siehe* Seen
Böden 52, 104, 108, 124, 128, 140, 147, 168, 184, 187, 191-192, 200, 202, 214, 257, 253
 – Bodenwasser 52, 63, 65, 128
 – Degradation 30, 110, 128, 161, 360
 – Erosion 56, 68, 91, 127, 142, 155, 180, 199, 258, 265
 – Infiltration 67, 104, 269
 – Vernässung 167-168
 – Versalzung 65, 68, 127-128, 155, 167, 180-181, 255, 257
 – Versiegelung 103, 106, 118, 127, 275
Bombay 202
Brasilien 72, 138, 181, 198, 208, 264
Brauchwasser 208, 215, 300
Buenos Aires 277

C

China 75, 82, 140, 169, 175, 185-186, 188, 228, 248, 339
Cholera; *siehe* Infektionskrankheiten
Commission on Sustainable Development (CSD); *siehe* Kommission zur nachhaltigen Entwicklung
Consultative Group on International Agricultural Research (CGIAR) 150, 165, 170

D

Datenbanken; *siehe* Datensammlungen
Datensammlungen 57, 73, 88, 90, 102, 111, 166, 361
Debt swaps 33, 35, 42, 173, 370, 373
 – Debt for food security swaps 35, 43, 164, 173
 – Debt for nature swaps 42
 – Debt for shelter swaps 33
 – Debt for water security swaps 370, 373
Deiche 107, 118, 185

Deponien 93, 95, 146, 207, 208
Desertifikationskonvention; *siehe* Internationales Übereinkommen zur Bekämpfung der Wüstenbildung in von Dürre und/oder Wüstenbildung betroffenen Ländern, insbesondere in Afrika
Deutsche Gesellschaft für Technische Zusammenarbeit (GTZ) 214, 352
Deutscher Akademischer Austauschdienst (DAAD) 351
Deutschland 29, 33, 40, 42, 77, 79, 89, 109, 119, 187-188, 212, 243, 328, 334
Dienstleistungen 53, 204, 353
Diskurse 219, 296-300, 301-306, 352
Disparitäten 72, 127, 151, 156, 162, 169, 176, 181, 194, 205
Donau; *siehe* Flüsse
Drainage; *siehe* Entwässerung
Drei-Schluchten-Projekt; *siehe* Staudämme
Dürren; *siehe* Katastrophen
Durchfallerkrankungen; *siehe* Infektionskrankheiten

E

Ecuador 83
Eigentumsrechte 171, 288, 303, 314, 319, 323-324, 329, 352, 363
Einzugsgebiete 50, 59, 91, 105, 109, 118, 131, 185, 192, 192, 259, 361
Elektrizität; *siehe* Energiegewinnung
Empowerment 354-355; *siehe auch* Frauen
Endemismus; *siehe* Artenvielfalt
Energiegewinnung 178, 183, 225
  – Kraftwerke 73, 77, 89, 186, 188, 195-196
  – Wasserkraft 178, 181, 183, 187-188
Entwicklungsländer 26-27, 32, 42, 75, 85, 120, 125, 131, 149-151, 155, 165, 168, 178-179, 182, 198, 202, 213, 229, 233, 241-242, 244-248, 277-278, 287, 292, 302, 313, 330-331, 346-347, 350, 352, 362, 373
Entwicklungsprobleme 43, 144, 166, 175, 353
Entwicklungsprogramm der Vereinten Nationen (UNDP) 33, 81
Entwicklungszusammenarbeit 35, 42-43, 164, 166, 242, 244, 283, 368
Erdöl 92, 93, 255, 273
Ernährung 30, 132, 149, 151, 156, 172, 174, 242, 245, 252, 362
  – Ernährungssicherheit 165, 172-173, 251
  – Unterernährung 164, 245, 248
Ernährungs- und Landwirtschaftsorganisation der Vereinten Nationen (FAO) 30, 35, 81, 100, 171, 250, 252
Euphrat; *siehe* Flüsse
EU-Rahmenprogramm zu Forschung und Technologieentwicklung 283
Europa 38, 68, 71, 75, 81, 85, 89, 95, 98, 103, 109, 124, 135, 168, 175, 234, 237, 247, 257, 304, 322, 338
  – Europäische Gewässerkommissionen 350
  – Europäische Union (EU) 283, 340
  – Europäische Wasserrechtssysteme 288-289
  – Europäisches Gemeinschaftsrecht 97

Eutrophierung 68, 95, 125, 168, 207, 257; *siehe auch* Gewässergüte
Evapotranspiration 64, 66-67, 71, 128
Extremereignisse 103, 109, 113; *siehe auch* Katastrophen

F

Fäkalien 237, 262, 275; *siehe auch* Infektionskrankheiten
Favela-Syndrom 144, 183, 193, 197-217
Feuchtgebiete 53-54, 67-68, 180, 190, 241, 262, 266
  – Pantanal 264-265
  – Trockenlegung 57, 127, 261-262
Fische 51, 54, 56, 184, 237, 252, 260
Fischerei 87, 187, 207, 252, 261
  – Überfischung 28, 261
Fließgewässer 51, 90-92, 180, 258, 261; *siehe auch* Flüsse
Flüsse 50, 54, 59-60, 107-108, 111, 229, 287, 289
  – Donau 182, 225-226, 338
  – Euphrat 221
  – Flußauen 102, 118-119
  – Flußdeltas 53, 107, 118, 122, 128, 180
  – Jangtse 179, 185-186, 261, 351
  – Jordan 224, 344
  – Kongo 60
  – Rhein 111, 114, 241, 255, 259, 294
  – Senegal 60
  – Tigris 221
  – Uferverbau 261, 268
  – Yarmuk 224
Flutwellen; *siehe* Katastrophen
Fondslösungen; *siehe* Ökonomische Instrumente
Food and Agriculture Organization of the United Nations (FAO); *siehe* Ernährungs- und Landwirtschaftsorganisation der Vereinten Nationen
Forschungszusammenarbeit 359, 369
Frauen 32, 35, 232, 242, 248, 302
  – empowerment of women 32
Fun-Kultur 293, 299

G

Gabcikovo-Staudamm; *siehe* Staudämme
GATT-/WTO-Regime 34
Gefangenen-Dilemma-Modell; *siehe* Spieltheorie
Gekoppeltes Atmosphäre-Ozean-Modell (ECHAM4-OPYC) 69
Gekoppeltes globales Atmosphäre-Ozean-Zirkulationsmodell (GCM) 111, 132
Genetische Vielfalt 54, 157, 164, 180; *siehe auch* Biodiversität
Genfer Luftreinhalte-Konvention; *siehe* Übereinkommen über weiträumige grenzüberschreitende Luftverschmutzung
Genossenschaftliche Lösungen 291, 303, 323, 352, 354
Genressourcen; *siehe* Genetische Vielfalt
Gentechnologie; *siehe* Biotechnologie
Gesundheit 31, 95, 98, 127, 129, 144-145, 168, 190, 193, 194, 198, 242

- Gesundheits-/Hygieneerziehung 243, 300
- Kindersterblichkeit 212, 233, 243

Gewässergüte 92, 97, 124, 338
- Saprobienindex 92

Gewässerschutz 97-98, 334
Gletscher 63, 110
Global Consensus; *siehe* Globaler Konsens
Global Environment Facility (GEF); *siehe* Globale Umweltfazilität
Global Environmental Monitoring System (GEMS) 87
Globale Aktionsprogramme 230, 349, 367
Globale Umweltfazilität (GEF) 28, 229, 348
Globaler Konsens 230, 345, 348
Globales Aktionsprogramm zur Verhütung der Meeresverschmutzung durch landseitige Handlungen 27, 349
Globalisierung 150, 165, 197, 303
Grenzgewässerregime; *siehe* Regime
Grenzwerte 86, 97-99
Großbritannien 38, 97, 332
Große Seen (Nordamerika); *siehe* Seen
Großprojekte 144, 176, 179, 188-189, 192, 195
Grundwasser 47, 49, 52, 59, 65, 68, 74, 95, 98, 127-128, 169, 251, 255, 258-259, 268, 272
- fossile Grundwasser 74, 122, 286, 292, 312
- geschlossene Grundwasservorkommen (confined groundwaters) 341-342
- Grundwasseranreicherung 214, 268, 273
- Grundwasserleiter 95, 127, 157, 207, 255, 259, 268
- Grundwasserqualität 95
- Grundwasserreserven 75, 98, 125, 170, 214, 255
- Grundwasserspiegel 95, 104, 125, 128, 142, 168-169, 180, 206, 254, 262
- Grundwasservorkommen 228, 283, 336
- Kontamination 125, 168, 206, 294
- Versalzung 95, 128, 206, 257

Grüne-Revolution-Syndrom 144, 148-175, 183
Günedogu Anadolu Projesi (GAP) 221
Güter 218, 220, 315, 327-328
- Allmendegüter 315-316
- Güterkategorien 217, 228, 314-315, 324, 364
- Open-access-Güter 321
- Schutzgüter 98, 141, 146

H

Habitat II; *siehe* Weltsiedlungskonferenz
Haftungsprinzip 318, 324, 331, 369
Handelbare Emissionszertifikate; *siehe* Ökonomische Instrumente
Haushalte 47, 73, 77-80, 82, 85, 87, 124, 131
Havarie-Syndrom 145
Hermes-Bürgschaften 42, 187, 188; *siehe auch* Risikobürgschaften
High Yielding Varieties (HYV); *siehe* Hochertragreiche Sorten
Hochertragreiche Sorten 165, 167

Hochwasser 102-103, 104, 105-107, 109-110, 112-113, 117-118, 185-186, 188, 193, 267, 363
- Frühwarnsysteme 95, 116, 130, 175, 192
- Hochwassergefährdung 103, 265, 363
- Hochwasserschutz 105, 113-114, 117-118, 120, 144, 175, 179, 185-186, 253, 354-355
- Vorhersagen 110, 114, 116
- Vorwarnzeit 111, 116

Hoher-Schornstein-Syndrom 145-146
Hunger 35, 150, 156, 174, 230, 248; *siehe auch* Ernährung
„Hydrologische Imperative"; *siehe* Leitbilder
Hydroxylradikal 62-63
Hygieneerziehung; *siehe* Gesundheit

I

Impfungen; *siehe* Infektionskrankheiten
In-situ-Nutzung (In-stream-Nutzung) 73
Indien 95, 107, 151, 155-157, 164, 169, 187, 192, 202, 241, 277-278, 295
Indikatoren 27, 33, 91, 131, 157-158, 160, 189-190, 192, 210, 238, 287, 360, 364
Industrie 47, 73, 75, 82, 84, 124, 131
Industrialisierung 87, 144, 176, 178, 198
Industrieländer 27, 35, 39, 57, 82, 124, 131, 155, 178, 182, 238, 242, 248, 275, 278, 292, 295, 373
Infektionskrankheiten 208-209, 232-233, 235, 237-238, 242, 244
- AIDS 240
- Bilharziose 182, 236, 241
- Cholera 208, 234
- Durchfallerkrankungen 208, 233, 234, 243
- Impfungen 231, 239, 243
- Kinderlähmung (Poliomyelitis) 235, 239
- Krankheitserreger 231-232, 238-239, 241, 287, 363
- Kryptosporidiose 233-234
- Malaria 182, 236, 239, 240-241
- Pest 209
- Typhus 235

Infiltration; *siehe* Böden
Innovationen 174, 300, 343
Integrated Watershed Management 362
Integrierter Forschungsansatz 359
Intergovernmental Panel on Forests (IPF); *siehe* Zwischenstaatlicher Ausschuß über Wälder
Intergovernmental Panel on Climate Change (IPCC); *siehe* Zwischenstaatlicher Ausschuß über Klimaänderungen
International Conference on Population and Development (ICPD); *siehe* Weltbevölkerungskonferenz
International Decade for Natural Disaster Reduction (IDNDR) 103
International Fund for Agricultural Development (IFAD); *siehe* Internationaler Fonds für landwirtschaftliche Entwicklung
International Rivers Network (IRN) 182

Internationale Verpflichtung über pflanzengenetische Ressourcen 30
„Internationale Meeresschutzkonvention" 27, 349
Internationaler Fonds für landwirtschaftliche Entwicklung (IFAD) 149
Internationaler Gerichtshof (IGH) 225-226, 348
Internationaler Pakt über wirtschaftliche, soziale und kulturelle Rechte 33, 35, 172, 228, 230, 370
Internationaler Seegerichtshof 28
Internationales Übereinkommen zur Bekämpfung der Wüstenbildung in von Dürre und/oder Wüstenbildung betroffenen Ländern, insbesondere in Afrika 30-31, 349-350
Irak 127, 222
Irrigation; siehe Bewässerung
Israel 130, 224, 344, 354

J
Jangste; siehe Flüsse
Japan 56, 93, 124, 187, 189, 276, 303-304, 332
Joint Implementation; siehe Ökonomische Instrumente
Jordan; siehe Flüsse
Jordanien 122, 221, 224, 344

K
Kanada 178, 221, 226-227, 239, 257, 304-305
Kanalisation 199-200, 207-208, 216, 238, 275, 277, 295
Katanga-Syndrom 143
Katastrophen 102-121
– Bergrutsche 104, 106, 110
– Dürren 64, 102, 328
– Flutwellen 106, 110
– Überschwemmungen 102, 103, 105, 108, 114, 120, 178, 239, 262, 286
– Sandoz-Katastrophe 259, 294
– Sturmfluten 107, 108
Kinderhilfswerk der Vereinten Nationen (UNICEF) 243
Kinderlähmung (Poliomyelitis); siehe Infektionskrankheiten
Kindersterblichkeit; siehe Gesundheit
Kläranlagen 207, 257-258, 275, 276
Kleine-Tiger-Syndrom 144, 183, 198, 202, 210
Klima 68-69, 106, 112, 239
– Klimaänderungen 68, 70, 106, 107-109, 112, 126, 130, 132, 134, 239-240, 245, 357
– Klimamodelle 69, 111-112, 359; siehe auch Modellierung
– Klimavariabilität 60, 69, 109, 359
– Klimawandel; siehe Klimaänderungen
– Klimazonen 65, 71-72, 93, 101, 142, 180
– Rückkopplungen 62, 67, 138, 169
Klimakonvention; siehe Rahmenübereinkommen der Vereinten Nationen über Klimaänderungen
Kohlendioxid (CO_2); siehe auch Treibhausgase
– CO_2-Äquivalent 69, 71, 72, 132
– CO_2-Assimilation 48, 64, 65
– CO_2-Emission 69, 267
Kolumbien 70, 239, 277
Kommission zur nachhaltigen Entwicklung (CSD) 25, 283, 355
Kommunikation 202-203, 218, 301-302, 307
Konflikte 28, 127, 142, 151, 172, 176, 192-193, 218-230, 283, 301, 327, 343, 360; siehe auch Wasserkonflikte
– Konfliktbewältigung 28, 219, 305, 343
– Konfliktschlichtung 227, 296, 304-305, 333, 343, 345, 355, 361
– Nutzungskonflikte 87, 144, 170, 318
– Zwischenstaatliche Konflikte 345, 348
Kongo; siehe Flüsse
Konventionen; siehe Übereinkommen
Korallenriffe 55, 91, 229
Kosten-Nutzen-Analysen 187, 196, 263, 316-317
Kritikalität 129-131, 133, 135, 346
– Kritikalitätsindex 129-131
Kryosphäre 63
Kryptosporidiose; siehe Infektionskrankheiten
Kulturpflanzen 64, 67, 99, 169, 174, 251

L
Länderarbeitsgemeinschaft Wasser (LAWA 2000) 98
Lake Tahoe; siehe Seen
Landflucht 197, 200, 202-203, 205, 210, 211
Landflucht-Syndrom 142
Landnutzung 65, 67, 95, 142, 188, 251, 318, 324, 359, 361
– Landnutzungsrechte 176, 182-183
Landwirtschaft 30, 47, 73, 75, 84, 95, 107, 132, 142, 148, 165, 222, 241, 245-246, 250-251, 255, 258, 267, 308, 316; siehe auch Bewässerung, Bewässerungslandwirtschaft
– Intensivierung 81, 89, 124-125, 149-150, 162, 164, 167, 169, 182-183, 229, 246, 294
– Nahrungsmittelproduktion 75, 81, 150, 155, 164, 169, 245, 247, 250, 364
Langfristorientierung 171, 313, 321-322
Lebensraumfunktion 48-49, 86, 308, 311-312, 316
Lebensstile 124, 198, 293, 297, 307
Leitbilder 38, 206, 212, 282, 362, 367
– „Hydrologische Imperative" 282
– Leitbild für den „Guten Umgang mit Wasser" 281-283, 367-369
Leitplanken 141, 193-194, 281, 360, 367-368
– Leitplankenmodell 176, 214
– ökologische Leitplanken 281, 354-355, 360
– soziokulturelle Leitplanken 281, 360
Libyen 75, 135
LOKALE AGENDA 21; siehe AGENDA 21

M
Madras 199
Malaria; siehe Infektionskrankheiten
Märkte 142, 150, 162, 164, 307, 309, 313, 315, 321, 325, 327, 333

- Marktbewertung 309, 311, 313, 317, 331, 362
- Marktversagen 313
Massentourismus; *siehe* Tourismus
Massentourismus-Syndrom 143
Mediation 305, 344-344, 355; *siehe auch* Diskurs
- Mediationsverfahren 219, 301, 305, 307
Meeresspiegelanstieg 108-109, 256
Meeresverschmutzung 27, 229, 340
Megastädte; *siehe* Städte
Mehrfachnutzung; *siehe* Wasserwiederverwertung
Menschenrechte 32-34, 172, 228, 230, 370
Meßverfahren; *siehe* Monitoring
Mexiko 135, 138, 189, 192
Mexiko-Stadt 98, 199, 203, 207, -208, 319
Migration 161, 198, 202, 214, 237
Mineralölprodukte; *siehe* Erdöl
Mobilität 237, 242, 322, 354
Modellierung 83, 110-111, 130-132, 220, 243
- WaterGAP 81, 83-84
Monitoring 56, 88, 96, 102, 175, 353, 355, 361
- Meßverfahren 88, 96, 102
Monokulturen 68, 155, 157, 173, 174, 184, 251
Montrealer Protokoll; *siehe* Protokoll über Stoffe, die zu einem Abbau der Ozonschicht führen
Moore 53, 67, 263
Müllkippen-Syndrom 146
Multiple Cropping; *siehe* Pflanzenbau
Mythen 284, 289

N
Nachhaltige Entwicklung 37, 41, 50, 129, 170, 192, 279, 281, 341, 361
Naher Osten 124
- Nahostkonflikt 224
Nahrungskette 55, 92, 93, 94, 144, 187, 255, 261
- Anreicherung von Stoffen (Biomagnifikation) 91, 96, 125, 127, 146, 180, 187, 229, 259
Nahrungsmittelproduktion; *siehe* Landwirtschaft
Nichtregierungsorganisationen (NRO) 25, 31, 43, 173, 182, 340, 361, 364
Niederschläge 58, 63, 65, 89, 105, 106, 109, 112, 120, 132, 253, 255
- Interzeption 66, 109
- Niederschlagsmangel 199
- Niederschlagsmuster 63, 69, 127, 132, 142, 359
- Niederschlagsvariabilität 59-60, 63
- Niederschlagsverteilung 64, 132
- Starkniederschläge 104, 109, 110-111, 112, 239
Nitrat 68, 92, 95; *siehe auch* Stickstoff
Nordamerika 53, 71, 73, 75, 86, 89, 98, 124, 175, 228, 257
Normen 206, 293, 295-296, 299, 307
Norwegen 103, 257
Nutzpflanzen 157, 174; *siehe auch* Landwirtschaft

O
Oasen 53, 266

Oberflächengewässer 48, 68, 95, 127, 155, 206, 255, 294, 318, 360; *siehe auch* Gewässergüte *und* Gewässerschutz
- Trophiegrad 51, 95, 254, 258
- Versauerung 89, 124, 257
Ökologische Sicherheit 223, 345
Ökonomische Instrumente
- Fondslösungen 266, 362
- Handelbare Emissionszertifikate 362, 369
- Joint Implementation 26, 362
- Preise 124, 175, 309, 313
- Wasserpreise 84, 131, 170, 214, 287, 293-294, 299, 310-311, 318, 330
Ökonomie 133, 287-288, 320, 363
Ökonomische Bewertung 310, 313-314, 316
Ökosysteme 359, 361
- Degradation 125, 127-128, 180, 254
- Elastizität (Resilienz) 54, 62, 175, 354-355
- Konversion 360
- limnische Ökosysteme 54-55, 359
Opportunitätskosten 133, 317
Optionswert 311-312
Organisation der Vereinten Nationen für Erziehung, Wissenschaft und Kultur (UNESCO) 229, 351
Organische Spurenstoffe 89, 94-95; *siehe auch* Persistente organische Stoffe
Ozeane 47, 59, 62, 63-64, 91
- Ozeanische Zirkulation 63
Ozeanien 86, 266

P
Palästinensische Befreiungsorganisation (PLO) 225, 344
Pantanal; *siehe* Feuchtgebiete
Paraguay 83, 178
Partikuläre Stoffe 89, 90-91, 100, 128, 180
Partizipation 38, 40, 165-166, 171, 181, 187, 188, 193, 213, 242, 303, 307, 318, 354-355
Pathogene Keime 87, 91, 124, 157, 174, 208, 215, 352; *siehe auch* Infektionskrankheiten
Permafrost 106, 110
Persistent organic pollutants (POP); *siehe* Persistente organische Stoffe
Persistente organische Stoffe 27, 124
Pest; *siehe* Infektionskrankheiten
Pestizide 54, 94, 97, 125, 148, 151, 155, 157, 164-165, 168, 294
- Dichlordiphenyltrichlorethan (DDT) 94, 155, 241
- Pestizideinsatz 155, 157
Pflanzenbau 54, 65, 151, 155, 157-159, 161, 168, 174, 250, 256, 310
- Multiple Cropping 170, 174, 251, 361
Pflanzengenetische Ressourcen 30; *siehe auch* Biotechnologie *und* Genetische Vielfalt
Pflanzenschutzmittel 155, 168, 174, 318; *siehe auch* Pestizide
Phosphat 91-92, 94, 257-258
Photosynthese 50, 64, 66, 257

Phytoplankton; *siehe* Plankton
Pilze 50, 53, 157
Plankton 50-51
– Bakterioplankton 50
– Phytoplankton 50-51, 55, 63, 234, 257
– Zooplankton 50-51, 260, 261
Politikversagen 144, 197, 203-205, 213, 313
Polychlorierte Biphenyle (PCB) 94, 98, 259
Preise; *siehe* Ökonomische Instrumente
Primärproduktion 50, 57, 257, 263
Protokoll über Stoffe, die zu einem Abbau der Ozonschicht führen 26, 229, 349

Q
Quantified Emission Limitation and Reduction Objectives (QELROs) 27

R
Rahmenübereinkommen der Vereinten Nationen über Klimaänderungen 26-27
Ramsar-Konvention; *siehe* Übereinkommen über Feuchtgebiete von internationaler Bedeutung, insbesondere für Wasser- und Watvögel
Ratten 209, 235, 237-238; *siehe auch* Gesundheit
Regelungsfunktion 48, 66, 308, 312
Regime 26, 172, 218-220, 223-224, 227, 230, 339, 343, 355
– Grenzgewässerregime 226, 228, 305
Regionalentwicklung 165
Resistenzbildung 155, 164, 174, 237, 242
Ressourcenmanagement 199, 204, 213, 212
Rhein; *siehe* Flüsse
– Rheinhochwasser 109
Risiken 109, 112, 113
– Risiko-Kommunikation 113, 117, 120
– Risikobürgschaften 188, 196; *siehe auch* Hermes-Bürgschaften
– Risikomanagement 113-116, 120, 187
– Risikominderung 115-116

S
Sahel 64, 69, 178
Sahel-Syndrom 140, 162, 183
Salinität 100, 255
Salze 65, 92, 100, 127, 180, 255
Sanitäre Einrichtungen 197-198, 208, 215-216, 231, 231, 233, 293, 366; *siehe auch* Gesundheit
Santiago de Chile 98, 277
São Paulo 193, 199-200, 202-203, 208
Saudi-Arabien 74, 135
Sauerstoffbedarf 51, 91-92
Saurer Regen 56, 89, 122, 144, 146
Schadstoffe 54, 68, 91, 95, 146, 180, 199, 207, 269, 273, 287, 360; *siehe auch* Pestizide
– Akkumulation 101, 180, 259, 360; *siehe auch* Nahrungskette
– Schadstoffeinträge 124, 315, 318

Schiffbarmachung 121, 179, 185, 241
Schneeschmelze 67, 106, 117
Schwefeldioxid (SO_2) 89, 199
Schwellenländer 125, 145, 193, 197, 202, 207, 331
Schwermetalle 90, 93, 95, 100, 127, 217, 254
Sedimentation 68, 180, 187, 270
Sedimentfracht 91, 124, 127-128, 131, 180, 192
Seen 50, 56, 90, 95, 257-258
– Aralsee 122, 180, 184, 341
– Baikalsee 50, 55-56, 259, 351
– Bodensee 57, 258
– Große Seen (Nordamerika) 226-227, 259
– Lake Tahoe 258
– Südchilenische Seen 260
– Tanganjikasee 55, 351
– Titicacasee 351
– Tschadsee 351
– Victoriasee 260
Sektoren 81, 84, 129; *siehe auch* Industrie *und* Haushalte *und* Landwirtschaft
– formeller Sektor 204
– informeller Sektor 197, 204-205, 207, 209, 365
Selbsthilfe 166, 214, 278, 303
Selbstreinigung 50, 262, 325
– Böden 53
– Grundwasser 53
– Fließgewässer 90-91, 94, 259, 272
Semi-aride Regionen 65, 110, 167, 169, 180
Senegal; *siehe* Flüsse
Slowakische Republik 225
Slums 145, 198, 202-203, 209, 211; *siehe auch* Städte
Sonnenstrahlung 58, 60, 63, 67
Spieltheorie 220
Städte 98, 125, 145, 197-198, 200, 202-203
– Megastädte 92, 145, 197, 202, 206-208
– Verstädterung 145, 198, 202, 210, 212, 277-278
Starkregen; *siehe* Niederschläge
Staudämme 116, 144, 176-183
– Atatürk-Staudamm 222
– Damm-Impaktindikator 190, 192
– Drei-Schluchten-Projekt 182-183, 185-188
– Gabcikovo-Staudamm 225-226
Stechmücken 235-236, 239; *siehe auch* Infektionskrankheiten
Stickoxide (NO_x) 89, 90
Stickstoff 54, 59, 67-68, 89, 125, 168, 258; *siehe auch* Stoffhaushalte
– Düngung 65, 157, 168, 257, 261
Stoffhaushalte 50, 55, 67
– Kohlenstoff 53, 263
– Schwefel 59, 89
– Wasser 53, 58-59, 62, 64, 69, 71, 98, 109, 140, 143, 146, 180, 269, 294, 314, 325, 359
Stoffkreisläufe; *siehe* Stoffhaushalte
Stomata 66

Strahlungsbilanz 58, 59, 62, 65, 67; *siehe auch* Sonnenstrahlung
Strukturanpassungsmaßnahmen 151, 155, 164-165
Subsidiaritätsprinzip 318, 321, 331
Suburbia-Syndrom 145, 198, 210
Südamerika 53, 81, 83, 85, 124
Südchilenische Seen; *siehe* Seen
Sümpfe 47, 241, 255
Süßwasserökosysteme 50, 53, 55, 228, 254, 361; *siehe auch* Ökosysteme
Symbolgehalt des Wassers 285, 289, 312
Syndrome 140-147; *siehe auch* Beziehungsgeflechte
– Hydrosphärentrends 124-125, 127, 169
– Kerntrends 162, 176, 188
– Megatrends 211
– Trendverknüpfung 210-211
Syrien 127, 221-222, 224

T
Talsperren 98, 106, 118; *siehe auch* Staudämme
Tanganjikasee; *siehe* Seen
Technologietransfer 149, 151, 164, 183, 194, 213, 346-347, 352, 354
Tide 107, 108, 118
Tiefbrunnen 145, 156-157, 169, 268, 269
Tierproduktion 49, 64
Tigris; *siehe* Flüsse
Titicacasee; *siehe* Seen
Tourismus 56, 124, 202, 237
Toxizität 93, 96, 98, 100
Transpiration 65-66, 169, 249
Treibhauseffekt 60, 119, 142, 157
Treibhausgase 27, 62-63, 132, 146, 181
– Kohlendioxid (CO_2) 62, 64, 66, 142
– Methan (CH_4) 62, 181, 216, 263
– Ozon (O_3) 62
– Wasserdampf 49, 58, 62, 64
Trends 68, 90, 122, 140, 162, 169, 189, 210, 212, 229; *siehe auch* Syndrome
– Entwicklungstrends 209
– Niederschlagstrends 109
– Trends in der Ausbreitung wasservermittelter Infektionen 237-239
– Trendmonitoring 96
Trinkwasser 79, 94, 97, 233, 242, 244, 278, 286, 292, 295, 301, 352; *siehe auch* Wasserver- und -entsorgung
– Trinkwasseraufbereitung 98, 238, 271, 273, 275
– Trinkwassergewinnung 98, 238, 256, 258, 273
– Trinkwassergrenzwerte 95, 98-99
– Trinkwasser- und Gesundheitsdekade 231, 283
Trittbrettfahrerproblem 318, 326, 354
Tropische Regenwälder; *siehe* Wälder
Tschadsee; *siehe* Seen
Türkei 127, 221-223, 239
Typhus; *siehe* Infektionskrankheiten

U
Übereinkommen über die biologische Vielfalt 28-29, 30, 349
– Biosafety 174
Übereinkommen über die nicht-schiffahrtliche Nutzung internationaler Wasserläufe 57, 229, 336, 340, 346, 348-349, 355
Übereinkommen über die Zusammenarbeit zum Schutz und zur verträglichen Nutzung der Donau 338
Übereinkommen über Feuchtgebiete von internationaler Bedeutung, insbesondere für Wasser- und Watvögel 266, 349
Übereinkommen über weiträumige grenzüberschreitende Luftverschmutzung 349
Übereinkommen zum Schutz des Kultur- und -Naturerbes der Welt 229, 349
– World Heritage Fund 229
– World Heritage List 56, 351
Überfischung; *siehe* Fischerei
Überflutung; *siehe* Katastrophen
UdSSR 53, 95, 98, 175, 184
Umsiedlung 116, 176, 181, 185, 187-188, 193-194
Umweltbildung 296-297, 369
Umweltdegradation 142-143, 146, 176
Umweltprogramm der Vereinten Nationen (UNEP) 42-43
Umweltvölkerrecht 226, 335, 360; *siehe auch* Völkerrecht
Ungarn 225
United Nations (UN); *siehe* Vereinte Nationen
United Nations Children's Fund (UNICEF); *siehe* Kinderhilfswerk der Vereinten Nationen
United Nations Conference on Human Settlements (HABITAT II); *siehe* Weltsiedlungskonferenz
United Nations Development Programme (UNDP); *siehe* Entwicklungsprogramm der Vereinten Nationen
United Nations Educational, Scientific and Cultural Organization (UNESCO); *siehe* Organisation der Vereinten Nationen für Erziehung, Wissenschaft und Kultur
United Nations Environment Programme (UNEP); *siehe* Umweltprogramm der Vereinten Nationen
Urbanisierung; *siehe* Verstädterung
USA 55-56, 77, 89, 95, 97-98, 120, 122, 134, 156, 187-188, 221, 226-227, 233-234, 237, 304, 328-330

V
Vegetation 54, 63-65, 67-68, 128
Venezuela 70, 83
Verdunstung 48, 58, 61-62, 65-66, 70, 148, 184, 255, 267
– Verdunstungsverluste 144, 168, 180
Vereinte Nationen 103, 231, 303, 343, 345, 348, 355
Verfügungsrechte 313, 316, 369
Verhalten 43, 73, 119, 120, 220-221, 242, 290-291, 294-297, 299, 307, 320, 353
– Verhaltensänderung 219, 296, 302, 306-307
– Feedback 296, 298, 306-307

Verschuldung 42, 151, 161, 164, 181
Verstädterung 125, 145, 176, 183, 197-198, 205, 209, 212, 238, 250
Victoriasee; *siehe* Seen
Völkerrecht 32, 148, 172, 223, 226, 283, 333, 336-337, 339, 349, 368
Völkerrechtskommission der Vereinten Nationen 223-224, 226, 346
Vulnerabilität 189-190, 192
– Vulnerabilitätsindex 134

W

Wälder 53, 65, 67, 106, 180, 312
– Agroforestry 170, 174, 251, 362
– Entwaldung 188
– Tropische Regenwälder 65, 263
– „Waldkonvention" 29-30
Wahrnehmung 181, 201, 289, 291-292, 293, 294, 298
Wasserbedarf 49, 73, 98, 167, 197, 200, 206, 284, 325, 327, 345
– Anstieg 144, 149
– Mindestbedarf 73, 130, 249, 281, 323, 324, 326-327, 333, 352, 364
Wasserbilanzen 59, 64-65, 124, 125, 128, 169, 178, 318
Wasserdargebot 60, 129-130, 132, 303, 324, 364
Wassereinzugsgebiete 53, 131, 192; *siehe auch* Integrated Watershed Management
Wasserentnahme 73-85, 124, 130-131, 134, 180, 206, 250, 326
– global 73, 75
– Haushalte 79-80, 84, 86
– Industrie 75, 77, 78, 82, 84-85
– Kühlwasser 73, 258, 274
– Landwirtschaft 73-76, 82, 84, 311
Wasserfonds 370
Wasserfunktionen 47-48, 49-50, 86, 254, 288, 315, 363
Wassergeld 171, 309, 327, 333, 352, 364, 370
Wasserhaushalt; *siehe* Stoffhaushalte
Wasserhaushaltsgesetz (WHG) 113, 334
Wasserinfrastruktur 125, 170
Wasserknappheit 48, 130, 134, 138, 143, 148, 207, 222, 230, 239, 246, 250, 291, 328, 330, 345, 359, 364
– Wasserknappheitsindex 134
Wasserkonflikte 228, 230, 318, 342-343, 345, 348, 351; *siehe auch* Konflikte
– „Internationales Mediationszentrum für Wasserkonflikte" 229
– „Wasserkriege" 345, 347, 350
Wasserkreislauf; *siehe* Stoffhaushalte
Wasserkrisen 129-130, 132, 133, 135, 138, 140, 228-229, 296, 345-347, 350, 365, 370
Wasserkultur 49-50, 284, 289-290, 296
Wassermärkte 170, 322-323, 326, 330, 333, 369-370; *siehe auch* Ökonomische Instrumente
Wassernutzung 73, 79, 131, 193, 214-215, 232, 250, 253, 274, 283, 288, 300-301, 311, 325, 333, 364

– Effizienz 64, 81, 83, 170, 173
– Techniken 156, 169, 173
Wasserpflanzen 51, 236, 252, 262
Wasserpolitik 287, 290, 292, 296, 306, 346, 348, 367
Wasserpreise; *siehe* Ökonomische Instrumente
Wasserprojekte 290, 302, 319
Wasserqualität 51, 56-57, 67-68, 86, 88, 95-97, 125, 127, 131, 145, 155, 196, 216, 221, 224, 226, 250, 252, 254, 267, 282, 294, 316, 361, 364
Wasserrecht 171, 288, 324, 329, 334, 339
Wasserschutzgebiete 215, 258, 292
Wasserstrategie 349, 367
Wassertechnologie 68, 125, 208, 267, 271, 274, 278, 285, 292, 297, 301, 327, 363
Wasserver- und -entsorgung 77, 79, 130, 206, 214, 215, 231, 275, 291, 318, 335, 352
– demand side management 297, 306
– Grundversorgung 211, 230, 297, 370
– supply side management 297
– Versorgungsengpässe 201, 207
– Wasseraufbereitung 269, 271, 318
Wasserverbrauch 77, 124, 213, 250, 274, 291-293, 319, 335
– Einsparpotential 81, 274, 292, 301
– Reduktion 291, 297, 298, 301
Wasserverfügbarkeit 82, 129-132, 134, 309
Wasserverknappung 122, 124, 127, 132, 169, 291, 365
Wasserverschmutzung 125, 127, 200, 207, 227, 294
Wasserverteilung 223-224, 230, 267, 269, 283, 337
Wasserwerke 124, 280, 294, 299, 318-319
Wasserwiederverwertung 77, 79, 124, 278
Wasserwirtschaft 212, 213, 241, 286-287, 289, 313, 319, 333, 352, 373
– Deutschland 328-329
– Frankreich 278, 318, 332
– USA 329-330
WaterGAP; *siehe* Modellierung
Weidewirtschaft 64, 265
Weltbank 79, 133, 168, 179, 181-182, 215, 319
Weltbevölkerungskonferenz 31
Welterbe 57, 194, 228-230, 281, 351, 369
Welternährungsgipfel 35, 164, 173
Weltfrauenkonferenz 32
Weltgesundheitsorganisation (WHO) 73, 85, 97, 217, 231, 243
Weltmenschenrechtskonferenz 33
Weltorganisation für Meteorologie (WMO) 88
Weltsiedlungskonferenz (HABITAT II) 33, 390
Weltsozialgipfel 35, 165
Weltwassercharta 213, 349-350, 352, 370-372
Weltwasserpfennig 370; *siehe auch* Wassergeld
Werte 49, 86, 217, 284, 290, 296, 312, 344
– ästhetischer Wert von Wasser 49, 229, 290
Wetland Conservation Fund 266
Wettervorhersagen 110-111
Wolken 60, 62-63, 66

World Food Summit; *siehe* Welternährungsgipfel
World Health Organization (WHO); *siehe* Weltgesundheitsorganisation
World Meteorological Organization (WMO); *siehe* Weltorganisation für Meteorologie
World Summit on Social Development; *siehe* Weltsozialgipfel
Wüstenkonvention; *siehe* Internationales Übereinkommen zur Bekämpfung der Wüstenbildung in von Dürre und/oder Wüstenbildung betroffenen Ländern, insbesondere in Afrika
Wurzeltiefe 64-65, 68, 253

Y
Yarmuk; *siehe* Flüsse

Z
Zahlungsbereitschaft 288, 309, 312, 315-316, 324
Zooplankton; *siehe* Plankton
Zwischenstaatliche Konflikte; *siehe* Konflikte
Zwischenstaatlicher Ausschuß über Klimaänderungen (IPCC) 84, 131, 133, 136
Zwischenstaatlicher Ausschuß über Wälder (IPF) 29-30

Springer und Umwelt

Als internationaler wissenschaftlicher Verlag sind wir uns unserer besonderen Verpflichtung der Umwelt gegenüber bewußt und beziehen umweltorientierte Grundsätze in Unternehmensentscheidungen mit ein. Von unseren Geschäftspartnern (Druckereien, Papierfabriken, Verpackungsherstellern usw.) verlangen wir, daß sie sowohl beim Herstellungsprozess selbst als auch beim Einsatz der zur Verwendung kommenden Materialien ökologische Gesichtspunkte berücksichtigen. Das für dieses Buch verwendete Papier ist aus chlorfrei bzw. chlorarm hergestelltem Zellstoff gefertigt und im pH-Wert neutral.

Druck u. Verarbeitung: Druckerei Triltsch, Würzburg